U0166800

郭立玮

　　研究员，博士生导师，广州百奥格林生物科技有限公司联合创始人、首席科学家。兼任中药制药过程技术与新药创制国家工程研究中心专家委员会委员、粤港澳大湾区博士后科技创新（南沙）公共研究中心创新创业导师、香港科技大学霍英东研究院粤港澳（国际）青年创新工场创业导师等职。曾任南京中医药大学中医药研究院常务副院长、江苏省植物药深加工工程研究中心主任等职。

　　主要从事中药药剂学、药物动力学、制药分离工程研究。在中药膜分离、微纳米科技及其产业化领域有较深入、系统的研究。先后主持国家自然科学基金、"重大新药创制"科技重大专项等国家课题 10 余项。

　　发表论文 300 余篇，其中 SCI 20 余篇。主编《中药分离原理与技术》《基于膜过程的中药制药分离技术：基础与应用》（获国家科学技术学术著作出版基金资助，科学出版社）等多部学术著作。

　　获授权发明专利 10 余项，软件著作权 2 项。主持研发中药新药 7 项，均获新药临床研究批件，其中 3 项已获新药证书，实现成果转化；获多项教育部、江苏省科技进步奖等。

刘菊妍

　　医学博士，教授级高级工程师，国务院特殊津贴专家，全国三八红旗手，国家药典委员会委员，暨南大学博士生导师。现任广州医药集团有限公司副总经理兼总工程师，中药制药过程技术与新药创制国家工程研究中心主任，国家科技部重大专项及科技成果奖审评专家，中华中医药学会理事。

　　获省部级科技成果奖 12 项、发明专利授权 18 项，发表论文 90 余篇，主编 / 参编专著 15 部。在国内率先开展中药提取分离新技术的研究及产业化示范，成功开发出超临界 CO_2 反向萃取 - 低温溶剂提取 - 吸附分离 - 纳滤浓缩 - 冷冻干燥集成技术及逆流提取 - 大孔树脂吸附分离 - 喷雾干燥集成技术，取得了显著的社会和经济效益。作为课题 / 项目负责人承担国家重大专项和平台建设项目 10 项。荣获国际日内瓦发明展金奖、国际质量管理小组会议（ICQCC）特等金奖、中华中医药学会科技之星、国家发改委"国家工程研究中心建设先进个人"、科技部"中药现代化科技产业基地建设十周年先进个人"、中国产学研合作促进会产学研合作与创新奖个人奖金奖等荣誉。

钟文蔚

博士，副研究员，广东药科大学。主要从事基于膜过程的中药绿色制造原理与应用研究。主持中国博士后科学基金（特别资助与面上资助）、国家科技部 2019 年中医药现代化重点研发计划（课题任务负责人）等多项科技项目。担任中国膜工业协会医药用膜专业技术委员会委员，《中草药》中文核心期刊青年编委，*Frontiers in Physics research community* 的审稿编辑，并定期为国际化学工程期刊 *Desalination* 审稿。担任项目负责人，于 2021 年 12 月以"基于膜乳化过程的粒径可调控微纳米给药系统制备共性关键技术"参赛，获得全国首届博士后创新创业大赛生物医药赛道揭榜领题赛组别"优胜奖"。香港科技大学霍英东研究院粤港澳（国际）青年创新工场创业导师。获 2022 年度澳中杰出青年校友 Judge's commendation 称号。

中药制药分离过程：
工程原理与技术应用

Separation Process for Traditional Chinese Medicine
Manufacturing：Principles and Applications

郭立玮　刘菊妍　钟文蔚　主编

科学出版社
北　京

内 容 简 介

本书针对位列张伯礼院士所主持遴选"2020 年度中医药工程技术难题"首位的"中药制造缺乏制药过程工程原理研究"难题，以中药提取分离关键工序为主线，采用材料化学工程、计算机化学、数据科学等多学科交叉研究理念，深入系统探索中药制药分离过程的工程原理，系国内外首部同类专著，具有较高应用、出版价值。本书特点：选材新颖、内容丰富，突出中医药特色；兼顾学术性与应用性，所收载科技成果处于国内领先、国际先进水平，可为先进分离技术在中药制药领域的推广提供示范。

本书可供高校制药工程、中药学、中药制药、药剂学等相关专业作为教材使用，也可供医药科研单位与药品、药械生产开发单位的技术人员作为科研参考书使用。

图书在版编目（CIP）数据

中药制药分离过程：工程原理与技术应用/ 郭立玮，刘菊妍，钟文蔚主编. —北京：科学出版社，2023.2
ISBN 978 - 7 - 03 - 072947 - 7

Ⅰ. ①中… Ⅱ. ①郭… ②刘… ③钟… Ⅲ. ①中成药—生产工艺 Ⅳ. ①TQ461

中国版本图书馆 CIP 数据核字（2022）第 153289 号

责任编辑：周　倩 / 责任校对：谭宏宇
责任印制：黄晓鸣 / 封面设计：殷　靓

科学出版社 出版
北京东黄城根北街 16 号
邮政编码：100717
http://www.sciencep.com

南京展望文化发展有限公司排版
广东虎彩云印刷有限公司印刷
科学出版社发行　各地新华书店经销

*

2023 年 2 月第 一 版　开本：889×1194　1/16
2025 年 1 月第三次印刷　印张：38 1/2　插页 1
字数：1 080 000
定价：220.00 元
（如有印装质量问题，我社负责调换）

《中药制药分离过程：
工程原理与技术应用》
编委会

主　编　郭立玮　刘菊妍　钟文蔚

副主编　许文东　李　菁　袁　诚　黎　晟　姬　婧　李　博　王国财

编　委（以姓氏笔画为序）

王国财　广州白云山汉方现代药业有限公司/中药制药过程技术与新药
　　　　创制国家工程研究中心

王秋芸　广州医药集团有限公司

毛禹康　广州白云山汉方现代药业有限公司/中药制药过程技术与新药
　　　　创制国家工程研究中心

白　柏　广州白云山汉方现代药业有限公司/中药制药过程技术与新药
　　　　创制国家工程研究中心

宁　娜　广州白云山中一药业有限公司

刘春芳　广州白云山汉方现代药业有限公司/中药制药过程技术与新药
　　　　创制国家工程研究中心

刘菊妍　广州医药集团有限公司/中药制药过程技术与新药创制国家工
　　　　程研究中心

许文东　广州白云山汉方现代药业有限公司/中药制药过程技术与新药
　　　　创制国家工程研究中心

孙维广　广州白云山星群（药业）股份有限公司

苏小华　广州医药集团有限公司

李　菁　广州白云山汉方现代药业有限公司/中药制药过程技术与新药

创制国家工程研究中心

李　博　南京中医药大学

李吉来　广州市娇兰化妆品有限公司

李咏华　广州白云山汉方现代药业有限公司/中药制药过程技术与新药
创制国家工程研究中心

肖旻章　美国哥伦比亚大学

陈　薇　广州医药集团有限公司

陈红英　广州白云山明兴制药有限公司

陈新阳　广州白云山中一药业有限公司

罗志波　广州医药集团有限公司

钟文蔚　广东药科大学

袁　诚　广州白云山汉方现代药业有限公司/中药制药过程技术与新药
创制国家工程研究中心

郭立玮　广州百奥格林生物科技有限公司

唐顺之　广州白云山汉方现代药业有限公司/中药制药过程技术与新药
创制国家工程研究中心

姬　婧　广州南沙资讯科技园有限公司博士后科研工作站

黄千炫　广东以色列理工学院

黄秋凌　广州白云山中一药业有限公司

黄晓丹　广州王老吉药业股份有限公司

蒋洁琼　广州白云山医药集团股份有限公司白云山制药总厂

韩亚明　广州白云山汉方现代药业有限公司/中药制药过程技术与新药
创制国家工程研究中心

曾浩然　广州百奥格林生物科技有限公司

蔡鸿飞　广州白云山汉方现代药业有限公司/中药制药过程技术与新药
创制国家工程研究中心

廖弈秋　广州白云山医药集团股份有限公司白云山制药总厂

谭少薇　澳大利亚新南威尔士大学

黎　晟　沙特阿拉伯海水淡化总署

黎万钰　新加坡南洋理工大学

前　言

　　根据《中国科协办公厅关于征集 2020 重大科学问题和工程技术难题的通知》(科协办函字〔2020〕18 号),中华中医药学会在张伯礼院士主持下,开展了有关遴选工作,最终确认前沿科学问题及工程技术难题各 3 项,并于 2020 年 7 月在《中医杂志》以"2020 年度中医药重大科学问题及工程技术难题"为题发表(下简称该文难题)。其中,"如何加强中药制造高质量发展的中药制药工程技术装备创新关键工程技术"名列"工程技术难题"第一位。

　　该难题的"问题背景"指出:中药现代化的核心是疗效和质量标准现代化,而中药制药工艺又是影响中药质量最为关键的因素之一,要保证制药工艺合理规范,最重要的因素是制药装备。中药提取、分离、浓缩、干燥、灭菌等制剂技术及装备水平是衡量中药制造业现代化程度的标杆。目前,中药制药过程中普遍存在能耗高、效率低、成分损失多、活性成分转移率低、所得中间体性状不佳等一系列问题。开展中药高效节能降耗关键技术及装备研究不仅具有"资源节约、环境友好"特色,而且也关系到中药产业的健康发展,这也是国务院《中医药创新发展规划纲要》中明确的优先突破方向。

　　本书就位列"难题"首位的"中药制造缺乏制药过程工程原理研究""符合中药特点的高效节能制药装备研发"等问题的内涵进行剖析,并试图借助作者项目组多年累积的以膜科学技术为核心的中药制药分离技术理论感悟与工程实践予以解读。

　　本书主编长期深耕中药制药分离过程工程原理研究,自 2010 年以来先后独著《中药分离原理与技术》(人民卫生出版社)、主编《制药分离工程》(人民卫生出版社,国家卫生和计划生育委员会"十二五"规划教材)和《基于膜过程的中药制药分离技术:基础与应用》(科学出版社,获国家科学技术学术著作出版基金资助)。本书中的部分内容引自上述著作的有关章节,就此意义而言,本书可视为在中医药继承创新成为国家战略需求的新形势下,《中药分离原理与技术》经深化、提升、充实、修改后的再版。

　　制药分离工程是制药领域的共性关键技术,鉴于药物的纯度和杂质含量与其药效、毒副作用、价格等息息相关,分离过程在制药流程中不可或缺,在制药行业中具有重要的作用与地位。而中药提取、分离、浓缩、干燥、灭菌等工序的单元操作,本质特征为"分离":中药制药过程的每一阶段都包括 1 个或若干个与"中药水提液"混合体系相关的分离操作。中药制药过程面对的待分离体系包括天然药物和生产过程中形成的混合物,其相态有气相、液相和固相,空间尺度涉及从宏观的厘米、毫米到微观的微米、纳米,形成均一的或非均一的物系。

　　由于中药制药技术主要来源于化学工程领域,其分离技术的提升与产业的升级主要依赖于化学工程的发展。化学工程学科历经百年的发展,已从"单元操作""传递过程与反应工程"两个重要阶段进入到"材料化学工程"的第三阶段。其主要特征是:① 从传统的化学加工过程转向为化学产品工程,尤其是涉及材料和生物产品生产中的化工过程及新装备的研究;② 从过去的整体性质测量和关联,转向在分子尺度和介观尺度上的现象观察、测量和模拟;

③ 从常规的、在现有方法上的附加值改进研究转向对新概念和新体系的探索性研究和开拓；④ 从忽视环境问题转向关注环境问题、对环境友好和循环经济技术的研究；⑤ 从单纯的科学问题研究转向学术界与工业界的联合研究和开发；⑥ 从单一领域的研究转向多学科的综合与集成，其典型特征是学科交叉。通过学科交叉，可为新产业形成更好的服务，同时在服务中不断发展本学科的理论。

本书的编写宗旨：在多尺度范围，特别是在介观尺度揭示中药物料与各种先进分离介质的"结构、性能与制备"的关系，并对过程设计、生产加工的流程进行模拟，构建中药绿色制造工程的理论基础。致力解决制约我国中药制药工业可持续发展的能源、资源和环境等瓶颈问题，构建中药制药学与材料化学工程交叉研究的学科新生长点。

本书以中药制药流程中，提取、精制、浓缩、干燥等单元操作为主线，参考国际分离科学界所提出的"平衡、速度差与反应"及"场-流"分离理论体系，依据待分离体系中组分的群体分子所表现出来的物理或化学性质的不同，将常见主要用于中药制药过程的分离方法大致分为平衡分离过程、速度差分离过程、反应分离过程三类，系统地解读中药制药分离过程的工程原理，并结合近年中药制药分离领域涌现的新知识、新经验、新方法、新体系和本项目组的实践体验进行总结。在本书的编写过程中大量吸收国内外同类研究的优秀成果，跟踪国内外最新科学研究方向。特别注重从技术适用性及优化设计等方面加以论述，以加强对技术原理和应用关键的理解。旨在引导读者通过本书的学习，领略现代分离科学前沿最新进展，学会从被分离组分在空间移动、再分布的宏观和微观变化角度及该过程中的热力学规律去认识中药制药分离工程的本质特征；熟悉在医药现代化进程中具有产业化前景的各种现代分离高新技术的基本原理、基本方法，了解其主要特点、应用范围，掌握其用于药物制备研究的设计思路及实验技能；为进一步开展中药制药分离工程领域的创新性研究奠定基础。

考虑到本书的应用对象主要是中医药领域的制药工程人员，本书在编写中提出若干原则：① 突出中医药特色；② 兼顾学术性与应用性（目录编排以制药单元操作为主线，配合以分离机制为主线的技术原理论述）；③ 面向中药制药分离生产需要，以多学科交叉研究新理论、新思路、新方法为主要介绍内容；④ 数学模型主要涉及工艺设计应用方面，避免高深的技术原理推导公式等。

本书主要特色为"守正创新"：① 以现代科学诠释中药传统制法的科学内涵；② 借助复杂系统手段，破解中药提取、浓缩等关键工序过程"黑匣子"药效物质迁移规律及其对安全、有效性的影响；③ 采用分子模拟、过程分析等技术，多尺度探索中药制药分离工艺优化原理，为构建中药绿色制造理论与技术体系提供重要支撑。

本书所收载的研究成果具有国内先进水平，兼具新颖性、系统性和实用性，具有较高应用价值，可供高校制药工程、中药学、中药制药、药剂学等相关专业作为教材使用，也可供医药科研单位与药品、药械生产开发单位的技术人员作为科研参考书使用。

本书约 108 万字,共 13 章。其中,第一章为中药制药分离过程工程概述,主要介绍中药制药分离过程及其分类概述,中药制药分离过程工程原理的构成要素,基于"过程科学"对中药制药关键工序解读,中药制药分离过程的化工原理解析等内容,以对中药制药分离工程领域的丰富内容起到提纲挈领的作用;第二章首次从材料科学的视角,系统介绍先进分离材料在中药制药过程中的作用、机理及其应用;第三、四章分别为"中药制药分离过程优化原理的考察指标、数学评估方法""中药制药分离工程的过程控制",为中药制药分离工艺优化设计提供丰富多彩的思路与方法;第五章"基于现代信息科学的中药制药分离过程原理研究",瞄准当今世界制药学科前沿的"绿色制造"和"数据科学"等现代信息技术两大亮点,为我国中药制药分离学科从追赶、到最终领跑全球提供全新视野和努力方向;第六章到第十章,依次介绍中药制药分离流程的各主要工序的工程原理与技术应用,其内容分别为:"浸提""固液分离""精制""浓缩""干燥"。第十一章"中药制药反应分离过程工程原理与技术应用"涉及基于生物医药技术的中药制药分离过程,包括当前最前沿的"中药功效成分生物合成过程工程原理与技术应用"等内容;第十二章面向中药制药分离科技领域方兴未艾的"中药制药分离过程的集成、强化工程原理与技术应用"方向展开论述;第十三章"面向中药制药废弃物资源化的分离工程原理与技术应用",则围绕"双碳目标"比较系统地介绍中药制药行业资源化的最新动态与发展趋势。

由于水平有限和时间仓促,难免有错误和疏漏之处,敬请专家和读者指正。同时中药制药分离过程科学技术理论及其在中药制药工程的应用研究正处于蓬勃发展之中,新论点、新方法、新技术不断涌现。本书的编写工作只是一种尝试和探索,其中不乏值得探讨之处,甚至是错误的结论,敬请各位专家和广大读者提出宝贵意见,并期望与我们一起通过研究实践,逐步加以解决、完善。

本书的内容主要取材于南京中医药大学江苏省植物药深加工工程研究中心、中药复方分离工程重点实验室和广州医药集团有限公司中药制药过程技术与新药创制国家工程研究中心及 2019 年度国家重点研发计划"中医药现代化研究"重点专项"质量评价导向的特种膜中药绿色制造技术及其专属装备集成研究"项目组等近年的研究成果,十多位海内外博士和硕士研究生为此付出了巨大的努力。在本书的编写过程中,留学美国、澳洲、新加坡等地区的海外研究生肖旻章、黎万钰、谭少薇等利用因新冠肺炎疫情滞留国内期间,参加实验研究,协助检索文献、处理图表、校对文字等,开展了大量卓有成效的工作。广州白云山汉方现代药业有限公司、江苏久吾高科技股份有限公司、江苏康缘药业股份有限公司、扬子江集团南京海陵药业有限公司等多年来提供了大量的支持和帮助,在此表示衷心的感谢!

特别感谢我国膜科学技术领域的高从堦院士、徐南平院士、侯立安院士等著名专家、教授一直以来给我们的关心、支持与指导。衷心感谢医药领域刘昌孝院士和《中草药》编辑部给予的指导与帮助。感谢《膜科学与技术》编委会各位专家、学者的支持与指导。感谢中国中医科学院研究生院唐志书教授等中医药专家的关心、支持。同时对本书撰写中所引用资料的作者一并致以深切的谢意。

本书相关项目研究及编写工作得到中医药行业许多专家的帮助和南京中医药大学、中国科学院深圳先进技术研究院各级领导的大力支持，在此深表谢意。

本书的研究工作先后获国家自然科学基金项目（30171161、30572374、30873449、81274096）、国家部科技重大专项"创新药物和中药现代化"（2001BA701A41）、国家"十五"科技攻关计划（2004BA721A42）、国家"十一五"科技支撑计划（2006BAI09B07－03、20060604－04）、国家"重大新药创制"科技重大专项（2011ZX09201－201－26、2011ZX09401－308－008）、中国博士后科学基金第13批特别资助（2020T130130）、中国博士后科学基金第67批面上资助（2020M672575）、国家重点研发计划"中医药现代化研究"资助（2019YFC1711300）等的支持，特此致谢！

2022 年 8 月

于中药制药过程技术与新药创制国家工程研究中心

目 录

第一章
中药制药分离过程工程概述

根据《中国科协办公厅关于征集 2020 重大科学问题和工程技术难题的通知》(科协办函字〔2020〕18 号),中华中医药学会在张伯礼院士主持下,开展了有关遴选工作,共征集建议 18 项,其中前沿科学问题 10 项,工程技术难题 8 项。经专家推荐委员会审定,最终遴选前沿科学问题及工程技术难题各 3 项(《中医杂志》2020 年 7 月 22 日以"2020 年度中医药重大科学问题及工程技术难题"为题发表,下简称难题)。其中与本书直接相关的,即名列"工程技术难题"第一位的:"如何加强中药制造高质量发展的中药制药工程技术装备创新关键工程技术"。

该难题的问题背景指出:中药现代化的核心是疗效和质量标准现代化,而中药制药工艺又是影响中药质量最为关键的因素之一,要保证制药工艺合理规范,最重要的因素是制药装备。中药提取、分离、浓缩、干燥、灭菌等制剂技术及装备水平是衡量中药制造业现代化程度的标杆。目前,中药制药过程中普遍存在能耗高、效率低、成分损失多、活性成分转移率低、所得中间体性状不佳等一系列问题。开展中药高效节能降耗关键技术及装备研究不仅具有"资源节约、环境友好"特色,而且也关系到中药产业的健康发展是国务院《中医药发展战略规划纲要(2016—2030 年)》中明确的优先突破方向。

根据遴选上述难题中所涉及的专家意见,该"工程技术难题"所"面临的关键难点与挑战"有三,本书拟就位列首位的难题中所涉及的"中药制造缺乏制药过程工程原理""符合中药特点的高效节能制药装备研发"等进行分析,并试图借助膜科学技术等材料化学工程先进研究成果给予破解。

第一节　中药制药分离过程及其分类概述

一、分离过程与中药制药分离过程的基本概念

分离科学是以"分离、浓集和纯化物质"作为宗旨的一门学科[1],它是人类剖析认识自然、充分利用自然、深层开发自然的重要手段。中药由植物、动物和矿物等天然产物构成,不可避免地需要经历中药制药过程"去伪存真,去粗取精",因而分离是中药制药领域的共性关键技术。根据现代分离科学的理论,可以通过图 1-1 对中药制药分离过程进行概念性描述:待分离中药原料以一股或数股物流进入分离装置(提取罐、膜设备、树脂柱、萃取釜等)。对分离装置中的原料施加能量或分离剂(在利用化学能时使用),对混合物各组分所持有的性质差产生作用,使分离得以进行,产生两个以上的产品(目标产物及其伴随产生的副产品或者废弃物)。而由于中药(含复方,下同)化学组成及其多靶点作用机制的复杂性,致使中药制药分离过程的目标产物成为选择及优化中药制药分离过程的重要决定因素,从而也成为中药制药过程工程原理的重要研究内容,其关键问题是如何在中医药理论的指导下,引进现代化学工程理论

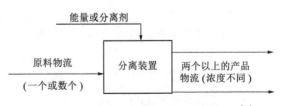

图 1-1　中药制药分离过程的概念性描述[2]

及信息技术手段,构筑"分离产品"为可体现中药整体治疗作用的"中药药效物质"分离过程工程原理与技术体系。

中药制药分离过程是以中药材为基本原料,以获取中药(单味、复方)药效物质为目标的分离过程。中药制药生产的每一阶段都包括"药效物质与废弃物""固体与液体""溶质与溶剂"等一个或若干个混合物的分离操作,其目的是最大限度地保留有效物质,去除无效和有害的物质。中药制药生产过程的混合物包括天然药物和生产过程中形成的混合物,其相态有气相、液相和固相,形成均一的或非均一的物系。制药分离过程就是将一混合物转变组成相互不相同的两种或几种产物的操作。本书主要从广义的角度讨论中药制药分离过程工程原理问题。

二、基于分离体系分子行为原理的分离过程分类学说

为了从科学的角度对中药制药分离过程工程原理进行深入、系统地探索,需要对分离过程进行分类。如何对各种分离方法进行分类,并研究它们之间联系的问题,属于分类学范畴,它是自然科学的一个分支。其本质过程是把表面上看起来似乎毫无联系的一些方法进行归类,找出其内在联系,而该过程本身又会反过来促进新分离方法的问世。目前科学界与工业界所用的分离方法甚多,科学家提出了各自不同的分离分类法,如史春[3](Strain H H)采用分离对阻力类型的不同进行分类;卡格尔[4](Karger B L)提出相平衡速率和颗粒大小3种不同类型分离分类方法;吉丁斯[5](Giddings J C)提出的用场和流的类型不同来进行分类的"场-流分类法";罗恩[6](Rony P R)则又有其自己的分类方法等。本书主要采用日本学者大矢晴彦提出的分离分类法。

日本分离科学界著名学者大矢晴彦教授采用现象学分类法,基于待分离体系中组分的群体分子所表现出来的物理或化学性质的差异原理,将常见主要用于工业生产中的分离过程大致分为速度差分离、平衡分离、反应分离三类[2]。

1. 速度差分离过程：输入能量,强化特殊梯度场的方法 利用重力梯度、压力梯度、温度梯度、浓度梯度、电位梯度等场中,各组分的移动速度差进行分离的方法称为速度差分离操作。当原料是由固体和液体,或是由固体和气体,或是由液体和气体所构成的非均相混合物时,就可以利用力学能量如重力或压力来对它们进行分离。例如,在固-液或固-气系统中,当固体粒子尺寸较大,处于重力场时短时间内就可以沉下去或是浮上来而实现分离。然而当固体粒子较小,两相密度差又较小时,粒子下沉或上浮的速度会很低,这时就要用到离心力场,甚至超高速离心力场或者过滤材料等来形成移动速度差,才能实现分离。进一步当粒子尺寸小到与分子的大小相当时,还要用到下面要讲的驱动力来强化移动速度的差别,进行分离。把各种速度差分离操作,按所利用的能量及其与场的组合整理分类,列于表1-1中。

表1-1 速度差分离操作[2]

能 量 类 别	场	分 离 技 术
热能(温度梯度)	均匀空间(真空)	分子蒸馏
	均匀空间(气相)	热扩散
	非均匀空间(膜,固相)	渗透气化
化学能(浓度差)	均匀空间(气相)	分离扩散
	非均匀空间(膜,固相)	透析

续　表

能　量　类　别		场	分　离　技　术
机械能	压力梯度	非均匀空间(气相)	气体扩散 过滤集尘
		非均匀空间(液相)	过滤、重力过滤、离心过滤(包括超滤、微滤)
		非均匀空间(膜,凝胶相)	气体透过
		非均匀空间(膜,固相)	反渗透
	势能梯度	重力	均匀空间(气相)	沉降 浮选
		离心力	均匀空间(气相)	旋风分离
			均匀空间(液相)	旋液分离 离心 超速离心
电能(电位梯度)		均匀空间(真空)	质谱
		均匀空间(气相)	电集尘
		均匀空间(液相)与非均匀空间(膜,凝胶相)	电泳
		均匀空间(液相)	磁力分离
		非均匀空间(膜,固相)	电渗析

　　能够产生速度差的场,又可以分为中间不存在任何介质的均一空间和存在着某种介质的非均一空间。非均一空间一般指多孔体,其孔径大至毫米,小至分子尺寸,范围很广。由线性高分子和球状粒子所构成的网状结构,在客观上可视为连续的凝胶相,即属于非均一空间。如果网孔被堵住,就变成了固体。这种非均一空间和一般认为应该存在细孔的固体,在狭义上可当作多孔体。尽管这个界限并不清晰,但若能让胶体通过的,就可以认为它是狭义的多孔体。

　　2. 平衡分离过程：输入能量,使原混合物系形成新的相界面的方法　　常常使用不互溶的两个相界面上的平衡关系,来对由气体或者液体组成的均相混合物进行分离。通常所见的蒸馏过程,就是利用了下部烧瓶被加热所产生的水蒸气与上部冷凝器冷凝所形成的液相,这两者之间的气液平衡关系,使易挥发组分集于气相,使难挥发组分集于液相,从而将液相均相混合物分离成塔顶的馏出组分与塔底的釜残组分。像这种利用相间平衡关系进行分离的方法称为平衡分离操作。表 1-2 所列是具有代表性的平衡分离操作。

表 1-2　以从第 1 相移向第 2 相为主的平衡分离操作示例[2]

第2相 ╲ 第1相	气　相	SCF* 相	液　相	固　相
气相	×	×	气提 蒸发 蒸馏	脱吸 升华 (冷冻干燥)

第2相 ＼ 第1相	气　相	SCF　相	液　相	固　相
SCF 相	×	×	SCF 萃取	SCF 萃取
液相	吸收 蒸馏	SCF 吸收	萃取	固体萃取 带域熔融(Zone melting)
固相	吸附 逆升华	SCF 吸附	晶析 吸附	×

＊ SCF,超临界流体。

3. 反应分离过程：输入能量,促进反应的方法　　利用反应进行分离操作的方法很多。例如,通过调整 pH,把溶解于水中的重金属变成氢氧化物的不溶性结晶而沉淀分离的方法;利用离子交换树脂的交换平衡反应的离子交换分离法;通过微生物进行生物反应,将溶解于水中的有机物质(BOD)分离除去的方法等,都可以看作是反应分离操作。表 1-3 把反应分离操作按反应种类做了分类。大体可以分为利用反应体的分离和不利用反应体的分离。反应体又可以分为再生型反应体,一次性反应体和生物体型反应体。

表 1-3　反应分离类型及其反应分离操作一览表[2]

	反应分离类型		反应分离操作方式
反应体	再生型	可逆的或平衡交换反应分离,可通过活化得到再生	离子交换,螯合交换反应,反应萃取,反应吸收
	一次性	不可逆反应分离	反应吸收,反应晶析,中和沉淀,氧化,还原(化学解吸)
	生物体		活性污泥吸附
无反应体		电化学反应分离	湿式精炼

在对再生型反应体进行再生操作时,要用到再生剂。这时,再生剂在制造时所吸纳的能量就有一部分转移到了反应体上,分离反应时,就会利用到这部分能量。也有用加热的方法来再生反应体的,在这种场合,可以认为反应体再生时所吸收的热能变成了分离所需的能量。

不可逆反应过程中所需要的能量,有来自一次性反应体在制造时所吸收的能量,还有采用其他手段从外部向反应场补充的能量。在生物学反应中,是使用光能或者是原料中所含有机物的资质来推进反应的。不需要反应体而进行反应分离的例子是电化学反应,使用电能作为反应所需的能量。

三、场分离原理与速度差分离过程

在均一的或者是非均一的空间里,制造一个某种驱动力的作用场,使之可以在被分离的物体之间产生移动速度差,从而得到分离,这就是速度差分离过程[2]。

1. 产生速度差的场分离原理　　由上述定义可知,速度差分离是在场(重力梯度、压力梯度、温度梯度、浓度梯度、电位梯度等场)作用下产生的。首先来分析一下施加于场的驱动力是怎样作用于被分离物体的,以及这些物体在移动时所受阻力的情况。

假设直径为 d_p、密度为 ρ_p、质量 $m = \dfrac{\pi d_p^3 \rho_p}{6}$ 的某球形颗粒，以相对于流体的速度 v 在密度为 ρ_f，黏度为 μ_f 的流体中运动，该粒子的推动力 F 可为重力、压力、电磁力、弹性力、分子间力等，其强度可用势、梯度等定义。在力 F、阻力 F_f（粒子前进时为推开流体所遭遇的来自流体的阻力）的双重作用下，其移动速度 v 可用运动方程式（1-1）来表示：

$$\frac{mdv}{dt} = F - F_f \tag{1-1}$$

一般情况下，阻力 F_f 的大小，与球形粒子的投影面积 $A = \pi d_p^2/4$ 和相对于流体运动时的动能 $\rho_f \dfrac{v^2}{2}$ 成正比，其比例常数 C_f 即为阻力系数，于是有：

$$F_f = C_f \frac{\pi}{4} d_p^2 \cdot \rho_f \frac{v^2}{2} \tag{1-2}$$

需要说明的是：上述可有效地作用于粒子的力 F 的种类，和粒子的质量大小密切相关。

亦即，当粒子质量 m 非常小，且处于原子、分子的尺度范围，那么重力对它们的作用，即使从微观看，也可忽略不计。另外，当粒子的质量较大时，分子间力的作用就可不予考虑。若粒子的质量非常大时，只考虑重力的影响就足够了。这一点对于分析分离所需的能量十分重要。

式（1-2）中，阻力系数 C_f 是粒子雷诺数 $Re = v d_p \rho_f/\mu_f$ 的函数。与分离相关的颗粒都比较小，Re 数常常小于1，把 $Re<2$ 的区域定义为斯托克斯区域，其阻力系数与雷诺数的关系可以写为

$$C_f = 24/Re \tag{1-3}$$

将式（1-3）代入式（1-2）中，求出斯托克斯区域粒子所受阻力：

$$F_f = 3\pi \cdot \mu_f \cdot d_p \cdot v \tag{1-4}$$

这就是众所周知的斯托克斯阻力。必须指出的是，式（1-4）成立的前提是：流体被视为连续介质。如果流体像气体那样，在微小尺度下不能被视为连续体，则必须考虑其不连续性。因为当粒子大小与气体分子的平均自由行程 l_λ 相当，甚至更小时，粒子与流体之间就会产生滑动。粒子在运动时所受到的流体阻力就会减小，这时虽因粒子小到可称为微粒，其雷诺数也很小，所受阻力当然应适用于式（1-4）。但要用修正系数 C_c 来校正粒子在运动时所受到的流体阻力的减小。C_c 被称为斯利浦修正系数，或被称为卡宁加姆修正系数。这种情况下，式（1-4）可改写为以下形式：

$$F_f = 3\pi\mu d_p v/C_c \tag{1-5}$$

显然 $C_c > 1$。C_c 可用一些经验公式来计算，例如：

$$C_c = 1 + \frac{2.514 l_\lambda}{d_p} + \frac{0.8 l_\lambda}{d_p}\exp\left(\frac{-0.55 l_\lambda}{d_p}\right) \tag{1-6}$$

而气体分子的平均自由行程为

$$l_\lambda = 1/\sqrt{2}\,\pi\sigma^2 n \tag{1-7}$$

式（1-7）中，σ 为气体分子的直径；n 为单位体积气体的分子数。

当空气作理想气体处理时，其 $\sigma = 0.3711$ nm，压力 $P = nkT$（k 是玻耳兹曼常数，其值为 1.380×10^{-23} J/K）。于是式（1-7）改写为

$$l_\lambda = 2.39 \times 10^{-5} T/P(m) \qquad (1-8)$$

式(1-8)中，T 为热力学温度(K)，P 为压力(Pa)。液体中的卡宁加姆修正系数 $C_c = 1.0$。

根据爱因斯坦的理论，以速度 v 运动的粒子，其粒径 d_p 与黏度为 μ_f 的液体介质的分子尺寸处于同一档级时，粒子所受到的阻力是：

$$F_f = 3\pi \cdot \mu_f \cdot d_p \cdot v \qquad (1-9)$$

式(1-9)与斯托克斯区域粒子所受阻力的表达相同，这就是斯托克斯-爱因斯坦公式。

以上是粒子在流体内移动时受到的阻力分析，当粒子以速度 v 在固体内移动时，会受到来自固体的阻力。这种情况与气体、液体的情况相比要复杂得多。其原因在于：① 固体存在的状态是多种多样的，有坚硬的金属钢材，有柔软的高分子物质橡胶，还有近乎液体的丙烯酰胺胶等。② 固体可以加工成各种各样的形状。例如，金属筛网，就兼有"固体"与"空间"共存。这种状态下，粒子所受到的阻力可大致分为两部分，即固体和粒子之间的相互作用，以及粒子在空间移动时受到的存在于空间的流体的作用。

2. 场分离原理构成场分离技术的要素与强化手段　　那么怎样将粒子的移动速度更好地适用于分离过程中呢？也就是如何巧妙应用场分离原理，将速度差分离模式构成技术手段，确保分离操作得以高效进行呢？

综上所述，作用于混合物中待分离组分某一特定性质上的力，可使这一组分发生移动，移动的速度会因组分不同而产生差异，从而实现组分间的分离。由此，不难形成强化速度差分离过程的技术设计思路：① 提高速度。移动速度过慢，实施分离所需要的场的面积就要很大，则因场建设投资太高而失去实际应用价值。况且移动速度的差达不到一定程度也无法实施有效的分离。② 分离所需的能量等于作用力与移动距离的乘积，为要降低能耗，必须尽量减少作用力，尽量缩短移动距离。从分离的角度来说，还应在较小的范围内确保有足够的移动距离差。所谓缩小移动距离，即是要尽可能使场的厚度变薄，这正好与膜科技的概念不谋而合。利用可产生速度差的极薄的膜构成具有某种机能的非均一空间场——膜成为世界公认的绿色分离技术的基本原理。

此外，从节能的角度出发，若利用重力作驱动力，则能源的成本几近为零。因此，即使在场的建设中需增加一定的投资，但利用重力仍是经济可行的方案。

四、相平衡分离原理及其分离过程

固相、液相、气相和超临界流体相是物质存在的 4 种状态，这四相之间可彼此产生相和相之间的界面(除掉气相和气相之间，以及气相和超临界流体相之间)，并可利用相关物质在界面上的平衡关系实施分离——这就是平衡分离过程的原理。此外，固相和固相之间也可具有平衡关系，但由于物质在固相内移动速度极为缓慢，而无法构成分离技术被实际应用。

1. 相平衡条件　　根据物理化学原理，以下状态可称为达到"相平衡"：在由 N 个组分组成的系统中，达到 P 个相的相平衡时，各个相中、各自组分的化学势 μ_p^i 或者逸度 $\hat{f}_i^p$($\hat{f}_i$ 表示混合物组分 I 在温度、压力及其组成 F 的逸度。关于化学势和逸度，请参考详细的物理化学教材)相等。亦即：

$$u_i^a = u_i^b = u_i^c = \cdots = u_i^p \ (i = 1,2,3,\cdots, N) \qquad (1-10)$$

或者：

$$\hat{f}_i^a = \hat{f}_i^b = \hat{f}_i^c = \cdots = \hat{f}_i^p \ (i = 1,2,3,\cdots, N) \qquad (1-11)$$

图 1-2 所示为 a、b、c 三相组成的系统达到相平衡状态的条件：在足够长的时间段，使相 a 与相 b、相 c 充分接触，当整个系统的压力 P、温度 T、组分 I 的浓度 C_i 等强度参数均不再改变时，则三相达到了相平衡。

根据式(1-10)与式(1-11)，可推导出固-液平衡、液-液平衡、气-液平衡及气-固平衡相应的公式，这些公式将在下面有关技术章将分别介绍。

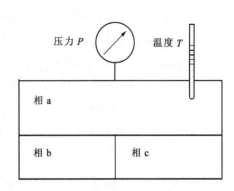

图 1-2　相 a、相 b、相 c 的相平衡[2]

2. 强化相平衡原理的技术手段　　为在新发生的相界面上利用平衡关系实施分离过程，从技术角度，主要考虑的因素为：① 怎样增大相界面的面积；② 怎样在界面上充分利用平衡关系；③ 如何利用所建立的平衡关系，确保分离过程持续进行。即如何不断地一边打破平衡关系，一边促使平衡向所期望的方向进行。

（1）增大界面面积的方法：气-液、液-液的界面，基本上就是气泡的表面或者是液滴的界面，通过尽量减少这些球状气泡的表面或液滴物的直径，以增大相间的界面面积——寻求有效获得细小气泡和液滴的方法。工业化的技术手段主要是借助一种被称为泡罩（或多孔板）的气泡发生装置来制造气泡，以及具有均一直径的液滴。常使用文丘里型及旋转流型的喷嘴，消耗一定能量，以克服制造液滴时液体的表面张力。对于混合-澄清型萃取装置，则利用搅拌器给予液体能量来产生液-液间界面，也就是制造液滴。还可将液相以脉冲流形式通过筛孔板，通过液体在细孔上消耗能量产生界面，而造出液滴。

对于固体而言有两种情况：① 依据相平衡原理构筑的吸附分离技术，原本就存在着固体界面；② 通过产生新的固体界面建立的分离技术，如结晶。对于①，吸附介质本身存在固体界面，其增大界面的方法基本上是尽量减少固体粒子的直径。工业应用工程中，针对固体粒子太小，难于与流体分离的难题，研发了被称为宏网（macroreticular）构造的固体造型。即在保持一定大小的固体颗粒内部，形成某种式样的流道，液体或气体可通过在流道内的滞留，来获得界面扩大的效果。

（2）充分利用平衡关系的方法：利用平衡关系的思路，若混合物中待分离组分的浓度很高，那另一相中该组分的浓度也应较高才能与之平衡，所以采用浓度都较高的两相组合，可得到理想的分离效果。同理，也可把待分离组分浓度很低的、可互成平衡的两个相组合起来进行分离，以充分利用平衡关系。

两相平衡关系的表示方法有很多。如图 1-3 所示，就组分 1 来说，可用 x_1 表示其在 X 相的浓度（摩尔分数），用 y_1 表示其在 Y 相中的摩尔分数。设 X 相为混合物，其中组分 1 的浓度为 x_1^0，其组分 1 移向浓度为 y_1^0 的 Y 相的分离过程分析如下。

在第 1 级分离要素内，X 相中组分 1 的浓度变为 x_1^1，Y 相中组分 1 的浓度变为 y_1^1 时，达到了平衡。在图 1-3 上，从点 (x_1^0, y_1^0) 移向了点 (x_1^1, y_1^1)。

为使 x_1^1 降低至目的浓度，需使用比 y_1^0 更低的 y_1^2 之 Y 相，与 X 相再一次进入第 2 级分离要素内，当两相达

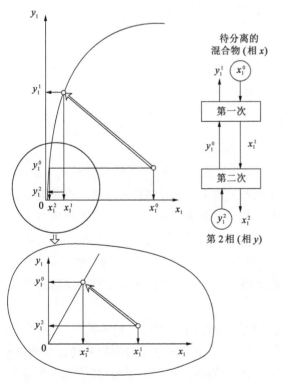

图 1-3　关于组分 1 平衡关系的 X-Y 图[2]

到第二次平衡时，Y 相中组分 1 的浓度为 y_1^0，正好用于进入第 1 级分离要素内的 Y 相。

（3）多级化、多段化：综上所述，将含有待分离组分的混合物和与之发生相平衡的另一相，使它们相互呈逆向流动（称为逆流）的方法，对平衡关系的利用是比较充分的。

在图 1-3 所示的过程中，为了使 x_1^0 降低至 x_1^2，使用了 2 次分离要素。当混合物由组分 1 与组分 2 组成时（称为双组分物系），其分离系数可如下定义：

$$\alpha_{1/2} = \frac{y_1/y_2}{x_1/x_2} \tag{1-12}$$

而要从 $x_1^{(0)}$ 分离至 $x_1^{(n)}$，所需要的平衡分离要素的理论级数 n 可由式（1-13）给出：

$$n = \frac{\ln\left[\dfrac{x_1^{(0)}}{x_2} \cdot \dfrac{(1 - x_1^{(n)})}{(1 - x_1^{(0)})}\right]}{\ln \alpha_{1/2}} \tag{1-13}$$

图 1-4 所示：根据分离过程的原理，综合采取上述（1）、（2）、（3）的技术措施，提高相平衡分离的效率的系统思路，供读者设计改进平衡分离过程技术方案时参考。

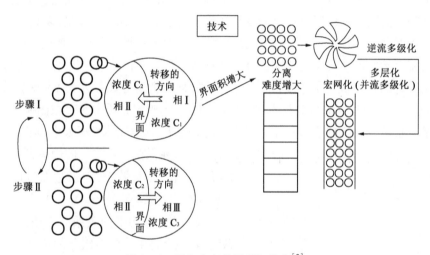

图 1-4　平衡分离的原理与技术[2]

五、反应分离原理及其分离过程

1. **反应分离原理及其分离过程概述**　顾名思义，反应分离就是利用反应（生物反应或化学反应）达到分离目的的过程。而不同的反应类型存在不同的反应原理。如在反应分离技术领域占有重要地位的生物分离反应，就大体可分为酶解反应、免疫亲和反应和利用微生物的反应，它们的技术原理各自不同。其中，酶解反应的原理——酶对底物高度专一性；免疫亲和反应的原理则利用抗原与抗体的高亲和力、高专一性和可逆结合的特性。而利用微生物的反应原理则在于微生物自身所具有的特征：① 自身的丰富酶系促使物质转化；② 生命过程与某特点元素关系密切；③ 体内细胞所含多种官能团对重金属离子所具有的强亲和力。

就化学反应而言，通常化学反应只对混合物中某种特定成分发生作用，而且多数情况下，反应物都能完全通过化学反应生成目的的物质。从这个意义来说，可利用化学反应对某些原料物质的转化作用，得到所需要的目标产物，即通过化学反应实现对原料物质的分离而获取目标产物。根据对近 30 年相关专业文献的系统检索，我们发现目前用于中药体系制药分离的化学反应主要为化学萃取、离子交换色谱等。就技术原理而言,化学萃取与液液萃取是不同的。液液萃取是一种物理萃取法,其原理是某组分在两个液相间的分配差异;而化学萃取则存在溶质与络合反应剂之间的化学作用,伴随有化学反应的传质过程。如利用 Ca^{2+}、Cu^{2+} 及 Zn^{2+} 能和葛根素形成较稳定的络合物,而建立的络合萃取技术[7,8]。离子交换色谱是以离子交换剂为基本载体的分离技术,其原理为:利用离子交换剂与含有其他离子的溶液接触时所发生的离子交换反应(即溶液中的离子与离子交换剂上可解离的抗衡离子发生交换),而实现对溶液中该离子的分离。依据该原理研发的离子交换色谱技术已成功用于角蒿总生物碱的纯化[9,12]、从蚯蚓体提取物的纯化复合氨基酸[10]、对三七叶总皂苷的脱色精制等中药制药分离过程[11]。

2. 反应得以进行的条件与利用反应体的可逆反应分离原理　　化学反应具有朝着熵(S)增大方向进行的倾向,且是向着以结合能为首的蓄积在分子间的势能降低的方向进行的。这是因为热力第二定律指出:一般地,自发过程都是向着熵增大的方向进行的。即:

$$\Delta S \geqslant 0 \tag{1-14}$$

原子处于自由状态时的势能最高(不稳定)。原子间的结合增强会使其势能降低(比较稳定)。发生化学反应的时候也就是从高势能转变为低势能的时候,多余的能量会变成热能(或者是光能)而放出,这就是发热反应。

那么,在什么样的情况下反应才会进行呢?

(1) 势能降低,即发热反应,如上面所说那样,在分子间排列趋于稳定的同时,由于产生了热量,反应系统温度升高使熵增大。如果所生成的分子比较简单,熵会进一步增大,反应则顺利进行。

问题在于:所产生的分子有时会是更为规则的分子,这时会因规则性地增加使熵减少。所以,只有当发热使熵增大的量超过熵减少的量,反应才会进行。

(2) 如果势能增加即是吸热反应,由于熵减少,反应难以进行。依靠生成较为简单的分子来使熵增大,其量若能够超过熵减少的量,反应才进行。

想要生成比较规则分子的反应是最难进行的。这时由于都是熵减少的情况,反应基本上处于停滞状态。在这种情况下,要像光合反应和电化学反应那样,从外部输入能量,而这个熵增大的量如果能超过前两个减少的量,反应才能进行。

除了满足上述条件,可运用于实际工业应用的反应分离,一般还应该是可逆反应分离。

严格地说,所有的反应都是可逆反应,但现实中多数的反应都是不可逆的,这是由于反应生成物中的一部分会因各种原因从反应系统中脱离开去。例如,把 H_2SO_4 水溶液加入 $Ca(OH)_2$ 水溶液中,就会产生 $CaSO_4$ 沉淀,而因为 $CaSO_4$ 难溶于水,也就很难引发逆反应。再如,燃烧甲烷,就会产生 CO_2 与 H_2O,随之即扩散到空气中去了,不再返回到甲烷。这种反应也认为是不可逆反应。

所谓可逆反应,正向反应一经进行,就会有反应生成物产生,而此反应生成物会立即开始进行逆向反应,随着正向反应的进行,反应物质减少了,正向反应的速度也逐渐降低。另外,生成物质越来越多,逆向反应的速度也相应会增大。最终,正向反应与逆向反应的速度趋于一致,这就达到动态平衡的状态(亦即化学平衡)。

能够对所分离的组分进行选择性可逆反应的物质称为可逆反应体。它的存在方式可以是固体、液体,亦可是气体。但若为气相的可逆反应体,而其反应生成物又不是液体或固体时,则无法从容积关系的角度来进行分析。

人们所熟悉的分离过程如化学吸收、化学萃取、浸出等都属于可逆反应体为液相的分离操作。而离子交换、气体化学吸收等,则是以固相为可逆反应体的分离操作。无论何种操作,首先要在第一阶段使反应体与混合物中的待分离组分(溶质)按下式将反应向右进行生成反应生成物。

$$（溶质）+ n（可逆反应体）\rightleftharpoons（反应生成物） \tag{1-15}$$

而在第二阶段,即回收反应生成物之后,再按上式使反应向左进行,回收反应体。这时,如果已分离开的溶质组分比较珍贵,就要回收再利用。否则,还需采取适当的方式进行废弃处理。

第二节　中药制药分离过程工程原理的构成要素

一、工程原理概述与中药制药分离过程工程原理的科学内涵

1. 工程的广义和狭义概念　　在现代社会中,工程一词有广义和狭义之分。就狭义而言,工程定义为"以某组设想的目标为依据,应用有关的科学知识和技术手段,通过有组织的一群人将某个(或某些)现有实体(自然的或人造的)转化为具有预期使用价值的人造产品过程"。就广义而言,工程是一群人为达到某一目的,在一个较长时间周期内进行协作活动的过程。工程是通过科学和数学的某种应用,使自然界的物质和能源的特性能够通过各种结构、机器、产品、系统和过程,以最短的时间和最少的人力、物力做出高效、可靠且对人类有用的东西。因此工程可视为将自然科学的理论应用到具体工农业生产部门中形成的各学科的总称。

2. 原理是具有普遍意义的基本规律　　原理系指自然科学和社会科学中具有普遍意义的基本规律,是在大量观察、实践的基础上,经过归纳、概括而得出的。既能指导实践,又必须经受实践的检验。通常指某一领域、部门或科学中具有普遍意义的基本规律。科学的原理以大量的实践为基础,故其正确性为能被实验所检验与确定。从科学的原理出发,可以推衍出各种具体的定理、命题等,从而对进一步实践起指导作用。中医药学是中华民族的伟大创造,是我国为数不多具有自主知识产权的科技领域,蕴含着巨大的原创性科技资源,也是我国医药卫生领域科技竞争力的重要体现。促进中医药传承创新发展已提升到国家科技战略的地位。中药产业是我国国民经济中优势明显、发展迅速、市场前景广阔的朝阳产业,至今已成为我国医药工业的重要支柱。但仍面临技术水平落后、质量标准低下、高能耗、高排放等制约中药现代化与国际化的问题。中医药与现代科技结合,就有可能产生许多原创性的重大科研成果,造福人类。

而将这一前景转化成现实,则需要坚实的工程技术的支持。中药制药分离技术即是构成这一工程平台的重要组成部分。分离对象——各类生物分子的物理化学性质的差异及由此构成的物料体系的特性,决定了中药制药分离过程的难易程度,而产品产量和临床用途的差异,又对中药制药分离过程在精度、规模和技术经济性价比等方面提出了各自的要求。中药制药分离原理研究力图从目前工业化的各种中药制药分离工艺技术与生产实践中提取中药制药分离过程的经验、教训,凝练成为科学思想,以用于指导中药制药分离过程的技术创新、升级换代和工艺优化设计。

由于中药制药分离技术涉及领域十分广泛,又因为中药原料、目标产品及对分离操作的要求多种多样,这就决定了中药制药分离技术的多样性,并呈现出多学科、高新技术化的鲜明特征。可以毫不夸张地说,近十余年来,特别是进入 21 世纪以来,几乎所有新出现的分离技术都被用于中医药研究与应用领域。从所发表的研究报告来看,论文作者除了来自中医药、医药院校及研究机构外,还来自综合大学、理工大学、化工大学及轻工、海洋、农业、林业、食品、环保、煤炭、冶金等院校或研究机构,几乎囊括各行各业。而涉及的学科面也非常宽广,除去数学、化学、物理等基础学科,处于高速发展的生物科学与数据信息科学、材料科学也成为中药制药分离技术创新的重要支撑学科。融合了上述新兴学科理论与技术成果的分离等技术,囊括离心、膜分离、大孔树脂吸附、超临界流体萃取、双水相萃取、离子交换、分子印迹、螯形包结、结晶、电泳、酶工程技术、免疫亲和色谱、泡沫分离、分子蒸馏、高速逆流色谱、超声波协助提

取、微波协助萃取等。理所当然,中药制药分离过程工程原理也包括构筑上述分离技术所借助的各种物理、化学和生物等不同性质的作用力及如何利用这些作用力进行中药分离的原理。

3. 中药制造缺乏制药过程工程原理研究导致的弊端　　正如上述难题所指出的:之所以目前中药制药过程中普遍存在能耗高、效率低、成分损失多、活性成分转移率低、所得中间体性状不佳等一系列问题,其原因均出于中药制造缺乏制药过程工程原理研究。

例如,目前,用于精制中药水提液的方法主要有醇沉法、膜分离法、絮凝澄清法及大孔树脂吸附法等,其目的都是除去非药效高分子物质。上述方法或可达到不同程度的精制效果,但都无一例外地存在着药效成分的损失、精制程度不高等共性问题,且还存在着各自的缺陷。如醇沉法时间长、成本高、对后续工艺与临床疗效均有不良影响;絮凝法、大孔树脂法因采用了化学分离介质,存在着絮凝剂或树脂残留的问题等。总而言之,上述精制技术在安全性、有效性及技术经济指标等方面均不尽如人意[1,12]。其根本原因应归结于中药水提液精制技术领域所存在的"拿来主义"现状:由于缺乏对醇沉法、膜分离法、絮凝澄清法及大孔树脂吸附法等中药水提液精制技术原理深入系统的基础研究,至今未能开发出专门针对中药水提液体系的分离技术。对于实际的精制应用过程,只能从其他领域已具有的相关技术中去选择,如果现有技术达不到所需的技术要求或技术经济比较不过关,则认为这一技术不适用于中药体系。即使能够在现有技术中选出可用的分离手段,由于分离原理与实用体系不能密切兼容,这种技术也不一定是最优的。这一现实导致新技术的应用领域受到限制,同时现有的分离技术不一定工作在最优状态下。这两点都是制约中药水提液精制技术及中药产业发展的重要障碍[13]。

又如,中药浸膏作为中药制药过程的重要中间体,其生产过程中所涉及的流体力学过程、传热过程、传质过程的基本理论及工艺流程和生产装置至今尚处于套用相关领域学科知识的阶段。目前中药工程设计中,因缺乏基本的中药物性数据(如不同中药物料的密度、黏度、表面张力、导热系数、扩散系数等)[14],往往凭经验或采用经验方式估算,甚至用相近物质的物性代替。其结果必然导致对水提液精制技术应用系统进行优化设计的设想"失真"甚至失败,从而使中药生产的规范化、现代化难以付诸现实。

上述状态的存在,既因为受到中药物料的特殊性等诸多因素的制约;更重要的是中药制药工程理论研究和工艺技术的应用还处于粗放式的初级阶段,远未涉及制药原理,亦即无法从科学的原理出发,推衍出各种具体的工程技术方案等,从而对进一步生产实践起指导作用。

4. 中药制药分离过程工程原理研究任重道远　　中药制药分离过程工程原理是利用中药制药学、数学、物理、化学、物理化学、分离科学、数据科学、材料学、化学工程、生物学、药理学等科学知识来解决中药制药生产过程中的实际问题,而形成的一门新兴学科。中药制药分离过程工程原理主要研究中药制药分离过程中的提取、固液分离、精制、浓缩、干燥等典型单元操作的动力学基本原理,从被分离组分在空间移动和再分布的宏观和微观变化角度及该过程中的热力学规律去认识中药药效物质分离的本质。

中药本身是人类临床实践的积累,以煎服的汤剂为主的中药剂型,显示了从中药水提液中获取药效物质最能体现安全性与有效性。事实上,目前国内绝大多数中药厂家以水煎煮为基本提取工艺。因而中药水提液应是研究中药药效物质的基本载体,当然也是开发现代中药的基础。如何从水提液中科学、经济地获取药效物质,是中药行业目前亟待解决的关键技术,也是中药制药分离过程工程原理研究领域的重中之重。

"整体观念、辨证施治"是中医药理论的精髓,而化学组成的多元化则是中药药效物质的核心价值所在,也是探索中药制药分离过程工程原理面临的艰巨难题。尽管化学组成多元化的药效物质观正成为中药分离科学的主流意识,这是很可喜的趋势。但是也要清醒地看到,又正是由于中药药效物质的多元性与复杂性,要建立一个完整、系统的中药制药分离过程工程理论与技术体系尚有很长的路要走。

二、中药制药分离过程的目标

毫无疑问,中药制药分离的目标是获取药效物质,那么如何去界定中药中的药效物质,即中药物质基础呢? 这里讲的中药物质基础——化学成分应是一个广义的概念,它包括无机物(常见元素、微量元素、稀土元素等,存在形式为不同价态的离子或配合物)、小分子化合物(包括挥发油、氨基酸及生物碱、有机酸、黄酮类、皂苷等常见的化学成分)及生物大分子(包括肽、蛋白质、糖肽及多糖等)。

（一）中药药效物质基础的存在形式[13]

与化学药物不同,上述中药中的物质基础是以十分复杂的形态存在及变化着的,尤其是在复方状态下。尽管这些药效物质的某些存在形态可用药理学或生物药剂学实验数据加以表征,还可以血清药理学的手段加以确认,但物理化学及数学的因素对其存在形态的影响(如成分间相对数量的变化可使其功用主治改变),以及在不同生物学环境下它们的表现(如一些单味与复方中药的双向调节作用)却深奥莫测。疗效显著的中药复方很多,有些单体化学药物难以治愈的疾病也不得不求助于中药,并取得了满意的疗效。例如,王氏保赤丸治疗婴幼儿呼吸系统、消化系统疾病及小儿惊厥等效果极佳。更可贵的是,它可调动机体的防御能力,起到全身调节作用,如便秘者可使其软便,腹泻者可使其收敛。其药效物质难道能用几种化学成分表达吗? 因而仅从化学的角度去研究中药分离理论与技术是片面的。

为达到理想的预防、治疗或康复的效果,中医巧妙地利用了合理组合物(单味道地药材的化学成分)或按中医理论优化的合理组合物(复方)。实际上,中药是生物合成药物的一种应用形式,多种分子的合理组合物。对于疾病来讲,合理组合物中的每个分子并不一定都有直接的作用,而是各施"君、臣、佐、使"(药物相互作用的表现之一)的功能职责。因此,中药对某种疾病或证候的有效与无效,直接取决于有效成分的存在与否和量的多寡。

决定中药中的一个、一种或一组化学物质是否为有效成分、有效效应物质由它或它们在体内的行为来确定,其在肠内和肝内的行为尤为重要,这已成为中药实验医学中的关键性基础科学问题。例如,栀子苷为栀子起保肝利胆作用的主要活性成分,但是由于其必须经过肠道菌群水解为京尼平后才能发挥药理作用,限制了栀子苷只能制成口服或经十二指肠给药的制剂,却无法开发其注射制剂;且栀子苷肠道代谢为京尼平存在个体差异,若以京尼平给药,可避免代谢的个体差异,则可制成不同给药途径的制剂[15]。

在中药复方制剂中,很多以栀子苷类化合物作为药效成分,但目前国内外对这类化合物的体内药效物质基础和特定疾病状态下的入血成分情况的研究还有待深入。由此,不难理解,中药成分的生物药剂学特征是考察中药药效物质基础的重要出发点,也是判断、确认中药制药分离目标的重要因素。

针对当前主流的中药药理学研究思维是一种"成分-靶点-效应"的正向药理学研究思路,主要围绕中药及中药复方中的丰度成分及常量成分,而往往忽略中药组分中种类众多的微量成分问题;同时,鉴于近20年来,"遗传协同致死"模式(一种基因之间的相互作用关系,可使得共同调控生物效应呈现级数放大超过1 000倍)在抗肿瘤药物研发中取得喜人成绩(包括PARP抑制剂的发现,化疗药物增效减毒组合的临床使用等),为靶向抗肿瘤药物的发现及联合使用提供了高效的研究策略,韦忠红、陆茵等提出[16]: 尽管某些微量成分,如鸦胆子中的苦木内酯、莪术中的榄香烯、红花中的羟基红花黄色素等,在整个中药材中的含量不高,且多数有效成分代谢动力学特征不理想,进入特定组织或细胞的有效成分浓度低,但这些微量成分在中药整合药效中扮演着不可或缺的重要角色。应将经典的"遗传协同致死"模式用以探讨中药有效成分量低,与靶点的亲和力弱,但是可以显效的作用特点。该论述不仅从新的角度诠释了中药的作用机制,丰富了中药药效物质基础定义与存在形式表述。毫无疑问,也为中药制药分离目标从当下主要的"丰量、常量成分"转变为"兼顾丰流量和微量成分"提供了一种全新的研究思维模式。

（二）中药注册类别演变与中药制药分离目标的相关性

近年来，随着我国中药注册分类办法的演变，中药制药分离目标也发生了相应改变。

1. 以物质基础作为划分中药注册类别的依据　　2007年，我国颁布实施的《中药、天然药物注册分类》，以分离目标中的"物质基础比例"为主要指标，将中药、天然药物分为以下9类。

（1）未在国内上市销售的从植物、动物、矿物等物质中提取的有效成分及其制剂。

（2）新发现的药材及其制剂。

（3）新的中药材代用品。

（4）药材新的药用部位及其制剂。

（5）未在国内上市销售的从植物、动物、矿物等物质中提取的有效部位及其制剂。

（6）未在国内上市销售的中药、天然药物复方制剂。

（7）改变国内已上市销售中药、天然药物给药途径的制剂。

（8）改变国内已上市销售中药、天然药物剂型的制剂。

（9）仿制药。

其中第1类的定义为：国家药品标准中未收载的从植物、动物、矿物等物质中提取得到的天然的单一成分及其制剂。其中，单一成分的含量应当占总提取物的90%以上。

第5类的定义为：国家药品标准中未收载的从单一植物、动物、矿物等物质中提取的一类或数类成分组成的有效部位及其制剂。其中，有效部位含量应占提取物的50%以上。

第6类内容最丰富，包括中药复方制剂；天然药物复方制剂；中药、天然药物和化学药品组成的复方制剂三大类，它们的含义分别为：① 中药复方制剂应在传统医药理论指导下组方。主要包括：来源于古代经典名方的中药复方制剂、主治为证候的中药复方制剂、主治为病证结合的中药复方制剂等。② 天然药物复方制剂应在现代医药理论指导下组方，其适应证用现代医学术语表述。③ 中药、天然药物和化学药品组成的复方制剂包括中药和化学药品，天然药物和化学药品，以及中药、天然药物和化学药品三者组成的复方制剂。这3种药品对所含"物质基础"比例均未作规定，应该说这是尊重医疗实践，尊重客观规律的做法。因为中药是在我国传统医药理论指导下使用的药用物质及其制剂，其多元性、复杂性与整体性是难以用一般意义上的"物质基础"比例概念所能表达的。

2. 突出中药特色，从产品特性、创新程度等，对中药注册分类进行优化　　2020年9月27日，国家药品监督管理局发布《中药注册分类及申报资料要求》的通告（2020年第68号）规定：中药注册按照中药创新药、中药改良型新药、古代经典名方中药复方制剂、同名同方药等进行类，前三类均属于中药新药。

中药创新药物研发是中药绿色制造领域的主要任务和重要内容。近年来，生命科学的快速发展和我国对中药创新药物审批要求的不断提升，中药创新药物发现呈现出5种途径：① 中药有效成分及其创新药物的发现；② 中药有效部位（多组分）新药及其复方制剂的发现；③ 基于经典名方的创新药物的发现；④ 基于临床有效剂的创新药物的发现；⑤ 基于名优中成药的创新药物的发现。

其中，上述基于中药创新药物发现途径①、②的创新中药产品的制药分离目标，即为有效成分与有效部位，其物质基础对纯度有较高要求。而基于中药创新药物发现途径③、④、⑤的创新中药产品的制药分离目标，则对物质基础纯度不作要求。这一改革进一步对完善中药审评、审批机制，促进中药新药研发和产业发展有着积极作用，为新时代中药传承创新发展指明了方向，提供了遵循。

3. 合成和半合成方式制备的天然有效成分的注册分类归属　　肖小河教授与肖培根、王永炎两位院士联名发表的《中药科学研究的几个关键问题》一文指出[17]：中医药的传统不是保守，讲创新，与时俱进。为了发现更多的药物,神农尝百草就是创新;晋代葛洪为了精制提纯药物成分,研创炼丹术就是创新。

中医药是一门传统学科,也是一门不断发展和完善的学科。中医药学的理论、方法和概念不能拘泥于传统,应具有开放性和兼容性。中药(广义)应是基于我国传统医学理论或经验的天然药物及其制剂,既包括传统意义上的中药,也包括民族药、草药,甚至部分国外传统药物;既包括复方、单方,也包括不同精制程度的药物组分又包括有效成分结构修饰物。

中药新有效成分可以按中药一类新药申报,也可以按化学药一类新药申报。作者认为,天然有效成分经化学修饰,毒性降低,疗效增加,或采取成本更低、对环境更友好、更利于工业化生产的合成和半合成方式制备的天然有效成分,也应可以纳入中药注册管理范畴。由此可推论,用于制备天然有效成分的相关合成和半合成方式,也可纳入中药制药过程,从而扩展了中药制药分离过程工程原理的内涵,这无疑是主要中药制药工程学科的一次重大飞跃。

4. 关于已上市中药生产工艺变更的讨论　　这里需要特别提到的是,2019 年国家药品审评中心颁布的《已上市中药生产工艺变更研究技术指导原则》(以下简称《技术指导原则》)。《技术指导原则》要求根据中药的特点,以及变更对药用物质基础或药物吸收利用的影响程度,工艺变更可分为 3 类：Ⅰ 类变更属于微小变更,其变更不会引起药用物质基础的改变,对药物的吸收利用不会产生明显影响;Ⅱ 类变更属于中度变更,其变更对药用物质基础或对药物的吸收利用有影响,但变化不大;Ⅲ 类变更属于重大变更,其变更会引起药用物质基础的明显改变,或对药物的吸收利用可能产生明显影响。

文献指出[18]：对于以小分子化合物为主要监管产品的国外监管机构而言,这样要求是科学合理的。因为基于化学药监管模式的变更研究,对于单一成分且纯度在 99% 以上的质量控制而言,如果发生工艺变更,仅仅是出现杂质种类或杂质含量上的细微变化都可能带来比较严重的安全性问题。

但是,上述变更研究的技术要求对于我国绝大多数并非是单一成分制剂的中药而言可能就不一定完全适用。例如,中药复方制剂在煎煮时间、加液量或温度上的细微变化都可能会带来物质基础的明显变化,但这种物质基础变化对于作用温和的中成药而言究竟能带来多大的安全性风险需要认真思考、分析。这还不涉及因药材饮片质量的自然波动所带来的对中药制剂物质基础的影响。例如,生产企业基于节能减排和提高对药材原料的生产利用,而更换仪器设备,如常用的干燥设备、灭菌设备、提取浓缩设备等,那么这些生产设备的迭代更替必然会影响药用物质基础的变化,但能"因噎废食"而拒绝技术进步吗？因此变更研究的 3 种情形,对于中药实际生产中所发生的工艺变更,却可能难免会有些"水土不服"。鉴于工艺变更主要涉及制药分离技术,如何科学、合理地处理中药制药技术监管要求与中药产业升级换代的矛盾,亦是中药制药分离过程原理领域亟待解决的难题。

(三) 基于天然组合化合库与多靶点作用原理学说的物质基础观

中医药理论的核心是整体观念、辨证论治。"药有个性之特长,方有合群之巧用",中药及其复方发挥的都是综合性的药理作用。据此,可以认为中药及其复方实质上是一种特殊的药物整体。对于这一观点,中国科学院昆明植物研究所的周俊教授提出天然组合化合库(Natural Combinatorial Chemical Libraries,NCCL)与多靶点作用机制,从物质基础与作用机制两方面发表了精辟的见解[19]。依据现代天然产物化学的研究,许多植物药已能分离鉴定出 100 种左右化学成分。这就有理由推论中药复方是 NCCL,即根据中医理论和实践及单味药功能主治性味,通过人工组合形成的具有疗效的相对安全的天然组合化学库。NCCL 的化学成分包括有效和无效化学成分,大量成分是单味药本身所含有的,少量成分是加工炮制过程中形成的。NCCL 的特点：① 因为是有效复方形成的生物活性的化学成分。② NCCL 内含的化学成分是多类型的,可能含有酚类、生物碱、萜类、甾体和苷类等,因而是一个多样化的库。而现代研究表明,中药有效成分如生物碱、黄酮、苷等,其分子量大多数不超过 1 000 Da,它们是构成 NCCL 的主体,也必然是中药药效物质基础最主要的组成部分。

此外,现代药理学的研究揭示中药复方具有多个作用靶点。如近年对丹参、三七、人参等活血化瘀药物的作用机制研究表明,其作用靶点主要有:离子通道(Ca^{2+}、K^+、Na^+)、肾上腺素受体(α、β受体)、自由基、血小板激活因子(PAF)、血管紧张素转化酶(ACE)、内皮细胞舒张因子(EDRF)、3-羟-3-甲戊二酰辅酶 A(HMGCoA)还原酶等。基于上述的中药复方的多靶点作用机制,复方中多种有效成分以低于它们中某一单体治疗剂量进入人体后,有选择地反复作用于某种疾病的多个直接靶点(治标)和间接靶点(治本),从而达到治疗疾病的目的。显然,能否使中药加工的产物(单味或复方)成为化学成分多样性的天然组合化合库,以力求其产生多靶点作用效果,应是中药选择与确认分离目标的基本思路。

参照周俊院士的天然组合化合库学说,本课题组提出中药精制分离技术的新思路:在基本保持水提液这一传统工艺的基础上,借助膜的筛分效应,依据中药有效成分分子量特征,将中药及其复方作为一组特殊的化学药物整体进行集群筛选。该中药制药分离原理的本质是耦合了"中医整体观念-中药成分的分子量分布规律-膜科技的筛分机理"[13]。

(四)集群筛选中药制药分离过程工程原理在抗新冠病毒实践中的验证

2020 年 3 月 23 日,国务院新闻办公室举行新闻发布会。没有西医特效药,也没有疫苗。推出了应对新型冠状病毒感染疫情的中医"三药三方",是较好的特效方案。"三药三方"系指在 2019 年年底至 2020 年 3 月中国大陆开展的抗疫阶段,通过实验数据和临床效果而筛选出的有效中成药和方剂,具体如下。

1. 3 个中成药

(1)金花清感:2009 年针对 H1N1 而研制的新药,由麻杏石甘汤和银翘散两个方子组成,不仅用随机对照实验验证过有效,并且已上市多年。

(2)连花清瘟:2003 年针对非典而开发的中成药,清瘟解毒,宣肺热,治疗轻型、普通型有确切疗效。

(3)血必净:中药注射剂,对于救治重症、危重症有奇效。尤其是面对西医难以处理的细胞因子风暴、提升血氧饱和度等方面。

2. 3 个中药处方

(1)清肺排毒汤:由汉代张仲景所著《伤寒杂病论》中多个经典方剂优化组合而成。

(2)宣肺败毒方:由经典名方凝练而成。

(3)化湿败毒方:由临床实践优化而成,已通过审批。全国新型冠状肺炎确诊病例中,有 74 187 人使用了中医药,占 91.5%;其中湖北省有 61 449 人使用了中医药,占 90.6%。

3. 4 个作用　以上述"三药三方"为代表的中医药在本次抗疫中,发挥了以下四大作用。

(1)有效治愈轻症,缓解症状。

(2)减少轻型、普通型向重型发展。

(3)提高重症、危重症治愈率,降低死亡率。

(4)促进恢复期人群机体康复。

其中,连花清瘟胶囊的精制工艺则为[20]:利用陶瓷膜过滤技术对连花清瘟胶囊水提部分进行除杂工艺研究,解决原工艺水提醇沉后有效成分流失的问题。对陶瓷膜孔径、提取液温度、膜前后压力对膜通量及有效成分的影响进行了考察,确定生产工艺为:确定操作压差为 0.15~0.2 MPa 的条件下,对连花清瘟胶囊水提液在 60~70℃下选用孔径 0.2 μm 的无机陶瓷膜过滤——利用膜的筛分机理开展中药整体药效物质集群筛选的典范。

研究表明,上述治疗作用的机制是多种中药材组合(天然组合化合库)产生的多靶点作用而汇集的总体药理效应：抗细胞因子风暴、抗肺纤维化、提升与稳定血氧饱和度等。那么为什么看似普通无比的若干以植物为主要来源的中药材，组合在一起能具有如此功能呢？它们的分离机理不正是中药制药过程工程原理值得深入探索的奥秘之一吗？

（五）基于海洋中药资源综合开发利用价值的目标[21]

海洋中药是在中医药理论指导下应用的海洋药物资源，是传统中药的重要组成部分。早期的中医经典，《黄帝内经》中已有"乌贼骨作丸，饮以鲍鱼汁治血枯"的记载；《神农本草经》收载海洋中药牡蛎、海藻、乌贼骨和文蛤等13种；明代《本草纲目》收载海洋中药111种，加上部位药40种，共151种；现代《中华本草》收录海洋药物物种数达612种。2014年，中国海洋中药材品种调查结果显示，中药材市场流通的海洋中药材品种有78种，其中吸收紫外线常见品种50种，大宗品种18种。《中国药典》（2020年版）共收录成方制剂1751个品种，其中海洋药物制剂有143个，包含海洋中药11种。由此可知，开展海洋中药资源综合开发利用研究，提升资源利用水平，构建海洋中药资源综合开发利用体系，具有重要的现实意义。基于海洋中药资源综合开发利用价值的制药分离目标的产品丰富多彩，可有：① 候选药物，提取分离毛蚶、海螵蛸、海马、海龙、牡蛎、珍珠母等海洋中药所含有的多糖、多肽、蛋白质等具有药理活性的化学成分，研发成新药。② 健康食品，利用海藻、昆布、牡蛎等中有多种药食同源类海洋中药品种，提取分离其膳食纤维、海藻多糖、藻酸丙二酯、海藻酸钠、海藻油、多烯不饱和脂肪酸、蛋白质、氨基酸、肽聚糖、核苷等成分，开发具有增强免疫、降血糖、抗氧化、抗疲劳等功能的健康食品。③ 美容化妆品，从海藻中分离纯化得到的多糖、多酚、类胡萝卜素、岩藻黄素和萜类化合物，从海洋动物类中药中提取得到的胶原蛋白、多肽、多糖等成分，均具有吸收紫外线、保湿美白等作用，可开发成面膜、洗面奶、防晒霜等日化产品。④ 新型材料，通过物理化学转化或改性，将海洋中药资源开发形成多种新型材料，如利用从海藻中提取得到的褐藻胶、卡拉胶、琼胶及衍生物等，开发药用辅料；利用盐析法对海螵蛸进行改性，制备成生物医用材料海螵蛸/外消旋聚乳酸复合人工骨；利用海洋贝类中药丰富的碳酸钙，加以改性，形成具有较强交和吸附功能的新型的多孔状结构的环保处理材料，可用于除去重金属。上述分离目标的实现均离不开酶工程、基因工程、超临界流体萃取、膜分离等制药分离技术，当然也与这些分离技术的工程原理密切相关。

（六）基于中药制药分离工程原理的天然植物化工产品[22]

利用中药制药分离过程工程原理从源头上消除环境污染，研发中药绿色制造技术，对可再生资源进行系统、全面地开发利用，已成为中药制药行业的重要趋势。

中药绿色制造的目标包括可生物降解材料和可再生资源的利用，其最大特点在于它是在始端就采用实现污染预防的科学手段，因而过程和终端均为零排放和零污染。上述可再生资源主要是植物/农作物基（或者统称生物基）资源，即农作物、林产品及食品、饲料、纤维加工行业的副产物。它们可通过一年生的作物和树种，多年生植物和短期轮作树种等在较短时间内再生。植物/农作物可再生资源的主要化学构成大部分为碳水化合物、木质素和植物油，或植物的新陈代谢产物，所以可再生资源也是可生物降解的最佳材料。天然植物化工产品主要涉及下列分离材料及分离目标。

1. 天然药用成分　　天然药物中含有大量的黄酮、多糖、酚酸、皂苷、萜类、挥发油、生物碱等具有药用价值的有效成分，多具有抗氧化、抑菌、降血糖、降血脂和胆固醇、提高免疫功能、抗肿瘤等多种生物活性。此外，在相关产业生产过程中产生的大量废弃物，如叶、根、茎、梢、表皮、核等植物组织等，还可以用高新技术进行再利用，提升应用价值和经济效益。① 原料药材，即传统意义上的中药；② 制剂或提取物，通过一些简单的加工制成，中成药大多来源于此；③ 纯天然有效化学成分。如果根据中药制药分离过程原理，对上述资源进行深加工，可有力促使目前我国出口以低附加值的药材和提取物为主的外贸产品向高附加值和高科技含量的产品转型。

2. 天然色素 天然食用色素主要是从植物、动物和微生物中提取的。天然食用色素安全可靠、无毒副作用、色调自然、接近天然物质的颜色,有些天然食用色素还具有营养功效,如国外把胡萝卜素类列为营养添加剂。

鉴于目前较多色素为人工合成,主要成分是偶氮化合物,如苋菜红、胭脂红、日落黄、新红、柠檬黄等,以萘胺、硝酸、磺基、萘、萘酚、对氨基苯磺酸等为原料化合而成。目前,国际上天然食用色素研发工作方兴未艾,全球被批准使用的天然食用色素品种有 60 余种,而我国只有 40 余种,且主要集中在辣椒红、焦糖色、越橘红、玉米黄、萝卜红等几个品种。目前高新技术应用较少,设备落后,提取效率较低,产品纯度低,生产成本高。引入溶剂萃取、组织培养、酶反应、微生物发酵、超临界流体萃取等先进中药制药分离技术,是天然色素行业升级换代的重要途径。

3. 天然香料 传统的天然香精香料是以芳香植物的叶、花、根、籽、皮等为原料,通过压榨、蒸馏、萃取、浓缩、层析等物理方法得到精油、萃取物、油树脂、浸膏等一系列产物。近年,采用了一批先进的制备技术,如热反应制备法,其基本类型是氨基酸与还原糖的加热反应。例如,生物技术制备法,包括酶工程、微生物工程、细胞工程、基因工程等。而冷榨和超临界 CO_2 流体萃取等方法,正逐步取代国内主要的水蒸气蒸馏方法。可适应高端市场需求,技术含量高、附加值高的新产品多数为高、新分离技术的结晶。

4. 天然油料 我国天然油料的原料主要是大豆、菜籽、花生及芝麻、胡麻籽和葵花籽等,棕榈油则是世界上最主要的植物油脂之一。除了食用,油脂是轻化工领域生产脂肪化学品,如肥皂、金属皂、脂肪酸、脂肪酸酯、脂肪醇、脂肪胺、脂肪酰胺及甘油等产品的主要原料。

多年来,我国在油料油脂行业已投入了大量的资源,由于油脂厂规模小、生产技术落后等原因,得不到高效利用,造成较大的浪费。另外,油脂生产过程存在的反式脂肪酸引起的产品的安全性问题也值得重视。因此,基于中药制药分离工程原理研发集约环保型的油脂生产技术,将成为油脂工业的一个发展方向。

三、可供制药分离过程利用的中药物性

现代分离科学指出,分离过程之所以能够进行,是由于原料(混合物)待分离的组分之间,其在物理、化学、生物学等方面的性质,至少有一个存在着差异。我们把这些差异,按其物理、化学及生物学性质进行了分类。

依据自然科学与中医药传统学说,中药物料体系蕴含的可用以分离过程的多种性质差异大致可概括如下。

(一)原始形态存在的中药可供分离的性质

就自然界物质分类学而言,中药可分为植物类、动物类和矿物类,据全国中药资源普查统计,我国中药资源已达到 12 800 多种,中药资源中,药用植物种类最多,约占全部种数的 87%;药用动物占 12%;药用矿物则不足 1%。不同药味其各自不同的"出身",即存在可用于实施分离过程的基本性质。

1. 原始形态存在的植物类中药可供分离的性质 植物的不同部位特征明显,化学成分迥异,了解植物不同部位的中药学特征对开展中药制药分离工艺设计具有重要意义。例如,沈岚等发现[23],在同一温度条件下微波萃取,根茎类中药大黄中大黄素、大黄酚、大黄素甲醚提取率明显高于种子类中药决明子中相同成分的提取率($P<0.05$);4 种中药中有效成分的提取率为花类>根茎类>种子类。这可能是由于中药材表面具有不同的质地结构,如金银花表皮较薄且柔软,多为薄壁细胞组织、极易吸水膨胀;而决明子具坚硬外种皮,含木栓化细胞,经水浸泡多时表面才能软化。上述结构差异导致各种中药吸收微波的能力各异,从而具有不同的分离过程工程原理,需要通过微波萃取工艺优化设计方能达到理想的效果。

植物类中药可供分离的性质还有泡沫指数等。利用皂苷的水溶液振摇后能产生持久性的泡沫的性质,开发的泡沫分离技术在中药药效物质分离中得到应用。

2. 原始形态存在的动物类中药可供分离的性质　已查明有近 1 600 种动物类中药,也具有类似植物类药材的性质差异。如蛋白质和氨基酸是动物类中药常见的活性成分,而等电点是蛋白质和氨基酸的一种特有的常数。

各种氨基酸均有确定的等电点:中性氨基酸的等电点在 pH 4.8~6.3 之间,酸性氨基酸的等电点在 pH 2.7~3.2 之间,碱性氨基酸的等电点在 pH 7.6~10.8 之间。蛋白质的等电点随分子中氨基和羧基的数量及相对的离子化程度而定。其 pH 可能大于 7,也可能小于 7。如果溶液的 pH 小于等电点时,蛋白质即呈酸性而带正电荷;如果溶液的 pH 大于等电点时,蛋白质即呈碱性而带负电荷。由等电点特征衍生的制药分离工程原理被大量应用于电泳、电渗析等分离工艺中。

3. 原始形态存在的矿物类中药可供分离的性质　矿物药约 80 余种,含有金属元素是矿物类中药的显著特征。在中药制药分离过程中,常利用其金属离子可与某些物质螯合的性质,选择合适的螯合剂对其进行分离。目前除去中药浸膏物料体系中重金属残留的分离技术,基本都是依据这一工程原理进行设计的。

（二）中药所含化学成分的物理、化学特征为主的可供分离的性质

1. 常规的理化特征分离性质　中药药效物质常见的理化常数主要有:空间尺寸、相对密度、熔点、凝点、折射率、比旋度、黏度、硬度、碘值、皂化值、酸值、沸程、膨胀度、色度、泡沫指数、溶血指数、体积比、溶解度等。这些理化常数多可作为可供设计分离工艺技术的性质。

中药制药分离的基本对象——中药水提液是一个多尺度的物料体系,在制药分离过程中,对于药液中粗大的药渣或泥沙,可利用筛网筛滤;细小的固体粒子,可借助滤布或离心机在重力、离心力及压力差的作用下,利用微滤等膜分离等技术进行过滤。利用不同成分在水及不同浓度乙醇等有机溶剂中溶解度或分配系数的不同,可以通过沉降或萃取技术实现分离;利用常压下挥发油沸点一般低于 100℃ 的性质,可用水蒸气蒸馏法使其与水分离;利用一般有效成分沸点高于水的性质,用减压浓缩法可去除其中的水分,实现浸膏中溶质与水分子的分离。

中药有效成分的离解常数(K_a)与其酸碱性密切相关,该特征参数是中药制药分离过程常利用的性质[24]。

现代研究表明,中药有效成分具有独特的分子量分布特征,如生物碱、黄酮、苷类等,其分子量大多不超过 1 000 Da（当然某些有生理活性的高分子物质应当成特例另作考虑）。利用膜分子的筛分机理,以不同分子量截留值大小的膜对中药小分子药效物质实施集群筛选,是现代膜分离技术在中药制药分离领域最重要的特色和优势,膜分离产物具有某一分子量区段的多种成分,与多元、整体的中医药的药效物质观高度吻合。

油-水属互不溶流体,中药挥发油与水在密度、黏度和表面张力等理化性质方面均有较大差别。作者团队利用油的表面张力明显小于水的特征,开发了基于膜集成过程的中药挥发油富集技术,颠覆了采用有机溶剂从芳香水中萃取挥发油的传统工艺。

2. 中药大分子化合物中配位基团的配位性质　多数中药有机大分子化合物含有羟基、羰基、羧基、氨基、疏基、杂环氮等配位基团,利用中药中的上述某些活性成分作为配体和其他物质形成配合物时的物理化学变化可进行目标成分的分离。而微量元素大多可作为中心离子与有机分子形成配合物[25]。

潘见、贺云等[26,27]利用葛根素和金属离子生成可溶性配合物的性质,建立、优化了一种从中药野葛根的乙醇提取物中萃取葛根素的新型分离方法。结果表明,该法获得的葛根素纯度高,工艺流程简单,操作简便,容易实现工业化。

3. 可用于中药分离的分子识别特征　　分子识别(molecular recognition)的概念被描述为:在复杂的混合物中,一个分子或分子片段特异性地识别另一个分子或分子片段,并通过非共价键相互结合形成复合物或超分子的过程[28]。

分子识别在许多分离过程中常常起着决定性作用。这是因为分子识别具有:① 时间尺度(受体与配体的作用时间长度为毫秒数量级,相对于两个分子简单的布朗运动造成的相互弹性碰撞的时间长度要长得多);② 空间尺度(受体与配体之间在空间结构上具有互补性,在相互结合的同时,仍可保持各自空间的独立性);③ 信息尺度(相互结合之时具有一种信息的流动)。因为具有上述特征,分子结构上的微小差别往往可以决定某个分离过程是否能够顺利进行。

依据分子识别原理形成的分离技术主要有:① 螯合包结技术(利用主、客体分子之间的特异选择识别性质),如利用螯型主体分子的识别功能选择包结分离藁本挥发油中的肉豆蔻醚:采用反式-21,22-二苯基-21,22-苊二醇(A)作为螯型主体分子,选择性地识别藁本挥发油中的肉豆蔻醚(B),并以包结物晶体(A)+(B)形式析出[28];② 分子印迹技术(利用聚合物与模板分子的特异选择识别性质),如以葛根素为模板分子、丙烯酰胺为单体、二甲基丙烯酸乙二醇酯(EDMA)为交联剂,制备了葛根素分子印迹聚合物(MIP),用以分离、纯化葛根异黄酮[29]。

4. 化合物的结构表征性质及其在中药分离技术领域的应用　　化合物的性质取决于化合物的结构,即化合物的结构与其性质/活性具有相关性。依据定量构效关系(quantitative structure-activity relationship,QSAR),可由相关化合物结构图提取特征,并运用这些特征(作为变量)去构造数学模型,进而运用所构造的数学模型去开展中药制药分离技术研究。描述有机物质分子结构的参数大致可分为3类:疏水性参数、电性参数、空间参数,而这些分子结构的参数可通过 ChemOffice 软件及相关工具查阅、计算。

借助计算机化学技术,本书著者课题组的董洁开展了"超滤膜对生物碱类等物质的透过/截留及其定量结构关系的研究"[30],其目的是建立相对可靠、准确的定量构效关系模型,通过中药药效成分的分子结构参数预测超滤膜对生物碱类等物质的透过/截留率,用以开展有关分离机理研究,为指导大规模试验及生产实践提供科学依据。

(三) 中药水提液体系与分离过程相关的性质

中药水提液是一种由混悬液、乳浊液与真溶液混合而成的复杂体系。从物理化学角度出发,中药水提液可被视为一种十分复杂的混合分散体系。水有着许多异常的特性,对质子既是给予体又是接受体,具有极性基的各种化合物都可与氢结合溶于水中。水的介电常数大,容易与离子水合将电解质溶解。高分子与胶体也可在水中稳定地存在,它们在复杂体系中的流变学特征、电化学性质等均为选择分离技术的基本依据。

著者研究团队在提出"基于现代分离科学技术的中药水提液基础研究"学术思想的基础上,对大样本量中药品种的水提液作了浊度、黏度、pH、导电率、粒径分布、分子量分布等表征分析;与此同时,对其中纤维素、淀粉、蛋白质、果胶、鞣质等高分子物质组成作了检测,继而对分离过程特征量、表征参数与物质组成作了初步的相关性研究,建立了基于中药溶液环境假说的中药制药分离过程工程原理研究理论与技术体系。并通过数据挖掘技术,研究中药水提液的物理化学性质及其中所含各种物质与膜通量之间的关系,从物理化学角度考察中药的膜过程,为科学地分离中药提供理论基础。该研究发现了一些比较重要的规律,使中药膜污染机理研究思路与方法获得突破性进展[31-33]。

(四) 以药理活性表达的生物学分离性质

中药对生物体或离体的器官组织能产生一定的生物效应,在临床上表现为药理作用如溶血、凝血、抗癌、调节免疫、降血压、降血脂等。根据中药(包括提取物和单一化合物)的特点,选择合理、先进的药理筛选模型,可以分离得到相关药效物质,用于中药新药的研发。

1. 基于单味或复方中药功用、药理学效应的分离性质   中药功用主治等文献记载可为中药活性成分提供重要的方向,如活血化瘀药可考虑心血管有关模型,以药效活性定向分离到有效部位,再进行活性单体的分离。又如,从常用传统中药玄参的性味归经及作用来看,主要因其解热降火作用而著名,提示可以抗自由基、抗炎等药理学指标对其活性成分进行定向分离。结果发现,玄参所含苯丙素苷类成分对自由基损伤 DNA 碱基的修复有较好作用,并能抑制鼠腹腔中性白细胞产生炎症介质 LTB$_4$ 生成活性,由此还可进一步对该药味开展全成分分离。

某些中药,缺乏比较合适的化学分析方法来确定它们的有效成分含量或药理效价,如洋地黄及其制剂,某些动物类中药等,可通过生物效价测定而加以表征,从而用于分离中药提取物不同部位的判断依据。如用抗凝活性测定法筛选水蛭不同溶剂提取部位的研究表明,水蛭乙酸乙酯部分能使大鼠的 PT (凝血酶原时间)、TT(凝血酶时间)、APTT(活化的部分凝血活酶时间)显著延长,水溶液部分能显著延长 PT 和 APTT,正己烷部分能显著延长大鼠的 PT,正丁醇部分能显著延长大鼠的 APTT。水蛭正己烷部分抗凝作用明显逊于乙酸乙酯部分,有极显著性差异($P<0.01$)[34]。

对于中药复方而言,由于成分复杂,化学方法寻找药效物质难度很大,刘文等[35-53]利用药理学的手段对其药效物质进行了初步确认:其在小半夏加茯苓汤中药效物质的正交试验筛选研究中,采用 $L_9(3^4)$ 正交试验制成不同提取工艺的样品,测定呕吐潜伏期、呕吐次数和总生物碱的质量分数,并结合统计学方法,对数据进行线性回归。结果发现,呕吐潜伏期与总生物碱呈良好线性关系,呕吐次数与总生物碱也呈良好线性关系,确立了总生物碱为小半夏加茯苓汤的药效物质,从药理学生物活性的角度提供了筛选中药分离目标的一种方法。

2. 基于药物靶体分子识别功能的分离性质   基于分子识别原理的分子生物色谱方法筛选中药活性成分方法,就是把生物体内活性物质如酶、受体、传输蛋白等固定于色谱填料中,利用中药中活性成分与它们的相互作用,发现新的生理活性物质。邹汉法等[36]在基于分子识别原理的分子生物色谱技术应用于中药化学领域,已取得若干阶段性成果:① 多种中药的分子生物色谱图指纹比较;② 当归、白芍、丹参和茵陈中活性成分筛选及质量控制;③ 活性成分与蛋白质的相互作用及由此导致的多种药物相互作用研究;④ 分子生物色谱固定相合成,在硅胶基质上合成出人和牛血清白蛋白为配基的分子生物色谱固定相,并应用于多种手性药物的拆分研究。

贺浪冲等[37]将活性细胞膜固定在硅胶等某种载体表面,形成载体细胞膜(carrier cell membrane, CCM)——硅胶 CCM,以最大限度地保持细胞膜的整体性、膜受体的立体结构、周围环境和酶活性。其具备普通细胞膜制剂的特性的同时,还具有一定的刚性,可作为一种生物活性填料用于液相色谱,形成一种能模仿药物与靶体相互作用的色谱系统。

3. 基因表达模型与中药活性物质筛选分离   伴随着后基因组时代的到来,基因组学催生了一批与中药研究相关的新技术,如基因芯片技术[38]、生物信息学技术[39]及由此发展起来的药物基因组学[40]等。基因芯片以高通量、多因素、微型化和快速灵敏的特点而见长,能够针对中药的多成分、多途径、多系统、多靶点的作用特点而进行系统深入的研究。

中药基因组学致力于研究复方制剂的特定基因作用模式,为探索中药作用靶点、药物筛选、中药成分鉴定、道地药材鉴别等现代中药研究课题开辟了崭新的领域。并有学者提出了现代中药新药筛选系统[41],该系统建立有对照的有效部位差异基因表达谱数据库,可在基因表达水平上更快速、更准确、更为可行地进行中药单、复方之间的配伍、中药各组分之间的配伍筛选,大大缩短新药研究的周期。据报道[42],利用寡核苷酸芯片分析中药黄连化学成分的 12 600 个基因,经过生物信息学处理,最终确定小檗碱是黄连抗增殖的效应部位,并佐证了 DNA 芯片用于单味中药的效应部位分析。

（五）基于生物药剂学原理的中药活性成分预测筛选系统

1. 生物膜渗透性的体内外相关性与中药活性成分筛选　　溶解性、渗透性及稳定性是决定药物体内吸收、生物利用度、体内活性及临床疗效的重要因素，这些因素是由药物的结构及其内在本质决定的。针对中药研究中经常遇到的体外活性有效而体内活性无效的难题，以溶解度与渗透系数等相关性分析为切入点，借鉴生物药剂学理论和试验技术，通过微量化分析手段，所构建的以溶解度及渗透系数为指标预测筛选中药成分体内活性的方法，已形成"体外筛选-体内活性预测-体内活性研究"相关联的新型中药活性物质筛选评价体系，为中药活性物质的筛选、分离提供了快速、高效、经济的新途径[43]。

基于与此类似原理的中药活性成分预测筛选手段，还有：① 脂质体模拟生物膜预测与筛选潜在活性成分的技术[44-46]；② 利用人肠上皮细胞系（Caco-2）的中药有效组分筛选技术[47]。

2. 可用于中药有效成分分离的药物体内吸收、分布性质　　鉴于绝大多数中药及复方采用传统的口服给药方式，口服中药后的血清中应含有真正的有效成分，即原形成分、代谢产物和机体产生的应激性成分。因此，通过分析口服给药后血清中成分，确定中药及复方的体内直接作用物质，成为快速、准确地确认及后续分离中药药效物质基础的有效途径[48-53]。

现代医学强调药物的靶组织浓度，认为它与疗效相关。而方剂的有效成分通过吸收进入血液并在到达病变靶组织后，才能发挥作用。为此，唐文富等[54]提出的方剂组织药理学新假说，以中医基本理论为指导，采用 HPLC 及药理学、病理学方法研究不同中药方剂在不同疾病病变组织内的成分谱、浓度变化、作用位点或受体、有效成分与组织的相互作用及量效关系，以阐明中药方剂作用的物质基础，将药物体内分布的性质应用于中药药效物质的确认与分离。

（六）基于中医药理论的可用于药效物质分离的性质

1. 中药药性理论与药效物质的分离　　现代研究表明，中药的四性、五味与药理学效应有关，并具有一定物质基础。肖小河等通过中药四性的生物热动力学研究——左金丸与反左金寒热药性的微量热学比较发现，温热药方反左金与寒凉药方左金丸及黄连不同炮制品总生物碱在细菌指数生长期的生长速率常数、生长代谢过程中热量释放等方面存在较稳定的差异。提示代谢热作为评价中药四性的物理特征量，可从生物物理和生物化学的角度，被视为中药体系新的分离性质，用于中药活性物质的筛选[55]。

文献报道鲜见升降浮沉理论和化学成分、药效相关性研究，但孙维峰[56]从胃肠动力学的角度对"升清降浊与胃肠运动关系"的论述及所开展的"升降散拆方实验"，清晰地揭示了升降沉浮理论与药效物质分离的相关性。表明，中药体系的升降沉浮性质，对于升降散及其类似方剂的提取工艺与有效物质分离、纯化路线的设计具有重要意义。

与此同时，大量研究指出，传统归经理论与中药药效物质的选择性作用有密切的相关性，而这对中药药效物质的分离具有重要指导意义。如麻黄入肺、膀胱二经，麻黄碱与伪麻黄碱为其主要药效成分。其中，麻黄碱对支气管平滑肌有解痉和升压作用；而伪麻黄碱则有明显的利尿、抗炎作用。显然，针对呼吸系统疾病为主证的新药研制分离目标与针对泌尿系统疾病为主证的新药研制分离目标是不同的[57,58]。

2. 方剂配伍理论与中药复方药效物质的分离　　罗佳波等[59-61]所开展的"葛根芩连汤各配伍与解热药效之间的关系研究""葛根芩连汤不同配伍对葛根素含量的影响""配伍对葛根芩连汤中葛根HPCE 指纹图谱的影响"等系列研究，较深入、系统地探讨了配伍对药效、配伍对指标成分含量及配伍对指纹图谱的影响。实验结果表明，黄连与葛根合煎产生沉淀，且发现沉淀中含有一定量的葛根素，约占煎液中葛根素总量的 5%~20%。葛根素沉淀的原因可能是黄连的存在导致合煎液的 pH 降低，降低了葛根素的溶解度，从而在较低温（90℃以下）下析出。亦有可能是沉淀过程中的包合、夹带所致。该研究揭示配伍理论是影响中药制药分离效果的重要因素，也表明配伍理论对复方提取分离工艺路线设计具有重要参考价值。

四、中药制药分离过程工程原理的构成要素

（一）讨论中药制药过程分离工程原理的意义

中药（含复方，下同）由植物、动物和矿物等天然产物构成，不可避免地需要"去伪存真，去粗取精"，因而分离是中药制药工程领域的共性关键技术。

依据中医药研究与临床应用的不同需要，中药制药的分离目标可以是单体成分、有效部位、有效组分等，所采用的分离手段则有膜分离、树脂吸附、超临界流体萃取、双水相萃取、分子蒸馏、亲和色谱等，"八仙过海、各显神通"。但这些分离技术均源于其他学科领域，因中药复杂体系不能与之密切兼容，而存在以下两方面的基本问题：① 这些技术的应用范围受限；② 这些技术不一定工作在最优状态下。

而普遍存在的"提取物越纯，药理及临床作用越不理想""单体成分不能完整体现中医药整体治疗作用"等深深困惑着中医药界的严重问题，以及目前中药制药过程中普遍存在能耗高、效率低、成分损失多、活性成分转移率低、所得中间体性状不佳等一系列问题。更令人痛感中药制药分离技术的滞后已成为中药现代化的瓶颈之一。如何寻找突破口呢？显然应深入、系统地开展面向中药复杂体系的分离科学与技术研究，努力构造可体现中医药整体观念的中药制药过程分离工程理论与技术体系。

为将现代分离科学理论与技术引入中药制药工程研究领域，从被分离组分在空间移动和再分布的宏观和微观变化角度及该过程中的热力学规律去认识中药药效物质的分离问题，近年来，本课题组参照国际分离科学界著名专家日本大矢晴彦教授与美国 Gidding J G 教授所提出的"平衡、速度差与反应"及"场-流"分离理论体系，逐步深入地开展着"中药制药分离原理与技术"的系统研究，其目的是：

（1）从分离的科学本质认识、消化、吸收现有的各种中药制药分离技术。

（2）建立最优分离的概念，针对中药制药过程的不同分离目标，设计科学合理的分离工艺技术。

（3）寻找中药复杂体系可适用于不同分离原理的性质，为进一步开展中药制药分离领域的创新性研究奠定基础。

（二）中药制药分离工程原理的构成要素

中药的一个重要特点是组成复方使用，这一特征既体现了中医辨证论治，因时、因地、因人而定的个体化给药方案特色，又反映了其药效物质基础的复杂性及其作用机制的综合性。中药药效物质整体性是我们研究中药制药过程分离工程问题时必须时时记住的一条原则。

依据本书著者的理解，中药制药过程分离工程原理的内涵应该包括两个方面：其一，基于中医药理论的中药制药过程分离工程原理，暂且称为中药制药过程分离第一性工程原理；其二，基于现代分离科学的中药分离原理，暂且称为中药制药分离过程第二性工程原理。

中药制药分离过程第一性工程原理的要旨在于：在中医药理论的指导下，确认分离目标，选择技术路线，其内涵是如何从中药中筛选出药效物质，又如何通过制药流程将它们进行有效分离，其被分离产物能否代表中药的功用，能否在中医理论指导下，在临床取得原有汤剂应有的疗效并有所提高，这实质上就是中药制药分离过程所面临的科学问题。深化对中药制药分离过程第一性工程原理的认识，特别是根据临床治疗的需要，选择、明确中药制药过程分离目标，对当前正处于我国中药注册分类办法演变过程中的中药新药研发工作具有特别重要的现实意义。

中药制药分离过程第二性工程原理则侧重于：解决技术层次的问题，即如何基于不同物质传质与传热规律，使具有不同技术原理的分离手段与所面对的中药物料体系的性质相互适应，从而设计清洁、

经济的工艺路线,选择绿色制造技术,优化操作参数。

根据上述分析,是否可认为中药制药分离过程工程原理应由以下三要素构成:① 中药制药分离目标的选择与确认;② 中药物料体系可用于分离的性质;③ 中药分离过程工艺设计。本书将在以下有关章节中对上述中药制药分离原理构成要素开展讨论。

五、中药制药分离过程工程原理研究面临的关键问题

中药复方是祖国医药宝库的重要组成部分,是中医扶正祛邪、辨证论治的集中体现和中医治法治则在组方用药上的具体应用,其君臣佐使等配伍的独特规律及效用的优越性已为数千年的临床实践所证明。尽管多年来国内外学者们一直致力于阐明中药复方的作用机制和物质基础,但由于中药复方的博大精深和复杂性,迄今,仍难以从中药制药分离过程工程原理的角度为中药复方制剂的疗效提供科学依据。其关键问题之一,正如王永炎院士指出:中医药研究所面临的是一个复杂巨系统,其主要特征是表征被研究对象的各个指标不是成比例地变化,各指标之间呈非线性关系,不遵循线性系统的运动规律叠加原理,即如果把整个系统分解成数个较小的系统,并获取各子系统的运动规律,则这些子系统运动规律的叠加不是整个系统的运动规律[62]。中药药效物质化学组成多元化,而又具有多靶点作用机制,是一个具有大量非线性、多变量、变量相关数据特征的复杂体系,如何将其化学组成与活性作用耦合以阐明中药复方的作用机制和物质基础,从而构建对中药制药产业化具有指导意义、基于制药分离产物化学组成与生物活性相关性的中药制药分离过程工程原理理论体系? 显然需要引入非线性复杂适应系统科学原理及研究思路,通过数据挖掘(data mining),进行知识发现(knowledge discovery in database,KDD)研究[63,64]。数据挖掘是通过现代计算技术从大量的复杂数据中寻找某一规律的科学方法,它可从大量貌似杂乱无章的现象(数据)中寻找隐含的规律,用于开辟中医药研究的新领域。知识发现则被定义为:从大量数据中提取出可信的、新颖的、有效的,并能被人理解的模式的高级处理过程。知识发现处理过程可分为 9 个阶段:数据准备、数据选取、数据预处理、数据缩减、知识发现目标确定、挖掘算法确定、数据挖掘、模式解释及知识评价。数据挖掘是知识发现最重要的环节。

为利用数据挖掘技术开展中药制药过程工程原理的知识发现研究,必须面对以下问题:

(1) 探索既可体现分离产物的多元性,又便于产业化操作的分离技术,如膜分离、吸附树脂、超临界CO_2流体萃取及其技术集成的分离原理。

(2) 借助可对制药过程实现瞬时检测的现代过程分析技术(process analytical technology,PAT)技术,建立可科学描述复杂的化学组成、多层次的药理作用及这两者相关性,并可与信息科学和前沿数理科学接轨的表征技术体系,如主要指标性成分定量分析加以指纹图谱技术、分子生物学色谱技术及建立在基因、分子、细胞水平上的药物活性成分筛选技术等。

(3) 寻找可有效处理从化学组成与作用机制实验研究中所获取的,具有非线性、多变量、变量相关、高噪声、非均匀分布、非高斯分布等部分甚至全部特征的复杂数据的数据挖掘算法,如统计多元分析、主成分分析、神经网络元、模式识别、支持向量机等[65],以及多种算法的取长补短、相互印证。

上述三大问题的提出与解决必然涉及中医药学、分析化学、物理化学、药理学、分子生物学、现代分离科学、计算化学等许多学科,已足以形成中药制药分离过程工程原理这一概念。这里要特别指出的是,将物理化学和计算机化学理论与技术体系纳入本行业,是传统产业走向高新技术化的必由之路。目前石油、冶金等以天然资源为原料的产业均因创立了相关石油物理化学与冶金物理化学,而使传统技术产生质的升华,取得了极大的社会效益与经济效益[66]。将现代分离技术的核心原理——物理化学全面引入中药研究体系,必将为攻克中药药效物质复杂体系的认识盲区提供有力的技术支撑,为中药制剂学与现代科学全面兼容提供一个新的平台,为各种高新技术在中药制药行业的产业化扫清道路。

第三节 基于过程科学的中药制药关键工序解读

一、中药制药分离过程的广义与狭义概念

过程可分为广义过程和狭义过程。广义过程包罗万象,涉及星体的演变过程、大自然的生态过程、人体的生化过程、细胞的衰变过程、化学物质的燃烧过程,以及各种各样的工业生产过程。而狭义过程则主要指流程工业,如化工、冶金、制药、食品等工业生产过程。流程工业又可分为大过程和小过程。大过程指某一产品完整的生产链,如中药制药工业,包括从原料监控、中间体(浸膏)制备、制剂成型等整个生产过程。小过程多指单元操作过程,如中药制药生产中的提取、浓缩、干燥等单元操作工序。

毫无疑问,中药制药分离的目标是获取药效物质。从狭义理解,中药制药分离是获取单体成分、有效部位、有效组分等药效物质的过程;而从广义来认识,中药制药分离的概念,即中药药效物质获取(中成药生产)过程,包括通过提取等工序将药效物质从构成药材的动、植物组织器官中分离出来;通过过滤等工序将药液与药渣进行分离;通过澄清等工序实现细微粒子及某些大分子非药效物质与溶解于水或乙醇等溶剂中的其他成分分离;通过浓缩、干燥等工序实现溶剂与溶质的分离等。

二、提取过程的本质特征

中药提取是以中药材为载体,去伪存真、去粗取精,从中获取药效物质的过程。在中药常用提取方法中,除了少数品种可用压榨法、升华法和水蒸气蒸馏法外,大多数品种及其他所有提取方法都与溶剂浸出有关。提取过程的本质是基于液固相平衡原理,利用溶剂使中药材固体原料中的可溶组分(溶质)进入液相,而与不溶解物质(药渣)实现分离。

而矿物药、植物药、动物药因其来源不同,物质结构与药效物质的化学组成各异,在提取过程中的分离表现又各有特点。

(1)矿物药:矿物药没有细胞结构,其有效成分可以直接溶解或分散悬浮于溶剂之中。

(2)植物药:无论是植物的初生代谢成分(糖类、脂类、蛋白质、激素等)或次生代谢成分(生物碱、黄酮、苷类、萜类等)和异常次生代谢成分(如树脂、树胶等),在植物体内多是以分子状态存在于细胞内或细胞间的,少数以盐的形式(如生物碱、有机酸)、结晶形式(如草酸钙结晶)、分子团形式(如五倍子单宁)等存在。提取时要求有效成分透过细胞膜渗出,其浸提由湿润、渗透、解析、溶解及扩散、置换等相互关联的过程组成。植物性药材有效成分的分子量一般都比无效成分的分子量小得多,与其周围的新鲜溶剂介质相比,植物组织内外浓度差无限大。此时,随着时间的延长,溶剂将自动向植物细胞内渗透、充盈甚至破坏细胞膜而彻底打开内外通道。同时细胞内的成分因溶剂分子的渗入、包围而使细胞内的原存在状态解离并开始向低浓度的细胞组织外扩散,经过一定时间即达到内外平衡。为了提高浸出效率,必须用浸出溶剂或稀浸出液随时置换药材颗粒周围的浓浸出液,以保证最大的浓度梯度。

(3)动物药:动物药的有效成分绝大多数是蛋白质或多肽类,分子量较大,难以透过细胞膜,且对热、光、酸、碱等因素较敏感,故提取前的细胞破碎及提取条件显得尤为重要。

固液分离是提取工序的操作过程之一,其目的是将药渣与固态微粒从中药提取液中分离除去。

三、精制过程的本质特征

中药精制是经固液分离后的中药提取液实现细微粒子及某些大分子非药效物质与溶解于水或乙醇

等溶剂中的其他成分的分离。

常用于精制中药水提液的方法主要有醇沉法、膜分离法、絮凝澄清法及大孔树脂吸附法等,其目的都是除去非药效高分子物质。其中醇沉法的主要机理是利用大、小分子物质在乙醇中溶解度不同,而使高分子物质形成沉淀析出除去;膜分离法是利用膜孔径对不同分子量物质的截留差异,除去高分子物质;絮凝澄清法是通过加入澄清剂以吸附架桥和电中和方式,除去溶液中的粗粒子;大孔吸附树脂法则是利用大孔树脂对不同分子的筛孔性和范德瓦耳斯力(又称范德华力)的差异,而将物质进行分离。

上述方法或可达到不同程度的精制效果,但都无一例外地存在着药效成分的损失、精制程度不高等共性问题,且还存在着各自的缺陷。如醇沉法时间长、成本高、对后续工艺与临床疗效均有不良影响;膜法膜污染严重,通量下降快;絮凝法、大孔树脂法因采用了化学分离介质,存在着絮凝剂或树脂残留的问题等。总而言之,上述精制技术在安全性、有效性及技术经济指标等方面均不如人意。

解决上述问题的根本方法是对水提液精制技术应用系统进行优化设计。而为达到优化设计的目标,必须解决精制对象——中药水提液复杂体系的客观评估问题,从面向药效物质的分离过程出发,依据现代分离理论的基本原理,建立可科学、完整地描述中药水提液复杂体系的理论与技术体系,从本质上研究中药水提液复杂体系可用于分离的性质。鉴于中药水提液是成分非常复杂的多组分混合体系,该研究工作将涉及中药制剂学、物理化学、分析化学、现代分离科学及计算机化学等科学领域,并开展多学科交叉创新研究,而这也是编著本书的主要宗旨之一。

四、浓缩过程的本质特征

浓缩:溶质与溶剂分离的过程。科学本质:把溶剂分子从溶液(液体物料)中驱离;对中药水提液而言,除去 H_2O 分子。中药水提液浓缩的机理:凡可以把 H_2O 分子除去的方法都可用于浓缩技术——利用 H_2O 与溶质分子物理化学性质(沸点、冰点、分子量)。

中药提取液常规浓缩工艺及其作用与机理如下:

1. 蒸发　　蒸发是浓缩原料液最常用的方法,这种溶质富集过程主要是通过变化温度和压力使溶剂气化而实现。

蒸发浓缩法就是使组分从液相向气相转移的分离技术——水(溶剂)汽,需要加热,消耗大量的能量。三效真空蒸发浓缩,其操作温度在 60~90℃ 之间。由于存在减压操作,所以一些中药的芳香成分及一些易挥发有效成分,会被真空泵抽出去。同时,由于长时间受热,一些有效成分有可能聚合变性。

2. 基于结晶原理的中药冷冻浓缩技术　　冷冻浓缩操作是将稀溶液降温,直至溶液中的水部分冻结成冰晶,并将冰晶分离出来,从而使得溶液变浓——水凝结成冰。溶剂体积减小,溶质得到浓缩。

低温操作,可将微生物繁殖、溶质的变性及挥发性成分的损失控制在极低的水平,但目前应用于工业化阶段的范例却很少。

主要问题:① 研究对象大多为水提取液,醇提取液的冷冻浓缩尚未见报道;② 对于浓度和黏度较大的提取液的适应性需进一步研究,冷冻浓缩的浓缩比率一般在 10%~100%,尚难以使比率小于 1/10;③ 从系统论角度考虑,冷冻浓缩与低温提取、冷冻粉碎、冷冻干燥等操作组合使用,才可充分发挥冷冻浓缩的优势,达到提高药品质量和节能降耗的目的。

3. 膜浓缩的作用与机理　　膜浓缩以膜为过滤介质,在一定的操作条件(如压力)下,当原液流过膜表面时,膜表面只允许水及小分子物质通过而成为透过液,而原液中体积大于膜表面微孔径或与膜材料不具亲和性的物质则被截留在膜的进液侧,成为浓缩液,因而实现对原液的分离、浓缩等目的。

与传统的蒸发浓缩相比,膜浓缩过程中无相变,可以在常温及低压下进行因而能耗低;物质在浓缩分离过程中不发生质的变化,适合热敏物质的处理;能将不同分子量的物质分级分离;在使用过程中膜无杂质脱落,保证料液的纯净,并且整个膜浓缩过程操作简便,成本低廉,适用于工业化生产。

五、干燥过程的本质特征

干燥:溶质与溶剂分离的过程。科学本质:把溶剂分子从溶液(液体物料)中驱离,中药生产过程一般是从经浓缩的浸膏中清除水分,或者其他的溶剂。既然是清除水或者其他的溶剂,那么不同的干燥技术是否会使中药制剂品质发生质的改变,以致对治疗效果产生影响呢? 大量研究表明,中药材或中药物料干燥过程存在复杂的物理化学变化,不仅是中药某些成分采用不同干燥方法可能发生变化,既有同种成分含量的变化,也有某种成分转化为另一种成分;还会发生若干物理性质的改变,比如浸膏中某些化学成分的晶型由定型转变成无定型而引起的热力学不稳定状态;干燥物料呈现玻璃化;干燥物料的吸湿性能、粉体学性质改变及由此而产生的对后续颗粒成型工艺的负面作用,以致因生物利用度的改变而对临床疗效产生不良影响等。

上述情况的发生原因是多方面的,从干燥过程工程原理分析,既与待干燥物料中所含水分子的状态(结晶水、自由水、结合水、平衡水等)如影随形;也与待干燥物料的形态(中药材、浸膏、胶囊剂、丸剂等不同剂型)息息相关;还和干燥技术种类及其工艺参数密不可分,如喷雾干燥、微波干燥、真空干燥等不同的工艺过程因其技术原理的差异,各有其适宜的对象。

鉴于上述改变可能从物质基础和生物药剂学行为等方面干预药物的临床功用,干燥过程中可能存在的质的改变是不容忽视的,从工程原理的角度认清干燥过程的本质特征,客观准确地评价干燥过程中的质的改变程度,并有的放矢地提出相应解决措施,具有重要的现实意义。

六、灭菌过程的本质特征

灭菌:采用物理或化学的方法把所有致病和非致病的微生物、细菌的芽孢全部杀死的过程。

物理灭菌法主要是采用温度、射线、过滤等方法除去微生物的技术。其主要机理:① 利用干热或湿热使蛋白质变性或凝固,破坏核酸、酶失活,而导致微生物死亡;② 紫外线、电磁波、放射线使核酸、蛋白质变性;③ 采用孔径小于细菌空间尺寸的过滤器材,滤除细菌病原体。

化学灭菌法则主要是使用化学药品直接作用于微生物进行灭菌的方法。其主要作用机制:① 使病原体蛋白质变性而死亡;② 通过与细菌体内酶系统的结合,影响细菌的代谢功能;③ 降低细菌的表面张力,增加细菌细胞质酶的通透性,溶解细胞或使细胞破裂。

上述灭菌技术各有利弊,可适用于不同中药物料体系,但普遍都存在若干共同的问题:① 不同程度地破坏或者降解有效成分,甚至产生毒副物质,影响疗效,严重的可引起不良反应,甚至危及生命;② 某些中药在灭菌过程中可能产生一些毒性物质,残留于中药材或中成药产品中。为此,必须通过对灭菌过程开展深入、系统的基础研究,努力攻克中药体系灭菌技术作用原理,为建立具有中药特色的灭菌理论与技术体系提供依据。

第四节　中药制药分离过程的化工原理解析

一、与中药制药分离过程相关的传统化工"三传一反"原理概述

"三传"为动量传递(遵循流体力学基本规律,包括流体流动、沉降、过滤及固体流态化等)、热量传递(遵循热量传递基本规律,包括传热、蒸发等)、质量传递(遵循质量传递基本规律,包括蒸馏、吸收、萃取、吸附、膜分离)[67]。"一反"指的是化学反应过程,其中包括原料的预处理、化学反应、产物分离等。

"三传理论"从物理本质上解释说明了化学工业中各单元操作中所发生的过程,构成了联系各种单元操作的一条主线。同时化学反应过程往往也是一项生产流程中的决定性因素。

（一）动量传递

流体中的动量传递涉及流体动能及产生这些动能的作用力的研究。根据牛顿第二定律,一个系统中物体的加速度与其作用力成正比。与远距离作用力(如重力)不同,流体中的由于压力和剪应力所产生的作用力来源于动量的微观(分子层级)的传递。所以这一类主题属于经典流体力学,也可称为动量传递[68]。

1. 流体流动　　在制药生产工艺过程中,物料经常需要进行转移,如纯净空气、蒸馏水或其他有机溶剂。合适的流体运输方式和设备的选型能够在达成基本运输转移目的的同时,降低生产和运输成本。因此,这需要对流体的力学性质、流体运动规律等进行深入的了解。

2. 流体类型　　物体有固、液、气三相。其中,液体和气体统称为流体。流体可以通过其两种不同的方式对其进行分类:根据它们在外部施加压力作用下的行为,或根据其在剪应力作用下产生的变化。如果流体的体积与它的压力和温度都无关,这种流体称为不可压缩流体。如果它的体积随着压力和温度发生变化,便称为可压缩流体。值得注意的是,尽管考虑到流动中的流体通常可以认为是不可压缩的,但没有任何液体是完全不可压缩的[69]。气体具有比液体高得多的可压缩性,并且如果压力或温度发生改变,体积可能会发生明显变化。但是,如果压力或绝对温度的百分比变化很小,则出于实用目的,气体也可被视为不可压缩。因此,实际上,仅当气体的压力或温度发生较大比例变化时,体积变化才可能很重要。气体的压力、温度和体积之间的关系通常很复杂,除了在非常高的压力下,气体的行为近似于理想气体的行为,对于理想气体,给定质量的体积与压力成反比并直接与绝对温度成正比。但是,在高压下且压力变化较大时,可能会偏离该定律,因此必须使用近似状态方程。

流体在剪应力作用下的行为很重要,因为它决定了流体的流动方式。影响流体内应力分布的最重要的物理特性是其黏度。对于气体,黏度较低,即使在高剪切率下,黏性应力也较小。在这种条件下,气体的行为近似于无黏性流体。在涉及气体或液体流动的许多问题中,黏性应力很重要,并且会在流体中产生明显的速度梯度,并且由于建立了摩擦力而导致能量耗散。在气体和大多数纯净液体中,剪应力与剪切率之比是恒定的,并且等于流体的黏度。这类流体根据它们的特性称为牛顿流体,如图1-5所示。但是,在某些液体

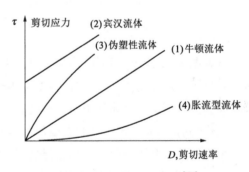

图1-5　不同的流体类型[69]

中,特别是在悬浮液中包含第二相的液体中,该比率不是恒定的,并且流体的表观黏度是剪率的函数。因此该流体称为非牛顿流体,并表现出流变特性。

流体由大量不规则运动的分子组成,其分子之间及分子内部的原子之前存在一定的空隙,因此流体是不连续的。以下3种流体力学模型解释了相对于的有关流体运动的规律[70]:① 流体的连续介质模型,不考虑流体分子间的间隙,把流体视为由无数连续分布的流体微团组成的连续介质;② 不可压缩性流体模型,当流体的压缩性很小且可以忽略时,该流体被认为是不可压缩;③ 理想流体模型,具有黏性的流体($\mu \neq 0$)。忽略黏性的流体($\mu = 0$)是理想流体模型。

3. 沉降　　固体颗粒在重力场和离心力场中因场效应而发生沉降。在制药生产中,两种形式都存在,如中药提取液的离心分离和静止沉淀。需要注意的是,沉降分离是不彻底的分离。互不相溶重液与轻液也适用于沉降分离法[70]。

4. 过滤　　过滤是通过过滤介质、隔垫、滤布或固体颗粒床去除流体中的悬浮颗粒。过滤主要分

为固-液分离和固-气分离。其中所处理的悬浮液物料称为滤浆,滤浆被过滤介质截流后形成的固体物料为滤饼或滤渣,滤饼可在过滤介质表面形成过滤层,而对过滤过程产生重要影响。通过过滤介质后的液体物料为滤液。通常,过滤介质的孔大于要去除的颗粒,并且只有在初始沉积物已被捕获在介质中之后,过滤器才能有效地工作。工业应用中,为了让过滤工序获得较高效率,需要更高的压力,且提供具有更大面积的过滤介质。

过滤本质上是一种机械操作,并且比蒸发或干燥所需的能量要少。因为在蒸发或干燥中,必须提供通常为水的高气化潜热。在典型过滤操作中,滤饼在过滤介质逐渐上堆积,流动阻力逐渐增大。在初始流动期间,颗粒会沉积在布的表面层中,形成真正的过滤介质。该初始沉积物可以由预涂层材料的特殊初始流动形成。决定过滤速度的最重要因素包括：① 进料到过滤介质远端之间的压降；② 过滤面积；③ 滤液黏度；④ 滤饼阻力；⑤ 过滤介质和初始滤饼层的阻力。

（二）热量传递

1. 传热的基本形式　　传热是由于存在温度差而发生的热能的转移。只要一个介质中或两个介质间存在温差,就必然会发生传热。根据传热机理的不同,热量传递有 3 种基本的方式：热传导、热对流和热辐射,并且热量总是由高温处向低温处传递[71]。

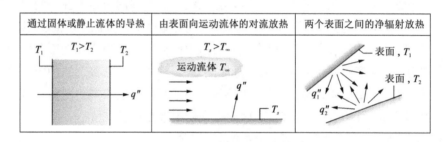

图 1-6　传导、对流和辐射传热模式[71]

如图 1-6 所示,不同的传热过程被称为不同的传热模式。当在静态介质中存在温度梯度时,无论介质是固体还是流体,介质中都会发生传热。这种传热过程称为传导（conduction）。与此不同,当一个表面和一种运动的流体处于不同温度时,它们之间发生的传热称为对流（convection）。第三种传热模式称为热辐射,具有一定温度的表面都以电磁波的形式发射热量。因此,若两个温度不同的表面之间不存在参与传热的介质,则它们只通过热辐射进行传热。

2. 热传导　　热传导又称导热,是借助原子和分子这一级的运动形式来维持传热模式。热传导可以看作是物质中质点之间的相互作用,能量较大的质点向能量较小的质点传输热量。温度越高,分子的能量越大,当邻近的分子相互碰撞时,能量较大的分子必然会向能量较小的分子传输热量。当存在温度阶梯时,通过导热的能量传输总是向温度降低的方向进行。

在流体中,分子之间靠得更近,因此其间的相互作用更强,也更频繁。与此类似,固体中的热传导是源于晶格振动形式的原子活动。近代的观点把这种能量传输归因于由原子运动所导致的晶格波造成的。在非导体中,能量传输只依靠晶格波进行；在导体中,除了晶格波还有自由电子的平移运动[71]。

热传导的速率方程为傅里叶定律：

$$q'_x = -k \frac{dT}{dx} \tag{1-16}$$

式（1-16）中,q''_x：热流密度,W/m^2；k：热导率,$W/m \cdot K$；$\frac{dT}{dx}$：温度阶梯。

图 1-7 展示了温度分布为 $T(x)$ 的一维热传导。

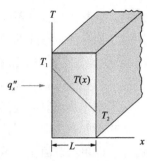

图 1-7　一维热传导(能量扩散)[71]

3. 热对流　对流传热又称给热,是指利用流体质点在传热方向上的相对运动来实现热量传递的过程。对流传热模式由两种机制组成。除了由随机的分子运动(扩散)导致的能量传输外,流体的整体或者说宏观运动也传输能量。这种流体运动在任何时刻都有集合或者说聚集在一起的大量分子在运动。当存在温度梯度时,这种运动就会对传热起作用。由于聚集的大量分子保持着随机运动,所以总的传热是分子随机运动与流体整体运动所导致的能量传输的叠加。通常将这种叠加作用的传输称为对流,而将整体的流体运动导致的传输称为平流。

根据流动的性质,可对对流传热进行分类。当流动由风机、泵或风力等外力作用形成时,我们称它为强制对流。利用风扇提供强制对流去冷却物体就是一个例子。与此不同,在自然对流中,流动是由浮升力引起的。这种浮升力是因流体中的温度变化所产生的密度差所导致。放置发热物体在静止空气中的散热就是自然对流的例子。与物体相接触的空气温度会升高,从而密度减小。由于它比周围的空气轻。浮升力造成的空气在垂直方向上的运动。离开发热物体上升的热空气将会被流入的冷空气所取代[71]。

一般来说,对流传热模式所传输的热量是流体的显热,即为流体的内部热能。然而有些对流过程除了显热,还发生潜热交换。潜热交换通常伴随着流体的液态和气态之间的相变,其中两种重要的相变分别为沸腾和凝结。无论对流传热过程的具体特性如何,其能量传输速率方程都为以下形式,称为牛顿冷却公式。

$$q'' = h(T_s - T_\infty) \tag{1-17}$$

式中,q'':对流热度密度,W/m^2;h:对流换热系数,$W/m^2 \cdot K$。

对流交换系数的典型值如表 1-4 所示。

表 1-4　典型对流系数值的范围[71]

过程	h ($W/m^2 \cdot K$)
自然对流	
气体	2~25
液体	50~1 000
强迫对流	
气体	25~250
液体	100~20 000
伴随相变的对流	
沸腾或凝结	2 500~100 000

4. 热辐射　热辐射是处于一定温度下的物质所发射的能量。固体、液体和气体的表面都可以发射能量。无论物质是何种形态,这些能量的发射都是因为组成物质的原子或分子中电子排列位置的改变所造成的。辐射场的能量是通过电磁波传输的(光子传播)。具体来说,物体将热能变成热辐射,以电磁波的形式在空中进行传送,当遇到另一个能吸收辐射能的物体时,即被其部分或全部吸收并转变成

热能。辐射传热就是不同物体间相互传热和吸收能量的结果。由此可知,辐射传热不仅是能量的传递,同时还伴有能量形式的转换。依靠导热或对流传输能量时,需要有物质媒介。而辐射却不需要。实际上,辐射传输在真空中最有效。此外,只有在物体温度较高时,辐射传热才能成为主要的传热方式[71]。热辐射产生的电磁波线称为热射线。热射线包括部分紫外线、全部可见光和红外线。根据分析,工业上的一半物体热辐射射线都是指红外线[70]。

热辐射有两个重要特性:一是光谱性质,即光谱辐射力随波长变化;二是方向性,即辐射度因方向而异。以单位表面积表示的离开表面的净辐射换热速率公式为

$$q''_{rad} = \varepsilon\sigma(T_s^4 - T_{sur}^4) \tag{1-18}$$

式中, ε : 发射比; σ : 斯蒂芬玻尔兹曼(Stefan-Boltzmann)常数, 5.67×10^{-8} W/m$^2 \cdot$ K^4; T_s : 表面热力学温度,K; T_{sur} : 周围环境温度,K。

（三）质量传递

质量传递指的是物质在介质中因化学势差的作用发生由化学势高的部位向化学势低的部位迁移的过程。质量传递发生在许多过程中,如吸收、蒸发、干燥、沉淀、膜过滤和蒸馏。质量传递可以在一相内进行,也可能在相际进行。例如,在吸附或结晶过程中,组分保留在界面上,而在气体吸收和液-液萃取过程中,组分渗透到界面上,然后转移到第二相的主体中[68]。化学势的差异可由浓度、温度、压力和外加电场所引起。质量传递是一种广泛存在的现象[72]。质量传递的机理取决于发生传质系统的动力学。质量可以通过静态流体中的随机分子运动传递,也可以在流动的动态特性的帮助下从表面传递到运动流体中。

质量传递主要有分子扩散和对流传质两种方式。分子扩散由分子热运动造成。只要存在浓度差,就能够在一切物系中发生。对流扩散由流体微团的宏观运动所引起,仅发生在流动的流体中。

1. 分子扩散　　分子扩散是由于分子的无规则热运动而形成的物质传递现象。扩散与温度有关,是任何粒子(气体或液体)于绝对零度以上之环境下的热力学运动。本行为的速率是温度、流体黏度及粒子大小(质量)的函数。扩散解释高浓度与低浓度之间存在分子净通量的原因。一旦浓度相等,分子虽持续运动,但由于浓度梯度已不复存在,分子停止扩散,改由自扩散主导分子的随机运动。扩散的结局是材料逐渐混合,使分子分布达成均匀。由于分子依然持续运动,但平衡也已经建立,因此分子扩散的最终状态被称为动态平衡。在具有均匀温度的相态中,因不受外部合力影响,扩散过程最终将达到完全混合。分子扩散是质量传递的一种基本形式,是在浓度差和其他推动力的作用下,由于分子、原子等的热运动所引起的物质在空间的迁移现象。

（1）菲克定律:分子扩散一般都以菲克定律作为其数学描述。菲克定律指出,对于两种物质的混合物:A 和 B。物质 A 的扩散通量(或扩散速率),即为每单位时间内物质 A 通过垂直于浓度梯度方向的单位截面扩散的物质量为

$$j_A = -\rho D_{AB}\nabla w_A \tag{1-19}$$

式(1-19)中,负号（-）:物质 A 向浓度减小的方向传递; D_{AB} : 物质 A 在 B 中的分子扩散系数; ∇w_A : A 的浓度梯度。

（2）扩散系数:菲克定律中的相称性 D_{AB} 被称为扩散系数。其基本公式为

$$D_{AB} = \frac{-J_{A,z}}{dc_A/dz} = \left(\frac{M}{L^2 t}\right)\left(\frac{1}{M/L^3 \cdot 1/L}\right) = \frac{L^2}{t} \tag{1-20}$$

这与其他传输特性的基本尺寸相同。 v : 运动黏度; a : 热扩散率; $k/\rho c_p$: 等效当量比。

扩散系数取决于系统的压力,温度和物质组成。气体($0.5\sim1\times10^{-5}$ m^2/s 的范围内)的扩散系数通常比液体($0.1\sim1\times10^{-9}$ m^2/s)高,同时还高于固体($0.000\ 1\sim1\times10^{-10}$ m^2/s)[68]。

在缺乏实验数据的情况下,利用已开发出半理论表达式,可给出近似值,与实验值一样有效。

2. 对流传质　运动流体的动态特性通常有助于运动流体与表面之间或通过运动界面分离的不混溶运动流体之间的质量传递(如在气-液或液-液接触器中)。这种转移方式称为对流传质,转移总是从较高浓度到较低浓度的物质进行转移。对流转移取决于流动流体的传输特性和动态特性。

与对流传热相同,对流传质也有两种流动形式。当外部泵或类似设备引起流体运动时,该过程称为强制对流。如果流体运动是由于密度差引起,则该过程称为自由对流或自然对流。对流传质的速率方程由牛顿冷却公式推导得来:

$$N_A = k_c \Delta c_A \tag{1-21}$$

式中,N_A:相对于固定空间坐标测得的 A 物质的摩尔质量传递;k_c:对流传质系数;Δc_A:扩散物质 A 的界面浓度与流体流的平均浓度之间的浓度差。

如在分子量传递的情况下,对流质量传递在浓度减小的方向上发生。以上公式根据质量通量和从传质路径起点到终点的浓度差定义了系数 k_c。

对于上述不同传质方式的研究,重要的是要认识到对流传质系数和对流传热系数之间的相似性。这同时也表明,为对流传质可以同样使用为评估对流传热系数而开发的技术。

(四)化学反应过程

化学反应工程研究大规模化学反应的生产过程、设备特性的基本规律和各参数间的相互关系。其中包括:反应动力学,即化学反应速率与各个参数(如浓度、压力、温度和催化剂等)间的定量关系;设备的型号、结构及在反应器内部和催化剂内部的传质、传热、物料的停留时间分布、压力场和温度场的分布规律及它们之间的相互关系;反应设备的特性和设计与放大方法等[73]。鉴于化学反应过程原理与中药制药分离过程相关性较小,此处不做详细介绍。

二、混合与分离的熵变过程

(一)熵的热力学原理

1. 熵的定义与基本公式　热力学第二定律指出:在一个系统中,熵(S)可以增加但不会被消灭。在热力学中,存在可逆与不可逆过程。前者指的是当系统扰动后的最终状态与初始状态相同,后者则相反,最终状态与初始状态不同。单一方向的不可逆过程广泛存在于自然现象中,如从高温到低温的热量流动、高压到低压的气体膨胀、具有两种气体的系统自发混合及墨水与水的自发混合等。在可逆过程中,恒定温度下热量的传递与熵(ΔS)的变化有关[74]。其表达式如下:

$$\Delta S = \int \frac{dQ_{rev}}{T} \tag{1-22}$$

熵表示组分扩散到空间不同位置、分配于不同的相或处于不同能级的倾向。其定义为可逆过程中体系从环境吸收的热与温度的比。亦即,熵是传热变化时积分温度的倒数。如果系统在任何时候背离可逆性并发生自发变化,可以发现在平衡温度下向系统的热量传递始终为正。

$$dS \geqslant \frac{dQ}{T} \tag{1-23}$$

式(1-23)是热力学第二定律的数学表达式。对于绝热体系或隔离体系,其中所发生的一切变化,其体系的熵不减。

$$dS \geqslant 0 \tag{1-24}$$

在任何自发过程中,熵必定增加。在可逆过程中,熵为常数。系统和环境熵可以组合以产生自发情况的3种不同方式(图1-8)。

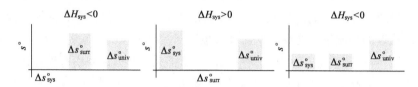

图1-8　自发情况产生的3种形式[71]

热力学第一定律在封闭系统的表达式为

$$dU = dQ - dW \tag{1-25}$$

根据热力学第二定律,对可逆过程:

$$dS = \frac{dQ}{T} \Rightarrow dQ = TdS \tag{1-26}$$

合并可得

$$dU = Tds - dW \tag{1-27}$$

假设 dW 为压力—体积功 ($dW = PdV$):

$$dS = \frac{dU}{T} + \frac{P}{T}dV \tag{1-28}$$

因此可得出结论：一个系统的熵取决于它的内部能量和外部参数,如作为体积、压力和温度。

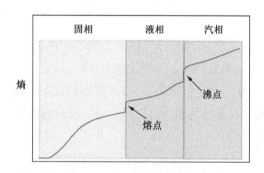

图1-9　熵在不同相中的对比[71]

热力学第三定律用于定义熵的绝对测量范围：在绝对零度下,纯物质的熵为零。其定义式如下：

$$\lim_{T \to 0 \text{K}} (S) = 0 \tag{1-29}$$

熵通常与系统内分子无序的程度有关。在0 K时,温度对分子的运动没有帮助。但是,系统仍然包含有助于熵的振动。

通过图1-9可以看出,当系统的边界(形态)发生改变时,系统中的熵是可以增加或者减少的。熵在气相中最大,其次为液相最后为固相。

2. 熵的平衡　　熵的基本定义为总的体系熵变等于系统熵变加环境熵变,公式为

$$\Delta S_{\text{Universe}} = \Delta S_{\text{surrounding}} + \Delta S_{\text{system}} \tag{1-30}$$

其中系统熵变为

系统中的净熵变 = 进入系统的熵 - 离开系统的熵 + 系统中产生的熵 $\tag{1-31}$

平衡原理中, ΔE_{Total} 和 ΔS_{Total} 分别为系统中总能量变化和熵变,它们都可为正值或负值。但是系统

中产生的熵（S_{gen}）永远为正。

在不可压缩流体中，体积保持不变而其内部能量取决于温度。总熵变为

$$\Delta S_{Total} = mC_v \ln\left(\frac{T_2}{T_1}\right) \tag{1-32}$$

在理想气体中，系统的压力、温度和比容决定于理想气体方程（$Pv = \bar{R}T$）。根据定容比热容（C_v）和定压比热容（C_p）的不同，有以下两种情况。

恒定 C_v： $$\Delta S_{Total} = mC_v \ln\left(\frac{T_2}{T_1}\right) + m\bar{R}\ln\left(\frac{v_2}{v_1}\right) \tag{1-33}$$

恒定 C_p： $$\Delta S_{Total} = mC_p \ln\left(\frac{T_2}{T_1}\right) - m\bar{R}\ln\left(\frac{P_2}{P_1}\right) \tag{1-34}$$

同时，传热传质构成了熵在系统中的出（S_{Total}）$_{out}$ 和入（S_{Total}）$_{in}$。

其中，通过热量进行的熵传递：传递到系统的热量会增加系统的熵，而从系统传递的热量会降低系统的熵。

$$\Delta S = \int \frac{dQ}{T} \tag{1-35}$$

通过质量进行的熵传递：熵的传递与其系统内的质量成正比。传递到系统的质量会增加系统的熵，而从系统传递的质量会降低系统的熵。

$$S = m \cdot s \tag{1-36}$$

式中，s 为系统内的比熵（specific entropy），其单位为 kJ/J·kg。S 为总的熵，单位为 kJ/K。

对于一个系统或者过程，可以用以下方式来确定其状态：

熵产生：

$S_{gen} > 0$，不可逆过程；$S_{gen} = 0$，可逆过程；$S_{gen} < 0$，不存在，不可能的过程。

熵转换：

$S_{heat} = 0$，绝热体系；$S_{mass} = 0$，封闭体系。

系统中的熵变：

$\Delta S_{system} = 0$，稳定状态过程。

（二）混合熵和分离熵

在化学反应中，熵在能量转换中起次要作用。但在分离过程中，熵常常起关键作用。其中，混合熵（ΔS_{mix}）为一种将 i 种纯组分混合，若各组分间无相互作用，则混合前后体系的熵变称为混合熵变。分离熵（ΔS_{sep}）为混合过程的相反过程的熵变。

$$\Delta S_{mix} = - \Delta S_{sep} \tag{1-37}$$

1. 混合熵　　在热力学中，混合熵（entropy of mixing）是系统里总的熵的增加。这是通过将几个初始分离的不同成分的系统混合而形成的，每个系统分别处于内部平衡的热力学状态，并且通过热力学操作去除了它们之间的不渗透性分隔，而不发生化学反应，然后是在新的未分区封闭系统中建立内部平衡的新热力学状态的时间[74]。

通常，可以将混合限制为在各种规定条件下发生。在通常条件下，每种材料最初都处于相同的温度和压力下，新系统可以更改其体积，同时保持在相同的恒定温度，压力和化学成分质量下。可用于每种

材料的体积从其最初单独的隔室的体积增加到总的最终体积。最终体积不必是最初分开的体积的总和，以便在混合过程中可以对新的密闭系统进行工作，也可以通过新的密闭系统进行工作。同时，恒定的压力和温度，热量可以传入或传出周围。新的封闭系统的内部能量等于最初分离的系统的内部能量之和。内部能量的参考值应即保持内部能量分别与系统质量成比例[75]。

在混合理想材料的特殊情况下，最终的共同体积实际上是初始单独隔室体积的总和。混合过程中没有发生传热，也没有做任何功。混合熵完全是由每种材料的扩散性膨胀成最终无法达到的最终体积所造成的。但是，在一般情况下，混合非理想材料时，最终的总公共体积可能会与单独的初始体积之和不同，并且可能会发生向周围环境或从周围环境传出的功或热。混合熵也可能与相应的理想情况不同。这种偏离混合熵主要研究方向之一。这些能量和熵变量及其温度依赖性提供了有关材料特性的有价值的信息。

在分子层面上，混合熵是一个宏观变量，可提供有关本构分子性质的信息。在理想材料中，每对分子种类之间的分子间力是相同的，因此一个分子在自己种类的其他分子和另一种类的其他分子之间不会感觉到差异。在非理想材料中，不同的分子间作用力或特定分子效应可能存在差异，即使它们在化学上没有反应。混合熵提供了有关材料中分子间力或特定分子效应的组成差异的信息。

随机性的统计概念用于混合熵的统计力学解释。理想材料的混合在分子水平上被认为是无规律的，并且相应地，非理想材料的混合也可能是非随机的。

2. 分离熵　　以下是关于分离熵概念的一般论述与推论、分析。

（1）关于理想气体或理想溶液的分析。

根据热力学第一和第二定律公式：

$$dU \leqslant TdS - dW_r = TdS - pdV - dW_f \tag{1-38}$$

其中对于理想气体或理想溶液，分子间的相互作用可以忽略。在温度相等时，组分在混合状态和分开状态的内能像等，即上式中的 $dU = 0$，因此可得

$$dW_f \leqslant TdS - pdV \tag{1-39}$$

当不做体积功时：

$$pdV = 0 \tag{1-40}$$

所以分离所做的功为

$$W_{spe} \leqslant T\Delta S_{spe} \tag{1-41}$$

封闭体系中的摩尔分离功（W°_{spe}）因其分离熵 ΔS_{spe} 为负值，所以 W_{spe} 也为负值，即要使混合理想气体分离，需要对体系做功。分离 1 mol 理想混合物对体系做功为摩尔分离功。

$$W^\circ_{spe} = W_{spe}/n \tag{1-42}$$

分离理想气体或溶液的最小功（W_{min}）为

$$W_{spe} \leqslant T\Delta S_{spe} \Rightarrow W_{min} = T\Delta S_{mix} \tag{1-43}$$

摩尔最小功为

$$W^\circ_{min} = TS^\circ_{mix} = -RT\sum x_i \ln x_i \tag{1-44}$$

（2）关于分离过程中的自由能的分析。

在封闭体系中：

$$dU \leqslant TdS - pdV - dW_f \tag{1-45}$$

因此,体系所做非体积功为

$$dW_f \leqslant -dU - pdV + TdS \tag{1-46}$$

此外,在等温、等压条件下:

$$dW_f \leqslant -d(U + pV - TS) = -d(H - TS) \tag{1-47}$$

定义自由能 $G \equiv -d(H - TS)$,则:

$$dW_f \leqslant -dG \tag{1-48}$$

在封闭体系当中,系统能做的最大非体积功等于体系自由能的减少。而对于自发性的分离过程,不存在非体积功,所以 $dG \leqslant 0$。 也就是说,任何体系不可能自动发生 $dG > 0$ 的过程。

（3）敞开体系中的分离过程。

常见的分离体系一般都为敞开体系,其中包括:研究多相中的某一相(相与相之间有物质的交换)、色谱柱或固相萃取柱的某一小段,如一个理论塔板(段与段或塔板之间有物质进出)、固定相或流动相中两相间的物质交换、离子交换树脂表面的保留行为(树脂与淋洗液之间的物质交换)等。

若在等温等压下,其他组分不变 $(dn_j = 0)$ 仅有 dn_i 摩尔的组分 i 通过界面进入体系时,体系的自由能变化为

$$dG = \left(\frac{\partial G}{\partial n_i}\right)_{T, P, n_j} dn_i \tag{1-49}$$

式中,可定义体系中 i 种物质的化学势为

$$\mu_i = \left(\frac{\partial G}{\partial n_i}\right)_{T, P, n_j} \tag{1-50}$$

化学势 μ_i 的物理意义为:在等温、等压条件下,其他组分不变时引入 1 mol 组分 i 所引起的体系自由能的变化,其单位为:能量/mol。

根据以上公式可得

$$dG = \mu_i dn_i \tag{1-51}$$

对于敞开体系,若加入 i 种不同组分与体系中,则在等温、等压条件下:

$$dG = \sum_i \mu_i dn_i \tag{1-52}$$

在非等温、等压条件下:

$$dG = -SdT + Vdp + \sum_i \mu_i dn_i \tag{1-53}$$

（4）外场下的分离过程。

分离过程中常见的外场有:① 电磁场,包括电泳分离、磁力分离、质谱;② 重力场,包括沉降分离、重力过滤;③ 离心场,包括离心分离、离心过滤;④ 浓度梯度(化学势场),包括透析;⑤ 压力梯度,包括反渗透、过滤;⑥ 温度梯度(热能),包括分子蒸馏。

外场可以提供外力帮助待分离组分的输运,同时利用外场对不同组分的作用力的不同,造成或扩大分离组分之间的化学势之差,起到促进分离的作用。

外场存在时的自由能变化里,外场给予体系中组分 i 的势能为 μ_i^{ext} ,体系内部产生的化学势能为

μ_i^{int}。当体系内温度压力一定时：

$$dG = \sum_i (\mu_i^{ext} + \mu_i^{int}) dn_i \qquad (1-54)$$

三、分离所需的理论耗能量及其热力学原理

混合物的分离必须消耗外能。能耗是大规模分离过程的关键指标，并且通常占据了操作支出的主要部分。因此，确定具体混合物分离的能耗，了解决定影响能耗的因素，研究接近最小能耗的分离过程具有重大意义[76]。

（一）分离过程耗能的基本概念

物质的混合是能够自发完成的不可逆过程，因此其逆过程分离必然需要消耗能量才能进行。由热力学第二定律可知，完成统一变化的可逆过程所需的功相等，因此达到一定分离目的所需的最小功可通过可逆过程计算[77]。最小功的数值决定于待分离混合物及分离所得物的构的成分，以及压力和温度。

设计分离过程的目的是在满足产品质量回收率的前提下减少能耗。了解分离所需的最小功，即分离过程的理想功及实际能耗大小的决定性因素，有助于分析、设计和改进分离过程，降低能耗。

1. 有效能（熵）核算　　如图 1-10 所示的连续分离过程，将物质的量 n_{Fj}、摩尔焓为 H_{Fj} 和组成为 z_{Fj} 的 e 股进料分离成 n_{Qj}、H_{Qj} 和 z_{Qj} 的 m 股产品，其间不发生化学反应，与外界发生热量 Q_t 和功 W_t 的交换（规定环境向系统传入热量和做功为负）。如果由过程引起的动能、位能和表面能等的变化可以忽略时，由热力学定义定律可得

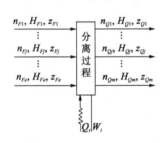

图 1-10　连续分离过程示意图[77]

$$\sum_{j=1}^{e} n_{Fj} H_{Fj} + Q_t = \sum_{j=1}^{m} n_{Qj} H_{Qj} + W_t \qquad (1-55)$$

由热力学第二定律可得

$$\sum_{j=1}^{m} n_{Qj} S_{Qj} \geqslant \sum_{j=1}^{e} n_{Fj} S_{Fj} + \frac{Q_t}{T} \qquad (1-56)$$

式中，S 为物流的摩尔熵，假设分离过程等温进行，温度为 T_0。以上等号仅适用于可逆分离过程。如以 $\Delta S_{产生}$ 表示系统的熵产生（可逆过程 $\Delta S_{产生} = 0$），上式改写为

$$\sum_{j=1}^{e} n_{Fj} S_{Fj} - \sum_{j=1}^{m} n_{Qj} S_{Qj} + \frac{Q_t}{T} + \Delta S_{产生} = 0 \qquad (1-57)$$

此时将以上公式各项乘以环境温度（通常规定海洋、河水或大气的温度为环境温度，即死态温度）T_0，与热力学第一定律公式相减后整理可得

$$\sum_{j=1}^{e} n_{Fj} (H_{Fj} - T_0 S_{Fj}) - \sum_{j=1}^{m} n_{Qj} (H_{Qj} - T_0 S_{Qj}) + Q_0 \left(1 - \frac{T_0}{T}\right) - W_t = T_0 \Delta S_{产生} \qquad (1-58)$$

同时热力学已证明，温度 T 的热量 Q_t 的有效能为

$$B_Q = \left(1 - \frac{T_0}{T}\right) Q_t \qquad (1-59)$$

不计动能和位能时物流的有效能为

$$B_{ph} = (H - H_0) - T_0 (S - S_0) \qquad (1-60)$$

不可逆过程的有效能损耗为

$$D = T_0 \Delta S_{产生} \tag{1-61}$$

将以上公式整合,可得定态连续分离过程的有效能熵算式为

$$\sum_{j=1}^{e} n_{Fj} B_{Fj} - \sum_{j=1}^{m} n_{Qj} B_{Qj} + B_Q - W_t = D \tag{1-62}$$

上式可以推广应用到不发生化学反应的任何定态过程。

2. 分离最小功 分离最小功是分离过程必须消耗的最小功的下限,只有当分离过程完全可逆时,分离消耗的功才是最小功。因为过程可逆,有效能损耗 $D = 0$,根据上一节有效能衡算式可得

$$- W_{min} = B_Q - W_t = \sum_{j=1}^{m} n_{Qj} B_{Qj} - \sum_{j=1}^{e} n_{Fj} B_{Fj} \tag{1-63}$$

分离最小功可以是外界提供的功或热能,它等于产物流的有效能和原料的有效能之差。

带入上述物流的有效能定义式可得

$$- W_{min} = \sum_{j=1}^{m} n_{Qj}(H_{Qj} - T_0 S_{Qj}) - \sum_{j=1}^{e} n_{Fj}(H_{Fj} - T_0 S_{Fj}) \tag{1-64}$$

热力学定义的吉布斯自由焓 $G = H - TS$。 当 $T = T_0$ 时,上式变为

$$- W_{min} = \sum_{j=1}^{m} n_{Qj} G_{Qj} - \sum_{j=1}^{e} n_{Fj} G_{Fj} \tag{1-65}$$

1 mol 混合物的吉布斯自由焓是各组分化学位(即偏摩尔自由焓)与摩尔分数乘积之和,即

$$G = \sum_{j=1}^{e} Z_i \overline{G_i} = \sum_{i=1}^{e} Z_i \mu_i \tag{1-66}$$

其中,μ_i 为化学位,在温度为 T_0 时:

$$\mu_i = \mu_i^0 + RT_0(\ln \hat{f_i} - \ln f_i^0) \tag{1-67}$$

式中,μ_i^0 和 f_i^0 分别为纯 i 组分在系统压力 P 和温度 T_0 下的标准化学位和逸度。如果进料和产品都处于同一压力 P 下,对同一组分 i 的 μ_i^0 和 f_i^0 是唯一的。因此整理以上公式可得

$$- W_{min} = RT_0 \left[\sum_{j=1}^{m} n_{Qj} \left(\sum_{i=1}^{e} z_{Qj} \ln \hat{f_{Qi}} \right) - \sum_{j=1}^{e} n_{Fj} \left(\sum_{i=1}^{e} z_{Fi} \ln \hat{f_{Fi}} \right) \right] \tag{1-68}$$

当物流是理想气体混合物时:

$$\hat{f_i} = P z_i \tag{1-69}$$

当物流是理想溶液时:

$$\hat{f_i} = P_i^s z_i \tag{1-70}$$

整理可得

$$- W_{min} = RT_0 \left[\sum_{j=1}^{m} n_{Qj} \left(\sum_{i=1}^{e} z_{Qj} \ln z_{Qi} \right) - \sum_{j=1}^{e} n_{Fj} \left(\sum_{i=1}^{e} z_{Fi} \ln z_{Fi} \right) \right] \tag{1-71}$$

将 1 mol 组成为 z_{Fi} 的物料分离成纯组分产品时,所需的分离最小功为

$$- W_{min} = RT_0 \sum_{i=1}^{e} (z_{Fi} \ln z_{Fi}) \tag{1-72}$$

当分离实际溶液时，有

$$\hat{f_i} = R_i z_i f_i^0 \tag{1-73}$$

所以有

$$- W_{min} = RT_0 \Big\{ \sum_{j=1}^{m} n_{Qj} \Big[\sum_{i=1}^{e} z_{Qj} \ln(R_{Qi} z_{Qi}) \Big] - \sum_{j=1}^{e} n_{Fj} \Big[\sum_{i=1}^{e} z_{Fi} \ln(R_{Fi} z_{Fi}) \Big] \Big\} \tag{1-74}$$

将 1 mol 实际溶液分离成纯组分时，有

$$- W_{min} = - RT_0 \sum_{i=1}^{e} \Big[z_{Fi} \ln(r_{Fi} z_{Fi}) \Big] \tag{1-75}$$

由以上公式可知，分离最小功与分离过程的分离因子无关。等温分离正偏差溶液的最小功比分离理想溶液时所需要的要小，而对负偏差溶液的分离情况却恰好相反。

3. 分离过程中有效能损失的主要形式

为提高分离过程的热效率，必须减少有效能损失。分离过程中有效能损失主要有以下几种形式：

（1）由于流体流动阻力造成的有效能损失 $D_{\Delta p}$。

在定态流动过程中，如果物系和环境间不发生热和功的交换，则根据热力学第一定律：

$$dH = 0 \tag{1-76}$$

等焓过程从热力学第一定律来看，热效率为 100%。但却有相当数量的有效能损耗。因为 $dH = TdS + Vdp$，所以熵变 dS 为

$$dS = - \frac{V}{T} dp \tag{1-77}$$

因此，有效能损耗为

$$\delta D_{\Delta P} = n T_0 dS = - n \frac{T_0 V}{T} dp \tag{1-78}$$

式中，n 为摩尔流率。可见阻力越大，有效能损失越多。

（2）节流膨胀过程等有效能损失。

从本质上说，与上项损失类同。节流膨胀均引起物系熵增，损失有效能。节流过程的有效能损失 $D_{节}$ 可按阀前和阀后物流的状态计算：

$$D_{节} = n(B_{前} - B_{后}) \tag{1-79}$$

式中，$B_{前}$ 和 $B_{后}$ 分别为 1 kmol 物流在阀前和阀后物流的有效能。

一般来说，在相同节流压降下，节流初始温度越低，熵增越小，有效能损失也越小。

（3）由于热交换过程中推动力温差存在造成的有效能损失 $D_{\Delta T}$。

在塔顶冷凝器、塔底再沸器和其他一些辅助换热设备中，均需有一定的传热推动力温差存在。当 δQ 的热量从温度为 T_H 的热源传到温度为 T_L 的热阱时，其有效能损失为

$$\delta D_{\Delta T} = T_0 \Big(\frac{\delta Q}{T_L} - \frac{\delta Q}{T_H} \Big) = T_0 \Big(\frac{T_H - T_L}{T_H T_L} \Big) \delta Q \tag{1-80}$$

可见,有效能损失与传热温差成正比。

(4) 由于非平衡的两相物流在传质设备中混合和结束传质造成的有效能损失 D_{mt}。

以板式精馏塔为例,从下面上升进入某板块的气相温度比上面板上留下来的液相温度要高些,而易挥发组分的含量则低于与下降液相浓度相平衡的浓度,两股物流在温度和组成上均不平衡,在塔板上发生的热量和质量传递过程均是不可逆的,必然造成有效能损耗,这是精馏塔内有效能损耗的主要部分[76]。

当物质 dn 摩尔由化学位 μ_i^{I} 的相 I 传到相 II 时,产生的有效能损失分析如下:

由热力学可知,与环境有物质交换的开放系统,其总内能 $n\hat{U}$ 的微分式如为

$$\mathrm{d}(n\hat{U}) = T\mathrm{d}(n\hat{S}) - p\mathrm{d}(n\hat{V}) + \sum_i u_i \mathrm{d}n_i \tag{1-81}$$

因此,当相 I 和相 II 间发生 dn 的质量传递时,熵产生量为

$$\mathrm{d}\sigma = \left(\frac{1}{T^{\mathrm{I}}} - \frac{1}{T^{\mathrm{II}}}\right)\mathrm{d}(n\hat{U}) + \left(\frac{P^{\mathrm{I}}}{T^{\mathrm{I}}} - \frac{P^{\mathrm{II}}}{T^{\mathrm{II}}}\right)\mathrm{d}(n\hat{V}) - \sum_i\left(\frac{\mu_i^{\mathrm{I}}}{T^{\mathrm{I}}} - \frac{\mu_i^{\mathrm{II}}}{T^{\mathrm{II}}}\right)\mathrm{d}n_i \tag{1-82}$$

当质量传递在等温等压下进行时,上式简化为

$$\mathrm{d}\sigma = -\sum_i\left(\frac{\mu_i^{\mathrm{I}}}{T^{\mathrm{I}}} - \frac{\mu_i^{\mathrm{II}}}{T^{\mathrm{II}}}\right)\mathrm{d}n_i = -\sum_i(\mu_i^{\mathrm{I}} - \mu_i^{\mathrm{II}})\frac{\mathrm{d}n_i}{T} \tag{1-83}$$

于是有效能损耗为

$$\delta D_{mt} = T_0\sigma = -T_0\sum_i(\mu_i^{\mathrm{I}} - \mu_i^{\mathrm{II}})\mathrm{d}n_i \tag{1-84}$$

化学位是传质的推动力,正是由于两相间化学位有差异而导致传质过程,从而产生有效能损失。

(二) 分离过程热力学原理

在分离操作中,热力学性质对其能量需求,相平衡、生物活性和设备尺寸起着重要作用。相关计算涉及能量平衡,熵和可用性平衡,以及确定平衡相的密度和组成方程式。这些方程包含热力学性质,包括比容、焓、熵、可用性、逸度和活度,所有这些都是温度、压力和组成的函数。

分离最小功是分离过程必须消耗的有效能的下限,其值大小可用来比较具体分离任务分离的难易程度。实际分离过程的有效能消耗要比分离最小功大许多倍。为了分析和比较实际分离过程的能量利用情况,广泛采用热力学效率来衡量有效能的利用率[77]。分离过程热力学效率 η 的定义为

$$\eta = \frac{-W_{min,T_0}}{W_n} \tag{1-85}$$

式中, W_n 为实际分离过程的有效能消耗,简称为净功耗。

对于实际分离过程,热力学效率必定小于 1。不同类型的分离过程,其热力学效率各不相同。一般来说,只靠外加能量的分离过程(如精馏、结晶、部分冷凝),热力学效率可以高些,同时加入有质量分离剂的分离过程(如共沸精馏、萃取精馏、萃取和吸附)热力学效率较低,而速率控制的分离过程(膜分离)则更低。但这都是理想情况,实际过程还受到许多其他因素的影响,需要具体分析计算。

四、传统"三传一反"化学工程理论对中药制药分离过程的剖析

中药制药技术主要来源于化学工程领域,其分离技术的提升与产业的升级主要依赖于化学工程的发展。传统的"三传一反"化学工程理论对中药制药分离过程的剖析,对探索中药制药分离过程工程原

理,优化制药分离工艺具有重要的学术意义与应用价值。下述为若干采用传统"三传一反"化学工程理探讨中药制药分离过程工程原理的研究实例。

（一）探索中药浓缩过程的工艺优化原理

以甘草酸溶液浓缩过程中浓度-沸点-饱和蒸汽压三者关系研究[78]为例,探索中药浓缩过程的工艺优化原理。

该研究为中药浓缩过程的相关工艺研究提供实验数据和理论依据,基于动态法测量沸点-饱和蒸汽压的理论,以甘草酸溶液为实验体系,采用超高液相色谱法(ultra-high performance liquid chromatography, UPLC)测定不同质量分数下甘草酸溶液中的甘草酸质量浓度;采用铂金板法测量不同质量分数下甘草酸溶液的表面张力;基于动态法对不同质量分数条件下的甘草酸溶液的沸点-饱和蒸汽压进行测量。探讨不同浓度条件下甘草酸溶液的沸点-饱和蒸汽压的关系,构建甘草酸溶液浓度-沸点-饱和蒸汽压间的函数关系。结果表明：① 原始浸膏中甘草酸质量浓度 99.25 mg/mL,约占总固体可溶物的 21.5%,其稀释过程充分均匀,符合梯度比例;② 当溶液质量分数超过 18% 后,料液中就逐渐形成胶束,溶液的表面张力降低;③ 当环境压力稳定,料液质量分数增加时,沸点会呈降低趋势;④ 料液温度不变,随着料液质量分数的增加,溶液的饱和蒸汽压呈增长趋势,但在溶液温度 313.0~343.0 K 的区间范围内,这两者间的相互作用趋势不明显。结论：根据实验结果,构建了甘草酸溶液浓度-沸点-饱和蒸汽压三者间的函数关系,如式(1-86)所示(温度取值范围在 10~168℃)。

$$P' = (0.359\,5X_A^2 + 0.804\,11X_A)P^*$$ (1-86)

$$P^* = 7.074\,06 - \frac{1\,657.46}{P^*}$$

式中, P' 为甘草酸溶液修正后饱和蒸汽压值(kPa), P^* 为水的饱和蒸汽压(kPa), X_A 为水在甘草酸溶液中的质量分数。

该研究表明,当环境压力稳定时,料液的沸点随其质量分数的增加而降低,这一特性与料液中的表面活性物质浓度增加有关;当料液温度不变时,溶液的饱和蒸汽压随质量分数的提升而逐渐增加,溶剂越趋向于气化蒸发,且溶剂的活度系数 γ 随浓度的变化趋势受温度影响变化较小。从该研究的实验数据中可以推论,由于在甘草酸溶液中存在着大量的表面活性物质,在浓缩过程中,当维持浓缩真空度和加热能耗保持不变时,随着料液质量分数的增加,甘草酸浓缩液的温度会缓慢降低,而蒸发速率会适当地加快。该研究基于传统的化工热力学等理论,为探索中药浓缩过程的工艺优化原理提供了重要依据。

（二）为工艺优化提供理论依据

以 999 感冒灵颗粒浓缩过程蒙花苷热降解规律研究[79]为例,为工艺优化提供理论依据。

在中药实际生产中,为提高浓缩效率,缩短生产周期,许多企业往往设定较高的浓缩温度,有时甚至达 90℃以上。这种做法对于有效成分热稳定的品种是可行的,但是对于一些有效成分热不稳定的中药(如感冒灵颗粒),则需深入考察有效成分的热降解规律,寻求合适的温度与时间匹配,达到减少有效成分损失兼顾浓缩效率的目的。

蒙花苷是感冒灵颗粒处方中野菊花代表性黄酮类有效成分,是其中重要的中药有效成分。蒙花苷受热不稳定,在感冒灵颗粒制剂生产中,凡是需长期受热的过程都可能影响蒙花苷的含量,从而使药品质量出现问题。而提取液的浓缩过程一般时间较长、温度较高,易使热敏性有效成分发生化学变化。在感冒灵颗粒生产中,蒙花苷的总回收率不到 30%,其主要损失在提取液的浓缩环节。为了改进感冒灵颗粒工艺,邓氏等通过考察中药提取液浓缩过程中蒙花苷的热稳定性,定量表征蒙花苷在蒸发过程的热降解规律,以寻找切实可行的控制感冒灵颗粒质量、缩小批次间差异的有效方法,达到中药大品种技术改造和产品质量提升的目的。

（1）热降解模型确定：采用反应动力学方程表征有效成分降解的规律，其模型如下：

$$-\frac{\mathrm{d}c_i}{\mathrm{d}t} = kc_i^n \tag{1-87}$$

式中，C_i 为溶液中有效成分浓度，n 为反应级数，k 为反应速率常数，t 为保留时间。

蒙花苷浓度的对数值与时间呈线性关系，表明蒙花苷的热降解变化符合一级反应特征，其降解速率方程如下：

$$kt = \ln C_i - \ln C_0 \tag{1-88}$$

亦即：

$$\lg C_i = -kt + A \tag{1-89}$$

式中，C_i 和 C_0 分别为溶液中蒙花苷质量浓度和起始浓度（g/L）；t 为浓缩时间（h）；k 为常数。

（2）热降解动力学：根据式（1-89），可求出蒙花苷在不同温度下的热降解反应速度常数 k，同时定义 t_m 为有效成分蒙花苷保留率下降至 m 的时间，C_m 为浓缩液中保留率为 m 时的蒙花苷浓度。因此，t_m 的计算公式如下：

$$t_m = -\frac{\lg c_m - \lambda}{k} \tag{1-90}$$

对于感冒灵颗粒来说，设定蒙花苷保留率的下限为 90%，故以 $t_{0.9}$ 为有效期，即感冒灵颗粒浓缩过程的质控指标。各温度下，蒙花苷的降解动力学方程式和 $t_{0.9}$ 见表 1-5。

表 1-5　各温度下蒙花苷降解动力学[79]

T(℃)	回　归　方　程	$t_{0.9}$(h)
70	$\lg C_i = -0.004\ 5t + 1.921$	10.2
85	$\lg C_i = -0.004\ 9t + 1.918$	9.3
100	$\lg C_i = -0.008\ 3t + 1.916$	5.5

从表 1-5 可知，蒙花苷的降解速率常数 k 随着温度升高而增大，超过 85℃时增幅更大。而降解速率常数越大，蒙花苷降解相同比例所需的时间越短。由于 70、85℃ 的降解速率常数比较接近，因此 70、85℃ 条件下，浓缩液中蒙花苷降解 10% 所需时间比较接近，分别为 10.2、9.3 h。而 100℃ 条件下浓缩液中蒙花苷降解速率常数大幅增加，降解量到达 10% 所需时间大大缩短，仅为 5.5 h。研究结果表明，生产中感冒灵颗粒的中药水提液浓缩时，其温度不宜超过 85℃，浓缩时间不超过 9.3 h，才能保证蒙花苷损失量不超过 10%。同样地，如果浓缩液的浓缩温度超过 85℃，为保证其中蒙花苷的热损失量小于 10%，则浓缩时间应控制在 5 h 以内。这一点实际生产中没有引起重视，所以蒙花苷热损失较为严重。

据了解，感冒灵颗粒提取液浓缩采用连续性大批量的生产。因为是水提液，如果不是在真空下浓缩，感冒灵颗粒提取液浓缩温度较高，而且因为设备和工艺控制的原因，其浓缩时间往往都会超过 5 h。根据本文的蒙花苷降解动力学方程式，感冒灵颗粒提取液的浓缩工艺必须在真空浓缩设备中完成，而且真空度应该保持良好。这样，物料的沸腾温度可控制在 85℃以下。另外，物料的加热时间不宜过长，所以浓缩过程应该及时出料。这一研究结论，对于其他中药生产企业，也有普遍参考价值。

（三）探索中药膜过程污染机理

中药共性高分子模拟体系溶液环境对有机膜过程的影响机理研究[80]。

本团队董洁等以中药水提液中淀粉、果胶、蛋白质 3 种共性高分子物质为研究对象，建立 3 种高分子物质模拟体系 7 种膜的超滤传质模型，对膜过程的浓差极化阻力进行定量描述，以研究操作压力对高分子物质膜通量和过滤阻力的影响，并对超滤过程动力学行为进行分析。其目的是探讨共性高分子溶液的传质机制和中药水提液超滤过程中造成膜污染的物质基础，为开展膜分离技术应用系统优化设计提供依据。其中有关"淀粉超滤过程传质模型与动力学分析"部分内容摘要如下。

1. PS-5K 膜淀粉超滤传质模型

（1）超滤传质系数 k 和膜面平衡浓度 C_g：按操作压力 0.2 MPa，料液温度 25℃，运行时间 10 min，得到淀粉渗透通量与主体浓度关系的实验数据（表 1-6）。因为透过液没有检测到淀粉浓度，所以 R 值为 1。

表 1-6　超滤传质过程实验数据[80]

时间(min)	透过液体积 ΔV(mL)	料液浓度 C_b (g/L)	$\ln C_b$	$\Delta V/(\Delta S \cdot t)$ [L/(m² · h)]
10	28.1	1.071	0.069	37.19
20	25.1	1.216	0.195	33.22
30	21.5	1.716	0.540	28.45
40	17.6	2.270	0.820	23.29
50	13.2	3.770	1.327	17.47

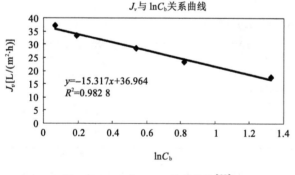

图 1-11　J_v 与 $\ln C_b$ 关系曲线[80]

将 $\ln C_b$ 和 J_v 各试验点结果输入 Excel 回归计算程序，如图 1-11 所示，得到 25℃时淀粉溶液超滤传质回归方程：

$$J_v = -15.317\ln C_b + 36.964 \quad R^2 = 0.9828$$
$$(1-91)$$

因为：

$$v = -k\ln C_b + k\ln C_g \quad (1-92)$$

对照公式 1-91 可知：淀粉超滤过程中传质系数 $k = 15.517$ mm/h；膜面平衡浓度 $C_g = 11.17$ g/L。PS-5K 超滤膜过滤淀粉溶液，当淀粉溶液浓度达到 11.17 g/L 时，膜通量趋于零，再进行超滤就没有实际价值了。

（2）膜阻力和浓差极化阻力分析：按操作压力变化，浓度为 1.0 g/L，料液温度 25℃，运行时间 10 min，得到表 1-7 淀粉超滤过程膜通量与操作压力的关系。

表 1-7　操作压力与膜通量之间的关系[80]

ΔP(MPa)	J_v[L/(m² · h)]	$\Delta P(J_v)$
0.02	3.97	0.00504
0.04	10.59	0.00378

$\Delta P(MPa)$	$J_v[L/(m^2 \cdot h)]$	$\Delta P(J_v)$
0.06	17.20	0.003 49
0.08	23.82	0.003 56
0.10	27.79	0.003 60
0.12	30.44	0.003 94
0.14	31.76	0.004 41
0.16	33.08	0.004 84
0.18	33.08	0.005 44
0.20	33.08	0.006 05

如图 1-12 所示,得到 ΔP 对 $\Delta P/J_v$ 的一元回归方程(ΔP: 0.08~0.16 MPa):

$$\Delta P/J_v = 0.018\,8\Delta P + 0.001\,8 \quad R^2 = 0.986\,0 \tag{1-93}$$

由上式可以得出 α 为 0.018 8($m^2 \cdot h/L$),膜阻力 R_m 为 0.001 8($h \cdot MPa/mm$)。即浓差极化阻力为 0.018 8ΔP。由此可知,在本实验条件下 J_v 与 ΔP 有如下关系:

$$J_v = \frac{\Delta P}{0.001\,8 + 0.018\,8\Delta P} \tag{1-94}$$

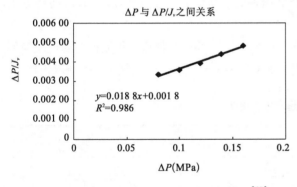

图 1-12　膜通量与操作压力关系回归模型[80]

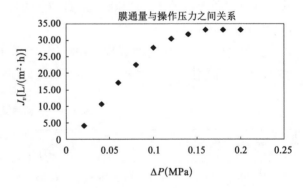

图 1-13　膜通量与操作压力之间关系[80]

(3) 膜通量与操作压力之间的关系:超滤是以压力差为驱动力的膜过程,压力是影响超滤过程的重要因素,研究超滤压力对膜通量的影响,也是超滤传质机制的重要内容。

在此试验操作过程中,压力差对膜通量的影响如图 1-13 所示,工作压力对膜通量影响可分为 3 个区域,即第一阶段 I:低压区——直线段;第二阶段 II:中压区——曲线段和第二阶 III:高压区——水平段。

第 I 阶段压力较低,图中为 0.2~0.8 MPa,传质阻力主要是膜内阻力,膜通量随压力的增加几乎呈线性上升,此时膜通量小,浓差极化现象可忽略,膜通量可用达西定律(Darcy law)定律描述。

第 II 阶段:中压区即曲线段,图中为 0.8~1.6 MPa。此时浓差极化阻力占主导地位,J 与 ΔP 呈曲线关系。

第 III 阶段:高压区即水平段,图中为 1.6~2.0 MPa。膜表面开始形成凝胶层,随着带到膜面溶质量的增多,凝胶层厚度增加,增加压力很快为凝胶层阻力抵消,通量又恢复到原来的水平,开始形成凝胶层压力为临界压力,用 ΔPL 表示。

达到临界压力后，即膜表面形成了凝胶层后，凝胶层阻力占主导地位，J 与 ΔP 无关。在此阶段继续增大操作压力，膜通量不再有明显升高，而系统的能耗将大为增加，过高的操作压力还能引起膜的挤压失效和损坏。

实际应用中为尽量避免凝胶层的形成，超滤膜的操作压力都应选择在中压区，这样既能保证较高的膜量，又能防止凝胶层的形成，过滤总阻力不致太高。本试验体系中，规定操作压力在 0.8～1.6 MPa 之间较为适宜。

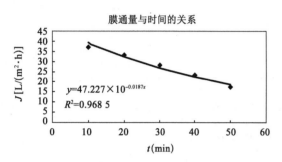

图 1-14　通量与时间的关系[80]

2. 超滤过程动力学分析　　根据膜通量的计算公式 $J = V/(t \cdot A)$，求导得

$$J_v = \frac{\mathrm{d}V}{\mathrm{d}t \times A} \tag{1-95}$$

考察膜通量与超滤时间的关系，如图 1-14。

通过 Excel 软件进行指数型数据模拟得到方程：

$$J_v = 47.227\mathrm{e}^{-0.0187t} \quad R^2 = 0.9685 \tag{1-96}$$

代入上式，作积分运算，利用边界条件：$t = 0$，$V = 0$，可得总浓缩透过液体积随时间的变化方程：

$$V = 2525.5(1 - \mathrm{e}^{-0.0187t}) \tag{1-97}$$

式中，V 为总浓缩液的透过体积。通过此方程可以根据要达到的浓缩倍数来估算所需时间，从而指导生产，具有实用意义。

其他 PES-5K、PS-10K、PES-10K、PS-50K、PES-50K、PVDF-50K 6 种超滤膜淀粉超滤传质模型和动力学分析方法类似上述 PS-5K 膜，具体过程略，相关结果见表 1-8～表 1-10、图 1-15、图 1-16。

表 1-8　7 种膜淀粉超滤传质模型[80]

膜 种 类	传 质 模 型	传质系数 k	膜面平衡浓度 C_g(g/L)
PS-5K	$J_v = -15.317\ln RC_b + 36.964$　$R^2 = 0.9828$	15.317	11.17
PES-5K	$J_v = -15.788\ln RC_b + 36.900$　$R^2 = 0.9985$	15.788	10.35
PS-10K	$J_v = -23.939\ln RC_b + 38.801$　$R^2 = 0.9786$	23.939	5.06
PES-10K	$J_v = -19.583\ln RC_b + 39.105$　$R^2 = 0.9965$	19.583	7.36
PS-50K	$J_v = -28.245\ln RC_b + 234.92$　$R^2 = 0.9991$	28.245	4.09
PES-50K	$J_v = -28.684\ln RC_b + 234.17$　$R^2 = 0.9783$	28.684	3.51
PVDF-50K	$J_v = -29.137\ln RC_b + 232.16$　$R^2 = 0.9959$	29.137	2.89

表 1-9　7 种膜淀粉超滤膜阻力和浓差极化阻力[80]

膜 种 类	ΔP 对 $\Delta P/J_v$ 的一元回归方程	线性范围	膜阻力 R_m	浓差极化阻力 $\alpha\Delta P$
PS-5K	$\Delta P/J_v = 0.0188\Delta P + 0.0018$　$R^2 = 0.9898$	0.08～0.16 MPa	0.0018	$0.0188\Delta P$
PES-5K	$\Delta P/J_v = 0.0193\Delta P + 0.001$　$R^2 = 0.9905$	0.06～0.14 MPa	0.0010	$0.0193\Delta P$
PS-10K	$\Delta P/J_v = 0.0127\Delta P + 0.0012$　$R^2 = 0.9958$	0.06～0.14 MPa	0.0012	$0.0127\Delta P$

续　表

膜 种 类	ΔP 对 $\Delta P/J_v$ 的一元回归方程	线性范围	膜阻力 R_m	浓差极化阻力 $\alpha \Delta P$
PES－10K	$\Delta P/J_v = 0.016\,6\Delta P + 0.001$　$R^2 = 0.995\,2$	0.08～0.16 MPa	0.001 0	$0.016\,6\Delta P$
PS－50K	$\Delta P/J_v = 0.016\,0\Delta P + 0.000\,7$　$R^2 = 0.996\,8$	0.04～0.12 MPa	0.000 7	$0.016\,0\Delta P$
PES－50K	$\Delta P/J_v = 0.017\,6\Delta P + 0.000\,2$　$R^2 = 0.999\,2$	0.02～0.08 MPa	0.000 2	$0.017\,6\Delta P$
PVDF－50K	$\Delta P/J_v = 0.020\,4\Delta P + 0.000\,2$　$R^2 = 0.998\,8$	0.02～0.08 MPa	0.000 2	$0.020\,4\Delta P$

表 1－10　7 种膜淀粉超滤动力学模型[80]

膜	膜通量模型	透过液体积(g/L)
PS－5K	$J_v = 47.227\mathrm{e}^{-0.018\,7t}$　$R^2 = 0.968\,5$	$V = 2\,525.5(1 - \mathrm{e}^{-0.018\,7t})$
PES－5K	$J_v = 44.189\mathrm{e}^{-0.014\,8t}$　$R^2 = 0.976\,1$	$V = 2\,985.7(1 - \mathrm{e}^{-0.014\,8t})$
PS－10K	$J_v = 44.471\mathrm{e}^{-0.012\,9t}$　$R^2 = 0.981\,1$	$V = 3\,447.4(1 - \mathrm{e}^{-0.012\,9t})$
PES－10K	$J_v = 53.82\mathrm{e}^{-0.025\,5t}$　$R^2 = 0.985\,1$	$V = 2\,110.6(1 - \mathrm{e}^{-0.025\,5t})$
PS－50K	$J_v = 48.530\mathrm{e}^{-0.014\,3t}$　$R^2 = 0.980\,1$	$V = 3\,393.7(1 - \mathrm{e}^{-0.014\,3t})$
PES－50K	$J_v = 48.530\mathrm{e}^{-0.014\,1t}$　$R^2 = 0.985\,6$	$V = 3\,441.8(1 - \mathrm{e}^{-0.014\,1t})$
PVDF－50K	$J_v = 45.285\mathrm{e}^{-0.020\,2t}$　$R^2 = 0.995\,0$	$V = 2\,241.8(1 - \mathrm{e}^{-0.020\,2t})$

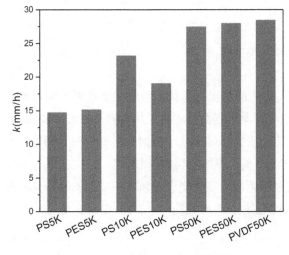

图 1－15　7 种膜淀粉传质系数[80]

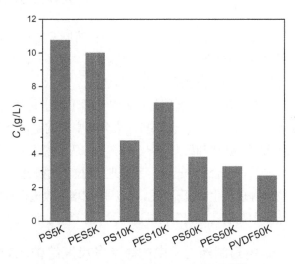

图 1－16　7 种膜淀粉膜面平衡浓度[80]

　　图 1－17、图 1－18 分别为 7 种不同材质和截留分子量超滤膜过滤淀粉溶液的膜阻力、浓差极化阻力。

　　从有关通量图上可看出,7 种膜过滤淀粉溶液初期通量迅速衰减,纯水通量为 70～250 L/($m^2 \cdot$ h),10 min 内均下降到 36～42 L/($m^2 \cdot$ h),不同膜之间通量差异不大,之后由于浓差极化阻力和凝胶层阻力,通量继续缓慢衰减。从相对通量图上可以更清楚地比较出不同材质与截留分子量膜过滤淀粉溶液的通量变化情况。7 种膜的通量在过滤初期迅速下降为初始通量的 15%～55% 不等,其中,截留分子量50 kDa 的膜通量衰减最严重,为初始通量的 15% 左右,3 种材质差异不大;其次为截留分子量 10 kDa 的膜,为初始通量的 37% 左右,聚砜、聚醚砜两种材质相似;衰减最小的是截留分子量为 5 kDa 的膜,为初始通量的 45%～55%。之后通量继续缓慢衰减,50 min 内衰减为初始通量的 7%～30%。

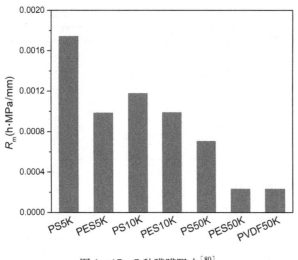

图 1-17 7 种膜膜阻力[80]

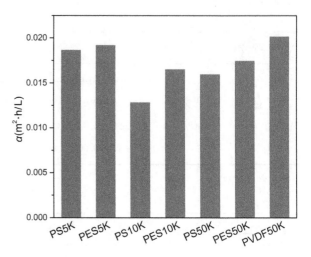

图 1-18 7 种膜淀粉浓差极化阻力[80]

针对中药水提液超滤过程中的主要膜污染物质之一的淀粉，上述研究对它们在不同材质与截留分子量膜超滤过程中的传质特性和动力学行为进行系统研究，为分析相关共性高分子物质的污染机制奠定了基础。

第五节　中药制药工程学科及其工程原理研究发展态势

基于化学工程理论与技术的中药制药工程学科，具有鲜明的多学科交叉特性，研究体系日益扩大。其中，中药制药分离工程学科涵盖了"分子-聚集体-界面-单元过程-多元过程-工厂-工业园-生态环境"的多尺度全过程，而独具特色。

在化学工程，特别是在材料化学工程学科的引领下，中药制药工程学科前沿和主要发展方向正发生着重大的转折：① 从以指标成分为中心的定性、定量检测转向对制药过程多尺度问题的观测和模拟，并注重研究强化和放大的科学规律；② 从常规工艺系统优化的研究拓展到基于数据科学的中医药理论与现代科学相结合的中药制药新原理、新技术的研究；③ 从传统分离工程拓展到包括酶工程、基因工程、合成生物学等现代生物医药工程；④ 从附加增值改进研究转向对绿色制造等新概念和新体系的探索性研究和开拓。中药制药工程学科的这一发展态势，对相关的分离过程工程原理研究提出了新的、更高的要求。

一、中药制药过程中的时空多尺度结构及效应

（一）中药制药工程由经验科学向量化科学过渡的关键：多尺度关联[81]

多尺度指的是可在时间与空间对事物发展过程展现宏观、介观和微观多层次变化的观测、研究范围。其中，宏观层次大于 100 nm、微观层次小于 1 nm，而介观尺度（mesoscopic）指的是介乎于微观和宏观之间的状态，一般认为它的尺度在纳米和毫米之间。自然界中充满着多尺度现象，如荷叶表面微米结构的乳突上还存在纳米结构，这是荷叶表面超疏水特性的主要原因。因而，多尺度概念对于科学研究具有重要意义[82]。

目前，制药工程已从传统总体性质的测量和关联，转向在分子和介观尺度上的观测和模拟。在微观层次上建立模型、模拟和定量分析，根据要求设计和生产产品，以实现从分子尺度到过程尺度的跨越。而在制药生产过程中引入过程分析技术（process analytical technology，PAT），从多尺度对产品质量进行

控制已成为当前国际制药行业发展的方向,也是 21 世纪制药工程保证药品质量和安全的 7 个核心关键技术之一[83]。

李静海院士指出:使用多尺度的方法来描述微观、介观和宏观上的物理变化是制药工程由经验科学向量化科学过渡的关键[84]。如果要控制某一尺度的现象,一般需要在另一尺度寻找可操作的手段,分子尺度到宏观尺度的多尺度关联势在必行。

值得注意的是,随着对介观体系中个体粒子特殊的物理化学性质的深刻认识,它们之间由于相互作用而导致的各种整体结构和功能的复杂性和非线性问题,给制药分离工程学科带来了新的机遇和挑战。

20 世纪 90 年代起,我国中药制药行业逐渐将新型分离材料及其相关技术,如膜分离技术、大孔吸附树脂技术等用于工业生产。应该说,上述新型技术的产业化对于中药行业的整体提升起到了至关重要的作用。

中药制药生产过程即是分子尺度的复杂药效组分的传递和再分布过程,反映在宏观过程尺度即是物料,如植物的药用部位提取物分子在"场-流"条件下的能量交换或物质转运过程。因而,这些新型工业材料与技术用于中药(含复方)分离均面临一个共性问题的问题:如何适应先进材料的鲜明特点——具有介观尺度的结构。

综上所述,以分离目标为引领的中药复方分离过程多尺度研究势在必行。如何基于特定结构材料,构建介观尺度的中药药效成分与新型分离材料及其微结构之间的传递关系? 正是基于分离技术的中药制药过程急需解决的关键科学问题。

中药本身是人类临床实践的积累,以煎服的汤剂为主的中药剂型,显示了从中药水提液中获取药效物质最能体现安全性与有效性[85],目前国内绝大多数中药厂家以水煎液为基本提取工艺。中药水提液是研究开发现代中药的基础,如何从水提液中科学、经济地获取药效物质,是中药行业目前亟待解决的关键技术。

中药制药过程的每一阶段都包括一个或若干个与中药水提液混合体系相关的分离操作。中药制药过程面对的待分离体系包括天然药物和生产过程中形成的混合物,其相态有气相、液相和固相,空间尺度涉及从宏观的厘米、毫米到微观的微米、纳米,形成均一的或非均一的物系。

中药液态物料作为中药制药过程不可缺少的主角,在不同尺度的分离容器、介质中储存与流动,形成了多姿多彩的气-固-液体系。而要在中药制药生产中引入过程控制,就必须依据中药生产过程多变量、多尺度、多因素的特点,寻找物料体系理化特征与工艺参数的相关性,结合中药生产不同工序的特点,建立和完善中药生产及其过程控制技术标准。

中药水提液及其常用精制分离介质均普遍存在多尺度特征,如:

中药水提液由分子(离子)分散系统(粒子的尺度 $<10^{-9}$ m,下同)、胶体分散系统($10^{-9} \sim 10^{-7}$ m)及粗分散系统($>10^{-7}$ m)混合组成。

用于精制中药水提液的常用分离介质及其工艺过程,都与多尺度密切相关。如大孔树脂的孔径多在 $100 \sim 1\,000$ nm 之间;微滤、超滤、纳滤等膜技术则横跨微米至纳米等众多尺度;醇沉法与絮凝法借助颗粒形成与沉降的原理,其微粒大小、形状是影响分离效率的重要因素。

中医药是我国有可能跻身国际前沿的领域之一,如何从水提液中科学、经济地获取药效物质,是中药行业亟待解决的关键技术。面临多尺度研究带来的发展机遇与国际竞争,迫切需要破解中药水提液制药分离过程的关键科学问题,抢占中药制药学科制高点。

(二)中药制药分离过程核心目标——天然组合化合库的多尺度特征

如上所述,中药复方是天然组合化合库(natural combinatorial chemical libraries,NCCL)。这个天然组合化学库中的化学成分非常复杂,通常含有无机物质,如无机盐、微量元素;小分子物质,如生物碱、酚类、酮类、皂苷、甾族和萜类化合物等;大分子物质,如蛋白质、多糖、淀粉、纤维素等,其相对分子量从几十到几百万道尔顿(表1-11)。现代研究表明,分子量大多不超过1 kDa的小分子组合是中药药效物质化学组成特征,它们被称为小分子药效物质组,是构成天然组合化学库中药药效物质基础的主体,也是中药资源的核心价值所在,必然成为中药制药分离过程的核心目标[86];而无效成分如淀粉、蛋白质、纤维素则属于分子量在5 kDa以上的高分子物质。这些物质的存在,使中药产品有效物质含量低,服用剂量大,易吸潮变质,难以保存。

表1-11　部分中药主要成分的分子量[13]

成　　分	分子量(Da)	成　　分	分子量(Da)
淀粉	50 000~500 000	乌头碱	646
多糖	5 000~500 000	麦芽碱	165
树脂、果胶	15 000~300 000	喜树碱	348
蛋白质	5 000~500 000	苦参碱	248
葡萄糖	198	咖啡因	194
麦芽糖	360	可可豆碱	180
蔗糖	342	茶碱	180
芦丁	64	麻黄碱	165
胡萝卜苷	577	鞣酸	170
大黄素	270	大叶菜酸	156
大黄酚	254	熊果酸	457
川芎嗪	136	胆酸	409
天麻素	286	大黄酸	284
丹参酮	276	甘草酸	413~822
梓醇	362	阿魏酸	194
补骨脂素	186	氨基酸	75~211
青蒿素	282	白果酸	346
柴胡皂苷	780		

中药天然组合化合库的多尺度特征既是选择分离技术的主要依据;也是确认中药制药分离过程工程原理的基本原则。

（三）膜分离技术用于中药体系的独特优势及存在问题

1. 膜分离技术用于中药体系的重要优势与特色　　膜分离技术是采用先进分离材料制备的、具有选择透过性的薄膜,以外界能量或化学位差为推动力,对双组分或多组分体系进行分离、分级、提纯或富集的技术。其中,微滤、超滤等具有筛分机制的膜技术,可根据目标成分的分子量大小,充分利用从纳米、亚微米至微米的多尺度特征实现精准分离。因此,与传统的分离方法相比,膜分离技术与中药体系具有高度兼容性。

同时,由于植物类中药成分的多元化,为从中药及其复方中获取尽可能完整的天然组合化学库,适宜的分离技术应使被分离产物具有某一分子量区段的多种成分(有效成分或有效部位),而摒弃植物细胞壁物质等此类大分子无效成分。

膜分离技术可以根据膜孔径大小特征将物质进行分离,意味着膜分离产物可以是单一成分,也可以是某一分子量区段的多种成分,正好与中药药效物质的分子量分布特征相吻合。因而膜技术对于中药体系最重要优势与独到特色在于:基本保持水提液这一传统工艺,依据中药有效成分的分子量特征,将中药及其复方作为一组特殊的化学药物整体进行集群筛选,从而实现从中药水提液中获取完整的原处方中小分子药效物质组。中药化学成分组成的特点,使膜分离技术用于中药体系具有得天独厚的优势。采用膜分离技术对中药及其复方进行集群筛选,既符合中医药传统理论,又与当前国际上方兴未艾的天然组合化学库的思路不谋而合。

2. 膜分离技术用于中药体系存在问题　目前实际应用中,中药制剂(包括注射液、口服液、颗粒剂等)一般采用截留分子量为6~100 kDa 的超滤膜。从理论上推导,小于 1 kDa 的小分子药效物质均应透过截留分子量大于 1 kDa 的膜,但实际上,不同膜材料对各种小分子成分均有不同的截留。

如我们的研究曾发现,截留分子量为 10 RDa 的超滤膜对分子量为 384 Da 的马钱素无明显影响,而截留分子量为 1 000 Da 的膜,则使马钱素损失 50% 左右。从而提示,中药的化学成分的分子量与膜截留分子量(以球蛋白计)有一定差异。

又如[87],对生物碱类成分 N-甲基酰胺与辛弗林,10 kDa 的醋酸纤维素(CA)膜的透过率均可达 99%,而中空纤维聚砜(PS)膜则只为 33% 左右;6 kDa 的 PS 膜对芦荟大黄素的透过率 39.5%;10 kDa 的 PS 膜及 CA 膜对藁本内酯的透过率为 11.6%、17.5%。其原因,可能中药芦荟大黄素虽属小分子,但蒽醌类成分具有平面大骨架,膜透过性受到影响;而挥发油成分藁本内酯可在水中形成乳状粒子,难以透过超滤膜。这些现象表明,对膜过程而言,某一化学成分的可分离特征除了分子量大小外,还有其空间结构,如在分子量相近情况下,球状结构优于平面结构,线性结构优于有分支的网状结构等。

再如,在黄连解毒汤水提液背景下,多种聚醚砜超滤膜(6、10、20、30、50 kDa 截留分子量),即使材质与孔径相同,但它们对栀子苷、野黄芩苷、黄连碱、药根碱、黄芩苷、巴马汀、小檗碱、黄芩素及汉黄芩素均具有不同的透过率,其中某些组分的透过率因另一些组分的存在而下降,从而表现出多组分混合体系膜过程的复杂性[88,89]。

(四) 中药水提液的溶液结构特征及其对膜分离工程原理的挑战

1. 中药水提液体系的溶液结构特征　溶液结构主要指溶液中化学物质因溶剂化效应,或其他原因形成的微观结构及其宏观性质。由于液体形态大多都和分子间力关系密切,因而其结构在时间和空间的不同层次上呈现多形态、多层次性,如目前已发现水常以多种水分子簇结构的聚集体存在,从而对相关物质的分离过程产生影响[90,91]。而药物的溶液结构则并与该药物的物理化学性质、稳定性、活性、毒性及吸收与分布过程密切相关。因而,溶液结构是一个极具知识创新价值、孕育着巨大专利技术发明机会的研究领域[92-94]。

(1) 与中药体系相关的溶液结构研究:中药(含复方)水提液作为一种高分子稀溶液类似体系,其中的淀粉、蛋白质、果胶、鞣质等高分子物质与小分子药效物质可以胶体或/及水合物形态存在,它们的溶液结构特征可对药物的生物药剂学性能发生影响,并成为选择分离技术的基本依据[95,96]。本团队则借助原子力显微镜(AFM)、宽范围颗粒粒径谱仪等手段发现黄连解毒汤及其模拟体系中多种成分具不同的二、三维结构与粒径分布(图 1-19~图 1-23,表 1-12)。并对果胶、淀粉高分子与小檗碱等 4 种黄连解毒汤的主要指标成分在溶剂化过程中所形成的聚集体进行了计算机仿真,如图 1-24 将 3 000 个水分子,1 个淀粉分子(分子量为 20 kDa,直链),1 个果胶分子(分子量为 20 kDa,直链)及 4 种小分子(小檗碱、栀子苷、黄芩苷、巴马丁)各 10 个放入尺寸为 4.698 nm×4.698 nm×4.698 nm 的纳米盒子中,采用 NVT 系统建模,并将能量最小化(为了观察方便,已经将其中的水分子隐藏)。

图 1-24 中,由于水及其他小分子物质的作用力,两条直链的大分子物质(淀粉和果胶)分子链舒张后产生了一定的盘旋。结合原子力显微镜扫描图,提示盘旋的分子链和原子力显微镜所观察到的性状等微观形态必然有着某些联系。将图 1-24 的各个分子进行椭圆形粒子化,得到图 1-25。从图 1-25可见,4 种小分子中,有些分子和淀粉、果胶大分子距离紧密,有些和大分子距离较远,而有些则被大分子所包裹,上述情况均可在膜过程中与膜孔形成空间位阻。

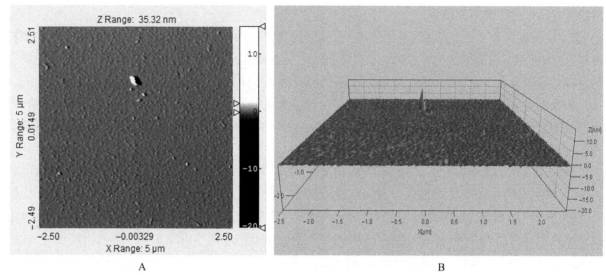

彩图 1-19

A

图 1-19 0.3%小檗碱溶液的 AFM 扫描图[94]

A. AFM 二维图,小檗碱的微观形态呈现出不规则的颗粒;B. AFM 三维扫描图,有较多的呈大大小小的小檗碱针状颗粒,其表观高度 0.4~15 nm 不等

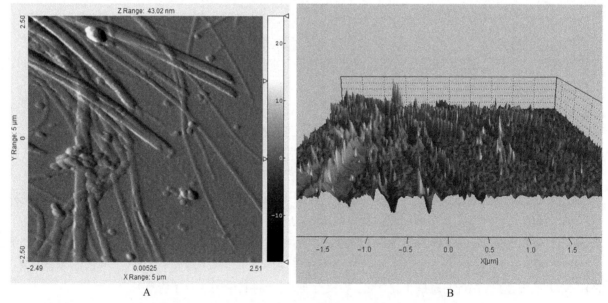

彩图 1-20

A

图 1-20 0.3%小檗碱+0.1%果胶的小檗碱+果胶的 AFM 扫描图[94]

A. AFM 二维图,随着果胶的加入,其微观形态与图 1-19 比较发生了巨大的改变,可见大量须状物质(果胶),与微小颗粒(小檗碱);B. AFM 三维扫描图,可见较多与果胶相互结合或游离的小檗碱针状颗粒,其表观高度 1~25 nm 不等

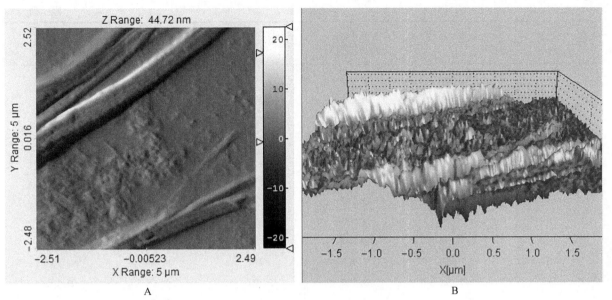

图 1-21　0.3%小檗碱+0.5%淀粉的 AFM 扫描图[94]

　　A. AFM 二维图,随着淀粉的加入,出现了一些棒状物质(淀粉),有小型的颗粒(可能是小檗碱的微观形态,也可能为一些短链或支链淀粉);B. AFM 三维扫描图,可见一排排呈山峰状,连绵不绝的物质(淀粉),也存在一些游离的小檗碱针状颗粒,其表观高度 5~20 nm 不等

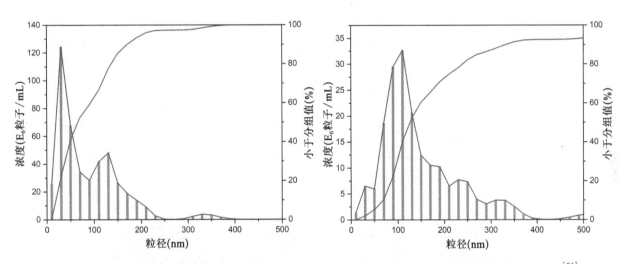

图 1-22　黄连解毒汤模拟体系(淀粉+果胶+蛋白质+小檗碱+栀子苷+黄芩苷)的粒径分布[94]

　　其峰值主要集中于 22 nm、86 nm,整体分布范围在 0~410 nm 之间

图 1-23　黄连解毒汤水提液的粒径分布[94]

　　粒径分布范围较宽(0~2 000 nm),但 92.61%物质粒径分布于 0~410 nm

表 1-12　黄连解毒汤水提液的粒径分布数值[94]

——WPS-1000XP 宽范围颗粒粒径谱仪测定(美国 MSP 公司)

分组 (nm)	E_6 粒子浓度 (mL)	小于分组值 的百分位值	分组 (nm)	E_6 粒子浓度 (mL)	小于分组值 的百分位值
10	1.404	0.08%	70	18.570	10.31%
30	6.526	2.09%	90	29.496	22.73%
50	5.965	5.24%	110	32.636	40.46%

续　表

分组 （nm）	E_6 粒子浓度 （mL）	小于分组值 的百分位值	分组 （nm）	E_6 粒子浓度 （mL）	小于分组值 的百分位值
130	20.638	52.51%	590	0.218	95.06%
150	12.452	60.39%	610	0.082	95.12%
170	10.535	65.46%	630	0.024	95.14%
190	10.239	70.93%	650	0.005	95.15%
210	6.527	74.80%	670	0.001	95.15%
230	7.728	78.10%	690	0.000	95.15%
250	7.363	82.14%	710	0.000	95.15%
270	3.937	84.79%	730	0.000	95.15%
290	3.034	86.30%	750	0.000	95.15%
310	3.749	87.97%	770	0.000	95.15%
330	3.729	89.89%	790	0.000	95.15%
350	2.514	91.45%	810	0.000	95.15%
370	1.098	92.27%	830	0.000	95.15%
390	0.299	92.56%	850	0.000	95.15%
410	0.048	92.61%	870	0.000	95.15%
430	0.034	92.62%	890	0.000	95.15%
450	0.164	92.67%	910	0.000	95.15%
470	0.463	92.82%	930	0.000	95.15%
490	0.837	93.15%	950	0.000	95.15%
510	1.070	93.64%	970	0.000	95.15%
530	1.028	94.17%	990	0.000	95.15%
550	0.770	94.61%	1 000～2 000	9.827	100.00%
570	0.458	94.90%			

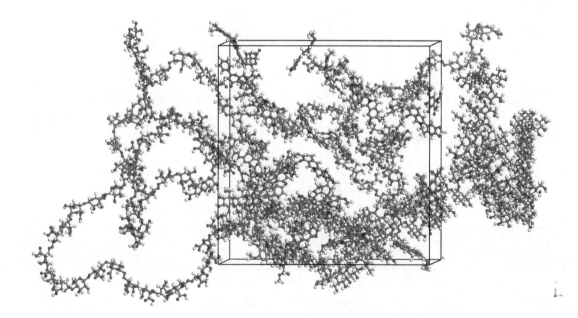

彩图 1-24

图 1-24　黄连解毒汤模拟溶液的分子动力学仿真示意图[94]

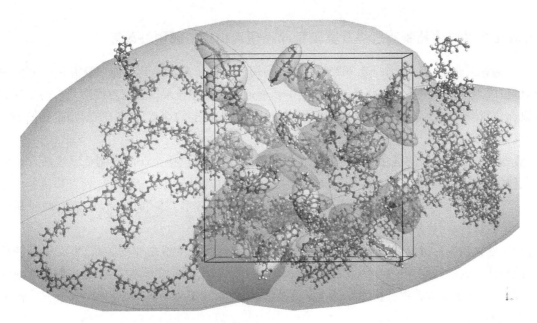

彩图 1-25

图 1-25　椭圆形粒子化后的黄连解毒汤模拟溶液的分子动力学仿真示意图[94]

（2）分子结构特征、溶液环境对溶液结构及膜过程的影响：造成不同物质具有各自溶液结构，并因而在膜过程中产生竞争透过作用的主要因素是该物质的分子结构特征。在一定的水溶液中，小分子化合物膜透过率与其分子量和分子结构参数密切相关[97]。根据膜科学理论，可影响膜透过率的分子结构参数主要有疏水性参数、空间参数、电性参数等。

2. 基于中药分离工程原理研究对膜法获取整体药效物质的技术关键的认知　　结合有关理论、知识分析上述（三）中的2、（四）中的1发现的实验现象，不难推测下述因素对膜分离技术能否完整地保留原处方中的小分子药效物质组具有重要的影响，亦即成为制约中药膜技术优化操作的主要问题：① 小分子物质在膜过程所呈现的竞争透过作用；② 高分子物质对小分子物质的影响（吸附、包裹等）；③ 化学成分的空间结构与膜孔径对药效物质透过率的影响。

上述3个问题的科学本质是：中药体系中小分子与高分子物质的微观结构及其对膜分离功能、膜材料微结构的影响[87]，而膜分离功能与膜材料微结构关系的基础是膜的传递机理与传质模型。

其中，中药体系中小分子与高分子物质的微观结构是它们在溶剂化过程中相互作用而形成的，可用溶液结构的概念表述；而膜分离功能主要可以用目标成分透过率及膜通量等表征；膜材料微结构可以用膜孔径（dm）和孔隙率（ε）等表征[98,99]。

综上所述，对溶液结构及其与膜材料微结构相关性的准确认知，是中药膜技术优化操作的前提与关键，也是中药领域对膜科学技术提出的挑战。为了应对这一挑战，我们需解决的主要科学技术问题是：① 探索复方中药成分的溶液结构特征；② 阐述膜过程中溶剂化效应所产生的中药成分竞争透过作用及机理；③ 寻找中药体系溶液结构与膜材料微结构的相关性。

通过上述研究，首次发现制约中药分离（膜）技术优化的关键问题：① 小分子物质在分离过程的竞争作用；② 高分子物质对小分子物质的影响（吸附、包裹等）；③ 化学成分的空间结构与分离介质孔径对药效物质透过率的影响。本项目的开展是揭示上述3个问题的科学本质的必由之路。

本团队涉及中药溶液结构在膜过程中的动态表现及其对膜微结构的作用、新型膜材料配方等研究内容，将采纳目前探索多尺度复杂现象的有效方法：实验工作先行，继以扫描探针显微镜技术佐证，最后用分子模拟技术研究机理并反馈进一步实验研究的方向和方法。

二、大数据技术对中药制药过程及其工程原理研究模式的颠覆性改变

近年,随着工业 4.0 和中国制造 2025 的提出,利用数据分析技术得到智能信息并创造和发现新的知识和价值成为第四次工业革命的最终目标之一。而通过大数据技术,探索、发掘中药制药工程原理新知识,以深化对中药制药分离过程的认知,以更有效地服务中医药的继承、创新研究,则是我们编撰本书的主要目标之一。

工业大数据是一个新的概念[100],泛指工业领域的大数据,既包括企业内部制造系统所产生的大量数据,也包括企业外部的大数据。传统意义上的大数据多为离散相对独立的数据,而过程工业中的数据中各个参数因彼此间内在的机理关联,对分析精度的要求比较高,具有较高的数据挖掘和知识发现价值。

过程工业大数据分析与诸如"主要是从海量的数据中找到各变量之间的关系,根据得到的结果发掘人们没有认识到的问题"的商业和互联网行业数据分析思路不同,更为重视数据与数据之间的机理关系。因此,过程工业大数据分析其实是计算机科学、统计学和工程学等多学科交叉的科学,需要具有全面而系统的知识。

(一) 大数据及中药制药过程大数据的特点

大数据具有 4 个典型特点,即海量性(数据量巨大)、多样性(生产过程中的直接数据检测技术、图像处理和各类传感技术生成的图像、声音等非结构化数据)、高速性(一些大型工业生产装置拥有的数以万计的测量设备,每秒钟可记录几千甚至上万兆的数据)和易变性(由稳态和动态两种工况,以及设备故障所造成的参数数据改变)。

作为过程工业之一的中药制药工业,还具有过程工业的以下大数据特征。

(1) 高维度：如本团队所开展的主要陶瓷膜工艺优化研究项目,涉及的数据有以下几种。①陶瓷膜膜通量 Z 集数据(Z_1：初始通量,Z_2：稳定通量,Z_3：通量下降速率,Z_4：通量下降程度);② 物料体系化学组成 X 集数据(X_1：水提液固含物,X_2：水提液中淀粉含量,X_3：果胶,X_4：蛋白质,X_5：鞣质,X_6：$X_2+X_3+X_4+X_5$);③ 物料体系溶液环境表征参数 Y 集数据(Y_1：浊度值,Y_2：黏度,Y_3：电导,Y_4：pH,$Y_{5.1}$：粒径分布 D_{10},$Y_{5.2}$：粒径分布 D_{50},$Y_{5.3}$：粒径分布 D_{90})等。上述各参数之间高度耦合,共同构成了一个复杂多变的系统,对这些过程的描述是高维度的,这些因素也决定了工业大数据高维度的特点。

(2) 强非线性：中药制药分离过程作为中医药研究的一个分支,如上所述所面临的是一个复杂巨系统,其主要特征是表征被研究对象的各个指标不是成比例地变化,各指标之间呈非线性关系,不遵循线性系统的运动规律叠加原理,即如果把整个系统分解成数个较小的系统,并获取各子系统的运动规律,则这些子系统运动规律的叠加不是整个系统的运动规律。中医药制药过程体系的复杂数据,如操作工艺参数压力、温度、分离过程的熵值和焓值,分离目标的化学成分含量与药理效应等,具有多变量、变量相关、非均匀分布、非高斯分布等部分甚至全部特征,从而给构造模型、寻找规律造成很大的困难[15]。

(3) 样本数据分布不均：由于各种原因,生产过程中各种设备和参数发生的波动。例如,投料药材产地、季节不同造成的得膏率波动,水提醇沉操作时因搅拌时间和方式的差异而产生的部分液体制剂产品出现澄明度不合格等。

(4) 低信噪比：由于装置测量仪表损坏,数据信号传输过程中失真等原因,所采集到的数据都有可能存在噪声。另外,因测量环境突变而伴随产生的大量噪声。过程工业大数据的低信噪比将给数据的分析带来一定的难度。

(二) 大数据的分析方法

针对海量数据的难题,目前已开发出若干分析方法,按照功能可大致分为降维分析、聚类与分类分

析、相关性分析和预测分析四大类。各类分析方法中又包含众多不同的算法,各方法都有其特有的优势,同时也存在各自限制条件。

(1)降维分析:是将数据从高维度约减到低维度的过程,可以有效地克服过程工业大数据高维度的特点和所谓的"维数灾难"。降维分析的算法可以分为两大类:线性降维算法和非线性降维算法。线性降维方法主要有主成分分析(PCA)、投影寻踪(PP)、局部学习投影(LLP)及核特征映射法;非线性降维方法主要有多维尺度法(MDS)、等距映射法(ISOMAP)、局部线性嵌入法(LLE)及拉普拉斯特征映射法(LE)等。

(2)聚类与分类分析:聚类分析是指将数据区分为不同的自然群体,每个群体之间具有不同的特征,同时也可以获得每个群体的特征描述;分类分析则是指根据数据集的特点构造一个分类器,再根据这个分类器对需要分类的样本赋予其类别。两者最大的不同就是分类分析在对数据进行归类之前已经规定了分类的规则,而聚类分析在归类之前没有任何规则,在归类之后才得到每个类别的特点。聚类算法通常可以分为基于划分的聚类、基于层次的聚类、基于密度的聚类、基于网格的聚类及基于模型的聚类五大类。分类分析基于各算法的技术特点可分为决策树分类法、贝叶斯分类法(Bayes classification rule)、基于关联规则的分类法和基于数据库技术的分类法等。

(3)相关性分析:相关性主要用来表述两个变量之间的关系,是两变量之间密切程度的度量。相关性分析就是研究数据与数据之间的关联程度。目前常使用的多变量相关性分析方法有格兰杰因果关系(Granger causality)分析、典型相关分析、灰色关联分析、Copula 分析和互信息分析等,但是各种分析方法都存在一定的不足和缺陷,如 Granger 因果关系分析不能给出定量的描述;典型相关性分析不适用于分析时间序列的问题;Copula 分析对数据分布的规则度要求很高;灰色关联分析的理论基础研究还有待进一步完善;互信息分析计算复杂度较高,但随着计算手段和计算速度的不断提高,目前应用十分广泛。

(4)预测分析:就功能的广义概念而言,该方向方法在工业生产中包括很大的范畴,如过程工业中产品质量和产率的预测、生产操作工艺的优化、预警和装置的故障诊断等都可以归属于数据分析中的预测范畴。最常使用的预测分析方法就是应用各种神经网络算法及其与各种优化算法的结合。目前,应用相对成熟的神经网络有 BP 神经网络、GRNN 神经网络、RBF 网络等。这类方法具有以下优点:① 理论上能够逼近任意非线性映射;② 善于处理多输入输出问题;③ 能够进行并行分布式处理;④ 自学习与自适应性强;⑤ 可同时处理多种定性和定量的数据。

(三)大数据技术带给中药制药生产模式的颠覆性改变

随着中药绿色制造、智能制造的推进,大数据技术在中药制药分离领域的应用日益广泛。例如,江苏康缘药业股份有限公司通过与浙江大学进行全方位合作,采用先进的现代质量控制技术来强化注射液的质量管理,并对注射液进行生产的全程控制。搭建了与生产过程控制、生产管理系统互通集成的实时通信与数据平台,实现工业化与信息化的高度融合,为中药注射剂的"中国制造 2025"提供了示范[101]。

以江苏康缘药业股份有限公司开展的"近红外光谱技术在热毒宁注射液萃取液浓缩过程中的应用研究"为例,介绍大数据技术在中药制药分离过程中的应用。中药浓缩过程是中药生产的关键工艺过程之一,目前,传统的质量控制方法多数以比重值判定浓缩终点,缺乏对整个浓缩过程有效的指标性成分实时监测的手段,无法适应生产过程在线质量控制的需要,易造成不同批次浓缩液质量的不稳定,导致最终产品批间的质量差异。该公司将近红外光谱(NIR)分析技术引进热毒宁注射液生产的萃取液浓缩过程[102],实验所用样品均取自企业不同时间段的实际生产过程,与在实验室制备的样品相比,样品更具有真实性和代表性。根据企业生产实际,金青萃取液浓缩开始后,每隔 15 min 取样 1 次,剩余 2 h 每隔 10 min 取样 1 次,最后 1 h 每隔 5 min 取样 1 次,对样品进行编号,并记录浓缩过程中温度和蒸汽压。共取样 6 个批次,分别记为 A、B、C、D、E、F 批次,每批次根据实际生产情况取样 20 个左右,一共收集 123 个样品。经过异常点剔除、光谱预处理和波段选择,实现金青萃取液浓缩过程中绿原酸含量与固含量的快速检测。分别建立 NIR 光谱与绿原酸 HPLC 分析值和固含量之间的定量校正模型,并对未知样品进行预测。结果表明,绿原酸含量和固含量校正模型的相关系数分别为 0.992 1、0.994 0,验证模型的相关系数分别 0.994 4、0.998 4,模型的校正集预测误差均方根(RMSEC)分别为 0.814 6、2.656 1,模型的验证集预测误差均方根(RMSEP)分别为 0.704 6、1.876 7,验证集相对偏差(RSEP)分别为 6.01%、2.93%。该方法操作简便、快速无损且准确可靠,可用于热毒宁注射液萃取液浓缩过程中绿原酸含量及固含量的快速监测,实现对热毒宁注射液萃取液浓缩过程的在线实时监控。

再如,天士力医药集团股份有限公司针对中药产业在生产工艺、制造装备、在线控制等方面的技术瓶颈,创新整合现代化信息技术、系统科学与工程、过程分析技术(PAT)等先进制造技术,成功建设了符合 FDA 和新版 GMP 要求的、以"数字化、智能化、集成式"为特征的中药智能制造车间及技术体系。该车间于 2014 年获得欧盟 GMP 证书,车间内制造装备-传感及检测部件-数据采集和监控系统-制造执行管理系统(MES)-企业资源计划管理系统(ERP)互联互通,构建了全生产流程数据信息统一平台及工艺控制模型库,实现了生产制造和管理数字化、可视化,生产执行层/过程控制层/企业管理层一体化、信息化[101]。

又如,江中药业股份有限公司的中药保健品智能制造示范车间,是目前国内最大的全自动化、智能化机器人应用的智能制造联体制剂车间。生产车间全智能化、现代化、无人化地生产和操作,工厂里只有机械手和无人驾驶小车在里面运作。随着中国制造低成本优势不再,提高制药过程生产自动化水平成了企业发展的关键,实现从"江中制造"向"江中智造"转变[101]。

此外,康美药业股份有限公司"中药饮片智能制造试点示范"建设项目,通过在 100 种常用中药饮片的炮制过程中融入近红外在线检测系统、ERP,建立了中药饮片炮制质量溯源体系,基本实现生产过程中质量的监管和在线检测及全过程质量溯源,打造了新一代的中药饮片领域智能生产线,达到生产规模化、工艺规范化、质量标准化、检测手段现代化的效果[101]。

三、现代化工新视野对中药制药过程工程原理研究的启示

工业放大过程中物质的高效转化、分离和能量有效利用是化学工程的核心内容,也是中药绿色制造工程的终极目标。近年来,包括酶工程、基因工程等生物工程在内的各种基于不同技术原理的高新分离技术大量进入中药制药分离工程领域。因技术原理与物料体系的不兼容,存在诸多无法实现最优化难题,急需从热力学、动力学等基础层面对各种技术方法进行梳理评价,为今后创建具有中医药特色的中药制药分离工程理论与技术体系奠定基础。

（一）纳微界面传递的非平衡热力学新理论[81]

中药制药流程中提取、浓缩、干燥等关键工序存在气液、液液、固液等界面,大量涉及界面吸附和反应、界面区流体的非均匀分布、质量和热量传递等基本问题。基于相平衡原理的药效物质的传质过程,成为中药分离、纯化速率提高的关键。但常用分离技术如微滤、超滤、纳滤膜材料、大孔吸附树脂等相关分离介质的尺寸在微米级,且表面存在复杂的纳米结构,分离过程中因溶剂化效应中药成分与水形成的溶液结构也处于纳米级,传统化工理论已难以适用。

特别是,当膜材料的空间尺度处在纳米级别时,如纳滤和反渗透过程,流体在膜孔道中的传质机制已经不能用常规的筛分原理来解释,尺寸小的分子有可能受到孔口材料化学性质的影响无法进入比其尺寸大许多倍的膜孔道内,而中药及其复方所含有的药效物质组(1 kDa 以下小分子化合物),其膜透过率与其分子量和分子结构参数的相关性,正是介观体系中个体粒子特殊的物理化学性质的表现。

在上述科研、生产应用背景的催化下,纳微尺度下"三传一反"理论应运而生,已成为化学工程领域新的研究热点。介观尺度下强化"三传一反"过程的关键在于界面性质的调控,其影响远大于温度和压力。过程速率的改变通常需要温度差、压力差或浓度差的变化来实现,这些变化最终造成在反应与相界面上的化学位梯度增大。根据热力学原理,过程的化学位梯度越大,系统偏离可逆过程越远,此时系统的热力学效率越低(能耗越高)。这也是节能与减排在实施时存在矛盾的原因。

研究表明,传统化工通过提高温度和压力等强化过程的方法,在提高速率的同时,也大大降低了过程效率。正如胡英院士所指出,过程速率和效率的基础研究位于节能减排三大关键科学问题之首,非平衡热力学的原理和方法是解决两者博弈问题的唯一有效手段。陆小华课题组所建立的速率强化的非平衡热力学理论,将过程化学位梯度保持在系统近可逆过程的线性区域,利用增加纳微界面面积(S)和界面传质系数(K),大幅度提高过程速率,这为通过"纳米材料调控纳微尺度的传递行为,实现减排过程的节能"技术的诞生奠定了良好的理论基础。中药物料浓缩是中药生产流程中的能耗大户,能否借助纳微界面传递的非平衡热力学新理论,彻底改变这一局面,是非常值得期待的。

(二)基于限域传质机制的分离膜精密构筑与高效过程[81]

膜分离作为新型分离技术,具有高效、节能等优势,已在中药制药分离领域得到日益广泛的应用。其中,超滤、微滤等基于大孔介质尺寸筛分机制的膜过程,可借助经典的传质理论予以精确描述;而对于渗透气化、气体分离、反渗透及电渗析等膜过程,分离过程主要涉及与流体分子运动自由程相当的空间中的传质行为,即限域传质,目前因对其机理的认识不清晰,相关膜材料的制备与在中药制药过程的应用也尚处于经验摸索阶段。目前,国家重大项目"基于限域传质机制的分离膜精密构筑与高效过程"已取得一定研究进展。主要体现为:在限域传质基础理论方面,提出了限域条件下传质过程建模的新思路,并利用原子力显微镜建立了基于分子之间相互作用的液固摩擦阻力模型。从分子水平研究了流体在固体壁面上流动阻力的主要因素和定量关系,为限域膜的传质建模提供了理论基础。

李益群等[103]开展的"蛋白质在膜表面的吸附特性及蛋白质存在的溶液环境对小檗碱膜透过行为的影响研究",采用系统模拟的方法,以蛋白质、小檗碱为研究对象,配制模拟溶液。首先考察了蛋白质在陶瓷膜(0.2 μm ZrO_2 单通道内压管式)上的吸附特性及对小檗碱膜过程影响,继而通过低场核磁共振技术证明了陶瓷膜对蛋白质存在吸附作用,并通过静态吸附实验进一步证明了陶瓷膜对蛋白质的吸附作用符合一级动力学吸附模型及朗缪尔吸附(Langmuir adsorption)模型。蛋白质吸附在膜表面是形成膜污染的基础,结合蛋白质模拟溶液膜过程相关参数可知,蛋白质对陶瓷膜的污染形式主要是通过表面沉积来实现的。实验发现:小檗碱模拟溶液过膜后,小檗碱透过率为77.87%,吸附率为21.56%;小檗碱与蛋白质混合模拟溶液过膜后,小檗碱透过率为75.65%,吸附率为20.72%。2 种溶液的透过率与吸附率之间没有显著性差异,由此可见在此条件下,蛋白质对小檗碱的膜过程没有显著影响。探究小檗碱透过率低的原因,推测其原因:一方面是陶瓷膜对小檗碱的吸附作用,另一方面是小檗碱在膜过程中的受限传递。能否以纳微界面传递的非平衡热力学新理论对小檗碱在膜表面的吸附作用及其受限传递的机制做出解读,将是很值得期待的事情。

(三)计算机模拟技术对中药制药分离工程原理的仿真探秘作用

由于中药制药工程所涉及的先进分离材料,如膜材料微孔体系的空间限制,其中流体的行为与性质难以通过实验观察和测定,而相关研究又具有重要理论意义,一系列基于计算机化学的模拟技术如计算流体力学、分子模拟等正大步进入中药制药分离工程等领域。此类技术利用计算机以原子水平的分子模型来模拟分子的结构与行为、分子体系的各种物理化学性质,包括分子体系的动态行为,如氢键的缔合与解缔、吸附、扩散等,对探秘中药制药分离工程原理起到洞察分子作用机制的作用,这正是计算机模拟方法进入我们视野的原因。

（1）计算流体力学：计算流体力学（computational fluid dynamics，CFD）是通过数值方法求解流体力学控制方程，并以此预测流体运动规律的技术，具有成本低、速度快、资料完备、风险小等优点，已成为膜科技领域与实验研究、理论分析同等重要手段。针对中药体系膜过程复杂的流场分布，引进计算流体学方法，以增加优化设计的可信度。计算流体力学控制方程的通用形式为

$$\frac{\partial(\rho\phi)}{\partial t} + div(\rho U\Phi) = div(\Gamma grad\Phi) + S \qquad (1-98)$$

式中，ρ 表示密度，U 为速度，t 为时间变量，Φ 为通用变量，可以表示速度等求解变量；Γ 为广义扩散系数；S 为广义源项。其中处在 Γ 与 S 位置的变量不必为原物理意义的量，而是数值计算模型方程中的一种定义。因而该技术用于具有暂无公认定义表达的某些特征的复杂体系，如中药物料等尤有独到之处。

（2）过程动态仿真：由中药浓缩过程的生产特性所决定，目前对于相关工艺的研究仍然以经验计算为主，缺乏工艺过程仿真的数据支持。这主要有两方面的原因：其一，是因为缺乏浓缩过程热力学实验数据，在中药浓缩蒸发过程中，溶质并不与溶剂一起气化，而是存留在溶液中，逐渐增加的溶质浓度提升其与气化溶剂间的作用关系的复杂程度；其二，中药浓缩过程是半间歇半连续生产过程，在加热浓缩过程中浓缩液持续在蒸发器内循环，其溶质浓度随着生产进行而逐渐升高。需要采用动态仿真模拟来研究其过程数据的变化趋势，这又增加了其数值仿真的难度。侯一哲等[104]以甘草提取液浓缩过程为研究对象，采用动态法测定，获取了不同质量分数下甘草溶液沸点－饱和蒸汽压的对应关系，将其代入非随机双液体理论模型方程拟合，得到相关活度系数；在此基础上，采用 ASPEN PLUS 构建了甘草水提液浓缩模拟流程。根据动态过程的仿真模拟探讨了在外热式浓缩设备中，加热功率、进料速率和真空度等工艺参数对甘草溶液浓缩过程的影响，并以相关实验数据通过热力学模型拟合得到了其相关方程参数。参数拟合结果为：$A_{ij} = 1.63$、$A_{ji} = 2.32$、$B_{ij} = 336.38$、$B_{ji} = 792.00$、$C_{ij} = 0.5$；浓缩时间与加热功率的函数方程为：$t = 2329c_1H/c_0Q$（t 为浓缩时间，c_0 为浓缩开始时物料溶质质量分数，c_1 为浓缩停止时浓缩液溶质质量分数，H 为蒸发罐已有溶液质量，Q 为加热功率，kJ/h）。结果表明，在理想工艺条件下，通过动态仿真模拟对甘草浓缩过程的影响因素进行分析，发现加热功率是影响浓缩过程的关键因素，浓缩时间随加热功率的增加而逐渐降低，但两者所构成的函数关系是非线性的。同时，该函数方程可对中药浓缩时间进行大致预测。这在一定程度上，填补了化工热力学相关理论研究和数据的空白，为中药浓缩生产过程的工艺研究与设备研发提供了理论支持。

（3）分子模拟：分子模拟是一种对问题求数值解的方法。它利用计算机对客观复杂系统的结构和行为进行模拟或表演，获得系统或过程的行为结果。近几十年来，随着计算机技术的快速发展，分子模拟已发展成为除理论分析、实验研究以外的一种全新而独特的手段。分子模拟是计算机模拟之一。其主要内容是为模型系统提供大量的微观状态。依据统计力学的原理，系统的宏观性质是相应微观量的系综平均值。只要微观状态信息足够丰富，就可获取相关宏观性质（如热力学性质、输运性质、结构性质、光谱性质等）。近几十年来，随着计算机硬件和算法的发展，分子模拟从最初的硬球流体、惰性气体、小分子药效物质模拟，发展到现阶段的生物共性高分子、纳米材料的模拟；从早期的半定量模拟进化到现在的准确定量模拟；从早期的验证模型跨越到现阶段的预测性计算和分子设计。

本书的第一章第五节提出，中药复方水提液作为一种高分子稀溶液类似体系，其中的小分子药效物质和共性高分子物质可以水合物/胶体的形态存在。它们的溶液结构特征成为选择分离技术的基本依据。作为分子模拟技术在中药膜科技领域的尝试，主要涉及中药溶液结构在膜过程中的动态表现及其对膜微结构的作用等研究内容，将采纳目前探索多尺度复杂现象的有效方法：综合分子模拟等先进手段，实验研究与理论模型互补，宏观分析与微观表征并用，实施中药复杂体系研究领域的多学科跨越。

本团队所开展的相关研究内容及目的简述如下：

（1）黄连解毒汤模拟溶液体系建模及分析：鉴于借助分子动力学模拟中药水提液溶液结构，尚无前人的研究经验。模拟溶液结构是否可行，需要逐步进行探索。本研究开展单个小分子药效物质及共性高分子的分子动力学模拟研究，并尝试结合实验数据进行讨论。

（2）中药小分子与高分子物质的溶液结构及其相互作用的分子模拟：在上述尝试开展中药成分分子模拟的研究基础上，针对中药精制过程"去粗存精"目标，探讨"粗"（即没有药效的组分，如淀粉、果胶等）与"精"（即小分子药效成分）各自在中药水提液中的存在状态、相互作用模式及其破坏（将两者分离）机制。重点在于使用分子动力学模拟中药小分子药效物质与共性高分子物质之间的相互作用，探秘作用机制。

（3）小檗碱与水分子溶液结构的分子模：采用分子动力学模拟软件分析小分子物质（小檗碱）与水分子之间存在状态、相互作用，并结合 LM10 纳米颗粒分析仪的实验数据进行诠释。期望以此为基础指导分离过程的优化，对攻克长期困扰中药制药行业的浓缩高能耗难题有所启示。

参 考 文 献

[1] 冯青然，王之喻，马振山，等. 中药水煮液分离、纯化工艺的比较研究. 中国中药杂志，2002，27（1）：28 - 30.
[2] 大矢晴彦. 分离的科学与技术. 张谨译. 北京：中国轻工业出版社，1999：4 - 14.
[3] STRAIN H H，SATO T R，ENGELKE J. Chromatography：And analogous differential migration methods. Anal Chem，1954，26：90.
[4] KARGER B L，SNYDER L R，HORVATH C. An Introduction to separation science. New York：A Wiley-Interscience Pub，1973.
[5] GIDDINGS J C. Unified Separation Science. New York：A Wiley-Interscience Pub，1991.
[6] RONY P R. The extent of separation：On the uni-fication of the field of chemical separations. AIChE Symposium Series，Chem Eng Prog Symp Ser，1972，68：89.
[7] 潘见，戴郁青，袁传勋. 葛根素配位萃取探讨. 合肥工业大学学报（自然科学版），2002，25（5）：650 - 653.
[8] 贺云，张尊听，刘谦光，等. Fe³⁺络合萃取法从野葛根中分离葛根素. 天然产物研究与开发，2002，14（5）：21 - 23.
[9] 迟玉明，赵瑛，吉泽丰吉，等. 离子交换树脂用于角蒿总生物碱的纯化研究. 天然产物研究与开发，2005，17（5）：617 - 621.
[10] 刘红，刘华. 用离子交换树脂法纯化从蚯蚓体中提取的复合氨基酸. 贵阳医学院学报，2005，30（3）：287 - 290.
[11] 范云鸽，施荣富. 离子交换树脂对三七叶总皂苷的脱色精制研究. 中国中药杂志，2008，33（20）：2320 - 2323.
[12] 张彤，徐莲英，蔡贞贞. 壳聚糖澄清剂精制中药水提液的应用前景. 中国中药杂志，2001，26（8）：516 - 518.
[13] 郭立玮. 中药分离原理与技术. 北京：人民卫生出版社，2010.
[14] 曹光明. 中药工程学. 北京：中国医药科技出版社，2001.
[15] 张燕，朱华旭，郭立玮. 栀子中环烯醚萜类化合物的体内过程及其对相关酶的影响. 中国中药杂志，2012，37（3）：269 - 273.
[16] 韦忠红，余苏云，陈文星，等. 微量中药成分的起效机制研究不容忽视——"遗传协同致死"模式有助于发现并阐释中药显效物质基础及起效机制. 世界科学技术-中医药现代化，2017，19（9）：1424 - 1429.
[17] 肖小河，肖培根，王永炎. 中药科学研究的几个关键问题. 中国中药杂志，2009，34（2）：119 - 123.
[18] 唐健元. 关于中药新药研制技术要求的思考和建议. 中国中药杂志，2020，45（16）：4009 - 4016.
[19] 周俊. 中药复方-天然组合化学库与多靶作用机理. 中国中西医结合杂志，1998，（2）：67.
[20] 范文成. 连花清瘟胶囊生产工艺优化和质量标准分析研究. 石家庄：河北科技大学，2014.
[21] 秦昆明，史大华，董自波，等. 海洋中药资源综合开发利用现状与对策研究. 中草药，2020，51（19）：5093 - 5098.
[22] 宋航，姚舜，李新莹，等. 基于构建集约环保型社会的天然植物化工的研究进展. 化工进展，2011，30（4）：691 - 700.
[23] 沈岚，冯年平，韩朝阳，等. 微波萃取对不同形态结构中药及含不同极性成分中药的选择性研究. 中草药，2002，33（7）：604 - 607.
[24] 苏德森，王思玲主编. 物理药剂学. 北京：化学工业出版社，2004.
[25] 李英华，吕秀阳，刘霄，等. 中药配位化学研究进展. 中国中药杂志，2006，31（16）：1309 - 1313.
[26] 潘见，戴郁青，袁传勋. 葛根素配位萃取探讨. 合肥工业大学学报（自然科学版），2002，25（5）：650 - 653.
[27] 贺云，张尊听，刘谦光，等. Fe³⁺络合萃取法从野葛根中分离葛根素. 天然产物研究与开发，2002，14（5）：21 - 23.
[28] 郭放，徐赫男，王秀梅，等. 利用鳌形主体分子的识别功能选择包结分离藁本挥发油中的肉豆蔻醚. 天然产物研究与开发，2003，15（3）：192 - 195.
[29] 许禄，邵学广. 化学计量学方法. 北京：科学出版社，2004：385 - 459.
[30] 董洁. 基于模拟体系定量构效（QSAR）与传质模型和动力学分析的黄连解毒汤超滤机理研究. 南京：南京中医药大学，2009.

［31］ 陈丹丹,郭立玮,刘爱国,等.0.2 μm无机陶瓷膜微滤对生地黄、黄芪水提液物理化学参数影响的初步研究.南京中医药大学学报（自然科学版）,2002,18(3)：153-155.

［32］ 陈丹丹,郭立玮,刘爱国,等.0.2 μm无机陶瓷膜微滤枳实、陈皮水提液理化参数与通量变化关系的研究.南京中医药大学学报,2003,19(3)：151-153.

［33］ 郭立玮,董洁,陆文聪,等.数据挖掘方法用于中药水提液膜过程优化的研究.世界科学技术-中医药现代化,2005,7(3)：42-47,8.

［34］ 张贵君,李晓波,李仁伟,等.常用中药生物鉴定.北京：化学工业出版社,2006.

［35］ 刘文,冯泳.小半夏加茯苓汤中药效物质的正交试验筛选.中草药,2005,36(1)：51-52.

［36］ 邹汉法,汪海林.生物色谱技术分离、鉴定和筛选中药活性成分.世界科学技术—中医药现代化,2000,2(2)：9-13.

［37］ 贺浪冲,杨广德,耿信笃.固定在硅胶表面细胞膜的酶活性及其色谱特性.科学通报,1999,44(6)：632-637.

［38］ ROYCE T E, ROZOWSKY J S, BERTONE P, et al. Issues in the analysis of oligonucleotide tilingmicroarrays for transcriptmapping. TrendsGenet,2005,21(8)：466.

［39］ JULIA H, JOSHUA K, DOUGLAS B K. Computational cluster valida-tion in post-genomic data analysis. Bioinformatics, 2005, 21 (15)：3201.

［40］ JULIO LICINIO, MA-LIWONG. Pharmacogenomics. Hobergen：WILEY-VCH VerlagGmbh & Co. KGaA,2002：4.

［41］ CHEN H Y, CUI Z L, WU Z R. Gene chip technique and its' application in pharmacy area. Chin Pharm J,2002,37(3)：167.

［42］ HARA A, IIZUKA N, HAMAMOTO Y, et al. Moleculardissection of amedicinal herb with anti-tumoractivity by oligonucleotidemicroar-ray. Life Sci, 2005,77(9)：991.

［43］ 严永清.中药现代研究的思路与方法.北京：化学工业出版社,2006.

［44］ 董倩倩,李睿岩,李萍.丹参与脂质体模拟生物膜相互作用的研究.中国药学杂志,2007,42(16)：1208-1211.

［45］ 齐练文,李萍,李睿岩.透析-高效液相色谱法在当归补血汤药效物质基础研究中的应用.分析化学（Chin J Anal Chem）,2006,34(2)：196-199.

［46］ QI L W, LI P, LI S L, et al. Screening and identification of permeable components in a combined prescription of Dang-gui Buxue decoction using a liposome equilibrium dialysis system followed by HPLC and LC-MS. J Sep Sci,2006,29：2211-2220.

［47］ 刘春辉,江振洲,黄鑫,等.大黄蒽醌类药物影响大黄素在Caco-2细胞中的摄取吸收行为（英文）.中国天然药物,2008,6(4)：295-301.

［48］ WANG S, KOZUKA O, KANO Y. Pharmarcological properties of galenical preparations（X,V,Ⅱ）：Active compounds in blood and bile of rats after oral administration of extracts of polygalae radix. JMed Pharm Soc WAKAN-YAKU,1994,11(1)：44.

［49］ 王喜军,李廷利,孙晖.茵陈蒿汤及其血中移行成分6,7-二甲氧基香豆素的肝保护作用.中国药理学通报,2004,20(2)：239-240.

［50］ WANG X J, SUN H, FAN Y L. Analysis and bioactive evaluation of the compounds absorbed into blood after oral administration of the extracts of vaccinium vitis-idaeain rat. Bio Pharm Bull,2005,28(6)：1106.

［51］ FENG Q U. Studies on the pharmacological properties of traditional Chinese medicine "Mori Cortex". Dissertation for the degree of philosophy in Hokkaido institute of pharmaceutical science,1996.

［52］ 杨波,吴向美,左军.东北红豆杉抗肿瘤有效部位的活性研究.中医药学报,2001,29(3)：46-47.

［53］ 丁岗,崔瑛,盛龙生.地黄血清药物化学的初步研究.中国天然药物,2003,1(2)：85-88.

［54］ 唐文富,万美华,黄熙.方剂组织药理学新假说.中草药,2005,36(1)：1-3.

［55］ 周韶华,肖小河,赵艳玲,等.中药四性的生物热动力学研究——左金丸与反左金寒热药性的微量热学比较.中国中药杂志,2004,29(12)：1183-1186.

［56］ 孙维峰.升清降浊与胃肠运动的关系及临床应用.新中医1999,31(7)：57.

［57］ 陆光伟.中药归经及其成分在体内的分布.中成药,1984(5)：38-39.

［58］ 汪国华,徐仪方,张文惠.从中药有效成分的体内分布探讨中药归经理论的含义.江西中医学院学报,1997,9(4)：32-33.

［59］ 余林中,伍杰勇,罗佳波.葛根芩连汤各配伍与解热药效之间的关系研究.中国中药杂志,2004,29(7)：663-666.

［60］ 戴开金,罗佳波,谭晓梅,等.葛根芩连汤不同配伍对葛根素含量的影响.中草药,2003,34(6)：506-508.

［61］ 戴开金,罗奇志,罗佳波,等.配伍对葛根芩连汤中葛根HPCE指纹图谱的影响.中国中药杂志,2004,29(8)：819-820.

［62］ 王永炎.中医研究的三个重要趋势.中国中医药报,2005,3：4.

［63］ PANG NING TAN, MICHAEL STEINBACH, VIPIN KUMAR. 数据挖掘导论.范明,范宏建译.北京：人民邮电出版社,2006：1-7.

［64］ 张云涛,龚玲.数据挖掘.北京：电子工业出版社,2004：1-23.

［65］ VLADIMIR N, VAPNIK. Statistical Learning Theory. New York：John Wiley and Sons, Inc.,1998.

［66］ 陈念贻,陆文聪.模式识别在化学化工中的应用.北京：科学出版社,2000.

［67］ 夏清,贾绍义.化工原理（上册）.天津：天津大学出版社,2005.

［68］ WELTY J R, WICKS C E, WILSON R E, et al. Fundamentals of Monmentum, Heat, and Mass Transfer. New York：John Wiley & Sons, Inc.,2008.

［69］ Backhurst J R, Harker J H, Richardson J F, et al. Coulson and Richardson's Chemical Engineering Volume 1 — Fluid Flow, Heat Transfer and Mass Transfer, 6th Ed. Amsterdam：Elsevier, 1999.

［70］ 杨俊杰.制药工程原理与设备.重庆：重庆大学出版社,2017.

[71] INCROPERA F P, DEWITT D P, BERGMAN T L, et al. Fundamentals of Heat and Mass Transfer. 7th Ed. New York：John Wiley & Sons, 2011.

[72] 陈敏恒,丛德滋,方图南,等.化工原理.北京：化学工业出版社,2005.

[73] 袁乃驹,丁富新.化学反应工程基础.北京：清华大学出版社,1988.

[74] BALMER R T. Modern Engineering Thermodynamics. Pittsburgh：Academic Press, 2011.

[75] PRIGOGINE I R. Introduction to Thermodynamics of Irreversible Processes, 3 edition. New York：Interscience Publishers, 1961.

[76] 邓修,吴俊生.化工分离工程.北京：科学出版社,2000.

[77] 靳海波,许新,何广湘,等.化工分离过程.北京：中国石化出版社,2008.

[78] 于洋,侯一哲,余河水,等.甘草酸溶液浓缩过程中浓度-沸点-饱和蒸汽压三者关系研究.中草药,2018,49(1)：142-150.

[79] 邓海欣,潘红烨,陈周全,等.999感冒灵浓缩过程蒙花苷热降解规律研究.中国中药杂志,2016,41(8)：1380-1382.

[80] 董洁.基于模拟体系定量构效(QSAR)与传质模型和动力学分析的黄连解毒汤超滤机制研究.南京：南京中医药大学. 2009.

[81] 孙宏伟,张国俊.化工学科发展态势及重大基金项目成果介绍.化工进展,2016,35(6)：1923-1928.

[82] 梁文平,杨俊林,陈拥军,等.新世纪的物理化学——学科前沿与展望.北京：科学出版社,2004.

[83] 王智民,钱忠直,王永炎.中药产品质量过程控制.中国中药杂志,2011,36(6)：656.

[84] LI J H, KWAUK M. Exploring Complex Systems in Chemical Engineering-the Multi-Scale Methodology. Chem. Sci,2003,58(3-6)：521-535.

[85] 香港科技大学生物技术研究所.中药研究与开发综述——生物技术研究所访问学者文集.北京：科学技术出版社,2000.

[86] 郭立玮,党建兵,陈顺权,等.关于构建中药绿色制造理论与技术体系的思考和实践.中草药,2019,50(8)：1745-1775.

[87] 彭国平,郭立玮,徐丽华,等.超滤技术应用对中药成分的影响.南京中医药大学学报(自然科学版),2002,18(6)：339-341.

[88] 须明玉,周洪亮,郭立玮,等.不同分子量膜处理对黄连解毒汤 HPLC 特征图谱的影响.中国中药杂志,2011,36(11)：15-19.

[89] HALL M S, STAROV V M, LLOYD D R. Reverse osmosis of multicomponent electrolyte solutions(1) theoretical devel-opment. J Membr Sci,1997,128(1)：23-37.

[90] OMTAA W, KROPMAN M F, WOUTERSEN S, et al. Negligible effect of ions on the hydrogen-bond structure in liquid water. Science, 2003, 301(5631)：347-349.

[91] SAMUEL LEUTWYLER. Acids caught in the act. Nature, 2002, 417(6886)：230-231.

[92] TUCKEMAN M E, MARX D, PARRINELLO M. The nature and transport mechanism of hydrated hydroxide ions in aqueous solution. Nature, 2002, 417(6892)：925-929.

[93] 房春晖,房艳.溶液结构研究发展策略浅议.盐湖研究,2006,14(3)：52-57.

[94] 郭立玮.朱华旭.基于膜过程的中药制药分离技术：基础与应用.北京：科学出版社,2019.

[95] ANTONIO A, GRACIA, MATTHEW R. Bonen Jaime Ramirez-Vick Mariam Sadaka Anil Vuppu. Bioseparation Process Science. 北京：清华大学出版社,2002：67-70.

[96] TOMASZEWSKA M, GRYTA M, MORAWSKI A W. Mass transfer of HCl and H_2O across the hydrophobic membrane during membrane distillation. Journal of Membrane Science,2000,166：149-157.

[97] 杨靖,陈杰,余嵘.纳滤/反渗透分离中有机物的特征参数对截留率的影响研究.膜科学与技术,2006,26(2)：36-40.

[98] 徐南平,李卫星,邢卫红.陶瓷膜工程设计：从工艺到微结构.膜科学与技术,2006,26(2)：1-5.

[99] 王磊,王旭东,文松,等.超滤膜结构参数的测定方法及透水通量与膜结构关系的模型.膜科学与技术,2006,26(5)：55-59.

[100] 苏鑫,吴迎亚,裴华健,等.大数据技术在过程工业中的应用研究进展.化工进展,2016,35(6)：1652-1659.

[101] 杨明,伍振峰,王芳,等.中药制药实现绿色、智能制造的策略与建议.中国医药工业杂志,2016,47(9)：1205-1210.

[102] 张亚非,左翔云,毕宇安,等.近红外光谱技术在热毒宁注射液萃取液浓缩过程中的应用研究.中国中药杂志,2014,39(16)：3069-3073.

[103] 李益群,徐丽,朱华旭,等.蛋白质在膜表面的吸附特性及蛋白质存在的溶液环境对小檗碱膜透过行为的影响研究.中国中药杂志,2017,42(20)：3912-3918.

[104] 侯一哲,李正,余河水,等.甘草水提液浓缩过程动态仿真模拟研究.中草药,2019,50(2)：364-374.

第二章
面向中药制药过程的先进分离
材料：作用、机理及其应用

　　材料是人类赖以生存和发展的物质基础,几千年来人类一直把材料作为工具,在相当长的时间里只是通过手工技艺的不断实践来积累经验,对材料的成分、性能、制备工艺及三者之间的相互关系进行研究。近代以来,随着科学技术的不断进步,人们逐步了解了材料的本质、性能、行为,建立了材料的内部结构及性能之间的科学联系,材料科学的发展发生了历史的飞跃。随着经济社会的发展,材料技术的研究、开发与应用与国民经济建设、国防建设和人民生活密切相关,反映了一个国家的科学技术与工业化水平。

　　20 世纪 70 年代,人们将信息、能源和材料誉为人类文明的三大支柱,其中材料又是信息和能源的基础。高性能材料技术支撑着现代交通运输、能源动力、资源环境、化工、建筑、航空航天、国防军工及国家重大工程等领域的可持续发展,带动传统产业和支柱产业的升级改造与产品更新换代,促进高新技术产业的形成与发展。早在“十五”期间,新材料就是国家“863”计划的 6 个重要领域之一,包括高性能结构材料技术、特种功能材料技术和光电子及器件技术 3 个主题。《国家中长期科学和技术发展规划:“战略高技术与高新技术产业化”专题研究报告》中指出,我国战略高技术新材料技术的战略目标是在2020 年前后,实现由材料大国向材料强国的战略性转变,从跟踪发展到自主创新,基本建成我国材料科学技术的创新体系。

　　中药制药工业作为过程工业,是我国工业的重要组成部分。过程工业对资源、能源的过度消耗和对环境的污染已经成为制约我国可持续发展的瓶颈问题。李红钟院士指出,在化学工程向过程工程扩展的过程中,往往涉及同时发生在很宽的时间和空间尺度上的现象,而分子尺度到宏观过程尺度的多尺度关联势在必行[1]。中药制药生产过程即是分子尺度的复杂药效组分的传递和再分布过程,反映在宏观过程尺度即物料,如植物的药用部位在“场-流”条件下的能量交换或物质转运过程。李红钟院士的这一论述,可以使我们从更精准的角度认识分离材料在中药制药分离过程中的作用及机理。

　　20 世纪 90 年代起,我国中药制药行业逐渐将新型分离材料及其相关技术,如膜分离技术、大孔吸附树脂技术等用于工业生产。应该说,上述新型技术的产业化对于中药行业的整体提升起到了至关重要的作用。

　　但是,这些新型工业材料与技术用于中药(含复方)分离普遍面临着一类问题:先进材料的一个鲜明特点是具有介观尺度的结构[1]。膜分离技术因特别适合现代工业对节能、低品位原材料再利用和消除环境污染的需要,已应用于制药领域。但当膜材料的空间尺度处在纳米级别时,如在纳滤和反渗透过程,流体在膜孔道中的传质机制已经不能用常规的筛分原理来解释,尺寸小的分子有可能受到孔口材料化学性质的影响无法进入比其尺寸大许多倍的膜孔道内,而中药及其复方所含有的药效物质组(1 kDa以下小分子化合物),其膜透过率与其分子量和分子结构参数的相关性,正是介观体系中“个体”粒子特殊的物理化学性质的表现。因此,如何基于特定结构材料,构建介观尺度的中药药效成分与新型分离材料及其微结构之间的传递关系? 正是基于膜、树脂等先进材料的分离技术的中药制药过程急需解决的关键科学问题。

为此,本书作者团队提出以"材料化学工程"理念构建基于先进分离材料的中药绿色制造工程理论、技术体系的最终目标[2]：面向国家中药制药领域重大需求和国际学术前沿,以开展基于先进分离材料的中药制药分离与产品工程领域高水平的科学研究、人才培养和学术交流为目标,围绕"以材料化学工程的理论与方法指导中药制药原理创新与过程分析技术(PAT)优化""发展基于先进分离材料的高新分离技术为基础的制药单元技术与理论"的学术思路,开展创新性应用基础研究,致力于解决制约我国中药制药工业可持续发展的能源、资源和环境等瓶颈问题,构建中药制药学与材料化学工程交叉研究的学科新生长点。

第一节 材料学概述及其新进展

一、材料学的基本概念

1. **材料的定义及其与物质的区别** 材料是指经过某种加工,具有一定结构、组分和性能,并可用于制造物品、器件、构件、机器或其他产品的物质。材料是物质,但不是所有物质都可以称为材料。

2. **材料形态** 物质的形态是指物质存在的具体形式和状态。自然界中的物质绝大多数都是以气、液、固 3 种聚集态的形式存在。气态物质可流动、可变形、可被压缩,在没有限制的情况下可以扩散,体积无限增大。气态物质的原子或分子之间可以自由运动,且动能较高。液态指物质的液体状态,与气体类似,可流动,可变形。液态物质的原子或分子之间存在范德瓦耳斯力,能够使分子不会分散远离,因此液体具有一定的体积,能够被微压缩。此外,液体的理化性质不会因为量度方向的不同而产生变化,即各向同性,亦称均质性。所有的气体、液体(液晶除外)及非晶体都具有各向同性。固态是物质存在的一种热力学平衡状态,组成固体的粒子间距离小、作用力大,因此固体具有比较固定的体积和形状,不可流动。且固态物质质地坚硬,少量外力作用不会对固体的体积和形状造成太大改变。

绝大多数材料都是以固体形态存在的,但是在材料科学领域,材料形态的定义更加广泛,包括了材料的电子结构、原子结构、晶体结构、相与组织、形貌等,材料的形态直接决定材料的各种物理化学性质,如光学性质、电学性质、磁性、力学特性、化学性质、生物特性等。影响材料形态的因素有很多,主要是成分和工艺,包括制备方法、热处理和热加工工艺等,即使成分相同,工艺不同所得到的材料微观组织形态也会有很大的差异。

材料微观组织的演化过程包括演化方向、演化路径和演化结果,其研究涉及了材料热力学、动力学和晶体学。材料热力学中的固态相变热力学决定了微观组织的演化方向,通过计算相变驱动力可以预判相变的方向,预测相变温度,所涉及的固态相变过程包括有序-无序相变、脱溶分解、失稳分解、斯皮诺达分解(Spinodal decomposition)、马氏体相变(Martensitic transformation)、贝氏体相变(Bainitic transformation)等。微观组织的演化过程是原子扩散和界面迁移的过程,根据动力学原理计算推动原子和界面运动的各种能量(包括化学势能、化学自由能、应变能、磁性能等)及其对应的物理场(包括浓度梯度场、温度场、应力场、磁场等),即可判断微观组织的演化路径。为了最后确定一个体系中微观组织的形态,还需要结合晶体学确定演化接受后新相与母相之间的位向关系[3]。

二、材料分类

由于材料的多样性,在不同的场合没有统一的分类标准。例如,材料可笼统地分为结构材料和功能材料,或按照发展进程分为传统材料和新材料;根据应用领域,材料可分为信息材料、能源材料、生物医用材料、汽车材料、纳米材料、稀土材料、新型钢铁材料、新型有色金属合金材料、新型建筑材料、新型化工材料、生态环境材料、军工新材料、人工智能材料、航空航天用材料等；按照状态/形态，材料可分为块体材料、薄膜材料、多孔材料、颗粒材料、纤维材料等；根据物理性质分类，可分为半导体材料、磁性材料、导电材料、绝缘材料、透光材料、超硬材料、耐高温材料、高强度材料等；按照化学成分不同，则可分为金属材料、无机非金属材料、高分子材料和复合材料等。在本节中，将根据化学属性对材料进行分类介绍。

（一）金属材料

金属材料是指具有光泽、延展性、容易导电、传热等性质的材料，人类文明的发展和社会的进步同金属材料关系十分密切。在新石器时代，人类在烧制陶器的基础上创造了炼铜技术，生产出各种青铜器，进入青铜器时代，这是人类大量使用金属材料的开始，也是人类文明发展的重要里程碑。公元前 10 世纪铁制工具取代青铜工具开始被普遍使用，人类文明进入铁器时代。在现代，金属材料量大面广，种类繁多，已成为人类社会发展的重要物质基础。

金属材料的性能决定着材料的适用范围及应用的合理性。金属材料的性能主要分为 4 个方面，即机械性能、化学性能、物理性能和工艺性能。机械性能是指金属在一定温度条件下承受外加载荷作用时，抵抗变形和断裂的能力，也称力学性能。金属材料的机械性能是零件的设计和选材时的主要依据，常用的机械性能包括强度、塑性、硬度、冲击韧性、多次冲击抗力和疲劳极限等。金属的化学性能是指金属与其他物质引起化学反应的特性，在实际应用中主要考虑金属的抗蚀性、抗氧化性，以及不同金属之间、金属与非金属之间形成的化合物对机械性能的影响等。金属的物理性能主要包括密度、熔点、热膨胀性、磁性和电学性能。金属的工艺性能是指金属对各种加工工艺方法的适应性，包括切削加工性能、可锻性、可铸性及可焊性。

金属材料通常分为黑色金属（ferrous metal）和有色金属（non-ferrous metal）两大类。

1. 黑色金属　黑色金属包括铁、铬、锰及其合金，均为冶炼钢铁的主要原料，因此又称钢铁材料。钢铁在工业原材料构成中占据主导地位，被誉为"工业的骨骼"，在国民经济中极其重要，亦是衡量国家国力的重要标志。黑色金属的产量约占世界金属总产量的 95%。我国钢铁的生产和消费量巨大，但是我国的钢铁产业能耗高、劳动生产率低，钢铁产品质量稳定性差、市场竞争力弱，特别是一些对国民经济发展起关键作用的高附加值钢材还依赖于进口[4]。

2. 有色金属　有色金属是指除了铁、铬、锰以外的所有金属及其合金。随着现代化工、农业和科学技术的突飞猛进，有色金属在人类发展中的地位越发重要，是航空航天、机械制造、电力、通讯、建筑、家电等行业的生产基础。有色金属不仅是重要的生产资料，还是重要的战略物资，世界上许多国家都竞相发展有色金属工业，增加有色金属的战略储备。我国是有色金属生产的第一大国，实际应用中有色金属可分为轻金属、重金属、贵金属、稀有金属和稀土金属等。

轻金属指密度小于 4 500 kg/m³ 的有色金属，如铝、镁、钾、钠、钙、锶、钡等。我国原铝合金产量占世界第一位，但是人均铝消费量只有世界人均消费量的一半，且对于高性能铝合金尚需要大量进口。我国也是镁资源大国，储量、产量和出口量均居世界首位，不过目前的镁生产还以原材料出口为主。

重金属是指密度大于 4 500 kg/m³ 的有色金属，如铜、镍、钴、铅、锌、锡、锑、铋、镉、汞等。铜是有色金属中人类最早使用的材料之一，与人类发展关系密切，广泛应用于电气、轻工、机械制造、建筑、国防等领域，我国是世界上最大的铜及铜合金需求国。镍是重要的战略资源，镍合金在航空、化工、电工、医疗器械等行业有着重要应用。

贵金属的价格比一般常用金属昂贵，地壳丰度低，提纯困难，化学性质稳定，包括金、银及铂族金属。我国从 20 世纪 60 年代开展了各种用途的贵金属材料研发工作，目前我国贵金属材料的制备及加工装备能力基本满足市场需求。

稀有金属包括稀有轻金属(如锂、铷、铯等)、稀有难熔金属(如钛、锆、钼、钨等)、稀有分散金属(如镓、铟、锗等)、稀土金属(如钪、钇、镧系金属)和放射性金属(如镭、钫、钋及阿系元素中的铀、钍等)。我国的钛资源丰富,居世界首位,是全球4个主要钛工业国家之一,具有较为完善的钛工业体系。我国的稀土矿产品的生产量和销售量占全世界的70%左右,但是仍存在资源利用率低、深加工能力不足等缺点[4]。

有色合金是以一种有色金属为基体,加入一种或几种其他元素而构成的合金,有色合金的强度和硬度一般比纯金属高,并且电阻大、电阻温度系数小,具有良好的机械性能。

(二)无机非金属材料

在旧石器时代,人类用石头来制作工具,这是最早的无机非金属材料。无机非金属材料是除有机高分子材料和金属材料以外的所有材料的统称,涵盖了多类材料,用途各异,包括某些元素的氧化物、碳化物、氮化物、卤素化合物、硼化物及硅酸盐、铝酸盐、磷酸盐、硼酸盐等物质组成的材料。无机非金属材料普遍具有耐压强度高、硬度大、耐高温、抗腐蚀等特性。相较于金属材料,无机非金属材料的抗断强度低、延展性差;与高分子材料相比,无机非金属材料的密度较大,制造工艺较复杂。然而,水泥在胶凝性能上,玻璃在光学性能上,陶瓷在耐蚀、介电性能上,耐火材料在防热隔热性能上都远超金属材料和高分子材料。通常而言,无机非金属材料可分为传统和新型两大类。

1. 传统无机非金属材料　　传统的无机非金属材料是工业和基本建设所必需的基础材料,包括陶瓷、水泥、玻璃、耐火材料、搪瓷、磨料(碳化硅、氧化铝等)、铸石(辉绿岩、玄武岩等)、非金属矿(石棉、云母、大理石等)等。

陶瓷在我国有悠久的历史,是中华民族古老文明的象征。传统陶瓷材料的主要成分是硅酸盐,自然界存在大量天然的硅酸盐类无机非金属材料,包括岩石、土壤、矿物等。以陶瓷为例,硅酸盐制品性质稳定,熔点较高,难溶于水,有很广泛的用途。因此,人们以高岭土、石英和长石等材料为原料进行高温烧结,生产了大量人造硅酸盐,包括各种陶瓷(日用陶瓷、卫生陶瓷、建筑陶瓷等)、水泥、砖瓦、玻璃(平板玻璃、仪器玻璃、光学玻璃等)、耐火砖等。

作为一种重要的建筑材料,我国的水泥产量逐年增加,在2004年就已达到9.7亿吨,占世界水泥总产量的一半以上。我国还是全球最大的平板玻璃生产国,产量占全世界的30%左右。耐火材料与高温技术,尤其是钢铁工业的发展密切相关。在20世纪90年代,我国耐火材料的自给率就已达到95%,2000年后更成为世界耐火材料的第一生产大国,不仅能满足国内需求,还可以大量出口,甚至几乎垄断国际市场[4]。

2. 新型无机非金属材料　　新型无机非金属材料是20世纪中期以后发展起来的,具有特殊性能和用途的材料。它们是现代新技术、新产业、传统工业技术改造、现代国防和生物医学所不可缺少的物质基础。新型无机非金属材料包括结构陶瓷、功能陶瓷、人工晶体、半导体材料、碳材料等。

随着现代科学技术的发展,基于信息科学、能源技术、宇航技术、生物工程、超导技术、海洋技术等领域的独特需求,在传统硅酸盐陶瓷的基础上逐渐发展出了大量具有特殊性能的新材料。例如,结构陶瓷具有耐高温、耐磨、耐腐蚀等特点,主要包括碳化物、氮化物、硼化物、氮氧化物等。功能陶瓷的主要特征则是能够将电、磁、光、热、力、化学和生物等信息进行检测、转换、耦合、传输及储存,主要包括铁电、压电、介电、半导体、超导和磁性陶瓷[4]。

人工晶体材料包括非线性光学晶体、激光晶体、闪烁晶体、碳化硅晶体、长波红外光学材料等。碳材料领域则涵盖碳纤维、活性炭吸附材料、碳基复合材料、储能碳材料、纳米碳材料等。

(三)有机高分子材料[5]

20世纪20年代,随着高分子长链结构的确认,开始了化学合成高分子材料的时代。高分子化合物的分子是由特定的结构单元通过共价键互相连接而成,绝大多数高分子化合物是由许多链节结构相同而聚合度不同的化合物所组成的混合物,因此高分子化合物的相对分子量和聚合度都是平均值。相较于低分子化合物,高分子化合物的相对分子量很大,可高达 $10^4 \sim 10^6$,常温下几乎无挥发性,常以固态或液态存在,具有较好的机械强度。且由于分子是由共价键结合而成,高分子材料往往具有较好的绝缘性和耐腐蚀性。另外,由于分子链很长,分子的长度与直径之比大于 1 000,高分子材料还有较好的可塑性和高弹性,尤其后者是高聚物独有的性能。此外,溶解性、熔融性、溶液的行为和结晶性等方面和低分子也有很大的差别。高分子材料在交通运输、航空航天、信息技术、医疗器械、分离纯化、能源动力等领域中都扮演着重要的角色。高分子材料作为当代社会文明的标志,随着人类社会的发展需求而不断发展,目前全球塑料产量按照体积计量已经超过了钢的产量。

高分子材料的分类很复杂,按照来源可分为天然高分子和合成高分子两大类。前者是指广泛存在于动物、植物及生物体内的高分子物质,包括多肽、蛋白质、酶、核酸(多聚磷酸酯、核糖核酸、脱氧核糖核酸等)、多糖(淀粉、纤维素、甲壳素等)、天然橡胶(巴西橡胶、杜仲胶等)、天然树脂(阿拉伯树脂、琼脂等)。后者是指用化学方法合成的高分子,当今世界上作为材料使用的大量高分子化合物,是以煤、石油、天然气等为起始原料制得低分子有机化合物(单体),再经聚合反应(加成聚合、缩合聚合)而制成的。广义而言,很多合成高分子材料都是仿照天然高分子的结构或性能制造的仿生产物。高分子材料按照物理形态和用途来分,可分为塑料、橡胶、纤维、黏合剂、涂料、高分子共混复合材料、功能高分子材料等。由于合成方法、制备条件、加工工艺的不同,同一种高分子材料可以作为塑料使用,也可以作为橡胶或者纤维使用。

1. 塑料　　塑料主要是由树脂添加各种塑料辅助剂组成的,辅助剂包括填料、增塑剂、稳定剂、润滑剂、交联剂、着色剂、抗氧剂、抗静电剂等。塑料的基本性能取决于树脂的本性,但添加剂也有重要的作用。大多数塑料质轻,化学性稳定,不会锈蚀;具有较好的透明性和绝缘性,导热性低,耐磨耗性、耐冲击性好;且一般成型性、着色性好,加工成本低。然而大部分塑料耐热性差,热膨胀率大,易燃烧,且尺寸稳定性差,容易变形。此外,多数塑料耐低温性差,低温下变脆,容易老化,某些塑料还易溶于溶剂。

基于受热行为和是否具备反复成型加工性,塑料可分为热塑性和热固性两大类。前者往往具有线型分子结构,受热时熔融,可进行各种成型加工,冷却后硬化,可多次加热、成型、冷却重复生产。后者则无法重新塑造使用,因其在受热熔化成型的同时会发生固化反应,形成立体网状结构,受热不会再熔融,在溶剂中也无法溶解,当温度过高时则将直接分解,无法重复加工。

根据不同塑料的使用范围和用途,又可分为通用塑料和工程塑料。通用塑料约占塑料总产量的80%左右,是指性能一般,但产量大、用途广、加工性好、价格低廉的塑料,包括聚乙烯、聚丙烯、聚氯乙烯、聚苯乙烯、丙烯腈-丁二烯-苯乙烯共聚物、酚醛塑料、氨基塑料等。相较于通用塑料,工程塑料具有优良的力学强度、化学稳定性、电绝缘性、尺寸稳定性、耐热耐寒性、耐磨性等,能够承受一定的机械应力,在较苛刻的物理、化学环境中长期使用,亦可替代金属作为工程结构材料使用,但价格较贵,产量较小。通常把在 100~150℃ 温度范围内长期使用的塑料成为通用工程塑料,包括聚酰胺、聚碳酸酯、聚甲醛、聚苯醚、热塑性聚酯等;而耐 150℃ 以上高温的塑料成为特种工程塑料,包括聚酰亚胺、聚芳酯、聚苯酯、聚砜、聚苯硫醚、聚醚醚酮、氟塑料等。

2. 橡胶　　橡胶是指具有可逆形变的高弹性聚合物材料,其分子链为线型结构,柔性好,在较小的外力作用下即可产生较大形变,最高可达 1 000%,除去外力后能迅速恢复原状,在较宽的温度范围内富有弹性。橡胶的分子量往往很大,具有足够的柔性,玻璃化转变温度低,在使用条件下不结晶或结晶很少。

按照来源不同,橡胶可分为天然橡胶与合成橡胶两大类。前者是从橡胶树、橡胶草等自然界已有的植物中提取出的高弹性材料,合成橡胶则由各种单体经聚合反应而得的高分子材料,按着性能和用途可分为通用合成橡胶(丁苯橡胶、顺丁橡胶、乙丙橡胶、丁基橡胶、氯丁橡胶等)和特种合成橡胶(丁腈橡胶、硅橡胶、氟橡胶、丙烯酸酯橡胶、聚氨酯橡胶等)。

3. 纤维　纤维是指由连续或不连续的细丝组成的物质,长度比直径大很多倍,且具有一定的柔韧性。纤维是一类发展较早的高分子材料,在自然界中可直接获得的纤维成为天然纤维,包括植物纤维(棉花、麻等)、动物纤维(蚕丝、毛等)和矿物纤维(石棉等)。随着社会的发展和工业的进步,出现了化学纤维,即通过化学处理和机械加工而成的纤维,可分为人造纤维和合成纤维。人造纤维是以天然聚合物为原料,经过化学加工后制得的纤维,包括黏胶纤维、铜氨纤维、醋酸纤维等。合成纤维则由合成的高分子材料制成,具有强度高、耐高温、耐酸碱、耐磨损、质量轻、保暖性好、抗霉蛀、绝缘性好等特点。

合成纤维的种类繁多,按照用途可分为通用合成纤维、高性能合成纤维和功能合成纤维。涤纶(聚酯纤维)、锦纶(聚酰胺纤维)、腈纶(聚丙烯腈纤维)和丙纶(聚丙烯纤维)并称四大通用合成纤维,占合成纤维总产量的90%以上,用途广泛。高性能合成纤维由刚性链聚合物(芳香聚酰胺、聚芳酯、芳杂环聚合物等)和柔性链聚合物(聚烯烃)纺丝制造,可作为先进复合材料的增强体使用,包括耐高温纤维、弹性纤维、碳纤维等。功能合成纤维是指具有光、电、化学或可生物降解等特殊性能的合成纤维材料,如医用功能纤维、中空纤维膜、离子交换纤维及光导纤维等。

4. 涂料　涂料是指涂覆在物体表面,与被涂物形成牢固附着的具有保护和装饰作用的连续薄膜材料,主要有成膜物、颜料、溶剂和添加剂4种组分构成。成膜物也称基料,是涂料的主要成分,决定着涂料的基本特性。颜料主要起遮盖、赋色和装饰作用,并对物体表面起抗腐蚀的保护作用,含有颜料的涂料被称为色漆,而不含颜料的涂料则被称为清漆。溶剂通常为可溶解成膜物的易挥发性有机液体,成膜物在溶剂中的溶解性决定着涂料的均匀性、黏度和稳定性,而涂料的干燥速度和成膜效果则取决于溶剂的挥发性。有些涂料中不含有溶剂,如粉末涂料、光敏涂料(光固化涂料)等。涂料中的其他添加成分还包括改进涂料流动性能、提高膜层的力学性能和耐久性的填充剂,提高漆膜柔性的增塑剂,促使膜层聚合或交联的催干剂,改变涂料黏度的增稠剂和稀释剂等。

5. 黏合剂　黏合剂,也称作胶黏剂,是一种将不同材料通过界面的黏附和内聚强度紧密连接在一起的物质,对被黏结物的结构不会有显著改变,同时胶结面具有足够的强度。按照主要成分的不同,黏合剂可分为有机黏合剂和无机黏合剂,前者可进一步分为天然黏合剂(植物胶、动物胶、矿物胶)和合成黏合剂两大类。合成黏合剂多为相对分子量不大的高分子材料,包括热塑性树脂黏合剂(聚乙酸乙烯酯、聚酰胺等)、热固性树脂黏合剂(环氧树脂、酚醛树脂等)、橡胶型黏合剂(氯丁胶、丁腈胶等)、复合型胶(环氧-酚醛、酚醛-丁腈等)等。除主要成分之外,黏合剂中还含有许多辅助成分以起到改性或提高品质的作用。常用的辅料包括固化剂、促进剂、硫化剂、增塑剂、填料、溶剂、稀释剂、偶联剂、防老剂等。

6. 功能高分子材料　常见的高分子材料中,塑料、橡胶、树脂和高分子复合材料是具有一定力学和热学功能的结构高分子材料,涂料和黏合剂是具有表面和界面功能的高分子材料,而功能高分子材料则是指具有除此以外具有独特功能的高分子材料,主要包括物理功能、化学功能、生物功能(医用)和功能转换型高分子材料。

物理功能高分子材料是具有电、磁、光、声、热功能的高分子材料,如导电高分子材料(导电聚乙炔、聚噻吩、聚吡咯、聚苯胺等)、光学功能高分子材料(有机光伏电池材料等)、有机高分子磁体、液晶聚合物等。

化学功能高分子材料包括高分子分离膜和膜反应器(电渗析、反渗析、超滤、微滤、膜生物反应器、氮氢分离和富氧膜等)、高分子试剂和高分子催化剂、离子交换树脂、高(超)吸水性和高吸油性高分子材料等。

生物功能高分子材料,即医用高分子材料,是指具有一定生物相容性(组织相容性、血液相容性等)的高分子材料和高分子药物,包括抗凝血高分子材料、生物可降解的医用高分子材料、组织工程中的软组织(肌肉、皮肤、血管)和硬组织(骨、齿)替代高分子材料、可控释放的高分子药物等。

功能转换型高分子材料包括智能高分子材料(形状记忆树脂、刺激-响应高分子凝胶)、光致/电致发光高分子材料(聚合物发光二极管、共轭高分子膜)、光致变色高分子材料、环境中可降解高分子材料(微生物聚酯、脂肪族聚酯、聚乳酸、全淀粉塑料)等。

其他功能高分子材料还有树枝聚合物、拓扑聚合物、超分子聚合物等。

(四) 复合材料

复合材料是指由两种或两种以上物理和化学性质不同的材料按一定方式复合而组成的材料,且该材料的特定性能优于每个单独组分的性能。复合材料的使用可以追溯到古代用稻草或麦秸增强黏土,到近代使用的钢筋混凝土,均为不同材料复合而成。20 世纪 40 年代,为满足航空航天领域对材料的需求,先后发展了以高性能纤维(碳纤维、硼纤维、碳化硅纤维、芳纶纤维等)为增强体的复合材料,从此明确了复合材料这一名称。复合材料在很多领域都发挥了很大的作用,代替了很多传统的材料。

复合材料根据其组分不同可分为金属与金属复合材料、非金属与金属复合材料、非金属与非金属复合材料。按照各组分在复合材料中的形态不同,可分为基体材料和分散材料。前者为连续相,后者可以是一种或多种,多是颗粒材料、纤维、片状材料或它们的组合。由于分散材料多能对基体材料起到一定的增强作用,又称为增强材料或增强体。在增强材料方面,尤其是特种纤维,我国目前尚未形成大规模生产,主要依赖进口。

复合材料从使用角度分类,可分为结构复合材料和功能复合材料。结构复合材料以突出的力学性能为主要特点,可用作承力结构材料使用,常见的基体材料包括高分子材料(树脂)、金属、陶瓷、玻璃、碳和水泥等,增强体则包括各种玻璃、陶瓷、金属及天然纤维等。功能复合材料是指除力学性能以外还提供其他物理化学性能的复合材料,如电、热、光、声、生物医用、仿生、智能等。功能复合材料的主要组成部分除了基体和增强体之外,还有功能体,功能体可由一种或多种功能材料构成。多元功能体的复合材料可以具有多种功能,甚至还有可能由于复合效应而产生新的功能,是功能复合材料的发展方向。

复合材料按性能分类,可分为常用复合材料和先进复合材料。前者是以颗粒增强体、短纤维和玻璃纤维为增强体与普通高分子材料复合而成,如玻璃钢等,价格低廉,已广泛用于国民经济的各个领域。先进复合材料是指采用碳纤维、芳纶、碳化硅纤维等高性能连续纤维作为增强体的复合材料,性能优良,主要用于航空航天、精密器械等高技术领域。按基体材料不同,先进复合材料可分为树脂基(高分子基或聚合物基)、金属基和陶瓷基复合材料,使用温度分别在 250~350℃、350~1 200℃和 1 200℃以上[4]。

1. 树脂基复合材料 树脂基复合材料由高分子基体材料和增强体组成,增强体多为纤维、颗粒或织物填料。高分子基体材料包括热塑性树脂和热固性树脂两大类,因此可以将树脂基复合材料相应分为热塑性复合材料和热固性复合材料。相较于金属材料,树脂基复合材料具有更高的比强度、比模量及耐疲劳性。这意味着在相同的强度和刚度条件下,树脂基复合材料制造的制件比金属制件质量轻、尺寸小,且疲劳破坏前有明显的预兆,不会产生突发性破坏。树脂基复合材料还具有良好的减震性能和过载安全性,即便少量纤维断裂,载荷会被迅速重新分配到未断裂的纤维上,制件不会在瞬间完全丧失承载能力而断裂,仍可以安全使用一段时间。

2. 金属基复合材料 金属基复合材料是以金属及其合金为基体与一种或多种金属或非金属增强体复合组成的材料。其增强体大多为纤维状、颗粒状或晶须状的无机非金属材料(如陶瓷、石墨、硼、碳化硅等)或金属丝,基体材料除了铝基、镁基之外,逐渐发展出了铜基、钛基、锌基、铅基,乃至黑色金属基、高温合金基、金属间化合物基及难熔金属基等。金属基复合材料不仅具有类似树脂基复合材料的高强度和高模量，同时还具有导热、导电、耐高温、耐磨、热膨胀系数小、阻尼性好、抗辐射、不吸湿等优点。金属基复合材料已应用于飞机涡轮发动机和火箭发动机的热区材料和超音速飞机的表面材料。

3. 陶瓷基复合材料　　陶瓷材料普遍具备优良的耐磨性，且硬度高，耐蚀性好，但同时陶瓷的脆性大，这一缺点限制了陶瓷材料的广泛应用。20 世纪 80 年代以来，人们通过在陶瓷材料中加入颗粒、晶须及纤维等增强体得到陶瓷基复合材料，大大提高了陶瓷的韧性。陶瓷基复合材料的基体多为氮化硅、碳化硅等高温结构陶瓷，这些先进陶瓷具有耐高温、高强度和刚度、相对重量较轻、抗腐蚀等优异性能。而通过加入高强度、高弹性的纤维增强体，能够有效提高陶瓷的韧性和可靠性。在应力状态下，纤维能阻止裂纹的扩展，减缓或避免陶瓷断裂及其导致的材料失效，从而延长陶瓷材料的使用寿命，扩大了陶瓷材料的使用范围。具有优良韧性的纤维增强陶瓷基复合材料已应用于液体火箭发动机喷管、导弹天线罩、航天飞机鼻锥、飞机刹车盘和高档汽车刹车盘等，成为高技术新材料的一个重要分支。

三、材料表征[6]

不同的材料具有不同的物理特性，金属材料强度高，陶瓷材料硬而脆。常见的材料物理特性包括密度、熔点、热导率、强度、弹性与塑形、脆性与韧性、硬度等。在人类利用材料的历史中，有相当一段时间局限于手工技艺，人们认为材料的性能取决于原材料和制备工艺。随着现代科学的发展，人们逐渐认识到材料的性能实际上是由材料的成分、结构及微观形貌所决定的。因此，对于这些基本性能的表征和分析是材料科学研究中的重要内容，材料科学的发展与材料表征分析技术的发展密切相关。材料表征分析的内容主要包括材料的成分分析、价键分析、结构分析、形貌分析、表面/界面分析及物理性能表征。

1. 材料的成分分析　　材料的元素成分分析是指分析材料中各种元素的组成，即检测材料中的元素种类及各元素的相对含量。材料的性能与其元素组成紧密联系，通过改变材料的元素组成可以达到调控材料性能的目的，许多材料中微量元素的轻微改变即可造成其性能的巨大改变，如半导体中的硼含量、碳素钢中的碳含量等。因此，确定材料的成分组成，检测其中杂质的种类和含量，是材料表征分析的重要内容之一。

材料的元素成分分析包括微量常规分析、痕量常规分析、固相分析、微区分析和表面分析等多个技术种类。微量常规分析的"微量"是就取样量而言的，通常使用原子发射光谱（atomic emission spectroscopy，AES）、电感耦合等离子体原子发射光谱（inductively coupled plasma-atomic emission spectroscopy，ICP－AES）及原子吸收光谱（atomic absorption spectroscopy，AAS，火焰法）等分析技术。痕量常规分析的"痕量"是针对待测成分在材料中的含量而言的，包括检测痕量元素在样品中的浓度及分布状况，常规分析技术有原子吸收光谱（AAS，石墨炉）及电感耦合等离子体质谱（inductively coupled plasma-mass spectrometry，ICP－MS）。固相分析则是利用固态样品中不同组分对 X 射线的吸收不同来检测材料成分的方法，主要采用 X 射线荧光光谱（X-ray fluorescence spectroscopy，XRF）技术。微区分析，顾名思义，是对样品微区（10 nm～1 μm 大小）进行成分分析的技术，多采用电子显微镜的 X 射线能谱分析（energy-dispersive X-ray spectroscopy，EDS）、电子能量损失能谱分析（electron-energy loss spectroscopy，EELS）、电子显微探针分析（electron probe micro-analysis，EPMA）及用电子束激发的俄歇电子能谱（Auger electron spectroscopy，AES）。表面分析包含了检测固体样品表面成分、表面结构、表面电子态及表面物理化学过程的所有表征技术，如 X 射线光电子能谱（X-ray photoelectron spectroscopy，XPS）、俄歇电子能谱（AES）、二次离子质谱（secondary ion mass spectroscopy，SIMS）等。

这些谱学分析技术都具有相似的原理，即以不同形式的能量（热能、可见光光子、X 射线光子及电子)为探针激发原子不同壳层中的电子,继而通过检测原子对特征能量的吸收或者特征光子的发射,获得不同种类原子的特征能量,从而实现对材料中元素的定性和定量分析。

2. 材料的价键分析 材料的性质不仅与构成材料的元素成分有关,还与其价键状态有关。价键分析主要用于研究材料中化学基团及化学键的性质,与分子结构有关,并且重点在于研究键的振动、转动状态。材料的价键分析技术主要有红外光谱(infrared spectroscopy, IR)和拉曼光谱(Raman spectroscopy),二者均为分子振动光谱,但是所研究的侧重点各有不同。红外光谱是吸收光谱,体现的是分子吸收光的能量后产生的偶极矩变化的振动,而拉曼光谱是散射光谱,代表着分子对可见单色光散射后导致的分子中极化率改变的振动。结合红外光谱和拉曼光谱,不仅可以获得更全面的分子结构信息,还可以用来鉴别特殊特征结构或特征基团,确定分子的空间结构,计算化学键的力常数、键长和键角等。

3. 材料的结构分析 材料的性质不仅与构成材料的各组分元素有关,还与原子在空间结合成分子的方式(即结构形式)密切相关。化学组成相同的材料,物相结构不同可造成化学性质千差万别。材料的结构分析在于利用现代分析技术测定材料的原子排列、物相结构、晶体结构和表面相结构。常用的结构分析表征技术有 X 射线衍射分析(X-ray diffraction, XRD)、选区电子衍射(selective area electron diffraction, SAED)、中子衍射(neutron diffraction)、低能电子衍射(low energy electron diffraction, LEED)、高能电子衍射(high energy electron diffraction, HEED)、激光拉曼谱(laser Raman spectroscopy, LRS)等。

4. 材料的形貌分析 材料的形貌特征包括材料的几何形貌,材料的颗粒度及颗粒度分布,形貌微区的成分和物相结构等方面,材料的许多重要物理化学性能是由这些形貌特征所决定的,尤其是纳米材料,因此材料的形貌分析是材料表征分析的重要组成部分。常用的形貌分析技术包括扫描电子显微镜(scanning electron microscopy, SEM)、透射电子显微镜(transmission electron microscopy, TEM)、扫描隧道显微镜(scanning tunneling microscopy, STM)和原子力显微镜(atomic force microscopy, AFM)。其中,SEM 和 TEM 均可用于检测材料的几何形貌,粉体样品的分散状态,纳米材料的尺寸和分布,结合 EDX 分析技术还能检测特定形貌区域的元素组成和物相结构。STM 主要用于一些特殊导电固体样品的形貌分析和表面原子结构分布分析,AFM 可以对样品平面或纳米薄膜的表面进行形貌分析。

5. 材料的表面/界面分析 在材料科学领域,材料的表面与界面性质至关重要,虽然相对于本体,材料的表面占比极小[12],表面悬挂着大量的化学键,其化学状态与本体很可能不同。固体材料的性能虽然与本体有关,但往往是通过表面来实现的,某些性能甚至会通过表面受到周围环境的影响。此外,对于由不同化学组成和结构的物质所构成的多相固体物质体系,相间界面对其整体性能更是起到了至关重要的影响作用。因此,材料的表面和界面分析十分重要,并已经广泛应用在材料科学的多个技术领域。材料的表面与界面研究主要集中在表面元素成分及化学状态、表面几何结构、表面电子结构、表面原子运动等方面。目前常见的表面和界面分析方法包括 X 射线光电子能谱(XPS)、俄歇电子能谱(AES)、二次离子质谱(SIMS)和离子散射谱(ion scattering spectroscopy, ISS)。其中 XPS 的应用范围最广,占整个表面成分分析的 50%,可用于各种材料的表面分析,尤其适合材料化学状态的分析。AES 具有很高的空间和深度分辨能力,可提供三维方向的各种物理化学信息。

6. 材料的物理性能表征 材料的性质及用途往往取决于材料本身的物理性能,包括光学性能、电学性能、热学性能、光电性能、催化性能、物理结构等。例如,材料的光学性能中的光吸收性能就常用紫外-可见漫反射吸收光谱(UV-vis diffuse reflection spectroscopy, UV-Vis DRS)来表征。材料的电学性能是指材料在外加电压或电场作用下表现出来的行为和物理现象,包括在突变电场中的介电性质,在弱电场中的导电性质,在强电场中的击穿现象,在材料表面的静电现象等。材料的热学性能是指材料在一定温度条件下的使用过程中所表现出来的热物理性能,如热传导、热膨胀等。表面光电压谱(surface photovoltage spectroscopy, SPS)和交流阻抗谱法(electrochemical impedance spectroscopy)常被用来表征材料的光电性能。固体材料的催化性能主要包括热催化性能、光催化性能和光电催化性能等，与材料的其他物理性能相关联，是材料研究中很重要的部分。材料的物理结构表征则主要包括材料的颗粒度分析、比表面积和孔结构分析等。

四、材料科学的新进展

新材料是发展高端制造业的物质基础，是高新技术发展的先导。为了重振美国高端制造业，2011年美国启动了"面向全球竞争力的材料基因组计划"(materials genome initiative for global competitiveness，简称材料基因组计划)，通过将计算、实验、数据技术与理论相结合，建立以数据驱动的材料预测新模型，变革传统的实验试错法。材料基因组计划提出不久，世界各国也迅速启动了类似的研究计划，争取在新一轮材料革命性发展中占有先机。为了应对这一材料科学领域涌现的新兴战略研究方向，中国科学院和中国工程院开展了深入的调研，于2012年底在中国工程院召开了"材料科学系统工程发展战略研究——中国版材料基因组计划"重大项目启动会。我国于2016年正式启动"材料基因工程关键技术与支撑平台"重点专项，共设立了45个项目开展研究，在能源、生物医用、稀土功能、催化、特种合金5类材料上开展应用示范，以验证研发技术的先进性和适用性，实现新材料研发由传统"经验指导式"向"理论预测、实验验证"新模式的转变及突破。

材料基因工程是材料科技领域的颠覆性前沿技术，借鉴人类基因组计划的研究理念和方法，围绕实现研发周期缩短一半、研发成本降低一半(即"两个一半")的战略目标，通过多学科融合构建材料高通量计算、高通量实验和数据库三大示范平台，实现材料研发"理性设计-高效实验-大数据技术"的深度融合和全过程协同创新，加速新材料的研发和工程化应用。材料高通量计算是指以高性能计算平台和软件为基础，通过并发式自动流程高通量算法，快速模拟实验室中成分与性能优化的传统试错式材料研发过程，实现新材料成分/结构(组织)/性能等的高效筛选，为新材料的研发提供理论依据。材料高通量实验包括高通量制备、高通量表征和服役性能高效评价等实验技术和方法。不同于传统的材料数据库，材料基因工程理念的数据库应具有支撑/服务于高效计算、高通量实验，可实现海量数据自动处理和积累的功能；借助互联网、云数据技术，通过数据挖掘进行数据收集和积累的功能；应用机器学习、人工智能等技术，实现数据分析、模型建立，探索新材料、发现新性能等功能[7-9]。

材料基因工程将对材料研发模式产生革命性的变革，全面加速材料从设计到工程化应用的进程，大幅度提升新材料的研发效率，缩短研发周期，降低研发成本，促进工程化应用。

第二节　膜分离材料的分类、作用机理及其应用

膜科学技术是材料科学与过程工程科学等诸多学科交叉结合、相互渗透而产生的新领域。近年来，膜技术被视为我国中药工业亟须推广的高新技术之一[10]，一直受到国家"863"项目、国家"973"项目与国家"十五"攻关、"十一五"支撑计划、"十二五"重大专项等的高度关注。而"十三五"期间，膜产业已被定位为国家战略产业。

再如超滤技术在中药中的应用日益广泛，很重要的一点是得益于高分子材料的发展。常用的膜材料主要有聚丙烯腈、聚醚酮、聚砜、聚酰胺、聚偏氟乙烯等，因为中药物料中高分子物质的含量很高，膜的污染较为严重，对膜的抗污染性能有较高的要求，而聚丙烯腈、磺化聚砜膜等膜材料的问世为此提供了良好的条件。

中药(含复方)由植物、动物和矿物等天然产物构成，不可避免地需要"去伪存真，去粗取精"，因而分离是中医药领域的共性关键技术，而寻找耗能小、成本低的分离工艺是中药制药企业所面临的共性关

键技术问题。

膜分离技术因特别适合现代工业对节能、低品位原材料再利用和消除环境污染的需要,已应用于制药领域。但当膜材料的空间尺度处在纳米级别时,如纳滤和反渗透过程,流体在膜孔道中的传质机制已经不能用常规的筛分原理来解释,尺寸小的分子有可能受到孔口材料化学性质的影响无法进入比其尺寸大许多倍的膜孔道内,而中药及其复方所含有的药效物质组(1 kDa 以下小分子化合物),其膜透过率与其分子量和分子结构参数的相关性,正是介观体系中个体粒子特殊的物理化学性质的表现。

不容置疑,目前仍存在一些严重制约中药膜技术发展的问题。例如,因中药成分分子量与膜孔径不兼容及不同成分的膜竞争透过作用而限制了膜获取整体药效物质技术优势的发挥;中药膜分离目的产物高维多元,难于以常规数学模型预报、优化与监控膜过程;中药物料组成高度复杂,缺乏系统的理论指导,特别是膜污染机理不明确,至今尚无理想的膜污染控制方法等。膜科学技术是材料科学与过程工程科学等诸多学科交叉结合、相互渗透而产生的新领域。膜技术问题的攻克与材料化学工程学科密切相关。因而根本解决上述问题的办法莫过于将材料化学工程理论与技术引入中药制药工程领域。

一、膜材料分类与常见中药制药用膜

根据材料特性,膜可以分为无机膜和有机膜两大类。无机膜材料主要有金属、陶瓷、金属氧化物(氧化铝、氧化锆、氧化钛)、多孔玻璃等。

1. 有机膜　　有机膜是由有机聚合物或者高分子复合材料制得的具有分离流体混合物功能的薄膜,又称为高分子分离膜。相比于无机膜,有机膜化学稳定性和机械强度相对薄弱,且使用寿命较短。但是有机膜分离选择性高,可塑性好,在众多方面显示出优异的材料特性[11],广泛应用于气体分离和化学分离领域。经过近半个世纪的研究与发展,其应用几乎囊括了纳滤、反渗透、渗透蒸发、电渗析等在内的所有膜过程。

醋酸纤维素、芳香族聚酰胺、聚醚砜、氟聚合物等材料构成了有机膜即高分子膜材料家族的主体[12],目前主要成员有以下五类。

(1) 纤维素类：包括二醋酸纤维素(CA)、三醋酸纤维素(CTA)、醋酸丙酸纤维素(CAP)、再生纤维素(RCE)、硝酸纤维素(CN)、混合纤维素(CN-CA)。

(2) 聚烯烃类：主要有聚丙烯(PP)、聚乙烯(PE)、聚偏氟乙烯(PVDF)、聚四氟乙烯(PTFE)、聚氯乙烯(PVC)。

(3) 聚砜类：主要有聚砜(PS)、聚醚砜(PES)、磺化聚砜(PSF)、聚砜酰胺(PSA)。

(4) 聚酰胺类：主要有芳香聚酰胺(P1)、尼龙-6(NY-6)、尼龙-66(NY-66)、聚醚酰胺(PEI)。

(5) 聚酯类：主要有聚酯、聚碳酸酯(PC)等。

中药药效物质化学组成多元化,而又具有多靶点作用机制,是一个非常特殊的复杂体系。针对眼花缭乱的膜材料家族,选择膜材料时应考虑膜的吸附性质问题。由于各种膜的化学组成不同,对各种溶质分子的吸附情况也不相同。此外,某些介质也会影响膜的吸附能力,如磷酸缓冲液常会增加膜的吸附作用。使用膜时,应检索有关文献资料或通过预试验,确认所选品种及应用溶液环境对目标成分的吸附、干扰尽可能少。

据报道[13],目前中药制剂生产中主要使用的膜材料有聚砜(PS)。双酚 A 型聚砜(PSF),占总数的26%;聚砜酰胺(PSA),占6%;纤维素材料,如醋酸纤维素(CA),占13%,三醋酸纤维素(CTA),占7%,聚丙烯腈(PAN),占6%。陶瓷膜作为低污染的新型膜材料,在应用中也占据越来越多的份额,其中三氧化二铝(Al_2O_3)约占总量的22%。其他的膜材料的使用约占总数的20%。

将现代科技中的先进材料应用于分离技术,是促进现代分离科学发展的重要动力。如超滤技术在中药中的应用日益广泛,很重要的一点是得益于高分子材料的发展。常用的膜材料主要有聚丙烯腈、聚醚酮、聚砜、聚酰胺、聚偏氟乙烯等,因为中药物料中高分子物质的含量很高,膜的污染较为严重,对膜的抗污染性能有较高的要求,而聚丙烯腈、磺化聚砜膜等膜材料的问世为此提供了良好的条件。

2. 无机膜材料　　无机膜材料主要有金属、陶瓷、金属氧化物(氧化铝、氧化锆、氧化钛)、多孔玻璃等。

陶瓷膜是膜家族的重要成员,因其构成基质为 ZrO_2 或 Al_2O_3 等无机材料及其特殊的结构特征,而具有如下的优点：① 耐高温,适用于处理高温、高黏度流体。② 机械强度高,具良好的耐磨、耐冲刷性能,可以高压反冲使膜再生。③ 化学稳定性好,耐酸碱,抗微生物降解。④ 使用寿命长一般可用 3~5 年,甚至 8~10 年。这些优点,与有机高分子膜相比较,使它在许多方面有着潜在的应用优势,尤其适合于中药煎煮液的精制。其中孔径为 0.2 μm 的微滤膜可用于除去药液中的微粒、胶团等悬浮物,而孔径为 0.1、0.05 μm 及更小的超滤膜则可用于不同分子量成分的分级处理。目前国内绝大多数中药厂家以水煎煮为基本提取工艺,因而陶瓷膜分离技术在我国中药行业具有普遍的适用性。

陶瓷膜所具有的优异的材料性能使其在化学工业、石油化工、冶金工业、生物工程、环境工程、食品、发酵和制药等领域有着广泛的应用前景。20 世纪 90 年代,陶瓷膜在食品行业中已广泛涉及奶制品业、酒类、果汁饮料的澄清、浓缩、除菌。例如,应用无机膜对甘蔗汁、草莓汁及南瓜汁的澄清过滤取得了较好的结果,为纯天然果汁饮料的澄清提供了一条经济、可行的途径。

近年来,新型陶瓷膜材料与新的陶瓷膜应用工程日益发展,陶瓷膜与应用行业的集成、与其他分离与反应过程的耦合、膜材料与膜应用过程的交叉研究成为 21 世纪无机陶瓷膜领域发展的主要趋势。

二、面向不同作用机理的膜材料性能与微结构

膜分离作为有障碍物的非均一场分离技术,其可利用的除压力梯度场及离心力场外,还有温度场、化学势梯度场及电位梯度场(电压)。利用压力梯度场及离心力场的膜分离技术主要指微滤和超滤,系筛效应的一种;而利用温度场、化学势梯度场及电位梯度场(电压)的膜分离技术,则包括渗透气化、透析、反渗透、气体膜分离及电渗析、载体电泳等,均系在凝胶层及平衡关系的基础上开发的分离技术[14]。所依赖的是膜扩散机理,即利用待分离混合物各组分对膜亲和性的差异,用扩散的方法使那些与膜亲和性大的成分,能溶解于膜中并从膜的一侧扩散到另一侧,而与膜亲和性小的成分分离。

(一)机械过筛分离机制

依靠分离膜上的微孔,利用待分离混合物各组成成分在质量、体积大小和几何形态的差异,用过筛的方法使大于微孔的组分很难通过,而小于微孔的组分容易通过,从而达到分离的目的,如微滤、超滤、纳滤和渗析。

现代研究表明,中药有效成分如生物碱、黄酮、苷等,其分子量大多数不超过 1 kDa,它们是构成中药药效物质基础的主体;而非药效成分如淀粉、蛋白质、果胶、鞣质则属于分子量在 50 kDa 以上的高分子物质,需通过精制单元操作加以去除。膜分离法精制中药的原理则是借助膜孔过筛筛分作用,依分子大小将物质进行分离,以除去高分子物质。因其纯属物理过程,不必使用化学分离剂,在防止药效成分结构变化及环境保护等方面,相对其他精制方法具有独特的优势。特别适用于基于经典方的新药研发。

1. 微滤膜材料　　微滤膜是指 0.01~10 μm 微细孔的多孔质分离膜,微滤膜材料主要分为有机高分子物质与无机物两大类,其产品多达 500 余种[4]。目前,微滤无机膜的工业应用,包括中药制药工业的应用主要在液相溶液的澄清与分离领域,其中微孔陶瓷膜约占市场的 80%,主要为氧化锆、氧化铝两种材料。法国的 SFEC 公司、Ceraver 公司、美国的 Norton 公司最早将无机膜推向商品化,其氧化铝膜的

商品名分别为 CarbosepTM、MembraloxTM 和 CerafloTM。我国南京工业大学（江苏久吾高科技股份有限公司与南京九思高科技有限公司）开发的无机膜及其组件已达到或接近国际先进水平[15]。

微孔膜根据膜孔的形态结构可以分为两类：一类是具有毛细管状孔的筛网型微滤膜，另一类是具有弯曲孔结构的深度型微滤膜。前者是一种理想状态下的情况，此类膜一般具有理想的圆柱形孔，对大于其孔径的物质可以起到过滤作用；后者是有弯曲孔结构的深度型微滤膜，在实际中经常应用，从表面上看它是粗糙的，实际上内部孔结构错综复杂，互相交织在一起形成了一个立体网状结构，在溶液经过时，截留、吸附、架桥 3 种作用同时起作用，因此深度型微滤膜可以去除粒径小于其表观孔径的微粒。

由已有研究报道可知[16-18]，无机膜材料表面的粗糙度、亲疏水性和表面电性等性质与投料液的相互作用会对整个膜过程产生重要影响。

（1）膜表面粗糙度：作为分离介质的陶瓷膜，分离表面并非理想光滑，具一定的粗糙度[16]，粗糙的膜表面从微观角度上可以看作凹凸不平的峰−谷构成，导致膜表面粗糙的峰和谷在膜过程中，因为其对待分离物质的黏附作用不同，导致待分离物质的膜分离表现产生差别；在一定条件下，膜表面粗糙度越大，对待分离组分的黏附作用越大，膜的通量衰减越快，越容易产生膜污染。以含油废水为样本对不同表面粗糙度的陶瓷膜的渗透性能、分离性能、截留性能进行考察[16]，结果发现，陶瓷膜的粗糙度不影响纯水通量和截留性能，在过滤相同含油废水时，表现为粗糙度大的陶瓷膜通量衰减越快，稳定通量也越低，废水中油滴粒径对粗糙度大的膜的通量衰减影响显著，这主要由于粗糙的膜表面对物料产生的吸附作用导致，并且物料粒径越大，这种吸附作用越强。膜表面粗糙度大导致膜通量衰减快的主要机制是粗糙的膜表面上的峰和谷增加了膜与污染物的接触面积[19]，使得膜污染加剧。将 AFM 与胶体探针技术联用定量测定膜面粗糙度对膜面吸附特性的影响[20]，结果发现，胶体探针与膜表面峰之间的作用力远小于与谷之间的作用力，在膜过滤的初始阶段，颗粒更容易吸附到谷中导致通量快速下降，粗糙度大小与通量衰减呈正相关，随着过滤过程的进行，膜表面粗糙度会对颗粒与膜表面之间的相互作用能产生影响，膜表面粗糙度会降低颗粒与颗粒之间及颗粒与膜之间的相互作用能，使得颗粒更容易黏附在粗糙膜表面，导致更强的膜污染[21,22]，致使膜通量持续降低。因此，通过调控膜表面的粗糙度可以对膜过滤过程进行一定的控制。由此可推测：以高分离效率和低污染为指标，筛选出相适应的分离膜粗糙度范围的数据，是探索陶瓷膜表面粗糙度与中药膜过程相关性规律的有效途径，可为陶瓷膜表面粗糙度的优化设计提供重要依据。

（2）膜表面电性：研究发现，陶瓷膜表面的电荷性质是影响其通量和膜污染形成的重要因素，膜表面的电荷性质与分离物质之间电化学相互作用可以对过滤过程中的渗透通量、透过率、膜污染趋势及分离效果等均产生影响。中药水提液中的化学成分复杂多样、性质各异，水溶液中的离子与膜表面电荷之间产生的静电相互作用对膜过程可产生重要影响，且随着膜孔径的缩小，这种相互作用变大。采用均相沉积法对陶瓷膜表面进行荷电改性[23]，使等电点为 6.3 的 Al_2O_3 陶瓷膜经过 TiO_2 纳米涂覆改性后，在 pH 2~12 时均荷负电。结果发现，经改性后的陶瓷膜纯水通量较未改性时明显升高，经 1 次改性后的 Al_2O_3 陶瓷膜对含有 Ca^{2+}、Mg^{2+}、K^+ 等多种无机金属离子的纯净水的渗透通量明显高于去离子水的渗透通量。从而提示，陶瓷膜的渗透性能与其表面荷电性质相关，陶瓷膜表面的荷电性质通过与过滤介质中的离子等带电物质的电荷相互作用对膜的渗透性能产生影响。也有研究发现，不同荷电属性的陶瓷滤膜对待分离物质有一定的分离选择性。例如，荷正电的膜可以通过同性电荷相斥作用促进带正电的氨基酸、蛋白质的分离[24]。以膜生物反应器为研究对象[25]，通过使用扩展的 Derjaguin-Landau-Verwey-Overbeek（XDLVO）理论对污染物与膜表面的相互作用能进行测算，发现通过增加膜表面 ζ 电位可以显著增加膜界面与过滤颗粒之间的静电双层（EL）相互作用的强度和能量势垒，改善膜污染。研究者制备了具有高表面正电荷的新型微孔纳米氧化镁/硅藻土陶瓷膜,通过初步过滤实验发现该膜材料可以通过静电吸附作用去除水中99.7%的四环素[26,27]。研究表明,同等条件下中药水提液中,不同荷电性质的组分,与膜表面之间有着不同程度的吸附特性,不同污染程度。有关中药溶液环境的系列研究[19,28,29]发现,组分的电荷性质会影响其分离效果,进而推测陶瓷膜表面的电荷性质会使膜表面对不同荷电性质的物质产生不同的吸附作用,在不同的荷电状态下,膜主要的吸附组分不同,产生不同程度的膜污染。目前分离膜与待分离组分之间的电荷相互作用机制还在深入研究中。

（3）膜亲疏水性：陶瓷膜表面的亲水性对水溶性物质的膜分离表现有一定的影响[30],陶瓷膜一般由 Al_2O_3 等亲水性材料制成,水溶性好的物质具有更高透过率。陶瓷膜的亲疏水性的差异,将会导致同种中药化学成分分离表现的差异,但是这种作用与膜表面粗糙度和表面电荷性质所生产的作用相比对膜过滤性能的影响并不显著。

膜表面和膜孔内的羟基是造成其亲水性的主要因素[25],膜表面羟基成分越多,膜的亲水性越好,水溶液的膜通量越高,从某种程度上说,膜表面亲疏水性质对膜表现的影响主要还是通过改变静电相互作用对膜过程产生作用,因而可以通过调节膜表面羟基的数量,改善膜的亲疏水性能,实现相应分离的要求。因此,有研究者们根据该原理对陶瓷膜表面进行亲疏水改性研究,目前,已有大量研究通过表面涂层、表面枝接等技术手段对陶瓷膜等膜材料的表面亲疏水性质进行调整,以适应不同的工业需求,成果显著[31-33]。

膜因反复使用而会被污染,因而必须经常将膜面上积存的微粒除去,以恢复膜的性能。同时由于反复使用,膜还应该具有较高的强度。一般情况下,用金属和陶瓷制成的精滤膜具有足够的耐久性,加上膜组件的设计也具有可以恢复膜性能的功能,这样就可以适应长期反复使用的要求。而有机材料制成的膜,由于受到材料本身强度的限制,为了能反复使用,往往制成中空纤维式。这种膜组件的一个重要特点是可采用气体反吹或液体逆洗的方法来除去粒子,以恢复膜的性能。

2. 超滤膜材料

（1）超滤膜材料的微结构与分离性能的相关性：超滤是通过膜的筛分作用将溶液中大于膜孔的大分子溶质截留,使它们与溶剂及小分子组分分离的过程,膜孔的大小和形状对分离效果起主要影响。

文献指出[34],在中药膜分离领域,通过从膜的自身性质、中药化学成分性质、溶液环境因素等多方面进行的深入探索,最终发现影响中药化学成分膜过程的因素主要包括相对分子量、空间结构、物质的电离性质3个主要方面。研究工作从分子结构的差异开始,逐步深入机制运算与数学模型建立,再到三维模拟技术对空间三维结构进行仿真模拟,层层递进,更全面地探明中药化学成分与膜表面相互作用关系对膜过程的作用机制。而就溶液环境因素而言,一方面,中药化学成分所处的溶液环境,其中包括溶液的黏度、pH、温度等会对膜过程产生至关重要的影响;另一方面,溶液环境中同时存在的无效大分子与中药化学成分之间的物理化学相互作用构成的溶液结构,也是膜过程中影响膜表现的决定性因素,在已有研究基础上,物质组分与膜的相互作用研究是重点,在技术与方法上,成分定量分析技术、溶液环境性质相关检测技术、扫描探针显微镜技术、数学建模进行的量-效关系探索,以及低场核磁等分析手段的引入,使中药中大分子成分与小分子成分之间相互作用关系研究得以顺利进行,中药化学成分膜过程的机制研究还将逐步深入。

如以注射用芪红脉通微滤后药液为研究对象[35],通过测定不同膜材质超滤过程的膜通量,黄芪总皂苷、黄芪甲苷、羟基红花黄色素 A 等指标成分透过率,固含物减少率,蛋白质减少率,有关物质及热原检查,筛选适宜本产品的超滤膜考察截留分子量为 100 kDa 的聚砜、聚醚砜、聚丙烯、混纺复合 4 种材质的超滤膜 4 种不同材质的中空纤维超滤膜对注射用芪红脉通药液体系的适用性。结果发现,相同截留分子量的 4 种不同材质超滤膜对同一药液体系的适用性存在差异：聚丙烯、聚醚砜和混纺复合材质的膜纯水通量恢复率均较高,而聚砜材质的膜通量和膜纯水通量恢复率较低;聚丙烯与聚醚砜材质的指标成分透过率较高,聚砜与混纺复合材质的固含物与蛋白质去除率较高,相关数据见表2-1~表2-3。

表2-1　4种膜材质膜通量的变化情况[35]

超滤膜规格 （mL/min）	超滤前膜纯水通量 （mL/min）	超滤过程平均膜通量 （mL/min）	清洗后膜纯水通量 （mL/min）	膜纯水通量 恢复率（%）
PP－100 kDa	252	162.0	246.5	97.8
PS－100 kDa	41	5.1	38.0	92.7
PES－100 kDa	870	432.0	836.0	96.1
混纺－100 kDa	472	219.0	462.0	97.9

表2-2　不同膜材质超滤后指标成分的比较[35]

超滤膜规格	HSYA透过率（%）	黄芪总皂苷透过率（%）	黄芪甲苷透过率（%）
PP－100 kDa	91.47	91.44	99.29
PS－100 kDa	71.79	67.24	38.37
PES－100 kDa	93.50	95.36	90.91
混纺－100 kDa	77.70	73.66	70.09

表2-3　不同材质超滤膜对固含物、蛋白质的影响[35]

超滤膜规格	固含物减少率（%）	蛋白质减少率（%）	有关物质检查	药液性状
PP－100 kDa	17.09	13.56	合格	澄明度提高,颜色略浅
PS－100 kDa	32.50	69.07	合格	澄明度提高,颜色明显变浅
PES－100 kDa	14.34	11.20	合格	澄明度提高,颜色略浅
混纺－100 kDa	29.42	34.35	合格	澄明度提高,颜色略浅

　　该研究表明,超滤膜的种类繁多,其材料和微结构都可能对物料分离过程及分离结果产生影响。在实际使用中,应通过实验研究,根据药液体系特点而定。就本实例而言,对于注射用芪红脉通微滤后药液,截留分子量为100 kDa超滤膜可有效去除热原。其中聚丙烯-100 kDa超滤膜既能有效去除固含物与高分子物质,又能保留有效成分,适用于注射用芪红脉通的精制。

　　再如,以中药活性成分生物碱和环烯醚萜类为主要研究对象[36],分别采用CA、PS、聚醚砜3种不同材质,截留分子量均为1 kDa的超滤膜,建立中药药效物质分子结构和超滤膜透过/截留率之间的定量构效关系模型,以探讨中药水提液超滤机制。结果发现,中药化学成分在超滤膜上的透过率与化合物相对分子量间并非简单的线性相关,化合物的得失电子能力、亲/疏水性质及空间结构都对其在超滤膜上的透过率有很大影响。

　　21种酚类物质在NF90、NF270纳滤膜上的透过率研究结果表明[37],酚类物质在膜上的截留率与酚类物质取代基的位置和膜的自身性质相关,导致该结果的原因可能与物质的空间位阻有关;研究发现,孔径越小、荷电量越大的纳滤膜截留率也越大,证明物质膜过程的表现与膜表面性质相关,其中尺寸排阻作用与静电相互作用对该过程影响显著。

　　超滤过程分离的对象是大小分子,所以超滤膜通常不以其孔径大小作为指标,而以截留分子量作为指标。相对分子量截留值是指截留率达90%以上的最小被截留物质的相对分子量。它表示每种超滤膜所额定的截留溶质相对分子量的范围，大于这个范围的溶质分子绝大多数不能通过该超滤膜。理想的超滤膜应该能够非常严格地截留与切割不同相对分子量的物质。理想的超滤膜应能非常严格地截留与切割不同分子量的物质。如标明50 kDa的膜，理想的结果应该是分子量大于50 kDa的物质完全被截留，分子量小于50 kDa的物质可以完全自由地通过。

（2）膜材料对温度、化学耐受性及膜无菌处理工艺的相容性：膜材料对操作温度、化学耐受性及膜的无菌处理工艺的相容性是选择膜的重要考察因素。

1）不同的膜基材料对温度的耐受能力差异很大，某些膜使用温度不超过50℃，而另外一些膜则能耐受高温灭菌（120℃）。

2）不同型号的超滤膜与各种溶剂或药物作用也存在很大差异。使用前必须查明膜的化学组成，了解其化学耐受性。有的膜禁用强碱、氨水、肼、二甲基甲酰胺、二甲基亚砜、二甲基乙酰胺等；有的超滤膜禁用丙酮、乙腈、糠醛、硝基乙烷、硝基甲烷、环酮、胺类等；另一些型号膜则禁用强离子型表面活性剂和去污剂，且可用的溶剂也不能超过一定浓度，如磷酸缓冲液浓度不得大于0.05 mol/L，HCl和HNO₃的溶液浓度不得超过10%，酚浓度不得超过0.5%，碱的pH不得大于12。此外，还有些型号的膜禁用芳香烃、氯化烃、酮类、芳香族烃化物、脂肪族酯类、二甲基甲酰胺、二甲基亚砜及浓度大于10%的磷酸等。膜的品种众多，在选择具体产品前，一定要搞清楚上述情况。

3）各种膜的化学组成不同，对各种溶质分子的吸附情况也不相同。使用超滤膜时，应力求它对溶质的吸附尽可能少。此外，某些介质也会影响膜的吸附能力，如磷酸缓冲液常会增加膜的吸附作用。

4）生物医药物质需要在无菌条件下进行处理，不少膜及超滤器不耐受高温，因此通常采用化学灭菌法。常用的试剂有70%乙醇、5%甲醛、20%的环氧乙烷等。某些超滤设备配套的清洁剂和消毒剂，均与膜材料的理化性质密切相关。

3. 纳滤膜材料　纳滤膜材料主要有醋酸纤维素（CA）、醋酸纤维素-三醋酸纤维素（CA-CTA）、磺化聚砜（S-PS）、磺化聚醚砜（S-PES）和芳香族聚酰胺复合材料及无机材料等。目前最广泛用的为芳香族聚酰胺复合材料。纳滤膜截留分子量在200～1 000 Da范围，孔径为几纳米。纳滤膜大多是复合型膜，即膜的表面分离层和它的支撑层化学组成不同，表面分离层由聚电解质构成，膜表面负电荷对不同电荷和不同价态的阴离子的Donnan电位不一样。

（二）膜扩散机制

利用待分离混合物各组分对膜亲和性的差异，用扩散的方法使那些与膜亲和性大的成分，能溶解于膜中并从膜的一侧扩散到另一侧，而与膜亲和性小的成分实现分离。包括反渗透、气体分离、液膜分离、渗透蒸发。

借助膜扩散机制，可利用水与中药成分或者不同中药成分间在膜中的扩散速度差异，而进行浓缩（反渗透、渗透蒸发等）或者纯化（凝胶电泳、电渗析等）操作[3]。

1. 反渗透膜材料　反渗透借助半透膜对溶液中溶质的截留作用，以高于溶液渗透压的压差为推动力，使溶剂渗透通过半透膜，以达到溶液脱盐的目的。

反渗透膜材料必须是可以构成凝胶半透膜的高分子，应对水具有较好的亲和性，最好还具有能排斥盐的性质。然而一般当盐溶于水时，其阴阳离子就会分开并各自将6个左右的水分子作为结合水来进行配位。要制成可以同时满足上述两种性质要求的凝胶半透膜，首先具有高分子、高级次构造的凝胶相要十分致密，膜面细孔的孔径不能允许6个以上的水分子同时进入。另外，还要使高分子荷电，在膜面上可以形成电荷层来排斥离子，防止离子侵入膜内。因为常常是排除多价离子，所以如果允许1价离子有某种程度(约70%)的透过(这种情况下高分子的高级次构造呈松弛状态),水的透过流束有可能达到与超滤相当的水平。反渗透膜材料基本同于纳滤膜材料。

2. 膜蒸馏膜材料 膜蒸馏则以微孔疏水膜为介质,由膜两侧温度差造成两侧蒸汽压差,使易挥发组分(水)的蒸汽分子通过膜从高温侧向低温侧扩散,并冷凝,非均匀温度场是其必需条件。

用于膜蒸馏法的膜有PP、PTFE、PVDF等疏水微孔膜,尤其是PVDF,疏水性强、耐热性好,且可制成中空纤维多孔膜,是理想的材料。对膜的另一方面要求是膜孔径与孔隙率,高孔隙率可提供高蒸发面积,提高蒸馏通量,但高孔隙率膜通常孔径比较大,从而增加膜浸润的危险,一般适用于膜蒸馏的膜,孔隙率为60%~80%,孔径为0.1~0.5μm。

3. 电渗析膜材料 电渗析技术是在直流电流电场作用下,溶液中的荷电离子选择性地定向迁移,移过离子交换膜并得以去除的一种膜分离技术。

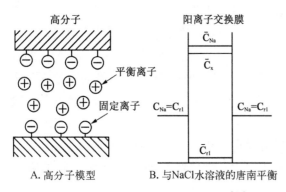

图2-1 阳离子交换膜内的离子分布[14]

把电荷给予形成凝胶相的高分子时,由于电中性的要求,平衡离子要侵入到凝胶相中并排斥非平衡离子。如图2-1所示,当把负的固定离子基团 ⊖ 给予形成凝胶相的高分子时,平衡离子中的正离子 ⊕ 就要向相内侵入,而负离子 ⊖ 则被排除。把这个凝胶相置于电场中,沿着电位梯度的方向,平衡离子就要在凝胶相内电泳。把这种具有电荷的凝胶制成的膜状物,就是阳离子交换膜。同理,若是把正的固定离子 ⊕ 给予膜状凝胶,就成为阴离子交换膜。

阳离子交换膜用磺酸、羧酸制成,具有 ⊖ 的活性基团,阴离子交换膜用伯胺、仲胺、叔胺及季胺制成,具有 ⊕ 的活性基团(或称固定离子基)。一般情况下,具有固定离子基的高分子易溶于水中,所以还必须设法使之不能在水中溶解。作为防止高分子溶于水的方法有:通过高分子架桥来抑制凝胶相的膨润程度及在一个高分子中控制部分位置使之不具有活性基团等方法。

4. 蒸汽渗透膜材料 蒸汽渗透(vapour permeation,VP)作为膜技术家族渗透气化(pervaporation,PV)的一个分支,是一种新的气相脱水膜过程。其基本原理是以蒸汽进料,在混合物中各组分蒸汽分压差的推动下,利用各组分在膜内溶解和扩散性能的差异,实现组分间的选择性分离。蒸汽渗透技术应用于近沸点、恒沸点及同分异构体的分离有其独特的优势,还可以同生物及化学反应耦合,将反应生成物不断脱除,使反应转化率明显提高,其技术性和经济性优势明显。本团队的研究表明[38],中药挥发油的蒸汽渗透膜过程本质上是挥发油多元组分与膜材料之间溶解-扩散相互作用的过程。该相互作用是传热机制与传质机制的耦合。

用于油水分离的膜材料主要为以下三大类。

(1)有机膜:常用的亲水膜有纤维素酯、聚砜、聚醚砜、聚砜/聚醚砜、聚酰亚胺/聚醚酰亚胺、聚脂肪酰胺、聚丙烯腈等;疏水膜有聚四氟乙烯、聚偏二氟乙烯和聚乙烯等。

(2)无机膜:常用的无机膜有氧化铝、氧化钛、氧化锆等。

(3)有机/无机复合膜:是当前研究的新动向,如具有聚酰胺/聚乙烯醇复合表层的有机/无机复合膜。

油水混合体系中油的存在状态是选择膜的首要依据。若油水混合体系中的油是以浮油、分散油为主,则采用具有筛分效应的膜技术,一般选择超滤或者微滤膜;若油水混合体系中的油以乳化油和溶解油为主,则需要采用具有扩散效应的膜技术——蒸汽渗透。蒸汽渗透膜作为一种先进的分离材料,其鲜明特征即具有介观尺度(纳米和微米之间)的结构。而理论与实验的研究报道表明,气体在纳米孔道内的扩散不再满足经典的克努森扩散方程;高通量和高选择性与纳米尺度流体的行为密切相关[39]。从而提示,决定挥发油蒸汽渗透膜过程的高渗透通量和高选择性的主要因素是:纳米尺度下流体的微观特征和介观尺度下膜孔(界面)处流体的传递。其科学本质则为:挥发油分子的微观特征及其与膜材料微结构、膜分离功能的相互作用,而膜材料微结构与膜分离功能关系的基础是膜的传递机理与传质模型——这成为我们筛选膜材料的基本依据。

三、膜的化学损伤与物理损伤

膜的功能主要包括膜的机械强度与分离功能参数,膜的机械强度决定了膜的使用寿命,而分离功能则决定了膜的使用效果和运行成本。特别要强调的是,这些功能参数是膜在变化的应用环境中所表现出来的性能,不仅取决于膜材料的固有性质,也与应用环境密切相关。膜的分离功能与膜材料微结构关系的基础是膜的传递机理。依据膜的性质,其科学内涵表现在:纳米、微米尺度孔结构中的传递理论、致密膜材料的传递理论、促进传递膜材料的传递理论及膜材料微结构的表征。膜的渗透分离性能(离系数和渗透通量)、操作条件(温度、压力、膜面流速等)和膜材料微结构的关系是膜传递机理研究的主要内容[40]。

膜材料的理化性质,膜的操作条件(如压力、温度、流速等)等因素均可对膜性能产生影响,严重时可导致膜与膜过程出现损伤、故障[41−48]。

1. 膜的化学损伤　　化学耐受性是造成膜的化学损伤的主要因素。不同型号的膜与各种溶剂或药物作用存在很大差异。使用前必须查明膜的化学组成,了解其化学耐受性。有的膜禁用强碱、氨水、肼、二甲基甲酰胺、二甲基亚砜、二甲基乙酰胺等;有的膜禁用丙酮、乙腈、糠醛、硝基乙烷、硝基甲烷、环酮、胺类等;还有一些型号膜则禁用强离子型表面活性剂和去污剂,而且可用的溶剂也不能超过一定浓度,如磷酸缓冲液浓度不得大于 0.05 μmol/L,HCl 和 HNO₃ 的溶液浓度不得超过 10%,酚浓度不得超过 0.5%,碱的 pH 不得大于 12。此外,还有些型号的膜禁用芳香烃、氯化烃、酮类、芳香族烃化物、脂肪族酯类、二甲基甲酰胺、二甲基亚砜及浓度大于 10% 的磷酸等。

2. 膜的物理损伤　　操作温度及运行压力的不当可造成膜的物理损伤。不同的膜基材料对温度的耐受能力差异很大。某些膜使用温度不超过 50℃ ,而另外一些膜则能耐受高温灭菌(120℃)。

中药生产,尤其是中药注射剂需要在无菌条件下进行操作,所以必须对膜及膜组件实行无菌处理。对于未配置清洁剂和消毒剂的膜设备,通常可采用高温灭菌。但不少膜材料及膜组件不耐受高温,不可进行高温灭菌,通常可采用化学灭菌法。常用的试剂有 70% 乙醇、5% 甲醛、20% 的环氧乙烷等。

每套膜分离装置都有标定的可承受压力,如操作不当,使运行压力超过标定压力,可组成膜的物理损伤,出现膜破损、部件接头处泄漏等状态而影响膜的分离性能。

膜因反复使用而会被污染,因而必须经常将膜面上积存的微粒除去,以恢复膜的性能。但由于膜的反复使用及其再生过程,常常可导致膜产生物理损伤。因而膜还应该具有较高的强度,一般情况下,用金属和陶瓷制成的滤膜具有足够的耐久性。而有机材料制成的滤膜,由于材料本身化学性能所致强度的限制,使用寿命会受到一定影响。

四、膜材料的吸附作用与膜污染

膜的分离性能是膜材料性质和工艺操作条件贡献的叠加,膜的材料性质主要包括膜微结构(孔径、孔径分布、孔隙率、厚度等)及材料表面性质,而操作条件是指操作压差、膜面流速、温度、外加场等。膜的功能主要包括膜的机械强度与分离功能参数,膜的机械强度决定膜的使用寿命,而分离功能则决定了膜的使用效果和运行成本。需要强调的是,这些功能参数是膜在变化的应用环境中所表现出来的性能,不仅取决于膜材料的固有性质，也与应用环境密切相关。亦即，如上所述，膜过程中无一可避免的"膜污染"指处理物料中的微粒、胶体颗粒及溶质大分子由于与膜存在物理、化学作用或机械作用，而引起的在膜表面或膜孔内吸附或沉积，造成膜孔堵塞或变小并使膜的透过流量与分离特性产生不可逆变化的现象。膜材料的吸附行为是造成膜污染的重要因素。

以超滤为例，超滤所处理的物料大多数为高分子溶液和胶体等极性有机物，制膜的高分子材料如聚砜等本身又带有极性很强的官能团，这样势必导致溶质在膜面吸附与污染而且不断增浓。当截留的物质浓度大于它们的饱和浓度（凝胶浓度）时，就会在膜面上形成一层薄薄的凝胶状物质，这层物质称为凝胶。凝胶一旦形成，它就会在一定程度上覆盖膜孔，造成过滤阻力增加，滤液透过速率急剧下降。这时即使增大操作压力，也只能促进溶质于凝胶层上积累，直到积累与"反向溶解-扩散"再次达到平衡为止。其结果是凝胶层增厚，并在一定程度上产生凝胶的压实效应，使得过滤阻力增大，透过速率却相对不变。凝胶层刚达到动态平衡时的操作压力称为凝胶压力。在实际应用中尽量在凝胶压力下工作。利用超滤处理中药、生化制品特别是由发酵工程制备的物质时，料液的施密特数（Schmidt Number，缩写为 Sc，是一个无量纲的标量，定义为运动黏性系数和扩散系数的比值，用来描述同时有动量扩散及质量扩散的流体）相当大，在凝胶层完全形成以后，因较大的凝胶阻力致使超滤阻力由初期的膜本身的过滤阻力、"反向溶解-扩散"控制过程演变到完全由凝胶阻力控制阶段。有观点认为溶质同膜材质之间的静电力、氢键、疏水作用及电荷转移作用极易使溶质被膜面吸附。特别是处理的物料是具有一定荷电性的高分子水溶液时，凝胶层中含有一定的离子电荷密度，从而产生唐南平衡（Donnan equilibrium），使溶质同溶剂之间的分离恶化。国内外研究表明，膜-溶质间的相互作用，即溶质在膜面的吸附是产生膜污染的主要原因，30%渗透通量损失是由吸附污染造成的。膜过滤过程中的不可逆阻力与溶质吸附量存在一定的关系。溶质的吸附量及吸附速率某种程度上取决于膜材料、溶液化学性质和操作条件等[38]。

本书作者团队的董洁博士以淀粉、果胶、蛋白质 3 种中药水提液中所含有的主要共性高分子物质建立模拟体系[49]，选用中药分离精制中常用的几种不同材质和截留分子量的超滤膜，分别为聚砜（PS），截留分子量为 5、10、50 kDa；聚醚砜（PES），截留分子量为 5、10、5 kDa；聚偏氟乙烯，截留分子量为 10、50 kDa（超滤膜均购自美国 SePRO 公司），对这 3 种物质在多种常用超滤膜上的静态吸附行为进行考察，研究这些共性高分子物质在不同材质及孔径的膜上的吸附特性和差异，探讨中药水提液超滤过程中造成膜污染的物质基础，为寻找减轻膜污染有效措施提供依据。

该研究有关膜吸附行为的讨论如下。

（1）膜材质对吸附的影响：膜材料特性是指膜材料的物化性能，如由膜材料的分子结构决定的膜表面的电荷性、亲水性、疏水性。本实验采用静态吸附的方法来研究膜的污染情况，在吸附发生时无压力驱动，膜通量为零，以排除因液体流动和压力梯度造成的浓差极化、溶质形变等影响。

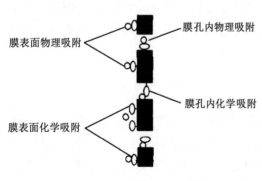

图 2-2　吸附污染示意图[49]

（2）膜孔径对吸附的影响：胶体或溶质大分子对膜的吸附包括膜表面的吸附和膜孔内的吸附。在静态吸附过程中，如膜孔径远小于溶质的直径，吸附仅发生在膜表面，污染度较小；而当膜孔径与溶质直径接近或大于溶质直径时，料液在振荡过程中频繁地拍打膜面，使少量溶质进入膜孔的概率增加，使得污染度有较大提高。如图 2-2 所示，该过程中的吸附包括：① 溶质从溶液中传递到膜表面（外扩散）；② 溶质吸附在膜表面（外吸附）；③ 膜表面上吸附的溶质向膜孔中传递（内扩散）；④ 溶质吸附在膜孔壁上（内吸附）。

上述研究表明，淀粉、果胶、蛋白质的静态吸附符合朗缪尔吸附（Langmuir adsorption）模型。通过对吸附速率曲线进行拟合，可得各自的吸附速率常数 K_0 和平衡条件下的吸附量 A_e。详细的检测数据和研究结果可见相关文献[49]。

上述研究对中药水提液中共性高分子物质进行系统分析，建立了淀粉、果胶、蛋白质 3 种物质在不同膜材料和膜孔径超滤过程中的传质模型、动力学模型和静态吸附模型，为探讨中药水提液超滤过程中造成膜污染的物质基础和对中药膜技术应用系统进行优化设计奠定了基础。

五、与膜材料理化性质相关的膜污染防治与膜清洗方法

（一）膜材质表面改性控制膜污染的方法

膜材质表面改性可以使膜污染现象得到显著改善。膜表面的改性可分为物理改性和化学改性。物理改性是指用一种或几种对膜的分离特性不会产生很大影响的小分子化合物，如表面活性剂或可溶性的高聚物，将膜面具有吸附活性的结构部分覆盖住，在膜表面上形成一层功能性预涂覆层，防止膜材料与溶液中的组分发生作用，提高膜的抗污染性能。如在蛋白质超滤过程中，应用表面活性剂对超滤膜进行预处理，可降低污染所引起的通量衰减。由于表面活性剂本身会在膜上吸附，并对膜孔造成一定程度的堵塞，使膜初始通量下降；而且这些表面活性剂多是水溶性的，且主要靠分子间弱相互作用力——范德瓦耳斯力与膜黏接，所以很容易脱落。为了克服这一缺点，获得永久性的抗污染特性，常采用以下 3 种化学改性的方法。

（1）采用复合膜手段复合一层分离层。如采用阴极喷涂法在膜表面分别镀一层碳、聚硅氧烷及铁等物质[50]，可降低蛋白质在膜表面的吸附，使膜通量提高 50%。

（2）在膜表面引入亲水或疏水基团，如用丙烯酸化学反应对聚砜膜进行表面化学改性，不仅可提高膜的截留性能和抗污染性能，而且使渗透通量提高了 2 倍。用紫外线对聚砜膜进行改性[51]，使蛋白质超滤过程的通量提高了 4 倍；对等离子体改性聚氯乙烯超滤膜的结构和性能的研究结果表明，在不损失截留率的情况下，纯水通量提高了 10 倍；采用接枝改性聚砜超滤膜，也达到了提高抗污染能力的目的。

（3）将某些物质加入制膜液中，使其在成膜过程中均匀分布于膜的内外表面，以改变膜的表面性能、提高膜的抗污染性。例如，在聚丙烯腈凝胶浴中添加无机阳离子，可明显提高膜的截留率和渗透通量；利用共混的方法制备了渗透和分离性能均佳的聚氯乙烯超滤膜。然而当膜表面一旦形成沉积层后，膜表面改性将不会起任何作用。

（二）膜的常用清洗方法

以下清洗方法均与膜的材料和结构有关，需注意选择使用。

（1）膜的酶溶液清洗：由于醋酸纤维素等材质的超滤膜不能耐高温和过高的酸碱度，在膜通量难于恢复时，可根据所滤料液的性质选用合适的含酶清洗剂，以使蛋白质等污染物被水解后清除。对于蛋白质污染严重的膜，用含 0.5% 胃蛋白酶的 0.01 mol/L NaOH 清洗 30 min，可有效地恢复透水量。在实际操作时，经常采用上述多种清洗剂配合进行清洗，如用截留分子量为 20 kDa 的中空纤维膜超滤红霉素发酵液后，先用水冲去系统中残留的发酵液，然后用酸清洗，除去部分蛋白质和无机盐沉淀。再用 NaOH 和 EDTA 清洗，若通量没有恢复，再用表面活性剂或酶液清洗。实验结果表明，无论是聚砜膜，还是醋酸纤维膜的通量均基本恢复，且重复性好。

（2）膜的氧化清洗再生：常用氧化剂有 H_2O_2、次氯酸钠溶液等，可用于清除有机物及微生物。其中次氯酸盐是膜的溶胀剂，能有效地洗出沉积在膜孔中的物料。如用稀的 HCl、NaOH、H_2O_2 浸泡超滤除菌后的三醋酸纤维素膜，清洗再生效果均不理想。而 $KMnO_4$ 溶液的清洗再生效果很好，且对膜的结

构没有损伤。该实验还优选了 KMnO₄ 溶液清洗的最佳浓度、pH、再生温度、时间等条件[52]。再如，用三种不同的超滤膜过滤山楂汁后，采用次氯酸钠(0.3%)等清洗剂清洗 1.0~1.5 h，结果膜通量基本能恢复[53]。一般情况下，膜的清洗应尽可能采用较高的清洗剂浓度和清洗温度，并在低压力、高流速的条件下进行。

（3）清洗方法考察：为尽可能地提高清洗的效率，减少化学试剂的消耗，需对清洗程序做合适的安排。超滤结束后，先清水冲洗除去和膜结合不太紧密的污染物，再用化学试剂清洗和膜结合紧密的或进入膜孔的污染物。在膜面的污染物中，蛋白质、脂类和糖类在污染层的上层，而无机盐则在下层。碱性溶液能溶解蛋白质、脂类和糖类，而对无机盐的溶解性不好；酸性溶液能够溶解无机盐，但对蛋白质和脂类的溶解能力不强。故化学试剂清洗时先用碱性溶液清洗，再用酸性、氧化性溶液清洗。

（4）碱、酸性清洗液对膜通量恢复率的影响：文献报道，用 0.2% NaOH 清洗 40 min 后通量恢复在80%左右，再延长清洗时间，膜通量恢复率(Jr)没有太大提高。碱的浓度对膜污染的清洗也有较大的影响，浓度低时碱和膜面污染的反应速率较慢，清洗效率低；反之，清洗效率变高，Jr 较高。氢氧化钠浓度在 0.2%左右比较合适。次氯酸钠在清洗中也起着很重要的作用。有氧化性的次氯酸钠能够清除膜面的颗粒污染物，也能进入膜孔内清除孔内的吸附物，增加 Jr。次氯酸钠溶液还能增加膜的亲水性能，提高膜通量。次氯酸钠有强氧化性，使用过度，会腐蚀膜材料，减短使用寿命，一般单独用氢氧化钠清洗后Jr 能在 80%以上的，可不再用次氯酸钠清洗。

如前所述，无机盐先于蛋白质、糖类和脂类到达膜表面对膜造成污染，故要在除去有机大分子污染物之后再清除无机盐的污染。0.3%的硝酸溶液的清洗效果较好，低于此浓度时在一定的时间内硝酸与沉淀无机盐的反应不充分，清洗效果不佳；浓度高时，由于硝酸的酸性使得膜材料的亲水性降低，膜孔收缩，导致 Jr 降低，硝酸的浓度不能太高，否则会对膜材料造成破坏。

六、面向中药绿色制造的特种膜设计与制备探索

传统膜工程的工艺设计是以特定的膜材料为基础的，其目的是通过工艺条件的优化而发挥膜材料的功能，从而实现膜工程的高效运转。问题在于：膜工程的运行效果不仅与工艺条件相关，也与膜材料的性能有直接的联系。目前处理方法是以现有的商品化膜材料为基础，通过实验的方法来为应用过程筛选合适的膜材料。这是一种选择的方式，而非设计的概念，显然存在局限性。如何跳出这一窠臼，针对膜科学领域这一值得探索的重要课题，徐南平院士提出了一个崭新的概念[54]：面向应用过程的膜材料设计与制备，通过学科的交叉研究，建立面向应用过程的膜材料设计与制备研究的基本框架，将膜工程的设计从工艺设计为主推进到工艺与材料微结构同时设计，实现依据应用过程的需要进行膜材料的设计、制备和膜过程操作条件的优化。

1. **面向中药绿色制造的特种膜定义**　　特种膜是战略性新兴产业中高性能膜材料的重要组成部分，面向国家节能减排和过程工业高效分离、传统产业改造的重大需求的需求。然而，不同行业具有各自不同的节能减排、高效分离和传统产业改造的特殊内容与需求，因此"特种膜"不是一个抽象、宽泛的概念，而应赋予独特的内涵，出于这种认识，我们把"基于特种膜的中药绿色制造技术与专属装备研究"项目中所指的特种膜定义为：面向中药绿色制造的特种膜系列。其内涵：可兼容中药制药流程(图 2-3)，适应中药制药不同工序物料"溶液环境"特征，并可实现"资源利用率最高，对环境负面影响最小"效应的膜材料与膜微结构及其装置的中药特种膜系列。

2. **面向中药绿色制造的特种膜系列概述**　　根据上述定义，依照中药制药流程中 6 个可与膜过程兼容的工序，不难理解面向中药绿色制造的特种膜系列暂可由下述六类组成。

系列一：用于替代水醇法精制工序，面向澄清操作的微滤陶瓷特种膜。

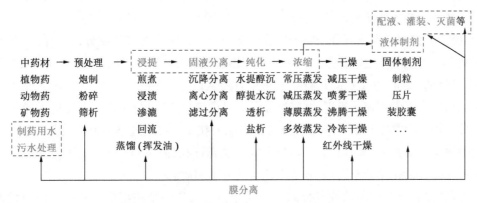

图 2-3　膜分离技术与中药制药流程的兼容

（虚线框内为可采用膜技术的工序）

系列二：基于非药效共性高分子物质分子空间结构-溶液环境-膜对抗作用构效关系探索，采用精确调控膜孔微结构和膜表面结构与性质的技术，设计、制备面向精制工序的核孔特种膜。

系列三：针对膜污染和膜润湿机理相悖问题，借助膜材料改性、修饰设计面向浓缩工序的亲水-疏液双性特种膜。

系列四：通过对膜微结构和化学性质协同调控，实现低压力驱动下的膜分离高通量，面向挥发油富集工序的油水分离特种膜。

系列五：面向热原、细菌，《中国药典》对截除率的规定，液体制剂终端处理特种膜。

系列六：面向国家标准（GB21906-2008）急性毒性要求，用于中药制造废水、废气治理的 MBR 特种膜。

3. 面向中药绿色制造多尺度目标产物需求的新型膜材料制备及分离机制研究[55-59]　　面向中药绿色制造多尺度目标产物需求的新型膜材料制备及分离机制研究，面向国家《中药新药注册分类》一类（有效成分）、二类（有效部位）与六类（复方中药）等多尺度目标产物制药技术需求，借助我国在特种核孔膜和共价有机多孔框架膜材料与膜制备工艺领域的最新科技成果，分为若干课题开展，为有效攻克上述中药制造领域的关键科学与技术问题奠定基础。

（1）面向中药绿色制造的核孔膜制备方法及其机理研究：目前，传统商品膜由于孔径分布较宽、中药有效成分相对分子量与膜孔径表征不兼容等问题，在实际应用中分离效果不佳、膜污染及能耗严重。探索可精准调控孔径、并保持孔径分布高度均一的低能耗分离膜制备方法，是本子课题面临的重要科学问题。

本处所述高能重离子辐照+化学蚀刻方法制备的多孔膜，也称核孔膜。核孔膜是通过重离子穿过有机物薄膜造成分子键断裂等永久性损伤，然后进行控制蚀刻而获得。与常规工艺膜比较，核孔膜具有4个明显特点：① 孔径易精准调控，且孔径高度均一，可为中药有效物质的精准分离提供可靠保证；② 核孔膜孔道贯通，可在显著提高膜通量的同时，避免膜孔内部对小分子有效物质的吸附，提高中药小分子有效物质回收率；③ 传统膜厚度通常为 $100 \sim 200 \, \mu m$，而核孔膜的厚度最小可以达到 $10 \, \mu m$，所需能耗远小于传统膜，节能优势显著；④ 核孔膜孔道表面具有化学活性很强的羧基，可被修饰和嫁接上不同官能团，针对不同活性成分，引入特定的配基，从而实现对目标成分具高度选择性的吸附分离。

（2）面向中药多元、整体药效物质获取的核孔膜改性方法与集群筛选机理研究：药效物质的整体、多元性是中药的本质特征，也是中医药治病防病的核心价值所在。鉴于中药是高度复杂的天然组合化学库，其整合调节作用在整体、器官、组织、细胞等多个层次发生，目前用药理模型来筛选可代表中药复方整体作用的化学成分几乎不可能。中药有效成分如生物碱、黄酮、皂苷等的分子量通常小于 1 kDa，而非药效共性高分子物质如淀粉、果胶等分子量一般在 50 kDa 以上,需设法去除。

理论上,膜分离技术可剔除高分子物质以获取某一分子量区段的多种成分,将中药复方中 1 kDa 以下的小分子药效物质组进行集群筛选。但传统膜应用过程中,高分子物质经常出现在膜透过液中,严重制约了膜技术优势的发挥,并造成膜污染。本书作者团队以定量构效关系模型(QSAR 技术)从中药药效物质分子结构角度探索膜筛分机理,并借助原子力显微镜、计算机分子模拟等先进手段[38],发现中药水提液中高分子物质经常出现在膜透过液中的主要原因在于:膜透过率不但与其分子量相关,与其分子空间结构参数也密切相关,某些高分子物质以线形状态存在,故可以轻易通过小于其分子量的孔径,而精准调控膜孔结构及孔径分布,可有效拦截此类高分子物质。

本研究的宗旨是针对"中药药效成分的分子量分布及其空间结构特征与膜材料微结构的相关性"关键科学问题,面向中药六类新药创制,以经典复方小分子有效成分为模型药物,探索非药效共性高分子物质的分子空间结构-溶液环境-膜对抗作用的相关性:① 精确调控膜孔结构及孔径分布,创新中药专用膜制备工艺;② 精准调控膜表面结构与性质,提升膜表面协同抗污能力,突破膜法获取中药小分子药效物质组的技术瓶颈,创建基于多元、整体观的中药制药分离工程理论和技术。

(3) 面向小分子活性物质精准分离的规整纳埃级孔道膜研究:如前所述,中药活性成分大多分子量小于 1 kDa,其分子大小为纳埃级,核孔膜去除掉大分子杂质后难以进一步对该类活性成分进行切割分离。共价多孔有机框架材料(porous organic framework,COF)是一类由一种或多种有机小分子构筑基元通过可逆脱水缩合反应形成的强共价键相连而成,具有规整的孔道结构,并具有很强的可设计性。

因 COF 材料的高孔隙率、可调控的规整孔道等性质,因而是一种潜在的具有优异分离性能的材料,以其作为膜材料制备具有规整纳埃级孔道的分离膜有望给中药活性小分子精准分离带来新一轮的变革。但通过传统的溶剂热法、离子热法和微波辅助法制得的 COF 材料均以多晶粉末的形式存在,难以获得连续的无缺陷无裂痕 COF 材料分离膜。并且,所制得的 COF 材料多晶粉末分散性差,难以在溶剂中分散,无法通过常规的涂覆、溶剂挥发等方法制备成膜。构建具有通用性 COF 膜制备方法是实现以 COF 为关键材料制备面向一类药,如喜树碱、紫杉醇等靶标明确的小分子活性成分精准分离膜的关键。

该研究将借鉴沸石、金属有机框架化合物等多孔晶体材料的"Layer-by-Layer"生长法和晶种二次生长法等成膜方法,研制同为晶形多孔材料 COF 薄膜用于中药活性小分子的分离,开展相应的分离机理实验与分子模拟研究,探明其孔道传输机理。需要指出的是,共价 COF 目前商业化前景不明,本研究拟在开展上述基础研究的同时,联合有关专业机构,对 COF 进行商业化开发。

4. 面向中药膜蒸馏浓缩过程的亲水-疏水双性膜功能性改性机理、制备研究　中药制药工业能耗惊人,而浓缩工序约占总耗汽量 60%左右甚至更多。膜蒸馏浓缩技术较传统蒸发浓缩高效节能、绿色环保、成本低廉,但因常规商品膜材料无法适应中药物料体系的复杂化学组成,影响其优势的发挥。如中药物料里存在的皂苷类成分,属于低表面张力物质,而膜蒸馏浓缩过程中,即使物料含有极少量的低表面张力物质就可能使膜材料被润湿,导致水与药效物质的分离效率骤降,达不到有效浓缩与保留药效成分的效果。目前解决该技术瓶颈的思路及方案陷入两难的局面:一方面,为增加膜蒸馏膜在中药浓缩中抗污染与润湿的能力,应该增加膜的疏水性甚至疏液性;另一方面,中药物料中普遍存在的蛋白质等物质含有疏水基团,单方面增加膜的疏水性并不能减少污染的可能;相反,这类物质更倾向于附着在高疏水性材料表面,形成污染层降低膜通量。由于对适合于中药浓缩应用的膜蒸馏过程的膜材料研究欠缺,上述技术瓶颈至今制约着膜蒸馏过程在中药浓缩工艺中的应用。

本研究针对中药膜蒸馏浓缩技术的关键科学问题与技术瓶颈:膜材料改性设计难以兼顾膜污染和膜润湿机理相悖问题,以代表性中药复方为实验体系,耦合材料学、膜科学与中药制药工程学等多学科理论与技术手段,通过探索修饰材料的物理化学特性、修饰材料微纳米结构等与中药物料复杂系统的理化性质的相关性,基于发现、诠释面向中药膜蒸馏浓缩过程的亲水-疏水双性膜功能性改性机理,从提升膜出水量、防治膜污染这一改善膜功能的角度出发,探索修饰材料对抗中药浓缩过程遭遇的膜污染和润湿的机理与作用,优化膜材料选择与设计,制备中药浓缩专用新型亲水-疏水双性膜,并开展其在中药膜蒸馏浓缩过程的污染与润湿防治研究。解决膜浓缩工艺中药行业产业化的关键技术问题,为其成套技术设备研制及工艺设计提供支撑,促进材料科学与中药制药工程理论和技术创新。

第三节　树脂分离材料的分类、作用机理及其应用

树脂分离材料的基本功能是吸附(adsorption),吸附作用是两个不可混合的物相(固体、液体或气体)之间的界面性质,在这种两相界面上一相的组分得到浓缩,或者两相互相吸附形成界面薄膜。吸附作用基本上由界面上分子间或原子间作用力所产生的热力学性质所决定。

吸附体系由吸附剂(adsorbent)和吸附质(adsorbate)组成。吸附剂一般是指固体或能够进行吸附的液体,吸附质一般是指能够以分子、原子或离子的形式被吸附的固体、液体或气体。吸附过程分为物理吸附(physisorption)和化学吸附(chemisorption)两大类。物理吸附是一种只通过弱相互作用进行的可逆性吸附;吸附剂和吸附质之间是非共价的。在物理吸附过程中,液体或气体中的分子通过范德瓦耳斯力、偶极-偶极相互作用、氢键等在固体材料的表面上结合。化学吸附一般涉及吸附剂和吸附质之间的强相互作用,包括吸附质内或吸附质之间原子的重排,吸附剂表面和吸附质之间发生化学反应[38]形成共价键、配合键或离子键。

一、大孔吸附树脂分类[15]

根据上述吸附材料分类方法,中药分离领域常用的大孔吸附树脂可被列为物理吸附剂。按照不同的技术要求,大孔吸附树脂又可采用多种交叉分类法进行分类,如可按键合的基团及原子分、可按极性大小分、可按骨架类型分等。

1. 按基团及原子分类

(1)非离子型大孔吸附树脂。

(2)离子型大孔吸附树脂。

(3)配位原子型大孔吸附树脂(螯合树脂)。

2. 按极性大小分类

(1)非极性大孔吸附树脂:由偶极距很小的单体聚合制得,不带任何功能基,孔表的疏水性较强,可通过与小分子内的疏水部分的作用吸附溶液中的有机物,最适于由极性溶剂(如水)中吸附非极性物质。

(2)中极性大孔吸附树脂:系含酯基的吸附树脂,其表面兼有疏水和亲水两部分,既可由极性溶剂中吸附非极性物质,又可由非极性溶剂中吸附极性物质。

(3)极性大孔吸附树脂:主要为具有酰胺基、氰基、酚羟基等含氮、氧、硫极性功能基的吸附树脂,通过静电相互作用吸附极性物质。

3. 按骨架类型分类

(1)聚苯乙烯型大孔吸附树脂:通常聚苯乙烯骨架中的苯环化学性质比较活泼,可以通过化学反应引入极性不同的基团,如羟基、酮基、腈基、氨基、甲氧基、苯氧基、羟基苯氧基、乙酰苯氧基等,甚至离子型基团,从而改变大孔吸附树脂的极性特征和离子状态,制成用途各异的吸附树脂,以适应不同的应用要求。该类树脂的主要缺点是机械强度不高、质硬而脆、抗冲击性和耐热性能较差。目前80%的大孔吸附树脂品种的骨架为聚苯乙烯型,在中药提取液的精制中常用树脂也多为苯乙烯骨架型大孔树脂。

（2）聚丙烯酸型大孔吸附树脂：该类吸附树脂品种数量仅次于聚苯乙烯型,可分为聚甲基丙烯酸甲酯型树脂、聚丙烯酸甲酯型交联树脂和聚丙烯酸丁酯交联树脂等。该类大孔吸附树脂含有酯键,属于中等极性吸附剂,经过结构改造的该类树脂也可作为强极性吸附树脂。

（3）其他类型：聚乙烯醇、聚丙烯腈、聚酰胺、聚丙烯酰胺、聚乙烯亚胺、纤维素衍生物等也可作为大孔吸附树脂的骨架。

虽然大孔树脂吸附法在中药有效成分提取、分离中的应用已很多,但中药品种繁多,有效成分性质千差万别,相对而言,目前树脂的种类还太少。需针对不同用途和不同性质的化合物开发更多的种类。如史作清等研制了选择性高的 ADS 系列树脂;日本三菱化学株式会社在其一些型号树脂中引入了新的基团,如在树脂 SP207 中引入溴原子而使其极性和密度增大。

二、大孔吸附树脂的形态结构、表征参数及国内外产品标准状况[15]

1. **大孔吸附树脂的基本形态结构与特点**　　大孔吸附树脂通常由聚合单体和交联剂、致孔剂、分散剂等添加剂经聚合反应制备而成,交联剂起着在聚合链之间搭桥的作用,它使树脂中的高分子链成为一种三维网状结构。改变交联度的大小可以调节树脂的一些物理化学性能。聚合开始后,生成的高分子链溶解在单体与致孔剂组成的混合体系中,当高分子链逐步增大后,便会从混合体系中析出。最初分离出的聚合物形成 5~20 nm 的微胶核,微胶核又互相聚集成 60~500 nm 的微球。随着聚合反应的继续进行,微胶核与微胶核及微球与微球都互相连接在一起,而致孔剂（特别是不良溶剂）则最终残留在核与核或微球与微球之间的孔隙中,聚合物形成后,致孔剂被除去,在树脂中留下了大大小小、形状各异、互相贯通的不规则孔穴。因此,大孔吸附树脂在干燥状态下其内部具有较高的孔隙率,且孔径较大,在 100~1 000 nm 之间,故称为大孔吸附树脂。

大孔吸附树脂为有机合成的高分子聚合物,一般具有以下的基本形态结构与性质：

（1）具有三维立体空间结构的网状骨架,可连接各种功能基团,如极性调节基团、离子交换基团和金属螯合基团等。

（2）具有多孔结构,比表面积大,孔径大,为物理孔,孔径多在 100~1 000 nm 之间。

（3）外观一般为直径在 0.3~1.0 mm 的白色球状颗粒,粒度多为 20~60 目,具有一定的机械强度,密度略大于水。

（4）具有吸附功能,能选择性吸附气体、液体或液体中的某些物质。

（5）理化性质稳定,不溶于酸、碱及有机溶媒,热稳定好。

（6）对有机物选择性较好,有浓缩、分离作用,且不受无机盐类及强离子低分子化合物存在的影响。

（7）比表面积较大、交换速度较快。

（8）机械强度高,抗污染能力强,在水溶液和非水溶液中都能使用,再生处理较容易,等等。

2. **大孔吸附树脂的基本表征参数**

（1）孔径：指微观小球之间的平均距离,以 nm 表示。

（2）比表面积：指微观小球表面积的总和,以 m²/g 表示。

（3）孔体积：亦称孔容,系指孔的总体积,以 mL/g 表示。

（4）孔隙率（孔度）：指以孔体积占多孔树脂总体积（包括孔体积和树脂的骨架体积）的百分数。

（5）交联度：交联剂在单体总量中所占质量百分数。

此外,还有大孔树脂的粒度、强度及吸附容量等。

3. **大孔树脂有机残留物的测定**　　以苯乙烯等材料为骨架的大孔吸附树脂,其残留物和裂解产物等对人体有不同程度的伤害,为了保证原料药的质量及用药安全,国家食品药品监督管理总局《关于

"大孔吸附树脂分离纯化中药提取液的技术要求"的补充说明》规定,应在成品中建立树脂残留物或裂解物的检测方法,制订合理的限量,并列入质量标准正文。

目前检测残留溶剂的分析方法主要有气相色谱的顶空进样法和溶液法,顶空进样法采用气体进样的方式,无须有机溶剂进行提取,操作简便,可避免样品溶液对色谱柱的污染及样品基质的干扰。而由于溶剂的干扰,溶液法的测定受到了很大限制。

王巧晗等[60]根据药品注册的国际技术要求(ICH)、《中国药典》及国家食品药品监督管理总局《关于"大孔吸附树脂分离纯化中药提取液的技术要求"的补充说明》对残留有机溶剂和大孔树脂有机残留物的规定,采用顶空气相色谱法测定大孔树脂有机残留物中正己烷、乙酸乙酯、乙醇、苯、甲苯、邻二甲苯、间二甲苯、对二甲苯、苯乙烯、二乙基苯和二乙烯苯的残留量。以 FID 为检测器,高纯氮为载气,上述11 种被测物在 DB-wax 固定相的开口毛细管柱中得到较好的分离,分析方法经验证,各被测成分在一定浓度范围内呈良好线性关系(0.999 2~0.999 7),重复性好(RSD<10%),平均回收率为 80.0%~110%,各成分的检出限远低于限度浓度。该方法准确快捷、灵敏度高,适用于大孔树脂有机残留物的检查。

一般而言,上述介绍的普通大孔吸附树脂在使用中具有一定局限性: ① 树脂骨架结构单一,在水溶液中的吸附以非特异性的疏水作用机制为主,不可避免地降低树脂选择性;② 树脂的孔径分布很宽,孔径极不均匀,因而对于分子尺寸差别较小的吸附质没有筛分能力,在去除杂质的同时,难以避免有效成分的损失。另外,大分子吸附质常会堵塞孔道,造成树脂有效吸附面积的降低,吸附容量与树脂比表面积并不相符;③ 受交联剂分子结构、聚合反应概率、聚合物链空间结构的限制,普通吸附树脂的交联度相对较低,特别是常用的聚苯乙烯型吸附树脂,即使全部以高纯度交联剂二乙烯苯聚合(目前工业化生产中二乙烯苯的最高纯度为 80%),在树脂骨架上仍能检测到大量残留双键,吸附树脂比表面也仅为 800 m²/g 左右。

三、基于树脂材料学特征的常见中药成分精制机理[15]

中药成分的大孔吸附树脂精制机理与树脂的材料学特征密切相关。大孔吸附树脂的分离原理源于吸附性与筛选性相结合。树脂的极性(功能基)和空间结构(孔径、比表面、孔容)是影响吸附性能的重要因素。吸附质(中药或天然产物成分,即有机化合物)通过树脂的孔径扩散至树脂孔内表面而被吸附,因此树脂吸附能力大小与吸附质的分子量和构型也有很大关系,树脂孔径大小直接影响不同大小分子的自由出入,从而使树脂吸附具有一定的选择性。由于大孔吸附树脂具有吸附性和筛选性,有机化合物根据吸附力的不同及分子量的大小,在树脂上先被吸附,再经一定的溶剂洗脱而分开,从而达到分离精制的目的。

总体来说,选择树脂时要考虑被吸附物分子体积的大小(如多糖类、皂苷类、取代苯类等,它们分子体积的大小相差明显),分子极性的大小,同时分子是否存在酚羟基、羧基或碱性氮原子等也都需要考虑。分子极性的大小直接影响分离效果,通常,极性较大的化合物一般适于在中极性的树脂上分离,而极性小的化合物适于在非极性树脂上分离。但极性大小是个相对概念,要根据分子中极性基团(如羟基、羧基等)与非极性基团(如烷基、苯环、环烷母核等)的数量与大小来确定。对于未知化合物,可通过一定的 TLC、PC 等预试验及文献资料大致确定。研究表明,在一定条件下,化合物体积越大,吸附力越强,如碱性红霉素、叶绿素等,能被非极性大孔吸附树脂较好地吸附,这与大分子体积憎水性增大有关。分子体积较大的化合物选择较大孔径的树脂,否则影响分离效果,但对于中极性大孔树脂来说,被分离化合物分子上能形成氢键的基团越多,在相同条件下吸附力越强。所以,对某一化合物吸附力的强弱最终取决于上述因素的综合效应结果。

1. 生物碱类成分 生物碱分子的共性是有一定的碱性,可与酸生成盐。其氨基部分是亲水的,可与憎水部分一起形成既亲水又亲油的结构。憎水部分使其能被非极性树脂吸附,吸附的推动力是范德瓦耳斯力。另外，生物碱分子中氨基的存在使其既可以被一些选择性吸附树脂吸附，这些吸附的推动力可以是静电力、氢键作用或配合作用，也可以用阳离子交换树脂进行交换。可供选择的树脂有含磺酸基或羧基酸性基团的离子交换树脂，含酚羟基的可与生物碱形成氢键的吸附树脂和含过渡金属离子的、与生物碱的氨基具有配合作用的吸附树脂等。

生物碱的碱性可用其共轭酸 pK_a 的值表征，而生物碱的 pK_a 值可从小于 0 变化到大于 13，可见它们彼此间碱性有很大的差别。特别是，亲水的氨基在遇到酸时可形成盐，使其亲水性大大增加。因此，从中药中用酸性水就可以将某些生物碱萃取出来。当用树脂吸附时，将水溶液调成中性或微碱性，可使生物碱的水溶性降低，其憎水部分很容易被吸附到树脂的非极性表面，而亲水的氨基部分朝向水溶液。提取生物碱的另一个特点是在使用高选择性树脂时，既可以从水溶液中吸附，还可以从有机溶剂中进行吸附。这为难溶性生物碱的提取提供了方便。

如附子中含有二萜类生物碱，主要包括乌头碱、新乌头碱等。其中乌头碱有剧毒，而低含量的乌头碱又具有强心功效。即要求树脂具备优良的吸附-洗脱效果，还必须对两种生物碱具有合理的吸附选择性。

从乌头碱和新乌头碱的分子结构来看，二者的差异并不大，似乎无法找到选择性大的树脂。但研究表明，含有适量羧基的树脂对两种生物碱有较好的选择性。其中含羧基的 RF6 树脂既具有较好的吸附性能，所得总生物碱的纯度又较高，新乌头碱/乌头碱的比例也较大（表 2-4）。

表 2-4　不同结构树脂的动态吸附性能比较[15]

树脂牌号	X-5	AB-8	RF6	RF7	RF7d
静态吸附量(mg/g)	21.0	26.9	29.1	26.0	16.0
总生物碱纯度(%)	17.8	18.9	29.5	16.3	57.0
质量分数(%)					
新乌头碱	73	59	65	69	58
乌头碱	27	41	35	31	42

2. 皂苷类成分　皂苷类成分的共同点是它们在结构上均由两部分构成：一部分由羧基与葡萄糖基（或其他糖基）相连形成的皂苷结构，是亲水的部分，使皂苷能够溶于水；另一部分苷元，是不亲水的，使皂苷能够被树脂吸附，这样就形成了可用树脂吸附法进行提取的条件。以人参皂苷的提取为例，可先把人参皂苷浸取到水溶液中，再以树脂吸附技术吸附溶于水中的皂苷。人参、三七和绞股蓝等的茎、叶也含有皂苷，同样可用树脂吸附法富集。

更为典型的是甜菊苷的提取工艺。甜菊苷共有 8 种结构相似的组分为相同苷元的同系物，分子量均在 600 Da 以上。其苷元为四环双萜结构，是憎水部分；所连接的糖基的数量或种类不同，主要为葡萄糖基或鼠李糖基，是亲水的，可使甜菊苷溶于水。这种由憎水部分和亲水部分构成的天然产物可用非极性吸附树脂（如 AB-8）来提取。用水从甜叶菊中浸取甜菊苷时，约有 3 倍于甜菊苷的杂质（多糖、蛋白质、有机酸、无机盐、色素等）也被浸取出来。其疏水部分可被树脂的非极性表面以范德瓦耳斯力吸附；糖类、蛋白质、无机盐等亲水性较强的物质不能被吸附，从而被分离除去。被吸附的甜菊苷在乙醇中溶解度较大，因而用一定浓度（一般为 50%~80%）的乙醇或甲醇便可从树脂上洗脱下来，得到纯度达 85% 的甜菊苷。

甜菊苷中约 10% 左右的未知物是分子量较小、用一般方法难以去除的杂质。用特种吸附树脂 ADS-4 可有效地将甜菊苷进一步纯化，甜菊苷的纯度可从 90% 提高到 98% 左右。ADS-4 是一种具有筛分作用的吸附树脂,可吸附分子量在 360 Da 以下的物质,甜菊苷分子量较大不能进入其孔中,因而不被吸附。纯化时,使甜菊苷溶液通过 ADS-4 树脂柱,其中的杂质即被树脂吸附,甜菊苷流出柱外,并且几乎没有损失。如图 2-4 所示为用 ADS-4 纯化前、后的甜菊苷的液相色谱图,可清楚地看到 ADS-4 树脂的纯化效果,图 2-4A 最前面的杂质峰在纯化后的色谱图中消失了。

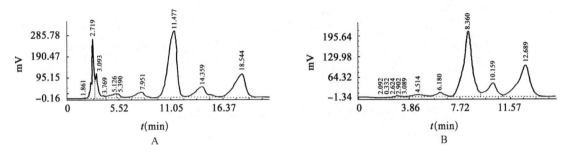

图 2-4　甜菊苷纯化前后的液相色谱图[15]

A. 纯化前;B. 纯化后

3. 黄酮类成分　　银杏叶提取物中黄酮苷和萜内酯的有效分离是制备高含量的银杏叶提取物(GBE)的技术关键。采用图 2-5 所示的 ADS-17 吸附树脂精制银杏叶提取的工艺流程,只需用 70% 乙醇一步洗脱即可得到高含量的银杏叶提取物(GBE),且通过简单的调节控制,就可以生产出从一般合格品到高含量提取物多种规格的产品(黄酮苷 25%~45%,萜内酯 6%~13%),白果内酯的含量一般可达 2.5%~4.7% 之间(表 2-5),远高于用非极性吸附树脂的分步洗脱法所生产的提取物。

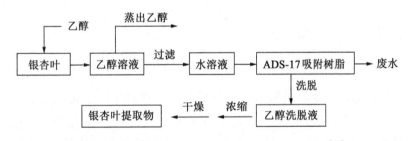

图 2-5　吸附树脂精制银杏叶提取物提的工艺流程[15]

表 2-5　银杏叶萜内酯的检测结果[15]

萜内酯成分	含量(%)		萜内酯成分	含量(%)	
	样品 1	样品 2		样品 1	样品 2
白果内酯	3.73	4.68	银杏内酯 B	0.28	0.80
银杏内酯 C	0.96	0.61	内酯总量	6.20	8.49
银杏内酯 A	2.23	2.40			

上述工艺的关键是吸附树脂的材料学特征,由此而导致的吸附机理不同是出现上述差别的原因。银杏叶的主要有效成分是黄酮苷和萜内酯,其结构式如图 2-6 所示。普通吸附树脂对有机物主要是靠疏水性吸附,缺乏吸附选择性。黄酮苷的结构特点是含有多个—OH 基,能与羰基形成氢键,提高了树脂的吸附选择性。萜内酯则不同,只能与含有羟基的基团形成氢键。ADS-17 兼顾了对黄酮苷和萜内

酯的吸附选择性,在性能上可满足上述两类成分的需求。Duolite S-761 树脂对黄酮苷和萜内酯的吸附比较均衡,可以得到符合标准的提取物,但两类成分的含量都不太高。ADS-17 兼顾了对黄酮苷和萜内酯的吸附选择性,在性能上远超过前两种树脂。一些吸附树脂在制备银杏叶提取物中的应用效果见表2-6。

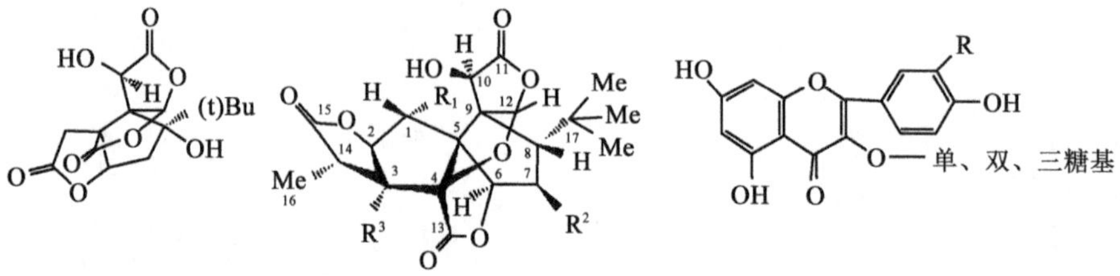

图 2-6 银杏叶主要有效成分黄酮苷和萜内酯的结构式[15]

银杏内酯 A: R^1、R^2 为 H;银杏内酯 B: R^1 为 OH,R^2 为 H;银杏内酯 C: R^1、R^2 为 OH

表 2-6　一些吸附树脂在 GBE 提取中的应用效果[15]

吸附树脂牌号	GBE 质量(%)		收率 (g/100 g 干叶)
	黄酮苷	萜内酯	
Duolite S-761	25.7	5.58	3.0
Diaion HP-20	20.0	5.0	3.0
ADS-8	18.2	4.9	3.2
ADS-16	32	8.0	2.0
ADS-17	32	8.0	1.9
	44	10.3	
ADS-F8	<0.1(Ⅰ)	30(Ⅰ)	
	60~80(Ⅱ)	<0.5(Ⅱ)	

4. 树脂表面化学结构对沙棘叶提取物质量的影响　　沙棘干叶中黄酮苷的含量和苷元的种类结构与银杏叶相似。黄酮苷有多种,但苷元与银杏黄酮相同,主要是槲皮素、山奈酚和异鼠李素 3 种,只是三者的比例与银杏叶不同。黄酮类分子的特点是含有多个酚羟基,能与树脂的羧基等形成氢键,从而增强吸附的选择性。可以预期,选用含羧基、氨基或酰胺基的树脂均应有比较好的效果(表2-7)。

表 2-7　表面化学结构对沙棘叶提取物质量的影响[15]

树脂编号	树脂孔表面化学结构	黄酮苷含量(%)	产率(%)
ADS-5	非极性	14.96	5.27
ADS-8	非极性+少量羧基	18.01	4.78
ADS-F8	酰胺基	24.93	2.56
ADS-7(Ⅰ)	季铵盐基	20.18	4.26
ADS-7(Ⅱ)	季铵碱基	29.8	1.67
ADS-22	环己胺基	39.1	1.89

由表2-7可看出,随着树脂表面极性的增加,沙棘叶提取物的黄酮苷含量提高。ADS-5 为非极性

孔结构的高比表面广谱性吸附树脂，主要靠疏水作用进行吸附，吸附量较大，但选择性差。ADS-8 是在 ADS-5 的基础上引入了一定量酯基的树脂，表面亲水性有所改善，但仍属非极性树脂，所得产品的纯度略有提高。酰胺基树脂 ADS-F8 和季胺基树脂对黄酮苷吸附选择性较好，所得提取物的黄酮苷含量显著提高，但提取收率降低太多，可能是吸附力较强，洗脱不完全所致。碱性较低的环己胺基树脂对沙棘叶黄酮苷有更好的吸附选择性，在黄酮苷的含量高达 39.1% 的情况下仍有 1.89% 的收率，是其他树脂难以达到的。

四、大孔吸附树脂的毒化与再生

1. 分离工艺过程对大孔吸附树脂微观形态的影响　著者所在科研团队的潘林梅采用电镜扫描法[61]，观察了 HPD-100、AB-8 等 9 种大孔树脂吸附前、吸附后、洗脱后的树脂样品的微观形态变化，结合各大孔树脂的表面及内部的扫描电镜图，对大孔树脂精制中药复方的整个过程进行综合分析，从材料形态学方面进一步探讨大孔吸附树脂分离纯化中药的机理。该研究的基本内容与结果如下：

（1）通过对各样品在电子显微镜下的微观形态的观察，可以清晰地看到，大孔吸附树脂的内部都是由若干个微观小球组成的网状孔穴样结构，孔的形状不太规则。

（2）放大 8 000 倍观察时，可见 HPD-100 树脂表面较致密，内部孔隙较均匀；HPD-300 树脂的孔隙较大；HPD-450 树脂有较多裂隙；AB-8 树脂表面略有裂隙；AB-8-A 树脂表面致密；HPD-600 表面小孔较多，内有较大的孔隙；D4006、NAK-Ⅱ 大孔树脂的表面很密实、平整，几乎不显示任何变化；X-5 大孔树脂表面不太平整，内有大的孔隙。

（3）结合各指标性成分转移率的变化来看，经 NAK-Ⅱ 处理后，各指标性成分转移率均显著低于其他几种树脂。从扫描电镜图可见，这种树脂表面很密实、平整，内部亦非常紧密，与其他几种树脂有较显著的区别，提示以这种原料及方法合成的树脂不适用于本复方中成分的富集。

（4）各大孔树脂吸附后表面均明显有大面积附着团块状、粒状物质，表面变得更为光滑密实，较原来平整，洗脱后有较好恢复。而各大孔吸附树脂内部可见吸附以后粒子稍有增大，原有孔隙似被填平，洗脱以后恢复成吸附前结构水平，通过扫描电镜观察，孔隙有一定的变化。

（5）整体而言，吸附前后大孔吸附树脂的内部结构不显示特别大的差异，可能是因为大孔树脂吸附的物质基本为小分子成分，而对中药中大分子物质没有明显的吸附。这也佐证了大孔树脂吸附对中药水提取液中的共性大分子成分有较好选择性分离作用，是中药精制工艺的较理想方法。

2. 大孔吸附树脂毒化与防治　吸附树脂属于具有立体结构的多孔性海绵状热固性聚合物，其吸附能力以吸附量来表示。树脂使用过程中有时会发生中毒现象，其原因是被某些物质污染，树脂上微粒沉积也会使其中毒。树脂被毒化后，可致吸附能力下降，用一般洗涤方法不能使其复原。而中药的水提液是一种十分复杂的混合体系，其中存在大量的鞣质、蛋白质、淀粉等大分子物质及许多微粒、亚微粒及絮状物等，都是潜在的毒化源。

为防治药液中上述杂质对树脂造成的毒化作用，大孔吸附树脂上样前样品液通常采用高速离心、水提醇沉法或醇提法作预处理，但高速离心法效果较差；醇沉法有效成分损失严重、乙醇损耗量大、周期长、安全性差。研究表明，采用陶瓷膜微滤作为预处理技术对中药水提取液直接进行澄清处理，可有效地减少水提液中悬浮杂质对树脂的毒化作用，提高单位树脂的吸附容量。陶瓷膜微滤操作简单，单元操作周期短，省去了大量乙醇浓缩蒸发过程，适合于工业化生产。

本团队对陶瓷膜微滤与高速离心、醇沉作为预处理手段对树脂吸附量及精制效果开展了比较研究[62]。

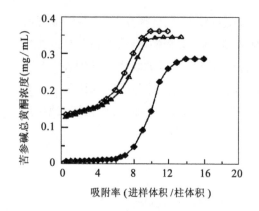

图 2-7　AB-8 树脂对苦参碱总黄酮的吸附曲线[62]

◇苦参水提液；◆苦参微滤液；▲苦参离心液

实验结果表明：

（1）陶瓷膜微滤与高速离心两种预处理方法对 AB-8 树脂吸附容量的影响：将浓度为 0.361 mg/mL，pH=4 的苦参水提液；浓度为 0.285 mg/mL，pH=4 的苦参微滤液；浓度为 0.344 mg/mL，pH=4 的苦参离心液分别通入 3 根装有 150 mL AB-8 树脂的玻璃柱中，流速为 3 BV/h，测定流出液中总黄酮浓度，直至树脂吸附饱和为止，绘制吸附曲线，如图 2-7 所示。不同预处理法对 AB-8 树脂吸附容量的影响见表 2-8。结果表明，陶瓷膜微滤法可改善树脂处理能力，提高树脂吸附容量。

表 2-8　不同预处理方法对 AB-8 树脂吸附容量的影响（150 mL 树脂）[62]

样　品	湿　态			饱和时	
	处理量（mL）	吸附总量（mg）	单位吸附量（mg/mL）	处理量（mL）	单位吸附量（mg/mL）
苦参水提液	600	216.6	1.44	1 500	3.61
苦参微滤液	900	256.5	1.71	2 100	3.99
苦参离心液	675	232.2	1.55	1 725	3.96

（2）微滤和醇沉预处理对树脂吸附精制效果的比较。

1）两种预处理方法固形物及总黄酮得率的比较：微滤透过液和醇沉处理液采用紫外分光光度法测定总黄酮的含量，参考《中国药典》（2000 年版）测定固形物含量，其分析结果见表 2-9。结果表明，微滤的澄清除杂效果与醇沉法基本相近，而有效成分的保留率优于醇沉法。

表 2-9　2 种预处理方法固形物及总黄酮得率的比较[62]

样　品	固形物/生药（g/g）	总黄酮得率（%）
原　液	0.227	100
醇沉液	0.128	54.77
微滤液	0.131	77.23

2）两种精制方法的结果：将醇沉处理液浓缩至浓度与微滤透过液浓度相近，上 AB-8 树脂柱，洗脱液采用紫外分光光度法测定总黄酮的含量，其分析结果见表 2-10。

表 2-10　2 种精制方法固形物及总黄酮含量的比较[62]

样　品	固形物重量/生药（g/g）	总黄酮得率（%）
原　液	0.227	2.26
醇沉-（AB-8）树脂法	0.036 0	12.89
微滤-（AB-8）树脂法	0.033 7	14.46

由上述实验结果知，样液流经大孔吸附树脂后，微滤-(AB-8)树脂法的总黄酮含量(14.46%)优于醇沉-(AB-8)树脂法的总黄酮含量(12.89%)，而微滤-(AB-8)树脂法的固形物重量少于醇沉-(AB-8)树脂法。

该研究表明，采用陶瓷膜微滤作为预处理技术对中药水提取液直接进行澄清处理，可有效地减少水提液中悬浮杂质对树脂的毒化作用，提高单位树脂的吸附容量。陶瓷膜微滤操作简单，单元操作周期短，省去了大量乙醇浓缩蒸发过程，适合于工业化生产。

3. 大孔吸附树脂的再生　　所谓大孔吸附树脂的再生即树脂在完成一轮或几轮上柱吸附、洗脱分离后，由于药液中杂质的污染或操作不当，使树脂吸附分离功能下降或消失，为恢复其正常功能所采取的方法称为再生。再生工艺是为了使再生后树脂的性能相对稳定，以保证树脂纯化工艺的稳定性。

树脂再生可采用动态法也可采用静态法，动态法简便，效率也高。通常应根据树脂失效原因选择再生剂，一般仍是酸和碱，有时是中性盐。再生树脂时，流速比通液交换时要低，柱内有气泡和孔隙，再生时应除去。通常是在通过再生剂前用水反洗，水流逆向通过交换柱，使树脂松动，排除气泡。一般可选择的再生剂有 50%~95%乙醇、50%~100%甲醇、异丙醇、50%~100%丙酮、碱性乙醇溶液、2%~5%盐酸、2%~5%NaOH 等，滤去溶剂用水充分洗涤至下滴液呈中性时即达再生目的。

再生处理的程度依要求而定，有时不一定都经过酸碱处理，只需转型即可。如仅是恢复容量，为避免浪费再生剂，只达一定的再生程度即可，此时用水洗去溶剂即可达再生的目的。但面向分析或容量测定目的时，再生须进行彻底。

卢锦花[63]等考察 DM-130 型树脂再生性能时，进行了一系列相关实验，结果见表 2-11。

表 2-11　DM-130 树脂使用次数对吸附率的影响[63]

使用次数(次)	吸附率(%)
1	84.02
2	83.95
3	83.96
4	78.65
5	73.21
6	56.58

从表中数据可见，DM-130 型树脂连续使用 3 次后吸附率下降较明显，因此每使用 3 次后进行再生一次，再生处理方法为依次用 4% NaOH、4% HCl、无水乙醇浸泡，最后用蒸馏水冲洗至中性。

因影响树脂再生的因素较多，树脂的再生次数用比吸附洗脱量或吸附容量是否稳定来衡量较适宜。一般同一品种在使用过程中，当吸附容量下降 30%以上时，则认为不宜再用。或经一段时间摸索积累后，提出某定型树脂一般情况下的使用期。应建立再生工艺的标准方法和评价再生树脂是否符合要求的指标，只有再生符合要求后方能进行下一轮纯化分离。

五、高选择性吸附树脂的分离原理与应用[63]

高选择性吸附树脂是应对高纯度天然产物提取物的技术要求而涌现的新型树脂。其设计、产生的背景是克服普通大孔吸附树脂在使用过程中存在的多种局限性。而基本设计思路则是：改变吸附机理，通过将某些特殊功能基团，如氢键、静电、偶极基团等引入传统树脂骨架，将原先疏水性吸附作用机理转变为多重弱相互作用的协同吸附机理。

1. 基于多重弱相互作用协同效应的高选择性吸附树脂　　高选择性分离材料的结构设计成为可能，主要是天然药物中的黄酮、生物碱、皂苷、有机酸、多糖、萜类、木质素等活性物质，各具其独特的分子结构。例如，黄酮分子中含有酚羟基的特征结构，若在吸附树脂上引入与之形成氢键的特殊功能基团，即可产生特异性的氢键作用；生物碱或有机酸分子中含有碱性或酸性基团，也可在树脂骨架上引入相对应的功能基团，因酸碱作用而产生特异性吸附。

天然产物的树脂分离过程主要发生在水溶液中，非特异性疏水作用常常超过树脂特异性作用对吸附选择性的影响，导致吸附树脂"高选择性"与"较低的吸附容量"的相悖。

为了解决上述矛盾，通过对水体系中待分离目标成分弱相互作用的产生条件、协同效应及对树脂吸附性能影响的系统研究，开发新型聚合单体、交联剂、引发剂、致孔剂，改变聚合工艺、方法，实现了大孔树脂高吸附容量和高吸附选择性的统一。

（1）基于氢键-疏水协同作用：图2-8为一种通过改变树脂骨架中丙烯酸甲酯（MA）和二乙烯苯（DVB）的比例，精确调控疏水-氢键的协同作用，而合成的带有酰胺基团的氢键吸附树脂（依次按照疏水性的增加，将树脂编号为 No. 1~4），对黄酮（以芦丁为例）和内酯（以银杏内酯 B 为例）的吸附曲线。由该图可知，酰胺树脂对黄酮和内酯的吸附能力随着疏水性的增加，发生了变化。只有疏水作用力适宜时，树脂对黄酮和内酯的吸附能力才能产生最大的差别，从而对黄酮类化合物具有最高的吸附选择性。

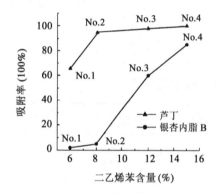

图2-8　疏水性不同的酰胺树脂对芦丁和银杏内酯 B 吸附曲线[63]

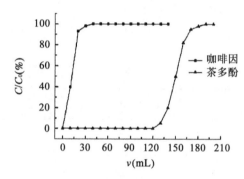

图2-9　No. 3A 树脂对茶多酚和咖啡因的动态吸附曲线[63]

图2-9和表2-12为 VT 树脂（No. 1A~No. 4A，一系列疏水性逐渐降低的羟基树脂），用于分离茶多酚与咖啡因的研究结果。由表2-12可知，随着树脂疏水性的降低，对咖啡因的平衡吸附量 Q_e 明显降低，但是对茶多酚的吸附结合力却逐渐增强。但当进一步降低树脂的疏水性时，水分子的干扰难以克服，对黄酮分子的作用力也随之降低，如表2-12中的 No. 4A 树脂。综合两方面考虑，疏水性适中的 No. 3A 树脂对茶多酚和咖啡因具有高的吸附选择性。No. 3A 树脂对茶多酚和咖啡因的吸附曲线如图2-9所示，可知树脂对两者的吸附能力有明显的差别，咖啡因基本不被树脂吸附而从树脂柱流出，接收这部分流出液得到产品Ⅰ。此时，茶多酚被有效吸附在树脂柱上，用一定浓度的乙醇水溶液可将其解吸下来，收集这部分解吸液，得到产品Ⅱ。

表2-12　疏水性不同的树脂对茶多酚和咖啡因的吸附量[63]

吸附剂	C_0(mg/L)		C_e(mg/L)		Q_e(mg/g)	
	茶多酚	咖啡因	茶多酚	咖啡因	茶多酚	咖啡因
No. 1A	2 040	26.0	944.5	23.1	441.7	1.17
No. 2A			728.3	24.2	541.1	0.742

吸附剂	C_0(mg/L)		C_e(mg/L)		Q_e(mg/g)	
	茶多酚	咖啡因	茶多酚	咖啡因	茶多酚	咖啡因
No.3A			228.5	24.9	891.5	0.541
No.4A			375.4	25.3	700.6	0.295

（2）基于静电-疏水协同作用：针对白花蛇舌草中抗肿瘤活性成分三萜酸（简称 TA，代表性组分为齐墩果酸和熊果酸），分离所合成的一系列聚苯乙烯骨架胺基树脂，键合不同胺基后，树脂对三萜酸的吸附容量呈现出"胺基碱性越强，树脂吸附容量越大"的趋势。但是当胺基为二乙胺时，树脂吸附容量明显下降，其原因在于二乙胺的空间位阻较大，不利于分子尺寸较大的三萜酸与其接近并发生静电相互作用。这也从另一侧面证明，聚苯乙烯胺基树脂对三萜酸的吸附并非单纯的疏水作用，功能基团的静电作用是主要的吸附结合力。

基于以上研究，针对吸附体系中的疏水性杂质，可首先选择一定浓度的乙醇水溶液解吸，它足以破坏杂质与树脂之间的疏水结合力而达到解吸杂质的目的，此时，三萜酸分子由于静电相互作用而在树脂上保留，两者可实现分离。图 2-10 给出了不同洗脱条件下杂质与三萜酸解吸性质的差别。由图 2-10 也可发现，虽然三萜酸与树脂以酸碱作用相结合，但在 10% 的醋酸水溶液解吸时，三萜酸基本保留在树脂柱上不被解脱，只有在 10% 醋酸-80% 乙醇的混合解吸剂下才可完全解吸，这也充分证明了胺基树脂对三萜酸的吸附是静电-疏水的协同作用机理。

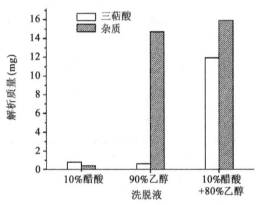

图 2-10　不同解吸剂下杂质和三萜酸的解吸结果[63]

正是由于树脂对杂质和三萜酸吸附机理的不同，使得有可能通过选择性地分步解吸，将两者分离，即先通过 90% 乙醇洗脱大部分杂质，再以含 10% 醋酸的 80% 乙醇水溶液解吸三萜酸，制备纯度高于 90% 的白花蛇舌草三萜酸提取物。

由于植物色素大多含有离子性结构，若在大孔树脂骨架上有目的地引入离子性基团，选择合适的解吸条件，即可在一个"吸附-解吸"工艺流程中同时完成脱色和富集的双重任务，精制工艺大大简化。该流程在三七茎叶皂苷的提取和脱色中已在生产上得到成功应用。

（3）基于偶极-疏水协同作用：极性不同的树脂吸附中药博落回中血根碱和白屈菜红碱这两种异喹啉类生物碱后的梯度解吸曲线如图 2-11 所示。由图 2-11 可知，极性不同的血根碱和白屈菜红碱的吸附结合力的强弱差别，随着树脂极性的变化逐渐变化。当树脂"疏水-偶极"协同作用达到合理的强度，树脂对较亲水的白屈菜红碱结合较为松散，该成分即可在低浓度乙醇水溶液中完全被解吸；而此时较疏水的血根碱仍可被树脂有效结合，必须在更高浓度的乙醇水溶液中才能完全解吸，由此可实现两者的分离。

值得指出的是，上述单体组分的分离不同于传统意义的色谱分离，因为此类树脂的分离度并不依赖于分离塔板数的极大提高，而是基于树脂本身分离能力（即分离因子）的提高。因此在工业化生产中，此类树脂的装填与常规吸附树脂无异，可在常压下操作，无须传统色谱分离所需要的外加压力以克服填料的传质阻力，这在大规模的工业生产中至关重要。

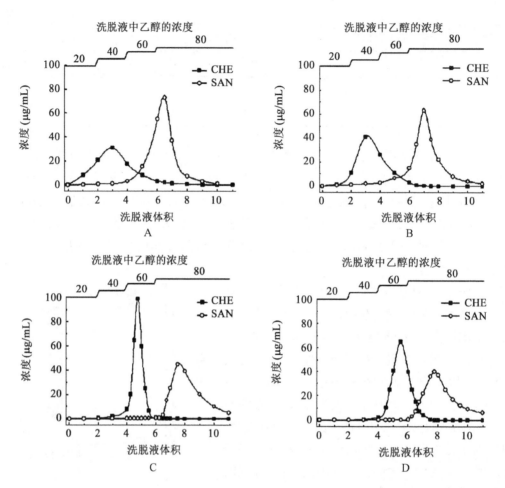

图 2-11 极性不同的树脂对血根碱(SAN)和白屈菜红碱(CHE)的梯度解吸曲线[63]

A：丙烯醇甲醇 40%，B：丙烯醇甲醇 45%，C：丙烯醇甲醇 50%，D：丙烯醇甲醇 55%

2. 高比表面筛分型吸附树脂的孔结构、筛分效应及应用 针对孔径分布较宽，孔径不均匀，尺寸筛分能力差、比表面积、容量吸附能力相对较低等普通大孔树脂的不足之处，研究人员合成了一系列高比表面，孔径均匀且孔尺寸可控的新型筛分型吸附树脂(R_1、R_2、R_3，孔径顺序减小，其孔结构参数列于表 2-13)，以满足不同大小吸附质分子的筛分分离需要。

表 2-13 某类新型筛分型吸附树脂孔结构参数[63]

树脂编号	表面积(m²/g)	表观密度(g/mL)	骨架密度(g/mL)	孔体积(mL)	平均孔径(nm)
R_1	1 380	0.52	1.23	1.11	3.22
R_2	1 460	0.72	1.24	0.58	1.60
R_3	1 370	0.75	1.21	0.51	1.28

以苯酚和芦丁这两种尺寸不同的分子为模型化合物，对上述 3 种树脂的筛分吸附能力考察结果表明，随着孔径的减小，分子尺寸较大的芦丁难以进入树脂孔道被吸附；孔径最小的 R_3 树脂无法吸附芦丁；而小分子苯酚可顺利扩入 R_3 树脂孔道被吸附，两者实现完全分离。

第四节　面向重金属去除需求的分离材料的分类、作用机理及其应用

去除中药提取物中重金属的方法多有报道,主要有离心法、沉淀法、超滤法等,而如何在尽量保留中药有效成分的前提下,解决中药材重金属超标导致的用药安全性问题,一直是中药工作者面临的重大课题。

目前,中药重金属脱除技术主要有以下几种:絮凝沉淀法、超临界二氧化碳萃取法、膜分离法、吸附法等。前3种方法相关文献不多,对重金属的脱除效果有限。吸附法是目前最常用的技术,所用吸附剂包括大孔树脂、改性硅胶、改性壳聚糖等。吸附法在脱除重金属的同时,易引起中药有效成分的流失。

一、以13X分子筛为主体的重金属吸附剂[64]

分子筛是天然或人工合成的具有一定骨架结构的微孔晶体材料,主要由硅铝酸盐组成。分子筛具有择形吸附性能,分子筛孔径<2 nm,重金属离子能通过微孔被吸附,而中药有效成分分子较大,无法进入微孔。分子筛材料还具有离子交换性能,常用于处理含重金属污水,将分子筛用于中药重金属的脱除,可望选择性脱除中药提取液中重金属,并且已有成功案例。如采用13X分子筛处理含有 Cu^{2+}、Pb^{2+} 等电镀废水,去除率可达95%以上[65];13X分子筛涂层材料脱除丹参提取液中重金属 Pb 和 Cd,取得良好效果[66]。

余金鹏等[64]以13X分子筛为主体材料制备可选择性脱除中药提取液重金属的吸附剂,并用于脱除丹参提取液中的重金属。主要研究内容如下。

1. 吸附材料的筛选　　以含单种重金属离子水溶液的静态吸附实验来筛选吸附材料(以 Cu^{2+} 为例):取铜标液(Cu^{2+}质量浓度 1.000 g/L),用去离子水稀释至 50 mg/L,制备成待处理 Cu^{2+} 溶液。取 0.2 g 吸附材料置于 50 mL 具塞三角烧瓶中,加入 20 mL 待处理 Cu^{2+} 溶液,25℃恒温水浴振荡,转速 200 r/min,吸附时间 48 h。Pb、Cd、Hg、As 单种重金属吸附实验流程与上述过程相同,使待处理溶液重金属质量浓度依次为 20、6、5、10 mg/L。

依照上法,考察 13X 分子筛、快脱粉、铁红粉末、硫化锌粉末等对水溶液中单种重金属离子的脱除效果。随着吸附时间的延长,重金属离子的吸附趋于平衡。铁红粉末对于 As 的脱除效果较好,可达 90.9%;对于 Pb 和 Hg 的脱除效果分别可达 90.9%、57.1%;对于 Cu 和 Cd 的脱除效果较差。铁红主要为 Fe_2O_3,能部分水解电离出 Fe^{3+},可与 As 结合而使之脱除。此外,铁红还可以与部分二价阳离子形成铁氧复合体,因此对部分二价阳离子也具有吸附脱除效果。快脱粉是氢氧化铝悬浮液快速脱水制得的产品,为无定形态,又称活性氧化铝。快脱粉对于 Cu、Pb、Cd、As 都有较好的脱除效果,重金属脱除率(E)分别为 97.9%、99.0%、97.9%、96.4%,对于 Hg 也具有一定的脱除效果,E 可达 75.7%。快脱粉的主要成分为无定形氧化铝-氢氧化铝混合物,为两性化合物,既能与金属阳离子 Cu^{2+}、Pb^{2+}、Cd^{2+}、Hg^{2+} 结合,也能与阴离子 AsO_3^{3-}、AsO_4^{3-} 结合。结合后形成难溶复合物而脱除。

13X 分子筛原粉对于 Cu、Pb、Cd、Hg 均有较好的脱除效果,E 分别可达 94.4%、97.5%、98.6%、82.0%,对于 As 的脱除效果稍差,仅为 26.5%。13X 分子筛原粉为硅铝氧化物晶体,具有微孔结构,孔径约为 1 nm,孔道内部结合有 Na^+,以保持电荷平衡。当金属阳离子进入孔道后,可与 Na^+ 发生交换反应而被吸附。因此,13X 分子筛原粉对于 Cu、Pb、Cd、Hg 有较好的脱除效果。13X 分子筛表面的铝羟基能结合阴离子 AsO_3^{3-} 和 AsO_4^{3-},因此对于 As 也有一定的脱除效果。

硫化锌粉末对于 Cu、Pb、Cd、Hg 均有较好脱除效果,E 分别可达 96.7%、97.9%、97.9%、80.1%,对

于 As 也具有一定的脱除效果，达到 88.5%。硫化锌可与 Cu^{2+}、Pb^{2+}、Cd^{2+}、Hg^{2+} 等反应，转化为更难溶的金属硫化物而将其脱除。硫化锌粉末表面的 Zn^{2+} 对于阴离子 AsO_3^{3-} 和 AsO_4^{3-} 具有一定脱除效果。另外，硫化锌粉末交换 Cu^{2+}、Pb^{2+}、Cd^{2+}、Hg^{2+} 等离子时，会释放 Zn^{2+}，对溶液造成二次污染。

2. 吸附剂配方的混料设计　　将从 4 种吸附材料中筛选出的 2 种吸附材料 13X 分子筛原粉、快脱粉作为配方原料，使用二元混料均匀试验方法优化吸附剂配方，当 13X 分子筛原粉比例处于 0.275 6～0.465 5 时，对水中 5 种重金属均有较好的 E。将上述配方制备的 3 种吸附剂用于脱除丹参提取液中重金属时，处理时间 4 h，经处理后的丹参提取液固含量、丹酚酸 B 迷迭香酸等有效成分均无明显损失，吸附处理前后的丹参提取液的指纹图谱相似度接近 100%。但这 3 种吸附剂对 5 种重金属脱除效果都较差。

3. 扩孔吸附剂的制备　　为进一步提高吸附剂在 4 h 内脱除重金属的能力，在吸附剂成型过程中加入 5% 扩孔剂（壳聚糖、EDTA），以改善吸附剂的内部孔道结构，在后续高温活化过程中，扩孔剂将被氧化而除去，形成孔道结构，有利于重金属向吸附剂内部扩散传质。结果表明，4 h 内的 E 有明显的提升，Cu、Pb、Cd、Hg、As 的 E 分别提高至 21.0%、91.5%、97.5%、60.3%、46.8%。该扩孔型吸附剂对于丹参提取液 Pb、Cd 脱除效果较好，具有一定的工业应用前景。

该研究表明，吸附剂对丹参提取液中 5 种重金属的脱除效果受吸附热力学与吸附动力学两方面因素的影响。吸附材料的筛选，主要是从吸附热力学角度考量。当吸附材料对重金属的吸附能较大时，则相应的脱除效果也越好。而制备扩孔型吸附剂，则是从吸附动力学的角度考量。通过对吸附剂内部孔道优化，增强了短时间内吸附剂对重金属的脱除效果。

二、键合硅胶类复合材料[67]

将对重金属离子具有很强吸附能力的含 N、S 等杂原子的结构片断键合到硅胶载体表面，可得到相应填料以用于剔除有害重金属元素。γ－巯丙基键合硅胶（r-mercaptopropyl-modified silica gel，MPS）作为该类填料之一，对铅、镉、铜、汞等多种重金属离子均有很强的吸附能力[68]，并成功用于水处理、重金属离子富集、贵金属回收等方面的研究[68,69]。

MPS 的制备与表征：

采用非均相路线，参照文献方法制备 MPS[70]。柱层析硅胶（SG）400 g，置于 2 000 mL 三颈烧瓶中，加入 80 mL 三甲氧基巯丙基硅烷和 1 200 mL 甲苯，N_2 保护下，搅拌回流反应 12 h。过滤，合成的 MPS 依次用甲苯、无水乙醇、1% 盐酸洗涤，除去未键合的硅烷化试剂，去离子水洗至中性，抽干，60℃ 干燥 6.0 h，备用。

MPS 主要结构参数表征如下：漫反射红外光谱法测定的特征吸收峰：VSi－OH 3 550 cm^{-1}，VC－H 2 894～2 964 cm^{-1}，VS－H 2 580 cm^{-1}；比表面积自动测定仪测定比表面积（BET 法）、孔径和孔容积分别为 375.3 m^2/g、71.9 和 0.67 cm^3/g，El-lans 法[71] 测定硅胶表面巯基（以—SH 质量分数计）含量为 2.01%。

MPS 在脱除清茶提取液中铅离子的同时，对提取液中化学成分的无明显影响，达到了选择性剔除重金属有害元素的设计目的。MPS（≡Si—O—Si—$CH_2CH_2CH_2SH$）的基本结构为硅胶（SiO_2）和巯丙基，硅胶载体在水、乙醇等极性溶剂中，几乎不吸附中药化学成分；巯丙基所含的 C3 链的疏水性很小，吸附中药提取液中化学成分的能力也有限[72]。根据该实验结果，采用 MPS 能够选择性地脱除清茶水提取液中的铅，为选择性脱除中药提取液中重金属提供了一个可选择的途径和材料。

邝才志等[73] 以黄连药液重金属脱除前后 HPLC 指纹图谱相似度及含固量变化为指标，评价 MPS 脱除黄连药液重金属的可行性。结果表明，药材量与 MPS 用量比 40∶1，径高比 1∶3，流速 10 BV/h，室温下，MPS 对黄连药液中镉、铜的脱除率分别为 81.3%、35.9%，镁、锌等金属元素的含量基本未发生变化；

重金属脱除前后黄连药液 HPLC 指纹图谱相似度达 0.99，含固量减小 1.3%。

文献报道[74]，多官能团（含 S 和 N 杂原子）键合修饰的硅胶材料——烷基硫脲功能化硅胶（alkyl thiourea functionalized silica，ATFS），在吸水量达 17% 后失去其吸附性质仅为载体（而大孔树脂法、活性炭难以满足此要求）[75]，其表面的羟基可供表面修饰用于吸附重金属元素，对有效成分不吸附或吸附很少，但对重金属具有较强的吸附能力[76]。

三、凝胶类材料[77]

在众多的吸附材料中，凝胶由于具有如下特点而在重金属去除方面的研究日益受到关注[78-80]：① 多孔三维聚合物网状结构，并且聚合物网络中易于引入能够与金属离子螯合或络合的功能基团；② 易于装载金属离子、可重复使用并具有较大的溶胀性能；③ 可形成尺寸在亚微米至毫米级的凝胶，如微凝胶[81]，微凝胶尺寸较小，可用于一些普通吸附材料难以到达的微小区域；同时微凝胶有较大的比表面积，所以具有较快的吸附速率。

（一）含多官能团化合物的微凝胶用于重金属离子的吸附

1. 吸附机理　研究发现，含有羧基（—COOH）、氨基（—NH$_2$）、磺酸基（—HSO$_3$）、羟基（—OH）及巯基（—SH）等多官能团化合物的微凝胶能与重金属离子形成稳定的络合物[82-88]。这类微凝胶与重金属离子之间的吸附机理可能为：在不同 pH 条件下，解离的阴离子基团与带正电荷的重金属离子通过静电相互作用形成络合物；或多官能团化合物中丰富的供电子原子如 N、O、S 等与重金属离子之间通过配位作用形成稳定的螯合物。

2. 若干含多官能团化合物的微凝胶及其功能简述

（1）Denizli 等[82]以甲基丙烯酰氯和 L-谷氨酸通过酰化反应，从而在 L-谷氨酸上引入双键制备得到甲基丙烯酰-（L）-谷氨酸胺［methacrylyl-（L）-glutamine，MAGA］，然后以甲基丙烯酸甲酯（methyl methacrylate，MMA）为单体，MAGA 为金属离子螯合功能基团通过共沉淀法制备得到尺寸在 150～200 μm 的含有 L-谷氨酸的凝胶微球，该微球对重金属离子 Pb^{2+}、Cd^{2+}、Hg^{2+} 的吸附容量分别为 65.2 mg/g、28.2 mg/g 及 29.9 mg/g；吸附过程符合朗缪尔吸附等温式，说明吸附是单分子层吸附；吸附过程受 pH 的影响，酸性条件不利于重金属离子的吸附，这是由于酸性条件下 H$^+$ 会与重金属离子竞争结合位点，因此，可以使用 0.1 mol/L 的硝酸来回收该微凝胶。

（2）LI 等[84]通过辐射诱导将甲基丙烯酸二甲氨基乙酯［2-（dimethylamino）ethyl methacrylate，DMAEMA］接枝到了纤维素微球（cellulose microspheres，CMC）上，制备得到改性的纤维素微球。该微球表现出快速吸附 Cr^{6+} 离子的能力，吸附可在 15 min 内达到平衡，并且对 Cr^{6+} 离子具有良好的吸附能力，最大吸附容量为 78 mg/g；微凝胶对 Cr^{6+} 离子的吸附性能受 pH 的影响显著，最佳的 pH 范围是 3～6。这是由于 Cr^{6+} 离子在不同 pH 条件下表现出不同的形式，当 pH 为 1～6 时，Cr^{6+} 离子主要以 HCrO$^-$ 的形式存在，且当 pH 低于 7 时，由于微凝胶上的三元胺基质子化，因此 HCrO$^-$ 离子与微凝胶之间强烈的静电相互作用导致 HCrO$^-$ 离子被吸附；当 pH 低于 1 时，由于 Cr^{6+} 离子主要以 H$_2$CrO$^-$ 的形式存在，从而导致静电相互作用降低；当 pH 高于 7 时，微凝胶的去质子化作用导致其对 Cr^{6+} 离子的吸附能力降低。

（3）壳聚糖由于来源广泛，具有丰富的氨基和羟基，易于与多种金属离子形成络合物，因此被广泛地应用于重金属离子的吸附。然而由于壳聚糖具有水溶解性，因此不便用作重金属离子吸附剂。为了降低壳聚糖的溶解性，通常需要对壳聚糖进行物理或者化学交联，从而形成壳聚糖凝胶。然而，交联过程尤其是化学交联往往涉及壳聚糖上伯氨基的反应，伯氨基数目的消耗势必会影响交联壳聚糖吸附金属离子的性能。为了解决这一问题，Cao 等[85]制备得到了含有水解聚丙烯酰胺和壳聚糖的新型复合微凝胶。微凝胶中含有大量的诸如—COO$^-$、—NH$^+$、—OH、—CONH 及—NH 等功能基团，因此微凝胶具有良好的重金属离子吸附性能,对 Pb^{2+}、Cu^{2+}、Hg^{2+} 混合离子吸附结果表明,其对 Pb^{2+} 离子的吸附容量 (1.69 mmol/g)>对 Cu^{2+} 离子的吸附容量(0.69 mmol/g)>对 Hg^{2+} 离子的吸附容量(0.51 mmol/g);吸附动力学结果表明符合伪二级动力学模型,说明吸附过程的限速步骤是化学吸附;弗罗因德利希吸附 (Freundlich adsorption)等温式比朗缪尔吸附等温式拟合更接近实验数据,说明该微凝胶的结构是非均质的;吸附了重金属离子的微凝胶可以通过 0.1 mol/L 的 HCl 洗涤回收,这是由于 HCl 电离出的 H^+ 离子可能会与重金属离子竞争吸附位点。

虽然含多官能团化合物微凝胶对重金属离子具有良好的吸附效果,但由于其对特定重金属离子的选择性能不佳,因此多适用于对重金属离子选择性需求不高但对吸附剂需求量大的场合。

（二）离子印迹型微凝胶用于重金属离子的吸附

1. 吸附原理　　　离子印迹的概念是通过分子印迹衍生而来的,分子印迹技术是指先将模板分子与功能单体通过共价、非共价键等相互作用相结合,然后加入引发剂与交联剂等,在特定的分散体系中进行共聚制备得到交联聚合物,之后洗脱模板,从而得到一种具有确定空间构型的高分子聚合物,这种聚合物能够在众多干扰分子中选择性地识别模板分子[86]。离子印迹技术与分子印迹技术相同,离子印迹技术是指在制备金属离子印迹聚合物中,将模板金属离子、功能单体、引发剂及交联剂等在特定的分散体系中进行共聚制备得到交联聚合物,由于金属离子与功能单体在接触过程中会形成多重作用点,通过交联剂聚合使得这种多重作用点固定下来,洗脱模板金属离子后,便可在聚合物中相应的位置形成具有特定基团排列、固定尺寸和形状的三维空穴,而正是这种特定构型的三维空穴使印迹聚合物对目标离子具有较高的选择性[87-90]。

2. 关于离子印迹型微凝胶的若干讨论　　　Dakova 等[91]以甲基丙烯酸为单体,三羟甲基丙烷三甲基丙烯酸酯为交联剂,1-(2-联氮噻吩)-2-萘酚(TAN)作为 Hg^{2+} 离子的配体,制备出了 Hg^{2+} 离子印迹的 TAN 聚丙烯酸复合微凝胶,离子印迹型微凝胶对 Hg^{2+}、Cd^{2+}、Co^{2+}、Cu^{2+}、Ni^{2+}、Pb^{2+} 与 Zn^{2+} 离子混合溶液的吸附结果表明,其对 Hg^{2+} 离子具有良好的选择性能;吸附了 Hg^{2+} 离子的印迹型 TAN 聚丙烯酸复合微凝胶可以通过使用 4 mol/L 的 HNO_3 溶液进行回收利用。

顾金英等[92]以 Pb^{2+} 为模板离子,利用 1,12-十二烷-O,O'-二苯基磷酸和 4-乙烯基吡啶作为功能单体,制备得到了 Pb^{2+} 离子印迹型聚合物微凝胶。该凝胶对低 Pb^{2+} 离子浓度的溶液中 Pb^{2+} 离子的吸附率高于 95%;该印迹型微凝胶对 Pb^{2+}、Zn^{2+}、Co^{2+}、Ni^{2+} 等混合离子中的 Pb^{2+} 离子具有良好的选择吸附性能,实验条件下的选择系数分别达到 86.6、53.0 和 46.5;该微凝胶对 Pb^{2+} 离子的吸附性能随 pH 的增加而增加,在低 pH 下,微凝胶对 Pb^{2+} 离子的吸附性能非常低,这可能是由于 H^+ 离子与 Pb^{2+} 离子竞争结合位点,因此,吸附了重金属离子的印迹型微凝胶可以在不同浓度的硝酸环境下脱附从而实现微凝胶的回收利用。

He 等[93]以与重金属离子 Cd^{2+}、Pb^{2+}、Cu^{2+} 尺寸和化学性质接近的 Ca^{2+} 离子作为模板离子制备出了 Ca^{2+} 离子印迹的壳聚糖微凝胶,该微凝胶对二价金属离子如 Pb^{2+}、Cd^{2+}、Cu^{2+} 均具有良好的吸附性能,30 min 内对 Pb^{2+}、Cd^{2+}、Cu^{2+} 离子的吸附容量分别达 47.1、49.9、41.5 mg/g;吸附动力学结果表明符合伪一级动力学模型,说明吸附过程的限速步骤是表面吸附;实验数据符合朗缪尔吸附等温式模型,说明微凝胶表面上的活性位点是均匀分布的。

离子印迹型微凝胶由于在制备过程中会在相应的位置形成具有特定构型的三维空穴,而这种特定构型的三维空穴使印迹微凝胶对目标离子具有较高的选择性和吸附性能;但是离子印迹技术的制备过程相对复杂,效率较低,因此离子印迹型微凝胶适用于一些对重金属离子选择性要求较高的场合。

（三）基于冠醚类化合物的微凝胶用于重金属离子的吸附

1. 吸附机理　　　冠醚能够与金属离子形成稳定的络合物,可根据冠醚空腔的大小选择性地与不同种类的金属离子产生络合作用。苯并 18-冠-6 醚(B18C6)的空腔大小为 0.26~0.32 nm,B18C6 及其衍生物可通过冠醚环与 Pb^{2+} 离子（ $d=0.238\,nm$ ）之间的超分子识别作用形成稳定的 $1:1$ 的络合物，是一类最有前景的 Pb^{2+} 离子吸附材料。

2. 基于冠醚类化合物的微凝胶特征及适用场合　　Luo 等[94] 将 B18C6 作为功能基团引入到 N-异丙基丙烯酰胺-丙烯酸共聚微凝胶上，制备得到具有良好 Pb^{2+} 离子吸附性能的微凝胶，该微凝胶对 Pb^{2+}/Cd^{2+} 离子混合溶液、Pb^{2+}/Zn^{2+} 离子混合溶液、Pb^{2+}/Ni^{2+} 离子混合溶液及 Pb^{2+}/Co^{2+} 离子混合溶液的吸附结果表明，其对混合离子溶液中的 Pb^{2+} 具有良好的选择吸附性能。通过离子印迹法可以进一步提高该微凝胶对模板离子的选择性，当采用 Pb^{2+} 作为模板离子时，含 B18C6 的印迹型微凝胶对 Pb^{2+}/Zn^{2+} 离子混合溶液、Pb^{2+}/Co^{2+} 离子混合溶液、Pb^{2+}/Ni^{2+} 离子混合溶液及 Pb^{2+}/Cd^{2+} 离子混合溶液的吸附结果表明，其对 Pb^{2+} 离子的选择系数相对于 Zn^{2+}、Co^{2+}、Ni^{2+}、Cd^{2+} 高达 617.79、500.56、52.28 及 201.15。

基于冠醚类化合物的微凝胶可从众多金属离子混合溶液中选择地吸附 Pb^{2+} 离子，但是目前冠醚类化合物高昂的费用导致其在工业应用中受到了限制，因此，基于冠醚类化合物的微凝胶在对 Pb^{2+} 选择性要求高并且需求量少的场合具有重要的应用，如可以用于血液中铅的移除。

四、以壳聚糖为基质的重金属吸附材料[95,96]

由甲壳素脱乙酰作用廉价易得的高分子材料壳聚糖，是唯一的天然阳离子多糖材料，因其高度的生物相容性、生物可降解性、环境友好性及多方面的生物活性[97,98]，成为理想的金属有机载体材料，壳聚糖分子内含丰富的氨基基团，为贵金属离子（ Pt^{4+}、Pd^{2+}、Au^{3+} 等）的吸附提供了多种可能，可以通过调节 pH 等其他因素，实现与不同贵金属离子的化学相互作用（螯合反应）和静电相互作用（离子交换过程）[99-104]。此处介绍基于壳聚糖分子的两类重金属吸附剂：壳聚糖功能微球和壳聚糖凝胶球。

1. 壳聚糖微球与壳聚糖基功能复合微球　　为实现金属元素与壳聚糖载体充分有效地相互作用，壳聚糖功能微球的结构及性能均有着至关重要的作用，微球制备的方法对与贵金属的结合效果有一定的影响。一般传统制备方法有乳化-固化法、单凝聚法、喷雾干燥法、自乳化-固化法等。另外，微流控技术可以得到结构上易于调控的微球材料，并且微球粒径均一，性能更加优越。

利用图 2-12A 所示微流控设备[105]，可制备核壳型壳聚糖功能微球。注射管（内相）是体积比为 $1:2$ 的豆油与苯甲酸苄酯混合溶液，含有质量分数 2% 的对苯二甲醛，过渡管（中间相）是质量分数 2% 壳聚糖、1.5% 普朗尼克、2% 羟乙基纤维素的水溶液，收集管（外相）为含有质量分数 8% 聚甘油蓖麻醇酯的豆油溶液。经此装置得到的壳聚糖功能液滴需要经过隔夜的静置过程，使壳聚糖分子与对苯二甲醛充分交联，最后利用体积比 $1:5$ 的乙酸乙酯和异丙醇溶液洗去内、外相溶液，得到最终的核壳型壳聚糖功能微球，如图 2-12B。

在壳聚糖微球制备、固化之后，通常会根据适用体系的不同需求，对其表面进行一定程度的改性修饰，加入一定的配体基团，改善其溶解度等物理性质或改善生物活性。大量研究表明，经过修饰后的壳聚糖有更加优异的金属离子结合能力，应用范围更加广泛。

壳聚糖作为具有良好的生物相容性、可降解性的绿色有机材料，与其他功能材料结合制备的复合材料可以同时具有更丰富优越的性能。因此，有很多研究者以壳聚糖为基质，添加其他性能优异的材料制备出新型的复合材料。如将氧化石墨烯与壳聚糖结合[106]，可制备对 Pd^{2+}、Au^{3+} 吸附效果极好的复合材料。氧化石墨烯经过 30 min 超声处理，得到均匀的悬浮液，加入壳聚糖搅拌并超声处理 1 h 后再次混合均匀，24 h 后加入氢氧化钠溶液，通过 pH 的调节使材料固化，再加入甲醇和一定量的戊二醛溶液，与戊二醛交联后的壳聚糖稳定性提高，并通过与氧化石墨烯的氢键复合实现对贵金属离子的高吸附能力。相比于纯壳聚糖材料及仅用氢氧化钠和戊二醛溶液固化处理后的壳聚糖材料，所制备的氧化石墨烯含量不同的壳聚糖功能微球对 Pd^{2+}、Au^{3+} 有更好的吸附效果。

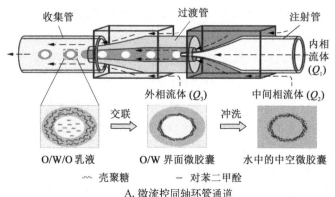

A. 微流控同轴环管通道

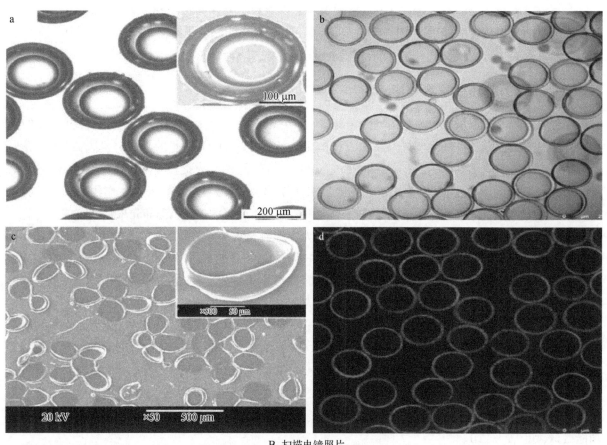

B. 扫描电镜照片

图 2-12　通道装置和壳聚糖微球的形貌[105]

2. **壳聚糖凝胶球**　为使壳聚糖粉末吸附后易于固液分离,可采用溶胶-凝胶-冷冻干燥法制备毫米级(2.8~3 mm)壳聚糖凝胶球,其对 Cu^{2+} 和 Cr^{6+} 吸附行为不同: Cu^{2+} 和 Cr^{6+} 最佳吸附 pH 分别为 5.5 和 3.0;达到吸附平衡 Cu^{2+} 和 Cr^{6+} 分别需要 25 h 和 2 h; Cu^{2+} 的吸附反应是自发、吸热、熵增过程,而 Cr^{6+} 吸附反应为自发、放热、熵减过程;吸附 Cu^{2+} 后的壳聚糖凝胶球不易脱附,而吸附 Cr^{6+} 后凝胶球脱附率相对较高。借助红外表征及朗缪尔和弗罗因德利希吸附等温模型、拟一级和拟二级动力学、颗粒内扩散模型对吸附过程拟合表明, Cu^{2+} 吸附机理为单层化学吸附,而 Cr^{6+} 是单层化学吸附与多层物理吸附共同作用的吸附-还原过程。壳聚糖凝胶球对 Cu^{2+} 和 Cr^{6+} 的最大吸附量分别为 155.67 mg/g 和 185.08 mg/g,说明冷冻干燥法可以强化壳聚糖的吸附量,同时毫米级的壳聚糖凝胶球改善了壳聚糖粉体吸附剂难分离的问题。

3. 基于壳聚糖的高效环保复合仿生材料　孔丹丹等[107]研究制备了一种用于脱除小柴胡汤复方制剂(小柴胡颗粒剂及小柴胡水煎剂)中重金属的高效环保复合仿生材料。该仿生材料在水煎剂及颗粒剂中重金属 Cd、Hg、Pb 的脱除率分别为：98.66%、98.37%、99.87% 与 99.87%、98.41%、99.92%,且药效成分黄芩苷含量减少仅为 4.80% 与 7.38%。

复合仿生脱除材料的制备及表征：称取壳聚糖 0.1 g 于 50 mL 烧杯中,量取 2 mL 1% 的乙酸溶液一次性缓慢加入烧杯中,搅拌使其成流动液体状态。缓慢加入 5 mL 6% 的磷酸,搅拌使壳聚糖全部溶解,再加入 0.1 g 聚天冬氨酸和 0.2 mL 戊二醛。将壳聚糖和聚天冬氨酸的混合液慢慢滴入含有 25 mL 1∶1 乙醇水溶液的 50 mL 烧杯中,同时滴加适量的饱和 $CaCl_2$ 溶液,使用稀盐酸和 $NaHCO_3$ 饱和溶液控制体系 pH=7。滴加完毕后,继续搅拌 3~5 h,使反应完全(絮状沉淀完全,上层清液透明)。静置陈化 24 h,超纯水洗涤 3 遍,离心,烘干,研磨成粉末状待用。

仿生材料总体形态为颗粒度较大的物质,大小在 50~200 nm 之间,具有较好的韧性和弹性。在脱除重金属 Cd、Hg、Pb 后,仿生材料呈团聚状,但不紧密,可重复使用。

以国家药典委员会"中药色谱指纹图谱相似度评价系统(2012.130723 版本)"软件对仿生材料脱除重金属前后的小柴胡汤剂及小柴胡颗粒剂进行相似度评价,使用仿生材料脱除小柴胡汤剂和颗粒剂溶液中的 Cd、Hg、Pb 前后,其相似度分别为 0.999 及 0.996,表明该仿生材料对小柴胡复方制剂中的化学成分影响较小,主要化学成分未发生明显变化。

五、新型固体吸附剂 PEP-0

英国 Phosphonic S 有限公司产品固体吸附剂 PEP-0 是一种多功能团修饰的硅胶材料[108],拥有超强的配位基团,相比于药物分子对金属的亲和力更强,现已成功运用于石油、化工与合成产业中如化学合成药物中有毒金属催化剂的去除,贵重金属的回收等。

郭红丽等[108]用新型固体吸附剂 PEP-0 技术建立一种灵芝提取物中去除重金属的处理新方法,经吸附剂处理后的灵芝提取物中重金属量显著降低,Pb、Cd、Hg、As、Cu 平均去除率分别为 73.79%、74.28%、57.73%、76.55%、85.39%,重金属总量去除率达 81.68%,灵芝多糖量变化甚小。该新型吸附剂去除重金属效果明显且不影响有效成分的量,可被推荐用于去除灵芝提取物中超标重金属。

该实验所采用的该类型吸附剂是前期经过大量的筛选研究确定的[109],不同结构类型的吸附剂对重金属种数、同类重金属的不同价态及氧化态选择性吸附去除作用是不同的。在保护有效成分的前提下,设定适当的温度、吸附时间等工艺条件,通过考察吸附前后重金属的去除效果及跟踪测定有效成分含量,最终筛选出重金属去除效率高的最佳吸附工艺参数,进一步放大至中试水平以验证该方法的可行性。

六、石墨烯基复合材料[110]

1. 石墨烯的优异性能及其去除重金属机理　石墨烯具有很多优异性能[111-113],与传统吸附材料相比,石墨烯基复合材料的比表面积很大,结构稳定,有利于增加重金属离子与吸附剂的接触面积,且可回收再利用,在去除水体中重金属方面展现出极大的应用潜力。去除重金属机理可分为两类：一类是利用复合的低价元素充当还原剂,将重金属还原吸附到复合材料表面;另一类是利用材料表面自有或引入的羟基、巯基等官能团与水样中重金属离子发生络合、配位等作用,形成稳定的产物从而净化水体。

2. 石墨烯尚需解决的若干科学技术问题与展望

(1)虽然采用水凝胶技术和磁性材料掺杂等方法可提高石墨烯材料的亲水性和可分离回收性,但是石墨烯基复合材料在实际应用前还有几个科学技术问题需要解决：一是石墨烯的片层结构在水体中易堆积,阻碍了活性吸附位点与重金属离子的作用;二是在可分离回收性和提高材料亲水性之间找到平衡点,开展重复使用性方面研究,避免二次环境污染;三是不同重金属离子之间的竞争吸附,常见离子对重金属吸附的抑制和促进作用机制;四是廉价、规模化、环境友好的石墨烯复合材料制备技术开发等。

（2）很多石墨烯基复合材料不但能够吸附多种重金属,而且能够同时吸附染料等有机污染物;研究者们还发现,在吸附过程中对碳材料吸附剂增加光照,会增加吸附剂的细胞毒性,从而起到抑菌、杀菌的作用,石墨烯基复合材料这些特点有利于对含有复杂污染物水体的净化,为增加石墨烯基复合材料的净水效果拓宽了思路和研究方向。

七、纳米纤维素[114]

纳米纤维素是由纤维素分子链通过氢键作用,水平排列形成的具纤维状结构的纳米材料[115],具有来源丰富、可再生、环境友好、易改性、比表面积大、长径比值高、密度低等优点。纳米纤维素主要分为纳米微晶纤维素（cellulose nanocrystals, CNC）、纤维素微纤丝（cellulose nanofibrils, CNF）和细菌纤维素（bacterial nanocellulose, BNC）[116] 3 种,其主要区别在于长度、直径、聚合度范围和形态差异。CNC 的长度、直径及聚合度的范围分别为 50~500 nm、5~10 nm 和 500~15 000 nm,由于结构中结晶度较高而具有较强的刚性、化学稳定性及热稳定性;CNF 的分别为 0.1~2 μm、5~50 nm、500~1 500 nm,具有较大的长径比,结构中结晶区和无定形区交错排列,使其具有较好的韧性;BNC 的长度随纳米纤维素来源的不同而有较大差异,其直径在 20~100 nm 范围内,聚合度在 4 000~10 000 之间[117,118],其生产依靠细菌（如醋酸杆菌、农杆菌属等）的生物合成,因具有较高的生产成本和较好的生物相容性,目前主要用于医学等高附加值的领域。

纳米纤维素及其改性衍生物是具有一维结构的纳米材料,若将其直接用于水体系重金属离子的去除,往往会因其高表面能、大量表面羟基间的氢键作用发生聚集,使得实际吸附量远低于理论吸附量[116,117],且难以从水体系分离、再生,增加运用成本。将纳米纤维素设计成具有高孔隙率、大比表面积的二维（2D）和三维（3D）结构材料,有望使上述问题得到改善,甚至最大限度地提高纳米纤维素去除水体系重金属离子的效率。

将吸附法的优点与膜的优点结合设计膜材料,并将其应用于去除水体系重金属离子,具有降压（10~100 kPa）、降能耗的显著优势[119],同时可提高材料对重金属离子的吸附效率、吸附选择性及再生性。目前,用于水体系重金属离子去除的 2D 结构纳米纤维素薄膜材料包括纳米纤维素膜与石油基聚合物-纳米纤维素复合膜两种类型[120,121]。

近年来,具有 3D 结构的纳米纤维素材料凭借其高的孔隙率（95%~99%）,大的比表面积（50~1 200 mg/g）、优异的再生性、低密度等优点[122],在水体系重金属离子处理领域展现出广阔的应用前景。3D 结构材料具有良好的承受外加荷载的力学性能（抗压缩、高强度）是维持稳定的吸附性能的前提。水凝胶、气凝胶等 3D 结构材料是目前主要的研究方向。

纳米纤维素 3D 结构吸附材料以其高的吸附效率和优异的再生性等优势,在水体重金属离子去除领域展现出了广阔的应用前景。相比之下,微球、颗粒等小尺寸 3D 结构在回收利用方面操作复杂、难再生,可尝试将其嵌入水凝胶或气凝胶中加以改善。此外,还可以将有机金属骨架（MOF）、氧化石墨烯等[123,124]新兴吸附材料嵌入纳米纤维素构成的 3D 结构中制备新型吸附材料。Zhu 等[125]利用纳米纤维素的优异的分散性能和大的长径比[72],将金属-有机框架材料（metal-organic framework, MOF）负载到 CNC,使 MOF 材料的弹性得以提高,可解决单一材料易聚集、吸附量低等缺陷,获得理想的力学性能、较高的孔隙率和优异的吸附性能。

纳米纤维素在水体系重金属离子去除领域的研究呈逐年上升的趋势,各种纳米纤维素吸附材料不断涌现,性能持续提升。但是,纳米纤维素在水体系重金属去除领域的应用仍面临诸多挑战：① 吸附量及选择性有待提高；② 材料应用性（力学性能、再生性）有待加强等。突破这些挑战将为其工业化应用奠定基础。

八、生物碳[126]

国际生物炭协会[127]定义生物炭为：缺氧环境下热化学转化生物质得到的固体材料。亦有多种其他的表述，如生物炭是有机生物质原料在限氧条件下经过高温热裂解产生的一种富碳材料，具有含碳量高、比表面积大、吸附能力强、结构稳定等优点[128]。

（一）生物碳

与活性炭相比，生物炭的比表面积较小不利于吸附，但是研究表明吸附剂的吸附能力并不与比表面积成正相关关系，并且生物炭具有更丰富的表面官能团（如羧基、羟基、氨基等），有利于提升吸附性能。比表面积和表面基团是吸附材料的重要性质，生物炭的制备过程两者则呈现相反趋势，随着热解温度升高生物炭的空隙结构和比表面积增加，而表面官能团减少。良好的空隙结构、较大的比表面积和丰富的表面官能团有利于生物炭吸附重金属离子和有机物分子，将这些有害物质固定到生物炭表面可以减少其生物利用度和毒性[129]。

1. 生物炭制备工艺[130]　　　生物质通过热化学转化得到生物炭，热化学转化过程一般在缺氧或无氧气氛下进行，温度在 200~900℃之间。生物炭制备方法包括快速热解、慢速热解、气化、水热炭化等。生物炭的性质与生物炭的原料、制备方法和工艺条件密切相关。即使相同工艺，工艺参数不同，制备生物炭的性质也不同。

生物炭的生物质来源广泛，按属性可分为植物类、动物类和污泥类。植物类：① 农林废弃物，如乔木树皮（松木、橡木等）、水生植物（芦苇、海藻等）、稻壳、农产品废物（花生壳和麦秸等）；② 加工尾渣，如甘蔗、麦芽渣等。动物类：猪粪、牛粪、蟹壳等。污泥类：畜禽粪便形成的污泥、市政污泥等。

生物炭制备一般采用热解工艺，热解温度是生物炭制备的关键技术参数。除了炭化温度，炭化时间、升温速率、升温程序对生物炭的炭化过程也有一定影响。生物质热解过程会产生 4 种明显不同的炭形态：① 过渡态，生物质的结晶特征被保留下来；② 无定形态，热分解分子和固有芳香缩聚物随机混合；③ 复合态，排列混乱的石墨烯碎片被无定形物相包裹；④ 混乱态，主要呈现无序的石墨烯微晶形态。生物炭产率随温度升高而显著下降，尤其在温度低于 400℃，这主要是由于碳水化合物分解和脱氢反应[131]。

文献报道[132]，香蕉茎秆经过高锰酸钾氧化预处理后于 600℃ 缓慢热解制得生物炭。采用扫描电子显微镜、X 射线光电子能谱、元素分析仪和比表面积及微孔分析仪对生物炭进行表征，批量吸附实验考察其对 Cu^{2+} 的吸附特性。结果表明，与未处理香蕉茎秆生物炭对比发现，氧化预处理生物炭表面覆盖有 MnO_x 微粒，且含有更多的含氧官能团，拥有更大的表面积。其对 Cu^{2+} 的去除主要通过表面吸附包括表面 MnO_x 颗粒和含氧官能团，对 Cu^{2+} 有很强的吸附能力，实验中最大吸附容量为 81.36 mg/g，吸附效果明显好于未预处理生物炭，吸附过程符合准二级动力学方程，可以用朗缪尔吸附等温线模型来描述，热力学参数 $\Delta H_0 > 0$，$\Delta G_0 < 0$，表明该吸附是一个自发的吸热过程。

2. 重金属离子吸附机理　　　吸附过程大多涉及多种作用机理，包括静电作用、离子交换、物理吸附、表面络合或表面沉淀，生物炭与不同重金属离子的具体吸附机理不同，生物炭的性质也与吸附机理密切相关。生物炭表面存在大量含氧基团，能够与重金属离子通过静电作用、离子交换、表面络合形成强相互作用，通过离子吸附前后基团变化可以证实。文献指出生物炭对 Cr^{6+} 离子的吸附作用包括静电作用和表面还原；生物炭中的矿物成分如碳酸根和磷酸根对吸附过程起着重要作用[133,147]；生物炭较大比表面积和空隙结构有利于吸附过程，但是比表面积对重金属离子吸附的贡献低于表面基团的贡献[134]。重金属离子吸附过程可能有多种机理同时作用,目前很难在分子水平准确揭示吸附机理。通过红外光谱、X射线衍射分析、扫描电子显微镜、X射线光电子能谱和等离子体电感耦合光谱等技术检测生物炭表面成分或溶液中元素含量变化能够验证吸附过程可能发生的吸附机理。

(二) 生物碳基复合材料[135]

生物炭虽有诸多优点,但实际热解时由于生物质自身的特性及可能伴随生成的副产物,生物炭实际的比表面积、孔隙结构与表面官能团的丰富度会有所减少,且生物炭表面多数为负电荷官能团,这使其对污染物尤其是阴离子的吸附效果较差。为此,需通过掺杂、活化等改性方式优化生物炭的理化特性,能够提升材料对污染物的吸附选择性和吸附容量。经改性所得到的生物炭,一般称为生物碳基复合材料。

生物炭基复合材料常通过材料酸/碱改性、金属改性和有机化改性的方式,利用与重金属离子的络合、沉淀、配体交换和静电相互作用实现吸附,因此对于生物炭的改性主要为提高其表面的官能团和带电基团,以提供丰富的结合位点实现与有机质的化学键合[136]。对于高价金属离子的吸附可能同时伴随其与材料表面的氧化还原反应。H_3PO_4 活化的猪粪生物炭,由其酸改性前后傅里叶变换红外光谱仪测量数据的变化表明,酸活化导致一些不饱和键的断裂,形成较多的芳香烃碳碳双键的共轭稳定结构;新形成的含磷官能团 $P=O$ 和 $P=OOH$ 也能促进材料与重金属离子的络合作用[137]。HNO_3 活化的麦秸生物炭,通过X射线光电子能谱发现表面酯基含量升高,由此提高了生物炭的表面亲水性,且酯基多位于生物炭的芳环上,易于与水中的 U^{6+} 接触形成表面络合体;生物炭的zeta电位降低,有利于与水中阳离子态的 U^{6+} 形成更强的静电引力[138]。将棕榈纤维生物炭加入 H_2O_2 中氧化活化[139],后在硅烷偶联剂的作用下先后加入 Fe_3O_4 纳米颗粒和亚氨基二乙酸,为磁性生物炭表面引入羧基基团,实现对 Cd^{2+} 的化学吸附。在多元醇溶液中使 ZnS 在磁性生物炭表面沉积[140],得到 ZnS 纳米颗粒负载的磁稻壳生物炭用于 Pb^{2+} 的吸附。

(三) 植物基活性炭[141]

以农林废弃物制备的活性炭称为植物基活性炭。相比传统的煤基活性炭,植物基活性炭具有诸多优势,主要体现在植物基原料均含有丰富的碳素,灰分含量较低,有机氧含量高,具备有利的天然孔隙结构,炭化时易形成丰富的孔隙结构和含氧官能团;活化时活化剂容易进入孔隙内部,且反应效能较好,易于形成发达的微孔[142]。

植物基活性炭产物的品质及应用与植物基前体的种类密切相关[143],不同种类的原料因自身碳含量的差异及结构性质的不同,所制备出来的活性炭性能和用途不尽相同。采用机械强度较低、较为疏松的花生壳、棉花、木屑、秸秆等原料作为前体时,制备出的炭材料一般孔径较大,孔隙率高,比表面积适中,对大分子的吸附能力较强。而以椰子壳、核桃壳等较为致密坚实的果壳类为前体时,制备出的活性炭往往孔径较小,比表面积高,机械强度大。

植物基活性炭的制备主要分为炭化和活化两个过程,具体的制备方法有很多种,但实质原理基本相同,即把各种原料在缺氧条件下高温热解成炭(炭化),继而在活化剂作用下进一步扩孔增容制成活性炭。传统意义上活性炭的制备方法包括物理活化法、化学活化法和物理化学活化法等,其中活化剂和具体实验参数的合理选择对活性炭性能的影响较大。

文献报道[144],自制含氮莲藕基活性炭,发现活性炭和金属离子的浓度是影响该活性炭对金属离子吸附性能的关键,且吸附作用力主要是含氮官能团与金属离子的配位作用;此活性炭对 Fe^{3+} 选择性系数为8.9,吸附量为25.89 mg/g,去除率高达99.61%;同时其还具有良好的再生与重复使用性能,重复3次后吸附容量基本稳定,仍可达原来的80%左右。比较研究不同工艺参数下椰壳活性炭对废水中 Zn^{2+}、Cd^{2+}、Pb^{2+} 和 Cu^{2+} 等单一重金属离子的吸附能力差异[145],结果发现 pH=7、30℃、震荡 200 min 时,活性炭的吸附效果最佳,此时,对 4 种重金属离子吸附能力由强到弱依次为 $Zn^{2+}>Cd^{2+}>Pb^{2+}>Cu^{2+}$,用于实际工厂废水处理时需要考虑各重金属离子之间的相互作用。

九、农林可再生资源材料[146]

废弃农林生物质包括植物根粉、秸秆、树叶、麦壳、羽毛、花生壳等富含有几丁质、甲壳质及多聚糖的生物质。也包括海洋中含有的大量海藻,利用不同种、属的海藻选择性回收金属离子具有巨大的潜力。废弃农林生物质具备以下优点:① 生产成本低、生物质来源广泛;② 含毛细管结构、表面多孔且表面积高;③ 生物质表层含有较多的羟基,易于改性且与重金属离子的反应活性较高;④ 在处理重金属离子浓度较低(0~100 mg/L)的废水时效果更好;⑤ 吸附剂在水中不溶,便于分离[147]。

废弃农林生物质具有不溶于水、多孔、比表面积高等特点。经化学改性后可以再生利用,具有成为高效重金属污染物吸附剂的潜力[147]。相对于其他传统吸附剂而言,废弃农林生物吸附剂的这些优点在重金属废水处理及回收方面具有独特的优势,成为目前重金属吸附剂研究的重点

农林废弃物用于治理重金属离子污染的报道,屡见不鲜。如利用甘蔗渣吸附水中 Ni^{2+}[148];采用橘子皮制备纤维吸附剂去除水中 Cd^{2+} 重金属离子[149],并发现利用柠檬酸修饰后的橘子皮能达到更快更好的吸附效果。利用木材、树叶等选择性吸附废水中的 Cr^{6+} 离子[150],研究了其吸附浓度、pH、反应时间、搅拌等对吸附的影响。利用椰子壳吸附 Cr^{3+}[151],采用富含纤维素的桑枝粉吸附水中 Cr^{6+} 离子,结果表明桑枝粉对 Cr^{6+} 离子有较好的去除效果。

农林生物质对重金属吸附机理:将生物质吸附剂投加入重金属溶液后,植物细胞壁中的纤维素、半纤维素及木质素中所含的羟基、羰基及经化学改性处理后引入的羧酸官能团等首先与金属离子进行反应,反应类型主要为配位络合。不同的植物细胞,其细胞壁的组成和化学结构决定了其吸附重金属离子的吸附容量、吸附条件等相互作用特性。藻类和菌体的细胞内官能团丰富,其多糖、磷脂和蛋白质的含量更高,其中的硫、氧、氮等原子均可以与金属离子发生络合。对吸附 Cu^{2+} 前后的梧桐树叶进行红外光谱分析发现[152],羧基的羰基峰和酮的羰基峰均发生位移,认为吸附机理主要是 Cu^{2+} 与氧原子的配位络合。

重金属污染物的产品化技术:利用微波处理吸附重金属铬的锯木屑[153],经过 10 min 的处理,即可将木屑中吸附的铬全部解吸。利用啤酒生产过程中产生的酒糟对重金属砷和镉进行吸附[154],分别尝试利用盐酸、磷酸和硫酸进行解吸实验,并研究了不同温度对解吸过程的影响。研究发现,0.2 mol/L 的盐酸解吸效果最好,并且认为温度对解吸的影响不大。

第五节 分子印迹聚合物的作用机理及其应用

分子印迹技术(molecularly imprintedpolymer,MIT)是近几十年发展起来的一门集分子设计、高分子合成、分子识别、仿生生物工程等众多学科优势发展起来的交叉学科分支。由于具有分子识别性强、操作简单、溶剂消耗量小、模板和聚合物可回收利用等优点,可从复杂基质中选择性提取目标化合物,而在手性药物拆分、中药及天然产物活性单体提取分离、化学仿生传感器、模拟抗体、模拟酶催化、结构类似物的分离及临床药物分析等领域的应用方兴未艾,其与膜分离、固相萃取等技术的耦合更展现出良好的应用前景。

一、分子印迹技术及其识别原理概述

1. 分子印迹技术及其识别原理[155]　　　　分子印迹聚合物(molecularly imprinted polymer,MIP)是构成分子印迹技术的重要材料,分子印迹技术就是指以特定的分子为模板,制备对该分子有特殊识别功能

和高选择性材料，即"MIP"的技术。MIP 的内部带有许多固定大小和形状的孔穴，聚合物中的空穴与模板分子空间构型相匹配且能与模板分子再次形成多重作用位点。该空穴将对模板分子及其类似物具有选择识别特性，即具有记忆性。MIP 对分子的识别作用就是基于这些孔穴和功能基团。

　　分子印迹和识别原理可由图 2－13 示意。将一个具有特定形状和大小的需要进行识别的分子(A)作为模板分子(又称印迹分子)，把该模板分子溶于交联剂(B)中，再加入特定的功能单体(C)引发聚合后，形成高度交联的聚合物(D)，其内部包埋与功能单体相互作用的模板分子。然后利用物理或化学的方法将模板分子洗脱，这样聚合物母体上就留下了与模板分子形状相似的孔穴，且孔穴内各功能基团的位置与所用的模板分子互补，可与模板分子发生特殊的结合作用，从而实现对模板分子的识别。如果模板分子可以反复洗脱和吸附，则该 MIP 可以多次使用。

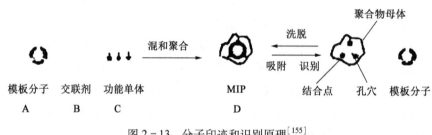

图 2－13　分子印迹和识别原理[155]

　　2. 分子印迹聚合物与模板分子的结合作用[156]　　目前，模板分子和聚合物单体之间的作用方式主要分为下述 3 种类型[157,158]

　　(1) 共价键型：先将模板分子(或印迹分子)与功能单体发生缩合反应、酯化反应等反应得到相对稳定的中间体(如硼酸酯、亚胺等)，再经交联聚合得到相应的高聚物，最后利用水解等化学反应脱掉模板分子(或印迹分子)制备出对应的共价键型 MIP。借助共价结合作用可在聚合物中获得空间精确固定的结合基团，对模板分子的选择性较好。

　　(2) 非共价键型：非共价键作用主要包括氢键作用和静电作用。氢键作用在许多有机化合物间容易产生，是最方便也是应用最多的结合方式。单体与模板分子之间的作用方式主要包括静电引力、与金属离子形成的配位键、氢键作用力、芳香环间的 π－π 作用力、较大疏水基团之间的范德瓦耳斯力等超分子作用力。其中最具典型的是离子静电引力和氢键作用力。由于非共价键型分子印迹技术其聚合物制备条件温和、模板分子抽提容易，因此是目前最常用的方法。但静电作用力相对较弱，通常只和其他键合方式一起作用而不单独使用。例如，Sergey 等利用能产生氢键和静电作用的 $D(L)$-苯基丙氨酸[$D(L)$-phenylalanine]为模板制得了 MIP 的。将该聚合物用于色谱将大大改善了苯基丙氨酸手性异构体的分离效果。

　　(3) 半共价键型：在预聚过程中功能单体与模板分子以共价键形成复合物，交联聚合后脱掉模板分子，但在识别过程中功能单体与模板分子以非共价键结合，该方法也被称为"牺牲空间法"。

二、基于中药成分母核化学结构的分子印迹聚合物设计策略

　　1. 分子印迹聚合物设计的计算机模拟[159]　　MIP 的特异性识别性质是基于合适的功能单体与模板之间的共价、非共价、半共价键的形成；通过与高浓度的交联剂共聚形成三维网络聚合物，使用洗涤、配体交换或切割共价键移除模板分子。目前相关的理论知识(如可指导靶向模板的互补形状、大小和功能的结合位点；探索高结合容量、高选择性、快速传质和容易分离的 MIP 相关理论)和理论计算研究很少。而理论计算研究可以避免实验中少走弯路，如忽视环境影响、时间限制和高成本；同时理论计算

研究的结果可以揭示 MIP 形成的机理、优化方向及体系的性质与结构之间的内在联系。通过计算机模拟可以有助于对所研究的 MIP 的实验合成进行指导与评估，包括选择合适的功能单体、溶剂、交联剂和致孔剂，通过优化模板-单体复合物的性质，提高 MIP 的稳定性和效率，从而大大有助于设计新 MIP 的实验研发工作。

2. 中药大类成分的分子印迹聚合物设计要点[156]

（1）生物碱类成分：生物碱指主要来源于植物界的一类含氮有机化合物，由于生物碱具有抗病毒、抗肿瘤、抑制免疫、抗炎、镇痛等多种功效而成为近十几年来的 1 个热点研究对象。许多植物体内高活性的生物碱（如紫杉醇、喜树碱等）量较低，采用传统的色谱分离法难以获得高纯度的产品。基于分子技术分离生物碱，使用最为广泛的是利用生物碱分子结构中的氮原子与聚合单体中的羧基或酰胺等基团之间形成的氢键作用来特异性识别。

（2）黄酮类成分：黄酮类化合物是基本母核为 2 -苯基色原酮类化合物（包括黄酮、异黄酮、新黄酮、黄酮苷等）。利用分子技术分离纯化黄酮类化合物可基于聚合单体（含酰胺基团、吡啶环等）与黄酮结构中的酚羟基之间形成的特异性氢键识别力来富集分离出黄酮化合物，也可以基于功能单体中芳香环与黄酮类化合物的 π-π 作用力或者范德瓦耳斯力来特异性识别并分离出黄酮类化合物。

因某些黄酮分子和聚合单体能与金属离子配位形成较稳定的配合物，故以配合物作为模板分子构建的 MIP 在金属离子存在下，对这些黄酮类化合物具有更高的特异性识别。如以甲基丙烯酸（MAA）为功能单体[160]，EGDMA 为交联剂，制备了芦丁-Cu^{2+} 配位 MIP，该聚合物与芦丁-Cu^{2+} 配位分子通过配位键及分子间作用力结合芦丁-Cu^{2+} 配位分子，具有特异性识别作用（相对黄芩素的分离因子为 2.53，相对葛根素的分离因子为 3.17），可用于中药提取物中芦丁的分离和富集。

分离黄酮类化合物的 MIP 大多属于非共价键型（基于氢键作用或者金属离子配位作用），聚合方法以沉淀聚合法和表面印迹聚合法较多见，同时原位聚合法（如分子印迹整体柱得到的孔径和粒径较均匀，比表面积和孔隙率也较高）和介孔分子筛表面印迹聚合法（与传统表面印迹技术相比，由于介孔内也有识别空穴，因此吸附量更大）具有较大潜在发展优势。

（3）萜类及甾体类化合物：基于分子印迹技术分离不含官能团的萜类及甾体类化合物只能通过母体结构的疏水性与功能单体间的范德瓦耳斯力来特异性识别（这种识别作用一般较弱），但对于含功能基团的萜类及甾体类化合物与功能单体间的氢键作用可使分子识别作用进一步增强。

除了构建非共价键型（主要基于氢键）MIP 外，还可以利用萜类和甾体类化合物具有刚性多环的结构特征，将其与大骨架结构的化合物（用作功能单体）通过酯化等反应先形成共价型复合物，再经交联聚合、水解掉模板分子来构建出相应的半共价型 MIP，如可借鉴"牺牲空间"法对于结构类似物胆固醇的选择性分离[161]。

（4）植物多酚及有机酸类成分：植物多酚和有机酸最重要的官能团是酚羟基和羧基，基于分子印迹技术，可充分利用功能单体（如甲基丙烯酸、丙烯酰胺）分子结构中的羧基或者酰胺基团与模板分子中的酚羟基或者羧基形成氢键作用来特异性识别达到分离目的。

另外，由于模板分子结构中酚羟基或者羧基中的氧原子能够与金属离子（如钴离子、镍离子等）配位，因此，还可以利用金属离子作为桥接剂，使模板分子、金属离子及功能单体形成同时具有配位键、氢键及范德瓦耳斯力等具有多重作用力的稳定复合物，再经单体聚合、抽提出模板分子和金属离子，最后得到相应的 MIP。

（5）糖类和氨基酸类成分：糖类是多羟基醛或多羟基酮及其衍生物、聚合物的总称。使用分子印迹技术分离糖类和氨基酸，可以利用糖分子结构中的羟基与硼酸形成的硼酸酯或者氨基形成的亚胺等共价键首先得到功能单体，再经单体聚合后经水解掉模板分子，即可得到共价型 MIP；亦可以通过功能单体与糖(或氨基酸)分子间的氢键、偶极、静电等作用力形成较稳定的复合物,再经单体聚合后抽提出模板分子得到非共价型 MIP。

由于糖类化合物分子骨架结构较大,且羟基数量较多,氢键识别选择性较差,为减少非特异性结合位点"包埋"现象,加快物质迁移,使用较多的是表面 MIP 材料(如磁性 Fe_3O_4 表面印迹纳米微球、SiO_2 表面印迹纳米微球等)。

(6) 苯丙素类成分:苯丙素类化合物是基本母核具有 1 个或者几个 C_6-C_3 单元的天然有机化合物类群,具有抗血凝、抗病毒、抗骨质疏松及抗炎等多方面的生理活性。利用分子印迹技术分离苯丙素类化合物,大多是基于功能单体与模板分子官能团之间的氢键及范德瓦耳斯力等超分子作用力原理来实现特异性分离,其中研究较多的是苯丙酸类(如阿魏酸、绿原酸、咖啡酸等)和香豆素类等活性成分的富集与分离。

对于含羧酸基团的苯丙素类化合物的分离,选择碱性或者弱碱性的功能单体能够增大吸附量,这有利于提高总回收率;另外,选择代表性结构的具多种活性的成分作为模板分子所制备的印迹聚合物,也能够实现多种模板分子及其结构类似物的交叉选择性识别、分离和富集。

三、常用聚合物功能单体[156]

影响印迹聚合物分离效果的因素主要有功能单体的结构、聚合方法、交联剂的选择及印迹材料具体存在形式等因素,其中功能单体自身结构与模板分子结构之间的匹配性和结合作用的强弱是决定印迹聚合物分离效果的决定性因素。

影响 MIP 制备的因素主要有模板分子、功能单体、交联剂、溶剂及印迹聚合方法的选择。模板分子是 MIP 的核心,一个理想的模板分子既要有良好的化学稳定性,又要有能和功能单体相结合的官能团;功能单体是重要的桥梁部分,可与模板分子通过共价或非共价键相结合,它决定了虚拟模板分子印迹聚合物(Dummy molecular imprinted polymer, DMIP)的吸附性能及印迹目标化合物的稳定性;交联剂在 DMIP 基质中所占比重最大,与功能单体通过碳碳双键之间的聚合反应,能得到高度交联的聚合物,是组成其框架结构的主要成分;溶剂能够为 DMIP 的形成提供合适的环境,吸收聚合反应放出的热量,还能为聚合材料提供多孔结构,因此又称为致孔剂;质子性极性溶剂会影响到模板分子与功能单体非共价结合中的氢键作用;

1. 常用聚合物功能单体　MIP 材料主要由模板分子与功能单体,常见形式有不规则研磨颗粒、规则球形颗粒、纳米颗粒、毛细管柱、位于毛细管内的开口管层、薄层表面、印迹膜及复合物等。常用聚合物单体及其应用简述如下。

(1) 丙烯酸:如以槲皮素的钴配合物($Qu-Co^{2+}$)为模板分子[162],以丙烯酸为聚合单体经自由基引发聚合得到一种金属配合物 MIP PPh[163],以丙烯酸作为功能单体,苄基三硫代碳酸酯作为转移剂,经过可逆加成-断裂链转移聚合制备了山柰酚分子印迹整体柱,该方法得到的聚合物相孔径较小,比表面和孔隙率较高,骨架结构均匀。选择性实验得出山柰酚相对结构类似物槲皮素的平均分离因子为 1.52。

(2) 甲基丙烯酸(MAA):如以 3-三乙氧基甲硅烷基-1-丙胺修饰过的 SiO_2 为载体[164],以 MAA 为功能单体制备了表没食子儿茶素没食子酸酯(epigallocatechin gallate, EGCG)表面 MIP,该聚合物对 EGCG 的最大吸附量为 0.55 mg/g,分布系数高达 22.5。使用甲醇-乙酸(7:3)洗脱液,该聚合物能从茶多酚溶液中选择性地富集与分离出 EGCG,不受(+)-儿茶酚(catechol, C)、(-)-表儿茶酸(epicatechol, EC)、(-)-表没食子儿茶素(epigallocate-chin, EGC)等结构类似物的干扰。以 MAA 为功能单体[165],乙二醇二甲基丙烯酸酯(ethylene glycol dimethacry-late, EDMA)为交联剂,合成了双藿苷 A MIP 并成功从淫羊藿粗提物中固相萃取出双藿苷 A,质量分数由 10.7% 提高到 59.6%。以 MAA 为功能单体[166]，二甲基丙烯酸乙二醇酯(ethylene glycol dimethyl acrylate，EGDMA)为交联剂，经沉淀聚合法制备了黄芩素 MIP。黄芩素和 MAA 单体之间通过氢键自组装形成 1∶4 的复合物，相比结构类似物槲皮素和结构非类似物氯霉素，黄芩素的分离因子分别为 17.69 和 26.03。

以 MAA 缩水甘油酯为功能单体[167]，三羟甲基丙烷三甲基丙烯酸酯为交联剂，合成了樟柳碱 MIP，该聚合物对 4 种托品烷类生物碱(樟柳碱、东莨菪碱、山莨菪碱、阿托品)具有类特异性识别能力，能够富集、分离和检测马尿泡果实中 4 种生物碱，回收率为 70.0%~96.3%，RSD<5.7%。

以 L -特丁氧羰基苯丙氨酸(Boc - L -Phe)为模板分子[168]，MAA 为功能单体，制备了其 MIP，将其作为色谱固定相，对其对映异构体进行手性拆分。该聚合物通过协同氢键作用形成 1∶3 型配合物，专一地结合 L -特丁氧羰基苯丙氨酸分子。以聚偏氟乙烯为载体膜[169]，MAA 为功能单体制备了香豆素分子印迹膜，该膜对香豆素的最大吸附量为 0.151 8 mmol/g，印迹因子达 2.09，利用该聚合膜从桂枝粗提液中分离富集香豆素，回收率为 89.6%。

以硅胶为载体[170]，3 -氨丙基三乙氧基硅烷为硅胶烷基化改性试剂，五没食子酰葡萄糖为模板分子，MAA 为功能单体制备了硅胶表面 MIP，利用该聚合物制备的色谱柱能从桂枝茯苓胶囊提取液中分离出五没食子酰葡萄糖，质量分数可达 90.2%。

(3) 丙烯酰胺：如以丙烯酰胺为功能单体[171]，以沉淀聚合法制备了黄芩苷 MIP，相对结构类似物汉黄芩苷和黄芩素，该聚合物对黄芩苷的分离因子分别为 1.3 和 1.6。以超顺磁核壳结构的 Fe_3O_4@SiO_2 为载体[172]，丙烯酰胺作为功能单体，乙腈为致孔剂，合成出栎草亭(quercetagetin)磁性表面 MIP。该聚合物对栎草亭的最大吸附量为 22.65 μmol/g，解离常数为 236.97 mL/g，栎草亭相对结构类似物木犀草素、牡荆苷、芦丁和白藜芦醇的选择性系数分别为 1.50、2.67、4.74 和 4.74。使用该 MIP 能成功从金盏花提取物中分离栎草亭。

(4) 4 -乙烯基吡啶(4-vinylpyridine，4 - VP)：以 4 - VP 为功能单体[173]，采用本体聚合法制备了芦丁-槲皮素复合模板分子印迹固相萃取柱，可从槐米提取物中选择性分离芦丁和槲皮素 2 种黄酮类化合物，总回收率分别为 96.70% 和 94.67%。

以 Fe_3O_4@SiO_2 为载体[174]，4 - VP 为功能单体，制备了咖啡酸 MIP，该聚合物对香豆酸具有特异性吸附，其吸附量依次是结构类似物对香豆酸、FA、肉桂酸和原儿茶酸的 1.64、2.22、5.36 和 35.87 倍，该聚合物为从复杂体系中分离富集香豆酸提供了新材料。

以 Fe_3O_4@$mSiO_2$ 为载体[175]，4 - VP 为功能单体，乙腈为致孔剂制备了原儿茶酸表面分子印迹聚合 Fe_3O_4@$mSiO_2$@ MIP，该聚合物对对香豆酸的最大吸附量为 17.2 mg/g，依次是结构类似物 4 -羟基苯甲酸、水杨酸、没食子酸、香豆酸、紫丁香酸、香草酸和阿魏酸吸附量的 1.22、1.80、1.48、1.60、2.23、2.06 和 1.96 倍。利用该聚合物联合 HPLC 能够从丁香叶提取液中分离富集原儿茶酸(回收率 94%~101%)，并能够检测丁香叶提取液中原儿茶酸的量。X 以具有多孔结构的 MCM - 48 微球(表面积高达 534.1 m^2/g)为载体[176]，4 - VP 为功能单体制备了肉桂酸表面 MIP，利用该聚合物吸附肉桂酸能够在 40 min 内达到吸附平衡，最大吸附量为 14.84 mg/g，明显高于结构类似物对香豆酸、香豆酸、阿魏酸、原儿茶酸和安息香酸，从而为从植物提取液中高效富集分离肉桂酸提供了一种新材料。

(5) 2 -乙烯基吡啶：以 2 -乙烯基吡啶作为功能单体[177]，以马来松香乙二醇丙烯酯作为交联剂合成了紫杉醇 MIP，并将该聚合物做成高效液相色谱固定相来分离紫杉醇及其类似物紫杉萜。结果表明，紫杉醇印迹因子达到 2.37，相对紫杉萜的分离因子达到 2.54。

(6) 3 -氨丙基三乙氧基硅烷：以 3 -氨丙基三乙氧基硅烷为功能单体[178]，原硅酸四乙酯为交联剂，二氧化硅作为载体，合成了去氢土莫酸表面 MIP，以该聚合物为填料的色谱柱能够从桂枝茯苓胶囊中选择性提取出去氢土莫酸，质量分数高达 90.73%。

（7）双功能单体：4-乙烯基吡啶和甲基丙烯酰胺，以 4-乙烯基吡啶和甲基丙烯酰胺为单体[179]，二乙烯基苯作为交联剂，乙腈-甲苯（3∶1）作为致孔剂，制备出咖啡酸 MIP。

以氨丙基三乙氧基硅烷和甲基三乙氧基硅烷为双功能单体[180]，SiO_2 为载体，正硅酸四乙酯为交联剂合成去甲二氢愈创木酸表面 MIP（甲二氢愈创木酸-MIP@SiO_2）。该聚合物对麻黄乙醇提取液中的甲二氢愈创木酸吸附容量为 4.90 mg/g，明显高于非印迹聚合物 NIP@SiO_2（1.70 mg/g），印迹因子高达 2.88。

以 Fe_3O_4@SiO_2@NH_2@BAD-lectin 为载体[181]，刀豆凝集素和 3-氨基苯硼酸为双功能单体，N，N'-亚甲基双丙烯酰胺为交联剂合成了葡萄糖磁性表面 MIP。该聚合物微球对葡萄糖的印迹因子为 2.93，高于鼠李糖（2.63）和麦芽糖（2.19）。

2. 有关虚拟模版分子印迹聚合物的若干讨论[182]

（1）虚拟模版分子及其技术原理：鉴于天然产物种类繁多，很大一部分含量微少，或由于化合物自身的一些性质，如安全性与稳定性存在问题等，使之不适合直接作为模板分子进行分子印迹，导致 MIP 在模板的选取上存在一定的局限性。以上情况促成了虚拟模板的问世。虚拟模板分子，又称假模板分子，是与模板分子具有类似的空间结构，同时带有相同官能团的化合物，可在目标化合物不适用于模板分子的情况下进行替代，从而合成得到 DMIP，DMIP 仍具备一般 MIP 的全部特点。对于结构较复杂、价格相对较高的活性成分，也可采用含相似结构片段的廉价分子作为假模板分子，制备成相应的印迹聚合物，再进行富集与分离。

DMIP 技术原理与 MIP 原理基本相同，在一定的溶剂中，虚拟模板分子与功能单体依靠官能团之间的共价或非共价键作用形成预聚合物，然后加入交联剂和引发剂，通过光或热聚合，使预聚合物与交联剂形成高度交联的三维网状的 DMIP，最后将 DMIP 中的虚拟模板分子洗脱或解离出来，在聚合物中形成与目标化合物具有近似结构的空穴，从而能对目标化合物进行选择性识别[183]。

（2）虚拟模板分子的选取方法：目标化合物出现以下情形时，不适合作为模板分子[184-188]：① 化合物在天然药物中的含量很低，不容易获得或价格十分昂贵；② 化合物非常不稳定，容易受光、温度、氧气等因素的影响发生变化；③ 由于毒性较大，安全性低的原因，难以进行实验操作；④ 化合物结构中的一些官能团在印迹聚合反应中不能保持稳定存在，如碳碳双键等，或者具有强分子内氢键影响印迹聚合反应；⑤ 化合物的洗脱解离不彻底，容易在印迹过程中发生模板泄漏，从而影响到含量测定。为了有效避免上述问题，应选择合适的虚拟模板分子替代目标化合物进行分子印迹。可选用的技术方法为：① 直接选取已有的结构类似化合物或目标化合物的结构片段作为虚拟模板；② 当目标化合物价格便宜，或容易分离得到，但结构中部分官能团不够稳定，可考虑对其进行修饰，既可保证化合物的稳定性，又未对化合物的空间大小及形状做过多的改变；③ 对于结构较为复杂，结构相近的化合物也不易获得或者价格较昂贵，可通过简单的合成反应得到与目标化合物具有类似结构的化合物。

如以咖啡因和己酮可可碱为假模板分子合成出了 MIP 微球并制备成固相萃取柱[189]，结合高效液相色谱荧光检测器（HPLC-FLD）可从微小亚历山大藻中提取出膝沟藻毒素-1/4（gonyautoxin-1/4），提取率为 73.2%~81.5%。以聚乙二醇修饰过的 Fe_3O_4 为载体[190]，甲基丙烯酰胺为功能单体，双氢可待因为，制备了磁性假模板 MIP，该聚合物对吗啡及其类似物曲马多、双氢可待因和加替沙星均有特异性吸附作用，尤其是对吗啡印迹因子达到 2.10。以甘氨酸-dl-亮氨酸为假模板分子[191]、4-VP 为功能单体、N，N'-亚甲基双丙烯酰胺为交联剂、DMSO 为致孔剂，合成了对三七素具有较好选择识别性的 DMIP。与结构类似物苯丙酮酸、dl-酪氨酸和甘氨酰-L-苯丙氨酸相比，该聚合物对三七素具有特异性吸附。

以 6-甲氧基水杨酸和 6-十六烷氧基水杨酸为双模板分子[192]，4-VP 为功能单体制备的 DMIP 对银杏酸具有特异性吸附作用,能够从银杏叶提取液中富集和分离银杏酸,回收率为 82.5%~88.7%,*RSD* 为 0.5%~2.6%。

以乙烯基-SiO$_2$ 纳米球为载体[193],MAA 为功能单体,茶氨酸为模板分子,制备了氨基酸虚拟模板表面 MIP,该聚合物对 18 种常见氨基酸具有较大吸附作用且在 0.5 h 内达到吸附平衡,印迹因子均大于 3。

四、分子印迹聚合物的制备

印迹聚合是 MIP 形成的最终过程,MIP 最常见的合成技术包括本体聚合[194,195]、悬浮聚合[196,197]、乳液聚合[198]、沉淀聚合[199,200]、表面印迹[201,202]和活性/可控自由基聚合[203,204]。不同的聚合方式对印迹聚合物的影响不同,详细对比见表 2-14。

表 2-14　不同印迹聚合方法的优点及限制[182]

聚合方法	优　　点	限　　制
本体聚合	方法简单,实验条件和操作要求不高	研磨和筛分过程烦琐,颗粒形状不规则,粒径不均一;印迹位点容易破坏,可控性差;模板分子包埋过深,洗脱不彻底
悬浮聚合	不需要经过机械研磨和筛分,颗粒呈球状;颗粒均一且能够调节	应用局限性大,和溶剂选用的体系密切相关;制备周期较长
沉淀聚合	操作简单,方便易得;印迹微球尺寸小,更均匀;表面洁净,不需要加入表面活性剂等稳定剂	对溶剂要求较高,能溶解所有参与聚合反应的化合物;溶剂的用量较大
原位聚合	不需要装柱过程,直接在密封后容器内形成印迹聚合物,并用于分析测定	聚合反应条件对密封容器有一定影响;吸附性能较低,使用寿命较短
乳液聚合	聚合物粒径大小可控;印迹位点分布均匀,重复利用率高;能够在水相中印迹化合物	有机相和水相的用量比难以把握;表面活性剂和分散介质的存在对印迹效果产生较大的影响
表面印迹聚合	有效避免模板分子包埋过深,难以洗脱的问题;比表面积更大,有效识别位点更多,传质速度更快	实验条件和操作有一定要求

传统的 MIP 主要通过本体聚合或沉淀聚合合成,显示出模板残留,质量转移缓慢、形状不规则等缺陷,严重降低了分离的效率和准确性。采用可逆加成-断裂链转移聚合(reversible addition-fragmentation chain transfer polymerization,RAFTP)技术作为活性/可控自由基聚合最重要的方法,具有可聚合的功能单体多、聚合反应条件温和、产物的分子量分布窄、易控制、容易实现工业化生产等优点,可制备具有特定组成和结构可控的聚合物,如嵌段、接枝、星形、树枝状、支化及超支化聚合物等[205,206]。

原子转移自由基聚合(atom transfer radical polymerization,ATRP)作为活性/可控自由基聚合之一,可以控制活性链的增长过程从而实现聚合物的可控生长,得到结构均匀和相对分子量分布窄的材料[207]。

苏立强等[208]将膜分离技术和分子印迹技术结合,采用 ATRP 和热聚合的方法,以姜黄素为模板分子,甲基丙烯酸为功能单体,氯化亚铜为催化剂,五甲基二乙烯三胺为配体,聚偏氟乙烯(PVDF)微孔滤膜为基膜,采用热聚合法制备姜黄素 MIP;并利用红外光谱和电镜扫描对其进行结构和形貌的表征,结果表明,PVDF 微孔滤膜基膜的表面成功引发聚合反应;MIP 表面的孔穴规则均一。传统方法制备的印迹聚合物,识别位点位于聚合物内部,吸附平衡时间较长。而采用 ATRP 技术制备的印迹膜的识别位点处于其表面,提高了印迹效率,缩短了吸附平衡时间。

在制备 MIP 过程中,首先模板分子与功能单体依靠官能团之间的共价或非共价作用形成主客体复合物。然后通过交联剂交联聚合或者引发剂引发单体聚合,形成高交联的刚性聚合物,最后将模板分子洗脱或解离得到 MIP。

在 MIP 的众多聚合方法中,分离黄酮类化合物的 MIP 以沉淀聚合法和表面印迹聚合法较多见,同时原位聚合法(如分子印迹整体柱得到的孔径和粒径较均匀,比表面积和孔隙率也较高)和介孔分子筛表面印迹聚合法(与传统表面印迹技术相比,由于介孔内也有识别空穴,因此吸附量更大)具有较大潜在发展优势。分离生物碱类化合物的 MIP,则最广泛应用表面分子印迹法,其功能单体的选择大多为酸性功能单体(如丙烯酸、甲基丙烯酸等)和弱碱性功能单体(如丙烯酰胺是基于氢键作用力来识别)。

另外,对于糖类化合物分子(骨架结构较大,且羟基数量较多,氢键识别选择性较差),可逆加成-断裂链转移自由基聚合法等聚合方法能够实现可控活性聚合,具有粒径均匀、形貌较统一、相对分子量分布窄的特点,有助于提高分子识别性能。

顾睿[209]、倪付勇等[210]采用溶胶-凝胶法[211]合成 MIP,借助分子印迹技术从桂枝茯苓胶囊提取物中分别定向分离制备芍药苷类活性组分成分和去氢土莫酸,相关方法报道如下。

(1)分离制备芍药苷类活性组分成分的 MIP 的制备:400 g 二氧化硅微珠,加入 2 000 mL 2·mol/L 的盐酸溶液,60℃水浴搅拌 6 h,纯化水洗至中性,无水甲醇洗涤 3 次,70℃干燥 24 h 待用。模板分子芍药苷(4 mmol)、功能单体 3-氨丙基三乙氧基硅烷 40 mL 和 700 mL 四氢呋喃置于圆底烧瓶中,室温下磁力搅拌 2 h,加入 100 g 活化后的二氧化硅微珠,继续搅拌 2 h;再加入四乙氧基硅烷 90 mL,搅拌 1 h;最后加入 8 mL 的 1.0 mol/L 的冰醋酸水溶液,室温搅拌 18 h,减压过滤,甲醇洗涤 3 次,置于 100℃烘箱中 3 h。取出过筛(30 μm)除去粒径过小的颗粒。聚合物用甲醇-冰醋酸(9∶1,v/v)洗涤,洗去模板分子及未聚合的功能单体和交联剂,直至洗涤液紫外检测无以上物质的紫外吸收;再用甲醇洗去残留的冰醋酸,经 60℃干燥,即得芍药苷的 MIP。非印迹聚合物(nonimprinted polymer,NIP)的合成除了不加入模板分子芍药苷外,其余步骤等同于 MIP 的制备。

(2)分离制备去氢土莫酸的 MIP 的制备:200 g 活化二氧化硅微珠(62~105 μm),加入 2 mol/L 的盐酸溶液 2.5 L,60℃水浴 6 h,纯化水洗至中性,无水甲醇洗涤 3 次,70℃干燥 24 h,备用。模板分子去氢土莫酸(1.5 mmol)、500 mL 四氢呋喃、功能单体 3-氨丙基三乙氧基硅烷 20 mL 置于圆底烧瓶中,室温磁力搅拌 2 h,加入 75 g 活化后的二氧化硅微珠,继续搅拌 2 h;再加入四乙氧基硅烷 45 mL,搅拌 1 h;最后加入 7 mL 1.0 mol/L 的冰醋酸水溶液,室温搅拌 18 h,减压滤过,甲醇洗涤 3 次,置于 100℃烘箱中 3 h。取出过筛(30 μm),除去粒径过小的颗粒,聚合物用甲醇-冰醋酸(9∶1)洗涤,除去模板分子及未聚合的功能单体和交联剂,直至洗涤液紫外检测无以上物质的紫外吸收,最后用甲醇洗去残留冰醋酸,60℃干燥,得去氢土莫酸 MIP。NIP 的制备仅不加模板分子去氢土莫酸,制备过程同 MIP 的制备。

参 考 文 献

[1] 陆小华. 材料化学工程中的热力学与分子模拟研究. 北京: 科学出版社,2011.
[2] 钟文蔚,袁海,郭立玮,等. 以"材料化学工程"理念构建"基于膜过程的中药绿色制造工程理论、技术体系"的探索. 中草药,2020, 51(14): 3609-3616.
[3] 万见峰. 材料形态学. 北京: 科学出版社,2020.
[4] 中国科学院先进材料领域战略研究组. 中国至 2050 年先进材料科技发展路线图. 北京: 科学出版社,2009.
[5] 黄丽. 高分子材料. 2 版. 北京: 化学工业出版社,2010.
[6] 朱永法. 材料分析化学. 北京: 化学工业出版社,2009.
[7] 宿彦京,付华栋,白洋,等. 中国材料基因工程研究进展. 金属学报,2020,56(10): 1313-1323.
[8] 肖长发,刘振. 膜分离材料应用基础. 北京: 化学工业出版社,2014.
[9] 胡洪营. 环境工程原理. 3 版. 北京: 高等教育出版社,2015.

[10] 王北婴,王跃生,王焕魁.我国中药制药工业中亟需推广的高新技术.世界科学技术,2001,2(2)：18-24.

[11] 田岳林,刘桂中,袁栋栋,等.无机膜与有机膜的材料特点与工艺性能对比分析.工业水处理,2011,31(9)：15-18.

[12] ZHAO L, SHEN L, HE Y, et al. Influence of membrane surface roughness on interfacial interactions with sludge flocs in a submerged membrane bioreactor. J Coll Interface Sci, 2015, 446：84-90.

[13] 王姣,姜达义,吴洪,等.中药有效成分和有效部位分离用膜.中国中药杂志,2005,30(3)：165-170.

[14] 大矢晴彦.分离的科学与技术.张瑾译.北京：中国轻工业出版社,1999.

[15] 郭立玮.中药分离原理与技术.北京：人民卫生出版社,2010.

[16] 张兵兵,仲兆祥,邢卫红,等.陶瓷膜表面粗糙度对含油废水过滤性能的影响.膜科学与技术,2011,31(4)：42-47.

[17] WU H, SHEN F, WANG J, et al. Membrane fouling in vacuum membrane distillation for ionic liquid recycling：Interaction energy analysis with the XDLVO approach. J Membrane Sci, 2018, 550：436-447.

[18] LU D, ZHANG T, GUTIERREZ L, et al. Influence of surface properties of filtration-layer metal oxide on ceramic membrane fouling during ultrafiltration of oil/water emulsion. Envir Sci Technol, 2016, 50(9)：4668-4674.

[19] 郭立玮,陆敏,付廷明,等.基于中药复方小分子药效物质组"溶液结构"特征的膜分离技术优化原理与方法初探.膜科学与技术,2012,32(1)：1-11.

[20] BOWEN W R, DONEVA T A. Atomic force microscopy studies of membranes：Effect of surface roughness on double-layer interactions and particle adhesion. J Colloid Interf Sci, 2000, 229(2)：544-549.

[21] 田岳林.无机膜与有机膜分离技术应用特性比较研究.过滤与分离,2011,21(1)：45-48.

[22] 田岳林,刘桂中,袁栋栋,等.无机膜与有机膜的材料特点与工艺性能对比分析.工业水处理,2011,31(9)：15-18.

[23] 周健儿,张小珍,汪永清,等.TiO₂改性Al₂O₃微滤膜荷电性及其对膜水通量的影响.中国陶瓷,2007,43(4)：7-9.

[24] 邓建绵,刘金盾,张浩勤,等.荷电纳滤膜研究进展.工业安全与环保,2007,33(12)：1-3.

[25] ZHANG M, LIAO B Q, ZHOU X, et al. Effects of hydrophilicity/hydrophobicity of membrane on membrane fouling in a submerged membrane bioreactor. Biores Technol, 2015, 175：59-67.

[26] XIAN M, LIU Z, CHENG D, et al. Microporous nano-MgO/diatomite ceramic membrane with high positive surface charge for tetracycline removal. J Hazardous Mater, 2016, 320：495-503.

[27] MENG X, DENG C, ZHU M, et al. Preparation and performance of positively charged microporous ceramic membrane modified by nano-MgO. Mater Rev, 2017, 31(6)：16-20.

[28] 潘永兰.中药水提液无机陶瓷膜膜污染基础数据库的建立及数据的关联分析.南京：南京中医药大学,2009.

[29] 朱华旭,郭立玮,李博,等.基于"中药溶液环境"学术思想的膜过程研究模式及其优化策略与方法.膜科学与技术,2015,35(5)：127-133.

[30] WU N, WAN L Y, WANG Y, et al. Conversion of hydrophilic SiOC nanofibrous membrane to robust hydrophobic materials by introducing palladium. Appl Surface Sci, 2017, 425(15)：750-757.

[31] CHANG Q, ZHOU J E, WANG Y, et al. Application of ceramic microfiltration membrane modified by nano-TiO₂, coating in separation of a stable oil-in-water emulsion. J Membrane Sci, 2014, 456(8)：128-133.

[32] KHEMAKHEM M, KHEMAKHEM S, AMAR R B. Surface modification of microfiltration ceramic membrane by fluoroalkylsilane. Desalin Water Treat, 2014, 52(7/9)：1786-1791.

[33] HOSSEINABADI S R, WYNS K, BUEKENHOUDT A, et al. Performance of Grignard functionalized ceramic nanofiltration membranes. Separ Purificat Technol, 2015, 147：320-328.

[34] 徐丽,张浅,李益群,等.基于膜材料性质的中药化学成分透膜规律研究进展.中草药,2019,50(8)：1785-1794.

[35] 祝倩倩,萧伟,王振中,等.注射用芪红脉通微滤液的超滤工艺适用性研究.中草药,2013,44(9)：1117-1121.

[36] 董洁,郭立玮,李玲娟,等.截留相对分子质量1000的超滤膜对生物碱和环烯醚萜类物质的透过率及其定量构效关系研究.中国中药杂志,2011,36(2)：127-131.

[37] 李鑫玮,祝万鹏,朱安娜.纳滤膜对水中酚类物质的截留率及其定量结构关系的研究.膜科学与技术,2006,26(4)：14-19.

[38] 郭立玮,朱华旭.基于膜过程的中药制药分离技术：基础与应用.北京：科学出版社,2019.

[39] DE LUCA G, BISIGNANO F, PAONE F, et al. Multi-scale modeling of protein fouling in ultrafiltration process. J. Membr. Sci., 2014, 452：400-414.

[40] 徐南平,李卫星,邢卫红.陶瓷膜工程设计：从工艺到微结构.膜科学与技术,2006,26(2)：1-5.

[41] 孙俊芬,王庆瑞.影响聚醚砜超滤膜性能的因素.水处理技术,2003,29(6)：323-326.

[42] 高春梅,孟彦宾,奚旦立.PVDF/PVC膜化学稳定性研究.纺织学报,2008,29(1)：17-21.

[43] 蒋波,王丽萍,华素兰,等.MBR膜污染形成机制及控制.环境科学与管理,2006,31(1)：110-112.

[44] 李平华,赵汉臣,闫荟.膜分离技术在中药研究开发中的应用.中国药房,2007,18(24)：1918-1920.

[45] 张洪杰,于水利,赵方波,等.膜生物反应器膜污染影响因素的分析.哈尔滨商业大学学报,2005,21(4)：440-443.

[46] 刘忠洲,张国俊,纪树兰.研究浓差极化和膜污染过程的方法与策略.膜科学与技术,2006,26(5)：1-15.

[47] 贺立中.药液超滤过程中的膜污染及其防治.膜科学与技术,2000,20(5)：49-54.

[48] 马敬环,项军,李娟,等.无机陶瓷膜错流超滤海水污染机制研究.盐业与化工,2009,38(3)：31-34.

[49] 董洁.基于模拟体系定量构效(QSAR)与传质模型和动力学分析的黄连解毒汤超滤机制研究.南京：南京中医药大学,2009.

[50] BAUSER H, CHMIEL H, STROH N, et al. Interfacicl effects with microfiltration membranes. J Memb Sci, 1982(11)：321-332.

[51] NYSTROM M, JAVINEN P. Modification of polysulfone ultrafiltration membranes with UV irradiation and hydrophilicity increasing agents. J Membr Sci, 1991(61): 275-296.

[52] 钱俊青,陈铭.膜的氧化清洗再生方法研究.膜科学与技术,1998,18(3): 58-61.

[53] 王熊,郭宏,郭维奇,等.膜分离技术在山楂加工中的应用.膜科学与技术,1998,18(1): 22-26.

[54] 徐南平.面向应用过程的陶瓷膜材料设计、制备与应用.北京:科学出版社,2005.

[55] ZHONG W, HOU J, Li H, et al. Fouling and wetting mitigation in submerged VMD for the treatment of brackish concentrates with agitations and crystallizer. Desalination, 2017, 426: 32-41.

[56] ZHONG W, YANG H-C, HOU J, et al. Superhydrophobic membrane via bio-inspired mineralization with enhanced long-term stability in vacuum membrane distillation. Journal of membrane science,2017, 540 (2017): 98-107.

[57] YANG H-C, ZHONG W, HOU J, et al. Janus hollow fiber membrane with a mussel-inspired coating on the lumensurface for direct contact membrane distillation. Journal of membrane science,2017, 523 (2017): 1-7.

[58] ZHONG W, LI H, YE Y, et al. Evaluation of silica fouling for coal seam gas produced water in a submerged vacuum membrane distillation system. Desalination,2016, 393 (2016): 52-64.

[59] LI Q, BEIER L-J, TAN J, et al. An integrated, solar-driven membrane distillation system for water purification and energy generation. Applied energy, 237 (2019): 534-548.

[60] 王巧晗,杨小林,萧伟,等.木通皂苷D原料中有机溶剂残留量及大孔树脂有机残留物的测定.中国中药杂志,2015,40(1): 1960-1964.

[61] 潘林梅.黄连解毒汤提取过程及大孔树脂精制机理的初步研究.南京:南京中医药大学,2007.

[62] 郭立玮,陈丹丹,高红宁,等.陶瓷微滤膜防治苦参水提液对AB-8树脂毒化作用的研究.南京:南京中医药大学学报,2002,18(1): 24-26.

[63] 郭立玮.中药分离工程.北京:人民卫生出版社,2014.

[64] 余金鹏,唐英,张艳红,等.选择性脱除丹参提取液中重金属的吸附剂制备研究.中草药,2018,49(5): 1068-1074.

[65] 陈卫平.13X分子筛处理电镀废水.材料保护,2001,34(2): 45-46.

[66] 王万慧.丹参提取物指纹图谱研究.无锡:江南大学,2008.

[67] 赵良,高慧敏,王智民,等.γ-巯丙基键合硅胶用于脱除清茶复方水提液中的铅离子.中国实验方剂学杂志,2011,17(4): 49-52.

[68] P K, PATELS, MISHRA B K. Chemical modification of silica surface by immobilization of functional groups for extractive concentration of metalions. Talanta, 2004,62: 1005.

[69] EL-NAHHALI M, EL-ASHGAR N M. A review on polysilox- ane-immobilized ligand systems: synthesis, characterization and applications. J Organomet Chem,2007, 692: 2861.

[70] CESTARI A R, AIROLDI C. Chemisorption onthiol-Silicas: Divalent cations as a function of pH and primary amines onthiol-mercury adsorbed. J Colloid SurfSci,1997,195: 338.

[71] BADYAL J P, CAMERON A M, CAMERON N R, et al. Asimple method for the quantitative analysis of resin boundthiol groups. TetrahedronLett,2001,42: 8531.

[72] 王智民,高慧敏.键合硅胶类复合材料在脱除中药提取液中重金属的应用:中国,CN101444541. 2009-06-03.

[73] 邝才志,陈两绵,高慧敏,等.γ-巯丙基硅键合胶脱除黄连药液中重金属.中国实验方剂学杂志,2012,18(18): 20-23.

[74] 张硕,刘利亚,郭红丽,等.烷基硫脲功能化硅胶脱除刺五加提取物中重金属的技术适应性研究.中草药,2017,48(8): 1561-1570.

[75] GALAFFU N, MAN S P, WILKES R D, et al. Highly functionalised sulfu-based silica scavengers for the efficient removal of Palladium species from active pharmaceutical ingredients. Org Process Res Dev, 2007, 11(3): 406-413.

[76] 郭红丽,NORTH C,刘利亚,等.新型固体吸附技术去除灵芝提取物中重金属的初步研究.中草药,2015,46(12): 1764-1767.

[77] 刘应梅,银欢,褚良银.重金属离子吸附用微凝胶研究新进展.化工进展,2016,35(1110): 3323-3329.

[78] LIU P, JIANG L P, ZHU L X, et al. Novelapproachfor attapulgite/poly(acrylic acid) (ATP/PAA) nanocomposite microgels as selective adsorbent for Pb(Ⅱ) ion. Reactive and Functional Polymers, 2014,74: 72-80.

[79] 史艳茹,李奇,王丽,等.三维网络水凝胶在重金属和染料吸附方面的研究进展.化工进展,2011,30(10): 2294-2303.

[80] 张敏,李碧婵,陈良壁.互穿网络聚合物水凝胶的制备及其吸附研究进展.化工进展,2015,34(4): 1043-1049.

[81] PEPPAS N A, OTTENBRITE R M, PARK K, et al. Biomedical applications of hydrogels handbook. NewYork: Springer Science & BusinessMedia,2010.

[82] DENIZLI A, SANLI N, GARIPCAN B, et al. Methacryloylamidoglutamic acid incorporated porous poly(methyl methacrylate) beads for heavy-metal removal. Industrial & Engineering Chemistry Research,2004,43(19): 6095-6101.

[83] WANG Q, GUAN Y P, LIU X, et al. Micron-sized magneticpolymermicrospheres for adsorption and separation of Cr(Ⅵ) from aqueous solution. Chinese Journal of Chemical Engineering,2012,20(1): 105-110.

[84] LI C C, ZHANG Y W, PENG J, et al. Adsorption of Cr(Ⅵ) using cellulose microsphere-based adsorbent prepared by radiation-induced grafting. Radiation Physicsand Chemistry,2012,81(8): 967-970.

[85] CAO J, TAN Y B, CHE Y J, et al. Novel complex gel beads composed of hydrolyzed polyacrylamide and chitosan: an effective adsorbent for the removal of heavy metal from aqueous solution. BioresourceTechnology,2010,101(7): 2558-2561.

[86] 郑平.分子印迹固相萃取技术及其在食品安全分析中的应用.合肥:合肥工业大学出版社,2011.

[87]　傅骏青,王晓艳,李金花,等. 重金属离子印迹技术. 化学进展,2016,28(1)：83 – 90.

[88]　牟怀燕,高云玲,付坤,等. 离子印迹聚合物研究进展. 化工进展,2011,30(11)：2467 – 2480.

[89]　牟怀燕. 离子印迹荧光传感器的制备与性能研究. 杭州：浙江工业大学,2011.

[90]　朱彩艳,马慧敏,张强,等. 离子印迹聚合物功能单体的研究进展. 化工进展,2014,33(11)：3013 – 3020.

[91]　DAKOVA I, KARADJOVA I, GEORGIEVA V, et al. Ion-imprinted polymethacrylic microbeads as new sorbent for preconcentration and speciation of mercury. Talanta,2009,78(2)：523 – 529.

[92]　顾金英,孙熔,葛婷婷,等. 铅离子印迹聚合物对 Pb^{2+} 的选择性吸附研究. 同济大学学报(自然科学版),2013,41(10)：1507 – 1512.

[93]　HE J, LU Y C, LUO G S. Ca（Ⅱ）imprinted chitosan microspheres：an effective and green adsorbent for the removal of Cu（Ⅱ）,Cd（Ⅱ）and Pb（Ⅱ）from aqueous solutions. Chemical Engineering Journal, 2014,244：202 – 208.

[94]　LUO X B, LIU L L, DENG F, et al. Novel ion-imprinted polymerusing crown ether as a functional monomer for selective removal of Pb（Ⅱ）ions in real environmental water samples. Journal of Materials Chemistry A,2013,1(28)：8280 – 8286.

[95]　崔青,赵红,张长桥,等. 壳聚糖功能微球负载贵金属的研究进展. 化工进展,2017,36(2)：595 – 601.

[96]　张艺钟,刘珊,刘志文,等. 壳聚糖凝胶球对 Cu(Ⅱ)和 Cr(Ⅵ)吸附行为的对比. 化工进展,2017(2)：712 – 719.

[97]　KADIBE, ABDELKRIM. Chitosanasasustainableorganocatalyst：a concise overview. ChemSusChem,2015,8(2)：217 – 244.

[98]　赵红,徐晓敏,徐建鸿,等. 微流控制备壳聚糖功能材料研究进展. 化工学报,2016,67(2)：373 – 378.

[99]　MLADENOVA E, KARADJOVA I, TSALEV D L. Solid-phaseextraction in the determination of gold, palladium, and platinum. Journal of Separation Science,2012,35：1249 – 1265.

[100]　BAIG R B N, NADAGOUDA M N, VARMA R S. Ruthenium on chitosan：arecyclableheterogeneous catalyst for aqueoushydration of nitriles to amides. Metrology & Measurement Technique,2003, 16(4)：2122 – 2127.

[101]　VOKD N, GUILLON E, DUPONT L, et al. Influence of Au（Ⅲ）interactions with chitosan on gold nanoparticle formation. Journal of Physical Chemistry C,2014,118(8)：4465 – 4474.

[102]　HUANG H, YANG X. Synthesis of chitosan-stabilizedgoldnanoparticles in the absence/presence of tripolyphosphate. Biomacromolecules, 2004,5(6)：2340 – 2346.

[103]　VINCENT T, GUIBAL E. Chitosan-supported palladium catalyst. 5. nitrophenol degradation using palladium supported on hollow chitosan fibers. Environmental Science & Technology,2004,38(15)：4233 – 4240.

[104]　徐晓宁,曹发海. 二氧化硅微球负载钌催化剂的制备及其在苯乙酮不对称氢转移反应中的应用. 化工学报,2016,67(6)：2340 – 2348.

[105]　LIU L, YANG J P, JU X J, et al. Monodisperse core-shell chitosan microcapsules for pH-responsive burst release of hydrophobic drugs. AIChEMeeting,2011：4821 – 4827.

[106]　LI L, CUI L, BAO C, et al. Preparation and characterization of chitosan/graphene oxide composites for the adsorption of Au(Ⅲ) and Pd（Ⅱ）. Talanta,2012,93(2)：350 – 357.

[107]　孔丹丹,王蓉,郭一飞,等. 仿生材料用于小柴胡汤复方制剂中重金属镉、铅、汞的同步脱除性能研究. 世界科学知识——中医药现代化,2020,22(2)：353 – 361.

[108]　郭红丽,CHRISTOPHER NORTH,刘利亚,等. 新型固体吸附技术去除灵芝提取物中重金属的初步研究. 中草药,2015,46(12)：1764 – 1767.

[109]　REGINATO G, SADLER P, ROBIN D W. Scaling up metal scavenging operations for pharmaceutical pilot plant manufactures. Org Proc Res Dev, 2011, 15(6)：1396 – 1405.

[110]　滕洪辉,彭雪,高彬. 石墨烯基复合材料去除水中重金属研究进展. 化工进展,2017,36(2)：602 – 610.

[111]　ZHU M C, HE Q L, SHAO L, et al. An overview of the engineered graphene nanostructures and nanocomposites. RSC Advances, 2013, 3：22790 – 22824.

[112]　LU M, LI J, YANG X, et al. Applications of graphene-based materials in environmental protection and detection. Chinese Science Bull, 2013,58(22)：2698 – 2710.

[113]　KEMP K C, SEEMA H, SALEH M, et al. Environmental applications using graphene composites：Water remediation and gas adsorption. Nanoscale,2013,5(8)：3149 – 3171.

[114]　覃发梅,邱学青,孙川,等. 纳米纤维素去除水体系重金属离子的研究进展. 化工进展,2019,38(7)：3390 – 3401.

[115]　TAN K W, HEO S K, FOO M L, et al. An insight into nanocellulose as soft condensed matter：Challenge and future prospective toward environmental sustainability. Science of the Total Environment, 2019, 650(1)：1306 – 1329.

[116]　MAHFOUDHI N, BOUFI S. Nanocellulose as a novel nanostructured adsorbent for environmental remediation：A review. Cellulose, 2017, 24(3)：1171 – 1197.

[117]　KLEMM D, CRANSTON E D, FISCHER D, et al. Nanocellulose as a natural source for groundbreaking applications in materials science：Today's state. Materials Today, 2018, 21(7)：720 – 748.

[118]　ZHU H, LUO W, CIESIELSKI P N, et al. Wood-derived materials for green electronics, biological devices, and energy applications. Chemical Reviews, 2016, 116(16)：9305 – 9374.

[119]　KARIM Z, CLAUDPIERRE S, GRAHN M, et al. Nanocellulose based functional membranes for water cleaning：Tailoring of mechanical properties, porosity and metal ion capture. Journal of Membrane Science, 2016, 514：418 – 428.

[120] MOHAMMED N, GRISHKEWICH N, TAM K C. Cellulose nanomaterials: Promising sustainable nanomaterials for application in water/wastewater treatment processes. Environmental Science Nano, 2018, 5: 623-658.

[121] ABOU-ZEIDRE, KHIARIR, EL-WAKILN, et al. Currentstateand new trends in the use of cellulose nanomaterials for wastewater treatment. Biomacromolecules, 2019, 20(2): 573-597.

[122] FACCHIDP, CAZETTAAL, CANESINEA, et al. Newmagnetic chitosan/alginate/Fe_3O_4@SiO_2hydrogel composites applied for removal of Pb(Ⅱ) ions from aqueous systems. Chemical Engineering Journal, 2017, 337: 595-608.

[123] ZHU C, LIU P, MATHEW A P. Self-assembled TEMPO cellulose nanofibers-graphene oxide based biohybrids for water purification. ACS Applied Materials & Interfaces, 2017, 9(24): 21048-21058.

[124] BO S, REN W, LEI C, et al. Flexible and porous cellulose aerogels/ zeolitic imidazolate framework (ZIF-8) hybrids for adsorption removal of Cr(Ⅳ) from water. Journal of Solid State Chemistry, 2018, 262: 135-141.

[125] ZHU H, YANG X, CRANSTON E D, et al. Flexible and porous nanocellulose aerogels with high loadings of metal-organic-framework particles for separations applications. Advanced Materials, 2016, 28(35): 7652-7657.

[126] 王重庆,王晖,江小燕,等. 生物炭吸附重金属离子的研究进展. 化工进展,2019,38(1): 692-706.

[127] International Biochar Initiative. Standardized product definition and product testing guidelines for biochar that is used in soil [EB/ OL]. [2022-09-09]. https://www.biochar-international.org/wp-content/uploads/ 2018/04/IBI_Biochar_Standards_V2.1_Final.pdf.

[128] RIZWAN MUHAMMAD, ALI SHAFAQAT, QAYYUM MUHAMMAD FAROOQ, et al. Mechanisms of biochar-mediated alleviation of toxicity of trace elements in plants: a critical review. Environmental Science and Pollution Research International, 2015, 23(3): 2230-2248.

[129] HOUBEN D, EVRARD L, SONNET P. Mobility, bioavailability and pH-dependent leaching of cadmium, zinc and lead in a contaminated soil amended with biochar. Chemosphere, 2013, 92(11): 1450-1457.

[130] 王靖宜,王丽,张文龙,等. 生物炭基复合材料制备及其对水体特征污染物的吸附性能. 化工进展,2019,38(8): 3838-3851.

[131] UCHIMIYA M, CHANG S C, KLASSON K T. Screening biochars for heavy metal retention in soil: Role of oxygen functional groups. Journal of HazardousMaterials, 2011, 190(1/2/3): 432-441.

[132] 余伟光,黎吉辉,王敦,等. 香蕉茎秆生物炭的制备及其对铜离子的吸附特性. 化工进展,2017,36(4): 1499-1505.

[133] CAO X, MA L, GAO B, et al. Dairy-manure derived biochar effectively sorbs lead and atrazine. Environmental Science & Technology, 2009, 43(9): 3285-3291.

[134] DING W, DONG X, IME I M, et al. Pyrolytic temperatures impact lead sorption mechanisms by bagasse biochars. Chemosphere, 2014, 105: 68-74.

[135] 王靖宜,王丽,张文龙,等. 生物炭基复合材料制备及其对水体特征污染物的吸附性能. 化工进展,2019,38(8): 3838-3851.

[136] RAJAPAKSHA A U, CHEN S S, TSANG D C W, et al. Engineered/ designer biochar for contaminant removal/immobilization from soil and water: potential and implication of biochar modification. Chemosphere, 2016, 148: 276-291.

[137] PENG H B, GAO P, CHU G, et al. Enhanced adsorption of Cu(Ⅱ) and Cd(Ⅱ) by phosphoric acid-modified biochars. Environmental Pollution, 2017, 229: 846-853.

[138] JIN J, LI S W, PENG X Q, et al. HNO_3 modified biochars for uranium (Ⅵ) removal from aqueous solution. Bioresource Technology, 2018, 256: 247-253.

[139] ZHOU X H, ZHOU J J, LIU Y C, et al. Preparation of iminodiacetic acid-modified magnetic biochar by carbonization, magnetization and functional modification for Cd(Ⅱ) removal in water. Fuel, 2018, 233: 469-479.

[140] YAN L L, KONG L, QU Z, et al. Magnetic biochar decorated with ZnS nanocrytals for Pb(Ⅱ) removal. ACS Sustainable Chemistry & Engineering, 2015, 3(1): 125-132.

[141] 申朋飞,朱颖颖,李信宝,等. 植物基活性炭的制备及吸附应用研究进展. 化工进展,2019,38(8): 3763-3773.

[142] 王勋,曾丹林,陈诗渊,等. 生物质活性炭的研究进展. 化工新型材料,2018,46(6): 27-30.

[143] 王昀,贾腾,裘式纶. 自活化乌拉草基多孔碳的制备和电化学性质. 高等学校化学学报,2016,37(6): 1042-1049.

[144] 武瑞燕,薛小艳,王勇,等. 莲藕基活性炭对 Fe(Ⅲ) 的识别及去除性能研究. 功能材料,2017,48(9): 9074-9079.

[145] 邓志华,刘佩琪,邓清,等. 椰壳活性炭对水中重金属离子的吸附研究. 化工新型材料,2018,46(3): 273-276.

[146] 李晓森,卢滇楠,刘铮. 采用废弃农林生物质吸附和回收重金属研究进展. 化工进展,2012,31(4): 915-919.

[147] 张颖. 农业固体废弃物资源化利用. 北京：化学工业出版社,2005.

[148] GARG UMESH K, KAUR M P, GARG V K, et al. Removal of nickel(Ⅱ) from aqueous solution by adsorption on agricultural waste biomass using a response surface methodological approach. Bioresource Technology, 2008, 99: 1325-1331.

[149] LI X M, TANG Y R, XUAN Z X, et al. Study on the preparation of orange peel cellulose adsorbents and biosorption of Cd^{2+} from a aqueous solution. Separation and Purification Technology, 2007, 55: 69-75.

[150] DAKIKY M, KHAMIS M, MANASSRA A. Selective adsorption of chromium(Ⅵ) in industrial wastewater using low-cost abundantly available adsorbents. Advances in Environmental Research, 2002(6): 533-540.

[151] MOHAN DINESH, SINGH KUNWAR P, SINGH VINOD K. Trivalent chromium removal from wastewater using low cost activated carbon derived from agricultural waste material and activated carbon fabric cloth. Journal of Hazardous Materials B, 2006, 135: 280-295.

[152] 杨贯羽,张敬华,邹卫华,等. 梧桐树叶吸附铜离子前后红外光谱分析比较. 光谱实验室,2006,23(2): 390-329.

[153] 杨平. 微波-生物质处理含铬废水废渣中铬的技术研究. 昆明：昆明理工大学,2006.

[154] 陈云嫩.废麦糟生物吸附剂深度净化水体中砷、镉的研究.长沙：中南大学,2009.

[155] 姚康德,成国祥.智能材料.北京：化学工业出版社,2002.

[156] 左振宇,张光辉,雷福厚,等.分子印迹聚合物在中药活性成分分离中的应用进展.中草药,2017,48(23)：5019-5031.

[157] 张建清.孔雀石绿分子印迹聚合物及96孔检测板的制备研究.青岛：中国海洋大学,2016.

[158] 杨珊.基于不同载体表面分子印迹聚合物的合成及其识别蛋白性能的研究.长沙：湖南大学,2014.

[159] 刘军,任汝全,张燕如,等.五种黄酮类分子印迹分离技术研究及应用进展.化工进展,2019,38(7)：3365-3376.

[160] 成洪达,邢占芬,张平平.芦丁-Cu^{2+}配位印迹聚合物的制备与吸附作用研究.中草药,2015,46(24)：3666-3669.

[161] LI X, TONG Y, JIA L, et al. Fabrication of molecularly cholesterol imprinted polymer particles based on chitin and their adsorption ability. Monatsh Chem, 2015, 146(3)：423-430.

[162] HUANG F, WANG B, LI M. Synthesis and evaluation of a metal-complexing imprinted polymer for Chinese herbs quercetin. J Appl Polym Sci, 2012, 126(2)：501-509.

[163] 买买提·吐尔逊,热萨莱提·伊敏,摇买合木提江·杰力,等.分子模拟-活性自由基聚合法制备山柰酚分子印迹整体柱及其性能评价.分析化学,2017,45(5)：741-746.

[164] ZHANG H, XU F, DUAN Y, et al. Selective adsorption and aeparation of (−)-epigallocatechin gallate (EGCG) based on silica gel surface molecularly imprinted polymers. Ieri Procedia, 2013(5)：339-343.

[165] 谢娟平.双藿苷A分子印迹聚合物的制备及应用.中成药,2017,39(4)：855-857.

[166] 王松,王兵,单娟娟.沉淀法制备中药黄芩素分子印迹微球.高分子材料科学与工程,2015,31(1)：170-174.

[167] 曾绍梅,焦必宁,刘广洋,等.类特异性分子印迹固相萃取/高效液相色谱法分析马尿泡果实中4种托烷类生物碱.分析测试学报,2016,35(4)：373-379.

[168] 安磊,王冬美,佟飞,等.苯丙氨酸衍生物分子印迹聚合物的制备及手性识别机理.高分子材料科学与工程,2015,31(12)：37-43.

[169] 董胜强,李承溪,朱秀芳,等.香豆素分子印迹复合膜的制备与性能研究.云南大学学报：自然科学版,2014,36(1)：101-107.

[170] 宋亚玲,王雪晶,倪付勇,等.表面分子印迹技术在分离桂枝茯苓胶囊中PGG的应用.中国中药杂志,2015,40(6)：1012-1016.

[171] 邱磊,黄姣姣,顾小丽,等.黄芩苷分子印迹聚合物制备及其机制分析.中国实验方剂学杂志,2015,21(23)：12-16.

[172] MA R, SHI Y. Magnetic molecularly imprinted polymer for the selective extraction of quercetagetin from Calendula officinalis extract. Talanta, 2015, 134：650-656.

[173] 王素素,张月,李辉,等.芦丁-槲皮素双模板印迹聚合物的制备、表征及识别.应用化学,2015,32(11)：1290-1298.

[174] FAN D, LI H, SHI S, et al. Hollow molecular imprinted polymers towards rapid, effective and selective extraction of caffeic acid from fruits. J Chromatogr A, 2016, 1470：27-32.

[175] XIE L, GUO J, ZHANG Y, et al. Novel molecular imprinted polymers over magnetic mesoporous silica microspheres for selective and efficient determination of protocatechuic acid in Syzygium aromaticum. Food Chem, 2015, 178：18-25.

[176] XIANG H, FAN D, LI H, et al. Hollowporousmolecularly imprinted polymers for rapid and selective extraction of cinnamic acid from juices. J Chromatogr B, 2017, 1049-1050：1-7.

[177] LI P F, WANG T, LEI F. Preparation and evaluation of paclitaxel-imprinted polymers with a rosin-based crosslinker as the stationary phase in high-performance liquid chromatography. J Chromatogr A, 2017, 1502：30-37.

[178] 倪付勇,刘露,宋亚玲,等.分子印迹技术定向分离桂枝茯苓胶囊中活性成分去氢土莫酸.中草药,2015,46(6)：853-856.

[179] MIURA C, MATSUNAGA H, HAGINAKA J. Molecularly imprinted polymer for caffeic acid by precipitation polymerization and its application to extraction of caffeic acid and chlorogenic acid from Eucommia ulmodies leaves. J Pharm Biomed Anal, 2016, 127(4)：32-38.

[180] 廖森.去甲二氢愈创木酸表面分子印迹聚合物的制备、表征及性能研究.衡阳：南华大学,2016.

[181] 徐鹏飞.葡萄糖分子印迹聚合物的合成及其特异性吸附研究.哈尔滨：哈尔滨工业大学,2015.

[182] 陈子龙,杨鑫,吴亚芬,等.虚拟模板分子印迹聚合物在天然产物分离中的研究进展.中国中药杂志,2020,45(4)：809-815.

[183] MATSUIJ, FUJIWARA K, TAKEUCHI T. Atrazine-selective polymers prepared by molecular imprinting of trialkylmelamines as dummy template species of atrazine. Anal Chem, 2000, 72(8)：1810-1816.

[184] WULANDARI M, URRACA J L, DESCALZO A B, et al. Molecularly imprinted polymers for cleanup and selective extraction of curcuminoids in medicinal herbal extracts. Anal Bioanal Chem, 2015, 407(3)：803-807.

[185] ZHAO Q Y, ZHAO H T, YANG X, et al. Selective recognition and fast enrichment of anthocyanins by dummy molecularly imprinted magnetic nanoparticles. J Chromatogr A, 2018, 1572：9-12.

[186] YOU Q P, PENG M J, ZHANG Y P, et al. Preparation of mag-netic dummy molecularly imprinted polymers for selective extraction and analysis of salicylic acid in Actinidia chinensis. Anal Bioanal Chem, 2014, 406(3)：831-835.

[187] GE Y, GUO P, XU X, et al. Selective analysis of aristolochic acid I in herbal medicines by dummy molecularly imprinted solid-phase extraction and HPLC. J Sep Sci, 2017, 40(13)：2791-2795.

[188] WANG X, PAN J, GUAN W, et al. Selective recognition of sesamolusing molecularly imprinted polymers containing magnetic wollastonite. J Sep Sci, 2011, 34(22)：3287-3291.

[189] MA X, LIN H, HE Y, et al. Magnetic molecularly imprinted pol-ymers doped with graphene oxide for the selective recognition and extraction of four flavonoids from Rhododendron species. J ChromatogrA, 2019, 1598：39-46.

［190］ MA W, TANG B, ROW K H. Exploration of a ternary deep eu-tectic solvent of methyltriphenylphosphonium bromide／chalcone／formic acid for the selective recognition of rutin and quercetin in Herba Artemisiae Scopariae. J Sep Sci,2017,40（16）：3248－3251.

［191］ LI X Y, BAI L H, HUANG Y P, et al. Isolation of epigallocate- chin gallate from plant extracts with metallic pivot-assisted dummy imprinting. Anal Lett,2016,49（13）：2031－2037.

［192］ HE X, CHEN J, WANG J, et al. Multipoint recognition of do- moic acid from seawater by dummy template molecularly imprinted solid-phase extraction coupled with high-performance liquid chro- matography. J Chromatogr A,2017,1500：61－67.

［193］ SUN G Y, WANG C, LUO Y Q, et al. Cost-effective imprinting combining macromolecular crowding and a dummy template for the fast purification of punicalagin from pomegranate husk extract. J Sep Sci,2016,39（10）：1963－1968.

［194］ YU L, YUN Y, ZHANG W. Preparation, recognitioncharacteristics and properties for quercetin molecularly imprintedpolymers. Desalinationand Water Treatment,2011,34（1/2/3）：309－314.

［195］ PENG L, WANG Y, ZENG H, et al. Molecularly imprinted polymer for solid-phase extraction of rutin in complicated traditional Chinese medicines. Analyst, 2011, 136（4）：756－763.

［196］ PARDO A, MESPOUILLE L, BLANKERT B, et al. Quercetin- imprinted chromatographic sorbents revisited：optimization of synthesis and rebinding protocols for application to natural resources. Journal of Chromatography A, 2014, 1364：128－139.

［197］ 周菊英,张玲玉,李鹏飞,等. 以马来松香丙烯酸乙二醇酯为交联剂的分子印迹聚合物对槲皮素的选择吸附性能. 精细化工, 2016,33（3）：314－319.

［198］ ANSARI S, KARIMI M. Recent configurations and progressive uses of magnetic molecularly imprinted polymers for drug analysis. Talanta, 2017, 167：470－485.

［199］ QIU H, LUO C, FAN L, et al. Molecularly imprinted polymer prepared by precipitation polymerization for quercetin. Advanced Materials Research, 2011, 306/307：646－648.

［200］ NASSER I I, ALGIERI C, GAROFALO A, et al. Hybrid imprinted membranes for selective recognition of quercetin. Separation and Purification Technology, 2016, 163：331－340.

［201］ 苏立强,李继姣,高源.槲皮素表面分子印迹聚合物的制备及其应用研究.化学通报,2016,79（4）：349－354.

［202］ ZENGIN A, BADAK M U, AKTAS N. Selective separation and determination of quercetin from red wine by molecularly imprinted nanoparticles coupled with HPLC and ultraviolet detection. Journal of Separation Science, 2018, 41（17）：3459－3466.

［203］ 买买提·吐尔逊,古丽巴哈尔·达吾提,热萨莱提·伊敏,等.基于活性自由基聚合的槲皮素分子印迹聚合物的合成及在维药祖卡木颗粒活性成分分析中的应用.高等学校化学学报,2015,36（12）：2402－2408.

［204］ HEMMATI K, MASOUMI A, GHAEMY M. Tragacanth gum-based nanogel as a superparamagnetic molecularly imprinted polymer for quercetin recognition and controlled release. Carbohydrate Polymers, 2016, 136：630－640.

［205］ 朱秀梅.可逆加成－断裂链转移聚合机理及其应用研究进展.工业设计,2012（2）：252－253.

［206］ 毛国梁,王欣,宁英男,等.基于 RAFT 聚合策略合成功能化聚烯烃嵌段聚合物的研究进展.化工进展,2012,31（10）：2282－2287.

［207］ SUNIL K, PARAMITA K, RASHMI M, et al. Designing of fluorescent and magnetic imprinted polymer for rapid, selective and sensitive detection of imidacloprid via activators regenerated by the electron transfer-atom transfer radical polymerization （ARGET－ATRP） technique. J Phys Chem Solids, 2018, 116：222－233.

［208］ 苏立强,靳岩爽,陈嘉琪,等.基于 ATRP 技术制备姜黄素分子印迹复合膜及应用.中草药,2019,50（6）：1348－1353.

［209］ 顾睿,李石平,倪付勇,等.分子印迹技术分离桂枝茯苓胶囊中芍药苷类活性组分成分.世界科学知识——中医药现代化,2015, 17（5）：1051－1055.

［210］ 倪付勇,刘露,宋亚玲,等.分子印迹技术定向分离桂枝茯苓胶囊中活性成分去氢土莫酸.中草药,2015,46（6）：853－856.

［211］ GONG T Y, CAO X J. Preparation of molecularly imprinted polymers for artemisinin based on the surfaces of silica gel. J Biotechnol, 2011, 153（1/2）：8－14.

第三章
中药制药分离过程优化原理的
考察指标、数学评估方法

第一节 关于中药制药分离过程
优化原理的思考

一、中药制药分离过程优化原理的科学本质

有关中药制药过程分离原理的定义,我们已在第一章作过讨论,本章主要讨论中药制药分离过程优化原理。

"安全、有效、稳定、均一、经济"是世界卫生组织(World Health Organization,WHO)评价现代化、国际化中成药优良品种的标准。毫无疑问,这也是构成中药制药过程"分离"原理要素的根基和中药制药分离工艺设计的基本原则。

提取分离是中药制药领域的共性关键工艺流程,其目标是从中药(单味及复方)中获取药效物质。随着科学技术的不断进步,多学科研究方法的不断融合,有关中药物质基础的研究思路与方法不断涌现,从早期对中药材中化学成分的提取→分离→结构鉴定→活性分析,逐步过渡到化学成分研究与药效活性筛选相结合,或以药效活性为导向的化学成分研究模式。与此同时,研究者发现从天然药物中获得的化学成分存在结构复杂、含量低不易工业化生产、生物利用度低、体外药效试验结果与体内药效试验结果不一致、毒副作用增强等问题。进入 21 世纪以来,人们对中药尤其是复方的研究取得了一些共识,"强化主效应,兼顾次效应,减少副效应,融整体调节、对抗补充于一体,改变传统中药'黑大粗'的形象"成为众多研究者孜孜以求的目标,也成为中药制药分离过程优化原理构成要素的基石。

依据中医药研究与应用的不同需要,提取方法主要有浸渍法、渗漉法、回流法、煎煮法等,分离手段有膜分离、树脂吸附、超临界流体萃取、双水相萃取、分子蒸馏、亲和色谱等。但这些分离技术多源于其他学科领域,对这些技术用于中药领域的最优工作状态目前尚缺乏科学、合理的评价标准,这也成为这些技术在中药提取分离应用范围受限的主要原因。而依据现代天然产物化学的研究,许多植物类中药已能分离鉴定出 100 种左右化学成分。一个由 4~5 味中药组成的复方可能含有 300~500 种甚至更多的化学成分。如何从中筛选出效应物质并将它们有效分离,使被分离产物能够代表中药的功用,已经成为中药制药分离工程领域所面临的共性科学问题。其科学本质是探索符合中医药内涵的现代中药制药分离过程优化原理,而建立与之相匹配的制药分离工艺评价体系则是解决这一科学问题的关键所在。

鉴于中药物质基础的复杂性,中药提取物是一种具有大量非线性、多变量及相关数据特征的复杂化学体系,其中蕴藏有非常丰富的生物医学信息。为适应中药制药分离工程的需要,应借鉴系统科学的原理,建立中药制药分离过程评价体系的若干科学原则。

二、中药制药分离过程优化原理要素之一:配伍协同性

中医治病的原则是辨证论治,特别强调整体概念,中药复方十分重视药物间的相互配伍。按照中药

配伍理论,各单味中药按"君、臣、佐、使"及不同剂量组成的中药复方具有独特的临床疗效,不仅为几千年的中医药史和大量临床案例所证实,也为越来越多的欧美人民所信服和接受。单味中药一般均含几十种化学成分,组成复方少则三四味,多则十来味,上百种化学成分,还有因共煎煮时,发生的物理或化学反应,有可能导致某些化学成分消失或产生新的化合物。中药复方把人体作为一个整体,对疾病从生理、病理上进行调整和治疗。中药复方的药效作用具有多靶点的性质,即对多个器官或组织具有调整、治疗的药效,但并不是不分主次的多个靶点,而是按"君、臣、佐、使"有机地整体协同效应。因此,包括药效物质分离在内的中药复方研究应结合中医理论考虑多成分、多作用部位,这些成分之间的协同、拮抗、相乘、相加等作用,同时也要考虑到吸收代谢过程中的相互作用。

天然药物多成分间的协同作用是天然药物不同于单一化学药物的重要且独特作用模式。美国塔夫茨大学(Tufts University)的 Frank R · Stermitz 教授报道了一个出色的研究实例[1],小檗碱和黄酮木质素 5′−MHC 的协同抗菌作用使小檗属植物几乎不会受到细菌性病原菌的感染。5′−MHC 是专一的微生物多药耐药泵(MDR pump)抑制剂,具有强烈抑制微生物多药耐药泵外排小檗碱的作用。5′−MHC 单独给药时并没有抗菌作用;但当 5′−MHC 与小檗碱同时给药,小檗碱的最低抑菌浓度可以降低到单独使用小檗碱时的 1/500(0.3 μg/mL)。

又如,毓神口服液是治疗中风的经验方,组成为防风、黄芩、生姜、白芍、川芎等,研究显示该方具有良好的神经保护作用。朱心红等[2]选用不同的工艺条件制备了毓神口服液的不同制剂,分别记为样品1~6,分别对各样品指纹图谱进行分析(图 3−1),并在大鼠前脑缺血-再灌注模型上,观察各样品对前脑缺血大鼠模型-再灌注 7 天后的海马 CA1 区神经元的保护作用。

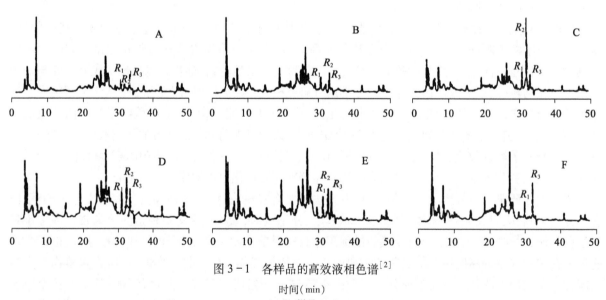

图 3−1　各样品的高效液相色谱[2]

时间(min)

A~F: 样品 1~6

R_1、R_2、R_3 分别指与毓神口服液药效密切相关的 3 个峰

试验结果表明,样品 4 和样品 5 的疗效与其他几个样品的疗效有明显的差异,可以认为其他几个样品几乎没有疗效。结合高效液相色谱图谱可以发现,色谱图中 R_1、R_2、R_3 的适当比例与疗效存在极大的相关性。其中 R_2 峰的存在对药效有显著影响,没有 R_2 峰不体现药效;但 R_2 峰并非越大越好,只有在 R_1、R_2、R_3 有适当的比例的时候,才能体现最好的药效。所以可认定 R_2 峰是有效成分,但若选择以 R_2 峰所代表的物质作为该方的质量控制指标,又明显是不合适的,因此该方的质量控制必须选择至少含 R_2 峰所代表的物质的几个成分的比例组合作为质量控制指标才有实际意义。

根据上述试验结果,就毓神口服液在大鼠前脑缺血-再灌注模型上产生的神经保护作用来说,其作用效应应该是以含有 R_2 峰所代表物质的多成分组合效应,而并非某单一成分的效应。而这种多成分组合效应在制药分离过程工艺优化设计中的表达即是考察指标的权重设置。

三、中药制药分离过程优化原理要素之二：系统共存性

中药是各组分按一定规则组合的一个系统,中药是各组分按一定规则组合的一个系统,就系统论而言,任何一个系统都是由若干部分,按照一定规则有序组合构成的一个有机整体,整体具有部分或部分总和没有的性质与功能。换而言之,整体不等于部分之和,或大于部分之和,或小于部分之和,或近似地等于部分之和。由于中药本身就是一个复杂的复方化学体系,如将中药有效成分单体从中药材中分离提纯,使其脱离与其天然共存的化学体系,并不一定就能产生好的吸收与疗效,这也佐证了中药的"药辅共生"理论。

中医药配伍理论指出,方剂"君、臣、佐、使"的实质在于各效应成分的合理组合。主治效应成分对主病或主证起主要治疗作用,辅治效应成分通过对前者治疗效应的协同、不良反应的拮抗及直接治疗兼证或次要症状而起辅助治疗作用。两者在体外过程通过物理化学作用、在体内过程中通过药效和药动学作用表现出有规律地相互影响,最终使全方对主治证产生最佳的综合治疗效应。

从药物动力学角度而言,臣、佐、使药中的效应成分可能影响君药中效应成分的吸收、分布、代谢与排泄。另外,药物的疗效不仅与药物的化学结构和剂量有关,药物本身的理化性质不同,也会影响药物的体内过程,尤其是吸收过程,从而影响药物的疗效。例如,以黄连解毒汤为例,研究不同药味组合中盐酸小檗碱的吸收情况,结果表明该方四味药组合应用的疗效明显优于单味生药及其他组合。即多个成分以合理的比例同时作用于机体时产生的药效要优于单个盐酸小檗碱的药效。

上述研究充分说明各个中药组分之间存在着潜在的协同或制约的关系,正是基于药物组分之间的潜在关系,针对复杂证候的需要和治则治法提出的要求,按"君、臣、佐、使"进行有序组合,从而形成既有分工又有合作、既有协同又有制约及整体目标、功能、定位都十分明确的药物组合体。这种组合体的属性或功能,绝不是各味中药属性或功能叠加的总和。根据系统性原则,在对中药及其复方进行提取分离工艺设计时,就必须既要研究中药的组成部分,也要研究各组分之间有机联系的总和。

例如,雷公藤(*Tripterygium wilfordii*),近年来在临床用于治疗类风湿性关节炎、慢性肝炎、慢性肾炎、强直性脊柱炎及各种皮肤病,包括银屑病、系统性红斑狼疮、过敏性脉管炎、麻风病等,取得了或多或少令人鼓舞的疗效。与此同时,还进行了大量有关其提取和分离的化学和药理学研究工作,许多这种植物的处方已经开发并应用于临床,其中一种被称作雷公藤多苷的植物有效部位已广泛应用于临床[3]。它从根的木质部提取,首先用水,然后用氯仿,最后用柱层析分离而获得,25 g 木质可以提出 1 g 雷公藤多苷。由于植物中的主要毒性成分二萜含量极少,因此,雷公藤多苷的毒副作用较之粗煎剂要少得多。

为阐明药物的活性成分及作用机制,从雷公藤多苷中分离出了 12 种化合物,其中 10 种被确认为是雷公藤内酯甲(1)、雷公藤内酯乙(2)、orthosphenic(3)、$3\beta,22\beta$-二羟基-12-乌索烯-30-酸(4)、$3\beta,22\alpha$-二羟基-12-齐墩果烯-29-酸(5)、$3\beta,22\beta$-二羟基-12-齐墩果烯-29-酸(6)、萨拉子酸(7)、胡萝卜苷(8)、β-谷甾醇(9)和一种新的贝壳杉烷型二萜内酯 tripteryolide(10)。上面提到的化合物大部分进行了免疫学试验,其结果显示化合物 4、5 及 6 具有显著的免疫抑制作用。

文献报道已有 140 多种化合物从该植物中分离得到,主要可分为生物碱类、倍半萜类、二萜类和三萜类。据观察及思考,任何单体化合物都不可能表现出其全部的临床作用,它必须包含一系列的相同或不同结构类型的活性成分。因此,阐明其根及制剂的生物活性成分,以及合理地解释其作用仍旧是一个悬而未决的问题。

又如，宋敏等[4]在《丹参提取物有效成分在大鼠体内的药代动力学和相互影响研究》中提出，由于中药本身就是一个复杂的复方化学体系，如将中药有效成分单体从中药材中分离提纯，使其脱离与其天然共存的化学体系，并不一定就能产生好的吸收与疗效。

该研究的主要内容为：大鼠分别灌胃丹参水溶性成分（原儿茶醛和丹酚酸 B）、脂溶性成分（丹参酮 II$_A$ 和隐丹参酮）的单体，或含有相同剂量有效成分的丹参水溶性、脂溶性提取物后，分别测定各成分的药代动力学参数，比较有效成分单体和提取物中相应有效成分的药代动力学差异，研究丹参水溶性、脂溶性提取物中的其他共存成分对各有效成分在大鼠体内过程的影响。

结果表明，丹参水溶性提取物中的其他成分使原儿茶醛在大鼠体内吸收减少、消除变快，却促进丹酚酸 B 的吸收，并使其在体内的消除减缓。丹参脂溶性提取物中的其他成分促进药效成分丹参酮 II$_A$ 和隐丹参酮的吸收，使隐丹参酮在大鼠体内的吸收速度加快，同时使其从中央室向周边室分布，也促进隐丹参酮向丹参酮 II$_A$ 的转化。

这也佐证了中药的"药辅共生"理论。但也不能因此完全否定中药化学成分单体分离观点，因为某些成分由于中药共存组分对其产生拮抗作用，如原儿茶醛单体显示较好的吸收，对其进行提纯或合成开发也是有一定理论依据。

再如清络通痹是南京中医药大学国医大师周仲瑛教授治疗类风湿性关节炎的经验方，由清风藤等近十味中药组成，以水煎服，疗效显著。主要药效学试验表明，清风藤所含青藤碱是主要药效成分。青藤碱非水溶性成分，清风藤单味水提取，青藤碱转移率很低。但清风藤与其他药味以复方共煎时，青藤碱却具有较高的转移率。我们的试验表明，即使从优先考虑青藤碱转移率出发，采用乙醇提取复方，该提取物仍达不到复方水提取物的药理效应。这一事例充分说明中药提取分离工艺优化设计中的"系统共存性"原理，即当清风藤处于清络通痹复方系统中以水提取时，它才能发挥重要作用。

总之，中药药效物质基础的复杂性决定了应当从中医药理论自身固有的规律出发，着重在以系统、整体为主的方法论指导下，使用整体综合与还原分析相结合的方法，采用多样化的思路和手段进行研究，但也要在避免分析还原思维研究方法中容易忽视、遗漏或丢弃某些有价值信息的弊端。从中医药配伍理论出发，密切联系临床实际，指导中药复方的提取分离研究，才可能充分保留中药的整体优势和特色。

四、中药制药分离过程优化原理要素之三：复杂相关性

相关性原则是指同一系统的不同组成部分之间按一定的方式相互联系、相互作用，由此决定着系统的结构与整体水平的功能特征。不存在与其他部分无任何联系的孤立部分；不可能把系统划分为若干彼此孤立的子系统。在中药配伍中各组成部分之间的联系，被形象地定义为"君、臣、佐、使"的关系。"君、臣、佐、使"某一部分的存在是以其他部分的存在为前提的。"君、臣、佐、使"之间的联系可以是主次关系，也可以是协同关系、制约关系等。若用逻辑术语表达，即有可能是因果关系、结构关系、功能关系等。因此，在建立中药及其复方提取分离评价体系时，将系统内各组成部分的关联性正确表达出来，应该是研究的着眼点之一。

近年来，随着植物提取物在欧美国家的应用越来越广泛，研究人员发现，提取物的复杂组成可引起纯物质和植物提取物间的活性差异。国际学术界认为，植物提取物可分为基本活性物质与伴生物质，基本活性物质与其制剂的治疗特性完全或大体相关联。伴生物质可分为附加和无活性副产物。附加物质可增强或减弱基本活性物质的作用；无活性副产物无药理作用，其存在往往是不期望的。伴生物质可改变基本活性物质的理化性质，从而影响其生物药剂学参数，特别是影响活性物质从药物处方或植物提取物中的溶出及进一步吸收。

中医治病的特点是复方用药,发挥多成分、多途径、多环节、多靶点的综合作用和整体效应。中药制剂的疗效,在很大程度上取决于中药浸提、分离、精制等方法的选择是否恰当,工艺过程是否科学、合理。从制剂学的角度考虑,中药提取物的伴生物质,因其在制剂过程中可能与基本活性物质发生相互作用,或者其本身可能具有某种活性作用,又或者其可能具有助溶等作用。因此,在预测提取物的纯度与收率(大生产上常用出膏率表示)时,应充分考虑伴生物质的存在所造成的影响[5]。

本书作者课题组曾以黄连解毒汤不同药味组合中盐酸小檗碱吸收情况为例,探讨提取物伴生物质对活性物质吸收的影响。

试验方法:以 A、B、C、D 各代表黄连解毒汤的组方药味——黄连、黄柏、黄芩、栀子。进行体内吸收研究的组合分别为:① 黄连与黄柏(AB);② 黄连、黄柏及黄芩(ABC);③ 黄连、黄柏与栀子(ABD);④ 黄连、黄柏、黄芩与栀子(ABCD)。以大鼠为研究对象,动物分组及给药量:试验用大鼠质量均在(250±20)g,按随机数分组,给药前禁食 12 h,自由饮水,灌胃给予不同组合的样品。

样品1(AB):经精制的样品每只 0.200 g(约含盐酸小檗碱 50 mg);样品 2(ABC):经精制的样品每只 0.760 g(约含盐酸小檗碱 50 mg);样品 3(ABD):经精制的样品每只 0.493 g(约含盐酸小檗碱 50 mg);样品 4(ABCD):经精制的样品每只 0.890 g(约含盐酸小檗碱 50 mg)。

采血样方法:摘眼球取血。灌胃后 0.25、0.5、1、2、3、4、6、8、12、24 h 采血,每采血点 3 只大鼠。血样处理后采用 HPLC 法测定血药浓度,所测得的数据采用统计矩的方法,经由 PKBP - N1 软件处理得到药动学参数。

试验结果,各组合盐酸小檗碱药-时曲线见图 3-2。有关试验数据经单因素方差分析及多重比较分析:前 3 个组合中盐酸小檗碱的 AUC 与全方盐酸小檗碱的 AUC 均存在显著性差异。在给予相同剂量盐酸小檗碱的情况下,全方盐酸小檗碱的 AUC 明显大于其他组合,说明其他成分对于盐酸小檗碱的吸收具有促进作用。临床上该方四味药组合应用的疗效明显优于单味生药及其他组合,应有其内在的科学性与合理性。即多个成分以合理的比例同时作用于机体时产生的药效要优于单个盐酸小檗碱的药效作用,在该试验中得到验证。换个角度来看,植物提取物伴生物质提高活性物质的生物药剂学特性也在该试验中得到了验证。

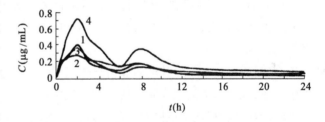

图 3-2　黄连解毒汤配伍中小檗碱药-时曲线[5]

血清药物化学原理指出,"给药后的血清才是真正起作用的制剂,血清中含有的成分才是中药的体内直接作用的物质"[6]。对于血管外给药来说,因为存在着吸收环节,制剂中未进入血清的物质对于药物的治疗作用乃至不良反应也是至关紧要的。

以上研究提示,从中药制药分离工艺优化原理的角度考虑,需要认识到多年来一直被视为杂质的中药提取物伴生物质,因其在制剂过程中与有关物质发生类似化学或物理化学反应,而可能具有下述功能[7-9]。

(1) 本身具有或可增强活性作用:如麦角中的蛋白质分解成组胺、酪胺和乙酰胆碱等,均能增强麦角生物碱的缩宫作用;大黄中所含的鞣质能缓和大黄的泻下作用,其流浸膏比单独服用大黄蒽醌苷泻下作用缓和,不良反应小;人参、黄芪、枸杞子、猪苓等具补益作用的中药材中所含的多糖类成分,在增强人体免疫功能、抗癌等方面显示出较强的生物活性;天花粉蛋白质可用于中期妊娠引产;金龙胆草中含有的树脂具有镇咳平喘功能;鞣质在注射剂中应作为杂质去除,而在五倍子中是具收敛作用的成分。

(2) 助溶剂作用:常用的助溶剂可分为两大类,一类是某些有机酸及其钠盐;如甘草酸、苯甲酸钠、水杨酸钠、对氨基苯甲酸钠等;另一类为酰胺类化合物,如乌拉坦、尿素、烟酰胺、乙酰胺等,此类物质或类似成分在中药中广泛存在。如洋地黄中的皂苷可帮助洋地黄苷溶解和促进其吸收；葛根淀粉可使麻黄碱游离，增加溶解度；黄连流浸膏中小檗碱的量大大超过小檗碱的溶解度，也是由于助溶成分存在所致。

（3）生成可溶性盐作用：如抗癌药槲皮素在水中溶解度很小，影响药物在体内的吸收和代谢，为此可将具有弱酸性基团的槲皮素与碱性精氨酸反应，形成槲皮素精氨酸复合物，可显著提高槲皮素的溶解度，从而提高槲皮素在体内的吸收与生物利用度。

（4）类磷脂复合物作用：磷脂是一类存在于生物界的含磷酸根的脂类物质，按来源分植物磷脂和动物磷脂。其分子中羰基的氧原子有较强的得电子倾向，因此在一定条件下，可与药物形成复合物。磷脂复合物能改善一些药物的胃肠道吸收或经皮吸收，故可获得较高的血药浓度且体内消除较慢，使生物利用度显著提高。关于天然活性成分磷脂复合物生物利用度的研究有水飞蓟素、多萜醇、积雪草总皂苷、黄芩苷等，其磷脂复合物均不同程度地表现出体内吸收好、生物利用度提高、作用时间延长、作用增强等特点。

（5）类似赋形剂的作用：中药制剂中有选择地保留少量非药效物质，可起到赋形剂的作用。如含有大量淀粉的药材细粉可作为稀释剂和崩解剂，药物的稠浸膏黏性很强，可作为黏合剂等。因此，在设计、选择中药（尤其是口服制剂）的提取精制工艺时，必须强化提取物伴生物质意识，不能盲目地追求有效成分，而影响整体疗效。

如上所述，植物提取物可分为基本活性物质与伴生物质，伴生物质可改变基本活性物质的理化性质，从而影响其生物药剂学参数，特别是活性物质从药物处方或植物提取物中的溶出和进一步吸收。以植物药为主体的中药，其提取物不仅具有上述体系的基本属性，还因处方"君、臣、佐、使"的配伍原理赋予了伴生物质更丰富的内涵和更具弹性的广阔空间。一方面，提取物中"臣、佐、使"药的有关成分可作为"基本活性物质"与"君"药的有关成分共同发挥多靶点治疗作用；另一方面，作为与基本活性物质共存的多种伴生物质，又因具有某些独特的性质而充当前者的天然辅料，对基本活性物质起着促进溶解与吸收的作用。

例如，膜分离技术及其他诸如树脂吸附、絮凝、高速离心等中药精制手段，其目的都是去除提取物的伴生物质，保留基本活性物质。由于各自技术原理不同，所去除伴生物质的种类与多少也有差异，试验体系精制前后物理化学性质的变化就是伴生物质去除这一微观过程的综合表征。因此，中药精制过程中所采用的不同分离技术对目标产物物理化学参数的改变有何规律，这种改变与中药提取物中伴生物质的组成有何相关性，以及它们对相关活性物质的吸收乃至对药物的疗效有何影响，是中药制药分离过程优化原理研究领域有待深入探究的内容。

鉴于药物体系的物理化学性质与其吸收过程具有密切的相关性。如何深入这一研究，建立起提取物体系物理化学参数与相关药物成分吸收的相关性数学模型，即通过检测药物体系的物理化学参数，评估其生物利用度，亦即如何使中药精制分离产物获得有利于药物吸收的物理化学性质，使分离产物准确、完整体现中药药效物质基础，从而准确、完整地体现中医辨证施治的疗效，以保证其有效性与安全性，应是分离工艺优化的重要原则之一。这一思路为从生物药剂学体内外相关性研究角度，为探索中药制药分离过程优化原理指出了新的方向。

相关性原则在中药材的提取工艺研究中也具有重要意义。目前有关工艺参数确定多采用正交、均匀试验设计来优选，这虽然能寻找到单个处方在试验条件下的主要优化工艺参数，但无法阐明提取过程各工艺参数的相互关系；无法阐明同一成分提取动力学量变一般规律；无法揭示中药药剂学的配伍机理；无法为大规模工业生产提供完整参数系统。

从探索中药制药分离过程优化原理的视野出发，为探索中药材中成分溶出规律的基础，可在假定中药浸提过程的速率是受扩散控制的前提下,根据中药浸提机制和扩散理论,建立在浸提温度保持不变条件下的动力学模型,并讨论浸提时间、溶剂倍量及颗粒粒度与浸出有效成分浓度之间的函数关系。在上述工作基础上,还可根据菲克定律、诺伊斯-惠特尼(Noyes-whitney)溶出理论和药材提取过程的实际情况,建立包括代数式的微积分方程组的中药复方溶出动力学数学模型,并对动力学参数求算进行分析。从而为中药提取工艺的量化研究及进一步的优化研究提供一定理论依据。

更为重要的是,贯穿于中药复方应用全过程的"君、臣、佐、使"等独特的配伍规律及效用优越性虽已为数千年的临床实践所证明;多年来国内外学者们也不遗余力企望破解中药复方的作用机制和物质基础,但由于中药复方的博大精深和复杂性,迄今,仍难以为其疗效提供科学依据。其关键问题之一,正如王永炎院士指出:中医药研究所面临的是一个复杂巨系统,其主要特征是表征被研究对象的各个指标不是成比例的变化,各指标之间呈非线性关系,不遵循线性系统的运动规律叠加原理,即如果把整个系统分解成数个较小的系统,并获取各子系统的运动规律,则这些子系统运动规律的叠加不是整个系统的运动规律[10]。中药药效物质化学组成多元化,而又具有多靶点作用机制,是一个具有大量非线性、多变量、变量相关数据特征的复杂体系,如何将其化学组成与活性作用耦合以阐明中药复方的作用机制和物质基础,从而建立具有产业化前景的"中药复方药效物质分离与生物活性评价技术体系"? 显然需要引入非线性复杂适应系统科学原理及研究思路,通过数据挖掘(data mining),进行知识发现(knowledge discovery in database,KDD)研究[11]。从优化设计技术层面来讲,寻找可有效处理从化学组成与作用机制试验研究中所获取的,具有非线性、多变量、变量相关、高噪声、非均匀分布、非高斯分布等部分甚至全部特征的复杂数据的数据挖掘算法,如统计多元分析、主成分分析、神经网络元、模式识别、支持向量机等[12],以及多种算法的取长补短、相互印证,是中药制药分离过程优化原理研究领域迫在眉睫的课题。

五、中药制药分离过程优化原理要素之四:多元有序性

有序性原则强调系统的最佳状态不仅有量的规定性,而且有质的规定性,质的规定性即有序性,也就是系统在结构和功能上都达到所需的有序化程度。

例如,任爱农等[13]在中药复方清清颗粒提取工艺优选研究中,依据中药成分提取工艺优选中包含的指标性成分和浸出物这样单层次、多指标的体系,在确定指标权重时,采用了层次分析法。

清清颗粒是在传统验方的基础上,根据中医辨证施治的原则,由黄连、黄芩、芍药、甘草组成的现代中药复方制剂,具有清热化湿、理气和中之功效。主治湿热内蕴型幽门螺杆菌相关胃炎、反流性食管炎、溃疡性结肠炎引起的脘腹疼痛、嗳气饱胀、大便泄泻等证。方中黄连:清热化湿、苦泄和胃为君药;黄芩:苦寒泄热增强黄连清热化湿作用为臣药;白芍:收敛制酸、缓急止痛为佐药;甘草:甘平调和诸药之性为使药。

(一)方法

针对该方的特点,为提高该产品质量,采用正交设计试验法优选清清颗粒的提取工艺,以盐酸小檗碱、黄芩苷、芍药苷含量和浸出物得率4项指标为评价标准,其权重采用层次分析法进行研究,具体步骤如下。

1. 建立评价目标树　对清清颗粒提取工艺评价这个总评价目标可以通过指标性成分、浸出物等次级目标来反映,指标性成分通过盐酸小檗碱、黄芩苷、芍药苷3个目标来反映。如此建立起清清颗粒提取工艺评价目标树图(图3-3)。

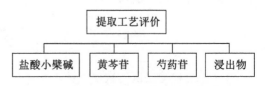

图3-3　清清颗粒提取工艺评价目标树图[13]

2. 构成两两比较优先矩阵　　比较同一层次目标的相对重要性，并构成两两比较矩阵。评分标准见表 3 - 1。目标树中 4 项目标成对比较的判断优先矩阵见表 3 - 2。

表 3 - 1　目标树图各层次评分标准[13]

对 比 打 分	相对重要程度	说　　明
1	同等重要	两者对目标的贡献相同
3	略为重要	根据经验有一个比另一个评价稍有利
5	基本重要	根据经验一个比一个评价更为有利
7	确实重要	一个比另一个评价更有利，且在实践中证明
9	绝对重要	重要程度明显
2、4、6、8	两相邻程度的中间值	需要折中时采用

表 3 - 2　4 项目标成分对比较判断优先矩阵[13]

目　　标	盐酸小檗碱	黄芩苷	芍药苷	浸出物
盐酸小檗碱	1	2	3	5
黄芩苷	1/2	1	2	3
芍药苷	1/3	1/2	1	1
浸出物	1/5	1/3	1	1

3. 计算初始权重系数　　计算初始权重系数 w_i' 的公式为

$$w_i' = \sqrt[m]{a_{i1} \times a_{i2} \times a_{i3} \times \cdots \times a_{im}} \tag{3-1}$$

4. 计算归一化权重系数　　计算归一化权重系数 w_i 的公式为

$$w_i = \frac{w_i'}{\sum_{i=1}^{m} w_i'} \tag{3-2}$$

5. 一致性检验[14]　　定义随机一致性比率为

$$CR = CI/RI \tag{3-3}$$

以 CR 作为衡量所得权重系数是否合理的指标。两两比较矩阵是通过两个因素比较得到的，而在很多这样的比较中，往往可能得到一些不一致的结论。要完全达到判断一致性是非常困难的，所以允许在一致性上有一定的偏离，为此要进行一致性检验。引入一致性指标（consistency index，CI）。

$$CI = \frac{\lambda_{\max} - m}{m - 1} \tag{3-4}$$

矩阵的最大特征根：

$$\lambda_{\max} = \frac{1}{m} \sum_{i=1}^{m} \left(\sum_{j=1}^{m} a_{ij} \times w_j \div w_i \right) \tag{3-5}$$

式中，m 为受检验层次的次目标数。

相应的平均随机一致性指标（random index，RI）见表 3 - 3。

表 3 - 3　平均随机一致性指标(RI)表[14]

矩阵阶数	1	2	3	4	5	6	7	8	9
RI	0.00	0.00	0.58	0.90	1.12	1.24	1.32	1.41	1.45

当 $CR<0.1$ 时,即认为判断矩阵具有满意的一致性,表明权重系数合理有效,它可用于下一步清清颗粒提取工艺优选的综合评分。否则,需要进行调整。

(二) 结果

1. 计算初始权重系数　　根据(3-1)式:

$$w_i' = \sqrt[4]{1 \times 2 \times 3 \times 5} = 2.340\ 3$$

同理得

$$w_2' = 1.316\ 1,\ w_3' = 0.638\ 9,\ w_4' = 0.508\ 1$$

2. 计算归一化权重系数　　根据(3-2)式:

$$w_1 = 2.340\ 3/(2.340\ 3 + 1.316\ 1 + 0.638\ 9 + 0.508\ 1) = 0.487\ 2$$

同理得

$$w_2 = 0.274\ 0,\ w_3 = 0.133\ 0,\ w_4 = 0.105\ 8$$

3. 计算权重系数随机一致性比率将有关数据代入(3-5)式可算得

$$\lambda_{\max} = 4.033\ 9$$

根据(3-4)式:

$$CI = (4.033\ 9 - 4)/(4 - 1) = 0.011\ 3$$

根据(3-3)式:

$$CR = 0.011\ 3/0.90 = 0.013,\ CR < 0.1$$

由上述计算结果可知,4 项指标优先比较矩阵满足一致性要求,所以,其相应求得的权重有效。该结果与专家的经验性权数比较,更具有准确性。

(三) 讨论

层次分析权数法介于主、客观权数之间。有学者认为:采用主、客观结合的权数法确定权重值,既考虑了人们主观上对各项指标的重视程度,又考虑了各项指标原始数据之间的相互联系及其影响,可增强总体评价结果的合理性和科学性。

在各项指标两两比较判断矩阵中,指标性成分相对浸出物重要得多,因为它是发挥临床药效的物质基础,在指标性成分中黄连为君药、黄芩为臣药、芍药为使药。黄连代表性成分盐酸小檗碱相对黄芩代表性成分黄芩苷要重要,记 2 分,相对芍药代表性成分芍药苷更重要,记 3 分;芍药苷相对黄芩苷重要性要差,记 1/2 分;盐酸小檗碱相对浸出物记 5 分,其余以此类推。

该研究设计的 4 项目标比较矩阵满足一致性要求,$CR<0.1$,其相应求得的权重有效。这说明,针对中药提取工艺中目前采用的指标性成分和浸出物评价指标,采用层次分析法确立权重,更具科学性、合理性。

中药制药分离过程优化原理的多元有序性要素在上述案例中的表达,即是考察指标的权重设置。

鉴于中药多组分、多靶点的作用特点,设置多指标检测标准已成为优化中药制剂提取工艺的重要手段。对多指标如何做出一个合理的综合评价,则是最终确立提取工艺的关键。而综合评价中,确定各个评价因素的权重系数又是科学、合理地做出评价的基础,权重系数是对目标值起权衡作用的重要数值,而如何使其体现有序性已成为中药提取正交试验设计研究领域中引人注目的问题。目前中药提取工艺综合评价中常用的是经验性权数法,它是由专家或主研者根据评价指标的重要性来确定权重系数,受主观因素影响较大。

针对这种情况,研究人员提出了包括层次分析法在内的多种解决方法。其中层次分析法(analytic hierarchy process,AHP 法)是指将一个复杂的多目标决策问题作为一个系统,将目标分解为多个目标或准则,进而分解为多指标(或准则、约束)的若干层次,通过定性指标模糊量化方法算出层次单排序(权数)和总排序,以作为目标(多指标)、多方案优化决策的系统方法。例如,在中药复方清清颗粒提取工艺优选研究中,依据中药成分提取工艺优选中包含的指标性成分和浸出物的单层次、多指标的体系,在确定指标权重时,采用层次分析法,提高了多指标优选中药复方提取工艺的科学性和准确性。

当处方中含有多味药材时,其制剂工艺的评价用不同种类的成分作为评判指标,其结果才有较广泛的代表性。但由于不同药材中的成分含量有时不在同一数量级,直接累加则使数量级大的对结果的贡献大,而小的贡献小。通过概率转化可使不同量纲及不同数量级的数据整齐化,且包含了原始数据的可比信息,可以直接累加后进行分析。

应用多指标综合评分法时,如何设置指标的权重,需要根据具体情况具体分析。在有效成分明确的前提下,出膏率越高则纯度越低,因此在试验中可以设为负权重系数;如果指标成分不明确,以浸出物多少来代表有效成分时,出膏率的权重系数相应增大,并设为正权重系数。这样进行方差分析所优先出的工艺参数才更加合理。

六、中药制药分离过程优化原理要素之五：动态平衡性

运动是物质的本身属性,各种物质的特性、形态、结构、功能及其规律性,都是通过运动表现出来的。系统的联系性、有序性是在运动和发展变化中进行的,系统的发展是一个有方向性的动态过程。就中药复方而言,"君、臣、佐、使"的有序性和方剂的整体功能是在作用于机体时才表现出来的。临床所使用的处方,其"君、臣、佐、使"的有序性和方剂的整体功能只是理论上的设计,是根据辨证立法提出的要求,依照药物配伍的理论设计,处方的合理性和整体功能是在药物与机体的互动作用下才能体现出来。另外,方剂配伍强调随证加减的灵活用药形式,随时将方剂的组成与变化着的证候对应起来,灵活加减、随证变通,既体现了动态的用药原则,更体现了中药用药形式的特点和优势。

国内学者提出,中药复方效应成分群与人体之间存在非线性的复杂作用关系。中药复方作用机制和配伍评价的研究必须牢牢把握中药复方作用的整体性特征,这种整体性本质上体现为中药与人体两个复杂系统的相互作用并形成一个更高级的系统整体。只有在中医药理论指导下,结合现代科学技术深刻地揭示这两个系统间的相互作用关系,才能全面深入地阐明中药复方配伍理论、作用机制及其效应物质基础。要达到这一目标,需要两方面结合：一方面是生物机体(应答系统)在中药干预过程中的系统特征的整体刻画;另一方面是中药复方(干预系统)化学物质系统内在关系的系统揭示,将两个系统关联起来才能够从整体层次上揭示其相互作用。中药复方的研究要求建立与其特点相适应的"系统-系统"的研究方法。为此,进一步整合分析两个系统间的交互关系,即系统揭示化学物质组的变化与生物系统应答的时空响应的相关性,已经成为中药复方提取分离路线设计的重要考虑因素。

中药复方提取分离评价体系的动态性原则,在设计上还体现在以下两点：一是要用已知探索未知,

二是一定要有变量。这样才能获取规律。尤其是变量,是动态原则的体现。如采用 HPLC 检测方法,以淫羊藿苷为主要考察成分,观察不同煎煮时间对含淫羊藿的二仙汤中活性成分含量的动态变化规律。结果发现,二仙汤中活性成分淫羊藿苷含量随煎煮时间延长而发生明显变化,含量逐渐减少,最终达到动态平衡。

类似上述的许多试验研究提示,中药提取过程就是各类化学物质不断溶出的过程。提取过程中,某时刻提取液体系中指标成分的浓度反映了相关药味的主要物质在该时刻的溶出状况。通过多点动态测定指标性成分的药-时浓度,可建立提取过程的药-时曲线,拟合相关数学模型,用于模拟复方提取中各指标性成分的动态变化规律;而通过溶出曲线的拟合,即可将离散数据条件变成连续函数条件,进而使用连续函数的分析方法进行数学建模研究。此类研究为中药提取分离评价体系如何体现其动态性提供了新的研究思路。

动态性原则还体现在,中药提取工艺评估指标所发生的一系列演变方面。在尚无成分含量测定只有定性鉴别的年代,中药提取工艺评估指标为固含物得率,生产中出膏率高通常意味着提取完全;引进化学指标检测后,提取工艺评估指标发展兼顾固含物得率与指标性成分含量;近年来,在化学指标检测的基础上增加了药理学指标,提取工艺评估指标要考查固含物得率、指标性成分含量与主要药效学结果。进入 21 世纪,中药提取工艺评估指标的发展趋势则是综合考查固含物得率、指标性成分含量、主要药效学结果、提取物体系吸收特征参数,即在化学、药理学评估的基础上,再加上生物药剂学指标。

综上所述,坚持守正创新的原则,面向被分离产物能够代表中药的功用的中医临床重大需求,遵循系统论的原则,在中医药配伍理论指导下,广泛吸纳现代科学技术的最新研究成果,开展多学科交叉研究,应是探索中药制药分离过程优化原理的正确路径。

第二节　中药制药分离过程工艺优化考察指标的选择

本节与第三节内容系笔者在系统检索自 2000 年以来国内 10 余种主流中医药学术刊物近千篇论文的基础上,归纳总结而成的,虽不够全面,但也粗略描绘出近 20 年"中药制药分离过程工艺优化考察指标"演化的轨迹:从早期的浸膏得率,到唯化学的单一指标成分、2~3 种指标成分,再到化学成分指标与药理活性效应相结合,又到指纹图谱、全息信息。然后,以至分子生物学指标,既是技术手段的不断升级,更体现了多学科交叉研究对中药制药分离目标,即中药药效物质基础认识的逐步深化。

一、基于化学范畴的工艺优化考察指标的选择

中药制药分离过程优化的目标是获取药效物质,那么如何去界定中药中的药效物质,即中药物质基础呢?这里讲的中药物质基础——化学成分应是一个广义的概念,它包括无机物(常见元素、微量元素、稀土元素等,存在形式为不同价态的离子或配合物)、小分子化合物(包括挥发油、氨基酸、生物碱、有机酸、黄酮类、皂苷等常见的化学成分)及生物大分子(包括肽、蛋白质、糖肽及多糖等)。

与化学药物不同,上述中药中的药效物质是以十分复杂的形态存在及变化着的,尤其是在复方状态下。尽管这些药效物质的某些存在形态可用药理学或生物药剂学试验的数据加以表征,还可以血清药理学的手段加以确认,但物理化学及数学的因素对其存在形态的影响(如成分间相对数量的变化可使其功用主治改变),以及在不同生物学环境下它们的表现(如一些单味与复方中药的双向调节作用)却深奥莫测。疗效显著的中药复方很多,有些单体化学药物难以治愈的疾病也不得不求助于中药,并取得了满意的疗效。例如,王氏保赤丸治疗婴幼儿呼吸系统、消化系统疾病及小儿惊厥等效果极佳。更可贵

的是,它可调动机体的防御能力,起到全身调节作用,如便秘者可使其软便,腹泻者可使其收敛。其药效物质难道能用几种化学成分表达得了吗? 因而仅从化学的角度去研究中药分离理论与技术是片面的[5]。

杨秀伟[15]指出,作为一个健康的生命有机体,自稳态是其存在的条件。宏观的器质性病变包含了物理性损伤和化学性损伤,生命有机体从自稳态渐变为自稳态失衡,演变为各具特征的证候。医者对患者施行外源化学性调节(药物治疗),而物理性调节(理疗)只是"纠错"的一种辅助性手段。预防、治疗、康复是外源化学性与内源化学性物质相互作用的结果。从这个意义上说,中药是一种对生命有机体施行调节的外源性化学物质,这种化学物质是多分子天然组合物,组成了一个复杂系统。

为达到理想的预防、治疗或康复的效果,中医巧妙地利用了合理组合物(单味道地药材的化学成分)或按中医理论优化的合理组合物(复方)。实际上,中药是"生物合成药物"的一种应用形式,多种分子的合理组合物。对于疾病来讲,并不一定合理组合物中的每个分子都有直接的作用,而是各施"君、臣、佐、使"(药物相互作用的表现之一)的功能职责。因此,中药对某种疾病或证候的有效与无效,直接取决于有效成分的存在与否和量的多寡。

中药中的有些化学物质对于机体来说直接发挥生物学作用,称为有效效应物质,而另一些是间接发挥生物学作用,如大多数原生苷是前药(prodrug),其在人体内的生物转化产物和/或代谢产物发挥生物学作用;其他的化学物质亦可能存在类似的转化形式等。这类天然的化学物质称为有效成分。既不产生直接作用,亦无间接作用的化学物质,称为无效成分。有效效应物质、有效成分和无效成分均指中药中原存在的物质,而在人体内直接产生生物学效应的化学效应物称为效应物质。显然,效应物质包含了一部分有效效应物质。中药或中药化学成分作为人体外源性的物质,进入生命体遇到的第一个障碍是人体对"异己"的反应性——一系列的处置过程,直至以原形或其代谢产物的形式消除体外,这是生命个体在生命进化过程中形成的自我防御(包括免疫应答)的一种约定俗成的方式。无论机体是处在正常还是处于病理状态,要排出"异己",就存在主动形式——代谢(包括原形化合物的代谢和体内生物转化产物的代谢)。因此,决定中药中的一个、一种或一组化学物质是否为有效成分、有效效应物质,这是由它或它们在体内的行为来确定的,其在肠内和肝内的行为尤为重要,这已成为中药试验医学中的关键性基础科学问题。笔者深信,随着对中医药药效物质基础研究的逐步深入,中药制药分离过程工艺优化考察指标的选择也将呈现更加精准的局面。

目前,文献报道的基于化学范畴的工艺优化考察指标主要有下述几类。

(一) 指标成分

复方红景天口含片处方是在民间验方的基础上,经著名中医药专家黄正良、张伯崇、裴正学等教授论证加减最终确定,主要由红景天、制何首乌、黄精等药组成,具有预防治疗老年痴呆的作用。据文献报道,红景天苷是大花红景天中主要的活性成分[16];二苯乙烯苷是蓼科植物何首乌的活性成分之一[17]。二药的活性成分都具有调节免疫、改善血管硬化、保护心肌、改善心功能、防治老年痴呆、提高记忆之功能[17-21]。张瑞堂等[22]以红景天苷和二苯乙烯苷的含量为指标,采用正交试验($L_9 3^4$)优选提取工艺条件。结果表明:影响醇提工艺的因素的程度依次为提取时间、固液比、乙醇体积分数。最适工艺条件为:加 12 倍量的 60% 乙醇,浸泡 30 min,煎煮 60 min。验证结论表明:工艺稳定,可用于工业生产。

(二) "指标成分+浸膏得率+多成分色谱峰总积分面积+…"多元体系

如文献提出[23],中药复方提取应坚持"有成分论,不唯成分论",提取工艺优选时,除以组方主要药味的指标成分为考察指标外,还同时以总糖、浸膏得率、多成分色谱峰总积分面积作为考察指标,以发挥活性混合物综合作用。

基于上述观念,刘贵银等[24]为优化清瘟解毒颗粒(由石膏、黄连、生地黄、黄芩、牡丹皮、栀子、知母、赤芍等十四味药组成)的提取工艺,采用正交试验方法,以浸出物的量、黄芩苷、小檗碱、芍药苷的含量为评判指标。

贺福元等[25]根据鹤蟾颗粒剂提取工艺研究中所发现的现象指出,对于醇、水共用的中药复方体系,为保证提取工艺优选的科学合理,醇提取部分,应注重选择中小极性的有效成分作为考察指标;而水提取部分,则应采用亲水性强的成分为考察指标。据此,整个工艺设计为3个部分,干蟾皮、浙贝母、生半夏粉碎成粗粉,用醇液回流提取,醇提浸膏得率、浙贝甲素为考察指标;仙鹤草、猫爪草、鱼腥草、天冬、葶苈子用水共煎,水提浸膏得率、总多糖、鹤草酚为考察指标;醇液及水液浓缩真空干燥成浸膏;人参打粉过120目筛。三者混合剂制成颗粒剂。

王英姿等[23]为复壮胶囊(淫羊藿、肉苁蓉、枸杞子、人参四味组成)设计工艺优化方案时,以淫羊藿苷、β-谷甾醇、甜菜碱、人参二醇、人参三醇5个已知有效成分为指标,同时以总糖、浸膏得率、乙醇精制液多成分色谱峰总积分面积为指标,共8种考察指标综合选择提取工艺。

(三) 指纹图谱

玉屏风散源于《丹溪心法》,由黄芪、防风、白术(炒)三味药组成,功能为益气、固表、止汗,用于表虚不固、自汗恶风、面色白光白或体虚易感风邪者。现代药理研究表明,玉屏风能明显提高机体免疫功能,临床应用亦日益广泛。其中的氨基酸类成分为补气、抗炎和抗疲劳功效的主要物质基础之一。罗兰等[26]采用指纹图谱与含量测定相结合,系统建立了玉屏风煎剂中等极性部位 HPLC 指纹图谱分析方法,拟定了特征指纹成分群[27],标出18个共有峰,鉴定出15种对人体有益的氨基酸成分;除1批样品相似度较低外,9批样品相似度均>0.98。研究了不同配伍对 HPLC 指纹图谱及主成分含量的影响[28~30],对玉屏风方饮片与玉屏风煎剂进行了 HPLC 指纹图谱及主成分含量的相关性分析[31~33],通过对不同配伍煎剂的分析,发现对整方氨基酸指纹图谱的影响从大到小依次是黄芪、炒白术、防风,提示君药黄芪在组方中可能占主要地位,臣佐药起辅助作用。

并初步探讨基于玉屏风煎剂 HPLC 指纹图谱的玉屏风制剂质量评价研究[34],此外,还初步探讨了玉屏风煎剂多糖乙酰化物气相色谱(GC)指纹图谱[35];采用柱前衍生 HPLC 对玉屏风煎剂中的氨基酸类成分进行指纹图谱研究,为玉屏风煎剂的质量控制及物质基础确认提供依据。

(四) 指纹图谱+主成分分析

中药指纹图谱是一种反映中药中所有化学成分的定性定量技术,主要以色谱峰的相对保留时间和相对峰面积进行定性,以峰面积进行半定量,涵盖的信息量大。汪露露等[36]通过优化分离条件,建立复方虎杖方指纹图谱,把所确定的22个提取物的共有峰,用于工艺优化的考察指标,虽与目前普遍采用的出膏率、一个或几个指标成分作为考察指标相比,具有全面性与综合性,更加能反映提取的效果,但数据烦琐,各峰权重系数难以确定,给综合评价带来了较大的困难。结合主成分分析法的采用,则可通过线性变换,将原来的22个指标组合成4个能充分反映总体信息的指标(涵盖了原始色谱峰92.288%的信息),从而在不丢失原来主要信息的前提下,避开了变量间共线性的问题,这种浓缩数据、简化数据的统计学方法,可为进一步进行均匀设计数据回归分析奠定基础[37,38]。

二、基于"生物学及生物学+化学"范畴的工艺优化考察指标的选择

中药作为防病治病和卫生保健的药物,都具有特定的生物活性,对生物体或离体的器官组织能产生一定的生物效应,在临床上表现的药理作用如溶血、凝血、抗癌、免疫调节、降血压、降血脂等。根据天然药物(包括提取物和单一化合物)的特点,选择合理、先进的药理筛选模型是基于"生物学及生物学+化学"范畴的工艺优化考察指标的中药制药分离过程工艺优化设计的关键。

鉴于天然药物与生物体的相互作用具有其特殊性和复杂性,了解其下述4类常见作用模式,对正确

选择相关的药理学考察指标意义重大[39]。模式1：单一化合物以原形形式在体内直接作用于特定靶点，此模式适合高通量筛选；模式2：天然药物进入体内后成为其代谢产物，再作用于特定靶点；模式3：不同天然化合物作用于各自靶点，并发生协同作用，其生物学作用有别于各种作用的简单相加；模式4：天然药物进入体内，通过调控内源性物质间接发挥药理活性。

研究天然药物的生物作用模式的意义在于：可根据研究对象的差异选用不同层次的模型。表3－4总结了常用筛选模型的特点。总体来说，一般中药单体成分、化学药分离筛选所采用的体外细胞、分子筛选模型能够检测的仅限于第一种作用模式，若用于评价其他几种复杂模式则会产生信息偏倚，结果可信度较低。

表3－4 不同层次生物（药理学）分离筛选模型的特点[39]

| 模 型 | 体内/体外 | 受试样品 | | 用药量 | 结果稳定性 |
		提取物	单 体		
整体动物疾病模型	体内	适合	适合	大	一般
组织、器官模型	体外	适合	适合	大	中等
细胞、分子模型	体外	不太适合	适合	较大	高
模式生物模型	体内	适合	适合	中	中等

体外筛选模型的特点是成本低、速度快，适合高通量筛选，可直接得出分子水平的作用靶点及机制，发现构效关系，药物用量少；缺点是缺少药物体内代谢的过程、靶点单一、容易漏筛。体内筛选模型的特点是能够准确反映药物对机体的作用及在体内的代谢过程；缺点是个体差异大、药物用量大、成本高、试验周期长。

面对作用靶点不明确的物料体系优选分离工艺考察指标，应尽量选择多个相关模型进行筛选；如条件允许尽量采用体内和体外筛选模型相结合的方法；而对以复方提取物和有效部位作为制药分离目标产物的工艺设计，应尽量采用整体动物模型或模式生物模型作为考察指标开展分离工艺优化研究，这是因为其对分子靶点模型干扰较大。

其中，模式生物筛选模型具有用量不大、周期较短、整体作用、成本较低、操作简便等突出优点。目前已见于报道的有"利用线虫感染模型筛选新型抗菌中药""利用假病毒感染模型筛选新型抗病毒中药"和"利用细胞吞噬模型筛选新型抗感染中药"等模式生物筛选模型，可参阅有关文献[40]。

（一）主要药效学指标

对于中药复方而言，由于成分复杂，化学方法寻找药效物质难度很大，能否利用药理学的手段对其药效物质进行初步确认呢？事实证明，药效学筛选中药复方的提取工艺有直观、说服力强的优点，越来越被人们接受。

例如，刘文等[41]在"小半夏加茯苓汤中药效物质的正交试验筛选"研究中，采用$L_9(3^4)$正交试验制成不同提取工艺的样品，测定呕吐潜伏期、呕吐次数和总生物碱的质量分数，并结合统计学方法，对数据进行线性回归。结果发现呕吐潜伏期与总生物碱呈良好线性关系，呕吐次数与总生物碱也呈良好线性关系，确立了总生物碱为小半夏加茯苓汤的药效物质，从药理学生物活性的角度提供了筛选中药分离目标的一种方法。

又如，痛风（gout）是体内慢性嘌呤代谢障碍引起的疾病，主要是由于尿酸生成增加及（或）尿酸排泄减少，尿酸在体内沉积，引起的病理、生理改变。痛风定颗粒处方由茯苓、白术、柴胡、赤芍等9味中药组成，临床汤剂疗效显著，为将其制成颗粒剂，因该方来源于临床汤剂，处方药味多，成分与药效相关性不明确,若选用其中一个或几个所谓代表性成分为指标进行工艺筛选可能会造成误判;而在成分不明的情况下,采用主要药效学来筛选工艺更能保证临床疗效。杨田义等[42]以血尿酸通过高尿酸血症小鼠模型对痛风定颗粒的不同提取工艺进行优选。主要研究方法:通过灌胃给予尿酸酶抑制剂氧嗪酸钾制造高尿酸血症小鼠模型,分别给予痛风定颗粒处方经水提取、水提醇沉、70%乙醇提取所得浸膏,紫外分光光度法测定各组的血尿酸浓度。结果显示:与正常组相比,模型组小鼠血尿酸水平显著升高($P<0.001$);与模型组相比,水提取所得浸膏能够显著降低高尿酸血症小鼠的血尿酸水平($P<0.01$);水提醇沉上清液、醇沉部分对高尿酸血症小鼠的血尿酸水平无显著性影响;70%乙醇提取浸膏能够显著升高模型组小鼠的血尿酸水平($P<0.001$)。由此,可以得出结论:来源于临床的水提取工艺为痛风定颗粒的最佳提取工艺。

（二）体外药效学指标

藏药余甘子为大戟科植物余甘子(*Phyllanthus emblica* L.)的干燥成熟果实,具有清热解毒、化痰止咳之功效,用于治疗风热感冒发热、消化不良,其中酚酸类和鞣质类成分具有较强的抑制肿瘤作用。张云坤等[43]以体外药效肝癌细胞抑制率为考察指标,优选藏药余甘子药材抗肿瘤活性成分的最佳提取工艺。鉴于大部分中药在口服后,多数成分不能被吸收,真正起作用的是吸收入血的物质,即血清中的移行成分;另外,由于中药成分复杂,有些成分须在体内经生物转化产生代谢产物,继而产生活性或增强活性,单纯的中药粗制品给药并不能达到最佳的效果[44,45],故该研究选择中药含药血清来测定余甘子药材对肝癌细胞的抑制率,主要研究内容如下。

（1）含药血清的制备:将 60 只雄性 SD 大鼠随机分为 10 组,每组 6 只,1 组为空白对照组,其余 9 组为正交试验组。取制得的提取物各 1 g,分别用水定容至 25 mL,对 SD 大鼠进行灌胃。灌胃体积 1 mL,灌胃间隔 12 h,连续灌胃 3 天。大鼠眼球取血后置 Ep 管中,静置 30 min 后离心($4\,000\times g$)15 min,吸取上清液,56℃灭活 30 min,用 0.22 μm 微孔滤膜过滤,−80℃保存备用。

（2）细胞的培养:肝癌细胞株 SMMC-7721 常规培养于由新生胎牛血清和 RPMI-1640 培养粉配制而成的 RPMI-1640 培养液中,培养条件为 37℃、5% CO_2 饱和度。取第三代对数生长期的 SMMC-7721 细胞,制成 5×10^4 个/mL 的细胞悬液,每孔 100 μL 加至 96 孔板中,待细胞贴壁生长至约 80%时,用无血清的 RPMI-1640 培养液同步 24 h,将(1)项下各组含药血清以占培养液体积 10%的比例制成相应培养液,加至已铺好 SMMC-7721 细胞的 96 孔板中,每组设 5 个复孔,培养 24 h。

（3）CCK-8 法测定 SMMC-7721 细胞的存活率:将 SMMC-7721 细胞培养 24 h 后,每孔加入 CCK-8 溶液 10 μL,37℃恒温培养 3 h,用酶标仪测定 450 nm 处每孔的吸光度 D_{450},重复测定 3 次,计算细胞抑制率[细胞抑制率=(1−加药组 D_{450}/空白对照组 D_{450})×100%]。D_{450} 取平均值,各组数据采用 SPSS16.0 软件分析。

（三）生物效价

不同中药特定的药理作用可通过生物效价测定而加以表征,从而用于分离中药提取物不同部位的判断依据。生物效价分析法是利用药物对于生物(整体或离体组织)的反应,测定药物生物活性强度或药理效应,以推导、判断其中所拥有药效物质的含量或效价,以及其疗效和毒性的方法。如黄连、黄柏、黄芩等具清热功效中药的抑菌率或抗菌效价的测定,对洋地黄强心指标生物效价的测定等。

该方法以药理学和分子生物学为基础,以生物统计学为工具,运用特定的试验方法和病理模型,通过比较被测物与相应的对照品在一定条件下产生特定生物反应的剂量比例,测出药物的活性作用强度。常用的方法有免疫测定法、电泳测定法、生物效价测定法等。

有些中药,没有比较合适的化学分析方法来确定它们的有效成分含量或效价,如洋地黄及其制剂,铃兰毒苷及其注射液等,可采用生物效价法测定。生物效价法的原则是将供试品与对照品(包括中药,纯成分)在严格规定的条件下,比较它们对生物体所产生的反应强度,再计算出中药或其制剂的剂量标准。中药的效价通常以 1 g 中药中所具有的"作用单位"数来表示。这种单位是指在一定条件下所表现一定生理作用的最小剂量。例如,《中国药典》(2005 年版)规定洋地黄制剂的质量标准:洋地黄叶(folium digitalis)要保证同样洋地黄制剂的各种商品的效价一致,而并不是为了使不同的精制强心苷效价相等。因为这种方法不能把它在肠内吸收的差别、作用的快慢及效力的久暂等估计在内。除了用于中药的鉴定,中药不同提取部位在生物效应方面的差异也已成被利用为中药药效物质筛选的重要性质。

又如,采用抗凝活性测定法筛选水蛭不同溶剂提取部位的研究[46],该研究的主要试验设计如下。

(1)样品液的制备:水蛭[水蛭科动物蚂蟥(*Whitmaniapigra Whitman*)的全体]样品粗粉先后用 8 倍量、6 倍量、4 倍量无水甲醇回流提取 3 次,合并 3 次提取液,减压浓缩至无甲醇,加蒸馏水溶解,分别用正己烷、乙酸乙酯,正丁醇萃取,剩余为水溶液部分。回收正己烷、乙酸乙酯、正丁醇,可得水蛭的四部分提取物,分别称取 0.05 g,正己烷、乙酸乙酯、正丁醇三份提取物均溶于 1 mL 二甲亚砜中,水溶液部分溶于 1 mL 生理盐水中,即得四样品溶液(0.05 g/mL)。

鉴于凝血过程是一系列的酶促反应,包括内源性、外源性凝血系统和共同途径。凝血酶原时间(prothrombin time,PT)、凝血酶时间(thrombin time,TT)、活化部分凝血活酶时间(activated partial thromboplastin time,APTT)的测定,分别反映了外源性凝血系统和内源性凝血系统的活性。分别开展下述(2)、(3)试验。

(2)PT 和 TT 的测定:将大鼠(Wistar 大鼠,雄性,体重 18.0~22.0 g。下同)用戊巴比妥麻醉,腹静脉取血,3.8% 枸橼酸钠抗凝(1:9)。混匀后离心 15 min(3 000 r/min),取上清液,分离出贫血小板血浆。取贫血小板血浆 100 μL,加入药液 10 μL,预温 5 min 后加入预温 15 min 的 TT 试剂,用血小板聚集凝血因子分析仪测定凝固时间。

(3)APTT 的测定:按上述方法分离出贫血小板血浆,取贫血小板血浆 100 μL,加入 10 μL 药液和 100 μL APTT 试剂,预温 5 min 后加入预温 15 min 的 CaCl₂ 100 μL,用血小板聚集凝血因子分析仪测定凝固时间。

试验结果表明,水蛭乙酸乙酯部分能使大鼠的 PT、TT、APTT 显著延长,水溶液部分能显著延长 PT 和 APTT,正己烷部分能显著延长大鼠的 PT,正丁醇部分能显著延长大鼠的 APTT。水蛭正己烷部分抗凝作用明显逊于乙酸乙酯部分,有极显著性差异($P<0.01$)。

朱华明[47]在探索湿法超微粉碎提取中药水蛭的最优工艺的研究中,通过单因素试验,以料液比、浸泡时间、提取温度和粉碎时间为自变量,根据 Box-Behnken 原理采用 4 因素 3 水平的响应面分析法,以抗凝血酶活性为响应值,最终得到湿法超微粉碎提取水蛭的最佳工艺条件为:料液比为 1:12,浸泡时间为 4.9 h,提取温度为 6.5℃,粉碎时间为 12 min,其抗凝血酶活性达到 20.13 U/g。该提取工艺稳定可行,适于进一步推广应用。

之所以采用上述方法,是因为中药水蛭中起抗凝作用的主要为蛋白质组分,但采用布拉德福(Bradford)法、劳里法(Lowry)法、BCA 法等测定其蛋白质的量,并不能精确反映其抗凝活性的大小。1970 年,Markwardt 报道的凝血酶滴定法,其原理是根据水蛭抗凝活性成分与凝血酶结合比例为 1:1,而凝血酶已有国际单位(NIH),水蛭素的活性以抗凝血酶活力单位 U 表示,一个 U 等于中和一个 NIH凝血酶的水蛭素量。此方法简便经济,广为应用,但在实际滴定操作中发现,在试管中的反应不利于观察其滴定终点,即形成凝固,通过将其置于白瓷板中,滴加溶液混合均匀,并以拉丝为计时终点,观察和计时都较为准确,有利于其抗凝活性的测定。

(四)体外细胞药效学与化学耦合指标

目前多数提取工艺优选将化学成分含量作为主要考察指标,而临床应用中多以复方用药,某一化学成分与药效之间多无直接的线性关系。蔡琳等[48]根据葛根在复方中的作用和制剂的需要,对葛根的提取工艺进行研究。葛根是临床常用中药,具有扩张冠状动脉、减慢心率、减少心肌耗氧及降低血液黏稠度等作用,临床疗效确切无毒副作用,是治疗冠心病、心绞痛的安全、有效的中药。总黄酮类成分是葛根中有效成分之一,其中葛根素是含量最多的黄酮类化合物,具有扩张冠状动脉、改善心脑血管循环、保护缺血组织和抗组织缺血再灌注损伤、减少急性缺血梗死面积等作用。该研究通过给培养的心肌细胞换用缺氧培养基和复氧培养基,建立体外培养心肌缺血再灌注损伤模型心肌细胞,在细胞水平模拟心肌缺血/再灌注损伤,采用 MTT 法测定细胞存活率,以葛根素含量和体外心肌细胞活力(与临床功效对应)为双指标提取工艺优选。同时引入 SPSS 17.0 软件对葛根素含量和体外心肌细胞活力进行相关性分析,在掌握两变量存在密切程度的范围内,优选提取工艺条件。结果表明,葛根的乙醇提取最佳工艺条件为:加 6 倍量 70%乙醇回流提取 2 次,每次 1.5 h。该研究以化学指标结合药效学指标综合分析优选葛根的提取纯化工艺,可为分离产物具有符合临床治疗需要的可靠、清晰功用提供保障。

（五）主要药效学与化学耦合指标

中药的物质基础是化学成分,而生物学效应,即药理活性则是依附于物质基础而存在的属性和效应。化学与生物学耦合的指标考察方式可以更全面地体现中药制药分离过程工艺优化原理的构成要素。

如紫金透骨喷雾剂是在贵州省黔西南州中医院经验方基础上研制的中药复方新药,由紫金莲、透骨香和白及三味药材提取后加入龙血竭、松节油和冰片制备而成,具有活血散瘀、消肿止痛、舒筋通络之功效,用于治疗急性闭合性软组织损伤。由于组方药味来源比较复杂,尤其龙血竭、松节油等中药成分复杂,单纯化学指标难以代表复方制剂的功效,郑林等[49]在紫金透骨喷雾剂工艺研究中,根据该方的临床用途,选用抗急性软组织损伤作用和抗炎作用作为药效学评价指标,结合药材中适宜成分作为化学指标,并对化学成分指标和药效学指标进行相关性考察,优选紫金透骨喷雾剂的最佳提取工艺。主要方法:分别采用 6 种提取工艺制备紫金透骨喷雾剂样品,用 HPLC 测定紫金莲、透骨香和白及等药材的活性成分白花丹醌、双[4-(β-D-吡喃葡萄糖氧)苄基]-2-异丁基苹果酸酯(militarine)[50-52]含量,并观察 6 种工艺样品的抗急性软组织损伤作用和抗炎作用。

结果表明,乙醇低温提取(渗漉、浸渍)样品的效果优于乙醇回流提取和水煎煮提取,且渗漉法提取样品优于浸渍法提取。结果表明,紫金透骨喷雾剂以乙醇渗漉提取工艺的综合指标优于其他工艺。试验结果提示,该方中各指标成分的提取率与药效强度之间存在一定的相关性。化学成分指标测定结果表明,加热提取方式(水煎煮提取和乙醇回流提取)提取率相对较低,尤其是对紫金莲中的白花丹醌和透骨香中水杨酸甲酯影响较大,说明白花丹醌和水杨酸甲酯对热敏感;且乙醇提取的指标成分转移率明显高于水提取。同时,高浓度乙醇提取效率高于低浓度乙醇。药效学试验结果同样表明,该方以乙醇低温提取(渗漉法、浸渍法)的效果优于乙醇回流提取和水煎煮提取。通过化学成分指标和药效学指标检测结果的综合分析,紫金透骨喷雾剂以乙醇渗漉提取工艺的综合指标优于其他工艺。

（六）药动学行为

现代药代动力学研究表明,药物具有合适的油水分配系数才能被较好地吸收。对于同时含有水溶性及脂溶性药效成分的中药复方而言,如何制备样品才能使其药动学性质符合临床用药要求,充分体现中药复方给药的合理性显得尤为重要。基于此,目前有学者[53]采用不同的制备方法对复方入血成分进行了定性分析,也有学者[54]对单味中药的提取工艺以药动学为手段进行了定量研究,何凤等[55]则基于中药复方药物动力学原理探讨中药复方制备工艺优化方法,尝试以药动学参数为指标评价中药复方制备工艺的优化。

该研究以黄连解毒汤为模型药物,以该方不同工艺提取物中栀子苷在大鼠体内药动学的差异性为指标,考察中药复方全方给药样品的制备工艺优化方案。试验大鼠分别灌胃给予 4 种工艺制备黄连解毒汤全方提取物：全方水煎煮提取物(Ⅰ)、全方水煎煮去沉淀物(Ⅱ)、全方水煎煮沉淀物(Ⅲ)、全方水煎煮乙醇精制物提取物(Ⅳ)于不同时间点采集血浆样品,以黄连解毒汤全方中含量较高的栀子苷为检测指标,采用 HPLC 测定不同时间点的血药浓度,绘制药-时曲线,应用 DAS 2.0 软件拟合药动学参数。结果发现,不同制备工艺所得黄连解毒汤全方提取物中栀子苷的药动学特征相差较大。全方水提取沉淀物组的药-时曲线下面积($AUC_{(0-\infty)}$)最小,且消除最快;全方水提去沉淀物组的 $AUC_{(0-\infty)}$ 与全方水提物组及全方水提醇沉精制物组的 $AUC_{(0-\infty)}$ 相比存在显著性差异($P<0.05$);全方水提醇沉精制物组中栀子苷的药-时曲线呈现平缓的趋势;全方水提物组的最大血药浓度(C_{max})最大,但是消除较全方水提醇沉精制物组快。其原因可能是,乙醇与水溶解能力的差异性使得各制备产物成分种类上存在差异,进而导致吸收过程中及吸收入血后成分间相互作用的不同,从而显示出不同的药动学过程。该研究提示,由于不同工艺产物中栀子苷的药代动力学特征差异,可依据临床给药剂型、给药时间间隔的需求而优选中药复方的制备工艺。基于中药复方药物动力学原理探讨中药复方制备工艺优化方法。从而从药物动力学角度,为探索中药制药分离过程优化原理要素,评价中药制药分离过程工艺优化考察指标提供了一种新思路。

三、基于现代生物医药信息理念的工艺优化考察指标的选择

全息(holography)是现代科学重要概念,20 世纪 80 年代以来,全息一词从物理学的全息影像被引入生命科学等领域中来,全息理念为干细胞、再生医学等许多学科发展提供了重要导向。近年来,中药领域里也出现全息应用的研究探索,如中药智能化学全息库[56]、中药全息指纹图谱[57]、中药全息鉴定[58]等探讨。目前,中药全息研究的理念和范畴、框架仍有待于凝炼与升华。中药化学全息是借用"全息"理念来开展中药质量信息研究的策略性设想,强调中药化学研究"全面、无偏、多维、交叉"。化学信息的"全"即一定时期和技术条件下的全面化学信息;其特征是注意研究方法的"全",即对于全部次生代谢产物进行朝向"全提取"(高效、非偏倚的全面提取)、"全分离"(宽极性范围、超高效能的色谱分离)、"全解析"(多维光谱的结构解析)、"全定量"(定量+半定量结合),系统、全面、深入地研究,获得研究对象全面的化学成分信息,并对关键质量信息的量化掌握。因此,"化学全息"在当下,可以是在限定"常量、微量水平的次生代谢产物"范围内的"全",更强调"无偏的,非特异"研究。现有分离、分析技术的进步拓展了中药化学成分分析的广度和深度,实现在微量水平之上次生代谢产物的"化学全息"已经基本可行[59]。

该研究引入化学全息的研究策略,在当前的技术视野和仪器检测条件下,聚焦四物汤中的微量、常量的次生代谢产物,进行全面无偏差的定性、定量研究,较为全面地掌握四物汤的物质基础概貌。通过 LC-MS/MS 技术结合对照品对四物汤样品成分鉴定,并归属各化学成分来源;以较为全面的定量信息为基础,建立了用 UPLC,并定量检测四物汤中 18 种主要成分的方法,这些成分包括挥发油、酚酸、黄酮萜类等多种类成分,能较全面地表征出四物汤的物质基础。为了全面反映单煎、合煎的物质变化规律,该试验制备四物汤合煎液及 4 种饮片分别进行等倍量单煎(固定料液比)和等体积单煎(固定煎液体积)的标准煎液,同时还可考察因合煎时产生的溶剂体积变化所造成的影响。

该研究对四物汤中的 72 种成分进行了鉴定及归属;并对 18 种主要成分定量检测,定量指标成分在相应的质量浓度范围内线性关系良好,各自的平均加样回收率在 97% ~ 105%,RSD 值均小于 3%。由对不同煎煮方式的样品对比分析知,藁本内酯、正丁基苯酞、儿茶素、没食子酸、芍药苷溶出量受到溶剂倍数变化的影响,桃叶珊瑚苷、儿茶素、氧化芍药苷、芍药苷、毛蕊花糖苷受四物汤配伍合煎影响

含量增加显著,相对于饮片单煎液,四物汤饮片合煎液成分种类变化不显著,多种成分含量明显变化。结果表明,通过化学全息研究,可较全面对比分析中药复方煎煮与单味饮片煎液化学成分的组成、含量,为研究探讨中药复方煎煮溶出规律提供新的视角,在中药质量研究方向进行了有益的探索。

四物汤临床应用广泛,药理作用多元,用少数几种简单药效试验模型难以表征四物汤的整体药效,反映其系统性与整体性特征。该研究基于中药化学全息理念,确定了朝向“全分离”的四物汤 UPLC 提取、检测条件,对四物汤中的 72 种成分进行初步鉴定,并对成分的来源药材进行归属,以此为基础较为广泛地筛选了定量指标成分,包括药典中规定的各单味药指标成分(当归、川芎-阿魏酸、白芍-芍药苷、熟地黄-毛蕊花糖苷)在内的 18 种成分,这些指标成分从极性到非极性较均匀分布,且挥发油、酚酸、有机酸、黄酮、鞣质、萜类等各类成分都有所涉及,可以对四物汤的主要物质基础进行整体表征,能够较为清晰全面地反映出四物汤单合煎成分组成及含量变化规律。这些成分在该试验的液相色谱检测条件下响应较高,分离较好,可以满足检测要求。

四物汤合煎液与各饮片单煎液相比,未发现含量显著的新成分产生,但多种成分含量发生明显变化。各味饮片进行合煎时,首先由于溶剂倍数的变化影响部分前体化合物的溶出量;再受到配伍合煎的影响,在此过程中存在促进这些前体化合物的氧化、取代及合成产物转化生成的趋势,且四物汤中的部分挥发性成分含量易受到溶剂倍数影响,因此该研究为四物汤及衍生成药和复方的质量控制、评价及提取制备工艺的考察提供了一定的研究基础,也为饮片临床配伍应用及剂量确定提供了可参考依据。

本研究通过四物汤的化学全息研究,较为全面地对比四物汤饮片合煎液与饮片标准煎液化学成分的组成、含量,分析四物汤煎煮过程多种成分的溶出规律及过程中发生的多种复杂效应,进而探讨中药复方煎煮过程中的基本现象规律。虽然目前中药化学全息的策略、路径、方法仍有待深化,中药复方煎煮溶出规律也有待深入剖析,但这种中药化学全息理念的探索,在逐渐到来大数据信息化、人工智能、万物互联时代,在逐步统一中药化学数据信息规范后,可以在不同研究机构、不同时期的数据间进行对比,可以逐渐发挥其作为中药物质基础及质量基础量化信息底层数据的基础作用。

第三节　中药制药分离过程工艺优化设计方法的数学原理与应用

在提取工艺路线初步确定后,应充分考虑可能影响提取效果的因素,进行科学、合理的试验设计,采用准确、简便、具代表性、可量化的综合性评价指标与方法,优选合理的提取工艺技术参数。有相同技术条件可借鉴时,也可通过提供相关文献资料,作为制订合理的工艺技术条件的依据。

提取工艺技术参数的优选因涉及提取时间、提取次数、溶剂数量等多个因素,一般须借助正交试验、均匀设计等数学方法进行。近年不断涌现一些新的数学设计模式,如黄金分割法、响应面分析法等,大大丰富了这方面的研究内容。

一、正交试验设计

正交试验设计是利用正交设计表“均匀分布,整齐可比”的特点使每次试验的因素及水平得到合理安排,从而通过试验结果的分析获得较全面的信息,找出各因素的主次地位及交互作用,寻找诸因素的最佳组合的一种试验设计。正交试验设计有以下优点:其一,对因素的个数(NF)没有严格的限制,NF≥1;其二,因素之间有、无交互作用均可利用此设计;其三,可通过正交表进行综合比较,得出初步结论,也可通过方差分析得出具体结论;其四,根据正交表和试验结果可以估计出任何一种水平组合下试验结果的理论值;其五,利用正交表从多种水平组合中挑出具有代表性的试验点进行试验,不仅比全面试验大大减少了试验次数,而且通过综合分析,可以把好的试验点分析出来。正交试验设计的要点是选用合适的正交表。

如张彤等[60]采用正交试验法考察乙醇提取葛根的各影响因素,以多指标综合评分法进行数据分析,优选出的最佳条件为:80%乙醇提取 2 次,第 1 次 12 倍量乙醇,提取 1 h,第 2 次 10 倍量乙醇提取 30 min。葛根主要含有葛根素、大豆苷和大豆苷元等异黄酮类有效成分,都具有增加脑血流、改善微循环等功效,以单一指标成分进行工艺优选与中药多组分、多靶点的作用特点有一定的距离。该试验以葛根素、总黄酮含量及浸膏得率为指标,综合评分,优选醇提工艺条件,符合减少服用剂量、提高疗效要求,可以较好地保证制剂的质量。

二、均匀设计

均匀设计是将数论和多元统计相结合的一种新的试验设计方法,由方开泰教授和数学家王元于 1978 年共同提出。他们根据多因素多水平试验设计的要求,分析了正交试验设计"均匀分散、整齐可比"的原理。认为"均匀分散"是试验设计的本质,而"整齐可比"只是便于数据分析,可以去除,从而可大量增加试验水平数,试验次数却增加很少。特别适用于因素多且每个因素变化范围较大的试验设计。均匀设计可用较少的试验次数,优选出相对的最佳工艺条件,具有试验次数少、试验范围可调、可用计算机处理等特点,在药学研究中应用较多,包括提取工艺、制剂工艺、炮制工艺及处方筛选等,大大节约了研究时间和经费。

例如,戚晓渊等[61]开展杜仲多糖的均匀设计提取工艺分析,若采用全面试验的方法,须进行 63 次试验,即使改用正交试验设计也需要 62 次试验。而通过均匀设计 $U_6(6^4)$ 表安排杜仲多糖的多因素多水平提取试验,并在此基础上运用多元回归分析进行方差分析,探讨各试验因素对试验指标的影响,确定杜仲多糖提取的数学模型,即可通过杜仲多糖率与各因素之间的回归关系,推算最佳工艺条件。研究发现杜仲多糖提取的最佳工艺条件为:杜仲皮粉末质量(g)与加入的水体积(mL)的配比(固液比)= 1∶5,温度 100℃,提取时间 7 h,多糖的最大得率为 231%。结果表明,均匀设计只需要 6 次试验,用 $U_6(6^4)$ 法得到的模型方程,可在设立的因素水平范围内给出杜仲多糖得率极大值,同时根据试验设计还能够通过多元回归分析确定最优化条件,并能够根据各因素的偏平方和及有关系数,初步判断各因素影响指标的可能机制。

采用均匀设计法,每个因素的每个水平只做 1 次试验,当水平数增加时,试验数随水平数增加而增加。而正交试验设计中的试验数则是随水平数的平方数而增加的,如 3 因素、5 水平的情况,正交试验设计需 25 次试验,而采用均匀设计只需 5 次试验。与正交试验设计相比,均匀设计的缺陷是对指标影响较小的因素的作用不甚清楚。

例如,何雁等[62]以均匀设计优化超临界 CO_2 流体萃取工艺,以萃取物中 3 种丹参酮总含量为指标,对超临界 CO_2 流体萃取丹参中丹参酮工艺进行了优化,以确定最佳萃取工艺。

1. 均匀设计方案与试验安排　　影响超临界 CO_2 流体萃取试验结果的主要因素有萃取压力、萃取温度、分离釜压力、分离釜温度、萃取时间、夹带剂种类及用量等,在预试验的基础上,采用均匀设计优化萃取工艺参数,选择萃取压力(A)、萃取温度(B)、分离釜Ⅰ压力(C)、分离釜Ⅰ温度(D)、夹带剂用量(E)5 个因素,每个因素等分为 5 个水平,由表 $U_{11}(11^{10})$ 组成表 $U_{10}(10^5)$,安排均匀设计试验,因素水平见表 3-5。

表 3-5 均匀设计 5 因素 5 水平表[62]

序 号	A 萃取压力（MPa）	B 萃取温度（℃）	C 分离釜Ⅰ压力（MPa）	D 分离釜Ⅰ温度（℃）	E 夹带剂用量（%）
1	1	2	3	3	7
2	2	4	6	10	3
3	3	5	9	4	10
4	4	6	1	9	6
5	5	10	4	3	2
6	6	1	7	8	9
7	7	3	10	2	5
8	8	5	2	7	1
9	9	7	5	1	8
10	10	9	8	6	4

取丹参药材粗粉，按照均匀设计按表中顺序进行试验，每罐萃取药材量为 300 g，萃取过程中其他参数加以固定：分离釜Ⅱ压力为 4 MPa，分离釜Ⅱ温度为 30℃，CO_2 流速 30 L/h，夹带剂为乙醇，萃取时间为 1.5 h。将丹参药材粗粉装入萃取釜中，同时一次性加入夹带剂，设定工艺参数，待萃取温度、萃取压力、分离釜温度、分离釜压力达到设定值时开始进行循环萃取，完成萃取后放料，得到液态深红棕色萃取物。将所得萃取物用 95% 乙醇稀释并定容至 500 mL（以下简称萃取液），测定浸膏得率及含固量。试验安排表见表 3-6。

表 3-6 均匀设计试验安排[62]

序号	A 萃取压力（MPa）	B 萃取温度（℃）	C 分离釜Ⅰ压力（MPa）	D 分离釜Ⅰ温度（℃）	E 夹带剂用量（%）	浸膏得率（%）	固含量（g）
1	25	40	7	40	40	1.57	4.72
2	25	45	8	50	20	1.26	3.79
3	27.5	50	10	35	50	1.18	3.53
4	27.5	55	6	50	30	1.54	4.62
5	30	60	7	35	10	0.88	2.63
6	30	40	9	45	50	1.46	4.38
7	32.5	45	10	30	30	1.12	3.36
8	32.5	50	6	45	10	1.31	3.93
9	35	55	8	30	40	1.40	4.21
10	35	60	9	40	20	1.29	3.87

2. 样品测定结果　各次试验样品中 3 种丹参酮质量及其总含量测定结果见表 3-7。

表 3-7 萃取液中隐丹参酮、丹参酮Ⅰ和丹参酮ⅡA 的测定结果（$n=3$）[62]

序 号	隐丹参酮（mg）	丹参酮Ⅰ（mg）	丹参酮ⅡA（mg）	丹参酮总质量（mg）	总质量分数（%）
1	0.47	0.33	0.70	1.51	31.95
2	0.41	0.32	0.57	1.30	34.53
3	0.32	0.18	0.42	0.93	26.23

续　表

序　号	隐丹参酮(mg)	丹参酮Ⅰ(mg)	丹参酮ⅡA(mg)	丹参酮总质量(mg)	总质量分数(%)
4	0.40	0.31	0.61	1.32	28.62
5	0.30	0.22	0.45	0.97	36.89
6	0.40	0.31	0.49	1.19	27.13
7	0.39	0.17	0.36	0.92	27.39
8	0.45	0.43	0.79	1.66	42.29
9	0.46	0.21	0.45	1.12	26.56
10	0.43	0.32	0.65	1.41	36.35

3. 数据处理　　选择 3 种丹参酮总含量为因变量 Y 值,采用 SPSS 10.0 数理处理软件对试验数据进行逐步线性回归,回归方程为: $Y = 41.402 + 0.086A - 0.142B + 0.136D - 0.346E$, $r = 0.904$, F 为 5.55,表明线性关系良好,方程通过显著性检验。回归系数显示,影响 3 种丹参酮总含量的萃取因素其效应大小依次为:夹带剂用量、萃取温度、分离釜Ⅰ温度、萃取压力。因素 C(分离釜Ⅰ压力)对 3 种丹参酮总含量没有显著性影响,在回归中被剔除;因素 A(萃取压力)对 3 种丹参酮总含量影响非常小,结合实际情况,选择萃取压力为 30 MPa,分离釜Ⅰ压力为 6 MPa。因此,确定最佳萃取条件为:萃取压力为 30 MPa,萃取温度为 40℃,分离釜Ⅰ压力为 6 MPa,分离釜Ⅰ温度为 50℃,夹带剂用量为 10%。

按照上述确定的最佳萃取工艺条件进行丹参超临界 CO_2 流体萃取,共进行 3 次试验,结果 3 种丹参酮总含量平均值为 43.27%,与回归方程预测值较为接近,且重复试验 RSD 值小于 4%,说明超临界 CO_2 流体萃取试验重现性良好。

三、多元统计分析

多元统计分析是从经典统计学中发展起来的一个分支,是一种综合分析方法,它能够在多个对象和对个指标互相关联的情况下分析它们的统计规律。主要内容包括多元正态分布及其抽样分布、多元正态总体的均值向量和协方差阵的假设检验、多元方差分析、直线回归与相关、多元线性回归与相关(Ⅰ)和(Ⅱ)、主成分分析与因子分析、判别分析与聚类分析、Shannon 信息量及其应用。

宋晓等[63]基于多元统计分析方法对香附的 4 种醋制工艺开展比较研究。建立醋香附的 HPLC 特征图谱;以共有峰的相对峰面积为指标,采用 SPSS23.0 软件对 5 批生香附和 20 批醋香附饮片进行聚类分析,采用 SIMCA-P 13.0 软件对 25 批样品进行主成分分析和正交偏最小二乘判别分析。

该研究基于 HPLC 特征图谱结合多元统计分析法对醋香附的 4 种醋制方法进行比较,聚类分析、主成分分析和正交偏最小二乘判别分析均将 4 种醋制方法总体上分成三类:① 醋炙法;② 醋蒸法和醋煮法;③ 醋蒸煮法。3 种多元统计分析方法相互印证,使结果更可靠。其中,S19 号醋蒸煮样品在聚类分析和主成分分析中被识别为异常点,与生品、醋煮品及醋蒸品界限模糊,提示该样品炮制过程复杂,在缺少具体工艺参数,依据传统经验判断炮制火候的情况下,样品批间重复性较其他醋制方法差。借助正交偏最小二乘判别分析中的 VIP 值(变量对分类的重要程度可由 VIP 值的大小来衡量,VIP 值越大,即变量离 X 轴越远,表明对应变量对区分的贡献越大。以 VIP 值>1 为标准筛选导致差异性的主要化学成分),筛选出对区分 4 种醋制方法贡献较大的化学成分。在醋香附特征图谱的 18 个共有峰中,根据对照品比对鉴定出 3 个色谱峰,其中色谱峰 15(香附烯酮)、18(α-香附酮)对 4 种醋制方法的分类贡献较小,其 VIP 值分别为 0.670 和 0.667;色谱峰 1(5-羟甲基糠醛)对 4 种醋制方法的分类贡献最大,其 VIP 值为 2.06。结果表明,5-羟甲基糠醛含量在醋炙品中最高,对区分 4 种醋制方法的贡献最大。

四、人工神经网络

人工神经网络(artificial neural networks,ANN)是以试验数据为基础,经有限次迭代计算而获得的一个反映试验数据内在规律的数学模型,尤适于研究复杂的非线性系统的特性。已证明具有三层结构(只有1个隐含层)的反向传播人工神经网络(back-propagation artificial neural networks,BP-ANN)能逼近任何有理函数,且单隐层反向传播网络的非线性映射能力较强。该试验采用三层BP-ANN建模以逼近存在于试验数据间的函数关系。

张纪兴等[64]采用$L_9(3^4)$正交设计表安排地锦草的醇提工艺试验,尝试应用BP-ANN映射地锦草醇提工艺因素(X_i,乙醇浓度、每次提取时间、乙醇与药材的用量比及提取次数,$i=1\sim4$)与评价指标(Y_i,槲皮素提取率和干浸膏得率,$i=1\sim2$)之间的关系,以变量X_i作为ANN的输入,因变量OD(Y_1和Y_2的总评"归一值")为输出,建立ANN数学模型,并结合粒子群优化(particle swarm optimization,PSO)算法筛选工艺参数。

PSO算法源于鸟群飞行觅食行为的研究。PSO算法中,每个优化问题的解都被看作是搜索空间中的一只鸟,称为"粒子",所有的粒子都有一个由被优化的函数决定的适应值,每个粒子还有一个位置和速度函数,决定它们飞行方向和距离,粒子群追随每次迭代中的最优粒子在解的空间中进行搜索。

PSO算法首先初始化一群随机粒子(随机解),然后通过迭代寻找最优解。在每次迭代过程中,粒子都通过跟踪两个"极值"来更新自己。一个是粒子本身所找到的最优解,这个解称为个体极值;另一个极值是整个种群找到的最优解,即全局极值。在找到这两个最优值后,粒子根据相关公式[65]来更新自己的速度和位置,直至找到满意解或达到最大迭代次数停止。试验利用ANN的网络输出OD_i值作为PSO算法的适应度函数。适应值优化的具体步骤如下:

(1)训练建立样本数据X_{im}与OD_i内在规律的ANN数学模型。

(2)初始化惯性权重、加速常数等参数。

(3)在可行区域内把4个输入X_{im}随机映射为一群粒子,初始化粒子的位置和速度。

(4)判断目标函数值是否得到最优解或达到预定迭代次数。

(5)如得到最优解或达到预定迭代次数,则将全局最优粒子映射为最佳条件,并以此为优化结果,得到最佳工艺条件;否则按粒子群计算模型进行粒子速度和位置的更新,并生成新一代种群,返回步骤(3)。

根据PSO算法得到的结果为:X_1、X_2、X_3、X_4分别为74.288%、74.836 min、7.857 mL/g、2.968次。按实际情况稍作调整,即选择每次用地锦草重量8倍的75%乙醇作为溶剂,提取75 min,共提取3次为最佳方案。

按此优化方案,取粉碎并过18目筛的地锦草药材18 g,共3份,制备3批地锦草醇提物。计算得:槲皮素平均提取率和干浸膏得率分别为(8.11±8.82)%和(9.38±8.16)%,其评价指标总评归一值为8.988,优于此前任一组实际样本,证明采用BP-ANN建模结合PSO算法筛选提取工艺参数是可行的。

该研究利用BP-ANN建立的模型精度达$5.832×10^{-7}$,且BP-ANN训练后网络预测值与检验样本相对误差小于$3.5×10^{-5}$,模型准确。此外,BP-ANN建模结合PSO算法寻优,无须目标函数具备明确的数学表达式,且模型的映射建立与寻优迭代的过程可利用数据可视化技术以直观的图形、图表输出呈现出来,无疑为解决多维非线性系统的优化问题提供了另一个全新有效的途径。BP-ANN建模结合PSO算法具有深刻的智能背景,适合科学研究和工程设计数据的筛选优化,在药物制剂处方及制备工艺的优化过程中,值得进一步研究和探讨应用。

五、响应曲面法

与中药制药分离过程密切相关的提取及中药处方筛选常常涉及多个因素的考察,这些因素的变化对结果至关重要。响应曲面法(response surface methodology)就是研究试验结果与试验因素关系的方法。建立研究结果 Y 与试验因素 $X_1, X_2, \cdots, X_m$ 之间的定量关系的函数模型,通常称为响应函数,响应函数可以用图形的方式描述为因素取值区域上的一个曲面,所以这种关系的研究就称为响应曲面法。响应曲面法采用多元二次回归,将多因素指标的相互关系用多项式近似拟合,通过对函数响应面和等高线的分析,可精确地研究各因子与响应值的关系,近年来作为一种优良的科学手段被广泛应用[66]。

响应曲面法是由英国统计学家 G. Box 和 Wilso 于 1981 年提出的,包括试验、建模、数据分析和最优化等步骤。目前在中药研究试验中结合响应曲面的设计主要有正交试验设计、均匀试验设计、回归试验设计、星点设计、Box-Behnken 试验设计等,其中星点设计效应面优化法最为常用。在国外药物研究领域结合响应面的设计还有 Doehlert 优化设计和投影设计(projection design)。在响应曲面的一阶设计中通常用正交试验设计和均匀试验设计,而在响应曲面的二阶设计中,为使试验区在接近响应曲面的最优区域后,能更精确逼近最优值并且识别出最优工艺条件,通常用星点设计、Box-Behnken 试验设计及回归试验设计。

（一）响应曲面优化法的基本原理

1. 响应曲面法的基本概念　　在一项试验中,凡是欲考察的因素的变量成为因素,若因素的取值可以在某一区间内连续变化,称为定量因素,在中药提取试验中如提取温度、提取时间等;若因素只能取有限个类别,称为定性因素,如药材的产地、药材的品种等。通常用 $X_1, X_2, \cdots, X_m$ 或者 $A, B, C, \cdots$ 表示因素。因素所处的不同状态称为因素的水平。试验的结果称为响应(response)或者输出(output),用 y 表示。试验设计的目的是研究因素及因素间的交互作用对响应值的影响和他们之间的关系,响应曲面优化法的目的就是用最少的试验获取响应和因素之间关系的最多信息。

2. 响应曲面优化法的基本原理　　建立研究结果 Y 与试验因素 $X_1, X_2, \cdots, X_m$ 之间的定量关系的函数模型：$Y = f(X_1, X_2, \cdots, X_m) + \varepsilon$。其中 $f(X_1, X_2, \cdots, X_m)$ 是 $X_1, X_2, \cdots, X_m$ 的响应函数,是随机误差,函数 Y 不可能用数学模型表示,但可以用一数学模型 f 近似的模拟函数 f,依据该模型可以描绘效应面,从效应面上可以找出效应值对应的自变量取值,从而求出较佳的试验条件。效应与因素的关系可能是先行也可能是非线性,在效应面是线性是平面,而非线性是曲面,在整个考察范围,在离较佳区的较远范围更接近线性,离较佳区越近面的弯曲程度就越大[6,7]。在中药提取及处方筛选中,多用到多元线性回归及二线式拟合建立指标与因素之间的数学关系[8]。

当经过筛选已确定试验的因素后,将试验分为两阶段。第一阶段的主要目标是确定当前的试验条件或者输入变量的水平是否接近响应曲面的最优位置,当试验条件部分远离响应曲面的最优位置时,可使用一阶模型去逼近。一阶响应曲面的设计方法有：一阶响应曲面的正交设计、零水平处的拟合检验、最速上升搜索法。

当试验点接近最高点时,由于真正响应曲面率的变化,需要二阶或者更高的模型去逼近响应,在大多数情况下二阶模型是合适的。二阶响应曲面的设计方法有：二阶响应曲面的组合设计、二阶响应曲面的正交设计、二阶响应曲面的旋转设计。

（二）一阶响应曲面的设计

1. 一阶响应曲面的正交设计　　正交设计分两部分,第一部分为试验设计,第二部分为数据的分析。试验设计部分包括：确定每一因素的变化范围并对其进行编码变化,选择合适的正交表安排试验。在数据分析部分设计求回归系数、响应曲面方程的显著性检验和回归系数的显著性检验。正交设计是在特定的方差分析模型下达到最优,具有"整齐"和"均匀"的特点,应用较为广泛。

2. 零水平处的拟合检验　为验证各因素的零水平上指标值是否符合一次响应曲面方程,通常在各因素均取零水平时进行若干次试验。具体内容包括求出误差的一个估计量;检验交互作用是否显著;检验二次效用是否显著。

3. 最速上升搜索法　根据微积分原理,任意多元函数在局部区域内总可以用一个多维平面去逼近,最速上升搜索法就是沿着最速的上升路径,即响应向最大增量的方向逐步移动的方法,如果求最小响应值,则称最速下降搜索法。其具体步骤为:① 假定点 $X_1 = X_2 = \cdots = X_m = 0$ 是基点或者原点。选取一个可控变量的步长,如 ΔX_i,一般选最了解变量,或回归系数绝对值。② 计算剩余变量的步长。③ 将变量的 ΔX_i 转换成原始变量 Az_j。④ 在点 $(k\Delta X_1, k\Delta X_2, \cdots, k\Delta X_m)$ 处安排试验,观察响应值,直至响应值减少,其中 k 为搜索的次数,$k=1,2,\cdots$ ⑤ 在点 $(k-1)\Delta X_1, \cdots, (k-1)\Delta X_m$ 处拟合响应方程,重复以上过程,直至达到最优响应值为止。

（三）二阶响应曲面的设计

1. 二阶响应曲面的组合设计　组合设计就是在编码空间中选择几类具有不同特点的试验点,适当组合起来形成试验方案,一般有 3 类不同试验点组成。

$$N = m_c + m_r + m_0 \tag{3-6}$$

式中,$m_c = 2^m$,为各因素取二水平(+1,-1)的全面试验点;为分布在 m 个坐标轴上的星号点,为星号臂长,为特定参数,调节 r 可达到所希望的优良性,如正交性,旋转型;m_0 为中心点,一般 $m_0 \geqslant 3$。利用组合设计求得二阶响应曲面方程简单易行,既方便试验,也符合节约的原则。

2. 二阶响应曲面的正交设计　二阶响应曲面的正交设计对响应曲面方程及模型参数的检验都同一阶响应曲面模型的正交类似,可以列表进行,表格的形式也同于一阶响应曲面的正交表,只是设计前需使二次响应曲面设计具有正交性。

3. 二阶响应曲面的旋转设计　旋转设计包括一次、二次、三次旋转设计,试验中较为常用的是二次回归旋转设计。旋转设计一般还和组合设计联系在一起,目前在中药研究领域旋转组合设计的应用越来越受到重视。其中,在此基础上所衍生的星点设计成为中药研究领域额的一个亮点,星点设计是在二水平析因设计的基础上加上星点(star point)及中心点(central point)而成的试验次数较少,适宜进行非线性拟合的试验设计法,具有试验设计简单,试验次数少,精密度高的特点。二阶响应曲面旋转设计的具体步骤一次为:挑选因素;确定因素水平的上线和下限;求中心点(0 水平)的取值;对每个因素水平编码;确定 0 水平的重复次数;列出试验方案;试验处理的随机化;试验方案的实施。

（四）星点设计-效应曲面法

目前,国内多采取正交设计或均匀设计优化中药提取工艺。这两种方法是基于线性模型的设计,而大多数多因素、多水平试验,各因素对响应值的影响并非线性,预测性较差,试验精度不高。星点设计简便,试验次数较少,且在中心点进行重现性试验以提高试验精度,在模型基础上采用非线性数学模型拟合,复合相关系数高,在试验设计中具有明显优势。王利洁等[67]采用星点设计-效应面法优化虎杖中白藜芦醇的提取工艺,用有机溶剂水浴浸提法提取虎杖中白藜芦醇,以白藜芦醇含量为评价指标,采用星点设计考察溶剂浓度、提取时间和溶剂用量对提取工艺的影响,效应面法优化提取工艺条件。

其中,星点设计优化醇提条件研究如下。

（1）试验设计:根据单因素试验结果,考察因素选取溶剂浓度(A)、提取时间(B)和溶剂用量(C),提取温度选择单因素试验中白藜芦醇含量较大的 50℃,因提取次数为非连续变量,无法进行回归处理,结合预试验结果,暂固定 2 次,以白藜芦醇的含量为因变量,根据星点设计的原理,每因素设 5 个水平,用代码值$-a$、-1、0、1、a表示（3因素星点设计中的$a = 1.732$）。

（2）模型拟合：以白藜芦醇含量为因变量，采用 Design-Expert8.0 软件对各因素进行多元线性回归和二项式拟合，模型的拟合程度通过复相关系数（r）进行判断。多元线性回归：$r = 0.6569$，$P = 0.0256$，$P > 0.01$，模型不能通过检验且拟合度不佳，因此，线性模型不合适；二次多项式拟合：$r = 0.9884$，$P < 0.0001$，表明二次多项式拟合显著高于多元线性回归，故选择二项式拟合模型。二项式模型方程为

$$Y = 2.82 + 6.709 \times 10^{-3}A + 0.027B + 0.13C - 0.039AB + 0.044AC$$
$$+ 0.036BC - 0.038A^2 - 0.046B^2 - 0.13C^2 \tag{3-7}$$

采用 ANOVA 分析效应面的回归参数。分析结果显示，除溶剂浓度外其他两个因素对白藜芦醇含量影响显著，且溶剂用量>提取时间>溶剂浓度，二次项对结果有较大影响，交互项影响相对较小，各因素对响应值的影响不是简单的线性关系。

（3）效应面优化及预测：根据优化后的二项式方程，应用 Design-Expert 软件，绘制因变量与各自变量之间的三维效应曲面图，由于三维效应面只能表达两个因素变量的函数，故固定其中一个为中值，再以拟合的目标函数为数学模型，绘制三维曲面图。溶剂浓度与溶剂用量对结果的影响显著，溶剂浓度对结果影响不大，但增加溶剂用量有利于白藜芦醇的提取。当固定溶剂用量为 11.5 倍时，白藜芦醇整体含量不大，溶剂浓度与提取时间对结果影响显著性较小。白藜芦醇含量随溶剂用量增大而增加，但提取时间不宜过长。

由 Design-Expert 软件对响应值进行优化，结果显示白藜芦醇含量最优值是 2.82 mg/g，即预测最优提取工艺条件所对应的编码值分别为 $A = 0.22$、$B = 0.44$、$C = 0.61$，与其对应的提取条件为：溶剂浓度为 71.27%，提取时间为 1.13 h，溶剂用量为 12.73 倍。

为验证方法的可行性，也考虑到实际生产中操作的便利，对最优提取条件进行微调：溶剂浓度为 72.0%，提取时间为 1.1 h，溶剂用量为 12.7 倍。

结果表明，最佳工艺条件：乙醇浓度为 72.0%，提取温度为 50℃，提取 2 次，每次 1.1 h，溶剂用量 12.7 倍，白藜芦醇含量理论最大值与实测值平均偏差为 0.83%。该优选工艺预测性良好，可为白藜芦醇提取的工业生产提供试验依据。

（五）Plackett-Burman 试验法结合星点设计-响应曲面法

黄樱华等[68]采用 Plackett-Burman 试验法结合星点设计-响应曲面法优化侧柏叶的纯化工艺。主要研究内容与方法如下。

1. Plackett-Burman 试验　　在前期的研究基础上，采用 Plackett-Burman 试验法，筛选影响侧柏叶纯化的 8 个因素。设置上样液浓度（A）、上样量（B）、吸附速率（C）、水洗脱量（D）、乙醇质量分数（E）、洗脱速率（F）、乙醇洗脱量（G）、树脂重复使用次数（H）为考察因素，以总黄酮保留率（Y）为响应值，每个因素设置 2 个水平，用 1、-1 表示，运用 Minitab 软件设计 12 组试验。

应用 Minitab 软件对试验结果进行分析，以 Y 为响应值，得到的回归方程为

$$Y = 66.032 + 1.171A + 2.06B - 0.906C + 0.836D + 7.911E + 0.253F + 2.779G + 0.689H \tag{3-8}$$

$R = 0.9920$，表明该回归方程模型的拟合度良好，回归方程有代表性。其中 $Ra_{dj} = 0.9708$，表明模型适用于 97.08% 的效应值。方差分析结果显示，上样量（B）、乙醇质量分数（E）、乙醇洗脱量（G）对总黄酮保留率（Y）有显著性影响（$P < 0.05$ 或 $P < 0.01$），各因素影响的大小为 $E > G > B$，其他 5 个影响不显著的因素，将根据前期的研究数据，在下一步试验中，设定上样液浓度为 0.2 g/mL，吸附速率为 1.0 mL/min，水洗脱量为 160 mL，洗脱速率为 1.0 mL/min，树脂重复使用为 5 次进行研究。

2. 星点设计-响应曲面法优化侧柏叶纯化工艺

（1）星点设计-向应曲面法试验设计：根据 Plackett-Burman 试验的结果，选择上样量（X_1）、乙醇质量分数（X_2）、乙醇洗脱量（X_3）为自变量，结合星点设计原理，每个因素设计 5 个水平。选择总黄酮保留率、槲皮苷保留率为评价指标，采用 Hansan 法将每个指标标准化为 0~1 之间的"归一值"（OD 值），按照权重系数分别为 0.5 计算各指标 OD 值，最后求算总 OD 值，采用星点设计-响应曲面法优化纯化工艺。

（2）数据分析与处理：应用 Design-Expert 8.0.6 软件，对数据进行处理，以 Y（总 OD 值）为响应值进行二次效应面回归分析，得到回归模型方程：

$$Y = 0.888\,76 - 0.041\,674X_1 + 0.245\,18X_2 + 0.115\,87X_3 - 0.042\,025X_1X_2 - 0.042\,025X_1X_3$$
$$- 0.042\,025X_2X_3 - 0.048\,888X_2 - 0.131\,87X_2 - 0.101\,99X_3 \tag{3-9}$$

回归方程校正系数 $r = 0.955\,6$，表明该模型拟合度较好，能比较准确地分析和预测侧柏叶纯化工艺条件。

回归模型的显著性检验分析结果显示，X_2、X_3、X_1^2、X_2^2、X_3^2 项的 $P<0.05$ 或 $P<0.01$，表明对总 OD 值（Y）有显著性影响。失拟项表示所得模型与试验拟合的程度，即二者差异的程度，该试验失拟项的 P 值为 0.112\,5 >0.05，表明模型基本无失拟因素存在，可用该回归方程代替试验的真实点对试验结果进行分析。

（3）侧柏叶 AB-8 型大孔树脂纯化工艺条件的确定：应用 Design-Expert 8.0.6 软件，得到响应曲面，分析上样量（X_1）、乙醇质量分数（X_2）和乙醇洗脱量（X_3）对总 OD 值（Y）的影响情况，乙醇质量分数、乙醇洗脱量两因素的影响最大。应用 Design-Expert 8.0.6 软件得出最佳工艺：上样量为 14.43 g、乙醇质量分数为 81.89%、乙醇洗脱量为 187.11 mL，理论计算总 OD 值为 1.069\,8。考虑到实际操作的便利性，把最优方案调整为：上样量为 14.40 g、乙醇质量分数为 82%、乙醇洗脱量为 187 mL。

研究结果表明，Plackett-Burman 试验结合星点设计-响应曲面法优化 AB-8 型大孔树脂纯化侧柏叶总黄酮工艺的方法预测性好、稳定可行。

（六）Box-Behnken 法

Box-Behnken 法是试验设计与统计软件有效结合的工具，将因素与试验结果的关系函数化，是一种优化反应条件和工艺参数的有效方法，可有效解决目前正交试验设计只能给出最佳因素水平组合却无法找出整体因素中的最佳组合和响应值的缺点，由于其具有设计方法简单，回归方程精度高等优点，对试验结果可进行实际预测，在中药制药领域的应用日益广泛。

王正宽等[69]采用 Box-Behnken 法中试规模下优化小青龙颗粒超声提取工艺，主要研究方法与内容如下。

1. 响应曲面试验设计　　在单因素试验的基础上以超声功率（A）、液固比（B）、提取时间（C）为考察因素，根据 Box-Behnken 试验设计原理，每因素设 3 个水平，用代码值 -1、0、1 表示，因素水平见表 3-8。

表 3-8　**Box-Behnken 试验设计因素与水平编码**[69]

水　平	A 超声功率（W）	B 液固比	C 提取时间（min）
-1	400	8:1	20
0	500	10:1	30
1	600	12:1	40

2. 响应曲面试验结果及方差分析　　根据 Box-Behnken 响应曲面试验设计方案,对小青龙颗粒超声提取工艺进行优化试验,分别检测、计算芍药苷、盐酸麻黄碱、甘草酸提取率,按相同权重进行综合评价,响应试验结果采用 Design-Expert 8.0.6 软件对综合评价数据进行回归方差分析。由 Design-Expert 8.0.6 软件对试验综合评价数据进行二次多元回归拟合,综合评价结果以 Y 表示,可得回归方程。

3. 响应曲面分析　　利用 Design-Expert 8.0.6 软件,根据回归方程绘制不同影响因素对响应值(综合评价)的三维曲线图,响应曲面分析图形是特定响应值对应自变量构成的一个三维空间图。可以直观地反映出各自变量对响应值的影响。液固比一定时综合评价结果随超声功率的增加先升高后趋于平稳,超声功率一定时综合评价结果随液固比的增加先升高后降低;提取时间一定时综合评价结果随超声功率的增加先升高后趋于平稳,超声功率一定时综合评价结果随提取时间的增加先快速升高后快速降低;液固比一定时综合评价结果随提取时间的增加先快速升高后快速降低,提取时间一定时综合评价结果随液固比的增加先快速升高后快速降低。

该研究通过单因素及 Box-Behnken 法优化试验,确定小青龙颗粒超声提取最佳工艺为:以水为提取溶媒,超声功率 556 W,液固比 10∶1,提取 31 min。此优化工艺可使芍药苷、盐酸麻黄碱、甘草酸的 1 次平均提取率(综合评价)达 85%以上,提取效果明显优于普通提取。

(七) Box-Behnken 法

邹俊波等[70]采用响应面法优化美洲大蠊中有效成分氨基酸的提取工艺参数。方法: 在单因素试验的基础上,利用 Box-Behnken 中心组合设计,以氨基酸含量、干膏率为评价指标,对提取时间、料液比、醇提浓度、提取次数等 4 个主要影响因素进行考察,并进行工艺优化。通过 Box-Behnken 效应面法及总评归一值(optical density,OD)系统评价,确定最优提取工艺如下: 取饮片适量,加入 12 倍量 70%乙醇溶液,提取 2 次,每次 120 min。利用该工艺条件得到的氨基酸含量及干膏率与理论预测值基本一致。通过引入总评"归一值"(OD),使所有指标均量化体现,客观地综合所有试验指标,使多指标模型具有更准确的拟合性和预测性。

Box-Behnken 效应面曲法优化试验主要研究方法与内容如下。

1. 模型建立及显著性检验　　单因素试验表明,提取 2 次能基本将氨基酸提取完全,因此,将提取次数定为 2 次。试验拟选取提取时间(X_1)、料液比(X_2)和醇提浓度(X_3)等作为影响因素,以氨基酸含量和干膏率"总评归一值"(OD) Y 为评价指标,根据 Hassan 公式对各个指标进行均一化处理。

计算公式: $$d_i = (Y_i - Y_{min})/(Y_{max} - Y_{min}) \qquad (3-10)$$

式中,Y_i 为实测值,Y_{min} 和 Y_{max} 系指每一指标在不同次试验中测得的所有值中的最小和最大值。计算出各指标的 d_i 值后,$OD = (d_1 \times d_2 \times \cdots \times d_k)1/k$,$k$ 为指标数。

以归一值 OD 为因变量,通过 Design Expert V8.0.5b 软件对各因素进行回归拟合,得到氨基酸含量和干膏率归一值(Y)对提取时间(X_1)、料液比(X_2)和醇提浓度(X_3)的二项多次回归模型方程。由拟合方程的相关系数 R 可以得知多元二项式拟合方程相关系数较高,拟合效果较好,模型方程显著($P<0.01$),模型失拟度 $P>0.05$,提示误差在可接受范围内,所建模型合理。$R^2 = 0.9607$,表明只为 3.93% 的差异的模型不合理的,调整后 $R^2(R_{adj}^2)$ 值与预测 $R^2(R_{Pred}^2)$ 值接近,表明该试验建立的模型合理可行。

2. 效应曲面法分析及最优提取条件的确定　　由响应曲面及等高线图可知提取时间(X_1)和醇提浓度(X_3)交互作用显著,表现为响应曲面较陡,等高线图呈椭圆形。以 O 值对最佳工艺进行预测,结果 $X_1 = 119.09$、$X_2 = 12.25$、$X_3 = 68.93\%$。考虑到试验操作的可行性,各因素取整数值,最终确定最佳提取工艺为加入 12 倍量 70%乙醇溶液,提取 2 次,每次 120 min。

(八) Doehlert 设计法

Doehlert 设计法包括试验、建模、数据分析和最优化等过程,把自变量和应变量的关系扩展到曲面,优选条件预测性好。其所需的试验次数相对较少、效率更高。此外，Doehlert 设计点的空间排布更趋合理。巩珺等[71]以料液比、提取时间、乙醇体积分数为 3 个考察因素，苯乙醇苷含量为指标，对影响紫珠中苯乙醇苷类化合物乙醇回流提取效果的单因素进行了考察；运用响应曲面法中的 Doehlert 设计法进行试验设计。其中，Doehlert 设计是由所考察的因子-水平数目及其设计矩阵编码值来定义的。编码值与真实值的关系可用下式表示：

$$C_i = \left[\frac{X_i - X_i^0}{\Delta X_i}\right] \times \alpha \tag{3-11}$$

式中，C_i 为因子 i 不同水平的编码值，X_i 为真实值，X_i^0 为因子水平区域的中间值，ΔX_i 为每个因子不同水平中的最大值（或者最小值）与中间值的跨距，α 为每个因子编码值的极值。其中，X_i 为料液比（X_1）、提取时间（X_2）、乙醇体分数（X_3）这 3 个变量。

　　并采用：① 统计分析软件 SPSS 13.0 对试验数据进行非线性多元回归和方差分析，得到相关拟合方程。② Sigma Plot 10.0 软件编程，分别绘制出响应值 Y（苯乙醇苷得率）与（X_1，X_2）、（X_1，X_3）、（X_2，X_3）的响应曲面图及其等高线图。由统计学和数学软件对试验数据进行分析，拟合出苯乙醇苷类的最优提取工艺条件。结果表明，优选的提取条件为：以 12 倍量 90% 乙醇回流提取 2 次，每次 2 h。结论：应用 Doehlert 设计的响应曲面法具有使用方便、预测性好的特点，值得推广应用。

（九）CRITIC - AHP 权重分析法结合响应曲面法

杜仲系杜仲科植物杜仲（*Eucommia ulmoides* Oliv.）的干燥树皮，具有补肝肾、强筋骨、安胎之功效。现代研究表明，杜仲中有环烯醚萜类、黄酮类、有机酸类等多种化学成分，主要有降血压、降血糖、保肝护肾、抗骨质疏松等现代药理作用。其中京尼平苷酸是降血压的主要成分；京尼平苷、京尼平具有泻下之功效；绿原酸具有抗病毒、降血脂等多种药理活性；松脂醇二葡萄糖苷（Pi-noresinoldiglucoside，PDG）除具有抗骨质疏松功效外，对血压有双向调节功能，是评估杜仲质量优劣的重要指标性成分。鉴于杜仲中含多种药效成分，故以单一成分含量作为响应曲面法优化响应值过于片面，郭姝等[72]以 CRITIC - AHP 法对京尼平苷酸、绿原酸、京尼平苷、京尼平和松脂醇二葡萄糖苷 5 种有效成分进行权重分配，采用响应曲面法对杜仲的提取工艺进行优化，综合反映杜仲中重要有效成分的提取效率，旨在为后期药效研究奠定基础。

有关 CRITIC - AHP 权重分析的主要研究方法与内容如下。

（1）AHP 法确定权重：将抗骨质疏松活性、降血糖活性和指标性成分含量作为中间层权重指标予以量化，并确定各指标的优先顺序：抗骨质疏松活性>降血糖活性>指标性成分含量，以各成分为方案层，构成成对比较的优先判断矩阵，并获得各项指标的相对评分，最终计算各成分的权重结果显示：抗骨质疏松权重结果为 0.539 6，抗血糖活性权重结果为 0.297 0，指标性成分含量权重结果为 0.163 4。提示对目标层，即权重的影响顺序为：抗骨质疏松活性>降血糖活性>指标性成分含量；方案层各成分的权重结果分别是 PDG 0.302 8、京尼平苷酸 0.218 1、京尼平苷 0.092 5、绿原酸 0.258 4 和京尼平 0.128 2，表明 5 种成分对权重的影响顺序为：PDG>绿原酸>京尼平苷酸>京尼平>京尼平苷。其中模型的一致性比例因子 $CR = CI/RI = 0.008\ 8 < 0.10$，即上述指标成对比较的优先判断矩阵一致性良好。

（2）CRITIC 法确定权重：利用各成分的含量进行权重分配，将数据按照下式进行标准化处理：

$$指标值 = \frac{（实测值 - 最小值）}{（最大值 - 最小值）} \times 100 \tag{3-12}$$

所得矩阵按照 $r_{xy} = \sum (x - \bar{x})(y - \bar{y})/[(x - \bar{x})^2(y - \bar{y})^2]^{1/2}$ 计算后确定相关系数矩阵：

$$\begin{vmatrix} 1.000\,0 & 0.430\,2 & 0.355\,5 & 0.416\,6 & 0.083\,3 \\ 0.430\,2 & 1.000\,0 & 0.801\,0 & 0.762\,2 & 0.583\,8 \\ 0.355\,5 & 0.801\,0 & 1.000\,0 & 0.769\,9 & 0.577\,8 \\ 0.416\,6 & 0.762\,2 & 0.769\,9 & 1.000\,0 & 0.730\,7 \\ 0.083\,3 & 0.583\,8 & 0.577\,8 & 0.730\,7 & 1.000\,0 \end{vmatrix}$$

并通过 $C_j = \sigma_j \sum_{i=1}^{n}(1 - r_{ij})$ 及 $W_j = C_j \sum_{j}^{m} C_j$ 求得京尼平苷酸、绿原酸、京尼平苷、京尼平和 PDG 质量权重系数分别为 0.319 1、0.123 4、0.170 1、0.243 7、0.143 7。

（3）CRITIC – AHP 法确定权重：根据 $\omega_{综合ij} = \omega_{\text{CRITIC}ij}\omega_{\text{AHP}ij/} \sum \omega_{\text{CRITIC}ij}\omega_{\text{AHP}ij}$ 求得京尼平苷酸、绿原酸、京尼平苷、京尼平和 PDG 的质量权重系数分别为 0.332 3、0.152 3、0.075 1、0.352 4、0.087 9。因此，综合评分 $= \left(W_1 \times \dfrac{a}{a_{\max}} + W_2 \times \dfrac{b}{b_{\max}} + \cdots + W_5 \times \dfrac{e}{e_{\max}} \right)$。

该试验采用京尼平苷酸、绿原酸、京尼平苷、京尼平和 PDG 这 5 种成分的权重含量作为综合得分的评价指标，结合 CRITIC – AHP 法确定权重，既能够将抗骨质疏松活性、降血糖活性、含量等指标的重要性转化为可量化的权重系数，又能够通过 CRITIC 法体现样本客观数据信息，消除人为设定量化指标的主观性。CRITIC 法与 AHP 法的结合能够相互补充，在保持权重系数稳定性的同时，更好地区分数据信息。

六、基于指纹图谱的相关评价分析法

中药指纹图谱是一种反映中药中所有化学成分的定性定量技术，主要以色谱峰的相对保留时间和相对峰面积进行定性，以峰面积进行半定量，可被广泛应用于中药从药材到产品的整个提取分离过程。由于指纹图谱涵盖的信息量大，与目前普遍采用的出膏率、一个或几个指标成分作为考察指标相比，具有全面性与综合性，更能反映提取的效果。

（一）基于指纹图谱与主成分分析相结合的复方提取工艺研究方法

中药指纹图谱技术是一种综合的、可量化的定性定量手段，具有"整体性"的特点，能全面反映中药提取状况，可用于中药提取工艺的优化。由于中药化学成分的复杂性和多样性，中药提取物色谱峰较多，各峰权重系数难以确定，给综合评价带来了较大的困难。主成分分析法是一种浓缩数据、简化数据的统计学方法，该法利用降维思想，通过研究指标体系的内在结构关系，在不损失或尽量少损失原有指标信息的情况下把多指标转化成少数几个互相独立而且包含原有指标大部分信息的综合指标，有效地避免了综合评价时主观加权的弊端。因此，指纹图谱技术结合主成分分析法既能解决目前普遍存在的工艺提取指标成分选择不全面的问题，又能将多指标数据进行简化，便于综合评价。汪露露等[36]开展的"基于指纹图谱与主成分分析相结合的复方虎杖方提取工艺研究"简述如下。

1. **样品分析测定**　分别吸取 9 个样品的供试品溶液各 20 μL，在确定的色谱条件下分别进样测定，记录色谱图，采用药典委员会推荐的中药色谱指纹图谱相似度评价系统（A 版）对图谱初步分析，确定了 22 个共有色谱峰。

2. **主成分提取与贡献率计算**　采用 SPSS 17.0 对均匀设计的各组样品的峰面积进行降维处理，获取能代表原始峰面积的主成分及贡献率。根据主成分的提取原则，取特征值 $\lambda > 1$ 的特征根对应的成分作为提取主成分。因此，选取前 4 个成分的初始特征值分别为 13.031、4.308、1.628、1.337，方差贡献率分别为 59.230%、19.581%、7.402%、6.075%，累积方差贡献率为 92.288%，说明提取的 4 个主成分可以代表原始色谱峰峰面积的大部分（92.288%）信息。

3. 综合得分(F)计算 以提取的 4 个主成分的因子得分乘以相应的方差算数平方根得到 4 个主成分的得分,即主成分 1 得分(F_1)= 主成分 1 因子得分 X 初始特征值的算数平方根,以此类推得到主成分 2、3、4 得分(F_2、F_3、F_4)。按照公式可以分别计算均匀设计 9 个样品的综合得分,综合得分(F)最高 6 号样品,表明提取条件为最适宜。

4. 回归模型的分析与提取工艺条件的优选 为了揭示多个因素对指标的内在关系,采用 SPSS 17.0 统计软件对均匀设计试验结果进行逐步回归分析,建立回归模型。由概率值 $P<0.05$ 可知,拟合的回归方程具有统计学意义。根据最优回归方程用 Excel 2 003 进行规划求解,得到各个变量的取值为 $X_1=3$、$X_2=6$、$X_3=90$,组合条件最优,求 $Y=26.93$。由 X_4 对复方虎杖方醇提取工艺效果影响不是特别显著,根据实际试验操作过程中的条件优选 $X_4=1$,所以确定的最优的醇提工艺条件为用 6 倍量的 90%乙醇提取 3 次,每次 1 h。

复方虎杖方指纹图谱中 22 个谱峰作为工艺优化的考察指标,数据烦琐,各峰权重系数难以确定,给综合评价带来了较大的困难。采用主成分分析法,通过线性变换,将原来的 22 个指标组合成 4 个能充分反映总体信息的指标(涵盖了原始色谱峰 92.288%的信息),从而在不丢掉原来主要信息的前提下,避开了变量间共线性的问题,这种浓缩数据、简化数据的统计学方法为进一步进行均匀设计数据回归分析奠定了基础。

(二)基于多指标定量与指纹图谱技术综合评价的正交试验设计法

陈秋谷等[73]以多指标综合评分法优选活血降糖颗粒(由黄芪、地黄、红花、麦冬、桃仁、太子参、山药和大黄八味药材组成)的水提工艺。主要方法:采用正交试验设计法,以加水量、煎煮次数、煎煮时间为影响因素,梓醇含量、毛蕊异黄酮葡萄糖苷含量、总固形物质量、提取指纹图谱共有峰主成分所得综合评分为评价指标,优化活血降糖颗粒的水提工艺。

中药复方的提取工艺多以指标成分含量和干膏率为评价指标,但中药化学成分复杂多样,药效作用来源于多种成分的配伍,如该活血降糖颗粒,测定梓醇和毛蕊异黄酮葡萄糖苷指标成分含量并不能代表其他成分的变化情况,故建立活血降糖颗粒正交样品的指纹图谱,标定 19 个共有色谱峰,4、14(毛蕊异黄酮葡萄糖苷)、16 号峰来自黄芪药材;1(梓醇)号峰来自地黄药材;2、6、7、11、12、13(羟基红花黄色素 A)、17 号峰来自红花药材;5(没食子酸)、10、15、18、19 号峰来自大黄药材;8、9(苦杏仁苷)号峰来自桃仁药材,可直观、全面地反映各种成分种类与含量变化。但指纹图谱的整体性与模糊性易忽略各工艺参数对峰 2、3、4、11、12、16、18、19 等含量较低成分的影响,若仅以指纹图谱共有色谱峰的峰面积总和为评价指标仍无法精确优化提取工艺。

主成分分析法则可根据实际需要提取较少的综合变量,以尽可能反映原有变量信息,是一种科学有效的降维方法,可解决指纹图谱整体性与模糊性导致成分权重系数难以确定的弊端,两者结合时既可从整体上判断各工艺参数对药物成分的影响,又可从局部兼顾含量较低的药效成分。该试验对主成分分析所提取的 4 个主成分基本反映了 19 个共有色谱峰的信息,3 批验证试验提取指纹图谱共有峰主成分所得综合评分均值为 0.220,RSD 为 0.45%;平均综合评分为 87.885,RSD 为 0.14%,表明该试验结合中药复方提取工艺特点及中药复方配伍,采用正交试验设计法,以指标成分含量、总固形物质量、提取指纹图谱共有峰主成分所得综合评分为评价指标优选出来的活血降糖颗粒水提工艺稳定、可行,可为该方下一步基于药效基础进行水提工艺研究奠定基础。

第四节 提取工艺优化设计多指标评价
体系的权重系数研究

鉴于中药多组分、多靶点的作用特点,设置多指标检测标准已成为优化中药复方制剂提取工艺的重要手段。但是,对多指标如何做出一个合理的综合评价,则是最终确立提取工艺的关键。而综合评价中,确定各个评价因素的权重系数又是科学、合理地做出评价的基础,在一个领域中,它是对目标值起权衡作用的一个数值。目前中药提取工艺综合评价中常用的是经验性权数法,它是由专家或主研者根据评价指标的重要性来确定权重系数,受主观因素影响较大。确定权重系数的方法很多,归纳起来分为两类: 即主观权重系数和客观权重系数。主观权重系数又称经验性权重系数,是指专家或主研者对分析对象的各个因素,按其重要程度,依照经验主观确定的系数,目前在中药提取工艺综合评价中多被采用。该方法的主要优点是专家赋权时不受外界影响,没有心理压力,可以最大限度地发挥个人创造能力。主要缺点在于仅凭个人判断,易受专家知识深度和广度的影响,难免带有片面性。客观权重系数是指经过对实际发生的资料进行整理、计算和分析,从而得出的权重系数,如因子分析权数法、特征向量法、基于模糊理论或粗糙集、费希尔线性判别率、信息熵等,这种方法虽然避免了人为因素的主观影响,但赋权的结果没能客观反映指标的实际重要程度,常导致赋权结果与客观实际存在一定的差距。鉴于多指标提取工艺优选本质上是多属性决策问题。研究人员提出了其中包括层次分析法在内的多种解决方法。

一、基于层次分析法的研究

层次分析法(analytic hierarchy process,AHP)是由美国科学家 T L Saaty 1970 年代提出的,是一种解决多目标的复杂问题的定性与定量相结合的决策分析方法,它是用决策者的经验来判断各衡量目标能否实现的标准之间的相对重要程度,并合理地给出每个决策方案的各标准的权数,利用权数求出各方案的优劣次序。AHP 的本质是试图使人的思维条理化、层次化及充分利用人的经验和判断,并予以量化,进而对决策方案进行排序。AHP 在专家的主观判断基础上做了进一步数学处理,使之更加科学化。AHP 简单易行且具有较高的准确性,运用 AHP 确定权重,更能提高多指标优选中药复方提取工艺的科学性和准确性。任爱农等[13]将 AHP 用于中药复方提取工艺的多指标权重研究,本章第一节已有详细介绍,此处不再赘述。

二、基于化学计量学结合多指标综合指数法的研究

多指标综合指数法是将多个不同类别、不同性质、不同计量单位的指标标准化,最后转化成一个无量纲的相对评价值,并能反映事物相对水平和整体变动的一种综合评价方法[74]。主成分分析属于多指标综合评价法中的客观赋权法,该方法是通过恰当的数学变换,使新变量主成分成为原变量的线性组合,并选取少数几个在变差总信息量中比例较大的主成分来分析事物的一种方法[75,76]。该文同时采用比较常用、方法成熟且易操作的专家评分法结合相关效应指标在文献中出现的频次来综合确定权重系数,在一定程度上弥补了专家评分法的不足,并采用偏最小二乘回归分析法中的 VIP 对血液流变学及凝血功能各指标进行评分,综合各方法对丹参-红花的各效应指标进行评分,为权重系数的确定提供了客观的理论依据[77,78]。

瞿城等[79]基于主成分分析、聚类热图分析和多指标综合指数法,评价丹参-红花药对不同制法(乙醇、50%乙醇和水)对急性血瘀大鼠血液流变学和凝血功能的影响,优选丹参-红花药对活血化瘀作用的最佳提取方式。采用皮下注射盐酸肾上腺素和冰水浴共同刺激复制大鼠急性血瘀模型,通过测定全血黏度(WBV)、血浆黏度(PV)、血沉(ESR)和红细胞压积(HCT),观察丹参-红花药对不同制法、不同剂量对血瘀大鼠血液流变学的影响;通过测定活化部分凝血酶时间(APTT)、凝血酶时间(TT)、凝血酶原时间(PT)、血浆纤维蛋白原(FIB)含量及血小板最大聚集率(ADP),观察丹参-红花药对不同制法对血瘀大鼠凝血功能及血小板聚集的影响。采用主成分分析、聚类热图分析和多指标综合指数法综合评价丹参-红花药对不同制法的总活血化瘀效应。与空白组比较,模型组大鼠血液流变学和凝血功能指标均有显著性差异;与模型组比较,不同制法丹参-红花药对低、中、高 3 个剂量给药组均能较好地改善血

瘀大鼠的血液流变学和凝血功能指标,并呈一定的量效关系。综合主成分分析、聚类热图分析和多指标综合指数法评价得出,丹参-红花药对不同制法、不同剂量组中 50%乙醇高剂量组的活血化瘀作用最好;相同剂量下,不同制法中 50%乙醇给药组活血化瘀效应较好。以上结果说明,不同制法丹参-红花药对能明显改善血瘀大鼠的血液流变学及凝血功能异常,且 50%乙醇提取丹参-红花药对活血化瘀的作用最优,为临床更有效应用丹参-红花提供了科学依据。

该研究结合多指标综合指数法和主成分分析对急性血瘀大鼠的血液流变学和凝血功能指标进行整合。结果显示,丹参-红花 50%乙醇提取物高剂量组与空白组的主成分分析聚类图最为接近,提示 50%乙醇提取的给药组更有利于模型趋向正常。有研究表明,丹参中水溶性丹酚酸类成分为丹参治疗心血管疾病的主要药效物质基础,其中含量最高的 2 个成分丹酚酸 A 和丹酚酸 B 活性最强,具有抗氧化、抗凝、抗血栓等药理作用;红花对心血管系统保护作用主要表现为改变血液流变性、改善微循环、降低血液黏度等。其中,羟基红花黄色素 A 是红花黄色素中最重要的成分,是发挥心血管药理作用的主要有效成分。前期研究发现,同一比例的丹参-红花不同制法下,除了丹参酮类成分,丹酚酸类、醌式查耳酮类、黄酮类成分在 50%甲醇制法下的相对溶出度均明显高于同条件下水提与甲醇提的相对溶出度,说明在水提取时有利于水溶性丹酚酸类、醌式查耳酮类和黄酮类成分的有效溶出,同时适当增加一定比例的醇溶剂可以进一步促使其相对溶出,这些主要活性物质溶出度的增加可能与促使丹参-红花药对活血化瘀协同效应的发挥有着密切的关系。

三、基于熵权法的研究:基于信息熵理论的中药提取工艺参数权重系数评价方法[80-84]

由于中药成分复杂,指标成分多,采用单一指标考察具有一定的片面性,目前多根据研究基础或文献资料确定中药多个指标成分,再采用主观权重算法或客观赋权法得到综合评价指标,优化中药提取工艺。主观赋权法是基于研究者直接给出偏好矩阵信息的方法,经过对实际发生的资料进行整理、计算和分析,从而得出的权重系数,如标准离差法、多目标最优化法、主成分分析法等。

多指标提取工艺优选本质上是多属性决策问题,按照评价指标的重要性赋予相应的权重。主观赋权法主要由经验进行判定,受研究者的主观影响大;客观赋权法经过对试验数据的整理、计算和分析,从而得到权重系数,数据可靠性更高,目前主要有特征向量法、基于模糊理论或粗糙集、费希尔线性判别率、信息熵等。

熵(entropy)的概念源于热力学,是热能变化量除以温度所得的商,目前已在工程技术、经济社会中广泛应用。依据热力学中熵的概念,把信号集的平均信息量称为信息熵。并利用概率统计方法给出了信息熵的定义 $H(X) = -k \sum Xpi \ln pi$。在信息论中,信息熵是系统不确定性和无序性的度量。信息熵理论用于多指标综合评价时,相当于将每个评价指标作为 1 个随机变量,计算指标的信息熵,给出各个指标的不同权重。本部分讨论一种基于信息熵的中药提取工艺评价方法,用熵值法计算指标权重将中药多项评价指标综合成单一度量指标,用以客观评价提取工艺[85]。

(一)信息熵理论在热毒宁口服制剂中金银花与栀子提取工艺优选中的应用

王仁杰等[86]以绿原酸、栀子苷、木犀草苷提取率及浸膏得率为综合评价指标,选取提取时间、加水量及提取次数为影响因素,采用信息熵赋权法确定各指标的客观权重,实现对提取工艺的正交试验优选,以解决多指标综合评价时主观因素过多干扰的问题。

1. 金银花与栀子合提工艺正交试验　　结合预试验,选取提取时间(A)、加水量(B)、提取次数(C)为考察因素,称取金银花(粗粉)180 g、栀子(粗粉)144 g 为 1 份,共 9 份,以绿原酸、栀子苷、木犀草苷提取率,以及浸膏得率为综合评价指标(M),按 $L_9(3^4)$ 正交表进行煎煮提取。

2. 金银花与栀子合提工艺研究数据处理　　根据前面所给的步骤,建立原始评价指标矩阵(X)。

计算 P_{ij}，将原始评价矩阵转换为概率矩阵（P）。将概率矩阵的数据进行加权处理，得到综合评价指标 M，再进行方差分析，以确定最优试验方案。由极差分析结果可知，各因素对综合指标的影响主次顺序为 $C>B>A$，即提取次数>加水量>提取时间。由方差分析结果可知，C 因素具有显著性差异，A、B 因素各个水平间无显著性影响。最终确定最佳提取工艺为：加 12 倍量水提取 3 次，每次 1 h。

利用信息熵原理进行客观赋权时，权重数据完全来自对试验数据的数理分析，清晰地反映了指标成分在不同提取条件下变化的客观规律，同时也可避免各指标数据间"大数吃小数"的问题。但其作为一种客观赋权法，也有着自身的缺点。如对于一些药效物质基础明确的中药或中药复方，单纯应用这一方法，有时会出现主要药效成分权重低于次要药效成分权重的现象，从而导致优化后的提取工艺所提供的样品可能无法体现与药物所定临床适应证相适应的药理效应。所以，该法在实际研究中，还应根据具体情况考虑是否需要与主观赋权法进行有效的互补使用。

（二）随机森林模型和 Box-Benhnken 中心组合试验设计

随机森林模型是一种综合数学和统计学的模型方法，已成功应用于多方面的优化过程中，用来评估多因素及其相互作用对评价指标的影响。

采用熵权法结合随机森林模型同时优化红花中羟基红花黄色素 A 和脱水红花黄色素 B 两种有效成分的提取条件。主要方法如下。

1. 单因素试验　　对红花进行超声提取，采用单因素试验选择超声温度、超声时间、液料比和超声功率作为影响提取率的因素。

2. 响应面法优化工艺　　Box-Benhnken 中心组合试验设计确定试验方案。

3. 熵权法计算权重值　　以 HPLC 测定羟基红花黄色素 A 和脱水红花黄色素 B 的含量，通过熵权法计算出羟基红花黄色素 A 和脱水红花黄色素 B 的权重值，得到作为评价指标的综合评价值。

4. 随机森林法对提取结果进行优化

（1）随机森林模型的建立与参数确定：随机森林模型可以解释若干个提取指标（$X_1, X_2, \cdots, X_i$）与提取率的评价指标 Y 之间的关系，其具体思想是对于训练数据的不同子集并行化地建立许多不同的决策树进行学习及预测，也可以组合多株决策树预测，最后采用简单投票法做出最终的预测判断。该研究基于 R 语言环境，采用"Random Forest"软件包，设立 4 个提取工艺数据，分别是超声温度（X_1）、超声时间（X_2）、液料比（X_3）、超声功率（X_4）及综合评价值 Y，其中 Y 是红花中羟基红花黄色素 A 和脱水红花黄色素 B 两种成分的提取率由熵权法线性加权综合计算的提取评价值作为评价指标。

由于各组数据中 4 个提取工艺的数值量纲存在较大差异，因此对各个提取指标进行归一化处理，即各提取指标因素水平数值除以这组提取指标因素水平数值的均值，来消除量纲对结果的影响。具体模型计算中对数据集采取留一法，即分别抽取数据集中的 80% 和 20% 的数据作为随机森林模型训练的训练集和测试集，用于对模型重复训练和验证模型稳定性，随机森林算法可通过内部袋外错误率（out-of-bag error）公式来对误差结果进行无偏估计。

在使用随机森林模型时，应使用合适的 nesti-mators（森林树木数量）使随机森林的回归方法最优化。最后通过训练和测试数据优化出结果，再使用均方根误差（RMSE）进行模型性能的评估，具体模型可见文献[37]。

如图 3-4 所示，在选择并运行 100 棵树时，发现 n_estimators 在 30 附近时，随机森林的 out-of-bag error 数值较小，因此将树的棵数调整为 20~40 之间重新进入模型再计算分析。对随机森林模型进行训练优化后，得到 out-of-bag-error、拟合误差（%）、预测误差（%）和总体误差（%）4 个结果，并列举了树的棵数是 20、25、30、35、40 时情况，见表 3-9。

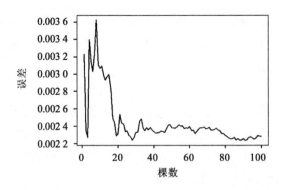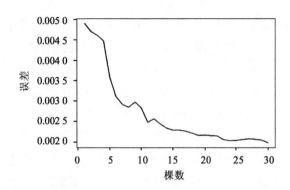

图 3-4　随机森林模型的森林树木数量参数的袋外错误率图[87]

表 3-9　随机森林模型的森林树木数量参数优化[87]

树的数量	包外误差	拟合误差	预测误差	总体误差
20	0.002 305 195	0.023 79	0.021 84	0.023 35
25	0.002 117 613	0.021 53	0.017 83	0.020 79
30	0.001 867 325	0.021 31	0.017 39	0.020 53
35	0.001 998 485	0.021 23	0.018 09	0.020 61
40	0.002 124 154	0.019 56	0.021 54	0.019 96

　　由表 3-9 可知,树的棵数从 20 增加到 40 过程中,随机森林模型参数的袋外错误率由大变小后再变大,即出现了统计学上过拟合现象。当树的棵数为 30 时,结果都较其他树的棵数时好,其拟合误差为2.131%、预测误差为 1.739%、总体误差为 2.053%,因此将模型中树木最终调整为 30 棵。结合图 3-4分析,再多次运行发现训练集的残差平方均值(mean of squared residuals)均<0.002 5,同时变量解释度(var explained)多波动于 60%,因此最终确定模型的树木数量为 30 棵。

　　由图 3-5 实际数据和预测数据的拟合图显示了训练的 24 组数据(用 * 表示)愈来愈靠近对角斜线(相关性斜线),说明训练的数据拟合接近实际试验数据,恰好印证了模型优化参数的变化过程,并观察图 3-5 中测试的 6 组数据(O 表示)也是相同的结果,进一步观察实际数据与预测数据的残差图,发现除一组数据外,其他数据的绝对误差在 0.06 之内,最后计算得 $RMSE = 0.013\ 0$,说明模型训练、预测效果较好。

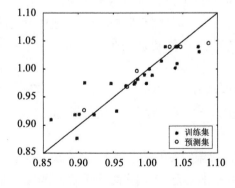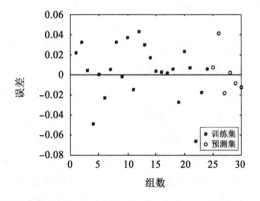

图 3-5　试验数据和模型预测数据误差[87]

（2）模型的条件寻优与结果预测：基于 BBD 试验设计,选择提取率最高的 3 组数据,结合实际试验可达条件,通过 MATLAB 2015b 软件针对各因素差值进行等梯度增设 100 余组待预测数据,再利用随机森林模型进行预测最优组合。最终得到提取的最优工艺条件为:超声温度 72℃、超声时间 46 min、液料比为 16∶1(mL/g)、超声功率 112 W,预测综合评价值为 1.12。

(三) BP 神经网络结合熵权法多指标优化设计

四物汤全方由熟地黄、当归、川芎、白芍四味药材组成,因其治疗妇科疾病效果显著,被后世医家称为"妇科第一方""妇女之圣药"。江华娟等前期进行了四物汤血清药物化学、代谢组学、谱效关系等研究,辨识筛选得到 8 个成分作为四物汤的关键质量属性,能体现四物汤补血调经的传统功效,分别为 5-羟甲基糠醛、绿原酸、咖啡酸、芍药苷、阿魏酸、毛蕊花糖苷、洋川芎内酯 A、藁本内酯。

其中芍药苷、阿魏酸、藁本内酯是四物汤的造血成分,芍药苷、咖啡酸、阿魏酸、洋川芎内酯具有拮抗离体子宫收缩效应,毛蕊花糖苷、5-羟甲基糠醛均具有清除自由基能力。试验采用此 8 种有效成分综合评分优化四物汤水提工艺,可全面、准确、有效;更符合中药复方多成分、多靶点、多层次、多渠道、整体作用的特点。

该研究通过 BP 神经网络结合正交试验多指标优化四物汤水提工艺[88]。主要方法为:

1. 四物汤水提工艺正交试验设计　　分别对浸泡时间、加水量、提取时间、提取次数进行单因素试验,在单因素试验分析结果的基础上选取对水提工艺影响较大的加水量(A)、提取时间(B)、提取次数(C)作为影响因素,进行 3 因素 3 水平的 $L_9(3^4)$ 正交试验。

2. 8 种成分提取结果综合评价值的计算　　将正交试验得到 8 种成分的含测结果,使用 MATLAB R2015a 软件进行编程,在 R 语言环境下计算熵权权重值,得到 5-羟甲基糠醛、绿原酸、咖啡酸、芍药苷、阿魏酸、毛蕊花糖苷、洋川芎内酯 A、藁本内酯的权重分别为 0.100 8、0.116 9、0.126 1、0.089 5、0.097 4、0.100 7、0.123 8、0.244 8。

综合评分＝5-羟甲基糠醛含量×0.100 8+绿原酸含量×0.116 9+咖啡酸含量×0.126 1+芍药苷含量×0.089 5+阿魏酸含量×0.097 4+毛蕊花糖苷含量×0.100 7+洋川芎内酯 A 含量×0.123 8+藁本内酯含量×0.244 8。

上式中含量＝各指标成分量/生药材量。

3. 反向传播人工神经网络

(1) 模型建立:采用 3 层结构的 BP-人工神经网络(BP-ANN)建立模型,输入节点数为 3 个,即加水量(A)、提取时间(B)、提取次数(C),输出节点数为 1 个,即综合评分。

(2) 网络训练及参数:采用上述确定的 BP 网络结构,使用 MATLAB R2015a 软件进行语言编程,构建网络并训练,成功建立了 1 个 3-10-1 的网络模型,可较好地拟合各因素水平与四物汤中 8 种成分综合评分的映射关系。先对加水量、提取时间、提取次数这 3 个因素分别进行赋值,再应用此模型进行仿真模拟。以网络预测值和实测值进行回归分析,结果预测值和真实值非常接近,相关系数 $r=$ 0.999 99,表明该网络模型性能良好。

(3) BP ANN 预测:以正交试验结果中 9 组试验数据作为训练组进行训练,得到网络预测值。直观分析发现,A_2、B_2、C_3 的 K 值明显大于 A_1、B_1、C_1。故经过 BP-ANN 模型仿真优化后,得到最优工艺为 8 倍量水提取 3 次,每次 1 h。

正交试验得出的最优参数条件往往具有一定局限性,仅限定在所设水平上,而不是一定范围内的最优方案,而 BP-ANN 弥补了传统方法在反映非线性关系中的不足,多因素多水平之间的关系通过数学模型建立可更稳定准确,可为研究复杂非线性系统中提供更有利的方法。

BP-ANN 能通过自主学习寻找到大范围内的最优提取工艺条件,可用于在提取工艺中建立多指标与多参数之间的关系,该方法既不需要增加试验次数,又能定量分析因素变化规律和寻找最佳参数组合,可使中药有效成分的提取工艺更具科学性和合理性。

（四）Box-Behnken –响应曲面法结合 G1 –熵权法

在喷雾干燥工艺多指标决策中,权重问题的研究占有重要地位,其合理性直接影响着多指标决策排序的准确性。柳兰等[89]在研究理气活血复方浸膏 LHC 制剂喷雾干燥工艺过程中,发现丹参提取液中存在热不稳定性成分。因此,以阿魏酸、丹参酮ⅡA、丹酚酸 B、葛根素含量与出粉率的综合评分为评价指标,以 Box-Behnken –响应曲面法优化 LHC 浸膏喷雾干燥工艺,采用基于 G1 法和熵权法的主客观组合赋权法进行权重系数的计算,减少主、客观赋值的不确定性。

1. G1 法主观赋权　　G1 法是对 AHP 进行改进的一种计算速度快、无须一致性检验的主观评价方法,具体步骤如下。

步骤 1:确定序关系。根据试验中各评价指标的重要程度进行排序,记为 $Y_1 > Y_2 > \cdots > Y_m$。

步骤 2:确定相邻指标之间的相对重要程度。根据如下公式进行,其中 Y_{k-1} 与 Y_k 为评价指标,两者之间的重要性程度之比 r_k。

$$r_k = Y_{k-1}/Y_k, k = m, m - 1, \cdots, 2$$

步骤 3:计算权重系数 w_k。

$$w_k = \left(1 + \sum_{k=2}^{m} \prod_{i=k}^{m} r_i \right) \tag{3-13}$$

$$w_{k-1} = r_k w_k, \ k = m, m - 1, \cdots, 2$$

根据 G1 法和专家意见,对 5 项指标的重要程度进行排序:丹参酮ⅡA＝丹酚酸 B＞阿魏酸＞葛根素＞出粉率（$Y_1 = Y_2 > Y_3 > Y_4 > Y_5$）,并确定各指标的权重评价标度（$r$,取各个专家独自判定结果的平均值）,其中 $r_2 = 1.0$, $r_3 = 1.2$, $r_4 = 1.4$, $r_5 = 1.4$,由上述公式求得各指标的主观权重（W_k）。

2. 熵权法客观赋权　　熵权法是一种根据各项指标观测值所提供信息量的大小来确定指标权重的方法。熵是系统无序程度或混乱程度的度量,若指标的熵值越小,则它所蕴含的信息量越大,在综合评价中所起作用也越大,其权重也应越高,具体步骤如下。

步骤 1,标准化数据:

$$Y_{ij} = \left[X_{ij} - \min(X_{ij}) \right]/\left[\max(X_{ij}) - \min(X_{ij}) \right] \tag{3-14}$$

步骤 2,对标准化数据进行归一化:

$$f_{ij} = Y_{ij}/\sum_{i=1}^{n} Y_{ij} \tag{3-15}$$

步骤 3,求各指标的信息熵:

$$\lim_{f_{ij} \to 0} f_{ij} \ln f_{ij} = 0 \tag{3-16}$$

步骤 4,确定各指标权重:

$$W_j = \frac{1 - E_j}{m - \sum_{j=1}^{m} E_j} \ (j = 1,2, \cdots, m) \tag{3-17}$$

3. 组合权重的确定　　设由 G1 法得到的主观权重为 W_1,熵权法得到的客观权重为 W_2,则组合权重按公式计算。

$$W_j = W_{1j}W_{2j} / \sum_{j=1}^{m} W_{1j}W_{2j} \qquad\qquad (3-18)$$

参 考 文 献

[1] STERMITZ F R, LORENZ P, LEWIS K, et al. Synergy in a medicinalplant: Antimicrobial action of berberine potentiated by 5′-methoxyhydnocarpin, a multidrug pump inhibitor. Proc NatAcadSciUSA, 2000, 97(4): 1433 – 1437.

[2] 朱心红, 沈群, 高天明. 中药成分组合效应假说及试验研究. 中草药, 2004, 35(2): 122 – 124.

[3] 香港科技大学生物技术研究所. 中药研究与开发综述——生物技术研究所访问学者文集. 北京: 科学技术出版社, 2000, 79: 90 – 99.

[4] 宋敏, 杭太俊, 张正行, 等. 丹参提取物有效成分在大鼠体内的药代动力学和相互影响研究. 药学学报, 2007, 42(3): 301 – 307.

[5] 郭立玮. 中药分离原理与技术. 北京: 人民卫生出版社, 2010.

[6] 王喜军. 中药及中药复方的血清药物化学研究. 世界科学技术——中医药现代化, 2002, 4(2): 1 – 4.

[7] 张兆旺. 中药药剂学. 北京: 中国中医药出版社, 2003.

[8] 姚薇薇, 朱华旭, 郭立玮. 1万 PS 膜对黄连解毒汤不同药物组合物理化学参数影响的初步研究. 南京中医药大学学报, 2006, 22(6): 359 – 361.

[9] 符伟玉. 槲皮素精氨酸复合物的吸收与生物利用度研究. 中草药, 2002, 33(8): 695 – 698.

[10] 王永炎. 中医研究的三个重要趋势. 天津中医药, 2005, 22(2): 3.

[11] 乔延江, 李澎涛, 苏钢强, 等. 中药(复方)KDD 研究开发的意义. 北京中医药大学学报, 1998, 21(3): 15.

[12] VLADIMIR N, VAPNIK. Statistical learning theory. New York: Wiley-Interscience Publication, 1998.

[13] 任爱农, 卢爱玲, 田耀洲, 等. 层次分析法用于中药复方提取工艺的多指标权重研究. 中国中药杂志, 2008, 33(4): 372 – 373.

[14] 蔡志明, 刘颜, 王光明, 等. 医院绩效评估指标体系权重研究. 中国卫生经济, 2004, 23(8): 34 – 35.

[15] 杨秀伟. 基于体内过程的中药有效成分和有效效应物质的发现策略. 中国中药杂志, 2007, 32(5): 365 – 370.

[16] 杜枚, 谢家敏. 云南大花红景天化学成分的研究. 化学学报, 1994, 52(9): 927.

[17] 吕丽爽. 何首乌中二苯乙烯苷的研究进展. 食品科学, 2006, 27(10): 608.

[18] 郑玲, 谷焰, 伍建容, 等. 红景天在肿瘤患者化疗中的免疫功能调节作用. 四川肿瘤防治, 2007, 20(1): 30.

[19] 王国康, 张莉静. 红景天心血管系统作用机制研究进展. 临床和试验医学杂志, 2007, 6(8): 152.

[20] 陈玉满, 陈江, 毛光明, 等. 高山红景天的耐缺氧作用试验研究. 中国卫生检验杂志, 2007, 17(8): 1494.

[21] 尼玛洛周. 红景天的保健作用及开发研究价值. 中国民族医药杂志, 2007, 8: 48.

[22] 张瑞堂, 石晓峰, 张红梅. 复方红景天口含片提取工艺优选. 中国试验方剂学杂志, 2011, 17(13): 42 – 45.

[23] 王英姿, 张兆旺, 孙秀梅, 等. 复壮胶囊方药半仿生提取法提取药材组合方式的优选. 中国试验方剂学杂志, 2002, 8(1): 5 – 9.

[24] 刘贵银, 李兰忠, 张胜波. 多指标综合概率法优化清瘟解毒颗粒提取工艺. 中成药, 2005, 27(2): 147 – 149.

[25] 贺福元, 彭关富, 罗杰英, 等. 多指标试验全概率评分法对鹤蟾颗粒提取工艺的研究. 中国中药杂志, 2001, 26(4): 251 – 254.

[26] 罗兰, 张素中, 黄月纯, 等. 玉屏风煎剂中氨基酸类成分 HPLC 指纹图谱分析. 中国试验方剂学杂志, 2012, 18(3): 64 – 68.

[27] 黄月纯, 尹雪, 魏刚. 玉屏风散剂的 HPLC 指纹图谱研究. 中成药, 2008, 30(10): 1405.

[28] 尹雪, 黄月纯, 魏刚. 黄芪、白术、防风单煎、合煎对玉屏风煎剂 HPLC 指纹图谱的影响 中国试验方剂学杂志, 2009, 15(3): 1.

[29] 黄月纯, 魏刚, 尹雪. 玉屏风煎剂不同配伍对毛蕊异黄酮苷、升麻素苷、5 – O – 甲基维斯阿米醇苷含量的影响. 中国药房, 2010, 21(7): 621.

[30] 尹雪, 黄月纯, 张素中, 等. 玉屏风汤剂不同配伍对黄芪甲苷含量的影响. 时珍国医国药, 2009, 20(5): 1152.

[31] 黄月纯, 尹雪, 魏刚. 玉屏风方饮片与汤剂 HPLC 指纹图谱的相关性研究. 中药新药与临床药理, 2008, 19(4): 283.

[32] 黄月纯, 尹雪, 魏刚. 玉屏风方饮片及汤剂中毛蕊异黄酮苷、升麻素苷、5 – O – 甲基维斯阿米醇苷的含量相关性研究. 中国试验方剂学杂志, 2008, 14(6): 6.

[33] 涂兴明, 黄月纯, 张素中. 黄芪饮片及玉屏风方汤剂中黄芪甲苷含量的相关研究. 河南中医, 2009, 29(5): 603 – 607.

[34] 黄月纯, 陈慕媛, 刘翠玲, 等. 基于玉屏风煎剂的玉屏风制剂质量评价研究. 中国药房, 2010, 21(35): 3319 – 3321.

[35] 黄樱华, 黄月纯, 张素中. 玉屏风汤剂多糖乙酰化物 GC 特征图谱研究. 中国药师, 2010, 13(1): 6 – 9.

[36] 汪露露, 何丹丹, 王满. 基于指纹图谱与主成分分析相结合的复方虎杖方提取工艺研究. 中草药, 2017, 48(2): 278 – 282.

[37] 张亚中. 基于超高效液相-四级杆-飞行时间串联质谱的白花蛇舌草注射液主成分分析. 中草药, 2013, 44(7): 829 – 833.

[38] 刘仁权. SPSS 统计软件. 北京: 中国中医药出版社, 2007.

[39] 张卫东. 中药现代化研究新思路——天然药物化学与生物学研究相结合. 中国天然药物, 2008, 6(1): 2 – 5.

[40] MOY T I, BALL A R, AUSUBEL F M, et al. From the cover: Identi-fication of novel antimicrobials using a live-animal infectionmodel. Proc Nat Acad Sci USA, 2006, 103(27): 10414 – 10419.

[41] 刘文, 冯泳. 小半夏加茯苓汤中药效物质的正交试验筛选. 中草药, 2005, 36(1): 51 – 52.

[42] 杨田义, 杨培民, 冯明建, 等. 以高尿酸血症小鼠模型优选痛风定颗粒的提取工艺. 中国试验方剂学杂志, 2011, 17(7): 28 – 29.

[43] 张云坤,包永睿,孟宪生,等.藏药余甘子抗肿瘤活性成分的提取工艺优化及含量测定.中国医药工业杂志,2012,43(11):905-908.

[44] 王洪武,倪青,林兰.中药含药血清的研究进展及其在中医学中的应用.北京中医药,2008,27(9):698-701.

[45] 张军平,张伯礼,山本清高.中药药物血清的制作方法探讨.天津中医药,2004,21(4):274-276.

[46] 张贵君,李晓波,李仁伟,等.常用中药生物鉴定.北京:化学工业出版社,2006.

[47] 朱华明.水蛭及其与地龙、全蝎组合的湿法超微提取关键技术研究.南京:南京中医药大学,2014.

[48] 蔡琳,孟宪生,包永睿,等.基于体外心肌细胞活力的葛根提取工艺优选.中国试验方剂学杂志,2012,18(18):17-19.

[49] 郑林,黄勇,兰燕宇,等.化学指标结合药效学指标优选紫金透骨喷雾剂提取工艺.中国试验方剂学杂志,2011,17(13):26-29.

[50] 国家医药管理局中草药情报中心站.植物药有效成分手册.北京:人民卫生出版社,1986.

[51] 何迅,王爱民,李勇军,等.紫HPLC测定白及中militarine含量.中国中药杂志,2009,34(16):2076-2079.

[52] 吴琴,叶冲,宋培浪,等.透骨香中水杨酸甲酯的含量测定.贵州化工,2007,32(4):37-41.

[53] 王农本,刘建勋.IBS中药复方不同方法制备样品的比格犬灌胃给药吸收入血成分定性差异及其意义.世界科学技术,2008,10(6):32-36.

[54] 霍仕霞,高莉,彭晓明,等.基于药代动力学法评价补骨脂提取工艺的研究.中国药理学通报,2011,27(6):876-281.

[55] 何凤,顾晓莹,郭立玮,等.基于黄连解毒汤药动学的差异性优化中药复方制备工艺.中国试验方剂学杂志,2012,18(10):165-169.

[56] 蔡少青,王旋,梁鑫淼,等.中药质量控制的研究策略——中药智能化学全息库的研究建立//第四届中国新医药博士论坛论文集.北京:中华中医药学会糖尿病分会,1999.

[57] 吴燕.中药质量控制中的中药全息指纹图谱模式识别方法的研究及应用.武汉:中南民族大学,2013.

[58] 周娟娟,刘训红,吴良伟,等.中药全息鉴定数据库(DACM)研制.现代中药研究与实践,2012,2:25-27.

[59] 李耿.基于化学全息数字化的藁本分类和辨识研究.北京:北京师范大学,2015.

[60] 张彤,徐莲英,陶建生,等.多指标综合评分法优选葛根提取工艺.中草药,2004,35(1):38-40.

[61] 戚晓渊,周程艳.杜仲多糖的均匀设计法提取工艺分析.中国试验方剂学杂志,2011,17(13):56-59.

[62] 何雁,刘勇,李毅,等.均匀设计法优化超临界CO_2流体萃取丹参中丹参酮工艺的研究.中国中药杂志,2006,31(24):2042-2045.

[63] 宋晓,袁芮,许晶晶,等.基于多元统计分析比较香附的4种醋制方法.中药材,2020,43(4):842-846.

[64] 张纪兴,吴智南,陈小坚,等.用人工神经网络结合粒子群优化算法筛选地锦草槲皮素醇提工艺参数.中国医药工业杂志,2012,43(1):21-24.

[65] 倪立斌,刘继常,伍耀庭,等.基于神经网络和粒子群算法的激光熔覆工艺优化.中国激光,2011,38(2):0203003-1-6.

[66] 彭晓霞,路莎莎.响应面优化法在中药研究中的应用和发展.中国试验方剂学杂志,2011,17(19):296-299.

[67] 王利洁,李建利,施明毅,等.星点设计——效应面法优化虎杖中白藜芦醇的提取工艺.世界科学技术——中医药现代化,2014,16(5):1193-1200.

[68] 黄樱华,李丹涛.Plackett-Burman试验法结合星点设计——响应面法优化侧柏叶的纯化工艺.中药材,2020,43(3):682-686.

[69] 王正宽,石晓朦,刘圆,等.Box-Behnken法中试规模下优化小青龙颗粒超声提取工艺.中国中药杂志,2016,41(4):683-688.

[70] 邹俊波,熊永爱,桑文涛,等.Box-Behnken设计优化美洲大蠊中游离氨基酸提取工艺.世界科学技术——中医药现代化,2016,18(5):925-993.

[71] 巩珺,麦锦富,彭素萍,等.Doehlert设计法优化紫珠中苯乙醇苷的提取工艺.中国试验方剂学杂志,2011,17(17):7-10.

[72] 郭姝,刘杰,尹琳,等.基于CRITIC-AHP权重分析法结合响应面法优化杜仲中5种有效成分的提取工艺研究.中药材,2020,43(3):678-681.

[73] 陈秋谷,李茂生,刘德亮,等.基于多指标定量和指纹图谱技术综合评价的正交试验优选活血降糖颗粒水提工艺.中药材,2020,43(2):402-407.

[74] 马瑞娟,苗明三.一种中药药效的多指标评价新方法——综合权重法.中药新药与临床药理,2011,22(5):569-572.

[75] 李艳双,曾珍香,张闽,等.主成分分析法在多指标综合评价方法中的应用.河北工业大学学报,1999,28(1):94-96.

[76] 聂磊,胡震,罗国安,等.一种对照指纹图谱生成的新方法:主成分分析法.中成药,2005,27(6):621-625.

[77] 徐培平,张奉学,符林春,等.基于均匀设计-偏最小二乘回归建模的中药复方配伍规律研究方法.中草药,2011,42(4):819-822.

[78] 蒋海强,聂磊,周洪雷,等.基于偏最小二乘回归分析的钩藤总碱和莱菔子总碱组分配伍优化研究.中草药,2013,44(18):2351-2356.

[79] 瞿城,唐于平,史旭芹,等.基于化学计量学和多指标综合指数法比较研究丹参-红花药对不同制法活血化瘀作用.中国中药杂志,2017,42(15):3017-3025.

[80] 付克,张坤,闫广利.多成分评价优化柴芩清肝方提取工艺研究.中国试验方剂学杂志,2010,16(7):10.

[81] 杨华生,张坤,尹小英,等.多指标正交试验优选罗布麻定时脉冲片提取工艺.中国试验方剂学杂志,2010,16(12):14-17.

[82] 贾中裕.经济与管理数学模型.北京:冶金工业出版社,2000.

[83] 张东,张宁.物理学中的熵理论及其应用研究.北京联合大学学报:自然科学版,2007(3):4-9.

[84] 邱菀华.管理决策与应用熵学.北京:机械工业出版社,2001.

[85] 吴璐,杨华生.基于信息熵理论的中药提取工艺优选.中国试验方剂学杂志,2012,18(9):29-31.

[86] 王仁杰,李森,闫明,等.信息熵理论在热毒宁口服制剂中金银花与栀子提取工艺优选中的应用.中草药,2015,46(5):683-687.

[87] 万浩宇,张洋洋,虞立,等.基于随机森林模型的超声提取优化红花中两种有效成分工艺研究.中药材,2020,43(3):673-677.

［88］ 江华娟,何瑶,陈意,等.BP 神经网络结合熵权法多指标优化四物汤水提工艺.中草药,2019,50(18):4313-4319.

［89］ 柳兰,李雅,郭志华,等.Box-Behnken 响应面法结合 G1-熵权法的理气活血复方浸膏喷雾干燥工艺研究.中草药,2019,50(11):2560-2566.

第四章
中药制药分离工程的过程控制

第一节 过程系统工程及其在中药制药
分离过程中的应用

一、过程系统工程概述[1]

过程系统工程(process systems engineering,PSE)是一门关于过程系统工程决策方法综合性的交叉学科,它以过程系统为研究对象,研究其物质-能量-信息流的特点,对过程系统实施系统分析、系统综合、系统最优化设计及控制[2],目的是达成技术及经济上的最优化。过程系统工程自20世纪60年代建立以来,被广泛用于化工、冶金等过程工业中。目前过程系统工程的研究尺度正向微观和宏观两个方向进一步延伸[3],研究内容也从传统的工业制造过程扩大到经济、管理等其他过程[4]。

中药制药是一种新兴的过程工业模式,以中药材(植物质、动物质和矿物质等)为原料,通过化学、物理化学或生物学的方法分离、降解、纯化、浓缩等成为一些中间体(复方浸膏、有效部位,或者单体成分等),然后主要通过物理药剂学的方法加工成为各种固态、液态或者气态的药用制剂。

中药制药工程学是一门以药剂学、《药品生产质量管理规范》(GMP)、工程学及相关科学理论和工程技术为基础,综合研究中药制剂生产实践的应用性工程学科。它主要描述中药产品生产过程所采用的分离、成型等技术及其原理。

近年来,在业内专家的努力下,中药制药工程学研究领域取得了重要进展,如初步建立了中药水提液理化性质表征技术体系;比较深入地探讨了中药浸膏粉体理化性质与稳定性(以吸湿性为代表)的相关性,建立了可对吸湿过程进行描述的数学模型等。其中最为重要的标志是提出"构建中药绿色制造理论与技术体系"[5]:主要论点包括中药绿色制造是一项系统工程;中药绿色制造理论与技术体系中的资源定位具有国家战略意义;具有各种活性成分的化学组合体是中药资源的核心价值所在;中药制造绿色工艺技术的核心是分离;产业生态学及其实践产物工业生态园是中药绿色制造的根本出路等。

但中药制药工程学领域仍普遍存在提取工艺优化设计缺乏精准科学依据,中药浸膏粉体吸湿性大及可压性、流动性不如人意等诸多问题,处于摸着石头过河的状态,鲜见突破性进展。其原因是多方面的,但中药制剂领域的科学研究仍以描述发现为主,而未从过程系统科学的角度入手,打响机理探索的攻坚战是重要因素之一。

作为拥有全球最丰富中医药资源特色的大国,我们对于中药制剂科学(中医药)的研究必须描述发现和机理探索并举,最终的目的是揭示中医药理论学说所诠释的人与自然系统演化、运行的真谛。为此,首要的是应着眼于研究者的自我解放,研究动机须从论文驱动转化为问题驱动;从功利驱动转化为求知欲驱动;研究思路和方法也应从孤立单一、封闭的转化为系统多元、综合交叉的。而为了适应国际制药前沿的发展趋势,研究途径也应该进行转型,学术思路和研究方法应从孤立单一、封闭粗放的转化为系统交叉、开放精准的,努力实现宏观着眼、微观入手。

二、中药制药分离工艺流程的过程特征[6]

中药制药生产过程可以分为药材预处理、中间制品(浸膏)与中药制剂3个部分,主要由化工单元操作和机械单元操作组成,中药工程学属于过程工程学范畴。因中药(含复方)来源丰富、化学组成多元化,作为一类特殊的物料,分离操作贯穿整个工艺流程,并且是整个生产过程的主体部分。中药制药技术主要来源于化学工程领域,其分离技术的提升与产业的升级主要依赖于化学工程的发展。

中药制药分离过程,因原材料和中药品种的多样性,以及制造过程的复杂性而形成了各种不同的生产工艺流程。但是它们基本都是由有限个单元操作组成的,在有限个单元操作中,多数是化工单元操作,也有机械单元操作等。

中药生产涉及的化工单元操作包括:① 中药物料药效物质的浸提、萃取操作,药渣与提取液的固液分离,气-固或液-固非均相混合物的离心或重力沉降分离,固-液非均相混合物的滤过;② 气体、液体和固体的管道输送,固体颗粒或粉体材料的筛分或颗粒分级,颗粒的流态化操作,不同药物材料的搅拌或混合;③ 物料的加热或冷却,中药提取液的蒸发浓缩或挥发性蒸汽的冷凝,药物的冷冻加工;④ 易结晶的药液混合物的结晶分离,含水(湿)分的固体药物的干燥等。上述各单元操作,涉及几乎所有的化工分离工艺技术,包括离心、膜分离、大孔树脂吸附、超临界流体萃取、双水相萃取、离子交换、分子印迹、螯形包结、结晶、电泳、酶工程技术、免疫亲和色谱、泡沫分离、分子蒸馏、高速逆流色谱、超声波协助提取、微波协助萃取等。

通过分析、归纳上述中药制药分离工艺采用的化工单元操作可发现,它们遵从3个基本传递规律,或其组合分别是:① 动量传递规律;② 热量传递规律;③ 质量传递规律;④ 热量和质量组合传递规律。这就意味着,传统的"三传一反",即动量、热量和质量传递过程及反应工程等过程工程学(化学工程学)的基本理论可用来研究中药规模化生产过程中的共性规律,进而指导中药生产装置的设计放大、优化操作和控制,以提高中药产品的质量,节约能源,降低消耗,减少废物排放,提高经济、环境和社会效益等。

近年来,笔者团队遵从化学工程学科从单元操作、传递过程与反应工程两个重要阶段进入材料化学工程第三阶段的进程[7],紧紧追随化学工程学科学术内涵和研究目标的深刻变化:① 从传统的化学加工过程转向为化学产品工程,尤其是涉及材料和生物产品生产中的化工过程及新装备的研究;② 从过去的整体性质测量和关联转向在分子尺度和介观尺度上的现象观察、测量和模拟;③ 从常规的、在现有方法上的附加值改进研究转向对新概念和新体系的探索性研究和开拓;④ 从忽视环境问题转向关注、对环境友好和循环经济技术的研究;⑤ 从单纯的科学问题研究转向学术界与工业界的联合研究和开发;⑥ 从单一领域的研究转向多学科的综合与集成,其典型特征是学科交叉。通过学科交叉,可以为新产业形成更好的服务,同时在服务中不断发展本学科的理论[2]。积极开展多学科交叉创新研究,以材料化学工程理念构建基于膜过程的中药绿色制造工程理论、技术体系,努力在多尺度范围内,特别是在介观尺度揭示中药物料与膜分离介质的结构、性能与制备的关系,并对过程设计、生产加工的流程进行模拟,构建中药绿色制造工程的理论基础。致力解决制约我国中药制药工业可持续发展的能源、资源和环境等瓶颈问题,构建中药制药学与材料化学工程交叉研究的学科新生长点。

三、中药制药分离过程升级换代对过程系统工程的需求

随着中药制药产业的不断发展,更多技术、工程和学科理念上的问题被提出。其中涉及中药制药分

离过程的药效物质分离机理、过程模拟、系统设计、工艺优化、智能制造、质量控制等方面的问题,要求过程系统工程进行研究并予以解决。这些问题涉及中药临床用药的安全性和有效性,中医药配伍理论的研究模式,生产过程异常的判断与排除等多种情况,以下是采用过程系统工程理念开展的相关研究实例。

1. 中药制药过程中成分变化与药效的相关性　中药制剂传统制备过程包括药材的预处理、提取、浓缩、精制、干燥、制粒等各个工艺环节,经1次或多次物理、化学和生物等信息的传递或整合后,构成了最终产品的质量内涵,并最终影响产品效能的发挥。由前期实验及文献调研发现,板蓝根制剂中主要指标性成分告依春、靛玉红和核苷类存在热不稳定性,传统制备过程各阶段操作水平对其有效成分的质量分数及其药效影响显著,并最终导致产品质量及疗效参差不齐。胡彦君等[8]针对板蓝根制剂制备过程,以提取、浓缩、精制、干燥、制粒5个关键工艺环节为研究对象,采用HPLC法测定各阶段化学成分的质量分数变化;以体外羟基自由基清除率为模型,测定各工序阶段中间体溶液的抗氧化活性;借助聚类分析法、偏最小二乘法和多元线性回归对色谱-药效活性数据进行相关分析。结果发现,提取、浓缩、醇沉、干燥、制粒等过程中板蓝根制剂化学成分的质量分数与其抗氧化活性整体呈降低的趋势,其中热处理环节(浓缩、干燥)损失较大;两种计量学方法进行的相关分析表明,靛玉红、鸟苷、腺苷质量分数与羟基自由基清除率呈正相关。该研究以过程系统工程的方法揭示了板蓝根制剂制备过程中成分变化与药效的相关性:板蓝根制剂制备过程中的各阶段操作水平对其指标组分的质量分数及药效影响显著,其中浓缩、干燥环节为影响其制剂质量的关键环节;靛玉红、鸟苷、腺苷可能是其发挥抗氧化活性的关键药效物质基础。该研究也证明,对中药生产全过程的各个环节进行细致分析,采用药效活性指导研究制剂生产过程、化学成分的变化趋势及其与药效的相关性是探究中药制药工艺科学性、合理性的有效途径。

2. 提取时间对疗效、毒性的影响　附子来源于毛茛科植物乌头(*Aconitum carmichaelii* Debx.)子根的加工品。其主要毒、效成分为双酯型生物碱,如新乌头碱(mesaconitine)、乌头碱(aconitine)、次乌头碱(hypaconitine)等。此类生物碱毒性极大,人口服乌头碱2~5 mg即可致死亡。临床上大都以炮制品入药,且久煎后服用。久煎是中医临床降低附子毒性的主要手段,在煎煮过程中,附子中双酯型生物碱水解转化为苯甲酰新乌头原碱(benzoylmesaconine)、苯甲酰乌头原碱(benzoylaconine)和苯甲酰次乌头原碱(benzoyl-hypaconine)等单酯型生物碱,毒性大大降低,提高了临床用药的安全性,但其药理活性亦随之减弱或消失[9-13]。

陈东安等[14]以生附子和白附片为研究对象,采用Eclipse XDB C18(4.6 mm×250 mm)色谱柱研究附子煎煮过程中酯型生物碱的动态变化规律,建立其含量变化与煎煮时间的关系。结果发现,生附子中双酯型生物碱水煎极不稳定,仅在0.5 h内检测出次乌头碱;而白附片水煎液在10 h内均能检出新乌头碱和次乌头碱,其含量逐渐降低,在4 h内可检出乌头碱。生附子水煎液中3种单酯型生物碱含量呈现逐渐增加的变化趋势,在8 h时达到峰值;而白附片水煎液中苯甲酰新乌头原碱和苯甲酰乌头原碱含量先增后减,在3~5 h达到峰值,苯甲酰次乌头原碱含量在10 h内逐渐增大至峰值。该研究表明,生附子和白附片煎煮过程中酯型生物碱含量的变化规律不同,总体趋势是双酯型生物碱转化为焦新乌头碱、焦乌头碱、焦次乌头碱和苯甲酰新乌头原碱、苯甲酰乌头原碱、苯甲酰次乌头原碱。

一般认为酯型生物碱是附子的毒效成分,该研究结果显示,生附子中双酯型生物碱含量显著高于白附片,二者单酯型生物碱含量相当,说明炮制显著降低了剧毒成分双酯型生物碱的含量,且较好地保留了药效成分单酯型生物碱,即炮制可减毒存效。生附子水煎过程中双酯型生物碱迅速水解,而单酯型生物碱则逐渐增加,其含量显著高于白附片水煎液;白附片水煎过程中双酯型生物碱逐渐降低,而单酯型生物碱则先增后减,表明生附子和白附片煎煮过程中酯型生物碱的变化规律不尽相同。提示炮制不仅改变了附子酯型生物碱的含量，而且也影响酯型生物碱的转化。此外，煎煮时间对酯型生物碱的含量有显著影响，适度久煎可显著降低双酯型生物碱含量，增加单酯型生物碱含量，即解毒存效；但过度久煎可完全破坏双酯型生物碱，也使单酯型生物碱含量下降，即药理活性亦随之减弱或消失[13]。因此，临床使用附子应根据病情、附子用量和规格，选择适宜的煎煮时间，避免煎煮不足易导致中毒，或煎煮太过影响疗效。

3. 判断过程异常　　中药制药生产是极为复杂的动态过程，存在大量高度相关的过程变量，如温度、压力、流量、液位等。对这些过程变量进行及时监测和预报十分重要，因为它们一旦失控，将直接影响产品质量的均一和稳定。传统的质量控制方法直接对成品进行检测，一旦不合格，直接舍弃，这样易造成资源的浪费，极大地增加了生产成本。因此，亟须一种有效的监测手段，对产品中间体进行过程分析，设定批放行标准：达到标准，实行产品放行；达不到标准，迅速查找故障原因，尽早采取相应措施，减少不合格产品的产生。

将近红外光谱分析技术与多元统计过程控制相结合，不仅可实时获取分析对象的整体信息，而且可对其内在质量变化进行评估，判断生产过程的变动情况。其中，近红外光谱具有绿色、快速、无损、多组分同时测定的优势；多元统计过程控制（multivariate statistical process control，MSPC）则可利用正常生产状态下的过程变量信息建立多元控制模型，将高维过程变量映射到由少量隐变量定义的低维空间中去，计算各时间点的统计量，建立控制图，以监控生产过程相对于模型的偏离程度，从而实现对生产过程进行评价和分析。当过程出现异常波动和故障，在多元统计控制图上表现为超出控制限的异常点。

吴莎等[15]采用统计过程控制方法建立热毒宁注射液栀子中间体纯化工艺过程批放行标准。主要方法：收集48批栀子中间体纯化溶液作为训练集样本，测定绿原酸、山栀苷、京尼平苷酸、去乙酰车叶草酸甲酯、京尼平龙胆双糖苷、栀子苷和总酸的含量，建立定量放行标准；扫描样本近红外光谱，建立基于光谱信息的定性放行标准。应用 Box-Behnken 实验设计制备不同工艺条件下的 17 批栀子中间体纯化溶液作为验证集，验证建立的定量标准和定性标准的可行性。结果建立的定量放行范围为：绿原酸 5.753~6.713 mg/g、山栀苷 9.456~10.723 mg/g、京尼平苷酸 3.313~4.401 mg/g、去乙酰车叶草酸甲酯 15.260~16.419 mg/g、京尼平龙胆双糖苷 30.529~33.473 mg/g、栀子苷 165.17~175.16 mg/g 和总酸 45.028~53.118 mg/g；建立的近红外光谱定性放行限为 Hotelling $T=4.0678$、DModX$=1.2188$。验证集中只有第 1、5、7、9、10、14、15、16、17 批的样本各成分的量均在定量放行控制限范围内，近红外光谱信息也在定性放行控制限范围内。结果表明，运用近红外光谱和统计过程控制技术相结合，建立批放行定量和定性标准，简单可行，可用于栀子中间体纯化工艺过程质量控制。

上文中，Hotelling T 和 DModX（distance to the model）是较为常用的 2 个多变量统计量。Hotelling T 统计量主要依据主成分得分来反映主成分模型内部变量的波动是否异常；而 DModX 统计量主要依据主成分模型外部残差值来反映变量波动是否异常。取 $a=0.95$ 为控制限置信水平，计算 Hotelling T 和 DModX 的控制限，作为定性放行标准。

4. 探讨含不稳定成分的药材配伍规律　　柴胡为常用中药，具有疏散退热、升阳舒肝之功效。皂苷是柴胡中主要的有效成分，具有多种药理作用。在对柴胡相关药的配伍研究时发现，柴胡在单煎时其皂苷的成分溶出随煎煮时间变化较为复杂，即柴胡的配伍不能采用常规方法进行研究。为进一步地完善中药配伍的化学成分研究模式，李军等[16]采用 HPLC 色谱对单味柴胡中皂苷类成分随煎煮时间的变化情况进行了研究，结果发现柴胡在单煎时其皂苷的成分溶出随煎煮时间存在较大的变化。其中，柴胡皂苷 a 的煎出量随时间逐渐下降，煎煮 4 h 后，其含量下降逐渐趋于稳定。柴胡皂苷 b_1、柴胡皂苷 b_2 的煎出量随时间增加，其中柴胡皂苷 b_1 的煎出量在煎煮 5 h 后其含量仍处于增加的阶段；柴胡皂苷 b_2 煎煮 2 h 后煎液中的含量便达到了最大值。柴胡皂苷 h 在煎煮 4 h 后煎出量增加的幅度逐渐趋缓。该结果表明,从化学成分角度研究柴胡在方剂中配伍规律时,应注意煎煮过程对柴胡皂苷成分含量变化的影响。

5. 生产各环节指标成分转移率评估　　中药制药生产中比较普遍存在制剂最低转移率偏低或同品种不同剂型间差异较大等问题,过程系统工程研究是解决该中药生产过程的共性技术问题的有效手段。

刘德军等[17]为研究银翘解毒软胶囊制备过程中各环节绿原酸的转移率,采用 HPLC 测定制备过程各环节绿原酸的转移率及相对于上道工序的保留率,并测定 3 个批号银翘解毒软胶囊中绿原酸的含量。结果发现,3 批金银花投料后,乙醇回流提取、减压浓缩、与其他饮片稠膏合并干燥、与挥发油及大豆油制成软胶囊内容物 4 个环节绿原酸的平均转移率分别为 86.1%、77.5%、73.2%、72.8%;相对于上道工序的平均保留率分别为 86.1%、90.0%、94.6%、99.3%。3 批银翘解毒软胶囊每粒平均含绿原酸分别为 3.77 mg、3.38 mg、3.86 mg。该研究可为银翘解毒软胶囊的生产过程控制和含量限量标准制定提供依据。

四、过程系统工程在中药制药分离过程中的应用

目前,过程系统工程技术已经在过程工业发展的过程中发挥了重要的作用,在工艺设计和模拟、产品优化排产、节能节水和供应链管理等诸多领域得到广泛应用,涉及工艺过程、企业和区域等不同层面,为中药制药技术和产业的持续快速发展提供了技术支持和保障。其主要内容包括:

1. 生产工艺模拟与设计　　中药制药生产过程一般可分为原料预处理、提取分离、浓缩干燥、制剂成型等阶段,包括物料前处理、浸提萃取、固液分离、精制纯化、浓缩干燥、制粒压片(固体制剂)、灭菌灌封(液体制剂)、生产废弃物资源化利用和副产品生产等环节。不同品种的产品在上述这主要生产阶段和环节大同小异,具有一定的共性,如工艺优化,即按照一般工艺流程和过程优化原理,采用多种数学模型,通过多因素多指标综合考察评估开展模拟与设计。

2. 企业生产调度与优化　　过程系统工程方法可广泛用于中药制药企业生产调度和优化排产,以减小原料消耗,缩短产品生产周期。而中药制药原料具有来源广泛、成分复杂、种植分散、能源密度低、分季节收获等特性,其生产受外部因素影响较大。通过对中药制药企业各生产部门的物质流、能量流、信息流和资金流的模拟和集成,可以监控企业的生产情况,根据内部生产安排、设备运行情况和外部市场、政策情况等调节企业生产,并实行中药制药主产品与其他深加工产品联产,从而实现企业整体效益的优化。

另外,中药绿色制造是一个综合考虑环境影响和资源消耗的现代制造模式,其目标是使产品从设计、制造、包装、运输、使用直至报废处理的整个生命周期中,对环境负面影响最小,资源利用率最高,并使企业经济效益与社会效益协调优化。其基本观点是:制造系统中导致环境污染的根本原因是资源消耗和废弃物是产生,而绿色制造体现了资源和环境两者不可分割的关系。由此可知,绿色制造问题涉及三大领域:① 制造问题,包括产品生命周期全过程,是一个大制造的概念;② 环境保护问题;③ 资源优化利用问题,因而绿色制造体现了现代制造科学的"大制造、大过程、学科交叉"过程系统工程的特点。

3. 区域中药制药系统设计与优化　　近年来,我国一些大型中药制药企业,如扬子江药业集团有限公司、广州白云山医药集团股份有限公司等,已布局全国,在不同地区、省份设立生产机构。在区域层面,利用系统工程原理设计和优化工业园区,成为过程系统工程近年来的应用热点,其中也包括以中药制药产业为主体的工业园区。工业园区系统设计和优化时需要考虑经济、环境、社会等多方面提出的目标及限制条件。

根据美国物理学家、哈佛大学教授罗伯特·弗罗施（Robert A. Frosch）等 20 世纪 80 年代末开展的工业代谢研究，而提出的产业生态系统和产业生态学（industrial ecology）概念[18]。在系统优化理论指导下，中药制药生产工艺主要可以多项膜分离技术为支撑，某一膜分离单元的出料成为另一膜分离单元的处理对象，物料经过膜集成工艺系统后得到有效的分离，获得终端产品和可资源化利用的物流。其重要特点是从流程整体优化的高度出发，达到产品获得率最大化、能源效率最佳化和生产制造时间最小化的综合效果，原材料和动力成本显著下降，环境污染有效降低，甚至实现零排放，形成绿色制造生产模式，对此，中国工程院院士徐南平做了严谨地论述[19]。在此基础上，可组成若干区域性的兼顾社会整体节能、降低社会环境负荷、协同优化的中药生产体系，诸如中药厂与建筑材料厂（固态药渣制板材）的结合，中药厂与化工厂（药渣与制药废水中活性成分的回收）的结合，中药厂与家畜饲料、兽药工厂（药渣等废弃物质的发酵等生物转化）的结合等。这样，在某些特定条件下，有可能形成以中药制药为核心的工业生态链、生态区。工业生态园是按照产业生态学原理设计规划的一种新型的工业组织形态，是实现生态工业的重要途径。工业生态园是指在特定的地域空间，对不同的工业企业之间及企业、社区（居民）与自然生态系统之间的物质、能量的流动进行优化，从而在该区域内对物质、能量进行综合平衡，合理、高效地利用当地自然资源和人力资源，实现低消耗低污染，环境质量优化和经济可持续发展。

第二节　质量源于设计的基本原理与实施方略

长期以来，由于中药自身的复杂性及中药质量控制技术理念错位和落后，导致中药产品质量可控性较弱，这就对中药质量控制技术创新升级提出了迫切需求。为此，程翼宇等[20]提出，从国际先进制药科技视角聚焦于关乎中药质量的重大关键问题，寻求中药质量控制学科的理论创新和技术理念突破，探讨建立以过程管控为核心的中药质量控制技术体系。当务之急是贯彻落实药品质量出自生产制造方式的制药工程控制论，精心研究制药工艺与工程技术，将中药工业现行的粗放型制造方式改造成精细化制药流程，把中药质量控制融入制药过程中，建立起药品质量控制系统自调整、自进化机制，促使制药技术水平不断升级，以持续改善和提升药品内在质量，提高药品标准。其本质是全面落实"过程控制的质量保证作用"的质控理念——中药质量控制不能只盯着产品质量检验标准，而应将工作重心转移到科学管控中成药制造全流程上。而应以国际上近年不断涌现的先进质控方法及质控技术，如质量源于设计（quality by design，QbD）、过程质量控制（in-process quality control）、过程分析技术（process analytical technology，PAT）改变中药质量控制的传统模式。从注重终产品不多指标的检验，到注重产品从药材、生产过程到终产品系统的质量设计与控制，从注重产品的检验合格到注重产品批间内在质量的均一性转变[21]。

一、质量源于设计的原理与应用[22]

（一）质量源于设计概述

质量源于设计（quality by design，QbD）于 1985 年，由著名质量管理学家 Julan J M 博士提出。制药 QbD[23]则于 2005 年，由国际人用药品注册技术协调会（The International Council for Harmonisation of Technical Requirements for Pharmaceuticals for Human Use，ICH）在 Q 系列指南文件《ICH Q8 指南》中给予定义，其旨在将先进的管理学原则和以科学为本的药品研发制造规律融合集成，以提高药品质量，更好地保护患者利益。

《ICH Q8 指南》引入 QbD 原则，并提供一套术语，如目标产品质量概况（quality target product profile，QTPP）、关键质量属性（critical quality attribute，CQA）、关键物料属性（critical material attribute，CMA）、关

键工艺参数(critical process parameter,CPP)、设计空间(design space,DS)和控制策略等,用于规范药物开发与监管。

QbD 鼓励采用实验设计、PAT、多变量分析和风险评估等工具获取药物处方、生产工艺和工艺控制知识,鼓励在生命周期中采用创新方法来提高工艺稳健性和产品质量一致性,制药工艺和监管政策的灵活性取决于提供的相关科学知识的水平。与常规经验式药物开发模式相比,QbD 可缩短开发时间、提高开发一次成功率(right first time,RFT),在引进和使用新的工艺分析和控制技术方面具有较高灵活性,在生产运行中可降低检验结果偏差(out of specification,OOS)事件发生频率和产品缺陷率,设计空间的建立可避免工艺批准后变更,方便持续质量改进等。此外,QbD 还适用于药物分析方法开发和验证。

（二）质量源于设计实施方略

《ICH Q8(R2)》将制药 QbD 定义为:一种用于药品开发和生产的系统方法,该方法以预先定义的目标为起始,采用科学原则和质量风险管理,强调对生产过程的理解。在 QbD 框架下,药品质量不仅是检验出来的,也是设计、生产和管理出来的。QbD 可应用于不同类型的药物开发和生产,证明其核心方法是普遍适用的。

QbD 实施方略包括质量设计、质量控制和质量改进三部分内容。

1. 质量设计　　设计从观念、思维方法、知识和评价体系等各方面来整合科学,弄清事物的本质,因此设计对产品质量起着决定性作用。在产品开发中,设计的核心是推理的过程,即从产品的价值出发,对需求、功能和属性,直至产品的最终形态和使用条件进行反绎推理的过程。

（1）设计理念:以终为始(begin with the end)是 QbD 强调的贯彻设计的理念。以终为始即以临床患者为目的、根本,先分析理解患者的需求,再把问题分解为对药品的功能要求(即 QTPP),将药品治疗功能赋予恰当的理化、生物学特征,再找到合理的药物开发和制造方案,最后组合各级控制策略形成全局的解决方案,实现特定的药品功能并满足预期的需求。图 4-1 为 QbD 遵循的通用、系统设计步骤和药品开发路线图。

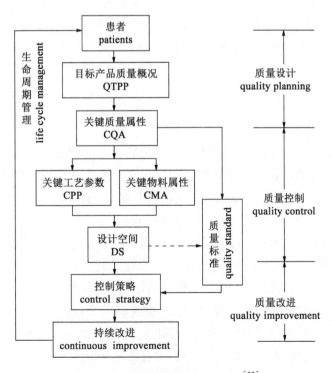

图 4-1　制药质量源于设计路线[22]

（2）质量的范畴与特征：QbD 概念中，质量的范畴由"大质量"和"小质量"组成。药品质量要求可由不同的利益相关方提出，如患者；生产企业、药品监管机构和行业协会，他们分别代表广义上的消费者、生产者、政府和社会组织，并由此形成了药品的大质量和小质量。其中小质量以满足患者需求为本；而大质量则牵涉成本效益属性和社会学属性。药品安全有效、稳定可控是所有利益相关方必须遵循的首要原则。在大质量框架下，不同质量特性之间是有矛盾的，但整体上遵循平衡协调的规律。随着社会的进步，对药品的要求不仅是技术和功能上的，而且要求有利于人类的健康生存和可持续发展。

上述提及的质量特性是定性的，在实际应用中应转换为定量或半定量的质量指标，并结合质量风险管理的原则判断质量指标的关键性。影响药物的安全性、作用强度、鉴别及纯度的物理、化学、微生物方面的特性以 CQA 表示，如体现中药临床安全性和有效性的质量标志物（Q-marker）及其限度。企业方关注的成本效益属性，在应用中以关键绩效指标（key performance indicator，WKPI）表示，如产率、成品率、缺陷率、返工率、生产周期等。

中药具备"简、便、效、廉"的特点，介于社会学和理化生物学之间的本草学属性，是中药质量的特色。采用 QbD 理念提升并完善中药质量标准体系，回归中医临床对中药品质的需求，继承并革新中药制备工艺，是充分保证中药质量的必由之路。

（3）中药复方制剂质量设计的内容[24]：主要包括以下 5 项。① 处方中各味药材的基源、产地、采收及加工炮制、使用方法及所含主要成分与其理化性质的研究，从而明确其基源、产地、采收及加工炮制，为药材的提取纯化等处理及制定药材、提取物的质量标准提供依据。② 提取纯化等工艺路线设计、工艺过程质量控制研究，包括工艺路线的选择依据、评价指标与测定方法的研究、工艺参数的优化及提取物等中间体质量标准的制定。③ 制剂成型工艺的质量控制研究，包括剂型选择研究，用于制剂成型的中间体理化性质研究、制剂处方设计及辅料选择，以及成型工艺选择及参数优化研究等。④ 制剂的理化特性、质量控制项目、方法等研究及质量标准的制定。⑤ 制剂稳定性研究及包装材料的选择等研究。稳定性研究包括影响因素试验研究、加速试验研究及长期稳定性研究等内容。包装材料的选择研究主要指药物与直接接触的包装材料（或容器）的相容性研究等。

2. 质量控制　在工艺上融入 QbD 理念，鼓励采用科学的方法和风险管理的原则增强对制药过程的理解。在实验室规模开发工艺时，对于关键工艺单元或工序，应深入理解关键原料属性、CPP 和 CQA 之间的关系，建立如下式所示的过程模型。

$$Y = f(Z, X) \tag{4-1}$$

式中，Y 为工艺输出，即产品的 CQA；Z 为 CMA；X 为工艺输入，即 CPP；f 为反映 Z、X 和 Y 之间函数关系的模型，该模型可以是统计的或数据驱动型的，如基于最小二乘法（LS）的回归模型、偏最小二乘（PLS）回归模型等；可以是基于第一性原则建立的过程机制模型或半统计半机制模型。

在从实验室规模向中试或生产规模的放大过程中，基于过程相似性原理，可采用量纲分析和基于模型的中试放大技术，实现工艺技术和设计空间转移，降低中药产业化实施的风险。至商业化生产阶段，可将研发和放大阶段获得的知识及其理解，转化到生产工艺和过程控制中，同时结合各种工作流程的管理，以保证产品质量可控。工艺设计空间的有效性只有在生产规模条件下得到确认，才能用于生产质量控制策略。研发阶段应对工艺理解充分，或进行技术完全转移，否则生产过程中出现质量变异和偏差时，很难调查原因或制定有效的纠正和预防措施（CAPA）。此外，在规模的增大和生产批量增加的生产条件下，面对实验室和中试规模未发现的工艺问题，则可在先验知识的基础上，借助历史批记录、工艺验证数据等工艺信息加深对生产规模工艺的理解。

中药制药生产在从原料到产品的过程中,可呈现"多输入-多输出(MIMO)"特征,过程质量传递中应保持中药或方剂原有的功能。中药制药过程中,药味配伍、成方用法等中医药理论以隐性知识存在形式的大量应用,既增加了对制药过程理解的难度和复杂性,但也在中药品质保证中起到重要作用。借助传感器、控制器和计算机一体化等现代智能技术,利用数字化整合的增值,有利于对中药质量传递规律的理解,可积极主动对潜在的质量问题进行识别和控制,从而使中药复杂性由难解问题变成竞争优势。

质量变异(波动)指预期或目标质量与实际质量之间的差异。中药原料批次间的均匀性、生产过程关键工艺指标的稳定性及设备参数的可靠性是决定产品批内、批间质量一致性的关键因素。中药原料成分复杂、均一性差、受控难度大,是造成产品理化指标和质量波动的主要变异源。产品质量变异分为偶然变异和异常变异2类。偶然变异是由偶然因素引起的,是生产过程固有的,不可避免,对产品质量影响微小;而异常变异由异常因素引起,对产品质量影响较大,但可避免或消除。

药品质量变异取决于药品的生产、检验、储存使用的整个过程中产生的、积累的总误差。当对药品生产工艺不了解,无法建立如公式(4-1)所示的 CMA、CPP、CQA 之间的关系时,为减少产品 CQA 的变异,只能将原料和工艺参数限定在一个较窄的范围,即固定工艺参数的生产模式。如果充分理解了原料、制药工艺和产品之间的关系,理解原料变异和工艺条件的改变对产品质量的影响,并建立了工艺设计空间,则当原料质量发生变化时,为保证产出符合预定质量目标的产品,可根据设计空间调节工艺参数,即 QbD 空间的生产模式。

3. **质量改进**　由于未知变异的存在,在药品生产过程中,需通过有效的工艺性能和产品质量的监测系统,实现原料、中间体、产品、设施设备运行条件和过程能力的持续监控。在风险评估的基础上,借助统计质量控制方法,建立 CQA 的趋势分析方法。在临床试验数据和注册批次数据的基础上,可预先建立相应 CQA 的监控限或警戒限,并随着生产批次的增加,逐步修正完善限度。

依据风险分析的结果,工艺参数分为 CPP 和非关键工艺参数(non-CPP)。其中 non-CPP 又可分为重要工艺参数(key process parameter,KPP)和一般工艺参数(general process parameter,GPP)。借助历史批记录,可实现 CPP、KPP、GPP 的趋势监控。若 CPP 发生变化,则需采用风险管理方法评估变化的级别,并判断变化是否发生在设计空间之内。设计空间内的 CPP 改变应纳入企业变更管理系统,设计空间外的 CPP 改变需报监管部门批准。制药生产规模下,难以实现覆盖设计空间的批次变化,因此并不需要对整个设计空间的进行有效性确认;在产品生命周期中,可选择性地对设计空间的不同区域进行确认。

二、基于整体观的中药制剂质量过程控制体系探讨[25]

针对中药多成分、多靶点、多功效的特点,在保持中药特色的前提下,如何将不稳定的中药制成稳定的中成药,创建基于整体观的中药 QbD 模式是重要的应对策略。

(一)中药质量源于设计模式

在中药研究、开发和生产中应用 QbD,应结合系统科学的方法,认识中药质量的形成和传递规律,并在此基础上对设计质量、制造质量、检验质量和使用质量进行全面控制和优化。为此,可参照徐冰等提出的基于系统观和整体观的中药 QbD"四全"模式,即全局设计、全息分析、全面控制和全程优化。

1. **全局设计**　中药质量设计要形成完整的贯穿中药产品生命周期的全局解决方案,并对中药开发和生产过程进行有效管理,指引设计过程进入期望的方向。

在中药研发和生产中实施 QbD,设计成功的关键在于能否同时开发设计问题空间和解决方案空间。在问题空间中,设计者应明晰中药产品的临床需求和定位,从整体上认识中药质量的复杂性。中医临床强调辨证论治、以证为纲,其药效评价也应该建立在中医证候分类的基础上。中药药性理论是对中药性质与功能的高度概括,应进一步发掘传统知识,研究中药药性与功效之间的关系规律。中药质量问题的解决方案空间由彼此重叠的知识空间构成,而不是一连串的步骤。

2. 全息分析　　在中药质量设计过程中,大量理化、生物学测量手段的使用,以及自动化、数字化制药设备的应用,可积累汇聚大量的数据,全息分析代表了对这些物质和能量交换过程中产生的数据和信息的过滤和设计整合能力。在中药 QbD 中应重视先进的信息处理技术,如潜变量空间投影等化学计量学方法,以及深度神经网络、支持向量机、决策树和模型融合等随统计学和计算机科学发展而形成的新型模式识别和机器学习方法,以实现判断数据的准确性和相关性,阐明中药复杂物质系统的功能单元、界限和相互作用模式,具备更高层次的整合能力。

3. 全面控制　　全面控制是对影响中药产品质量的各种因素应从宏观、微观、人员、设备、物料、方法和环境等方面进行全面控制。其目的是让设计质量持续保持与目标水平的一致,在中药生产过程中达到物质基础、中药药性和方剂配伍功效的稳定传递,维持中药产品质量的批间和批内一致性。从中药质量控制方法学角度,全面控制包括:① 检验质量控制;② 统计质量控制;③ 预测质量控制;④ 智能质量控制。上述 4 个层次质量控制策略体现了中药质量控制由被动检验向主动预防、由经验控制向科学决策的转变。

4. 全程优化　　中药生产过程全程优化,是突破单元界限,建立中药制药过程质量传递模型,从整体角度表征中药制药过程系统的质量累积效应、时变效应和耦合效应,通过工艺参数的优化调节操作精准控制中药生产过程质量轨迹,保证中药生产过程朝着确定的方向发展,最终达到稳定,并提高终产品质量的目的。全程优化致力于生命周期内的中药质量和过程能力得以改进。实施 QbD 有利于化解中药研发和制造生态系统的内在矛盾,为中药质量和产业效益的提升提供保障。

（二）基于整体观的中药制剂质量过程控制体系

尽管 QbD 理念代表目前先进质量控制模式,但仍受制于中药制剂原料来源广泛、多变、制备工艺复杂等因素,且 PAT 依赖于预先设定好的质量目标为起点,针对复杂中药质量标准不清晰现象则难以充分发挥 PAT 的优势。

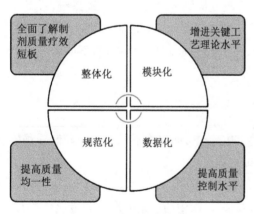

图 4-2　中药制剂质量过程
控制"四化"模式[25]

目前,国内的中药制剂质量控制模式大多仍停留于检验控制质量（quality by testing, QbT）阶段,往往把质量过程控制各单元分段化、单一化,生产环节不同阶段工艺参数水平与中间体质量相关度较薄弱,往往以成品制剂各项质量标准项目为依据,进行终产品监测和控制,对少数关键环节中间体采用离线方式进行质量指标监测,被动控制模式,导致无法及时获取中间体及工艺过程的质量信息,造成生产管理滞后,最终导致产品质量不稳定,影响中药制剂产品均一性、稳定性。

创建"整体化、模块化、数据化、规范化"为核心的中药制剂质量过程控制"四化"模式（图 4-2）,为实现中药制剂均一、稳定提供了新思路。

1. 整体化　　中药制剂生产过程是一个复杂系统、有机整体,各单元操作间不是机械组合或简单相加,各要素间相互关联,构成过程链的系统整体。要关注不同阶段产物,经 1 次或多次物理、化学和生物学信息传递或整合后,所构成产品的质量内涵,以及其对最终产品效能的影响。

2. 模块化　　中药制剂生产过程是个复杂系统,常规上可分为不同单元的操作模块。最终制剂成品的生产过程需涉及多个操作模块,任何一个操作模块出现失误,即可对最终产品质量构成一定程度的威胁,影响产品效能的发挥。在前期构建整体化基础上,应明确关键质量目标和关键控制单元之后,借鉴现代先进的 QbD 理念,辨识 CPP 与物料属性关系,建立关键工艺单元数学模型,构建设计空间。

3. 数据化　　数据化主要包括数据集成、数据挖掘和数据可视。数据集成涵盖整个生产过程所设计的所有相关物料属性、工艺参数等信息的收集、储存和管理。数据挖掘是在数据集成基础上,利用各种统计理论,实现知识发现的过程,以发现数据中隐含的、未知的、并有潜在价值的相关模式和规律。如分析工艺参数与物料属性的关系,建立工艺参数的控制水平与中间体质量指标的相关模型,指导关键控制点和优化工艺参数范围等。数据可视是将数据转换成图形便于分析,直观反映数据的关联模式。数据化是构建数字工厂、实现中药现代化的必经之路。

4. 规范化　　规范化管理大致可分为四类(人员、物料、技术、文件),包括组织、制度、工艺、操作、记录、培训等管理规定。通过规范化的工艺操作规程、技术培训,将人为差错控制在最低限度内。规范化内容包括:加强物料管理预防污染、混淆和差错;确保储存条件适宜,保证物料质量。关键技术环节要有详细具体的参数要求规定,及时进行工艺验证;定期维修校正机械设备。此外,文件是质量保证系统的基本要素,要做到全程文件跟踪,有据可查。

三、基于质量源于设计原理的制药分离过程优化[26]

QbD 进行中药制药工艺研究及优化的一般流程为[27]:① 通过风险分析、单因子或析因设计等方法筛选 CPP;② 通过响应曲面法等考察 CPP 对工艺性能指标的影响;③ 建立 CPP 与工艺 CQA 之间的数学模型;④ 确定工艺的最佳操作条件或设计空间。

中药制药过程分析立足于生产过程的 CPP、CQA 等进行实时快速测量,并对生产过程进行反馈和优化控制。因此,快速准确获取中药 CQA 信息是实现过程分析与控制的基础,更是解决中药制药过程质量分析的关键技术问题。

中药 CQA 和中药 CPP 的共同特性是均具有关键性。中药 CQA 用以描述药材、赋形剂、中间体和产品的关键性质,如中药原料或中间体的纯度、浓度、相对密度、制剂的剂量等,这些性质应与中药制剂应用于患者的安全性和有效性相关。中药 CPP 是所有中药工艺参数中对产品质量产生影响的关键参数,不同中药工艺环节有不同的中药 CPP,如中药工艺中乙醇沉淀过程的 CPP 为加醇速度和转速等[28]。

（一）基于质量源于设计原理的提取过程优化

本部分以"四物汤加减方的提取工艺优化研究 QbD 理念的经典名方研究:四物汤加减方的提取工艺优化研究"[29]为例,部分图表请参阅原文。

养宫方是多年总结而来用于补血活血,调经止痛的临床经验方,在四物汤的基础上加减药物配伍而成。本研究基于 QbD 原理,对养宫方的提取工艺进行优化,保证汤剂的工艺稳定,质量可靠,从而保证临床用药的安全性和有效性。

1. 养宫方提取液的制备　　取当归 6 g、川芎 3 g、白芍 3 g、熟地黄 3 g、益母草 5 g、大枣 5 g,加入一定量超纯水,加热回流提取,过滤得澄清液,合并滤液,定容至适宜体积即得。

2. 关键质量属性和关键工艺参数的确定

（1）CQA 的确定:结合养宫方中医方解理论及临床药理活性的研究,将固体物质提取量、阿魏酸的含量及芍药苷的含量作为养宫方制备工艺的 CQA。

（2）CPP 的筛选与风险评估:采用鱼骨图作为提取工艺的风险辨识工具,发掘工艺潜在风险,初步确定潜在关键工艺参数(potential critical process parameter,pCPP)。

采用失效模式及效应分析(failure modes and effect analysis, FMEA)，根据鱼骨图提供的 pCPP 进行筛选，采用风险优先系数(risk priority number, RPN)作为 FMEA 的评价方法。基于先前的知识、经验和历史数据，对养宫方在提取工艺中失效事件发生的频率(P)、严重程度(S)、可检测度(N)进行估计，每个单元分为 1~10 个等级，失效事件发生的频率指失效事件发生的可能性，其中 1 表示失效事件不可能发生，10 表示经常发生；严重程度用来估计可能失效事件对阐释产品质量的影响程度，其中 1 表示失效事件影响程度很低，10 表示非常严重；可检测度指检测失效事件的能力，其中 1 表示失效事件总能被检测，10 表示不能被检测或很难被检测。

$$RPN = S \times P \times N \qquad (4-2)$$

根据公式(4-2)计算所得风险优先序数，建立风险得分矩阵，RPN 分为 3 个等级：低水平(<50)、中等水平(50~125)、高水平(>125)。根据前期研究结果，对高风险因素进行考察，中、低风险暂设为常量，分析结果见表 4-1。由表 4-1 可知，环境、设备及原料的 RPN 均处于低水平，而水提操作的 RPN 处于中高水平，其中浸泡时间处于中等水平，提取次数、提取时间、料液比处于高水平。因此，选择提取次数、提取时间、料液比作为养宫方提取工艺的考察因素。

表 4-1　养宫方提取工艺 pCPP 风险评估[29]

种　　类	工艺参数	S	P	N	RPN	RPN 等级
环　境	压力	4	3	2	24	低
	湿度	2	6	3	36	低
	温度	7	3	5	105	中
设　备	加热能力	6	4	3	72	中
	加热方式	5	4	5	100	中
原　料	药材来源	4	3	7	84	中
	药材粉碎度	3	5	6	90	中
提取操作	浸泡时间	4	5	4	80	中
	提取次数	6	5	8	240	高
	提取时间	6	8	6	288	高
	料液比	5	4	7	140	高

3. 响应曲面试验设计及其结果

(1) CQA 和 CPP 的确定：基于以上分析，以固体物质提取量(Y_1)、指标成分阿魏酸含量(Y_2)、芍药苷含量(Y_3)为 CQA，提取次数(X_1)、提取时间(X_2)和水倍量(X_3)作为 CPP。

(2) Box-Behnken 设计及其结果：利用 Design-Expert 8.0 软件安排 3 因素 3 水平的 17 次试验(中心点选择重复 5 次)，因素水平见表 4-2。

表 4-2　Box-Behnken 工艺参数及水平[29]

水　　平	X_1 提取次数(次)	X_2 料液比(倍)	X_3 提取时间(min)
-1	1	7	45
0	2	10	90
1	3	13	135

以固体物质提取量、阿魏酸含量、芍药苷含量为响应值的 3 因素 3 水平试验结果见表 4-3,采用不同的回归类型对 Box-Behnken 设计结果进行方差分析。由方差分析可知,固体物质提取量的一次项和二项式回归总模型方差显著($P<0.05$),失拟值不显著。然而一次项模型的 R^2 为 0.491 7,而二次项模型 R^2 为 0.922 0,因此选择二次项模型。阿魏酸含量的一次项回归模型方差不显著,失拟值显著($P<0.05$),而二项式回归总模型方差显著($P<0.01$),失拟值不显著,表明所建二次项模型有统计学意义,各因素与响应值之间的关系可以用此模型函数化;芍药苷含量一项式回归总模型方差显著($P<0.01$),失拟性不显著,表明所建模型有统计学意义,而二次项回归模型方差不显著,失拟值显著($P<0.05$),无统计学意义,因此选择一次项模型。

表 4-3　Box-Behnken 设计与结果[29]

序号	提取次数(次)	提取时间(min)	水倍量(倍)	固体物质提取量(g)	阿魏酸(mg/g)	芍药苷(mg/g)
1	1	90	13	0.454 0	0.566 4	1.845 2
2	1	135	10	0.433 6	0.573 5	1.738 6
3	3	45	10	0.301 2	0.302 1	1.699 7
4	2	90	10	0.446 8	0.780 6	1.828 7
5	3	135	10	0.435 2	0.521 5	2.008 0
6	2	45	13	0.304 0	0.555 7	1.101 8
7	2	90	10	0.406 0	0.615 0	1.694 0
8	2	90	10	0.438 0	0.724 8	1.860 6
9	2	90	10	0.377 6	0.635 5	1.589 8
10	1	90	7	0.430 0	0.649 5	1.954 8
11	2	135	7	0.402 6	0.876 8	2.193 8
12	1	45	10	0.233 4	0.401 9	0.962 9
13	2	45	7	0.311 8	0.472 3	1.365 1
14	2	90	10	0.429 4	0.758 2	1.848 3
15	3	90	13	0.498 6	0.482 5	1.699 3
16	3	90	7	0.449 8	0.621 2	1.708 1
17	2	135	13	0.411 4	0.684 0	1.745 8

模型的信噪比 $S/N>4$,表明模型预测精密度良好,可开发过程设计空间。提取时间(X_2)在 3 个模型中的 P 均小于 0.01,表明提取时间对固体物质提取量(Y_1)、阿魏酸含量(Y_2)和芍药苷含量(Y_3)均具有显著影响。在 Y_1 中 3 个因素的影响程度依次为提取时间>提取次数>水倍量;提取时间及提取时间和水倍量的交互作用对 Y_2 均具有显著影响,且在 Y_2 中 3 个因素的影响程度依次为提取时间>水倍量>提取次数;在 Y_3 中 3 个因素的影响程度依次为提取时间>水倍量>提取次数。

(3) 模型的建立及评价:采用二项式回归和一项式回归模型对 3 个 CQA(固体物质提取量、阿魏酸含量、芍药苷含量)及对应的 CPP(提取次数、提取时间、水倍量)分别进行拟合,得到 Y_1、Y_2 和 Y_3 的回归方程。

采用不同的回归类型对 Box-Behnken 设计结果进行方差分析,固体物质提取量和阿魏酸含量的二项式回归总模型方差显著($P<0.01$),失拟值不显著,表明所建模型有统计学意义。模型的信噪比 $S/N>4$,表明模型预测精密度良好,可开发过程设计空间。Y_1 和 Y_2 二方程的拟合相关系数 R^2 分别是 0.922 0、0.920 7,R_{adj}^2 分别为 0.821 7、0.818 6,表明该回归模型具有较好的拟合度。而方程 Y_3 的拟合相关系数 R^2 为 0.625 9,该回归模型的拟合度一般。

（4）响应曲面分析：固体物质提取量的等高线分析可见原文相关图，该图可显示提取时间和提取次数对固体物质提取量的影响。当水倍量固定为最优固体物质提取量所对应 12.99 倍时，提取时间等高线密度高于提取次数。因此，提取时间对固体物质提取量影响较大，且随提取时间的增加，固体物质提取量先逐渐增加后逐渐减少，并约在 105 min 时大致呈对称分布。该等高线分析亦可显示水倍量和提取次数对固体物质提取量的影响。当提取时间固定为最优固体物质提取量所对应的 105.23 min 时，提取次数等高线密度高于水倍量。因此，提取次数对固体物质提取量影响较大，且随提取次数的增加，固体物质提取量呈逐渐增加的趋势。等高线分析并显示水倍量和提取时间对固体物质提取量的影响。当提取次数固定为最优固体物质提取量所对应的 3 次时，提取时间等高线密度高于水倍量。因此，提取时间对固体物质提取量影响较大，且随提取时间的增加，固体物质提取量先逐渐增加后逐渐减少，并约在 105 min 时大致呈对称分布，与方差分析结果一致。

阿魏酸和芍药苷含量的等高线分析可见原文另两相关图，由图分别可知：① 在指定变量范围内，3 个因素对阿魏酸含量的；② 在指定变量范围内，对芍药苷含量的影响为提取时间>水倍量>提取次数，与方差分析结果基本一致。

（5）设计空间的建立：研究设定优化目标为固体物质提取量 ≥0.398 9 mg/g、阿魏酸 ≥0.45 mg/g、芍药苷 ≥1.755 mg/g，在设定的工艺参数空间内搜索符合优化目标的子集，构建设计空间并以 Overlay Plot 展示，结果可由设计空间图表示养宫方水提工艺的控制空间可在该设计空间图中确认。但由于模型的预测值与真实值之间存在一定差异，所以设计空间的边界具有不确定性。为了应对设计空间边界的不确定性，在定义设计空间时可加入置信水平 $a = 0.05$ 的置信区间，将设计空间优化。置信度 95% 的控制空间用 Overlay Plot 展示，即整个空间内所有点的估计值都符合工艺目标；风险区域（即此空间内的估计值 5% 的概率无法满足原有的工艺目标要求）与不能达到优化目标的设计空间可分别以不同色度表示。

（6）控制空间的验证：在以 Overlay Plot 展示的设计空间图中选取 5 个不同区域内的点来进行验证，5 点的选取见表 4-4。验证试验结果见表 4-5。由表 4-5 可知设计空间及置信区间内的点均满足预设目标：固体物质提取量 ≥0.398 9 mg/g，阿魏酸 ≥0.45 mg/g，芍药苷 ≥1.755 mg/g，而空间外的点均不满足，表明在设计空间内操作能保证提取工艺达到预期目标。

表 4-4 试验验证点的选取[29]

序 号	提取次数（次）	提取时间（min）
1（空间内）	7.5	113
2（空间内）	10.7	112
3（空间外）	7.1	52
4（空间外）	12.6	52
5（置信区间）	7.4	92

注：水倍量均为 2 倍。

表 4-5 设计空间验证结果[29]

序 号	固体物质提取量（g）	阿魏酸（mg/g）	芍药苷（mg/g）
1（空间内）	0.539 4	0.480 6	1.766
2（空间内）	0.420 0	0.509 4	1.786

续　表

序　号	固体物质提取量(g)	阿魏酸(mg/g)	芍药苷(mg/g)
3(空间外)	0.265 5	0.388 8	1.420
4(空间外)	0.237 5	0.439 0	1.629
5(置信区间)	0.429 0	0.485 7	1.760

(二)基于质量源于设计原理的风险评估[30]

产品质量的优劣不仅依靠检验方法,更依靠设计开发、生产控制及物流管理等产品制造的所有环节,质量源于过程控制水平。因此,准确识别药品生产过程可能诱发质量风险的因素及其合理的质量控制措施非常重要。风险通常被理解为危害出现的可能性和危害严重性的结合。药品的生产制备过程不可避免地会承担一定程度的风险,准确分析产品在整个产品生命周期内质量风险来源有助于完善质量标准体系,提高制剂质量控制水平。质量风险管理理念可以运用于从原料药到制剂成品整个生命周期内的评估、控制、沟通、审核的系统过程。

1. 中药制剂生产过程中的质量风险来源　　中药制剂生产过程是从原料药到成品的加工制造环节,中药制剂的生产都需要经过一系列操作单元,如前处理(提取、浓缩、干燥)、制剂成型、包装贮藏等组成,不同阶段产品,经一次或多次物理、化学和生物学信息传递或整合后,构成产品的质量内涵,并最终影响产品效能的发挥。受制于中药制剂原料的不确定性、工艺操作环节复杂性、中药制剂的生产过程存在不同层次质量风险来源,根据风险类型可以归纳为 4 个主要方面:原料风险、工艺风险、设施风险、管理风险。

(1)原料来源及辅料选择的风险:作为中药制药原料的中药材种类繁多,同名异物、同物异名现象普遍。中药材产地分布地域广阔,同一药用植物因气候、土壤、采收期不固定性,导致制剂原料质量差异较大——中药制剂质量波动最为重要的因素之一。常用中药材中,需进行初加工者约占70%,加工炮制的规范与否很大程度影响后续制剂的质量和疗效。

中药制剂辅料是中药制剂生产环节中使用的附加物料,包括炮制辅料和制剂辅料。中药炮制辅料,指对中药饮片具有辅助作用的附加物,会对主药产生影响。由于辅料品种不同、性能不同,在制剂中所起的作用也不同,辅料选择不当会影响其质量。

(2)工艺风险:提取、纯化、浓缩、干燥等关键工序都可能因工艺技术、溶媒种类、操作参数的选择、处置不当而导致质量风险。例如,多能提取罐加药太满,煎煮时堵塞了压力表,使压力表失去作用,排气口不通畅和煎煮后忘记关蒸汽等失误。又如,水提醇沉操作、乙醇浓度、加醇方式对制剂质量同样重要。慢加快搅可以防止局部浓度过高,迅速产生大量沉淀而吸附有效成分造成损失。再如,干燥时间过长、温度过高、压力不当都容易引起质量风险。

(3)其他风险及对策:除了上述工艺方面的风险,其他还有:① 硬件设施风险,如生产环境(厂房和车间,洁净区对尘埃及微生物含量控制的要求等)、机械设备(是否符合生产工艺的要求,配套的仪器、仪表能否按工艺要求实现控制,制造设备所用材质是否合理,设备的校验是否合规,设备设施是否按要求操作等风险等)、环境卫生(是否符合 GMP 有关环境监测的温度、湿度、空气、光照要求等)风险。② 管理风险,即人员、物料、技术、文件等管理风险,其中包括组织、制度、工艺、操作、记录、教育等管理规定。

针对上述问题,杨明等[30]提出,建立多环节、多单元的全过程质量风险管理理念中药制剂生产过程是个复杂系统,最终制剂成品的生产过程需涉及多环节、多层次、多操作单元的密切配合与衔接,任何一个环节或单元如出现失误,即对最终产品质量构成一定程度的威胁,影响产品效能的发挥。由于中药制剂的特殊性(原料来源的不确定性、工艺操作环节复杂性、质量标准不完善等)，中药制剂生产过程存在不同层次质量风险来源。如何有效对最终产品进行合理质量控制，保证产品质量均一、稳定、有效。有必要借鉴现代先进的 QbD 原理，依靠设计开发、生产控制及物流管理等产品制造的所有环节。准确识别药品生产过程可能诱发质量风险的因素，建立多环节、多单元的全过程质量风险管理理念。首先，明确各个操作单元、不同管理层次对最终产品质量影响的风险来源及影响程度；其次，树立各单元操作间不是机械组合或简单相加，各要素间普遍联系、相互关联，共同构成过程链的系统整体理念。药物的化学信息、物理信息、热力学信息等信息在各单元间转化、动态传递，各信息间整体转化程度和控制水平共同决定了药物品质内涵。

2. 基于质量源于设计原理的醇提风险评估 下面部分内容以"基于危害及可操作性分析的设计空间法优化红参醇提工艺"[30,31]为例，部分图、表请参阅原文。

基于 QbD 原理，采用危害及可操作性分析法与设计空间法对红参醇提工艺进行优化。首先采用危害及可操作性分析法结合实际生产对醇提工艺进行风险评估，确定乙醇浓度、醇料比和提取时间为 CPP；然后采用 Box-Behnken 设计法建立 CPP 和工艺评价指标间的数学模型，在此基础上计算设计空间，最终选取的操作空间为：醇浓度为 90.3%~90.7%，醇料比为 2.5~3.1 mL/g，每次提取时间为 124~130 min。结果表明，该研究方法能降低红参醇提工艺各参数的风险水平，为提高工艺控制水平提供新思路。

危害及可操作性分析(hazard and operability analysis，HAZOP)是常用的风险分析方法。HAZOP 法假设生产中的风险事件是由设计或操作产生了偏差而导致，已在石油、化工、食品和医药等领域得到了广泛应用。将 HAZOP 应用于辨识中药生产过程中的潜在危害参数(potential hazardous parameter，PHP)，有助于提升中药生产过程的质控水平。

HAZOP 法相比其他基于理论分析和文献调研的风险分析方法，对中药的生产过程优化有更好的适用性和实用性。通过理论分析与科学设计，基于 HAZOP 法建立的设计空间能够将人工经验转化为过程知识和标准操作规范。在研究过程中，HAZOP 法有助于提高设计水平，避免无效的设计因子，使得后续设计与实际生产的契合度更高，从而有效地节约研究成本。

该研究以红参乙醇回流提取为例，采用 HAZOP 法对工艺参数进行风险评估，辨识高风险的 PHP，将可控性强的 PHP 作为 CPP。在此基础上采用试验设计方法建立 CPP 与评价指标之间的定量模型，构建提取工艺设计空间并进行验证，达到降低工艺风险的目的。

(三) 实验设计

1. 工艺评价指标的确定 选择单位药材中的总糖提出量，总固体提出量，以及人参皂苷 Rg_1、Re、Rf、Rb_1、Rc、Rb_2、Rd 7 种皂苷的提出量，共计 9 个质量参数为工艺评价指标。

2. Box-Behnken 设计 采用 Box-Behnken 设计方法研究红参乙醇回流提取 PHP 和工艺评价指标之间的定量关系。工艺参数水平范围见表 4-6。

表 4-6 红参乙醇回流提取的 Box-Behnken 设计的因素及水平[31]

水 平	X_1 醇浓度(%)	X_2 单次提取时间(min)	X_3 醇料比(mL/g)
-1	85	100	2.5
0	90	120	3
1	95	140	3.5

3. HAZOP 风险分析结果 利用鱼刺图分析可以找到影响提取过程的工艺参数和设备监测参

数,如红参乙醇泪流过程(图 4-3)。这些参数主要涉及 5 个方面:药材、环境因素、设备、溶剂和提取工艺操作条件。

HAZOP 风险评估表中所列的中(升温时间)、高(饮片质量、醇浓度、醇料比、提取时间)风险的潜在危害参数如控制不当,单位红参饮片对应的溶剂量、溶剂醇含量、提取时间等参数可能出现偏差,进而导致不同批次的提取液某些化学组分的提出量产生差异。该研究将溶剂醇含量、单次提取时间、醇料比设定为需要进一步通过工艺设计来优化的 CPP。

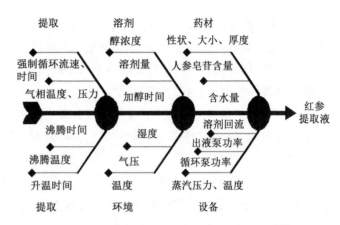

图 4-3 红参乙醇回流提取工艺参数鱼刺图[31]

4. 关键工艺参数和工艺评价指标之间回归模型的建立 根据优化要求,需要建立 CPP 的设计空间,在此基础上给出操作空间。研究采用 Box-Behnken 法进行工艺设计。1 g 红参药材能提出 97.0~315.5 mg 的总固体;糖类提出量为 57.3~198.3 mg/g 生药。提出物中,总糖质量约占总固体质量的 50%~70%,7 个人参皂苷的总质量约占总固体质量的 5%~8%。其中,人参皂苷 Rb$_1$ 提出量最高,为 2 039~5 137 mg/g 生药,人参皂苷 Rg$_1$ 和人参皂苷 Rc 次之,人参皂苷 Rd 的提出量最少。

采用 MODDE 软件建立多元线性回归模型,经模型及系数显著性分析,得到模型的回归系数及调整 R^2。大部分模型的调整 R^2 大于 0.8,提取量较少的 Rc 和 Rd,其调整 R^2 接近 0.8,说明模型能解释大部分变异。对所有指标,X_1 的系数均 $P<0.001$,说明乙醇浓度对醇提工艺影响显著。对大部分指标,X_2 的系数均 $P<0.001$,说明提取时间对醇提工艺的影响也较为显著。X_3 仅对总固体提出量与总糖提出量影响显著,相应系数均 $P<0.1$。

在工艺参数的设计范围内,从所有人参皂苷提出量的回归模型可以看出,X_1 和 X_1^2 系数均为负值,X_2 系数均为正值,说明随着醇浓度的降低和单次提取时间的延长,人参皂苷提出量均变大;X_3 在人参皂苷提出量模型中无统计学意义,这说明在固定醇浓度和提取时间时,人参皂苷提出量不受醇料比变化而变化。从总固体和总糖提出量的回归模型可以看出,X_1 系数为负值,X_2 与 X_3 的系数为正值,说明随着醇浓度的降低、提取时间的延长及醇料比的变大,总固体和总糖的提出量变大。

以上规律为红参醇提工艺参数优化提供了思路:在精准控制醇浓度、采取较长的提取时间的情况下,使用较低的醇料比有利于在提取工艺中获得更多的人参皂苷,同时可以尽可能减少糖类的提出。

5. 设计空间的计算和验证 工艺评价指标范围设置:人参皂苷 Rg$_1$、Re、Rf、Rb$_1$、Rc、Rb$_2$、R 等作为参麦注射液的有效成分,具有抗氧化、抗衰老、抗肿瘤等生物活性,所以希望在生产过程的各个环节中保证其尽可能大的转移率。果糖、蔗糖及麦芽糖在制剂时会部分转化生成 5-羟甲基糠醛,可能对人体横纹肌和内脏有损害,所以将这几种糖类作为需要限制的成分。在工艺参数优化时,为进一步提升工艺品质,设定以下提取工艺评价指标标准:对单位药材的人参皂苷提出量不设上限,对总糖提出量设置上限,对总固体提出量设置上下限。据此标准,采用上述第 4 项所得回归模型,用 MODDE 软件计算得到设计空间。

设计空间根据表 4-6 计算得到的不同醇料比下的概率设计空间。工艺参数落在相应区域时,工艺评价指标未能达标的概率,可用设计空间图中相关数字表示。

在工艺指标达标概率均 M 为 98% 的设计空间范围内选择最合适的操作空间。结合上述第 4 项中提出的 CPP 对红参醇提工艺指标的影响规律,最终选择的操作空间为:乙醇浓度为 90.3%~90.7%,醇料比为 2.5~3.1 mL/g,每次提取时间为 124~130 min。

6. 设计空间的验证　　为验证设计空间的准确性,在设计空间内、外取点进行验证。从验证结果可知,预测值和实测值接近,说明所建模型有较好的预测性能;设计空间内验证点所得提取液指标均达标,而设计空间外验证点所得提取液中总固体提出量及个别人参皂苷提出量未达到最低标准,说明在设计空间内操作能保证较好的工艺品质。

从本研究对参麦注射液生产过程中红参醇提工艺的 HAZOP 风险评估结果来看,筛选出的中、高风险危害参数与实际生产中重点控制的工艺参数较为一致,说明我国药品标准对参麦注射液中红参提取工艺的规定是较为科学的。在工业生产中,企业需要提高对各潜在高危害工艺参数的控制水平,如保证乙醇配制工序和计量工具的精度、提取罐设备等良好运行,进而提高提取工艺质控水平。

(四) 基于质量源于设计原理的精制过程优化

1. 基于质量源于设计理念的丹参浓缩膏石硫工艺优化研究　　下面部分内容以文献[32]为例,部分图、表请参阅原文。

丹参川芎嗪注射液(danshen chuanxiongqin injection, DCI)是由丹参素及盐酸川芎嗪配伍制成的复方制剂,临床上主要用于闭塞性脑血管疾病及其他缺血性心血管疾病。DCI 的制备工艺主要是将丹参饮片经过提取、浓缩、碱沉酸溶、醇沉等一系列的单元操作后获得丹参素含量较高的丹参提取液。碱沉酸溶处理法简称石硫法,是用石灰乳和硫酸处理中药水提液,从而制备中药注射剂的一种方法。该法操作简单,自 20 世纪 70 年代起就已用于注射液的生产,但该法有机酸收率较低,批次间一致性差,已有文献报道中也缺乏系统的工艺研究。

使用鱼刺图法对丹参浓缩膏石硫工艺涉及的各个参数进行了初步风险评估,筛选出了 9 个潜在 CPP,即石灰乳质量分数、加石灰乳速度、搅拌速度、加石灰乳后搅拌时间、硫酸质量分数、加酸速度、加酸后搅拌时间、静置时间和静置温度。采用 Plackett-Burman(PB)实验设计法对 9 个潜在 CPP 进行进一步筛选,确定了石灰乳质量分数、加石灰乳后搅拌时间、加酸后搅拌时间和静置时间为膏石硫工艺的 CPP。采用中心复合实验设计法建立 CPP 和 CQA 之间的偏最小二乘回归模型,根据膏石硫上清液中各指标需要达到的水平,通过计算获得基于概率的设计空间。推荐的膏石硫工艺操作空间为石灰乳质量分数为 12.0% ~ 13.0%,加石灰乳后搅拌 40 ~ 50 min,加酸后搅拌 30 ~ 35 min,静置 16 ~ 20 h。结果表明,在设计空间内进行操作有助于提高膏石硫工艺中间体质量一致性。

2. 基于质量源于设计理念的金银花水提液石灰乳沉淀工艺优化研究　　下面部分内容以文献[33]为例,部分图、表请参阅原文。

金银花提取物制备过程常采用石硫醇法。石硫醇醇法分为石灰乳沉淀和硫酸溶解 2 个过程,先向金银花水提液中加入石灰乳,使有机酸形成钙盐沉淀,过滤收集沉淀;随后加入乙醇使沉淀混悬,再加硫酸使有机酸溶出,得到有机酸的醇溶液和硫酸钙沉淀。

该研究基于 QbD 原理,采用设计空间法优化金银花水提液石灰乳沉淀工艺,首先确定工艺评价指标为纯度,单位质量药材提取出的新绿原酸量、绿原酸量、隐绿原酸量、异绿原酸 B 量、异绿原酸 A 量和异绿原酸 C 量;随后,通过加权标准偏回归系数法筛选出碱液滴加速度、调碱 pH、静置时间和静置温度为 4 个 CPP;再采用逐步回归法建立工艺评价指标与 CPP 的定量模型;最后,通过 Monte Carlo 算法计算出基于概率的设计空间并验证。验证结果证明,在该工艺参数设计空间内操作能够保障石灰乳沉淀过程质量稳定。为便于操作,推荐金银花水提液石灰乳沉淀工艺的操作空间为:碱液滴加速度为 1.00 ~ 1.25 mL/min,调碱 pH 为 11.5 ~ 11.7,静置时间为 1.0 ~ 1.1 h,静置温度为 10.0 ~ 20.0℃。

3. 基于中心复合序贯设计法丹参川芎嗪注射液水沉工艺优化　　下面部分内容以文献[27]为例,部分图、表请参阅原文。

序惯性实验设计策略是利用实验设计方法进行初始样本点的生成,然后采用序贯准则进行样本追加的一种实验设计方法。序贯设计与其他实验设计方法相比,其优点在于可以充分利用前一阶段建立的模型信息以设计后续追加样本实验,将后一阶段的实验安排在能提供最大信息量的实验点上,然后利用初始样本与追加样本的信息来拟合得到新的模型,如此迭代进行,直到模型精度达到要求时终止设计。

水沉工艺是中药注射剂生产中常用的分离纯化技术,该法利用有效成分与杂质在水中溶解度不一样的特性,使有效成分与一些水不溶性杂质在低温静置过程中分离开来。中药中含有的树脂、色素、鞣质等杂质,在水沉工艺中可被部分除去,从而达到精制的目的。

该研究联用了鱼刺图法、中心复合实验设计法及序贯实验设计法作为此工艺的优化方法。

首先,使用鱼刺图法对丹参提取液水沉工艺涉及的各个参数进行了初步风险评估,将浸膏的加水倍量及水沉混合体系的 pH、静置时间、静置温度确定为需要进一步通过实验设计来优化的 CPP。其次,采用 CCD 法进行实验设计,在此基础上建立水沉工艺 CPP 和 CQA 间的数学模型,确定水沉工艺各个 CQA 的优化目标。最后计算获得基于指标失败概率的设计空间。根据设计空间,丹参川芎嗪注射液前处理过程中丹参中间体水沉工艺的推荐操作空间为:水沉体系 pH 为 3.1~3.4 时,加水倍量为 3.25~5.00,静置时间为 7~17 h,静置温度为 7℃。

在实验设计过程中,由于可供参考的资料较少,研究人员基于实践经验设定了第 1 次实验设计的参数变化范围;此后,依据第 1 次实验设计的统计结果,基于序贯设计,给出了第 2 次实验设计的参数变化范围;最后,融合了两次实验的分析结果,进行统计,给出了最终的水沉工艺设计空间及操作空间。对于此类少有研究基础与参考资料的工艺研究而言,相较于直接使用样本量巨大的均匀空间网格设计、正交设计等实验设计方法,序贯设计法能有效降低工艺优化实验的工作量,避免人力物力的浪费,同时提高样本对可行域的覆盖程度,从而提高模型的预测性能。

(五)基于质量源于设计原理的干燥过程优化

1. 基于质量源于设计理念的风寒咳嗽颗粒喷雾干燥工艺研究　　下面部分内容以文献[34]为例,部分图、表请参阅原文。

与真空干燥、微波干燥、冷冻干燥相比较,喷雾干燥所得产品的含水量低、得粉率高、粉末均一性好,是中药提取液的首选干燥方式。然而,在喷雾干燥过程中,浓缩液的相对密度、温度、成分,进风温度,进料速度,雾化压力,环境湿度等众多因素均会对喷干粉产生重要影响,使得产品质量难以控制。

该研究以风寒咳嗽处方提取浓缩液为模型药,采用风险评估和 Plackeet-Burmann 设计对影响因素进行筛选,运用中心点复合设计(central composite design,CCD)试验优化 CPP,建立工艺设计空间。最后选取 4 个实验点,用来检验已建立模型的预测能力。结果表明,风险评估和 Plackeet-Burmann 设计试验确定了进料速度和雾化压力为 CPP;CCD 试验方差分析结果显示回归模型的 P 值均小于 0.01,表明所建模型具有较好的预测性。根据实际情况,进料速度不可能过低,因为速度过低会造成时间成本的增加,造成粉末过细,而随着空气排出,导致得粉率降低;雾化压力也不可能过大,因为受仪器条件的限制。因此,确定进料速度和雾化压力的最佳范围分别为 11%~14% 和 41.3~45.0 mmHg。

2. 基于质量源于设计理念优化参蒲盆炎颗粒喷雾干燥工艺研究　　下面部分内容以文献[35]为例,部分图、表请参阅原文。

该研究采用设计空间法优化参蒲盆炎颗粒喷雾干燥工艺。首先将集粉率、水分含量及芍药苷、绿原酸、虎杖苷、丹酚酸 B 含量 6 个指标作为 CQA,采用 Plackett-Buiman(P－B)设计实验,通过加权标准偏回归系数筛选出进风温度、进样速率、药液密度为 3 个 CPP;再采用 Box-Behnken 设计实验,通过逐步回归法建立 CQA 和 CPP 间的数学模型。方差分析结果显示,模型 $P<0.05$,失拟值均大于 0.05,可以较好地描述 CQA 和 CPP 之间的关系。最后通过 Monte Carlo 仿真法计算获得基于概率的设计空间,并进行

了验证。验证结果证明在该工艺参数设计空间操作能够保证产品喷雾干燥过程质量稳定。为了便于后续产业化操作，推荐喷雾干燥工艺的操作空间为进风温度为 172~176℃，进样速率为 15~25 Hz，药液相对密度为 1.15~1.20。

（六）基于质量源于设计原理的中药制药全程工艺优化

1. 质量源于设计原理的医院制剂创研：妇科止痒洗剂全程工艺优化策略　　下面部分内容以文献[36]为例，部分图、表请参阅原文。

该止痒方在中医医院妇科临床广泛运用，针对处方水煎液存在质量不稳定，不宜保存，使用不方便，无杀菌操作等问题，将 QbD 原理贯穿于整个产品工艺生命周期，从工艺设计阶段保证其质量，使工艺灵活，产品质量更稳定一致。以苦参碱及氧化苦参碱总量作为洗剂的 CQA，基于医院制剂生产实践设计参数水平，针对醇沉前中间体及最终产品质量，采用 Plackett-Burman 和 Box-Behnken 设计对止痒洗剂水提醇沉工艺进行优化。确定 CPP 为浸泡时间，第 1 次提取时间和第 2 次提取时间，最佳制备工艺为加 8 倍量的水，浸泡 0.5 h，提取 2 次，第 1 次提取 30 min，第 2 次提取 56 min，醇沉浓度为 50%，醇沉 3 h。基于 CPP 与 CQA 间数学关系模型建立设计空间，设定优化目标及风险范围，控制空间以 overlay plot 展示。验证试验结果显示，控制空间内 3 次重复试验 CQA 测定结果 RSD 为 4.7%，色谱图谱相似性分别为 0.978、0.974、0.998，表明在控制空间内操作能保证工艺品质及最终产品质量稳定性。

2. 质量源于设计理念的名医名方创研：脱敏定喘颗粒工艺优化研究　　下面部分内容以文献[37]为例，部分图、表请参阅原文。

脱敏定喘方由北京中医药大学王琦教授经临床经验总结而提出，其组成复杂，制成汤剂在临床应用时，质量稳定性差，同时服用量大且不宜保存。基于 QbD 原理研究脱敏定喘方颗粒剂的制备工艺，使工艺灵活，成品质量更稳定均一，以保证临床用药的安全性和有效性。

以脱敏定喘方提取工艺中可控性较强的提取次数、提取时间、水倍量为 CPP，采用正交试验从固体物质提取量、苦杏仁苷含量、升麻素苷含量与 5－O－甲基维斯阿米醇苷含量 4 项 pCQA 中筛选 CPP 所对应的 CQA。经 Box-Behnken 试验方差分析确定固体物质提取量与苦杏仁苷含量为提取工艺的 CQA。基于提取工艺的 CQA 与 CPP 间一项式关系模型得到的最优提取工艺为加水浸泡 30 min、提取 3 次、每次提取 100 min、水倍量为 10。针对固体物质提取量与苦杏仁苷含量建立控制空间，能同时控制苦杏仁苷含量与固体物质提取量达到优化目标。成型工艺以脱敏定喘颗粒的成型率为 CQA，在单因素考察的基础上，确定干膏粉与辅料比例、乙醇比例为 CPP，采用 CCD 优化脱敏定喘颗粒的成型工艺为，糊精为填充剂，干膏粉-糊精为 1∶1，加入 0.3 mL/g 的 70% 乙醇作为黏合剂，软材及颗粒状态符合实际生产要求。

（七）基于设计空间的中药制药过程控制策略

1. 质量源于设计在银杏叶片制粒工艺中的应用（Ⅲ）：基于设计空间的过程控制策略　　下面部分内容以文献[38]为例，部分图、表请参阅原文。

设计空间（design space，DS）是 QbD 方法体系的核心步骤之一，ICH Q8（R2）中定义设计空间为：能够保证产品质量符合要求的输入变量（如原料质量属性）和工艺参数的多维组合和相互作用。当制药过程呈现"黑盒""灰盒""白盒"特征时，可分别采用统计模型、半机制半统计模型、机制模型描述过程"输入-输出"之间的关系。其中过程输入包括 CMA 和 CPP，过程输出即 CQA。设计空间建立在过程模型基础之上，代表了对制药工艺详细和透彻理解。在设计空间内优化或改变 CPP 不属于工艺变更，设计空间可赋予生产操作极大的灵活性和过程稳健性。

高速剪切湿法制粒过程机制复杂、影响因素众多。粉末原料的理化性质和装填量，黏合剂的种类、用量、加入方式和加入速度，搅拌桨转速、切割刀转速和制粒时间等过程参数，均会对颗粒质量产生影响。颗粒形成过程伴随 3 个阶段,即润湿与成核阶段、成长与致密化阶段、磨损与破碎阶段,不同阶段颗粒性质受到过程输入影响显著。粒子成核阶段物料性质和工艺参数不同,黏合剂和制粒粉末之间热力学和动力学竞争速率不同,进而形成颗粒性质差异。此外,在粒子聚合成长阶段,搅拌桨转速和制粒时间等参数均会影响颗粒碰撞初期动能和碰撞中的能量消耗。以银杏叶片高速剪切湿法制粒过程为载体,在前期辨识的颗粒 CQA 基础上,采用风险管理工具和实验设计方法研究 CPP 对 CQA 的影响,基于统计模型开发工艺设计空间,并建立基于设计空间的工艺控制策略,提升银杏叶颗粒中间体的质量可控性。

研究以颗粒中间体的中值粒径(D_{50})和松装密度(Da)为 CQA,采用失败模式和效应分析(FMEA)辨识 pCPP。采用 Plackett-Burmann 设计对 pCPP 进行筛选,确定黏合剂用量、湿混时间和湿混搅拌桨转速为 CPP。在关键工艺参数范围内,采用 Box-Behnken 设计和二次多项式回归模型开发工艺设计空间。ANOVA 分析显示回归模型的 $P<0.05$,且失拟值>0.1,表明其可较好地定量描述 CQA 和 CPP 之间的关系。设计空间内任一 CPP 组合均能分别将颗粒 D_{50} 和 Da 控制在 $170\sim500$ μm 和 $0.30\sim0.44$ g/cm,进而满足银杏叶片机械性质要求。

2. 两种设计空间计算方法的比较研究——达标概率法和多指标叠加法　　下面部分内容以文献[39]为例,部分图、表请参阅原文。

中药生产工艺设计空间构建时往往需要同时考虑多个工艺评价指标,如工艺产物的理化指标、生物活性及工艺效率等。为了能同时满足这些评价指标的目标范围,《CH Q8(R2)》文件的例子中采用多指标叠加法(overlapping method)来获得设计空间。该法先计算能使单个工艺评价指标达标的参数范围,然后求这些范围的交集,得到设计空间。在中药生产工艺优化中,多指标叠加法也被广泛采用。

《ICH Q8(R2)》文件中指出设计空间能提供质量保证(provide assurance of quality)。近年来,文献报道,建议采用概率表示在设计空间内操作时,药品质量属性或其他评价指标能达标的可靠程度,也即推荐采用达标概率量化设计空间所提供质量保证的可靠程度[40]。即以 QbD 理念指导建立分析方法时,首先计算获得不同分析条件下所有分析方法评价指标均符合预设目标的概率,然后根据设定的可接受概率阈值来确定设计空间[41,42]。这种基于达标概率的设计空间建立方法也被用于建立中药制药工艺设计空间,如提取、醇沉、色谱等。达标概率可以通过不同方法计算,包括贝叶斯法、模拟实验测定误差法、模拟模型预测误差法、模拟工艺参数扰动法和自助法(bootstrapping)等,目前在中药工艺研究中采用较多的是模拟实验测定误差的概率算法。

该研究以党参提取工艺设计空间计算为例,比较了多指标叠加法和达标概率法两种设计空间算法。采用模拟实验测定误差的方法计算达标概率,并且研究了模拟次数、计算步长和可接受达标概率阈值等参数对所得设计空间的影响。对于党参提取工艺的研究数据,模拟 1 万次,计算步长 0.02 可以获得满意结果。

该文研究了模拟实验误差的达标概率法计算设计空间时模拟次数、计算步长和可接受概率阈值等因素的影响规律。模拟次数越多,计算所得设计空间越稳定。可接受达标概率阈值越高,所得设计空间范围越小。

总体来看,多指标叠加法容易理解,多种商业软件具备此功能,但是未能说明在设计空间内操作时,工艺评价指标能达标的可靠程度。模拟实验误差的达标概率法计算相对复杂,但能以概率定量体现出设计空间,保证工艺处理结果在预设目标范围内的可靠性,能体现设计空间内不同工艺参数组合的可靠性差别,设计空间内外不存在概率突变,所以更推荐使用该法。但达标概率法也有自身不足,包括计算量大,计算假设的合理性仍需探讨,可接受概率阈值 T 设定较为主观等,所以还需要进一步完善。

第三节　过程分析技术概述与过程分析工具[43]

本部分内容主要取自王智民教授等有关美国 FDA 对过程分析技术(process analytical technology, PAT)法规的中文译件[43]，并结合笔者对 PAT 的理解与思考。相关部分图、表请参阅原文。

中药质量和安全已经成为影响中医药发展的关键瓶颈，中药的成分复杂致使中药质量难以控制，为了控制其质量，行业内引入一系列的质量控制方法(如指纹图谱)、新技术或新模式，但仍难以实现对质量的全面控制。其主要原因缺乏一个科学的、基于风险分析的框架体系。该框架应该建立在对过程充分理解的基础上，以促进企业和药监部门的创新和基于风险的管理决策。PAT 即为药物开发、生产和质量保证中的支撑创新和提高效率的体系。

一、过程分析技术概述

(一) 美国 FDA 有关过程分析技术问世的背景

中药质量和安全已经成为影响中医药发展的关键瓶颈，中药的成分复杂致使中药质量难以控制，为了控制其质量，行业内引入一系列的质量控制方法(如指纹图谱)、新技术或新模式，但仍难以实现对质量的全面控制。其主要原因：缺乏一个科学的、基于风险分析的框架体系。该框架应该建立在对过程充分理解的基础上，以促进企业和药监部门的创新和基于风险的管理决策。PAT 即为药物开发、生产和质量保证中的支撑创新和提高效率的体系。该框架体系包括两个要素：一套支撑创新的科学的原则和工具，以及一个容纳创新的管理实施策略。这个管理实施策略包括建立 1 个 PAT 团队，以便进行化学、生产和控制资料(CMC)的评估及动态药品生产管理规范(CGMP)的检查，以及对 PAI 审核和检查人员的联合培训和资质认证。

随着科学和技术的进步，制药生产也在不断地发展。在产品的生命周期中，有效利用最新制药科学、工程学原理和知识能够提高生产和管理环节的效率。FDA 推出 PAT 的这一举措旨在运用一个整体系统方法来改善药品的质量。

PAT 基于科学和工程学原理对药品生产过程进行评价，其作用是降低与劣质产品和过程质量有关的风险。基于这一考虑，制药生产和管理的理想状态可描绘如下：① 产品质量和性能是通过对有效和高效生产过程的设计来保证的；② 产品和过程标准是基于对作用机制的理解而设计的，明确配方和过程因素是如何影响产品性能的作用机制；③ 连续的实时质量保证(而不是常规的制药生产用批抽样方式的实验室检验来对其质量进行评价的)；④ 相关的管理政策和规程能适应当今科学技术的最新水平；⑤ 基于风险分析的管理方法已明确；⑥ 明确配方和生产过程诸因素是如何影响产品质量和性能之作用机制，达到了科学理解的水平；⑦ 已有了利用过程控制策略来预防或降低生产次品风险的能力。

(二) 过程分析技术的框架体系

PAT 是一个系统，是以实时监测(如在加工中)原材料、中间体和过程的关键质量和性能特征为手段，建立起来的一种设计、分析和控制生产的系统，以确保终产品的质量。值得注意的是，PAT 中的"analytical"的含义是一个包括化学、物理、微生物学、数学和风险分析在内的多学科综合分析方式。PAT 的目标是加强对生产过程的理解和控制，这与现行的药品质量管理体系是一致的——"质量不是对产品检测出来的，而是设计出来或通过设计融入进去的"。把质量管理融入药品生产中，可通过对下述的综合理解来实现：① 药物的治疗目的、患者群、给药途径、药理学、毒理学和药代动力学特点；② 药物的化学、物理及生物药剂学特征；③ 基于上述药物特性进行产品设计、产品组成成分选择和包装选择;④ 生产过程是利用工程学、材料学和质量保证的原理设计出来的,并能确保在整个储藏期内合格的产品质量和性能的再生产。

随着对将质量管理融入产品生产的日益重视,客观上要求对多因素间的相关关系(原料、生产过程、环境变量,以及这些因素对产品质量的影响之间的多元相关关系给予更多的关注,更多的关注可为鉴别和把握各种关键配方和过程因素间关系及为开发有效的风险降低策略(如产品标准、过程控制、培训等)提供依据。

PAT框架的预期目的是设计和开发出已完全理解的过程,该过程将稳定地保证在生产过程终点能够达到预先规定的质量。这样的生产步骤将融入所设计质量的基本内涵,并能在提高效率的同时降低质量上的风险和管理上的担忧。它在质量、安全性和或效率方面能获得的益处,因其过程和产品的不同而有所差异,这些益处可能包括:① 使用在线、线内和/或近线检测和控制,缩短生产周期;② 防止不合格产品、废品及返工的发生;③ 实时放行;④ 通过增加自动控制,提高作业者的安全保障,减少人为误差的发生;⑤ 提高能源与材料利用,增加产量;⑥ 促进连续生产,提高效率和控制可变性(如利用专用小型设备来消除某些按比例增加的问题)。

1. 过程理解 只有在达到下述3种情况的时候,才被视为对过程理解:① 对产生可变性的所有关键来源都有了甄别和解释的时候;② 对过程能控制可变性的时候;③ 根据所用物料、工艺流程参数、生产、环境和其他等情况所建立的设计范围,能准确且可靠地预测出产品质量属性的时候,一般来说,这样的过程才称得上是完全理解了的过程。

2. 原则与工具 药品生产过程通常包括系列的单元操作环节,各单元环节都要对其所加工原料的某些特性进行修饰。要确保该修饰既理想又有生产可重复性,就要重视各单元操作环节所投物料的质量属性及其加工能力。根据笔者的理解,下述情况尤其需要关注:① 原材料中固有的且未被检测的可变性可能会体现到终产品中。例如,要了解原料及中间体样品的粒径大小和形状变异的这些属性,可能是一个巨大的挑战。这与取样是否具有代表性密切相关,且是由抽样操作的复杂性和困难性所决定的。② 如何避免在样品制备中,丢失处方中某些有价值的信息。目前,对中间体和终产品的样品评价都是通过采样后离线分析来开展的,往往只能检测活性成分的一个属性,无法获取多元特征信息。③ 当今,多数制药过程是基于终点时间判定的方式进行生产的(如提取 10 min),问题在于有些情况下,用终点时间判定并未考虑原料物理性质间差异的影响,这样,即使中药材原料符合药典标准(通常只标明其物理性状和中药指标成分含量),其生产过程控制难度也因此而增大,甚至可能导致产品质量不合格。出于上述种种考虑,恰当地运用下述 PAI 工具和原则,能够提供物理、化学和生物学特性的相关信息,从这些信息中获取的过程解析,能使过程得以控制和优化,能弥补上述抽样偏颇、终点时间判定生产模式等情况产生的缺陷,确保提高生产效率。

二、过程分析技术工具

在 PAT 框架体系中,有许多工具可以用于对科学的、基于风险管理的制药开发、生产及质量保证中的过程理解。这些工具可分为:① 用于设计、数据采集及分析的多元统计工具;② 过程分析器;③ 过程控制手段;④ 连续改进和知识管理工具。恰当地把这些工具部分或全部用于一个单元操作或整个生产过程及其质量保证中,可有效和高效率地采集信息,来促进过程理解、连续改进和风险降低策略的开发。

1. 设计、数据采集和分析的多元统计工具 从物理、化学及生物学角度来看,药品及其生产过程是一个复杂的多元系统。目前有许多开发策略可用于识别最佳配方和过程,在这些开发项目中获得的知识是产品和过程设计的基础。

对于生产中的创新和批准后的变动，该知识库将有助于支持和佐证这些灵活的管理路径的可行性。一个拥有各种多元相关关系（如处方、过程及质量性质间的关系）间科学内涵的知识库将是非常有用的，它也可作为评价该知识在不同情形中适用性的一种工具（即普适性）；通过多元数学统计手段（如实验统计设计、响应曲面法、过程模拟和模式识别软件）的应用，与知识管理系统的结合使用，可以使该优势得到充分发挥。利用模型预测的统计分析可评估知识的数学关系及模型的适用性和可靠性。

基于正交分析、参照单位分布分析和随机分析等统计原则的方法学实验，能为识别和研究产品与工艺变化间的影响及交互作用提供有效手段，克服传统的单因素循环实验方法无法发现产品与工艺变化间交互作用的难题。恰当运用这些工具能对产品和过程变量（对产品质量和性能有关键影响者）进行鉴定和评价，还能识别潜在的不合格模型、机制，并量化它们对产品质量的影响。

2. 过程分析器　目前，过程分析器已经由主要用作单变量过程测量（如 pH、温度和压力）发展到了对生物学、化学和物理特性的测定。一些过程分析器能实现真正的无损检测，可提供与待加工物料的生物学、物理及化学特性有关的信息。检测内容包括：① 近线检测，样品经取样、分离，尽可能接近生产线进行测定；② 在线检测，样品取自生产过程中，也可再返回生产线中的测定；③ 线内检测，样品不离开生产线，可以是嵌入式或非嵌入式的测定。

过程分析器采集的数据不必是待测定属性的绝对值，只要能辨明原料在投料前（即：批内、批间、不同供应商间）和加工过程中的相对差异即可。可设计灵活的过程来控制拟加工物料的可变性，当质量特性上的差异和其他过程信息能用来控制（即前馈控制和/或反馈控制）工艺时，该方法才能称得上建立和被认可。

过程分析器的发展使得在生产中应用实时控制和质量保证成为可行，但是要用于实时控制和质量保证，通常需要用多变量的方法学来提炼其中的关键过程知识。通常，评价预测数学模型的可靠性，必须对过程的综合统计分析和风险分析。基于估计的风险，需要一个简单相关函数进一步支撑和佐证。例如，对工艺、物料检测、和目标质量标准之间因果关系链进行机制解析。对于应用软件来说，传感器测定的结果能得到有用的过程特定信息，这些特定信息可能与其后续过程步骤或转化有关。随着对过程理解的加深，当这些模式或特定信息与产品和过程质量有关时，这些特定信息对过程监测、控制和终点确定也是有价值的。

工艺设备、分析器及其接口的设计和组装对于保证数据采集至关重要，因为这些采集的数据与工艺和产品特征相关，是工艺和产品特征的表征，还应着重考虑其耐受性设计，可靠性和操作的简便性。在生产线已有的工艺设备上安装过程分析器时，应保证该安装不会对过程或产品质量产生不利影响，只有在完成该风险分析后才能进行安装。

3. 过程控制工具　要保证对所有 CQA 的有效控制，必须从根本上加强产品设计和过程开发的紧密合作。过程监测和控制策略是监测一个过程的状态，并使之有效地控制以维持在一个所需的状态，该策略应根据投料的性质、过程分析器测定关键质量特征的能力和可靠性，实现过程反应终点的能力等来设计，以保证产出物料和终产品质量的一致性。

在 PAT 框架体系下的药物处方和生产工艺的设计和优化应该包括以下几步。① 鉴定和测定：与产品质量相关的关键原料及过程特征的鉴定和测定；② 过程测定系统的设计：以实现对所有关键质量特征的实时或近实时的监测（即在线、线内或近线监测）；③ 过程控制的设计：通过调整以保证对所有关键质量特征的控制；④ 数学模型的开发：建立成品质量特征和关键物料的测定与过程特征的测定间的数学关系。

在 PAT 框架下，过程的终点不是一个固定的时间，而是实现预期的物料性质，但这并不意味着就不用考虑过程时间,它可根据生产期中的实际,确定一个可接受的过程时间范围(过程窗)并要通过验证;在该可接受的过程时间范围内,应对存在显著差异的问题予以开发研究。由于 PAT 贯穿整个生产全过程,在生产中对各流程的中间体和终产品的评估所得到的信息要比在现有的实验室试验中得到的信息多得多,从而也为质量评价中应用更严谨的统计学原理提供了机会,该原理可用于终点特性合格标准的制定中,并考虑测定和取样策略。多维分布统计程序控制能够充分体现实时监测的价值,且其原理符合上述质量评价的技术要求。

4. 连续改进和知识管理　　在整个产品周期中,对数据采集和分析的不断积累十分重要,这些数据对评价那些批准后的工艺变动建议是有用的。在管理决定制定中,应把握时机充分利用已有的相关产品和过程知识进行改进。

三、过程分析技术框架下的风险等问题

1. 基于风险的分析　　在一个已有质量系统,对一个特定的生产过程来说,其理想状态是:对过程理解的水平与生产次品的风险间是一个反比关系。加强过程理解有利于促进基于风险的管理决策和创新。

2. 整体系统方法　　鉴于信息时代创新的快速发展,必须从整体系统上考虑对那些满足患者和生产需求的实用工具和系统进行评价,并及时运用。使开发、生产、质量保证和信息/知识管理功能紧密结合,确保这 4 个方面成为一个有机整体而协调发展。

3. 实时放行　　实时放行是指基于过程数据来评价和保证的中间产物和/或成品达到预期质量的能力,实时放行的部分通常包括物料特性评估和过程控制组成的一套批准生效的规范。物料特性可以用直接和/或间接的过程分析方法来评估,结合过程测定及生产过程中得到的其他试验数据可作为成品实时放行的依据,并应表明各批均符合规定的质量标准要求。实时放行的重要性被视为与终产品放行的抽样分析程序相当。

利用实时质量保证策略,通过对生产的连续评估,确保预期产品的质量,各生产批次的全部数据可用于过程的生效,它能反映整个系统的设计思想,各批生产情况从根本上支撑着过程的生效。

4. 实施策略　　理论上,在产品开发阶段就应引进 PAT 的原则和工具,此时应用这些原则和工具的优势在于:为制定相应的管理标准的作用原理基础提供了依据;鼓励生产商应用 PAT 框架进行开发和讨论,为自己的产品制定基于作用原理的管理标准。

在实施 PAT 体系的过程中,生产商可能需要对 PAT 工具在实验和/或生产装备及过程中的适应性进行评价。例如,在生产中对试验在线或线内过程分析器进行评价时,建议在安装之前应开展对产品质量影响的风险分析。这可以在设备的质量体系之内完成。实验性工具采集的数据将看作是研究数据,如果在生产设备上进行研究,则必须在设备自身的质量管理系统内展开。

第四节　过程分析技术中的主要质量属性研究模式

一、过程性能指数模式

本部分有关过程性能指数定义及其计算方法等内容主要取自徐冰等《清开灵注射液生产过程性能指数研究》[44]一文,并结合笔者对过程性能指数的理解与思考。

过程性能指数(process performance index,PPI)或过程能力指数(process capability index,PCI)是衡

量过程能力大小的指标。过程所生产出来的能满足产品质量要求的能力,称为过程能力。过程能力评价是过程质量管理的重要组成部分。一般来说,过程能力是通过测量产品质量的一致性来间接实现对过程的测度,而不是对过程直接测量。PPI 即是 PAT 中的主要质量属性之一。

以产品质量属性短期标准差 σ_{sT} 计算的指数称为过程能力指数(PCI),如 C_p、C_{pk} 等;以长期标准差 σ_{LT} 计算的指数称为过程性能指数(PPI),如 P_p、P_{pk} 等。PCI 的计算要求过程处于稳态或统计受控状态,反映短期的过程能力,用于周期性的在线过程能力评价;而 PPI 的计算不要求过程处于稳定状态,可反映较长时间内过程性能的整体状况,用于初始或一定时期内的过程能力离线研究。

目前,PCI 和 PPI 被广泛应用于制造业质量可靠性评价,在控制与改进产品质量、降低生产成本、减少质量损失和质量风险等方面发挥了重要作用。受原料波动、环境变化、设备漂移、工艺操作等因素的影响,中药产品不可避免地存在一定质量变异。徐冰等[44]以清开灵注射液产品历史质量数据为研究对象,探讨将 PPI 用于中药制剂过程能力分析和产品质量一致性评价的可行性。

（一）原理与方法

1. 过程性能指数　　过程性能可从精密度和准确度两个方面衡量。精密度指过程持续生产出质量均一的产品的能力,产品质量批间一致性越好,精密度越高。准确度指过程产出的产品质量偏离其平均水平的程度,产品质量越接近平均质量水平,准确度越高。过程精密度可采用 P_p 值评价(4-3)。

$$P_p = \frac{USL - LSL}{6\sigma} \tag{4-3}$$

式中,USL 为质控上限,LSL 为质控下限,USL-LSL 表示由产品质量标准允许的过程分散度。σ 为过程标准差,表示实际过程分散度。6 倍标准差代表质控指标 99.73% 的分布范围。P_p 值越大,过程能力越高;P_p 值越小,过程能力越低。过程准确度可采用 P_a 值(4-4)式评价。

$$P_a = \frac{1 - |\mu - m|}{d} \tag{4-4}$$

式中,μ 为过程均值;$d = (USL-LSL)/2$,表示控制上下限之间宽度的一半;$m = (USL+LSL)/2$,表示控制上下限中间值。

P_p 不考虑过程平均值的位置,如过程平均值接近某一要求的上限或下限,可能存在大量产品持续异常而 P_p 指数仍然较高的现象。而 P_a 则没有考虑过程分散程度。为全面表征过程平均值信息和过程分散程度信息,可将 P_p 和 P_a 相乘得到指标 P_{pk}。

$$P_{pk} = P_p P_a = \frac{d - |\mu - m|}{3\sigma} \tag{4-5}$$

由式(4-5)可见,P_{pk} 可更加全面地描述过程能力特性。当 $\mu = m$ 时,$P_{pk} = P_p$。对于仅有控制下限或控制上限的质量指标,其 P_{pk} 的计算方法分别如下。

$$P_{pk} = \frac{\mu - LSL}{3\sigma}, P_{pk} = \frac{USL - \mu}{3\sigma} \tag{4-6}$$

在实际应用中,μ 和 σ 通常是未知的,可采用样本均值 $\bar{X}$ 和样本标准差 σ 对 P_{pk} 进行估计。σ 的计算方式如下。

$$\sigma = \sqrt{\frac{1}{n-1}\sum_{i=1}^{n}(x_j - \overline{X})} \qquad (4-7)$$

式中, σ 代表一定时期内所有样本标准差, 即过程长期标准差 σ_{LT}。PCI 的 C_p 和 C_{pk} 的计算公式与 P_p 和 P_{pk} 相同, 而 σ 的计算式与式(4-5)不同, 相应方法可参见《常规控制图》(GB/T4091-2001)。

2. 过程性能指数置信区间　　中药注射剂质量控制严格, 不仅对过程性能提出了更高的要求, 而且需要考虑 PPI 的置信区间。若置信区间下限也能满足要求, 则表示产品具有较高的可靠性。常规置信区间的计算假设统计量服从正态分布, 而非参数 Bootstrap 方法无须假设质控指标分布形式, 即可计算其置信区间。

Bootstrap 方法的基本思路是通过对已知样本的重复抽样来对相关统计量进行估计。假定 $X = (x_1, x_2, \cdots, x_n)$ 为服从分布 G 的独立随机样本, 即 X-G, 其中 X_i 为同分布下的独立随机样本。令 q 表示某一特定样本的统计量 Q 值。从样本 X 中抽取 m 个样本容量为 n 的 Bootstrap 样本。对每一 Bootstrap 样本计算其统计量 q。则 $\{q_1, q_2, \cdots, q_m\}$ 服从 Bootstrap 抽样概率分布 G^*。若 m 足够大, 可利用 G^* 对 Q 做相关的统计推断。

令 $P_p(i)$ 表示由 m 个 Bootstrap 随机替换样本计算出的 PPI 估计值, 其均值和标准差分别如下。

$$\overline{P}_p = \frac{1}{m}\sum_{i=1}^{m}P_p(i) \qquad (4-8)$$

$$S_{P_p} = \sqrt{\frac{1}{m-1}\sum_{i=1}^{m}(P_p(i) - \overline{P}_p)^2} \qquad (4-9)$$

假定 G^* 近似服从正态分布, 则 P_p 的 $(1-2\alpha)100\%$ 的置信区间为 $[P_p - z_\alpha S_{P_p}, P_p + z_\alpha S_{P_p}]$。$z_\alpha$ 是标准正态分布的 α 分位数。若假定 G^* 近似服从 Student t 分布, 则 P_p 的 $(1-2\alpha)100\%$ 的置信区间为 $[P_p - t_\alpha S_{P_p}, P_p + t_\alpha S_{P_p}]$。$t_\alpha$ 代表 Student t 分布的 α 分位数。

3. 统计分析　　数据处理工作在 Matlab 7.0(美国 MathWorks 公司)平台下完成, 相关分析程序自主编制; 绘图由 Sigma Plot10.0 软件完成。

(二) 结果与讨论

1. 数据来源与结果　　收集 2011 年间, 亚宝北中大(北京)制药有限公司生产的 42 批清开灵注射液成品中胆酸、栀子苷、黄芩苷和总氮量 4 种指标成分的含量测定历史数据, 并进行过程性能分析。每批清开灵产品包括 5 个亚批产品的质量指标测定数据, 总计 210 个样本。清开灵注射液中 4 种成分的含量限度根据《中国药典》(一部)(2010 年版)规定, 其中栀子苷仅具有质量标准下限, 其他指标具备上下标准限。将 PPI 的 P_p 和 P_{pk} 应用于中药生产过程能力分析, 并采用 Bootstrap 抽样方法计算 PPI 置信区间。结果 P_{pk} 的估计值和置信区间宽度均低于 P_p, 表明 P_{pk} 用于过程性能分析时灵敏度更高。在考察的生产周期内, 以黄芩苷、胆酸、栀子苷和总氮浓度为指标计算的 P_{pk} 分别为 1.122、2.055、1.564、0.891, 即胆酸的过程能力最高, 其次为栀子苷和黄芩苷, 总氮过程能力较低, 提示应加强总氮相关工艺质量管理和控制水平。

2. 讨论　　PPI 的大小受多种因素的影响, 首先与 4 种指标成分的含量限度范围有关, 如胆酸的含量限度较宽, 总氮量的含量限度则较窄。另外, 也与各指标成分对应的生产工艺有关, 如胆酸采用高纯度提取物为原料, 工艺步骤少, 发生质量变异和质量波动的可能性小。栀子生产工艺虽复杂, 但企业将原料药材中栀子苷的含量控制在较窄的范围之内, 因而其 PCI 偏高。黄芩苷亦采用高纯度提取物投料, 但其 P_{pk} 值偏低, 应结合质量趋势分析, 对有关黄芩苷的溶解、混合、滤过等工艺过程进行深入分析。总氮含量与水牛角和珍珠母的水解工艺有关,工艺环节复杂,质量指标合理的上下限范围,借助药剂学和药效学研究结果辅助确定。

该研究将 PPI 的 P_p 和 P_{pk} 应用于中药清开灵注射液生产过程能力评价,结果表明:建立在产品质量指标历史数据基础上的 P_p 和 P_{pk},可用于一定时期内产品质量可靠性和批间一致性评价。基于不同质量指标的 P_p 和 P_{pk},分析了工艺环节中可能存在的问题,引导过程质量管理人员在今后工作中重视并有针对性地开展质量改进工作,稳定产品质量。

此外,过程性能分析方法还可以帮助质量管理人员科学评估生产工艺优化前后的效果,评价不同时期、不同生产线的过程质量控制能力大小;恰当调整作业条件,如人员、设备、材料、工作方法等,合理地安排生产,使之发挥最大效益。在建立中药新产品质量标准或修订已有质量标准时,可采用过程性能分析方法,根据已有数据的 PPI 和正态分布或 Student t 分布下的区间宽度,结合产品生物药剂学和药效学研究结果确定合理的质量指标上下限。

该研究以黄芩苷、胆酸、栀子苷和总氮浓度为评价指标,属于化学有效成分的范畴,进一步可结合安全性指标和物理性质,如 pH 等,对清开灵注射液的质量一致性进行全面评价。在此基础上,研究药效成分变化与生产工艺的相关性,并通过优化控制工艺参数,达到提高过程能力和稳定终产品质量的目的。

二、近红外光谱模式

近红外光是介于紫外-可见光和中红外光之间的电磁波(1),其波长范围为 700~2 500 nm(14 286~4 000 cm^{-1}),又可细分为近红外短波(700~1 100 nm)和长波(1 100~2 500 nm)2 个区域。近红外光谱主要是由于分子振动的非谐振性使分子振动从基态向高能级跃迁时产生的,主要反映的是含氢基团 X—H(C—H、N—H、O—H 等)振动的倍频和合频吸收,该谱区信号容易提取,信息量相对较丰富,绝大多数的物质在近红外区都有响应。近红外光谱满足了制药 PAT 快速、无损、可靠、简便的要求,作为制药过程质量分析技术具有优越性[44]。需要指出的是,PAT 不能简单视作近红外光谱技术,近红外光谱技术也不能直接等同于 PAT。

近红外光谱也存在一些不足,如吸收强度较弱、信噪比低、谱峰重叠严重等。由于近红外光谱的上述问题,一般无法使用近红外光谱技术对样品直接进行定性或定量的分析。作为一种间接的分析技术,近红外光谱分析法需采用化学计量学等手段提取有用信息,建立光谱特征与待测量之间的校正模型,才能实现对于未知样本的定性或定量分析。构建稳健的校正模型是获得良好预测结果的根本。建模样本集能够代表总体样本在应用过程中所涉及的所有信息,应涵盖足够的有效信息和背景信息。但建模样本集包含的样本数并不是越多越好,因为模型中每增加一个样本,在增加有效信息的同时也增加了干扰信息,使得引入误差的机会提高。

为探讨样本数据重复采集对所构建近红外光谱定量校正模型稳健性的影响,阐释该影响产生的原因,隋丞琳等[45]以银黄液为研究载体,采集样本的近红外光谱,并以高效液相色谱测定值为参考值,采用偏最小二乘算法建立黄芩苷定量校正模型,对潜变量因子累积贡献曲线进行深入探讨,在潜变量空间阐述重复采样对所建立的定量校正模型的影响。结果表明,在对重复采集光谱平均后,以最优光谱预处理方法建立的定量预测模型达到理想预测结果(RMSECV = 1.824)。该模型潜变量因子累计贡献率曲线下面积,明显大于其他光谱建模方式,即所得的模型更加稳健。该研究表明,多次测量取平均能够显著提高模型的预测性能,使所得的模型更加稳健。

汪小莉等[46]综述了近红外光谱结合化学计量学在药物分析中的应用进展,包括定性、定量分析方法在中成药液体制剂生产过程中的应用,如图 4-4 所示。

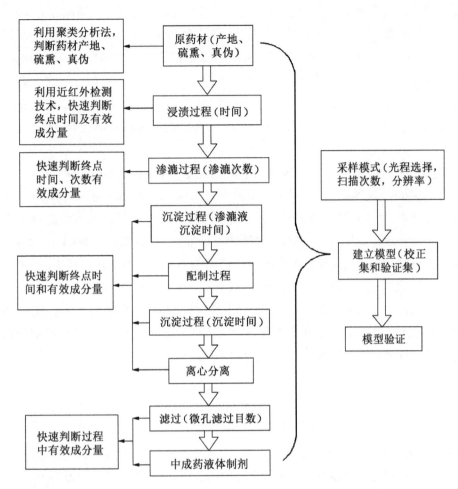

图4-4　近红外光谱技术结合化学计量学方法在中成药液体制剂生产过程中在线监测的流程图[46,47]

(一) 近红外光谱的定性分析

近红外光谱的定性分析一般须借助模式识别法,依靠未知样品与已知样品的谱图进行比较来完成的。所谓模式是指具有某种共同性质的一类现象的集合,而模式识别的主要任务就是找出这种分布的某些特征,进而根据这些特征去预报未知样本的性质。化学计量学方法模式识别方法分为有监督的模式识别(supervised pattern recognition)和无监督的模式识别(unsupervised pattern recognition)方法[48]。无监督的模式识别方法包括主成分分析(principal components analysis,PCA)[49]、聚类分析(cluster analysis,CA)、径向基函数人工神经网络法(RB-ANNS)、簇类独立软模式法(SIMCA)、反向传播多层前向神经网络法(BP-ANNS)等。有监督模式识别的经典方法有判别分析(discriminant analysis,DA)[50]、相似分类法(soft independent modeling of class analogy,SIMCA)、偏最小二乘法判别分析(partial least squares discriminant analysis,PLS-DA)[51]等。

无监督的模式识别方法虽然在药物分析方面有一定应用,但不最常用。有监督的模式识别方法应用更广泛,且更为实用。

(二) 近红外光谱定量分析

中成药生产过程的质量控制,要求对中成药中的有效成分进行定量分析,主要指定量测定,也包括水分及其他成分的测定。传统的定量分析方法大都需要经过提取、分离等复杂的样品处理过程,效率较低且消耗有机试剂。而近红外光谱技术具有快速、无损、无须特殊样品处理等优点,把近红外光谱数据与经典的化学测量结果关联起来,通过建立数学校正定量模型即可完成对待测成分的快速定量分析。

近红外光谱定量模型可分为线性模型和非线性模型。线性模型中常用的建模方法有逐步多元线性回归(stepwise multiple linear regression,SMLR)法[52]、boost-偏最小二乘回归(boost-partial least squares regression,boost-PLSR)法[53]、主成分回归(principle component regression,PCR)法[54]、偏最小二乘回归(partial least squares regression,PLSR)法[55]、非线性模型常用的建模方法有人工神经网络(artificial neural network,ANN)法[56]、支持向量回归(support vector machines regression,SVR)法[57]、PLS 非线性建模法等。

(三) 基于近红外光谱与化学计量学技术的中药提取过程在线终点判断方法

程翼宇等[58]采用的标准偏差绝对距离法(absolute distance of standard deviation,ADSD)需首先建立过程终点的标准光谱库,然后计算在线采集的光谱与标准光谱间的差异度来判断终点。相比于光谱差异均方根法(mean square of differences,MSD)和移动块标准偏差法(moving block of standard deviation,MBSD)[59]等模式识别技术,通过计算批次内前后光谱间的差异度来判断终点的方法,采用 ADSD 法进行终点判断时光谱的扰动对判别结果的影响较小,具有更好的抗干扰能力。

1. **ADSD 基本原理**   应用 ADSD 分析近红外光谱,计算在线采集的光谱与标准光谱间的差异度,进而判断终点。其基本原理如下[60]：建立过程终点的近红外标准光谱,按下式计算提取时间 i 处在线采集的近红外光谱与标准光谱在波数 j 处的标准偏差绝对距离。

$$D_{ij} = \frac{\mid X_{ij} - \overline{X_j^s} \mid}{S_j^s} \tag{4-10}$$

式中,X_{ij} 为时间 i 处光谱在波数 j 处的吸光度值；D_{ij} 为该光谱在波数 j 处的标准偏差绝对距离；$\overline{X_j^s}$ 和 S_j^s 分别为参与建立提取终点近红外标准光谱的所有光谱在波数 j 处的平均值和标准偏差。

选取 D_{ij} 中具有代表性的特征值(如向量中的最大值、按从大到小的前 m 个值或所有值的平均等来表征时间 i 处光谱与提取终点近红外标准光谱之间的差异度,当此差异度的变化率趋于零时认为提取过程已达终点)。

2. **实验部分**   实验以丹参素含量作为丹参提取过程的终点指标建立提取终点近红外标准光谱库,将近红外光谱在线分析技术和标准偏差绝对距离法相结合,应用于丹参提取过程的终点快速判断。

(1) 主要实验材料：近红外光谱在线检测系统：包括流通池、光纤和 Antaris 傅里叶变换近红外光谱仪(Thermo Nicolet USA)。Waters 2695 高效液相色谱仪(Waters,USA)。软件：Result1. 2(Thermo Nicolet,USA),用于光谱采集；Matlab6. 5(MathWorks,USA)用于光谱预处理及计算。

(2) 主要方法：① 丹参提取及样品采集方法,丹参水提过程在 3 m³ 的多功能提取罐内进行,一煎加入 8 倍量纯化水,于 97℃ 下煎煮 2 h,二煎加入 7 倍量纯化水,于 97℃ 下煎煮 1. 5 h,三煎加入倍量纯化水,于 97℃ 下煎煮 1. 5 h。

在提取过程中,近红外光谱采集时间间隔为 2 min；同时,每隔 10 min 采集丹参提取液样本 1 mL,用于 HPLC 分析其中的丹参素含量作为参照。

② 丹参提取过程近红外光谱的在线采集,近红外光谱仪参数设定：扫描 32 次,增益为 1,分辨率为 8 cm⁻¹,波数范围 10 000 cm⁻¹ ~ 4 000 cm⁻¹。

3. **结果与讨论**

(1) 通过 HPLC 法判断提取终点：利用上述 HPLC 分析方法测定丹参素含量获得 3 个批次丹参提取过程的时间曲线,见图 4-5。

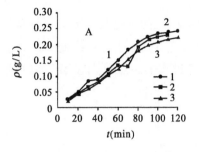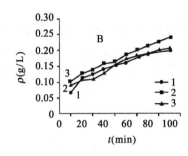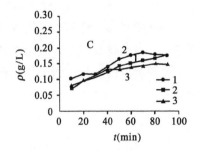

图 4-5　丹参提取过程中丹参素含量的时间变化曲线[58]

A. 第 1 批提取过程;B. 第 2 批提取过程;C. 第 3 批提取过程

1. 第 1 批;2. 第 2 批;3. 第 3 批

定义 t 时刻丹参素含量相对浓度变化率(relative concentration changing rate,RCCR)为

$$RCCR_t = \frac{c_{t+1} - c_t}{c_t} \times 100\% \qquad (4-11)$$

式中,c_t 是第 t 个采样点的丹参素含量。

计算获得丹参素含量(RCCR)的时间曲线,见图 4-6。可根据 RCCR 的时间曲线设定提取过程的终点,即建议终止点(suggested endpoint,SEP),当丹参素含量相对浓度变化率趋于所设定的阈值时,即认为是提取过程终点。

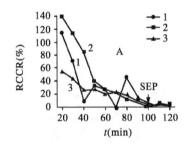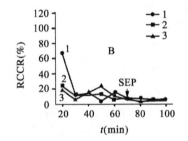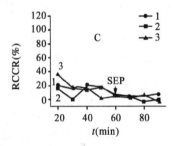

图 4-6　丹参提取过程丹参素含量相对浓度变化率的时间曲线[58]

A. 第 1 批提取过程;B. 第 2 批提取过程;C. 第 3 批提取过程

1. 第 1 批;2. 第 2 批;3. 第 3 批

(2) 通过近红外光谱法判断提取终点。

首先选取上述 3 批丹参提取过程的 SEP 点及其前后各 3 个时间点,将对应的近红外光谱数据进行二阶求导,共获得 7 组新的数据,取其均值作为提取过程终点的标准近红外光谱。

然后选择偏差距离向量 D_{ij} 的特征值,来表征提取液近红外光谱与提取终点标准近红外光谱之间的差异度,根据该差异度判断提取终点到达与否。

取第 4 批丹参提取过程采集的近红外光谱进行二阶导数计算,并按式(4-10)计算该光谱与提取终点标准光谱间的标准偏差绝对距离。

分别选取距离向量 D_{ij} 的最大值(V_{max})、所有 D_{ij} 值的均值(V_j)及按自大到小的前 10 个(V_{10})和前 100 个 D_{ij} 值(V_{100})的均值作为特征值,以第 4 批一煎提取过程采集的 20 条光谱为对象,对以上 4 种特征值进行比较。

从图 4-7 得出,V_j 趋势线能够很好地解释提取终点到达后光谱间差异趋于减小且相对恒定的状态。

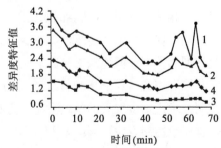

图 4-7　丹参提取过程几种差异度特征值的时间变化曲线[58]

1. V_{max};2. V_j;3. V_{10};4. V_{100}

第 4 批丹参三道煎煮过程差异度特征值 V_j 的时间变化曲线，见图 4 - 8。图中提取初始阶段采集的近红外光谱与提取终点标准光谱之间差异度较大，随着提取的进行，差异度逐渐减小并最终趋于相对稳定。当差异度的变化率趋于零时提取过程即进入终点状态。三道煎煮过程的终点分别在第 79、81 和 58 min。

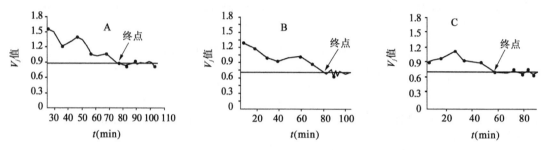

图 4 - 8　NIRS 法测得的丹参提取过程 V_j 值的时间变化曲线（第 4 批）[58]

A. 第 1 批提取过程；B. 第 2 批提取过程；C. 第 3 批提取过程

（3）HPLC 与近红外光谱法的比较：同时采用 HPLC 对第 4 批丹参提取过程进行取样分析，然后计算其丹参素含量的 RCCR，获得的提取过程时间曲线（图 4 - 9）。三道煎煮过程的 SEP 分别为 80、70 和 60 min。通过比较发现，利用近红外光谱法和 HPLC 所获得的终点判断结果一致。因此，所采用的 NIRS 分析方法适用于丹参提取过程的终点判断。

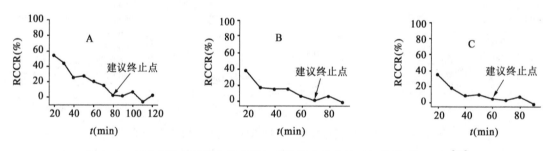

图 4 - 9　丹参提取过程丹参素含量相对浓度变化率的时间曲线（第 4 批）[58]

A. 第 1 批提取过程；B. 第 2 批提取过程；C. 第 3 批提取过程

三、知识图谱模式

本部分有关知识图谱、构建方法及其在中药制药过程质量控制的应用等内容主要取自仲怿等《基于知识图谱的中药制药过程质量控制方法学研究》[61]一文，并结合笔者对中药制药知识图谱的理解与思考。相关部分图、表请参阅原文。

随着促进中医药传承创新发展国家战略的实施，我国中药制药工业近年发展迅猛，目前正处于数字化转型过程中。但因缺乏制药工业认知智能技术工具，对各类数据源之间关联分析能力极弱，难以挖掘并获取有用的过程信息或制药知识，导致制药过程质量控制系统智能化程度很低，成为影响中成药质量控制技术进一步发展的瓶颈问题。为此，张伯礼、翼宇等[62]业内翘楚提出了"基于知识图谱的中药制药过程质量控制方法"。知识图谱作为一种新的数据及知识组织方式，能将不同类信息连在一起组成关系网络，从而具有因果关系分析等信息处理能力，有可能为药品生产制造提供有价值的信息和知识，给制药过程质量控制系统赋予认知功能。此外，中药制药知识图谱还具有学习已有知识并不断产生新知识的能力。

（一）中药制药知识图谱的定义

中药制药知识图谱相关定义如下：① 实体，系指中药生产制造过程涉及的具有可区别性且独立存在的事物，如批号为××的银杏叶、1 号提取罐等；② 实体类，系指具有同类特征的实体所构成的集合，如物料、设备等；③ 关系，系指实体之间的某种联系，用于形成实体-关系-实体的三元组结构，如 1 号提取罐与提取-批号为××的银杏叶；④ 角色，系指特定关系所联结实体的抽象化描述，便于关系的复用，如提取关系所联结的实体角色为提取设备和提取对象；⑤ 属性，系指用于描述各实体或关系的特征，如银杏叶的产地、提取罐的规格等；⑥ 属性值，系指实体或关系指定属性的具体值，如银杏叶的产地为江苏、提取罐的规格为 2 吨等。

（二）中药制药知识图谱的构建

基于以上定义，中药制药知识图谱的构建步骤如下：先建立符合中药生产制造过程特点的数据模型，有效整合中药制药过程中产生的多源异构数据；再将专家知识与关联计算等算法相结合，建立实体间关系；最后将实体及实体间关系存储于图数据库中，为智能化应用提供统一接口。其构建方法详见下文。

1. 模式层构建　　中药制药相关知识实体可划分为三大类——生产要素知识、管控知识、决策知识，共计 12 类（Type）实体，详述如下。

（1）生产要素知识，具有 4 类实体：① 物料（药材和饮片、原料药、制药用水、辅料、包材、试剂……）；② 设备（公共设备、工艺设备、电气设备、质检设备、安防设备、厂房设备……）；③ 人员（企业负责人、生产负责人、质量负责人、质量授权人、生产操作人员、质检操作人员……）；④ 中成药（化学成分、药效成分、适应证、用法用量、剂型、作用机制……）。

（2）管控知识，具有 6 类实体：① 监管法规（药品生产质量管理规范、药品标准、技术指导原则、国际相关法规、其他相关法规……）；② 生产工艺（通用工艺、前处理工艺、提取工艺、制剂工艺……）；③ 过程管理方式（安全生产管理、精益生产管理、GMP 管理、GEP 管理……）；④ 过程控制方式（经典控制策略、先进控制策略……）；⑤ 内部文件（批记录、质检报告、工艺规程、质检 SOP、管理措施实施规程、管理措施实施记录、管理措施实施报告……）；⑥ 质量检验（鉴别法、光谱法、色谱法、物理常数测定、其他测定法、限量检查法、特性检查法、生物测定法、中药其他方法、注射剂有关物质检查发表、化学残留量测定法、微生物检查法……）。

（3）决策知识，具有 2 类实体：① 决策辅助工具（关系分析算法、建模算法、推理算法、优化算法、时序分析算法、图分析算法……）；② 决策模型（质量持续改进、过程能力提升、设备效能优化、仓储物流调度、自动排产、节能减耗、成本控制……）。

在详细梳理中药制药过程相关知识实体类、各类实体属性及属性数据来源的基础上，定义各实体类之间关系及各实体类在各关系中所扮演的角色，构建中药制药知识图谱模式文件（Schema）。

2. 数据层构建

（1）对于结构化数据（即储存于关系型数据库中的数据）：中药制药过程涉及的结构化数据源包括企业资源计划（enterprise resource planning，ERP）系统、办公自动化（office automatic，OA）系统、自动控制系统（DCS/PLC/SCADA）、仓库管理系统（warehouse management system，WMS）、空调运行系统、环境监测系。对于上述数据，通过 OPC 等数据接口读取各信息系统数据库的目标数据表，将表中数据条映射为实例节点，各字段对应的数值映射为属性值。

（2）对于半结构化数据（即百科类数据，或以列表、表格等形式存在于相关网页上的数据）：中药制药过程相关的半结构化数据源包括专业数据库（ICD - Ⅱ、OMIM、DrugBank 等）、算法工具包仓储库（PyPI、CRAN、Julia Observer、MATLAB Central 等）及国内外监管部门官方网站（国家药品监督管理局、国家药品监督管理局药品审评中心、国家药典委员会、FDA、EMA、ICH、WHO等）。对于此类数据，以自动化数据采集结合人工筛选的方式采集并结构化上述数据源的数据后，按照上述（1）项中的数据转化方法映射至模式层中。

（3）对于非结构化数据（即纯文本、图像等数据）：药生产制造相关的非结构化数据源主要包括法规文本、工艺规程、操作标准、纸质记录文件、算法文档等。对于此类数据，运用光学字符识别（OCR）、自然语言处理等技术或者人工从上述非结构化数据中抽取目标实体相关的属性及属性值并映射至知识图谱模式层。

3. 中药制药工业大脑模型　　"工业大脑"是近来新兴的科技概念，试图以工业数据为中心，用新一代人工智能算法挖掘工业数据的价值，发现工业生产制造的规律性知识，提高工业生产效能。

构建中药制药知识图谱的重要目的是将国际先进制药技术方法与企业生产经验融入中药生产制造流程管控方式，赋予中药制药系统对相关感知数据的认知智能，提高中药制药过程质量控制智能化水平，从而科学控制中成药产品质量。为此，该文作者团队依据中药生产制造特点设计建立了中药制药工业大脑模型。

中药制药工业大脑的智力系指系统所具有的认知智能算法（包括各类智能分析算法、建模方法及机器学习算法等），而能力是指系统将中药制药过程多源异构数据整合处理并转化为有效信息或知识后，系统所具备的各种功能（制药过程智能管控性能）及其在中药生产制造中的价值（中成药质量及生产效能提升程度）。

（三）基于知识图谱的中药制药过程质量控制方法学研究

基于知识图谱的中药制药过程质量控制方法学研究可按照下述 3 个层次开展：① 通过构建中药制药知识图谱，将中药制药过程涉及的所有相关数据及实体间关系收集、整理并储存到数据仓库，以此打通"信息孤岛"，为中药制药全程质量控制提供保障；② 通过人工智能算法进一步挖掘制药过程所涉及实体间的关系和知识，智能辨识关键环节和关键参数；③ 通过所辨识参数及参数间关系对中药制造过程进行建模，进而全面评估过程能力，智能估测质量风险，实现符合良好制药工程规范（good engineering practice，GEP）管理下的智能化中药制药过程质量控制。主要具体环节如下。

1. 辨识化学实体　　从知识图谱中抽取待辨识中成药化学成分相关知识、适应证相关知识及不良反应相关知识等实体后，运用网络分析方法辨识其药效物质和风险物质。

2. 辨识关键工艺环节　　从知识图谱中抽取待辨识工艺环节相关的人员、设备、物料、环境等实体所构成的子图，进而运用图计算方法分析其拓扑结构辨识关键工艺环节。

3. 辨识关键管控工位　　从知识图谱中抽取各工位历史记录实体及相关质量记录实体，进行多维度智能比对及因果分析，从而辨识与药品质量密切相关且容易出现操作偏差的工位。

4. 辨识关键过程参数　　针对辨识出来的关键工艺环节和关键管控工位，在知识图谱中提取相应节点的历史数据及所涉关键物料参数，使用因果分析算法辨识关键过程参数。

5. 关键工艺环节建模与制药全流程建模　　可通过 IDEF0 图描述各工艺环节，见图 4 - 10。依此从知识图谱中抽取相应节点的属性值数据，在过程机制模型和经验知识的指导下，采用适合的建模算法建立关键工艺环节的单元工艺模型。

6. 质量风险智能评估　　在知识图谱中搜索出

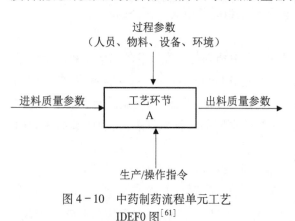

图 4 - 10　中药制药流程单元工艺
IDEF0 图[61]

与质量风险较大批次相关联的各实体,并采用关联分析等算法挖掘可能引起质量风险的主要因素及管控失效模式,建立质量风险预警模型,智能估测质量风险。

7. 制药过程智能管理　　在知识图谱中检索与指定制药过程相关的实体,并将其属性值自动填入批记录、质量溯源报告等文件模板中并推送至管理岗位及自动实施管理措施。

8. 制药过程参数控制　　将各类过程参数(工艺参数、过程状态参数、过程控制参数等)及关键物料质量参数从知识图谱中抽取出来作为关联于单元工艺实体的属性值,通过关联分析不同过程参数之间的相关性,建立优化控制模型,优化控制过程参数,智能调控 CMA 及生产效能。

9. 制药工艺品质控制　　从知识图谱中快速抽取批检验记录实体、批生产记录实体及实体间批次对应关系所构成的子图,借助精益六西格玛核心理念,采用因果分析等算法辨识质量波动来源并测评制药 PCI;进而建立过程能力预测模型,通过智能计算优化过程参数,持续改善制药工艺品质。

10. 制药工程规范(GEP)管理　　在知识图谱中抽取被管理系统及相关设备实体,全面获取各实体的属性值数据并进行趋势分析,判断该实体所对应的系统或设备运行情况是否符合 GEP 管理要求。

11. 基于知识图谱的中药制药过程质量控制技术架构　　为破解中药质量控制现存问题,该文笔者还以知识图谱为核心技术手段,提出了中药的化学性质、生产及质量控制(chemistry, manufacturing and controls)理论模型指导下的中药制药过程质量控制技术架构。

原文并以舒血宁注射液质量控制为例[62],论述了基于知识图谱的中药制药过程质量控制方法。可供有兴趣的读者参考。

四、指纹图谱及其制备过程药效相关性模式

本部分内容以文献[63]为例,部分图、表请参阅原文。

中药制剂传统制备过程主要包括药材的预处理、提取、浓缩、精制、干燥、成型等各个工艺环节,不同阶段产品,经一次或多次物理、化学和生物等信息的传递或整合后,构成了最终产品的质量内涵,并最终影响产品效能的发挥。不同制备工艺(生产流程、操作规范或工艺参数等)会造成物料化学成分变化,致使中成药产品有较大差异。而大多数中药化学成分众多,分工合作,多途径、多环节协同起效。中药指纹图谱能够完整系统标示其微观化学组分,反映中药特征指纹信息。采用制剂全过程整体分析方式,借助指纹图谱将化学微观信息-药效活性评价-制备工艺相结合,通过特征图谱阐明制备工艺与药效活性关系,一方面能为药效物质基础的识别提供理论依据,另一方面可对制备工艺环节进行系统评价,明确关键控制点,实现有针对性地控制中药制剂质量。

兰继平等[63]为构建关键工艺环节与质量属性的桥梁,对穿心莲制剂制备过程中化学指纹图谱变化及其与药效活性间的相关性开展探讨。依据"提取-浓缩-干燥-制粒"穿心莲制剂制备过程主要工序,以 HPLC 指纹图谱测试各中间体微观组分物质基础差异,聚类分析结果提示,提取环节对穿心莲制剂质量内涵变异影响较大;并以 DPPH 抗氧化、脂多糖(LPS)诱导小鼠腹腔巨噬细胞抗炎活性建模,对各中间体药效活性进行测定的结果表明,均不断下降。分别绘制各 CPP 与药效活性间曲线方程,均表明穿心莲制剂各制备环节中抗氧化及抗炎活性整体均呈下降趋势,且抗炎活性变化趋势与不同处理环节 CPP 间相关性方程拟合度良好(>0.9),浓缩和干燥数据测试结果一致,说明随着浓缩密度的增加,烘干时间的延长,制剂抗炎活性不断下降,均表明传统高温处理过程不利于其临床疗效的发挥。利用偏最小二乘法对色谱-药效活性数据构建谱效模型,经验证,该方程能准确预测指纹信息与药效活性关系,可用于后续质量属性评价及为进一步全过程质量控制提供科学依据。

穿心莲(Androgrphis paniculata Nees)为爵床科穿心莲属植物,性味苦寒,有清热燥湿、泻火解毒功效,对细菌性与病毒性上呼吸道感染及痢疾有特殊疗效,被誉为"天然抗生素"。近年来,随着包括甲型

H1N1、H5N1在内的人、动物流感病毒等大规模疫情的肆虐，新型天然抗生素越发得到普遍关注。而目前药典标准并未对该品种浓缩干燥环节做出具体规范化标准及指导意见；生产中出现的不同批次产品质量差异较大可能与各单元环节工艺水平规范化不足有关，提示后期穿心莲制剂二次开发或整体工艺水平提升中，应重点关注浓缩、干燥环节，提高中间物料多工序多指标的质量监控。

五、多维结构过程动态模式

肝脏作为药物代谢的主要器官，以中药制剂产品产生潜在肝毒性的概率作为主要质量属性可精准对产品的安全性进行监控。倘若从中药材本身到前处理、制剂工艺、剂型和给药途径、储存运输等多环节出发，发掘影响中药制剂肝毒性的因素，并运用一套适合中药制剂特点的质控体系控制制剂的质量，将有利于降低发生肝毒性的风险，保证制剂产品的安全性和有效性。本部分内容以文献《基于多维结构过程动态的中药制剂产品肝毒性的影响因素》[64]为例，探讨多维结构过程动态质控技术体系对降低潜在肝毒性的风险的作用与意义。部分图、表请参阅原文。

多维结构过程动态质控体系是该文作者课题组基于组分结构理论提出的对中药（制剂）原材料、精制纯化、制备工艺、中间体及成品等多个环节实行过程动态的质量控制保证体系，具有多维、动态的特色优势。

1. 多维结构过程动态质控技术体系的内涵　　中药本身是一个复杂的体系，要将其制成成品应用于临床，必须保证安全性和有效性。鉴于中药（制剂）系统性和整体性的特点，作者提出"3个层次多维结构"理论：即单体成分作为组成物质基础的最基本单元，具有稳定的三维结构；同一化学类别成分构成组分，组分中各单体成分之间存在结构关系；由多组分构成的整体作为中药复方的物质基础，其各组分间存在结构特征。为此，对中药及其制剂的研究实现了在多维结构水平上由单体向多成分构成的组分内及多组分全面、多层次整体组成结构的跨越，以稳定结构比范围的可控范围窗作为中药（制剂）质量控制的新标准。该质控体系包括4个核心技术：与有效性有关的物质基础特征，与安全性有关的物质基础特征，剂型是保证有效性与安全性的重要因素，实现制剂产品的过程多层次动态质量控制。强调对中药制剂产品生产过程中动态的质量控制，即从原料到终产品，实施全方位的质量控制以获得质量稳定均一的制剂成品，为临床用药提供保障，促进中药及其制剂的发展。肝脏作为药物代谢的主要器官，中药制剂产品对其产生潜在肝毒性的概率就会大大增加。倘若从中药材本身到前处理、制剂工艺、剂型和给药途径、储存运输等环节出发，发掘影响中药制剂肝毒性的因素，并运用一套适合中药制剂特点的质控体系控制制剂的质量，将有利于降低肝毒性发生的风险，保证制剂产品的安全性和有效性。

2. 原材料对中药制剂肝毒性的影响　　原料药中药材的质量直接决定着中药制剂的质量。中药材的质量与药材的基源、产地、品种、采收季节、炮制配伍、药材误用等因素均有关。如具有肝毒性的中药淫羊藿因物种来源不同，所含成分种类也不同，朝鲜淫羊藿中淫羊藿苷含量较其他成分最高[65]，粗毛淫羊藿中则朝藿定C含量最高。与肝毒性相关的中药材，如5个产地千里光药材的急性毒性强弱为：河南千里光>江苏千里光>浙江千里光>广西千里光、湖北千里光[66]；不同采收期何首乌中多元功效物质的动态积累分析得出二苯乙烯苷的含量11月份最高，结合蒽醌的含量11~12月份最高，儿茶素的含量在9月份相对较高，11月份采收何首乌的综合质量优于其他采收期样品[67]。在含大黄的中成药中，炮制与配伍可降低其肝毒性，对大黄及其不同炮制品产生肝毒性的强弱为：大黄>醋大黄>酒大黄>熟大黄>大黄炭[68,69]。广防己在临床有肝毒性的报道，若将其混作粉防己则会出现不可预知的肝毒性。以上因原产地、品种、采收季节、炮制配伍等的不同，导致了同种中药材的有效或有毒成分含量不同。因此，应该重视对中药材的鉴定，选用质量上乘的道地药材，遵守GAP规范进行严格地质量控制，把握好原料药这一关，从源头上降低中药制剂产品的肝毒性。

3. 粉碎　　粉碎作为中药制剂的药材前处理环节,一定程度上影响着中药制剂产品的肝毒性。如朱砂主要含硫化汞,为具有肝毒性的矿物药,采用水飞法可减轻其在研磨时产生的热变化和氧化,降低可溶性汞的含量,从而降低毒性;不同生产厂家采用水飞法的工艺规模和水平不同,造成朱砂所含的毒性大小也有所不同[70]。文献报道[71],朱砂采用球磨加水飞法相比于水飞法不仅可提高效率,还可避免研磨引起 HgS 中汞的还原,使游离汞含量增高,从而降低汞的毒性。雄黄常规粉体与超微粉体均具有毒性,且雄黄制成超微粉体后,其急性毒性出现明显增强的现象[72]。微粉化能促进制何首乌中脂溶性指标成分大黄素、大黄素甲醚的浸出,而水溶性指标成分二苯乙烯苷的溶出不受微粉化影响[73]。可见粉碎方法影响到中药制剂产品毒性的大小,临床或制剂中的粉碎方法改变时需要根据毒性大小适当调整药物剂量,避免药效作用太过而产生毒副作用。

4. 提取工艺对肝毒性的影响　　提取工艺直接影响着中药制剂的质量和临床安全有效,不同的提取方式对其毒性的表达有明显的影响,这已成为中药制剂的毒性特点之一[74]。因提取溶媒的不同,导致活性成分谱的组成发生了较大改变,从而产生了潜在的毒性。以何首乌为例,Liang 等[75]分别研究了生何首乌、制何首乌的醇提物和水提物在体内对大鼠的肝毒性,发现毒性部位主要存在于两者的醇提物中。Lva 等[76]发现何首乌醇提物比水提物肝毒性更强,醇提物中大黄素-8-O-D-吡喃葡萄糖苷、大黄素甲醚-8-O-D-吡喃葡萄糖苷、大黄素和大黄素甲醚含量显著高于水提物,而这些蒽醌类成分是何首乌潜在的肝毒性成分。再如,肝毒性中药柴胡,醇提物比水提物对小鼠产生的急性毒性大[77]。治疗原发性骨质疏松症的仙牛健骨颗粒含有以往认为无毒的组方补骨脂,若补骨脂的提取方法由传统的水提改为醇提则会产生严重的肝毒性,原因是醇提时具有肝毒性的香豆素类成分被富集。水蒸气蒸馏法、超临界二氧化碳萃取法、石油醚超声提取法和石油醚微波 4 种不同提取方法制备的艾叶挥发油急性肝毒性相差较大[78],水蒸气蒸馏法制备的挥发油毒性最大,其小分子萜类化合物和部分苯类化合物含量较高,可能是艾叶挥发油产生急性肝毒性的主要原因。由此可见,不同的提取工艺对中药制剂的肝毒性具有潜在的影响。采用合适的提取条件和提取方法能够有效地降低中药制剂肝毒性的风险。

5. 分离与纯化工艺对肝毒性的影响　　大孔吸附树脂、膜分离、超滤、高速离心技术等现代中药制剂中常见的分离纯化工艺技术,在提高有效成分的利用率的基础上也增大了毒性成分的含量[79],淀粉、糖类等大分子成分因分子量较大而被除去,在减少服用剂量的同时,却也丧失了其缓和药性与解毒的作用,可能导致肝毒性增加。例如,在柴胡皂苷的分离纯化工艺中,乙醇洗脱物比水洗脱物对小鼠产生的急性毒性大;D101 型大孔树脂 70% 乙醇洗脱部位比 AB-8 大孔树脂 95% 乙醇洗脱部位富集的柴胡皂苷量多,对小鼠产生的急性毒性作用更大[80,81]。

6. 剂型对肝毒性的影响　　中药在不同剂型中显示的总体毒性各有不同。雷公藤本身具有肝毒性,但制成不同的剂型如雷公藤总苷片、雷公藤缓释片、雷公藤滴丸及雷公藤注射剂、膜剂、贴剂、软膏、糖浆等可以增加药物的施展性、溶解度和生物利用度,从而减少药材本身的毒副作用[82]。雷公藤甲素是雷公藤产生肝毒性的主要化学成分,有学者发现将雷公藤甲素包载于毒性较低、体内可降解且有良好生物相容性的固体脂质纳米粒(SLN)载体中,可降低雷公藤甲素对小鼠的脂质过氧化反应而显著降低雷公藤所致的肝损伤,提高疗效[83]。Wang 等[84]研究发现,雷公藤透皮微乳药物释放系统(TMDDS)也可以有效降低其肝毒性。采用高分子载体普流尼克 P105 和薄膜法制备雷公藤胶束注射剂给予小鼠静脉注射后发现[85],与直接注射雷公藤溶液相比,雷公藤在靶器官卵巢中的浓度显著提高,而在肝中的浓度却降低,在提高生物利用度的同时降低了毒副反应。再如,复方清开灵注射液(含牛黄、珍珠母、板蓝根、水牛角、黄芩、栀子、金银花)因做成注射剂而提高了大鼠的最大耐受量,降低了栀子等单个药物的毒性[86]。由此可知,剂型可改变药物的作用性质和毒副作用,选择合理的剂型是保证中药制剂疗效的重要因素。

7. 给药途径对肝毒性的影响　　同一制剂若采用不同的给药方式对机体产生的肝毒性大小亦不同。例如,采用口服、静脉注射、肌内注射、鼻腔4种给药途径给予SD大鼠京尼平苷溶液1个月,考察不同给药途径下京尼平苷的肝脏毒性作用,结果发现口服组的毒性最大,鼻腔及肌内注射给药对大鼠产生的肝毒性最小[87]。亚硫酸盐作为抗氧剂在注射剂中广泛使用,如氨基酸输液、静脉注射与口服给药相比,由亚硫酸盐导致的过敏反应发病快、病情严重。口服给药可在肠道吸收后经门静脉进入肝脏,被肝脏亚硫酸氧化酶氧化成无毒的硫酸盐由尿液排出体外,而静脉注射则绕过肝脏的解毒环节直接进入血液循环,对机体产生的肝毒性更强[88]。从不良反应情况看,中药注射剂用药,同一药物采用肌内注射比静脉注射不良反应所占比例少且症状轻[89]。因此,需要综合考虑不同给药途径的优劣,选择生物利用率比较高、对机体造成肝毒性小而又符合临床用药实际状况的给药途径。

8. 辅料对肝毒性的影响　　有些辅料本身具有一定的毒副作用,某些辅料的加入可大大增加制剂产生肝毒性的概率。例如,亚硫酸盐是一类广泛使用的口服制剂或注射剂中的抗氧剂,文献报道微量的亚硫酸盐类辅料可使患者凝血酶原的时间延长,升高转氨酶,对肝功能产生严重损害,诱发肝细胞坏死[90]。氨基酸输液中的亚硫酸盐对患者肝功能有影响,导致转氨酶升高,严重的有可能引起肝细胞坏死[91]。苯甲酸钠是一种用于内服液体药剂的防腐剂,用量过多会对人体肝脏产生危害,由肝脏代谢为马尿酸后随尿排出,增加了慢性肝病患者的肝脏负荷。辅料也可与主药组分间相互作用而产生肝毒性,在中药注射剂中尤为明显。例如,吐温-80是注射剂和口服液体制剂的常用增溶剂和乳化剂,在银杏达莫注射液、醒脑静注射液、参麦注射液、参附注射液等中药注射剂中均广泛存在,可以消除注射液中的乳光使药液澄明,但文献报道它能增加中药注射剂产生的肝毒性[92]。另外,辅料的纯度也直接影响中药制剂的质量和安全性,辅料可与中药制剂中的活性物质一起参与体内代谢过程,作为中药制剂的基础材料和重要组成部分,对中药制剂肝毒性的影响也是不容忽视的。

9. 储存运输对肝毒性的影响　　储运环节对于保证中药制剂的安全性具有重要意义。中药制剂的贮藏条件应符合药品标准规定的条件,避免高温、高湿、氧化、光照等不良因素对制剂产生的影响。要在密闭(封)、阴凉干燥(温度20℃以下,相对湿度65%~75%)的条件下贮藏。注射剂、滴眼剂、滴丸剂需要避光保存。特别是中药注射剂提倡现配现用,配制后存放注射剂时间过长pH会出现偏差而产生毒性[93]。包装、盛放材料不合格也易导致中药注射剂中引入异物、纤维等未滤除的物质而产生肝毒性等不良反应。例如,中药刺五加注射液曾因在储存过程中染菌而被停止使用。由于制剂产品从原料、前处理、剂型、制备工艺到贮藏运输是个环环相扣的过程,任何一环出现问题最终都会影响终产品的质量与安全,可见储运过程也不容忽视。

该文作者课题组应用基于组分结构理论质控体系对丹参、消癌平注射液等实行了多维、动态的质量控制,从原材料、制剂工艺关键点、辅料质量安全、制剂质量安全等方面出发,降低了中药制剂的不良反应发生率,为中药制剂的质量控制提供了新思路[94-96]。

六、代谢组学方法模式

本部分以《基于代谢组学方法的制附片煎煮过程成分变化规律及煎煮时限探讨》[97]一文为例,部分图表请参阅原文。

目前,代谢组学技术已广泛应用于中药物质基础及作用机制研究[98],该方法具有集整体性、动态性、综合性分析于一体等特点[99],适用于区别不同中药化学特征成分群。通过对差异性特征成分群进行综合比较,可以发现成分的功效、毒性等差异。

煎煮作为附子重要的控毒因素之一,是确保临床用药安全的重要手段。制附子是当今中医临床主要使用的附子类型[100],合格的制附子毒性低,安全性程度较高,水煎液无法测出其半数致死量

(LD_{50})[101],属于小毒或微毒药物。因此,制附子有无久煎的必要一直备受争论。一些医生的临床经验认为附子久煎有温阳、固汗、镇痛之效,一般煎煮主要起振奋阳气、温化寒湿的作用[102],也有一些医生认为制附子先煎1h后效果较差,小量附子不必久煎[103]。相关的动物实验也表明,生附子发挥镇痛效果的最佳煎煮时间是15~30 min[104],发挥抗炎效果的最佳煎煮时间是60 min[105],而发挥温阳功效的最佳煎煮时间是6 h[106]。总体而言,不同的研究对象与研究方法,其研究结论并不一致。鉴于此,整体把握煎煮过程中制附子化学成分群的变化规律具有重要意义。

为分析制附片在煎煮过程中化学成分群的变化规律,探讨制附片的科学煎煮时限,该实验首先对制附片进行了定性定量分析,其次采用代谢组学的设计原理与相关方法,利用超高效液相色谱-四级杆飞行时间质谱(ultra-high performance liquid chromatography-quadrupole time of fight/mass spectrometry,UHPLC-Q-TOF/MS)技术对不同煎煮时间的制附片化学成分群信息进行采集,结合主成分分析(principal component analysis,PCA)与偏最小二乘判别分析(partial least squares discriminant analysis,PLS-DA),从化学计量学角度,对采集得到的高精度数据进行处理,发现并鉴定出随煎煮时间变化显著的差异化合物,并对其变化规律、毒性及活性进行综合分析。结果经PLS-DA法及t检验筛选得到15个差异化学标志物;通过分析4 h内不同成分的变化规律发现,制附片煎煮过程中尼奥林等众多酯性生物碱并不受热水解,成分变化主要是单酯型生物碱向醇胺类原碱的转变,而双酯型生物碱的水解是次要的。

李瑞煜等[97]对上述通过代谢组学技术分析,所筛选得到煎煮过程中成分的量变化明显的15个重要化学标志物,开展了主要化学标志物的毒性及活性分析。

从毒性来看,次乌头碱毒性最强,其次为单酯型的苯甲酰乌头原碱、苯甲酰次乌头原碱与苯甲酰新乌头原碱,其毒性仅为乌头碱的1/500~1/50,毒性大大降低。其余成分,如塔拉乌头胺、尼奥林、卡米查林、乌头原碱、宋果灵等,与苯甲酰新乌头原碱毒性相当或更弱,从化学物质的毒性分级来看,除次乌头碱属于剧毒成分外,其余成分均属于低毒物质。

从强心活性来看,次乌头碱、乌头原碱、新乌头原碱对于离体蛙心具有确切的强心作用[107];尼奥林、附子灵对于离体蛙心的强心作用并不明显,但不同浓度的尼奥林、附子灵对戊巴比妥钠所致心衰细胞具有明确的保护作用,能增强心肌细胞的搏动节律,提高细胞的存活率[108]。需要指出的是,3种单酯型生物碱作为附子有效性的质控指标,其是否具有明确的强心效果尚缺乏直接的药效学证据,尽管有一些构效关系分析[109]及含单酯型生物碱的提取物强心活性[110]的文献支持。上述结果提示,附子中不同组分的强心作用可能是多方面的,需要从细胞-器官-整体多层次、正常与病证多状态证实双酯型-单酯型-醇胺类原碱的活性差异。

从抗心律失常活性看,塔拉乌头胺是一种选择性的电压门控钾离子(K_v)通道阻断剂,通过占据选择性区域来抑制钾离子的流出,从而阻断K_v通道功能,具有保护心肌细胞活力的效应,发挥抗心律失常的作用[111]。该课题组采用液质联用分析表明塔拉乌头胺在药材中的量约为0.1%,丰度较高,是否将其作为控毒成分的代表,值得深入研究。

从镇痛抗炎活性看,次乌头碱具有良好的镇痛抗炎活性,单酯型生物碱仍具有一定的镇痛活性,而进一步水解为醇胺类生物碱后,其镇痛作用几乎消失[112]。此外,宋果灵具有明确的镇痛作用,起效机制与体内阿片受体的特异结合有关[113]。

该研究表明,制附片本身毒性极低,减毒并非煎煮的主要目的。煎煮时间的长短对于汤剂化学成分群的组成比例具有一定影响,煎煮0.5~1.0 h后成分基本溶出,随后趋于稳定,长时间煎煮主要是丰度较高的单酯型生物碱向醇胺类原碱的转化。临床治疗过程中,制附片若以发挥镇痛抗炎作用为主,建议常规煎煮0.5 h即可;若以发挥强心作用为主,还需要对单酯型生物碱与醇胺类原碱的强心活性进行系统比较,方能确定久煎的必要性与科学性。此外,若临床超大剂量给予制附片,还应注意剂量因素对多个低毒成分累积性中毒的影响。

第五节　过程分析技术中的关键工艺参数辨识

确定 CPP 是实施 QbD 理念关键的一步,对模型调参、控制过程稳定具重要意义。目前常用的 CPP 确定方法有 Plackeet-Burmann 设计法[114]、风险分析法[115]、Pearson 相关性分析法[116]、标准偏回归系数法[117],需计算各参数对应各工艺评价指标的标准偏回归系数绝对值并求和,和值较大的参数更可能是关键参数;知识组织法[118];多元线性回归法,需建立工艺参数和工艺评价指标间的多项式模型,比较模型中各项系数的统计检验 P 值和预设阈值的相对大小确定关键参数;逐步回归法,通过设定移入和移出项的阈值,在建立多元线性模型时直接将 CPP 对应的项保留于模型中[119,120];灰色关联分析法(grey relation analysis,GRA);层次分析法(analytic hierarchy process,AHP),等等。

一、灰色关联分析法及其与层次分析法的比较

陈勇等[121]以热毒宁注射液生产过程中金银花、青蒿(金青)萃取工段为例,采用灰色关联分析法计算比较该工段各工艺参数对质量指标影响的重要性大小,并结合层次分析法与 Spearman 等级相关分析法相互验证。结果表明,灰色关联分析法得出工艺参数对质量指标影响重要性的排序为萃取平均体积流量(X_4)>调酸后 pH(X_2)>萃取浓缩出膏温度(X_7)>醇沉浓缩浸膏质量(X_1)>盐酸质量(X_3)>萃取时间(X_6)>体积流量相对标准偏差(X_5),与层次分析法得到的工艺参数排序的相关系数为 0.893。根据工艺参数影响重要性大小,确定萃取平均体积流量、调酸后 pH、萃取浓缩出膏温度为金青萃取工段 CPP。研究结果表明,灰色关联分析法用于分析筛选中药生产过程 CPP 具有可行性,并能为下一步建立过程预测模型及在线反馈调控提供理论参考依据。

1. **灰色关联分析法原理**　　灰色关联分析法(grey relation analysis,GRA)为邓聚龙教授灰色系统理论的核心内容之一[122],是一种多因素统计分析方法,用灰色关联度(grey relational grade,GRG)来描述系统间关联强弱。实质上是比较 2 个系统数据发展曲线的接近程度,即发展曲线越接近,变化趋势就越接近,关联度就越大。在中药研究方面,灰色关联分析法在谱效关系研究及气候因子对中药品质影响研究方面也有一定应用。

(1) 灰色关联系数:依据邓氏关联度计算方法,设有参考序列 $X_0 = \{y(k) \mid k = 1, 2, 3, \cdots, n\}$,比较序列 $X_i = \{x(k) \mid i = 1, 2, \cdots, m; k = 1, 2, 3, \cdots, n\}$,则序列 X_0 与 X_i 在 k 点的关联系数为

$$\xi_i(k) = \frac{\left[\min_i \min_k |y(k) - x_i(k)| + \rho \max_i \max_k |y(k) - x_i(k)|\right]}{\left[|y(k) - x_i(k)| + \rho \max_i \max_k |y(k) - x_i(k)|\right]} \tag{4-12}$$

式中, $|y(k) - x_i(k)|$ 表示序列 X_0 与 X_i 在 k 点差值的绝对值; $\min_i \min_k |y(k) - x_i(k)|$ 表示差值绝对值的 2 级最小值,即在各序列差值最小值的基础上得出所有序列的差值最小值; $\max_i \max_k |y(k) - x_i(k)|$ 为差值绝对值的 2 级最大值; ρ 为分辨系数,取值区间为(0,1),通常取 $p = 0.5$。

(2) GRG 关联系数:关联系数 $\xi_i(k)$ 表示参考序列 X_0 与比较序列 X_i 在 $k(k = 1, 2, 3, \cdots, n)$ 点的关联程度,求取 n 个关联系数的均值,即两序列间的灰色关联度,用以表示参考序列 X_0 与比较序列 X_i 间的整体关联程度。灰色关联度 $\gamma(X_0, X_i)$ 的计算公式如下。

$$\gamma(X_0, X_i) = \cfrac{1}{n \sum_{k=1}^{n} \xi_i(k)} \tag{4-13}$$

2. 层次分析法原理 层次分析法(analytic hierarchy process, AHP)[123]由 Saaty 教授于 20 世纪 70 年代提出,是一种定性定量分析相结合的多目标决策分析方法,在中药研究领域常应用于提取工艺优选、质量评价、配伍分析等。

针对某一决策目标,层次分析法是由专家学者对同一层次元素两两比较,以 1 - 9 标度法构建判断矩阵,计算各元素的权重系数,从而确定各元素对目标的重要性大小,优选决策方案。定义随机一致性比率 $CR = CI/RI$(CI 为一致性指标,RI 为平均随机一致性指标)为衡量判断矩阵是否合理的指标。当 $CR < 0.1$ 时,认为判断矩阵具一致性,所得权重系数合理有效。RI 值可查表得,CI 计算公式如下。

$$CI = \cfrac{\lambda_{\max} - n}{n - 1} \tag{4-14}$$

$$\lambda_{\max} = \cfrac{1}{n \sum_{i=1}^{n} \left(\sum_{i=1}^{n} (a_{ij} \times w_i)/w_i \right)} \tag{4-15}$$

式中,n 为判断矩阵的阶数,a_{ij} 为判断矩阵中对应的标度,w_i 为归一化权重系数。

3. Spearman 等级相关性分析法原理 Spearman 等级相关分析能用于检验同一对象的 2 种评估排序在统计学意义上是否一致。设对某一评价对象的两种排序分别为 A 和 B,A 的等级顺序为 $A = \{A_i \mid i = 1, 2, \cdots, m\}$,$B$ 的等级顺序为 $B = \{A_i \mid i = 1, 2, \cdots, m\}$,排序规则为由好到坏,$n$ 为该评价对象的总数。则 A 和 B 的等级相关系数为 $r_s = 1 - 6 \sum_{i=1}^{m} d_i^2 / [n(n^2 - 1)]$,其中 $d_i = A_i - B_i$,由公式可以看出,A、B 两种排序顺序差别越大,d_i^2 越大,则等级相关系数 r_s 越小。一般地,$r_s \subset [-1, 1]$,r_s 越大,正相关程度越强,2 种排序的一致性越好。

4. 数据来源 收集来自江苏康缘药业股份有限公司的热毒宁注射液生产过程中金银花、青蒿浸膏萃取工段实际生产数据为 298 批,部分原数据示例见表 4 - 7,主要包括醇沉浓缩浸膏质量(X_1)、调酸后 pH(X_2)、盐酸质量(X_3)、萃取平均体积流量(X_4)、体积流量的相对标准偏差(RSD, X_5)、萃取时间(X_6)、萃取浓缩出膏温度(X_7)、萃取浓缩湿膏质量(Y_1)、新绿原酸含量(Y_2)、绿原酸含量(Y_3)、隐绿原酸含量(Y_4)、断氧化马钱子苷含量(Y_5)。

表 4 - 7 部分原数据示例

批 号	X_1(kg)	X_2	X_3(kg)	X_4(L/h)	X_5	X_6(/h)	X_7(℃)	Y_1(kg)	Y_2(%)	Y_3(%)	Y_4(%)	Y_5(%)
z170101	397.6	2.04	15.6	59.618	0.062	14.50	61.2	46.8	2.10	14.4	2.90	1.80
z170102	427.1	2.03	15.6	60.013	0.036	15.16	61.6	51.9	2.20	13.9	2.90	1.80
z170103	405.1	1.97	16.8	58.196	0.047	14.45	63.0	44.7	2.30	14.4	3.20	1.90
z170104	445.0	1.93	16.9	59.980	0.039	14.17	65.3	52.0	2.40	14.7	3.20	2.00
z170105	379.6	1.92	16.2	58.296	0.044	14.48	65.3	44.3	2.20	14.6	3.00	1.80
z170106	417.2	2.01	15.7	60.003	0.038	13.38	63.7	45.2	2.20	14.3	3.00	1.70
z170107	417.8	2.03	16.2	60.001	0.037	13.38	61.9	57.0	2.00	14.2	2.80	2.70
z170115	442.7	2.07	16.8	59.926	0.073	14.19	60.1	51.4	2.20	15.1	3.00	2.20
z170116	412.0	2.00	16.2	59.078	0.040	14.17	67.0	43.9	2.40	14.9	3.20	2.10

批　号	$X_1(\mathrm{kg})$	X_2	$X_3(\mathrm{kg})$	$X_4(\mathrm{L/h})$	X_5	$X_6(/\mathrm{h})$	$X_7(℃)$	$Y_1(\mathrm{kg})$	$Y_2(\%)$	$Y_3(\%)$	$Y_4(\%)$	$Y_5(\%)$
z170117	454.3	2.03	19.1	59.532	0.050	14.54	62.0	49.3	2.20	14.2	3.00	1.60
z170118	384.3	1.92	15.6	59.971	0.040	12.59	61.5	39.4	2.20	13.7	2.90	1.70
z170119	417.2	1.93	16.2	59.241	0.055	14.29	63.5	41.3	2.20	13.8	2.90	1.70
z170120	405.1	1.97	15.6	60.018	0.042	13.18	62.7	46.9	2.30	13.8	3.10	1.60
z170121	408.6	2.02	14.4	59.914	0.040	14.45	62.0	48.3	2.20	13.6	2.90	1.50
z170122	419.6	1.91	16.7	59.808	0.037	14.02	68.1	44.8	2.50	14.9	3.30	1.70
z170201	381.9	2.10	14.8	59.968	0.040	12.59	62.1	43.1	2.50	15.0	3.30	1.70
z170202	386.6	2.07	14.4	59.236	0.069	13.38	69.6	37.6	2.40	15.0	3.30	1.70
z170203	476.3	2.10	20.8	60.003	0.040	15.16	64.6	54.1	2.30	14.5	3.00	1.70
z170204	397.0	2.08	16.6	60.646	0.062	13.55	61.9	44.7	2.40	15.1	3.20	1.90
z170205	454.9	2.01	16.7	59.977	0.037	14.27	66.0	53.4	2.40	14.4	3.20	1.90

5. 统计分析　　因金青萃取工段的输出质量参数(如萃取浓缩湿膏质量、新绿原酸含量、绿原酸含量、隐绿原酸含量、断氧化马钱子苷含量)均为生产监控指标,故对这 5 个质量参数分别进行研究分析。本实验将 298 批原数据进行均值化处理,以质量指标(Y_1–Y_5)为参考序列,工艺参数(X_1–X_7)为比较序列,分别计算两序列间的关联度值,得到基于数据计算的各工艺参数重要性排序 A。同时,采用层次分析法,请 15 位生产控制人员对各工艺参数两两比较,构建判断矩阵,计算各工艺参数的权重系数,得到基于经验的工艺参数重要性排序 B,最后应用 Spearman 等级相关分析对排序 A、B 进行一致性验证,最终确定金青萃取工段 CPP。

数据处理由 MATLAB 2017a(美国 Math Works 公司)、Minitab 17(美国 Minitab 公司)等软件完成。

中药生产过程是一个多工艺参数综合作用系统,具灰因白果特质,确定中药生产过程的 CPP 对控制过程稳定、提高药品质量具有重要作用。该实验以热毒宁注射液生产过程中金青萃取工段为例,创新性引用 GRA 对生产过程实时监测的数据进行分析研究,并得出各工艺参数相对重要性排序,为中药在线生产过程工艺研究提供参考。

结果显示,各工艺参数关联度值相差较小,一方面由于分析数据来源于实际生产过程,工艺参数在限定的监控范围内波动,数据变化不明显;另一方面说明该工段工艺相对稳定。同时,5 个质量指标对应的工艺参数关联度排序具有一致性,萃取平均体积流量(X_4)、调酸后 pH(X_2)及萃取浓缩出膏温度(X_7)影响较大,说明可进一步控制优化这些参数范围,更好地控制过程稳定。研究表明,新绿原酸、绿原酸、隐绿原酸、断氧化马钱子苷在酸性 pH、低温条件下较为稳定,否则易转化分解,致使含量降低,尤其在绿原酸与新绿原酸、隐绿原酸之间相互转化作用十分明显。因此,表征溶液 pH、温度的工艺参数,即调酸后 pH(X_2)、盐酸质量(X_3)、萃取浓缩出膏温度(X_7)影响较大,这与灰色关联度分析(GRA)得出的结论相符。另外,该研究将灰色关联原分析与层次分析法相结合,客观数据计算结果与专业经验结论相互验证,说明 GRA 用于生产过程工艺参数重要性分析的可行性。因此,根据工艺参数影响的相对重要性,确定萃取平均体积流量(X_4)、调酸后 pH(X_2)、萃取浓缩出膏温度(X_7)为金银花、青蒿浸膏萃取工段 CPP,为后期模型的反馈调控及生产过程在线控制提供理论依据。

二、统计过程控制技术

统计过程控制(statistical process control,SPC)技术是指为了贯彻预防原则,应用统计方法对过程中的各个阶段进行评估和监控,建立并保持过程处于可接受且稳定的水平,从而保证产品的质量符合规定要求的一种技术[124]。统计过程控制技术的主要表现形式多采用控制图和相应的过程能力分析,它们的运用不仅能够及时对产品生产过程进行可靠的评估,还可以确定过程的统计控制界限,判断生产过程是否可控,实现生产过程在线实时放行[125]。

王永香等[126]应用统计过程控制技术,研究建立青蒿金银花醇沉过程中实时放行标准,以热毒宁注射液青蒿金银花醇沉工序为研究对象,收集29个批次共145个青蒿金银花醇沉终点样本作为训练集样本,测定样本中新绿原酸、绿原酸、隐绿原酸及固含物的量,应用统计过程控制技术建立4个指标的定量放行标准;并采用中心组合实验设计,实验室制备13批不同醇沉工艺参数条件下的青蒿金银花醇沉终点样本作为验证集,验证放行标准的灵敏度及可靠性。结果,建立的定量放行标准范围分别为新绿原酸0.279~0.541 mg/g,绿原酸1.941~2.610 mg/g,隐绿原酸0.453~0.570 mg/g,固含物3.565%~4.925%;验证集中与大生产实际工艺参数一致的1、4、9、10号样本的4个指标成分在定量放行标准之内。

中药生产过程中导致质量生产变异的因素有很多,根据因素对产品质量影响的大小和性质,一般将其分为两类,一类是特殊因素,如工艺过程的变动、设备性能不稳定、人员的变动等,这些因素对产品质量的影响是显著的,在技术上容易被识别和消除;另一类是随机因素,如仪器的微小震动、温湿度的轻微变化、原辅料的细微差异等,这种因素对产品质量的改变是细小的,在技术上不易被识别,更不可能被消除,但如果从根本上改变了过程,则这种波动将会大大减少。该实验研究时对青蒿金银花醇沉过程多个质控指标进行了考察,除新绿原酸、绿原酸、隐绿原酸、固含物外,还考察了咖啡酸、断氧化马钱子苷、总酸等多个指标,由于有的指标在正态判断或过程能力评价时出现不符合建立在线放行标准的结果,故未放入本实验中,后续拟继续对醇沉过程控制进行深入研究,找出影响的特殊因素,提高控制能力。

三、3 种辨识方法评估关键工艺参数比较

多元线性回归法、逐步回归法和标准偏回归系数法3种方法均可用于CPP辨识,而又各具特点。刘爽悦等[127]以黄芩水提液酸沉碱溶工艺关键参数辨识为例,比较多元线性回归法、逐步回归法和标准偏回归系数法,讨论各方法特点。

黄芩提取物收录于《中国药典》(2020年版),用于制备银黄口服液、痰热清注射液、茵栀黄软胶囊等多种中成药。其制法一般采用酸沉碱溶工艺:水提黄芩后调酸沉淀,然后取沉淀并用碱液复溶。目前对酸沉碱溶工艺的研究很少,其CPP仍然不明。

结果3种方法所得结果基本一致,即关键参数为药液质量分数、酸沉pH、碱溶pH和静置温度。

3种方法的共同点是都使用了线性回归,建模时没有平方项和交叉项,所以不能体现出工艺参数的非线性作用和交互作用。3种方法的阈值选择对最终得到的CPP都可能有较大影响。前2种方法中P值阈值设得越小,或者第3种方法中标准偏回归系数绝对值之和阈值越大,得到的CPP数量越少。3种方法的阈值选择都有一定主观性。当实验数据量较多时,分析结果的可靠性较高,可以考虑设定更严格的阈值。该实验3种方法所得结果基本一致,可以认为药液质量分数、酸沉pH、碱溶pH和静置温度是黄芩酸沉碱溶工艺的关键参数。

由该研究相关数据可知,多元线性回归法思路最简单,但辨识CPP不如逐步回归法灵敏。逐步回归法所得模型中各项的P值均小于多元线性回归法所得模型中相应项的P值。其原因在于逐步回归法建模时会删去部分不重要的项,这能使保留在模型中的项更为显著。所以逐步回归法比多元线性回归法更敏感,有可能在P值阈值相同的情况下辨识出更多关键参数。多元线性回归法和逐步回归法均考察某个参数对某个指标的影响是否显著,而标准偏回归系数法的优点在于能体现出某个参数对所有

评价指标的综合影响。如果各个指标之间的权重不同，那么在计算标准偏回归系数绝对值之和时也很容易相应进行加权。当工艺评价指标数量较多时，建议采用标准偏回归系数。

参 考 文 献

[1] 覃伟中,朱兵,李强,等.生物炼制的挑战与过程系统工程的机遇.化工进展,2010,29(5)：922-926.

[2] 成思危,陈丙珍,杨友麒,等.过程系统工程辞典.北京：中国石化出版社,2001.

[3] GROSSMANN I. Challenges in the new millennium：Product discovery and design, enterprise and supply chain optimization, global life cycle assessment. Computers & Chemical Engineering, 2004,29(1)：29-39.

[4] 成思危,杨友麒.过程系统工程的发展和面临的挑战.现代化工,2007,27(4)：1-8.

[5] 郭立玮,党建兵,朱华旭,等.关于"构建中药绿色制造理论与技术体系"的思考和实践.中草药,2019,50(8)：1745-1758.

[6] 刘明言,张慧慧.生产工艺、单元操作、传递及过程工程学.中草药,2011,42(4)：625-630.

[7] 钟文蔚,袁海,郭立玮,等.以"材料化学工程"理念构建"基于膜过程的中药绿色制造工程理论、技术体系"的探索.中草药,2020,51(14)：3609-3616.

[8] 胡彦君,王雅琪,李冰涛,等.板蓝根制剂制备过程中成分变化及其药效相关性研究.中草药,2016,47(9)：1515-1518.

[9] 刘芳,于向红,李飞,等.HPLC测定附子及其炮制品中3种双酯型生物碱的含量.中国中药杂志,2006,31(14)：1160.

[10] 王育珊,任连荣,刘忠良,等.急性乌头碱中毒导致的严重心律失常与休克(附4例报告).白求恩医科大学学报,1996,22(5)：521.

[11] 骆梅娟,周至安.附子的毒性及临床应用浅析.广州中医药大学学报,2009,26(5)：512.

[12] 洪波,仇永清.附子中双酯型乌头碱类成分水解减毒机理的密度泛函理论研究.分子科学学报,2008,24：216.

[13] 陈学习,彭成.对附子毒性的再认识.辽宁中医药大学学报,2007,9(6)：7.

[14] 陈东安,易进海,黄志芳,等.附子煎煮过程中酯型生物碱含量的动态变化.中国实验方剂学杂志,2011,17(3)：64-68.

[15] 吴莎,刘启安,吴建雄,等.统计过程控制结合近红外光谱在栀子中间体纯化工艺过程批放行中的应用研究.中草药,2015,46(14)：2062-2069.

[16] 李军,姜华,张延萍,等.单味柴胡煎煮过程中皂苷煎出量的变化.中国实验方剂学杂志,2012,18(22)：155-158.

[17] 刘德军,张源源,张爱丽,等.银翘解毒软胶囊制备过程中绿原酸转移率.中国实验方剂学杂志,2011,17(21)：23-26.

[18] 苏伦·埃尔克曼.工业生态学.北京：经济日报出版社,1999.

[19] 金万勤,陆小华,徐南平.材料化学工程进展.北京：化学工业出版社,2007.

[20] 程翼宇,钱忠直,张伯礼.创建以过程管控为核心的中药质量控制技术体系.中国中药杂志,2017,42(1)：1-5.

[21] 李家春,王金玲,伍静等,等.过程控制技术对桂枝茯苓胶囊质量的影响,中国中药杂志,2015,40(6)：1017-1022.

[22] 徐冰,史新元,吴志生,等.论中药质量源于设计.中国中药杂志,2017,42(6)：1015-1024.

[23] GONEN A, SHARON D, OFFIR A, et al. International conference on harmonization of technical requirements for registration of pharmaceuticals for human use (ICH). Journal of Harbin Engineering University, 2014, 33(11)：28-30.

[24] 阳长明.王建新.论中药复方制剂质量源于设计.中国医药工业杂志,2016,47(9)：1211-1215.

[25] 王雅琪,焦姣姣,伍振峰,等.基于"整体观"的中药制剂质量过程控制体系探讨,中国中药杂志,2018,43(1)：197-203.

[26] 吴志生,史新元,徐冰,等,中药质量实时检测：NIR定量模型的评价参数进展.中国中药杂志,2015,40(14)：2774-2781.

[27] 赵芳,苟维,刘飞,等.基于中心复合序贯设计法丹参川芎嗪注射液水沉工艺优化.中草药,2020,51(1)：51-58.

[28] 徐冰,史新元,乔延江,等.中药制剂生产工艺设计空间的建立.中国中药杂志,2013,8(6)：924.

[29] 黄兴国,张静,杜文慧,等.QbD理念的经典名方研究：四物汤加减方的提取工艺优化研究.中国中药杂志,2019,44(20)：4329-4335.

[30] 杨明,杨园珍,王雅琪,等.中药制剂生产过程中的质量风险分析与对策.中国中药杂志,2017,42(6)：1025-1030.

[31] 赵芳,龚行楚,瞿海斌.基于危害及可操作性分析的设计空间法优化红参醇提工艺,中国中药杂志,2017,42(6)：1067-1073.

[32] 李文竹,张禄权,李白玲,等.基于质量源于设计理念的丹参浓缩膏石硫工艺优化研究.中草药,2019,50(10)：2302-2311.

[33] 沈金晶,龚行楚,潘坚扬,等.基于质量源于设计理念的金银花水提液石灰乳沉淀工艺优化研究.中国中药杂志,2017,42(6)：1074-1082.

[34] 张俊鸿,何雁,许燕,等.基于质量源于设计理念的风咳颗粒喷雾干燥工艺研究.中草药,2017,48(10)：2061-2066.

[35] 王星星,张艳军,朱秀辉,等.基于质量源于设计理念优化参蒲盆炎颗粒喷雾干燥工艺.中草药,2019,50(6)：1334-1340.

[36] 曾敬其,朱金媛,雷乐庭,等.QbD理念的医院制剂创研：妇科止痒洗剂全程工艺优化策略.中国中药杂志,2019,44(20)：4342-4349.

[37] 吴志生,石涵芬,曾敬其,等.QbD理念的名医名方创研：脱敏定喘颗粒工艺优化研究.中国中药杂志,2019,44(20)：4322-4328.

[38] 崔向龙,徐冰,孙飞,等.质量源于设计在银杏叶片制粒工艺中的应用(Ⅲ)：基于设计空间的过程控制策略.中国中药杂志,2017,42(6)：1048-1054.

[39] 邵静媛,瞿海斌,龚行楚.2 种设计空间计算方法的比较研究——达标概率法和多指标叠加法.中国中医药杂志,2018,43(10):7.
[40] 许之麟.基于 QbD 原理的党参水提醇沉工艺研究.杭州:浙江大学,2016.
[41] 许之麟,黄文华,龚行楚,等.设计空间法优化党参一次醇沉工艺.中国中药杂志,2015,40(22):4411-4417.
[42] PETERSON J J. A bayesian approach to the ICH Q8 definition of design space. J Biopharm Stat, 2008, 18(5):959.
[43] 王智民,张启伟.美国 FDA 产业指南:创新的药物开发、生产和质量保障框架体系——PAT.中国中药杂志.2009,34(24):3304-3309.
[44] 徐冰,周海燕,史新元,等.清开灵注射液生产过程性能指数研究.中国中药杂志,2015,40(10):1930-1934.
[45] 隋丞琳,吴志生,林兆洲,等.样本数据重复性对 NIR 校正模型的影响.中国中药杂志,2012,37(12):1751-1754.
[46] 汪小莉,李嬡,秦昆明,等.近红外光谱学与化学计量学在中成药液体制剂过程分析中的应用.中草药,2013,44(15):2165-2171.
[47] 吴志生,史新元,徐冰,等.中药质量实时检测:NIR 定量模型的评价参数进展.中国中药杂志,2015,40(14):2774-2781.
[48] 许禄,邵学广.化学计量学方法.2 版.北京:科学出版社,2004.
[49] GOTTUMUKKAL R, ASARI V K. An improved face recognition technique based on modular PCA approach. Pattern Recognition Lett, 2004, 25:429-436.
[50] ROGG Y, CHALUS P, MAURER L, et al. A review of near infrared spectroscopy and chemometrics in pharmaceutical technologies. J Pharm Biomedl Anal, 2007, 44(3):683-700.
[51] GALTIER O, ABBAS O, LE DREAU Y, et al. Comparison of PLS1-DA, PLS2-DA and SIMCA for classification by origin of crude petroleum oils by MIR and virgin olive oils by NIR for different spectral regions. Vibrational Spectr, 2011, 55(1):132-140.
[52] GOMBAS A, ANTAL I, SZABO-REVESZ P, et al. Quantitative determination of crystallinity of alpha-lactose monohydrate by near infrared spectroscopy (NIRS) [C]. Vienna:4th Central European Symposium on Pharmaceutical Technology, 2001.
[53] TAN C, WAN J Y G, WU T, et al. Determination of nicotine in tobacco samples by near-infrared spectroscopy and boosting partial least squares. Vibrational Spectr, 2010, 54:35-41.
[54] OTSUKA M. Chemoinformetrical evaluation of granule and tablet properties of pharmaceutical preparations by near-infrared spectroscopy [C]. Shanghai:International Conference on Chemometrics and Bioinformatics in Asia, 2004.
[55] SMITH M R, JEE R D, MOFFAT A C, et al. Optimisation of partial least squares regression calibration models in near-infrared spectroscopy: a novel algorithm for wavelength selection. Analyst, 2003, 128:1312-1319.
[56] WANG Z M, XIANG B R. Application of artificial neural network to determination of active principle ingredient in pharmaceutical quality control based on, near infrared spectroscopy. Microchem J, 2008, 89:52-57.
[57] NIAZI A, ZOLGHAMEIN J, AFIUNI-ZADEH S. Spectrophotometric determination of ternary mixtures of thiamin, riboflavin and pyridoxal in pharmaceutical and human plasma by least-squares support vector machines. Anal Sci, 2007, 23:1311-1316.
[58] 施朝晟,刘雪松,陈勇,等.一种丹参提取过程终点快速判断方法.中国中药杂志,2006,41(23):1771-1774.
[59] BLANCOM, GONZ LEZ R, BERTRAN E. Monitoring powder blendinin pharmaceutical processes by use of near infrared spectroscopy. Talanta,2002,56:203-212.
[60] GONZ LEZF, POUS R. Quality control inmanufacturing process by neainfrared spectroscopy. J PharmBiomedAnal, 1995, 13(4):419-423.
[61] 仲怿,茹晨雷,张伯礼,等.基于知识图谱的中药制药过程质量控制方法学研究.中国中药杂志,2019,44(24):5269-5276.
[62] 程翼宇,钱忠直,张伯礼.创建以过程管控为核心的中药质量控制技术体系.中国中药杂志,2017,42(1):1-5.
[63] 兰继平,胡彦君,王雅琪,等.穿心莲制剂指纹图谱及其制备过程药效相关性研究.中国中药杂志,2016,41(15):2802-808.
[64] 刘莹,汪刚,仲青香,等.基于多维结构过程动态的中药制剂产品肝毒性的影响因素.中国中药杂志,2017,42(16):3031-3035.
[65] 郭宝林,肖培根.中药淫羊藿主要种类评述.中国中药杂志,2003,28(4):303-306.
[66] 王秀坤,赵雍,梁爱华,等.不同产地千里光急性毒性实验研究.药物不良反应杂志,2008,10(2):81-85.
[67] 罗益萍,刘娟秀,刘训红,等.不同采收期何首乌中多元功效物质的动态积累分析.中国中药杂志,2015,40(13):2565-2569.
[68] 郭鹏,张铁军,朱雪瑜,等.大黄毒性的现代研究与减毒对策.中草药,2009,40(10):1671-1675.
[69] 王伽伯,马永刚,金城,等.对应分析在大黄炮制减毒"量-毒"规律研究中的应用.中国中药杂志,2009,34(19):2498-2502.
[70] 张永文,马秀璟,阳长明.含朱砂、雄黄的中药制剂的质量控制及安全性评价问题分析.中国中药杂志,2010,35(11):1501-1507.
[71] 乌日娜.不同炮制方法对中药朱砂作用的研究进展.中国民族医药杂志,2007,13(5):66-69.
[72] 李志华.微粉化对雄黄粉体质控标准的影响.长沙:湖南中医药大学,2013.
[73] 徐月红,王宁生,陈宝,等.微粉化对制何首乌中脂溶性和水溶性成分的影响.中草药,2006,37(11):1668-1673.
[74] 迟雪洁,孙蓉.提取方式对艾叶"质量-毒性"综合评价模式的影响.中国药物警戒,2012,9(5):266-271.
[75] LIANG Z. Comparison of raw and processed radix polygoni multi-flori (Heshouwu) by high performance liquid chromatography and mass spectrometry. Chin Med, 2010, 5(1):29-32.
[76] LV G P, MENG L Z, HAN D Q, et al. Effect of sample preparation on components and liver toxicity of polygonum multiflorum. J Pharm Biomed Anal,2015, 109:105-109.
[77] 孙蓉,黄伟,尹建伟.不同提取工艺对北柴胡不同炮制品皂苷 a 含量及急性毒性实验比较研究.中国药物警戒,2011,8(8):454-458.
[78] 刘红杰,白杨,洪燕龙,等.不同提取方法制备的艾叶挥发油化学成分分析与急性肝毒性比较.中国中药杂志,2010,35(11):1439-1442.

[79]　高进,卢鹏,戴卉卿,等.中药现代制备工艺对不良反应的影响及相关对策.中国实验方剂学杂志,2014,20(14):52-56.

[80]　黄伟,孙蓉,张作平,等.毒性导向下的柴胡总皂苷精制工艺研究.中国药物警戒,2010,7(8):465-468.

[81]　李素君,孙蓉.不同精制工艺对柴胡皂苷类物质含量及急性毒性影响研究.中国药物警戒,2011,8(9):518-522.

[82]　黄明来,马卓.雷公藤的研究进展.化学与生物工程,2012,29(7):1-6.

[83]　梅之南,杨亚江,徐辉碧,等.固体脂质纳米粒降低雷公藤内酯醇肝毒性的实验研究.中草药,2003,34(9):817-822.

[84]　WANG X, XUE M, GU J, et al. Transdermal microemulsion drug delivery system for impairing male reproductive toxicity and enhancing efficacy of Tripterygium wilfordii Hook f. Fitotera- pia, 2012,83(4):690-695.

[85]　LI H, WEN X S, DI W. In vitro and in vivo evaluation of triptol-ide-loaded pluronic P105 polymeric micelles. Arzneimittlefor-schung, 2012,62(7):340-346.

[86]　方文娟,苗琦,罗光明.栀子毒性研究进展.江西中医药,2015(6):70-73.

[87]　王智勇,张海燕,杨明,等.京尼平苷四种不同给药途径的肝毒性初步研究.现代生物医学进展,2013,13(5):824-829.

[88]　SMOLINSKE S C. Review of parenteral sulfite reactions. Clin Toxicol,1992,30(4):597-601.

[89]　崔宏玉,梁爱华.从中药注射剂质量标准分析其不良反应成因.中国中药杂志,2014,39(5):934-938.

[90]　陈海清.中药制剂中辅料的不良反应.实用中医内科杂志,2013,27(5):134-137.

[91]　蒋朱明.氨基酸输液抗氧剂对肝功能的损害.昆明:肠外-肠内营养学术会议,1996:37.

[92]　高英杰.中药注射剂常用辅料的作用与安全性分析.中国医院用药评价与分析,2014(7):640-645.

[93]　魏戌,谢雁鸣.中药注射剂不良反应的影响因素与发生机制分析.中国中药杂志,2012,37(18):2748.

[94]　胡绍英,封亮,张明华,等.基于"组分结构理论"的丹参注射剂的"多维结构过程动态"质量控制.中国中药杂志,2013,38(24):4375.

[95]　朱春霞,刘丹,黄萍,等.基于物质基础组分结构的消癌平注射液多维结构质量控制的研究思路.中国中药杂志,2013,38(21):3627.

[96]　封亮,张明华,顾俊菲,等.基于组分结构理论的丹参滴注液的多维结构过程动态质量控制研究.中国中药杂志,2013,38(21):3622.

[97]　李瑞煜,张定堃,韩雪,等.基于代谢组学方法的制附片煎煮过程成分变化规律及煎煮时限探讨.中草药,2016,47(1):38-45.

[98]　黄晓晨,宿树兰,郭建明,等.代谢组学在中医药若干科学问题研究中的应用与思考.中草药,2014,45(2):147-153.

[99]　陈东安,易进海,黄志芳,等.附片指纹图谱研究及6种酯型生物碱含量测定.中国中药杂志,2010,35(21):2829-2833.

[100]　邓家刚,范丽丽.从对附子的争议来探讨有毒中药毒性问题.河南中医,2010,30(9):925-927.

[101]　谢晓芳,彭成,易进海,等.附子不同炮制品提取物急性毒性的比较研究.中药与临床,2012,3(3):29-33.

[102]　张学义.附子用量、煎法不同,功用也相异.中医杂志,1992,33(12):6-7.

[103]　陈国恒.小量附子不必久煎.中医杂志,1992,33(12):5-6.

[104]　考玉萍,张化为.大剂量食用附子安全性和有效性研究.陕西中医,2013,34(4):478-480.

[105]　张宏,彭成,余成浩.附子煎煮时间、给药剂量与温阳功效的相关性研究.中国中药杂志,2007,32(20):2118-2123.

[106]　赵珊,王鹏程,冯健,等.代谢组学技术及其在中医药研究中的应用.中草药,2015,46(5):756-765.

[107]　王璐,丁家昱,刘秀秀,等.附子中胺醇型二萜生物碱的鉴定及其强心活性研究.药学学报,2014,49(12):1699-1704.

[108]　XIONG L, PENG C, XIE X F, et al. Alkaloids isolated from the lateral root of Aconitum carmichaelii. Molecules, 2012, 17(8):9939-9946.

[109]　王慧玉,孙晖,陆欣,等.乌头属中药成分的构效关系研究进展.世界科学技术——中医药现代化,2011,13(6):1022-1026.

[110]　王立岩,张大方,曲晓波,等.附子炮制前后有效部位强心作用的实验研究.中国中药杂志,2009,34(5):596-599.

[111]　WANG Y, SONG M, HOU L, et al. The newly identified K+ channel blocker talatisamineattenuates beta-amyloid oligomers induced neurotoxicity in cultured cortical neurons. Neuro Sci Lett, 2012, 518:122-127.

[112]　赵军宁,叶祖光.中药毒性理论与安全性评价.北京:人民卫生出版社,2012.

[113]　NESTEROVA Y V, POVET'YEVA T N, SUSLOV N I, et al. Analgesic activity of diterpene alkaloids from Aconitum Baikalensis. Bull Exp Biol Med, 2014, 157(4):488-491.

[114]　张俊鸿,何雁,许燕,等.基于质量源于设计理念的风咳颗粒喷雾干燥工艺研究.中草药,2017,48(10):2061-2066.

[115]　VAN BOCKSTAL P J, MORTIER S T F C, CORVER J, et al. Quantitative risk assessment via uncertainty analysis in combination with error propagation for the determination of the dynamic design space of the primary drying step during freeze-drying. Eur J Pharm Biopharm, 2017, 121:32-41.

[116]　王磊.热毒宁注射液关键生产工段智能放行若干技术的研究.杭州:浙江大学,2018.

[117]　沈金晶,龚行楚,潘坚扬,等.基于质量源于设计理念的金银花水提液石灰乳沉淀工艺优化研究.中国中药杂志,2017,42(6):1074-1082.

[118]　崔雅华,王茜,徐冰,等.质量源于设计:基于知识组织的中药生产潜在关键工艺参数的辨识.中国实验方剂学杂志,2016,22(15):1-8.

[119]　闫安忆,龚行楚,瞿海斌.一种中药醇沉前浓缩液关键质量控制指标的辨析方法.中国中药杂志,2012,37(11):1558-1563.

[120]　张寒,闫安忆,龚行楚,等.丹参注射液生产中一次醇沉上清液浓缩工艺质控指标研究.中国中药杂志,2011,36(11):1436-1440.

[121]　陈勇,陈明,王钧,等.基于灰色关联分析法辨识中药生产过程关键工艺参数.中草药,2019,50(3):582-588.

[122]　邓聚龙.灰理论基础.武汉:华中科技大学出版社,2002.

[123] 孙铭忆,李冰韶,王永洁,等.基于模糊层次分析法优选复方黄芪水浸膏提取工艺路线.中草药,2018,49(2):325-329.

[124] 钱夕元,荆建芬,侯旭暹.统计过程控制(SPC)及其应用研究.计算机工程,2004,30(19):144-145.

[125] 吴莎,刘启安,吴建雄,等.统计过程控制结合近红外光谱在栀子中间体纯化工艺过程批放行中的应用研究.中草药,2015,46(14):2062-2069.

[126] 王永香,李淼,米慧娟,等.应用统计过程控制技术研究建立青蒿金银花醇沉过程中实时放行标准.中草药,2016,47(9):1501-1507.

[127] 刘爽悦,沈金晶,李文龙,等.3种关键工艺参数辨识方法的比较研究.中草药,2016,47(18):3191-3198.

第五章
基于现代信息科学的中药制药
分离过程原理研究

近年来,由于生命科学、材料科学等新兴学科的发展,加之计算机和现代分离手段的广泛应用,促使分离科学的基础理论日臻完善,技术水平不断提高,使其逐渐发展成为一门相对独立的学科。当前,以中医药基础研究与现代中药开发为主要服务对象的中药分离科学,正面临着前所未有的百花齐放的局面。由于分离技术在中药制药领域的应用十分广泛,又因为中药原料、目标产品及对分离操作的要求多种多样,这就决定了中药分离技术的多样性,并呈现出多学科、高新技术化的鲜明特征。近十余年来,特别是进入 21 世纪以来,有很多新出现的分离技术都被采用与信息科学相结合的形式活跃于中药制药研究与应用领域。

第一节 现代信息技术与中药制药分离工程的相关性

一、现代信息技术是中药制药分离科学的重要标志

信息技术和先进测试技术的高速发展为分离科学多层次、多尺度的研究提供了条件。激光、计算机、微生物及电子技术等被引进分离过程,是现代分离科学的重要标志之一[1]。特别是以数据科学为核心的现代信息技术带动了中药制药分离技术的迅猛发展,对中药制药分离新研究领域的开拓具有深远的影响。信息技术在分离过程中的运用涉及热力学和传递性质、多相流、多组分传质、分离过程和设备的强化与优化设计等,如分子模拟大大提高了预测热力学平衡和传递性质的水平,成为阐述膜过程中溶剂化效应所产生的中药成分竞争透过作用及机理的重要武器;分子识别原理促成了螯合包结技术、分子印迹技术等新型中药分离技术的问世;分子设计加速了高效分离剂的研究、开发[2,3];化工模拟软件的商品化和计算机辅助设计(computer aided design, CAD)与人工智能(artificial intelligence, AI)在化工中的广泛应用大大推动了分离过程和设备的优化设计与优化控制。激光多普勒测速仪(LDV)和激光成像测速仪(PIV)等的应用使研究深度从宏观平均向微观、局部瞬时发展[4]。局部瞬时速度、浓度、扩散系数和传质速率的测量,液滴群生成、运动和聚并过程中界面的动态瞬时变化的研究等引起了人们的重视。分离过程的研究内容已从宏观传递现象深入到气泡、液滴群、微乳和界面现象等,加深了对中药制药分离过程中复杂传递现象的理解。功能齐全的计算流体力学(computational fluid dynamics, CFD)软件可以对分离设备内的流场进行精确的计算和描述,加深了人们对分离设备内相际传递过程机理的认识,并对设备强化和放大提供了重要信息[5]。实验研究和计算机模拟相结合成为分离技术研究开发和设计放大的主要途径。

以本团队的研究实践为例[6],超滤和微滤是当前最常用的膜分离工艺,其机理均为筛分作用。这一看似简单的筛分却蕴藏着极为复杂的内涵。我们采用 LM10 纳米颗粒分析仪发现了小檗碱水溶液中存在着大量的纳米颗粒,接着使用分子模拟技术研究了以小檗碱为代表的小分子物质的溶液结构及与水分

子之间的相互作用,并结合实验数据进行分析、探讨。计算结果不仅加深了对中药提取液溶液结构的认识,强化了对中药提取液膜过程中微观变化的理解,并为中药水提液的分离、浓缩、干燥供了理论指导。

借助计算机化学技术,本团队与上海大学陆文聪教授团队合作,开展了"中药水提液复杂体系物理化学参数及膜通量特征值相关性的数据挖掘和知识发现"探索性研究。该研究[7]以 7 种中药水提液体系精制分离所用的 Al_2O_3 陶瓷膜膜通量特征值 Z 集数据(Z_1:初始通量、Z_2:稳定通量、Z_3:通量下降速率、Z_4:通量下降程度)分别为目标变量,以 X 集数据(X_1:水提液固含物、X_2:水提液中淀粉含量;下同,X_3:果胶、X_4:蛋白质、X_5:鞣质、X_6:$X_2 + X_3 + X_4 + X_5$)、Y 集数据(Y_1:水提液体系浊度值;下同,Y_2:黏度、Y_3:电导、Y_4:pH、$Y_{5.1}$:粒径分布 D_{10}、$Y_{5.2}$:粒径分布 D_{50}、$Y_{5.3}$:粒径分布 D_{90})为自变量,试图建立上述目标变量与自变量间的定量或定性关系。所用样本集一共只有 7 个样本,而自变量却多达 13 个,属于典型的小样本问题,利用基于支持向量机(support vector machine,SVM)的留一法交叉验证(leave-one-out cross-validation)的结果(分类误报率越低越好),对上述样本集的自变量进行筛选,可以得到建模所需的最佳自变量组合(子集),进而建立 7 种中药水提液体系中共性高分子的化学组成及其物理化学参数与 Al_2O_3 陶瓷膜膜通量特征值之间的关系。其中以 Z_2(稳定通量)为目标变量,相应的变量筛选的过程和结果见表 5-1。

表 5-1　影响 Z_2(稳定通量)的自变量筛选过程和结果[7]

自变量数	相应自变量组合(子集)	分类误报率(%)
13	X_1,X_2,X_3,X_4,X_5,X_6,Y_1,Y_2,Y_3,Y_4,$Y_{5.1}$,$Y_{5.2}$,$Y_{5.3}$	28.6
11	X_4,X_5,X_6,Y_2,Y_3,Y_4,$Y_{5.1}$,$Y_{5.2}$,$Y_{5.3}$	28.6
7	X_4,X_5,Y_2,Y_4,$Y_{5.1}$,$Y_{5.2}$,$Y_{5.3}$	14.3
5	X_4,Y_4,$Y_{5.1}$,$Y_{5.2}$,$Y_{5.3}$	14.3
3	X_4,Y_4,$Y_{5.3}$	0

由表 5-1 可见,当自变量数目为 13 个(全部自变量)时,用 SVM 留一法交叉验证方法所得 Z_2(稳定通量)的分类误报率较高,说明某些自变量带来噪声,影响了模型的预报正确率。经过筛选,利用最后剩下的 3 个自变量,即 X_4(蛋白质)、Y_4(pH)和 $Y_{5.3}$(粒径分布 D_{90})时,相应的 SVM 模型的留一法交叉验证的预报正确率达到了 100%。这一结果让我们初步找到了中药水提液这一复杂体系影响 Al_2O_3 陶瓷微滤膜膜通量的主要因素,即水提液中的蛋白质含量、原液 pH 和 90% 微粒的粒径分布(D_{90})。作为含有大量的由非药效高分子所形成的胶体颗粒的中药水提液陶瓷膜处理过程来说,在体系的 pH 的影响方面表现出了与许多膜应用领域的专家在类似体系的陶瓷膜处理过程中所发现的"体系的 pH 对膜通量有很大的影响"一致的结论。该预报结果基本锁定造成该体系通量衰减的主要因素,使得中药水提液膜污染与防治研究思路取得突破性进展,并使我们深刻认识到将以计算机化学为核心的现代信息技术引进中药膜科学技术研究领域的重要性与迫切性。

本团队以 200 多种中药单、复方水提液膜前后的上万个检测数据为大样本,首次建立了中药水提液陶瓷膜污染基础数据库。并借助该数据库,开展了"陶瓷膜精制中药的膜污染预报与防治系统"软件编制[8,9]。该软件针对中药水提液体系具有多变量、非线性、强噪声、自变量相关、非正态分布、非均匀分布等复杂数据全部或部分特征的特点,把多种模式识别方法、人工神经网络方法、线性和非线性回归方法结合起来,互相取长补短,力图形成一个信息处理流程,来应对各种复杂数据。因此,本软件特别适用于处理复杂数据,既可做定量分析,又可做半定量和定性分析。

该软件的主要系统性能为：① 运行稳定,界面友好;② 应用简单,帮助功能完善,文档完备,便于用户使用;③ 适应性、移植性好,也可应用该软件对类似的样本数据进行分析;④ 软件特别适用于处理复杂数据,既可做定量分析,又可做半定量和定性分析。

中药制药学的关键技术是提取物(中间体)的制备,而提取工艺的核心是现代分离理论与技术,上述研究亦为建立可和膜科学技术体系与现代工业化生产模式接轨的中药制药分离过程智能控制模式提供了可能和依据。

二、数据科学概述

近年来,随着信息技术的迅猛发展,以数据科学(data science)为核心的计算化学技术展现出广阔的前景。与此同时,计算机、激光、微生物及电子技术等被引进分离过程,成为现代分离科学的重要标志之一。融合计算机技术、网络技术、数学、化学及其相关学科的最新理论、集成多种关键软件的科技平台的出现,给面向制药分离工程的中药膜过程研究领域带来无限活力。

数据科学是关于数据的科学,其宗旨为探索数据界奥秘的理论、方法和技术,而将信息和知识转换为数据,是实施数据驱动策略,探索自然规律的关键技术[10-12]。就中药膜技术与数据科学的关系而言,随着膜分离技术在中药制药行业的广泛应用,迫切需要在膜过程中针对膜的污染程度进行,即时分析和预测的综合分析系统,以便根据分析结果对中药体系进行相应的预处理,并制定适当的膜清洗方案。传统的分析方法主要基于统计学理论,单一使用回归分析、主成分分析等方法。但是中药水提液是一个复杂系统,在膜工艺过程实验中采集到的关于中药水提液原液、提取液、膜过程等指标参数达30多个,这些表征数据具有多变量、非线性、强噪声、自变量相关、非正态分布、非均匀分布等全部或部分特征。数据科学研究领域的特征提取、遗传算法、神经网络、支持向量机等算法为上述复杂数据的分析和建模预测提供了新的技术手段。本节主要讨论数据科学在探索中药制药分离过程规律中的应用。

随着信息技术的迅猛发展,对于数量大、涉及面广的电子化数据,常用的数据库管理系统的查询检索机制和统计学分析方法已经远远不能满足人们的现实需要。人们无法理解并有效地利用这些数据,从而导致了严重的数据灾难。这就需要新的技术智能地、自动地将待处理数据转化为对用户有价值的信息和知识。由此就产生了基于数据挖掘(data mining, DM)和数据库中的知识发现(knowledge discovery in database, KDD)的数据处理技术。

1. 数据挖掘与知识发现的基本概念[13,14]　　数据挖掘是按照既定的业务目标,对大量数据进行探索,揭示隐藏其中的规律性并进一步将之模型化的先进的、有效的方法。它反复运用多种算法从观测数据中提取模式或合适模型,通过凝结各种技术和创造力去探索可能隐藏在数据中的知识。在很多情况下,应用数据挖掘技术是为了实现3种目的：发现知识、使数据可视化、纠正数据。完整的数据挖掘过程一般有以下几个主要步骤：数据收集、数据整理、数据挖掘、数据挖掘结果的评估、分析决策。

知识发现是近年来随着人工智能和数据库技术的发展而出现的一门新兴技术。它被定义为：从大量数据中提取出可信的、新颖的、有效的,并能被人理解的模式的高级处理过程。知识发现处理过程可分为9个阶段：数据准备、数据选取、数据预处理、数据缩减、知识发现目标确定、挖掘算法确定、数据挖掘、模式解释及知识评价。由此可见,数据挖掘只是知识发现的一个处理过程,但却是知识发现最重要的环节。

2. 数据挖掘的主要方法　　数据挖掘方法大都基于机器学习、模式识别、统计学等领域知识,主要的数据挖掘方法有下述几种。

(1) 决策树(decision tree)：决策树是建立在信息论基础之上,对数据进行分类的一种方法。首先,通过一批已知的训练数据建立一棵决策树;然后,利用建好的决策树,对数据进行预测。决策树的建立过程可以看成是数据规则的生成过程,因此可以认为,决策树实现了数据规则的可视化,其输出结果也容易理解。决策树方法精确度比较高,结果容易理解,效率也比较高,因而比较常用。

（2）神经网络（neural network）：是一种通过训练来学习的非线性预测模型。神经网络用于解决数据挖掘问题的优势主要表现以下方面,一是分类精确,稳定性好;二是神经网络可用各种算法进行规则提取。它可以完成分类、聚类、特征挖掘等多种数据挖掘任务。目前主要有前馈式网络、反馈式网络和自组织网络3大类神经网络模型。

（3）关联规则挖掘：关联规则表示数据库中一组对象之间某种关联关系的规则,如同时发生或从一个对象可以推出另一个对象。关联规则挖掘就是通过关联分析找出数据库中隐藏的关联,利用这些关联规则可以根据已知情况对未知问题进行推测。关联规则的发现过程可以分为两个步骤。第一步,发现所有的大项集,也就是支持度大于给定最小支持度的项集;第二步,从大项集中产生相关规则。挖掘的性能主要由第一步决定,当确定了大项集后,关联规则很容易直观得到。

（4）多层次数据汇总归纳：数据库中的数据和对象经常包含原始概念层次上的详细信息,将一个数据集合归纳成更高概念层次信息的数据挖掘技术称为数据汇总。其实现方法分为数据立方体和面向属性归纳法两类。数据立方体法又称在线分析处理、多维数据库,其基本思想是通过上卷（roll-up）、下钻（drill-down）、切片（slice）、切块（dice）等操作,从不同维度、不同层次实现对数据库的汇总计算;面向属性的归纳法采用属性迁移、概念树攀登、阈值控制等技术概括相关的数据,形成高层次概念的信息,使得可以从不同抽象层次上看待数据。

（5）统计学方法：在数据库字段项之间存在两种关系：函数关系和相关关系。对其分析常采用回归分析、相关分析和主成分分析等统计分析方法。

此外还有最邻近技术、Bayesian网络、遗传算法、粗糙集方法、可视化技术等方法,在实际应用中应根据情况选用适当的方法。

三、计算机化学在中药制药分离工程领域应用的基本模式与算法

1. 计算机化学在中药制药分离工程领域应用的基本模式　　本团队近年来在开展"无机陶瓷膜精制中药的机制研究""中药复方药效物质组合筛选"等研究中,针对中药体系药效物质组成的多元性及物料体系的多样性的特点,提出了面向中药复杂体系的研究思路与方法,并初步建立起计算机化学在中药制药工程学科领域应用的基本模式：① 一定样本量中药体系的选择;② 与中药制剂学或生物药剂学相关的技术参数表征体系的建立;③ 数据库设计与构建;④ 多种数据挖掘算法的筛选与相互印证;⑤ 知识发现——潜在规律的发现与验证。事实证明,这种研究方法可迅速、有效锁定复杂环境中影响工艺过程的主要因素,使研究工作取得突破性进展[7,8]。

其中,数据库的构建是将非线性复杂科学、信息科学和前沿的数理科学与中医药学交叉、渗透、融合的必需手段之一。自20世纪90年代以来,在梁逸曾、周家驹、乔延江等提议下[15-17],中医药领域的各种专用数据库,如中药数据库、中药药理及毒理数据库、中药临床效果数据库、国外重要植物药数据库等相继建立,以及在原有中药化学成分数据库的基础上,用ChemOffice、ISIS/Base、Sybyl、Catalyst等系统或方法,对中药化学成分信息进行规范处理,用CatDB建立多构象数据,所建立的三维药效团数据库拥有中药化学成分表面物理化学性质、分子动力学（包括分子的总能量、键角、键长、分子振动等）及分子的溶剂效应等信息,可实现药效团的特征和各种参数的空间描述[18]。中药分离技术设计与制备工艺专用数据库的建立是本研究领域的重要任务之一。然而,更重要的是进行数据库知识发现研究,并从所建数据库中挖掘隐含的规律用于开辟中医药的新领域。

2. 计算机化学在中药制药分离工程领域应用的算法　　常用的计算机化学方法,包括统计多元分析、主成分分析、偏最小二乘法等,在复杂数据处理过程中发挥了重要作用。近年来,建立在统计学习新理论基础上的 SVM[19,20] 相继应用于药物定性或定量构效关系、分析化学的多变量校正[21]、材料设计[22]等领域。在将该方法用于中药分离过程优化的研究中发现,通过调节 SVM 模型所选用的核函数及其参数以控制过拟合或欠拟合现象,可一定程度地解决复杂数据建模结果好而预报结果不好的问题,因而SVM 有望成为中药复杂体系数据挖掘和知识发现的计算机化学新方法。近年本课题组采用 SVM 等算法在中药制药工艺研究方面取得了一系列重要进展,再次证明了将计算机化学新方法引入中药研究领域的迫切性与重要性[23-25]。

本课题组在陶瓷膜精制中药的膜污染预报与防治系统软件编制中涉及的算法近 20 种。其中包括 K-近邻法、主成分分析、多重判别矢量、判别分析、偏最小二乘法、白化变换、白化线性映射法、球形映射法、逆传播人工神经网络、特征选择、最佳投影识别、逐级投影、超多面体、装盒、最佳投影回归、正交试验设计法、支持向量机分类、支持向量机回归等。这些方法既可综合应用,又可独立使用。

主成分分析是利用数学上处理降维的思想,将实际问题中的多个属性设法重新组合成一组新的少数几个综合指标来代替原来指标的一种多元统计方法。这样在研究多指标统计分析中,就可以只考虑少数几个主成分同时也不会损失太多的信息,并从原始数据中进一步提取了某些新的信息。因此,在实际问题的研究中,该法既可减少变量的数目又可抓住主要矛盾。特征选择是指从原始特征集中选择使某种评估标准最优的特征子集,其目的是根据一些评选准则选出最小的特征子集,使得任务如分类、回归等达到和特征选择前近似甚至更好的效果并且提高算法泛化能力,提高模型的可理解性。K-近邻法、判别分析、支持向量机分类是典型的分类算法,可用来通过建立分类模型从而分析自变量因素对因变量因素的重要性。偏最小二乘法、逆传播人工神经网络、支持向量机回归均为建立预测模型的算法。人工神经网络适合大样本、非线性样本建模分析,而支持向量机回归适合小样本、多因素的建模分析。

超多面体与最佳投影回归 2 种算法为作者合作伙伴上海大学理学院陆文聪教授等创造、提出。超多面体法(hyper-polyhedron method)的原理,是在多维空间中直接进行坐标变换和聚类分析,进而自动生成一个超凸多面体。该超凸多面体将优类样本点(通常定义为"1"类样本点)完全包容在其中,而将其他样本点(通常定义为"2"类样本点)尽可能排除在超凸多面体之外,由超多面体生成的超凸多面体在三维以上的抽象空间内用一系列不等式方程表示。而非线性最佳投影回归法是一种将模式识别技术和非线性回归方法相结合的建模方法,其特色是建立提取过程药-时曲线。而通过该曲线的拟合,即可将离散数据条件变成连续函数条件,进而使用连续函数的分析方法进行数学建模研究[26]。该建模方法的关键之一是指标性成分的选定。选择复方中利用了蕴含在样本集中的模式分类信息,计算中取最佳投影的坐标为自变量,用包括平方项(或立方项)的多项式作逐步回归。以上算法在编制有关中药膜过程预报软件中发挥了重要作用。

四、计算机化学用于中药提取、浓缩等工艺过程控制的研究

1. 标准偏差绝对距离法、遗传算法等在中药提取过程控制中的应用　　提取过程是中药生产的重要环节之一,当提取液中有效成分的含量趋于稳定时即被认为提取过程到达终点。目前中药生产中往往采用固定的提取时间,但由于药材批次间的质量差异和提取过程工况的波动,导致实际的提取终点提前或滞后于规定的提取时间,这势必造成能源与时间的浪费或药材利用率的降低。因此,利用在线检测技术快速判断提取过程的终点具有现实意义。

目前采用近红外光谱在线分析技术进行终点判断主要采用光谱差异均方根法(mean square of

differences，MSD）和移动块标准偏差法（moving block of standard deviation，MBSD）[27,28]等模式识别技术，通过计算批次内前后光谱间的差异度来判断终点。而程翼宇等采用的标准偏差绝对距离法（absolute distance of standard deviation，ADSD）则首先建立过程终点的标准光谱库，然后计算在线采集的光谱与标准光谱间的差异度来判断终点。相比于前 2 种方法，采用 ADSD 进行终点判断时光谱的扰动对判别结果的影响较小，具有更好的抗干扰能力。该法用于丹参提取过程终点快速判断取得重要成果[29]。

针对中药生产过程中提取工段的工艺要求，黄挚雄等提出了一种鲁棒性强、易于实施的迭代学习控制算法[30]。由各类传感器和比例积分微分（proportion integration differentiation，PID）控制器形成内路闭环，构成抗扰动的稳定系统；外环迭代学习控制单元迭代学习控制（iterative learning control，ILC）双闭环结构进一步保证药液的质量。通过该算法自动控制提取工段中每个设备的动作并检测其状态，使控制输出按预定达到最优值。在建立提取罐数学模型的基础上，仿真实验验证了 ILC 的跟踪效果。

针对中药生产过程中挥发油回收阶段的工艺要求，黄挚雄等提出一种基于域进化模型的遗传算法[31]。该算法建立在挥发油回收过程优化数学模型的基础上，通过实时检测控制变量操作设备，使输出按预定达到最优值。实验结果表明该算法可提高挥发油提取率，稳定产品质量。

2. 基于近红外光谱校正模型的中药浓缩过程在线检测方法　　中药提取液的浓缩过程也是中药生产的关键工艺之一，凭经验控制浓缩过程往往不能保证质量，如中药水提液浓缩不够充分会导致后续醇沉过程消耗大量的酒精，增加生产成本，而过分浓缩易引起结焦且造成收膏困难。

瞿海斌等提出中药浓缩过程在线检测方法的基本思路[32]：获取中药浓缩液标准样品乙醇浓度和指标成分浓度的参考值和近红外光谱，以标准正态变量方法（standard normal variate，SNV）和一阶导数预处理光谱，建立近红外光谱与浓度参考值之间的校正模型，用于实时测定中药醇提液浓缩过程中浓缩液的乙醇和指标成分的浓度，以在线反映浓缩过程的状态。研究结果表明，测量总皂苷和乙醇浓度的校正模型所用波数范围分别为 5 543~9 033、6 016~8 658 cm^{-1}，模型测量校正集样本总皂苷浓度的预测误差均方差（root mean square error of prediction，RMSEP）和相关系数 R 分别是 1.81 g/L、0.983 9，测量乙醇浓度的 RMSEP 和 R^2 分别为 1.58%、0.997 7。

五、传感器技术及其对中药制药分离工程实施智能控制的原理简述[33,34]

"加快推进智能制造，注重信息化、智能化与工业化的融合"是《中医药发展战略规划纲要（2016—2030 年）》明确提出的为主攻方向。针对多年来，我国中药制药装备领域工艺粗放、装备水平和自动化程度低，尤其是中药制造过程中的关键环节——提取、分离、浓缩、干燥过程的技术装备严重滞后等状态，借助"中国制造 2025"的东风，实现中药智能制造，既是一个重大机遇，也面临严峻的挑战。

智能制造（intelligent manufacturing，IM）是由智能机器和人类专家共同组成的人机一体化的智能化制造过程。智能制造过程包括分析、推断、构思和决策过程等。智能制造一般可分为智能设计、智能生产、智能管理、智能制造服务 4 个环节。中药智能制造是一种以高度柔性与高度集成的方式，通过计算机模拟人类专家的制造智能活动。将制造技术与数字技术、智能技术、网络技术集成应用于设计、生产、管理和服务的全生命周期，实现中药药品生产过程自动化与智能化的过程。智能制造将进一步提升中药制造的柔性化和自动化水准，而自动化系统之所以能快速、精确地获取信息，并按一定规律将被测量值转换成其他量值输出，主要依赖于该系统的神经末梢传感器。以中药提取过程自动控制系统为例，该系统包括计算机、各种自动阀和切换器、自动传感装置、自动检测装置、自动输送装置等硬件和计算机信息集成软件平台、集散控制系统及可编程控制器等软件。传感器则位于在线检测信息采集系统的最前端，对信息精确而可靠的自动检测具有极其重要的作用。

传感器（transducer/sensor）是一种检测装置，其功能是感受被测量的信息，并将检测感受到的力学、光学、热学、化学、生物等信息，按一定规律变换成为电信号或其他所需形式的信息输出，以满足相关信息的传输、处理、存储、显示、记录和控制等要求，它是实现自动检测和自动控制的首要环节。传感器的工作原理可涉及电阻、光电、红外、光导纤维、超声波、激光等相关的信息。按输出信息的性质，可将传感器分为模拟传感器和数字传感器。下面介绍传感器在中药提取、浓缩、干燥、灭菌等中药生产过程中的作用及其原理。

（1）中药提取工序，传感器主要安装在：① 提取罐，检测点为加热器蒸汽管道入口（检测蒸汽压力）、主管道（检测蒸汽压力与流量）及提取罐内部（检测温度、压力）；② 溶媒泵，溶媒泵线缆入口（检测溶媒泵耗电量）；③ 出液泵，出液泵线缆入口（检测出液泵耗电量）。中药物料成分复杂，提取工艺的压力、温度、液位、蒸汽流量等参数对药效物质的种类与含量有较大的影响，且提取过程中常见的溶液蒸发量、蒸汽流量的突变等干扰因素也会影响中药物料的提取效果，同时液位的变化又影响压力的变化，从而影响气化、蒸发和料液的浓度等，因此中药提取既是一个复杂的传热传质过程，又是一个复杂动态平衡实时建立和更替的过程。传感器在中药提取工序的主要功能就是：获取提取过程的温度、流量、压力、液位、质量、浓度（含量）、pH 等工艺参数和质量控制参数，以确保实时建立新的过程平衡并进行有效控制运行。

（2）中药浓缩工序，传感器主要安装在：① 浓缩罐，检测点为浓缩罐入液口（检测提取液压力、流量）、加热器蒸汽管道入口（检测蒸汽压力、流量）、浓缩罐内部（检测温度、真空度）；② 循环泵，检测点为循环泵线缆入口（检测循环泵耗电量）。中药浓缩工段变量多、扰动大，且具有非线性、时变、耦合、时滞等特征。浓缩过程的操作不当将会导致液冷、结焦、热分解、溶剂回收不安全等一系列问题，均会影响中药产品的质量与疗效，也会给后续操作造成不便。浓缩过程传感器主要有压力传感器、温度传感器、液位传感器、pH 计、浓度计、液位开关、流量计等。在浓缩过程中运用传感器技术，将保证浓缩过程得到有效、科学、严格的控制。

（3）中药干燥工序，传感器在中药干燥过程中用于监测和控制与干燥技术相关的工艺操作及其参数，如物料温度、流速、含水量、指标成分含量、崩解时间、压力等，以降低操作成本和干燥能耗，提高生产效率，保证产品安全、卫生，符合 GMP 要求。实现中药生产的连续化和智能化。

（4）中药灭菌工序，传感器在灭菌过程中，可对灭菌温度、灭菌时间、辐照剂量、压力值、致死率、耐热参数等影响中药产品内在质量的关键性工艺参数实时监控，并通过对灭菌过程中此类参数的实时反馈控制，达到质量控制的目的。

第二节　基于计算机化学的中药制药分离过程工程原理研究

一、中药制药分离过程动力学模型的构建

中药材的提取工艺研究是中药制剂制备工艺研究的重要基础工作，也是中药制剂现代化的重要环节。目前有关工艺参数确定多采用正交、均匀实验设计，这些方法虽能寻找到单个处方在实验条件下的主要优化工艺参数，但无法明辨提取过程各工艺参数的相互关系；无法阐述同一成分提取动力学量变一般规律；无法揭示中药药剂学的配伍机制；无法为大规模工业生产提供完整参数系统。

1. 中药浸提过程的动力学模型　　中药在浸提过程中，溶剂倍量、药材粒度、浸提时间等是影响有效成分浸出的几个重要因素。为提高中药制剂的理论水平和控制能力，提高有效成分的收率和降低生产成本，从理论上研究这些因素与浸出有效成分浓度之间的关系很有必要。但由于中药体系结构复杂，

成分繁多,目前对这一方面的理论研究还很不充分。

建立适合中药的提取动力学数学模型是定量研究中药成分溶出规律的基础。储茂泉、李有润等[35,36]探讨了中药提取的量变过程,证实了中药材成分溶出服从菲克定律,但这些模型没有考察中药材煎提多用饮片,吸水膨胀至中药饮片的数倍体积且高温导致成分衰减的实际情况。因此贺福元[37-39]在此基础上,考虑到中药材吸水膨胀、存在药材内透细胞膜传质扩散、中药成分消除分解等实际情况,首次对封闭体系的中药提取过程进行研究,建立了多元微分方程组提取动力学数学模型及参数求算方法。并以补阳还五汤中黄芪甲苷及六味地黄汤中梓醇为目标成分,建立了包含 3 项 e 的指数形式的成分溶出浓度解析式及各参数分析方法。同时采用统计矩原理阐明中药复方总成分动力学参数体系及其与单个成分的动力学参数的关系,建立了中药复方总量统计矩数学模型[40],包括总量零阶矩(AUC)、一阶矩(MRT)、二阶矩(VRT)、表观半衰期、表观清除率、生物利用度、平均稳态浓度、达稳时间、平均吸收时间、平均溶解时间、平均崩解时间等动力学参数概念。

韩泳平等则开展了挥发油提取过程动力学数学模型研究[41],从物质传递速率方程简化得到该关系式: $\ln(V_0 - V) = -Kt + A$。式中,V_0 为全部药材所含挥发油总体积(mL);V 为挥发器中已收集的挥发油体积(mL);K、A 为参数;t 为植物挥发油提取时间(min)。

上述工作为解决提取工艺参数量化及数学模拟优化问题奠定了理论和实验基础。

2. 基于提取过程药-时曲线拟合法的数学模型　　中药提取过程就是各类化学物质不断溶出的过程,提取过程中,某时刻提取液体系中指标成分的浓度反映了相关药味的主要物质在该时刻的溶出状况,通过多点动态测定药物浓度可建立提取过程药-时曲线。而通过该曲线的拟合,即可将离散数据条件转化成连续函数条件,进而使用连续函数的分析方法建立数学模型。

该建模方法的关键之一是如何确定指标性成分。选择提取过程药-时曲线检测指标成分,必须考虑下述要求:① 该复方的质量检测指标;② 可代表或部分代表复方的主要药理效应;③ 多指标同时考察。

为研究对黄连解毒汤提取过程,运用 UV、HPLC 考察了该方主要指标性成分——总生物碱、总黄酮、小檗碱、药根碱、巴马汀、黄芩苷、栀子苷等在 10~120 min 提取过程中的溶出变化,并与提取过程中的沉淀率、固含率进行比较分析,采用直观分析与数理统计分析结合,探讨各指标性成分与沉淀率、固含率之间的相关性,建立了相关数学模型[42]。

在上述工作基础上,采用同一权值相加法,经过求解极值得出总生物碱、总黄酮等 7 种成分在时间为 52 min 时达到极大值;通过欧氏距离法求解极值得出总生物碱、总黄酮等 7 种成分在时间 49 min 时,7 种成分应为动态溶出含量最大值。以上 2 种方法的研究结果虽然有一定差异,但不约而同地提示:将黄连解毒汤提取时间控制在 50 min 左右,既节省时间与能源,又可获得理想的药效物质最大提取率。显然本研究思路与方法对制定科学、合理的中药复方提取工艺具有重要指导意义。

二、中药制药分离工程原理的分子机制探索

"中药制造缺乏制药过程工程原理研究"之所以位列"2020 中医药工程技术难题"首位,主要原因在于中医药是一种高维复杂的体系,由于药效物质组成的多元性及药效作用靶点的多样性等各种影响因素,如何去探讨制药工程技术与药效物质的相互作用及其动态演化过程与作用机制,从中寻找有关规律呢? 显然必须综合运用复杂系统理论与方法,并结合当代生物学、数学、化学、物理学和信息科学等最新进展提供的新理论、新技术及新方法,去探索中药制药工程的核心科学问题。其中数据科学作为一个新兴的、具有广阔应用前景和富有挑战性的科技领域,在中药制药工程学科的应用虽尚处于摸索阶段,但随着数据库、人工智能等技术的发展,数据挖掘技术会日臻完善,势必为揭示中药制药工程科学内涵,实

现中药制药理论和技术创新带来重大突破。

以在中药制药工程研究领域最常见的浓缩工序为例，浓缩工段是中药制药企业的耗能大户，约占产品生产全过程能耗的 60% 左右。浓缩不就是从液体物料体系去除水（或其他溶剂）的操作吗，为什么会消耗大量的能量呢？为解开其中之谜，本团队李博[43]以黄连解毒汤水提液为实验体系，借助分子动力学模拟软件构建单体分子，采用从头算法进行分子构象的优化。将所需研究的分子放入纳米盒中，以得到可进行观察、计算的模拟体系［模拟盒子采用周期边界条件。定义 x-y 平面，垂直于 x-y 平面的轴为 z 轴。平衡态模拟采用 NpT 系综，体系温度为 298 K，压强为 1 atm（约为 $1×10^5$ Pa），通过 Berendsen 热浴方法维持系统恒定的温度和压强，采用 compass 力场进行计算］。通过分析小分子物质（小檗碱）与水分子之间存在状态、相互作用，并结合 LM10 纳米颗粒分析仪的实验数据进行分析。希望从分子认知水平探索中药物料浓缩的作用机制，以此为依据指导中药浓缩过程的优化，为攻克长期困扰中药制药生产的浓缩高能耗难题提供理论支撑。

该研究有关实验结果表明：

（1）小檗碱水溶液膜透过性及粒径分布：小檗碱的超滤透过率为 93.6%，并非理论值理想（100%）。同时，采用 LM10 纳米颗粒分析仪的粒径分布结果[43]。

小檗碱溶液的粒径分布范围在 10~230 nm，其中 50 nm 以下的颗粒为 14.8% 左右，50~130 nm 的颗粒占到将近 80%，平均粒径为 74 nm。小檗碱的溶解性较好，小檗碱溶液为澄清透明的液体（浊度为 0 NTU），里面却有数量巨大的不同粒径的纳米颗粒。

（2）小檗碱和一个水分子的溶液结构之间的相互作用：将一个小檗碱分子与 1 个水分子放入一个纳米盒子中。采用 NpT 系综，建模，并将能量最小化。其"溶液结构"图像如图 5-1 所示；相关能量分析结果见表 5-2。

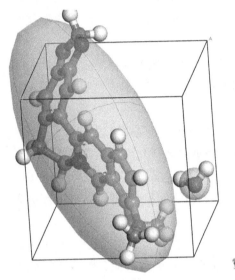

彩图 5-1

图 5-1　分子动力学模拟 1 个小檗碱分子 +1 个水分子"溶液结构"图[43]

（为观察方便，其中小檗碱分子和水分子均使用球棍模型表示，并进行椭圆形离子化。为使整个体系能量最小化，水分子处于纳米盒子中中部靠下的位置）

表 5-2　小檗碱和 1 个水分子相互作用表[43]

能量构成	体系总能量（kcal*/mol）	小檗碱能量（kcal/mol）	水分子能量（kcal/mol）	小檗碱与水的相互作用能（kcal/mol）
总能量	238.657 487	247.073 454	-0.154 488	-8.261 479
内能	250.905 585	250.789 224	0.116 362	0
非键作用	-12.248 098	-3.715 770	-0.270 850	-8.261 478
范德瓦耳斯力作用	-3.223 767	-1.912 901	-0.006 418	-1.304 448
排斥作用	106.975 572	99.084 189	0.000 438	7.890 945
色散作用	-110.199 339	-100.997 09	-0.006 856	-9.195 393
静电作用	-9.024 331	-1.802 869	-0.264 431	-6.957 031

＊1 kcal＝4.185 85 kJ。

由表 5-2 可见，小檗碱和 1 个水分子之间的相互作用能为 -8.261 479（kcal/mol），由于小檗碱分子和水分子之间并无化学键,因而其相互作用能全部由非键类作用能构成。静电作用在二者之间的相互作用占主导作用(占总能量的 84.21%),表现为相互吸引作用。在范德瓦耳斯力作用中,色散作用大于排斥作用,也表现为相互吸引的作用。范德瓦耳斯力作用和静电作用的加和构成了小檗碱与水分子之间的相互吸引作用。

(3) 小檗碱与多个水分子的溶液结构之间的相互作用:将一个小檗碱分子与 5 个、10 个、50 个、100 个、300 个、500 个、1 000 个水分子放入一个纳米盒子中。采用 NpT 系综,建模,并将能量最小化。可得到相应"溶液结构"的图像。其中图 5-2、图 5-3 分别为 1 个小檗碱分子与 5 个、1 000 个水分子分子动力学仿真"溶液结构"图(其余图像略)。

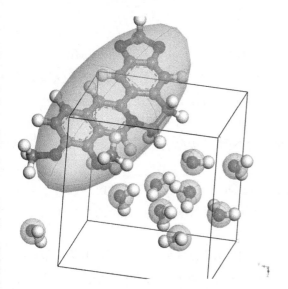

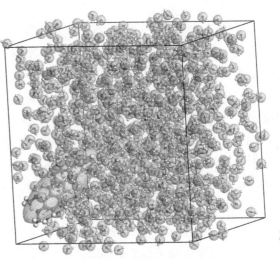

彩图 5-2

彩图 5-3

图 5-2　分子动力学模拟 1 个小檗碱+10 个水分子"溶液结构"图[43]

图 5-3　分子动力学模拟 1 个小檗碱+1 000 个水分子"溶液结构"图[43]

由图 5-2 及图 5-3 可知,不同水分子的个数构成了小檗碱分子不同的分子构象,处于纳米盒子中不同的空间位置。其余水分子之间的相互作用分析见表 5-3。

表 5-3　小檗碱和 1 个水分子相互作用表[43]

能量构成	小檗碱与 5 个水的相互作用能(kcal/mol)	小檗碱与 10 个水分子的相互作用能(kcal/mol)	小檗碱与 20 个水分子的相互作用能(kcal/mol)	小檗碱与 50 个水分子的相互作用能(kcal/mol)	小檗碱与 100 个水分子的相互作用能(kcal/mol)	小檗碱与 300 个水分子的相互作用能(kcal/mol)	小檗碱与 500 个水分子的相互作用能(kcal/mol)	小檗碱与 1 000 个水分子的相互作用能(kcal/mol)
总能量	-15.853 39	-25.438 32	-31.588 27	-39.410 04	-36.578 62	-43.856 35	-46.743 92	-42.385 93
内能	0	0	0	0	0	0	0	0
非键作用	-15.853 39	-25.438 32	-31.588 27	-39.410 04	-36.578 62	-43.856 35	-46.743 92	-42.385 93
范德华作用	-8.162 955	-13.178 21	-19.020 04	-23.850 68	-26.021 48	-27.551 65	-26.162 83	-28.551 15
排斥作用	12.892 94	18.734 619	26.176 374	38.833 813	28.710 095	44.572 758	46.981 843	51.135 399
色散作用	-21.055 89	-31.912 83	-45.196 41	-62.684 49	-54.731 57	-72.124 41	-73.144 67	-79.686 54
静电作用	-7.690 431	-12.260 1	-12.568 23	-15.559 36	-10.557 14	-16.304 7	-20.581 09	-13.834 78

通过对图像和数据的观察,可以发现:① 小檗碱和水之间的相互作用是负值,即相互吸引的关系。且整个体系稳定。由于小檗碱水溶液为稳定的澄清溶液体系,这一点和自然界的现象吻合。② 在小檗

碱和水分子的相互作用中，其中的范德瓦耳斯力作用和静电作用都为负值。即二种作用均表现为相互吸引的关系。③ 在水分子个数从 1 至 100 增加的过程中，静电作用和范德瓦耳斯力作用的变化趋势不同。起初，当纳米盒子中存在 1 个小檗碱分子和 1 个水分子时，其中静电作用起主导作用。随着水分子的不断增加，其中的静电作用在 $-20.581\,09 \sim -6.957\,031$ kcal/mol 上下浮动，而范德瓦耳斯力作用得到了较大程度的增长（$-28.551\,15 \sim -1.304\,448$ kcal/mol），在相互作用中所占的比例也逐渐增大。

为进行数据分析，小檗碱和 $1 \sim 1\,000$ 个水分子之间的总相互作用、静电作用、范德瓦耳斯力作用分别进行曲线拟合[43]。

随着水分子的增多，小檗碱和水分子之间的相互作用能，存在着相互作用先迅速增长，后达到极限，接着相互作用能在极限附近上下波动的状态（波动范围 10%）。

上述实验结果提示：

（1）仅就小檗碱分子而言，可能只有其周围的 $50 \sim 100$ 个水分子才能和其产生相互作用。可能的情况是，这些水分子包裹着中间的小分子药效物质，从而形成水合小檗碱分子簇溶解于水中，这些分子簇又不断地聚集或分散从而形成粒径分布仪所测得出不同粒径分布的粒子，依照模拟尺度进行推算、粒径为 10 nm 的颗粒可能是由 $1 \sim 2$ 个水合小檗碱分子簇构成，粒径为 230 的可能是由若干个水合小檗碱分子簇构成。也正是因为这些粒子的存在，加强了膜表面对小檗碱的吸附，甚至被小檗碱水分子簇堵塞，使得小檗碱的透过率降低。此推理有待进一步论证。

在实际提取的中药提取液中，水分子和小檗碱分子的个数比将超过 $1\,000 : 1$。考虑到水分子对小分子药效物质作用极值的因素，水分子和小檗碱分子的相互作用能，应与本部分所计算的水分子对小分子药效物质的作用能级值结果接近。

（2）由于水分子和小檗碱分子之间的相互作用为相互吸引的作用，某种意义上说：中药提取液浓缩过程实际上就是借助外部能量（热能、机械能、电离能等）破坏水分子和小分子药效物质，共性高分子物质之间的相互作用，从而使得水分子和小分子药效物质、共性高分子物质分离的过程。从而提示，实际生产工艺设计中，应该从最根本、最基础的科学问题入手，针对面对目标的特性、选择最合适的技术手段。例如，我们的研究发现相关溶液环境中小檗碱分子与水分子的静电能约占总相互作用能的 $28\% \sim 44\%$，则为实现节能减排，在分离工艺路线设计过程中，应考虑加入电场破坏其静电作用，从而达到降低能耗的目的。

本团队董洁开展了"超滤膜对生物碱类等物质的透过/截留及其定量结构关系的研究"[44]，其目的是建立相对可靠、准确的定量构效关系模型，通过中药药效成分的分子结构参数预测超滤膜对生物碱类等物质的透过/截留率，用以开展有关分离机理研究，为指导大规模试验及生产实践提供科学依据。该研究大量运用了数据科学和现代信息技术，概述如下：

（1）超滤膜对中药成分的透过率：获取生物碱类（小檗碱、巴马汀等）与环烯醚萜类（栀子苷、京尼平苷等）等 20 种中药成分在 5 种超滤膜（CA－1K、PS－1K、PES－1K、PS－3K、PES－3K，其中，CA 为醋酸纤维素膜、PS 为聚砜膜、PES 为聚醚砜膜，后缀 1 K、3 K 表示膜截留分子量为 1、3 kDa）过程中的透过率。这 20 种化合物类型主要包括：

1）生物碱类：小檗碱、巴马汀、药根碱、黄连碱等。

2）环烯醚萜类：栀子苷、京尼平苷、马钱子苷、梓醇等。

（2）结构参数的选取：根据膜科学理论，牵涉化合物超滤膜透过率的因素主要包括分子立体形态、电性作用、分子的亲水和疏水能力等。为此，选取包括疏水性参数、空间参数、电性参数在内的 27 个参数。

通过 Chemoffice 等软件计算和查阅资料得到可能影响膜透过率的 27 个结构参数，包括辛醇/水分配系数(ALogP)、分子折射系数(CMR)、偶极距(μ)、极化率(α)、分子量(M_W)、摩尔体积(M_V)、Vander Waals 半径(r)、表面积(S)、分子连接性指数等。

（3）定量构效关系的研究：采用偏最小二乘法、支持向量机和人工神经网络等作为建模方法，并结合线性相关、投票法、超多面体法等多种方法进行变量筛选，建立了上述生物碱类和环烯醚萜类物质共8种化合物的5种超滤膜透过率定量构效关系模型，并用青藤碱对模型进行检验。建模过程使用Master1.0数据挖掘软件实现。

从选入模型的参数可以看出，在超滤膜分离化合物的过程中，影响透过率的因素主要包括化合物分子的自身性质（包括得失电子能力、亲水/疏水性）与膜性质的相互作用，以及化合物分子的空间结构。

（4）模型预测能力验证：以青藤碱对表 5-4 中各模型的验证结果表明，上述各种超滤膜的构效关系模型有较好的预测能力，并对中药药效物质膜截留机理的阐述具有重要作用，可为指导大规模试验及生产实践提供科学依据。

表 5-4　5 种超滤膜的构效关系模型[44]

超 滤 膜	回 归 模 型	建模方法	相关系数
CA-1K	$y = 4.849\,856[\text{CMR}] - 3.882\,136[\text{LUMO}] + 11.424\,632$	SVM	0.933
PES-1K	$y = 61.740 - 5.217[\text{LUMO}]$	PLS	0.989
PS-1K	$y = -40.606 - 22.670[\text{AlogP}] - 19.804[\text{LUMO}] - 87.665[\text{K\&H}_2] + 131.533[\text{K\&H}_3]$	PLS	0.996
PES-3K	$y = 127.633 - 5.118[\text{ROG}] - 1.334[L_X]$	PLS	0.984
PS-3K	$y = 103.634 - 0.917[\text{AlogP}] - 0.316[S_{YZ}]$	PLS	0.980

第三节　中药膜过程的数据科学研究

一、中药膜过程的复杂系统特征及其对于数据科学的重大需求

（一）中药膜过程的复杂系统特征

1. 中药膜过程的数据结构组成　中药水提液是中药制药行业最普遍使用的物料。然而，中药水提液的膜过程却有着谜一般的表现。例如，理论上高分子物质不能透过孔径远小于其分子量的膜，但实际的膜过程中，却常常发现淀粉、果胶等几万甚至十几万道尔顿分子量的高分子成分出现在截留分子量为 10 kDa 甚至 1 kDa 的超滤膜透过液中，严重限制了膜获取整体药效物质技术优势的发挥。又如，各中药水提液样品中，淀粉、果胶等非药效共性高分子物质均占很大比例（尤以淀粉、果胶等碳水化合物类为主），且是影响水提液的物理化学性质表征参数及导致膜通量衰减的主要因素[45]，因而起着膜对抗作用，成为导致膜污染的主要因素。而因为中药膜传质过程的化学物质高维多元，中药膜污染难于以常规数学模型进行预报、优化与监控，成为一个难以破解的谜[46]。

为了攻克中药水提液组成极其复杂，长期以来因缺乏密度、黏度、表面张力、导热系数、扩散系数等基本的中药物性数据，而造成的中药生产工艺设计难以与新型分离技术作用机理兼容的瓶颈，作者课题组通过分离科学理论推导及以 200 多种具有代表性的中药及其复方的膜过程所采集的上万个大样本的数据挖掘，构建了由下述三类参数组成的中药膜过程数据集结构。

（1）与中药物料理化性质相关的数据。

1）中药水提液中非药效共性高分子物质的化学组成与含量：中药水提液中无一例外地均有大量构成各组织、器官细胞壁的成分及所贮藏的营养物质，如淀粉、果胶等非药效共性高分子物质。它们的热力学、动力学与电化学性质是影响膜过程的主要因素，因而可被视为膜对抗物质。

因处方与提取工艺不同，各中药水提液体系中非药效共性高分子物质占有不同的比例，采用相对准确的化学分析方法测定它们的含量，可定量研究它们在不同膜过程中对膜结构与膜动力学参数的作用。

2）物料溶液环境特征参数：根据分离科学一般理论和膜科学原理，物料体系的黏度、密度、浊度、电导、pH、粒径分布及不同溶质的浓度、化学势、淌度、分子 $\bar{M}$ 值、分子大小与形状等物理化学参数都可能对分离过程产生影响，它们共同构成了可科学地表征中药水提液对膜污染产生影响性质的集合。

3）中药指标成分分子结构参数：基于药物分子本身的性质，常用的分子结构参数包括理化参数（如疏水性参数、沸点、熔点、核磁共振光谱、红外光谱等）；空间参数（包括二维、三维分子描述符）；电性参数（如 Hammett 电效应参数 σ）；量子化学参数（包括电荷参数、能量参数）等。

借助计算机化学技术，可通过中药药效成分的分子结构参数预测膜过程对目标物质超滤的透过/截留率，用以开展有关分离机理研究，为指导大规模试验及生产实践提供科学依据。

4）中药指标成分溶液结构特征参数[47]：中药物料体系中小分子与高分子物质在溶剂化过程中相互作用可形成溶液结构的微观结构，从而对膜过程产生影响。与溶液结构相关的参数也是主要是它们在溶剂化过程中相互作用而形成的，溶液结构表征参数主要有分子形态、粒径及其分布、结构构象、红外光谱等。此类数据可用于探索化学成分的空间结构与膜孔径的位阻作用及其机理。

（2）与膜材料微结构相关的数据：膜材料微结构可以膜孔径（d_m）和孔隙率（ε）等表征[48]。

1）膜孔径（d_m）：多孔膜中，孔的直径，评价膜分离功能的重要指标之一。

2）孔隙率（ε）：多孔膜中，孔隙的体积占膜的表观体积的百分数，$\varepsilon = V_孔 / V_{膜表观}$。

（3）与膜功能、膜传质过程与机理相关的数据：与膜功能相关的数据主要有中药指标成分膜透过率、膜通量等。与膜传质过程与机理密切相关的主要有膜阻力分布与膜污染度等膜过程特征表征参数。

1）中药指标成分膜透过率：参照药典技术要求，以 HPLC 等法检测指标性成分及指纹图谱。

2）膜通量：是膜过程的一个重要工艺运行参数，是指单位时间内通过单位膜面积上的流体量。

3）膜阻力分布：在膜过程中溶剂或溶质透过速率的降低是由于膜的存在而引起的则称为膜阻力，可细分为：膜自身阻力、表面沉积阻力、膜堵塞阻力、浓差极化阻力等。

4）膜污染度：表达膜过程中，污染物质在膜表面或膜孔内吸附、沉积造成膜孔径变小或堵塞，使膜产生透过流量与分离特性的不可逆变化现象的程度，膜污染度计算方法为：初始纯水膜通量与被污染后稳定通量之差除以初始纯水膜通量的百分比。

2. 中药膜过程复杂系统的特点　　王永炎院士指出：中医药研究所面临的是一个复杂巨系统[49]。中药膜过程作为中医药复杂巨系统之一，具有下述复杂数据特征。

（1）具有复杂数据特征：中医药体系复杂数据具有多变量、变量相关、非均匀分布、非高斯分布等部分甚至全部特征，从而给构造模型、寻找规律造成很大的困难[50]。

（2）具有适应性系统的功能：复杂系统具有适应性系统的功能，这一系统是由许多平行发生作用的结构组成的网络。每一个复杂的适应性系统都具有多层次的组织，每一个层次的作用者对于更高层次来源的控制力并非集中而是分散。

（3）可通过模型模拟进行预测：复杂系统的预测还可以通过模型模拟进行研究。在已知的药味组成和临床有效的结果面前，认识复方的复杂系统，揭示中间的作用过程正是我们的研究目的。而所有复杂的适应性系统，都能建立让自己预测世界的模型[51]。

（二）以数据科学解读中药膜过程是"中药制药"学科创新的要求

由于中药物料的特殊性等诸多因素的制约，目前中药制药工程理论研究和工艺技术的应用还处于粗放式的初级阶段，普遍存在提取工艺优化设计缺乏精准科学依据。例如，中药提取、精制过程中所涉及的流体力学过程、传热过程、传质过程的基本理论及工艺流程和生产装置至今尚处于套用相关领域学科知识的阶段。中药制药生产醇沉法、膜分离法、絮凝澄清法及大孔树脂吸附法等精制技术在安全性、有效性及技术经济指标等方面均不如人意[52,53]。上述诸多问题，使中药制药学科多年处于"摸着石头过河"的状态，鲜见突破性进展。其原因是多方面的，但中药制药领域的科学研究仍以"描述发现"为主，而未打响"机理探索"的攻坚战是重要因素之一。

1. 现代膜科学技术的特点　　引进以信息技术为代表的高新技术，信息技术在膜过程中的运用涉及的热力学和传递性质、多相流、多组分传质、分离过程、设备的强化和优化设计等。如前所述，分子模拟、化工模拟软件、激光多普勒测速仪（laser Doppler velocimetry，LDV）和激光粒子成像测速仪（particle image velocimetry，PIV）、CFD 软件等新技术对分离过程的精确计算和描述，加深了人们对分离传递过程机理的认识，并对工艺技术优化提供了重要信息；实验研究和计算机模拟相结合成为分离技术研究开发和设计放大的主要途径。如此丰富的分离技术信息和知识都是以数据为符号或载体表达的；同时，这些以先进的仪器设备获取的信息和知识也只有以数据的形式，才可能被数据科学所接受，从而被加工为我们所需要的新知识。

2. 引进数据科学是中药膜过程由经验科学向量化科学过渡的必由之路　　李静海院士指出，使用多尺度的方法来描述微观、介观和宏观上的物理变化是制药工程由经验科学向量化科学过渡的关键[54]。

目前，制药工程已从传统总体性质的测量和关联，转向在分子和介观尺度上的观测和模拟。在微观层次上建立模型、模拟和定量分析，根据要求设计和生产产品，以实现从分子尺度到过程尺度的跨越。而数据科学则是实现这种跨越必不可少的利器。

以分离为基本要素的中药制药生产过程，即是分子尺度的复杂药效组分的传递和再分布过程，反应在宏观过程尺度即是物料，如植物的药用组分在"场-流"条件下的能量交换或物质转运过程。因而，以分离目标为引领的中药复方分离过程研究是中药制药学科实现重大创新的突破口。

上述介绍的作者团队建立在 218 种中药的单、复方的 1 万多个膜过程数据挖掘基础上的"陶瓷膜精制中药的膜污染预报与防治系统"，可对不同中药物料实现"表征参数检测-膜污染预报-提供优化治理方案"的个体化污染控制模式。该研究揭示了中药水提液在宏观与微观尺度膜过程的共性特征，使中药膜过程研究取得突破性进展；亦使我们认识到：引进数据科学是中药膜过程由经验科学向量化科学过渡的必由之路。

3. 数据科学为复杂数据的分析和建模预测提供的新技术手段　　就中药膜技术与数据科学的关系而言，随着膜分离技术在中药制药行业的广泛应用，迫切需要能在膜过程中针对膜的污染程度进行即时分析和预测的综合分析系统，以便根据分析结果对中药体系进行相应的预处理，并制定适当的膜清洗方案。传统的分析方法主要基于统计学理论，单一使用回归分析、主成分分析等方法。但是中药水提液是一个复杂系统，在膜工艺过程实验中采集到的关于中药水提液原液、提取液、膜过程等指标参数达 30 多个，这些表征数据具有多变量、非线性、强噪声、自变量相关、非正态分布、非均匀分布等全部或部分特征。数据科学研究领域的特征提取、遗传算法、神经网络、支持向量机等算法为上述复杂数据的分析和建模预测提供了新的技术手段。

二、数据科学引入中药膜科技领域的技术瓶颈

为精准、动态描述膜传质过程，须采用实验研究与理论模型互补，宏观分析与微观表征并用，实现中

药制药工程体系研究领域的多学科跨越。其中，数据科学引入中药膜科技领域的技术关键涉及以下内容。

（一）可精准表征中药膜过程传质特征的技术体系的建立

中药膜传质过程精准表征技术体系的建立，是中药膜科技研究进入数据科学领域的首要条件，也是数据科学研究结论科学的客观保障。

1. 表征方法的先进性与多样性及其优化组合、互相印证　　溶液结构研究手段的先进性与多样性：应用多种先进的形态研究方法（原子力显微镜、高分辨核磁共振等手段及计算机仿真技术），模拟不同尺度的小分子药效物质的溶液结构特征；同时，应用多种先进的功能研究方法（采用储能模量、浊度、紫外/荧光光谱等）从不同侧面对中药体系中大、小分子聚集体的分子内/分子间缔合行为进行系统研究。形态研究与功能研究方法的合理组合、优选及其研究结果的互相印证。

膜结构参数计量、评价方法的可靠性与特异性：多种测定膜孔径、孔隙率及膜孔密度等膜结构参数的方法（扫描电镜、渗透率法等）取长补短，所得电镜图片、数据经专业分析软件分析，优化建模，尽可能建立逼近真值的修正因子（模型）。

2. 膜检测与诊断的先进技术[55]　　膜检测与诊断是评估膜通量降低和完整性问题原因的重要手段，而膜的通量及其完整性与工艺终端产品成本及质量直接相关。澳大利亚新南威尔士大学（The University of New South Wales, UNSW）联合国教科文组织膜技术研究中心（UNESCO Centre for Membrane Science and Technology）从膜检测新视角出发，研发出一整套膜诊断的先进技术：将液相色谱-有机碳分析仪（LCOCD），比表面积检测仪（BET）和场发射电子显微镜（FESEM）联用，鉴定膜对目标生物聚合物的去除效能，而传统检测技术对该生物聚合物无法量化。配合 Fujiwara 测试［确认膜表面是否被卤元素（如氯或溴）氧化］，可判断卤化物对膜的损害与否。

3. 实现图状结构-性质参数转换的定量构效关系手段　　要进入数据科学领域，首先涉及如何将药物分子的存在形态、空间结构特征转换为数值表征的问题。为此，需要引入定量构效关系（quantitative structure activity relationship, QSAR）技术手段[56]。

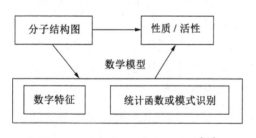

图 5-4　变元 QSAR/QSPR 方法[56]

化合物的性质取决于化合物的结构，即化合物的结构与其性质/活性具有相关性。如图 5-4 所示，化合物的结构为图，它是非数学量。要想建立某化合物结构与其性质/活性的相关性，则需要由结构图提取特征，并运用这些特征（作为变量）去构造数学模型，进而运用所构造的数学模型去预测未知化合物在膜过程中的表现。

（二）分子模拟技术对膜传质过程的动态描述

由于膜材料微孔体系的空间限制，其中流体的行为与性质难以通过实验观察和测定，而相关研究又具有重要理论意义，分子模拟技术正大步进入材料及化学工程等领域。分子模拟既不是实验方法也不是理论方法，它是在实验基础上，通过基本原理，构筑起一套模型与算法，利用计算机以原子水平的分子模型来模拟分子的结构与行为、分子体系的各种物理化学性质，包括分子体系的动态行为，从而计算出合理的分子结构与分子行为。本文涉及的中药溶液结构在膜过程中的动态表现及其对膜微结构的作用等研究内容，均可采纳目前探索多尺度复杂现象的有效方法：实验工作先行，继以扫描探针显微镜技术佐证，最后用分子模拟技术研究机理并反馈进一步实验研究的方向和方法[57]。

（三）计算流体力学在膜领域的应用

1. 计算流体力学预测流体运动规律　　计算流体力学（computational fluid dynamics, CFD）是通过数值方法求解流体力学控制方程,并以此预测流体运动规律的技术,具有成本低、速度快、资料完备、风险小等优点。针对中药体系膜过程复杂的流场分布,引进 CFD 方法,以增加优化设计的可信度已成为制药分离技术领域的重要手段之一[58]。

2. 膜器件的优化设计新手段[55]　澳大利亚新南威尔士大学联合国教科文组织膜技术研究中心拥有世界领先的膜组件设计及优化技术。其中包括:① 利用数学模型及实验方法对不同膜组件的污染情况进行预测与优化,以最大限度地减少中试的成本和时间。② 世界唯一使用 CFD 及化工过程设计软件 Aspen Plus 设计节能高效的膜蒸馏组件和过程的技术。③ 中空纤维膜的强度及断裂原因分析技术。可通过优化膜丝自身的几何参数。如膜丝长度、松散度、最大位移、直径、注胶强度和方法,设计机械强度最优膜丝,延长膜丝的使用年限等。

（四）强大、先进的数据处理技术

近年来,我们与上海大学陆文聪教授课题组合作,将建立在统计学习新理论基础之上的 SVM 应用于中药膜过程预测,通过调节 SVM 模型所选用的核函数及其参数以控制过拟合或欠拟合现象,从而较好地解决中医药体系复杂数据建模结果好而预报结果不好的问题,因而 SVM 有望成为中医药复杂体系数据挖掘和知识发现的新方法。

三、基于数据科学手段探索中药膜过程及其机理的研究实践

本团队以膜科技及其在中药制药领域应用为主要研究方向,近 20 年来,比较深入、系统地开展了"基于数据科学的中药膜过程研究"。近年来,又通过与广州先进技术研究所、江苏久吾高科技股份有限公司的"产学研"合作,不断深化该领域的研究。

（一）基于中药水提液理化性质表征技术的膜过程优化研究[7]

本书著者所在科研团队在开展上述"无机陶瓷膜精制中药的机理研究"等研究中,对 10 余种中药水提液的黏度、电导、pH、粒径分布作了检测,发现这些实验体系的物理化学参数是影响膜通量的主要因素。鉴于研究对象为高维复杂系统,我们参照国际分离科学前沿有关定量结构保留关系(quantitative structure-retention relationship,QSRR)的基本原理。SVM 及 SVM 中应用的核算法(kernel-based method,KMS)研究中药水提液的理化数据(如黏度、密度、浊度、电导、pH、粒径分布等)及其中所含各种物质与膜通量之间的关系,从物理化学角度考察中药的膜过程,初步发现了通量下降速率与原液中粒径分布参数和 pH 之间的关系。为科学地分离中药提供理论基础。图 5-5 为利用支持向量机网络对未知样本的类别属性 y 进行预报的示意图。

该研究结果表明,模式识别、支持向量机等数据挖掘方法可以作为中药水提液复杂体系的有效的数据处理手段,并得到了适应 Al_2O_3 陶瓷微滤膜处理中药水提液的预报正确率高(或误报率低)、比较稳定的相关模型。在探索陶瓷膜精制中药机理基础上,基本锁定造成该体系通量衰减的主要因素,使得中药水提液膜污染与防治研究思路取得突破性进展。

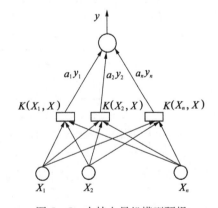

图 5-5　支持向量机模型预报
未知样本类别图[7]

输入向量 $X = (X_1, X_2 —— X_n)$ 为第 J 个支持向量 X_j 与输入向量 X 的内积

（二）人工神经网络与支持向量机法预测膜过程[59]

以中药水提液膜过滤中得到的实验数据为对象,综合应用遗传算法、神经网络、支持向量机法对影响膜污染度的主要因素进行即时分析和预测。所构建的基于特征提取的中药水提液膜分离预测系统为实时预报系统,可根据膜分离前中药物料的物理化学参数、高分子物质含量及膜阻力分布数据等,实现

不同数据源的信息处理和不同时效的膜污染预报，为不同中药体系实现"表征参数检测-膜污染预报-提供优化治理方案"模型下的个体化膜污染控制提供一普适模式。

从表5-5可知，SVM、径向基函数（radial basis function，RBF）人工神经网络（RBF-ANN）都具有很好的泛化能力，反向传播（back-propagation，BP）人工神经网络（BP-ANN）次之。

表5-5　3种方法的结果比较[59]

预 测 方 法	相关系数 R	均 方 误 差
SVM	0.968 5	0.000 3
BP-ANN	0.741 5	0.006 7
RBF-ANN	0.951 4	0.000 9

根据上述计算机化学方法建立的系统结构为4个部分：数据文件的获取和处理；特征因素筛选；预报模型优化和建立；预报结果输出，确定原液预处理方案和膜清洗方案。图5-6为中药水提液膜分离预测系统结构图。

该系统建立的支持向量机模型预测误差为3.4%，较单一系统预测准确率高1.1%，从而较好地解决了单一使用回归分析、主成分分析等方法预测误差大，难以有效进行膜污染预测、制定水提液预处理及膜清洗方案的工程难题。

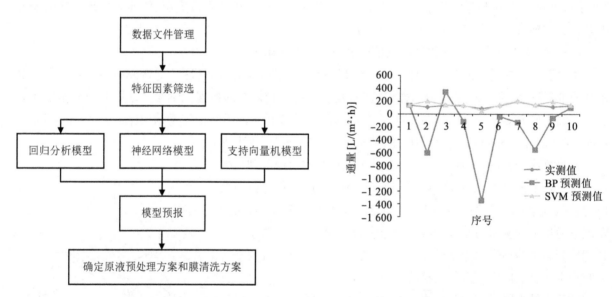

图5-6　中药水提液膜分离预测系统结构图[59]　　　图5-7　两种算法的预测值与实际值的比较[60]

（三）支持向量机算法用于中药挥发油含油水体超滤通量预测的研究[60]

该研究选择40组数据进行模型参数的优化和训练，并对10组试验的稳定通量进行预测。同时，对SVM算法与BP神经网络算法的运行结果进行比较。结果表明，本实验条件下SVM算法的预测能力显著强于BP神经网络。

应用设计好的算法对训练数据进行训练，MSE达到0.027 0，回归系数 R 为0.850 1。采用该算法对测试数据进行预测。将实际值与预测值（包括BP神经网络预测值与SVM预测值）进行对比，结果见图5-7。

从试验结果看，SVM算法以统计学习理论为基础，不涉及概率测度及大数定律等，可用于小样本的研究,它以训练误差作为优化问题的约束条件,以置信范围值最小化作为优化目标,故逼近能力和推广能力兼优,克服了神经网络方法在理论上的缺陷。由试验结果明显可见,其预测准确度较 BP 神经网络显著提高。

数据科学作为一个新兴的、具有广阔应用前景和富有挑战性的科技领域,在中药制药领域的应用虽尚处于摸索阶段,但随着数据库、人工智能等技术的发展,数据科学技术会日臻完善,为膜过程中药绿色制造提供优化方案,揭示和解释膜过程应用于中药制药的科学问题,有效预测和防治膜过程在中药制药出现的问题,实现中药制药理论与技术创新带来重大突破。

第四节 超临界二氧化碳流体萃取过程的人工神经网络模拟研究[61]

广药汉方现代中药研究开发有限公司中药提取分离过程现代化国家工程研究中心在中山大学葛发欢教授率领下开展了系统的超临界二氧化碳流体萃取过程的人工神经网络模拟研究,取得一系列成果。

(1)系统地探讨了注射用鸦胆子油的超临界 CO_2 流体萃取工艺,并与传统的石油醚提取法进行对比。结果表明,超临界 CO_2 流体萃取具有收率高、产品品质好、工艺简单和生产周期短等优点,充分显示了超临界 CO_2 流体萃取技术用于中药提取的优势。

(2)在实际操作的压力温度范围内,对鸦胆子油在超临界 CO_2 流体中的溶解度进行了测定,并采用人工神经网络模拟预测鸦胆子油的溶解度,揭示了鸦胆子油在超临界 CO_2 中的溶解规律,为超临界 CO_2 流体萃取鸦胆子油提供了基础物化数据。

(3)建立了超临界 CO_2 流体萃取鸦胆子油的改进型质量守恒模型。采用差分法求得模型方程的数值解,得到了不同时刻萃取床内各点溶质浓度分布及不同压力和温度条件下萃取收率随时间的计算值。该模型能模拟萃取过程,较好地反映萃取压力和萃取温度对萃取过程和萃取收率的影响,对萃取的工业放大具有重要指导意义。

一、鸦胆子油在超临界二氧化碳流体中的溶解度及其人工神经网络模拟研究

在超临界 CO_2 流体萃取中,溶质在超临界 CO_2 流体中的溶解状况随着温度、压力的变化而变化,极大地影响着溶质在固相和流体相间的分配。同时溶解度也是开发应用超临界流体萃取技术不可或缺的基础物化数据,是进行超临界 CO_2 流体萃取工艺和设备设计计算的基础。在实际操作压力温度范围内,本部分研究并测定鸦胆子油在超临界 CO_2 流体中的溶解度,并利用人工神经网络模拟预测鸦胆子油的溶解度。

(一)实验方法

将一定已称重的鸦胆子油注射进高压釜,通过高压泵将 CO_2 打入高压釜,保持水浴温度在指定实验温度。拧动活塞,通过改变高压釜的容积而使压力发生改变,直至液滴消失,压力稍微下降液滴又出现。液滴刚消失的压力,即为一定量的鸦胆子油完全溶解在 CO_2 中的压力。

(二)BP 神经网络模拟溶解度的原理

人工神经网络(artificial neural network,ANN)是 20 世纪 80 年代中后期迅速发展起来的研究领域,利用计算机模拟人类大脑的思维,从输入、输出关系上构造出与人脑功能相一致的人工智能系统,主要用于函数逼近与分类识别优化,特别适用于复杂系统的数学模型的建立。采用神经网络中的误差逆传播算法(back propagation algorithm,BP)研究鸦胆子油在超临界 CO_2 流体中的溶解度。通过精心选择网络拓扑结构和优化算法,以一定的溶解度实验数据对网络进行学习训练,使其达到一定的精度要求后,

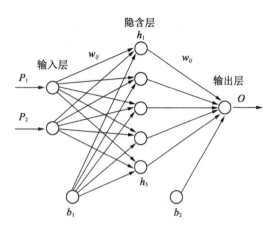

图 5-8　人工神经网络拓扑结构[61]

可利用该网络预测未知条件下的溶解度。

　　BP 人工神经网络是一种具有三层或三层以上的阶层型神经网络，不同阶层的神经元之间实现权重连接，本部分采用的人工神经网络拓扑结构如图 5-8。该网络由输入层、隐含层和输出层组成，输入层接收数据输入向量，输出层用于写输出，中间层记忆变量间的非线性耦合关系并传递网络间的映射。

　　W_{ij} 为输入层与隐含层的连接权值，W_{jt} 为隐含层与输出层的连接权值，在本研究中 P_1、P_2 为压力、温度输入，O 为溶解度输出。神经元的输入值经过 Sigmoid 函数变换得到输出值，即：

$$S = f(x) = \frac{1}{1 + e^{-x}} \tag{5-1}$$

式中，x 为节点的输入值，S 为节点的输出值。

　　隐含层节点的输入值为

$$S_j = \sum_{i=1}^{n} w_{ij} p_i + \theta_i \tag{5-2}$$

隐含层节点的输出值为

$$l_j = f(S_j) \tag{5-3}$$

输出层节点的输入值为

$$T_t = \sum_{j=1}^{n} w_{ij} l_i + \theta_j \tag{5-4}$$

输出层节点的输出值为

$$O_t = f(T_i) \tag{5-5}$$

θ 为阈值，即网络拓扑结构中 b 节点的模式向量。

　　经过式（5-2）到式（5-5）的运算，网络得到其相应输出值 O，而网络的希望输出与实际输出的偏差的均方值

$$E = \sum_{t=0}^{Q} (yt - Ot)^2 / 2 \tag{5-6}$$

　　当网络的误差大于要求的值时，网络按以下规则自行调整其权值、阈值等以减少网络的响应误差。调整过程按误差等梯度下降的方向进行，由输出层向隐含层，再向输入层逐层调整权值和阈值，从而完成误差逆传播。

　　（三）鸦胆子油在超临界二氧化碳流体中溶解度的实验结果

　　鸦胆子油在超临界 CO_2 流体中溶解度测定结果见表 5-6。鸦胆子油在超临界 CO_2 流体中有相当的溶解度，实验范围内，最大溶解度为 14.82 g/kg CO_2，最小溶解度为 4.42 g/kg CO_2。由表 5-6 可见，在实验温度范围内，当压力较高时，溶解度随温度的升高而增加。鸦胆子油在超临界 CO_2 流体中的等温溶解度曲线见图 5-9。溶解度随压力的升高而升高。这是因为在温度恒定的条件下，超临界 CO_2 流

体的密度随压力的升高而增大,CO_2 与溶质的相互作用力增强,使得鸦胆子油在超临界 CO_2 流体的溶解度也随之增大。由表 5-6 还可以看出,在等温条件下 CO_2 流体密度随压力升高而增大,鸦胆子油溶解度也增大。但是 CO_2 流体密度越大,鸦胆子油溶解度并不一定就越大;鸦胆子油的溶解度还与温度有很大关系。

表 5-6 鸦胆子油在超临界 CO_2 流体中的溶解度[61]

温度(℃)	压力(MPa)	CO_2 流体密度(g/mL)	溶解度(g/kg CO_2)
35	34.60	0.951	9.20
35	31.10	0.935	9.09
35	26.60	0.912	8.89
35	20.38	0.869	8.17
35	18.20	0.851	6.44
35	16.20	0.830	4.42
45	34.80	0.917	12.15
45	28.00	0.879	11.53
45	22.05	0.833	8.88
45	21.04	0.824	8.17
45	17.64	0.785	4.92
55	35.30	0.883	14.82
55	27.40	0.832	12.97
55	22.91	0.791	8.57
55	21.10	0.770	8.17
55	17.76	0.720	5.23

Chrastil 等提出了用于关联溶质在超临界 CO_2 流体中溶解度的计算公式,表明了溶质溶解度与 CO_2 流体密度和温度的关系,该公式的形式如下:

$$c = p^k \exp(a/T + b) \qquad (5-7)$$

式中,c,溶质在超临界 CO_2 流体中的溶解度,g/dm;T,绝对温度,K;p,超临界 CO_2 流体的密度,kg/m;k,溶解时的分子缔合数;a,b 为参数。

(四)溶解度数据的归一化处理

用于神经网络训练的溶解度数据中,压力的范围是 15~35 MPa,温度的范围是 35~55℃,溶解度的范围是 4~15 g/kg CO_2,各个训练数据存在着数量级的差别。若直接用来训练网络,会使网络的权值差别过大,网络性质很差。为了克服这个问题,最有效的方法是将网络训练数据进行归一化处理,最常用的归一化处理公式为

$$X'_i = \frac{X_i - X_{max}}{X_{max} - X_{min}} \times 0.9 + 0.05 \qquad (5-8)$$

式中,X_{max} 表示训练数据项(如溶解度项)中的最大值,X_{min} 表示训练数据项中的最小值,X_i 是要

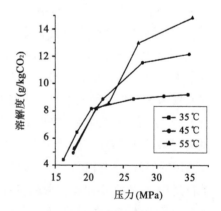

图 5-9 鸦胆子油在超临界二氧化碳中的等温溶解度曲线[61]

进行归一化处理的训练数据，X'是训练数据归一化处理后的值。这个公式可以将所有训练数据都映射到[0.05,0.95]的区间上，这样就解决了训练数据中存在的量级差异问题，使神经网络的内部联系保持均衡。将网络训练数据进行归一化处理后，发现网络的训练速度、所达到的训练精度都有了较大的提高。

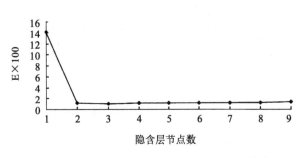

图 5-10　网络误差与隐含层节点数的关系[61]

（五）BP 神经网络结构的确定

1. 隐含层节点数的确定　　目前隐含层节点数的选择尚无理论规则，本部分利用网络训练误差最小原则来确定节点数。图 5-10 是不同隐含层节点数在网络循环 5 000 次的网络误差。由图 5-10 可见，在节点数≤3 时，网络误差随节点数增加而下降，当节点数＞3 之后影响不明显，节点数大于 5 后，误差反而略微增加。而且节点数越多，网络计算量越大，计算速度越慢。综合考虑，隐含层节点数选择 5 为宜。

2. 迭代次数的确定　　将溶解度数据随机地分为训练集和测试集，其中训练集 14 组，测试集 2 组。在迭代次数＜2 000 时，训练集和测试集的预报误差均急剧下降，但随着迭代次数的增加，预报误差的下降趋势变缓，当迭代次数＞4 000 后，训练集的误差略微减小，而测试集的误差反而略有增加。一般来说随着训练过程的进行，训练集预报误差总是在下降。而测试集的预报误差开始时下降，之后有可能变平或上升。这种现象称为过拟合。这是由于所建立的数学模型刻意去契合个别样本所致，此时网络对参加学习的训练集数据样本拟合较好，但对于不参加学习的测试集数据样本，拟合偏差反而增大。因此，在测试集预报偏差开始上升时，不管训练集的预报偏差下降与否，均应停止迭代。综合训练集和测试集预报平均相对误差，迭代次数在 4 000 左右时网络能达到较好的拟合与预报性能。

（六）BP 神经网络模拟结果

神经网络的计算值和实验值的关系见图 5-11。由该图可见，实验值与模拟值吻合较好。训练集的计算值与实验值的最大相对误差为 9.8%，最小相对误差为 0.25%，平均相对误差仅为 3.58%。测试集的计算值与实验值的最大相对误差为 10.62%，最小误差为 0.72%，平均相对误差为 5.67%。这说明网络具有较好的模拟效果。

BP 神经网络有很强的函数映射能力，能够对非线性系统进行辨识，而不需要知道对象的机理。此外，该网络能对不包含在数据中的其他条件进行估算和预报，具有一定的泛化能力。说明鸦胆子油溶解度的 BP 神经网络模型是有效的。

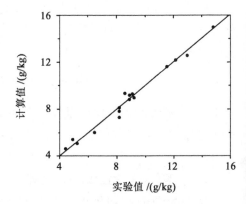

图 5-11　鸦胆子油溶解度的计算值与实验值[61]

（七）BP 神经网络预测结果

利用已建立好的 BP 神经网络模型对压力为 15~35 MPa，温度为 35~55℃的实验操作参数范围下的鸦胆子油溶解度进行预测。

研究结果清楚地显示了鸦胆子油在超临界 CO_2 流体中的溶解度规律：压力是主要因素，温度是次要因素。当温度一定时，溶解度随着压力的上升而增加，而且在压力小于 25 MPa 阶段，溶解度随压力上升而增加很快，当压力大于 25 MPa 后，这种增幅明显趋缓。而温度对溶解度的影响则较复杂，在 15 MPa 附近，随着温度升高，溶解度略有下降；在 18~23 MPa，溶解度先随着温度上升而增加，后随着温度上升而减小;压力大于 23 MPa,随着温度升高,溶解度明显增加,但如果温度进一步升高,超过 55℃,溶解度可能会转变为随着温度升高而下降。

该网络模型显示的溶解度规律能帮助理解超临界 CO_2 流体萃取鸦胆子油时萃取压力和萃取温度对萃取收率等的影响,指导萃取参数的选择和优化。

二、超临界二氧化碳流体萃取鸦胆子油的过程模拟研究

(一) 模型的基本假设

在实际萃取时,对萃取产生影响的因素较多,为方便建立模型作以下假设:① 整个萃取床各处温度和压力相同,溶解和扩散在等温等压下进行。② CO_2 溶剂密度和流率在整个萃取床高度方向上保持不变。③ 萃取出来的鸦胆子油是混合物,假定它们的传质行为都比较相似,认为是单一物质,本文统称为溶质。

(二) 模型的建立

图 5 - 12 为萃取床模型示意图。超临界 CO_2 流体从萃取床一端流入,以柱塞流形式均匀流过萃取床,从鸦胆子中萃取鸦胆子油后由萃取床的另一端流出。

为了求解方便,将萃取床在整个高度上微分成若干个薄层,某个微分薄层的厚度为 δh,由于每个微分层的厚度很小,可以近似认为薄层内部各点状态均一,也就是把流体在薄层中的流动,近似视为混合流。

分别对流体相和固体相厚度为 δh 的薄层单元进行质量衡算。衡算公式为

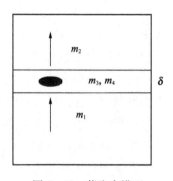

图 5 - 12　萃取床模型示意图[61]

A,截面积;u,流体流速;ε,床层空隙率;Z,床层高度;t,萃取时间

$$输入 = 输出 + 累积 \qquad (5-9)$$

溶质在超临界 CO_2 流体中的质量平衡为

(1) 流动的流体携带的溶质组分的变化量 m_1:

$$m_1 = A\delta h\rho u \frac{\partial y}{\partial z} \qquad (5-10)$$

(2) 流体中溶质沿轴向弥散部分 m_2:

$$m_2 = A\delta h\rho D_{ax}\varepsilon \frac{\partial^2 y}{\partial z^2} \qquad (5-11)$$

(3) 单元中流体相所含溶质的变化量 m_3:

$$m_3 = A\delta h\rho\varepsilon \frac{\partial y}{\partial t} \qquad (5-12)$$

(4) 固相中溶质组分的变化 m_4:

$$m_4 = A\delta h\rho_s(1-\varepsilon) \frac{\partial y_i}{\partial t} \qquad (5-13)$$

根据此单元中溶质质量守恒,得 $m_1 - m_2 + m_3 + m_4 = 0$,可得到相关方程,稍作变换,可得到下面的公式:

$$\rho\varepsilon\,\frac{\partial y}{\partial t} + \rho u\,\frac{\partial y}{\partial z} - \rho D_{\mathrm{ax}}\varepsilon\,\frac{\partial^2 y}{\partial z^2} = J \tag{5-14}$$

$$-\rho_{\mathrm{s}}(1-\varepsilon)\,\frac{\partial y_i}{\partial t} = J \tag{5-15}$$

式中，J 为两相间的传质速率，$kg/(m \cdot s)$；D_{ax} 为萃取釜中浓度的轴向分布系数，m^2/s；y 为流体相溶质浓度，kg/kg；y_i 为固相溶质浓度，kg/kg；ρ 为超临界 CO_2 密度，kg/m^3；ρ_{s} 为固相密度；z 为萃取釜轴向坐标，m；u 为超临界 CO_2 流体在萃取釜中的空塔流速，m/s；t 为萃取时间，s；ε 为床层空隙率。

固相传质求解需要假设物料颗粒形状等，还需比较计算结果与实验结果来迭代计算有关的传质系数，而这些会随着萃取物种类和萃取条件的变化而变化。因此，固相传质的求解难度较大，而且误差大。为了克服上述缺点，引入下面公式：

$$J = KA(y^* - y) \tag{5-16}$$

式中，K 为传质系数，$kg/m^2 \cdot s$；A 为比传质面积，m^2；y^* 为溶质在超临界 CO_2 流体中的平衡浓度，kg/kg；y 流体相溶质浓度，kg/kg。

由式(5-6)和式(5-8)，组成一个新的质量守恒模型。式(5-16)的含义为：在萃取过程中，不论固体颗粒中的含油量有多少，与之相平衡的超临界 CO_2 流体相中的油的浓度就是其平衡浓度 y^*，从而萃取过程的快慢只取决于传质系数 K 的大小，而与物料中的含油量多少无关。

这个模型的一个显著特点是传质系数 K 不是一个恒定值，而是随着萃取时间的增加而不断变化。因为有学者指出外部传质系数的计算误差不低于20%。而内部传质阻力会随着萃取过程中物料颗粒传质路径长度的变化而变化，所以假定一个恒定的总传质系数是有争议的。

使用这样一个模型的优点如下。

(1) 省去了关联流体相中溶质浓度与物料中溶质浓度的平衡关系 $y = f(X)$ 的测量，X 表示物料中的溶质的浓度，直接用 (y^*-y) 表示传质推动力，简化了相平衡数据的确定。

(2) 直接求解 K_a，而不必用经验公式或假设来求解比传质面积 A，从而避免了因物料颗粒形状不规则所带来的计算困难。萃取釜入口处超临界流体中油浓度为零，设 $t = t_0$ 时萃取釜出口处油浓度为 y_n，根据萃取床的质量守恒关系，可得到下面这个公式：

$$y_n = \frac{(\mathrm{d}q/\mathrm{d}t)\,t_n}{Q}q_{\mathrm{s}} \tag{5-17}$$

$(\mathrm{d}q/\mathrm{d}t)$ 是萃取床中每千克物料含油量随时间的变化率。而 K_a 值由下面的关系式得

$$y_n Q = J_n V \tag{5-18}$$

$$(K_{\mathrm{a}})_n = \frac{Q/V}{(y \times y_n - 1)} \tag{5-19}$$

由式(5-16)、(5-17)和(5-19)可求出传质速率 J，这样可用差分法求解对流扩散偏微分方程式(5-14)，其初始条件和边界条件为

初始条件：$t = 0$ 时，$y = 0$

边界条件：$z = 0$ 时，

$$uy - \varepsilon D_{\mathrm{ax}}\,\frac{\mathrm{d}y}{\mathrm{d}z} = 0 \tag{5-20}$$

$z=h$ 时，
$$\frac{\mathrm{d}y}{\mathrm{d}z} = 0 \qquad\qquad (5-21)$$

（三）模型的求解

1. 模拟计算所需输入参数　模型模拟计算所需的输入参数见表5-7。

表5-7　模型所需输入参数[61]

参　数　名　称	数　据　来　源
萃取床的空隙率 ε	实验者提供
溶质的分子量 $M(\mathrm{Da})$	查资料和计算
超临界 CO_2 在萃取釜内的流速 $u(\mathrm{m/s})$	实验者提供
超临界 CO_2 的流率 $Q(\mathrm{kg/s})$	实验者提供
溶质在流体中的平衡浓度 $y^*(\mathrm{kg/kg})$	关联计算
溶质在流体中的轴向扩散系数 $D(\mathrm{m^2/s})$	关联计算
超临界 CO_2 流体黏度 $\mu[\mathrm{kg/(m\cdot s)}]$	关联计算
超临界 CO_2 流体密度 $\rho(\mathrm{kg/m^3})$	关联计算
流体临界压力 $P(\mathrm{MPa})$	查阅物性手册
流体临界温度 $T(\mathrm{K})$	查阅物性手册
萃取床装料量 $q(\mathrm{kg})$	实验者提供
萃取床高度 $h(\mathrm{m})$	实验者提供
萃取压力 $P(\mathrm{MPa})$	实验者提供
萃取温度 $T(\mathrm{K})$	实验者提供

2. 输入参数的计算

（1）溶质分子量的计算：由相关研究内容的 GC-MS 分析知，鸦胆子油的主要组成成分如表5-8所示。

表5-8　鸦胆子油的主要组成成分[61]

化　学　名　称	分　子　量(Da)	相对含量(%)
棕榈酸	256	7.21
硬脂酸	284	4.72
油　酸	282	67.01
亚油酸	280	19.63

根据鸦胆子油主要成分的分子量和相对百分含量，可以计算出鸦胆子油的近似平均分子量，计算结果为275.8。

（2）超临界 CO_2 流体密度的计算：采用 Peng-Robinson 状态方程来计算超临界 CO_2 流体密度，该方程的形式为

$$P = \frac{RT}{v-b} = \frac{a(T)}{v(v+b)+b(v-b)} \qquad\qquad (5-22)$$

上式中：

$$a(T) = 0.457\,24\,\frac{R^2 T_C^2}{P_C}[1 + r(1 - T_r^{0.5})]^2 \tag{5-23}$$

$$r = 0.374\,64 + 1.542\,26\omega - 0.269\,92\omega^2 \tag{5-24}$$

$$b = 0.077\,8\,\frac{RT_C}{P_C} \tag{5-25}$$

式中，P_C 为临界压力，T_C 为临界温度，T_r 为对比温度，$T_r = T/T_C$，ω 为偏心因子。

对于 CO_2，$R = 8.314$ J/(mol·K)，$P_C = 7.38$ MPa，$T_C = 304.2$ K，$\omega = 0.225$，r 为摩尔比容（m^3/mol）。美国 Georgia Tech 大学的 David Bush 博士开发了上述状态方程的软件。本书采用该状态方程软件来计算超临界 CO_2 流体的密度。

表 5-9 中经计算，软件计算值与实验值之间的平均相对误差为 0.15%，两者非常接近。可见用 David Bush 开发的状态方程软件来计算超临界 CO_2 流体密度是可行的。

表 5-9　超临界 CO_2 流体密度的计算值与文献值的比较[61]

萃取压力(MPa)	温度(K)	密度(实验值，kg/m^2)	密度(计算值，kg/m^3)
25	303	924.9	924
25	313	879.5	881
25	323	837.3	835
30	303	950.5	949
30	313	910.1	911
30	323	870.6	872
35	303	972.1	971
35	313	937.6	936
35	323	902.2	901

（3）超临界 CO_2 流体黏度的计算：在超临界状态下的流体黏度，既不同于气体，也不同于液体，从理论上对其进行研究尚有较多困难。Lucas 应用对应状态理论，把对比黏度与对比温度和对比压力关联起来，得到了一个计算超临界 CO_2 流体黏度的关联式。该关联式如下：

稀疏气体黏度 μ_0 的计算：

$$\mu_0 = 1.222 T^{0.5}/\Omega_u(T^*) \tag{5-26}$$

$$T^* = T/241.56 \tag{5-27}$$

$$\Omega_u(T^*) = 1.25\exp[0.235\,156 - 0.491\,266(\ln T^*) + 0.052(\ln T^*) \\ + 0.053(\ln T^*)^3 - 0.015\,4(\ln T^*)^4] \tag{5-28}$$

超临界 CO_2 流体黏度 μ 的计算：

$$\frac{\mu}{\mu_0} = 1 + \frac{aP_r^e}{bP_r^f + (1 + cP_r^d)^{-1}} \tag{5-29}$$

在上式中：

$$a = \left(\frac{0.001\ 982\ 4}{T_r}\right)\exp\left(\frac{5.268\ 3}{T_r^{0.576\ 7}}\right)\ ;\ c = \left(\frac{0.131\ 9}{T_r}\right)\exp\left(\frac{3.703\ 5}{T_r^{79.867\ 8}}\right)\ ;\ d = \left(\frac{2.949\ 6}{T_r}\right)\exp\left(\frac{2.919\ 0}{T_r^{16.616\ 9}}\right)\ ;\ e = 1.5\ ;\ f = 1.0$$

首先计算 CO_2 稀疏气体的黏度 μ_0，再根据不同的压力与温度条件计算各参数值，进而求得超临界 CO_2 流体的黏度值 μ。

（4）溶质在超临界 CO_2 流体中扩散系数的计算：超临界流体中的扩散系数介于气体和液体扩散系数之间一个很大的范围之内。目前溶质在超临界流体中扩散系数的计算主要有基于硬球模型（hard-sphere）的自由体积（free volume）理论等。基于自由体积理论，Keat 在测定棕榈酸和硬脂酸在超临界 CO_2 流体中的扩散系数的基础上，提出了一个计算脂肪酸在超临界 CO_2 流体中的扩散系数的关联公式。Keat 公式形式如下：

$$Dax = 2.42 \times 10^{-14} M^{-0.48} T/\mu \tag{5-30}$$

式中，μ 为流体黏度，kg/ms；M 为溶质分子量，kg/kmol；Dax 为溶质在流体中的扩散系数，m^2/s。

（5）溶质在超临界 CO_2 流体中平衡浓度的计算：溶解度只表示溶质本身在 CO_2 中溶解量的极限，由于萃取过程中溶质与非溶解基质之间的相互作用，萃取物料中的溶质在超临界 CO_2 流体中的平衡浓度比纯溶质在超临界 CO_2 流体中的溶解度要低得多。例如，在 30 MPa、313 K 时，纯咖啡因在 CO_2 中的溶解度为 4×10^3 mol/L，而在相同条件下，用 CO_2 从咖啡豆中萃取咖啡因时，其平衡浓度却为 2×10^{-4} mol/L，且随着萃取的进行，咖啡豆中咖啡因含量的减少，大部分萃取时间超临界 CO_2 中咖啡因的浓度低于 1×10^{-4} mol/L。这说明，用超临界 CO_2 从咖啡豆中萃取咖啡因时，萃取釜出口处流体中咖啡因的浓度最大只能达到平衡浓度。所以，在进行超临界 CO_2 流体萃取模拟计算时，应该以流体实际溶质浓度与平衡浓度之间的差值作为传质推动力，而不能用流体实际溶质浓度与溶解度之间的差值作为传质推动力。

Valle 提出了预测植物油在超临界 CO_2 流体中平衡浓度的计算公式，其形式如下：

$$c = \exp\left(40.361 - \frac{18\ 708}{T} + \frac{2\ 186\ 840}{T^2}\right)\rho^{10.724} \tag{5-31}$$

式中，c 为植物油在超临界 CO_2 流体中的平衡浓度，g/dm；T 为绝对温度，K；ρ 为超临界 CO_2 流体的密度，kg/m^2。

（6）空隙率的测定：空隙率直接影响到传质两相的接触表面积、流体的流动状态和传质系数的大小等许多方面，因此必须准确测定空隙率。本处采用浸入法测定空隙率。

将一定量的鸦胆子油倒入量筒中，然后将一定质量的粉碎成一定粒度的鸦胆子物料放入其中，根据投放物料前后的体积来计算待测物料空隙率。例如，用量筒测定 149 g 鸦胆子物料的体积为 410 mL。在量筒倒入 25 mL 鸦胆子油，加入 10 g 鸦胆子物料，体积变为 32.8 mL，静置一段时间后总体积仍为 32.8 mL，而且鸦胆子沉在油底部。

鸦胆子物料的堆积密度：$149 \times 1\ 000/410 = 363.4(kg/m^3)$

鸦胆子物料的实体密度：$10 \times 1\ 000/(32.8 - 25) = 1\ 282.1(kg/m^3)$

鸦胆子物料的空隙率：$1 - 363.4/1\ 282.1 = 71.7\%$

（四）模拟结果与讨论

在 35 MPa、313 K、装料量为 200 g 和 CO_2 流量为 10 L/h 条件下，各参数计算模拟情况见图 5-13、图 5-14 和图 5-15。由图 5-14 可见，萃取速率在前 2 h 下降很少，之后迅速下降，这与实验过程中开

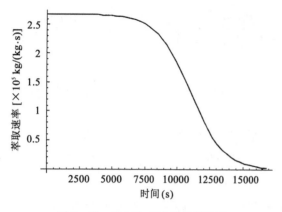

图 5-13　35 MPa、313 K 条件下的
萃取速率曲线[61]

始每个时间段的出油量几乎相等,萃取一定时间后出油量开始下降,并迅速减少的实验事实吻合。由于 CO_2 流量较小,使萃取时间接近 5 h。图 5-14 为模拟的萃取过程中萃取床内超临界 CO_2 流体中溶质浓度在萃取时间和萃取床高度上的分布。在萃取床高度方向上,随着高度增加,溶质浓度逐渐增大,在萃取釜出口处其最大溶质浓度接近溶质在 CO_2 流体中的平衡浓度;而在萃取时间方向上,溶质浓度变化曲线类似于萃取速率曲线。由图 5-15 知,萃取釜出口处 CO_2 流体中溶质浓度在极短时间内从零增加到最大值并维持一段时间,之后逐渐下降。

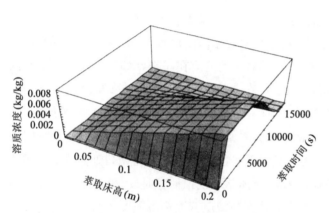

图 5-14　模拟的萃取床内 CO_2 流体中溶质浓度
在萃取时间和萃取床高度上的分布[61]

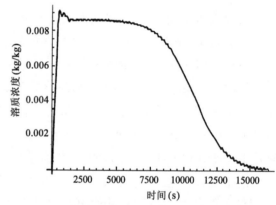

图 5-15　模拟的萃取釜出口处 CO_2 流体中
溶质浓度随萃取时间变化图[61]

　　在各萃取压力和温度下,装料量为 200 g 时,实验结果与模型计算的结果比较见图 5-16 和图 5-17。从比较结果看,模拟结果与实验结果比较接近,该模型能较好地反映萃取压力和萃取温度对萃取过程和萃取收率的影响。

　　由图 5-13、图 5-16 和图 5-17 知,超临界 CO_2 流体萃取鸦胆子油可分为两个阶段,快速段和慢速段。快速段的萃取速率基本保持不变,在图 5-16 和图 5-8 上表现为收率-时间曲线几乎成直线(图 5-16 和图 5-17 中黑点为实验值,连续线为模型结果);而慢速段的萃取速率显著下降,萃取收率随萃

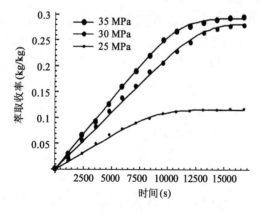

图 5-16　萃取压力对萃取收率的影响[61]

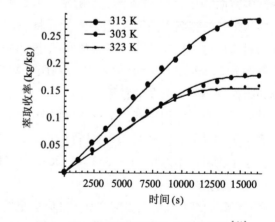

图 5-17　萃取温度对萃取收率的影响[61]

取时间增长缓慢,不再是一条直线。这可能是因为鸦胆子经粉碎处理后,大部分的油因植物细胞壁的破裂而暴露于颗粒外表面,剩下的油则包裹在固体颗粒内部。在萃取的初始阶段,即快速段,位于颗粒外表面的游离的油很容易被超临界 CO_2 流体萃取,在这一阶段萃取过程仅受油在流体相中扩散阻力的影响;待表面的油脂萃取完全后,萃取进入慢速段,油包含在固体颗粒内部,萃取过程受油在固体相内部的扩散控制,萃取速率很慢。

相对于一般的质量守恒模型,本书采用的是基于质量守恒微分方程的动力学模型,无须考虑物料的颗粒形状,也不用考虑固相传质,使计算方便、通用性好。

参 考 文 献

［1］　耿信笃. 现代分离科学理论导引. 北京：高等教育出版社,2001.

［2］　CONNELL J P. Trends in Property Estimation for Process and Product Design. Proceeding of Coference on Foundationsof Computer-Aided Process Design（FOCAPD）,102,Breckenridge, COUSA,1999.

［3］　ALLEN M P, TILDESLEY D J. Computer simulation of liquids. New York：Oxford Univ Press,1987.

［4］　DELNOIJ E, KUIPERS J A M, VAN SWAAIJ W P M, et al. Measurement of gas-liquid two-phaseflow in bubble columns using ensemble correlation PIV. Chem Eng Sci,2000,55：3385,3395.

［5］　BATEN J M, KRISHNA R. Modelling sieve tray hydraulicsusing computational fluid dynamics. Chem Eng J,2000,77：143.

［6］　李博,郭立玮,吴勉华,等. 面向膜过程的小碱溶液"溶液结构"及与水分子相互作用的分子动力学仿真与实验研究,膜科学与技术,2014,34（3）：37－42.

［7］　郭立玮,董洁,陆文聪,等. 数据挖掘方法用于中药水提液膜过程优化的研究. 世界科学技术—中医药现代化,2005,7（3）：42－47,88.

［8］　郭立玮,付廷明,李玲娟. 面向中药复杂体系的陶瓷膜污染机理研究思路与方法. 膜科学与技术,2009,29（1）：1－7.

［9］　潘永兰. 中药水提液无机陶瓷膜膜污染基础数据库的建立及数据的关联分析. 南京：南京中医药大学,2009.

［10］　朝乐门. 数据科学. 北京：清华大学出版社,2016.

［11］　ZHU Y Y, ZHONG N, XIONG Y. Data Explosion, Data Natrue and Dataology. Beijing：AMT－BI, 2009.

［12］　桑文锋. 数据驱动从方法到实践. 北京：电子工业出版社,2018.

［13］　PANG·NING TAN, MICHAEL STEINBACH, VIPIN KUMAR. 数据挖掘导论. 范明,范宏建等译. 北京：人民邮电出版社,2006.

［14］　张云涛,龚玲著. 数据挖掘. 北京：电子工业出版社,2004.

［15］　梁逸曾,龚范,俞汝勤,等. 化学计量学用于中医药研究. 化学进展,1999,11（2）：208－212.

［16］　何敏,周家驹. 中药数据库的设计和建立. 计算机与应用化学,1999,16（5）：363－369.

［17］　乔延江,李澎涛,苏钢强,等. 中药（复方）KDD 研究开发的意义. 北京中医药大学学报,1998,21（3）：15－18.

［18］　郭亦然. 基于三维数据库搜寻的中药信息学研究. 北京：北京中医药大学,2006.

［19］　陆文聪,陈念贻,叶晨洲,等. 支持向量机算法和软件 ChemS-VM 介绍. 计算机与应用化学,2002,19（6）：697－701.

［20］　陈念贻,陆文聪,叶晨洲,等. 支持向量机及其他核函数算法在化学计量学中的应用. 计算机与应用化学,2002,19（6）：691－695.

［21］　丁亚平,陈念贻. 导数光谱-支持向量回归法同时测定 NO_3^- 和 NO_2^-. 计算机与应用化学,2002,19（6）：752－759.

［22］　LIU XU, LU WENCONG, JIN SHENGLI, et al. Support vector regression applied to materials optimization of sialon ceramics. Chemometr Intell Lab Syst,2006 ,82（1/2）：8－11.

［23］　李玲娟,郭立玮. 基于特征提取的中药水提液膜分离预测系统. 计算机工程与设计,2010,1（9）：2023－2027.

［24］　徐雪松,李玲娟,郭立玮. 基于稀疏表示的数据流异常数据预测方法. 计算机应用,2010,1（11）：2956－2961.

［25］　李玲娟,翟双灿,郭立玮,等. 用支持向量机预测中药水提液膜分离过程. 计算机与应学,2010,7（2）：149－152.

［26］　李玲娟,洪弘,徐雪松,等. 计算机化学及其在中药分离技术研究领域的应用进展,中国中药杂志,2011,36（24）：3389－3396.

［27］　BLANCO M, GOZALEZ B R, BERTRAN E. Monitoring powder blendin in pharmaceutical processes by use of near infrared spectroscopy. Talanta,2002,56（1）：203－207.

［28］　李玲娟,洪弘,徐雪松,等. 计算机化学及其在中药分离技术研究领域的应用进展,中国中药杂志,2011,36（24）：3389－3396.

［29］　GONZ LEZF, POUS R. Quality control inmanufacturing process by nea infrared spectroscopy. J Pharm Biomed Anal, 1995, 13（4）：23－28.

［30］　黄挚雄,罗安,黎群辉. 迭代学习控制算法在中药生产过程提取工段的应用. 仪器仪表学报,2007,8（8）：1434－1437.

［31］　黄挚雄,万莉,罗安,等. 基于域进化模型的遗传算法在中药生产挥发油回收中的应用. 化工自动化及仪表,2006,33（4）：9－14.

［32］　翟海斌,李斌,刘雪松,等. 红参醇提液浓缩过程近红外光谱在线分析方法. 中国中药杂志,2005（24）：1897－1902.

［33］　杨明,伍振峰,王芳,等. 中药制药实现绿色、智能制造的策略与建议. 中国医药工业杂志,2016,47（9）：1205－1210.

[34] 臧振中,管咏梅,杨明,等.传感器技术在中药智能制造中的应用研究.中国医药工业杂志,2017,48(10):1534-1538.

[35] 储茂泉,刘国杰.中药提取过程的动力学.药学学报,2002,37(7):559-563.

[36] 李有润,郑青.中草药提取过程的数字模拟与优化.中草药,1997,28(7):399-402.

[37] 贺福元,邓凯文,罗杰英,等.中药复方成分提取动力学数学模型的初步研究.中国中药杂志,2007,2(6):490-493.

[38] 刘红宇,贺福元,罗杰英,等.中药(复方)成分提取动力学数学模型的建立及对六味地黄汤梓醇的验证试验.中国药业,2007,16(3):1-5.

[39] 贺福元,邓凯文,杨大坚,等.中药材成分提取动力学数学模型的建立及参数分析.数理医药学杂志,2005,18(6):513-518.

[40] 贺福元,罗杰英,邓凯文.中药复方动力学数学模型-总量统计矩法的研究.世界科学技术——中医药现代化,2006(6):13-18.

[41] 韩泳平,向永臣,王曙宾.挥发油提取过程动力学数学模型研究.中成药,2001,3(1):11-16.

[42] 潘林梅.黄连解毒汤提取动态过程研及沉淀产生的机制研究.南京:南京中医药大学,2007.

[43] 郭立玮,朱华旭.基于膜过程的中药制药分离技术:基础与应用.北京:科学出版社,2019.

[44] 董洁.基于模拟体系定量构效(QSAR)与传质模型和动力学分析的黄连解毒汤超滤机理研究.南京:南京中医药大学,2009.

[45] 郭立玮.中药分离原理与技术.北京:人民卫生出版社,2010.

[46] 林瑛,樊文玲,郭立玮.$0.2~\mu m Al_2O_3$陶瓷膜微滤杞菊地黄丸水提液的污染机制研究.中草药,2006,37(3):353-355.

[47] 郭立玮,陆敏,付廷明,等.基于中药复方小分子药效物质组"溶液结构"特征的膜分离技术优化原理与方法初探.膜科学与技术,2012,32(1):1-11.

[48] 徐南平,李卫星,邢卫红.陶瓷膜工程设计:从工艺到微结构.膜科学与技术,2006,26(2):1-5.

[49] 王永炎.中医研究的三个重要趋势.中国中医药报,2005,3:4.

[50] 郭立玮,付廷明,李玲娟.面向中药复杂体系的陶瓷膜污染机理研究思路与方法.膜科学与技术,2009,29(1):1-7.

[51] 王阶,王永炎.复杂系统理论与中医方证研究.中国中医药信息杂志,2001,8(9):25-27.

[52] 冯青然,王之喻,马振山,等.中药水煮液分离、纯化工艺的比较研究.中国中药杂志,2002,27(1):28-30.

[53] 张彤,徐莲英,蔡贞贞.壳聚糖澄清剂精制中药水提液的应用前景.中国中药杂志,2001,26(8):516-518.

[54] LI J H, KWAUK M. Exploring Complex Systems in Chemical Engineering — the Multi-Scale Methodology. Chem. Sci, 2003,58(3-6):521-535.

[55] 钟文蔚,纪超,郭立玮,等.基于数据科学的中药膜过程研究的思考与实践.中草药,2020,51(1):1-8.

[56] 乔园园,张明涛.简明计算机化学教程.天津:南开大学出版社,2005:72-86.

[57] 金万勤,陆小华,徐南平.材料化学工程进展.北京:化学工业出版社,2007.

[58] 王福军.计算流体动力学分析-CFD软件原理与应用.北京:清华大学出版社,2004.

[59] 李玲娟,郭立玮.基于特征提取的中药水提液膜分离预测系统.计算机工程与设计,2010,31(9):2023-2026.

[60] 李玲娟,洪弘,徐雪松,等.计算机化学及其在中药分离技术研究领域的应用进展.中国中药杂志,2011,36(24):3389-3396.

[61] 葛发欢.中药超临界二氧化碳萃取技术研究.北京:中国医药科技出版社,2014.

第六章

基于相平衡原理的中药浸提过程
工程原理与技术应用

第一节 基于固液(气)平衡的浸提技术原理与应用

利用固液相平衡原理进行提取的技术主要有煎煮、浸渍、渗漉、回流、湿法超微粉碎提取、加压提取、减压提取等。超临界流体萃取则为基于固气、液气平衡的浸提技术。晶析、吸附(大孔树脂吸附技术)等技术原理虽也属于固液平衡,但在中药制药流程中一般用于"精制"工序,本书在第八章进行讨论。

一、煎煮法

中药本身是人类临床实践的积累,以煎服的汤剂为主的中药剂型,显示了从中药水提液中获取药效物质最能体现安全性与有效性[1]。目前国内绝大多数中药厂家以水煎液为基本提取工艺。因而中药水提液是目前中药制药行业中最常见、最重要的中间产物,也是研究开发现代中药的基础。如何从水提液中科学、经济地获取药效物质,是中药行业目前亟待解决的关键技术。

水是一种具有许多异常特性的物质,既是质子的给予体,又是其接受体,各种化合物只要具有极性基,都可与氢结合溶于水中。水容易与离子水合将电解质溶解,这是因为水的介电常数大。高分子与胶体也可在水中稳定地存在,它们在复杂体系中的流变学特征、电化学性质等均为中药制药分离工艺选择、优化的重要考虑因素。中药(包括单味饮片及复方制剂)多以水煎煮成汤入药是千百年来形成的传统。中药汤剂药效的发挥与煎煮过程密不可分。中药汤剂制法考究、工艺严谨,讲究入药先后,讲究火候文武,讲究水量多寡,以古法制取的汤药多经临床验证,且疗效确切[2]。所谓中药汤剂的制备工艺优化,多以个别指标成分的转移率高低为判别标准,能否取得优化的疗效,令人质疑。

2021年2月国家药典委员会在《中药配方颗粒质量控制与标准制定技术要求》中,首次以官方文件提出了标准汤剂的概念。中药饮片标准汤剂在传承传统中药煎药工艺的基础上,结合国家中医药管理局2009年印发的《医疗机构中药煎药室管理规范》相关规定及现代煎药工艺、设备,根据实际研究结果更进一步地细化了各类饮片煎煮工艺参数[3],即根及根茎、种子果实类:头煎加7倍量水,二煎加6倍量水;枝干皮藤类:头煎加8倍量水,二煎加7倍量水;花叶全草类:头煎加12倍量水,二煎加10倍量水。一般饮片头煎30 min,二煎20 min;质地坚硬、滋补类头煎60 min,二煎40 min。该研究成果对规范中药煎煮(提取)过程的加水量、煎煮次数及时间具有中药参考价值。

(一)煎煮过程影响药效物质的作用及其机理[4,5]

煎煮状态下,以水为提取溶剂所导致的某些药效物质"量"和"质"的变化,如某些化学成分能提高有效成分的溶出率;某些化学成分的变化可降低主要成分的毒性;还可形成复合物或产生新成分等,将在第八章第二节作过讨论。本节主要讨论在以水为溶剂煎煮(提取)的状态下,组方药味所含各组分间的制约作用,可能产生的水解反应及对药物稳定性等影响等有关内容。

1. 物理学作用及其机理　　物理学作用变化，系指药物在煎煮过程中，发生分散状态或物理性质的改变，从而影响到制剂的外观或内在质量的变化。

（1）煎煮过程溶解度的改变：石膏不同组方随煎煮过程的进行，使石膏的溶解度表现不同。石膏主要成分为硫酸钙，常温下 100 g 水可溶解硫酸钙 0.21 g，42℃时硫酸钙的溶解度最大。测定 7 个含石膏汤剂中钙的含量，结果表明，大青龙汤中钙的含量最高，为 50.5%（mg/g），木防己汤中钙的含量最低，为 18.6%（mg/g）。据对 17 个含石膏配伍复方的考察，其中 13 个方煎出率高于石膏单煎，4 个方煎出率低于石膏单煎。其原因在于中药煎液中，石膏与某些有机酸、鞣质、维生素、生物碱盐的作用可提高其溶解度；而石膏与碱性物质、淀粉、黏液质、胶质、蛋白质的作用又可使石膏溶解度下降。

（2）药渣吸附：甘草与不同药物配伍时甘草酸的含量受药渣吸附的影响。甘草与 44 种中药配伍的实验表明，由于药渣吸附的影响，甘草与黄芩、麻黄、芒硝、黄连共煎时，甘草酸的含量下降约为 60%。

（3）盐析作用：盐析作用会使某些药物中的成分析出。例如，甘草配合芒硝（$Na_2SO_4 \cdot 10H_2O$），由于芒硝的盐析作用，使部分甘草酸析出与药物残渣一起被滤除。

（4）增溶作用：糊化淀粉对酚性药物会产生增溶作用。例如，芦丁在 1% 糊化淀粉溶液中的溶解度为纯水的 3.8 倍，在同样条件下槲皮素则可达 6.5 倍。糊化淀粉增加芦丁溶解度，是由于形成了淀粉-芦丁复合体。此外，党参、茯苓、白术与甘草配伍时，甘草可使这些药物的浸出物增加，也与甘草皂苷的增溶作用有关。

由上可知，中药复方药物成分复杂，在提取过程有可能发生增溶、助溶、盐析、沉淀、吸附等物理现象，导致溶解度的改变，引起制剂质量甚至疗效的变化。

2. 化学作用及其机理　　化学作用变化是指药物成分之间发生化学反应而导致药物成分的改变，如出现变色、浑浊、沉淀、产生气体和发生爆炸等现象，以致影响药物制剂的外观、质量和疗效，甚至产生毒副作用。

（1）形成配位络合物：中药复方中组方中药含有的金属离子，在煎煮过程中可进入溶液。而含有配位体的生物碱、黄酮、香豆精、蒽醌、羧酸、蛋白质及含有—OH、—COOH、—CN、—S 基团的成分则可与溶液中的金属离子形成配位络合物，如麻黄碱、8-羟基喹啉、麦角新碱与 Cu^{2+} 生成配位络合物。具有 2-酚羟基或邻位二羟基的蒽醌类化合物与 Pb^{2+}、Mg^{2+} 形成络合物。生成的配位络合物在溶解度、熔点、紫外、红外、核磁共振谱、药效等方面与单体都不相同。例如，黄芩苷与 Al^{3+} 形成的黄芩苷铝，兼有黄芩苷抗菌和铝收敛作用。

（2）产生分子络合物：分子络合物是指有机单体分子间靠静电作用、疏水作用、核移作用或交叠作用结合生成的复合物。在中药复方水煎液中，生物碱与黄酮类、鞣质等可生成分子络合物。皂苷与生物碱、酚性或甾萜类成分也可生成分子络合物。例如，槟榔与常山配伍，槟榔中的鞣质与常山中的生物碱，生成鞣酸生物碱络合物；附子与甘草配伍，甘草次酸与附子生物碱生成分子络合物；在黄芩与黄连配伍水煎液中，黄连碱、小檗碱、巴马亭、药根碱、黄芩苷和汉黄芩苷可组成络合物。

（3）产生化学动力学产物：中药复方煎煮时，各成分之间发生水解、聚合、氧化、还原等各种化学反应，伴随产生新的物质，这些新物质统称为化学动力学产物。例如，生脉散水煎液经紫外光谱、红外光谱、质谱及核磁共振鉴定，生成的新成分为 5-羟甲基-2-糠醛。四逆汤在煎煮过程中乌头碱水解，变为乌头原碱，毒性降低。麻黄汤在煎煮过程中，杏仁中的苦杏仁苷水解产物苯甲醛、桂枝的桂皮醛与麻黄碱发生化学反应，生成 2 种易分解的新化合物。

（4）发生浑浊或沉淀：① 生物碱与苷类，糖基上含有羧基的苷类或其他酸性较强的苷类与生物碱结合，会产生沉淀。例如，甘草与含生物碱的黄连、黄柏、吴茱萸、延胡索、槟榔、马钱子共煎可发生沉淀或浑浊。已经证实，两分子的小檗碱可与甘草皂苷的葡萄糖醛酸的两个羧基结合，沉淀在人工胃液中难溶,而在人工肠液中易溶,其溶解度随 pH 的升高而明显增大。葛根黄酮、黄芩苷等羟基黄酮衍生物及大黄酸、大黄素等羟基蒽醌衍生物在溶液中也能与小檗碱生成沉淀。② 有机酸与生物碱,金银花中含有绿原酸和异绿原酸,茵陈中含有绿原酸及咖啡酸。两药与小檗碱、四氢帕马丁等多种生物碱配伍使用,均可生成难溶性的生物碱有机酸盐。该沉淀在肠中分解后,方可缓慢地呈现生物碱的作用。③ 无机离子的影响,石膏中的钙离子可与甘草酸、绿原酸、黄芩苷等生成难溶于水的钙盐,以硬水作为提取溶剂时,含有的钙、镁离子能与一些大分子酸性成分生成沉淀。④ 鞣质和生物碱,除少数特殊生物碱外,大多数生物碱能与鞣质反应生成难溶性的沉淀。例如,大黄与黄连配伍,汤液苦味消失,而且形成黄褐色的胶状沉淀,该沉淀在人工胃液和人工肠液中均难溶。含鞣质的中药较多,因此在中药复方制剂制备时,应防止生物碱的损失。⑤ 鞣质和其他成分结合,鞣质能和皂苷结合生成沉淀。例如,含柴胡皂苷的中药与拳参等含鞣质的中药提取液配伍时可生成沉淀。在制备感冒退热颗粒剂(吲哚苷为其有效物质)时,应防止吲哚苷被拳参中的鞣质所沉淀,而被滤除。鞣质还可与蛋白质、白及胶等生成沉淀,使酶类制剂降低疗效或失效。含鞣质的中药制剂如五倍子、大黄、地榆等与抗生素如红霉素、灰黄霉素、氨苄西林等配伍,可生成鞣酸盐沉淀物,不易被吸收,降低各自的生物利用度;与含金属离子的药物如钙剂、铁剂、生物碱配伍易产生沉淀。

方剂中组分间的制约作用普遍存在,除了上述作用,混合煎煮还可以增加某些药物成分的稳定性。例如,柴胡桂枝汤中的矿物药牡蛎除有一定药效外,还因其含有弱碱性的碱土金属盐,可中和全方的酸性,而阻止柴胡皂苷结构发生变化,增加该成分的稳定性。白头翁汤中黄连、黄柏与秦皮、白头翁配伍后,汤剂中小檗碱含量下降,尤以与白头翁配伍后下降最明显。生脉散合煎过程中,五味子中的酸性物质有利于人参中的重要皂苷成分部分水解,转化产生微量皂苷成分(抗心血管疾病活性更高)。甘草配伍乌头或附子,煎液中乌头碱含量降低约 22%。人参四逆汤中,甘草、干姜与附子共煎,具有促进附子中双酯型生物碱水解的作用;而甘草酸与这类生物碱共煎时仅产生单酯型生物碱类和原醇胺类,表明甘草酸可控制 3 种双酯型生物碱的水解[6]。

(二) 微量元素在水等不同溶剂中的分布状态

文献报道[7],中草药中的锌、铜,主要是以金属蛋白的形态存在,故在不溶相中含量最高;其次是以水溶性离子形态存在,分布在水溶相中。分布在脂溶相中的元素含量最低,表明在中草药中的锌、铜很少以有机络合物形态存在。从而提示,如果希望提高中成药锌和铜的浸取率,水提应是最佳选择。也就是说,通过对浸取溶剂的适当筛选,既可除去有毒元素,又可保留有益元素,达到两全其美,从而有助于克服所谓中草药有毒重金属含量超标的技术壁垒。

用常规水浴提取、微波萃取和人工胃酸提取 3 种方法浸提青钱柳叶[8],发现其浸提物中钾、钙、镁、铁、铝、镍、硒等多种矿物质在水中的溶出度均与温度有关,在以人工胃液为溶媒时,这些元素有较大溶出率。

地龙药材中铅含量较高,而经过提取浓缩制成配方颗粒后,铅含量却明显减少并符合标准。其原因可能是铅和蛋白质、多肽和有机酸进行了络合,所以中药经提取后,铅含量明显减少[9]。

除了溶解性能,中药制剂中无机元素的生物活性还与其浓度环境有关。有毒金属具有毒物兴奋效应(hormesis):在极低浓度下表现的是正效应——生物活性,剂量超过一定限度时才表现负效应——毒性。中药复方中矿物药的使用方法很可能把金属离子(或非金属离子)的浓度控制在极低水平,从而巧妙地解决了活性与毒性的矛盾[10]。

(三) 水提液 pH 对中药效成分稳定性的影响

中药煎煮(提取)过程水溶剂的 pH 对药物体系的稳定性至关紧要。例如,蒋颖等[11]研究了斑蝥水提液中斑蝥素与斑蝥酸在不同条件下的稳定性及转化规律。采用 UPLC - TQ - MS 分别测定不同 pH、不同温度及光照条件下斑蝥水提液中斑蝥素与斑蝥酸的含量。结果显示,斑蝥水提液中斑蝥素的含量随 pH 的上升而逐渐降低,而其中斑蝥酸的含量变化则相反;斑蝥水提液于不同 pH 条件下,分别置于不同光照 90 天定时取样分析,结果显示,其中斑蝥素与斑蝥酸在起始的 10 天内含量变化较大,具体表现为酸性溶液中斑蝥酸含量的下降与斑蝥素含量的上升,碱性溶液中斑蝥酸含量的上升与斑蝥素含量下降。此后,各条件下两者的含量基本不变。研究表明,pH 是影响斑蝥水提液中斑蝥素与斑蝥酸含量的主要因素,两者随溶液 pH 的改变而相互转化,高温与光照可加快这种转化的平衡速度。

又如,橙皮苷属于二氢黄酮糖苷类化合物,难溶于水,几乎不溶于丙酮、苯、氯仿,微溶于甲醇、热冰醋酸,可溶于甲酰胺、二甲酰胺,易溶于稀碱溶液。工业上,常采用碱溶酸沉法制备橙皮苷,其在碱性溶液中的稳定性直接影响产品收率和纯度。胡玉梅等[12]针对橙皮苷在碱性条件下的稳定性进行了考察,采用 RP - HPLC 法测定不同影响因素下橙皮苷的含量变化,并采用液质联用(LC - MS)对其降解产物进行了定性分析。结果发现,加热条件下橙皮苷碱性溶液发生了降解,含量随加热温度的升高和加热时间的延长,呈不断下降趋势;弱碱条件下较稳定。为保证溶液中橙皮苷的稳定,在生产过程中应使溶液处于低温(50℃以下)及弱碱条件下,并尽量减少溶液的受热时间。

（四）基于技术经济学原理的提取效率和成本控制研究

中药提取工艺优化目前主要以某指标成分提取率为指标,且多采用正交实验设计,由于中药制药过程的复杂性,一种优化指标显然不够全面,且无法满足生产管理的需要,多目标优化是近年来中药生产研究中的一个热点。仲怿等[13]运用多目标优化方法,结合中药提取特点,对红参提取过程中如何控制生产成本进行了研究,通过多目标优化提高提取过程的性价比。

由于提取过程受到药材指标成分含量及其溶解度等因素影响,指标成分提取量与提取时间及提取溶剂倍量并不呈线性关系,采用正交实验有其局限性,因此采用了研究非线性关系更为理想的 Box-Behnken 实验设计方法,以更好地反映优化结果。同时综合考虑实际生产过程中的能源、物料成本、后续生产步骤的处理,提出了成本模型,并通过 Matlab 软件自带的 fmincon 函数求得约束条件下的最优解及单位提取量的最低成本。由于 fmincon 函数只能进行局部寻优,因此最优参数与初始值的选取有一定关系,需进行初始值的寻优。而通过编写程序使得初始值以一定步长进行叠加循环寻找最优初始值从而确定最优工艺参数。该算法在实际生产中具有重要意义,可更为准确地控制红参提取过程的成本,提高提取过程性价比,并且可根据能源及物料市场价格的浮动调节相关参数,以达到最大提取性价比。

该研究先以预实验进行,采用 2 因素 3 水平的全因子实验设计,考察红参粒径与浸泡时间对提取效果的影响。结果表明,粒径对提取效果影响显著,粒径越小则提取效果越好,而浸泡时间对提取效果基本无影响。

根据上述考察结果,且考虑到工厂生产实际情况,采用经过分筛得到的粒径小于 1 mm 的红参颗粒,用 95% 乙醇进行 2 次提取。选取生产过程中相对容易控制的提取时间和提取溶剂倍量为考察因素,共有第 1 次提取时间(A)、第 2 次提取时间(B)、第 1 次提取溶剂倍量(C)、第 2 次提取溶剂倍量(D)4 个因素,每个因素选取 3 个水平,以红参中的 8 种人参皂苷提取量为指标,用 Box-Behnken 实验设计法设计实验。

由上述实验结果拟合出总皂苷提取量及提取物纯度与 4 个工艺因素间的数学模型:

$$Y_{总皂苷} = 270.30 + 0.393\,22A + 0.206\,79B + 1.801\,5C + 4.892\,5D \qquad (6-1)$$

$$X_{纯度} = 26.166 - 0.051\,394A - 0.094\,745B - 1.243\,4C - 3.216\,7D + 2.065 \times 10^{-4}A^2$$
$$+ 7.547\,9 \times 10^{-4}B^2 + 0.075\,999C^2 + 0.265\,35D^2 \qquad (6-2)$$

另设成本函数:

$$Z = N \times (A + B) + M \times (C + D) \times W \tag{6-3}$$

式中,N 为单位时间消耗能源成本,电费价格约为 0.6 元/千瓦时,恒温水浴锅功率约为 2 kW,故 N = 0.02 元/分钟;M 为单位溶剂价格,95% 乙醇成本价格约 0.003 元/毫升,W 为实验中所用红参质量为 25 g。最后通过相关约束条件,用 Matlab 软件求解最优值,初始条件为:$A = 60$ min,$B = 50$ min,$C = 10$,$D = 6$。求得最优提取工艺:$A = 108.7$ min,$B = 30$ min,$C = 12$,$D = 8$,此时提取每 1 mg 皂苷所需成本最低。结果表明,该方法可用于参考指导实际红参提取过程的多目标综合优化。

二、浸渍法[14]

浸渍法是以定量溶剂,在一定温度下,于密闭容器(不锈钢罐、搪瓷罐等,下部有出液口,为防止药渣堵塞,可装多孔假底,铺以滤网等)浸泡中药物料,以获取药效物质的提取方法。张仲景收录于《伤寒杂病论》中的大黄黄连泻心汤,由大黄、黄连二味药组成,即以浸渍法制备。这种浸渍法不同于中药复方的传统煎煮法,以滚烫热水浸泡药物,去滓服用。

浸渍法适用于黏性、无组织结构药材,以及新鲜、易膨胀、价格低廉的芳香性药材。不适用于贵重中药、毒性中药及高浓度制剂的制备。

浸渍法可分为冷浸渍法、热浸渍法和重浸渍法。其主要操作方法与特点分述如下。

（1）冷浸渍法:置中药饮片或粉碎物料于有盖容器,加入定量溶剂,密闭,室温浸渍 3~5 天,或规定时间。期间常搅拌、振摇以保持浸出液浓度相对均衡。滤过,压榨药渣,压榨液与滤液合并,静置 24 h 后,滤过,取滤液。可直接用以制备药酒、酊剂,亦用于流浸膏的制备。

（2）热浸渍法:基本程序同上,但以水浴或蒸汽加热,一般保持温度为 40~60℃。浸出液冷却时可有沉淀析出,应分离除去。

（3）重浸渍法:即多次浸渍法,将溶剂分成几份,第一份溶剂浸渍过的药渣施以第二份溶剂浸渍,反复 2~3 次,最后合并各浸渍液。该法可减少药渣对药效成分的吸附,提高浸渍法的收率。

三、渗漉法

渗漉法是将经过处理的药材粉末置于渗漉器中,不断加入溶剂,并收集渗滤液的一种中药常用提取方法,具有设备简单、操作容易、适用药材范围广、能有效提取热不稳定成分或组分等优点。但也存在溶剂消耗量大、提取耗时长、后续浓缩工艺能耗大等不足[15]。除了制备中药,渗漉提取工艺也有望用于制备功能食品、药酒和化妆品等。

（一）渗漉工艺与设备

常见的渗漉工艺有单渗漉法、重渗漉法、加压渗漉法等。单渗漉法是指只采用一个渗漉筒的渗漉方法。其操作一般包括药材粉碎、药粉润湿、装筒、排气、浸渍、渗漉等步骤。单渗漉法设备简单,适用范围广,尤其适合易浸出、热稳定成分的药材[16]。加压渗漉法是指采用加压泵给渗漉罐内部加压,使溶剂较快地渗进药粉层,从渗漉罐底端出口流出的一种快速渗漉方法,适用于体质坚或其他不易浸出目标组分的药材[16,17]。其操作与单渗漉法相似,主要区别在于对渗漉罐加压处理。在施压状态下,溶剂更容易渗进药材组织内部,加速溶出有效成分,提高提取效率,提取液浓度较高,溶剂消耗量减少。其不足之处是溶剂消耗量大。

重渗漉法将多个渗漉罐串联排列,渗滤液重复用作新原料药粉的溶剂,进行多次渗漉以提高渗滤液浓度[18]。多个渗漉罐可并联使用也可串联使用,操作灵活性较高。当多个渗漉罐串联使用时,能使整个系统中固液两相间都保持着较大浓度差,所以浸出效率高,相对单渗漉法溶剂用量少。而且由于所得渗滤液中活性成分浓度高，有时可不必加热浓缩，可避免有效成分受热分解或挥发损失，适用于含热不稳定成分药材的渗滤，以及渗滤液需要进一步浓缩的情况。

除了上述渗滤工艺外，李娟等[19]设计了一种新型多层模块化抽屉式中药渗滤装置。该渗滤装置各层都可单独取出并装卸药粉，同时装有溶剂分配装置及喷淋口，将溶剂均匀喷洒到各层药粉上，使每层药粉都可以接触到新鲜溶剂，从而提高渗滤效率。其以筋骨疼痛酒中处方药材细粉为实验对象，发现模块化渗滤装置所得渗滤液中总固体含量是单渗滤法的 2.16 倍，是重渗滤法的 1.49 倍。

（二）渗滤工艺的主要影响参数

采用渗滤工艺提取的药材所属部位主要是根部，其次是果实、根茎、茎、花、全草及其他。物料粉末粒度、溶剂组成、浸渍时间、渗滤流速、溶剂用量是渗滤工艺的重要影响因素。

渗滤提取时粉末粒度大小是一个重要的影响因素。粉碎后粒度过大，导致饮片不易压紧。渗滤时饮片颗粒间空隙大，易导致溶剂消耗量大，且活性成分提取不完全。但若粉碎粒度过细，则饮片颗粒间空隙较小，使得流速较慢，工业生产中易阻塞。较多研究中均采用了药材粗粉进行渗滤。

溶剂组成是渗滤提取的另一重要因素。文献报道多以乙醇水溶液为溶剂，乙醇浓度多在 50%～90%。提取苦参或青风藤等药材中生物碱类活性成分时，工业中也常用酸水溶液。其原理：渗滤过程中盐酸或者醋酸能与生物碱成盐，从而增加目标成分在水中溶解度，有利于充分提出。

渗滤前需要对药材进行浸渍处理，其主要目的是使饮片与溶剂充分接触。在浸渍时活性成分从饮片中渗出，一般情况下，活性成分随浸渍时间延长而浸出较多。但浸渍时间足够长时，药材中活性成分含量与溶剂中含量会达到动态平衡，继续浸渍意义不大。

渗滤时间的影响规律与浸渍时间类似，但文献中更多采用控制溶剂用量与渗滤流速的方法控制渗滤时间。溶剂用量一般按照药材质量的倍量进行折算，文献报道大多为 6～16 倍，但也有用量高达 30 倍量的报道。渗滤时溶剂用量过小，活性成分可能提取不完全；但溶剂用量过大，则容易造成浪费，并增加后续浓缩处理量。

当提取溶剂总体积一定时，渗滤流速的选择应考虑充分提取和时间消耗的平衡。渗滤流速快则意味着提取时间短，不利于活性成分充分提取；但流速过慢则会延长渗滤时间。文献有以 mL/min，或者 mL/(min·kg) 为渗滤速度单位的，相比之下，后者更利于工艺比较与放大。工业生产中也有以活性成分出口浓度低于阈值作为渗滤终点的例子，此时虽然渗滤时间和溶剂总体积均不固定，但能确保活性成分充分提取。

（三）模拟渗滤过程的动力学方程探索

渗滤虽然是一种提取工艺，但其操作却与柱色谱工艺的洗脱过程相似，可借鉴类似于柱色谱过程的动力学方程来模拟渗滤过程。例如，目前常用的柱色谱机制模型：普遍化速率（general rate）模型、集总孔扩散（lumped pore diffusion）模型和平衡扩散（equilibrium-dispersive）模型等。另外，渗滤罐出口浓度曲线大致呈反"S"形，亦可尝试采用反"S"形曲线的函数去构建经验方程。

鲁劲松等[20]以扩散公式（6-4）对藿香正气水中陈皮渗滤工艺开展了优化研究讨论。

$$dS = - DF(dC/dx)dt \tag{6-4}$$

式中，dt 为扩散时间，dS 为在 dt 时间内物质（溶质）扩散量；F 为扩散面积，代表药材的粒度及表面状态；dC/dx 为浓度梯度；D 为扩散系数；负号表示扩散趋向平衡时浓度降低。

根据以下基本实验条件：陈皮 240 g，药材表面积约 1.5 cm×1.5 cm，浸泡时加入的乙醇量 1 200 mL药材压实，但不浸润，初滤液渗速为 1 mL/(min·kg)，续滤液渗速为 2 mL/(min·kg)，探讨：① 药材粉碎度的影响，根据式(6-4)的理论分析，药材粉碎得越细，其扩散面积 F 越大，浸出效果越好。但实结果表明,陈皮在渗漉时,药材细度在表面积 0.5 cm×0.5 cm 左右时最优。粉碎需有适当的限度,粉碎过细常致大量细胞破裂,细胞内不溶性高分子物质被大量浸出,增加成品的杂质,增加浸出液的黏度而影响扩散速度,并难以滤过。当用渗漉法时,粉粒过细溶剂流通阻力增大,甚至引起堵塞。② 药材浸泡时间的影响,药材浸泡 24 h 与浸泡 48 h 无差别。③ 药材浸润与否的影响,除特细药材(药材粗粉)外,药材不浸润橙皮苷的溶出率相对较高。④ 药材渗漉速度的影响,结果显示,陈皮在渗漉时,渗漉速度不能快,需慢渗,否则会降低橙皮苷的溶出率。考虑到大生产时渗漉速度太慢会增加生产周期,所以陈皮渗漉时,初漉液渗速约为 1 mL/(min·kg),续漉液约为 2 mL/(min·kg)即可。实验结果并显示,药材压实与否对橙皮苷的溶出影响不大,但压得太实,严重降低橙皮苷的溶出率,陈皮此类药材渗漉时应压松些。

(四)渗漉法与回流提取法的比较

汪兰芳等[21]有关化橘红贴膏处方药材的乙醇回流提取工艺 L₉(3⁴)正交试验,优选工艺结果为 6 倍量 65%的乙醇,回流提取 3 次,每次 1 h。相比之下,渗漉提取工艺中柚皮苷平均提取量 2.63%,较乙醇回流提取柚皮苷平均提取量 2.15%高约 22%。回流提取平均浸膏得率为 35.42%,渗滤提取平均浸膏得率为 38.94%。渗滤提取工艺柚皮苷转移率为 79.0%,回流提取工艺柚皮苷转移率为 64.4%。推测其原因可能是乙醇回流提取时加热温度较高,造成有效成分损失。

醒脑灵颗粒[22]是根据临床治疗缺血性脑中风的有效验方制备而成,由丹参、大黄、三七、桃仁等十味中药组成,具有活血化瘀、行气止痛、醒脑开窍之功效。该方丹参所含的化学成分较为复杂,其中活血化瘀的主要活性成分丹参酮类亲脂性较强,且对光热不稳定;大黄主含蒽醌类化合物,温度和受热时间对大黄蒽醌类成分影响较大。文献报道,大黄渗漉法明显优于煎煮,方中其他药味有效成分醇溶性较强,受热不稳定,故从丹参等药材所含化学成分的理化性质和工业化生产成本综合考虑,工艺路线采取水煎煮提取、乙醇渗漉提取 2 个部分设计,其中丹参等药材采用乙醇渗漉法提取。结果最佳渗漉工艺为:药材粗粉碎,用 2 倍量 70%乙醇浸泡 24 h,以 3.0 mL/(min·kg)速度渗漉,收集 6 倍量渗滤液。验证试验结果表明,该提取工艺重复性好、稳定可行。

四、回流提取法

回流是采用乙醇等挥发性有机溶剂提取中药药效物质的方法,其中挥发性溶剂溜出后,又被冷凝,重复流回提取器,反复循环,直至目标成分提取完全。因浸提液受热时间长,不适用于热敏物质的提取。

回流提取法可分为回流热浸法和回流冷浸法两类。前者置中药物料于多功能提取罐,加入一定量一定浓度的溶剂,采用夹层蒸汽加热,循环回流提取,待目标成分扩散平衡时更换溶剂,反复 2~3 次。后者原理同索式提取器,溶剂用量较渗漉法和回流热浸法少,并可循环更新,浸提更加完全[14]。

五、减压沸腾提取法

减压沸腾提取法,根据理想气体状态方程式、拉乌尔定律及道尔顿定律等物理学原理,可以在普通真空机械差不多都能达到的真空条件下,产生翻腾效应,使提取溶剂的沸腾温度降低,水提温度在 55~100℃,醇提温度在 42~78℃。减压沸腾提取法可提供真空缺氧环境,有利于保护热敏性及易氧化物质,防止此类活性物质的分解及氧化,提高热敏性有效成分的含量,提高药材的利用率。相对较低的提取温度使药材中的大分子无效成分难以水解,提取液中杂质含量大为减少。减压提取法仍沿袭传统的中药煎煮工艺,通过药材与溶媒共煎煮而溶出有效成分,传承和保留了中医药的核心和精髓。且不像其他新技术需要高成本投入[23]。但提取工艺的适宜性、减压提取物的药效、安全性等问题还需要进一步探讨。

谢普军等[24]为优化油橄榄叶低温减压沸腾提取橄榄苦苷的工艺,考察了溶剂种类、温度、时间、料液比、乙醇浓度、真空度、提取次数等因素对橄榄苦苷提取得率的影响；并在单因素实验基础上，选取了影响橄榄苦苷得率更重要的温度、时间、料液比及乙醇浓度 4 个因素，开展 $L_9(3^4)$ 正交试验，并与传统提取方法进行对比。结果表明，橄榄苦苷低温减压沸腾提取优化条件：温度为 60℃、时间为 20 min、料液比为 1∶30、乙醇浓度为 85%，并在此优化条件下橄榄苦苷提取得率为 5.90%。

而冷浸提为 6.7%，索氏提取为 5.71%，超声辅助提取为 6.03%。低温减压沸腾提取时间为冷浸提的 1/2，索氏提取的 1/9，超声辅助提取的 2/3，具有时间短、效率高等优点。

研究中发现，而真空度在 70 kPa 及以上时处于沸腾状态，并在真空度超过 70 kPa 后，提取得率趋于平缓。原因可能是沸腾产生的翻腾效应可加速橄榄苦苷在溶剂中扩散，提高橄榄苦苷得率。但是当真空度增加，沸腾加剧，溶液飞溅至瓶壁甚至冷凝管中，且导致溶剂气化量增加，使溶剂损失较为严重，反而不利于整个提取过程的顺利进行。因此，综合考虑选择真空度 70 kPa 较为适宜。此外，乙醇体积分数为 85% 时，橄榄苦苷提取得率最高可达 5.96%；乙醇体积分数超过 85% 时，得率反而下降。原因可能是当乙醇体积分数达到 85%，溶剂与橄榄苦苷极性相近；当超过体积分数为 85% 时，溶剂的极性降低，导致橄榄苦苷提取得率也降低。

六、超高压提取法[23]

超高压提取法是将原料与溶剂混合液加压至 100 MP 以上，保持一定时间，使细胞内外液压力达到平衡，再瞬间释放压力，细胞内外渗透压力差忽然增大，细胞内有效物质流出。绝大多数中药材是由纤维素、半纤维素和木质素为主要组成的植物体，系亲水性很强的复杂体系。加之植物细胞壁的阻碍作用造成亲脂性溶剂难以渗透到植物组织中，这对从植物组织中提取亲脂性活性物质造成了困难，往往只能用高浓度乙醇提取后，再用亲脂性溶剂萃取出亲脂性成分。而加压溶剂法给提取溶剂施加一定压力可明显增加对植物组织的渗透性，并且操作温度可控制在 160℃ 以下、工作压力低于 1 MPa，容易实现产业化，尤其适合于对热敏性稍好的亲脂性活性成分的提取。

加压溶剂法提取过程分为预处理、升压、保压、卸压、分离纯化等阶段。超高压提取技术在中药中已有应用于多糖类、黄酮类、皂苷类、生物碱、有机酸类等物质的提取的研究。杨磊等[25]将加压溶剂提取方法首次应用到雷公藤中雷公藤甲素的提取，获取理想效果。该研究所确定的加压溶剂提取优化条件为：以 1,2-二氯乙烷作为提取溶剂，料液比 1∶9.7，提取温度 115℃，提取时间 80 min，雷公藤甲素的得率和纯度分别达 0.173% 和 1.21%，与常规回流提取法相比优势明显。加压溶剂法的显著特点是提取时间短、提取率高、常温下提取、操作简便。超高压设备包括超高压容器、高压泵、油槽、卸压阀及超高压管道等部件，其不足之处是：高压设备价格昂贵，一次性投资较大，间歇操作，设备的密封、强度、寿命等均是产业化过程难度大的问题。该研究还处于起步阶段，其技术的适应性、传质机制、产业化应用等尚有待深入研究。

七、湿法超微粉碎提取[26]

通过前面有关中药提取技术固液平衡原理的讨论，我们知道减小药材的粒径，尤其是细胞级超微粉碎能减小扩散的阻力、缩短成分溶出的路径、增加溶出的面积，有利于有效成分的快速完全溶出。但采用干式超微粉碎技术，使药材达到细胞级粉碎，然后再加水煎煮的方法，虽然提取效率得到了提高，却往往导致药材微粒在煎煮时由于粒径过小而糊化、黏壁、过滤困难等问题，工艺无法工业化。经过反复研究，著者科研团队发现采用湿法超微粉碎技术，可使粉碎与提取一步完成，大大提高提取的效率。由于是常温粉碎，所以能避免淀粉的高温糊化，克服细粒径药材煎煮时糊化的难题，特别是采用乙醇等溶剂时，更有令人惊喜的结果。

（一）湿法超微粉碎提取法的基础研究

1. 湿法超微粉碎提取法的基本原理　　超微粉碎技术是粉体工程中的一项重要内容,包括对粉体原料的超微粉碎、高精度的分级和表面活性改变等内容。超微粉碎技术可将中药材从传统粉碎工艺得到的中心粒径 150~200 目的粉末(75 μm 以上),提高到中心粒径达 5~10 μm,在该细度条件下,一般药材细胞的破壁率大于 95%。由于粉碎过程中细胞壁一旦被打碎,细胞内水分和油质迁出后可使微粒子表面形成半湿润状态,粒子与粒子之间形成半稳定的粒子团,使中药材中难溶性成分快速高效溶出。湿法超微粉碎提取法是干法超微粉碎提取法的一种延伸,该方法在粉碎的同时使溶剂到达植物组织内部,应用强大机械振动研磨组织,使其中有效成分溶于溶剂中,达到快速有效地提取。应用湿法粉碎提取法,能在很短时间内将中药有效成分提取出来。

以植物药材为例,植物细胞的外面包围着没有生命而比较坚韧的细胞壁。细胞壁可分为中层(胞间层)、初生壁和次生壁三层。中层是细胞分裂时最初形成的一层,为相邻细胞所共有,它主要由果胶质组成(果胶质的分解和破坏可引起细胞的分离)。以后在中层上形成初生壁并渐次增大,它主要由纤维素、半纤维素和果胶质组成。初生壁一般薄而有弹性,一些细胞在停止增大后,又在初生壁的内方继续加厚。这时所构成的细胞壁称为次生壁,它主要是纤维素组成,但往往还沉积其他一些物质(如木质素)。次生壁一般较厚而硬,它使细胞有很大的机械强度。

提取的传质过程以扩散原理为基础,符合菲克第一定律(Fick's first law)。影响提取效率的主要影响因素有 3 个:扩散速率、传质路径、与传质面积。由于有效成分存在于药材的组织内部,当用大颗粒药材提取时,成分要经过溶剂润湿药材、溶剂向细胞内渗透、细胞内部可溶性物质溶解、物质从药材颗粒内部的扩散和从药材表面向溶液内扩散等多个阶段。因此,扩散的阻力大、传质的路径长、传质的面积小。

在湿法超微粉碎提取法的过程中,有效成分的溶出除了具有扩散阻力小、溶出路径短、溶出面积大的优势外,吸收了溶剂的药材颗粒还不断地受到机械力的剪切、挤压,直至达到细胞级粉碎,这些机械力极大地增加了溶剂的对流,提高了质量传递系数,促使有效成分迅速地向溶剂转移,使通常需要几个小时的提取过程缩减为即使分钟甚至是十几分钟,大大提高了提取的效率。

2. 影响湿法超微粉碎提取效果的主要因素　　湿法超微粉碎提取时,乙醇的浓度、用量,粉碎的时间对提取的效果有着重要的影响,工艺研究可就上述几个因素进行正交考察,其中主要的影响因素如下。

（1）湿法超微粉碎提取时间:时间对湿法超微粉碎的影响主要体现在药材颗粒的粒径分布与破碎程度。分别把湿法超微粉碎提取 5、10、15、30、50 min 混悬液样品滴加入粒径分布仪,得出的数据用 OriginPro7.5 软件处理,结果见图 6-1。

由图 6-1 可知,随时间的增加,粒径越来越小:5 min 时大部分为 100 μm 以上颗粒,仅有 20% 左右为 10 μm 的超微粒度,粉碎 10 min 后达 30%,30 min 时粒径以 10 μm 左右均匀分布。

取麻黄湿法超微粉碎提取 5、10、20、30 min 的粒子,烘干,研碎,电镜观察其微观形态,结果如图 6-2。由图 6-2 可看出,粉碎 5 min 的样品麻黄药材细胞结构仍然明显,多为长条形的纤维组织;粉碎 10 min 后这种长条形的微粒变少,多为大小为 80 μm 左右的团状微粒,大多是细胞破壁

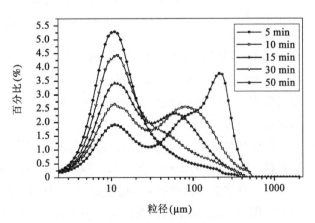

图 6-1　湿法超微粉碎提取不同时间的粒径分布[26]

后细胞内的碎片；30 min 时，视野中已经少有大的颗粒，粒子破碎得比较完全，大小以 10~20 μm 的居多。结合麻黄提取率与时间的关系发现，麻黄湿法超微粉碎提取 30 min 其提取率比 5 min 有所降低。其微观上表现为其粒子的破碎程度较高，比表面积增大，表面能变大，因而对指标成分的吸附能力增强，造成提取率下降。从而表明，湿法超微粉碎提取时间的优选与确认对提高该法的提取效果具有重要意义。

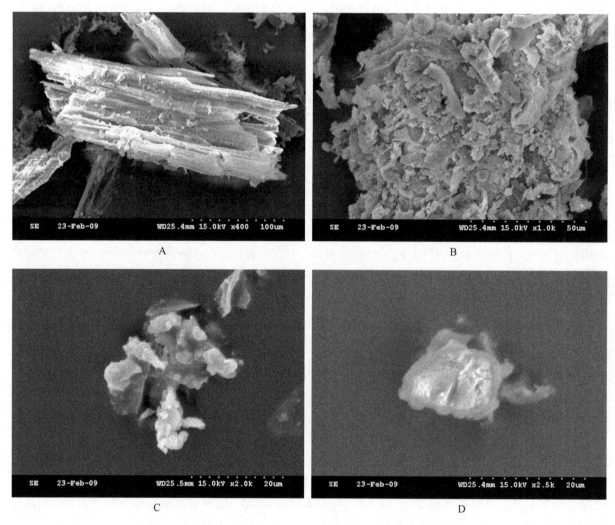

图 6-2　麻黄湿法超微粉碎提取不同时间混悬液样品电镜扫描图[26]

A. 5 min；B. 10 min；C. 15 min；D. 30 min

（2）浸泡时间对提取效果的影响：中药饮片多为植物或动物的干燥组织，其细胞干枯萎缩，有效的药物成分已结晶或定形沉淀存在于细胞内，组织外表也变紧密，使水分不易渗入和溶出。如果在湿法超微粉碎之前先用凉水浸泡一段时间，使药材变软，细胞膨胀，有利于有效成分在药材组织内形成高浓度的溶液。

实验结果表明，浸泡能增加指标成分的提取率，浸泡时间对提取率有影响。其中，麻黄浸泡 6 h 效果最佳，提取率提高 11%。延胡索、丹参均为浸泡 2 h 效果最佳，提取率分别提高了 14%、12%。

（3）助溶剂对提取影响：提取溶剂中加酸可促进生物碱的浸出，提高部分生物碱的稳定性。实验结果表明，盐酸有利于麻黄碱的溶出，0.001 mol/L 提取 30 min 提高了 8.82%，而 0.01 mol/L 提取 30 min 提高了 16.97%。说明氢离子的浓度对麻黄碱的溶出有显著影响，这可能是盐酸与麻黄碱反应生成稳定的盐。结果还显示,随着时间的增加,提取率也不规则地提高,30 min 时两组浓度的酸都达到了峰值。加入盐酸同样能提高四氢帕马丁的提取率,浓度为 0.001 mol/L 时能使提取率增加 3.81%,而浓度增加到 0.01 mol/L 时提取率仅有少量增加。

在提取溶剂中加入适量的表面活性剂,能降低药材与溶剂间的界面张力,使湿润角变小,促进药材表面的润湿性,有利于某些药材成分的提取。表面活性剂对药物的增溶作用是靠临界胶束的作用,而不同的药物分子结构不同,分子极性不同,因此不同的表面活性剂对不同的药物增溶作用是不同的。例如,阳离子型表面活性剂的盐酸盐,有利于生物碱的浸出;非离子型表面活性剂一般对药物的有效成分不起化学作用,且毒性较小或无毒性,故常选用。

实验结果表明,十二烷基磺酸钠、泊洛沙姆-188、司盘-80 等几种常用的表面活性剂都能不同程度地提高麻黄、延胡索与丹参等药材中指标成分的提取率,其幅度依药材品种、提取时间而异,一般在 10% 左右。

3. 湿法超微粉碎提取工艺指标成分溶出动力学过程 图 6-3~图 6-5 为麻黄、延胡索与丹参在湿法超微粉碎提取工艺参数优化条件下,各自指标成分溶出累积曲线。其中各自达到最佳提取效果的条件,麻黄为 1 500 mL 70% 乙醇,超微粉碎提取 5 min;延胡索为 1 000 mL 70% 乙醇,超微粉碎提取 15 min;丹参为 8 倍量 70% 乙醇提取 10 min。

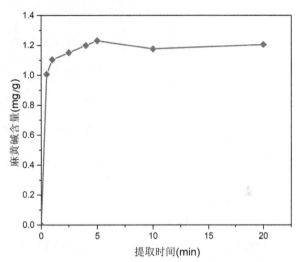

图 6-3 湿法超微粉碎提取麻黄的溶出曲线[26]

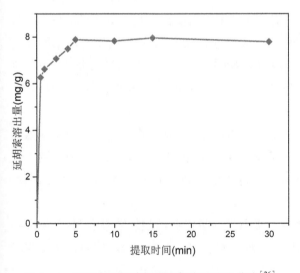

图 6-4 湿法超微粉碎提取延胡索的溶出曲线[26]

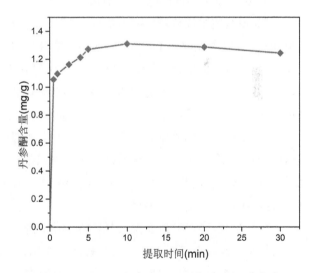

图 6-5 湿法超微粉碎提取丹参的溶出曲线[26]

(二) 湿法超微粉碎提取法的若干应用基础研究

1. 地龙湿法超微提取与常规水煎煮的化学成分和药理活性比较研究[27]　本团队对地龙湿法超微粉碎提取液(样品 EH)与传统水煎液(样品 ED)的主要化学成分组成(蛋白质、氨基酸、核酸类等小分子)及体内外抗血栓药效进行比较研究,结果表明,湿法超微粉碎提取液具有抗凝与溶栓双重作用,而水煎液只有单一抗凝作用。

(1) 技术路线图:该研究的技术路线如图 6-6 所示。

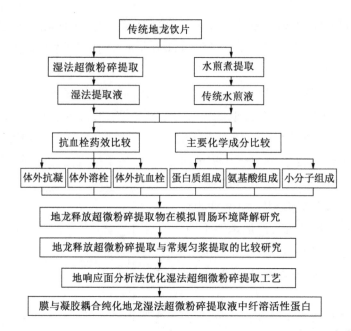

图 6-6　地龙湿法超微粉碎提取与传统水煎比较研究技术路线图[27]

（2）地龙提取物的制备

1）EH 制备：称取广地龙适量,粗粉碎过二号筛,加 10 倍量水浸泡 12 h 后,湿法超微粉碎提取 5 min,离心(10 000 r/min)10 min 后,取适量上清液。即可。

2）ED 制备：称取广地龙适量,粗粉碎过二号筛,加 10 倍量水浸泡 12 h 后,水沸后回流提取 1 h,离心(10 000 r/min)10 min 后,取上清液。即可。

（3）氨基酸组成分析：每 100 mg 的湿法超微粉碎提取冻干粉末中,氨基酸总量为 20.75 mg,每 100 mg 的水煎煮提取冻干粉末中,氨基酸总量为 30.94 mg。水煎煮提取中,虽然蛋白质提取率明显低于湿法超微粉碎提取,但是水煎液中氨基酸(包含蛋白质降解)却明显高于湿法超微粉碎提取,说明水煎煮对氨基酸或者多肽的提取明显高于湿法超微粉碎提取。值得注意的是,地龙提取液中并无胱氨酸,另外,这两种方法提取所得的氨基酸种类完全一致。

（4）中药指纹图谱相似度计算软件分析：相似度评价为 0.659,说明湿法超微粉碎提取与水煎煮提取对于地龙提取液中小分子物质提取差异大(图 6-7)。相对保留时间在 0~15 min 里,两种提取方法所得图谱峰较一致,相对保留时间在 15 min 之后,湿法超微粉碎提取出现 3 个明显的特征图谱峰,而水煎煮提取出现大量复杂图谱峰。

（5）抗血栓药效：地龙湿法超微粉碎提取液与水煎煮提取液的抗血栓药效的结果表明,在体外实验中,超微粉碎提取液具有抗凝与溶栓双重作用,而水煎煮提取液只有单一抗凝作用。体内抗血栓实验中,湿法超微粉碎提取、水煎煮提取均有抗血栓药效。

（6）工艺参数优化结果：湿法超微粉碎提取地龙蛋白的最佳工艺条件为：浸泡时间为 4.7 h,料液比为 1∶11(g/mL),提取温度为 17℃,粉碎时间为 10 min,蛋白质得率为 3.46%。该提取工艺稳定可行,适于工业化推广。已经用于步长药业有关产品。

2. 基于湿法超微粉碎提取法的心脑血管疾病药物组合物、制备方法研究[28]　　针对心通胶囊复方中药组合,对组方药味湿法超微粉碎提取液与水煎液的蛋白质含量、蛋白质组分及体外抗凝、体内抗血栓进行比较研究;以抗凝血酶滴定法测得的效价为指标,采用响应面分析法优化湿法超微粉碎的提取工艺;对其药效学及急性毒理学展开研究,并进行了质量标准方面的评价性研究。

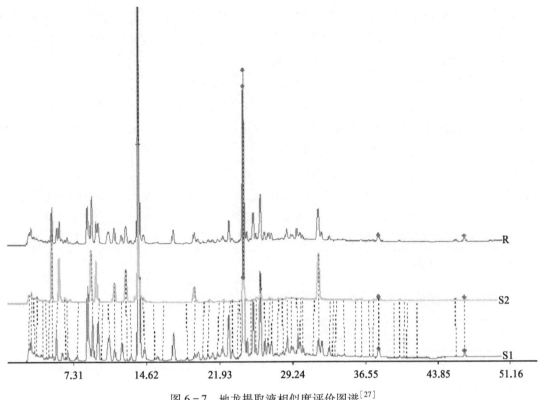

图 6-7　地龙提取液相似度评价图谱[27]

S1-ED,S2-EH

（1）中药水蛭复方样品制备：水蛭等中药水煎煮提取液的制备：称取组方药材适量,粗粉碎过二号筛,加 10 倍量水浸泡 1 h 后,保持微沸状态回流提取 2 h,高速离心(10 000 r/min)10 min 后,取适量上清液即可。

水蛭复方湿法超微粉碎提取液的制备：称取清水蛭药材适量,粗粉碎过二号筛,加 10 倍量水浸泡 1 h 后,湿法超微粉碎提取 10 min,高速离心(10 000 r/min)10 min 后,取适量上清液即可。

（2）中药水蛭复方两种样品主要化学成分比较：两种提取液中,蛋白质含量及蛋白质组分均存在明显的差异,水蛭药材经加热煎煮,其药效物质基础的蛋白质成分发生了结构变化,部分因溶解性能下降而被去除,还有一部分则降解为小分子多肽甚至氨基酸成分;而湿法超微粉碎提取技术无须加热,能较为完整地将其有效蛋白质成分从药材中提取出来。

（3）药效学、毒理学实验比较：水蛭复方湿法超微粉碎提取液的体外抗凝及体内抗血栓作用均优于同剂量的水煎煮提取液。详见下述表 6-1、表 6-2。

（4）中药水蛭复方工艺优化研究：对水蛭、全蝎及地龙组成的药物组合进行了制备工艺的研究,通过正交试验设计方法,对湿法超微粉碎提取该药物组合的工艺进行了优选,得到了其最佳提取工艺为：加 10 倍量水,0℃下湿法超微粉碎提取 10 min;然后通过膜分离手段对其提取液进行精制,得到分子量区段为 10~100 kDa 的膜精制液;最后,将膜精制液减压浓缩至生药量为 0.5 g/mL 时取出,冷冻干燥,即得该药物组合物的干燥制品。

（5）中药水蛭复方药效学的研究：对该药物组合提取物进行了药效学的研究,发现湿法超微粉碎提取新工艺制得的药物组合物具有显著的抑制 ADP 诱导的血小板聚集的作用,而且能显著抑制大鼠动-静脉旁路血栓的形成,其效价明显高于水煎煮提取相同生药量的传统药物组合;通过急性毒性试验结果表明,湿法超微粉碎提取新工艺制得的药物组合物无明显毒性,安全性较好。此外,对该药物组合提取物进行了质量标准的评价研究,研究结果为每 1 g 样品中所含的蛋白质应不低于 400 mg,每 1 mg 样品中的抗凝生物效价应不低于 0.288 0 U,并对 10 个批次样品进行了电泳图谱分析,其相似度能达到 0.956~0.981,可从整体上控制该药物组合物的质量。

1) 对 ADP 诱导大鼠血小板聚集的影响:结果见表 6-1,表明药物组合物水煎煮提取液和湿法超微粉碎提取液的高、中、低剂量组均可抑制 ADP 诱导的血小板聚集。其中药物组合物 1 的 1.350 0、0.675 0 g 生药/kg 剂量组及药物组合物湿法超微粉碎提取液的 1.350 0、0.675 0、0.337 5 g 生药/kg 组与阴性对照组比较,差异具有显著统计学意义($P<0.01$)。服用各个剂量药物组合物湿法超微粉碎提取液的 SD 大鼠,其血小板聚集率平均值均显著低于服用相同剂量药物组合物水煎煮提取液的 SD 大鼠,其差异亦具有显著统计学意义($P<0.01$),说明采用湿法超微粉碎提取耦合膜分离精制方法除去了大量影响药效的杂质,使得相同生药量的药物组合物湿法超微粉碎提取液与药物组合物水煎煮提取液相比,药效显著增加。药物组合物湿法超微粉碎提取液具有显著的抑制 ADP 诱导的血小板聚集的作用,其效价显著高于药物组合物水煎煮提取液。

表 6-1 对 ADP 诱导大鼠血小板聚集率的影响($x\pm s$, $n=5$)[28]

组　　别	每日剂量(g 生药/kg)	血小板聚集率($X\pm SD$)(%)	抑制率(%)
NS 阴性对照	—	70.74±1.49	—
阿司匹林阳性对照	0.027 0	46.96±8.52 **	33.62
	1.350 0	34.18±10.93 **	51.68
药物组合物(水煎煮提取液)	0.675 0	42.56±20.00 **	39.84
	0.337 5	65.97±13.07	6.74
	1.350 0	26.28±9.69 ** ##	62.85
药物组合物(湿法超微粉碎提取液)	0.675 0	36.41±14.12 ** ##	48.53
	0.337 5	54.86±5.33 ** ##	22.45

注: ** 为与阴性对照组比较,$P<0.01$;## 为与全粉入药相应剂量组比较,$P<0.01$。

另外,通过分析表 6-1,发现药物组合物湿法超微粉碎提取液的每日剂量为 0.337 5 g 生药/kg 时,折算成实际固体粉末服用剂量为 0.020 8 g/kg,对血小板的抑制作用低于 0.027 0 g/kg 的阿司匹林阳性对照组;而当药物组合物湿法超微粉碎提取液的每日剂量为 0.675 0 g 生药/kg 时,折算成实际固体粉末服用剂量为 0.041 5 g/kg 时,对血小板的抑制作用已优于 0.027 0 g/kg 的阿司匹林阳性对照组,由此可以发现药物组合物湿法超微粉碎提取液抑制 ADP 诱导的血小板聚集的剂量可与阿司匹林可同处于一个数量级别。

2) 对大鼠动-静脉旁路血栓形成的影响:结果见表 6-2,与阴性对照组比较,药物组合物水煎煮提取液高、中、低剂量组及药物组合物湿法超微粉碎提取液均可抑制大鼠动-静脉旁路血栓形成,其中药物组合物水煎煮提取液的 1.350 0、0.675 0 g 生药/kg 剂量组及药物组合物湿法超微粉碎提取液的 1.350 0、0.675 0、0.337 5 g 生药/kg 组与阴性对照组比较,差异具有显著统计学意义($P<0.01$)。对药物组合物水煎煮提取液组与药物组合物湿法超微粉碎提取液组的比较可发现,服用各个剂量药物组合物湿法超微粉碎提取液的 SD 大鼠,其血栓湿重的平均值均显著低于服用相同剂量药物组合物水煎煮提取液的 SD 大鼠,其差异亦具有显著统计学意义($P<0.01$),说明采用湿法超微粉碎提取耦合膜分离精制方法制备的药物组合提取物已除去了大量影响药效的杂质,使得相同生药量的药物组合物湿法超微粉碎提取液与药物组合物 1 相比,药效显著增加。该结果提示,药物组合物湿法超微粉碎提取液能显著抑制大鼠动-静脉旁路血栓的形成,其效价高于相同生药量的药物组合物水煎煮提取液。

另外,通过分析表6-2可知,药物组合物湿法超微粉碎提取液的每日剂量为0.337 5 g生药/kg时,折算成实际固体粉末服用剂量为0.020 8 g/kg,对动-静脉旁路血栓形成的抑制作用低于0.027 0 g/kg的阿司匹林阳性对照组;而当药物组合物湿法超微粉碎提取液的每日剂量为0.675 0 g生药/kg时,折算成实际固体粉末服用剂量为0.041 5 g/kg,对血小板的抑制作用已优于0.027 0 g/kg的阿司匹林阳性对照组,由此可发现药物组合物湿法超微粉碎提取液抑制大鼠动-静脉旁路血栓形成的剂量与阿司匹林可同处于一个数量级别。

表6-2 对大鼠动-静脉旁路血栓形成的影响($x \pm s$, $n=5$)[28]

组　　别	剂量(g生药/kg)	血栓湿重($X \pm SD$)(mg)	抑制率(%)
NS阴性对照	—	39.64±8.49	—
阿司匹林阳性对照	0.027 0	25.97±9.61**	34.49
	1.350 0	24.85±5.25**	37.31
药物组合物(水煎煮提取液)	0.675 0	27.30±7.83**	31.13
	0.337 5	33.42±7.09	15.69
	1.350 0	18.85±7.48**##	52.45
药物组合物(湿法超微粉碎提取液)	0.675 0	22.45±5.07**##	43.37
	0.337 5	27.42±6.87**##	30.83

**:与阴性对照组比较$P<0.01$;##:与传统药物相应剂量组比较,$P<0.01$。

3)急性毒性试验:以最大给药浓度(10 g生药/mL)、最大给药体积为40 mL/kg,一次性给予小鼠两组制剂,一组药物组合物1组(水煎煮提取液),另一组为药物组合物2组(湿法超微粉碎提取液),连续观察7天,未观察到小鼠死亡,亦检测不出LD_{50}。

此外,以最大给药浓度(10 g生药/mL)、最大给药体积为30 mL/kg,将两组制剂均分为两次给予小鼠(每日600 g生药/kg),连续观察14日,小鼠状态正常,其毛色、体重、饮食、活动等指标均无明显异常。

上述结果表明,两组制剂均无明显毒性,每日600 g生药/kg的给药量,已相当于临床人用量的4 800倍。

八、匀浆提取法

(一)匀浆提取法概述[29]

匀浆提取法是指生物组织通过加入溶剂进行组织匀浆或磨浆,以提取组织中有效成分的一种提取方法。它是在生物化学中的常规组织捣碎技术、食品加工技术中的豆浆、淀粉等制造工艺的基础上,结合中药提取的基本原理而提出的。其基本原理可以描述为:动、植物材料与适当溶剂在室温条件下,经高速粉碎至细微颗粒,使药材内外化学成分在高速搅拌、振动等综合外力作用下迅速达到平衡,通过过滤达到提取目的。匀浆提取法具有速度快、温度低、能耗低、目标成分得率高等特点。近年来,应用匀浆提取法对植物组织中生物碱、黄酮、印楝素A、鼠尾草酸、白藜芦醇和茄尼醇等多种活性物质进行提取,收到了很好的效果。

由于紫草萘醌类化合物不稳定,尤其对温度(温度达到60℃以上时降解很快)、酸碱度、氧及超声等因素敏感,为其高效提取造成了一定的困难。杨磊等采用匀浆法从新疆紫草中提取萘醌类化合物,并经与超声和冷浸提取方法等比较,发现匀浆提取法可有效避免紫草素的受热降解或异构化。该研究考察了匀浆提取时间、乙醇体积分数、料液比和提取次数等因素对提取工艺的影响,并在单因素试验基础上,根据中心组合试验设计原理采用3因素、3水平的响应面分析法进行工艺优化。结果得到提取过程优化的工艺条件：提取时间为3.99 min，料液比1∶9.99，乙醇体积分数80.2%，紫草总萘醌的实际得率可达0.75%，质量分数为30.33%，提取次数为2次，回收率可达81%。采用匀浆提取法从新疆紫草中提取萘醌类化合物，有效地避免了紫草素损失，并具有提取速度快、温度低、能耗低的特点，适合紫草素萘醌类化合物的大规模生产。

该研究表明，匀浆和超声提取法提取的总萘醌得率明显高于其他提取方法，而匀浆提取法的提取时间远远小于其他方法，优势明显。并表明，温度对紫草总萘醌影响显著，高温提取很难得到好的提取效果。另外，匀浆提取法、超声提取法和冷浸提取法的提取物成分相近，在保留时间6~16 min均有6个主要吸收峰，而超临界二氧化碳萃取的提取物在保留时间6~16 min只有5个主要吸收峰，缺少8 min左右的吸收峰，这一差别是否会造成药理活性的差异尚需论证。

（二）湿法超微粉碎与常规匀浆的"粉碎-溶出"动力学比较

为了评估湿法超微粉碎与常规匀浆两种提取工艺的优缺点，杨丰云等[27]以地龙为实验体系对湿法超微粉碎与常规匀浆两种提取工艺的提取效率进行了比较。分别通过粒径分析、扫描电镜、Bradford法测定蛋白质含量等手段，建立"时间-粒径分布"与"时间-蛋白质累积溶出百分率"曲线，研究地龙粉碎与蛋白质溶出的动力学过程。并采用HPLC指纹图谱技术，比较两种提取产物的成分差异。结果表明，两种处理工艺所得成分的指纹图谱峰形基本一致，然而采用湿法超微粉碎处理，色谱峰面积明显高于常规匀浆。湿法超微粉碎提取效率明显高于常规匀浆。湿法超微粉碎提取技术适用于地龙成分提取，整个过程快速简捷，适于工业化推广。

（1）样品制备：称取适量药材，经粉碎过二号筛，加入10倍量水，分别采用弗鲁克组织匀浆机（10 000 r/min）和湿法超微粉碎两种不同的粉碎方法，按1、3、5、10、15、30 min不同时间点取样，立即离心取上清液备用，离心后药渣备用。

（2）粉碎动力学过程研究：取1、3、5、10、15、30 min时间点的样品离心药渣，用水重新分散后，采用MICRO RACS 3500型粒度分析仪激光散射测定药渣粒径分布，每份平行测定3次。以中位径（D_{50}）值为指标，比较两种不同粉碎方法的粒径差异，并绘制图6-8。

由图6-8可知，地龙常规匀浆和湿法超微粉碎1 min时，粒径急剧减小，然而随着粉碎时间的推移，粒径变化都呈缓慢趋势，粉碎效率下降。地龙常规匀浆30 min，微粒D_{50}值达到175.85 μm左右，而同

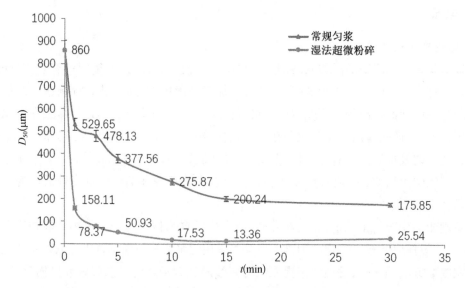

图6-8 地龙不同粉碎时间，常规匀浆与湿法超微粉碎所得微粒的中粒径（D_{50}）值比较（$n=3$，$\bar{x}\pm s$）[27]

样时间内采用湿法超微粉碎处理,微粒 D_{50} 值达到 25.54 μm。由此可见,湿法超微粉碎效果明显优于常规匀浆。图 6-8 并表明,地龙常规匀浆 30 min 所达到的粉碎粒径,湿法超微粉碎只用不到 1 min 即用可完成。湿法超微粉碎效率明显高于传统匀浆。值得注意的是,湿法超微粉碎 15~30 min 之间,粒径出现增大趋势,其原因可能是因为随着粒径减小,粒子表面能增大,出现了聚集、吸附现象。这也提示我们,粒径大小与成分溶出可能存在一个临界值。

（3）电镜分析比较结果：图 6-9 为地龙粉碎产物电镜扫描微观图。由该图可知,地龙常规匀浆 1 min 时,组织结构明显,多为片状的组织纤维（图 6-9A）,而湿法超微粉碎 1 min 时组织结构大部分受到破碎,细胞内部结构出现破裂（图 6-9B）。常规匀浆 5 min 时,组织结构变小,细胞内部结构仍未见到明显破裂（图 6-9C）,然而,湿法超微粉碎 5 min 后出现了大量细胞碎片并且层叠起来,出现参差不平表面结构（图 6-9D）。常规匀浆 30 min 后,组织结构继续变小,细胞内部结构出现少量破裂（图 6-9E）,湿法超微粉碎 30 min 后,10 μm 左右的细胞碎片周围附着一些更小的微粒。微观上表明了,破碎较高,粒子表面能较大,吸附能力增强,粒子之间出现了吸附现象（图 6-9F）,这与上述图 6-8 中 15~30 min 粒径变化趋势是相对应的。电镜分析结果提示：常规匀浆在短时间内无法实现超细微粉碎,而湿法超微粉碎在较短的时间内即可完成超细微粉碎[30,31]。

（4）蛋白质溶出动力学过程：图 6-10 为 0~30 min 地龙常规匀浆与湿法超微粉碎的蛋白质累积溶出百分率随时间变化的曲线。由图 6-10 可知,湿法超微粉碎 0~5 min 时,蛋白质累积溶出百分率急剧

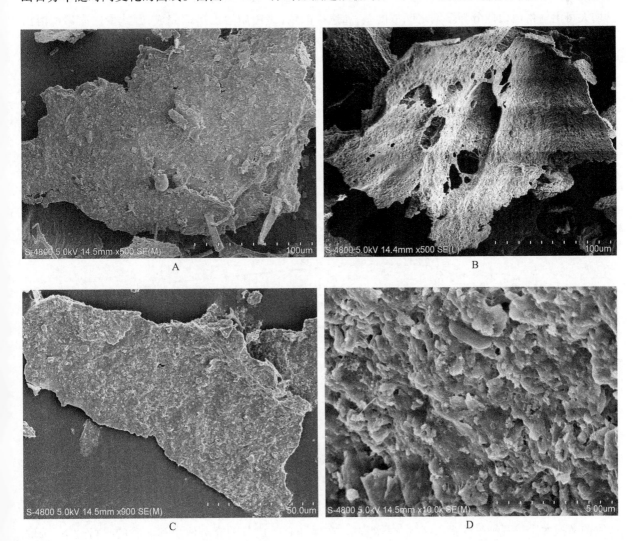

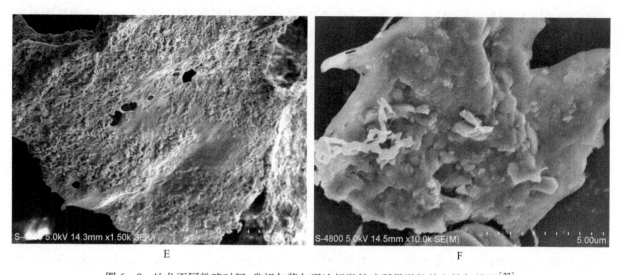

图6-9　地龙不同粉碎时间，常规匀浆与湿法超微粉碎所得微粒的电镜扫描图[27]

A. 常规匀浆 1 min；B. 湿法超微粉碎 1 min；C. 常规匀浆 5 min；D. 湿法超微粉碎 1 min；E. 常规匀浆 30 min；F. 湿法超微粉碎 30 min

增大，5~10 min 呈缓慢趋势。这可能是因为药物的溶出需要完成 3 个阶段（浸润与渗透阶段、解吸与溶解阶段、扩散阶段），湿法超微粉碎达到超细微粉碎程度时，可迅速完成浸润与渗透阶段。0~5 min 内即已增大可溶性蛋白质成分与溶剂之间浓度差，加速扩散快，蛋白质溶出迅速完成，因此蛋白质累积溶出百分率急剧增大，然而到了 5~10 min 后随着浓度差变小，扩散速度缓慢，蛋白质溶出速度降低，因此 5~10 min 蛋白质累积溶出百分率呈缓慢趋势。然而湿法超微粉碎 15 min 后蛋白质累积溶出百分率出现明显下降，这可能是因为长时间的湿法超微粉碎，出现了大量过小颗粒，表面能增大，吸附了部分可溶性蛋白，导致蛋白质累积溶出百分率下降。常规匀浆 0~30 min，蛋白质累积溶出百分率呈缓慢增大趋势，这可能因为常规匀浆，并没有实现超细微粉碎，浸润与渗透阶段缓慢，限制了蛋白质的溶出，因此蛋白质累积溶出百分率变化缓慢。图 6-10 结果同样可看出，常规匀浆 30 min 蛋白质累积溶出百分率，湿法超微粉碎 1 min 之内即可完成，说明湿法超微粉碎可以在较短时间内完成地龙蛋白质的提取，且蛋白质累积百分溶出率明显高于常规匀浆。

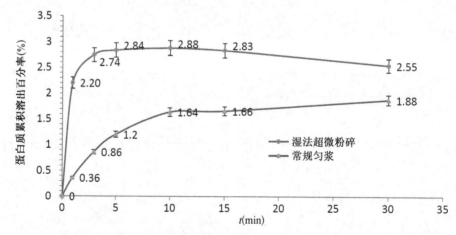

图6-10　地龙不同粉碎时间，常规匀浆和湿法超微粉碎所得蛋白质
累积溶出百分率比较（$n=3$，$\bar{x}\pm s$）[27]

（5）化学成分指纹图谱比较结果：为进一步验证湿法超微粉碎是否有优于常规匀浆，通过 HPLC 指纹图谱技术比较两种粉碎提取液的化学组成。在保证有效成分的充分溶出和实验的平行性下，选取

粉碎 30 min 的样品进行测定。方法为：分别吸取两种不同粉碎方法的 30 min 离心液，经 70% 乙醇沉淀去除大分子蛋白质，离心，取上清液，过 0.45 μm 微滤膜，取续滤液上样，进行检测，记录 50 min 色谱。色谱条件如下：色谱柱为 Hedera ODS‒2 C18（4.6 mm×250 mm，5 μm）；流动相 A：0.05 mol/L（NH4）$_2$HPO$_4$ 溶液；流动相 B：甲醇。检测波长为 254 nm；柱温为 30℃；流速为 0.8 mL/min。梯度条件如下：0~5 min，0~2%B；5~15 min，2%~5%B；15~50 min，5%~30%B。

由图 6‒11 可见，湿法超微粉碎与常规匀浆所得的样品峰形，基本一致。表明两种处理方法提取所得的目标产物无明显差异。然而在相同的生药投入量中，湿法超微粉碎所得的色谱峰面积明显大于常规匀浆，说明湿法超微粉碎对于地龙其他化学成分的提取率也明显高于常规匀浆。

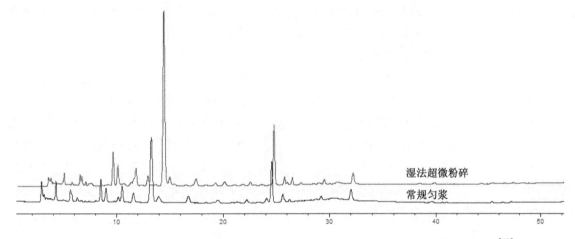

图 6‒11　地龙粉碎 30 min，常规匀浆与湿法超微粉碎所得成分的 HPLC 指纹图谱比较[27]

（6）讨论：该实验结果提示，粒径大小与有效成分累积溶出百分率的关系并不是简单的线性关系，它们之间存在临界点。粒径过大，药物成分溶出慢且溶出量也相对较少；而粒径过小，药物成分则可能出现被固态微小颗粒吸附，累积溶出率也相应降低。因此通过探讨粉碎粒径范围与有效物质得率相关性，建立相关溶出动力学模型，深入探讨中药湿法超微粉碎提取的规律，对于完善湿法超微粉碎提取技术十分必要。

动物类中药的活性成分多为蛋白质、多肽类等热敏性物质，传统加热提取，可能破坏其结构，影响其活性。而采用湿法超微粉碎提取技术，提取过程中无须加热，必要时还可控在低温条件下进行，因此对于动物类中药药效物质的提取，湿法超微粉碎提取技术具有独特的优势。

第二节　基于气液、气固相平衡的中药超临界流体萃取原理与技术应用

一、超临界二氧化碳流体萃取中药药效物质的原理

（一）超临界流体萃取技术的一般原理[26]

1. 超临界流体及其特性　超临界流体（supercritical fluid，简称 SCF 或 SF）是指超出物质气液的临界温度、临界压力、临界容积状态的流体。与一般的气体、液体相比，它的密度、扩散系数和黏度有很大的差别，如临界点附近的气体密度与其液体类似，而黏度为通常气体的几倍，扩散系数为液体的 100倍左右（表 6‒3）[32,33]。

表 6 - 3 超临界流体萃取和其他流体扩散性比较[32,33]

	气 体	超临界流体	液 体
密度（g/cm³）	0.000 6~0.002	0.2~0.9	0.6~1.6
黏度（10^{-4} g/cm·s）	1~3	1~9	20~300
扩散系数（cm²/s）	0.1~0.4	0.000 2~0.000 7	0.000 002~0.000 02

对于 CO_2、氨、甲烷、乙烷、乙醇、苯、水等常用超临界流体的主要临界特性[3]而言，其中由于超临界 CO_2 流体密度大，溶解能力强，传质速率高；CO_2 临界压力适中，临界温度 31℃，分离过程可在接近室温条件下进行；便宜易得，无毒，惰性及极易从萃取产物中分离出来等一系列优点，当前绝大部分超临界流体萃取（supercritical fluid extraction，简称 SFE）都以 CO_2 为溶剂。

2. 超临界二氧化碳流体的 PVT 特性

（1）CO_2 相平衡图：图 6-12 为 CO_2 平衡相图。图中 $A-T_p$ 线表示 CO_2 气-固平衡的升华曲线，$B-T_p$ 线表示 CO_2 的液-固平衡熔融曲线，T_p-C_p 线表示 CO_2 的气-液平衡蒸汽压曲线。T_p 为气-液-固三相共存的三相点。沿气-液饱和曲线增加压力和温度则达到临界点 C_p。物质在临界点状态下，气液界面消失，体系性质均一，不再分为气体和液体，相对应的温度和压力称为临界温度和临界压力。物质有其固定的临界点（CO_2 临界点 $T_c = 31.06℃$，$P_c = 7.39$ MPa）。当体系处在高于临界压力和临界温度时，称为超临界状态（图中阴影线区域）。蒸馏操作通常在液-气平衡线附近进行，液体萃取限于液相范围之内，而超临界气体萃取限于临界温度与临界压力以上的范围。

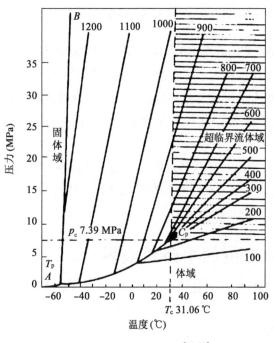

图 6 - 12 CO_2 相平衡图[32,33]

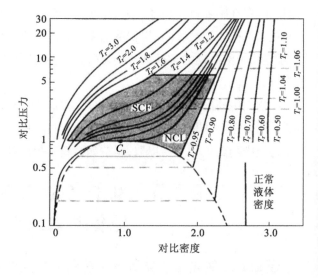

图 6 - 13 CO_2 的密度和压力、温度间的关系[32,33]

（2）CO_2 的密度和压力、温度间的关系：CO_2 在超临界区域及其附近的压力（P）-密度（ρ）-温度（T）间的关系如图 6-13 所示。纵坐标为压力比 P_r（$=P/P_c$）、横坐标为密度比 ρ_r（ρ/ρ_c）。图 6-13 以温度比 T_r（$=T/T_c$[K]）为参变量。阴影线所围部分 $T_c = 1~1.2$（31~92℃），$P_r = 0.8~4$（5.8~30.0 MPa），$\rho_r = 0.5~2$（0.24~0.94 g/cm³），为常用的超临界流体萃取区域。

由 CO_2 的热力学特性可以发现：① 增加压力，超临界气体的密度则接近于液体的密度，因而超临界气体与液体同样具有溶解其他液体和固体的能力；② 只要压力或温度稍加改变，相应的密度就会产生较大的变化。而不挥发性成分在超临界气体中的溶解度，大体上与气体成分的密度成比例。超临界流体萃取，就是依据这种压力和温度的稍许改变，使密度大幅度变化这一超临界领域的独特性质的一种分离方法。

（3）CO_2 在超临界及临界附近的扩散度：超临界及临界附近 CO_2 的扩散特性如图 6-14 所表示。由图 6-14 得知，CO_2 在高压下的液体或超临界时的扩散度，远比普通液体要大。上述表 6-3 表示了在常温、常压下气体、液体与超临界态流体的输送特性。流体的黏度和扩散系数是支配分离效率的重要参数，直接影响着达到平衡的时间。由表 6-3 可知，超临界流体的密度与液体大体相同，黏度只有通常气体的 2~3 倍，约为液体的 1/100，扩散系数较液体大 100 倍。也就是说，与采用液体溶剂萃取相比较，采用超临界流体为溶剂进行萃取与分离。由于它具有这样良好的输送特性，在通常的固体原料萃取中，原料的粉碎等前处理工艺过程亦可大大简化。

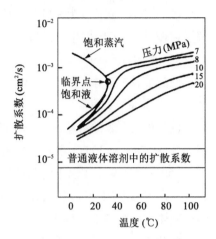

图 6-14　CO_2 在超临界及临界附近的扩散度[32,33]

（二）超临界二氧化碳流体萃取技术对中药成分的适应性

影响超临界流体对萃取物溶解度的主要因素有：① 超临界气体的分子与溶质（被萃取物质）间的相互作用，即分子间的引力、分子的大小等；② 被萃取物质（溶质）的蒸汽压；③ 温度、压力等的操作条件。关于温度、压力等对溶解性能的影响将在后面加以讨论，这里先讨论影响超临界 CO_2 流体溶解能力最主要的因素：溶质的性质。

1. 不同溶质在超临界 CO_2 流体中的溶解度　在超临界 CO_2 流体中溶解度的关键因素。

有机化合物分子量大小和分子极性强弱是影响其

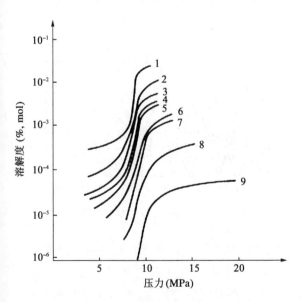

图 6-15　不同结构萜类化合物在 40℃超临界 CO_2 流体中溶解度等温线[34]

1. α 蒎烯；2. 樟脑；3. 柠檬醛；4. 长叶烯；5. 龙脑；6. 柏木醇；7. 西松四烯；8. 1,8-萜二醇；9. 山道年

Dandge 通过测定一系列有机化合物在超临界 CO_2 流体中的溶解度数据（实验条件：25℃，ρ = 0.895 g/mL 和 32℃，ρ = 0.86 g/mL 下，溶解度用超临界 CO_2 流体中溶质的质量百分数表示），并结合前人的工作，提出萜类、烃类、醇类、酚类、羧酸等溶质分子结构在 CO_2 流体中的溶解度下述经验规律[34]。

（1）萜类：分子量对萜类化合物在超临界 CO_2 流体中的溶解度有一定的影响，从单萜蒎烯和宁烯到倍半萜长叶烯和双萜西松四烯，萜烯类溶解度逐步降低，萜烯分子每增加 5 个碳原子，溶解度下降 5 倍左右。其原因可能是，化合物的挥发性随分子量增大而降低。相对于分子量的影响，化合物极性对其在超临界 CO_2 流体中溶解度的影响更大。例如，单萜化合物樟脑、柠檬醛、香茅醇和 1,8-萜二醇各具不同的取代基和极性，尽管分子量差异不大，但溶解度差别很大，分别为 $1.10×10^{-3}$、$3.72×10^{-4}$、$1.70×10^{-4}$ 和 $3.8×10^{-6}$。该事实充分说明，影响溶质在超临界 CO_2 流体中溶解度的关键因素是其分子结构。不同结构萜类化合物在40℃超临界CO_2流体中溶解度等温线如图6-15所示。有关数据表明，随着萜类化合物含氧取代基增多，萜类化合物极性增大，其在超临界CO_2流体中溶解度急剧下降，如从萜烯到有多个含氧取代基的萜二醇和山道年，溶解度下降达到10^3倍之大。

（2）烃类：碳原子数在12以下正构烃类，能在超临界CO_2流体中全部互溶。超过12个碳原子，溶解度将锐减；与正构烷相比，异构烷烃有更大的溶解度。

（3）醇类：6个碳以下的正构醇能在超临界CO_2流体中互溶，进一步增加碳数溶解度将明显下降。如正己醇能达到互溶，而n-庚醇和n-癸醇溶解度分别只有6%和1%。在正构醇中增加侧链与烷烃同样可适当增加溶解度。

（4）酚类：苯酚溶解度为3%，当甲基取代苯酚时增加溶解度。例如，邻、间和对甲苯酚的溶解度分别为30%、20%和30%。醚化的酚羟基将显著增加溶解度。如苯甲醚与超临界CO_2流体能互溶。

（5）羧酸：9个碳以下的脂肪族羧酸能在超临界CO_2中互溶，而十二烷酸（月桂酸）仅仅有1%的溶解度。卤素、羟基和芳香基的存在将降低脂肪族羧酸的溶解度。例如，氯乙酸和2-羟基丙酸在超临界CO_2流体中的溶解度分别为10%和0.3%，而苯乙酸是不溶解的。

酯化将明显增加化合物在超临界CO_2流体中的溶解度。例如，2-羟基丙酸乙酯化后在超临界CO_2流体中可以互溶，而2-羟基丙酸本身只有0.5%的溶解度。类似情况如苯基醋酸在超临界CO_2流体中为不溶解，但乙酯化之后可以成为互溶组分。

简单的脂肪族醛，如乙醛、戊醛和庚醛在超临界CO_2流体中互溶。脂肪族不饱和结构对其溶解度没有明显的影响。然而，苯基取代将降低不饱和醛的溶解度。例如，3-苯基-2-丙烯醛溶解度为4%，而3-苯基丙烯醛为12%，苯乙醛和2-羟基苯乙醛都不溶于超临界CO_2中。

2. 超临界CO_2流体萃取技术对天然产物多种成分的选择性　　天然产物通常由多种有效成分复合而成。用超临界CO_2流体萃取这些有效成分时，不同工作条件所得到产物组成不同，表现出一定的选择性。

图6-16为Broge. H. 建立的一模拟的天然产物所有非极性化合物组成图[35]。纵坐标代表化合物的相对量，横坐标为一混成参数，它由挥发性、分子量、极性、化学性质等构成，可与气相色谱的保留时间相呼应。

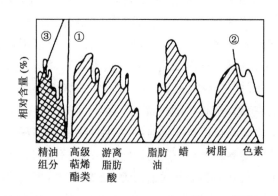

图6-16　模拟天然产物的非极性化合物[35]

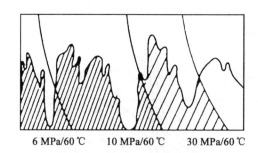

图6-17　不同溶解力的CO_2萃取[35]

水蒸气蒸馏法所获得的天然产物制品组分仅为香精油部分（分离线①左侧部分），其余成分遗留在残余物中。用良好的非极性有机溶剂萃取，如甲叉氯，除了少许高聚物外几乎都被萃取出来（分离线②左侧部分），产物与溶剂分离时，由于溶剂的挥发，导致了部分易挥发成分的损失（分离线③左侧）。溶剂CO_2的萃取选择性与操作参数（压力、温度）有关。在30 MPa和60℃（ρ为0.83 g/cm^3）下可获得组分类似于用甲叉氯萃取时所得的制品，其萃取选择性很差。减小压力，分离线向左移，其选择性逐步被改善（图6-17）。由此可见，CO_2在压力较小的场合下能获得组分近似于水蒸气蒸馏的产品，而在CO_2

压力较大的场合下获得天然产物的全萃取制品。了解了这一基本事实,就不难理解本章第三节"四、挥发油提取原理、方法与生物活性的相关性"的论述,工艺设计中选择适宜的中药提取技术原理、方法对保证产品疗效的高度重要性。

Stahl 等曾研究超临界 CO_2 流体对芳烃类、酚类、芳香羧酸类、蒽醌类、吡喃酮类、碳氢化合物和其他类脂类等多种化合物的可萃取性,以下是所总结出的若干经验规则[36]:

(1) 分子量在 300~400 Da 或以下亲脂性化合物,如酮类、酯类、芳烃类、酚类及相类似的化合物,萃取容易,最高萃取压力为 30 MPa。

(2) 化合物中的极性官能团(如—OH、—COOH),可使该化合物被萃取的可能性降低,甚至完全不能被萃取,如具 3 个酚羟基或一个羧基和 2 个羟基的苯衍生物可被萃取,但具有一个羧基和 3 个以上羟基的化合物,则无法被萃取。

(3) 极性物质,如氨基酸、卵磷脂类、糖、苷等,以及多聚物,包括蛋白质、纤维素、多萜类和塑料,不能被萃取。

(4) 水在液态 CO_2 中极少溶解,但在超临界 CO_2 流体中,其溶解度随温度升高而提高。

(5) 如果若干物质在分子量、蒸汽压和极性上存在明显差异,则可能对各种物质分别萃取。

上述 Broge 模拟天然混合物的研究与 Stahl 等的经验规则,都从试验设计的角度,为优选萃取条件提供了有益借鉴。

超临界 CO_2 在不同工作条件下萃取天然产物所表现出的选择性,在中药分离技术领域具有重要意义。例如,周雯等[37]利用超临界 CO_2 流体对天然产物多种成分的选择性,采用超临界 CO_2 流体萃取技术结合成分分析,通过调节超临界 CO_2 流体萃取过程中的工艺参数及夹带剂的合理使用,选择性地调节倍半萜生物碱、松香烷型二萜和三萜羧酸 3 类有效成分的组成,同时降低毒性成分雷公藤红素的含量,得到了最佳工艺条件下的超临界流体萃取物。进一步的药理毒理实验表明,超临界流体萃取物的药效为市售产品的 3~4 倍,而毒性降低约 1 倍,达到了增效减毒的目的。

3. 中药成分间的增溶作用　　中药成分复杂,其中性质相近的组分之间可互为夹带剂,即使相互间性质差异较大,也可能基于多种影响因素而产生增溶作用。对于中药复方而言,更是如此。葛发欢等[38]报道了超临界 CO_2 流体萃取复方丹参降香的研究工作:以有效成分、收率等为指标,考察复方中药超临界 CO_2 流体萃取过程中各单味药之间的相互影响及对整个复方提取的影响,同时也研究了萃取压力和温度的影响。结果表明,复方丹参降香的超临界 CO_2 流体萃取,其效果完全不同于单味丹参和单味降香的提取:复方提取时,虽然有效成分均能被提取,但它们之间存在较大的相互影响,并共同影响整个复方提取的收率、有效成分的萃取率及其含量等;萃取条件不同,其影响程度不同。

(1) 萃取压力及复方中单味药对复方提取收率的影响:萃取压力及复方中单味药对复方提取收率的影响结果见表 6-4。由表 6-4 可知,复方丹参降香的收率随压力的升高而升高,25 MPa 时达到最大值,随后呈下降趋势。丹参和降香分别单独提取时,压力的影响与复方相似,丹参提取收率也是 25 MPa 时到达最大值,但降香要达到 30 MPa 时,其提取收率才到达最大值。在实验过程中观察到,在 15~32 MPa 的范围内,由于丹参和降香的共同影响,使得复方提取收率均有增加,其中在 15 MPa 时,提取收率增加幅度最大;在 20~30 MPa 之间,提取收率的增加几乎一致;达到 32 MPa 时,提取收率增加幅度略有回升。推测原因,可能是被萃取出来的降香成分增加了超临界 CO_2 流体对丹参的溶解度或被萃取出来的丹参成分增加了超临界 CO_2 对降香成分的溶解度,从而使复方丹参降香的收率增加;而丹参和降香均含有挥发油类,当压力为 15 MPa,一是本身这些成分在超临界 CO_2 流体中具有很大的溶解度,二是这些较多的油类成分既可较好地溶解于超临界 CO_2,又对其他成分具有一定亲和能力,从而增加其他成分的溶解度,最终使得此压力下复方丹参降香提取收率的增加率最高。而后随着压力的增高:一方面,越来越多极性渐大的成分被溶解出来,竞争夹带剂;另一方面,虽然压力的增大时 CO_2 溶解度增大,但 CO_2 对越来越大极性的成分的溶解度会逐渐减小,使得提取收率的增加率低于 15 MPa 时。

表 6-4　萃取压力及复方中单味药对复方提取收率的影响[37]

萃取压力(MPa)	复方收率(%)	单味提取	
		丹参收率(%)	降香收率(%)
15	2.83	1.82	2.0
20	3.24	2.01	3.67
25	3.95	2.64	4.42
30	3.87	2.26	4.65
32	3.75	2.15	4.20

　　(2) 萃取压力及降香对复方提取时丹参酮 II_A 萃取率及含量的影响:压力及降香对复方提取时丹参酮 II_A 萃取率及含量的影响见表 6-5 和表 6-6。由表 6-5 可知,复方丹参降香的提取中,随着压力的增加,丹参酮 II_A 的萃取率也随着增加,25 MPa 时达到最大值,随后又降低。降香的引入,影响了复方中丹参酮 II_A 的萃取率,低于 20 MPa,使萃取率增加;25～30 MPa 之间,使萃取率下降,原因或许是 15～20 MPa 之间,大量降香挥发油的提取,增加了丹参酮 II_A 在超临界 CO_2 流体中的溶解度。而随着压力的再升高,极性或大分子成分如降香异黄酮类的比例越来越大,这些成分的分子大小与丹参酮 II_A 相近或更大,会阻碍丹参酮 II_A 的离解,极性分子也易于夹带剂乙醇缔合,从而降低溶解度。由表 6-6 可知,复方丹参降香提取时,在 25～32 MPa 的压力范围内,由于降香的引入,使得复方提取物中丹参酮 II_A 的含量大幅度下降。原因是复方提取物中增加了大量降香的组分,同时,降香一些成分增加了丹参中丹参酮 II_A 以外的其他成分的溶解度,使其他组分比例增加。虽然丹参降香这一复方中药,不一定要求丹参酮 II_A 的含量太高,但是,如果目的产物要求丹参酮 II_A 含量越高越好,则这一现象需引起重视。

表 6-5　复方中降香对丹参酮 II_A 萃取率的影响[38]

萃取压力(MPa)	丹参单味提取时丹参酮 II_A 萃取率(%)	复方提取时丹参酮 II_A 萃取率(%)
15	0.020	0.163
20	0.196	0.197
25	0.491	0.296
30	0.479	0.230

表 6-6　复方中降香对丹参酮 II_A 含量的影响[38]

萃取压力(MPa)	单味丹参萃取时对丹参酮 II_A 含量(%)	复方提取时丹参酮 II_A 含量(%)
25	18.75	5.73
30	18.95	5.60
32	20.44	5.11

　　(3) 萃取压力及丹参对复方丹参降香提取中降香成分的影响:实验中发现,丹参的引入,会使降香挥发

性组分发生变化。而无论复方提取或单味降香提取,均能提出降香中的异黄酮类,但压力必须≥25 MPa。

（4）萃取温度对复方丹参降香提取的影响：温度对复方提取收率的影响也有随温度的升高而升高随后又降低的趋势；温度对复方中丹参酮 II_A 的含量的影响与前者相似,55℃时萃取率和含量均较高,45℃和60℃时,均较低。55℃是该复方提取的较佳温度,结果见表6-7。

表6-7　萃取温度对复方提取的影响[38]

温度(℃)	复方提取收率(%)	丹参酮 II_A 萃取率(%)	丹参酮 II_A 含量(%)
45	2.39	0.12	5.20
55	2.71	0.20	6.63
60	2.63	0.13	6.31

综上所述超临界 CO_2 流体萃取复方丹参降香,由于各单味药的相互影响,可使复方提取收率提高,萃取压力和温度不同,提取收率的提高幅度不同。但亦由于丹参、降香的相互影响,使有效成分的萃取率、提取物中的含量分布了变化。萃取压力和温度不同,这种影响程度亦不同。

二、超临界二氧化碳流体萃取天然产物的传质模型[39,40]

超临界 CO_2 流体萃取在制药领域多用于天然产物中有效成分的提取,而天然产物的超临界 CO_2 流体萃取过程通常是在固体物料的填充床层中进行,不仅流体的流型非常复杂,相应的热力学数据也难以获得,且天然产物的成分纷繁复杂,在不同的温度和压力下萃取物的组分有很大的不同。因此,对超临界 CO_2 流体传质过程及其传质模型的研究比较薄弱,目前主要是基于化工的传递过程原理结合超临界 CO_2 流体的特性,通过适当修正与简化加以应用。

（一）超临界二氧化碳流体萃取天然产物的传质过程

一般认为超临界 CO_2 流体萃取天然产物的传质过程可用如下四步描述：① 超临界 CO_2 流体扩散进入天然基体的微孔结构；② 被萃取成分在天然基体内与超临界 CO_2 流体发生溶剂化作用；③ 溶解在超临界 CO_2 流体中的溶质随超临界 CO_2 流体经多孔的基体扩散至流动着的超临界 CO_2 流体主体；④ 萃取物与超临界 CO_2 流体主体在流体萃取区进行质量传递。上述四步中哪一步为控制步骤取决于待萃溶质、基体及存在于待萃溶质-基体之间作用力的类型和大小。由于超临界 CO_2 流体具有较高的扩散系数,而一般高沸点溶质在超临界 CO_2 流体中的溶解度很低,故上述中③常为控制步骤。

固体溶质往往以物理、化学或机械的方式固定在多孔的基质上,可溶组分（萃取物）必须先从物料基体上解脱下来,再扩散通过多孔结构,最后扩散进入流体相。因此,凡是能增加溶剂扩散系数、减少扩散距离和消除扩散障碍的措施都可增加超临界 CO_2 流体萃取过程的传质速率。而该速率是由内扩散和外扩散之综合效应所决定的。如果由内部传质机理来构成萃取过程的控制步骤,物料的粒度分布将会显著影响达到预定产率所需的萃取时间。在这种情况下,不同尺寸粒子的萃取将在很大程度上与扩散途径有关。而且不同粒子尺寸分布会产生不同形状的提取产率曲线。如果外部传质或溶解度平衡是过程的控制步骤,粒子尺寸就不会对萃取速率有过多的影响。如果施加的平衡条件或外部传质机理是萃取过程的主要阻力因素时,则溶剂流率会控制萃取；相反,如果内部传质阻力控制萃取过程,溶剂流率对萃取过程动力学的影响就可忽略。不同的传质机理可能是萃取过程中不同阶段的控制因素,在工艺设计和工业规模放大时需要对此有所考虑。

（二）超临界二氧化碳流体萃取过程传质模型的建立

微分传质模型是目前超临界 CO_2 流体萃取过程最主要的理论模型,建立该理论模型的主要依据是萃取床层中及萃取过程的微分质量平衡关系。一般而言，以下假设是建立微分质量平衡模型的先决条件：① 视萃取物为单一化合物；② 视萃取床层中工艺参数，如压力、温度，以及溶剂密度、流率为恒定不变；③ 萃取釜入口处，溶剂不含有溶质；④ 溶质的初始分散度及固体床层的粒度均一。在上述假设条件下，根据化学工程学科质量衡算通式：输入＝输出＋累积，可建立流体相和固体相之间的质量平衡方程。由此而建立的偏微分方程较为复杂，求解该质量平衡方程，需要知道相平衡关系、初始条件和边界条件等，且计算过程繁杂。

为了简化模拟、计算程序，可依据萃取原料的密度、孔隙度等物质结构特征，提出相关假设条件，并对传质过程描述进行合理优化。例如，核心收缩浸取模型（shrinking-core leaching model），即设想：可借助机械力或毛细管力，将溶质（被萃取物质）组成的大部分粒子，以凝聚态的形式包含于固体基体的大孔中，且可假设萃取度与固体基体中溶剂可利用的孔隙率存在函数关系。在核心物体中有许多孔，其中均充满待萃取物质，核心部分与外界部分之间的界面明显，但孔中充满部分饱和的溶剂。根据上述假设，可推导得到溶质通过粒子–溶剂界面进入流体的质量通量 n_2 计算公式：

$$n_2 = \frac{Bi(1-c)}{Bi(1/r_c - 1) + 1} \tag{6-5}$$

式中，Bi 为 Biot 数，$Bi = Rk_m/D_{eff}$；R 为粒子的半径；k_m 为粒子-溶剂界面的外传质系数；D_{eff} 为在多孔基质中的有效扩散系数；c 为溶质在流体主体中的浓度；r_c 为未浸取核心物质的无量纲半径，未萃取前 $r_c = 1$，完全萃取后 $r_c = 0$，此时的时间即为萃取时间。

初始的质量通量（$r_c = 1, c = 0$）为

$$n_2(t = 0) = Bi \tag{6-6}$$

核心物质的半径是时间的函数，则如下方程成立：

$$N\left[\frac{Bi-1}{3}(r_c^3 - 1) - \frac{Bi}{2}(r_c^2 - 1)\right] = Bi(1-c)t \tag{6-7}$$

$$N = \varepsilon\rho w_c/(c^* - co)$$

式中，N 为在核心物质中被萃取物质的质量浓度与在平衡时溶剂相中该物质质量浓度之比；ε 为固体基质的孔隙度；ρ 为核心物质（固体基质+溶质）的密度；w_c 为在核心物质中溶质的含量；c^* 为在大孔中溶质的平衡浓度。

令 $r_c = 0$，则式（6-7）可写成：

$$t_{ex}(r_c = 0) = \frac{N}{Bi(1-c)}\left[\frac{1}{3} + \frac{Bi}{6}\right] \tag{6-8}$$

式（6-8）可用来计算完全萃取的时间 t_{ex}。

上述核心收缩浸取模型可能会与实验值产生误差，其原因在于对若干假设条件进行了简化、并欠缺一些数据（如其中的空隙率/曲折率由于难测定而使用假定值等），但针对超临界流体萃取某些目标产物如种子油等固体溶质过程，该模型仍有一定适用性。

三、超临界二氧化碳流体萃取技术的基本过程、设备、工艺流程与应用[41,42]

（一）超临界二氧化碳流体萃取基本过程

如图 6-18 所示，萃取和分离阶段是组成超临界 CO_2 流体萃取工艺的基本过程。被萃取原料装入

萃取器,CO_2 气体(超临界溶剂)经热交换器冷凝成液体,在以加压泵把压力提升到工艺过程所需的压力(应高于 CO_2 的临界压力)的同时,调节温度,使 CO_2 其成为超临界流体状态。从萃取器底部通入作为溶剂的 CO_2 流体,经充分接触被萃取物料,所需目标化学成分被选择性溶出。在节流阀作用下,含溶解目标化学成分(萃取物)的 CO_2 流体降压到低于 CO_2 临界压力以下,进入分离器。在分离器中,因目标成分(溶质)在 CO_2 中溶解度的急剧下降而析出,自动分离成目标成分(溶质)和 CO_2 气体两部分。前者为过程产品,定期从分离器底部放出,后者为循环 CO_2 气体,经热交换器冷凝成 CO_2 液体再循环使用。整个分离过程的基本原理:利用超临界 CO_2 流体对有机物的溶解度增加,而低于临界状态的 CO_2 对有机物溶解度降低或基本不溶解的特性,不断促使 CO_2 流体在萃取器和分离器间循环,从而从原料中有效地将目标组分分离出来。

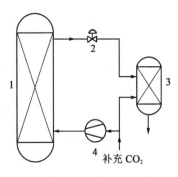

图 6-18　超临界 CO_2 流体萃取工艺过程[41]

1. 萃取器;2. 节流阀;3. 分离器;4. 加压泵

(二) 超临界流体萃取技术的基本装置

由上述工艺过程可知,萃取器和分离器是组成超临界流体萃取工艺装置的两个主要、基本部件,并适当配合压缩装置和热交换设备所构成。

1. **萃取器**　超临界流体萃取器可分为容器型和柱型两种。容器型指萃取器的高径比较小的设备,较适宜固体物料的萃取;柱型指萃取器的高径比较大的设备,适用于液体及固体物料;加工难度和成本也可降低。萃取釜的选择与形态物料有关,固体形物料,适合于高径比在 1∶5~1∶4 之间;而液体形物料,其高径比在 1∶10 左右即可。前者是间歇式装卸料,后者进卸料可为连续式。中草药萃取的原料多为切制成片状或捣碎成粉粒状等的固体,可将物料装入吊篮内。如果物料是液体,如传统法人参提取液脱除溶剂时,釜内还需要装入不锈钢环形填料。

2. **分离器**　溶解有溶质的超临界流体从萃取器出来,经减压阀(一般为针形阀)减压后,在阀门出口管中流体呈两相流状态:气体相和液体相(或固体)。若为液体相,其中包括萃取物和溶剂,以小液滴形式分散在气相中,然后经第二步溶剂蒸发,进行气液分离,分离出萃取物。当产物是一种混合物时,其中的轻组分常常被溶剂夹带,这种情况对产物得率有所影响。

根据分离目的,分离器可设置一级分离或多级分离。应用于中草药深加工,有时要三级、四级分离。如结构与甾体激素类药物相近的薯蓣皂素(diosgenin)是从薯蓣科薯蓣属(*Dioscorea*)植物中提取分离的薯蓣皂苷元,是合成甾体激素药物的重要起始原料。提取薯蓣皂素的传统方法是用汽油或乙醇法,收率低、生产周期长、需要使用大量有机溶剂,存在易燃易爆危险,以及污染环境等弊端。采用超临界 CO_2 流体萃取工艺对传统工艺进行改革具有重要意义。

文献报道[43],鉴于目标产物薯蓣皂素时单体成分,加之原料中存在很多杂质(和薯蓣结构相似的其他化合物),经多次试验,采用三级分离(用一条分离柱和两个分离釜)对薯蓣皂素进行提取、分离,其工艺流程见图 6-19,该流程三级分离过程中,分离压力对收率的影响见表 6-8。结果表明,分离柱:18 MPa、解析釜Ⅰ:10 MPa、解析釜Ⅱ:5.6 MPa 为最佳的分离压力。

表6-8　分离压力对薯蓣皂素的收率的影响[17]

批　　号	分离柱(MPa)	解析釜Ⅰ(MPa)	解析釜Ⅱ(MPa)	收率(%)
1	18	10	5.6	6.75
2	14	9.2	5.5	5.16
3	20	14	8	4.50

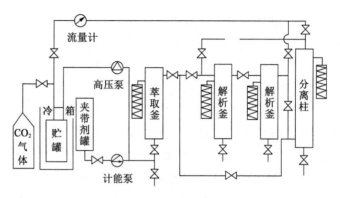

图 6-19　三级分离(一条分离柱和两个分离釜)流程示意图[17]

一般情况下,分离压力不变时,随着分离温度升高,萃取物易被分离出,但往往导致降低分离选择性,较难获取较纯的单一物质。而本实验采用的 3 级分离工艺,有 70、60、45℃ 3 个较为合适的温度。通过改变分级分离条件,可使粗品中薯蓣皂素与杂质比例才得到改变。在优选最佳分离条件下,可得到目标物的含量最高的粗品。

（三）固、液相物料的超临界二氧化碳流体萃取流程

1. 固相物料萃取的基本流程　原料为固体时,其萃取过程可归纳为等温法、等压法和吸附法三种基本工艺流程,参见图 6-20。

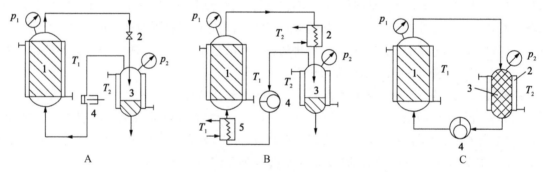

图 6-20　超临界 CO_2 流体萃取的 3 种基本流程[41]

A. 等温法: $T_1 = T_2$,$p_1 > p_2$,1. 萃取釜;2. 减压阀;3. 分离釜;4. 压缩机

B. 等压法: $T_1 < T_2$,$p_1 = p_2$,1. 萃取釜;2. 加热器;3. 分离釜;4. 高压泵;5. 冷却器

C. 吸附法: $T_1 = T_2$,$p_1 = p_2$,1. 萃取釜;2. 吸收剂(吸附剂);3. 分离釜;4. 高压泵

（1）等温法:主要特点是萃取过程中萃取釜和分离釜温度相等,分离釜压力低于萃取釜压力。利用 CO_2 对溶质的溶解度,高压下大大高于低压下的特性,使萃取釜中被 CO_2 选择性溶解的目标组分在分离釜中被析出成为产品。采用减压阀降压析出目标产物后,通过压缩机或高压泵再将降压后的 CO_2 流体(一般处于临界压力以下)压力提升到萃取釜所需压力,实现循环使用。

（2）等压法:萃取釜和分离釜处于相同压力是该工艺流程的主要特点,分离目的通过利用二者温度不同时 CO_2 流体溶解度的差别达到。

（3）吸附法:萃取和分离在该工艺流程中处于相同的温度和压力,借助分离釜中填充的特定吸附剂,选择性吸附除去 CO_2 流体中的目标组分,然后定期对吸附剂进行再生。理论上,吸附法无须压缩能耗和热交换能耗,应是最节能的过程。但该法的局限性在于只适用于可使用选择性吸附方法分离目标组分的原料体系,而绝大多数天然产物分离过程很难通过吸附剂来收集产品,所以吸附法只适用于少量杂质的脱除过程。因为一般条件下, CO_2 流体的溶解度受温度变化的影响远小于压力变化。所以,虽然

理论上,通过改变温度的等压法工艺过程可节省压缩能耗,但实际上,很多因素限制了分离性能的提高,该工艺流程使用价值较小。通常改变压力的等温法流程才是超临界 CO_2 流体萃取过程的首选。

等温法和等压法的混合流程是天然产物超临界 CO_2 流体萃取工艺通常采用的工艺路线,且以改变压力为主要分离手段。充分利用 CO_2 流体溶解度差别是萃取工艺流程的主要控制指标。提高萃取釜压力,有利于增加溶解度,但过高压力将使设备的投资加大、压缩能耗增加。从技术经济指标的角度考虑,工业应用的萃取过程通常都选用低于 32 MPa 的压力。分离釜是产品分离和超临界 CO_2 流体循环的场所,分离压力越低,萃取和解析的溶解度差值越大,越有利于提高分离过程效率。但工业化流程采用的工艺都是液化 CO_2,再经高压泵加压、循环。因此,分离压力受到 CO_2 液化压力的限制,无法选取过低的压力,实际应用中,CO_2 解析、循环压力处于 5.0~60 MPa 之间。如需将萃取产物按不同溶解性能分成不同产品,可采用串接多个分离釜的工艺流程,以压力自高至低的次序排列各级分离釜,最后一级分离压力应是循环 CO_2 的压力。图 6-21 所示为典型固体物料萃取工艺流程。

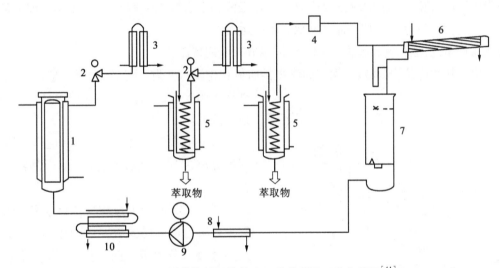

图 6-21　固体物料超临界 CO_2 流体萃取工业化流程[41]

1. 萃取釜;2. 减压阀;3. 热交换器;4. 分离釜;5. 过滤器;6. 冷凝器;7. CO_2 储罐;8. 预冷器;9. 加压泵;10. 预热器

该流程中 CO_2 流体采用液态加压工艺,CO_2 多次相变的需求采用多个热交换装置来满足。与压力选用范围相比,温度选择范围要窄得多,这是因为萃取釜温度选择受溶质溶解度大小和热稳定性的限制,常用温度范围在其临界温度附近。一般文献报道的萃取工艺条件选择,常参照图 6-13 所示的超临界溶剂的对比压力、对比温度和对比密度关系,选用萃取温度和压力的范围。普遍推荐萃取条件介于对比温度 $1<T_r<1.4$,对比压力 $1<P_r<6$ 之间[41]。

2. 分别获取不同类成分的流程设计　中药成分复杂,为了从同一原料中分别获取不同大类成分,葛发欢等[44]以柴胡为实验材料,设计了专门的工艺流程。

柴胡为伞形科柴胡属植物,具有解表、退热、疏肝解郁功能,主治感冒发热、寒热往来、胸肋腹痛等症。其主要有效成分为挥发油和柴胡皂苷。

通过实验发现,柴胡在较温和的压力和温度下,不加夹带剂而得到的挥发油部分不含皂苷。那么柴胡提取挥发油后,紧接着提高系统温度和压力并加以夹带剂,能否得到柴胡皂苷呢?

通过实验,分别获得了挥发油与柴胡皂苷的工艺条件[44]:挥发油的萃取压力为 20 MPa,温度 30℃;解析釜Ⅰ压力为 12 MPa,温度 65℃;解析釜Ⅱ压力为 6 MPa,温度 40℃;萃取时间 4 h,CO_2 流量为每 1 kg 原料 10~20 kg/h。柴胡皂苷的萃取压力是 30 MPa,温度 65℃;解析釜Ⅰ压力为 12 MPa,温度 55℃;解析釜Ⅱ压力为 6 MPa,温度 43℃;萃取时间 3 h,CO_2 流量为每 1 kg 原料 20~25 kg/h,同时需加入 60%乙醇作为夹带剂。其操作流程是：将一定量的柴胡干粉投入萃取釜、解析釜Ⅰ、解析釜Ⅱ、贮罐分别进行加热或冷却。当达到所选定的温度时,开启 CO_2 气瓶对系统进行加压,当达到所选定的压力时,关闭气瓶,循环萃取,并保持恒温恒压。当达到所选定的萃取时间后,从解析釜Ⅰ、解析釜Ⅱ出料口出料,得柴胡挥发油,再施以上述柴胡皂苷的各萃取工艺参数,并加入夹带剂,3 h 后从解析釜出料口得到皂苷类成分。

3. 液相物料的超临界二氧化碳流体萃取流程　　固相物料的超临界 CO_2 萃取只能采用间歇式操作,该操作存在装置处理量少,萃取过程中能耗和 CO_2 气耗较大,产品成本较高等问题,其原因在于该萃取过程中萃取釜需要不断重复装料-充气、生压-运转-降压、放气-卸料-在装料的操作。此外,随着天然产物大健康产品热的兴起,从植物性和动物性油脂中提取特殊高价值的成分;从月见草中浓缩 γ -亚麻酸,从鱼油中提取 EPA 和 DHA,天然色素的分离精制以及香料工业中的精油脱萜和精制,从植物性和动物性油脂中提取特殊高价值的成分等产业对适合于液相混合物的超临界 CO_2 流体萃取分离工艺需求日益增大。液相物料超临界 CO_2 流体萃取流程应运而生。

与固相物料相比,液相物料超临界 CO_2 流体萃取有下列特点：

（1）萃取原料和产品均为液态,没有固体物料加料和排渣等问题,可连续运行萃取过程,装置的处理量大幅度提高,过程能耗和气耗相应减少,生产成本降低。

（2）可实现萃取过程和精馏过程一体化,通过两种分离过程的优势互补,促使产品纯度大幅度提升。

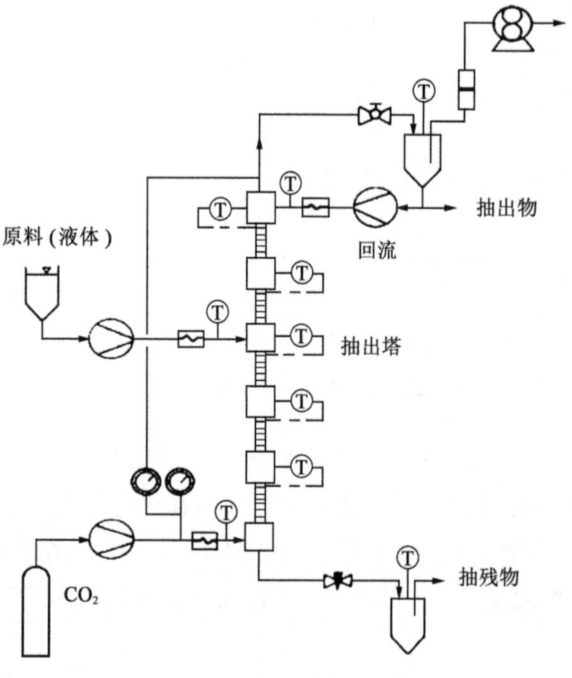

图 6-22 所示为液相物料超临界 CO_2 流体萃取工艺采用逆流塔式分离塔的流程。液体原料经泵连续进入分离塔中间进料口,CO_2 流体经加压、调节温度后连续从分离塔底部进入。多段组成的分离塔,内部装填高效填料。各塔段温度控制以塔顶高、底部低的温度分布为依据,可有效提高回流效果。待分离原料与高压 CO_2 流体在塔内逆流接触,被溶解组分随 CO_2 流体上升,由于塔温升高形成内回流,可提高回流液的效率。塔内流出的已萃取含溶质的 CO_2 流体,经降压解析出萃取物,塔底排出萃取残液。该装置的设计可有效利用超临界 CO_2 萃取和精馏分离过程的耦合,实现进一步分离、纯化目标产物的目的。

图 6-22　液相物料连续逆流萃取塔[41]

四、超临界二氧化碳流体萃取工艺参数设计与优化

超临界 CO_2 流体萃取工艺设计主要牵涉温度、压力、CO_2 流量、待萃取物料粒度及萃取时间等,应通过实验研究系统考察,优化选择。

（一）萃取压力的影响

超临界 CO_2 流体萃取工艺最重要的参数之一是萃取压力。

1. 压力与 CO_2 溶解度的关系　　一定温度时,越高的萃取压力,越大的流体密度,导致越强的溶解

能力,萃取所需时间越短,萃取越完全。图6-15为在不同CO_2流体压力下萜类化合物的溶解度等温线[36]。该溶解度曲线表明,尽管不同化合物因各自结构不同,溶解度存在着差异,但各化合物溶解度都随着CO_2流体压力增加,急剧上升。特别是在临界压力(7.0~10.0 MPa)附近,各化合物溶解度参数增加值达2个数量级以上。超临界CO_2流体萃取技术的基础即由上述溶解度-压力关系构成。

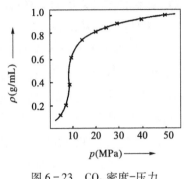

图6-23 CO_2 密度-压力
关系(40℃)[41]

CO_2流体的溶解能力与其压力的关系,可用CO_2流体的密度来表示。超临界CO_2流体的溶解能力通常随密度增加而增加,处于80~200 MPa之间压力状态下,CO_2压缩气体中溶解物质的浓度与CO_2流体密度成比例关系。而超临界CO_2流体的密度则取决于温度与压力,通常临界点附近压力对密度的影响特别明显,40℃时CO_2流体的密度与压力关系见图6-23。图中曲线表明,在压力7.0~20.0 MPa区域内,密度增加随压力的影响非常显著,超出此范围,密度增加随压力的影响变小(该结果与压力-溶解度曲线极为相似)。增加压力可伴随CO_2流体密度的提高,从而表现出增加其溶解能力的效应,该效应并以CO_2流体临界点附近最为明显。超过这一范围,CO_2压力对密度增加影响变缓,溶解度增加效应相应也变缓。

应当指出,过高的萃取压力显然不利于萃取操作和设备使用寿命。物质不同,所需适宜的萃取压力也有明显区别,对于弱极性物质(碳氢化合物和低分子量的酯类等),萃取可在7~10 MPa较低的压力下进行;对于强极性基团的物质(如含有—OH、—COOH类),以及苯环直接与—OH、—COOH相连的物质,对萃取压力的要求高些,一般需达到20 MPa左右;而对于含—OH和—COOH基较多的物质或强极性的苷类及氨基酸和蛋白质类物质,萃取压力一般需在50 MPa以上[45]。

2. 萃取压力对产物的选择性 萃取压力对提高产物的选择性具有一定影响。如在50℃、6 MPa压力条件下,乳香萃取物中的主要成分是乙酸辛酯和辛醇,而当压力升至20 MPa时,萃取物的主要成分则成为乳香醇和乙酸乳香醇,而仅有3%左右的乙酸辛酯[45]。又如,文献报道[46],GC-MS分析结果表明,对萃取温度同为45℃,萃取时间亦同为30 min,但萃取压力分别为20 MPa和30 MPa条件下萃取的刺柏叶挥发性成分的乙醇溶液,进行峰面积归一化定量,共分离鉴定了21个成分。其中,20 MPa样品主要成分是菖蒲萜烯(12.36%)、泪柏醇(20.78%);30 MPa样品主要成分却是橄榄香醇(14.57%)、桉叶油醇(13.80%)、13-表泪柏醇(25.74%)。所鉴定的成分除杜松烯外均为首次从刺柏叶中得到。此结果表明,在采用不同的压力萃取,可选择性获取不同的挥发性成分。

(二)萃取温度的影响

超临界CO_2流体萃取工艺的另一个重要参数是萃取温度。温度对物质在CO_2流体中的溶解度呈现两个相反的影响,就温度对CO_2流体密度的影响而言,随温度的升高,CO_2流体密度降低,导致CO_2流体的溶剂化效应下降,使物质在其中的溶解度下降;而就温度对物质蒸汽压的影响而言,随温度升高,物质的蒸汽压增大,使物质在CO_2流体中的溶解度增大,这两种相反的影响导致的综合效应:一定压力下,溶解度等压线出现最低点,在最低点温度以下,前者占主导地位,导致溶解度曲线呈上升趋势。另外,萃取温度的选择强烈地取决于萃取过程的总热效应。该总热效应主要包括溶质分子和溶剂分子的结合与传输,以及结合前后溶质与溶剂分子扩散所需要的能量。如果总热效应为吸热,则温度升高对萃取有利。反之,如果总热效应为放热,则温度升高对萃取不利。生产实践中,这种吸放热现象有时相当明显,需要注意观察,加以发现。

温度对解析的影响与对萃取的影响通常是相反的。多数情况下,解析温度升高对产物的完全析出有利。在使用精馏柱的情况下,精馏柱上、下各段的温度及其温度梯度对萃取过程的影响非常重要。

（三）二氧化碳流量的影响

实际生产中，必须十分重视 CO_2 流量这一参数。一方面，流量增加、流速增大，可减小 CO_2 与物料的接触时间，对萃取能力的提高不利。因而，对溶质溶解度较小或溶质从原料基体中扩散出来很慢的体系，因溶质的溶解平衡还远未达到，过大的流量未必产生理想的结果。另一方面，CO_2 流量的增加，可加大传质推动力，增加传递系数，有利于萃取。尤其对一些溶质溶解度大，原料中溶质含量丰富的萃取过程（如对种子及果实的萃取），流量适当加大可提高生产效率。

（四）原料粒度的影响

原料粒度的影响也极为重要。多数情况下，对于中草药原料。如果不进行破碎，则萃出物的产率极低；但原料破碎至一定程度时，萃取效果大为改观。对于种子类原料，尤其如此。因为果实的肉质太厚时，CO_2 很难渗入核心深处。理论上，原料的粒度越小，萃取越快、越完全。但粒度太小时，非但易导致气路堵塞，甚至无法进行萃取操作，且还可造成原料结块，出现沟流。而沟流的出现，既使原料的局部受热不均匀，又使在沟流处流体的线速度大增引起摩擦发热，严重时还可破坏某些生物活性成分。

（五）萃取时间的影响

长期以来，文献报道对萃取时间的考察比较简单。事实上，萃取时间的影响与萃取效果密切相关。许多研究成果表明，选择更短的时间，增加萃取强度，可更有效地提高萃取效率。

（六）夹带剂对萃取产物的影响

大量研究表明，在萃取工艺过程中加入一定量夹带剂，可以大大提高某些成分的得率。有关研究表明，夹带剂种类及数量的改变，还将引起萃取成分或含量的变化。如李玲等[47]曾对萃取靛蓝靛玉红的条件进行过比较，当改性剂氯仿的量加大时，靛蓝的萃取量明显增加，而靛玉红则减小，由于有效成分是靛玉红，因而选择了萃取靛玉红的最佳加入量。当改性剂改为乙醇时，则靛蓝。靛玉红都减少，其他成分则增多。

（七）解析工艺条件对产物的影响

解析压力的影响在本质上与萃取压力的影响是一致的。为了使产物完全析出，解析压力越低越好。此外在有两个解析釜的情况下，其不同压力与温度对产物成分也有较大影响，此种差异可用于对产物实行分级分离。在实际生产中，要综合考虑各种条件，选择最有利的解析压力。

五、提高大分子、强极性中药成分超临界二氧化碳流体萃取效率的技术原理

中草药化学成分复杂，其有效成分可分为非极性、弱极性、中等极性和强极性几类。超临界流体萃取利用超临界流体作为一种特殊性能的溶剂，在达到临界点后，随着压力的增大，溶解能力增强，萃取范围增大；此外，夹带剂和改性剂的使用，也可使超临界 CO_2 流体萃取的溶解能力增强数倍，萃取范围进一步扩大。对于强极性化合物如蛋白质、多糖等，曾经认为用超临界 CO_2 流体萃取是不成功的，但是随着研究的不断深入，用全氟聚碳酸铵使 CO_2 与水形成了分散性很好的微乳液，把超临界 CO_2 流体的应用扩展到水溶液体系，已成功用于强极性生物大分子如蛋白质的提取，为超临界 CO_2 流体提取中草药中一类具有特殊活性水溶性成分提供了新方法。

1. 中草药有效成分的高压超临界提取　　超临界 CO_2 偶极矩为0，是一种非极性溶剂，对有些分子量较大的生物碱类、萜类、苷类、黄酮类、糖类，低压使用超临界流体萃取效果不佳。则可通过加大压力，以改变超临界 CO_2 流体的密度，从而提高溶剂的溶解性能，达到萃取的目的。例如，银杏中有效成分银杏酚与木兰中的有效成分新木脂素类都是利用超临界 CO_2 流体萃取技术在 40 MPa 高压下才萃取出来的。高压下超临界 CO_2 流体萃取技术提取中草药成分的应用如表 6-9 所示。

表 6-9　高压下超临界 CO_2 流体萃取中草药有效成分的应用[45]

中草药	超临界 CO_2 流体萃取技术	其他提取方法
黄　连	40℃,30 MPa 提取的生物碱不含树脂等杂质	
木　兰	40℃,40 MPa 提得新木脂素类	溶剂法效率低
银杏叶	50℃,40 MPa 提得银杏酚	水蒸气蒸馏法提不出来

2. 使用夹带剂和改性剂的超临界 CO_2 流体萃取技术提取[48-50]　　超临界 CO_2 是一种非极性溶剂,超临界 CO_2 流体技术适合于萃取溶脂性、分子量较小的物质,因而限制了对分子量较大或极性较强的物质的应用。

为了解决这一问题,通常于超临界 CO_2 流体中加入适宜的夹带剂和改性剂,以调节溶剂的极性,提高溶剂的溶解能力。夹带剂是在纯超临界流体中加入的一种少量的、可以与之混溶的、挥发性介于被分离物质与超临界组分之间的物质。夹带剂可以是一种纯物质,也可以是两种或多种物质的混合物。

加入夹带剂对超临界 CO_2 流体技术的影响可概括为: ① 增加溶解度,相应也可能降低萃取过程的操作压力;② 通过加入夹带剂后,有可能增加萃取过程的分离因素;③ 加入夹带剂后,有可能单独通过改变温度达到分离解析的目的,而不必应用一般的降压流程。

研究表明,在超临界 CO_2 中加入 5% 甲醇后,吖啶(acridine)的溶解度明显增加的情况,同时溶解度曲线表明,夹带剂的加入将增加压力对溶解度的影响。

研究并表明,加入 10% 乙醇后,棕榈油在 CO_2 流体中溶解度受温度影响变为明显。如 13 MPa 压力下,50℃时溶解度大约为 5%(质量),当温度上升到 110℃时,溶解度几乎为零。结果对变温分离流程有利。

夹带剂一般选用挥发度介于超临界溶剂和被萃取溶质之间的溶剂,以液体的形式,其用量必须是相对 CO_2 流量而言,其影响往往有一个最大值,太大或太小都不会最好。一般为 1%~5%(质量)加入超临界溶剂之中。中药提取液中常用的夹带剂有: 水、乙醇、丙酮、乙酸乙酯等。

夹带剂的使用大大拓宽了超临界 CO_2 流体技术在中草药活性物质萃取方面的应用范围。如无花果和银杏仁中含的抗癌活性成分扁桃苷,单独使用超临界 CO_2 流体技术萃取或加入乙酸乙酯、乙醇、乙腈作为夹带剂时,收率几乎为零,而选用水作为夹带剂后,扁桃苷的溶解度大大提高,收率提高到 70% 左右。又如日本白蜡树用甲醇热提可得到生物碱,而用超临界 CO_2 流体技术以乙醇为夹带剂,可提到极性较强的香豆素类。另外,对于用其他方法提取难以克服的问题,如有效成分降解或提取物中有毒溶剂残留等,采用加入夹带剂或改性剂的超临界 CO_2 流体萃取可以得到解决,有效成分含量提高显著,产品质量得到明显改善;丹参有效成分丹参酮 $Ⅱ_A$ 的提取,使用乙醇提取工艺再经稠膏干燥过程后,丹参酮 $Ⅱ_A$ 降解甚多;采用超临界 CO_2 流体萃取技术,以乙醇为夹带剂,40℃,20 MPa 提得丹参酮 Ⅱ 的含量很高,克服了丹参酮 Ⅱ A 降解的难题。

夹带剂的使用也会产生一些不良后果:一方面,对于整个工艺来说,增加夹带剂分离和回收的过程;另一方面,对超临界 CO_2 流体萃取没有残留溶剂这一大优点有所影响。因而要权衡利弊,选择使用。值得指出的是,中草药成分复杂,其中性质相近的组分之间可互为夹带剂,对于中药复方而言,更是如此,但此类研究尚少。

第三节　挥发油提取:技术原理与药效的相关性探索

中药挥发油(essential oils)多为小分子化合物,其基本组成为脂肪族、芳香族和萜类化合物等,可随水蒸气蒸馏而自原药材中分离得到[51]。该类成分能被机体快速吸收,多具芳香开窍、引药上行的功用,在心脑血管系统、中枢神经系统、呼吸系统、胃肠道系统、促进药物吸收等方面都具有显著药效。现代生产可供选用挥发油提取方法有：蒸馏法、溶剂提取法、吸收法、压榨法、微波萃取法、精馏、析晶、层析分离、超临界流体萃取、亚临界水萃取等。虽然各具优势,但鉴于难适应环保要求、投资大、技术难度高、需高压(高温)条件、处理量小、中药复方组成复杂及与中药企业目前通用生产流程不匹配等各自不同因素,可供生产选用的方法非常有限。特别需要指出的是,为切实保证临床疗效,在评价中药挥发油提取与油水分离技术时,应将其产物能否较好地保持药效组成的完整与多元性放在首位。比如超临界流体萃取物能否代替传统挥发油,它们在化学组成、药效学、毒副作用等方面的差异都有待深入研究[52-56]。

一、水蒸气蒸馏法提取挥发油的动力学过程探索[57]

水蒸气蒸馏法(steam distillation,SD)是当前国内制药行业普遍采用的中药挥发油提取方法[58,59],该法传承了以煎服为主的中药传统用药方式,由此工艺得到的挥发油与其他提取物组合,最能(充分)体现中医用药的整体性、安全性和有效性。但该工艺所得馏出物易乳化分散,多以油水混合物形式(俗称"芳香水液")存在,油水分离困难,严重影响了中药挥发油的收率。后续工艺还需经过有机溶剂萃取、加盐冷藏、重蒸馏等技术实施油、水分离,而再处理后挥发油的收率普遍偏低、所得油中药效成分含量不稳定。因此,其提取分离工艺一直是限制含挥发油制剂质量的瓶颈[54,60]。

邹俊波等以小茴香挥发油提取过程为模型体系,通过气相色谱-质谱法(gas chromato-graphy mass spectrometry,GC-MS)分析技术,系统研究水蒸气蒸馏法提取小茴香挥发油过程中挥发性成分的提取及分布规律,考察影响成分分布差异的主要因素,从化学成分角度揭示乳化现象产生的原因。其实验方法为：采用水蒸气蒸馏法提取小茴香挥发油,固定时间间隔(30 mm)收集挥发油/芳香水体系,分离挥发油部分和芳香水部分,GC-MS分析并定量(选取正二十二烷和肉豆蔻酸甲酯为双内标物)。通过热图分析提取主要特征成分,并明确成分分布规律,结合化合物相对分子量、熔点、沸点、密度等物理化学性质考察影响成分分布的主成分因素。

1. **挥发油组成的化合物信息** 调用 NIST 14.L 数据库,解析总离子流图,整理芳香水、挥发油在不同时间点的分析结果,共得到小茴香芳香性成分 123 个。

2. **提取特征分析**

(1) 主要特征性成分的确定：通过双内标物计算校正因子,进一步计算各成分在不同提取阶段的含量。从提取时间聚类结果可知,芳香水溶液挥发性成分大部分在前 8 个时间点(即提取时间 4 h)溶出,挥发油部分挥发性成分大部分在前 3 个时间点(即提取时间 1.5 h)溶出。从挥发性成分聚类结果看,特征成分可分为 9 类：① 草蒿脑(4-烯丙基苯甲醚);② 茴香脑(对丙烯基茴香醚);③ (R)-(+)-柠檬烯(右旋萜二烯);④ 肉豆蔻酸甲酯(十四酸甲酯、豆蔻酸甲酯);⑤ 2,2'-亚甲基双-(4-甲基-6-叔丁基苯酚);⑥ Z-(-)-莳酮[(1R,4S)-1,3,3-三甲基-二环[2,2,1]庚烷-2-酮];⑦ 1,3,3-三甲基-二环[2.2.1]庚-2-酮;⑧ (E)-B-罗勒烯、蒎烯、松油烯、右旋香芹酮;⑨ 其他类成分。前 8 类成分的量之和为 1 987.37 mg,总量为 2 081.43 mg,占比 95.48%,可作为特征成分反映提取动力学规律。

进一步分析发现,油中特有成分主要有 3-甲氧苯甲醛、2-(乙酰羟甲基酯)-3-(甲氧羰基)亚联苯、5-丙基-癸烷、3-(叔丁基二甲基甲硅烷氧基)砷化氢等 36 种成分;芳香水溶液部分特有挥发性成分主要有 N-(4-羟苯基)-癸烷磺酰胺、2-(3-乙酸-4,4,14-三甲基雄甾-8-烯-17-烃基)-丙酸、六甲基-环三聚二甲基硅氧烷等 60 种成分,其余 27 种成分为油水共有成分。

(2) 特征成分提取行为：通过绘制特征成分含量-提取时间关系图,发现草蒿脑、茴香脑及(R)-(+)-柠檬烯为芳香水部分主要芳香类成分,挥发油中主要挥发性成分为草蒿脑,在提取初始至 30 min

时,特征成分在高温作用下以溶解或分散于水中为主要存在形式,而在油中分布较少,当继续提取至 60~120 min 时,芳香水溶液中成分含量逐渐降低,油中含量则显著升高,可能与特征成分在水中的溶解或分散饱和程度相关。在提取 120~210 min 阶段,芳香水中挥发性成分又显著升高且远远大于在油中的含量,同时还发现该时间段芳香水溶液中特有成分的含量显著升高,推测可能是由于此类成分起到了乳化剂的作用,增加了油类成分在水中的分布,其中芳香水溶液中以 N-(4-羟苯基)-癸烷-磺胺含量最高,但目前未检索到该化学成分的理化性质,至于其是否有乳化剂的作用,有待后续更深入的研究。

(3)特有成分对共有特征成分提取行为的影响:分别计算水中特有和油中特有成分在对应不同时间点下含量(M)之和,考察其与主要特征成分草蒿脑、茴香脑及(R)-(+)-柠檬烯溶出行为的相关性。

由实验数据可知,随着水中特有成分的增加,芳香水中茴香脑含量显著升高,且二者呈线性关系;油中特有成分的变化与油中(R)-(+)-柠檬烯的含量呈显著正相关($R^2=0.960\,8$, $P<0.05$)而与其他成分的含量无明显相关性。

(4)影响成分分布的主成分分析(PCA):分别查询芳香水中特有、挥发油中特有、油水共有成分的理化性质参数,包括相对分子量、熔点、沸点、闪点、溶解度、密度等,探索影响成分不同分布行为的主成分。经分析共得到 5 个主成分,分析结果表明,PCl = 0.59×相对分子量+0.58×沸点-0.19×折射率+0.50×熔点+0.14×水溶性,方差贡献率为 50.48%,为相对分子量、熔点、沸点正相关主成分;PC2 = 0.18×沸点-0.19×相对分子量+0.81×折射率+0.41×熔点-0.33×水溶性,方差贡献率为 23.56%,为折射率正相关主成分;PC3 = 0.14×相对分子量+0.08×沸点-0.33×折射率-0.09×熔点-0.93×水溶性,方差贡献率为 19.01%,为水溶性负相关,即脂溶性正相关主成分;PC4 = 0.75×熔点-0.26×相对分子量-0.49×沸点-0.35×折射率-0.02×水溶性,方差贡献率为 5.58%;PC5 = 0.7×相对分子量-0.62×沸点+0.29×折射率-0.02×熔点-0.07×水溶性,方差贡献率为 1.37%。前 3 个主成分方差贡献率较大,其累积方差贡献率达 93.05%,可作为影响小茴香挥发性成分油水分布规律的主成分。

从影响小茴香挥发性成分分布的 PCA 图可知,PC1 和 PC2 未能将不同来源的挥发性成分进行有效分离;PC1 与 PC3 将不同来源的挥发性成分划分为 3 类,同样可知,当成分的相对分子量、熔点、沸点越高,该成分更倾向于在水中分布,随着脂溶性的增强,成分向油相分布增加;PC2 与 PC3 也对不同来源的挥发性成分进行了成功划分,由 PCA 图并可知,折射率越小、脂溶性越差,成分越容易在水中分布,反之,则向油中分布。

该实验以小茴香为研究对象,通过分析水蒸气蒸馏法在不同提取时间点下挥发性成分在芳香水和挥发油体系中的分布规律,提取可反映提取动力过程的主要特征成分,进一步考察了芳香水中特有成分、挥发油中特有成分对主要特征成分溶出行为的影响。线性回归方程表明,水中特有成分增多时会促进茴香脑向芳香水体系的转移,水溶液中茴香脑的增加则导致草蒿脑、(R)-(+)-柠檬烯等成分在水中的溶解或分散,加剧提取过程的乳化现象。PCA 是在尽可能保持原有信息的前提下,将原本个数较多且彼此存在相关性的指标转换成为新的个数比较少且彼此独立或不相关的综合性指标,从而达到简化多指标分析的目的[16-17]。PCA 结果表明,化合物相对分子量、熔沸点组成的第 1 主成分(PCA1:相对分子量、熔沸点正相关)分别与折射率正相关的第 2 主成分(PCA2:折射率正相关)和与溶解度负相关的第 3 主成分(PCA3:水溶性负相关)可基本解释挥发性成分油水分配的规律。水中特有成分以 N-(4-羟苯基)-癸烷-磺胺含量最高,可能是该成分扮演了乳化剂的角色,导致在提取 120~210 min 阶段,水中挥发性成分显著升高且远远大于在油中的含量,但目前对该成分的基础研究信息相对薄弱,其引发乳化现象发生或加剧的作用机理有待进一步研究。

该研究通过考察水蒸气蒸馏法提取挥发油的动力学过程,从化学成分角度探讨挥发油乳化的形成机理,对挥发油去乳化技术的开发具有一定的理论意义和应用价值。

二、水蒸气蒸馏–膜过程耦合富集挥发油的原理

中药挥发油(essential oil)多为基本组成为脂肪族、芳香族和萜类化合物等小分子化合物。该类成分能被机体快速吸收，多具芳香开窍、引药上行的功用，在心脑血管系统、中枢神经系统、呼吸系统、胃肠道系统、促进药物吸收等方面都具有显著药效。现代生产可供选用挥发油提取方法有：蒸馏法、溶剂提取法、吸收法、压榨法、微波萃取法、精馏、析晶、层析分离、超临界流体萃取、亚临界水萃取等。虽然各具优势，但鉴于难适应环保要求、投资大、技术难度高、需高压(高温)条件、处理量小、中药复方组成复杂及与中药企业目前通用生产流程不匹配等各自不同因素，可供大生产选用的方法非常有限。特别需要指出的是，为切实保证临床疗效，在评价中药挥发油提取与油水分离技术时，应将其产物能否较好地保持药效组成的完整与多元性放在首位。比如，超临界流体萃取物能否代替传统挥发油，它们在化学组成、药效学、毒副作用等方面的差异都有待深入研究[61-63]。

目前中药制药企业普遍采用水蒸气蒸馏法提取挥发油，该法传承了以煎服为主的中药传统用药方式，由此工艺得到的挥发油与其他提取物组合，最能(充分)体现中医用药的整体性、安全性和有效性。但该工艺所得馏出物多以油水混合物形式(俗称"芳香水液")存在。后续工艺还需经过有机溶剂萃取、加盐冷藏、重蒸馏等技术实施油、水分离，而再处理后挥发油的收率普遍偏低、所得油中药效成分含量不稳定。因此，其提取分离工艺一直是限制含挥发油制剂质量的瓶颈。

1. 膜科技与挥发油在物理多尺度及化学多元性方面特征的全面兼容　　从物理形态来讲，膜科技与挥发油都具有多尺度的特征。

膜技术的分离机理主要有两种。其一，机械过筛分离机理：依靠分离膜上的微孔，利用待分离混合物各组成成分在质量、体积大小和几何形态的差异，用过筛的方法使大于微孔的组分很难通过，而小于微孔的组分容易通过，从而达到分离的目的，如微滤、超滤、纳滤和渗析。其二，膜扩散机理：利用待分离混合物各组分对膜亲和性的差异，用扩散的方法使那些与膜亲和性大的成分，能溶解于膜中并从膜的一侧扩散到另一侧，而与膜亲和性小的成分实现分离，包括反渗透、气体分离、液膜分离、渗透蒸发等[64]。

挥发油在植物来源的中药中分布非常广泛，已知我国有56科136属300余种植物中含有挥发油，而每个品种的挥发油均含有特定的多元药效成分，其整体所表现的物理化学性质有较大差异。其中，挥发油主要以浮油(粒径较大，一般大于100 μm，以连续相的形式漂浮于水面，形成油膜或油层)、分散油(粒径在25~100 μm，以微小油滴悬浮于水中，不稳定，经一定时间后可能形成浮油)、乳化油(粒径一般在0.1~25 μm，油粒之间难以合并，是由于水中有表面活性物质使油滴乳化成稳定的乳化液分散于水中，表面形成一层界膜，荷电，难以相互黏结，长期保持稳定，难以分离)、溶解油(粒径在0.1 μm以下，甚至可小到几纳米，以化学方式溶解于水中)4种形态存在。根据中药(单方或复方)品种不同，其挥发油的存在形态可以兼有上述4种形态，也可是只有其中若干形态。

从化学性质而言，膜科技与挥发油却也都具有多元化的特征。

膜的家族成员极其庞大，仅以高分子膜材料家族为例，就可以列出如第二章第二节所述的五大类几十种材料。

中药挥发油的基本组成为脂肪族、芳香族和萜类化合物等[2]。

(1) 脂肪族化合物：根据它们所具有的官能团，可分为醇、醛、酮、酸等。

1) 醇类：如正十四醇存在当归的种子中；正庚醇-1存在于丁香花蕾中；正壬醇存在于玫瑰花中等。

2) 醛类：如在薄荷油和桉叶油中的异戊醛；橙皮油中的正葵醛等。

3) 酮类：如甲基正壬基甲酮又称芸香酮，为芸香挥发油的主要成分。

4）酸类：如鸢尾挥发油中含肉豆蔻酸;迷迭香挥发油中含异戊酸等。

（2）芳香族化合物：大多为苯丙烯类衍生物,如丁香油中的丁香酚,八角茴香油的大茴香醚,桂皮油中的桂皮醛,石菖蒲挥发油的主成分 α-细辛醚、β-细辛醚等。

（3）萜类化合物：中药挥发油中的萜类成分主要是单萜、倍半萜及其含氧衍生物。常见的单萜类组分有：柠檬烯、芳樟醇、橙花醇、橙花醛、香叶醇、薄荷醇、薄荷酮、新薄荷醇、樟脑、龙脑、α-萜品烯、α-萜品醇、紫苏醛、桉油精等;常见的倍半萜类组分有：金合欢烯、金合欢醇、姜烯、β-丁香烯、葎草烯、橙花倍半萜醇、桉醇等。

如此多元的膜材料化学成分,足以构筑基于扩散机理的多种膜技术,以适应包括分离中药挥发油多元组分在内的现实世界复杂应用领域的需求。

2. 基于膜筛分效应的中药挥发油膜分离原理 分离科学原理指出：分离之所以能够进行,是由于混合物待分离的组分之间,其在物理、化学、生物学等方面的性质至少有一个存在差异。中药挥发油组成及性质（如极性、沸点、蒸汽压等）,因品种不同而存在很大的差异。某些挥发油,因其与水的某些物化性质很接近,极难实施与水的分离,成为工业化生产的瓶颈。在此种状况下,能否通过寻找中药挥发油所共同具有的、其他与水相差较大的性质来设计、构筑新的分离方法呢？

中药挥发油与水的密度、溶解性能、黏度和表面张力等均有较大差别：① 密度差异,绝大多数中药挥发油比水轻,仅少数中药挥发油比水重,如丁香油、桂皮油等,一般在 0.850~1.180 之间;② 溶解性能差异,中药挥发油难溶于水,能完全溶解于无水乙醇、乙醚、氯仿、脂肪油中,在各种不同浓度的含水乙醇中可溶解一定量,乙醇浓度愈小,中药挥发油溶解的量也愈少;③ 黏度差异,中药挥发油的黏度比水大,一般在 1.3~1.7 之间。芳香水的黏度在中药挥发油与水之间,且其黏度随着油浓度的升高而增大,随着温度的升高而减小;④ 表面张力差异,中药挥发油的表面张力普遍比水小,使得中药挥发油易于聚集,产生粒径大小不一的油滴。

鉴于绝大多数中药挥发油的表面张力小于水,常以细微颗粒状分散于水相。那么能否利用油相的粒径,而以一定截留分子量的膜使油与水分离呢,答案是肯定的。对于油水分离过程,分离膜主要通过筛分截留作用来实现油水分离。

这一设想被下述实验所证实：图 6-25、图 6-26 分别为丁香含油水体及其超滤透过液采用MASTER SIZER（MALVERN）粒径分析仪进行分析的结果。

由图 6-24、图 6-25 可见,丁香含油芳香水的粒径分布在 0.05~130 μm 之间,平均粒径为 38 μm;超滤透过液的粒径范围在 65~1 300 nm 之间,平均粒径为 278 nm。含油水体中主要含浮油、分散油（肉眼可见）和乳化油。上述含油水体经超滤后,透过液澄清透明,粒径分布在纳米级。表明经超滤处理后,含油水体中的浮油、分散油和乳化油绝大部分都富集于截流液中。

3. 基于膜扩散效应的中药挥发油分离原理 如前所述,鉴于挥发油在芳香水液中存在形态的多样性,采用筛分机理难以将乳化油、溶解油与水成功分离。如此,寻找油与水在表面张力、密度等常规理化性质之外的差异,探索油与水在新型分离材料及其微结构之间因分子间相互作用而形成的传递关系势在必行。挥发油的主要药效成分是萜烯类化合物,因对皮肤（生物膜）具有较强的穿透能力,而常被用作透皮吸收促进剂[65]。从天然药物化学极性特点角度可以看出,挥发油多元成分对生物膜的穿透作用与其脂溶性密切相关,那么油与水是否可利用各自对某些特定材料的穿透、扩散作用差异来实现分离呢？而这正是蒸汽渗透技术的作用机理。

蒸汽渗透（vapour permeation, VP）作为膜技术家族渗透气化（pervaporation, PV）的一个分支,是由日本学者 Uragami 等提出的一种新的气相脱水膜过程。其基本原理是以蒸汽进料,在混合物中各组分蒸汽分压差的推动下,利用各组分在膜内溶解和扩散性能的差异,实现组分间的选择性分离。蒸汽渗透技

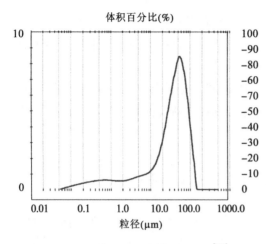
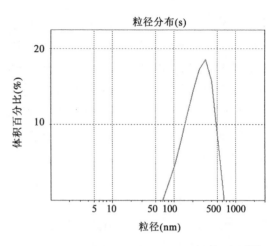

图6-24 丁香含油水体粒径分布[26]　　　　　　图6-25 丁香含油水体超滤透过液粒径分布[26]

术应用于近沸点、恒沸点及同分异构体的分离有其独特的优势,还可以同生物及化学反应耦合,将反应生成物不断脱除,使反应转化率明显提高,其技术性和经济性优势明显,在石油化工、医药、食品、环保等工业领域中有广阔的应用前景[66-68]。

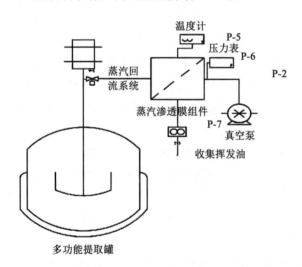

图6-26 蒸汽渗透实验原理示意图[68]

笔者课题组通过与清华大学膜材料与工程北京市重点实验室李继定教授团队的合作,选择柴胡、当归等典型的乳化油和溶解油体系,利用疏水性高分子膜材料,将水蒸气蒸馏所得气态馏出物直接进行分离(实验流程分别见图6-26),得到了不含水的中药挥发油。经GC-MS分析知,挥发油在膜分离前后化学成分保持一致。

其中,柴胡挥发油蒸汽渗透分离结果,经中药色谱相似系统软件评价,蒸汽渗透的渗透物与原挥发油的相似度为100%。本团队选用有机物优先透过膜PDMS/PVDF,以柴胡、川芎等27种富含挥发油的中药为实验体系,验证上述蒸汽渗透技术分离挥发油的效果。结果表明,蒸汽渗透耦合水蒸气蒸馏用于分离、富集中药挥发油切实、可行,为建立工业化高效分离挥发油的新方法走出了关键一步。

三、水蒸气蒸馏-膜过程耦合富集中药挥发油技术体系的构建

(一) 基于膜筛分效应的中药挥发油分离技术

1. 膜材料和膜孔径的选择　　膜科学理论指出,膜材质(有机亲水膜与疏水膜、无机膜、有机/无机复合膜等)的选择与被分离对象(中药挥发油及含油水体)的物理化学性质密切相关。其基本要求是,膜表面具有较强的抗污染能力,又具有较好的强度和韧性,高的膜通量及良好的油滴截留特性。当然还可以通过膜表面改性技术来改变膜的疏水性和亲水性,使其成为某种专用膜,更加适宜待分离体系。

近年大量关于中药挥发油成分的研究资料表明:一种中药挥发油可含有不同类型的几十种到100~200种成分,其基本组成为脂肪族、芳香族和萜类化合物等,还有一些其他化合物,如奥类化合物、含硫化合物、含氮和硫化合物也是一些中药挥发油的组成部分。有关研究还表明,提取过程对中药复方挥发油的化学组成可能产生一定的影响。针对油水分离过程,选用合适的膜材料和膜孔径,不但能够获

得更理想的通量,并且可以获得更理想的收油率,提高效率。

鉴于中药挥发油体系的复杂性,膜的选择应通过实验确定,通过模拟实际油水分离过程评价膜性能的优劣,综合膜性质、含油水体性质及操作条件等相关因素来优化膜的选择。

上述第一、二项"中药挥发油及含油水体体系的基本物理化学性质"及"含油水体物理化学性质与膜过程的相互影响"的研究结果,为从常用的聚四氟乙烯、聚偏二氟乙烯和聚乙烯等疏水膜,纤维素酯、聚砜、聚醚砜、聚砜/聚醚砜、聚酰亚胺聚醚酰亚胺、聚酯肪酰胺、聚丙烯腈亲水膜,以及 Al_2O_3、TiO_2、ZrO_2 等无机陶瓷膜众多膜材中,有效地选择适宜者提供了重要的方向,并成为设计中药含油水体油水分离专用膜的重要依据。

2. 膜材料的吸附性选择　以青皮的油水混合体系为实验对象,针对如何选用合适的膜材质和膜孔径,我们选用了吸附性实验预选的方法。

(1) 实验方法:对于不同的膜样本(编号为 No.1~No.4),测量膜前通量 U_1,接着将膜面朝下,放入已配好的青皮模拟液中,并将其放入恒温震荡仪中震荡 1 h,测量吸附后通量 U_2。

根据公式:污染度 = $U_1 - U_2/U_2$ 计算,污染度越小越好,这是反应膜样本适用于本实验体系的一个参考因素。

(2) 结果和讨论:由图 6-27 可明显看到,No.1 的膜样本(50、70 和 140 kDa)都显示出了优良的性质,大大超越了其他有机膜,如 No.2 和 No.3。提示 No.1 的膜材质适合于青皮油水混合体系。

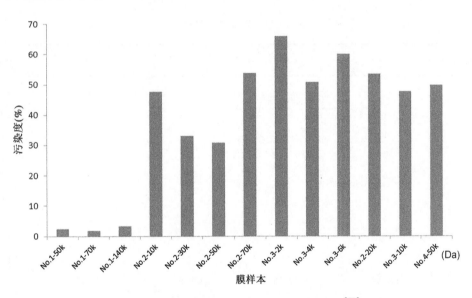

图 6-27　青皮油水混合体系吸附性实验结果[73]

为此对膜样本再次进行了验证性实验,即对于所有的膜样本进行青皮体系的过膜研究,发现无论是过膜通量还是收油率,No.1-50 kDa,No.1-70 kDa 和 No.1-140 kDa 都显示出了相对于其他膜样本卓越的特性。这说明,比起其他有机膜材质,No.1 的材质适合本实验体系的膜分离工作。

(3) 共性研究:No.1 材质适用于青皮油水分离的膜过程,它是否适用于其他中药挥发油的油水分离膜过程是我们继续研究的内容。

针对手中所有的中药挥发油(荆芥、香附、佩兰、石菖蒲、丁香、辛夷花、野菊花),将其配置或与工业生产非常类似的油水混合体系,进行吸附性实验和吸附性实验的验证实验。

大量数据表明,针对以上各个的油水分离膜过程,No.1 膜材质均适用并显示出良好的品质和适应性。

（4）膜孔径的选择：针对青皮、荆芥、香附、佩兰、石菖蒲、丁香、辛夷花、野菊花 8 种油水体系膜过程的大量实验研究表明：No. 1 膜材质的 3 个孔径(50、70、140 kDa)收油率相差不大，但 140 kDa 在膜通量方面要比 50、70 kDa 更为优越。No. 1 膜材质的 3 个孔径，50、70、140 kDa，收油率相差并不多，但 140 kDa 在通量上要比 50、70 kDa 更为优越。

3. 中药含油水体膜过程优化研究　　膜分离操作工艺参数，如温度、压力、转速等都会对膜过程产生影响。为获得理想的膜通量和收油率，需对工艺参数进行优选。对于油水混合体系的膜过程，先对温度，压力，转速 3 个操作条件进行单因素考察，而后进行正交实验研究，选出最佳工艺。

根据单因素考察结果(略)，正交实验以通量、截油量、气相色谱相似度的综合评分为考察指标(表 6-10)，三者的权重均为三分之一，分析结果见表 6-11、表 6-12。

表 6-10　正交实验安排表[73]

膜型号	B 压力(MPa)	C 温度(℃)	D 转速(r/min)
No. 1 - 140 kDa	0.05	20	0
No. 1 - 70 kDa	0.10	40	150
No. 1 - 50 kDa	0.15	60	300

表 6-11　正交试验结果[73]

序　号	A	B	C	D	结　果
1	1	1	1	1	64.661 99
2	1	2	2	2	77.460 32
3	1	3	3	3	92.857 14
4	2	1	2	3	58.217 75
5	2	2	3	1	67.920 57
6	2	3	1	2	63.728 2
7	3	1	3	2	0.072 169
8	3	2	1	3	0.302 374
9	3	3	2	1	0.522 608
K_1	234.98	122.95	128.69	133.11	
K_2	189.87	145.68	136.20	141.26	
K_3	0.90	157.11	160.85	151.38	
R	234.08	34.16	32.16	18.27	

表 6-12　方差分析表[73]

方差来源	平方和	自由度	均　方	F	显著性
A	10 282.12	2	5 141.06	184.07	>0.05
B	201.54	2	100.77	3.61	<0.05
C	188.67	2	94.34	3.38	<0.05

方差来源	平方和	自由度	均　方	F	显著性
D	55.86	2	27.93		

$F_{0.05}(2,2)=19$

$P>0.05$

直观分析结果表明,影响青皮含油水体膜过程的操作因素中,重要性依次为 A、B、C、D,A 因素中 $A_1>A_2>A_3$,B 因素中 $B_3>B_2>B_1$,C 因素中 $C_3>C_2>C_1$,D 因素中 $D_3>D_2>D_1$,最佳组合为 $A_1B_3C_3D_3$。方差分析结果表明(D 为误差项),A 因素有显著性差异,B、C、D 因素无显著性影响,最佳组合为 $A_1B_3C_3D_3$。综合以上分析结果,确定青皮含油水体膜过程的操作工艺为,膜品种为 No.1-140 kDa,温度 60℃,压力 0.15 MP,膜面转速 300 r/min。

由青皮油水混合体系所获得的最佳工艺,是否具有普遍性,是我们所关注的问题。针对荆芥,香附,佩兰,石菖蒲,丁香,辛夷花,野菊花其他 7 种油水混合体系,进行了正交实验研究,8 种油水混合体系正交优选最佳工艺结果表 6-13。

表 6-13　8 种油水体系的最佳工艺[73]

	膜材质(kDa)	压力(MPa)	温度(℃)	转速(r/min)
青　皮	No.1-140	0.15	60	300
荆　芥	No.1-140	0.15	60	300
香　附	No.1-140	0.15	60	300
佩　兰	No.1-140	0.15	60	300
石菖蒲	No.1-140	0.15	60	300
丁　香	No.1-140	0.1	60	150
辛夷花	No.1-140	0.15	60	300
野菊花	No.1-140	0.1	60	300

结果发现:8 种油水混合体系的膜过程最佳工艺和膜孔径结果惊人地相似,其中稍有例外的丁香和野菊花的压力在 0.1 MPa。经过验证性实验,其实 0.1 MPa 和 0.15 MPa 的膜通量和截留率及气相色谱相似度都相差很少,丁香的最佳条件为 150 r/min,如同前面所描述,转速并不对膜过程造成太大的影响。

而这些油中有轻油(密度小于水),也有重油(密度大于水),八种中药挥发油分布在不同的科属,也有不同的药用部位,然而其膜材质,膜孔径,和过膜条件,都基本一致。

综上所述,在油水混合体系物理化学性质符合一般规律的情况下[68],选用 No.1-140 kDa 膜,采用 0.15 MPa,60℃,300 r/min 工艺基本参数,可基本适应其他油水混合体系油水分离的膜过程。

4. 用于中药含油水体分离的膜清洗研究　　膜过程会对膜造成污染,造成膜通量下降,如何有效地膜再生,是本工艺的重要研究内容。本实验针对中药含油水体所造成的膜污染模型,开展中药挥发油及其他相关物质对膜的污染与防治,分析不同清洗剂(酸、碱、酶)、清洗时间及清洗方式(超声波等)的除污效果,选择适当的膜清洗方法和膜清洗剂,以确定最合理、有效、经济的清洗手段。

本实验以青皮含油水体为实验对象,采用多种化学清洗剂对膜过程中被污染的超滤膜进行清洗,以纯水通量的恢复系数 r 评估清洗效果。其中本实验室自配的清洗剂,无论对于 No.2-30 kDa 膜和 No.1-70 kDa

膜，膜通量恢复系数 r 均达到了95%以上。也没有使膜孔径变大等副作用。该清洗剂对于荆芥、香附、佩兰、石菖蒲、丁香、辛夷花、野菊花等油水体系同样适合。均可获得良好的通量，并对所使用的各种材质的膜，也达到理想的清洗效果。

5. 膜富集中药挥发油中试工艺设计　　目前中药生产提取中药挥发油最常用的方法是水蒸气蒸馏法。该法简便易行，常用的设备装置流程如图6-28A所示。一般由蒸馏器、冷凝器、冷却器、油水分离器和挥发收集器组成。药材在蒸馏器中经水浸润、水蒸气加热，中药挥发油和水蒸气一起蒸出，经冷凝器、冷却器冷凝成油水混合的液体进入分离器。由于中药挥发油为混合物，其不同组分的沸点不同，常压下一般在70~300℃之间。在冷凝器中，中药挥发油和水蒸气已被冷凝成低于100℃的液体，再经冷却器冷却到低于70℃的液体。其中一些高沸点的中药挥发油成分特别是含有"脑"的成分可形成稠状或固体黏附在冷凝器或冷却器及管道的内壁上，流出来的液态物料只是低沸点油和水。药材所含的中药挥发油本来就不多（一般低于1%），再经如此冷却黏附和溶于水的损失，最终油的收率非常有限。经研究试验，改进了装置和操作，得到了较为满意的结果。

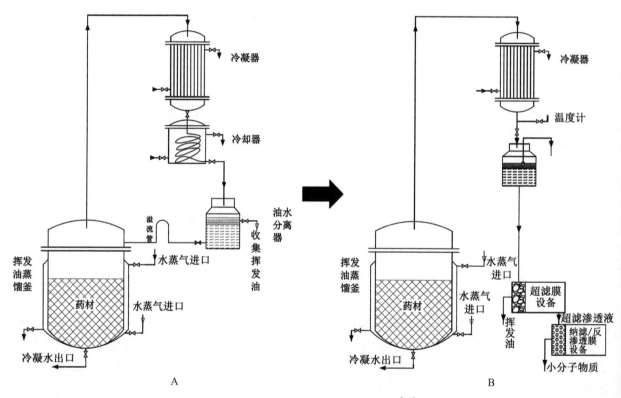

图6-28　膜富集中药挥发油工艺流程[69]

本团队将中药挥发油提取分离装置改进为图6-28B。在原提油装置中去掉冷却器、油水分离器及回流管，馏出的水蒸气经冷凝器冷凝成的油水混合液直接收集。在冷凝器的出液口处装测温装置。通过调节蒸馏器底部以进气量和冷凝器的冷却水量，从而控制冷凝器的馏出液量及其温度。

研究表明，蒸馏进气量小和进冷凝器的冷却水量大，均可使馏出液温度低、导致冷却过度，中药挥发油的黏附损失大，收油少；反之，蒸馏器进气量过大，馏出液量大，则水多油少，导致油水分离困难，溶于水的油损失也大；若进气量过小，不能带出的中药挥发油或带出的油少而延长提取时间，所以必须选择适合的提油进气量和选择适量的冷却水量。以3吨提取罐作为蒸馏器，配置合适的冷凝器进行中药挥发油提取，控制每小时馏出液为60~80 L，出液温度控制在80~90℃，可获取较理想的效果。以当归、薄荷、白芷中药挥发油提取为例，改进的装置与原装置相比，提油率可提高20%~30%，有些药材含油量少,用原装置提油大部分只能收到芳香水。

目前的分离装置利用油和水的比重不同,进行粗略的分离,虽然通过冷冻、盐析或溶剂萃取等方法可进一步分离出油,但有的油和水比重接近,分散均匀(如柴胡挥发油等)、有些油粒很小或乳化在水中、静置分层很难完全分离。图6-28B右下侧连接的膜设备可有效解决上述油水分离难题:先将中药挥发油收集器内的含油水体经过超滤,收集中药挥发油组分,然后超滤渗透液再经纳滤设备,收集水中溶解的小分子挥发性药效成分,遂可获取比较完整的药效物质。

(二)基于膜扩散效应的中药挥发油分离技术

我们设想,上述基于筛分效应的挥发油膜分离技术作为第一代油水分离技术,直接接入现有水蒸气蒸馏提取挥发油工艺流程,用于该方法的改造;而基于扩散效应的中药挥发油膜分离技术作为第二代油水分离技术,用于现有水蒸气蒸馏提取挥发油工艺的升级换代。

中药挥发油及其含油水体为化学组成多元的复杂体系,其宏观性质可以由表面张力、粒径分布、相对密度、浊度、黏度、电导率等主要物理化学参数表征[69]。通过水蒸气蒸馏法(SD)提取后,通常芳香水液中挥发油的含量较低,因此,油-水分离的过程可以看作是借助"平衡、速度差与反应""场-流""溶解-扩散"等分离理论自水溶性溶剂中提取富集脂溶性多元组分的过程。

在上述一学术思想指导下,我们开展了构建中药挥发油膜法提取分离技术体系的研究,其主要内容:① 中药挥发油及含油水体体系的基本物理化学性质的研究;② 适用于中药挥发油油水分离的膜工艺技术研究,包括膜材料筛选、膜过程优化等;③ 膜分离产物的安全性与有效性研究。

1. 中药挥发油及含油水体的物化特征研究　　基于前期已通过数据挖掘技术建成的中药挥发油膜基础数据库,我们正在补充、完善与蒸汽渗透过程相关的物理化学数据,如溶解度参数、极性参数、接触角、渗透系数等,建立各参数的测试、分析方法,开展有关方法学研究。

通过上述系统研究,对常用中药挥发油及含油水体的基本物理化学性质有了全面的了解,为相关膜分离工艺的设计奠定了坚实基础。

2. 适用于中药挥发油油水分离的蒸汽渗透膜工艺技术研究

(1)膜材料的筛选:用于油水分离的膜材料主要为以下三大类。

1)有机膜:常用的亲水膜有纤维素酯、聚砜、聚醚砜、聚砜/聚醚砜、聚酰亚胺/聚醚酰亚胺、聚酯肪酰胺、聚丙烯腈等;疏水膜有聚四氟乙烯、聚偏二氟乙烯和聚乙烯等。

2)无机膜:常用的无机膜有氧化铝、氧化钛、氧化锆等。

3)有机/无机复合膜:是当前研究的新动向,如具有聚酰胺/聚乙烯醇复合表层的有机/无机复合膜。

油水混合体系中油的存在状态是选择膜的首要依据。若油水混合体系中的油是以浮油、分散油为主,则采用具有筛分效应的膜技术,一般选择超滤或者微滤膜;若油水混合体系中的油以乳化油和溶解油为主,则需要采用具有扩散效应的膜技术——蒸汽渗透。蒸汽渗透膜作为一种先进的分离材料,其鲜明特征即具有介观尺度(纳米和微米之间)的结构。而理论与实验的研究报道表明,气体在纳米孔道内的扩散不再满足经典的克努森扩散方程;高通量和高选择性与纳米尺度流体的行为密切相关[70]。从而提示,决定挥发油蒸汽渗透膜过程"高渗透通量和高选择性"的主要因素是:纳米尺度下流体的微观特征和介观尺度下膜孔(界面)处流体的传递。其科学本质则为:挥发油分子的微观特征及其与膜材料微结构、膜分离功能的相互作用,而膜材料微结构与膜分离功能关系的基础是膜的传递机理与传质模型——这成为我们筛选膜材料的基本依据。

(2)膜过程优化研究:鉴于我们对挥发油微滤、超滤膜过程及其优化研究已有较多的报道[71-78],本部分主要阐述挥发油的蒸汽渗透膜过程及其优化机理。挥发油的蒸汽渗透膜过程本质上是挥发油多元组分与膜材料之间"溶解-扩散"相互作用的过程。该相互作用是传热机制与传质机制的耦合。

1）传热规律研究：以溶解速度系数、吸附系数、吸附（溶解）等温线，吸附（溶解）平衡方程等为考察指标，研究膜材料对不同挥发油体系的适应性。特别注意多组分在膜中的溶解过程可能产生的耦合效应作用及其与膜材料的相互作用。

而影响溶解过程的中药挥发油及膜材料的物理化学特征可描述如下：溶解过程不仅与渗透物小分子的形态、高聚物膜的种类有关，而且与膜的形态（玻璃态、橡胶态）密切相关。在一定的条件下，渗透物小分子在膜内和气相本体中的浓度之间存在一定的关系，可以用亨利定律（Henry's law）表示。

$$C_m = K_s C \qquad (6-9)$$

式中，C_m 为渗透物小分子在膜中的浓度；C 为渗透物小分子在进料主体的浓度；K_s 为溶解度常数，是一个与温度、压力及进料浓度有关的常数，需要通过实验来确定。

2）传质规律研究：以扩散系数、渗透通量及指标成分保留率等为考察指标，研究膜材料对不同挥发油体系的适应性。特别注意挥发油与有机膜之间是否发生相互作用；系统考察膜材料的化学组成、交联程度、结晶度与挥发油渗透组分的极性、分子大小及操作温度在传质过程的影响权重。

影响扩散过程的中药挥发油与膜材料的物理化学特征亦可描述如下：扩散过程一般用菲克第一定律描述，即：

$$J_i = -D_i \frac{dC_{m,i}}{dx} \qquad (6-10)$$

式中，D_i 为组分 i 在膜中的扩散系数。它是聚合物的特性，如聚合物的组成、自由体积、链段活动性、不饱和程度、交联程度、结晶度和取代基的性质等；也是渗透物的特性，如渗透物的极性、分子大小和形状等；操作条件，如温度和组分浓度的函数。

在获取上述基础数据的基础上，以分子模拟方法[79,80]，遴选微观尺度的关键控制因素，与关联的实验数据互动，改进和发展热力学方程，使之对挥发油成分的膜渗透过程具有可预测性。

通过上述研究，阐明蒸汽渗透过程中药挥发油组分溶解、扩散的规律及其机理，建立相关模型，用于指导膜过程的优化。

3. 膜分离产物安全性、有效性研究

（1）膜分离技术对挥发油化学组成的影响：以主要指标成分、指纹图谱、GS-MS 等手段对比常规水蒸气蒸馏、蒸汽渗透技术挥发油样品；特别注意是否存在所采用膜材料成分残留。

（2）膜分离技术对挥发油生物学效应的影响：以主要药效学指标对比常规水蒸气蒸馏、蒸汽渗透技术挥发油样品，验证分离方法的安全性和有效性。

四、挥发油提取原理、方法与生物活性的相关性

中药材中植物药占 80% 以上，很多植物药所含的挥发油成分具有确切的疗效。挥发油作为中药挥发性物质的主体，是中药发挥作用的重要物质基础。

挥发油是存在于植物体中的一类具有挥发性、可随水蒸气蒸馏出来的油状液体的总称。挥发油在植物界分布极广，作为中药使用的植物就有数百种含有挥发油，尤其在菊科、芸香科、伞形科、姜科等科属中较为常见。

大量药理试验证明，挥发油是一类重要的活性成分，作用相当广泛，包括：抗炎、抗过敏、抗微生物、抗突变和抗癌、驱虫作用、酶抑制作用、对中枢神经系统的作用、对呼吸系统的作用、对平滑肌的作用等。

临床上除直接应用主要含挥发油的生药外,还从药材中提取精制挥发油使用,如薄荷油用于祛风健胃,当归油用于镇痛,柴胡油用于退热,土荆芥油用于驱肠虫,茵陈蒿油用于抗霉菌,丁香油用于局部麻醉等。近年来不断有各种挥发油新的作用及新的应用的报道。此外,挥发油在香料、食品与化妆品行业的应用也是方兴未艾。作为中药产生作用的重要物质基础,研究挥发油对于开发新药、指导临床用药、阐明和深化中医药理论及推动中医药现代化具有重要的意义。

1. 如何评价超临界流体萃取与水蒸气蒸馏提取挥发油的效果　　在中药制剂的研制和生产中,挥发油成分的提取和保留存在着很多问题,致使挥发油大量损失,严重影响了药物的疗效,这是一些中成药不及中药饮片所煎汤剂疗效好的重要原因之一。

现代生产可供选用挥发油提取方法有:蒸馏法、溶剂提取法、吸收法、压榨法、微波萃取法、精馏、超临界流体萃取、亚临界水萃取等。虽然各具优势,但鉴于难适应环保要求、投资大、技术难度高、需高压(高温)条件、处理量小、中药复方组成复杂及与中药企业目前通用生产流程不匹配等各自不同因素,可供大生产选用的方法非常有限。特别需要指出的是,为切实保证临床疗效,在评价中药挥发油提取与油水分离技术时,应将其产物能否较好地保持药效组成的完整与多元性放在首位。

潘林梅等[81]分别以超临界 CO_2 流体萃取技术和水蒸气蒸馏处理干姜药材,采用 GC、TLC 对产物进行分析比较。从两种工艺的产物得率来看,CO_2 流体萃取产物得率为 8.0%,水蒸气蒸馏得率为 0.2%,超临界流体萃取远大于水蒸气蒸馏。但如表 6-14 所示,不仅两者的物质组成有较大的不同,甚至基本性状都有明显区别。

表 6-14　超临界 CO_2 流体萃取与水蒸气蒸馏的效果、产物形状与得率[81]

项　　目	超临界 CO_2 流体萃取技术	水蒸气蒸馏法
提取时间(h)	1～2	6～12
提取温度(℃)	30～50	90～110
提取压力(MPa)	8～20	常压
得率(%)	8.0	0.2
形状	上层透明油状,下层稠厚油状,似油脂	透明油状
色泽	上层淡黄色,下层深红棕色	淡黄色
气味	浓的姜天然香气味,辛辣	姜天然香气味,辛辣,稍淡

张裕强[82]等以 GC-MS 联用技术对水蒸气蒸馏法和超临界 CO_2 流体萃取所提取的荜茇挥发油的化学成分及其含量进行了比较,研究结果如下。

(1) 荜茇挥发油的得率与理化指标:将两种方法所得的挥发油进行萃取率与理化指标比较,结果列于表 6-15。

表 6-15　两种方法萃取荜茇挥发油的指标比较[82]

方　　法	色　泽	外　　观	折光率	萃取时间	萃取率(%)
水蒸气蒸馏法	墨绿色	清凉透明油状液体	1.479 1	7 h	0.60
超临界 CO_2 流体萃取法	橘黄色	黏稠半固体油状物	1.591 4	20 min	4.36

(2) 荜茇挥发油的化学成分分析及其比较:利用 GC-MS,获得超临界 CO_2 流体萃取和水蒸气蒸馏提取荜茇挥发油化学成分的总离子流色谱图。每个色谱峰通过 Nist 05a. L 标准质谱库检索,并参考有

关资料进行解析。从超临界 CO_2 流体萃取得的荜茇挥发油中分离出 25 个峰,其中鉴定出 23 种化合物,占总组分相对含量的 98.19%;经水蒸气蒸馏得到的荜茇挥发油中分离出 37 个峰,其中鉴定出 33 种化合物,占总组分相对含量的 90.225。

实验结果表明,超临界 CO_2 流体萃取得到挥发油的主要成分是胡椒碱(29.274%)、十四氢-1-甲基菲(19.817%)、N-(2,5-二甲氧基苯基)-4-甲氧基-苯酰胺(6.789%)、(Z)-3-十七碳烯(4.484%);水蒸气蒸馏法得到挥发油的主要成分是豆甾烷-3,5-二烯(33.994%)、麦角甾-4,6,22-三烯-3β-醇(7.003%)、3-苯基-1-(3-苯基-1H-异吲哚-1-亚基)-1H-异吲哚(6.337%)、(3β,22Z)-乙酸酯-豆甾-5,22-二烯-3-醇(5.860%)、[S-(E,E)]-1-甲基-5-亚甲基-8-(1-甲基乙基)-1,6-环癸二烯(3.210%)。

综上所述,水蒸气蒸馏和超临界 CO_2 流体萃取制备的挥发油不仅在理化性质上存在差异,且化学组成相差较大。

水蒸气蒸馏法因采用无毒易得的水作为提取溶剂,提油后的药材处理与传统汤剂制备方法最接近,由此技术得到的挥发油与其他提取物组合,更能体现中医复方的安全性与有效性,因此在中药制剂生产中最为常用。在中药复方新药研发中,超临界流体萃取物能否代替传统挥发油,它们在化学组成、药效学、毒副作用等方面的差异尚待深入研究。

2. 不同提取方式对挥发油成分及其活性的影响　　为探讨挥发油不同提取方法与其成分及抑菌活性的关系,朱梅芳等[83]采用GC-MS,对连翘、荆芥、薄荷挥发油成分及其配伍后成分的变化进行比较分析,并采用纸片琼脂扩散法、微量稀释法分别测定抑菌圈直径及最低抑菌浓度(minimal inhibitory concentration, MIC),评价单味连翘、荆芥、薄荷挥发油和配伍提取挥发油及单提混合后的挥发油对常见的 4 种致病菌的抑菌活性。结果发现,连翘、荆芥与薄荷混合提取后,所得到的挥发油主要成分及含量均发生了变化。连翘-荆芥混合提取的挥发油中,缺失了连翘挥发油中含有的 7 种成分和荆芥挥发油中的 7 种成分,而新增了 8 种成分。连翘-薄荷混合提取后,缺失了连翘挥发油中的 6 种成分和薄荷挥发油中的 8 种成分,并新增 8 种成分。荆芥-薄荷混合提取后,缺失了荆芥挥发油中的 4 种成分和薄荷挥发油中的 7 种成分,新增了 7 种成分。连翘-荆芥-薄荷混合提取后,缺失了连翘挥发油中的 6 种成分、荆芥挥发油中的 4 种成分、薄荷挥发油中的 2 种成分,连翘和薄荷共有成分缺失 1 种,荆芥和薄荷共有成分缺失 2 种,新增了 9 种成分。与单提混合挥发油相比,3 种药材混合提取组中胡薄荷酮的相对含量明显下降。抑菌实验显示,不同提取方式所得挥发油的抑菌效果不同,单味挥发油及单提混合挥发油对大肠埃希菌、金黄色葡萄球菌、绿脓杆菌、白念珠菌的抑菌效果均优于配伍提取挥发油组。该研究结果提示,挥发油是解表中药的重要药效成分,中药挥发油采用不同的提取方式对挥发油的得率、成分及药效有一定的影响,最终影响其疗效,应对此加以关注。

3. 水蒸气蒸馏与超临界 CO_2 流体萃取产物化学组成与用途的差距　　周燕园[84]用水蒸气蒸馏(SD)和超临界 CO_2 流体萃取两种方法提取香胶木叶挥发性成分,所得结果经 GC-MS 分析,化学成分相差较大。水蒸气蒸馏鉴定出的化合物有 19 个,占挥发油总量的 71.94%,其中的主要成分是叶醇(43.90%)、青叶醛(7.42%)、2,4-二叔丁基苯酚(4.80%)等。水蒸气蒸馏鉴定出的成分 33 个,占挥发油总量的 81.51%,其中的主要成分是角鲨烯(11.85%)、桉油精(9.95%)、(+)-α-松油醇(5.34%)等。水蒸气蒸馏是经典的挥发油提取方法,得到的成分较真实地反映了挥发油成分,而超临界 CO_2 流体萃取利用的原理是 CO_2 在超临界状态下的液态形式对脂溶性强的成分进行提取,得到的为脂溶性成分。

水蒸气蒸馏提取的香胶木叶挥发油中主要化学成分为赋香类成分:叶醇(43.90%),含量较高,是重要的醇类香料,应用于香精配方,调和精油,化妆品及食品香料中。可见水蒸气蒸馏适合于香胶木叶中叶醇的提取,该法具有提取率高、产品纯度好、流程简单、工艺稳定的特点。超临界 CO_2 流体萃取提取的香胶木叶挥发油中主要化学成分为萜类化合物,其中包括角鲨烯、桉油精、(+)-α-松油醇、植醇、冰片、石竹烯、(-)-4-萜品醇、奠类、Z-β-松油醇等,这些萜类化合物具有止血、抗炎、止痛、消肿、健胃、清热解毒等多种功效,而且多数具有较强的香气和生物活性,是医药、食品、化妆品工业的重要原料。

4. 挥发油制法对中成药解表功效的影响　　郑琴等[85]通过查阅《新编国家中成药》,发现有关解表中成药品种有 245 种,有关解表散寒、解表清热、解表散风、解表化湿、解表退热、解表宣肺的中成药有52 种。载入 2018 年版《国家基本药用目录》的药物中解表剂就有 13 种。这些解表类中成药处方中大部分含有一种或多种含有大量挥发油成分的中药。这些中药根据药性的不同分为辛温、辛寒两大类,辛温类药材主要包括紫苏叶、生姜、桂枝、荆芥、辛夷花、麻黄、防风、细辛、白芷等;辛寒类药材主要包括薄荷、桑叶、升麻、牛蒡子、葛根、菊花、柴胡、蔓荆子、木贼等。这些中药材都富含有挥发油成分,其中,90%以上发散风寒药含挥发油,50%以上发散风热药含有挥发油,可见挥发油在解表功效中占有重要地位。

《神农本草经白种录》记载"凡药香者,皆能疏散风邪"。如荆芥辛香入肺,故能升散肺之风寒,疏散表邪,解除表证。芳香性药物之所以具有芳香气味,大部分原因是其含有挥发性成分。现代药理研究表明挥发油具有抗炎、抗菌、抗病毒和提高免疫的作用,对中枢系统、呼吸系统、消化系统、心血管系统方面的疾病均发挥着重要的药理作用。解表中药多含有大量的挥发油成分,从而发挥解热、抗菌、抗病毒、抗炎等方面的解表功效。

挥发油类成分具有易挥发、易氧化等特点,故在中成药中采用不同的制法对挥发油的得率、药效化学成分及稳定性有一定的影响。尤以制法对挥发油的提取得率影响较大。吴鸣建等[86]采用水蒸气蒸馏法、微波辅助水蒸气蒸馏法、超声提取法、回流提取法、索氏提取法 5 种方法对新疆藁本挥发油进行提取,并用 GC-MS 分析其成分,发现各法提取的挥发油得率不同,化学成分也稍有差异,以索氏提取法得油率最高。孟利娜等[87]通过生物酶解技术提取北苍术挥发油,发现与直接蒸馏法相比,其产油率、有些成分量均有所提高。闪式辅助水蒸气蒸馏法提取生姜挥发油比传统水蒸气蒸馏法产油率高[88]。

挥发油的不同提取方法对其药效也有重大的影响。邹俊等[89]比较了水蒸气蒸馏法、超临界 CO_2 流体提取法、鲜品榨汁提取法制备温莪术挥发油,发现鲜品榨汁提取的效果最好,并发现挥发油对 HeLa 细胞具有增殖抑制作用。聂小华等[90]比较了超临界 CO_2 流体萃取和水蒸气蒸馏对温莪术挥发油化学成分及体外抗肿瘤活性的影响,发现超临界 CO_2 流体萃取制备的莪术二酮、异莪术醇明显高于水蒸气蒸馏,且抗肿瘤活性强于水蒸气蒸馏法制备的挥发油。

由此可见,挥发油的提取及入药方式是多种多样的,即不同的处方或处方药基本相同,制法也存在一定的差异性,在一定程度上影响了疗效[91,93],对各种不同制法的合理性开展深入、系统研究,是中药制药分离过程工程原理研究领域的重要内容。

第四节　新型绿色溶剂——低共熔溶剂提取中药原理与技术应用[94,95]

现阶段我国在中药提取方面大多使用水、甲醇和乙醇等溶剂,其中有些传统溶剂具有毒性大、易造成环境污染、易挥发及提取率低等缺点。随着人们的环境保护意识逐步加深,特别是在食品、药品、化妆品领域对绿色健康有越来越高的要求,探索代替传统溶剂的新型溶剂势在必行。新型绿色溶剂——低共熔溶剂(deep eutectic solvent,DES)的概念[95],是由英国莱斯特大学化学系教授 Andrew P. Abbott 于2003 年提出的,一经提出立刻引起了相关领域广泛关注。目前 DES 已成为绿色化学化工领域研究的热门课题之一。

一、低共熔溶剂概述

低共熔溶剂（DES）是一种快速兴起的替代传统有机溶剂和离子液体的新型绿色溶剂，通常是由一定物质的量比的氢键受体（hydrogen bond acceptor，HBA）（如季铵盐）和氢键供体（hydrogen bond donor，HBD）（如酰胺、羧酸、多元醇等）通过氢键结合形成的一种低共熔混合物，具有低熔点、低成本、低毒性、低蒸汽压、易制备、能再生、可生物降解、结构可设计、溶解性能好等独特的物理化学性质，在电化学、生物催化、分离提纯、纳米技术等诸多领域中已得到广泛应用[96-99]。近年来 DES 也被广泛应用于从天然植物材料中提取生物活性成分的研究[100-103]。

二、低共熔溶剂的制备

自 2003 年 Abbott 等[104]通过氯化胆碱与尿素获得第 1 个 DES 以来，已有大量 DES 制备的报道。DES 常用制备方法是将 HBA 和 HBD 按一定比例混合加热搅拌至均匀、稳定的溶液。HBA 多为季铵盐，常用氯化胆碱（ChCl），而 HBD 多为酰胺、羧酸、多元醇等。典型的 DES 是由特定物质的量比的氯化胆碱（HBA）和脲、羧酸或甘油（HBD）组成的混合物通过在约 80℃ 条件下加热、搅拌形成的均一、透明的液体，其熔点一般低于 100℃。

DES 的制备方法有加热法[104]、冷冻干燥法[105]、减压蒸发法[106]等，其中加热法的使用最为广泛。近年来通过对 DES 形成机制的探究，现一般观点认为[107,108]，DES 的形成是由于 HBA 和 HBD 分子间的氢键作用。

例如，采用加热方法制备 DES。按一定比例称取 HBA 和 HBD，如某实验的 DES-7 配方为：氯化胆碱（HBA）：醋酸（HBD）：H_2O=1:2:2，置于具塞密闭容器中，于水浴锅中 80℃ 加热，搅拌，直至形成稳定、均匀的透明无色液体（一般 20~120 min），并冷却至室温[109,110]。

刘丹宁等[111]采用新型绿色提取溶剂氯化胆碱/醋酸用于枳实中芸香柚皮苷、柚皮苷和橙皮苷的提取，发现由氯化胆碱和醋酸合成的（组成比例为 1:2）溶剂最适合作为提取溶剂，可达到枳实中黄酮类成分的最高含量。经过筛选和比较多种不同类型 DES、DES 比例及其含水量。在优化条件下：提取温度 42℃、提取时间 82 min、超声功率 90 W，芸香柚皮苷、柚皮苷和橙皮苷的含量分别达到 3.36%、0.629%、15.96%。因此，DES 可以成为从制药、生物化学和食品工业中的植物基质中获得天然产物的极好的可持续和有效的替代方案。且提取方法操作方法简单，高效环保，绿色节能，能保持枳实中黄酮的原有品质，为后续枳实黄酮药理活性的进一步研究提供了基础依据。

2011 年，Choi 等[112]报道了由氯化胆碱、天然羧酸、不同糖甚至水组合形成的黏性液体，被称为"天然低共熔溶剂"（natural deep eutectic solvent，NDES）。

随着研究的进展，在 DES 的基础上进一步降低毒性的 NDES 已成为研究热点。NDES 主要由细胞初级代谢产物组成，通过加热，固体卤化物盐的 HBA 和 HBD 组合，形成一种低共熔混合物[113]。

三、低共熔溶剂的性质

由于 DES 制备简便、低成本、低蒸汽压、低毒等优点，在电化学、纳米材料制备、催化反应、分离过程、功能材料制备等方面，被广泛作为代替传统溶剂的新型溶剂使用[2,114]。而且 DES 还具有如下特殊的理化性质[115]：

（1）熔点低。氯化胆碱和尿素以物质的量 1:2 制备的 DES，其熔点是 12℃，比氯化胆碱和尿素各自的熔点低得多（分别是 302℃ 和 133℃）。目前报道的 DES 的熔点都低于 150℃[3]。

（2）密度大于水。目前报道的大部分 DES 密度都大于水，因为 DES 的平均孔半径减小，所以密度增大[116]。

（3）黏度大[117]。除了氯化胆碱-乙二醇体系，大部分 DES 的黏度都很大，其原因在于各组分之间有庞大的氢键网络和极小的空隙，且离子半径都较大，再加之静电或范德瓦耳斯力相互作用所致。由于其作为绿色介质的潜在应用，开发低黏度的 DES 很有必要，如小型阳离子或氟化 HBD。

（4）离子传导率较差[117]。由于高黏度，大多数的 DES 表现出较差的离子传导率。随着温度的升高，其黏度降低，离子传导率通常会显著增加。

（5）HBD 对 DES 的酸碱度有很大影响[118]。如氯化胆碱-尿素体系 DES 呈弱碱性，能够吸收 CO_2 等酸性气体。

（6）表面张力大。目前已报道的 DES 表面张力都大于大多数分子溶剂的表面张力，与咪唑基的离子液体和高温熔融盐相当。因为表面张力主要依赖于 DES 组分的分子间相互作用的强度，所以也遵循与黏度类似的趋势，而且也与温度呈正相关[119]。

（7）良好的溶解性。DES 的组分不仅能够通过氢键相互联系，而且能够提供或接受外部电子或质子与其他物质形成氢键，后者可以使其溶解各种各样的物质，包括盐、蛋白质、有机药物、氨基酸、表面活性剂、糖和多糖等[120]。

综上所述，DES 不仅可以通过选择不同 HBA 和 HBD 调节其结构与性质，且具有价廉易制备、环保、可生物兼容等优势。

四、低共熔溶剂在中药制药分离领域的应用

作为一种新型的生态友好溶剂，DES 已被应用于中药活性成分的高纯度提取和分离、色谱分析及用作药物溶剂和药物载体。

1. 中药活性成分提取　　近年来，DES 作为传统溶剂的新型绿色替代品，已被广泛用于黄酮、皂苷、多糖、生物碱、酚酸、醌类及挥发油等中药活性成分的提取。

目前，研究人员也已成功将 NDES 应用于枸杞[121]、降香[122]、玉竹[123]等中药黄酮类成分的提取，从已有文献报道看来，优选 DES 对中药活性成分的提取比传统方法更高效，且 DES 一般与适量的水混合使用，以降低其黏度，调节极性。然而，DES 种类繁多，尚需进一步研究和总结不同类型 DES 对不同种类中药活性成分提取的特异性和规律性，以便深入理解 DES 结构特点及与活性成分的作用机制，更加合理、高效地对提取过程进行优化。同时根据 DES 的可设计性，开发出针对特定中药活性成分的专属性溶剂。

2. 中药活性成分分离　　已有报道的 DES 大多具有较强的亲水性，而水形成氢键的能力较强，可不同程度地破坏 DES 组分间的氢键[124]，即亲水性 DES 在水溶液中不稳定。因此，DES 在中药活性成分分离中的应用极为少见，Khezeli 等[125]报道了一种基于 DES 的超声辅助液微萃取方法（UALLME -DES），用于从肉桂油中萃取阿魏酸、咖啡酸和肉桂酸。即先将由氯化胆碱-乙二醇（1∶2）组成的 DES 添加到含有肉桂油的正己烷中，经过超声加速萃取，最后通过离心进行相分离，成功实现了痕量水平目标分析物的预浓缩。而疏水性 DES 在含水体系中的应用虽有报道[126]，但尚未拓展到中药领域。因此，开发适用于分离中药活性成分、残留农药、重金属等的疏水性 DES 迫在眉睫。

五、低共熔溶剂的安全性问题

DES 用于提取中药中目标化合物，几乎都比传统溶剂有更高的提取率，且目标化合物种类广泛，证明 DES 作为新型溶剂的应用潜力。但若将 DES 用于食品和药品等方面还需要对 DES 溶剂自身的毒性进行系统研究。Radosevic 等[127,128]评估了 DES 对斑点叉尾鮰卵巢细胞系（CCO）、人乳腺癌细胞（MCF -7）和宫颈癌细胞（HeLa）的细胞毒性，结果显示糖基和醇基 DES 的半数最大效应浓度（EC_{50}）大于

2 000 mg/L,具有较低毒性;而酸基 DES 的 EC_{50} 值在 100~2 000 mg/L,具有中度细胞毒性,其原因是酸基 DES 改变了细胞生长环境的 pH,影响了细胞的存活。Zhao 等[129]利用 2 种革兰氏阳性菌(金黄色葡萄球菌和单核细胞增多性李斯特菌)和 2 种革兰氏阴性菌(大肠杆菌和肠炎沙门菌)检测了 DES 的生物毒性。结果表明,醇基 DES 毒性近乎可以忽略,而酸基 DES 毒性较大,但仍然可认为酸基 DES 是一种绿色溶剂,因为其毒性低于传统溶剂和离子液体。Wen 等[130]利用 3 种不同生物体大肠杆菌、大蒜和无脊椎动物水螅研究 DES 的毒性,结果表明低浓度下的醇基 DES 对大肠杆菌生长抑制率低于 10%,DES 对大肠杆菌的生长无明显抑制作用;在对大蒜和水螅的实验中发现 DES 对大蒜和水螅的毒性较强,DES 及其组分对不同生物体的影响机制可能与它们与细胞膜的相互作用有关。Chen 等[131]选用 4~5 周龄小鼠,采用灌胃给药的方式,对氯化胆碱-甘油(1∶2)的 DES 在动物体内的急性毒性进行探讨,实验结果表明小鼠 LD_{50} 为 7 733 mg/kg,表明 DES 近乎无毒。

　　DES 在中药活性成分提取方面的应用迅速扩大。然而,在这一过程中,必须考虑几个重要的因素,如 DES 成分和物质的量比、温度、含水量,因为这些与黏度、pH、极性及其表面张力密切有关。通过调控这些因素,活性成分的产量可能会增加。此外,DES 的可回收性是另一个必须考虑的因素,在它们被食品和制药工业用于提取活性成分之前,从效率、活性成分的稳定性、成本及它们对人类健康和安全的潜在影响方面,也需要进行进一步的研究。

参 考 文 献

[1]　香港科技大学生物技术研究所.中药研究与开发综述——生物技术研究所访问学者文集.北京:科学技术出版社,2000.
[2]　朱广伟,李西文,李琦,等.基于传统煎药工艺的龙胆饮片标准汤剂制备及质量评价方法研究.中草药,2017,48(20):4253-4260.
[3]　陈士林,刘安,李琦,等.中药饮片标准汤剂研究策略.中国中药杂志,2016,41(8):1367-1375.
[4]　张兆旺.中药药剂学.北京:人民卫生出版社,2003.
[5]　傅超美,刘文.中药药剂学.北京:中国医药科技出版社,2018.
[6]　严永清.新概念方剂学导论.上海:上海科学技术出版社,2005.
[7]　王京宇,欧阳荔,刘雅琼,等.若干中草药中 25 种元素在不同浸取液中的分布.中国中药杂志,2004,29(8):753-759.
[8]　李磊,谢明勇.用 MAP-ICP-MS 测定保健食品青钱柳及其浸提物中多种矿质营养素的研究.食品科学,2000,21(2):53-57.
[9]　刘军,李先恩,王涛,等.药用植物中铅的形态和分布研究.农业环境保护,2002,21(2):143-145.
[10]　王巍.含矿物的中药复方的化学基础研究.化学进展,1999,11(2):204.
[11]　蒋颖,刘红波,曹琴,等.斑蝥水提液中斑蝥素与斑蝥酸的稳定性研究.中国中药杂志,2016,41(15):2824-2829.
[12]　胡玉梅,孟兆青,张珊,等.橙皮苷在碱性溶液中的稳定性研究.世界科学知识——中医药现代化,2014,16(10):2270-2273.
[13]　仲怿,朱捷强,范骁辉,等.基于提取效率和成本控制的红参提取工艺多目标优化研究.中国中药杂志,2014,39(13):2495-2497.
[14]　傅超美,刘文.中药药剂学.北京:人民卫生出版社,2013.
[15]　王婉莹,瞿海斌,龚行楚.中药渗漉提取工艺研究进展.中国中药杂志,2020,45(5):1039-1046.
[16]　肖志锁.渗漉工艺研讨.中国中医药现代远程教育,2012,10(18):93.
[17]　李小芳.中药提取工艺学.北京:人民卫生出版社,2014.
[18]　汤为民,许宝龙.一种用于提取中药有效成分的全自动渗漉设备:103055537 A[P].2013-04-24.
[19]　李娟,孙志高,汤为民.多层模块化抽屉式中药提取渗漉工艺性能.苏州科技大学学报:自然科学版,2019,36(1):58.
[20]　鲁劲松,王红芳,李云霞.藿香正气水中陈皮渗漉工艺的优化.中草药,2014,45(8):1096-1101.
[21]　汪兰芳,方优妮,韩建伟,等.正交试验优选橘红贴膏的乙醇渗漉提取工艺.中国实验方剂学杂志,2011,17(6):38-40.
[22]　江志强,张建.醒脑灵颗粒渗漉提取工艺.中国实验方剂学杂志,2011,17(16):40-43.
[23]　王赛君,伍振峰,杨明,等.中药提取新技术及其在国内的转化应用研究.中国中药杂志,2014,39(8):1360-1367.
[24]　谢普军,黄立新,张彩虹,等.低温减压沸腾提取橄榄苦苷的工艺研究.中国中药杂志,2012,37(13):1946-1950.
[25]　杨磊,李彤,张琳,等.加压溶剂法提取雷公藤甲素及其条件优化.化工进展,2010,29(2):323-327.
[26]　郭立玮编著.中药分离原理与技术.北京:人民卫生出版社,2010.
[27]　杨丰云.地龙湿法超微提取及膜与凝胶耦合纯化地龙纤溶活性蛋白的研究——动物类中药提取分离关键技术研究.南京:南京中医药大学,2012.
[28]　朱华明.水蛭及其与地龙、全蝎组合的湿法超微提取关键技.南京:南京中医药大学,2014.

[29]　杨磊,刘婷婷,卫蔚,等.响应面法优选新疆紫草总萘醌的匀浆提取工艺研究.中草药,2010,41(4)：568－574.

[30]　郭琪,杜晓敏,何煜.单方、复方细胞级粉碎和常规匀浆质量对比.中成药,2001,23(1)：70－71.

[31]　王建华,明玉杰,安伯忠,等.浅谈中药细胞级粉碎对体内吸收的影响.齐鲁药事,2008,27(5)：294－296.

[32]　MCHUGH M A, KRUKONIS V J. Supercritical Fluid Extraction：Prinpciples and Practice. Boston：Butterworth, 1993.

[33]　STAHL E, K-W QUITIN, D GERARD. Dende gases for extraction and refining. Berlin：Springer-Verlag Berlin,1988：10－13.

[34]　DANDGE D K, HELLER J P, WILSON K V. Structure solubility correlations：Organic compounds and dense carbon dioxide binary systems. Ind. Eng. Chem. Prod. Res. Dev, 1985, 24(1)：162－166.

[35]　毛忠贵.超临界流体萃取技术在生物、食品工业上的应用.食品与发酵工业,1995,(1)：65－66.

[36]　STAHL E, GERARD D. Solubility behaviour and fractionation of essential oils in dense carbon dioxide. Perfum Flavor, 1985, 10(2)：29－37.

[37]　周雯,李红茹,李淑芬,等.雷公藤超临界 CO_2 提取物的 HPLC 指纹图谱建立.中国中药杂志,2007,32(8)：706－709.

[38]　葛发欢,林秀仙,黄晓芬,等.复方丹参降香的超临界 CO_2 萃取研究.中药材,2001,24(1)：46－48.

[39]　郭立玮.制药分离工程.北京：人民卫生出版社,2013.

[40]　朱自强.超临界流体技术原理和应用.北京：化学工业出版社,2000.

[41]　张镜澄.超临界流体萃取.北京：化学工业出版社,2001.

[42]　马海乐.生物资源的超临界流体萃取.合肥：安徽科学技术出版社,2000.

[43]　葛发欢,史庆龙,林香仙,等.超临界 CO_2 从黄山药中萃取薯蓣皂素的工艺研究.中草药,2000,31(3)：181－183.

[44]　葛发欢,李莹,谢健鸣,等.超临界 CO_2 从柴胡中萃取挥发油及其他皂素的研究,中国中药杂志,2000,25(3)：149－153.

[45]　李卫民,金波,冯毅凡.中药现代化与超临界流体萃取技术.北京：中国医药科技出版社,2002：102.

[46]　黄宝华,海景,黄慧民,等.超临界 CO_2 萃取剌柏中挥发成分分析.中药材,1997,20(1)：30－31.

[47]　李玲,陈志强,李修禄,等.超临界流体萃取法在中药材质量控制中的应用.药学学报,1995,30(2)：133－137.

[48]　刘本,John R Dean.超临界 CO_2 流体提取五味子中的五味子甲素.中国医药工业杂志,2000,31(3)：101－103.

[49]　徐海军,邓碧玉,蔡云升,等.夹带剂在超临界萃取中的应用.化学工程,1991,19(2)：58－63.

[50]　苏子仁,陈建南,葛发欢,等.应用SFE－CO_2提取丹参脂溶性有效成分工艺研究.中成药,1998,20(8)：1－2.

[51]　徐任生.天然产物化学.2版.北京：科学出版社,2004：166－193.

[52]　杨世林,杨学东,刘江云.天然产物化学研究.北京：科学出版社,2009：1－283.

[53]　伍振峰,王赛男,杨明,等.中药挥发油提取工艺及装备现状及问题分析.中国实验方剂学杂志,2014,20(14)：224－228.

[54]　严红梅,贾晓斌,张振海,等.氧化石墨烯固化挥发油.药学学报,2015,50(2)：222－226.

[55]　陈赟,田景奎,程翼宇.中草药挥发油提取新技术——亚临界水萃取.化学工程,2006,34(8)：59－62.

[56]　丁金龙,施少斌,秦春梅,等.克感利咽口服液中挥发油的超临界萃取工艺研究.中草药,2006,37(9)：1325－1327.

[57]　邹俊波,张小飞,郎佳,等.水蒸气蒸馏法提取小茴香挥发油类成分的提取动力学研究.中草药,2018,49(12)：2855－2864.

[58]　惠永正.中药天然产物大全.上海：上海科学技术出版社,2011.

[59]　李希,谢守德,吕琳,等.中药挥发油提取中存在的问题及解决办法.中华中医药杂志,2006(3)：179－180.

[60]　伍振峰,王赛男,杨明,等.中药挥发油提取工艺与装备现状及问题分析.中国实验方剂学杂志,2014,20(14)：224－228.

[61]　杨世林,杨学东,刘江云.天然产物化学研究.北京：科学出版社,2009.

[62]　陈赟,田景奎,程翼宇.中草药挥发油提取新技术——亚临界水萃取.化学工程,2006,34(8)：59－62.

[63]　丁金龙,施少斌,秦春梅,等.克感利咽口服液中挥发油的超临界萃取工艺研究.中草药,2006,37(9)：1325－1327.

[64]　PAIHI R, SURESH P, MONDAL S, et al. Novel penetration enhancers for skin appliacation：a review. Curr Drug Deliv, 2012, 9(2)：219－230.

[65]　陈翠仙,韩宾兵,Ranil Wickramasingse.渗透蒸发和蒸汽渗透.北京：化学工业出版社,2004.

[66]　李洪亮,姚银娇,冯健.蒸汽渗透技术及其应用.膜科学与技术,2009,29(4)：101－105.

[67]　LAI Z, BONILLA G, DIAZ I, et al. Microstructural optimization of a zeolite membrane for organic vapor separation. Science, 2003, 300：456－460.

[68]　SANDER U, JANSSEN H. Industrial application of vapour permeation. J. Membr. Sci., 1991, 61：113－129.

[69]　郭立玮,朱华旭.基于膜过程的中药制药分离技术：基础与应用.北京：科学出版社,2019.

[70]　DE LUCA G, BISIGNANO F, PAONE F, et al. Multi-scale modeling of protein fouling in ultrafiltration process. J. Membr. Sci., 2014, 452：400－414.

[71]　曹桂萍,李博,郭立玮,等.不同温度下超滤对中药含油水体物理化学参数影响的初步研究.化工时刊,2008,22(9)：14－17.

[72]　徐萍,郭立玮,韩志峰.指纹图谱技术对中药含油水体超滤液反渗透工艺的评价.中华中医药学刊,2009,27(12)：2513－2514.

[73]　韩志峰,沈洁,樊文玲,等.川芎等5种挥发油含油水体的超滤工艺参数与膜过程相关性研究.中成药,2011,33(4)：590－594.

[74]　徐萍,郭立玮,韩志峰.复方川芎胶囊含油水体超滤液反渗透过程工艺参数优化研究.中国中医药信息杂志,2009,16(11)：50－53.

[75]　李博,曹桂萍,郭立玮,等.用于中药含油水体分离的超滤膜化学清洗研究.南京中医药大学学报,2008(3)：165－167,217－218.

[76]　韩志峰,沈洁,郭立玮,等.支持向量机算法用于中药挥发油含油水体超滤通量的预测.中国医药工业杂志,2011,41(1)：21－24.

[77]　FAN WENLING, LI LEI, GUO FENG, et al. Primary study of novel poly (ethersulfone)/poly (acrylic sodium) composite ultrafiltration membranes (Ⅰ) The preparation of composite membrane. Desalination, 2009, 249：1385－1389.

[78] LI B, HAN Z F, CAO G P, et al. Enrichment of Citrus reticulata Blanco Essential Oil form oily waste water by Ultrafiltration Membranes. Desalination & Water Treatment,2013, 8(1): 3768 - 3775.

[79] MINELLI M, COCCHI G, ANSALONI L, et al. Vapor and liquid sorption in Matrimid polyimide: Experimental characterization and modeling. Industrial & Engineering Chemistry Research, 2013, 52(26): 8936 - 8945.

[80] JOSHI R K, CARBONE P, WANG F C, et al. Precise and ultrafast molecular sieving through graphene oxide membranes. Science, 2014, 343(6172): 752 - 754.

[81] 潘林梅,袁铸人,陈峰,等.干姜超临界 CO_2 萃取与水蒸气蒸馏工艺比较研究.中国野生植物资源,2006,25(6): 50 - 51.

[82] 张裕强,郭立玮,刘史佳,等.不同方法提取莘荑挥发油的 GC/MS 分析.质谱学报,2008,29(4): 231 - 236.

[83] 朱梅芳,唐宇,郑琴,等.不同提取方式对连翘、荆芥、薄荷挥发油成分及抗菌活性的影响.中草药,2018,49(12): 2845 - 2854.

[84] 周燕园.水蒸气蒸馏与超临界 CO_2 萃取香胶木叶挥发油化学成分的 GC - MS 分析.中国实验方剂学杂志,2012,18(2): 116 - 118.

[85] 郑琴,喻进,薛鑫,等.药物制法对中成药解表功效的影响分析.2014,45(17): 2427 - 2430.

[86] 吴鸣建,高于,张东豫,等.新疆藁本挥发油不同提取方法的比较研究.时珍国医国药,2009,20(4): 821 - 823.

[87] 孟利娜,于敬,许静,等.酶法辅助提取北苍术挥发油的工艺及成分分析.中成药,2013,35(4): 844 - 847.

[88] 谢捷,施力瑕,朱兴一,等.闪式辅助水蒸气蒸馏法提取生姜挥发油的研究.中成药,2010,32(11): 1882 - 1885.

[89] 邹俊,涂铭笙,张学愈,等.不同提取工艺制备的温莪术挥发油对 Hela 细胞的增殖抑制作用.四川大学学报,2008,39(4): 671 - 672.

[90] 聂小华,敖宗华,尹光耀,等.提取技术对温莪术挥发油化学成分及体外抗肿瘤活性的影响.药物生物技术,2003,10(3): 152 - 154.

[91] 王绪颖,陈彦,张振海,等.化学与药效学指标相结合改进痛经宝颗粒中挥发油提取工艺.中国实验方剂学杂志,2011,17(9): 15 - 21.

[92] 林淼,刘新,喻录容,等.制剂工艺对独活寄生汤抗炎镇痛作用的影响.中药药理与临床,2004,20(5): 30 - 32.

[93] 周立锦,董哲,杜会枝.低共熔溶剂在中药成分提取中的研究进展.中草药,2020,51(1): 236 - 244.

[94] 王继龙,陈方圆,刘晓霞,等.低共熔溶剂在中药领域的应用研究进展.中草药,2020,51(17): 4559 - 4561.

[95] ABBOTT A P, CAPPER G, DAVIES D L, et al. Novel solvent properties of choline chloride-urea mixtures. Chem Commun, 2003, 1: 70 - 71.

[96] HOU Y C, YAO C F, WU W Z. Deep eutectic solvents: Green solvents for separation applications. Acta Phys-Chim Sin, 2018, 34(8): 873 - 885.

[97] LI X X, KYUNG H R. Development of deep eutectic solvents applied in extraction and separation. J Sep Sci, 2016, 39(18): 3505 - 3520.

[98] 岳旭东,袁冰,朱国强,等.低共熔溶剂在有机合成和萃取分离中的应用进展.化工进展,2018,37(7): 2627 - 2634.

[99] SMITH E L, ABBOTT A P, RYDER K S. Deep eutectic solvents (DESs) and their applications. Chem Rev, 2014,114(21): 11060 - 11082.

[100] ZAINAL-ABIDIN M H, HAYYAN M, HAYYAN A, et al. New horizons in the extraction of bioactive compounds using deep eutectic solvents: A review. Anal Chim Acta, 2017, 979: 1 - 23.

[101] RADOSEVIC K, CURKO N, SRCEK V G et al. Natural deep eutectic solvents as beneficial extractants for enhancement of plant extracts bioactivity. LWT-Food Sci Technol, 2016, 73: 45 - 51.

[102] ZHAO B Y, XU P, YANG F X, et al. Biocompatible deep eutectic solvents based on choline chloride: characterization and application to the extraction of rutin from Sophora japonica. ACS Sustain Chem Eng, 2015, 3(11): 2746 - 2755.

[103] ZHUANG B, DOU L L, LI P, et al. Deep eutectic solvents as green media for extraction of flavonoid glycosides and aglycones from Platycladi Cacumen. J Pharm Biomed Anal, 2017, 134: 214 - 219.

[104] WEI Z F, WANG X Q, PENG X, et al. Fast and green extraction and separation of main bioactive flavonoids from Radix Scutellariae. Industrial Crops & Products, 2015, 63(4): 175 - 181.

[105] GUTIERREZ M C, FERRER M L, MATEO C R, et al. Freeze-drying of aqueous solutions of deep eutectic solvents: A suitable approach to deep eutectic suspensions of self-assembled structures. Langmuir, 2009, 25(10): 5509 - 5515.

[106] 曾朝喜.天然低共熔溶剂理化性质及其在脂肪酶催化转化应用中的研究.广州: 华南理工大学,2016.

[107] SUN H, LI Y, WU X, et al. Theoretical study on the structures and properties of mixtures of urea and choline chloride. J Mol Model, 2013, 19(6): 2433 - 2441.

[108] AISSAOUI T, BENGUERBA Y, ALNASHEF I M. Theoretical investigation on the microstructure of triethylene glycol based deep eutectic solvents: COSMO - RS and TURBOMOLE prediction. J Mol Struct, 2017, 1141: 451 - 456.

[109] BAJKACZ S, ADAMEK J. Development of a method based on natural deep eutectic solvents for extraction of flavonoids from food samples. Food Analytical Methods, 2018, 11 (5): 1330 - 1344.

[110] ABBOTT A P, CAPPER G, DAVIES D L, et al. Novel solvent properties of choline chloride/urea mixtures. Chem Commun, 2003, 9 (1): 70 - 71.

[111] 刘丹宁,黄洁瑶,杨璐嘉,等.超声波辅助低共熔溶剂提取枳实中芸香柚皮苷、柚皮苷和橙皮苷.中草药,2020,43(1): 155 - 162.

[112] CHOI Y H, VAN SPRONSEN J, DAI Y, et al. Are natural deep eutectic solvents the missing link in understanding cellular metabolism and physiology. Plant Physiol, 2011, 156(4): 1701 - 1705.

[113] WEI Z F, WANG X Q, PENG X, et al. Fast and green extraction and separation of main bioactive flavonoids from Radix Scutellariae.

Ind Crop Prod, 2015, 63(4): 175-181.

[114] 张盈盈,陆小华,冯新,等. 胆碱类低共熔溶剂的物性及应用. 化学进展,2013,25(6): 881-892.

[115] ZHANG Q, DE OLIVEIRA VIGIER K, ROYER S, et al. Deep eutectic solvents: syntheses, properties and applications. Chem Soc Rev, 2012, 41(21): 7108-7146.

[116] ABBOTT A P, BARRON J C, RYDER K S, et al. Eutectic-based ionic liquids with metal-containing anions and cations. Chem Eur J, 2007, 13(22): 6495-6501.

[117] ABBOTT A P, BOOTHBY D, CAPPER G, et al. Deep eutectic solvents formed between choline chloride and carboxylic acids: versatile alternatives to ionic liquids. J Am Chem Soc, 2004, 126(29): 9142-9147.

[118] ABBOTT A P, TTAIB K E, FRISCH G, et al. Electrodeposition of copper composites from deep eutectic solvents based on choline chloride. Phys Chem Chem Phys, 2009, 11(21): 4269-4277.

[119] ABBOTT A P, CAPPER G, GRAY S. Design of improved deep eutectic solvents using hole theory. Chemphys Chem, 2006, 7(4): 803-806.

[120] ABBOTT A P, HARRIS R C, RYDER K S, et al. Glycerol eutectics as sustainable solvent systems. Green Chem, 2011, 13(1): 82-90.

[121] BAJKACZ S, ADAMEK J. Development of a method based on natural deep eutectic solvents for extraction of flavonoids from food samples. Food Anal Method, 2018, 11(5): 1330-1344.

[122] LI L, LIU J Z, LUO M, et al. Efficient extraction and preparative separation of four main isoflavonoids from Dalbergia odorifera T. Chen leaves by deep eutectic solvents-based negative pressure cavitation extraction followed by macroporous resin column chromatography. J Chromatogr B, 2016, 1033/1034(8): 40-48.

[123] 熊苏慧,唐洁,李诗卉,等. 一种新型天然低共熔溶剂用于玉竹总黄酮的绿色提取. 中草药,2018,49(10): 2378-2386.

[124] HAMMOND O S, BOWRON D T, EDLER K J. The effect of water upon deep eutectic solvent nanostructure: An unusual transition from ionic mixture to aqueous solution. Angew Chem Int Ed, 2017, 56(33): 9782-9785.

[125] KHEZELI T, DANESHFAR A, SAHRAEI R. A green ultrasonic-assisted liquid-liquid microextraction based on deep eutectic solvent for the HPLC-UV determination of ferulic, caffeic and cinnamic acid from olive, almond, sesame and cinnamon oil. Talanta, 2016, 150: 577-585.

[126] 熊大珍,张倩,樊静,等. 疏水性低共熔溶剂及其在含水体系萃取分离中的应用. 中国科学: 化学,2019,49(7): 933-939.

[127] RADOSEVIC K, CURKO N, SRCEK V G, et al. Natural deep eutectic solvents as beneficial extractants for enhancement of plant extracts bioactivity. LWT-Food Sci Technol, 2016, 73: 45-51.

[128] RADOSEVIC K, BUBALO M C, SRCEK V G, et al. Evaluation of toxicity and biodegradability of choline chloride based deep eutectic solvents. Ecotoxicol Environ Saf, 2015, 112: 46-53.

[129] ZHAO B Y, XU P, YANG F X, et al. Biocompatible deep eutectic solvents based on choline chloride: characterization and application to the extraction of rutin from Sophora japonica. ACS Sustain Chem Eng, 2015, 3(11): 2746-2755.

[130] WEN Q, CHEN J X, TANG Y L, et al. Assessing the toxicity and biodegradability of deep eutectic solvents. Chemosphere, 2015, 132: 63-69.

[131] CHEN J, WANG Q, LIU M, et al. The effect of deep eutectic solvent on the pharmacokinetics of salvianolic acid B in rats and its acute toxicity test. J Chromatogr B Anal Technol Life Sci, 2017, 1063: 60-66.

第七章
中药固液分离过程工程原理与技术应用

本书将去除中药提取液体系中较大(粒径大于微米)固体颗粒状态杂质(柔性杂质)的操作,如筛分、筛滤、过滤等,定义为中药固液分离过程。固液分离操作的前面一道工序是提取,而其后续工序则为精制。根据作者在中药生产一线获取的大量感性认知:固液分离是采用多种不同技术原理的手段对中药提取液这一"固体-液体非均相体系"实施药渣及其他固态残留物与液态物料的分离,以获取相对均一的提取液,后续进行精制工序的操作。同时该操作与得膏率,亦即产品产量控制过程息息相关,故本书根据广义的分离概念,专设中药固液分离过程工程原理一章进行讨论。

第一节　基于均一重力场的沉降分离过程
工程原理与技术应用

关于场分离原理的基本概念已在第一章第一节做过介绍。沉降分离系在某种力场中由于非均相物系中分散相和连接相之间存在密度差异,在力的作用下使之发生相对运动而实现分离的操作过程。从原理的角度来看,沉降分离就是场分离原理用于密度差物质的分离技术。实现这种分离的作用力可以为重力,亦可以为离心力,因此有重力沉降和离心沉降两种方式。

一、均一重力场分离原理[1]

重力场是指地球重力作用的空间,如果某一重力作用的空间中不存在任何介质,待分离物料可以自由流动,则可称为均一重力场。在该空间中,每一点都有唯一的一个重力矢量与之相对应。在各种力当中,如果作用于物体的驱动力主要是重力,就称为处于重力场。这时,重力作用于物体使之移动,同时物体需要推开包裹于周围的流体才能前进,所以物体还会受到来自流体的阻力。

1. 球形粒子重力沉降速度　　沉降粒子的受力情况如图 7-1 所示。

设球形粒子的直径为 d,粒子的密度为 ρ,流体的密度为 ρ_s。则重力 F_g、浮力 F_b 和阻力 F_d 分别为

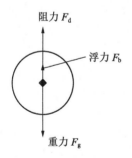

阻力 F_d
浮力 F_b
重力 F_g

图 7-1　沉降粒子的
　　　　受力情况[1]

$$F_g = \frac{\pi}{6}d^3\rho_s g \qquad (7-1)$$

$$F_b = \frac{\pi}{6}d^3\rho g \qquad (7-2)$$

$$F_d = \zeta A \frac{\rho u^2}{2} \qquad (7-3)$$

式中,A 为沉降粒子沿沉降方向的最大球形面积,对于球形粒子 $A = \frac{\pi}{4}d^2$,m^2;u 为粒子相对于流体的降

落速度,m/s;ζ 为沉降阻力系数;g 为重力加速度。

沉降过程一般存在两个阶段:

加速阶段,由牛顿第二定律:$F_g - F_b - F_d = m\alpha$

开始时 $u = 0$,阻力 $F_d = 0$,$F_g > F_b$,α 最大。

匀速阶段:$F_g - F_b - F_d = 0$, 则:

$$\frac{\pi}{6}d^3(\rho_s - \rho) - \zeta \cdot \frac{\pi}{4}d^3\left(\frac{\rho u_t^2}{2}\right) = 0 \tag{7-4}$$

沉降速度 u_t 为

$$u_t = \sqrt{\frac{4dg(\rho_s - \rho)}{3\rho\zeta}} \tag{7-5}$$

对于微小粒子,沉降的加速阶段时间很短,可以忽略不计,因此,整个沉降过程可以视为匀速沉降过程,加速度 α 为 0。

2. 阻力系数 ζ　　ζ 是粒子与流体相对运动时,以粒子形状及尺寸为特征量的雷诺数 $Re_t = \dfrac{du_t\rho}{\mu}$ 的函数,一般由实验测得。由于阻力系数 ζ 与粒子的形状有关,须引入粒子的球形度(或称形状因数)的概念,球形度 ϕ_S 系指一个任意几何形状粒子与球形的差异程度:

$$\phi_S = \frac{S}{S_p} \tag{7-6}$$

式中,S_p 为任意几何形状粒子的表面积,m^2;S 为与该粒子体积相等的球体的表面积,m^2。

图 7-2 为几种不同 ϕ_S 值粒子的阻力因数 ζ 与 Re_t 的关系曲线,对于球形粒子($\phi_S = 1$),此图可分为三个区域,各区域中 ζ 与 Re_t 的函数关系可表示为:

层流区:
$$\zeta = \frac{24}{Re_t}, \ 10^{-4} < Re_t < 1 \tag{7-7}$$

过渡区:
$$\zeta = \frac{18.5}{Re_t^{0.6}}, \ 1 < Re_t < 10^3 \tag{7-8}$$

湍流区:
$$\zeta = 0.44, \ 10^3 < Re_t < 2 \times 10^5 \tag{7-9}$$

上述 3 个区域又依次称为斯托克斯定律区、艾伦定律区、牛顿定律区。由相关公式可推导得各区域的沉降速度公式:

层流区:
$$u_t = \frac{d^2(\rho_s - \rho)g}{18\mu}, \ 10^{-4} < Re_t < 1 \tag{7-10}$$

过渡区:
$$u_t = 0.27\sqrt{\frac{d(\rho_s - \rho)g}{\rho}Re_t^{0.6}}, \ 1 < Re_t < 10^3 \tag{7-11}$$

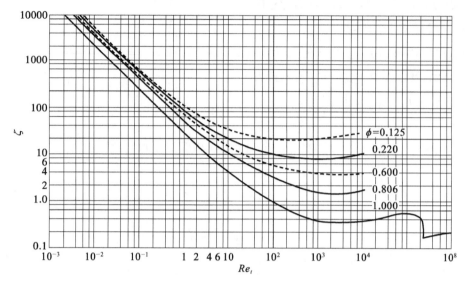

图 7-2 $\zeta - Re_t$ 关系曲线[1]

湍流区： $$u_t = 1.74\sqrt{\frac{d(\rho_s - \rho)g}{\rho}}, \quad 10^3 < Re_t < 2 \times 10^5 \tag{7-12}$$

上述三公式分别称为斯托克斯公式、艾仑公式、牛顿公式。由式(7-10)、(7-11)、(7-12)可看出，在整个区域内，u_t 与 d、$(\rho_s - \rho)$ 成正相关，d 与 $(\rho_s - \rho)$ 越大则 u_t 越大；在层流区由于流体黏性引起的表面摩擦阻力占主要地位，因此层流区的沉降速度与流体黏度 μ 成反比。

3. **非球形粒子的自由沉降速度**　粒子的几何形状及投影面积 A 对沉降速度都有影响。粒子向沉降方向的投影面积 A 愈大，沉降阻力愈大，沉降速度愈慢。一般对于相同密度的粒子，球形或近球形粒子的沉降速度大于同体积非球形粒子的沉降速度。

二、颗粒沉淀速度与粒径的相关性

1. **颗粒的自由沉降**　以中药精制过程利用沉降分离原理的醇沉工艺为例。在醇沉分离初期，首先是利用颗粒的重力作用进行沉降分离。闫希军等提出[2]，根据醇沉经验可知颗粒沉降处于层流区（$Re_t < 1$），其沉降速度公式为

$$u_t = d^2(\rho_s - \rho)g/18\mu \tag{7-13}$$

式中，u_t 为颗粒的自由沉降速度，m/s；d 为颗粒直径，m；ρ_s、ρ 分别为颗粒和流体的密度，kg/m³；g 为重力加速度，m/s²；μ 为流体的黏度，Pa·s。

根据上述沉降公式，可计算不考虑颗粒之间相互作用的自由沉降速度 u_t。

2. **颗粒在纯水中的沉降速度计算**　由式(7-13)可知，颗粒沉降速度与溶液性质有关，颗粒在不同温度纯水中进行自由沉降的速度见图 7-3。

由图 7-3 可以看出，粒径小于 100 μm 的颗粒在单纯的自由沉降过程中，很难在可以接受的时间范围内沉降至底。一般植物细胞的直径都在 10~100 μm 之间，若在注射液生产工艺的醇沉过程中分离不彻底，可导致完整的植物细胞留在产品中，一旦注入人体静脉，后果不堪设想。所以，必须采用强制措施对颗粒分离过程进行强化。

以上情况是在没有考虑颗粒之间相互作用的自由沉降，在实际生产过程中，当颗粒体积分率大于

0.5%时,颗粒之间的相互作用就不可忽略不计,这样,在沉降速度的计算中还要引入颗粒群干涉沉降影响系数 η。颗粒速度和自由沉降条件的关系见下式。

$$u = \eta u_t \qquad (7-14)$$

$$\eta = e^2/\phi_p g \qquad (7-15)$$

式中,u 为颗粒沉降速度,m/s;η 为颗粒群干涉沉降影响系数,无因次;e 为液体体积分率,空隙率;ϕ_p 为校正因子,无因次 $\phi_p = 1/10^{1.82(1-e)}$。

由上述公式可知,不论是否考虑颗粒间的相互作

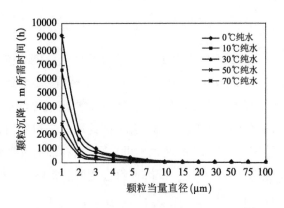

图 7-3　颗粒沉降时间与颗粒直径的关系[2]

用,当颗粒直径小于 20 μm 时,仅靠重力作用使其自由沉降所需的时间是工业生产无法接受的,因此必须以外力加速沉降过程。

3. 临界粒径——沉降槽工作原理及其分离粒径的范围　　沉降分离是利用位能进行分离的典型操作,其基本装置为沉降槽,工作原理如下所述。

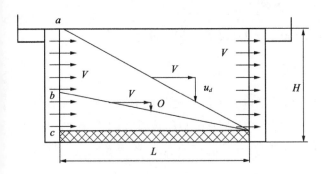

图 7-4　理想连续沉降槽工作原理示意图[1]

图 7-4 所示是一长度为 L,高为 H、宽为 W 的长方形沉降室。上述直径为 d_{pc} 的球形粒子,在静止流体中因重力的作用以匀速沉降,其沉降速度 v_c 可用式(7-5)表示。当含有粒子的流体静静地、有条不紊地以均匀速度 V 从左向右水平地流过该室时,粒子因受重力的作用,以在静止流体中完全相同的速度 v_c 向下沉降。假设直径为 d_{pc} 的球形粒子从左上方的点 a 进入,随着流体,即被流体裹携着一起向右运动,在达到右端时刚好沉至室底,以下关系成立:

$$\frac{L}{V} = \frac{H}{v_c} \qquad (7-16)$$

当然,如果从点 a 低的位置进入室内,或者粒径大于 d_{pc} 的粒子,都会在达到右端前沉入室底。然而若是粒径小于 d_{pc} 的粒子,其能否沉至室底不要依赖于左端的进入位置。粒径为 d_p 的粒子从点 b 进入,在达到右端之前就可沉入室底。如果是从点 b 更高的位置进入,直至室外仍不能被分离就会随着流体一同流走。从图 7-4 可以很明确地看出,能够沉至底部的比例可由式(7-17)计算:

$$f = \frac{bc}{ac} = \frac{v}{v_c} = \frac{d_p^2}{d_{pc}^2} \qquad (7-17)$$

上述利用重力使颗粒沉降至室底,从而使粒子从流体中分离的装置叫作重力沉降槽。根据式(7-16),要使粒径≥d_{pc} 的球形粒子完全分离,则沉降槽的长度:

$$L = \frac{HV}{v_c} = \frac{HV \cdot 18\alpha\mu_f}{gd_{pc}^2(\rho_p - \rho_f)} \qquad (7-18)$$

流体处理量为

$$Q = HWV \tag{7-19}$$

由式(7-18)可知,当能够完全被分离的粒子直径变小,沉降槽的长度就要增加,因为 L 与粒径的平方 d_{pc}^2 成反比。再由(7-19)式来分析处理量 Q。流体横向流动速度 V 若增大,沉降速度公式的式(7-5)在静止流体中自由沉降的假定就不能成立。尤其当粒径 d_{pc} 变小流速 V 也要变小。因此,太大的 V 是不允许的。所以要提高处理量必然要加大槽宽 W。另外,如果要增加沉降槽的深度 H,则长度也会按比例增加,故此也不可太深。显然,当所要分离的粒子尺寸变得很小很小时,利用作为自然能的位能进行分离的重力沉降槽就会变得非常巨大,所以能够被分离的粒径 d_{pc} 总是有限度的。该直径 d_{pc} 被称为临界粒径。

4. 液体制剂的沉淀速度与粒径的关系 一般药品的保质期在 1~3 年。在保质期内,口服液和液体针剂不得有沉淀物产生的。据此,用于口服液和液体针剂生产的醇沉工艺在处理药液时,需根据药品的保质期确定除去颗粒的最小粒径。以保质期为 1 年的口服液为例计算沉降颗粒的最小粒径。一般口服液的包装瓶高 5 cm,保存温度为室温 20℃,口服液黏度以纯水黏度代替,口服液中细微的粒子在 1 年内可自由沉降 5 cm 的距离至瓶底形成沉淀。在这种情况下,因为颗粒浓度极小,可以看作是自由沉降,根据式(7-13),颗粒的沉降速度 u_t 及颗粒直径 d 可以计算如下:

$$u_t = S/t = 0.05 \text{ m}/(365 \times 24 \times 3\,600 \text{ s}) = 1.585\,5 \times 10^{-9} \text{ m/s}$$

$$d = \sqrt{18u\mu/\Delta\rho g} = 1.709\,9 \times 10^{-7} \text{ m}$$

由上面的计算可看出,粒径大于 0.17 μm 的颗粒在保质期内会沉降至瓶底形成沉淀物,从而影响口服液外观质量。但在实际情况下,因为药品在这 1 年内可能会被人为地搬动转移,影响颗粒的自由沉降,使已经沉降颗粒被搅动又重新呈现悬浮状态。此外,考虑到分子的布朗运动,临界粒径应允许适当增大。

三、中药制药过程常用重力沉降设备[1]

沉降槽为中药制药常用重力沉降设备。它是利用重力沉降使混悬液中的固相与液相分离,得到澄清液与稠厚沉渣的设备。一般分为间歇式沉降槽及连续式沉降槽。

1. 间歇式沉降槽 间歇式沉降槽是底部稍呈锥形并有出渣口的大直径贮液罐。需静置澄清的药液装入罐内静置足够的时间后,用泵或虹吸管将上部清液抽出,由底口放出沉渣。中药前处理工艺中的水提醇沉或醇提水沉工艺可选用间歇式沉降槽来完成。

2. 连续式沉降槽 连续式沉降槽主体是一个平底圆柱形罐,其工作示意图见图 7-5。

悬浮液从沉降槽顶部中心 0.3~1 m 的管进入,经重力沉降、增浓后的稠浆状物料从底部出口排出。沉积在底部的任何固体物均被以转速为 0.1~1 r/min 缓慢转动的倾斜耙刮动,并送入底部出口。澄清液从上部的溢流口排出。

几乎所有沉降生产设备都做成比较简单的沉降槽。沉降过程可根据沉降的目的加以区别。以液流的澄清度为主要目标的沉降过程被称为澄清,其进料的浓度一

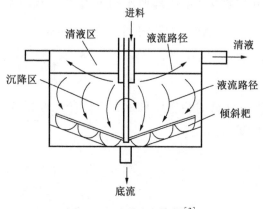

图 7-5 连续式沉降槽[3]

般较稀。以获得较稠的底流为主要目标的沉降过程,则称为增浓,进料的浓度一般较浓。重力沉降的缺点是分离的推动力仅靠液固两相密度差,耗时长,分离效率低。密度差小的微细粒子很难依靠重力沉降实现分离,需要添加絮凝剂或凝聚剂以对沉降过程进行强化。

第二节 基于离心力场的沉降分离过程工程原理与技术应用[4,5]

一、离心力场分离原理

离心沉降是在离心惯性力作用下,用沉降方法分离液-固混合体系,使其中的粒子与液体分离开的分离技术。与重力沉降相比,该技术的优点是沉降速度快,分离效果好,尤其适合粒子较小或两相密度相差较小的场合。

面临自然重力沉降法难于实现极小固体粒子的液-固快速分离难题,其技术关键在于提高最终沉降速度,或使达到最终沉降速度所需时间缩短。在其他因素不变的情况下,提高加速度是最有效的途径。离心法是提高加速度的最有效的途径。加速度越大,离心力就越大,分离因数越高,离心沉降速度与重力沉降速度的比越大,固-液分离速度就越快。

1. 受力分析   流体绕中心轴做圆周运动形成流体惯性离心力场。当流体带着质量为 m 的粒子,在直径为 d 的圆周以线速度(即切向运动速度)为 u_T 绕中心轴做水平旋转时,惯性离心力将会使粒子在径向上与流体发生相对运动,粒子在径向将受到惯性离心力 F_c、向心力 F_f 和阻力 F_d 三个力的作用。如图 7-6 所示,设悬浮粒子呈规则球形,其密度为 ρ_s,粒子与中心轴距离为 R,流体密度为 ρ,则:

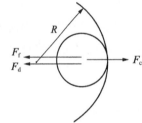

图 7-6 离心沉降粒子的受力情况[3]

作用于粒子上的上述 3 种力分别为

$$F_c = m\frac{u_T^2}{R} = \frac{4\pi}{3}R^3\rho_s\frac{u_T^2}{R} = \frac{\pi}{6}d^3\rho_s\frac{u_T^2}{R} \tag{7-20}$$

$$F_f = \frac{\pi}{6}d^3\rho\frac{u_T^2}{R} \tag{7-21}$$

$$F_d = \zeta\frac{\pi}{4}d^2\rho\frac{u_r^2}{2} \tag{7-22}$$

式中, u_r 为粒子在径向相对于流体的运动速度,即离心沉降速度,m/s; ζ 为阻力因数。

向心力与离心力的相对大小决定着沉降粒子运动方向。向心力小于离心力,粒子沿径向朝远离轴心方向运动;向心力大于离心力,则粒子沿径向往轴心方向运动。式(7-20)和式(7-21)分别显示:沉降粒子在惯性离心力场中某位置获得惯性离心力与向心力的相对大小与粒子密度和流体密度的相对大小有关。流体密度 ρ 一般小于固体粒子密度 ρ_s。因此,粒子多朝远离轴心方向运动,而阻力的大小则与粒子在径向对于流体的相对运动速度 u_r 有关。三力平衡时, $F_c - F_f - F_d = 0$,则有

$$\frac{\pi}{6}d^3(\rho_s - \rho)\frac{u_T^2}{R} - \zeta\frac{\pi}{4}d^2\rho\frac{u_r^2}{2} = 0 \tag{7-23}$$

2. 离心分离因数   由上式可推导出离心沉降速度 u_r。当离心沉降时,如果沉降速度所对应的粒

子 Re_t 位于层流区,则阻力因数 ζ 亦符合斯托克斯定律,将 ζ 的关系式代入(7-23)式,可得

$$u_r = \frac{d^2(\rho_s - \rho)}{18\mu}\left(\frac{u_T^2}{R}\right) \qquad (7-24)$$

将式(7-24)与式(7-10)相比,可得同一粒子在同种流体中的离心沉降速度与重力沉降速度的比值为

$$\frac{u_r}{u_t} = \frac{u_T^2}{gR} = K_c \qquad (7-25)$$

比值 K_c 称为离心分离因数,表示粒子所在位置上的惯性离心力场强度与重力场强度之比。其数值大小是离心分离设备的重要性能指标。K_c 值越大,离心分离设备的分离效率越高。目前已有分离因数 Z_c 为 100 万的超高速离心机,其可分离粒径可达到分子级别。

3. 临界粒径——沉降式离心分离机工作原理　　图7-7所示为沉降式离心分离机工作原理,对该图进行分析,可知其设计思路与图7-4的沉降槽基本相同。

层流时,粒子在半径处的沉降速度有

$$v_r = dr/dt = d_p^2(\rho_p - \rho_f)r\omega^2/18\mu_f \qquad (7-26)$$

设离心沉降槽内流体的速度为 V,流体从点 a 到点 b 所需的时间是: $t = L/V$。

若粒径为临界粒径 d_p,并对(7-26)式进行积分:

$$d_{pc}^2(\rho_p - \rho_f)\omega^2 d_t/18\mu_f = (r_{max}/r_{min})dr/r \qquad (7-27)$$

则

$$d_{pc}^2(\rho_p - \rho_f)\omega^2/18\mu_f \times L/V = In(r_{max}/r_{min}) \qquad (7-28)$$

所以

$$d_{pc} = \{18\mu_f/(\rho_p - \rho_f)\omega^2 \times V/L \times In(r_{max}/r_{min})\}^{1/2} \qquad (7-29)$$

湍流时在半径 r 处粒子的沉降速度:

$$v_r = dr/d_t = \{4r\omega^2 d_p(\rho_p - \rho_f)/3\rho_f C_f\}^{1/2} \qquad (7-30)$$

而临界粒径:

$$d_{pc} = [3(r_{max}^{1/2} - r_{min}^{1/2})\rho_f C_f/\omega^2(\rho_p - \rho_f)] \times (V/L)^2 \qquad (7-31)$$

在油水乳浊液的离心沉降分离中,如图7-7(B)所示,重液沉降之后,两液分层并以连续层态存在。所以在上述计算中沉降距离 $H = (r_{max} - r_{min})$ 应该是从自由液面到两液分层的界面处。

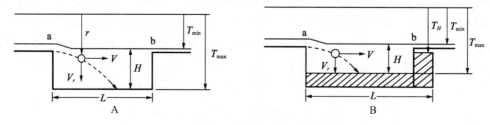

图7-7　沉降式离心分离机原理示意图[4]

A. 用于悬浮液分离;B. 用于乳浊液分离

沉降式离心分离的关键取决于工艺条件及该机在某种工艺条件下的分离粒径临界值,即临界颗粒直径 d_{pc} 的值。

若临界颗粒直径为零,则此时该离心机所进行的过程使悬浮液中的液-固彻底分离,且排出的液体为完全澄清液。此时,该离心机所进行的工作是液固分离。当临界颗粒直径为某一特定值时,此时离心机排出液中夹带了大量的细微颗粒,其直径小于临界颗粒直径。而大于临界颗粒直径的大颗粒则作为沉积物排出离心机。此时该离心机所起的作用实际上对不同临界颗粒进行的分级处理,该临界颗粒直径可看成分级粒径。因此,对这种原理的分离机来说实际上是一机多用,既可用于分离又可用于超细粉体的湿法分级,关键取决于其工艺条件的控制。

4. 物质的沉降系数与液体用分子级离心分离　　假定液体浓度稀薄,其黏度为0,颗粒物质为正圆形,则混溶于液体的颗粒性物质在引力场作用下的沉降过程仅受重力和液体浮力双重影响。离心时作用于沉降颗粒的离心力是

$$f_1 = 颗粒体积 \times 颗粒液体相对密度 \times 相对离心力 = 1/6 \times \pi d^3 (\delta - \rho) r \omega^2 \qquad (7-32)$$

根据斯托克斯定律(Stokes' law),离心时沉降颗粒遇到的阻力是

$$f_1 = 3 \pi d \eta \upsilon \qquad (7-33)$$

在离心力作用下,如果沉降物质沉降的速度是不变的,离心力就等于阻力。

$$f_1 = f_2 \qquad (7-34)$$

所以

$$1/6 \times \pi d^3 (\delta - \rho) r \omega^2 / (18\eta) = 3 \pi d \eta \upsilon$$

$$\upsilon = 1/6 \times \pi d^3 (\delta - \rho) r \omega^2 / (3 \pi d \eta) = d^2 (\delta - \rho) r \omega^2 / (18\eta) \qquad (7-35)$$

式中,υ 为物质沉降速率,cm/s;d 为沉降颗粒直径,cm;δ 为沉降颗粒密度,g/cm³;ρ 为溶剂液体密度,g/cm³;η 为溶剂液体黏度,g/(cm·s)。

均质液体中,式(7-33)中 $d^2 (\delta - \rho) / (18\eta)$ 为常数并称为沉降系数,用 s 代表。物质颗粒在离心力作用下的沉降速率 $\upsilon = s r \omega^2$。为使分子级别的微细粒子,若蛋白质的分离成为可能,须将离心效果增大。分子级的粒子,d_p 非常小,在纳米范围,它们的沉降系数都小,所以把 s 乘 10^{-13} 即获得 S。S 称为斯韦德贝里单位(Svedberg unit),物质的沉降速率用 S 表示:

$$\upsilon = S r \omega^2 \times 10^{-13} \qquad (7-36)$$

S 与物质颗粒大小和密度及溶剂黏度间的关系可表示为

$$S = d^2 (\delta - \rho) 10^{13} / 18\eta \qquad (7-37)$$

即物质颗粒的沉降速率 S 的大小,与物质颗粒直径的平方成正比,与沉降颗粒和溶剂液体密度之差成正比,与溶剂液体黏度的 18 倍成反比。由于液体黏度受液体性质和温度影响很大,所以 S 通常定义为 20℃时以水作溶剂的物质的沉降值。由于悬浮颗粒所处的液体环境不同,$(\delta-\rho)>0$ 时,S 为正数,颗粒向离心方向沉淀;$(\delta-\rho)=0$ 时,S 为 0,颗粒维持原位不动;$(\delta-\rho)<0$ 时,S 为负数,液体中的物质颗粒朝向心方向浮动。

二、离心沉降过程的影响因素[5]

中药多来源于植物与动物,中药制造业作为生物医药产业的一员,不可避免地面临生物环境特殊的复杂性。生物技术中生产规模的离心分离基本都是在极为复杂液态环境下进行的,环境中影响物质颗

粒沉降的因素大体上可分为以下几方面[5]。

1. **固相颗粒与液相密度差** 离心分离中液相因分离纯化需要，可能不断增减某些物质，使固相颗粒与液相密度差发生变化，如盐析时盐浓度变化或密度梯度离心时梯度液密度的变化。

2. **固相颗粒形状与浓度** 分子量相同、形状不同的固相颗粒物质在离心力的作用下可有不同的沉降速率，假定同一颗粒在对称轴向比发生变化，其沉降系数 S 相应变化如表 7-1。实际上不同蛋白质分子量与沉降系数之间的关系还受其他因素影响，所以表现为不同的相关性，球状、纤维状及棒状蛋白质的测定结果见表 7-2；在 6 mol/L 盐酸胍、0.1 mol/L 巯基乙醇中对无规则形状蛋白质和复杂巨大分子的测定结果见表 7-3。

表 7-1 假定对称物质颗粒轴向比变化与沉降系数变化关系[5]

轴向比	1:1	3:1	5:1	10:1	20:1
S	1	0.9	0.8	0.7	0.5

表 7-2 球状、纤维状及棒状蛋白质的分子量和沉降系数[5]

球状蛋白质	相对分子量	沉降系数	纤维状及棒状蛋白质	相对分子量	沉降系数
核糖核酸酶	13 680	1.64	弹性硬朊	6 830	0.71
溶菌酶	14 100	1.87	红胞色素 b5	14 750	1.31
糜蛋白酶原	23 200	2.54	原肌球朊	72 000	2.59
β-乳球蛋白	35 000	2.83	胶原	280 000	3.0
卵白蛋白	45 000	3.55	肌球朊	596 000	5.5
血清白蛋白	65 000	4.31	纤维蛋白原	339 700	7.63
血红蛋白	68 000	4.54	丝纤朊	1 200 000	22.3
过氧化氢酶	250 000	11.3			
脲酶	480 000	18.6			

表 7-3 无规则形状、复杂巨大分子蛋白质的分子量和沉降系数[5]

无规则形状蛋白质	相对分子量	沉降系数	复杂巨大分子蛋白质	相对分子量	沉降系数
血红蛋白	15 500	1.04	噬菌体 fd	11.8×10^6	40
肌红朊	17 320	1.06	番茄丛矮病毒	10.6×10^6	132
核糖核酸酶	13 680	1.36	烟草花叶病毒	31.3×10^6	185
β-乳球蛋白	18 400	1.40	T7 噬菌体	37.5×10^6	487
糜蛋白酶原	25 700	1.5			
醛缩酶	40 000	1.7			
免疫球蛋白	40 000	1.7			
血清白蛋白	69 000	2.4			
肌球朊	197 000	4.3			

由于物质颗粒的对称性、直径和形状不同，有些不对称性的物质颗粒浓度变化，可很大程度影响其沉降速率。此外，料液浓度高达一定程度，物质颗粒的沉降过程还可出现浓度阻滞，即拖尾现象，减小沉降系数，降低分离纯化效果。

3. **液相黏滞度与离心分离工作温度**　　沉降过程中产生摩擦阻力的主要原因是液体黏度,液体黏度变化既受液体中溶质性质及含量影响,也受环境温度影响。物质含量对液体黏度的影响程度随物质浓度增加而递增。温度则对水的黏度产生很大影响。如0℃水的黏度约为20℃水的1.8倍,5℃水的黏度是20℃水的1.5倍。由有关公式可推算出,5℃条件下的离心沉降时间应是20℃条件下的1.5倍。

4. **液相中影响固相沉降的其他因素**　　液相化学环境因素对固相物质离心分离的影响很大,主要包括盐种类及浓度、pH、有机化合物种类及浓度等。有关内容请参见本章第四节。

因受制于离心机性能条件,实际离心分离过程多结合盐析、有机溶剂沉淀等过程进行。不同工况条件下被分离物的沉淀系数 S_{work} 可按下式做相应修正。

$$S_{work} = S(\delta - \rho_{work})\eta / (\delta - \rho)\eta_{work} \tag{7-38}$$

式中, ρ_{work} 为工况条件下液相的密度; η_{work} 为工况条件下液相的黏度。

因生物样品固有的复杂性和流体运动的特殊性,实际工作中,一般情况下离心沉淀分离的数学模型需依据模型放大试验或预生产试验加以确立。确认影响物质颗粒离心沉降的主要因素,可有助于优化离心沉降条件。

三、离心分离的先决条件与常用离心方法[5]

物质密度或大小及形状不同,在重力作用下的沉降速率不同,在形成密度梯度的液相体系中的平衡位置也不同。离心分离过程的本质就是以离心力加速不同物质的沉降分离过程。被分离物质之间存在或经人为处理产生的密度或沉降速率差异是采用离心方法的先决条件。多种离心分离方法中,差速离心法操作最简便,使用最广泛,但其分离纯化分辨率低于密度梯度离心法。

1. **差速离心法**　　不同大小颗粒物质与液体混合后,颗粒物质在地球重力场作用下向下沉淀。体积大、分量重的颗粒沉降快,可以先到达底部。小的较轻颗粒沉降较慢,沉淀后堆积在大颗粒上方。若无外加离心力、不改变悬浮液性质,由于固-液分子间相互影响,多种微小颗粒可稳定悬浮在液相中。若微小颗粒与液体分子间的相互影响力被数万倍于地心引力的离心力克服,原条件下稳定悬浮的多种微小粒子,则可依自身相对密度大小等条件顺序沉淀出来。差速离心法的原理是:在离心分离过程中逐次增加离心力或离心时间,以依次从沉降物料中得到不同的组分。

2. **速率密度梯度离心法**　　在离心管中依次装入密度梯度溶液,溶液的密度从离心管顶部至底部逐渐增加。将待分离的料液加至密度梯度溶液顶部。料液在梯度溶液表面形成一负梯度。速率密度梯度离心法原理:在离心力作用下,料液中不同密度或不同大小的粒子,在梯度液中移动速度不一样,经一定时间离心过程,可在梯度液的不同位置形成不同的组分区带。需注意的是,施于速率区带离心分离的物质密度须大于梯度液的最大密度,且须在被分离物区带到达管底前停止离心过程。

3. **等密度梯度离心法**　　等密度梯度离心的技术原理:在与速率密度梯度离心法相似的密度梯度环境下,若待分离粒子的密度介于密度梯度液高低密度范围之间,置待分离料液于梯度液上面(也可加在梯度液下面或均匀分布于密度梯度介质中),经过离心一段时间,料液中不同密度粒子分别转移到达它们的密度平衡点——等密度点形成组分区带,即达到与料液中其他物质组分相分离的目的。到达平衡点的粒子的相互分离完全由其密度所决定,而与离心时间无关;若改变离心转速,则只能改变平衡区带的相对位置而不改变其排列顺序。上述操作,如从高密度梯度处加样,则该离心法又称浮升密度梯度离心。

四、离心沉降设备及应用

1. **不同粒径颗粒物料选用离心机的原则**[2]　　借助相应分离因数的离心分离机,不同粒径的颗粒可在工业适用的时间范围内沉降至釜底。不同分离因数与不同的分离能力和分离效果对应，同时，不同的机型对应于不同分离因数。

离心分离过程一般分为3种：离心过滤、离心沉降和离心分离。过滤式离心机适用于含固量较高、固体颗粒较大（>10 μm）的悬浮液的分离。沉降式离心机适用于悬浮液含固量较少、固体颗粒较小的悬浮液的分离。离心分离机通常分离互不相溶的乳浊液或含微量固体的乳浊液。

根据离心机的结构和功能，工业常见的离心机可分为以下几种：① 卧式刮刀卸料沉降分离机；② 螺旋卸渣沉降离心机；③ 碟式分离机，其中又分为人工排渣、喷嘴排渣和活塞排渣3种；④ 管式分离机；⑤ 多室式分离机。

不同类型的离心机适用于不同的料液浓度和分离颗粒直径。图7-8所示为根据经验和相关计算，得出的颗粒直径、进料量与适用离心机类型之间的关系，可供选择离心机类型参考。

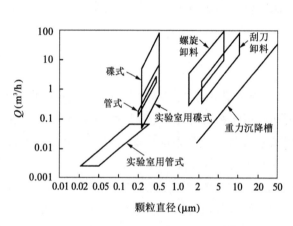

图7-8　离心沉降设备适用范围[2]

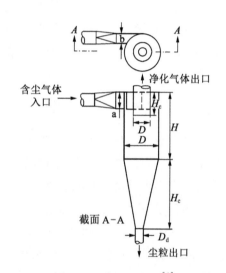

图7-9　旋风分离器[1]

2. 旋风分离器　　旋风分离主要用于大颗粒粉体的气固分离，在制药领域多用于普通气流粉碎后处理时的一级、二级分离和尾气的回收；也用于药物超细粉体的初级分离。如图7-9所示，当被分离的固体微粒被气体携带以高速进入旋风分离器的内腔时，固体微粒随气流做圆周运动。在离心力作用下，固体微粒沿圆周的切线方向运动。

旋风分离器是利用惯性离心力对气体中的微粒子进行连续分离的装置，如图7-9所示。当含尘气体，沿着安装于圆筒容器上部切线方向的宽为 b，高为 a 的导入管，以平均速度 u_t 进入圆筒容器中，并沿圆周做螺旋流运动。

设粒子的旋转半径取平均值 R_m；能产生有效沉降的外旋气流的旋转圈数为 N_e；粒子的沉降距离为 B，则粒子的运行距离为：$2\pi R_m \cdot N_e$。

若粒子在滞流情况下作离心沉降，则径向沉降速度：

$$u_r = \frac{d^2(\rho_s - \rho)}{18\mu}\left(\frac{u_i^2}{R}\right) \tag{7-39}$$

粒子到达器壁的沉降时间为

$$t_1 = \frac{B}{u_r} = \frac{18\mu R_m B}{d^2(\rho_s - \rho)u_i^2} \tag{7-40}$$

粒子在外旋流中的停留时间为

$$t_2 = \frac{2\pi R_m N_e}{u_i} \qquad (7-41)$$

若某粒径的粒子所需的沉降时间 t_1 恰好等于在外旋流停留时间 t_2，该粒子就是理论上能被分离的最小粒子，称为临界粒径（d_c）。

因为 $\rho_s \gg \rho$，所以 $\rho_s - \rho \approx \rho_s$，则由 $t_1 = t_2$ 可推导出：

$$d_c = \sqrt{\frac{9\mu B}{\pi N_e \rho_s u}} \qquad (7-42)$$

由式 8-42 可知，临界粒径随分离器尺寸 B 增大而增大，而 B 与圆筒直径 D 成正比，因此分离效率随分离器尺寸增大而减小。为降低 d_c，提高分离效率，应选择小筒径的旋风分离器。当气体处理量很大时，可将若干个小尺寸的旋风分离器并联成旋风分离器组使用，以满足较高除尘效率要求。

实验证明，对于超细粉体的分离来说，物体与气流进入旋风分离器的入口速度以 10~25 m/s 为宜。当旋风分离器的筒体直径为 800~1 500 mm 范围时，离心加速度比重力加速度约大几百倍，这时利用旋风分级器对超细粉体进行分级会有较好的结果。

然而，多年的生产实践及研究表明，利用单个旋风分离器很难对超细粉体进行高效高精度分级。当将多个旋风分级器串联使用，组成多级旋风分级时，其分级产品粒度可达 $d_{50} < 2 \mu m$ 以下，但处理量极小，分级效率极低，根本无法满足大规模工业化生产需要。

3. 旋液分离器　旋液分离是液体自身旋转产生的惯性离心力的作用进行分离。旋液分离器用于混悬液的增稠或分级。其结构和工作原理与旋风分离器相似。混悬液在旋液分离器中被分离为顶部溢流和底流两部分。由于混悬液中固-液两相密度差较小，且黏度比含尘气体大，所以混悬粒子不易完全分离，顶部溢流中往往含有部分颗粒，因此旋液分离器仅用于混悬液的增稠或分级。为了提高离心分离效率，旋液分离器与旋风分离器相比，具有更为细长的器身且圆锥部分较长。

4. 液相非均相系的离心沉降设备　离心沉降设备适于分离液态非均相物系，包括液-固混合系（混悬液）和液-液混合系（乳浊液）。离心机的类型大体可分类如下。

（1）根据设备结构和工艺过程分为：离心过滤式与离心沉降式两种。

（2）根据分离因数 K_c 分为：常速离心机、高速离心机、超速离心机。

（3）根据操作方式分为：间歇式与连续式离心机。

（4）根据转鼓轴线与水平面平行与垂直关系分为：立式与卧式离心机。

制药分离过程常用的离心机主要有三足式离心机、卧式刮刀卸料离心机、卧式活塞推料离心机、管式高速离心机等，简述如下：

1）三足式离心机：三足式离心机是使用最多的一种间歇操作离心机，构造简单，运行平稳，适用于过滤周期较长、处理量不大的物料，分离因子为 500~1 000。

如图 7-10 所示，三足式离心机工作时，待分离的混悬液由进料管加入转鼓内，转鼓带动料液高速旋转产生惯性离心力，固体颗粒沉降于转鼓内壁与清液分离。为了减轻加料时造成的冲击，离心机的转鼓支撑在装有缓冲弹

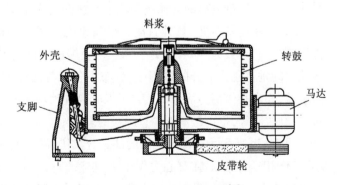

图 7-10　三足式离心机[3]

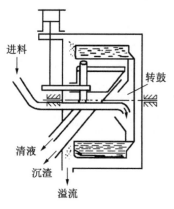

图 7-11　卧式刮刀卸料
离心机[3]

簧的杆上,外壳中央有轴承架,主轴装有动轴承,卸料方式有上部卸料与下部卸料两种,可做过滤(转鼓、壁开孔)与沉降(转鼓壁无孔)用。

2) 卧式刮刀卸料离心机:卧式刮刀卸料离心机转鼓转速为 450~3 800 r/min,分离因数为 250~2 500。如图 7-11 所示,卧式刮刀卸料离心机在转鼓全速运转情况下,能在不同时间阶段自动地循环加料、分离、洗涤、甩干、刮刀卸料、冲洗滤网等工序。该机操作简便,生产能力大,适于含固体颗粒粒径大于 10 μm,固相的质量浓度大于 25% 而液相黏度小于 10^{-2} Pa·s 的混悬液的分离。

3) 卧式活塞推料离心机:卧式活塞推料离心机的转鼓转速为 400~3 000 r/min,分离因数为 300~1 300。

如图 7-12 所示,卧式双级活塞推料离心机工作时,混悬液由进料管将料浆均匀分布到转鼓的分离段,滤液被高速旋转的转鼓甩出滤网,经滤液出口排出,被截留的滤渣每隔一定时间间隔被往复运动的活塞推料器推至滤网进行冲洗。该离心机适于分离固相颗粒直径较大(0.15~1.0 mm)、固相浓度较高(30%~70%)、滤液黏度较小的混悬液,多用于晶体颗粒与母液的分离,具有较大生产能力。缺点是对混悬液的浓度较敏感,若料浆太稀(<20%)则滤饼来不及生成,料液便流出转鼓,若料浆浓度不均匀,易使滤渣在转鼓上分布不匀而引起转鼓的振动。

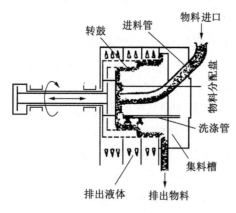

图 7-12　卧式双级活塞推料离心机[3]

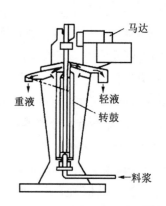

图 7-13　管式高速离心机[3]

4) 管式高速离心机:图 7-13 所示为一种高转速的沉降式离心机,常见转鼓直径为 0.1~0.15 m,转速为 10 000~50 000 r/min,分离因数高达 15 000~65 000。

管式高速离心机分离效率高,适合分离一般离心机难以分离的物料,如稀薄的悬浮液、难分离的乳浊液及抗生素的提纯,广泛应用于生物制药等。

5) 碟片式离心机:碟片式离心机属于沉降式离心机。转鼓内装许多倒锥形碟片,碟片数为 30~100 片。料浆由顶端进料口送到锥形底部,料浆贯穿各碟片的垂直通孔上升的过程中,分布于各碟片之间的窄缝中,并随碟片高速旋转,靠离心作用力而分离。它可以分离乳浊液中轻、重两液相,如油类脱水、牛乳脱脂等,也可澄清有少量颗粒的悬浮液。

图 7-14 所示为分离乳浊液的碟式分离机,碟片上开有小孔,乳浊液通过小孔流到碟片间隙。在离心力作用下,重液倾斜沉向于转鼓的器壁,由重液排出口流出。轻液则沿斜面向上移动,汇集后由轻液排出口流出。

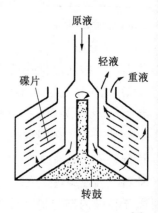

图 7-14　碟式离心机[3]

第三节 基于有障碍物的非均一场分离过程
工程原理与技术应用[4,5]

一、基于非均一重力场的分离原理与技术

构建筛分分离技术的学术思考：针对多相混合体系中体积大小不同物质的分离需求，可根据待分离体系不同物质空间尺寸的差异，通过构筑筛、网，人为地设置一些障碍来构成非均一空间，以拦截某类较大颗粒，实现与小颗粒或者流体(气体或者液体)的分离。其中，筛、网的作用即被设置成为障碍来构成非均一空间，使得特定物质的移动不那么顺畅。本部分即基于上述思想的筛分分离技术原理给予分析和讨论[1]。

可作为具有筛分分离作用，即筛分效应的障碍物场来加以利用的常见器材：具有不同大小开孔的金属丝网及筛，各种材料制成的滤布，具各式开孔的多孔质材料等。气体、液体能够通过这个场，而比开孔大的颗粒就会被拦截而不能通过。

1. 粒子在非均一空间运动状态的分析 为了利用有障碍物的非均一场进行分离，先要了解粒子在非均一空间的运动状况。

图 7-15 所示，是一个由相互间隔为 d_s，平行排列的固体棒构成的非均一空间场。直径为 d_p 的粒子，在场中受到力 F 的作用而移动。若粒径 d_p 大于间隔 d_s，在有棒的地方，粒子就会受到阻碍。这时来自固体棒的阻力 F_f 与作用力 F 相等。粒子的移动速度变为 0。因此，在这种情况下，存有固体棒存在的非均一空间中，阻力系数 ζ 是为无限大。

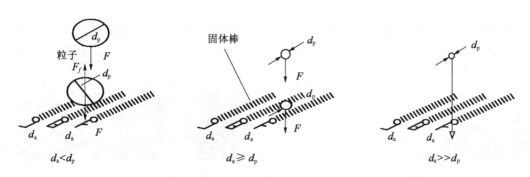

图 7-15 粒子在固体棒构成的非均匀空间场中的行为分析[1]

另外，如果粒子的大小 d_p 较棒的间隔 d_s 小得多，即 $d_p \ll d_s$ 时，即可认为棒并不存在。这时粒子的移动速度 v 与粒子在均匀空间的移动速度 v_0 相等。阻力系数也与均匀空间的阻力系数 ζ_0 相等。

然而，当粒子的大小与棒的间隔大致相同或 d_p 略小于 d_s，即 $d_s \geqslant d_p$ 时，粒子的运动状态将介于上述两种情况之间。粒径愈是接近棒间隔，粒子的移动速度也就愈接近零，阻力系数也就趋于无穷大。而棒间隔 d_s 愈是大于粒径 d_p，粒子移动速度 v 也会增大，阻力系数就会减小，并分别接近于 v_0 和 ζ_0。

2. 利用重力的非均一场分离技术

(1) 筛分技术：根据场分离原理的定义，筛分是一种有障碍物的非均一场分离技术。筛的作用就是把粒子 A(因重力通过筛孔后失去位能而落下)与粒子 B(虽然同样也被重力吸引，却被筛孔卡住不能通过)分开。

利用重力，借助金属筛把大小不同的混合颗粒分离开的方法称为筛分或者过筛。利用重力作用而实施筛分在中药材进行前处理司空见惯，让使用各种筛网除去泥沙等杂质；或中药细粉用不同目数的筛

网进行分类等。

为了解决筛孔被粒子堵塞等问题，发明了振动筛、摇动筛、倾斜筛等，还有回转筛等。这些设备貌似简陋，但其中蕴藏的技术原理也可以激发出创造的灵感：上下翻转，给粒子以一定的落下速度，即使粒子撞到丝网上，只要稍微振动一下也可以通过筛孔；不断地给予冲击以使堵塞筛孔的颗粒重新跳出来。

（2）筛滤技术：筛具不仅可以把大小不同的粒子分开，也能把含在流体中的粒子分开。如可用筛网拦截、除去中药制药污水中药渣等浮游物。中药提取罐的出渣口也安装有类似筛滤的物件。过滤也属于筛滤操作，而所用筛具与药渣清除效果关系密切。

二、过滤机理、影响因素及过滤介质阻力定量变化

过滤是采用多孔介质构成的障碍物场，除去液体中微小固体粒子的操作。如中药提取液借助滤布、金属丝网等工具进行的过滤。正是通过这些多孔介质构成的障碍物场，才能从流体中除去细小的药材颗粒及泥沙等，而中药提取收率（出膏率）的高低与所用筛具的材料与孔径关系密切，在出膏率偏高的情况下，通过优选筛具可望得到完美解决。

袋滤集尘是用于除去气体中微小颗粒的技术。含有固体颗粒的流体通过滤材（被作为障碍物的多孔介质）时，在重力、离心力或者压力的作用下，即实施了过滤和集尘分离。所有上述操作都需对流体做功，而机械功即为分离所必需的能量。过滤工序的设备装置及工艺过程设计的目的就是为了提高重力的位能，或形成离心力场，抑或形成压力梯度场。

过滤或集尘操作，能否顺利地进行分离，取决于滤材的开孔和待分离粒子的大小，特别当固体粒子靠自身架桥形成多孔介质作为滤材时，开孔会因粒子而变小，使过滤的分离更彻底。这种情况被特别地称为滤饼过滤或粉尘集尘。

1. 过滤的机理　　由过滤介质（滤材）对流体中固体粒子的拦截作用所构成的过滤分离机理，根据颗粒大小与开孔尺寸的比较，大致可归纳为 4 种模式。图 7 - 16 和表 7 - 4 分别展示和说明了这几种情况。

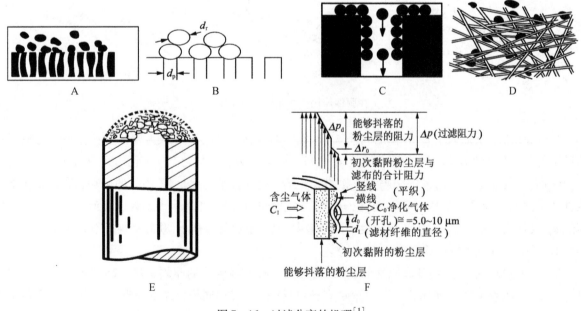

图 7 - 16　过滤分离的机理[1]

A. 粒子对细孔的全闭塞过滤方式　　D. 纤维内部捕捉微粒子的情况

B. 粒子对细孔的半闭塞过滤方式　　E. 毛细管方式的滤饼层情况

C. 粒子对细孔的标准过滤方式　　F. 表面过滤方式中滤布对粒子的捕捉情况

表 7-4　过滤分离机理的分类[1]

方式*		开孔与颗粒尺寸的关系
A	全闭塞过滤方式	孔径<粒径
B	半闭塞过滤方式	
C、D	标准过滤(或称内部过滤)方式	孔径 > 粒径
E、F	饼层过滤(或称表面过滤)方式*	由粒子构成的饼层空隙小于固体微粒子的尺寸

*集尘处理时使用"方式"这个说法。

由图 7-16A 可见,当固体颗粒尺寸大于滤材开孔时,粒子会在开孔处被拦截,而流体则穿过细孔而流走。被拦截的颗粒将细孔堵塞后就使得能够通过流体的细孔逐渐减少,流体的流动变得困难。而在图 7-16B 中,因粒子的相互重叠,常常出现一些不参与堵塞的粒子,这种情况下,与被拦截捕捉的粒子数相比较,堵塞孔数较少,所以流体的通过量并不减少。

如果颗粒尺寸小于滤材开孔,颗粒会进入到开孔中。如图 7-16C,这时粒子则被孔壁吸附而捕捉。如果滤材是纤维织物,粒子会在纤维的交错处被捕捉,或是被织物表面的纤维吸附所捕捉,如图 7-16D 所示。这种情况下,滤材开孔并没有被堵塞,只是流体通道在渐渐变细,所以流体通过量的减少并不那么急剧。这也被称为内部过滤模式,特别适用于集尘处理。

另一种情况如图 7-16E 所示,尽管固体微粒的尺寸小于滤材开孔,但许多粒子一齐涌向开孔时,会在开孔处(此时可看作是毛细管)形成架桥,靠粒子自身形成新的滤材(这里称为饼层或粉尘层)。后来到的粒子就会在饼层表面被捕捉。当固体微粒浓度较高时,架桥是很容易生成的。

亦有人从流体中颗粒运动的角度[5],提出液体中的杂质主要通过 3 种过滤原理被除去。它们分别是直接拦截(direct interception)、惯性冲撞(inertial impaction)及扩散拦截(diffusional interception)(图 7-17)。

直接拦截　　　惯性冲撞　　　扩散拦截

图 7-17　流体中杂质除去的 3 种过滤原理[5]

(1)直接拦截:是指物料通过滤膜时,大于或等于滤膜孔径的颗粒不能穿过滤膜情况下,受到滤孔的拦截而被截留。直接拦截的本质是一种筛分效应,属于机械拦截颗粒作用。滤膜通道可呈弯曲结构,所以具有极高的截留能力。而普通意义上的筛网作用则无此效果。滤膜过滤过程中有所谓"搭桥现象",指滤膜能截留小于滤膜孔径的颗粒。因为颗粒呈不规则形状或多个颗粒同时撞到一个滤孔而被滤膜截留(图 7-18)。

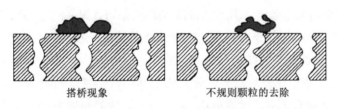

搭桥现象　　　　　　不规则颗粒的去除

图 7-18　直接拦截原理的搭桥现象及不规则颗粒的表面[5]

(2)惯性撞击:指液体流入滤膜上的孔道时,流体携带的尺寸小于滤材孔径的颗粒,由于自身的理化性质和线速度及流体具有的直线运动的惯性,结果使颗粒离开流体中心,撞击并吸附在滤材表面。颗粒通过撞击被吸附在滤材上的作用机制主要由于滤材表面和颗粒的不同电荷、范德瓦耳斯力的相互作用所致,见图 7-19。由于大多数需过滤的颗粒都带负电,如细菌、支原体、病毒、酵母、硅颗粒、细菌内毒素及蛋白质分子等,可特地把某些滤材设计成在水溶液中产生 Zeta 正电势,使颗粒接触到滤材表面时由于吸引力而被阻截。

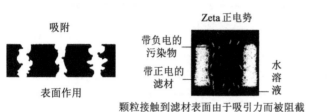

图 7-19　惯性撞击引起的吸附现象[5]　　　　　　　图 7-20　扩散拦截示意图[5]

（3）扩散拦截：液体中尤其气体通过滤膜的弯曲通道时,微小颗粒的布朗运动使这些小的颗粒从流体中游离开来,因而增加了颗粒碰撞过滤介质的机会并被吸附而截留（图 7-20）。

每种原理所起作用的程度与颗粒尺寸大小及滤材的性质等有关。颗粒尺寸不同时,3 种原理所起作用和效率也存在差异,如颗粒尺寸大于孔道时,过滤原理则以直接拦截为主;颗粒尺寸小时或更小时则分别以惯性拦截和扩散拦截原理为主。实际上,无论是液体还是气体,这 3 种原理都存在,只是作用强弱不同,由于这 3 种原理的共同作用而使过滤/分离效率增强。

2. 过滤影响因素　　过滤操作的原理虽然比较简单,但影响过滤的因素很多。

（1）悬浮液的性质：悬浮液的黏度会影响过滤的速率,悬浮液温度增高、黏度减少,对过滤有利,故一般料液应趁热过滤。如果料液冷却后再过滤,若料液浓度很大,还可能在过滤时析出结晶,堵塞滤布使过滤发生困难。

（2）过滤推动力：过滤推动力有重力、真空、加压及离心力。以重力作为推动力的操作,设备最为简单,但过滤速度慢,一般仅用来处理含固量少而且容易过滤的悬浮液。真空过滤的速率比较高,能适应很多过滤过程的要求,但它受到溶液沸点和大气压力的限制,而且要求设置一套抽真空的设备。加压过滤可以在较高的压力差下操作,可加大过滤速率,但对设备的强度、紧密性要求较高。此外,还受到滤布强度和堵塞、滤饼的可压缩性及滤液澄清程度的限制。

（3）过滤介质与滤饼的性质：过滤介质及滤饼可对过滤过程产生阻力,所以过滤介质的性质对过滤速率的影响很大。例如,金属筛网与棉毛织品的空隙大小相差很大,滤液的澄清度和生产能力的差别也就很大,因此要根据悬浮液中颗粒的大小来选择合适的介质。一般来说,对不可压缩性的滤饼,提高过程的推动力可以加大过滤的速率;而对可压缩性滤饼,压差的增加使粒子与粒子间的孔隙减小,故用增加压差来提高过滤速率有时反而不利。另外,滤渣颗粒的形状、大小、结构紧密与否等,对过程也有明显的影响。例如,扁平的或胶状的固体,滤孔常可发生阻塞,采用加入助滤剂的办法,可以提高过滤速率,从而提高生产能力。

此外,生产工艺及经济要求,如是否要最大限度地回收滤渣,对滤饼中含液量的大小及对滤饼层厚度的限制等,均将影响到过滤设备的结构和过滤机的生产能力。

3. 等压滤饼过滤过程中过滤介质阻力定量变化规律[6]　　液固过滤基本分为滤饼过滤与澄清过滤两大类,其中,滤饼过滤通常比澄清过滤更难、更复杂。传统的过滤理论认为在整个滤饼过滤过程中其滤介质的阻力是不变的,过滤介质阻力是常数。但是,实际情况并非如此。如果液体料浆中固体颗粒的大小均大于过滤过滤介质的毛细孔径,颗粒尺寸较均匀,颗粒的刚度较大,在过滤过程中不易被挤压变形,或挤成局部碎裂,对这些固体颗粒的过滤,可以近似地认定其过滤介质的阻力是不变化的,这种假设不会引起设计计算出现重大偏差。但是当固体颗粒尺寸小于过滤介质的毛细孔径,颗粒大小分布范围大,均匀度差,细颗粒在液体动力作用下易在滤饼层与过滤介质毛细孔内不断向前位移,对这类滤饼过滤,过滤介质的阻力会不断增加。

此外,在滤饼层内还存在挤压滑移与挤压破碎现象,也会导致过滤介质阻力不断增加。探索过滤介质阻力的变化规律,无论对滤饼过滤理论发展,或是对难滤物料滤饼过滤工程设计与应用,均有现实意义。过滤介质阻力变化规律不清楚,液固滤饼过滤的过滤理论只能停留在粗放的传统过滤理论框架内,由此推导出的设计计算公式必然同实际有重大差异,尤其当对难滤的超细固体的精密滤饼过滤工程的设计,可能误差会很大,其后果可导致实际生产中各种滤饼过滤机制的过滤介质使用寿命短,更换频繁,操作成本增加。

宋志黎等[6]通过理论推导,提出了等压滤饼过滤过程中过滤介质阻力定量变化的计算公式,并以复方连翘与金银花的水提液为模型药物,通过相关过滤实验数据,给出过滤介质阻力 R_m 随过滤时间 t 与单位过滤面积的滤液体积 q_i 变化的曲线(图7-21、图7-22)。此二曲线表明,整个滤饼过滤过程中其过滤介质的阻力并非一成不变,在滤饼过滤开始后的有限时间内,过滤介质阻力增加较快,以后增速减慢,并很快趋向一个稳定值。

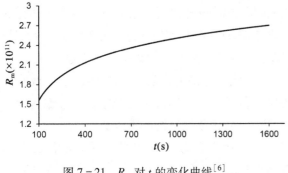

图7-21　R_m 对 t 的变化曲线[6]

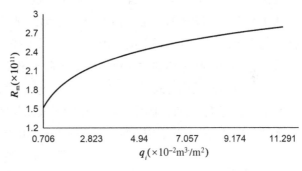

图7-22　R_m 对 q_i 的变化曲线[6]

三、过滤装置及其连续操作的设计、节能压榨过滤技术应用

(一)滤材

作为滤材最熟悉的就是各种各样的滤纸,还有用粗细不同、材料不同的丝线以各种手法编织出的滤布。水处理中还常常用到各种材料的具有不同粒径的颗粒来作为滤材使用。

作为滤材的性质,首先是流体阻力要小,这样投入较少的能量就可以完成过滤分离,所以这个性质无疑是我们所最希望的。其次,细孔应该不容易被分离颗粒堵塞,或者即使堵塞了也能简单地清除。另外,在滤饼过滤和粉尘集尘时所产生的滤饼和粉尘层,也要求能够容易剥离。表7-5列举了主要的滤材。

表7-5　主要滤材[1]

滤　　纸	
滤布	天然纤维:棉花、羊毛、麻等
纺织布	合成纤维:尼龙、聚酯、人造丝、聚四氟乙烯等
无纺布	无机纤维:金属、玻璃、炭等
金属丝网	
多孔质体	烧结金属、素烧陶瓷、多孔质陶器等
颗粒	天然硅砂、无烟煤、塑料球
	石榴石、钛钢

（二）过滤装置及其连续操作的设计思路

重力、离心力和压力都可以作为驱动力来使含有固体颗粒的悬浮流体流动。其中的压力又可分为在滤材上方加压和在滤材下方减压。表7-6就是根据驱动力不同对过滤装置进行分类的。在粒子浓度较高的饼层过滤时，常常用到真空减压方式。

表7-6　根据驱动力不同对过滤装置进行分类[1]

重 力 式	自来水厂用慢速过滤
离心式	离心过滤
加压式	叶滤机、板框过滤机
真空(减压)式	橄榄体状过滤机、转筒真空过滤机

过滤分离过程中，被捕捉的粒子堆积在滤材表面或内部，使流体通道逐渐消失。所以需要经常地把捕捉到的粒子从滤材上清除掉以恢复流量。这种对滤材的再生处理很有必要，这也就是说，过滤操作在本质上只能是间歇式的。至于再生处理的频度，则要兼顾到单位时间内、单位过滤面积或容积所捕捉的微粒的量来决定。基于以上的考虑，经过不断地研究和改进，出现了各种实用的过滤装置。基本上都是围绕着怎样使间歇操作的过滤过程更加接近于连续，以及如何可以做到更为紧凑的设计而进行的。

（1）重力式及离心式过滤：自来水厂的慢速砂滤池，是重力式过滤的代表。通过砂滤池水被滤过，而水中所含有机、无机的固体微粒会在砂子表面作为饼层堆积，1～2个月后，饼层的厚度使过滤速度大幅下降，这时需停止操作，把此饼层与1～2 m厚的砂层一并铲掉，恢复原有的过滤速度。

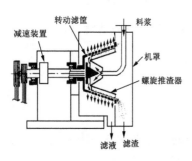

图7-23　使间歇的过滤操作得以连续进行的离心过滤机设计[1]

为了加快过滤速度，可利用离心力，这就需要使转动滤筐旋转起来。图7-23所示，在贴着转动滤筐的内侧装有圆形或细缝样开孔的筛网，供液泵打入悬浮液，其中的固体颗粒被筛网拦截，而液体则穿过开孔排出机外。螺旋推渣器的转速略高于转动滤筐的转速，把滤饼渣推向锥形转动滤筐的大头一侧并排出机外。这样的精心设计使间歇的过滤操作得以连续进行。

（2）加压过滤：板框式（复式）过滤机是加压过滤机的代表。由滤板、滤框、滤布及连接它们的夹紧装置等组成。加压后的滤浆，通过引流导管，进入由滤框、滤布构成的滤室。被滤布拦截捕捉的颗粒则成为滤饼存于滤室中，穿过滤布的滤液顺着滤板上的流道进入排出导管并流出机外。一定时间后，将板、框、布拆开，清除掉滤室内的滤饼后再重新组合安装好，又进入下一个新的操作周期。

（3）减压及真空过滤：一般来说，对液体的加压过滤很难做到连续操作。只有如图7-24所示的转筒真空过滤机可以将过滤过程连续起来。该设备回转着的多孔圆筒表面包裹有滤布，圆筒内部用间壁隔成数个小室。若将各小室分开来看，仍是典型的间歇过滤操作。随着圆筒的转动，依次将各小室浸没于滤浆中，由于受到真空抽吸的作用，浸没在滤浆中的小室的过滤表面就会形成滤饼，而

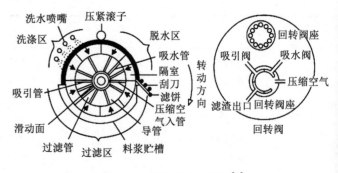

图7-24　转筒真空过滤机[1]

滤液则穿过滤布经导管和回转阀流向过滤机外部的滤液贮槽。随着圆筒的转动,该小室离开滤浆贮槽,其表面附着的滤饼中的滤液被继续吸出,接着进入喷淋部位洗涤滤饼,再用加压滚子挤干其中的水分后又进入干燥部位,经过干燥后再利用压缩空气反吹使滤饼与滤布的接触松开以便容易地用刮刀除下滤饼。显然,是由于圆筒的转动,使这些工作小室依次按过滤、水洗、榨干、干燥、刮下的顺序连续完成过滤操作。

（三）节能压榨过滤技术[7]

1. 压榨脱液的节能优势　　过滤过程的一般运行,是采用泵输送可充分流动的物料。对于难过滤物料,在过滤后期由于滤液排出速度太慢,继续过滤是不经济的,应停止进料改用其他方法脱液。其原因主要为:① 泵送物料产生的推动力无法克服滤饼间隙中的毛细压力与表面吸附作用,也很难用真空抽吸、加大压力或置于离心力场中排液来降低滤饼的含液量;② 在同时对滤饼过滤的状态下,若增加过滤推动力,过滤介质与滤饼相接触的界面会形成结构致密的滤饼层,导致滤饼比阻的增加、抵消增大压差的效果[8]。

滤饼中液体含量多少,直接影响后续过程的操作费用,如干燥与焚烧所耗的热能成本、运输费用等都会因含液量的提高而大幅度上升;也可能因原来存在于滤饼中的一些溶解性物质经干燥后仍留在其中,影响产品质量。压榨也是从固液两相物系中分离出液体(脱液)的过程。压榨脱液设备是一种低能耗、脱液效率高的过滤设备。如采取机械压榨脱液,其能耗只有热力脱液(如干燥)的 $1/10 \sim 1/5$[9]。

进一步减少滤饼中含液量的方法一般有以下几种[10]。

（1）液力挤压过滤后期继续向滤室内加入悬浮液:依靠不断加入的固相颗粒使滤饼层内的颗粒间隙越来越小,存留空间减小,从而降低滤饼含液量。该法缺点是耗时多,效率低。

（2）机械压榨:采用向滤饼施加机械压力,压缩滤饼使间隙小,存留于间隙中的残液被挤出,达到进一步脱液。优点是脱液速度快、效率高。

（3）其他方法:向滤室输送压缩空气(或蒸汽),对于真空过滤设备采用真空抽干,将滤饼中残存的液体排出。这种直接吹干的方法滤饼脱液后间隙不变。

上述 3 种方法以机械压榨最为常用。相比而言,它是一种能耗最低、脱液效果最好的方法。文献报道,其能耗只有热力脱液(如干燥)的 $1/20$ 左右[11],经采用机械隔膜压榨后,滤饼湿含量可再降低 5%～20%(质量分数)[12],与采用直接吹干的方法相比,可使滤饼含湿量大大下降[9,10]。

2. 压榨过滤机的节能研究　　中药渣是中成药生产、中药材加工与炮制、原料药生产等过程中产生的残余物。我国中药渣排放量与日俱增,每年产生中药渣约以千万吨计。而压榨过滤机是处置含水率极高中药渣的关键设置,开展压榨过滤机的节能研究势在必行。以下是文献报道目前具有较好节能效果的压榨过滤机及其相关研究概况。

（1）厢式压榨过滤机:厢式压榨过滤机源于已有 140 多年历史的板框压滤机,由于其固有的优点,又由于科技的不断进步实现自动化,减轻劳动强度,缩短操作周期,提高了处理量。在自动厢式压滤机基础上,再在厢式压滤机滤室内应用弹性隔膜以进一步进行隔膜压榨脱液。

原理与优点:与传统的加压过滤相比,带有隔膜的厢式压滤机,在过滤进行到一定阶段后停止进料,通过高压气体或液体挤压膜片,由膜片进一步挤压滤饼使滤饼脱液加快。

有关该设备:① 不同过滤压力;② 起始压榨点;③ 压榨压力对过滤压榨的效果;④ 优化条件的选择等试验结果的具体数据可参阅文献[7]。

（2）滤布自动行走立式压榨过滤机:与常规的脱水方法不同,它不是采用离心惯性力、抽真空、热力或其他类似方法,而是将液压与可挤压的隔膜相结合,使脱水能力最大化,从而用最小的能耗,得到最有效的固液分离效果。

1）该压榨过滤机可以全自动操作，其辅助时间已降到最低，加料、过滤、洗涤时间都短。由于洗涤后均进行压榨，所以其生产能力比传统压滤机高几倍。

2）由于进行了有效压榨，降低了滤饼含水量，从而明显降低后续干燥能耗。

3）节省了洗涤滤饼的能耗，提高了洗涤效率。

4）经过隔膜压榨的滤饼，在吹风干燥时可以减少空气消耗。

3. 关于非均相分离原理与技术领域未来研究的若干思考

（1）加强对可压缩性滤饼脱液过程及具有压榨功能过滤设备的研究与工业实践的探索，是面向中药绿色制造节能降耗重大需求的重要举措。

（2）重视与加强对压榨过滤的理论研究，包括受力后的变形、破裂、控制脱水的机理等，均应是今后研究的方向。

（3）在有试验数据的基础上，确定物料性质与相关系数的关系，提出在一定范围内有通用性的计算模型，对中药制药工业具有重要实用价值。

（4）应将解决工程中的实际问题作为工程研究的出发点和最后归宿，采用仿真模拟计算，求解适宜操作周期，实现优化操作是研究重点。

四、带式压滤机工作机理及其对高含水率中药渣的压滤脱水技术应用[13]

中药渣是宝贵的生物质资源，但是其产生量大、粒径不均、成分复杂、含水率高、易腐败发臭，不利于运输和处理，常常需要进行脱水，来降低中药渣的含水率，减小体积，以利于后续的处置和利用。

传统的纯热力干燥方式不仅能耗极高，难以大规模应用，还会导致中药渣本身能量的损失及内部物性材料变性。通常采用板框压滤、带式压滤、离心脱水、真空过滤等机械脱水方式。板框压滤、带式压滤和真空过滤的工作原理：利用压差作用推动物料中的液相穿过过滤介质，而固相颗粒则被截留在过滤介质上方。离心脱水则是利用离心力作为推动力，使固液两相混合物中的液相穿过过滤介质，而实现固液两相分离。以上各种方法，各有利弊，如离心脱水对固液密度差别不大的物料不易分离；板框压滤为间断运行不适合大批量处理；带式压滤结构简单、能耗低、运行稳定，得到的滤饼含水率低，被大量用于食品、化工、造纸、环保等领域。刘莎莎等报道，在中药渣压滤脱水领域将带式压滤机进行针对性改造，以适应物料特性。

1. 中药渣中的水分形态　　中药渣中的水分[14,15]按储存形态不同分为游离水和化合结晶水，游离水又分为外在水和内在水。外在水是以机械方式附着在中药渣表面及较大毛孔（直径>10^{-4} mm）中的水分，在室温条件下，外在水分会自然蒸发，直至与空气中的水蒸气压力平衡；内在水是通过物理化学结合力的方式吸附在药渣内部的毛细管（直径<10^{-4} mm）中的水分，很难在室温下自然蒸发。化合结晶水是与药渣中的矿物质结合的水分，含量很少，在超过200℃的条件下才能分解逸出。游离水的含量很高，一般所讲的中药渣中的水分就是指游离水，而将化合结晶水计入挥发分中。

中药渣毛细管中的水分称为毛细水，毛细水的压力计算[16]如式（7-43）所示。

$$P = \frac{2\sigma}{r}\cos\theta \tag{7-43}$$

式中，σ 为表面张力，N/m^2；θ 为润湿接触角，°；r 为毛细管半径，m。

由式（7-43）可知，物料的粒度越小，毛细管的半径越小，毛细压力越大；润湿接触角越小，毛细压力越大。物料中大量的水分，在毛细压力的作用下聚集在固体颗粒的间隙中。当通过机械设备对中药渣施加挤压外力时，较松散的固体颗粒排列结构发生改变，随着机械外力的增大，中药渣的内部孔隙率减小,当挤压力大于毛细水的压力时,附着在药渣表面及毛细管中的水分被挤压出来,达到脱水效果。采用带式压滤脱水的方式,脱除中药渣的外在水和部分内在水。

2. 脱水工艺与带式压滤机的整体结构　　带式压滤机的脱水工艺流程图如图 7-25 所示,物料先后经过楔形预压段、中压脱水段、高压脱水段脱除水分,最终于集料器中形成滤饼。

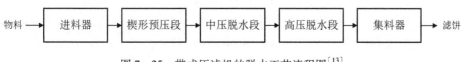

物料 → 进料器 → 楔形预压段 → 中压脱水段 → 高压脱水段 → 集料器 → 滤饼

图 7-25　带式压滤机的脱水工艺流程图[13]

带式压滤机的整体结构由下述部件组成:① 滤网撑紧辊;② 自动清洗装置;③ 进料器;④ 楔形脱水段;⑤ 气囊施压活动辊;⑥ 滤网调偏机构;⑦ 中压脱水辊;⑧ Ⅰ级脱水辊;⑨ Ⅱ级脱水辊;⑩ Ⅲ级脱水辊;⑪ 滤饼;⑫ 集料器。在滤带行走过程中,由于物料的布料厚度不均、辊筒间累积的平行度误差等,会造成滤带跑偏,影响设备的运行效果,甚至使滤带破损断裂、设备故障,因此设有滤带调偏机构。为保障滤带能够连续高效地运行,设有滤带自动清洗装置,利用一定压力的水流冲洗滤带,使滤带循环使用。

该研究采用控制变量法,试探索压滤机的不同脱水段、压力、带速、中药渣初始含水率 4 个因素对脱水效果的影响。结果表明,物料初始含水率越大,不同脱水段的脱水率越大,滤饼的含水率越大;Ⅰ级脱水辊对物料脱水效果影响最大,楔形预压段对物料脱水效果影响最小;中药渣的初始含水率不宜超过80.16%;Ⅰ级脱水辊压力选择 0.2~0.6 MPa 较合适;带速在 0.3~0.5 m/s 范围内时,滤饼的含水率在65%~66%之间,脱水效果较好。

五、中药固液分离特征与难点:颗粒特性与柔性杂质

固液分离是中药研究与生产中常用而又是十分重要的过程,无论是固体制剂、液体制剂,还是外用制剂,涉及固液分离的工序很多,其中间体及辅料的过滤效果将直接影响产品的质量、生产成本及环境保护。

1. 颗粒特性及其所适用的固液分离装置　　颗粒特性是对颗粒系统中颗粒基本性质的描述,是颗粒工艺中一切操作的基础,当然也与固液分离工艺密切相关。颗粒大小分布、颗粒形状、密度、表面特性和其他一些颗粒基本特性与液体的黏度、密度等基本性质及悬浮液的浓度和分散状态等决定着颗粒的沉降速度、滤饼层的渗透性及滤饼的比阻等二次性质。这些特性知识对于固液分离设备的设计和操作来说都是很重要的。

当然,若不考虑基本性质,而直接测量二次性质则不仅简单,往往还更为可靠,实际上也是这样做的。但最终的目的还在于能从某个基本性质来预测 3 次。例如,在流体力学中,当需要设计一个管路系统时,不去测定管路对流体的阻力,而是测定液体的基本性质(黏度和密度)和管线的基本性质(粗糙度),而后用已知的关系式即可确定阻力。在固液分离中由于这种关系相当复杂,且在许多情况下还不能利用,所以颗粒的基本特性大多只是用来对悬浮液状态做定性的评定,以作为选择分离设备的指南。就颗粒粒度来说,粒度越细分离就越困难,而固体的浓度对分离也有很大的影响。图 7-26 以图解法给出了不同颗粒粒度所适用的固液分离装置[17]。

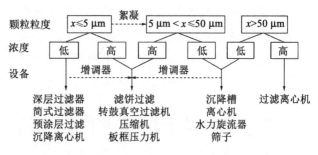

图 7-26　不同颗粒粒度所适用的固液分离装置[17]

2. 柔性杂质[18]　　　柔性杂质广泛存在于有机高分子溶液中，以胶束、凝胶、高黏度微小液滴、溶胀物等形式出现，具有非牛顿流体、高黏度物料、构成可压缩滤饼等特殊属性。对过滤的影响显著而独特，受力可产生几乎任意大的变形，导致滤除困难、系统堵塞等问题。柔性杂质表征困难，过滤不易，甚至连过滤效果的评判都无从下手——只要过滤推动力足够大，时间充分，流动中的柔性杂质遇到阻碍时会发生大尺度变形，穿透过滤介质的可能性较大；它们能够在表面张力作用下聚集成液滴，逐渐侵占并妨碍正常过滤流动；它们容易受到压力和温度的影响，显著改变预期过滤质量；它们的几何形状复杂而多变，使得众多数学工具无能为力；它们几乎无法被肉眼、显微镜、激光粒度仪捕捉。柔性杂质对过滤过程的影响和破坏力远大于刚性杂质。

有关柔性杂质的研究和报道国内外都较少，更缺少其特性、过滤、表征方面的资料。参考文献描述了高黏度浆体的流变特性，所描述的高度可压缩滤饼的情况与柔性杂质堵塞的情况类似。也有参考文献称为凝胶。杨占平等注意到在固体杂质含量相对稳定的情况下，柔性杂质使过滤压差显著升高，滤液流量下降，过滤变得困难。经过充分积累，一段时间后终于发现了被滤饼阻截的柔性杂质，它们聚集于板框压滤机出口处周围的滤饼内，呈半透明状颗粒，直径数毫米，质软，颗粒与颗粒间存在分界。以上柔性杂质现象虽然发生在以醋酸纤维为产品的化工行业，但鉴于中药水提液中亦含有大量有机高分子物质，中药制药领域是否有类似情况存在，可作为借鉴。

杨占平等并介绍了一种以压差自动测量为基础的滤液质量检测方法，既适用于固体杂质，也能够反映柔性杂质含量。同时还引入过滤功率的概念，用来间接表征物料中柔性杂质的含量。结果表明，若过滤功率异常升高且固体粒度未发生显著变化，表示物料中柔性杂质含量异常增高。

3. 中药固液分离特性与难点　　　一般情况下，中药浸取后的药液与药源的分离呈以下特性。

（1）多数中药以动植物为药源，中药制备工艺主要是采用液体浸取，然后再将浸取液与药源固体分开。如对药源浸取液进行精密过滤，由于药源为动植物，浸取液中必然含有动植物蛋白、多糖等胶体与胶体状物质。

（2）由动植物药源浸取后，药源固体所形成滤饼比阻较大，且具有较高的可压缩性，进行过滤分离时比较困难。若加大过滤压力，则更易使滤饼比阻加大。

（3）药液中存在某些可溶性蛋白质会逐渐自然聚合成大分子，呈胶体状的物质是一种非常难以过滤与分离的东西，如果条件合适还会析出，使已澄清的液体又出现一些絮状物，药液澄清度下降，产品质量下降。

（4）若采用普通滤布为过滤介质，滤液不可能澄清。例如，稍增加过滤压力，一方面可使滤饼阻力增大；另一方面，一些胶状物也极易变形而透过滤布空隙。如改用一次性过滤介质又极易堵塞，且消耗大、操作成本高。因此，用常规的方法在过滤介质选用上有一定的难度。

（5）如果固相含量高，而且液固两相密度差小，那么采用高速管式离心机排渣与清洗都不可能理想，采用沉降离心机又只能排出湿的滤渣。目前很多药厂对中药液的沉降分离还停留在只用重力沉降的方法，沉降时间很长，同时回收率不高、损失率较大。

针对上述问题，建议参考本章第五节所提出的控制提取收率的主要思路与方法，开展精密工艺分析，从中药料液体系的胶体颗粒、细小混悬物质及淀粉、果胶、蛋白质、鞣质等共性高分子物质的特征组成出发，耦合高速离心、絮凝澄清等预处理方法及多种场效应技术手段，强化对非药效物质的脱除分离过程，设计专门的中药分离技术集成。

第四节　基于沉降过程强化的固液分离工程原理与技术应用

为利用沉降分离技术，常常需要采用一些沉淀强化技术措施。中药及生物制药中常用的沉淀强化技术措施有：盐析沉淀法、有机溶剂沉淀法、聚乙二醇沉淀法、选择性变性沉淀法等。

一、沉淀分离强化技术的安全、有效原理

为保证工艺过程科学合理，目标产物安全有效，在采用沉淀分离强化技术时须加以考虑下述几个问题。

（1）采用的分离条件是否会破坏待分离成分的结构。这一点对生物活性分子尤为重要，因为结构的改变对生物活性分子来说，可能丧失活性甚至是完全变性，如果是制备抗原则可能意味着免疫原性的改变。结构的改变还会造成被分离成分的溶解度改变，最严重的情况是完全不能再溶解。所以要求所发生的沉淀反应必须是可逆的，即去除了造成沉淀的因素后沉淀可以再溶于原来的溶剂中。

（2）加入溶液中的沉淀剂和其他物质是否容易得到，在后续的加工中是否容易去除。

（3）加入溶液中的沉淀剂和其他物质对人体是否有毒害作用。

（4）沉淀剂在待分离的溶液中要有很高的溶解度，而且温度的变化对沉淀剂溶解度的影响应该较小。这一点是为了能够利用不同的沉淀剂浓度对欲分离的溶液中的各组分进行分级分离。

（5）沉淀剂对环境的污染及对沉淀剂的回收再利用也应在考虑之列。

二、絮凝原理及絮凝沉降技术

絮凝技术是利用絮凝剂除去药液中的粗粒子，以提高制剂成品质量的一种沉降分离方法，广泛用于中药水提液的澄清精制。

（一）絮凝法的基本原理与特点

中药水提液中含有黏液质、淀粉、果胶、色素等复杂无效成分，这些物质共同形成分散相颗粒半径为 $1\sim100$ nm 的胶体分散体系。从动力学角度来看，当胶体粒子很小时，布朗运动极为强烈，建立沉降平衡需要很长时间。平衡建立后，胶体的浓度梯度很小，所以在较长时间内胶体溶液可保持稳定。但从热力学观点来分析，由于胶体溶液存在巨大表面能，为热力学不稳定体系，细微粒有向粗粒转化的趋势，可逐渐聚成较大的粒子而产生沉淀和浑浊现象，而且稳定是相对的，不稳定则是绝对的。

文献报道，壳聚糖对牛膝总皂苷的絮凝动力学曲线如图 7-27 所示[19]。由该絮凝动力学曲线可知，较大胶体的絮凝沉降与粗分散体系颗粒的沉降不同。前者是由于吸附、架桥、电中和等反应导致胶体粒子的聚集而形成粗分散系后的沉降。以被沉淀的总皂苷元浓度的对数 $\ln C$ 对时间作图可得一直线：$\ln C=-kt+A$。其中 k 为反应速度常数，A 为常数。故可认为该絮凝沉淀过程基本符合动力学一级反应过程；而后者是一单纯的物理过程。

由图 7-27 可见，对于每个温度下的曲线，开始 $0\sim5$ min 时段，絮凝沉淀量随时间的递增急剧上升，此阶段属于快速絮凝阶段。在此阶段，壳聚糖与鞣质、蛋白质等杂质发生吸附、架桥、电中和，使胶体不稳定成分的分子迅速增大，从提取液中析出。5 min 后絮凝沉淀速度逐渐减小，约在 200 min 后，絮凝沉淀速度随时间的延长趋于平衡，絮凝沉淀量也基本达到饱和，这一阶段属于慢速絮凝。此外，由该研究所测各温度条件下不同间隔时间的总皂苷絮凝沉淀量结果可知，平衡絮凝沉淀量随着温度的升高而减小。因为无论是化学吸附还是物理吸附，其吸附热 ΔH 均小于 0，又由 $\mathrm{d}\ln K/\mathrm{d}T=\Delta H/(RT^2)$ 可知，随着温度 T 升高，平衡吸附常数 K 会相应减小，故平衡絮凝沉淀量也降低。并

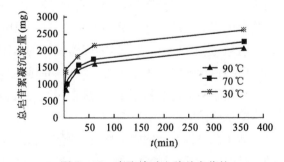

图 7-27　壳聚糖对牛膝总皂苷的
絮凝动力学曲线[19]

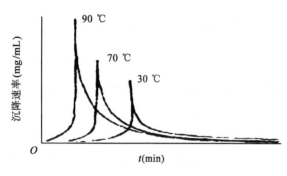

图 7-28　沉降速度随时间变化的曲线[19]

由结果可知温度对反应速度常数的影响不明显。

由图 7-28 可知,随着温度的增加,诱导期缩短,拐点在曲线上的位置提前,曲线在速度恒定区的斜率增大。故胶体絮凝沉降的速度会随温度的升高而增加,与高温下胶体吸附量下降基本一致。

絮凝澄清过程使体系中粒度较大的颗粒和有斯托克沉淀趋势的悬浮颗粒产生絮凝沉淀,能有效除去中药水提液中的蛋白质、多糖、鞣质、黏液质、树脂、果胶等大分子不稳定性成分,并靠重力沉降作用达到澄清药液的目的。

絮凝法具有以下的特点：① 原料消耗少,设备简单,可在原醇法工艺上改进,大大降低成本;② 生产周期短,絮凝过程只需 3~6 h,一般生产周期在 2 天左右;③ 产品质量好,可提高有效成分含量及液体制剂的稳定性,不易产生沉淀。由于絮凝剂具有与金属离子形成配合物的特性,在中药絮凝过程中可减少药液中重金属离子的含量,特别是铅离子的含量。

（二）絮凝颗粒团沉降过程分析

重力沉降的推动力仅靠液固两相密度差,分离时间较长,分离效率较低,密度小的微粒很难依靠重力沉降实现分离。在大多数实际操作过程中,具有几微米级的颗粒直径的物料沉降太慢,常需要使用凝聚剂来强化沉降过程。使料液体系中悬浮微粒集聚变大,或形成絮团,从而加快粒子的聚沉,达到固-液分离的目的,这一现象或操作称作絮凝。

絮凝颗粒团的沉降是一个复杂的过程,已经下沉很久以后的絮团本身会在沉淀中重新排列。由于絮团常常是由微弱的力集合在一起的粒子群,而且在絮团的结构中夹带了相当数量的液体介质,故处于底层的絮团由于受到沉积在它上面的其他絮团的重量而被压缩。这样便产生了密实程度不同的沉淀。图 7-29A 所示为絮凝颗粒团沉降模拟试验的简化过程。上部分是已经观察到的发生在沉降期间的由 4 个区域组成的一条连续曲线,而下部分各量筒则表示絮凝沉降过程不同阶段的状况。其中量筒 A：含有均匀混合且絮凝的悬浮液。量筒 B：放置后不久的状况,此时在量筒的最底层,有一个由絮凝团和沉积底部的相互靠近的相当大的颗粒混合组成的区域。量筒 C：继续沉降的结果,当上层和下层区域的体积增加时,悬浮液区域减小,而承受压缩的沉淀区体积基本保持不变,仅向上移动。此过程延续到量筒 D 状态。量筒 D：悬浮液区消失和以所有固体的沉淀的形式存在,这一状态称为临界沉降点。在趋近该点以前,固液界面与时间大约遵循直线关系。在一个短的过渡段之后,沉降以均匀的较慢的速度继续进行。量筒 E：最终状态。

区域 1 是最上面的液体,如果悬浮液絮凝好,理论上是澄清的。区域 2 维持初始悬浮液的浓度。区域 3 是密度介于沉淀和悬浮液之间的过渡层,该区域是液体从絮团的网状组织中被积压出来的区域,又叫作压缩区。区域 4 在量筒的最底层,有一个由絮凝团和沉积底部的相互靠近的相当大的颗粒混合组成的区域,这个区域由最初紧靠容器底部的絮团组成。沉淀的压缩过程发生在量筒 D 和量筒 E 之间,压缩阶段占用的时间占整个过程耗用的时间的较大部分。伴随絮团进入沉淀中的液体,在上面沉淀的重力作用下慢慢地被挤压出来,这个过程延续到絮团的重量和本身的机械强度之间建立起平衡为止。浓度对沉降的影响可见图 7-29B。

絮凝总过程的时间常常取决于所用絮凝剂（助沉降剂）的类型,如石灰絮凝剂可能需要好几个小时的过程时间,而聚丙烯聚合物絮凝剂只需上述时间的几分之一。在助沉降剂选择中,过程要求和经济成本是很重要的因素。

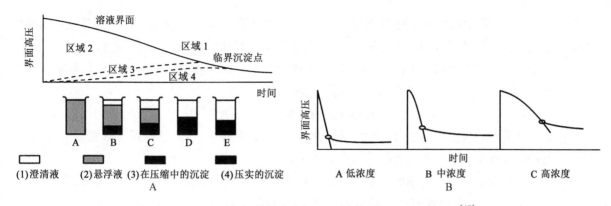

图 7-29　絮凝混悬液的间歇沉降(A)及浓度对沉降的影响(B)[17]

（三）絮凝剂的种类

常用的絮凝剂一般分为三类：无机絮凝剂、有机合成高分子絮凝剂和天然高分子絮凝剂。

1. 无机絮凝剂　　无机絮凝剂又可分为无机低分子絮凝剂和无机高分子絮凝剂。无机低分子絮凝剂是一类低分子的无机盐，以金属盐类为主，品种较少，主要是铝、铁盐及其水解聚合物等低分子盐类，其中氯化铝($AlCl_3$)是常用的无机絮凝剂。其絮凝机理为无机盐溶解于水中，电离后形成阴离子和金属阳离子。由于胶体颗粒表面带有负电荷，在静电的作用下金属阳离子进入胶体颗粒的表面中和一部分负电荷而使胶体颗粒的扩散层被压缩，使胶体颗粒的 ξ 电位降低，在范德瓦耳斯力的作用下形成松散的大胶体颗粒沉降下来。

无机高分子絮凝剂主要是聚铝和聚铁。常见的有聚合氯化铝(PAC)、聚合硫酸铝(PAS)、聚合磷酸铝(PAP)、聚合硫酸铁(PFS)、聚合氯化铁(PFC)、聚合磷酸铁(PFP)等。这类絮凝剂在水中存在多羟基络离子，能强烈吸引胶体微粒，通过黏附、架桥和交联作用，促进胶体凝聚。同时还可通过物理化学作用，中和胶体微粒及悬浮物表面的电荷，降低 ξ 电位，从而使胶体离子互相吸引，破坏胶团的稳定性，促进胶体微粒碰撞，形成絮状沉淀。与无机盐类絮凝剂相比，无机高分子絮凝剂絮凝体形成速度快，颗粒密度大，沉降速度快，对色度、微生物等有较好的去除效果，对处理水的温度和 pH 适应范围广，具有原料价格低廉，生产成本较低等优点。但其分子量和絮凝架桥能力仍较有机高分子絮凝剂有较大差距。

2. 有机合成高分子絮凝剂　　有机合成高分子絮凝剂是一类利用有机单体经化学聚合或高分子化合物共聚而成的有机高分子化合物，含有带电的官能基或中性的官能基，能溶于水中而具有电解质的行为。主要有(甲基)丙烯酰氧乙基三甲基氯化铵-丙烯酰胺共聚物(DMC-AM)、二甲基二烯丙基氯化铵-丙烯酰胺共聚物(DMDAAC-AM)、双氰胺-甲醛类阳离子絮凝剂、有机胺-环醚聚合物阳离子絮凝剂、聚丙烯酰胺(PAM)等。其中以聚丙烯酰胺(PAM)的应用最多。根据其所带基团能否解离及解离后所带离子的电性，可将其主要分为非离子型、阳离子型、阴离子型和两性型4种。其絮凝机理是通过电中和，使高分子链与多个胶体颗粒以化学键相结合；同时高分子具有较强的吸附作用，因而形成大的胶体颗粒分子团而沉降下来。另外，其絮凝过程还具有网捕卷扫作用，使得沉降更加迅速。有机高分子絮凝剂相对分子量比较高，具有种类繁多、用量少、产生的絮体粗大、沉降速度快、处理过程时间短等优点。

3. 天然高分子絮凝剂　　一般认为天然有机高分子絮凝剂是天然物质中的有机高分子物质经提取或加工改性后制成的絮凝剂产品。按其原料来源可大体分为淀粉衍生物、纤维素衍生物、改性植物胶、其他多糖类及蛋白质改性絮凝剂等。由于其原料来源广泛、价格低廉、无毒、易于生物降解、无二次污染及具有分子量分布广等特点，受到了国内外研究工作者的关注。其中对淀粉衍生物和壳聚糖类改性絮凝剂的研究较为广泛。在自然界中淀粉资源非常丰富，其含量远大于其他物质。通过对淀粉进行化学改性,使其活性基团增加,分子链呈枝化结构,絮凝基团分散,可对悬浮体系中颗粒物具有更强的捕捉与促进作用。壳聚糖是直链型的高分子聚合物,由于分子中存在游离氨基,在稀酸溶液中被质子化,从而使壳聚糖分子链带上大量正电荷,成为一种典型的阳离子絮凝剂。壳聚糖兼有电中和絮凝与吸附絮凝双重作用,具有无毒副作用、能杀菌抑菌等优良特性。

絮凝技术可单独操作,也可和过滤、离心等固液分离方法组合使用,作为预处理、中间处理或深度处理的手段。它具有设备投资少、处理效果好、易于操作、管理简单等优点,广泛地用于水和废水处理、矿物分离、废漆处理、糖蜜和蛋白质的回收及制药等领域。

目前应用于中药及天然药物领域的絮凝剂主要有甲壳素、壳聚糖、ZTC1+1系列澄清剂、101果汁澄清剂、明胶、丹宁、CE-1澄清剂、CZ-1澄清剂、果胶酶及蛋清等。

(1) 101果汁澄清剂:水溶性胶状物质,安全无毒,是一种不引入杂质并可随沉淀物一起除去的絮凝剂,通常配制成5%的水溶液使用,使用量一般为药液的2%~20%。

(2) ZTC1+1系列澄清剂:人工合成絮凝剂与聚丙烯酰胺的复合物。絮凝机理是聚合铝加入后,在不同的可溶性大分子间架桥连接使分子迅速增大,聚丙烯酰胺在聚合铝所形成的复合物的基础上再架桥,使絮状物尽快形成沉淀以除去。

(3) 壳聚糖:一种新型的天然高分子絮凝剂。壳聚糖是甲壳素经强碱水解或酶解脱去糖基上的部分或全部乙酰基后的产物,也称甲壳胺、壳多糖、脱乙酰甲壳素及可溶性甲壳素等。壳聚糖由于良好的安全性和絮凝能力,在药液精制中的应用越来越广泛。壳聚糖通常以1%~2%的醋酸溶液配成1%溶液后使用,药液温度一般控制在40~50℃。

(四) 絮凝过程影响因素

絮凝剂的合理选用,是絮凝技术应用是否成功的一个重要因素。选用的絮凝剂首先应满足安全卫生要求,其次应满足药液中有效成分的保留、成药的稳定性及澄明度等方面的需求。了解絮凝过程的影响因素及各因素之间的关系对于合理使用絮凝剂,充分发挥絮凝剂的作用,提高絮凝效果至关重要。影响絮凝过程的因素有絮凝剂的用量、温度、体系的pH、搅拌速度和时间、悬浮液的固含量、絮凝剂的相对分子量、絮凝剂的种类及悬浮液中离子的种类、浓度等。

三、基于改变溶液体系稳定性原理的沉淀生成技术应用[5,6]

为了使沉降分离技术可用于溶液体系中不同物质的分离,可采用变溶液体系为固液混悬体系的方法。物质溶解在水中而形成稳定的溶液是需要一定条件的,这些条件就是溶液的各种理化参数,任何能够影响这些条件的因素都会破坏溶液的稳定性。变溶液体系为固液混悬体系的沉降分离技术,就是采取适当的措施改变溶液的理化参数,控制溶液中各种成分的溶解度,使部分成分析出,从而将溶液中目标成分和其他成分分离的技术。

(一) 盐析沉淀法

盐析沉淀法是在含有某些生物分子的溶液中加入一定量无机盐,使其溶解度降低沉淀析出,而与其他成分分离的一种方法。

1. **盐析原理**　蛋白质(酶)等生物分子的表面有很多亲水基团和疏水基团,这些基团按照是否带电荷又可分为极性基团和非极性基团。它们以亲水胶体的形式存在于水溶液中,无外界影响时,呈稳定的分散状态。其主要原因是:生物分子在一定pH下表面显示一定的电性,由于静电斥力作用,使分子间相互排斥;同时生物分子周围的水分子呈有序排列,在其表面形成了水化膜,避免其因碰撞而聚沉。当向溶液中逐渐加入中性盐时,盐离子与生物分子表面的带相反电荷的极性基团互相吸引,中和生物分子表面的电荷,使生物分子之间的电排斥作用减弱而能相互靠拢聚集起来;同时由于中性盐的亲水性比生物分子大,盐离子在水中发生水化而使生物分子表面的水化膜逐渐被破坏。当盐浓度达到一定的限度时,生物分子之间的排斥力降到很小,生物分子很容易相互聚集而沉淀析出。

盐析沉淀法由于共沉淀作用,其选择性不是很高,但配合其他手段完全能达到很好的分离效果。这种方法成本低、操作安全简单、对生物分子具有很好的稳定作用,所以被广泛采用。

2.盐析沉淀的影响因素

(1)盐离子种类及浓度:能够造成盐析沉淀效应的盐类很多,每种盐的作用大小不同。半径小而带电荷高的离子的盐析作用较强,而半径大、带电荷量低的离子的盐析作用则较弱。盐浓度很低时,对生物分子具有促进溶解的作用,即盐溶现象;当盐浓度达到某个值后,随着盐浓度的升高,生物分子的溶解度不断降低,即盐析现象。对于不同的生物分子来说,盐溶与盐析的分界值是不同的。不同的生物分子达到完全盐析的盐浓度也是不一样的,这就为采用盐析技术分离纯化生物药物活性成分提供了可能。

(2)生物分子的浓度:溶液中生物分子的浓度对盐析也有影响。作为分离原料的溶液一般都含有多种成分,当某种成分析出的盐浓度一定时,如果溶液中生物分子的浓度过高,其他成分就会有一部分随着要沉淀的成分一起析出,即所谓的共沉现象;如果将溶液中生物分子稀释到过低的浓度,可以大大减少共沉现象,但必然造成反应体积加大,需要使用更大的反应容器,加入更多的沉淀剂,配备处理能力更大的固-液分离设备,而且还会造成要沉淀的成分不能完全析出,降低了回收率。所以要想得到理想的沉淀效果,必须将生物分子的浓度控制在一定的范围内。

(3)pH:通常情况下,生物分子表面的净电荷越多,就会产生越强的排斥力,使生物分子不容易聚集,此时溶解度就很大。如果调整溶液的pH,在某一个临界的pH处出现生物分子对外表现净电荷为零的情况,此时生物分子间的排斥力很小,生物分子很容易聚集后析出,也就是说此时溶解度最低。这种情况下的pH称为该生物分子的等电点(isoelectric point,pI)。对特定的生物分子,有盐存在时的pI与在纯粹水溶液中的pI会有一定的偏差。在盐析时,如果要沉淀某一成分,应该将溶液的pH调整到该成分的pI;如果希望某一成分保留在溶液中不析出,则应该使溶液的pH偏离该成分的pI。

(4)温度:多数物质的溶解度会受温度变化的影响。一般情况下,盐析在室温就可以完成,但是有些天然药物活性成分(如某些酶类)对温度很敏感,需要将盐析反应的温度控制在一定的范围内,防止其活性改变。

(二)有机溶剂沉淀法

有机溶剂沉淀法是在含有溶质的水溶液中加入一定量的亲水性有机溶剂,降低溶质的溶解度而使其沉淀析出的一种方法。有机溶剂对许多蛋白质(酶)、核酸、多糖和小分子生化物质都能发生沉淀作用。

1.基本原理　亲水性有机溶剂能破坏溶质分子周围形成的水化层,使溶质分子因为脱水而相互聚集析出,降低了溶质的溶解度;有机溶剂的介电常数比水小,随着有机溶剂的加入,溶液的介电常数降低,带电的溶质分子之间的库仑引力逐渐增强,发生相互吸引而聚集。一般来说,溶质分子量越大,越容易被有机溶剂沉淀,发生沉淀所需要的有机溶剂浓度越低。一些物质的介电常数见表7-7。

表7-7　一些溶剂的介电常数[20,21]

溶　　剂	介电常数	溶　　剂	介电常数
水	78	甘油	56.2
甲醇	31	乙醇	26

溶　剂	介电常数	溶　剂	介电常数
丙酮	21	乙酸	6.3
乙醚	9.4	三氯乙酸	4.6

沉淀蛋白质常用的有机溶剂有乙醇、甲醇和丙酮；沉淀核酸、多糖、氨基酸和核苷酸的常用的有机溶剂是乙醇。乙醇沉析作用强，挥发性适中，无毒，是最常用的有机沉淀剂；丙酮沉析作用更强，用量少，但毒性大，应用范围有限。

与盐析法相比，有机溶剂沉淀法有较高的分辨能力。这是因为使某种溶质发生沉淀的有机溶剂浓度范围比较窄，另外，有机溶剂能使很多溶于水的生物大分子（如核酸、蛋白质、多糖等）和小分子生化物质发生沉淀，所以应用比较广泛。但有机溶剂沉淀法也有一些明显的不足之处，如有机溶剂作为沉淀剂时，更易使生物活性分子变性。为了防止这种变性的发生，常常需要在较低的温度下进行沉淀反应。在选择有机溶剂作为沉淀剂时，还需考虑以下几个问题：① 有机溶剂是否与水互溶，在水中是否有很高的溶解度；② 有机溶剂毒性的大小；③ 有机溶剂是否与待沉淀的物料发生化学反应；④ 有机溶剂的价格是否很昂贵。

2. 影响有机溶剂沉淀效果的因素

（1）有机溶剂的种类及浓度：一般来说，有机溶剂的介电常数越低，其沉淀能力越强。同一种有机溶剂对不同溶质分子产生的作用大小也不一样。溶液中加入有机溶剂后，随着有机溶剂浓度的增大，溶液的介电常数逐渐降低，溶质的溶解度在某个阶段出现急剧的降低，从而沉淀析出。正是由于溶质溶解度的急剧变化，使有机溶剂沉淀法具有较好的分辨率。不同溶质分子的溶解度发生急剧变化时有机溶剂浓度范围是不同的，所以，应该严格控制有机溶剂的加入量。否则，不是因为有机溶剂浓度低造成沉淀不完全甚至不能沉淀，就是因为有机溶剂浓度过高，造成其他组分一起沉淀出来。

（2）物料的浓度：物料的浓度较高时，需要的有机溶剂较少，反应体积也较小，欲沉淀的组分损失较少，但由于共沉淀作用可使分离的分辨率降低。物料的浓度较低时，虽然分离过程具有较好的分辨率，但增大了总反应体积，需要消耗更多的有机溶剂，同时还会产生其他的问题（如回收率降低、生物活性成分稀释变性、固液分离困难等）。一般认为，对于蛋白质溶液，0.5%～2%的起始浓度比较合适；而对于黏多糖，起始浓度以1%～2%为宜。

（3）pH：生物分子的溶解度可随pH的变化而改变。为了达到良好的沉淀效果，在保证生物分子的结构不被破坏、药物活性不丧失的pH范围内，需要找到溶解度最低时的pH。一般情况下这个pH就是生物分子的pI，选择该pH可有效地提高沉淀的效果。由于溶液中各种成分的溶解度随pH变化的曲线不同，控制pH还可提高沉淀分离的分辨能力。应注意的是，有少数生物分子在pI附近不太稳定，其活性可能会受到影响。另外，要避免待分离体系中的目标产物与其他生物分子（特别是主要杂质）带有相反的电荷，以防止加剧共沉淀现象。

（4）温度：在常温下，有机溶剂可渗入生物分子内部，与生物分子的某些结构基团发生作用，从而破坏分子结构的稳定性，甚至使生物分子变性。当温度降低时，生物分子表面变得坚硬，有机溶剂无法渗入其中，此时虽可防止变性的发生，但又会降低生物分子的溶解度。而温度过高时，不但造成生物分子的溶解度升高而无法被有效地沉淀下来，有时还会使生物分子发生不可逆变性。小分子物质的结构比生物大分子要稳定得多，不易被破坏，因此用有机溶剂分离小分子物质时对温度的要求不必过分严格。鉴于低温可减少有机溶剂的挥发，有利于安全，用有机溶剂沉淀物料的温度一般控制在0℃以下。

（5）离子强度：离子强度是影响溶质溶解度的重要因素。在低浓度范围内，盐浓度的增加会造成溶质溶解度的升高,即所谓盐溶现象;当盐浓度达到一定的值后,再增加盐浓度反而造成溶质溶解度的降低,这就是盐析现象。由于离子强度与盐浓度是相关的,盐浓度对溶质溶解度的影响等价于离子强度对溶质溶解度的影响。因此,在实际应用中,应控制与离子强度相关的参数——电导率。需注意的是,以电导率仪测量电导率时,温度是重要的影响因素。不同温度下电导率的读数只能代表该温度下溶液体系的电导率。

(6)金属离子:一些金属离子(如 Ca^{2+}、Zn^{2+} 等)可与某些呈阴离子状态的蛋白质形成复合物,这种复合物的溶解度大大降低而不影响其生物活性,有利于沉淀的形成,并降低有机溶剂的用量。

实际上每个因素都不是单独发挥作用的,也不可能只控制其中的一个因素就能很好地完成沉淀反应。在应用时,需要对各种影响因素进行优化,通过它们的综合作用,才能获得理想的分离效果。需要注意的是,用有机溶剂沉淀的成分应该尽快进行后续的加工处理,否则就要采取适当的措施(如冻干)去除有机溶剂后保存,或者密封后在低温下保存,以避免有机溶剂破坏沉淀物中药物成分的活性。

(三)其他沉淀分离技术

其他的沉淀分离法还有变性沉析法及共沉析法等。所使用的沉淀剂有金属盐、有机酸类、表面活性剂、离子型或非离子型多聚物、变性剂及其他一些化合物。

1. 水溶性非离子型多聚物沉析法　　非离子型多聚物最早应用于提纯免疫球蛋白(IgG)和沉析一些细菌与病毒,近年来逐渐广泛应用于核酸和酶的分离纯化。这类非离子型多聚物包括各种不同分子量的聚乙二醇[poly(ethylene)glycol,PEG]、壬苯乙烯化氧、葡聚糖、右旋糖苷硫酸酯等,其中应用最多的是聚乙二醇。

非离子型多聚物沉析生物大分子和微粒时有两种方法,一是选用两种水溶性非离子型多聚物,组成液-液两相系统,使生物大分子或微粒在两相系统中不等量分配,而造成分离。该法是因不同生物分子和微粒表面结构不同而具有不同的分配系数,且因离子强度、pH 和温度等因素的影响,而使分离效果增强的。第二种方法是选用一种水溶性非离子型多聚物,使生物大分子或微粒在同一液相中,由于相互排斥凝集而沉淀析出。对于第二种方法,操作时应先离心除去粗大悬浮颗粒,调整溶液 pH 和温度至适度,然后加入中性盐和多聚物至一定浓度,冷贮一段时间后,即形成沉淀。

聚乙二醇沉淀法是非离子型聚合物沉淀法的代表。PEG 是一种水溶性非离子型多聚物,用于不稳定的生物大分子的分离。PEG 的沉淀效率很高、用量少,这也是非离子型多聚物沉淀法的共同优点。

PEG 造成生物分子沉淀的作用机理还不明确,有人认为其作用类似于有机溶剂,降低生物分子的水化度,增强生物分子之间的静电引力而使生物分子沉淀;也有人认为 PEG 具有空间排斥作用,将生物分子挤压到一起而引起沉淀。

采用 PEG 作为沉淀剂时,同样受到 pH、离子强度、温度、PEG 浓度等多种因素的影响。例如,溶液的 pH 越接近被分离成分的 pI,所需要 PEG 的浓度越低。沉淀蛋白质时,在 pH 不变的情况下,盐浓度越高,所需要 PEG 的浓度越低,即二者成反比关系。

非离子型多聚物沉析法所得到的沉淀中含有大量的沉淀剂。除去的方法有吸附法、乙醇沉淀法及盐析法等。如将沉淀物溶于磷酸缓冲液中,用 35%硫酸铵沉淀蛋白质,PEG 则留在上清液中。用 DEAE 纤维素吸附目的物的方法也常用,此时 PEG 不被吸附。用 20%乙醇处理沉淀复合物,离心后也可将 PEG 除去(留在上清液中)。

2. 选择性变性沉淀法　　选择性变性沉淀法是根据溶液中各种分子在不同物理化学因子作用下稳定性不同的特点,选择适当的条件,使欲分离的成分存在于溶液中而保持其活性;其他成分(即杂质)由于环境的变化而变性,从溶液中沉淀出来,从而达到纯化的目的。选择性变性沉淀法有多种,常用的选择性变性沉淀法如下。

(1)选择性热变性沉淀法:这种变性沉淀法的关键因素是温度。不同生物分子的热稳定性是不同的,当温度较高时,热稳定性差的生物分子将发生变性、沉淀,热稳定性强的生物分子则稳定地存在于溶液中。例如,核糖核酸酶的热稳定性比脱氧核糖核酸酶强,通过加热处理可以将核糖核酸酶中混杂的脱氧核糖核酸酶变性沉淀后去除。选择性热变性沉淀法简单易行,特别是在提取小分子物质时,由于小分子物质的热稳定性通常远远高于大分子的蛋白质、核酸等物质,可采用加热的方法将大分子的物质除去。实际应用时还可以通过调节 pH、加入一定量的有机溶剂等手段来促进变性沉淀,也可加入某种能使目标产物更稳定的稳定剂。使用这种方法的前提条件是:对溶液中的各种生物分子的热稳定性有充分的了解。

（2）选择性酸碱变性沉淀法:用酸或碱调节溶液的酸碱度,当达到一定的 pH 时,目标产物不变性,而杂质却由于超出可使其稳定的 pH 范围被变性沉淀,或处于杂质的 pI 造成杂质的溶解度急剧降低,从而达到纯化的目的。采用这种方法时,还可以利用一些其他的辅助手段来增强目标产物的 pH 稳定性或扩大其 pH 稳定范围。例如,有些酶与底物或竞争性抑制物结合后,对 pH 的稳定性显著增强。

（3）使用选择性变性剂沉淀法:利用蛋白质或其他杂质对某些试剂敏感的特点,在溶液中加入此类试剂(如表面活性剂、有机溶剂、重金属盐等),使蛋白质或其他杂质变性,从而使之与目的产物分离。例如,氯仿具有使蛋白质变性沉淀而不影响核酸活性的特点,在提取核酸时,往溶液中加入氯仿就可以将核酸与蛋白质分离。

上述类型的沉淀剂或沉淀方法普遍存在选择性不强,或易引起变性失活等缺点,应注意使用时的环境条件,并在沉淀完成后尽快除去沉淀剂。有时仅在沉淀物不作收集的特殊情况下使用。

第五节　沉降分离技术在中药制药分离工程中的应用

一、醇沉工艺的基本原理、强化手段与应用

在中药生产中利用重力沉降实现分离的典型操作是中药浸提液的静置澄清工艺,它是利用混悬液中固体颗粒的密度大于浸提液的密度而使颗粒沉降分离的方法。

鉴于醇沉工艺为目前国内中药制药生产的共性关键技术,有关其工艺优化设计等问题将在其他章详细讨论。

（一）醇沉过程的本质是颗粒的沉降

中药材先经过水提取,然后用一定体积倍数的乙醇沉淀去除杂质是中药生产中常用的分离、除杂工艺之一,其原理是利用中药中大多数有效组分和杂质成分在不同浓度乙醇溶液中溶解度不同,有选择性地去除杂质成分、保留有效组分,改善制剂澄明度,提高药液质量。目前中药生产企业普遍采用的醇沉工艺操作方式基本是在搅拌状态下加入一定浓度、一定体积的乙醇后静置冷藏 24~72 h,然后过滤或离心除去沉淀颗粒,得到澄清液。中药醇沉过程的本质是颗粒的沉降,系典型的固液分离过程。该工艺过程中形成的颗粒,呈现下述特点[2,21-28]。

1. 沉降颗粒形态随中药品种而异　　不同中药品种的醇沉过程中的沉降颗粒在形态上存在较大的差异(球形、絮状、成团或结块等)。通常醇沉颗粒的粒度分布为 20~100 μm,平均粒径一般在 80 μm 左右。而有些中药品种的醇沉颗粒的粒径很小,如枳壳,其粒度分布为 0.8~1.3 μm,平均粒径仅为 1 μm 左右。而且醇沉过程产生沉淀的形状往往随着药材不同而有较大的变化。如丹参的醇沉颗粒很容易粘连产生团聚现象,对沉淀效果及有效成分的得率影响较大;而苦参的醇沉颗粒呈现很明显的白色絮状,且沉淀层随时间的推移而下移,颗粒与上清液的界面较为明显;枳壳的醇沉颗粒则是较细小的块状沉淀。

2. 沉降过程的无序性和随机性　　醇沉工艺过程具有较大的无序性和随机性,这是因为:在醇沉颗粒析出沉降的过程中,成千上万种颗粒在同一条件下进行沉降。由于体系中的颗粒具有不同的粒径

和密度,它们的沉降速度也不同,属多分散体系,不同于一般的单分散体系。而在实际生产过程中,因为沉降颗粒形态随中药品种而存在的差异性及其沉降过程的无序性和随机性,又通常导致醇沉工艺参数(包括温度、pH、乙醇浓度、加醇方式、药液密度、醇沉时间等)的设置具有较大的随意性、盲目性和波动性,难以保证产品批次稳定性,进而影响产品的质量和疗效。

3. 药效物质被包裹,损失严重　　中药醇沉过程中引起有效成分流失的主要途径之一是包裹损失。在醇沉过程中,不同粒径的颗粒同时进行沉降,蛋白质、淀粉等大分子沉降颗粒之间互相吸附、相互交联,在某一特定的环境下(临界乙醇浓度)造成溶液包裹其中。且随着沉淀时间增长、乙醇浓度增加,包裹层愈加致密,造成有效物质的严重损失。资料显示,造成有效成分包裹损失的因素有多种,如初膏浓度过大、搅拌不均匀、药液温度过高等。

4. 受阻沉降,操作时间长,能耗高　　中药醇沉过程的沉降阻力大,沉降颗粒为多分散体系,符合多分散体系受阻沉降模型[11]。中药提取液中多糖和蛋白质等大分子含量比较高,在醇沉溶液中呈胶体分散体系,黏度大。传统的醇沉过程完全依靠颗粒的自身重力,由于醇沉颗粒非常细小(粒度为5~100 μm),沉降速度受到极大的限制。即使醇沉温度保持在0~5℃的低温下,沉降过程也往往需要24~48 h,甚至更长。由于中药醇沉工艺时间长,醇沉工序的操作时间几乎占了整个生产周期的一半,中药生产中醇沉操作已成为主要耗时过程。醇沉工艺一般需要长时间冷藏,设备因需长时间保持较低温度而消耗能量巨大,使得生产成本大幅度升高。研究表明,醇沉操作之所以耗时,与该过程所形成颗粒的动力学行为密切相关;并据此而找到相关对策:基于离心沉降的醇沉工艺强化技术。

(二)分离因数与颗粒沉降速度

由本章第一节关于颗粒沉降速度的讨论可知,当颗粒直径小于20 μm时,仅靠重力作用使其自由沉降所需的时间是工业生产无法接受的,因此必须以外力加速沉降过程。一般情况下首先考虑采用离心沉降的方法。

醇沉工艺中颗粒的沉降都是位于层流区,在离心分离中,颗粒沉降速度[2]为

$$u = d^2(\rho_s - \rho)r\omega^2/18\mu = u_g F \qquad (7-44)$$

式中,u_g 为重力沉降速度;F 为颗粒在沉降过程中所在位置半径处的分离因数。

在粒径小于20 μm的颗粒群中,采用分级离心分离的方法,先选用分离因数为100的离心机进行第一级分离,颗粒沉降速度见图7-30。

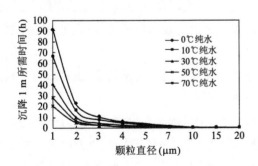

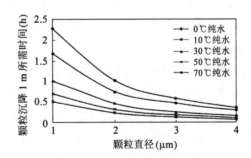

图7-30　分离因数为100的离心分离速度[2]　　　　图7-31　分离因数为1 000的离心分离速度[2]

由图7-30可看出,粒径小于10 μm的颗粒利用分离因数为100的离心机很难沉降下来。可再选用分离因数为1 000的离心机进行第二级分离,其分离速度见图7-31。

由图7-31可知,粒径为2 μm的颗粒在分离因数为1 000的离心条件下也很难在1 h内分离出来,所以,还需要再考虑分离因数为5 000的离心分离条件(图7-32)。

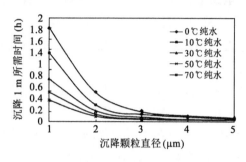
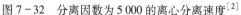
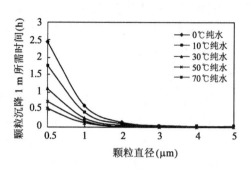

图 7-32　分离因数为 5 000 的离心分离速度[2]　　　图 7-33　分离因数为 15 000 的离心分离速度[2]

由图 7-32 可知,在颗粒直径小于 1 μm 时,即使采用分离因数为 5 000 的离心机也很难在 1 h 内将其分离出来。再考虑分离因数为 15 000 的离心分离速度(图 7-33)。

从上述各图中可以得出这样一个结论,即直径小于 1 μm 的颗粒无论采用多大的分离因数进行离心分离,都很难在 1 h 内沉降至醇沉釜底,而被分离出来,因此必须采用其他分离方法除去。

二、中药提取收率调控机理与应用

1. 中药提取收率超标的后果　　提取收率(出膏率)系指:按照规定的提取工艺,单位质量的中药材所产出的流浸膏或干浸膏的质量。它是中成药制药行业重要的生产管理指标,与产品的质量和成本关系密切。由于中药材的特殊性,实际生产中即使工艺、物料、人员、设备基本一致,出膏率的上下波动也是难免的。现实的做法是,特定处方、工艺的出膏率须控制在合理的范围。出膏率低,通常意味提取不完全,浸膏的单位成本较高。出膏率过高产生的问题比较麻烦:① 从药政管理法规的角度分析,原定生产 10 000 剂量单位的投材料药材产生了大于该定额的浸膏中间体,属于违规生产。② 提取收率超标,可能意味非药效物质过多,影响治疗效果。如类似银翘解毒、桑菊感冒之类的产品,很可能因提取强度过大、时间过长,使原"芳香解表"的药性发生变化,而影响药效,尽管其化学鉴别可能合格。③ 出膏率高还会造成后续成型困难,不利制备高效、速效剂型,并会影响成品性状、溶化性、崩解度、口感等。

2. 中药料液化学组成分析——提取收率高低的物质基础探讨　　中药水提液作为一种复杂的高分子稀溶液类似体系,其中的淀粉、蛋白质、果胶、鞣质等高分子物质的存在状态,与由此所形成的溶液环境性质对提取液后处理过程的影响,包括选择何种过滤方法、目标产物的组成与性质等问题的攻克,牵涉一系列与提取分离技术(亦与其他精制技术)密切相关的理论与技术堡垒,同时也可为中药制剂学研究开辟新的领域。

而中药溶液环境中溶解性有机物分子量分布,是溶液体系重要的物理化学特征,也是影响分离过程的重要因素,同时也可为提取收率高低的物质基础提供一种判断标准。

本团队曾研究了生地黄等 7 种药材及清络通痹复方水提液中可溶性有机物分子量分布的特点。结果发现,这些中药水提液中存在大量高分子水溶性组分。检测结果表明,这些大分子物质主要是纤维素、淀粉、蛋白质、果胶、鞣质等高分子物质,而它们恰恰构成了提取收率高的主要因素,当然其中还有一些细小混悬物。

3. 控制提取收率的主要思路与方法　　既然提取液中水溶性高分子成分、胶体颗粒与细小混悬物是影响提取收率的主要矛盾,那么控制提取收率的主要思路、方法可以有以下两种:一是通过正交实验等设计优选操作参数,控制药材中有关高分子物质的溶出;二是采取过滤、离心等固液分离技术手段,减少提取液中的高分子类物质。

基于思路一的控制中药提取收率的主要方法请参考本书第四章有关内容。基于思路二的控制中药提取收率的主要方法,则可从中药水提液中的胶体颗粒、细小混悬物质及淀粉、果胶、蛋白质、鞣质等共性高分子物质的特征组成出发,耦合高速离心、絮凝澄清等处理方法及多种场效应技术手段,强化对非药效物质的脱除分离过程,构建专门处理中药水提液中非药效物质的技术集成。其中,离心等技术手段是减少提取液中的高分子类物质的有效手段。尤其在提取工艺不能发生质的改变,而又必须降低出膏率的情形下,采用"筛分+离心"耦合技术(如选择不同材料、不同规格滤布、筛网配合不同转速、不同时间的离心操作)往往较大幅度降低得膏率,得到理想的效果。

三、口服液等液体制剂澄清技术应用

中药提取液一般体积较大、有效成分含量低、杂质多,常需要进一步分离和澄清精制。目前,大多数中药口服液的生产是采用水煎醇沉法。采用管式离心机(20 000 r/min)来代替醇沉法制备流浸膏,能够达到类似的效果。而离心分离法与醇沉法相比较具有较多的优点,如缩短了工艺流程,节约了大量乙醇,生产更趋安全,且可减少有效成分丢失,是值得推广和进一步探讨的方法。

用高速离心法制的归脾汤、小柴胡汤、一贯煎等中药口服液在保留多糖、黄芪甲苷、黄芩苷等有效成分的含量及保证成品的澄明度上明显优于水醇法。采用吸附澄清-高速离心-微滤法制备菖蒲益智口服液,与醇沉法和吸附澄清法工艺比较,结果表明该联用法制备的样品,其人参皂苷 Rg 和总多糖、总固体物含量均比后两种方法的高。说明吸附澄清-高速离心-微滤法能提高制剂的有效成分含量,实现连续化生产,简化工艺,缩短周期,降低成本,提高中药口服液制剂的稳定性。

絮凝澄清法是在中药提取液混悬体系中加入澄清剂,以除去溶液中的高分子杂质及细微粒子,而使中药制剂特别是液体制剂在较长时间内能够保持稳定的一种分离技术。

经国内众多学者的研究表明[29-31],该法在保留中药提取液的指标成分及多糖等有效成分,指标成分含量和中药液体制剂产品质量(澄明度、色泽)及稳定性等方面均优于水醇法,且较水醇法具有工艺简便、快速、费用低、节约大量乙醇、有利于安全生产和节约厂房、设备投资等优点。

四、离心技术在中药制药其他方面的技术应用[32]

1. **在溶剂萃取方面的应用** 使用离心机对溶剂萃取过程中产生的乳化现象,得到了较好的解决。根据在萃取分离时 2 种溶剂的比重不同,利用离心力破坏乳化层,取得了满意的效果。

2. **在浓缩过程中的应用** 离心薄膜浓缩综合了薄膜蒸发和离心分离 2 种工艺原理,利用离心力使料液在加热面上传递能力大大提高(薄膜厚度在 0.1 mm 左右),使流速和传热系数提高,药液在加热面上停留时间缩短,单位液滴可在瞬间完成浓缩。因此,蒸发效果好,浓缩比高,物料受热时间短。20 kg 药液浓缩至比重 1.2 左右,用同样的蒸发面积,老工艺需用 10 h 以上,而用离心薄膜蒸发器只需0.5 h。有效成分含量基本保持不变,尤其对热敏性物质特别适用。

3. **在超滤工艺中的应用** 在超滤前采用高速离心法进行药液的预处理,能有效地减少膜的污染程度,提高系统的生产能力,减少清洗次数,提高超滤效率,延长膜的使用寿命。如对活力口服液离心超滤工艺中的影响因素(离心转速、时间、超滤温度、药液体积等)进行的考查表明,以离心转速 3 500 r/min,离心 15 min,超滤温度为 70℃,体积 10 000 mL 为好。

4. **在质量控制方面的应用** 在蜜丸显微鉴别的制片中采用离心沉淀取样,能比较彻底地清除炼蜜、脂和树脂等干扰物质,有效地蓄积具有专属性显微特征的组织细胞,并且不影响蜜丸中原药材组织细胞的结构和数量比。方法比较简便、准确、可靠,基本可以替代直接取样法用于蜜丸的显微鉴别。此方法经过改进,还可用于含有原药材粉末的冲剂、栓剂等中成药制剂的显微鉴别取样。

5. 在超细粉碎方面的应用　　离心式碰撞粉碎机的工作原理，系利用机械高速运转产生的离心力，使被粉碎物料在粉碎腔内高速旋转而与外壁发生碰撞而粉碎。如德国 Alpine 公司生产的离心式超细冲击粉碎机，适用于热敏性材料的粉碎。气流粉碎机也是利用高速气流旋转产生的离心力，使物料通过自身的碰撞而粉碎。粉碎后的物料进入分级室，由于物料持有不同的离心力，故细粒从分级室排出，粗粒则重新进入粉碎室，与新进入的气固混合流相冲撞，再次被粉碎。在离心力场中，根据颗粒离心沉降速度的不同，可对粒径大小不同的颗粒进行分离，从而实施对超细粉末的分级处理。在离心惯性力的作用下，用沉降方法使超细颗粒与液体或气体分离开，均可达到较好的分离效果。沉降式、碟片式、管式离心机既可用于超细粉体的湿法分级，又可用于超细粉体的液、固分离。

6. 离心造粒法　　利用包衣制粒机转盘平面旋转所产生的离心力和物料间产生的摩擦力，使若干单一母核在运动状态下吸附黏合剂雾滴，黏附主料、辅料干粉，逐渐增大并趋于圆整平滑。对温胆汤颗粒剂和黄芩颗粒剂离心包衣造粒的优化研究表明，两种颗粒剂离心包衣造粒生产收率均稳定在 90% 左右。既可减少单剂量服用量，提高分剂量准确度，又可改善颗粒的物理性状。

参 考 文 献

[1]　刘落宪. 中药制药工程原理与设备. 北京：中国中医药出版社，2003.
[2]　闫希军，张立国，黄靓. 醇沉速度对中药质量的影响. 中成药，2003,25(4)：266－270.
[3]　郭立玮. 制药分离工程. 北京：人民卫生出版社，2013.
[4]　郭立玮. 中药分离原理与技术. 北京：人民卫生出版社，2010.
[5]　李津，俞咏霆，董德祥. 生物制药设备和分离纯化技术. 北京：化学工业出版社，2003.
[6]　宋志黎，宋显洪. 等压滤饼过滤过程中过滤介质阻力定量变化规律的探讨. 化工进展，2000,39(S1)：306－313.
[7]　都丽红，朱企新. 节能压榨过滤技术的研究进展. 化工进展，2009,28(8)：1307－1313.
[8]　RUSHTON A, WARD A S, HOLDICH R G. 固液两相过滤及分离技术. 朱企新等译. 北京：化学工业出版社，2005.
[9]　TARLETON E S, WAKEMAN R J. Filtration equipment selection. Modelling and process simulation. Oxford: Elsevier, 1998.
[10]　陈树章，朱企新. 非均相物系分离. 北京：化学工业出版社，1993：117－123.
[11]　章棣. 分离机械选型与使用手册. 北京：机械工业出版社，1997：362－367.
[12]　康勇，罗茜. 液体过滤与过滤介质. 北京：化学工业出版社，2008：204－218.
[13]　刘莎莎，董玉平，于杰，等. 高含水率中药渣的带式压滤机压滤脱水试验. 化工进展，2018,37(7)：2867－2872.
[14]　刘荣厚，牛卫生，张大雷. 生物质热化学转换技术. 北京：化学工业出版社，2005.
[15]　AKRAMA M, JEREMY O, JEAN V, et al. Electrical field: A historical review of its application and contributions in wastewater sludge dewatering. Water Research, 2010,44(8)：2381－2407.
[16]　张林，芮延年，刘文杰. 带式压榨过滤机的理论与实践. 给水排水，2000(9)：82－85.
[17]　刘小平，李湘南，徐海星. 中药分离工程. 北京：化学工业出版社，2005.
[18]　杨占平，陆书明，徐坦，等. 柔性杂质及滤液质量的表征. 化工进展，2012,31(12)：2656－2658.
[19]　刘益，王玉蓉，许文博. 壳聚糖絮凝沉淀法在牛膝纯化工艺中的应用性研究. 中国中药杂志，2008,33(7)：825－828.
[20]　欧阳平凯，胡永红. 生物分离原理及技术. 北京：化学工业出版社，2001.
[21]　戴颖，鞠建明. 活血养阴颗粒提取纯化工艺研究. 现代中药研究与实践，2006,20(1)：52－54.
[22]　高福君，仇法新. 浅谈影响重要醇沉的几个因素. 山东中医杂志，1999,18(5)：226－227.
[23]　马刚欣. 清热解毒口服液醇沉工艺的优选. 中成药，2006,28(3)：439－440.
[24]　王旭彤，张志强. 醇沉工艺对三黄泻心汤中小檗碱含量的影响. 黑龙江医药，2001,14(3)：176－177.
[25]　涂兴明，黄有仲，朱涛. 大黄素、盐酸小檗碱在醇沉工艺中的含量变化. 江西中医学院学报，2006,18(2)：35－36.
[26]　杨建春，杜国辉，于桂兰. 益母草口服液醇沉工艺的改进. 中国医院药学杂志，2003,23(6)：359－362.
[27]　肖琼，沈平壤. 中药醇沉工艺的关键影响因素. 中成药，2005,27(2)：143－144.
[28]　陈勇，李页瑞，金胤池，等. 中药醇沉工艺及装备研究进展与思考. 世界科学技术——中医药现代化，2007,9(5)：16－19.
[29]　於娜，黄山. 壳聚糖絮凝法精制黄精水提液. 化学工业与工程，2012,29(2)：32－36.
[30]　张萍，吴月国，刘骅. ZTC1+1-Ⅱ澄清剂用于中药水提液澄清. 中国中药杂志，2007,32(2)：113－115.
[31]　夏新华，谭红胜. 蒲公英水提液絮凝澄清工艺研究. 中国中药杂志，2006,31(19)：1632－1634.
[32]　刘春海，李跃辉，杨永华. 离心技术在中药研究中的应用. 中成药，2004,26(1)：68－70.

第八章
中药制药精制过程工程原理与技术应用

第一节　中药制药精制过程概念及其作用

一、制药分离技术的中药精制过程概念

"精制"一词见于张兆旺教授主编、2002年出版的普通高等教育"十五"国家级规划教材《中药药剂学》[1],其定义为:"精制是采用适当的方法和设备除去中药提取液中杂质的操作。常用的精制方法有:水提醇沉淀法、醇提水沉淀法、超滤法、盐析法、酸碱法、澄清剂法、透析法、萃取法等,其中以水提醇沉淀法应用尤为广泛。超滤法、澄清剂法、大孔树脂吸附法愈来愈受到重视,已在中药水提液的精制方面得到较多的研究和应用。"

随着中药制药工程近20年来的发展,越来越多的新技术被引入包括精制工序在内的中药制药过程,新的中药制药技术原理不断被发掘、认识,精制内涵也有了新的延伸、扩大。本书对精制表述为:中药制药流程中,中药液体物料实施固液分离操作后,根据澄清、除杂、纯化,以及防潮、防喷干黏壁等工艺需要,所经历的一个单元操作(也可视为中药制药流程工序之一),其常用的技术包括水提醇沉、膜滤过、絮凝澄清、吸附、萃取、泡沫分离、分子蒸馏等分离手段。

二、中药制药精制过程的共性原理与存在的问题

中药水提液被认为是一种由混悬液、乳浊液与真溶液混合而成的复杂体系。从生物学的角度来看,植物类药材作为中药的主体,入药部位无论是根、根茎、茎、皮,还是叶、花、种子等,都是植物体的组织器官。其水煎液中所含的除各种不同的活性有效成分外,无一例外地均有大量构成各组织、器官细胞壁的成分及所贮藏的营养物质,如淀粉、果胶、鞣质和蛋白质等,它们的分子量很大,在水中可以胶体形式存在,除少数外,一般无药理活性,因此可将它们称为非药效共性高分子物质。现代研究表明,中药有效成分如生物碱、黄酮、苷等,其分子量大多数不超过1 kDa,它们是构成中药药效物质基础的主体;而非药效成分如淀粉、蛋白质、果胶、鞣质等则属于分子量在50 kDa以上的高分子物质,可以认为,它们是造成当前中药制剂服用量大、稳定性差、质量控制体系落后、固体制剂吸湿性强,且难以开展各种高效、速效、长效新剂型研究的主要因素,因而需通过精制单元操作加以去除。当然有些高分子化合物如某些多糖、天花粉蛋白、乳香和没药中的树脂等具有一定的生理活性或疗效,可将其作为特例考虑[2]。

目前,用于精制中药水提液的方法,如上所述主要有水提醇沉淀法(简称醇沉法)、膜分离法、絮凝澄清法及大孔树脂吸附法等,其目的都是除去非药效共性高分子物质。其中醇沉法的主要机理是:以水为溶剂提取药材,再按比例添加乙醇,利用各成分在不同醇浓度下的溶解度差异,选择性地除去水提液中大分子无效成分;膜分离法是利用膜孔径对不同分子量物质的截留差异,除去高分子物质;絮凝澄清法是通过加入澄清剂以吸附架桥和电中和方式,除去溶液中的粗粒子;大孔吸附树脂法则是利用大孔

树脂对不同分子的筛孔性和范德瓦耳斯力的差异，而将大小分子进行分离。上述方法或可达到不同程度的精制效果，但都无一例外地存在着药效成分的损失、精制程度不高等技术经济方面的共性问题，且还存在着各自的缺陷。如醇沉法时间长、成本高、操作烦琐，对后续工艺与临床疗效均有不良影响；膜分离法可因膜污染严重，导致通量快速下降；絮凝澄清法、大孔树脂吸附法因采用了化学分离介质，存在着絮凝剂或树脂残留的问题等。总而言之，上述精制技术在安全性、有效性及技术经济指标等方面均不如人意。

产生上述问题的根本原因应归结于中药水提液精制技术领域所存在的"拿来主义"现状：由于缺乏深入系统的基础研究，更重要的是缺乏主动创新精神，大多数企业习惯采用沿袭了半个多世纪的水提醇沉法工艺，至今未能开发出专门针对中药水提液体系的精制分离技术。面对生产实际中的精制应用需求，往往只是从其他领域已具有的相关技术中去选择，如果现有技术达不到所需的技术要求或技术经济比较不过关，则认为这一技术不适用于中药体系，或以行政手段加以限制。膜技术在中药行业的应用就是一种典型现象：自 20 世纪七八十年代起，日本即大规模采用膜技术生产汉方制剂，其产品行销各国，占领国际中药市场大多数份额。可是，我国采用膜技术改变中药生产工艺至今被认为是"三类"工艺变更，需要重新开展临床研究。此外，即使能够在现有技术中选出可用的精制分离手段，由于分离原理与实用体系不能密切兼容，这种技术也不一定是最优的。这一现实导致新技术的应用领域受到限制，同时现有的分离技术不一定工作在最优状态下。这两点都是制约中药水提液精制技术及中药产业发展的重要障碍。

在此，我们特别痛感由张伯礼院士主持的有关"中药制药过程工程原理不明"被列为 2020 年中药工程难题的重要性与迫切性。而解决这一问题的根本方法是开展中药制药分离过程工程原理的系统研究，建立中药水提液最优精制分离的概念，即对水提液精制技术应用系统进行优化设计。而为达到优化设计的目标，必须解决精制对象——中药水提液复杂体系的客观评估问题，从面向药效物质的分离过程出发，依据现代分离理论的基本原理，建立可科学、完整地描述中药水提液复杂体系的理论与技术体系，从本质上研究中药水提液复杂体系可与先进分离材料兼容的分离性质，如化学成分间的分子量差异、电导率、介电常数、电荷、磁化率、扩散系数等物理方面的性质；反应平衡常数、化学吸附平衡常数、离解常数、电离电位等化学方面的性质及生物学反应速度常数、生物学亲和力、生物学吸附平衡等生物学方面的性质。鉴于中药水提液是成分非常复杂的多组分混合体系，该研究工作将涉及中药制剂学、物理化学、分析化学、现代分离科学及材料学、数据科学等领域，而成为中医药多学科交叉创新研究领域的一个重要领域。

三、中药精制技术导致的中药制药过程变化及其药剂学应用

之所以在本章如此早地提及基于中药精制原理的中药制剂防潮技术，是因为相关内容是近年来中药制药界同仁通过中药制药工程过程原理研究，取得的重要成果之一。

（一）基于中药精制原理的中药制剂防潮技术

中药提取物之所以易吸湿是由于其中含有大量吸湿性较强的糖类、鞣质、树胶等，采用适当而高效的提取溶媒及先进的工艺，在提取有效成分的同时最大限度地除杂，可降低提取物的吸湿率。纯化技术，如膜分离技术、大孔树脂吸附技术等，均可减少提取物中的无效成分，起到防潮作用[3]。

1. 膜分离技术　　使用超滤膜、微孔滤膜等滤除水提物中主要的大分子物质，如多糖、纤维素、淀粉等成分，可显著降低纯化后产物的吸湿性。李淑莉[4]以绿原酸保留率、多糖和蛋白质的去除率为指标，考察了表明超滤法（截留分子量为 2×10^2 的超滤膜）对多糖的去除率约是醇沉法的 2 倍，对绿原酸的保留率为 20.5 mg/g（醇沉法为 15.9 mg/g）。可见，超滤法可增加对引湿性物质的去除率，明显提高有效成分的保留率。

2. 吸附澄清技术　　采用澄清剂处理胶体溶液或混悬液,可在保留大部分有效成分的条件下使之澄清稳定,是一种切实有效的精制方法。徐向彩等[5]考察了黄芪提取液经皂土澄清剂处理后浸膏粉吸湿性的变化。结果表明,经该澄清剂处理后黄芪总皂苷和黄芪多糖的转移率较高,其中黄芪总皂苷为79.1%。同时防潮效果也得到改善,未经该澄清剂处理的浸膏粉 36 h 的吸湿率为 19.99%,而经处理后的样品吸湿率平均为 17.53%。

3. 大孔吸附树脂技术　　大孔吸附树脂的理化性质较稳定,不溶于酸、碱及有机溶剂,常用于中药提取物的纯化。杨桦等[6]在川草乌总生物碱的提取工艺中,使用大孔树脂得到的乌头类总生物碱提取率为 85%,同时除去了 82% 的水溶性杂质。这些水溶性杂质的去除可有效防止中药提取物的吸湿,也有利于制备现代中药制剂。但上述技术的应用亦要注意规模化生产的可行性、生产成本、临床疗效及安全性等问题。

（二）醇沉工艺与喷雾干燥黏壁的相关性

施晓虹等[7]发现,几十年应用醇沉除杂结果显示,醇沉处理后的药液在喷雾干燥过程中发生严重黏壁的比例增高,多需通过添加较高比例的辅料才能解决;在真空干燥过程也出现干燥时间延长、干燥物板结、有效成分损失大等问题。其课题组在研究喷雾干燥技术的过程中,也发现经醇沉处理的药液喷雾干燥易黏壁这一现象,并对其进行了相关研究。据其共计对几十种单味中药或中药复方进行喷雾干燥,结果发现 88.9% 的药液经过醇沉处理后,都发生了喷雾干燥黏壁,比水提液发生喷雾干燥黏壁的比例高3倍。

为探索醇沉处理前后中药水提液理化性质的变化及其与喷雾干燥黏壁的关系。该研究选取临床应用较多的中草药,分别测定其水提液醇沉处理前后的理化性质:① 动态表面张力(dynamic surface tension,DST);② 衡表面张力(equilibrium surface tension,EST);③ 动力黏度(dynamic viscosity,DV)及 pH。同时测定药液有机酸(枸橼酸、L-苹果酸)与小分子糖(果糖、蔗糖、无水葡萄糖)含量。将中药的水提液和醇沉处理药液分别进行喷雾干燥,观察药液热熔型黏壁情况。设定仪器参数:进风温度为135℃,进风量为 35 m³/h,雾化压力为 75 kPa,进液速度为 9 mL/min,出风温度为(72±2)℃。

采用 SPSS 22.0 软件对所有原始数据进行标准化处理,并进行单因素方差分析和聚类分析(hierarchical cluster analysis,HCA);同时将标准化数据导入 SIMCA 14.1 软件进行主成分分析(principle component analysis,PCA)和正交偏最小二乘-判别分析(orthogonal partial least squares-discriminate analysis,OPLS-DA),最终综合所有的统计结果分析醇沉处理前后药液理化性质的变化与喷雾干燥黏壁之间的关系。

3 种分析结果均显示,醇沉处理对中药水提液的理化性质产生了影响,且醇沉处理后中药药液的物理性质变化与喷雾干燥热熔型黏壁有显著相关性。PCA-X 和 HCA 结果表明,醇沉处理对中药水提液的动态表面张力影响最大,对其他几种理化性质也存在一定影响;OPLS-DA 验证了 PCA-X 和 HCA 结果,并显示醇沉处理对药液的动态表面张力、平衡表面张力、pH 影响显著,影响程度由强到弱依次为动态表面张力>平衡表面张力>pH。因此,可以推测醇沉处理造成的药液动态表面张力和 pH 的下降是导致醇沉处理药液喷雾干燥出现热熔型黏壁现象的重要因素。

上述现象的发生直接原因可能是由于大分子醇不溶性成分的去除,增大了小分子表面活性成分及有机酸、小分子糖的相对比例造成的。这一机制,初步推测醇沉处理使药液的原液下降,导致药液喷雾干燥过程中雾滴与设备内壁接触角变小,铺展性增加,快速回缩降低[8,9],从而增大粉末附在设备内壁概率;醇沉处理除去了部分高熔点的大分子,如淀粉、多糖等[10],一方面使药液 pH 下降[11];另一方面,使低熔点的小分子糖和小分子有机酸所占比例增加,降低了物料表观熔点或玻璃化转变温度[12]。因此,黏附在设备内壁上的雾滴或粉料会在高温作用下发生熔融或软化发黏而导致热熔型粘壁现象的出现。

第二节 基于均一重力场沉降过程工程原理的醇沉精制原理与技术应用

中药醇沉工艺起源于 20 世纪 50 年代的中药浸膏剂型改革[13,14]，目前已成为中药制剂生产中的通用工艺。水提醇沉淀法是以水为溶媒进行提取，浓缩后再加入一定量乙醇以去除提取液中杂质的方法。由于中药所含不同结构类型的成分在水和乙醇中的溶解性不同，通过水和不同浓度的乙醇交替处理，可保留生物碱、苷类、氨基酸、有机酸等成分，去除蛋白质、糊化淀粉、黏液质、油脂、脂溶性色素、树脂、树胶、部分糖类等杂质[1]。醇沉上清液的含醇量对醇沉处理后提取液中能够保留的成分种类及量具有重要影响，是醇沉工艺的关键参数。对于同一种中药而言，当不同批次的醇沉含醇量发生较大差异时，其所含有效成分的损失情况不同，产品质量也会产生较大差异。

一、醇沉物质的微观形态及其工艺学意义

有关中药醇沉工艺的宏观动力学过程，已在前面第七章做过论述，此处从微观形态的角度讨论中药醇沉工艺的技术原理及其工艺学意义。

蒋美林等[15]通过研究醇料比对双黄连制剂醇沉效果及沉淀物形态的影响，探讨醇沉沉淀物分形维数综合评价醇沉效果的可行性。主要方法：针对双黄连制剂醇沉工艺，采用 HPLC 法与重量分析法，考察醇料比对指标成分综合保留率与滤饼含液率的影响；采用直接观察、原子力显微镜观察及面积-周长法，考察醇料比对沉淀物表观形态、微观形态及分形维数的影响。运用 Pearson 相关分析方法，分析醇沉沉淀物分形维数分别与指标成分综合保留率和滤饼含液率之间的相关性。结果表明，随着醇料比的增大，指标成分综合保留率与沉淀物分形维数均逐渐增大，而滤饼含液率则逐渐减小；沉淀物分形维数与指标成分综合保留率呈正相关，与滤饼含液率呈负相关。鉴于上述结论，在双黄连制剂醇沉工艺中，醇沉沉淀物分形维数可作为反映醇沉效果的综合评价指标，为后续双黄连制剂醇沉工艺可视化的精细控制研究提供参考。

水提醇沉法是利用中药有效成分溶于乙醇而杂质不溶于乙醇的原理，分离纯化有效成分的方法。在《中国药典》（2020 年版）一部中，300 多种制剂"制法"均涉及醇沉工艺。在实际生产中，有效成分包裹损失严重是醇沉工艺长期存在的一大突出问题，致使中药资源利用率降低、醇沉浸膏品质波动不确定性增加，甚至影响临床用药安全。

作为现代非线性科学的三大理论之一，分形理论用于描述自然界中不规则、复杂事物的规律性，解决非线性领域中的复杂问题，揭示局部和整体之间内在关联性[16]。该理论已较好地解决了水环境领域中，絮体沉淀物固液分离问题[17-19]。醇沉过程是一个复杂的物理化学变化过程。醇沉沉淀物整体呈现出复杂、非线性及不规则的絮体形态。前期研究发现，黄芪醇沉沉淀物不仅具有良好分形特征，且其密实程度可被分形维数定量描述[20]，这为该实验将分形理论拓展至更加复杂的双黄连复方制剂醇沉工艺研究提供了可能。

该实验在分形理论指导下，针对双黄连制剂（由金银花、连翘及黄芩组成）醇沉工艺，探讨醇料比对醇沉效果及沉淀物分形维数的影响，开展醇沉沉淀物分形维数与醇沉效果评价指标的相关性分析，深化了对中药醇沉精制技术原理的认识，并为中药制剂醇沉工艺可视化在线控制研究提供了新视角。

1. 样品制备　按照《中国药典》（2015 年版）中双黄连制剂制法，精确称取一定量的连翘和金银花，配比 2:1，按 1:10 的料液比加入双蒸水，在 50℃下温浸 30 min 后，煎煮 2 次，每次 1.5 h。滤过合

并煎液,滤液减压浓缩至相对密度为 1.20 g/mL(80℃),得到双黄连醇沉前浓缩液备用。在搅拌速度为 100 r/min 条件下,分别按照醇料比(体积比)2.00∶1、2.60∶1、3.50∶1、5.00∶1,以 15 mL/min 的加醇体积流量,将 90%乙醇溶液加入醇沉前浓缩液中,待加醇结束后,在 10℃静置 24 h,滤过,得到上清液与醇沉沉淀物样品。

2. 醇沉沉淀物直观形态观察　　通过直接观察沉淀物底部,发现随着醇料比的增大,醇沉沉淀物整体形态由细小、分散、疏松状态向团块、聚集、紧密状态变化。

3. 原子力显微镜观察　　借鉴以往相关文献分析方法[21,22],在不同醇料比条件下,对已获得的沉淀物,对应用 65%、70%、75%、80%乙醇稀释,配制质量浓度为 10 gg/mL 样品。取样品溶液 5 μL 滴在新鲜解离的云母片上,自然晾干后置于原子力显微镜观察,图像均在 Tapping 模式下采集,扫描速度为 1 Hz,获得相应的双黄连制剂醇沉沉淀物原子力显微镜图像。随着醇料比的增大,醇沉沉淀物微观聚集体由体积小、分散状态向体积大、更加团聚状态变化。该结果表明,增加醇料比,可使双黄连制剂醇沉沉淀物分子之间缠绕结合更加紧密,进而形成更加密实且体积更大的聚集体形态。

4. 醇沉沉淀物分形维数测定　　通过调整移液器(规格 1 mL)取样吸头内径至 5 mm,直接吸取双黄连醇沉的沉淀物 0.2 mL,置于直径 60 mm 圆形平皿内,获取醇沉沉淀显微原始图像。经 Matlab16a 软件对显微图像进行二值化处理。

在此基础上,采用 Image-Pro Plus 6.0 软件,获取投影面积(A)与特征周长(P)值数据,构建醇沉沉淀物形态 A 与 P 值之间的函数关系,即 $\ln A = D_f \ln P + \ln K$。式中,K 为常数,由此计算分形维数 (D_f) [23]。由结果知,沉淀物 A 值与 P 值对应自然对数之间呈良好线性关系,相关系数 (R^2) 均大于 0.96,从而表明,在不同醇料比条件下,双黄连制剂醇沉沉淀物均具有良好的分形特征,且密实程度可被分形维数定量描述。不同醇料比(2.00∶1、2.60∶1、3.50∶1、5.00∶1)时醇沉沉淀物 D_f 分别为 1.48±0.09、1.56±0.12、1.63±0.10、1.64±0.12(n=6)。随着醇料比的增加,醇沉沉淀物 D_f 变化曲线呈现出逐渐增大趋势。提高醇料比,可使沉淀物形态变得更加密实。

5. 相关性分析　　经 Pearson 相关性分析,醇沉沉淀物 D_f 分别与指标成分综合保留率呈显著正相关(P<0.01),而与滤饼含液率呈显著负相关(P<0.01)。验证实验结果显示,各工艺水平对应的平均指标成分综合保留率依次为(76.11±2.21)%、(83.54±5.02)%、(82.53±3.84)%、(87.06±2.31)%(n=3);平均滤饼含液率依次为(60.81±1.53)%、(57.95±1.30)%、(55.14±1.95)%、(53.37±2.91)%(n=3);D_f 依次为 1.485±0.021、1.539±0.051、1.676±0.062、1.539 1±0.041(n=3)。

与预测值比较,各工艺水平对应指标成分综合保留率的偏差依次为-4.93±1.71、1.22±4.18、-3.09±5.15、4.74±3.29(n=3);滤饼含液率的偏差依次为 2.14±1.89、0.25±1.35、-0.07±2.63、-4.32±2.78(n=3)。结果表明,D_f 可作为双黄连制剂醇沉效果综合评价指标。

该实验从宏观与微观视角,均观察到随着醇料比的增加,双黄连制剂醇沉沉淀物形态整体表现出体积变大,密实程度增加的现象。其原因可能与沉淀物中多糖分子形态变化及其相对含量有关[24,25],即:一方面随着药液中乙醇含量的提高,体系中的介电常数减小,水分子与糖类羟基之间结合的稳定性降低,相互缠绕的多糖分子链上的羟基之间更易形成稳定的氢键,促使多糖分子之间缠绕结合变的更加紧密[26];另一方面,据前人研究发现,在金银花水提液中,乙醇浓度越高,沉淀物中多糖相对含量越高[27,28]。加之,金银花多糖与连翘多糖同具有果胶结构特征[29,30]。由此推知,提高药液中的乙醇浓度,有利于双黄连制剂醇沉沉淀物中多糖相对含量的提高,从而增加多糖成分对沉淀物整体形态变化的影响。

含醇量是中药制剂醇沉工艺重要控制参数,直接影响原液中有效成分在醇沉上清液中的保留[31]。该研究将醇料比替代含醇量,使实验操作更加简单易行。由于醇料比受醇沉操作环境温度的影响,不同温度条件对应的含醇量有所不同。因此，该文作者亦建议在构建醇料比与含醇量之间的关系时，还应考虑环境温度因素的影响，使醇料比的设定更加科学规范，测算数据更加统一可靠。

该研究提示，就中药制剂醇沉工艺而言，乙醇浓度对工艺产物影响极大，系关键工艺参数。然而有关中药复方制剂醇沉含醇量的调研却表明，中药企业普遍对醇沉含醇量的认识存在较大偏差，其后果必然导致相关产品安全性与有效性深受影响，并是源自不同企业的同一产品之间产生较大质量差异性的重要因素。

二、关于中药复方制剂醇沉工艺含醇量的调研

从 20 世纪 50 年代后期至今，醇沉是中药复方制剂最常用的除杂方法之一。多年来研究者们对醇沉工艺规律、醇沉设备及影响因素等进行了有益的探讨，但一个明显的问题却一直被忽视，即醇沉上清液的实际含醇量是否达到目标含醇量的要求。为了解中药大生产中醇沉上清液的实际含醇量情况，国家食品药品监督管理总局药品审评中心周跃华主任药师[32]对 22 个已上市中成药进行了调研，并以醇沉实际含醇量与目标含醇量之差等为指标进行了分析。

（一）调研方法

该调研收集的主要目标的定义如下：

（1）目标含醇量：指相应中成药质量标准"制法"项下规定的醇沉应达到的含醇量。如"制法"中醇沉使含醇量达 60%，即目标含醇量为 60%；加入等量 95% 乙醇，即 $1/(1+1)×95\% = 47.5\%$；加入 2 倍量乙醇，即 $2/(1+2)×95\% = 63\%$；此外，有一个品种的质量标准中规定醇沉使含醇量达 65%~70%，故以企业生产操作规程中规定的 66% 为目标含醇量。

（2）表观含醇量：指酒精计插入醇沉上清液中读取的刻度值。

（3）实际含醇量：以《中国药典》（2010 年版）附录的"乙醇含量测定法"对醇沉静置结束后的上清液进行测定所得的含醇量，为醇沉上清液中的实际含醇量。

（4）ΔC：指醇沉实际含醇量与目标含醇量之差，ΔC = 实际含醇量（C_s）−目标含醇量（C_m）。为便于对不同目标含醇量的中药进行横向对比，以 ΔC 为指标进行数据分析。

调研中发现，实际大生产中，醇沉加醇量多采用以下方法：

（1）酒精计法：指在醇沉操作过程中，以酒精计插入醇沉上清液时液面达到目标含醇量的刻度，作为醇沉加乙醇结束的终点。

（2）计算法：在醇沉时根据公式的计算结果来确定醇沉加乙醇量，即［目标含醇量×待醇沉药液体积/（0.95−目标含醇量）］。

（3）倍数法：根据"制法"的规定，向待醇沉药液中加入一定倍数的乙醇（一般按体积比计）。

（二）调研结果

1. 中药大生产醇沉数据调研的基本情况　　该调研共收集了 22 个品种 200 批次中成药大生产的醇沉相关信息。22 个品种的目标含醇量分别为 45%、63%、65%、70%、75%、80%、85%。以酒精计法确定醇沉加醇量的品种，其表观含醇量大多与目标含醇量一致。倍数法的表观含醇量大多低于目标含醇量。从收集的数据看，不同企业大生产的醇沉数据之间存在明显差异，同品种不同批次间的醇沉实际含醇量存在一定差异，不同企业间相同目标含醇量品种的实际醇沉含醇量也存在差异。

2. 醇沉实际 ΔC 的总体分布情况　　调研的数据表明，200 批中药醇沉的 ΔC 大致呈正态分布。中药醇沉的实际含醇量大多高于目标含醇量。低于目标含醇量的品种数量较少，约占品种总数的 7.5%。实际含醇量偏离目标含醇量向下最低值为−5.2%，向上最高值为 11.6%。实际含醇量高于目标含醇量

0~9%的品种数较多。

3. ΔC 与品种　　由调研结果可知：① 中药大生产中的实际醇沉含醇量与质量标准"制法"规定的目标含醇量之间有一定偏差。ΔC 的平均值与品种有关，不同中药品种的 ΔC 大小不同。ΔC 平均值最大达 7.9，最小达 1.3，总体平均值为 4.6。如质量标准中规定目标含醇量为 60%，则实际平均含醇量约为 64.6%。② 同品种不同批次之间的醇沉实际 ΔC 有一定的波动。有的品种实际生产中控制较好，不同批次间 ΔC 的标准差较小，最小达 0.212 13。而有的品种不同批次间的 ΔC 标准差较大，最大达 6.376 38。此外，不同企业之间也表现出一定的差异，如企业 E、H、D、K 的品种，不同批次 ΔC 的标准差均相对较小，且极差也较小。推测可能与企业的生产管理与规范操作有关。

4. ΔC 与醇沉加醇量的确定方法　　由调研结果分析：采用倍数法来确定醇沉加乙醇量的品种，不同批次间 ΔC 的标准差相对较小。而采用计算法及酒精计法确定醇沉加醇量的品种，不同批次间 ΔC 的波动相对较大。

5. 部分醇沉数据偏差较大的原因　　一般情况下，按酒精计法或计算法确定醇沉加醇量，其实际醇沉含醇量应高于目标含醇量。但少数样品的实际醇沉含醇量低于目标含醇量。此种情况与理论推测的结果不符。此类品种相对集中，主要在企业 B、J、F。根据进一步调查，J 企业醇沉时浸膏的温度及室温均较高，加入乙醇后用酒精计测量表观含醇量时的温度约为 30℃，与 20℃ 相比，整体醇沉上清液的相对密度降低，使得酒精计下沉，显示的表观含醇量偏高，加入乙醇量减少。

三、基于中药醇沉技术原理的醇沉浓度概念辨析[32,33]

醇沉工艺是利用中药提取物各成分在乙醇/水混合溶剂中的溶解度差别，来溶解中药有效成分，析出除去杂质的过程。其实质相当于用合适浓度和体积的乙醇与水的混合溶剂提取水提干浸膏的过程。只是生产中没有将浸膏干燥，而是在浓缩浸膏中加入适当体积的乙醇，与浸膏中的水形成设定的含醇浓度、体积的醇/水混合溶剂来达到同样效果。醇沉工艺中常出现的"加醇至醇量百分之多少"，即应为去除溶质的醇/水混合溶剂中的乙醇量（体积分数）。可以按照《中国药典》（2020 年版）"通用技术要求"0711 乙醇量测定法测定。

1. 历史上根据浸膏体积计算醇沉量和加入的醇体积的做法　　中药醇沉工艺早期研究被整理成《中药单味制剂操作工艺》一书，该书中前言范例部分对加醇沉淀过程的含醇量描述如下："药液浓缩至比重 1.1~1.2（指 15 及 25℃ 时之温），如投入 1/3 量醇，其药液中醇浓度约为 25%，投入 1/2 量醇其药液中醇约为 30%，如投入等量醇其药液中醇约为 45%，如投入 1.5 倍量醇药液中醇浓度约为 60%，如投入 2.5 倍量醇则药液中醇体积分数约为 70%，如投入 4 倍量醇，其药液中醇体积分数约为 80%，此系估计值仅供生产时的参考"。从上述描述可知，醇沉后的含醇量是以药液体积和加入的乙醇体积计算得到的。计算公式如下：

$$V_{醇}(C_1 - C_2) = V_{药液} C_2 \tag{8-1}$$

式中，C_1 为加入的乙醇体积分数，C_2 为最终的含醇量。

根据上述公式分别推算出最后含醇量及为此所需加入的醇体积，计算公式如下：

$$C_2 = C_1 V_{醇} / (V_{醇} + V_{药液}) \tag{8-2}$$

$$V_{醇} = V_{药液} C_2 / (C_i - C_2) \tag{8-3}$$

仔细查看现有醇沉计算公式，会发现其适用于纯水和乙醇混合条件下来计算。现有醇沉工艺中应用此公式，是把浸膏当作水，忽略了浸膏中含有的大部分干提取物。混淆了溶剂和溶液两个不同概念，将原本溶剂中的含醇量理解为整个溶液中的含醇量。

实际上，以浸膏含水体积替换公式(8-3)中浸膏体积，即可求出正确加醇量。

$$V'_{醇} = V_{水} C_2 (C_1 - C_2) \tag{8-4}$$

计算的关键是要了解浸膏的含水量，可从体积和质量两方面进行计算。

2. 以浸膏中含水的体积计算加醇量　设浸膏中含水体积分数为 a，结合式(8-4)可得实际加醇量为

$$V'_{醇} = aV_{浸膏} C_2 / (C_1 - C_2) \tag{8-5}$$

对比公式(8-3)、(8-5)，可得

$$V'_{醇} = aV_{醇} \tag{8-6}$$

即实际所需加醇量为现行计算值的 a 倍($a<1$)。取一定体积($V_{浸膏}$)浸膏，测定干燥失水质量 $m_{水}$，由 $V_{水}/V_{药液} = (m_{水}/p_{水})/V_{浸膏}$，即可计算出 a。

以中药水提浓缩液 10 L，比重 1.25，含水量 54.3%，醇沉至 65%含醇量，需加入多少 95%乙醇(文献中未说明含水量是体积还是质量分数)为例。现行将药液当作水的计算方法，由式(8-3)计算得加醇量，即 $V_{醇} = V_{药液} C_2 / (C_1 - C_2) = 10 \times 65 / (95 - 65) = 21.7$ L。

若浸膏含水量 54.3%为体积分数，由式(8-6)得 $V_{醇} = 0.54 \times 21.7 = 11.7$ L，即实际上仅需加入 54%的乙醇，即可达到 65%的目标含醇体积分数。

四、ΔC 的质量源于设计原理认识论及其纠正[32,33]

1. ΔC 对药品质量的影响　　水提醇沉淀法是以水为溶媒进行提取，浓缩后再加入一定量乙醇以去除提取液中杂质的方法。由于中药所含不同结构类型的成分在水和乙醇中的溶解性不同，通过水和不同浓度的乙醇交替处理，可保留生物碱、苷类、氨基酸、有机酸等成分，去除蛋白质、糊化淀粉、黏液质、油脂、脂溶性色素、树脂、树胶、部分糖类等杂质。醇沉上清液的含醇量对醇沉处理后提取液中能够保留的成分种类及量具有重要影响，是醇沉工艺的关键参数。对于同一种中药而言，当不同批次的醇沉含醇量发生较大差异时，其所含有效成分的损失情况不同，质量也会产生较大差异。

以葛根素为指标，对某中药复方醇沉含醇量对药品质量的影响进行研究，结果表明，醇沉前浸膏中葛根素转移率为82.51%，醇沉使含醇量分别达到60%、65%、70%、75%、80%时，其葛根素的转移率分别为70.55%、75.09%、72.41%、64.90%、65.82%[34]。补气生血方水提液醇沉的浓度为40%、50%、60%、70%、80%、90%时，在醇沉上清液回收乙醇并定容后的溶液中黄芪甲苷的量分别为 0.136 3、0.155 2、0.160 1、0.181 2、0.247 2、0.143 6 mg/mL；多糖的量分别为 1.011 1、0.566 7、0.248 1、0.081 1、0.004 07、0.002 963 mg/mL，干浸膏的量分别为 0.186 9、0.153 9、0.121 9、0.112 0、0.101 3、0.095 2 g/mL[35]。多糖、干浸膏的量随着醇沉含醇量的提高而逐步下降，而黄芪甲苷的量在80%时最高。常通口服液(含大黄、丹参等)的醇沉含醇量为50%、65%、75%时，丹参素的量分别为 1.45、1.54、1.50 mg/mL；大黄素的量分别为 19.52、10.55、6.21 mg/mL[36]。健脾止泻颗粒醇沉浓度为40%、50%、60%时，白头翁皂苷 B$_4$ 的转移率分别为78.34%、76.98%、70.42%[37]。华蟾素提取液醇沉含醇量分别为60%、70%、80%、85%时，华蟾素保留率分别为35%、50%、52%、50%[38]。在一定范围内随着终点乙醇量的提高，华蟾素保留率逐渐升高；当终点乙醇量大于80%时，随着终点乙醇量的升高，华蟾素保留率降低。当终点乙醇量过

高时,形成的沉淀颗粒粒度增大,容易产生包裹团聚现象,使华蟾素更容易被夹带于形成的块状沉淀中,造成损失。丹参注射剂醇沉实验中丹参素保留率在21%~49%,显示醇沉中丹参素损失明显,加入乙醇的体积分数越高,丹参素损失越多[39]。红花提取液醇沉含醇量为50%、60%、70%、80% 85%时,羟基红花黄色素 A 转移率分别为98%、100%、92%、83%、79%。终点含醇量在50%~60%,羟基红花黄色素 A 转移率增加,60%时达到最大值,之后随着乙醇的加入,析出的杂质颗粒粒径增大,因包裹药液而造成有效成分的损失,羟基红花黄色素 A 转移率显著降低[40]。板蓝根水提液的醇沉含醇量为30%、40%、50%、60%、70%时,干浸膏得率分别为93.4%、88.6%、80.1%、72.9%、50.2%。随着醇沉浓度的提高,板蓝根浓缩液喷雾干燥的得粉率明显降低,且黏壁、干法制粒黏轮现象越来越明显[41]。因此,在水提醇沉法进行醇沉含醇量研究时,不但要考虑对成分的影响,必要时还需考察对后续制剂成型的影响。

2. **源于对目标含醇量认识差异的 ΔC 及其统一** 从该调研的情况看,调研初期,接受调研的企业均认为其产品的生产严格按质量标准规定的“制法”进行,虽然平时生产中并未对醇沉上清液的实际含醇量进行测定,但认为醇沉的含醇量应符合要求。但从醇沉操作的具体细节和标准操作规程中却反映出不同企业对“制法”中醇沉含醇量的理解存在较大差异,即对于目标含醇量的理解存有分歧。对于“制法”中相同表述的醇沉目标含醇量,不同企业按各自理解的不同目标含醇量进行操作。醇沉实际含醇量的测定结果显示,大部分企业生产品种的醇沉实际含醇量与目标含醇量之间确有一定差距,且同品种不同批次之间也存在一定偏差。如两个企业生产的某品种执行相同的国家标准(制法同为浸膏浓缩至相对密度为1.2,加乙醇使含醇量达到60%),但其中一家企业用计算法醇沉,样品平均实际含醇量为69%,而另一家企业用酒精计法醇沉,样品平均实际含醇量为57.7%。由此推测,对于质量标准“制法”项下的醇沉目标含醇量的理解不同是导致醇沉含醇量差异的重要原因。

鉴于此,把对目标含醇量的认识统一为:为确保醇沉工艺的统一,可以依据醇沉本质来进行工艺参数描述。如醇沉工艺可描述为“在一定比重范围浸膏中加入适量浓度及体积的乙醇,使形成的乙醇/水混合溶剂含醇浓度达到百分之多少,混合溶剂的体积相当于干提取物量的多少倍。”

在醇沉工艺统一的前提下,具体的加醇方法可以有多种。可以将浸膏浓缩至适当程度,加入高浓度乙醇恰好达到设定的浓度及醇/水溶剂总体积。也可以将浸膏尽量浓缩,先加入计算量的高浓度乙醇,调节至目标含醇浓度,再加入目标浓度乙醇至设定溶剂体积总量。

3. **ΔC 与醇沉加醇量的确定方法** 在中药实际生产中,醇沉加醇量的确定方法主要有酒精计法、计算法、倍数法等。酒精计法是根据水与乙醇不同比例混合物的相对密度不同的原理制成的,而中药醇沉上清液中由于溶解了一定量的药物,其相对密度比相应的水醇混合物高,酒精计显示的刻度值会因此而偏低,需多加乙醇才能使酒精计的表观含醇量与目标含醇量一致,这样最终上清液的含醇量就会高于目标含醇量。计算法目前较普遍使用的公式仅适用于水与乙醇的混合溶液,并不适用于中药醇沉时的非均相体系,由于醇沉时有较多沉淀物产生,醇沉上清液的体积明显小于浸膏与加入乙醇的体积之和,故计算法所得的加乙醇量理论值高于达到目标含醇量所需的乙醇量,最终使得上清液的实际含醇量高于目标含醇量。倍数法为计算法的一种特例,同样因醇沉沉淀物的产生而使实际上清液的含醇量高于目标含醇量(质量标准中未规定倍数法的目标含醇量,此处的目标含醇量为计算的理论值)。

4. **缩小 ΔC 的方法** 建议研究明确醇沉加醇量的方法,采用适当的在线控制指标来预测醇沉含醇量,尽可能缩小实际含醇量与目标含醇量之间的差距。如用酒精计测量醇沉药液离心后上清液的表观含醇量,或测量其折光率、电导率等指标,或以浸膏含水量代替浸膏体积对醇沉加醇量的计算公式进行校正,并分析这些数据与醇沉静置后的实际含醇量之间的关联,选择其中关联较好且稳定的指标作为醇沉在线控制的指标,以此确定醇沉加醇量。当然,上述方法或指标需结合品种的具体情况,经反复研究验证后,才能缩小实际醇沉含醇量与目标含醇量之间的差距。此外,可尝试用近红外法测定醇沉时的含醇量,以此作为在线控制的指标,保证实际含醇量的稳定。

5. 周跃华主任药师对中药复方制剂醇沉含醇量描述的重要建议　　调研结果显示,中药复方醇沉的实际含醇量普遍高于质量标准规定的目标含醇量。同品种不同批次的醇沉含醇量也存在一定差异。ΔC 可能与具体品种、企业的实际操作情况、醇沉加醇量的确定方法等有关。

建议在《中国药典》"凡例"中,明确解释中药质量标准"制法"项下目标含醇量的内涵,统一生产企业对于醇沉目标含醇量的认识。在中药新药的醇沉工艺研究中,应对醇沉工艺进行系统研究。建议以有效成分或指标成分的量、指纹图谱峰面积及醇沉上清液中固含物量等为指标,确定合适的目标含醇量及其允许波动的范围。应研究明确醇沉操作的详细方法和参数,明确醇沉加醇量的确定方法;明确醇沉工序在线控制的方法、指标及要求,并提供醇沉加醇量的确定方法及在线控制指标与醇沉上清液实际含醇量之间关系的研究资料。在工艺验证研究中,应以醇沉上清液的实际含醇量[以《中国药典》(2020 年版)"通用技术要求"0711 乙醇量测定法测定]为指标验证醇沉加醇量的确定方法能否使醇沉实际含醇量达到预期目标。

建议将中药新药质量标准"制法"中醇沉含醇量的表述由"醇沉使含醇量为 60%"改为"醇沉使上清液的含醇量为 60%"。此处"含醇量为 60%"的含义可解释为醇沉静置达到规定时间后上清液的实际乙醇量为(60±2)%[以《中国药典》(2010 年版)附录 IXM 乙醇量测定法测定]。含醇量允许波动的范围可根据醇沉含醇量对其具体品种质量的影响程度而定。

建议在中药新药的"生产现场检查用生产工艺"中,详细描述醇沉方法、参数及质控要求等。明确醇沉加醇量的确定方法,明确醇沉工序进行在线控制的方法、指标及要求;明确待醇沉浸膏的相对密度(测定温度)、体积的测量方法及要求;乙醇的浓度、体积、相对密度的测定方法及要求;对醇沉所用乙醇的含醇量、体积进行校正的方法;醇沉时加入乙醇的方法及速度;搅拌的类型、方法、参数、静置时间、温度等。以保证不同批次中药质量的稳定均一。

已上市中药醇沉加醇量的方法应与相应品种研发时采用的方法保持一致,以保证上市中药的药用物质基础与临床试验用样品一致。

五、基于水力旋流、微分散技术原理的中药醇沉装备及技术应用[42]

连续制药是药品生产的发展趋势[43]。与间歇制药相比,连续制药的优势有:生产设备占地小,生产周期短,中间体储存成本低,增加产量容易,生产过程更安全,过程监控更容易,批次之间质量波动小等。连续制药有利于提高药品生产的灵活性和药品质量的一致性。

醇沉是中成药生产常用工艺,为间歇操作方式,通常先将乙醇加入浓缩液,然后静置冷藏。浓缩液黏度和密度均明显大于乙醇。在加醇过程中,浓缩液和乙醇难以迅速混合均匀,容易出现局部醇浓度过高的现象。此外,醇沉过程大量产生的沉淀容易包裹未和乙醇充分混合的浓缩液,造成活性成分包裹损失[44]。

微分散技术通过采用不同内部结构的微混合器,能够连续实现多种流体的高效混合[45]。与传统混合技术相比,微混合器内流体流动和分散尺度要小 1~2 个数量级,流体在微混合器内的体积传质系数达到传统设备的 10~100 倍。微混合器种类众多,其中膜分散式混合器具有处理量大,单位体积能耗小的优点,其原理是某流体经过膜孔,即被分割为微米级的流体,然后与另一种流体接触混合。

常规"慢加快搅"的醇沉过程中,体系组成始终变化,加上沉淀逐渐产生,过程状态监控难度较大[46]。连续膜分散加醇使混合过程成为稳态过程,检测过程状态相对容易,有利于提高过程质控水平。若用于工业生产,膜分散连续流动加醇工艺可以平行放大,也即多个相同膜分散混合器并联运行,降低放大效应。龚行楚等实验室自制的膜分散混合器外表体积约 40 cm³,浓缩液处理量可达 25 L/h 以上。理论上 1 m³ 的生产空间可放置 25 000 个混合器,对应浓缩液处理量为 625 m³/h。如果能够实现后续连续过滤和浓缩,可达到非常大的生产能力。

如果用膜分散式混合器进行浓缩液和乙醇的连续流动混合,根据骆广生课题组的研究结论[47,48],可认为混合效果主要受浓缩液和乙醇两相的流量大小影响。混合时乙醇和浓缩液的流量之比相当于单位体积浓缩液中乙醇的加入量(醇料比,ECR),影响浓缩液和乙醇充分混合时上清液中的溶剂组成[49]。溶剂组成同时影响活性成分和杂质的溶解度,进而影响活性成分沉淀损失量、杂质成分去除量及上清液中活性成分纯度。

该研究以丹参醇沉工艺为例,采用膜分散式混合器,连续地将浓缩液和乙醇通过混合器,实现醇沉工艺的加醇操作,考察流量和醇料比对醇沉效果的影响程度,以探讨该连续流动加醇方式的优点和不足。

实验采用的膜分散连续流动加醇装置、膜分散微混合器结构示意图分别见图 8-1、图 8-2。其中混合槽宽度为 1 mm,深度为 1 mm。95% 乙醇经过 1 000 目不锈钢膜后与浓缩液接触。收集膜分散装置出口的固液混合物,将其置于 5 T 的低温恒温槽中冷藏 24 h 后,取上清液进行分析。

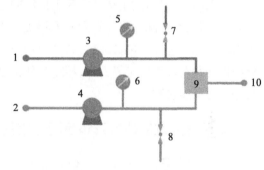

图 8-1　膜分散连续流动加醇装置[42]

1. 浓缩液储罐;2. 乙醇储罐;3、4. 齿轮泵;5、6. 压力表;7、8. 球阀;9. 膜分散式混合器;10. 醇沉液储罐

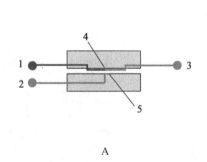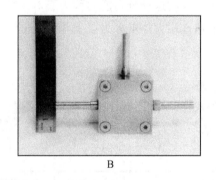

图 8-2　膜分散微混合器[42]

A. 结构示意图;B. 微混合器照片;
1. 浓缩液入口;2. 乙醇入口;3. 醇沉液出口;4. 混合槽;5. 不锈钢膜

由于浓缩液可能存在小颗粒,有堵塞膜孔的隐患,所以采用让乙醇通过膜的混合方式。此时乙醇为分散相,浓缩液为连续相。当醇料比一定时,可根据浓缩液流量确定乙醇流量。该研究考察了流量和醇料比 2 个工艺参数对活性成分保留率、活性成分纯度、总固体去除率的影响。

该研究采用膜分散法实现丹参醇沉中浓缩液和乙醇 2 相连续流动混合。2 相流速下降使活性成分保留率降低且总固体去除率上升。醇料比适当提高使上清液活性成分纯度上升。该法的混合效果和工业搅拌醇沉相当,易于放大,且使加醇过程成为稳态,有利于过程监控,有望进一步发展成为连续制药工艺之一。

第三节 基于膜科学技术的中药制药精制过程原理与技术应用

著名科学家霍金认为我们生活在一张大"膜"上，在其著作"The Universe in a Nutshell"中广义地描述了膜及其构成的世界模型：这是一个四维空间，除了三维之外，另一维即为时空（space-time）[50]。目前最通用的广义"膜"定义为两相之间的一个不连续区间，其中一维的尺度大大地小于其他二维，极薄。膜可以为气相、液相和固相，或是它们的组合。狭义"膜"是指分隔两相界面，并以特定的形式限制和传递各种化学物质，有选择性，其厚度可以从几微米到几百微米。膜涉及多种物质和多种结构，也涉及各种不同的用途。

如前所述，目前用于精制中药水提液的方法主要有醇沉法、絮凝澄清法、大孔树脂吸附法及膜分离法等，其目的都是除去非药效高分子物质。膜分离法精制中药的原理则是借助膜孔过筛筛分作用，依分子大小将物质进行分离，以除去高分子物质。因其纯属物理过程，不必使用化学分离剂，在防止药效成分结构变化及环境保护等方面，相对其他精制方法具有独特的优势。所以，用于中药精制的主要是基于筛分效应的膜过程。

一、基于筛分效应的微滤和超滤过程的中药制药精制原理

1. 微滤中药精制原理　微滤过程主要应用于分离大分子、胶体粒子、蛋白质及其他微粒，其分离原理：依据分子或微粒的物理化学性能、所选用膜的物理化学性能，以及其彼此相互作用（如大小、形状和电性能）不同而实现分离。微滤在中药制药分离过程中主要用于澄清精制。

微滤膜是指 0.01~10 μm 微细孔的多孔质分离膜，它可比较彻底地把细菌、胶体及气溶胶等微小粒子从流体中除去。膜的这种分离能力称为膜对微粒的截留性能。

微滤膜的截留作用大体可分为以下几种（图 8-3）。

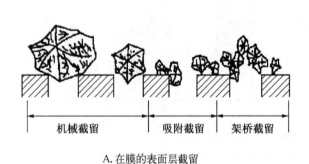

| 机械截留 | 吸附截留 | 架桥截留 |

A. 在膜的表面层截留　　　　　　B. 网络型膜的网络内部截留

图 8-3　微滤膜截留机理示意图[2]

（1）机械截留作用：即筛分作用，指膜具有截留比其孔径大或与其孔径相当的微粒等物质的作用。

（2）吸附截留作用或物理作用：以孔径因素造成的筛分作用为主，并需考虑膜过程中吸附和电性能等其他因素的影响。

（3）架桥作用：在膜孔入口处，因为架桥作用微粒也可被截留，通过电镜可以直观到这种作用。

（4）网络型膜的网络内部截留作用：具有网络结构的膜，可将微粒截留在膜的内部，而非膜的表面。

综上所述,机械作用对滤膜的截留作用固然重要,但微粒等杂质与孔壁之间的相互作用,也是重要因素,有时较其孔径的大小更为重要。

目前的微滤膜已发展成二种结构形态,一种为非对称深层过滤型微滤膜,膜的孔径沿膜厚度方向呈明显的梯度;另一类为筛网式表面过滤型微滤膜,其膜孔径与孔结构确定,孔径分布较狭窄。

微滤膜的截留作用因其结构上的差异而不相同。对于表面层截留(表面型)而言,膜易清洗,但杂质捕捉量相对于深层型较少;而对于膜内部截留(深层型)而言,杂质捕捉量较多,但不易清洗,多属于用必废弃型。

2. 超滤的基本原理　　超滤主要是借助膜的筛分作用将溶液(液体物料)中大于膜孔的大分子溶质截留,实施大分子溶质(及固体微小粒子)与溶剂及小分子组分分离的过程。膜孔的大小和形状是影响分离效果的主要因素。由于一般情况下,超滤过程分离的对象是大、小分子,所以超滤膜的规格通常不以其孔径大小作为指标,而以截留分子量(Da)作为指标。相对分子量截留值是指截留率达90%以上的最小被截留物质的相对分子量。它表示每种超滤膜所额定的截留溶质相对分子量的范围,大于这个范围的溶质分子绝大多数不能通过该超滤膜。理想的超滤膜应该能够非常严格地截留与切割不同相对分子量的物质。

额定截留分子量的表征通常以球形溶质分子的测定结果表达,而受试溶质分子能否被截留及截留率的大小,除了分子量,还与其分子形状、化学结合力、溶液条件及膜孔径差异有关,所以相同相对分子量的溶质截留率不尽相同。用具有相同相对分子量及截留值的不同膜材料制备的超滤膜,对同一物质的截留也不完全一致,故相对分子量截留值仅为选膜的参考,应用时需通过必要的试验来确定膜的种类。

3. 微滤和超滤对中药成分的影响

(1)微滤:主要用于中药提取药液的澄清——利用膜前后的压力差与膜的孔径,实现固态微粒、胶体粒子等与水溶性成分的分离。微滤过程面临的科学与技术问题主要是:成膜材料对中药有效成分是否产生吸附等作用;在过大压力差下,迅速形成的滤饼层是否会截留它不该截留的物质。

为了探索陶瓷膜微滤技术对中药指标性成分及其提取液固含物的影响,本团队以多种单味及复方中药水提液为实验体系开展了比较系统的研究,结果表明陶瓷膜微滤技术对中药提取液具有很好的澄清除杂效果。微滤前中药水提液均为浑浊液体,微滤后成为颜色变浅的澄明液体。其总固体去除率为15%～38%,总固体中指标含量提高率为2%～29%,表明除去的大部分是杂质,如极细的药渣、泥沙、细菌等,因而相对提高了微滤液中有效成分的含量(表8-1)。

表8-1　陶瓷膜对中药成分的影响[51]

药材/中成药	水提液(W)			微滤液(M)			总固体除去率(%)	指标成分提高率(%)
	总含固量(g)	成分总量(g)	成分含量(%)	总含固量(g)	成分总量(g)	成分含量(%)		
金银花	361.92	19.57(绿原酸)	5.41	257.75	15.46	6.00	28.78	10.90
白芍	151.04	3.70(芍药苷)	2.45	97.34	2.93	3.01	35.55	22.86
黄连	211.33	58.22(小檗碱)	27.55	178.83	52.13	29.15	15.38	5.81
甘草	193.34	58.17(甘草酸)	30.09	120.95	39.07	32.30	37.44	7.34
大黄	326.63	2.62(大黄酸)	0.80	235.45	1.92	0.82	27.92	2.50

药材/中成药	水提液（W）			微滤液（M）			总固体除去率（%）	指标成分提高率（%）
	总含固量（g）	成分总量（g）	成分含量（%）	总含固量（g）	成分总量（g）	成分含量（%）		
陈皮	333.12	29.61（陈皮苷）	8.89	221.57	25.42	11.47	33.49	29.02
十味解毒颗粒	366.23	3.50（绿原酸）	0.96	265.22	2.86	1.08	27.58	12.50
		0.35（大黄酸）	0.09		0.27	0.10		11.11

陶瓷膜的构成基质有氧化锆、氧化铝、氧化钛、氧化硅等，不同材质的膜，其筛分效应也会有所不同。如膜自身的带电性质可能影响颗粒物质在膜表面的吸附。因此，不同材质的膜在其分离过程中的效果也有所差异。相关的研究有，戴启刚等[52]以不同材质的陶瓷膜分离地龙匀浆液中药效物质，通过比较膜通量的大小和膜通量的衰减速度，表明分级分离时一级膜管选择 0.2 μm 的 Al_2O_3 膜、二级膜管选择 50 nm 的 ZrO_2 膜最佳。黄敏燕等[53]考察陶瓷膜精制增液汤中药复方水提液的最优膜材质，对于 0.2 μm ZrO_2、Al_2O_3 两种材质的而言，ZrO_2 陶瓷膜的通量、指标性成分转移率都较高。李梅生等[54]选择发酵后的生黄酒胶体体系，系统研究膜材质、膜过程参数等对膜处理效果的影响。结果表明，经膜处理后的样品，生物稳定性和感官要明显优于传统工艺得到的样品，0.2 μm 的 ZrO_2 陶瓷膜精制效果优于 Al_2O_3 的陶瓷膜。

膜的孔径分布不同，对于膜通量及分离过程的各个方面也有较大的影响。从理论上讲，当待分离药液中颗粒分布的最小值大于膜孔径的最大值时，微滤过程中膜孔不会发生孔内堵塞；而当膜的孔径分布与药液中颗粒粒径分布发生交叉覆盖时，将发生膜孔堵塞，造成膜污染[55]。因此，对于不同待分离体系应该选择最优膜径。目前较为常用的陶瓷膜孔径有 0.05、0.2、0.8 μm 等。锶景希等[56]考察 0.05、0.2、0.5 μm 3 种孔径的陶瓷膜在川芎水提液纯化中的作用，表明 0.2 μm 孔径的陶瓷膜对总固体去除率高，阿魏酸的损失较少，为纯化川芎水提液的最佳膜孔径。董洁等[57]考察了不同孔径的 Al_2O_3 膜对清络通痹中药复方水提液的适用性，并通过扫描电镜对膜面切片污染物进行分析，研究表明 0.2 μm 孔径的 Al_2O_3 膜较为适用，有较高的稳定通量和成分保留率，同时污染较轻。王永刚等[58]选择 0.1、0.2、0.5、0.8 μm 4 种不同孔径的陶瓷膜纯化田基黄水提液，通过槲皮苷转移率、总黄酮转移率、除固率、HPLC 指纹图谱的比较，认为 0.2 μm 孔径陶瓷膜较适用于田基黄水提液的纯化精制。以上研究表明，针对不同待分离体系应选择合适的膜孔径，一般情况下，对于中药水提液的精制，0.2 μm 孔径的陶瓷膜较为适用。

（2）超滤：超滤的目的是得到不同化学组成的物质，依据纯度可分为有效成分、有效部位与有效组分。其主要原理：在一定压力下，不同截留分子量的膜孔径使物料中不同分子量的物质产生了速度差。超滤单元操作所面临的问题：某一有效成分的可分离特征除了分子量大小外，还有其空间结构等。如在分子量相近情况下，球状结构优于平面结构，线性结构优于有分支的网状结构等。

本课题组的研究曾发现，截留分子量为 10 kDa 的超滤膜对分子量为 384 Da 的马钱素无明显影响，而截留分子量为 1 kDa 的膜，则使马钱素损失 50% 左右。从而提示，中药的化学成分分子量与膜截留分子量（以球蛋白计）有一定差异。

从文献[59]中也不难发现，膜材质/孔径与中药成分的透过作用存在一定规律性（表 8-2）。如中空纤维聚砜（polysulfone，PS）膜及醋酸纤维素（cellulose acetate，CA）膜对有机酸类（绿原酸、阿魏酸等）、环烯醚萜苷类（马钱素、栀子苷、梓醇等）、氰苷类（苦杏仁苷）、单萜苷类（芍药苷）等成分的影响均较小。超滤膜对生物碱类成分具有较强的选择性，其中 PS 膜对生物碱类成分影响明显，而 CA 膜却对其影响较小。PS 膜及 CA 膜对挥发油类成分(藁本内酯)的保留率均较低,影响明显,其原因可能是挥发油成分在水中形成乳状粒子,而难以透过超滤膜。中药蒽醌类成分虽然属小分子,但因其具有平面大骨架,膜透过性受到很大的影响。

表 8-2　10 种中药在超滤前后药液成分的测试结果[59]

药　　材	成分类型	膜 材 质	膜孔径(Da)	检测成分	透过率(%)
金银花	有机酸类	PS	10 000	绿原酸	99.3
山茱萸	环烯醚萜类	PS	6 000	马钱素	98.5
		PS	6 000	莫诺苷	97.2
		CA	6 000	马钱素	96.1
		CA	6 000	莫诺苷	98.7
枳实	生物碱类	CA	10 000	辛弗林	99.0
		CA	10 000	N-甲基酰胺	99.2
		PS	10 000	辛弗林	33.3
		PS	10 000	N-甲基酰胺	33.7
桃仁	氮苷类	PS	6 000	苦杏仁苷	99.1
		CA	6 000	苦杏仁苷	99.1
赤芍	单萜苷类	PS	6 000	芍药苷	98.4
		CA	6 000	芍药苷	98.4
当归	有机酸类	PS	10 000	阿魏酸	94.1
	挥发油类	PS	10 000	藁本内酯	11.6
		CA	10 000	藁本内酯	17.5
生地黄	环烯醚萜类	PS	10 000	梓醇	97.4
大黄	蒽醌类	PS	6 000	芦荟大黄素	39.5
栀子	环烯醚萜类	PS	10 000	栀子苷	95.8
牡丹皮	酚类	CA	10 000	丹皮酚	53.1

造成不同成分透过膜的差异因素主要有膜孔径,化学成分的空间位阻,因膜材质的荷电性能而对有关成分造成的吸附作用等。此外,中药煎煮过程可能产生的新物质的溶解性能与分子结构也有可能影响其场分离过程。

目前实际应用中,中药制剂一般采用 60~100 kDa 截留分子量的超滤膜。从理论上推导,小于 1 kDa 的小分子药效物质均应透过大于 1 kDa 的膜,但实际上,不同孔径的膜对各种小分子成分均有一定截留。

如文献报道[59],6 kDa 的 PS 膜对芦荟大黄素的透过率为 39.5%;10 kDa 的 PS 膜及 CA 膜对藁本内酯的透过率分别为 11.6%、17.5%。其原因可能芦荟大黄素虽属小分子,但其蒽醌类母核的平面大骨架影响到膜透过性;而挥发油成分藁本内酯可在水中形成乳状粒子,亦难以透过膜。

又如,在黄连解毒汤水提液中,同一孔径的聚醚砜超滤膜对栀子苷、黄连碱、黄芩苷、小檗碱、黄芩素等 9 种成分各呈不同的透过率,多种孔径(6、10、20、30、50 kDa)的上述膜无一例外。其中某些组分的透过率因另一些组分的存在而下降,从而表现出多组分混合体系膜过程的复杂性。

结合有关理论知识分析上述现象,不难发现影响膜分离技术完整保留小分子药效物质组的机理主要是:① 小分子物质在膜过程中的透过竞争;② 高分子物质对小分子物质的吸附、包裹;③ 化学成分的空间结构与膜孔径的位阻作用。

就其科学本质，即就中药膜精制原理而言，涉及因素：① 中药体系中小分子与高分子物质的微观结构及其对膜分离功能、膜材料微结构的影响；② 揭示膜分离功能与膜材料微结构关系的膜传递机制与传质模型。

根据膜科学理论，超滤膜的分离效率不仅与被分离物质的相对分子量有关，而且还与被分离物质的分子空间结构、带电情况、亲水亲油性及聚集状态等密切相关。例如，在分子量相近的情况下，球状结构优于平面结构，线性结构优于有分支的网状结构。再如，偶极矩对化合物膜透过性也有较大影响，其原理可归结为静电吸引作用，由于静电吸引，带有与膜表面电荷相反电荷的偶极会靠近膜，因此偶极向膜孔移动并更容易地进入膜的结构中。近几十年来，有机物的定量构效关系（quantitative structure-activity relationship，QSAR）研究一直是非常活跃的领域。从理论上讲，QSAR 是采用数学模型来描述分子性质/活性与结构间的定量依赖关系；从应用的观点来看，QSAR 研究是从一系列已知性质/活性的化合物中找出结构和性质/活性之间的定量关系，进而预测新化合物的性质/活性。

膜过程中影响有机物透过/截留率的因素众多，但归根结底都与待分离物质的分子结构有关。在环境化学等学科中，已将 QSAR 应用于有机物的结构与膜透过/截留性的相关性研究，进而可以利用模型分析、阐明截留机制。那么这种方法是否适用于中药膜分离技术领域呢？

针对上述问题，笔者团队以中药复方黄连解毒汤中生物碱类（小檗碱、巴马汀、黄连碱、药根碱及青藤碱）、环烯醚萜类（栀子苷、京尼平苷、梓醇、马钱子苷）两大类主要药效物质为研究对象，采用 HPLC、数据挖掘等技术手段初步建立相对可靠和准确的 QSAR 模型[60]。利用模型，通过中药药效物质的分子结构预测其在超滤膜过程中的透过/截留率，在探索超滤膜对中药药效物质的截留机制的基础上，用以指导大规模的试验及生产实践。从有关数据及分析可以看出，超滤膜对待分离物质的透过率与其分子量有关，但并不是呈简单的线性关系，还受其他多种因素影响，如待分离物质的体积大小、几何形态、膜与待分离物质的电性等。

4. 中药膜过程中小分子与高分子物质相互作用的分子模拟研究[61]　　中药水提液是创新药物研究的重要载体。陶瓷膜分离技术具有耐高温、耐腐蚀、机械强度好、使用寿命长等特点，在中药水提液的分离精制方面具有独特的优势。但高分子在膜过程中能引起严重的膜污染，其中果胶对陶瓷膜的污染最为严重，小檗碱与高分子混合后，透过率明显降低，高分子成分与小檗碱之间的相互作用也是影响小檗碱透过行为的因素之一。因对陶瓷膜精制中药水提液膜过程的机制研究不够深入系统，严重制约陶瓷膜在中药领域的推广应用。为此，朱华旭等[61]借鉴材料化学工程的研究技术和研究方法，以小檗碱+高分子（中药水提液中普遍存在的共性高分子物质蛋白质、淀粉、果胶）混合模拟溶液为模型药物体系，采用实验检测与模拟分析相结合的研究模式，利用分子动力学模拟软件建立模拟体系，分析高分子物质对小檗碱传质过程的影响。结果发现，高分子物质与小檗碱混合后，小檗碱透过率显著降低。由分子动力学模拟技术计算小檗碱与高分子之间的相互作用可知，小檗碱与蛋白质、淀粉、果胶之间均存在吸附作用，最大吸附作用能分别为 -122.7233、-83.6130、-125.8159 kJ/mol，其中，蛋白质、果胶对小檗碱的吸附作用相差不大，淀粉对小檗碱的吸附作用最小。分析模拟体系的运动轨迹及小檗碱与蛋白质之间的相互作用能可知，小檗碱与蛋白质之间的吸附形式为物理吸附，以范德瓦耳斯力为主要吸附作用力，在蛋白质上的吸附稳定性较小，吸附与解吸附过程交替出现。

由此推测，在膜过程中，淀粉对小檗碱的影响较蛋白质、果胶小，这也与膜分离实验结果一致。该研究表明，在膜过程中，高分子成分与小檗碱之间的相互作用是影响小檗碱传质过程的主要因素，相互作用的强弱导致小檗碱透过率大小的不同。该研究表明，不同的高分子对小檗碱的影响不同，淀粉对小檗碱的吸附作用最小，因而淀粉污染层对小檗碱透过率的影响较小，果胶与蛋白质对小檗碱吸附作用相差不大,但在膜分离实验过程中蛋白质对小檗碱透过率的影响更为显著。也就提示,虽然果胶污染层较蛋白质污染层更加致密,但对小檗碱的影响却没有蛋白质的影响大,其内在机制需进一步地探讨。

二、微滤过程、超滤工艺流程及其动力学过程分析[62]

(一) 微滤分离的过程

微滤分离的过程一般经历几个阶段:① 过滤初始阶段,比膜孔径小的粒子进入膜孔,其中一些由于各种力的作用被吸附于膜孔内,减小了膜孔的有效直径;② 当膜孔内吸附趋于饱和时,微粒开始在膜表面形成滤饼层;③ 随着更多微粒在膜表面的吸附,微粒开始部分堵塞膜孔,最终在膜表面形成一层滤饼层,膜通量趋于稳定。

(二) 超滤系统工艺流程

超滤过程的操作方式有间歇式和连续式两种。连续操作的优点是产品在系统中停留时间短,这对热敏或剪切力敏感的产品是有利的。连续操作主要用于大规模生产,它的主要特点是在较高的浓度下操作,故通量较低。

间歇操作平均通量较高,所需膜面积较小,装置简单,成本也较低,主要缺点是需要较大的储槽。在药物和生物制品的生产中,由于生产规模和性质,故多采用间歇操作。

在超滤过程中,有时在被超滤的混合物溶液中加入纯溶剂(通常为水),以增加总渗透量,并带走残留在溶液中的小分子溶质,达到更好分离、纯化产品的目的,这种超滤过程被称为洗滤或重过滤。洗滤是超滤的一种衍生过程,常用于小分子和大分子混合物的分离或精制,被分离的两种溶质的相对分子量差异较大,通常选取的膜的截留分子量介于两者之间,对大分子的截留率为100%,而对小分子则完全透过。

(三) 超滤动力学过程分析

1. 超滤的传质方程　　超滤用以分离、净化和浓缩溶液,一般是从含小分子溶液中分离出相对分子量大的组分,即分离相对分子量为数千到数百万、微粒直径为 $1 \times 10^{-9} \sim 100 \times 10^{-9}$ m 的混合物。超滤过程中,往往是水(或溶剂)与相对分子量低的组分一起通过膜,较大相对分子量的组分则截留于膜的高压侧。

表示超滤膜基本参数的是水通量与截留率,水通量是指一定压力下单位时间内通过单位膜面积的水量。设水通量的 J_W 和所受的外力成正比,即:

$$J_W = \frac{W}{A \cdot \tau} \qquad (8-7)$$

或

$$J_W = L_p \cdot \Delta p \qquad (8-8)$$

式中,J_W 为单位时间单位面积透过的溶剂量,$mol/(m^2 \cdot s)$;L_p 为穿透度,$m^3/(m^2 \cdot h \cdot MPa)$;$\Delta p$ 为施加的外压,Pa;W 为透过的水量,kg;A 为膜有效面积,m^2;τ 为超滤过程时间,s。

把待分离物质超滤除去的百分数称作截留率,即:

$$R = \frac{c_1 - c_2}{c_1} \times 100\% \qquad (8-9)$$

式中,c_1 为料液中目的溶质的浓度,$kmol/m^3$;c_2 为透过液中目的溶质的浓度,$kmol/m^3$。

通常,溶剂(水)通量与施加的压力 Δp 成正比,与膜的阻力 R_M 成正比,故可用泊肃叶定律(poiseuille's law)表示,即:

$$J_W = \frac{\Delta p}{R_M} = \frac{\varepsilon r^2 \Delta p \rho}{8\eta^2 \mu \delta_m} \tag{8-10}$$

式中,r 为滤膜微孔半径,m;ρ 为料液密度,kg/m³;ε 为膜材空隙率,常等于膜含水量;μ 为溶剂黏度,Pa·S;δ_m 为膜的厚度,m;η 为微孔弯曲系数。

因超滤过程的浓差极化现象,式(8-7)有时会有较大的误差,而式(8-8)或式(8-10)的压力差 Δp 需减去渗透压 π 后才能代入计算。此外,还需考虑膜对溶质的排斥系数 α。若膜对所有溶质都有排斥,则 $\alpha = 1.0$;反之,若膜可让溶质和溶剂自由通过,则 $\alpha = 0$。由上述可知,式(8-8)和式(8-10)的 Δp 应用 ($\Delta p - \alpha\pi$) 代替。故式(8-8)变成:

$$J_W = L_P(\Delta p - \alpha\pi) \tag{8-11}$$

式(8-11)即为超滤的基本方程。

2. 超滤过程中的浓差极化　为了计算一定体积的样品超滤所需要的时间,必须对超滤过程进行分析。根据前述的理论,如式(8-11)溶剂透过膜的速度为

$$J_W = L_P(\Delta p - \alpha \cdot \Delta\pi) \tag{8-12}$$

若溶质被滤膜排斥,则排斥系数 $\alpha \approx 1$;对于稀溶液,渗透压 $\pi = RTc$,代入式(8-11),得

$$J_W = L_P(\Delta p - RTc) \tag{8-13}$$

式中,R 为气体常数,8.31 J/(mol·K);T 为溶液的绝对温度,K;c 为膜表面的溶质浓度,kmol/m³。因此,只要知道 c 就可算出渗透压 π 的值。

由于超滤是在外压作用下进行的。外源压力迫使相对分子量较小的溶质通过薄膜,而大分子被截留于膜表面,并逐渐形成浓度梯度,造成浓差极化现象(图8-4)。越接近膜,大分子的浓度越高,构成一定的凝胶薄层或沉积层。浓差极化现象不但引起流速下降,同时影响到膜的透过选择性。在超滤开始时,透过单位膜面积的流量因膜两侧压力差的增高而增大,但由于沉积层也随之增厚,到沉积层达到一个临界值时,滤速不再增加,甚至反而下降。这个沉积层,又称边界层,其阻力往往超过膜本身的阻力,就像在超滤膜上又附加了一层次级膜。所以克服浓差极化,提高透过选择性和流率,是设计超滤装置时必须考虑的重要因素。

克服极化的主要措施有震动、搅拌、错流、切流等技术,但应注意的是,过于激烈的措施易使蛋白质等生物大分子变性失活。此外,还可将某种水解酶类固定于膜上,能降解造成极化现象的大分子,提高流速,但这种措施只适用于一些特殊情况。

对超滤操作过程进行分析,可根据质量守恒定律,由于大分子溶质不能透过膜,从液流主体传递到膜表面的大分子溶质量应等于该溶质从壁面通过扩散回到液流主体的量,即:

$$cJ_W = -D\frac{dc}{dz} \tag{8-14}$$

上述微分方程边界层条件为

$$\begin{cases} x = 0, c = c_0 \\ x = l, \ c = c_s \end{cases} \tag{8-15}$$

式中，l 为膜表面存在的滞流边界层厚度，m；c_0 为液流主体的溶质浓度，kmol/m³；c_s 为膜表面的溶质浓度，kmol/m³。其边界层浓度变化如图 8-4 所示。

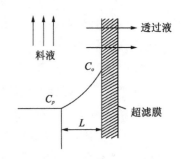

图 8-4　超滤的浓差极化示意图[2]

应用式(8-15)的边界层条件，对式(8-14)积分，得

$$J_{\mathrm{W}} = \frac{D}{l}\ln\frac{c_s}{c_0} \qquad (8-16)$$

由式(8-16)可知，对一定的过滤系统，超滤速度与浓差系数 (c_s / c_0) 的对数值成正比。

对于蛋白质大分子稀溶液，浓差极化可忽略，即 $c_s = c_0$，结合式(8-13)对溶剂进行的质量衡算，可得超滤系统的过滤速度为

$$\frac{\mathrm{d}V}{\mathrm{d}t} = -AJ_{\mathrm{W}} = -AL_{\mathrm{P}}\Delta p\left(1 - \frac{RTc_0}{\Delta p}\right) \qquad (8-17)$$

式中，V 为透过液体积，m³。

对于间歇超滤系统，大分子溶质数 N 在浓缩前后维持不变，即：

$$c_0 = N/V \qquad (8-18)$$

故式(8-17)变成为

$$\frac{\mathrm{d}V}{\mathrm{d}t} = -AL_{\mathrm{P}}\Delta p\left(1 - \frac{RTN/\Delta p}{V}\right) \qquad (8-19)$$

式(8-19)微分方程的初始条件为

$$t = t_0 \text{ 时，} V = V_0 \qquad (8-20)$$

以式(8-14)的初始条件代入，对式(8-13)微分方程积分并整理，可得出料液体积从超滤开始时的 V_0 减少至 V 时，所经历的间歇操作时间为

$$t = \frac{1}{AL_{\mathrm{P}}\Delta p}\left[(V_0 - V) + \frac{RTN}{\Delta p}\ln\left(\frac{V_0\Delta p - RTN}{V\Delta p - RTN}\right)\right] \qquad (8-21)$$

三、中药膜工艺优化原则[2]

目前严重制约中药膜分离技术发展的问题主要有：分离膜抗污染能力极差，通量衰减严重；分离过程中对操作参数的控制随意性太大；膜分离装置远未在优化的条件下使用。为此，中药膜工艺优化应遵循"安全、有效、稳定、均一"的原则。

1. 膜分离技术的有效性与安全性研究　由于中药水提液体系的复杂性，不可能存在普遍适用的过程参数。对于不同体系，在使用该技术前，均应按一定的方法和标准对分离过程进行优化，这对实际膜过程十分重要。确定方法一般是通过对一定的待分离体系进行小试，测定各种条件下的透过通量和溶质截留率，选择较高的透过通量和满意截留率时的参数。在上述研究基础上建立实验室、中试及工业生产的标准作业程序。

(1) 化学因素：以相应指标性成分的转移率、指纹图谱技术考察不同材质、不同孔径的膜分离工艺对相关体系的适用性、有效性，并与常规水提工艺、水醇法工艺进行比较。

（2）生物学因素：以常规水提工艺、水醇法工艺、膜分离工艺制备样品，开展主要药效学、毒理学（安全性）研究。

（3）工艺学因素：药液预处理方法研究，以膜通量大小、衰减速度等工艺参数为考察指标，研究高速离心、澄清剂等待滤液预处理手段对实验体系和膜分离工艺的影响。

2. 膜分离技术的稳定性与可控性研究

（1）膜分离技术单元操作工艺条件优选研究：膜通量、有效成分转移率为主要考核指标，设计正交试验综合考察药液浓度、温度、流速、操作压力等工艺参数对膜过程的影响，确定最佳膜分离工艺条件。

（2）膜分离操作终点判定：膜通量大小、截留液中有效成分含量、药液收得率综合判定膜分离操作终点。

四、工艺条件对膜过程影响的一般规律[2]

1. 进料液温度　　膜通量随着温度的升高迅速增大，这是由于温度的升高引起药液黏度的减小，黏度直接与渗透通量相关，最终导致膜通量的迅速增大，这与一般的过滤规律是相吻合的。单纯从通量来看，温度高一点较好，但对生产而言，过高的温度引起能耗增大，而且所得微滤液稳定性降低，易产生沉淀物和浑浊。温度的选取需综合考虑设备投资、运行成本和对药液稳定性的影响以 60℃ 左右为宜。

2. 操作压力　　随着压差的增大，膜的稳定通量存在一最大值——临界压力。当压差较小时，随着过滤压差的增大，通量随之增大；超过临界压力后，随压差的增大通量反而有下降的趋势。这可能是双重因素作用的结果。压差升高：一方面，使渗透液透过速度加快，通量增加；另一方面，引起凝胶层的压实，使过滤阻力增大，通量下降。

3. 膜面流速　　随膜面流速的增加，稳定通量逐渐增加，但增大幅度很小；当流速达到一定值后，通量增大已不明显，基本保持不变。在生产中，过高的流速会使能耗增大，引起中药提取液产生大量泡沫，不利于操作且造成膜通量的快速衰减。

五、膜技术与现有行业中药精制技术水平的比较

本部分以若干中药单方与复方为模型药物体系，采用比较研究的方法，对膜技术及其他常用精制中药水提液的方法，如醇沉法、离心、絮凝澄清法及大孔树脂吸附法等在化学成分保留率、除杂率及主要药理学效应方面进行评估。

（一）陶瓷膜微滤与水提醇沉中药精制的比较[63,64]

口服液是中药制剂中品种广泛的一类，传统的水提醇沉制备工艺能耗高，乙醇消耗大，生产周期长，提取液中的鞣质、淀粉、树脂和蛋白质等不易除尽，故成品黏度大，质量不稳定。一定截留值的微/超滤膜，可替代水提醇沉工艺除去这些杂质，提高澄明度与有效成分含量。徐南平等[65]在陶瓷膜结构优选和工艺优化的基础上，建成了年产万吨中药口服液的陶瓷微滤膜成套装备，使产品的收率和品质得到了显著的提高。经过长期运行考核，该装备的膜渗透通量稳定在 70 L/（m² · h）以上，生产周期由原来的 15 天缩短为 9 天，仅乙醇消耗每年可节约达 180 万元。据统计，我国现有中药口服液品种约 2 000 多种，假使均采用该技术，仅乙醇消耗一项，一年可以节省 40 亿元。

同理，微/超滤工艺也可用于固体浸膏制剂的制备，在有效成分含量基本相同的前提下，服用量比常规方法制得的浸膏减小 1/5～1/3，并可使片、丸等剂型的崩解速度加快。中药固体制剂是中成药的主体，可为膜分离技术提供巨大的用武之地。

膜分离技术为从植物中获取某些大类成分，制备医药工业中间体/原料药，提供了新的工业模式。利用中药的目标成分和非目标成分相对分子量的差异，可用截留分子量适宜的超滤膜将两者分开。如

从麻黄中提取麻黄素,采用膜法脱色取代传统的活性炭脱色;利用膜法浓缩取代传统的苯提或减压蒸馏两个步骤。经一次处理就可得到麻黄碱98.1%,色素除去率达96.7%以上。与传统工艺相比,收率高,质量好,生产安全可靠,成本显著降低,且也避免了对环境的污染。对一个年产30吨麻黄碱厂,膜法可至少增加5吨麻黄碱产量,同时避免了污水排放[66]。

1. 从化学成分的角度比较陶瓷膜微滤与水提醇沉精制中药的效果 醇沉工艺因设备成本相对低廉,可显著提高药液澄明度、减少得膏率等优点,应用非常普遍,近几十年来一直是我国中药生产企业的首选分离精制技术之一。目前中药生产企业普遍采用的醇沉工艺操作方式基本是在搅拌状态下加入一定浓度、一定体积的乙醇后静置冷藏24~72 h,然后过滤或离心除去沉淀颗粒,得到澄清液。一般情况下,中药醇沉工艺时间长,醇沉工序的操作时间几乎占了整个生产周期的一半,在某种程度上可以说醇沉操作已经成为中药生产中的主要耗时过程。醇沉工艺一般还需要长时间冷藏,设备需要因保持较低的温度而消耗巨大的能量,使得生产成本大幅度升高。与醇沉方法相比,减少工序、缩短生产周期、节约原料(尤其是乙醇)、降低成本,并有利于工厂的安全生产是陶瓷膜微滤等膜工艺在中药制剂生产中具有的重要优势。其中,节约乙醇是膜法非常突出的效果。中药煮提液常用的水煎醇沉精制方法,即将煎煮液浓缩至0.5 g~1.0 g(生药)/mL左右,加乙醇使醇含量达到60%~70%(体积分数),沉淀去杂质。若煮提100 kg药材,需要进行醇沉的药液是100~200 L,若使其中乙醇含量达到60%,则需加入1.7倍体积的95%(体积分数)乙醇,即加170~340 L的乙醇。可是各自的精制效果有何区别呢?

作者课题组曾以数十种中药单、复方为模型药物开展了陶瓷膜微滤与水提醇沉精制中药的比较研究。其中部分实验结果(表8-3)表明[67,68],陶瓷膜微滤法虽然除杂率一般低于70%乙醇沉淀法,但对各类有效成分的保留率均较高(70%以上),特别是对复方中的各类有效成分保留率基本一致,说明陶瓷膜微滤不改变复方的组成,因而能体现中医复方用药的整体特色。而乙醇沉淀法对各类有效成分的保留率很不一致,有的高达90%以上,有的低于50%,即使在同一复方中各类有效成分的保留率也差别较大,如麻杏石甘汤醇沉液中臣药苦杏仁的指标成分苦杏仁苷的保留率为78.61%,但君药麻黄的指标成分麻黄碱保留率只有58.75%。显然,已经改变了处方中君、臣配伍药味药效成分的比例。

表8-3 陶瓷膜微滤法与70%乙醇沉淀法的精制效果对比[67,68]

药 材[①]	原 液		陶瓷膜微滤法				70%乙醇沉淀法			
	含固量(g/100 mL)	成分(mg/mL)	含固量(g/100 mL)	成分(mg/mL)	除杂率(%)	成分保留率(%)	含固量(g/100 mL)	成分(mg/mL)	除杂率[②](%)	成分保留率(%)
白芍	1.123	0.275	0.785	0.236	30.10	85.82	0.718	0.128	36.06	46.54
大黄	2.467	0.198	1.838	0.150	25.50	75.76	1.943	0.182	21.24	91.92
麻黄	1.368	1.362	1.098	1.074	19.74	78.85	0.902	0.931	34.06	68.36
金银花	2.295	1.241	1.905	1.143	17.00	92.10	1.718	1.161	25.14	93.55
热毒净颗粒	2.106	0.201	1.551	0.167	26.35	83.08	1.321	0.177	37.27	88.06
		0.020 3		0.015 7		77.34		0.015 2		74.88
麻杏石甘汤	0.893	0.094 3	0.756	0.076 2	15.34	80.80	0.541		39.42	58.75
		0.201		0.166		82.59				78.61

① 所测成分:白芍为芍药苷;大黄为大黄酸;麻黄为麻黄碱;金银花为绿原酸;热毒净颗粒为绿原酸(上)和大黄酸(下);麻杏石甘汤为麻黄碱(上)和苦杏仁苷(下)。

② 除杂率 = $\frac{原液含固量 - 精制液含固量}{原液含固量} \times 100\%$;成分保留率 = $\frac{精制液成分含量}{原液成分含量} \times 100\%$。

众多文献指出,醇沉可将大部分多糖除去。而现代研究表明多糖具有免疫调节、降血脂和降血糖等多方面的药理作用。因此，醇沉法改变了复方的组成，致使疗效发生改变。导致陶瓷膜微滤法与醇沉法精制效果差异的原因在于：陶瓷膜微滤法是根据中药水提液中各组分的大小采用膜孔筛分进行分离，由于 $0.2~\mu m$ 的膜孔远大于各类有效成分，故主要除去固体颗粒，可溶性有效成分损失小。而醇沉法是根据中药水提液中各类成分在乙醇中的溶解度不同而进行分离，因此导致各类成分的保留率差别很大。

此外，醇沉法生产周期长，不安全，成本高。而陶瓷膜微滤法工艺简单，生产周期短，成本低。因此，采用陶瓷膜微滤法取代目前普遍应用的醇沉法技术精制中药，前景极其广阔。

2. 陶瓷微滤膜法与醇沉法等精制中药复方的药效学比较及其作用机理探索　　作者课题组亦以小鼠足趾肿胀、耳郭肿胀及软骨细胞实验评价中药复方骨痹颗粒的陶瓷微滤膜、醇沉、树脂 3 种不同精制液在高、中、低剂量下的药效学指标。结果表明[69]，3 种精制产物均对小鼠足趾肿胀和耳郭肿胀有不同程度的抑制效果，总体上，陶瓷微滤膜组的抗炎效果在两种模型中的中、高低剂量下都呈现出较好的抗炎效果；3 种精制产物对软骨细胞的促增值率存在显著性差异，其中陶瓷膜组优于醇沉组、树脂组。结论，陶瓷膜组产物总体抗炎效果较好，其机理之一可能是膜技术在达到精制效果的同时可较完整保留中药复方药效物质的完整性，从而避免了原方中对软骨细胞具有促增值作用的药效成分的损失。陶瓷微滤膜分离技术作为中药复方水提液的精制工艺，在复方药效物质群集筛选方面具有其他分离技术不可比拟的优势。

实验数据表明[70]，骨痹颗粒 3 种精制方法所得产物对软骨细胞的促增值率存在显著性差异。其中原液组（A）的促增殖率最好，陶瓷膜组（B）的中药精制液次之，醇沉组（C）的促增殖效果比过膜组（B）差，而树脂（D）精制后的效果最差，组间差异很明显。骨关节炎的本质在于软骨的退化，本复方主要对软骨有促增殖的作用，各种精制方法可不同程度地保留复方的整体性，从而对软骨细胞达到不同的促增殖效果。

现代药理学揭示中药复方有多个作用靶点，基于中药复方的多靶点作用机理，复方中多种有效成分以低于它们中某一单体治疗剂量进入人体后，有选择地反复作用于某种疾病的多个直接靶点（治标）和间接靶点（治本），从而达到治疗疾病的目的。显然，能否使中药加工的产物（单味或复方）成为化学成分多样性的天然组合化合库，以力求其产生多靶点作用效果，应是中药选择与确认分离目标的基本思路。

本实验中，中药复方骨痹颗粒用 3 种不同方法进行精制，其药效学结果出现差异，可能与各种方法的分离机理相关。其中，乙醇沉淀工艺是根据极性差异原理进行精制的，因与所用乙醇浓度的极性兼容问题，除作为优选工艺考察指标的指标性成分外，其他极性的药效物质并未被有效保留，中药复方的整体性受到一定影响。大孔吸附树脂法则是利用大孔树脂对不同分子的筛孔性和范德瓦耳斯力的差异，而将物质进行分离。该法选择性较高，虽然可富集某些母核相同的大类成分，但因所用树脂的极性（功能基）和空间结构（孔径、比表面、孔容）与复方中某些成分（吸附质）的分子量和构型的不相容，不可避免地会损失部分药效物质。膜分离法是利用膜孔径筛分效应对亚微米以上的各种非药效性颗粒物的去除净化作用和对大分子量物质的截留差异除去高分子物质。所用陶瓷膜 $0.2~\mu m$ 的孔径可以有效地去除大分子无效物质，而基本保留分子量小于 1 kDa 的药效物质，充分体现了复方药效物质的整体性，在复方药效物质群集筛选方面具有其他分离技术不可比拟的优势。该实验也表明，作为复杂的中药复方体系，选择合适的精制方法很重要。

3. 陶瓷微滤膜法与醇沉法等精制中药复方的主要药效学、毒理学比较　　安全、有效是选择膜分离技术最重要的原则。以常规水提工艺、水醇法工艺、膜分离工艺制备样品，开展主要药效学、毒理学比较研究，是确保中药膜过程影响有效性与安全性的重要环节，其目的是在生物学的意义上确保膜选择的科学、合理。笔者课题组[71]为考察膜分离精制工艺对糖渴清复方服用剂量及疗效的影响，以药典法测定不同工艺样品的总固体含量，并以四氧嘧啶糖尿病小鼠血糖值为指标，比较不同工艺样品的降血糖效应。结果表明,常规水提工艺组与两种膜分离工艺组对糖尿病小鼠均有显著降血糖作用,相互间无显著差异,而两种膜分离工艺组可使制剂固含物分别减少 29% 与 37%。说明膜分离精制工艺可有效减少糖渴清服用剂量,而不影响其降血糖作用。本课题组开展的类似工作:① 观察以膜分离工艺制备的清络通痹颗粒对佐剂性关节炎(AA)大鼠滑膜细胞分泌 TNF(肿瘤坏死因子)的影响[72],主要实验方法是将清络通痹颗粒治疗过的佐剂性关节炎大鼠滑膜细胞进行体外培养,收集细胞上清,检测 TNF 的活性。结果发现,治疗组滑膜细胞的 TNF 含量明显低于模型组。结果表明,膜分离工艺制备的清络通痹颗粒能明显降低佐剂性关节炎大鼠滑膜细胞分泌的 TNF。② 研究采用膜分离技术制备的热毒净颗粒的药理作用[73]。通过实验,发现热毒净颗粒可明显提高感染金黄色葡萄球菌小鼠的存活率,明显降低感染流感病毒小鼠的肺指数和大肠杆菌内毒素致发热家兔的体温。说明采用膜分离技术对热毒净颗粒的抗菌、抗病毒及退热作用未产生影响。

　　相关的报道还有:蔡宇等[74]用陶瓷微滤膜分离刺五加水煎液药效部位,采用 S180 移植瘤动物模型,对膜分离后的刺五加两药效部位上清液 A 和滤液 B 从抑瘤率、NK 细胞活性两方面评价其抗肿瘤和免疫调节功效。结果表明,刺五加药效部位上清液 A 的抑瘤率低于药效部位滤液 B,免疫活性高于药效部位滤液 B;药效部位上清液 A 高剂量组的抑瘤率和免疫活性与刺五加水煎液接近;刺五加药效部位滤液 B 高剂量组抑瘤率明显高于刺五加水煎液,免疫活性与刺五加水煎液接近。说明陶瓷膜微滤法能分离刺五加水煎液中体现抗肿瘤活性功效的不同药效部位。乔向利等[75]用不同截留分子量的超滤膜对中药活血化瘀方提取液进行相对分子量分级,并分别用二甲基亚砜体系和黄嘌呤-黄嘌呤氧化酶体系测定了药物的不同相对分子量成分淬灭超氧阴离子自由基的能力。实验结果表明,经超滤膜分离后得到的低相对分子量成分抑制超氧阴离子自由基的效果非常显著,说明药物的有效部位主要是在低相对分子量成分中,通过膜分离能有效地提高药物有效部位的浓度和药效。

　　(二) 膜分离技术与其他中药精制技术的比较

　　笔者课题组以清络通痹颗粒复方水提液为模型药物,采用陶瓷膜微滤和大孔树脂吸附等多种精制分离技术,以精制液样品的性状、青藤碱损失率和除杂率等为评价指标,对各技术的精制效果进行对比。相关工艺流程和研究结果分别见图 8-5、表 8-4[76]。

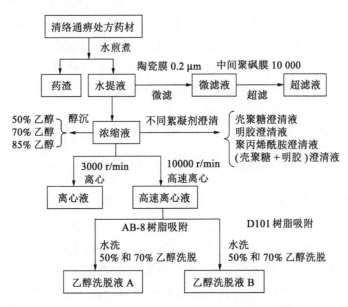

图 8-5　膜分离与其他精制中药技术的比较[76]

表 8 - 4　膜分离等 5 种工艺精制清络通痹颗粒的对比研究[76]

样　品	澄明度	固含物 （g/100 mL）	青藤碱量 （mg/mL）	除杂率 （%）	青藤碱损失率 （%）	青藤碱纯度 （%）
煎煮液	浑浊	1.285	0.1398	0	0	1.09
微滤液	澄明	1.013	0.1184	21.17	15.31	1.17
超滤液	澄明	0.954	0.1028	25.76	26.47	1.08
3 000 r/min 离心液	极轻微浑浊	1.146	0.1046	10.82	25.18	0.91
10 000 r/min 离心液	澄明	1.117	0.1017	13.07	27.25	0.91
50%乙醇沉淀上清液	澄明	0.963	0.0981	25.06	29.83	1.02
70%乙醇沉淀上清液	澄明	0.924	0.0922	28.09	34.05	1.00
85%乙醇沉淀上清液	澄明	0.775	0.0581	39.69	58.44	0.75
壳聚糖澄清液	极轻微浑浊	1.056	0.1018	17.82	27.18	0.96
明胶澄清液	极轻微浑浊	1.073	0.1144	16.50	18.17	1.07
聚丙烯酰胺澄清液	极轻微浑浊	1.065	0.1083	17.12	22.53	1.02
壳聚糖加明胶澄清液	极轻微浑浊	1.109	0.1063	13.70	23.96	0.96
AB - 8 树脂乙醇洗脱液	澄明	0.201	0.0952	82.00	6.39	4.74
D101 树脂乙醇洗脱液	澄明	0.198	0.0871	82.27	14.36	4.40

注：超滤液是建立在微滤基础上，而大孔树脂吸附是建立在高速离心基础之上；澄明度的比较是建立在稀释到原体积基础上的。

　　从澄清角度看，各精制技术均能使药液颜色变浅，澄明度显著提高，除高速离心液和絮凝澄清液极轻微浑浊外，其余各技术精制液均为澄明透亮液体；从除杂率看，以树脂吸附除杂率最高，达 80%以上。陶瓷膜微滤除杂率为 21.17%，小于醇沉法和超滤法，但高于絮凝澄清法和高速离心法；从青藤碱的损失率看，以 AB - 8 树脂的损失率最低（6.39%），而 85%乙醇沉淀法最高（58.44%）。陶瓷膜微滤法损失率为 15.31%，小于超滤法、醇沉法、高速离心法和絮凝澄清法；从各精制液中青藤碱纯度看，仅陶瓷膜微滤法和大孔树脂吸附法样品的除杂率高于青藤碱损失率，说明该两种方法对青藤碱具有富集提纯作用，但陶瓷膜微滤法富集作用差，而树脂法富集提纯作用强，可使纯度提高 4 倍以上。

　　综上所述，以陶瓷膜微滤和大孔树脂吸附的精制效果最佳。但清络通痹复方水提液有效成分复杂，大孔树脂依据吸附原理除杂，对各类有效成分保留率不一致，特别是多糖等水溶性有效成分损失大，导致复方组成改变，且工艺复杂、成本高。而陶瓷膜微滤技术根据筛分原理将绝大部分固体杂质除去，对各类可溶性有效成分损失较小而且损失率基本一致，不改变复方组成，且工艺简单，生产周期短，成本低，因此可以选择陶瓷膜微滤法作为清络通痹复方水提液的分离纯化技术。

第四节　基于吸附/筛分效应的大孔吸附树脂精制过程原理与技术应用[77-79]

　　大孔吸附树脂是一种物理吸附剂，通常由聚合单体和交联剂、致孔剂、分散剂等添加剂经聚合反应制备而成。交联剂起着在聚合链之间搭桥的作用，它使树脂中的高分子链成为一种三维网状结构。聚合反应过程中，陆续生成 5~20 nm 的微胶核、60~500 nm 的微球，彼此相连。致孔剂则最终残留在核与核或微球与微球之间的孔隙中。聚合物形成后，致孔剂被除去，在树脂中留下了大小不一，形状各异、互相贯通的不规则孔穴。在干燥状态下，大孔吸附树脂内部具有较高的孔隙率，且孔径较大，在 100~1 000 nm 之间，故称为大孔吸附树脂。

一、吸附性耦合筛选性——大孔吸附树脂精制中药原理

吸附性与筛选性相结合构成大孔吸附树脂的分离技术原理。影响吸附性能的重要因素主要为：树脂的极性（功能基）和空间结构（孔径、比表面、孔容）。有机物通过树脂的孔径扩散至树脂孔内表面而被吸附，因此树脂吸附能力大小与吸附质的分子量和构型也有很大关系，树脂孔径大小直接影响不同大小分子能否自由出入，从而使树脂吸附具有一定的选择性。由于大孔吸附树脂具有吸附性和筛选性，有机化合物根据吸附力的不同及分子量大小、空间结构，在树脂上先被吸附，再经一定的溶剂洗脱而分开，从而达到分离精制的目的。

1. 吸附性原理　　大孔吸附树脂的吸附性是由于范德瓦耳斯力或产生氢键的结果。大孔吸附树脂以范德瓦耳斯力从很低浓度的溶液中吸附有机物，其吸附性能主要取决于吸附剂的表面性质。

（1）吸附力与分子结构的关系：例如，D101 等 6 种不同非极性树脂对 3 种具有不同类型母核苷类总体静态吸附能力为：黄芩苷>芍药苷>栀子苷，当洗脱剂分别为 75%、25%、45% 的乙醇时，洗脱率分别为 60%、93%、93%。从而提示，吸附力的大小与分子结构有关。对苯乙烯型树脂而言，被吸附的分子母核双键数目越多，分子与树脂吸附作用力越大。

文献报道，S-8 等不同极性树脂对银杏叶黄酮的吸附量分别是：极性的 S-8 树脂为 126.7 mg/g；弱极性的 AB-8 树脂为 102.8 mg/g；非极性的 H107 树脂为 47.7 mg/g。这主要是因为银杏叶黄酮具有多酚结构和糖苷链，有一定的极性和亲水性，有利于弱极性和极性树脂的吸附。又如，对葛根中总黄酮进行吸附研究时，选用了聚苯乙烯型极性、非极性、弱极性 3 种类型树脂。其中 S-8、AB-8、ZTC（黄酮专用）等极性或弱极性的树脂对葛根黄酮吸附量较大；相对来说，非极性树脂对葛根黄酮的吸附量偏小。据分析，这同样是由于葛根黄酮所具有的酚羟基和糖苷链，生成氢键的能力较强，有一定的极性和亲水性，有利于弱极性和极性树脂的吸附。

（2）吸附力与树脂比表面积的关系：大孔树脂吸附原理主要为物理吸附，比表面积增加，表面张力随之增大，吸附量提高，对吸附有利。具有较高的比表面积，比具有适当的功能基对吸附将更为有利。例如，树脂 AB-8 的孔径虽然与 NKA-9 相近，但由于比表面明显大于 NKA-9，其黄酮吸附量也显著大于 NKA-9。SIP1300、SIP1400 树脂由于比表面较大，虽为非极性树脂，但仍有一定的吸附量。比重较大的吸附树脂可提高单位体积湿树脂总表面积，从而使树脂吸附量明显增加。被吸附物通过树脂的孔径扩散到树脂孔内表面而被吸附，只有当孔径足够大时，比表面积才能充分发挥作用。

2. 筛分性原理　　大孔吸附树脂的筛分性原理是由于其本身多孔性结构所决定的。有机物通过树脂的网孔扩散到树脂网孔内表面而被吸附，树脂孔径直接影响不同大小分子的出入，而使树脂吸附具有一定的选择性。树脂吸附力与吸附质分子量也密切相关，分子体积较大的化合物选择较大孔径的树脂。

（1）大孔吸附树脂特征基本参数与吸附量的关系：孔径、比表面积、孔体积（孔容）、孔隙率等大孔吸附树脂特征基本参数与吸附量具有密切的关系。以孔径为例，S-8、D4006 树脂的孔径各为 28.0~30.0 nm 与 6.5~7.5 nm，它们对平均分子量为 760 Da 的银杏总黄酮分别是 126.7 mg/g 与 19.0 mg/g。

葛根黄酮各组分的分子量较大（大豆苷元分子量为 254.2 Da，葛根素为 416 Da，4,7-木糖-葛根素、大豆苷元-4,7-二葡萄糖苷等的分子量更高），使用孔径较大的树脂有利于吸附。若平均孔径较小，会造成吸附速度较慢，解吸不够集中，杂质分离效果差。吸附量大的树脂 AB-8、S-8 具有较大的孔径，而孔径小于 100 nm 的树脂吸附量都不够大。

（2）吸附能力与吸附质的分子构型：树脂吸附能力与吸附质的分子构型也有很大关系，如多糖类、皂苷类、取代苯类等，它们的分子所占有空间体积的大小相差明显，在选择树脂时就要加以考虑。

并非在比表面积高的前提下孔径越大越好，这是因为：第一，孔径太大便失去了选择性；第二，孔径大，比表面积又高，势必使孔体积增大，到一定程度树脂强度便下降；第三，孔体积增大还会引起体积比表面积下降，反而会使吸附量下降。在实际应用中，对吸附量真正起作用的是体积比表面积。

孔容的大小直接影响树脂的体积比表面积，孔体积增大引起体积比表面积下降，反而使吸附量下降。对 D3520 来讲，孔容大是其吸附量较小的原因之一。而 S-8、AB-8 树脂孔容都小，体积比表面积大，因而吸附量都较大。

对大孔吸附树脂的分离性能的评价，还有很重要的一方面。即大孔吸附树脂的应用是利用吸附的可逆性（即解吸），由于树脂极性不同，吸附作用力强弱不同，解吸难易亦不同。因此，解吸剂及其解吸率的测定是树脂分离性能筛选试验的重要环节。在中药提取液的精制方面，药物中的有效成分经大孔吸附树脂吸附后，只有解吸完全才有真正的实用价值，吸附、解吸的可逆性是其推广运用的前提。

二、大孔吸附树脂的吸附动力学特征

大孔吸附树脂在吸附时所显示的吸附平衡和吸附动力学特性，是树脂对溶液的一系列吸附性能，如吸附量、吸附率、吸附速度、脱附性能等的基础，因此有必要对吸附树脂的吸附动力学过程进行研究，用量化的指标来阐明其吸附分离的特性。

1. 大孔吸附树脂吸附平衡的概念　　所谓吸附平衡，从宏观上看，当吸附量不再增加时就达到了吸附平衡。即在一定的条件下，当流体与固体吸附剂接触时，流体中的吸附质被吸附剂吸附，经过足够长的时间，吸附质在两相中的分配达到一个定值，此时吸附剂对吸附质的吸附量称为平衡吸附量。平衡吸附量的大小与吸附剂的物化性能，如比表面积、孔结构、粒度、化学成分等有关，与吸附质的物化性能及浓度、温度等也都有关系。这种吸附平衡实际上是一种动态平衡，而平衡关系是决定吸附过程的方向和进行过程的基础，通常用吸附等温线、吸附公式和分配系数等来描述。

大孔树脂的吸附动力学特性在不同的吸附剂与吸附质时表现会不一样，如在有充分时间吸附的情况下，一些树脂对某一成分可能具有相近的饱和吸附量。但是由于各树脂的物理、化学性质的差别，其吸附动力学过程可能是不同的。因而需要通过不同的试验比较各树脂的吸附动力学规律，清楚地了解树脂吸附分离的具体过程，为工艺过程的放大提供可靠、实用、可行的动力学参数及数学模型，以便大孔吸附树脂吸附分离技术更好地产业化。

2. 常用的吸附洗脱特性参数

（1）比上柱量（S）：系指达吸附终点时，单位质量干树脂吸附夹带成分的总和，表示树脂吸附、承载的总体能力。S 越大，承载能力越强，是确定树脂用量的关键参数。

$$S = (M_{上} - M_{残})/M \tag{8-22}$$

（2）比吸附量（A）：系指单位质量干树脂吸附成分的总和，表示树脂起初吸附能力。A 越大吸附能力越强，是评价树脂种类与评价树脂再生效果的重要参数。

$$A = (M_{上} - M_{残} - M_{水洗})/M \tag{8-23}$$

（3）比洗脱量（E）：系指吸附饱和后，用一定量溶剂洗脱至终点，单位质量干树脂洗脱成分的质量，表示树脂的解吸附能力与洗脱溶剂的洗脱能力。E 越大表示洗脱溶剂的洗脱能力与树脂的解吸附能力越强，是选择洗脱溶剂的重要参数。

$$E = M_{洗脱}/M \tag{8-24}$$

式中，M 为干树脂质量，即为树脂干燥至恒重测得的质量；$M_{上}$ 为上柱液中成分的质量，为上柱液体积与指标成分浓度的乘积;或以上柱液相当于药材质量表示,则为上柱液的体积与单位体积浸出液相当于药材质量的乘积;$M_{残}$为过柱流出液中成分的质量,为流出液体积与其指标成分浓度的乘积;$M_{水洗}$为上柱结束后,最初用水洗脱下来的成分的质量,为水洗液体积与其指标成分浓度的乘积;$M_{洗脱}$为用洗脱溶剂洗脱出的成分的质量,由洗脱液体积与其中指标成分浓度计算而得。

(4) 吸附量(Q)

$$Q = (C_0 - C_e) \times V/W \tag{8-25}$$

(5) 吸附率(E_a)

$$E_a(\%) = (C_0 - C_e)/C_0 \times 100\% \tag{8-26}$$

上两式中,Q为吸附量(mg/g),C_0为起始浓度(mg/mL),C_e为剩余浓度(mg/mL),V为溶液体积(mL),W为树脂重量(g)。

(6) 解吸率(E_d)

解吸率($\%$) = 解吸液浓度 × 解吸液体积/(原液浓度 - 吸附液浓度) × 吸附液体积 × 100%

$$\tag{8-27}$$

3. 吸附动力学曲线　吸附动力学曲线的绘制可以比较直观地了解树脂的某些动态吸附性能,判定该树脂对吸附质的吸附特性。

例如,为研究不同大孔树脂对葛根素的吸附性能,以筛选分离葛根素的最佳树脂,可通过测定各树脂达到平衡时的吸附量作图,得到各树脂的吸附动力学曲线[80]。

结果表明,AB-8、NKA、NKA-9、X-5树脂的吸附速度较快,在30 min之内就能达到吸附平衡。相对来说,S-8的吸附速度较慢,在140 min内尚未完全达到吸附平衡。树脂S-8、X-5及NKA对葛根素的吸附量较大,其中S-8的吸附量最大,为55.1 mg/g;X-5次之,吸附量为51.8 mg/g;其次为NKA树脂,吸附量为49.3 mg/g。葛根素具有酚羟基和糖苷链,有一定的极性和亲水性,生成氢键的能力较强,有利于极性树脂的吸附。S-8为极性树脂,故对葛根素吸附量较大。非极性树脂X-5及NKA具有较高的比表面积,主要靠物理吸附作用吸附葛根素,因此也具有较高容量。

4. 吸附等温线与吸附动力学方程　在等温的情况下,大孔树脂的吸附量与吸附质的浓度(或压力)的关系的称为吸附等温线。在研究吸附过程的特性和吸附分离工艺时常需要测定并绘制吸附等温线,吸附剂的平衡吸附量随吸附质的浓度或压力的增大而增加,但吸附等温线的形状却不一样(详见本章第七节图8-37)。

在研究吸附树脂的吸附规律时,可用吸附等温线及吸附动力学方程为参照模型。如为从4种大孔树脂(AB-8、S-8、NAK-Ⅱ及NKA-9)中选取适于吸附紫甘薯色素的品种,研究了上述大孔树脂的静态吸附动力学,以及其中AB-8大孔树脂的静态吸附热力学,结果表明,AB-8大孔树脂是较理想的吸附剂,其吸附平衡速率常数为每分钟0.024 6,吸附过程和Freundlich公式拟合较好;当溶液的色素含量为0.992(以A535表示)、吸附温度为40℃、吸附时间为30 min时具有最佳的吸附效果,有关吸附方程见表8-5。

表8-5　不同温度下AB-8大孔树脂对紫甘薯色素的吸附等温线方程[77,78]

温度(℃)	方程类型	等温线方程式	相关系数
20	朗缪尔方程(Langmuir equation)	$Q/161.29 = 8.857\,1 \times C/(1 + 8.857\,1C)$	0.957 2
	弗罗因德利希方程(Freundlich equation)	$Q = 141.51C_e^{0.338\,2}$	0.986 2

续 表

温度(℃)	方程类型	等温线方程式	相关系数
30	朗缪尔方程(Langmuir equation)	$Q/156.25 = 7.1111 \times C/(1 + 0.1111C)$	0.9537
	弗罗因德利希方程(Freundlich equation)	$Q = 131.84C_e^{0.3462}$	0.9854
50	朗缪尔方程(Langmuir equation)	$Q/151.52 = 11.0000 \times C/(1 + 11.0000C)$	0.9508
	弗罗因德利希方程(Freundlich equation)	$Q = 134.81C_e^{0.3057}$	0.9777

通常根据吸附动力学曲线研究吸附量和温度、浓度及时间的关系,建立相关的吸附动力学方程。有了这种关系式,就容易得到不同状态下的吸附速度,对树脂的实际应用非常有意义。

工程化吸附工艺设计通常需要研究目标成分在备选树脂上的吸附等温线,以及该体系的吸附动力学规律,以得到相应的吸附动力学方程。例如,为了优选 D101 树脂对绞股蓝皂苷的吸附工艺参数,可在固定床上测定连续流动过程中,D101 树脂对绞股蓝皂苷的吸附行为,拟合其吸附透过曲线;并用微分固定床测定吸附过程的总传质系数,得到总传质系数对相对饱和吸附量的关系,从而为吸附过程的设计提供参考。

5. 吸附速率　　根据吸附率和解吸率的测定比较,判定树脂的吸附速率,也可为选择适宜的树脂的参考。

在大孔树脂吸附紫小麦麸皮花色苷的研究中,由于各种树脂的化学和物理结构的差别,对紫小麦麸皮花色苷吸附动力学不同,吸附速率常数和到达吸附平衡的时间也不相同。由表 8-6 可知,HP-10 型树脂吸附速率常数最大,因此,其达到吸附平衡所需的时间短;其次是 AB-8 型树脂;再次是 LSA-10;而 NKA-Ⅱ 型树脂吸附速率常数最小。表明大孔树脂 HP-10 在本试验中对紫小麦麸皮花色苷选择吸附效果最好。

表 8-6　4 种大孔树脂的吸附平衡速率常数[77,78]

树 脂 类 型	速率常数(k)	相 关 系 数
HP-10	0.7777	0.9773
LSA-10	0.5068	0.9630
AB-8	0.7231	0.9751
NKA-Ⅱ	0.4201	0.9809

6. 解吸曲线　　由于大孔吸附树脂极性不同,吸附作用力强弱不同,解吸难易亦不同。因此,解吸剂解吸动力学过程就不同。解吸曲线就是考察解吸剂特性的动力学曲线。

不同树脂对葛根素静态解析动力学曲线:D4020、X-5、D101、NKA-9、AB-8 5 种树脂在 15 min 之内所吸附的葛根素能基本上解吸完全,达到一个平衡值,而 S-8 及 NKA-9 解吸速率较慢,特别是 S-8 在 75 min 之内还没有达到解吸平衡[80]。

如前所述,极性树脂 S-8 对葛根素的吸附容量虽然大,但 S-8 因具有强极性功能基,能和葛根素产生较强的相互作用,较难洗脱,这是其解吸率较低的主要原因。故极性树脂 S-8 不适合于葛根素的分离纯化;而非极性树脂 X-5 和 NKA-9 主要靠物理吸附作用吸附葛根素,较易洗脱。

上述关于大孔树脂的吸附动力学方面的研究内容表明,吸附动力学的研究可为树脂大规模的合理运用提供一系列量化的依据,以正确选用不同种类的大孔树脂,使工业化运用更合理、经济。

三、基于大孔树脂分离机理的吸附、洗脱工艺参数优选原则及其应用

应用大孔吸附树脂吸附分离技术时,在恰当选择树脂型号、用量、配比的前提下,还要注意正确使用该项技术,即优选其工艺条件。首先要充分考虑影响吸附纯化的诸多因素,提供适宜的上柱工艺条件,如温度、pH 及流速等,以及洗脱工艺条件,通过洗脱曲线或洗脱量的测定筛选最佳洗脱溶剂并确定其用量。对于中药复方样品,还应对所含主要组分进行测定,采用定量与定性相结合的方法证明选定的洗脱溶剂的洗脱效果,建立洗脱终点判定方法,要特别注意方法的针对性,避免同类化合物不同结构物质的漏洗,等等。各影响因素具体介绍如下。

(一) 吸附工艺条件的筛选

1. 上柱液温度　　吸附是一种界面现象,经过这种吸附作用,可以使吸附剂界面上溶质的浓度高于溶剂内溶质的浓度,其结果引起体系内放热和自由能下降。也有极少数相反现象,即经过吸附作用后,体系内温度反而上升。物理吸附放热量小,为 $8 \sim 60 \, \text{J/g}$ 分子,是由范德瓦耳斯力产生的;化学吸附放热量大,为 $120 \sim 418.68 \, \text{J/g}$ 分子,是由表面上分子化学键相互作用引起的(但有极少数是吸热的)。

不同温度对黄柏总生物碱在 AB-8 树脂上的吸附过程的影响研究表明,随着温度的降低平衡吸附量随之增加,这与黄柏总生物碱在 AB-8 树脂上的吸附为放热的物理过程相符。降低温度有利于该吸附的进行,且温度越低,吸附速率常数越大,达到吸附平衡的时间越短。所以生产上为了强化吸附,应适当地降低操作温度,如在设备外面装夹套,通入冷却剂对系统降温。

对于溶解度受温度影响较明显的目标成分,尤其要注意上柱液温度对树脂吸附效果的影响。如常温下芦丁在水中的溶解度为 $1 \, \text{g}/10\,000 \, \text{mL}$,而在沸水中溶解度为 $200 \, \text{g}/10\,000 \, \text{mL}$,因此,高温有利于芦丁的提取,低温可使芦丁析出。而相关树脂吸附荞麦中芦丁的研究表明,温度高,不利于芦丁的吸附,上柱时温度以不超过 40℃ 为宜;温度低,不利于芦丁的提取,芦丁亦可以从提取液中析出,所以最佳上柱温度为 30 ~ 40℃。

2. 上柱溶液的浓度　　树脂吸附量是温度和溶液浓度的函数,遵守等温吸附方程,上样液的浓度不同,树脂的吸附规律亦有所不同,在进行研究时,不同的样品需做一定的预试验,确定最佳上样浓度。如在对荞麦芦丁的研究中发现,芦丁浓度越高越有利于吸附,用 10 倍量水浸提原料所得的上柱液中总黄酮平均高达 $1.46 \, \text{mg/mL}$,总黄酮中芦丁量占 80% 左右。在提取液中浓度达 $1.2 \, \text{mg/mL}$,处于过饱和状态,有利于吸附,故过滤后的浸提液可直接上柱,无须浓缩。

上柱溶液的适宜浓度可以通过有关吸附实验进行确定。如不同上样浓度对 XDA-1、LSA-20、D101、ISA-10 4 种树脂的吸附性能影响研究表明,每一种树脂的吸附量开始时都是随着上样液浓度的增大而增大,但当到达一饱和吸附点时就会下降,故可采用这点的浓度作为上样液浓度。

3. 上样液 pH　　pH 对吸附过程的影响的基本原理在于:中药有效成分在不同 pH 条件下溶解性能不同,因而易于吸附或解吸附。

上样液 pH 对化合物的分离效果影响比较大,既要使成分不被破坏,也要有利于树脂的吸附,应根据化合物结构特点综合考虑,来调整溶液 pH。一般,酸性化合物在适当酸性溶液中充分吸附,碱性化合物在适当碱性条件下较好地吸附,中性化合物可在大约中性情况下吸附。

pH 对酸性化合物及碱性化合物的吸附影响特别明显。如不同 pH 下多种树脂分离麻黄碱的研究表明,树脂的吸附量随着 pH 的增加而逐渐增大。在 pH 为 11 时均达到最大值,其中 XAD-4、XAD-7 树脂在 pH 5.0、pH 7.0 时吸附量极低。这是由于麻黄碱在此 pH 下已质子化,形成了极易溶于水的盐类,而不带功能基团的大孔树脂对于盐类的吸附力很低。

4. 盐浓度　　盐浓度对成分的吸附有一定的影响,一定的盐浓度有助于主要成分在大孔吸附树脂

上的吸附。可能由于盐离子的存在,减少了自由水的量,这相当于增大了自由水中溶质的浓度,因而吸附量提高了。

有关溶解性与盐浓度的另一种理解是,通常一种成分在某种溶剂中溶解度大,则在该溶剂中,树脂对该物质的吸附力就小,反之亦然。在上样溶液中加入适量无机盐(如氯化钠、硫酸钠、硫酸铵等),降低成分的溶解度,可使树脂的吸附量加大。

关于盐溶液对黄连水提液吸附纯化效果的研究表明,中药上柱液中加入盐会对树脂的吸附能力产生一定的影响,这种影响因盐的种类和用量不同而不同。当氯化钾的浓度为5%时,小檗碱的比上柱量降低,当加入高浓度氯化钾和氯化钠时,其比上柱量增加,且氯化钠浓度的变化与残液中小檗碱的浓度满足一定的数学关系: $\log C = -0.7738 - 0.01703P, r = 0.995, n = 6$。

大孔树脂分离蒺藜总皂苷的研究表明,NaCl浓度在 $0.5 \sim 1.5$ mol/L 时,总皂苷吸附量随 NaCl 浓度增加而增加,尤其是在 $1.0 \sim 1.5$ mol/L 范围,总皂苷吸附量增加十分明显,两者之间近乎呈线性关系。但当 NaCl 浓度大于 1.5 mol/L 时,单位体积树脂的总皂苷吸附量增加较小,再添加 NaCl 对吸附量的影响已经很小,故吸附液的 NaCl 浓度以 1.5 mol/L 为宜。

5. 上柱流速　上柱时的流速要根据每个特定品种及分离要求来控制,流速太快,吸附和洗脱会不完全,流速太慢又不经济,通常流速一般控制在 $0.5 \sim 5$ mL/($cm^2 \cdot min$)。PYR 树脂对甜菊糖的吸附研究表明,当流速从 1 BV/h 提高到 4 BV/h 时,PYR 树脂的吸附量下降了约4%,而 AB-8 则下降了33%。这说明由于 PYR 树脂的吸附速率较快,其动态吸附性能随流速的变化十分敏感,这一性能有利于树脂的工业化应用。

(二) 洗脱工艺条件的筛选

洗脱过程由以下几步组成:洗脱剂分子由溶液主体向树脂外表面及内孔道扩散;洗脱剂分子与吸附在树脂孔道内表面的目标吸附分子碰撞和相互作用;洗脱产物经树脂孔道向溶液主体扩散。因此影响洗脱效率的因素包括:洗脱剂浓度、洗脱剂及脱附产物在树脂孔道内的扩散速度、洗脱剂与目标吸附分子的作用机理等。

1. 洗脱剂的极性　洗脱剂及浓度应根据吸附力的强弱选用,常用洗脱剂有甲醇、乙醇、乙酸乙酯、丙酮等,也有用混合溶剂的,可通过相应的预试验,依具体品种而定。即使吸附量大的树脂,如果不具备较好的洗脱性能,也不利于工业化生产。

一般对非极性大孔树脂,洗脱剂极性越小,洗脱能力越强;对于中极性大孔树脂和极性较大的化合物,则用极性较大的溶剂较为合适。为达满意效果,可设几种不同浓度洗脱,以确定最佳洗脱浓度。实际操作中,需综合考虑多种因素选择合适的洗脱剂。例如,对银杏叶黄酮类化合物洗脱性能进行研究时,由于选用的 DM-130 型大孔树脂属于弱极性,首先根据相似相溶原理,应选择极性较小的洗脱剂;其次因为黄酮类化合物在溶液中呈弱酸性,因而可使用碱液洗脱,同时考虑到其生物活性,不宜使用强碱;最后黄酮类化合物易溶于甲醇、乙醇、丙酮等有机溶剂,但考虑到甲醇的毒性和丙酮的挥发性,选择乙醇水溶液较宜。

2. 洗脱剂的 pH　通过改变洗脱剂的 pH,可使吸附物形成离子化合物,易被洗脱下来,从而提高洗脱率。例如,黄连生物碱被树脂吸附后,用50%、70%、100%甲醇洗脱,小檗碱的回收率低,为 $24.31\% \sim 83.46\%$;用含 0.5%H_2SO_4 的50%甲醇洗脱,则小檗碱的回收率可达100.00%。

3. 洗脱剂用量　洗脱剂的用量根据每个具体品种的吸附量来定,用量太多会造成浪费,不经济;用量不够则洗脱不完全,达不到分离效果,可先通过预试验积累一定的数据再进行放大操作。

4. 洗脱流速　不同的流速解吸率略有不同,如对喜树碱的研究中,当解吸流速分别为 1、1.5、2、3、6 BV/h 时,解吸率分别为96.5%、96.4%、96.2%、94.3%、90.3%,即解吸率随解吸流速增大而降低。

综合解吸效果与节省时间等多方面因素,选择解吸流速为 2 BV/h。

四、中药复方体系的竞争吸附机制及其应对措施

由于中药复方中成分较复杂,大孔树脂对不同成分的吸附选择性大不相同,加上不同成分间吸附竞争的存在,使得实际吸附状况十分复杂。经过大孔树脂精制后,复方中的有效成分的保留率不同,会使实际上各药味间的用量比例产生改变。这种药物成分间的竞争性吸附机制,是目前大孔吸附树脂分离纯化中药复方所存在的关键性问题,实质上也是大孔吸附树脂精制中药研究领域的科学问题。

1. 大孔吸附树脂对有机物的选择性吸附能力　　大量的实验和应用研究工作证明,大孔吸附树脂对不同化学组成和结构的有机物的吸附能力存在显著的差异。以高交联度的聚苯乙烯-二乙烯苯系吸附树脂为例,其对水中有机物的吸附能力与有机物的结构之间的关联性规律可以归纳如下[89]。

(1) 当无机物与有机物共存于水中时,吸附树脂优先吸附有机物。相反由于水中溶解的无机盐存在盐析作用而降低有机物的溶解度,因而提高了树脂对有机物的吸附分离能力。

(2) 当芳烃(或其衍生物)与脂肪烃(或其衍生物)共存于水中时,吸附树脂优先吸附芳香烃(或其衍生物)。

(3) 当有机同系物共存于水中时,吸附树脂优先选择吸附分子量大的同系物。

(4) 吸附树脂优先选择吸附水溶解度较低的有机同系物。

(5) 在溶解度接近的前提下,吸附树脂优先选择吸附有适当极性的有机物。

(6) 吸附树脂对有机物吸附能力的高低,本质上与吸附质分子内疏水基团与亲水基团的质量比存在一定的正相关性。即有机同系物中疏水基团与亲水基团质量比越大,其被树脂吸附的能力也就越强。

2. 复方经大孔树脂纯化,各成分保留率不同　　由上述大孔吸附树脂对有机物的选择性吸附能力的讨论,不难理解复方经大孔树脂纯化后,可能造成各成分保留率不同,从而使各药味间的用量比例产生改变。

例如,著者实验室在研究某中药复方的精制过程中发现,方中指标性成分二苯乙烯苷、淫羊藿苷、莫诺苷三者的比例在原药液中为 1∶1.01∶0.59,而经大孔树脂精制后其比例则变为 1∶1.05∶0.92。仝燕[81]等在研究复方柴胡汤大孔吸附树脂精制工艺时发现:原汤剂中柴胡皂苷 a、芍药苷、甘草酸、橙皮苷四者的比例为 1∶204.6∶57.4∶57.8,而经两种不同的大孔吸附树脂精制后其四者的比例则分别变为:1∶265∶38∶92.75 和 1∶229.5∶41.75∶54.75。

又如,7 种大孔吸附树脂精制乐脉胶囊的研究显示,虽然精制物的含固率显著降低,但丹参素的损失很大,部分树脂对芍药苷的保留率低于 80%;LD605 型大孔吸附树脂对复方中不同有效部位吸附能力强弱的规律:以药材计为:生物碱>黄酮>酚性成分>无机物;以指标成分计为:黄酮>生物碱>酚性成分>无机物。上述研究表明中药复方应用大孔吸附树脂精制后,其物质基础发生了变化,同时也说明应用大孔树脂精制中药复方的机理比较复杂。

3. 有关同一种树脂纯化中药复方混煎液的可行性问题　　侯世祥等[82]选用一个含有生物碱、蒽醌、皂苷等由黄连、大黄、知母等药材组成的中药复方为样品,探索树脂纯化中药复方的可行性与规律。

研究表明,复方中各味药材分煎液分别上同一大孔吸附树脂柱纯化,其不同有效部位均可不同程度地被同一树脂吸附纯化。尽管各指标成分在上柱、洗脱过程中有不同程度的损失,但成分保留率均大于 75%(表 8-7)。定性、定量研究证实,混煎复方中药中的主要有效成分或部位经过优化的工艺吸附纯化后,均可大部分保留。若纯化工艺条件得当,同一型号的大孔吸附树脂能有效吸附纯化不同母核结构的复方中药有效成分或有效部位。

表 8-7 不同洗脱液中各指标成分的收率[82]

有效部位	指标成分	收率(%)				
		浸出液	流出液	水洗液	50%醇洗液	95%醇洗液
生物碱	小檗碱	100	12.64	6.94	80.05	0.42
蒽醌	大黄总蒽醌	100	4.04	7.19	82.80	3.85
皂苷	拔葜皂苷元	100	—	—	98.40	—

宓晓黎等[83]在研究镇肝熄风汤的大孔吸附树脂精制工艺时则指出，在复杂成分的中成药提取液的吸附中，要兼顾酸、碱性化合物。

使用同一型号大孔吸附树脂纯化含不同有效部位的中药复方时，应选择适宜的树脂型号和合适的纯化条件，尤其要保证比上柱量较低的有效部位和成分也能保留在树脂上。

4. 等效性问题的提出　　大孔树脂对不同成分的吸附选择性大不相同，加上不同成分间的吸附竞争，使得中药复方实际吸附状况十分复杂，可因各有效成分的保留率不同而导致各药味间的用量比例发生变化而影响其有效性。

如某含丹参的复方制剂，在水煎液除杂时用了 8 种树脂，因药效得不到保证而未获成功；某工艺拟选 4 个型号的树脂除杂，结果虽然解决了药液黏性大、干膏粉易吸潮等问题，可经其中两个型号树脂处理的样品，药理作用明显减弱。

为充分体现中医理论的整体观念，保证中药复方的安全、有效，必须全面考察大孔树脂精制中药复方工艺过程中的宏观、微观特征，探讨其竞争吸附机理。尽可能以指纹图谱、每味药的主要有效成分为指标(在确有困难时可配合其他理化指标)监控各吸附分离过程；同时应开展主要药效学对比试验，以证明上柱前与洗脱后药物的等效性[84-86]。

五、基于知识发现的树脂组合技术及其精制黄连解毒汤的探索性研究

针对制约大孔树脂吸附技术精制中药复方领域的共性关键问题，在中医药理论的指导下，本研究团队开展了"基于知识发现的树脂组合及其精制黄连解毒汤的初步研究"[87]，从精密微观的角度观察大孔树脂吸附分离技术精制中药复方过程，通过采集大量中药化学、物理化学、吸附动力学参数，开展多变量数据挖掘实验研究，探讨复方精制过程中不同成分间的竞争性吸附机理[87]。该研究的主要内容如下：

（1）采用静态吸附法，对组方中黄连、黄柏、黄芩和栀子的各自指标成分进行了 9 种不同大孔吸附树脂的吸附动力学研究，分别采用 UV、HPLC 法测定相关指标性成分的量，计算不同树脂的吸附速率常数、比吸附量、比洗脱量，以及不同成分的吸附率、洗脱率，绘制了不同树脂的吸附动力学曲线，对其吸附过程中的动力学变化进行了比较研究。

（2）采用静态吸附法，对复方开展了 9 种不同大孔吸附树脂的吸附动力学研究，分别采用 UV、HPLC 法测定相关指标性成分——总生物碱、总黄酮、小檗碱、药根碱、巴马汀、黄芩苷、栀子苷的量，计算不同树脂分别相对于总生物碱、总黄酮的吸附速率常数、比吸附量、比洗脱量，以及吸附率、洗脱率，分别绘制了不同树脂的吸附动力学曲线，同时以其中单个成分小檗碱、药根碱、巴马汀、黄芩苷、栀子苷的量分别进行比洗脱量和洗脱率的比较，对其复方吸附分离中的动力学过程进行了比较研究。

（3）从中药水提液复杂体系的客观本质入手，运用物理化学的研究方法，对复方吸附分离过程中溶液体系的物理化学表征参数进行了研究，分别测定了上样前药液、吸附后药液及洗脱后药液的 pH、电导率、盐度、黏度、浊度的变化，并对其变化进行比较分析。

（4）采用动态上柱法,对组方单味药材及复方分别进行了 9 种不同大孔吸附树脂的动态吸附分离研究,分别采用 UV、HPLC 法测定相关指标性成分——总生物碱、总黄酮、小檗碱、药根碱、巴马汀、黄芩苷、栀子苷的量,计算其转移率。同时考察了精制过程中各体系的物理化学表征参数——溶液 pH、电导率、盐度、黏度、浊度的变化。

（5）采用体外血小板抑制聚集试验对比了 9 种不同大孔树脂的分离精制产物与精制前的药效学变化。

（6）运用数据挖掘软件,对有关大孔吸附树脂特征参数量、中药复方提取液精制前后物理化学特征参数量、中药复方提取液精制前后指标性成分特性量、大孔树脂吸附动力学特征参数量、药效学指标之间相关性进行数据挖掘研究,拟合不同的曲线,建立相关的数学方程,探讨大孔吸附树脂分离中药复方水提液的相关规律及机理。

（7）针对如何保留原有复方中指标成分间的配比这一技术关键,依据数据挖掘的结果,设想以具有不同特征的多种树脂组合的方式对中药复方进行分离精制。为此设计了 5 种不同的树脂组合,分别进行静态及动态吸附实验,对其吸附动力学过程及各相关指标性成分——总生物碱、总黄酮、小檗碱、药根碱、巴马汀、黄芩苷、栀子苷的量进行比较研究。结果发现,树脂组合 3 所得的精制产物可基本保持原复方中总生物碱与总黄酮的两大类成分的比值,为下一步设计可供中药复方精制的特定树脂提供参考依据。

该研究的意义在于首次提出"基于知识发现的树脂组合"概念,为创建面向中药复方复杂体系精制过程的新型大孔树脂技术,获取中药复方中科学合理的药效物质,保证中药复方精制后的安全性、稳定性和等效性迈出了重要的一步。

第五节　基于液液相平衡的中药制药精制原理与技术

利用液液相平衡原理对中药物料进行精制、纯化的技术主要有液液萃取、高速逆流色谱、双水相萃取等。液液萃取在中药化学成分的精制分离过程中被广泛应用,也是发酵工程、细胞工程等生物分离工业化操作中的重要技术。双水相萃取技术常被用于生物工程领域蛋白质、酶、核酸、干扰素等的分离纯化,近年已被引入中药制药领域,成为重要的分离手段之一。高速逆流色谱已用于天然化合物、合成产物及生物样品的分离纯化,据报道,在生物碱、黄酮、萜类、木脂素、香豆素等成分的研究中均获得成功。

一、液液相平衡原理[88]

由 N 个组分组成的,两个不同液相的混合物 L' 和 L'',根据物理化学知识可知,达到平衡的条件:

$$\hat{f}_i^{L'} = \hat{f}_i^{L''} \quad (i = 1,2,3,\cdots,N) \tag{8-28}$$

式中,$\hat{f}_i^L$ 为液相中组分 i 的逸度。

如果组分 i 在两个液相间的逸度或化学势相等,则组分 i 在液-液界面上的平衡关系成立。且设组分 i 在'相和"相的浓度比 x_i'/x_i'' 为分配系数 K_i,

即:

$$K_i = \frac{x_i'}{x_i''} = \frac{\gamma_i'}{\gamma_i''} \tag{8-29}$$

如图 8-6 所示,由 N 个组分组成 1 mol 原料液,将其静置,则分成 $\phi(\text{mol})$ 的'相与 $(1-\phi)(\text{mol})$ "相,两相互成平衡。这时对组分 i 进行物料衡算,则有

$$x_i^F = \phi x_i' + (1-\phi)x_i'' \tag{8-30}$$

用式(8-29)求出 x_i',代入(8-30)式中,有

$$x''_i = \frac{x_i^F}{1 + (K_i - 1)\phi} \tag{8-31}$$

显然有

$$1 = \sum_{i=1}^{N} x''_i = \sum_{i=1}^{N} \frac{x_i^E}{1 + (K_i - 1)\phi} \tag{8-32}$$

如果原料组成如图 8-6 所示,在形成双液相系统时,各组分间平衡关系的计算方法及步骤如下:首先假定,液相的比例为 ϕ,此相中组分 i 的质量分数为 x_i,然后用式(8-32)求 x''_i,并分别求出各相中组分 i 的活度系数 γ'_i 和 γ''_i 以及分配系数 K_i,利用这些求得的值代入式(8-31)中可得 x''_i,然后检验 x''_i 的和是否为 1。若等于 1,计算就可结束,若不等于 1,就需按图中的步骤,先求 ϕ',再令 $\phi = \phi'$ 并代入式(8-30)中求 x'_i,依次反复计算,直至 x''_i 的和为 1。关于液液平衡数据,可查阅有关溶解度数据手册和物性常数手册[89-92]。

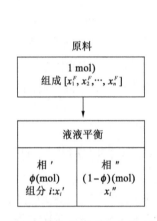

原料
1 mol)
组成 $[x_1^F, x_2^F, \cdots, x_n^F]$

液液平衡

相 ′	相 ″
ϕ(mol)	$(1-\phi)$(mol)
组分 i:x'_i	x''_i

图 8-6 双液相的形成及液液平衡[88]

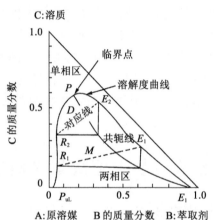

图 8-7 三元物系的液液平衡[88]

三元物系 (i = A、B、C)的平衡关系可用三角形相图(图 8-7)来表示。首先溶解度曲线在这里作为分界线将三角形的相图分成两部分,即三组分完全互溶的单相区和两液相不互溶的双相区。在双相区点 M 所表示的组成并不存在。例如在溶解度曲线上的点 R_i 和 E_i 所表示的浓度组成可以形成两个液相,显然这两个液相互成平衡,用对应线连接此两点来表示这种平衡关系。通过点 R_j 的水平线与通过点 E_j 的垂直线交点的连线即是共轭线,此线从点 E_0 开始直至点 P,P 点则称为临界点,从这里进入单相区。

二、液液萃取技术[83]

(一) 液液萃取技术及其影响因素

液液萃取技术(liquid-liquid extraction,LLE)是药物制备过程常用的分离技术之一。基本原理是利用在两个不相混溶的液相中各种组分(包括目的产物)溶解度不同,从而达到分离的目的。例如,在 pH=4.0 时,柠檬酸在庚酮中比在水中更易溶解;pH=5.5 时,青霉素在醋酸戊酯中的溶解度比在水中大;过氧化氢酶在聚乙二醇水溶液中的溶解度比在葡聚糖水溶液中大。因而,可以用醋酸戊酯加到青霉素发酵液中,并使其充分接触,从而将青霉素萃取到醋酸戊酯中,达到分离提取青霉素的目的。

1. 液液萃取过程的物理属性 　液液萃取技术为利用溶剂对需分离组分有较高的溶解能力而进行分离的过程,属于物理萃取过程。通常,待处理溶液中被萃取的物质被称为溶质,其他部分则为原溶剂,加入的第三组分被称作萃取剂。选取萃取剂的基本条件是对料液中的溶质有尽可能大的溶解度,而与原溶剂不溶或微溶。当萃取剂加入料液中,混合静置、分成双液相:一相以萃取剂(含溶质)为主,称为萃取相;另一相以原溶剂为主,称为萃余相。

在研究萃取过程时,常用分配系数表示平衡的两相中溶质浓度的关系。对互不相溶的双液相系统,分配系数 K 为

$$K = y/x \qquad (8-33)$$

式中,y 为溶质在轻相中的平衡浓度;x 为溶质在重相中的平衡浓度。

通常萃取相主要是有机溶剂,称轻相,用 l 表示;萃余相主要是水,称重相,用 h 表示。通常在溶质浓度较稀时,对给定的一组溶剂,尽管溶质浓度变化,但 K 是常数,可通过实验测定。对部分常见的发酵产物,实验测定的 K 值如表8-8所示。

表8-8　部分发酵产物萃取系统中的 K 值[93]

溶质类型	溶质名称	萃取剂-溶剂	分配系数(K)	备　注
氨基酸	甘氨酸	正丁醇-水	0.01	操作温度为25℃
	丙氨酸		0.02	
	赖氨酸		0.02	
	谷氨酸		0.07	
	α-氨基丁酸		0.02	
	α-氨基己酸		0.3	
抗生素	红霉素	醋酸戊酯-水	120	
	短杆菌肽	苯-水	0.6	
		氯仿-甲醇	17	
	新生霉素	醋酸丁酯-水	100	PH=7.0
			0.01	PH=10.5
	青霉素 F	醋酸戊酯-水	32	PH=4.0
			0.06	PH=6.0
	青霉素 G	醋酸戊酯-水	12	PH=4.0
酶	葡萄糖异构酶	PEG550/磷酸钾	3	4℃
	富马酸酶	PEG550/磷酸钾	0.2	4℃
	过氧化氢酶	PEG/粗葡聚糖	3	4℃

2. 液液萃取分离基本方程　　液液萃取操作的基本依据是溶质在萃取相和萃余相中的溶解度不同,因此萃取平衡时的分配情况是分析萃取操作的基础。

根据物理化学知识,在液液萃取达平衡状态时,溶质在萃取相(l)和萃余相(h)的化学势相等,即

$$\mu(l) = \mu(h) \qquad (8-34)$$

或写成:

$$\mu^{\ominus}(l) + RT\ln y = \mu^{\ominus}(h) + RT\ln x \qquad (8-35)$$

式中,$\mu^{\ominus}(l)$ 为溶质在萃取相中的标准化学势;$\mu^{\ominus}(h)$ 为溶质在萃余相中的标准化学势。

将式(8-35)整理可得

$$K = \frac{y}{x} = \exp\left[\frac{\mu^{\ominus}(h) - \mu^{\ominus}(l)}{RT}\right] \qquad (8-36)$$

式中,R 为气体常数,8.31 J/(mol·K);T 为萃取系统热力学温度,K。

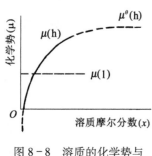

图 8 - 8 溶质的化学势与浓度的关系[88]

由式(8-36)可知,分配系数的对数值与标准状态下化学势的差值成正比。对某一萃取平衡系统,若存在过量的萃取相(1)和少量的萃余相(h),因萃取相(1)是过量的,故此相中溶质的化学势 $\mu(1)$ 可认为是固定不变的,溶质的化学势与浓度关系,如图 8 - 8 所示。在萃余相(h)中的化学势是随溶质浓度 x 的变化而变化的。

通常,目的产物(溶质)在萃余相中的浓度是影响回收率的关键。由图 8-8 可知,如果设法改变萃余相以使其标准化学势 $\mu^{\Theta}(h)$ 增加,则曲线 $\mu(h)$ 就向上平移,结果 $\mu(h)$ 与 $\mu(1)$ 的交点就向左移动,即平衡浓度 x 值变小;反之,若降低 $\mu^{\Theta}(h)$ 值,则最终使 x 值变大。

显然,萃余相中的标准化学势 $\mu^{\Theta}(h)$ 是影响浓度 x 的关键。影响 $\mu^{\Theta}(h)$ 变化亦即影响萃取过程的主要因素有溶剂的改变和溶质的改变。

3. 影响萃取过程的主要因素

(1) 萃取剂的种类:选择不同的萃取剂是改变 $\mu^{\Theta}(h)$ 最显而易见的方法。目前已有一些理论,可作为定性分析的指导。例如,可引入溶解度参数去求算分配系数 K。根据此理论,分配系数 K 可用下式求解。

$$K = \exp\left[\frac{\mu^{\Theta}(h) - \mu^{\Theta}(1)}{RT}\right] = \exp\left[\frac{\overline{V_h}(\delta_A - \delta_h)^2 - \overline{V_L}(\delta_A - \delta_L)^2}{RT\overline{V_A}}\right] \tag{8-37}$$

式中, $\overline{V_L}$ 为萃取剂的偏摩尔体积; $\overline{V_h}$ 为原溶剂的偏摩尔体积; $\overline{V_A}$ 为溶质 A 的偏摩尔体积; δ_L 为萃取剂的溶解度参数,$J^{0.5}/m^{1.5}$; σ_h 为原溶剂的溶解度参数,$J^{0.5}/m^{1.5}$; δ_A 为溶质 A 的溶解度参数,$J^{0.5}/m^{1.5}$。

部分常用萃取剂和溶剂的 δ 值见表 8-9。

表 8 - 9　部分常用萃取剂(溶剂)的 δ 值[93]

萃取剂(溶剂)	δ ($J^{0.5}/m^{1.5}$)	萃取剂(溶剂)	δ ($J^{0.5}/m^{1.5}$)
醋酸戊酯	1.64×10^4	二硫化碳	2.05×10^4
醋酸丁酯	1.74×10^4	四氯化碳	1.76×10^4
丁醇	2.78×10^4	氯仿	1.88×10^4
环己烷	1.68×10^4	苯	1.88×10^4
丙酮	1.53×10^4	甲苯	1.82×10^4
戊烷	1.45×10^4	水	1.92×10^4
己醇	2.19×10^4		

理论上,可以应用式(8-37)设计实验,即应用两种已知溶解度参数的萃取剂,对溶质 A 进行萃取操作,平衡时,测定偏摩尔体积 $\overline{V_L}$、$\overline{V_h}$ 和 $\overline{V_A}$ 及操作温度 T,就可应用式(8-37)计算出溶质的 δ_A。然后选用新的萃取剂的萃取系统,若知其 δ_L,则可计算出分配系数 K。当然,该理论值与实际值可能有较大误差,还需经实验确定。

(2) 溶质的离子状态及 pH:上述改变萃取剂的办法可使分配系数 K 增大,以改善萃取分离效果。但实际上,由于有些萃取剂价高、易挥发、易燃或有生物毒性,故难于采用。在这种情况下,可通过改变溶质的方法来改善萃取操作。使溶质发生变化的具体方法主要有两种,即通过溶质离子对的选择或萃取系统 pH 的改变来实现,但通常不应使溶质发生化学变化,否则可能会影响生物活性。

1) 如果溶质可以解离,则设法使其离子对发生改变。因为在水中,溶质解离后成一对离子,其正、负电荷相等而总带电量为零。例如,用氯仿从水溶液中萃取氯化正丁胺,测得丁胺离子 $N(C_4H_9)_4^+$ 在氯仿和水中的分配系数为 $K=1.3$,加入醋酸钠后,分配系为 $K=132$,上升近 100 倍。即可在稀的氯化正丁胺水溶液中,用氯仿萃取得到浓的醋酸正丁胺,即 $CH_3COO^- N(C_4H_9)_4^+$。

该法的关键是选择可溶于萃取剂(通常为有机溶剂)的离子对,以改善萃取操作。常用生成离子对的盐有:醋酸盐、丁酸盐、正丁胺盐、亚油酸盐、胆酸盐、十二酸盐和十六烷基三丁胺盐等。

2) 如果待分离的溶质是弱酸或弱碱,可用改变溶液的 pH 来提高分配系数。

在有机溶剂-水组成的系统中,对弱酸性溶质,有

$$\log(K_i/K - 1) = pH - pK_a \qquad (8-38)$$

式中,K_i 为内部分配系数,K 为表观分配系数。

同理,对弱碱性溶质,有

$$\log(K_i/K - 1) = pK_b - pH \qquad (8-39)$$

式(8-38)和式(8-39)所表达的弱酸或弱碱溶质的分配系数,可通过改变溶液的 pH 来改变。发酵与生物工程生产中常见物质的 K_a 值见表 8-10。

表 8-10 发酵与生物工程生产常见溶质的电离常数的 pK_a [93]

分 类	溶 质	pK_a		
		pK_{a1} (COOH)	pK_{a2} (aNH_3^+)	pK_{a3} (R-)
简单酸碱类	醋酸	4.76		
	丙酸	4.87		
	磷酸	2.14		
	$H_2PO_4^-$	7.20		
	HPO_4^{2-}	12.40		
	NH_4^+	9.25		
	$CH_3NH_3^-$	10.6		
氨基酸类	亮氨酸	2.36	9.6	
	谷酸胺	2.17	9.13	
	天冬酸胺	2.09	9.82	3.86
	谷氨酸	2.19	9.67	4.25
	甘氨酸	2.34	9.6	
	组氨酸	1.82	9.17	6.0
	半胱氨酸	1.71	8.33	10.78
	赖氨酸	2.20	9.11	10.07
	酪氨酸	2.18	8.95	0.53
	精氨酸	2.17	9.04	12.48
抗生素类	头孢菌素Ⅲ	3.9	5.3	10.5
	林可霉素	7.6		
	新生霉素	4.3	9.1	
	青霉素	1.8		
	利福霉素	2.1	6.7	

由式(8-38)可知,采用改变溶液 pH 的方法,可以增加目标产物的分配系数,以利于弱酸性物质的分离。

对于拟选的萃取剂,不仅要求对目标产物分配系数大,还要求对相似成分的选择性高,才会获得高的分离效率。选择性系数 β 的计算式为

$$\beta = \left[\frac{K_i(A)}{K_i(B)}\right]\left[\frac{1 + K_a(B)/[H^+]}{1 + K_a(A)/[H^+]}\right] \tag{8-40}$$

根据式(8-40)可知,通过改变溶液的 pH,可提高选择性系数 β,改善相似物的分离效果。

例如,生产过程中为从青霉素 F 和 K 混合体系分离目标产物青霉素 F,可采用醋酸戊酯-水系统进行萃取。已知该体系中,青霉素 K 的 $K_i = 215$,$pK_a(K) = 2.77$;青霉素 F 的 $K_i = 131$,$pK_a(F) = 3.51$,为获得纯度较高的青霉素 F,需对萃取操作条件 pH = 3.0 和 pH = 4.0,进行优选。首先,可根据已知数据分别求出青霉素 K 和青霉素 F 在醋酸戊酯-水系统中的分电离平衡常数为

$$K_a(K) = 1.698 \times 10^{-3}; K_a(F) = 3.09 \times 10^{-4}$$

再应用式(8-40),求出 pH = 3.0 时青霉素 F 与青霉素 K 在萃取系统中选择性系数:

$$\beta_1 = \frac{K_i(F)}{K_i(K)} \times \frac{1 + 1.698 \times 10^{-3}/10^{-3}}{1 + 3.09 \times 10^{-4}/10^{-3}} = 1.256$$

同理可算出 pH = 4.0 时,$\beta_2 = 2.679 > \beta_1$。故在 pH = 4.0 时进行萃取操作可得到纯度较高的青霉素 F 产品。

(二)液液萃取工艺流程

根据料液和溶剂接触与流动情况,可以将萃取操作过程分为单级萃取和多级萃取,后者又可分为错流接触和逆流接触萃取。根据操作方式不同,萃取又可分为间歇萃取和连续萃取。

1. 单级萃取　　单级萃取操作是使含某溶质的料液与萃取剂接触混合,静置后分成两层。对生物分离过程,通常料液是水溶液,萃取剂是有机溶剂。混合、分层后,有机溶剂在上层,为萃取相(l);水在下层,为萃余相(h)。

单级萃取过程的计算方法有解析法和图解法,分述如下。

(1)单级萃取过程的解析计算法:对于给定的单级萃取系统,若要根据给料中某溶质的浓度计算,则溶质在萃取相和萃余相中的浓度,可应用关系式(8-36)为基础进行计算。应用此式计算的前提条件是假定传质处于平衡态。当溶质浓度较低时(发酵液等生物反应料液基本属此类),溶质在萃取相中的浓度 y 与萃余相中的浓度 x 成直线关系,即:

$$y = Kx \tag{8-41}$$

要分析萃取过程,除了平衡关系式(8-41)外,还需要进行萃取前后溶质的质量衡算。根据质量守恒定律,有

$$Hx_0 + Ly_0 = Hx + Ly \tag{8-42}$$

式中,H 为给料溶剂量;L 为萃取剂量;x_0 为给料中溶质浓度;y_0 为萃取剂中溶质浓度(通常 $y_0 = 0$);x 为萃余相中溶质平衡浓度;y 为萃取相中溶质平衡浓度。

本章讨论的萃取操作假设萃取相与萃余相互不混溶,所以操作过程中 H 和 L 的量不变。综合式(8-41)与式(8-42),则可求得平衡后萃取相中溶质的浓度为

$$y = \frac{Kx_0}{1 + E} \tag{8-43}$$

式中, E 为萃取因子。

$$E = \frac{KL}{H} \qquad (8-44)$$

相应地,萃余相中溶质浓度为

$$x = \frac{x_0}{1+E} \qquad (8-45)$$

或令 P 为萃取回收率,则:

$$P = \frac{Ly}{Hx_0} = \frac{E}{1+E} \qquad (8-46)$$

(2) 单级萃取过程的图解计算法:萃取操作实践表明, y 与 x 的关系往往偏离直线关系,故使解析法会产生较大误差,此时可用图解法。

应用图解法解萃取问题,同样也需要两个基本关系式,即:

$$y = f(x) \qquad (8-47)$$

$$Hx + Ly = Hx_0 \qquad (8-48)$$

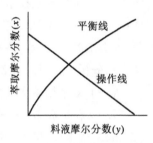

图 8-9　间歇萃取过程试验曲线[88]

其中式(8-48)为式(8-42)的简化结果,因为一般的分批萃取操作萃取剂几乎不含溶质,即 $y_0 = 0$。而对于式(8-47),必须通过萃取实验,求出 y 与 x 的对应关系,然后在直角坐标上绘成平衡线,如图8-9所示。

如图8-9所示,通过原点的曲线是由一系列的 y 与 x 的对应平衡值绘制的,称为平衡线,而直线是根据质量衡算式(8-48)绘制的,称为操作线。这两条线的交点就是单级萃取操作达到平衡状态后对应的 x 和 y 值。实践表明,图解计算法对多级萃取操作更简便。

2. 多级萃取过程　　多级逆流萃取过程具有分离效率高、产品回收率高、溶剂用量少等优点,是工业生产中最常用的萃取流程。

(1) 多级逆流萃取流程:多级逆流萃取流程如图8-10所示。

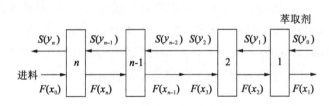

图 8-10　多级逆流萃取流程[93]

(2) 多级逆流萃取过程的解析计算法:对如图8-10所示的流程进行多级逆流萃取操作分析,和单级萃取过程类似,多级萃取过程也以萃取平衡方程和质量衡算方程为基础。

式(8-49)给出了第 n 级萃取后,进料浓度 x_0 和萃余相浓度 x_1 之间的关系。显然萃余相的浓度 x_1,主要取决于萃取系数 E 和萃取级数 n。

$$x_0 = \left(\frac{E^{n+1}-1}{E-1}\right) x_1 \qquad (8-49)$$

若已知溶质浓度 x_0、萃取系数 E 和萃取级数 n,就可应用式(8-49)求萃余相中的溶质浓度 x_1,或可求出萃取操作产物(溶质)的提取百分率。或者,已知萃余相中产物的残存分率(x_1/x_2)及萃取级数,可根据式(8-49)计算萃取系数 E,以选择适当的料液流速和萃取剂流速 H 和 L。此外,若已知萃取系数 E 和拟实现工艺规定的浓度,就可估算萃取总级数 n。

由方程(8-49),可得出目标产物萃取收率。

$$P = \frac{E^{n+1} - E}{E^{n+1} - 1} \tag{8-50}$$

三、双水相萃取技术[93-96]

双水相萃取(aqueous two phase extration,ATPE)技术具有两相界面张力极低,相际传质阻力小;条件温和,可保持绝大部分生物分子的活性;双水相系统之间的传质和平衡速度快,如选择适当体系,回收率可达80%以上;容易放大,可连续操作;可将大量杂质与所有固体物质一起去掉,与其他常用固液分离方法相比,双水相分配技术可省去1~2个分离步骤,使整个分离过程更经济;对分离物质具有浓缩作用等优点,目前该技术几乎在所有的生物物质的分离纯化中得到应用,如氨基酸、多肽、核酸、细胞器、细胞膜、各类细胞、病毒等,特别是成功地应用在蛋白质的大规模分离中,同时也已被成功地应用到生物转化及生物分析中。国内自20世纪80年代起也开展了双水相萃取技术研究。

（一）双水相萃取技术原理

1. 双水相系统的形成　　不同的高分子溶液相互混合可产生两相或多相系统。例如,葡聚糖(dextran,DEX)与聚乙二醇[poly(ethylene)glycol,PEG]按一定比例与水混合,溶液浑浊,静置、平衡后,分成互不相溶的两相,上相富含 PEG,下相富含 DEX(图8-11)。许多高分子混合物的水溶液都可以形成多相系统。如,明胶与琼脂、明胶与可溶性淀粉的水溶液形成的胶体乳浊液体系,可分成两相,上相含有大部分琼脂或可溶性淀粉,而大量的明胶则聚集于下相。

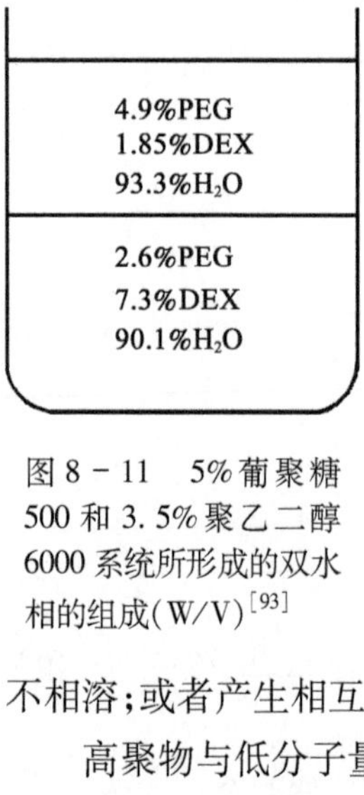

| 4.9%PEG |
| 1.85%DEX |
| 93.3%H₂O |

| 2.6%PEG |
| 7.3%DEX |
| 90.1%H₂O |

图8-11　5%葡聚糖500和3.5%聚乙二醇6000系统所形成的双水相的组成(W/V)[93]

双水相系统的形成主要是由于高聚物之间的不相溶性,即高聚物分子的空间阻碍作用,无法相互渗透,不能形成均相,从而具有分离倾向,在一定条件下即可分为二相。一般认为只要两聚合物水溶液的憎水程度有所差异,混合时就可发生相分离,且憎水程度相差越大,相分离的倾向也就越大。

一般而言,两种高聚物水溶液相互混合时,可发生3种情况:① 互不相溶(incompatibility),形成两个水相,两种高聚物分别富集于上、下两相;② 复合凝聚(complex coacervation),也形成两个水相,但两种高聚物都分配于一相,另一相几乎全部为溶剂水;③ 完全互溶(complete miscibility),形成均相的高聚物水溶液。

离子型高聚物和非离子型高聚物都能形成双水相系统。根据高聚物之间的作用方式不同,两种高聚物可以产生相互斥力而分别富集于上、下两相,即互不相溶;或者产生相互引力而聚集于同一相,即复合凝聚。

高聚物与低分子量化合物之间也可以形成双水相系统,如聚乙二醇与硫酸铵或硫酸镁水溶液系统,上相富含聚乙二醇,下相富含无机盐。

小分子醇与无机盐之间也可以形成双水相系统,如乙醇与磷酸盐或柠檬酸盐等水溶液系统,上相富含短链醇,下相富含无机盐。

表8-11和表8-12列出了一系列高聚物与高聚物、高聚物与低分子量化合物之间形成的双水相系统。

表 8-11 高聚物-高聚物-水系统[93]

高聚物(P)	高聚物(Q)	高聚物(P)	高聚物(Q)
PEG	DEX FiColl	羧甲基葡聚糖钠 （CXX‑Dextran）	PEG NaCl 甲基纤维素 NaCl
聚丙二醇	PEG DEX	羧甲基纤维素钠	PEG NaCl 甲基纤维素 NaCl 聚乙烯醇 NaCl
聚乙烯醇 FiColl	甲基纤维素 DEX DEX	DEAE 葡聚糖盐酸盐 （DEAE Dextran Sulfate·HCl）	PEG Li₂SO₄ 甲基纤维素
葡聚糖硫酸钠 （Na Dextran Sulfate）	PEG NaCl 甲基纤维素 NaCl DEX NaCl 聚丙二醇	葡聚糖硫酸钠 羧甲基葡聚糖钠	羧甲基纤维素钠 羧甲基纤维素钠 羧甲基纤维 DEAE DEX·HCl NaCl

表 8-12 高聚物-低分子量化合物-水系统[93]

高聚物	低分子量化合物	高聚物	低分子量化合物
聚丙二醇 甲氧基聚乙二醇 PEG	磷酸盐 磷酸盐 磷酸盐	聚丙二醇 葡聚糖硫酸钠	葡萄糖 甘油 NaCl(0℃)

　　两种高聚物之间形成的双水相系统并不一定全是液相，其中一相可以或多或少地成固体或凝胶状，如，当 PEG 的分子量小于 1 000 Da 时，葡聚糖可形成固态凝胶相。

　　多种互不相溶的高聚物水溶液按一定比例混合时，可形成多相系统，见表 8-13。

表 8-13 多相系统[94]

三 相	Dextran(6)-HPD(6)-PEG(6) Dextran(8)-FiColl(8)-PEG(4) Dextran(7.5)-HPD(7)-FiColl(11) Dextran-PEG-PPG
四 相	Dextran(5.5)-HPD(6)-FiColl(10.5)-PEG(5.5) Dextran(5)-HPD;A(5)-HPD;B(5)-HPD;C(5)-HPD
五 相	DS-Dextran-FiColl-HPD-PEG Dextran(4)-HPD;a(4)-HPD;b(4)-HPD;c(4)-HPD;d(4)-HPD
十八相	Dextran Sulfate(10)-Dextran(2)-HPDₐ(2)-HPD_b(2)-HPD_c(2)-HPD_d(2)

注：括号内数字均为重量百分含量。Dextran 指 Dextran500 或 D48；PEG 分子量为 6 000；PPG 为聚丙二醇，单体分子量为 424；DS 为 Na Dextran Sulfate 500；HPD 为羟丙基 Dextran 500；A、B、C、a、b、c、d 分别表示不同的取代率。

　　表 8-14 所列为近几年研究较多的双水相系统。

表 8-14 常用的双水相系统[94]

聚合物 1	聚合物 2 或盐	聚合物 1	聚合物 2 或盐
聚丙二醇	甲基聚丙二醇 聚乙二醇 聚乙烯醇 聚乙烯吡咯烷酮 羟丙基葡聚糖 葡聚糖	聚乙二醇	聚乙烯醇 聚乙烯吡咯 烷酮 葡聚糖 聚蔗糖
乙基羧乙基纤维素	葡聚糖	羟丙基葡聚糖	葡聚糖
聚丙二醇	磺酸钾	聚乙二醇	硫酸镁
聚乙烯吡咯烷酮			硫酸铵
聚乙二醇			硫酸钠
甲氧基聚乙二醇			磺酸钠 甲酸钠 酒石酸钾钠
	甲基纤维素	甲基纤维素	葡聚糖
聚乙烯醇或	葡聚糖		羟丙基葡聚糖
聚乙烯吡咯烷酮	羟丙基葡聚糖		

2. 双水相系统的平衡关系 双水相萃取分离原理是基于物质在双水相系统中的选择性分配。当物质进入双水相系统后,在上相和下相间进行选择性分配,这种分配关系与常规的萃取分配关系相比,表现出更大或更小的分配系数。

(1) 分配系数 K 及相关理论计算:溶质在两水相间的分配主要由其表面性质所决定,通过在两相间的选择性分配而分离。分配能力的大小可用分配系数 K 来表示:

$$K = \frac{c_t}{c_b} \tag{8-51}$$

式中,c_t、c_b 为被萃取物质在上、下相的浓度,mol/L。

一般情况下,分配系数 K 与溶质的浓度和相体积比无关,与两相系统的性质及溶质的体积、疏水性、分子构象等性质有关。

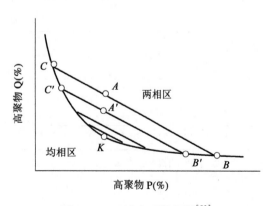

图 8-12 双水相系统相图[93]

(2) 双水相系统相图:两种高聚物的水溶液,当它们以不同的比例混合时,可形成均相或两相,可用相图来表示,如图 8-12,高聚物 P、Q 的浓度均以百分含量表示,相图右上部为两相区,左下部为均相区,两相区与均相区的分界线叫双节线。组成位于 A 点的系统实际上由位于 C、B 两点的两相所组成,同样,组成位于 A' 点的系统由位于 C'、B' 两点的两相组成,BC 和 B'C' 称为系线。当系线向下移动时,长度逐渐缩短,表明两相的差别减小,当达到 K 点时,系线的长度为零,两相间差别消失,K 点称为临界点。

由图 8-12 并经有关公式推导,可得

$$\frac{V_t \rho_t}{V_b \rho_b} = \frac{\overline{AB}}{\overline{AC}} \tag{8-52}$$

式中,V_t、V_b 为上、下相体积(mL);ρ_t、ρ_b 为上、下相密度(g/mL)。

双水相系统含水量高,上、下相密度与水接近,为 1.0~1.1 g/mL。因此,如果忽略上、下相的密度差,则由式(8-52)可知,相体积比可用相图上线 AB 与 AC 的长度之比来表示。

双水相系统的相图可以由实验来测定。将一定量的高聚物 P 浓溶液置于试管内,然后用已知浓度的高聚物溶液 Q 来滴定。随着高聚物 Q 的加入,试管内溶液突然变浑浊,记录 Q 的加入量。然后再在试管内加入 1 mL 水,溶液又澄清,继续滴加高聚物 Q,溶液又变浑浊,计算此时系统的总组成。以此类推,由实验测定一系列双节线上的系统组成点,以高聚物 P 浓度对高聚物 Q 浓度作图,即可得到双节线。相图中的临界点是系统上、下相组成相同时由两相转变成均相的分界点。如果制作一系列系线,连接各系线的中点并延长到与双节线相交,该交点 K 即为临界点,见图 8-13。PEG-磷酸盐系统(以磷酸钾为代表)的相图如图 8-14 所示。

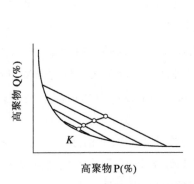

图 8-13 双水相临界点测定图[93]

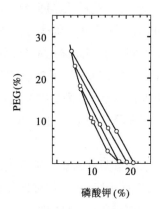

图 8-14 PEG-磷酸盐系统相图(PEG6000,0℃)[93]

(二)双水相萃取技术的影响因素

物质在双水相体系中的分配系数受许多因素影响(表 8-15)。对于某一物质,只要选择合适的双水相体系,控制一定的条件,就可得到合适的分配系数,从而达到分离纯化之目的。

表 8-15 影响生物物质分配的主要因素[93]

与聚合物有关的因素	与目的产物有关的因素	与离子有关的因素	与环境有关的因素
聚合物的种类	电荷	离子的种类	体系的温度
聚合物的结构	大小	离子的浓度	体系的 pH
聚合物的平均分子量	形状	离子的电荷	
聚合物的浓度			

双水相萃取中被分配的物质与各种相组分之间存在着复杂的相互作用。作用力包括氢键、电荷力、范德瓦耳斯力、疏水作用、构象效应等。因此,形成相系统的高聚物的分子量和化学性质、被分配物质的大小和化学性质对双水相萃取都有直接的影响。粒子的表面暴露在外,与相组分相互接触,因而它的分配行为主要依赖其表面性质。盐离子在两相间具有不同的亲和力,由此形成的道南电位对带电分子或

粒子的分配具有很大的影响。

影响双水相萃取的因素很多，对影响萃取效果的不同参数可以分别进行研究，也可将各种参数综合考虑以获得满意的分离效果。

分配系数 K 的对数可分解成下列各项：

$$\ln K = \ln K^{O} + \ln K_{el} + \ln K_{hfob} + \ln K_{biosp} + \ln K_{size} + \ln K_{conf} \tag{8-53}$$

式中，el、hfob、biosp、size 和 conf 分别表示电化学位、疏水反应、生物亲和力、粒子大小和构象效应对分配系数的贡献，而 K^{O} 包括其他一些影响因素。另外，各种影响因素也相互联系，相互作用。

这些因素直接影响被分配物质在两相的界面特性和电位差，并间接影响物质在两相的分配。通过选择合适的萃取条件，可以提高目标物质的回收率和纯度。也可以通过改变条件将目标物质从双水相体系中反萃取出来。

（1）成相高聚物的分子量：对于给定的相系统，如果一种高聚物被低分子量的同种高聚物所代替，被萃取的大分子物质，如蛋白质、核酸、细胞粒子等，将有利于在低分子量高聚物一侧分配。例如，PEG-Dextran 系统中，PEG 分子量降低或 Dextran 分子量增大，蛋白质分配系数将增大；相反，如果 PEG 分子量增大或 Dextran 分子量降低，蛋白质分配系数减小。也就是说，当成相高聚物浓度、盐浓度、温度等条件保持不变时，被分配的蛋白质易为相系统中低分子量高聚物所吸引，而被高分子量高聚物所排斥。这一原则适用于不同类型的高聚物系统，也适用于不同类型的目标物质。

（2）成相高聚物浓度：一般来说，双水相萃取时，如果相系统组成位于临界点附近，则蛋白质等大分子的分配系数接近于 1。高聚物浓度增加，系统组成偏离临界点，蛋白质的分配系数也偏离 1。但也有最大值后便逐渐降低的个案，这说明，在上下相中，两种高聚物的浓度对蛋白质活度系数的影响有交互作用。

对于位于临界点附近的双水相系统，细胞粒子可完全分配于上相或下相，此时不存在界面吸附。高聚物浓度增大，界面吸附增强，如接近临界点时，细胞粒子如位于上相，则当高聚物浓度增大时，细胞粒子向界面转移，也有可能完全转移到下相，这主要依赖于它们的表面性质。成相高聚物浓度增加时，两相界面张力也相应增大。

（3）无机盐浓度：由于盐的正负离子在两相间的分配系数不同，两相间形成电势差，从而影响带电生物大分子的分配。例如，加入 NaCl 对卵蛋白和溶菌酶分配系数的影响见图 8-15。在 pH 6.9 时，溶菌酶带正电，卵蛋白带负电，二者分别分配于上相和下相。当加入 NaCl 时，当浓度低于 50 mmol/L 时，上相电位低于下相电位，使溶菌酶的分配系数增大，卵蛋白的分配系数减小。可见，加入适当的无机盐类可改善带相反电荷的蛋白质的分离。

研究还发现，当无机盐类浓度增加到一定程度，由于盐析作用蛋白质更易分配于上相，随着无机盐浓度增加，分配系数成指数形式增加，且不同的蛋白质增大程度不同。利用此性质可使蛋白质相互分离。

在双水相萃取分配中，磷酸盐的作用非常特殊，既可作为成相盐，形成 PEG/磷酸盐双水相体系，又可作为缓冲剂调节体系的 pH。由于磷酸不同价态的酸根在双水相体系中有不同的分配系数，因而可通过控制磷酸盐的 pH 和浓度来调节相间电位差，从而影响目标物质的分配。因此，在设计双水相萃取生物大分子时，磷酸盐最为常用。

（4）双水相的 pH：pH 对分配的影响源于两个方面的原因。第一，pH 会影响蛋白质分子中可解离基团的解离度，因而改变蛋白质所带的电荷的性质和数量，而这是与蛋白质的 pI 有关的。第二，pH 影响磷酸盐的解离程度，从而改变 $H_2PO_4^-$ 和 HPO_4^{2-} 之间的比例，进而影响相间电位差。蛋白质的分配系数 K，因 pH 的变化发生变化。pH 的微小变化会使蛋白质的分配系数 K 改变 2~3 个数量级。

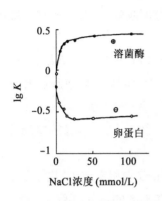

图 8－15　NaCl 对蛋白质分配系数的影响[93]

（体系：8% PEG4000/8% Dextran－48,0.5 mmol/L 磷酸盐 pH 6.9）

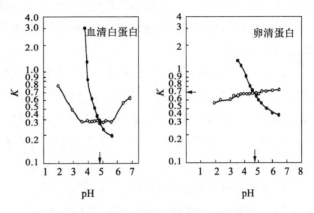

图 8－16　pH 对各种蛋白质分配系数的影响及其交错分配[93]

○ 0.05 mol/L Na₂SO₄,● 0.1 mol/L NaCl

在研究分配系数 K 与 pH 的关系时,如加入的无机盐不同,对 pH 的影响也不同。图 8－16 所示为在 4.4% PEG8000/7% Dextran－48 体系中加入不同盐时,蛋白质分配系数 K 与 pH 的关系。在 pI 处,由于蛋白质不带电荷,分配系数不受 pH 影响。因此,加入不同的无机盐所测得的分配系数 K 与 pH 的关系曲线的交点即为该蛋白质的 pI。这种测定蛋白质 pI 的方法称为交错分配法。

（5）温度:温度影响双水相系统的相图,从而影响蛋白质的分配系数。温度越高,发生相分离所需的高聚物浓度也越高。在临界点附近对双水相系统形成的影响更为明显。但一般来说,当双水相系统距双节线足够远时,1~2℃的温度变化不会影响目标产物的分配。由于高聚物对生物活性物质有稳定作用,在大规模生产中多采用常温操作,从而节省冷冻费用。但适当提高操作温度,体系的黏度降低,有利于分离操作。

（三）双水相萃取的工艺设计与基本流程

双水相萃取将传统的离心、沉淀等液-固分离转化为液-液分离,双水相平衡时间短,含水量高,界面张力低,为生物活性物质提供了温和的分离环境。双水相萃取技术建立在工业化的高效液-液分离设备基础上,操作简便、经济省时、易于放大,如系统可从 10 mL 直接放大到 1 M³ 规模（10⁵ 倍）,而各种试验参数均可按比例放大,产物回收率并不降低。

1. 双水相萃取技术的基本工艺流程　双水相萃取技术的工艺流程主要由三部分构成（图 8－17）:目的产物的萃取;PEG 的循环;无机盐的循环。另外,现在也实现了胞内酶的连续萃取。

（1）目的产物的萃取:原料匀浆液与 PEG 和无机盐在萃取器中混合,然后进入分离器分相。通过选择合适的双水相系统,一般使目标产物先

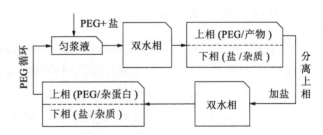

图 8－17　双水相萃取流程图[17]

分配到上相（PEG 相）,而细胞碎片、核酸、多糖和杂蛋白等分配到下相（富盐相）。第二步萃取是将目标物转入富盐相,方法是先分出上相,再在上相中加入无机盐,形成新的双水相系统,从而将目标产物与 PEG 分离,以利于使用超滤或透析将 PEG 回收利用。

（2）PEG 的循环:在大规模双水相萃取过程中,PEG 的回收和循环套用,不仅可以减少废水处理量,还可以节约化学试剂,降低成本。PEG 的回收有两种方法:① 加入无机盐,使目标产物先转入下

相,上相回收 PEG;② 将上相通过离子交换树脂,先洗脱回收 PEG,再洗脱回收目标产物。

（3）无机盐的循环:将含无机盐相冷却,结晶,然后用离心机分离收集。此外,还有电渗析法、膜分离法回收无机盐。

2. PEG-Dextran 系统及其应用　　双水相体系萃取胞内酶时,PEG-Dextran 系统特别适用于从细胞匀浆液中除去核酸和细胞碎片。系统中加入 0.1 mol/L NaCl 可使核酸和细胞碎片分配到下相（Dextran 相）,胞内酶分配于上相,分配系数为 0.1~1.0。如果 NaCl 浓度增大到 2~5 mol/L,几乎所有的蛋白质、胞内酶都转移到上相,下相富含核酸。将上相收集后透析,加入 PEG-硫酸铵双水相系统中进行第二步萃取,胞内酶转下相,进一步纯化即可获得产品酶。

核酸的萃取也符合一般的大分子分配规律。在 PEG-Dextran 双水相系统中,离子组分的变化可使不同的核酸从一相转移到另一相。例如,单链和双链 DNA 具有不同的分配系数 K, 经一步或多步萃取可获得分离纯化。例如,采用一步萃取已成功地从含大量变性 DNA 的样品中分离出了不可逆的交链变形 DNA 分子。在 PEG-Dextran 系统中,环状质粒 DNA 可从澄清的大肠杆菌酶解液中分离出来。

图 8-18 为典型的胞内蛋白（酶）双水相两步萃取流程,图 8-19 则为胞内酶连续萃取流程。

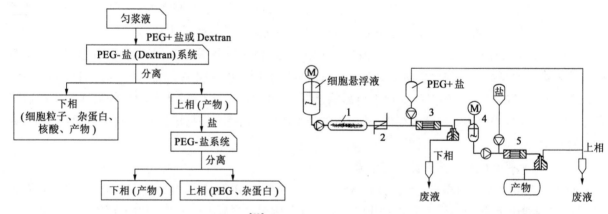

图 8-18　胞内蛋白质双水相两步萃取流程[93]

图 8-19　胞内酶连续萃取流程[93]
1. 玻璃球磨机;2. 换热器;3、5. 混合器;4. 容器

四、高速逆流色谱技术[97-103]

高速逆流色谱技术（high speed counter-current chromatography,HSCCC）作为一种中药精制方法,已成功从中药中分离纯化出多种母核不同的活性成分。如从洋金花总碱中分离莨菪碱和东莨菪碱;从银杏叶提取物中分离黄酮和白果内酯;从云南红豆杉提取物中分离紫杉醇;以五加科植物人参（*Panax ginseng* C・A・Mey）的成熟果实人参果为原料,耦合结晶等过程,分离纯化人参皂苷 Re 等。

孔令义课题组[97]自 2004 年以来,已成功运用 HSCCC 技术从白花前胡、紫花前胡、淫羊藿、吴茱萸、断血流、大黄、何首乌、南沙参等十余种常见中药中分离得到近 100 个高纯度的单体化合物,并以此建立了高速逆流色谱技术分离天然药物化学成分技术平台。

喜树碱（camptothecin,CPT）是我国特有树种喜树（*Campotheca acuminate Decaisaisne*）中所含的一种生物碱,具有显著的抗肿瘤活性。其抗癌机制独特,是迄今发现的唯一专门通过抑制拓扑异构酶 I 发挥细胞毒性的天然植物活性成分。目前已有 TPT、CPT-11 等喜树碱类药物获得美国 FDA 批准用于临床治疗癌症。喜树中的喜树碱含量很低,一般仅 0.01%~0.1%,目前关于喜树碱的制备,多采用大孔吸附树脂纯化的方法,所获得的喜树碱纯度较低。闫晓慧等[98]采用 HSCCC 的方法对经过大孔吸附树脂预处理过的喜树叶提取物进行了分离纯化,得到了高纯度喜树碱(收集到的喜树碱样品最高纯度已达到97.99%),为喜树叶中喜树碱分离制备提供了一条新的技术路线。

中国药品生物制品检定所等国家权威机构和国内外多家相关公司已将其作为天然产物标准品的主要研制手段。同时逆流技术正逐步走向工业化制备道路,上海同田生物技术股份有限公司已具有年生产能力达公斤级以上的天然产物生产线。

（一）高速逆流色谱技术的基本原理

HSCCC 是基于液液分配原理,利用螺旋管的方向性与高速行星式运动相结合,产生一种独特的动力学现象实现混合物的分离。HSCCC 基本原理如图 8-20 所示,其管柱是由聚四氟乙烯管在圆形撑架上绕制而成,形成一个多层的螺旋管柱。撑架围绕离心仪的中轴线公转,同时以同样的角速率 ω 自转,这样的运动导致管内两相的剧烈混淆、分层、递送,对溶质的分配分离极为理想,如果以 800 r/min 的转速旋转,其分配的频率高达每秒 13 次以上。因此,HSCCC 用很少量的溶剂,就能实现混合物的快速分离。

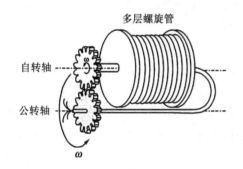

图 8-20　高速逆流色谱仪行星式运动结构[97]

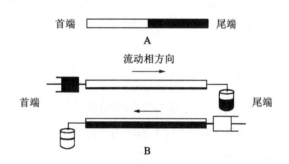

图 8-21　高效逆流色谱流动相移动示意图[97]

A. 两相经分离后聚集在分离管两端；B. 单向流动模型

两相逆向流动原理:阿基米德螺旋效应(Archimedean screw effect)的导向作用与行星式运动相结合,产生了一个独特的流体动力学效果,使多层螺旋分离管内互不相溶的两相形成逆向流动。在一个两端封闭的绕管内引入互不相溶两相,经旋转分离后,两相会完全分离,并分别集聚于管子两端,假设把螺旋分离管拉直,其分离后的效果如图 8-21A 所示。一般把轻相(两相中的有机相)所在的一端称为首端,把重相(两相中的水相)所在的一端称为尾端。虽然这种独特的流体运动机理尚不清楚,但其妙处在于:在旋转时,如果先在绕管中注满轻相,重相从首端注入,将向尾端移动;同理,如果先在分离管中注满重相,轻相从尾端注入,将向首端移动,如图 8-21B 所示。由此可知,无论哪种情况,流动相都会迅速流过管路,而另一相留在了管路中,成为固定相,固定相的保留体积很大程度上取决于两相的界面张力,比重差和黏度。

两相充分混合原理:多层螺旋分离管以角速度 ω 自旋,在离心力的作用下,重相远离自转轴,流向管外侧,而轻相流向管内侧。如图 8-22 所示,当分离管转到离公转轴 O 接近的位置时,在公转产生的离心力的作用下,重相被甩离公转轴,而轻相移向公转轴,此时,轻重两相沿分离管径向逆向流动,发生剧烈混合,当转过该区域后,在公转与自转共同作用下,两相开始分层,特别是在离公转轴最远端,两相所受离心力叠加,分层最彻底。

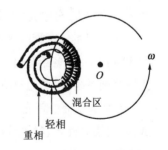

图 8-22　高速逆流色谱两相混合与分层机理[97]

该技术分离效率高、超载能力强、溶剂用量少，不需要固体载体，可避免因不可逆吸附而引起的样品损失、变性、失活等问题。具有应用范围广、回收率高、制备量大等优点，特别适用于极性化合物的分离，是一种理想的制备分离手段。与 HPLC 的放大过程相比，该技术具有分离过程简单、操作容易、溶剂消耗量少等优势。

（二）基于高速逆流色谱技术原理的两相溶剂系统选择原则

在建立高速逆流色谱分离方法时，选择合适的溶剂系统是关键。溶剂系统的选取原则如下：① 目标组分在溶剂系统中稳定，且有一定的溶解度；② 所选的溶剂系统可分成适当相比的两相，避免溶剂浪费；③ 溶剂系统能够提供适当的分配系数；④ 固定相在管内有一定的保留能力。

分配系数 K 是指逆流色谱中固定相中溶质的浓度与流动相中溶质的浓度之比，其定义如下：

$$K = \frac{c_{\mathrm{S}}}{c_{\mathrm{M}}} \tag{8-54}$$

式中，c_{S} 与 c_{M} 分别是固定相与流动相中溶质的浓度（g/L）。为了取得较好的分离效果，一般要求 $0.5 \leqslant K \leqslant 1.0$。如果分配系数 K 较小，则溶质保留时间短；如果 K 值较大，则溶质保留时间长，溶质保留时间要适当，否则影响分离。在实际应用过程中，一般是通过测定上、下两相的分配系数，来选择固定相与流动相，并判断所选溶剂系统是否合适，上、下相的分配系数表示为

$$K_{\mathrm{U/L}} = \frac{c_{\mathrm{U}}}{c_{\mathrm{L}}} \tag{8-55}$$

式中，c_{U} 与 c_{L} 分别是上相与下相中溶质的浓度。一个较好的两相系统，要求 $0.5 \leqslant K_{\mathrm{U/L}} \leqslant 2$。一般规律是，当 $0.5 \leqslant K_{\mathrm{U/L}} \leqslant 1$ 时，上相作为固定相，下相作为流动相；当 $1.0 < K_{\mathrm{U/L}} \leqslant 2$ 时，下相作为固定相，上相作流动相。比如 $K_{\mathrm{U/L}} = 2$ 时，$K = 0.5$。

在实际应用过程中，对于单一组分，可以采用分光光度计法测定上下相吸光度来确定分配系数，对于复杂的多元组分可以采用 HPLC 来分离混合物，用目标成分的色谱峰高或面积来确定分配系数，对于没有紫外吸收的复杂样品，采用薄层层析，对目标成分进行显色处理，用斑点面积来确定分配系数。

高速逆流色谱进行多组分分离时，除分配系数 K 影响分离效果外，与相邻组分的分离度也是影响分离效果的重要参数，分离度 α 定义如下：

$$\alpha = \frac{K_1}{K_2} \tag{8-56}$$

式中，K_1 和 K_2 分别是相邻两组分的分配系数。为获得较好的分离效果，要求分离度 $\alpha \geqslant 1.5$。

固定相在分离管内的保留能力是对分离度有重要影响的指标。一般要求固定相在管内的保留体积在 50% 以上，则各组分峰形较窄，对称性好，分离度高。如果保留体积低于 30%，则分离效果变差。在选择溶剂系统时，可通过测定两相的分相时间，来估计固定相保留体积。

具体做法是：首先将备选的溶剂系统置于分液漏斗，静置，分层。从上、下相各取 2 mL 放入具塞的试管中，震荡混合，静置分层，记录分层时间，一般来说，分层时间应低于 20 s，可以使固定相保留体积在 50% 以上。

逆流色谱溶剂系统一般可分为三大类：由极性小的非水相与水相组成的亲油性系统；由极性大的非水相与水相组成的亲水性系统；第三类为中间系统。各系统组成见表 8-16。

表 8-16　HSCCC 常用溶剂系统表[97]

	正己烷	乙酸乙酯	甲 醇	正丁醇	水
	10	0	5	0	5
	9	1	5	0	5
非极性增大	8	2	5	0	5
	7	3	5	0	5
	6	4	5	0	5
	5	5	5	0	5
	4	5	4	0	5
中等极性	3	5	3	0	5
	2	5	2	0	5
	1	5	1	0	5
	0	5	0	0	5
极性增大	0	4	0	1	5
	0	3	0	2	5
	0	2	0	3	5
	0	1	0	4	5
	0	0	0	5	5

采用 HSCCC 分离纯化天然药物化学成分时,要根据目标成分的极性,按表进行溶剂系统的筛选。如果目标成分的极性是未知的,应当从表 8-16 中等极性列开始,即以正己烷-乙酸乙酯-甲醇-水的体积比为:3:5:3:5 开始,如果 $K_{U/L}$ 略高于 2,则通过增加正己烷与甲醇的量来减小 $K_{U/L}$ 值,如正己烷-乙酸乙酯-甲醇-水的体积比调整为:3.2:5:3.2:5;如果 $K_{U/L}$ = 略低于 0.5,则通过减小正己烷与甲醇的体积来提高 $K_{U/L}$ = 值,如将比例调整为:2.8:5:2.8:5。当远离了 0.5 ≤ $K_{U/L}$ ≤ 2.0 范围,如果目标组分主要分配在上相,需沿着表 8-16 增加非极性方向选择溶剂系统。如果目标组分主要分配在下相,则需沿着增加极性方向选择溶剂系统。实际应用时,参考以上规律选择相应的两相溶剂体系,然后通过测定目标成分在不同比例溶剂体系中的分配系数,再确定各种溶剂的具体比例,从而确定最佳的高速逆流色谱溶剂系统。

第六节　基于气液相平衡的中药精制原理与技术应用

利用气液平衡的中药精制分离技术,主要有分子蒸馏、泡沫分离技术等。前者,如地椒挥发油分子蒸馏精制工艺初步研究。地椒挥发油具有抗炎、抗菌、止咳、平喘及祛痰等功用,但有一定的毒性和刺激性,为减少有害成分,可应用分子蒸馏法对地椒油进行精制[104]。后者,如泡沫分离技术分离三七皂苷与三七多糖的研究[105]。三七的主要药效成分三七皂苷为表面活性物质,其分子结构中所表现出的亲水性(配糖部分)与亲脂性(皂苷元)达到分子内动态平衡。三七水溶液中还存在非表面活性物质,如三七多糖、三七黄酮、多种氨基酸、多肽及无机盐等,可根据它们与三七皂苷的表面活性差异用泡沫吸附来富集分离三七药效组分,残余液相因没有被有机试剂污染,还可直接回收利用。该工艺简便、有效、绿色环保。

一、气液相平衡分离原理

N 个组分组成的气相 (V) 和液相 (L) 构成的两相系统,相数 $P = 2$。其平衡条件根据第一章 $(1-11)$ 式,对于所有的组分 i 应有[88]:

$$\hat{f}_i^V = \hat{f}_i^L \ (i = 1, 2, 3, \cdots) \tag{8-57}$$

根据文献的有关推导[88],上式中的 $\hat{f}_i^V$ 及 $\hat{f}_i^L$ 分别等于 $(8-58)$ 中的左端与右端,则:

$$Py_i \hat{\varphi}_i^V = \gamma_i x_i f_i^L \tag{8-58}$$

组分 i 为纯液相时的逸度 $\hat{f}_i^L$,可由 $(8-59)$ 式表示:

$$f_i^L = P_i^S \varphi_i^S \exp[v_i^L(P - P_i^S)/RT] \tag{8-59}$$

当压力不太大时,可以把由 N 个组分所组成的气相看作是理想气体的混合物,其逸度系数 $\hat{\varphi}_i^V = 1.0$,则组分 i 在气相混合物中的逸度 $\hat{f}_i^V$ 即为

$$\hat{f}_i^V = Py_i \tag{8-60}$$

进一步,在此条件下还有 $\hat{\varphi}_i^S = 1.0$,而且由于组分 i 在液体中的偏摩尔体积要较其在气相中小许多,所以 $RT \gg v_i^L(P - P_i^S)$。(因为 1 mol 气体有 $Pv_i^v = RT$)。则 $\exp[v_i^L(P - P_i^S)/RT] \approx \exp[0] = 1.0$。所以式 $(8-58)$ 可改写为以下简单的形式:

$$Py_i = \gamma_i P_i^S x_i \tag{8-61}$$

式中,γ_i 为组分 i 的活度系数。

当液体混合物为理想溶液时,活度系数 $\gamma_i = 1.0$,根据 Raoult 法则有

$$Py_i = P_i^S x_i \tag{8-62}$$

上式表明,在气液接触的相界面上,组分在各自相中的活度(也可简单地看作浓度)满足热力学平衡关系。这种平衡关系在某一温度下的成立存在两种状态:其一,混合物中所有组分只能作为液体存在;其二,混合物中的某些组分不能作为液体存在。上述不同的平衡关系,可成为分离操作原理用于设计不同的技术手段。若无论平衡关系向着哪一侧,某组分一面倒地集中在哪一侧的情况时,即可将待分离的组分从气相向液相,或从液相向液相,即向一侧转移而实施分离——蒸发浓缩法就是使组分从气相向液相转移的分离技术;若无论平衡关系向着哪一侧,组分的转移都不会一面倒,则需在气液两相间转移分离组分——分子蒸馏、泡沫分离等精制技术依据的就是这种分离原理。

二、分子蒸馏技术原理与技术应用

分子蒸馏(molecular distillation)也称短程蒸馏,是一种在高真空度条件下进行分离操作的连续蒸馏过程。分子蒸馏适合于分离低挥发度、高沸点、热敏性和具有生物活性的物料。这是因为分子蒸馏过程中,操作系统的压力仅在 $10^{-2} \sim 10^{-1}$ Pa 之间,混合物可在远低于常压沸点的温度下挥发,此外组分在受热情况下停留时间也非常短(0.1~1 s)。目前,分子蒸馏技术已成功应用于以中药为基本原料的大健康产品。例如:① 芳香油的精制,桂皮油、玫瑰油、香根油、广藿香油、香茅油和山苍术油等芳香油中成分复杂,主要成分是醛、酮、醇类,且大部分是萜类,属热敏性物质,受热时很不稳定。利用分子蒸馏技术在

不同真空度条件下,可以将芳香油中不同组分提纯,并可除去异臭和带色杂质,提高天然香料的品质。② 挥发油类单体成分的分离,对某些高凝固点而具有升华特性的物质,可利用分子蒸馏装置的高真空度的特点,结合固体物质的升华特性,对其进行升华分离。③ 脱除中药制剂中的残留农药和有害重金属,采用分子蒸馏技术对中药制剂中的残留农药和重金属进行脱除,比其他传统方法更简便有效。④ 降低挥发油中毒性和刺激性成分,如应用分子蒸馏法对地椒油进行精制,可有效降低其中毒性和刺激性成分含量,同时也达到为地椒油脱色脱臭的目的。⑤ 其他,天然维生素 E 的提纯,从鱼油中分离 DHA、EPA,辣椒红色素中微量溶剂的脱除等。

与普通的减压蒸馏相比,分子蒸馏工艺过程的主要特点在于:① 整个系统在很高的真空度下运行,分子蒸馏设备蒸发面与冷凝面间的距离很小,在从蒸发面向冷凝面飞射的过程中,蒸汽分子之间发生碰撞的概率很小;② 分子蒸馏过程是不可逆的,分子蒸馏过程中,蒸汽分子从蒸发面逸出后直接飞射到冷凝面上,几乎不与其他分子发生碰撞,理论上没有返回蒸发面的可能性;③ 分子蒸馏的分离能力不仅与各组分的相对挥发度有关,也与各组分的分子量有关,且蒸发时不会出现鼓泡、沸腾现象。

1. 分子蒸馏的基本原理[106]　　不同种类的分子,其分子有效直径不同,其平均自由程不同,不同种类的分子溢出液面不与其他分子碰撞的飞行距离也不同。不同种类分子溢出液面后平均自由程不同的性质差异是分子蒸馏技术实现分离的基本原理。轻分子的平均自由程大,重分子的平均自由程小,若在大、小分子平均自由程差距之间设置一冷凝面,使得轻分子落在冷凝面上而被冷凝,而重分子因达不到冷凝面而返回原来液面,则可实现混合物的分离。

(1) 分子运动的平均自由程:任一分子在运动过程中都处于不断变化自由程的状态。分子在两次连续碰撞之间所走路程的平均值称为分子的平均自由程。根据理想气体的动力学理论,分子平均自由程可通过下式计算得到:

$$\lambda_m = \frac{RT}{\sqrt{2}\pi d^2 N_A P} \qquad (8-63)$$

式中,λ_m 为分子平均自由程,m;d 为分子有效直径,m;T 为分子所处环境的温度,K;P 为分子所处空间的压力,Pa;R 为气体常数(8.314);N_A 为阿伏伽德罗常数(6.023×10^{23})。

分子平均自由程的长度是设计分子蒸馏器的重要参数,在设计时要求设备结构满足的条件是:分子在蒸发表面和冷凝表面之间所经过的路程小于分子的平均自由程,其目的是使大部分气化的分子能到达冷凝表面而不至于与其他气体分子相碰撞而返回。

式(8-63)是在理想气体处于平衡条件的假设下推导得到的,理论计算结果与实际情况存在一定偏差,更加准确的方法可通过求解玻尔兹曼(Boltzmann)方程得到。

(2) 分子运动平均自由程的分布规律:分子运动平均自由程的分布规律为正态分布,其概率公式为

$$F = 1 - e^{-\lambda \lambda_m} \qquad (8-64)$$

式中,F 为自由程度 $\leq \lambda_m$ 的概率;λ_m 为分子运动的平均自由程;λ 为分子运动自由程。

由上述公式可以得出,对于一群相同状态下的运动分子,其自由程等于或大于平均自由程 λ_m 的概率为:$1 - F = e^{-\lambda \lambda_m} = e^{-1} = 36.8\%$。

(3) 分子蒸馏技术的相关模型:对于许多物料而言,用数学模型来准确地描述分子蒸馏中的变量参数还有待完善待。由实践经验及各种规格蒸发器中获得的蒸发条件,可以近似地推广到分子蒸馏生产设备的设计中。相关的模型有:

1) 膜形成的数学模型:对于降膜、无机械运动的垂直壁上的膜厚,Nusselt 公式为

$$\sigma_m = (3v^2Re/g)^{1/3} \qquad (8-65)$$

式中，σ_m 为名义膜厚，m；v 为物料运动黏度，m^2/s；g 为重力加速度，m/s^2；v 为表面载荷，$m^3/(s \cdot m)$；Re 为雷诺数，无因次；该方程的适用条件是 $Re > 400$ 时。

对于机械式刮膜而言，上式并不适用，机械式刮膜的膜厚大致在 $0.05 \sim 0.5$ mm 之间，可由实验确定。但从上述公式可以分析出，机械式刮膜中膜厚的影响参数主要有表面载荷、物料黏度和刮片元件作用于膜上的力等。

2）热分解的数学模型：Hickman 和 Embree 对分解概率给出以下公式。

$$Z = pt \qquad (8-66)$$

式中，Z 为分解概率；p 为工作压力（与工作温度 T 成正比）；t 为停留时间，s。

其中停留时间取决于加热面长度、物料黏度、表面载荷和物料的流量等，通过分解概率可以分析物料的热损伤性。

表 8-17 为同一物料在不同蒸馏过程中的热敏损伤比较一览表。从中可看到物料在分子蒸馏中的分解概率和停留时间比其他类型的蒸馏器低了几个数量级。因此，用分子蒸馏可以保证物料少受破坏，从而保证了物料的品质。

表 8-17 同一物料在不同蒸馏过程中的热损伤比较一览表[106]

系 统 类 型	停留时间(s)	工作压力(Pa)	分解概率 (Z)	稳定性指数 ($Z_1 = \lg Z$)
间歇蒸馏柱	4 000	1.01×10^5	3×10^9	9.48
间歇蒸馏	3 000	2.7×10^3	6×10^7	7.78
旋转蒸发器	3 000	2.7×10^2	6×10^6	6.78
真空循环蒸发器	100	2.7×10^3	2×10^6	6.30
薄膜蒸发器	25	2.7×10^2	5×10^4	4.70
分子蒸发器	10	0.1	10	1.00

3）蒸发速率：蒸发速率是分子蒸馏过程十分重要的物理量，是衡量分子蒸馏器生产能力的标志。在绝对真空下，表面自由蒸发速度应等于分子的热运动速度。蒸发速率的近似计算可以使用理论上的分子蒸馏模型，而实际的蒸发速率要由经验数据来确定。

推广的 Lang Muir-Knudsen 方程为

$$G = kp(M/T)^{1/2} \qquad (8-67)$$

式中，G 为蒸发速度，$kg/(m^2 \cdot h)$；M 为分子量；p 为蒸汽压，Pa；T 为蒸馏温度，K；k 为常数。

2. 分子蒸馏流程与装置

（1）分子蒸馏过程：分子蒸馏过程可分为如下四步（图 8-23）：

1）分子从液相主体扩散到蒸发表面：在降膜式和离心式分子蒸馏器中，分子通过扩散方式从液相主体进入蒸发表面，液相中的分子扩散速率是控制分子蒸馏速率的主要因素，应尽量减薄液层的厚度及强化液层的流动状态。

2）分子在液层表面上的自由蒸发：分子的蒸发速率随着温度的升高而上升，但分离效率有时却随着温度的升高而降低，应以被分离液体的热稳定性为前提，选择适当的蒸馏温度。

3）分子从蒸发表面向冷凝面飞射：蒸汽分子从蒸发面向冷凝面飞射的过程中，蒸发分子彼此可能

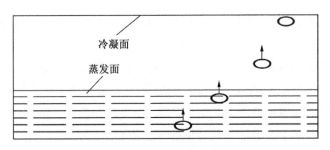

图 8-23　分子蒸馏过程示意图[106]

产生的碰撞对蒸发速率影响不大,但蒸发的分子与两面之间无序运动的残气分子相互碰撞会影响蒸发速率。但只要在操作系统中建立起足够高的真空度,使得蒸发分子的平均自由程大于或等于蒸发面与冷凝面之间的距离,则飞射过程和蒸发过程就可以快速完成。

4) 分子在冷凝面上冷凝:只要保证蒸发面与冷凝面之间有足够的温度差(一般大于60℃),并且冷凝面的形状合理且光滑,则冷凝过程可以在瞬间完成,且冷凝面的蒸发效应对分离过程没有影响。

(2) 分子蒸馏装置:一套完整的分子蒸馏设备主要包括分子蒸馏器、脱气系统、进料系统、加热系统、冷却系统、真空系统和控制系统。分子蒸馏装置的核心部分是分子蒸馏器,其类型主要有降膜式、刮膜式和离心式分子蒸发器。

基于分子蒸馏基本原理,分子蒸馏设备的设计体现出以下特点:① 利用离心力强化成膜装置,以减少液膜厚度,降低液膜的传质阻力,提高分离效率及生产能力,降低能耗;② 采用能适应不同黏度物料的布料结构,液体分布均匀,可有效地避免返混,提高产品质量;③ 具有独特、新颖的动、静密封结构,有效解决高温、高真空下密封变形的补偿问题,保证了设备高真空下能长期稳定运行;④ 成功解决液体的飞溅问题,省去传统的液体挡板,减少分子运动的行程,提高了装置的分离效率;⑤ 开发了能适应多种不同物料温度要求的加热方式,提高了设备的调节性能及适应能力;⑥ 真空获得方式优化,设备的操作弹性提高,避免了因压力波动对设备正常操作性能的干扰;⑦ 彻底地解决了装置运转下的级间物料输送及输出输入的真空泄漏问题,保证装置的连续性运转;⑧ 设备运行可靠,产品质量稳定;⑨ 适应多种工业领域,可进行多种产品的生产,尤其对于高沸点、热敏感及易氧化物料的分离有传统蒸馏方法无可比拟的优点。

1) 降膜式分子蒸发器:降膜式分子蒸馏设备的优点是液体在重力作用下沿蒸发表面流动,液膜厚度小,物料停留时间短,热分解的危险性小,蒸馏过程可以连续进行,生产能力大。缺点是液体分配装置难以完善,很难保证所有的蒸发表面都被液膜均匀地覆盖,即容易出现沟流现象;液体流动时常发生翻滚现象,所产生的雾沫夹带也常溅到冷凝面上,降低了分离效果;由于液体是在重力的作用下沿蒸发表面向下流的,因此降膜式分子蒸馏设备不适合用于分离黏度很大的物料,否则将导致物料在蒸发温度下的停留时间加大,降膜式分子蒸发器现应用较少。

2) 刮膜式分子蒸发器:刮膜式分子蒸发器如图 8-24所示。

刮膜式分子蒸发器由同轴的两个圆柱管组成,中间是旋转轴,上下端面各有一块平板。加热蒸发面和冷凝面分别在两个不同的圆柱面上,其中,加热系统是通过热油、蒸汽或热水来进

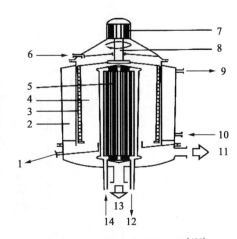

图 8-24　刮膜式分子蒸发器[106]

1. 残留液出口;2. 加热套;3. 刮膜器;4. 蒸发空间;5. 内冷凝器;6. 进料口;7. 转动电机;8. 进液分布盘;9. 加热介质出口;10. 加热介质入口;11. 真空口;12. 冷却水出口;13. 产品流出口;14. 冷却水入口

行的。进料喷头在轴的上部，其下是进料分布板和刮膜系统。中间冷凝器是蒸发器的中心部分，固定于底层的平板上。

物料以一定的速率进入到旋转分布板上，在一定的离心力作用下被抛向加热蒸发面，在重力作用下沿蒸发面向下流动的同时在刮膜器的作用下得到均匀分布。低沸点组分首先从薄膜中挥发，径直飞向中间冷凝面，并冷凝成液相，冷凝液流向蒸发器的底部，经馏出口流出，不挥发组分从残留口流出，不凝气从真空口排出。图 8-25 所示为分子蒸馏装置的工艺流程。

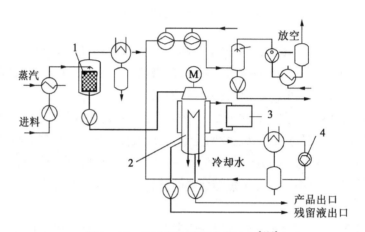

图 8-25　分子蒸馏装置工艺流程[106]

1. 脱气系统；2. 分子蒸发器；3. 加热系统；4. 真空系统

一般待分离物料在进入刮膜蒸发器之前，须经脱气系统将低沸点杂质脱除，以利于整个操作系统保持很高的真空度。

3）离心式分子蒸发器：如图 8-26 所示，离心式分子蒸发器具有旋转的蒸发表面，操作时进料在旋转盘中心，靠离心力的作用，在蒸发表面进行均匀分布。离心式分子蒸发器的优点是液膜非常薄，流动情况好，生产能力大；物料在蒸馏温度下停留时间非常短，可以分离热稳定性极差的有机化合物；由于离心力的作用，液膜分布很均匀，分离效果较好。但离心式分子蒸馏设备结构复杂，真空密封较难，设备的制造成本较高。

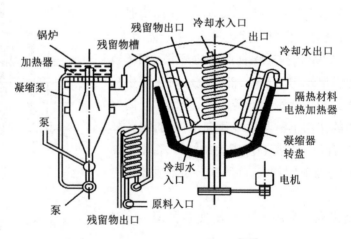

图 8-26　离心式分子蒸馏器[106]

为满足化工、制药、生物技术等领域该技术的实验室研究、中试工艺开发和大规模生产的需要，从实验室到工业化生产规模的分子蒸馏系列设备已成功开发，现有设备的加工容量 1～1 000 L/h 不等。

三、泡沫分离技术原理与技术应用[107-110]

泡沫分离技术又称泡沫吸附分离技术,是近年发展较快的新型分离技术。泡沫分离技术是基于表面吸附原理及溶液中溶质(或颗粒)间表面活性的差异进行分离的,表面活性强的物质优先吸附于分散相与连续相的界面处,通过鼓泡使溶质选择性地聚集在气-液界面并借助浮力上升至溶液主体上方形成泡沫层,从而分离、浓缩溶质或净化液相主体的过程。

泡沫分离浓缩的物质可以是表面活性物质,也可以是和表面活性物质具有亲和能力的任何溶质诸如金属阳离子、阴离子、蛋白质、酶、染料、矿石粒子及沉淀微粒等。取其共性,把凡是利用气体在溶液中鼓泡以达到分离或浓缩的这类方法总称为泡沫吸附分离技术。

中药中皂苷类成分具有亲水性的糖体和疏水性的皂苷元,是一种优良的天然表面活性成分,在强烈搅拌或沸腾时就能产生稳定的泡沫,根据泡沫分离技术的原理和中药皂苷类成分的理化性质,此技术可用于分离、富集中药粗提液中具有表面活性的皂苷类成分。

(一) 泡沫分离技术的原理及分类

1. 泡沫分离技术的原理　表面活性剂具有亲水的极性基团和憎水的非极性基团,在溶液中可以选择性吸附在气-液相界面上,使表面活性物质在表面相中的浓度高于主体相中的浓度,并使该溶液的表面张力急剧下降。当溶液中只存在一种表面活性剂,且在一定的温度下达到吸附平衡时,气-液相界面处表面活性剂的吸附可用吉布斯吸附公式(Gibbs isotherm)(8-68)描述。该式从理论上证实了表面活性剂在气-液界面上的富集作用。

$$\gamma = -\frac{C}{RT}\frac{\mathrm{d}\sigma}{\mathrm{d}C} \tag{8-68}$$

式中,γ 为表面活性剂的表面过剩吸附量,mol/cm^2;C 为主体溶液的平衡浓度,mol/cm^3;σ 为溶液的表面张力,N/cm,它是表征溶液表面性质的重要参量。

$\mathrm{d}\sigma/\mathrm{d}C$ 值可从图 8-27 获得。当溶液浓度很低时(低于 a),由于溶液中表面活性剂很少,溶液的表面张力与溶剂相似,几乎不发生吸附;当溶液浓度介于 a~b 之间时,溶液的表面张力随溶液浓度的增加而降低(图 8-28),从而可以实现分离;当溶液的浓度大于 b 时,

通常认为理想的溶液吸附发生在 a~b 的范围内。一般低浓度物质的富集率比较高,因此泡沫分离方法曲线的斜率接近 0,在这一范围内,溶液的主体中可形成一定形状的胶束,此时溶液中表面活性剂的浓度称为临界胶束浓度(critical micelle concentration,CMC)。更适合于低浓度表面活性物质的分离纯化。对于非表面活性物质,可以在溶液中添加一种适合的表面活性物质,这种物质可与溶液中原有的溶质结合在一起形成一种新的具有表面活性的溶质,吸附在气泡表面上,从而使原有的溶质从溶液中分离出来。

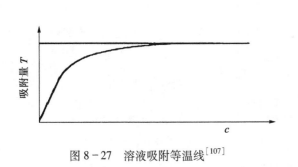

图 8-27　溶液吸附等温线[107]

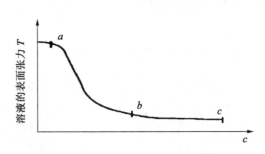

图 8-28　表面张力与溶液浓度的关系[107]

泡沫分离必须具备两个基本条件。首先,目标溶质是表面活性物质,或者是可以和某些活性物质相络

合的物质,它们都可以吸附在气-液相界面上;其次,富集物质在分离过程中可借助气泡与液相主体分离,并在塔顶富集。因此,在鼓泡区中,泡沫分离的传质过程在鼓泡区中是在液相主体和气泡表面之间进行的,在泡沫区中是在气泡表面和间隙液之间进行。所以,表面化学和泡沫本身的结构和特征是泡沫分离的基础。

2. 泡沫吸附分离方法的分类 泡沫吸附分离技术的方法可分为非泡沫分离和泡沫分离两类。

(1)非泡沫分离技术:非泡沫分离过程需要鼓泡,但不一定形成泡沫层。非泡沫分离又可以分为鼓泡分离法和溶剂消去法两类。鼓泡分离法指的是从塔式设备底部鼓入气体,所形成的气泡富集了溶液中的表面活性物质,并上升至塔顶,最后和液相主体分离,液相主体得以净化,溶质得以浓缩的方法。

溶剂消去法是将一种与溶液不互溶的溶剂置于溶液的顶部,用来萃取或富集溶液内的表面活性物质,表面活性物质借容器底部所设置的鼓泡装置中所鼓出的气泡的吸附作用并带到溶剂层的方法。

(2)泡沫分离技术:根据分离的对象是真溶液还是带有固体粒子的悬浮液、胶体液等,泡沫分离法可分成泡沫分离和泡沫浮选两类。

在泡沫分离法中,作为分离对象的某溶质,可以是表面活性剂如洗涤剂,也可以是不具有表面活性的物质如金属离子、阴离子、染料及药物等。但是它们必须具备和某一类型的表面活性剂能够络合或螯合的能力。当在塔式设备底部鼓泡时,该溶质可被选择性地吸附或附着于自下而上的气泡表面,并在溶液主体上方形成泡沫层,将排出的泡沫消泡,可获得泡沫液(溶质的富集回收)。在连续操作时,液体从塔底排出,可以直接排放,也可作为净制后的产品液。

泡沫分离法适合于对低浓度的产品进行分离,如低浓度的酶溶液,用常规的方法进行沉淀是行不通的,如果使用泡沫分离法对产品先进行浓缩,就可以用沉淀法进行提取。泡沫分离法是根据分离物的表面活性对产品进行分离的,因此也可以高选择性地浓缩某种成分。泡沫分离法过程不使用无机盐或有机溶剂,仅仅有一些动力消耗,操作成本较低。

(二)泡沫分离技术的流程操作及特点

1. 泡沫分离技术的流程设置 泡沫分离流程可以分为间歇分离和连续分离两类,其中连续分离又可分为提馏(段)塔、精馏(段)塔和以上两者叠加而成的全馏塔3种(图8-29、图8-30)。

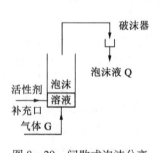

图8-29 间歇式泡沫分离塔示意图[109]

柱形塔体分成溶液鼓泡层和泡沫层两部分。原料液可按不同类型塔分别在不同部位加入,见图8-30。气体从设置在塔底的气体分布器中鼓泡而上,与原料液逆流相接触,由于液体中含有表面活性物质,鼓泡所形成的稳定的泡沫聚集在液层上方空间,汇成泡沫层,经塔顶排出。引出的泡沫消泡后,称泡沫液,为塔顶产品,其中被富集的物质称富集质。塔底还设有残液排出口,可间歇或连续排料。

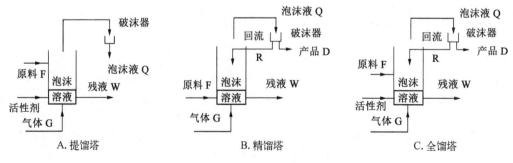

图8-30 连续式泡沫分离塔示意图[109]

泡沫分离的流程、装置和精馏很类似,故有泡沫精馏之称。但泡沫分离得以进行主要靠泡沫,即单位时间所产生的气液相界面;精馏主要靠热分离,即单位时间所耗的蒸汽量,两者的分离原理是截然不同的。

2. 操作方式的选择　　泡沫分离操作方式一般分为间歇式和连续式两类。间歇式与连续式的设备相似,只是没有添加药液的回流装置。连续式又可分为简单塔、提馏塔、精馏塔和复合塔。间歇式操作简单,药液一次性加入,可得到富集比较高的泡沫,但属于不稳定操作,分离塔底部料液浓度、液相高度等都随时间变化而变化。而连续式操作可维持液相高度不变,但液相是流动的,与气泡接触的时间不够长,且回收率偏低。

3. 泡沫分离技术的特点　　泡沫分离技术适合于对低浓度的产品进行分离。如低浓度的酶溶液,用常规的方法进行沉淀是行不通的,如果使用泡沫法对产品先进行浓缩,就可以用沉淀法进行提取。泡沫分离方法是根据分离物的表面活性对产品进行分离的,因此也可以高选择性地浓缩某种成分。此过程不使用无机盐或有机溶剂,仅仅有一些动力消耗,它的运行成本一般要比其他方法低。

（三）泡沫分离技术的影响因素

泡沫分离体系的影响因素很多,其中包括:① 系统的操作参数,如气体流速、回流比、泡沫高度、温度等;② 溶液的性质(如 pH、溶液表面活性剂初始浓度、离子强度等);③ 气泡尺寸等。在泡沫分离设备的设计过程中。泡沫分离设备的效率可以用式(8-69)至式(8-71)中的若干参数进行描述。

$$R = \frac{C_f}{C_w} \tag{8-69}$$

$$R_f = \frac{C_t}{C_0} \tag{8-70}$$

$$Y = \frac{V_f C_f}{V_f C_f + V_w C_w} \tag{8-71}$$

式中,R 称为分离率,表示分离过程结束时破沫液的浓度与残留液的浓度的比值;R_f 为泡沫分离过程结束时溶质的富集率;Y 为回收率;C_0 为进料浓度;C_f 为破沫液的浓度;C_t 为某一时刻的浓度,C_w 为残留液浓度;V 表示体积,cm^3。

1. 进料浓度 C_0 的影响　　在一定的气液比下,若进料浓度太低,形成的泡沫不稳定,易聚合并破碎从而造成残留液浓度增高,分离效果下降[106];进料浓度过高,表面活性剂类废水处理系统的出水又难以达到排放标准。当进料浓度较低时,随进料浓度增加,表面活性分子由溶液主体向表面扩散的推动力增加,表面过剩浓度增大,相应溶液的动态表面张力降低,导致吸附量的增大;但当进料浓度达到一定高度后,继续提高进料浓度,只能导致残留液浓度的提高,分离因子 R 急剧下降,如图 8-31 所示。过高的进料浓度,还可能引起气泡尺寸的减小,气泡含液量的增大,导致分离效率的降低。由此可见,在泡沫分离操作中存在一个最优的进料浓度,在这个浓度下,设备可以得到最大的分离效率(图 8-32)。

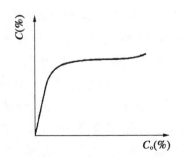

图 8-31　泡沫液浓度与溶液初始浓度的关系[107]

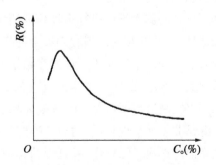

图 8-32　富集率与溶液初始浓度的关系[107]

2. 气泡尺寸的影响　　足够的气-液相界面面积是泡沫分离的前提，要确定气-液相界面面积就必须先确定泡沫气泡的尺寸和分布。从理论上来讲，小泡沫比大泡沫具有的优势是：① 因为小泡沫的上升速度慢，有利于促进蛋白质的吸附；② 小泡沫的夹带能力比大泡沫强；③ 小泡沫携带的液体量和表面积都较大，有助于提高分离率和回收率，但不利于提高富集率。

随着气泡尺寸变大，泡沫的含液量将减小，气-液相界面面积也要减小。泡沫含液量的减小可以提高系统的分离程度，但回收率会降低；气-液相界面面积会减小，也使得回收率下降。

3. 气体流量的影响　　气体流量是泡沫分离系统中一个重要参数，气体流量的提高，可以增大界面面积，从而有利于溶质的分离。但是，低气体流量可以获得更高的分离因子，因为较小的气速可以降低泡沫的含液量。而且气速过高，产生泡沫的量就会增加，因而泡沫在分离设备中的停留时间就会减少，导致泡沫中要分离的表面活性剂的浓度下降。为了保持一个必要的泡沫高度，泡沫分离塔操作时气体流量不能低于一个临界值。

4. 泡沫排液的影响　　泡沫塔中分离现象主要是由于上升的气泡的表面与气泡间隙中下降的液体之间不断进行着质量传递，而且不论泡沫分离设备是否具有外部回流装置，由于重力和表面力而产生的间隙液体的流动都将起到内部回流的作用，从而实现分离。所以，泡沫排液状况对于泡沫分离设备的效率非常重要。同时，间隙液体的排放还可以减少破沫液中所含主体溶液的量，从而提高分离塔的效率。

5. 温度的影响　　具有表面活性的化合物在不同的温度下具有不同的泡沫稳定性，温度应作为一个操作变量考虑。此外，溶液温度升高，溶液的动态表面张力将随之减小。这一现象可能是因为温度的升高导致了表面活性剂溶液黏度的降低，减小了扩散阻力，使吸附阻力降低；另外，也可能是因为温度的升高使吸附平衡常数 k 增加，吸附阻力降低，吸附量增大。

6. pH 的影响　　通常溶液中的表面活性物质是一种两性电解质，当处于 pI 时，分子所带的电荷为零，此时，分子表现出一些特殊的理化性质，如分子间斥力减小，溶解度降低，这有助于在气-液相界面处吸附。而且，当表面活性物质处于 pI 时，表面活性物质的表面活性增强，在溶液中表现出较好的发泡能力，这也有助于蛋白质在泡沫中的富集。此外，pH 对于体系的表面张力及溶质在气-液相界面处的吸附、泡沫的排液和泡沫的稳定性都有显著的影响，通过选择合适的 pH，可以强化分离过程。

此外，影响泡沫分离技术的因素还有气泡聚并、溶质种类等。

（四）泡沫分离技术中的捕获剂

选取适宜的表面活性剂对泡沫分离技术至关重要，对于本身无表面活性的物质，通常加入合适的表面活性剂，作为捕获剂通过电荷作用或化学反应与目标物质结合，从而达到富集目标物质的目的。

吕妍燕等[111]以十二烷基二甲基甜菜碱作为捕获剂，采用水提和泡沫分离相结合的方法从虎杖浸提液中富集白藜芦醇，以提高白藜芦醇纯化效率。白藜芦醇（化学名称 3,5,4′-三羟基二苯乙烯），主要存在于蓼科植物虎杖的根茎中的一种天然多酚类物质，具有抗氧化、抗肿瘤、降低血小板聚集、预防和治疗动脉粥样硬化及心脑血管疾病等多种药理活性。十二烷基二甲基甜菜碱在酸性和碱性条件下都具有优良的表面活性，且具有对皮肤刺激小和生物降解性好等优点，作为起泡剂和乳化剂已经广泛用于化妆品、清洁制品、农药和印染工业等。该研究结果表明，采用椭球型泡沫分离塔，在 pH 为 3、十二烷基二甲基甜菜碱浓度为 1.50 g/L 及气体体积流量为 20 mL/min 的条件下，白藜芦醇富集比和回收率分别为8.43% 和 81.73%，消泡液中白藜芦醇浓度为 0.085 g/L，泡沫分离过程中能有效保持白藜芦醇的生物活性。白藜芦醇是非表面活性物质，白藜芦醇能够通过泡沫分离实现富集，其原理在于：十二烷基二甲基甜菜碱与白藜芦醇形成了结合物，并且以结合物的形式吸附在气液界面上，因此十二烷基二甲基甜菜碱是泡沫分离虎杖中白藜芦醇合适的捕获剂。

第七节　基于液固相平衡的中药精制原理与技术应用

利用液固相平衡原理进行分离的技术主要有固体浸取、晶析、吸附(大孔树脂吸附技术)等。其中固体浸取和大孔树脂吸附技术已分别在第六章及本章的第四节作过介绍。

一、结晶原理与技术[112-124]

结晶是固体物质以晶体状态从蒸汽、溶液或熔融物中析出的过程,它是医药、化工、生化等工业生产中常用的制备纯物质的技术,在物质分离纯化过程中起着重要的作用。常见的结晶方法主要有溶液结晶和熔融结晶两大类,其中,溶液结晶是晶体从过饱和溶液中析出的过程;而熔融结晶是根据待分离物质之间凝固点的不同而实现物质结晶分离的过程。鉴于熔融结晶鲜见于中药制药工程,本书所述"结晶"特指"溶液结晶"。

溶液中的溶质可在一定条件下,因分子有规则地排列而结合成晶体。晶体的化学成分均一,具有各种对称的晶状,其特征为离子和分子在空间晶格的结点上成有规则的排列。固体有结晶和无定形两种状态,两者的区别就是构成单位(原子、离子或分子)的排列方式不同,前者有规则,后者无规则。在条件变化缓慢时,溶质分子具有足够时间进行排列,有利于结晶形成。相反,当条件变化剧烈,溶质分子来不及排列就被迫快速析出,结果形成无定形沉淀。

结晶精制纯化中药成分的基本原理在于:只有同类分子或离子才能排列成晶体,故结晶过程具有良好的选择性。在结晶过程中,溶液中的大部分杂质留在了母液中,再通过过滤、洗涤等就可得到纯度较高的晶体。此外,结晶过程成本低、设备简单、操作方便,所以高纯度中药对照品的精制,多种氨基酸、有机酸、抗生素、维生素、核酸等医药产品广泛采用结晶法。与其他中药精制分离单元操作相比,结晶过程具有如下重要特点:① 能从杂质含量相当多的溶液或多组分的熔融混合物中形成纯净的晶体。对于许多使用其他方法难以分离的混合物系,如同分异构体混合物、共沸物系、热敏性物系等,采用结晶分离往往更为有效;② 结晶过程可赋予固体产品以特定的晶体结构和形态(如晶形、粒度分布、堆密度等)。

(一) 溶液晶析法的晶析平衡

溶质从溶液(或熔液)中结晶出来,要经历两个步骤:首先要产生被称为晶核的微小晶粒作为结晶的核心,这个过程称为成核;然后晶核长大,成为宏观的晶体,这个过程称为晶体生长。无论是成核过程还是晶体生长过程,都必须以溶液的过饱和度(或熔液的过冷度)作为推动力,其大小直接影响成核和晶体生长过程的快慢,而这两个过程的快慢又影响着晶体产品的粒度分布和纯度。因此,过饱和度(过冷度)是结晶过程中一个极其重要的参数。

图 8-33 是几种常见无机盐溶解度与温度的关系曲线。由该图可知,随着温度的变化,这些作为溶液晶析平衡关系的溶解度数据也随之改变,有正向的,也有负向的,有变化幅度很大的,也有变化不大的。

当改变固体结晶与溶液(常称为母液)间平衡条件时,那些高于平衡浓度以上溶解着的溶质就要析出,系统移向新的平衡,这就是结晶(晶析)过程。溶液高于平衡浓度以上的状态称为过饱和,过饱和状态下溶解了的溶质与平衡时溶解了的溶质的比例被定义为过饱和比,用 S 表示,即:

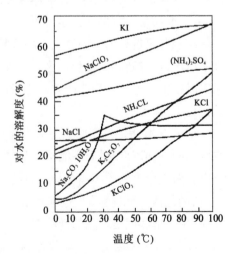

图 8-33　无机盐在水中的溶解度与温度的关系曲线[113]

$$S = \frac{溶解了的溶质的份数/100\ 份溶媒}{平衡时溶解了的溶质的份数/100\ 份溶媒} = \frac{B}{A} \tag{8-72}$$

如果不发生晶析现象，过饱和状态可以保持很长时间。例如，砂糖水溶液的过饱和比 S 可达到 1.5~2，若添加少量的阿拉伯树胶，S 还会进一步增大变成胶状糖浆。然而食盐水溶液的 S 值很小，以致难以测定。

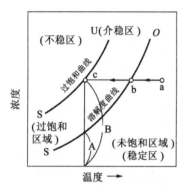

图 8-34 超溶解度的概念图[113]

溶液的晶析平衡可以用溶解度曲线和过饱和度曲线来表示，如图 8-34。其中 SU 为饱和溶解度曲线，SO 为过饱和溶解度曲线。SU 曲线以下的区域为不饱和区，称为稳定区；在此曲线以上的区域称为不稳区；而介于 SU 曲线和 SO 曲线间的区域为亚稳区，即介稳区。

过饱和溶解度曲线与溶解度曲线不同，溶解度曲线是恒定的，而过饱和溶解度曲线在坐标系的位置会受很多因素的影响而变动，如有无搅拌、搅拌强度的大小、有无晶种、晶种的大小与多少、冷却速度的快慢等。所以过饱和溶解度曲线视为一簇曲线。要使过饱和溶解度曲线有较确定的位置，必须将影响其位置的因素确定。

如在溶解度曲线右侧的点 a 处，待结晶的溶质是溶解着的，将其冷却，系统状态就在点 b 处通过溶解度曲线进入两曲线所夹着的亚稳区域。若溶液中事先加入有晶种，这时这些晶种就会成长。进一步再将系统冷却至 c 点，在通过过饱和曲线进入曲线左侧不稳定区域的瞬间，溶液即能自发地产生晶核，而使溶解在溶液中的溶质量减少。由于浓度下降，状态点重新回到曲线右侧，晶核的产生亦停止，只有结晶可继续生长。

在稳定区的任一点，溶液都是稳定的，不管采用什么措施都不会有结晶析出。在亚稳区的任一点，如不采取措施，溶液也可以长时间保持稳定；如加入晶种，溶质会在晶种上长大，溶液的浓度随之下降到 SU 线。亚稳区中各部分的稳定性并不一样，接近 SO 线的区域极易受刺激而结晶。因此，有人提出把亚稳区再分为二，上半部为刺激结晶区，下半部为养晶区。

在不稳区的任一点，溶液能立即自发结晶，当温度不变时，溶液浓度自动降至 SU 线。因此，溶液需要在亚稳区或不稳区才能结晶。但在不稳区，结晶生成很快，来不及长大，浓度即降至溶解度，所以形成大量细小结晶，这对工业结晶是不利的。为得到颗粒较大而又整齐的晶体，通常需加入晶种并把溶液浓度控制在亚稳区的养晶区，让晶体缓慢长大，因为养晶区自发产生晶核的可能性很小。

（二）结晶过程的动力学分析

结晶分离过程为一同时进行的多相非均相传热与传质的复杂过程。结晶是指溶质自动从过饱和溶液中析出，形成新相的过程。这一过程不仅包括溶质分子凝聚成固体，还包括这些分子有规律地排列在一定晶格中。这种有规律的排列与表面分子化学键力变化有关，因此结晶过程又是一个表面化学反应的过程。

形成新相（固相）需要一定的表面自由能，因为要形成新的表面就需要对表面张力做功。所以溶液浓度达到饱和浓度时，尚不能析出晶体；当浓度超过饱和浓度，达到一定的过饱和浓度时，才可能有晶体析出。最先析出的微小颗粒是此后结晶的中心，称为晶核。晶核形成后，靠扩散而继续成长为晶体。因此，结晶包括 3 个过程即：过饱和溶液的形成、晶核的形成及晶体的生长。溶液达到过饱和状态是结晶的前提，过饱和度是结晶的推动力。

1. 结晶成核速度　　晶核作为过饱和溶液中新生成的微小晶体粒子，是晶体生长过程中必不可少的核心。在晶核形成之初，快速运动的溶质质点相互碰撞结合成线体单元，线体单元增大到一定限度后可称为晶胚。当晶胚生长到足够大,能与溶液建立热力学平衡时就可称为晶核。晶核的大小粗估算为数十纳米至几微米。形成晶核的方式可分为初级成核和二次成核。在没有晶体存在的条件下自发产生晶核的过程称为初级成核;在已有晶体存在的条件下产生晶核的过程为二次成核。

前已述及,洁净的过饱和溶液进入介稳区时,还不能自发地产生晶核,只有进入不稳区后,溶液才能自发地产生晶核。这种在均相过饱和溶液中自发产生晶核的过程称为均相初级成核。均相初级成核速度为单位时间内在单位体积溶液中生成新晶核的数目。从绝对反应速度理论的阿伦尼乌斯方程(Arrhenius equation)出发,可近似得到成核速度公式:

$$B = ke^{-\Delta G_{max}/RT} \tag{8-73}$$

式中,B 为成核速度;ΔG_{max} 为成核时临界吉布斯自由能;k 为常数;R 为气体常数;T 为绝对温度。

在工业结晶器中发生均相初级成核的机会比较少,实际上溶液中常常难以避免有外来的固体物质颗粒,如大气中的灰尘或其他人为引入的固体粒子,在非均相过饱和溶液中自发产生晶核的过程称为非均相初级成核。这些外来杂质粒子对初级成核过程有诱导作用,在一定程度上降低了成核势垒,所以非均相成核可以在比均相成核更低的过饱和度下发生。

工业上一般采用简单的经验关联式来描述初级成核速率与过饱和度的关系:

$$B_p = K_p \Delta C^a \tag{8-74}$$

式中,B_p 为初级成核速度;K_p 为速率常数;ΔC 为过饱和度;a 为成核指数。K_p 和 a 的大小与具体结晶物系和流体力学条件有关,一般 $a > 2$。

相对二次成核,初级成核速率大得多,而且对过饱和度变化非常敏感,很难将它控制在一定的水平。因此,除了超细粒子制造外,一般结晶过程都要尽量避免初级成核的发生。

目前普遍认为二次成核的机理主要是流体剪应力成核及接触成核。剪应力成核是指当过饱和溶液以较大的流速流过正在生长中的晶体表面时,在流体边界层存在的剪应力能将一些附着于晶体之上的粒子扫落,而成为新的晶核。接触成核是指当晶体与其他固体物接触时所产生的晶体表面的碎粒。

在工业结晶器中,晶体与搅拌桨、器壁或挡板之间的碰撞,以及晶体与晶体之间的碰撞都有可能发生接触成核。一般认为接触成核的概率往往大于剪应力成核。影响二次成核速率的因素很多,主要有温度、过饱和度、碰撞能量、晶体的粒度与硬度、搅拌桨的材质等。

2. 结晶生长速率　　大多数溶液结晶中晶体生长过程为溶质扩散控制,由传递理论可推导出晶体生长速率:

$$G = k_g \Delta C \tag{8-75}$$

式中,G 为晶体线生长速率;k_g 为生长速率常数。

对于表面反应控制的晶体生长过程,其表达式为

$$R = k_m \Delta C^P \tanh(B/\Delta C) \tag{8-76}$$

式中,R 为单位表面晶体质量生长速率;P 和 B 为特征参数。

对于溶质扩散与表面反应共同控制的结晶生长过程,其生长速率是两步速率的叠加。在工业结晶中,常使用经验式:

$$G = K_g \Delta C^g \tag{8-77}$$

式中,K_g 为晶体总生长速率常数,它与物系性质、温度、搅拌等因素有关;g 为生长指数。

上述晶体质量生长速率 R 与晶体线生长速率 G 之间的换算关系为:

$$R = \frac{1}{A}\frac{d_m}{d_t} = \frac{3k_v\rho G}{k_a} \tag{8-78}$$

式中,A 为晶体表面积;m 为晶体质量;ρ 为晶体密度;k_v 为晶体体积形状因子;k_a 为晶体表面形状因子。

对于大多数物系,悬浮于过饱和溶液中的几何相似的同种晶体都以相同的速率生长,即晶体的生长速率与原晶粒的初始粒度无关。

（三）结晶技术关键操作

结晶过程与操作方式具有密切关系,而影响整个结晶过程的因素很多,如溶液的过饱和度、杂质的存在、搅拌速度及各种物理场等。其中最为关键的是过饱和溶液的形成与成核速度。

结晶过程一般可采用连续操作与间歇操作两种模式。制药行业一般采用间歇结晶操作,以便于批间对设备进行清理,可防止产品的污染,保证药品的高质量;同样对于高产值低批量的精细化工产品也适宜采用间歇结晶操作。

1. 形成过饱和溶液的方法　　结晶的关键是溶液的过饱和度。因此,过饱和溶液的形成成为影响晶析过程,获得理想晶体的先决要素。工业生产上通常采用以下方法制备过饱和溶液,可以根据具体条件选用。

（1）热饱和溶液冷却：亦称等溶剂结晶,基本不除去溶剂,而是使溶液冷却降温,适用于溶解度随温度降低而显著减小的体系;而溶解度随温度升高而显著减小的体系宜应采用加温结晶。

冷却法可分为自然冷却、间壁冷却和直接接触冷却。自然冷却是使溶液在大气中冷却而结晶,此法冷却缓慢、生产能力低、产品质量难于控制,在较大规模的生产中已不采用。间壁冷却是被冷却溶液与冷却剂之间用壁面隔开的冷却方式,此法广泛应用于生产。间壁冷却法缺点在于器壁表面上常有晶体析出（称为晶疤或晶垢）,使冷却效果下降,要从冷却面上清除晶疤往往需消耗较多工时。直接接触冷却法包括：以空气为冷却剂与溶液直接接触冷却的方法;以与溶液不互溶的碳氢化合物为冷却剂,使溶液与之直接接触而冷却的方法;以及近年来所采用的液态冷冻剂与溶液直接接触,靠冷冻剂气化而冷却的方法。

（2）部分溶剂蒸发：借蒸发除去部分溶剂的结晶方法,也称为等温结晶法,它使溶液在加压,常压或减压下加热蒸发达到过饱和。此法主要适用于溶解度随温度的降低而变化不大的物系或随温度升高溶解度降低的物系。蒸发法结晶消耗热能多,加热面结垢问题又易使操作遇到困难,一般不常采用。

（3）真空蒸发冷却：使溶剂在真空下迅速蒸发而绝热冷却,实质上是以冷却及除去部分溶剂的两种效应达到过饱和度。此法是自20世纪50年代以来一直应用较多的结晶方法,设备简单,操作稳定。最突出的特点是器内无换热面,不存在晶垢的问题。

（4）化学反应结晶法：通过加入反应剂或调节 pH,使生成溶解度很小的新物质的方法,当其浓度超过溶解度时,就有结晶析出。例如,在头孢菌素 C 的浓缩液中加入醋酸钾即析出头孢菌素 C 钾盐;于利福霉素 S 的醋酸丁酯萃取浓缩液中加入氢氧化钠,利福霉素 S 即转为其钠盐而析出。四环素、氨基酸及 6-氨基青霉烷酸等水溶液,当其 pH 调至 pI 附近时也都会析出结晶或沉淀。

（5）盐析结晶法：向物系中加入某些物质,使溶质在溶剂中的溶解度降低而使溶液达到过饱和的方法。这些物质被称为稀释剂或沉淀剂,它们既可以是固体,也可以是液体或气体。稀释剂或沉淀剂最大的特点是极易溶解于原溶液的溶剂中。这种结晶的方法之所以叫作盐析法,就是因为常用固体氯化钠作为沉淀剂,使溶液中的溶质尽可能地结晶出来。甲醇、乙醇、丙醇等是常用的液体稀释剂,如在氨基酸水溶液中加入适量乙醇后氨基酸即可析出。因一些易溶于有机溶剂的物质,向其溶液中加入适量水亦可析出沉淀,所以此法也叫水析结晶法。另外,还可以将氨水直接通入无机盐水溶液中,以降低其溶解度使无机盐结晶析出。盐析法是上述方法的统称。

盐析结晶法的优点:① 可与冷却剂结合,提高溶质从母液中的回收率;② 结晶过程可将温度保持在较低水平,有利于热敏性物质的结晶;③ 某些情况下,杂质在溶剂与稀释剂的混合液中有较高溶解度,这样可使杂质保留在母液中,有利于简化晶体的提纯操作。盐析结晶法最大的缺点是常需处理用于母液、分离溶剂和稀释剂等回收的设备。

2. 成核速度与起晶方法

(1)影响成核速度的因素:由式(8-73)可知,随温度升高,成核速度增大。温度对成核速度影响的曲线见图8-35,从中可看出,成核速度随温度升高而加快;达到最大值后,成核速度反而随温度升高而下降。图8-36所示为一定温度下,过饱和度对成核速度的影响。即成核速度在某一过饱和度达到最大值后,随过饱和度增大,反而下降。

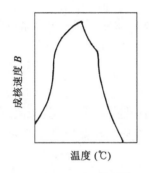
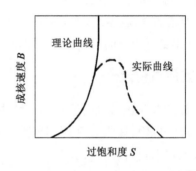

图8-35 温度对成核速度的影响[118] 图8-36 过饱和度对成核速度的影响[118]

成核速度与物质种类有关。对于无机盐类,有下列经验规则:阳离子或阴离子的化合价愈大,愈不易成核;而在相同化合价下,含结晶水愈多,愈不易成核。对于有机物质,一般化学结构愈复杂,分子愈大,成核速度就愈慢。例如,过饱和度很高的蔗糖溶液,可保持长时间不析出。

(2)起晶方法:由于真正自动成核的机会很少,结晶技术中通常采用一种称为起晶的操作以协助晶核的形成。起晶方法源于晶析原理,如加晶种能诱导结晶,晶种可以是同种物质或相同晶型的物质,有时惰性的无定形物质也可作为结晶中心,如尘埃也能导致结晶。

饱和溶液中的机械振动可促使生成晶核。机械振动是相变开始的原因之一,这是因为机械振动作用可使溶液体系出现浓度的波动,因而产生高过饱和区,并在其中开始生成晶体。

超声波亦可以加速成核。它对过饱和溶液的有效作用,主要取决于辐射的功率,辐射强度越高,则成核开始的极限过饱和度愈低。在过饱和溶液中附加声场,会产生空化气泡,气泡的非线性振动及气泡破灭时产生的压力,可使体系各处的能量发生变化。体系的能量起伏很大时,可使分子间作用力减弱,溶液黏度下降,从而增加了溶质分子间的碰撞机会而易于成核。且气泡破灭时除产生压力外,还会产生云雾状气泡,这有助于降低界面能,使具有新生表面的晶核质点变得较为稳定,得以继续长大为晶核。

工业生产中常有下面3种不同的起晶方法:

1)自然起晶法:在一定温度下使溶液蒸发进入不稳区形成晶核,当生成晶核的数量符合要求时,加入稀溶液使溶液浓度降低至亚稳区,使之不生成新的晶核,溶质即在晶核的表面长大。该法要求过饱和度较高、蒸发时间长,且具有蒸汽消耗多,不易控制,同时还可能造成溶液色泽加深等现象,现已很少采用。

2)刺激起晶法:将溶液蒸发至亚稳区后,将其加以冷却,进入不稳区,从此时起即有一定量的晶核形成,由于晶核析出使溶液浓度降低,随即将其控制在亚稳区的养晶区使晶体生长。

3）晶种起晶法：将溶液蒸发或冷却到亚稳区的较低浓度，投入一定量和一定大小的晶种，使溶液中的过饱和溶质在所加的晶种表面上长大。晶种起晶法是普遍采用的方法，如掌握得当可获得均匀整齐的晶体。

3. 重结晶　　溶质的结晶一般是纯物质，但大部分晶体中或多或少总残留有杂质，其原因：① 杂质的溶解度与产物类似，因此会发生共结晶现象；② 杂质被包埋于晶阵内；③ 晶体表面黏附的母液虽经洗涤，但很难彻底除净。所以，工业生产中往往采用重结晶方法以获得纯度较高的产品。

重结晶是利用杂质和结晶物质在不同溶剂和不同温度下的溶解度不同，将晶体用合适的溶剂溶解再次结晶，从而使其纯度提高。

重结晶的关键是选择合适的溶剂，选择溶剂的原则为：① 溶质在某溶剂中的溶解度随温度升高而迅速增大，冷却时能析出大量结晶；② 溶质易溶于某一溶剂而难溶于另一溶剂，若两溶剂互溶，则需通过试验确定两者在混合溶剂中所占比例。

最简单的重结晶方法是把收获的晶体溶解于少量的热溶剂中，然后冷却使之再结成晶体，分离母液或经洗涤，就可获得更高纯度的新晶体。若要求产品的纯度很高，可重复结晶多次。

二、固液吸附原理与技术[125-135]

本部分主要介绍基于固液吸附原理的活性炭、Al_2O_3、聚酰胺及胶原纤维等为吸附剂的精制分离技术及其在中药方面的应用，其他基于吸附原理的分离技术，如大孔吸附树脂已在本章第四节做过介绍；离子交换树脂分离技术则请参阅第十二章。

固体物质表面对固体或液体分子的吸着现象称为吸附（adsorption）。就原理而言，吸附作用是两个不可混合的物相（固体、液体或气体）之间的界面性质，在这种两相界面上，其中一相的组分得到浓缩或者两相互相吸附形成界面薄膜。吸附作用基本上由界面上分子间或原子间作用力所产生的热力学性质所决定。

吸附体系由吸附剂（adsorbent）和吸附质（adsorbate）组成。吸附剂一般指固体，吸附质一般指能够以分子、原子或离子的形式被吸附的固体、液体或气体。吸附分离法是指利用固态多孔性吸附剂对液态或气态物质中某些组分具有的较强吸附能力，通过吸附操作而达到分离该组分的方法。

（一）吸附类型的分类

根据吸附剂与吸附质之间相互作用力的不同，吸附可分为物理吸附、化学吸附和交换吸附 3 种类型。

1. 物理吸附　　由吸附质和吸附剂分子间作用力所引起，只通过弱相互作用进行的吸附；吸附剂和吸附质之间是非共价的。在物理吸附过程中，液体或气体中的分子通过范德瓦耳斯力、偶极-偶极相互作用、氢键等在固体材料的表面上结合。物理吸附无选择特异性，但随着物系的不同，吸附量有较大差异。物理吸附不需要较大的活化能，在低温条件下也可以进行。物理吸附既可以发生单分子层吸附，也可以形成多分子层吸附；物理吸附速率较快，过程通常是可逆的，吸附作用力较弱，解吸过程较容易进行在吸附的同时，被吸附的分子由于热运动离开固体表面而被解吸。例如，活性炭对许多气体的吸附，被吸附的气体很容易解脱出来而不发生性质上的变化。

2. 化学吸附　　吸附质分子与固体表面原子（或分子）发生电子的转移、交换或共有，形成吸附化学键的吸附。固体表面原子的价态未完全被饱和，还有剩余的成键能力，导致吸附剂与吸附质之间能发生化学反应而产生吸附作用。化学吸附一般涉及吸附剂和吸附质之间的强相互作用，包括吸附质内或吸附质之间原子的重排，吸附剂表面和吸附质之间发生化学反应形成共价键、配合键或离子键。

化学吸附的选择性较强，即一种吸附剂只能对某一种或特定的几种物质有吸附作用。化学吸附需要一定的活化能。由于化学吸附生成化学键,因而只能发生单分子层吸附,化学吸附不易解吸。

物理吸附与化学吸附既有区别又难以截然分开,在一定条件下,二者可以同时发生。在不同的温度下,产生吸附的主导作用会发生变化。一般规律是:低温易发生物理吸附,高温易发生化学吸附。

3. 交换吸附　　吸附剂表面如果由极性分子或者离子组成,则会吸引溶液中带相反电荷的离子,形成双电层,同时在吸附剂与溶液间发生离子交换,这种吸附称为交换吸附。交换吸附的能力由离子的电荷决定,离子所带电荷越多,它在吸附剂表面的相反电荷点上的吸附力就越强。静电力的吸附特征包括:吸附区域为极性分子或离子;吸附为单层或多层;吸附过程可逆;吸附的选择性较好。与交换吸附相关的分离技术从原理上而言属于反应分离技术。

（二）吸附过程的基本原理及其应用

1. 吸附热力学基本原理及其应用　　吸附平衡是指在一定的温度和压力下,吸附剂与吸附质充分接触,最后吸附质在两相中的分布达到平衡的过程。吸附平衡是主体相浓度、吸附相浓度和吸附量三者之间的关系。这种关系与物性有关,还与温度有关,是选择吸附剂的依据,也是工程设计的基础数据。

作为吸附现象方面的特性有吸附量、吸附强度、吸附状态等,而宏观地总括这些特性的是吸附等温线。当流体(气体或液体)与固体吸附剂经长时间充分接触后,吸附剂所吸附的量不再增加,吸附相与流体达到平衡时的吸附量叫作平衡吸附量。平衡吸附量通常用等温下单位质量吸附剂的吸附容量 q 表示。在一定的温度下,吸附质的平衡吸附量与其浓度或分压间的函数关系的图线称为吸附等温线。由于吸附剂与吸附质之间不同的相互作用,以及不同的吸附剂表面状态,因此会得到相应的不同的吸附等温线。

在研究吸附过程的特性和吸附分离工艺时,常需以平衡吸附量 q 对相对压力 p/p^0(p^0 为该温度下吸附质的饱和蒸汽压)作图,以得到吸附等温线。通常情况下,吸附剂的平衡吸附量随吸附质的浓度或压力的增大而增加,但吸附等温线的形状却不一样,目前常把典型的吸附等温线分为 5 种,称为 BDDT 分类,见图 8-37。

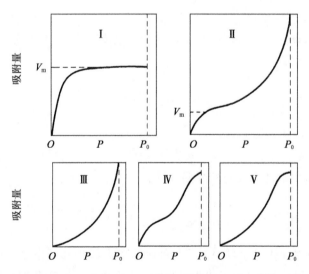

图 8-37　BDDT 分类的 5 种类型吸附等温线[77]

BDDT 分类中 5 种类型吸附等温线如下。

（1）Ⅰ型为朗缪尔(Langmuir)型,如 N_2、O_2 或有机蒸汽在孔径只有几个分子大小的活性炭上的吸附,接近于单分子层吸附。

（2）Ⅱ型常称为 S 型等温线,是最普通的多分子层吸附,如在-195℃时 N_2 在硅胶上的吸附。

（3）Ⅲ型为反 Langmuir 型曲线，比较少见，Br_2、I_2 在非孔硅胶上的吸附属此类型，其特点是吸附热与液化热大致相等。

（4）Ⅳ型是类型Ⅱ的变形，能形成有限的多层吸附。曲线后段对应毛细管凝聚现象的发生，如水在活性氧化铝上的吸附。

（5）Ⅴ型曲线的后段也对应于毛细管凝聚现象，如 100℃的水蒸气在活性炭或多孔硅胶上的吸附，其特点是吸附质分子间的作用力大于吸附剂与吸附质分子间的作用力。

在一定温度下，分离物质在液相和固相中的浓度关系可用吸附方程式来表示，其中液相吸附平衡常用于中药药效成分吸附工艺过程的筛选研究。

（1）气体单组分吸附平衡：吸附质在吸附剂的表面只形成均匀的单分子层，则吸附量随吸附质分压的增加平缓接近平衡吸附量。

吸附是在吸附剂的活性中心上进行的；这些活性中心具有均匀的能量，且相隔较远，吸附物分子间无相互作用力；每一个活性中心只能吸附一个分子，即形成单分子吸附层。常用的数学模型有 Langmuir 等温线方程（8-79）和弗罗因德利希（Freundlich）等温线方程（8-80）。

$$q = q_m \frac{bp}{1 + bp} \tag{8-79}$$

式中，q、q_m 分别为平衡吸附量和单分子吸附量，g/g；b 为与温度有关的常数；p 为气体分压。

$$q = Kp^{\frac{1}{n}} \tag{8-80}$$

式中，K、n 为常数，与物性和温度有关，$10 > n > 1$。

（2）气体多组分吸附平衡：多组分气体吸附平衡方程可用式（8-81）表达，其 i，j 表示组分的数量。

$$q_i = q_{mi} \frac{b_i p_i}{1 + \sum b_j p_j} \tag{8-81}$$

（3）液相吸附平衡：Langmuir 等温线和 Freundlich 等温线同样适用于低浓度溶液的吸附，当用于液体时，压力 p 用浓度 c 代替，即：

$$q = q_m \frac{bc}{1 + bc} \tag{8-82}$$

或

$$q = Kc^{\frac{1}{n}} \tag{8-83}$$

如丙腈水溶液在 25℃用活性炭吸附的等温方程：

$$q = \frac{0.173c}{1 + 0.096c} \quad 或 \quad q = 0.138c^{0.658}$$

在研究吸附树脂的吸附规律时也可用上面 5 种吸附等温线为参照模型。如在研究 D101 大孔树脂对绞股蓝皂苷的吸附性能研究时，考察了树脂的吸附平衡等温线：准确称取树脂 0.22 g~0.25 g，移取准确计量的一定浓度的绞股蓝溶液 30 mL，二者置于 50 mL 具塞三角瓶中。将其分别置于恒温 20、50℃下的培养箱，振荡 24 h 后，吸取 200 μL 溶液比色分析，测定其吸光度值，按标线求得吸附的平衡浓度 C_e，按公式 $q = V_0(C_0 - C_e)/G$，计算树脂的平衡吸附量（其中，V_0 为移取绞股蓝溶液的体积，mL；G 为树脂的质量，g；C_0 为初始绞股蓝皂苷的浓度，mg/mL）。以 Langmuir 和 Freundlich 方程对实验数据拟合，得到相关吸附等温式，见表 8-18。由该表可知，Langmuir 等温线方程对 D101 大孔树脂吸附绞股蓝皂苷的拟合较好。

表 8-18 D101 树脂对绞股蓝皂苷的吸附等温线方程[77]

温度(℃)	方 程 类 型	等温线方程式	相 关 系 数
20	Langmuir	$q = 1\,031.1C/(1 + 3.581C)$	0.994
	Freundlich	$q = 273.6C^{1/1.86}$	0.978
50	Langmuir	$q = 637.5C(1 + 2.285C)$	0.993
	Freundlich	$q = 229.0C^{1/1.66}$	0.983

2. 吸附动力学基本原理及其应用 吸附动力学主要研究吸附质在吸附剂颗粒内的扩散性能,通过测定吸附速率,计算微孔扩散系数,进而推算吸附活化能。

(1)吸附速率:吸附速率是指单位质量吸附剂在单位时间内所吸附的吸附质的量。吸附速率与物系、操作条件及浓度有关。在吸附操作中,吸附速率决定了物料与吸附剂的接触时间。吸附速率是设计吸附装置的重要依据,吸附速率越大,所需的接触时间越短,吸附设备体积也可以相应地减小。

吸附速率曲线可用于测定吸附等温线相同的方法,在不同吸附时间测得吸附量,以吸附量为纵坐标,时间为横坐标绘图,即得到吸附速率曲线。Langmuir 提出了吸附速率方程。在生产工艺设计中,该方程可初步应用于固液吸附中各类型树脂的筛选分析

$$\ln Q_e/(Q_e - Q_t) = Kt \tag{8-84}$$

可变换为

$$-\ln(1 - Q_t/Q_e) = Kt \tag{8-85}$$

式中,Q_t 为 t 时刻树脂的吸附量,mg/g;Q_e 为平衡时刻树脂的吸附量,mg/g;K 为吸附平衡速率常数,/h。

对于各树脂,用其 $\ln(1-Q_t/Q_e)$ 对时间 t 作直线回归,得出各类型树脂的吸附平衡速率常数 K。见表 8-19。

表 8-19 吸附树脂的吸附平衡速率常数(20℃)[77]

树 脂	K(h⁻¹)	r
S-8	0.513 5	0.918 8
AB-8	0.485 5	0.961 2
R-A	0.461 5	0.926 4
X-5	0.404 2	0.959 1
SIP-1400	0.405 3	0.974 6
NKA	0.621 3	0.847 8
D3520	0.800 8	0.948 3
H107	0.296 1	0.975 5
SIP-1300	0.318 6	0.976 8
D4006	0.724 6	0.837 0

在生产工艺设计中,可以进一步通过绘制吸附动力学曲线,直观地了解树脂的某些动态吸附性能,判定该树脂对吸附质的吸附特性。如在银杏叶黄酮的吸附研究中,考察了 9 种树脂的吸附动力学过程:准确称取经预处理好的 9 种树脂各 400 mg(除去水分后约 100 mg)于 50 mL 具塞磨口三角瓶中,精密加

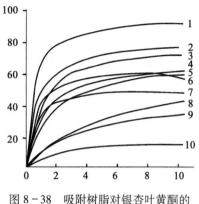

图 8-38　吸附树脂对银杏叶黄酮的
吸附动力学曲线[2]

1. S-8, 2. AB-8, 3. RA, 4. X-5,
5. SIP-1400, 6. NKA-9, 7. D3520,
8. H107, 9. SIP-1300, 10. D4006

入银杏叶总黄酮水溶液 30 mL, 黄酮浓度为 1 mg/mL, 置电动振荡机上振荡, 振荡频率为 140 次/min。测定各树脂在 t 时刻内 ($t=1$, 2, 3, …, 10 h) 达到平衡时的吸附量 Q_t 和 Q_e (mg/g), 以 Q_t 对 t 作图, 得各树脂的吸附动力学曲线, 见图 8-38。

从图 8-38 可见, 各大孔吸附树脂吸附银杏叶黄酮的动力学过程大致为 3 种状况：① 如树脂 H107、SIP-1300, 自起始阶段吸附量较小, 而且达到平衡时间长, 饱和预吸附量亦不大, 为慢速吸附类型树脂；② 如树脂 S-8、AB-8、RA、SIP-1400、X-5, 起始阶段吸附量较大, 然后吸附量逐渐增加, 达到平衡时间较长, 为中速吸附类型树脂；③ 如树脂 NKA-9、D3520、D4006 起始阶段吸附量有大有小, 但均迅速达到平衡, 饱和吸附量也不大, 为快速吸附类型树脂。从吸附量和时间的关系来看, 树脂 S-8、AB-8、RA 的吸附性能是比较好的, 因此, 选择树脂时, 树脂对某一特定成分的吸附动力学曲线的类型是一个重要的参考依据。

通常根据吸附动力学曲线研究吸附量和温度、浓度及时间的关系, 建立相关的吸附动力学方程。有了这种关系式, 就易得到不同状态下的吸附速度, 对树脂的实际应用非常有意义。

(2) 吸附传质过程：吸附速率取决于吸附过程中的传质过程。吸附过程中的物质传递基本上可分为 3 个阶段：第一阶段称为颗粒外部扩散 (简称外扩散, 又称膜扩散) 阶段, 吸附质从主体相中扩散到吸附剂的外表面上；第二阶段称为孔隙扩散阶段 (简称内扩散), 吸附质从吸附剂外表面通过吸附剂孔隙继续向吸附的活性中心扩散；第三阶段称为吸附反应阶段, 吸附质被吸附到吸附剂孔隙内表面的活性中心上。在整个吸附质的传递过程中, 在不同的阶段具有不同的阻力, 某一阶段的阻力越大, 克服此阻力所需要的浓度梯度越大。

吸附过程的总速率取决于最慢阶段的速率。如果在吸附质的传递过程中, 某一阶段的阻力比其他各阶段要大得多, 为了简化数学模型, 可用控制这一阶段的数学表达式代表整个传递过程。对于物理吸附, 吸附质在吸附剂内表面活性中心上的吸附过程 (反应阶段) 很快, 吸附速率主要由前两个阶段——外扩散或者内扩散过程来控制。一般高浓度的流动相系统, 其传质速率为内扩散控制, 低浓度的流动相系统为外扩散控制。对于某些体系, 其中两种过程也可能同时存在。

1) 外扩散传质速率方程：吸附质通过外扩散传递到吸附剂外表面的过程中, 传质速率可以表示为

$$\frac{\partial q}{\partial t} = k_f a_p (c - c_i) \tag{8-86}$$

式中, t 为时间, h; α_p 为以吸附剂颗粒外表面计的比表面积, m²/g; c 为流体相中吸附质的平均浓度, mg/mL; c_i 为吸附剂外表面上流体相中吸附质的浓度, mg/mL; k_f 为流体相一侧的传质系数 (m/s), 与流体特性、吸附剂颗粒的几何特性、温度、压力等因素有关。

2) 内扩散传质速率方程：内扩散阶段的传质过程非常复杂, 通常与固体颗粒的形状和微孔的结构有关。实际中经常采用简化处理的方法, 即将内扩散过程处理成从外表面向颗粒内的拟稳态的传质过程, 即

$$\frac{\partial q}{\partial t} = k_s a_p (q_i - q) \tag{8-87}$$

式中, k_s 为固体相一侧的传质系数, 与固体颗粒的微孔结构、吸附质的物性等有关; q_i 为吸附剂外表面上

的吸附量(mg/g),与c_i呈平衡关系;q为吸附剂颗粒中的平均吸附量,mg/g。

3）总传质速率方程：实际上,固体颗粒外表面上的浓度c_i和q_i很难确定,因此,通常采用总传质速率方程来表示吸附速率,即

$$\frac{\partial q}{\partial t} = k_f a_p (c - c^*) = k_s a_p (q^* - q) \qquad (8-88)$$

式中,c^*为流体相中与q呈平衡的吸附质的浓度,mg/mL;q^*为与c呈平衡的吸附量,mg/g;k_f为以$\Delta c = c - c^*$为推动力的总传质系数,m/s;k_s为$\Delta q = q^* - q$为推动力的总传质系数,m/s。

若内扩散很快,则过程为外扩散控制,q_i接近q,则$k_f = k_f$;若外扩散过程很快,则吸附过程为内扩散控制,c_i接近c,则$k_s = k_s$。

根据式(8-86),吸附剂颗粒直径越小,比表面积越大,外扩散速度就越快;此外,增加流体相与颗粒之间的相对运动速度可增加k_f值,可提高外扩散速度。研究表明,内扩散速度与颗粒直径的较高次方成反比,即吸附剂颗粒越小,内扩散速度越大,因此,采用粉状吸附剂比粒状吸附剂有利于提高吸附速率。其次,吸附剂内孔径增大可使内扩散速率加快,但会降低吸附量,此时要根据实际的具体情况选择合适的吸附剂。

（三）吸附分离基本方式及其技术操作

1. 吸附分离基本方式　在制药工业过程中,吸附分离技术主要有以下两种方式的应用。

（1）选择性吸附分离：依靠吸附剂的选择性能将被吸附和不被吸附的物质分开,这种分离方法只包括吸附、洗脱两个过程,操作简单。以大孔吸附树脂为例,其技术关键是选用性能优良的吸附树脂,装于树脂柱中,让溶有混合物的溶液通过树脂柱,被吸附的物质留在树脂上,不能被吸附的物质流出柱外,使混合物得到分离。这种方法可用于以下几种场合。

1）有机/无机物的选择性吸附：如硝基苯生产废水的处理,这种废水含硝基苯酚和无机盐,在排放前必须把有毒的硝基苯酚去除。溶剂萃取法的效率较低,萃取8次,水仍呈淡黄色,而用吸附树脂处理,在低 pH 时,2,4-二硝基苯酚在固、液两相中的分配系数可高达5 500。如果以动态柱式吸附,则溶液中硝基苯酚的含量可很容易地降至1 mg/kg 以下的水平。

2）不同有机物的选择性吸附：典型的例子是低度白酒的制备,发酵白酒中除乙醇外还含有油酸乙酯、亚油酸乙酯和棕榈酸乙酯等高级酯。这些酯在高度酒中可溶,但在制备低度酒时,乙醇含量降低后便会析出,使低度酒变浑浊。用 W-6 吸附树脂可有效地去除酒中的高级酯,从而可简单地制成40度以下的低度酒。

在吸附-洗脱难于实现预期的分离效果时,有时可采用分步洗脱的方式。我国银杏叶提取物的生产工艺,在高选择性吸附树脂出现以前,大都采用了分步洗脱分离的方法。如以含氰基的吸附树脂吸附银杏叶提取液中的黄酮苷和萜内酯(要求产品中的含量分别≥24%和≥6%),大量其他成分也同时被吸附。用乙醇-水溶液洗脱,所得产品的黄酮苷和萜内酯的含量较低。若先用10%、25%的乙醇-水溶液洗去部分杂质,再用50%、70%的乙醇水溶液洗脱就得到黄酮苷含量较高的产品。在高选择性吸附树脂出现后,分步洗脱工艺正在被逐步淘汰,但是分步洗脱的方法在工艺筛选研究中依然值得借鉴。

（2）吸附色谱分离：在欲分离物质的性质比较接近,用选择性吸附法不能将其分离时,可根据它们在结构和性质上的微小差别,选择适当的吸附剂,进行色谱分离。以树脂为例,用于色谱分离的吸附树脂除其吸附性能之外,最严格的要求是树脂的平均粒径及粒径分布。工业色谱分离所需的树脂平均粒径($\overline{D}$)在0.04~0.20 mm 之间,粒径分布应是90%树脂球的粒径在平均粒径$\overline{D}$±20%的范围内。粒径太大会降低树脂柱的理论塔板数,并有可能使粒内扩散成为控制步骤。粒径过小则会使柱子的阻力增大,

需要较高的工作压力。过宽的粒径分布则会使拖尾现象严重。目前已有非常均匀的树脂出现，其90%粒径在$\overline{D}\pm10\%$的范围内。

2. 吸附分离基本过程　　吸附分离基本过程包括吸附过程和解吸过程。吸附分离过程中，吸附质通过压力、温度等的改变，实现在吸附剂中吸附和脱附交替进行的循环过程。在制药生产过程中，吸附剂必须进行再生处理，而未被脱附的吸附质是回收还是废弃，要根据它的浓度或纯度及价值来确定。

（1）常见的三类吸附过程

1）变温吸附：吸附通常在室温下进行，而解吸在直接或间接加热吸附剂的条件下完成，利用温度的变化实现吸附和解吸的再生循环操作。

2）变压吸附：在较高压力下选择性吸附气体混合物中的某些组分，然后降低压力使吸附剂解吸，利用压力的变化完成循环操作。

3）变浓度吸附：液体混合物中的某些组分在特定环境条件下选择性地吸附，然后用少量强吸附性液体解吸再生。

（2）吸附剂的再生：吸附剂的再生是指在吸附剂本身不发生变化或变化很小的情况下，采用适当的方法将吸附质从吸附剂中除去，以恢复吸附剂的吸附能力，从而达到重复使用的目的。吸附剂再生的条件与吸附质有关。一般是采用置换吸附质或使之脱吸的方法来再生吸附剂，若当吸附质被牢固地吸附于吸附剂上，还可采用燃烧法使吸附剂再复活。

对于性能稳定的大孔聚合物吸附剂，一般用水、烯酸、稀碱或有机溶剂就可以实现再生，如硅胶、活性炭、分子筛等。在采用加热法进行再生时，需要注意吸附剂的热稳定性，吸附剂晶体所能承受的温度可由差热分析曲线的特征峰测出。工业吸附装置的再生大多采用水蒸气（或者惰性气体）吹扫的方法。

3. 吸附分离操作方式与常用装置　　吸附操作有多种形式，实际操作中所选形式与需处理的流体浓度、性质及吸附质被吸附程度有关。工业上利用固体的吸附特性进行吸附分离的操作方式及装置主要有：搅拌槽吸附、固定床吸附、移动床和流化床吸附。移动床和流化床吸附主要应用于处理量较大的过程，而相比而言，搅拌槽吸附和固定床吸附在制药工业中的应用较为广泛。

（1）搅拌槽吸附操作：通常是在带有搅拌器的釜式吸附槽中进行的。在此过程中，吸附剂颗粒悬浮于溶液中，搅拌使溶液湍动状态，其颗粒外表面的浓度是均一的。由于槽内溶液处于激烈的湍动状态，吸附剂颗粒表面的液膜阻力减小，有利于液膜扩散控制的传质。这种工艺所需设备简单。但是吸附剂不易再生、不利于自动化工业生产，并且吸附剂寿命较短。主要用于液体的精制，如脱水、脱色和脱臭等。

搅拌槽吸附操作适用于外扩散控制的吸附传质过程。其传质过程的表达式如下：

$$-\frac{1}{\alpha_p}\left(\frac{dc}{dt}\right)=k_L(c-c^*)\qquad(8-89)$$

式中，α_p 为单位液体体积中吸附剂颗粒的外表面积 m^2/m^3；k_L 为传质系数 m/s；c^* 为与吸附剂吸附量平衡的液相质量浓度 kg/m^3；c 为与时间 t 对应的质量浓度，kg/m^3。

（2）固定床吸附操作：主要设备是装有颗粒状吸附剂的塔式设备。在吸附阶段，被处理的物料不断地流过吸附剂床层，被吸附的组分留在床层中，其余组分从塔中流出。当床层的吸附剂达到饱和时，吸附过程停止，进行解吸操作，用升温、减压或置换等方法将被吸附的组分脱附下来，使吸附剂床层完全再生，然后再进行下一循环的吸附操作。为了维持工艺过程的连续性，可以设置两个以上的吸附塔，至少有一个塔处于吸附阶段。固定床吸附的特点是设备简单，吸附操作和床层再生方便，吸附剂寿命较长。

在固定床吸附过程的初期,流出液中没有溶质。随着时间的推移,床层逐渐饱和。靠近进料端的床层首先达到饱和,而靠近出料端的床层最后达到饱和。图8-39是固定床层出口浓度随时间的变化曲线。若流出液中出现溶质所需时间为t_b,则t_b称为穿透时间。从t_b开始,流出液中溶质的浓度将持续升高,直至达到与进料浓度相等的e点,这段曲线称为穿透曲线,e点称为干点。穿透曲线的预测是固定床吸附过程设计与操作的基础。

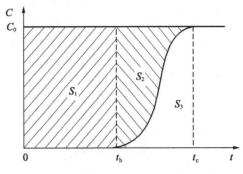

图8-39 固定床层出口浓度随时间的变化曲线[88]

当达到穿透点时,相当于吸附传质区前沿已到达床层出口,此时阴影面积S_1对应于床层中的总吸附量,而S_2对应于床层中尚能吸附的吸附量。因此,到达穿透点时未利用床层的高度Z_u为

$$Z_u = \frac{S_2}{S_1 + S_2} \cdot Z \tag{8-90}$$

已利用床层的高度为

$$Z_s = \frac{S_1}{S_1 + S_2} \cdot Z \tag{8-91}$$

对于特定的吸附体系和操作条件,根据固定床吸附器的透过曲线,可计算出试验条件下达到规定分离要求所需的床层高度Z。

固定床吸附操作的特点:① 固定床吸附塔结构简单,加工容易,操作方便灵活,吸附剂不易磨损,物料的返混少,分离效率高,回收效果好;② 固定床吸附操作的传热性能差,当吸附剂颗粒较小时,流体通过床层的压降较大,吸附、再生及冷却等操作需要一定的时间,生产效率较低。

固定床吸附操作主要用于气体中溶剂的回收、气体干燥和溶剂脱水等方面。

(3)流化床吸附操作:料液从床底自下而上流动输入,其流速控制在一定的范围,保证吸附剂颗粒被托起,但不被带出,而处于流态化状态,同时料液中的溶质在固相上发生吸附作用(图8-40)。流化床吸附可以是连续操作中吸附剂粒子从床上方输入,从床底排出;料液在出口仅少量排出,大部分循环流回流化床,以提高吸附效率。

流化床的主要优点是降压小,可处理高黏度或含固体微粒的粗料液。与后述的移动床相比,流化床中固相的连续输入和排出方便,即比较容易实现流化床的连续化操作。其缺点是床内的固相与液相的返混剧烈,特别是高径比较小的流化床。流化床的吸附剂利用效率一般低于固定床。

(4)移动床吸(moving bed)附操作:吸附操作中固相可以连续地输入和排出吸附塔,与料液形成逆流接触流动,以实现吸附过程连续、稳态地操作。图8-41为包括吸附剂再生过程在内的连续循环移动床操作示意图。因为在稳态操作条件下,溶质在液、固两相中的浓度分布不随时间的延长而发生改变,设备和过程的设计与气体吸收塔或液-液萃取塔基本相同。但在实际操作中,需要解决的问题是吸附剂的磨损和如何通畅地排出固体。为了防止固相出口的堵塞,可以采用床层振动或利用球形旋转阀等特殊装置将固相排出。

这种移动床容易堵塞,使固相移动的操作有一定的难度。因此,使固相本身不移动,而改为移动、切换液相(包括料液和洗脱液)的入口和出口位置,就如同移动固相一样,会产生与移动床相同的效果,这就是模拟移动床(simulated moving bed)。

图 8-40　流化床吸附操作[78]

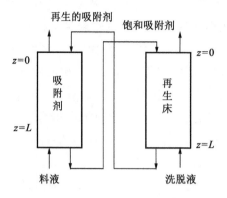

图 8-41　移动床吸附操作[78]

（四）常用的中药精制吸附剂

1. 活性炭　活性炭是最普遍使用的吸附剂,它是一种多孔、含碳物质的颗粒粉末,常用于脱色和除臭等过程。活性炭为非极性吸附剂,在极性介质中,对非极性物质具有较强的吸附作用。活性炭具有吸附能力强、分离效果好、来源广泛、价格便宜等优点。但是活性炭的标准较难控制,而且其色黑、质轻,容易造成环境污染。常用活性炭的吸附能力顺序为：粉末活性炭＞颗粒活性炭＞锦纶活性炭。

活性炭主要用于分离水溶性成分,如氨基酸、糖类及某些苷。活性炭的吸附作用在水溶液中最强,在有机溶剂中则较弱。故水的洗脱能力最弱,而有机溶剂则较强。例如,以醇-水进行洗脱时,洗脱力随乙醇浓度的递增而增加。活性炭对芳香族化合物的吸附力大于脂肪族化合物,对大分子化合物的吸附力大于小分子化合物。利用这些差异,可将水溶性芳香族物质与脂肪族物质分开,单糖与多糖分开,氨基酸与多肽分开。

活性炭用于中药注射液的精制可提高溶液的澄明度,吸附致热原及其他杂质。如文献报道[136],以紫杉醇注射液为实验对象,考察活性炭用量和温度对紫杉醇注射液中紫杉醇含量与其他有关物质,以及澄明度和细菌内毒素的影响。结果表明,活性炭用量在 0.25%、温度在 35℃ 时,能保证紫杉醇注射液的质量。

制药工业废水具有组成复杂、有机污染物种类多、浓度高等特点,治理难度大。活性炭表面积巨大,吸附能力极强,常用于除去废水中的有机物、胶体分子、生物、痕量重金属等,并可使废水脱色、除臭。如青海三普药业股份有限公司生产废水日排放量约为 50 m^3。主要污染物为 $CODcr$、BOD_5 等;生活污水日排放量约为 30 m^3,主要污染物为 SS、$CODcr$、BOD_5、NH_3-N、石油类。该公司的废水处理工艺采用活性炭过滤槽通过过滤、吸附等原理对废水处理,最终达到达标排放的目的[137]。

2. 氧化铝　活性氧化铝的化学式为 $Al_2O_3 \cdot nH_2O$,它是常用的吸附剂。活性氧化铝表面的活性中心是羟基和路易斯酸,极性较强,其吸附特性与硅胶相似,广泛应用于生物碱、核苷类、氨基酸、蛋白质及维生素、抗生素等物质分离,尤其适用于亲脂性成分的分离。

活性氧化铝价格便宜,容易再生,活性易控制;但操作烦琐,处理量有限。一般的氧化铝带有碱性,对于分离一些碱性中草药成分,如生物碱类较为理想。因碱性氧化铝可使醛、酮、酸、内酯等化合物发生异构化、氧化、消除等反应,因此分离上述成分时应选择酸性氧化铝。

据报道[138],色谱 Al_2O_3 可用于从参芪口服液中吸附纯化黄芪甲苷,以该法吸附提纯的黄芪甲苷溶液背景较浅有利于测定[139]。根据党参苷 I 的结构,选用中性色谱氧化铝与 D-101 型大孔吸附树脂做吸附提纯党参苷 I 的对比研究。结果表明：① 在提纯党参中党参苷 I 时可根据不同的要求选择固定相,在仅需得到党参苷 I 纯品时可用 Al_2O_3 吸附分离,在需得到党参苷 I 和其异构体时可用 D-101 型大孔吸附树脂吸附分离;② 经 Al₂O₃ 处理的富集提纯液颜色虽较经 D−101 型大孔吸附树脂处理得浅,但杂质种类较多。这说明 Al₂O₃ 吸附色素能力较大孔吸附树脂强,但吸附苷类的能力较弱。

3. 聚酰胺吸附分离中药提取物中鞣质　　鞣质为多元酚化合物,易被聚酰胺吸附,且吸附力极强,不易被醇洗脱。因此,利用单萜苷和小分子酚酸类物质在醇溶液中不易被聚酰胺吸附,而鞣质在醇溶液中仍能被吸附的性质可与鞣质分离。

苏红等[140]以注射用辛芍中间体为实验对象,以有效成分芍药苷转移率、鞣质检查、局部刺激性和小鼠异常毒性试验为评价指标,通过聚酰胺除鞣质吸附、解析工艺优化,比传统除鞣质法和聚酰胺除鞣质法除鞣质效果。结果表明,传统除鞣质工艺不能有效将鞣质去除。聚酰胺法能有效去除样品中的鞣质,芍药苷的转移率明显高于其他方法,且异常毒性显著降低,制剂的安全性得到有效保证。该研究为聚酰胺法作为中药注射剂除鞣质技术提供了实验依据。

4. 胶原纤维吸附剂选择性脱除中药提取物中鞣质　　胶原纤维吸附剂是以动物皮为原料,经一系列物理化学处理后制成皮胶原纤维,再通过交联改性而制成的吸附材料,该材料对鞣质具有吸附选择性。其原理在于:鞣质是分子量在 500~3 000 Da 的能沉淀生物碱、明胶及其他蛋白质的多酚类化合物。胶原分子是由 3 条肽链组成的三股螺旋体,各螺旋体的肽基间形成的氢键将三条螺旋体连接在一起形成胶原纤维。鞣质的酚羟基是亲水性基团,但所含芳环结构又使其具有一定的疏水性。鞣质与胶原纤维的结合首先是鞣质通过疏水键到达胶原纤维的表面,然后通过多点氢键与皮胶原纤维结合。而植物提取物中的其他成分(包括小分子的酚类化合物)由于不含有足够的酚羟基,或缺乏邻位酚羟基结构,往往不能与胶原纤维形成多点氢键结合。因此,在胶原纤维上的吸附量就比较低。正是皮胶原纤维及单宁独特的分子结构,为胶原纤维对鞣质的选择性吸附奠定了基础。但胶原纤维本身不耐微生物和化学物质的侵蚀,而且热稳定性较差,需要通过化学改性,才能成为具有较高热稳定性并可用于选择性地除去鞣质的吸附材料。

皮革化学与工程教育部重点实验室(四川大学)以茶多酚为探针分子研究了皮胶原纤维对单宁的选择性吸附,并研究了该吸附材料的吸附平衡和吸附动力学,通过吸附热的计算探讨了皮胶原纤维吸附材料与鞣质的结合机理[130,131]。多项研究表明[132,133,141],皮胶原纤维的吸附材料对鞣质具有非常好的选择性吸附能力,对单宁酸的去除率达到 97% 以上,而对有效成分基本上不吸附或吸附得很少。所制备的吸附材料对中药制剂中鞣质的去除提供了一种独特方法。

其他常用的吸附剂还有硅胶、氧化铝、沸石等。而以活性炭、大孔树脂等在制药工业中的应用较多。

参 考 文 献

［ 1 ］　张兆旺.中药药剂学.2 版.北京:中国中医药出版社,2007.

［ 2 ］　郭立玮.中药分离原理与技术.北京:人民卫生出版社,2010.

［ 3 ］　伍振峰,邱玲玲,郑琴,等.中药提取物及其制剂防潮策略研究.中国医药工业杂志,2011,42(1):66−70.

［ 4 ］　李淑莉,宋志前,刘振丽.超滤膜截留分子量对金银花单味药超滤效果的影响及与醇沉法的比较.中药材,2005,28(10):945−947.

［ 5 ］　徐向彩,狄留庆,谈献和,等.皂土澄清剂处理对黄芪浸膏粉吸湿性的影响.中国中医药信息杂志,2006,13(2):42−44.

［ 6 ］　杨桦,邓晓静,易红.大孔吸附树脂用于川草乌中总生物碱的分离提取.中成药,2000,22(8):535−537.

［ 7 ］　施晓虹,杨日昭,赵立杰,等.醇沉处理前后中药水提液理化性质的变化及其与喷雾干燥黏壁的关系.中国中药杂志,2020,45(4):846−853.

［ 8 ］　CARPIO P, CANDIDATO R T, PAWLOWSKI L, et al. Solution concentration effect on mechanical injection and deposition of YSZ coatings using the solution precursor plasma spraying. Surf Coat Technol, 2019,371:124.

［ 9 ］　李佳璇,赵立杰,冯怡,等.中药水提液物理特性对双流体雾化器雾化效果的影响.上海中医药大学学报,2019,3(4):89−93.

[10] WHITE R P , LIPSON J E G. Free volume in the melt and how it correlates with experimental glass transition temperatures: Results for a large set of polymers. Acs Macro Lett, 2015, 4(5): 588 – 592.

[11] 冯颖,苏辰长,王新文. 中药水提液中的主要杂质及去除方法. 辽宁化工,2017,46(1): 91 – 92.

[12] 刘慧,罗晓健,可雁,等. 不同 DE 值麦芽糊精对五味子喷雾干燥粉性质的影响. 中国中药杂志,2016,1(16): 3016 – 3019.

[13] 周森. 中药单味制剂操作工艺. 武汉: 武汉人民出版社,1958.

[14] 曹春林. 中药制剂汇编. 北京: 人民卫生出版社,1983.

[15] 蒋美林,张学瑜,邵峰,等. 醇料比对双黄连制剂醇沉效果及沉淀物形态影响. 中草药,2020,51(19): 4954 – 4959.

[16] 梁礼明,陈明理,刘博文,等. 基于分形理论的支持向量机核函数选择. 江西师范大学学报. 自然科学版,2019,43(3): 309 – 313.

[17] 李冬梅,金伟如,王和平,等. 高浓度悬浊液絮体分形结构的发展变化研究. 环境科学研究,2005,18(3): 39 – 42.

[18] 柴朝晖,杨国录,陈荫. 淤泥絮凝体孔隙分形特征的提出、验证及应用. 武汉大学学报(工学版),2011,44(5): 608 – 612.

[19] 谢敏,李好,刘小波,等. 微波调质对剩余污泥结构及其脱水性能的影响. 环境工程学报,2016,10(8): 5.

[20] 邵峰,俞梦莹,蒋美林. 搅拌速度对黄芪颗粒醇沉沉淀分形维数及醇沉效果的影响. 中药材,2019,42(3): 612 – 616.

[21] 王小梅,孙润广,张静,等. 两种方法提取的麦冬多糖结构及聚集行为的比较研究. 电子显微学报,2013,32(1): 54 – 61.

[22] 汪海波,刘大川,汪海婴. 燕麦卜葡聚糖的分子链高级结构及溶液行为研究. 食品科学,2008(10): 80 – 84.

[23] 郭耀,李志华,杨成建,等. 活性污泥物理结构对呼吸过程的影响. 环境科学,2019,40(6): 2813 – 2820.

[24] 殷洪梅,吕新勇,萧伟. 金银花多糖的制备工艺优化及免疫活性研究. 中国中药杂志,2010,35(4): 453 – 455.

[25] 黄春阳,黄挺章,张航,等. 正交设计优化连翘多糖的酶提取工艺及抗氧化活性研究. 化学世界,2017,58(1): 38 – 42.

[26] 王博,孙润广,张静,等. 羧甲基茯苓多糖结构的红外光谱表征与原子力显微镜观测. 光谱学与光谱分析,2009,29(1): 88 – 92.

[27] 张玉,马力,陈文,等. 醇析水提法提取金银花多糖. 医药导报,2006,25(11): 1118 – 1120.

[28] 丁洁,闫光玲,杨培,等. 金银花多糖的指纹图谱及体外抗病毒活性研究. 中国药房,2020,31(9): 1061 – 1067.

[29] 谢明勇,殷军艺,聂少平. 天然产物来源多糖结构解析研究进展. 中国食品学报,2017,17(3): 1 – 19.

[30] 朱超. 连翘多糖的分离纯化、结构鉴定与抗补体活性的研究. 上海: 上海中医药大学,2013.

[31] 何雁,辛洪亮,黄恺,等. 水提醇沉法中醇沉浓度对板蓝根泡腾片制备过程的影响. 中国中药杂志,2010,35(3): 288 – 292.

[32] 周跃华. 关于中药复方制剂醇沉含醇量的调研. 中草药,2015,46(15): 2309 – 2314.

[33] 杜松,罗爱勤,刘美凤. 中药浸膏醇沉工艺中醇浓度概念与计算方法辨析. 中草药,2012,43(8): 652 – 655.

[34] 阎雪梅,李凤丽,宋洁瑾. 暑热宁合剂水提醇沉工艺研究. 中国现代应用药学,2012,29(8): 702 – 704.

[35] 张华. 醇沉浓度对补气生血口服液所含成分的影响. 中成药,2006,28(8): 1204 – 1207.

[36] 曾煦欣,杨西晓,王春霞,等. 常通口服液制备工艺研究. 中国药房,2007,36(18): 2822 – 2825.

[37] 陈凌云,方波,陈兆蕊,等. 健脾止泻颗粒水提醇沉工艺研究. 云南中医学院学报,2010,33(1): 38 – 40.

[38] 胡晓雁,李页瑞,袁佳. 多指标综合评分法优选华蟾素提取液醇沉工艺的研究. 时珍国医国药,2012,23(4): 1016 – 1019.

[39] 龚行楚,严斌俊,瞿海斌. 丹参 1 次醇沉中 3 个重要工艺参数的相关性研究. 中国中药杂志,2010,35(24): 3274 – 3277.

[40] 袁佳,李页瑞,陈勇,等. 多指标综合评分法优选红花提取液醇沉工艺. 浙江大学学报(医学版),2011,40(1): 27 – 32.

[41] 何雁,辛洪亮,黄恺,等. 水提醇沉法中醇沉浓度对板蓝根泡腾片制备过程的影响. 中国中药杂志,2010,35(3): 288 – 292.

[42] 龚行楚,申基琛,瞿海斌. 基于微混合器的连续混合技术在丹参醇沉过程中的应用. 中国中药杂志,2016,41(23): 4356 – 4361.

[43] LEE S L, O'CONNOR T F, YANG X, et al. Modernizing pharmaceutical manufacturing: From batch to continuous production. J Pharm Innov, 2015, 10(3): 191.

[44] 陈勇,李页瑞,金胤池,等. 中药醇沉工艺及装备研究进展与思考. 世界科学技术——中医药现代化,2007(5): 16.

[45] 李根,叶世超,张则光. 液-液微分散萃取传质模型的研究. 高校化学工程学报,2015(6): 1325.

[46] HUANG H X, QU H B. In-line monitoring of alcohol precipitation by near-infrared spectroscopy in conjunction with multivariate batch modeling. Anal Chim Acta, 2011, 707(1): 47.

[47] CHEN G G, LUO G S, LI S W, et al. Experimental approaches for understanding mixing performance of a minireactor. AIChE J, 2005, 51(11): 2923.

[48] 徐建鸿,骆广生,陈桂光,等. 一种微型膜分散式萃取器. 化学工程,2005,33(4): 56.

[49] GONG X C, YAN A Y, QU H B. Optimization for the ethanol precipitation process of botanical injection: Indicator selection and factor influences. Sep Sci Technol, 2014, 49: 619.

[50] STEPHEN HAWKING. The Universe in a nutshell. London: Bantam Press, 2001.

[51] 董洁,郭立玮,陈丹丹,等. 0.2 μm 无机陶瓷膜微滤对黄芩等 7 种中药主要指标性成分转移率的影响. 南京中医药大学学报(自然科学版),2003,19(3): 148 – 150.

[52] 戴启刚,金伟成,江沛,等. 无机陶瓷膜分离地龙匀浆液中药效物质的操作条件优化研究. 中成药,2009,31(5): 704 – 706.

[53] 黄敏燕,潘林梅,郭立玮. 无机陶瓷膜精制增液汤复方水提液的过程优化研究. 现代中药研究与实践,2009,22(6): 38 – 40.

[54] 李梅生,赵宜江,周守勇,等. 陶瓷微滤膜澄清生黄酒的工艺研究. 食品工业科技,2009,30(6): 164 – 166.

[55] 赵宜江. 陶瓷膜孔径参数对渗透性能的影响. 淮阴师范学院学报,2004,3(4): 292 – 295.

[56] 锶景希,彭中芳,刘声波. 无机陶瓷膜精制川芎水提液的实验研究. 中药新药与临床药理,2010,21(1): 80 – 82.

[57] 董洁,郭立玮,袁媛. 无机陶瓷膜精制清络通痹水提液的污染机制研究. 中草药,2005,36(12): 1794 – 1797.

[58] 王永刚,谭穗懿,苏薇薇. 田基黄水提液的陶瓷膜微滤工艺研究. 南方医科大学学报,2008,28(10): 1888 – 1890.

[59] 彭国平,郭立玮,徐丽华,等. 超滤技术应用对中药成分的影响. 南京中医药大学学报(自然科学版),2002,18(6): 339 – 341.

[60]　董洁.基于模拟体系定量构效(QSAR)与传质模型和动力学分析的黄连解毒汤超滤机制研究.南京:南京中医药大学,2009.

[61]　朱华旭,李益群,徐丽,等.陶瓷膜微滤过程中小檗碱与高分子物质相互作用的初步研究.中草药,2018,49(18):4250-4258.

[62]　郭立玮.制药分离工程.北京:人民卫生出版社,2014.

[63]　冯青然,王之喻,马振山.中药水煮液分离、纯化工艺的比较研究.中国中药杂志,2002,27(1):28-30.

[64]　刘陶世,郭立玮,周学平,等.陶瓷膜微滤与树脂吸附等6种技术制精清络通痹水提液的对比研究.中成药,2004,26(4):266-269.

[65]　徐南平.面向应用过程的陶瓷膜材料设计制备与应用.北京:科学出版社,2005.

[66]　刘莱娥,蔡邦肖,陈益棠.膜技术在污水治理及回用中的应用.北京:化学工业出版社,2005.

[67]　刘陶世,郭立玮,袁铸人.无机陶瓷膜微滤技术精制麻杏石甘汤和热毒净颗粒的研究.中成药,2001,23(3):164-166.

[68]　刘陶世,郭立玮,金万勤,等.无机陶瓷膜微滤技术精制部分单味中药及复方水提液的研究.南京中医药大学学报,2001,17(5):301-303.

[69]　宗杰.不同精制工艺条件对骨痹颗粒喷干粉吸湿性能的影响及吸湿性物质基础的初步研究.南京:南京中医药大学,2014.

[70]　宗杰,朱华旭,龙观洪,等.陶瓷膜与醇沉等方法精制骨痹颗粒的药效学比较及其作用.膜科学与技术,2016,36(4):110-118.

[71]　郭立玮,尚文斌,刘陶世.膜分离工艺对糖渴清总固体含量及降血糖作用的影响.中成药,2000,22(7):492-494.

[72]　詹秀琴,郭立玮,王明艳,等.膜分离工艺对清络通痹颗粒抑制佐剂性关节炎大鼠滑膜细胞分泌TNF作用的影响.南京中医药大学学报(自然科学版),2002,18(1):29-30.

[73]　胡小鹰,郭立玮,陈汝炎,等.膜分离技术制备的热毒净颗粒药理作用研究.南京中医药大学学报(自然科学版),2002,18(5):280-282.

[74]　蔡宇,梁少玲.刺五加水煎液膜分离不同药效部位抗肿瘤作用研究.山东中医杂志,2005,24(4):238-239.

[75]　乔向利,陈士明,严小敏,等.中药的不同相对分子质量成分对抑制超氧阴离子自由基的EPR研究.复旦学报(医学版),2000,39(4):418-423.

[76]　刘陶世,郭立玮,周学平,等.陶瓷膜微滤与树脂吸附等6种技术精制清络通痹水提液的对比研究.中成药,2004,26(4):266-269.

[77]　黄文强.吸附分离材料.北京:化学工业出版社,2005.

[78]　郭立玮.制药分离工程.北京:人民卫生出版社,2014.

[79]　屠鹏飞,贾存勤,张洪全.大孔吸附树脂在中药新药研究和生产中的应用.世界科学技术——中医药现代化,2004,6(3):22-28.

[80]　李剑君,李稳宏,高新,等.AB-8型大孔吸附树脂吸附葛根素过程的研究.西安交通大学学报,2003,34(4):78-81.

[81]　仝燕,马振山,王琳,等.复方柴胡汤大孔树脂吸附分离精制工艺的研究.中国实验方剂学杂志,2002,8(5):1-3.

[82]　王高森,候世祥,朱浩,等.大孔树脂吸附纯化中药复方特性研究.中国中药杂志,2006,31(15):1237-1240.

[83]　宓晓黎,杨森,成恒嵩,等.大孔吸附树脂技术应用于复方中成药制备工艺的研究.离子交换与吸附,1997,13(6):594-597.

[84]　陈钢,候世祥,叶利民,等.大孔吸附树脂纯化注射用栀子提取物的研究.中国中药杂志,2005,30(3):188-190.

[85]　汤建成,王溶溶,冯瑛.大孔树脂富集坤怡宁颗粒中芍药苷的工艺研究.中成药,2005,27(6):640-642.

[86]　刘彬果,郭文勇,钟蕾,等.大孔树脂吸附技术在中药制剂中的应用.解放军药学学报,2003,19(6):452-455.

[87]　潘林梅.黄连解毒汤提取过程及大孔树脂精制机理的初步研究.南京:南京中医药大学,2007.

[88]　唐志书,郭立玮.试论建立中药复方提取分离评价体系的科学原则.中草药,2010,41(6):841-845.

[89]　大矢晴彦.分离的科学与技术.张瑾译.北京:中国轻工业出版社,1999.

[90]　SØRENSEN J M, MAGNUSSEN T, RASMUSSEN P, et al. Liquid-liquid equilibrium data: Their retrieval, correlation and prediction Part I: Retrieval. Fluid Phase Equilibria, 1979, 2(4): 297-309.

[91]　STEPHEN H. Solubilities of inorganic and organic compounds. Ternary and Multicomponent Systems, 1964, 2: 100-101.

[92]　SEIDEL A, LINKE W F. Solubilities of inorganic and metal organic compounds. Vol. Ⅱ, Fourth Edition. [2022-11-09]. https://www.researchgate.net/publication/283969168_Solubilities_of_Inorganic_and_Metal_Organic_Compounds.

[93]　WISNIAK J, TAMIR A. Liquid-liquid equilibrium and extraction. Amsterdam: Elsevier Science Ltd, 1987.

[94]　欧阳平凯,胡永红.生物分离原理及技术.北京:化学工业出版社,2001.

[95]　陆强,邓修.提取与分离天然产物中有效成分的新方法——双水相萃取技术.中成药,2000,22(9):653-655.

[96]　郭黎平,傅冬梅,张卓勇,等.双水相萃取技术的研究进展.东北师范大学学报自然科学版,2000,32(3):34-40.

[97]　杨善升,陆文聪,包伯荣.双水相萃取技术及其应用.化学工程师,2004(4):37-40.

[98]　姚舜,柳仁民,黄雪峰,等.高速逆流色谱在天然产物分离中的方法学研究.中国天然药物,2008,6(1):13-19.

[99]　闫晓慧,胡晓宇,谈锋,等.高速逆流色谱分离喜树叶中喜树碱.中国中药杂志,2007,32(15):1598-1600.

[100]　王倩,朱靖博,顾丰颖,等.萃取与工业色谱相结合批量制备丹参中丹酚酸B.中国中药杂志,2007,32(21):106-107.

[101]　CAI D G. Separation of alkaloids from DATURA Mete L. and sophora flavesens ait by high-speed countercurrunt chromatogramphy. J Liq Chromatogr, 1990, 13(12): 299.

[102]　蔡定国,佘佳红,刘文庸,等.高速逆流色谱制备性分离纯化白果内酯和橙皮苷对照品.中国新药与临床药理,1999,10(6):364-366.

[103]　王新宏,范广平,安睿,等.苦参生物碱的高速逆流色谱法制备研究——色谱参数和仪器参数的最佳化.中草药,2000,31(11):816-818.

[104]　孙成贺,王英平,刘继永,等.HSCCC法分离制备人参果中人参皂苷Re.中药材,2008,31(4):527-529.

［105］ 谷雨龙,倪健,翟小玲.地椒挥发油分子蒸馏精制工艺初步研究.中国中药杂志,2007,32(18)：1940-1941.

［106］ 王良贵,孙小梅,李步海.三七粗提液中皂苷与多糖泡沫分离的研究.分析科学学报,2003,19(3)：267-269.

［107］ 李津,俞泳霆,董德祥主编.生物制药设备和分离纯化技术.北京：化学工业出版社,2003.

［108］ 宋沁.泡沫分离法处理含阴离子表面活性剂废水.污染防治技术,2000,13(2)：123-124.

［109］ YOSHIYUKI OKAMOTO, FOAM. Separation processes, handbook of separation techniques for chemical engineers, 2001：173-184.

［110］ BROWN A, K, KAUL A, VARLEY J. Continuous Foaming for Protein Recovery, Biotechnol. Bioeng, 1999,62(3)：174-183.

［111］ 谢继宏,程晓鸣,邓修.大豆蛋白质的泡沫分离研究.华东理工大学学报,1997,23(3)：270-274.

［112］ 吕妍燕,刘伟,张梦微,等.十二烷基二甲基甜菜碱协助泡沫分离虎杖中白藜芦醇.化工进展,2017,36(12)：4601-4606.

［113］ 朱洪涛.工业结晶分离技术研究新进展.石油化工,1999,28(7)：493-498.

［114］ MULLIN I W.结晶过程.大连：大连理工大学出版社,1991.

［115］ PRATER B D, TULLER S C, WILSON L J. Simplex optimization of protein crys2 tallization conditions. Journal of Crystal Growth,1999, 196(2-4)：674-684.

［116］ MARONE P A, THIYAGARAJAN P, WAGNER A M, et al. Effect of detergent alkyl chain length on crystallization of a detergent 2 solubilized membrane protein. Journal of Crystal Growth,1999,207(3)：214-225.

［117］ RAWLINGS J B, MILLER S M, WITKOWSKI W R. Model Identification and Control of Solution Crystallization Processes：a Review. Industrial and Engineering Chemistry Research,1993,32(7)：1275-1296.

［118］ 庄银凤,朱仲祺,朱诚身,等.尼龙1010非等温结晶动力学过程的计算机模拟.化学研究,2000,11(1)：23-25.

［119］ 陈伟元,钟晓征,谭锐,等.多晶材料晶粒生长的计算机模拟研究.原子与分子物理学报,2000,17(2)：297-302.

［120］ 李琳,郭祀远,陈树功.粘稠物系连续结晶设备的计算机辅助设计.华南理工大学学报(自然科学版),1994,22(2)：97-105.

［121］ LI LIN, GUO SIYUAN, LI BING. Study on the hydrodynamic problems in the crystal growth from solution. J South China University of Technology(Natural Science),1996,24(6)：25-29.

［122］ 张喜梅,丘泰球,李月花.声场对溶液结晶过程动力学影响的研究.化学通报,1997(1)：44-46.

［123］ 张海德,李琳,郭祀远.结晶分离技术新进展.现代化工,2001,21(5)：13-16.

［124］ 张建文,张政,秦霁光.降膜结晶分离技术实验研究.化工冶金,1999,20(1)：17-25.

［125］ BULAU H C. A research on bremband crystallization process. ChemTech,1997,64(9)：842.

［126］ 刘莉,罗佳波,邢学锋.活性炭在紫杉醇注射液中的应用研究.中国中药杂志,2006,31(9)：735-736.

［127］ 阎娥,姜桂荣,秦俊.中藏药生产中废水的净化处理.青海师范大学学报(自然科学版),2002(2)：42-44.

［128］ 赵天波,王华琼,徐文国,等.大孔吸附树脂和Al₂O₃吸附提纯党参苷Ⅰ的比较研究.中国中药杂志,2006,31(20)：1731-1733.

［129］ 朱伟燕.薄层扫描法测定参芪口服液中黄氏甲苷含量.中药材,2003,26(2)：118-119.

［130］ 苏红,兰燕宇,马琳,等.采用聚酰胺除辛芍冻干粉针中赤芍提取物鞣质的工艺研究.中国中药杂志,2008,33(6)：632-635.

［131］ 廖学品,陆忠兵,石碧.皮胶原纤维对单宁的选择性吸附.中国科学,2003,33(3)：246-252.

［132］ 廖学品,马贺伟,陆忠兵,等.中草药提取物中单宁(鞣质)的选择性脱除.天然产物研究与开发,2004,16(1)：10-15.

［133］ TIWARI D, MISHRA S P, MISHRA M, et al. Biosorptive behavior of Mango(Mangifera indica) and Neem(Azadirachta indica)bark for Hg²⁺,Cr³⁺ and Cd²⁺ toxic ions from aqueous solution：A radiotracer study. Applied Radiation and Isotopes,1999,50：631-642.

［134］ 吕绪庸.略论分析单宁用皮粉的生产.林产化学与工业,2000,20(1)：71-74.

［135］ 廖学品,陆忠兵,邓慧等.胶原纤维吸附材料除去茶多酚中的咖啡因.离子交换与吸附,2003,19(3)：222-228.

［136］ HU C, Kitts D D. Evaluation of antioxidant activity of epigallocatechin gallate in biphasic model systems in vitro. Mol Cell Biochem, 2001,218：147-155.

［137］ 刘莉,罗佳波,邢学锋.活性炭在紫杉醇注射液中的应用研究.中国中药杂志,2006,31(9)：735-736.

［138］ 阎娥,姜桂荣,秦俊.中藏药生产中废水的净化处理.青海师范大学学报(自然科学版),2002(2)：42-44.

［139］ 赵天波,王华琼,徐文国,等.大孔吸附树脂和Al₂O₃吸附提纯党参苷Ⅰ的比较研究.中国中药杂志,2006,31(20)：1731-1733.

［140］ 朱伟燕.薄层扫描法测定参芪口服液中黄氏甲苷含量.中药材,2003,26(2)：118-119.

［141］ 苏红,兰燕宇,马琳,等.采用聚酰胺除辛芍冻干粉针中赤芍提取物鞣质的工艺研究.中国中药杂志,2008,33(6)：632-635.

第九章
中药浓缩过程工程原理与技术应用

浓缩是中药制药流程的一个重要工序,其目的主要是减少提取溶剂的体积,服务于后续的干燥及其他制剂操作。浓缩过程是一个去水的过程,浓缩工序中的中药液体物料的物理-化学特征每时每刻都在变化。

浓缩工段的中间体产物对干燥工序的产品起着关键的决定性作用,浓缩工序与干燥工序环环相扣:物料在浓缩时的物化特性改变对后续干燥工艺的设计与优选影响很大,也不可避免地对最终成品浸膏、粉末的性状特性产生影响。

第一节　基于蒸发效应的中药浓缩原理与技术应用

一、蒸发浓缩过程的理论

一种物质的饱和蒸汽压(下简写成蒸汽压,p^*),是指物质的气相与其非气相达到平衡时的压强。液体的沸腾是蒸发浓缩的主要原理,可认为是液体蒸汽压足以克服环境压强从而在系统内任何位置发生气化现象,并产生大量气泡。一般液体系统的蒸汽压与沸点的关系可以用以下关系形容:当 $p^* = P_{大气压}$,沸腾蒸发现象会出现,此时的温度就是物质在常压的沸点;当 $p^* < P_{大气压}$,部分分子在气-液界面会发生气化(也是蒸发的一种形式),形成 p^* 所需要的压力。需要注意的是,一般在化学工程的原理蒸发不等同于沸腾;蒸发在液体达到沸点前也会出现。

理想状态下的液体蒸汽压可以用拉乌尔定律(Raoult's law),见式(9-1)或亨利定律(Henry's Law),见式(9-2)计算[1]。

$$p_A \equiv y_A P = x_A p_A^*(T) \tag{9-1}$$

式中,p_A^* 是纯液体 A 在温度 T 的蒸汽压,y_A 是 A 在气态的摩尔质量分数。

$$p_A \equiv y_A P = x_A H_A(T) \tag{9-2}$$

式中,$H_A(T)$ 是针对 A 在特定溶剂中的亨利常数,针对每一种物质在不同溶剂中的亨利常数都不一样。

拉乌尔定律一般用在当 x_A 接近1,也就是纯单一液体的情况。而亨利定律一般用在当 x_A 无限接近0,也就是非常稀释的溶液。

沸腾状态下的溶液沸点、蒸汽压应当遵循克劳修斯-克拉拜隆方程(the Clausius-Clapeyron equation),如式(9-3)所示[1]。

$$\Delta T_b = T_{bs} - T_{b0} = \frac{RT_{b0}^2}{\Delta H_V} x \tag{9-3}$$

式中，ΔH_{V} 代表纯溶剂在沸点温度（T_{b0}）时的气化潜热，x 代表溶质在溶液中的摩尔分数。当溶液中的溶质拥有非挥发性、非反应性和非分离性的特性，溶液沸点上升与溶质在溶液中的摩尔分数应该呈现较好的线性关系。

蒸发浓缩过程是中药制药流程中药液体物料去水的一个重要工序，目的在于减少液体物料体积，提高液体物料固含率。在一般中药制药工程中，蒸发浓缩过程指的是将热能输入系统，将中药液体物料温度提高到沸点，使其沸腾。从蒸发原理上得知，沸点与蒸发环境的压强有关（如在 101.3 kPa 环境下，水的沸点是 100℃），因此调整蒸发浓缩设备运行压强可以控制中药液浓缩时需达到的沸点。蒸发浓缩最简单的形式是将待浓缩的液体物料敞开在大气环境中，加热至其沸腾。但是此方法效率极其低下；大多数中药的有效成分都可能具有热敏性，加热时间过长、温度过高可能导致其分解，改变其化学性质。因此，使用减压或真空蒸发设备，降低运行压强以控制中药液体物料浓缩加热温度，是中药制药浓缩工段常用的方法。

例如，典型单效真空蒸发器（图 9-1），一般由 3 大部分组成，分别是蒸汽室、冷凝器和热交换器[1]。蒸汽室是物料液体中水蒸气蒸发、物料达到浓缩效果的部分。蒸汽室水蒸气的蒸发所需要的热能由热交换器提供，水蒸气在冷凝器里由蒸汽喷射器从系统中排出。

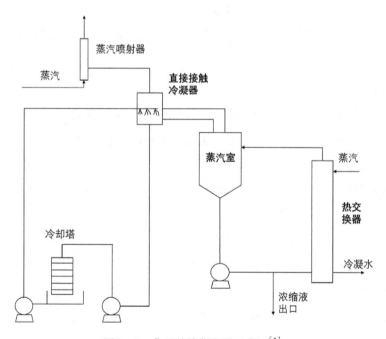

图 9-1　典型单效蒸发器示意图[1]

蒸汽室的主要功能是实现中药液体物料中溶质与溶剂分离。蒸汽室中的温度是由蒸汽室的绝对压强决定的。理论上所蒸发的水蒸气的温度，就是在蒸汽室内压强条件下的饱和水蒸气的温度。而在中药液体物料浓缩这一去除水的过程中，固体含量会上升，因此溶液的沸点也会上升（比纯水的沸点要高）[1]。因此，离开蒸汽室的蒸汽在进入直接接触冷凝器前，是以过热蒸汽形式存在的，温度与蒸汽室中待浓缩液体的沸点相同。中药液体物料浓缩时的沸点直接影响系统浓缩时所需能量（蒸汽量）。

根据浓缩的基本原理，溶液环境中溶剂与溶质的质量比在浓缩过程中时刻变化着，溶液的总分子量在浓缩过程也在瞬时变化。根据化学工程和热动力学经典理论，混合液体的气液平衡（vapor-liquid equilibrium，VLE）与单一纯液体的气液平衡不一样。一般纯溶剂与溶液的气液平衡变化有以下变化如

图9-2所示：在同一温度下，溶液的蒸汽压比纯溶剂的低，因此需要达到沸腾的蒸汽压（P_0）的温度随着溶质的加入而升高（沸点增加）。

因此，可以预计浓缩过程中液体的沸点会随除水量而变化。而中药浓缩液在浓缩过程中的沸点变化可根据溶液环境的改变状态，由式(9-4)（由克劳修斯-克拉拜隆方程和拉乌尔定律共同推导得到）计算。

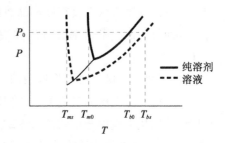

图9-2 经典纯溶剂与溶液的气液平衡变化示意图

$$\ln(X_w) = \frac{\lambda_{vap}}{R_g}\left[\frac{1}{T'} - \frac{1}{T}\right] \tag{9-4}$$

式中，λ_{vap}是水（溶剂）的气化潜热，R_g代表宇宙常数，T是纯水的沸点，T'是溶液（纯水中含有溶质）的沸点。

其中，X_w是溶剂在溶液中的摩尔分数，可用式(9-5)计算[1]：

$$X_w = \frac{m_w / M_w}{m_w / M_w + m_s / M_s} \tag{9-5}$$

M、m分别代表质量与分子量；下标w与s则分别代表水（溶剂）和溶质。

一般在食品行业浓缩过程的研究中，以水为溶剂的溶液沸点可用式(9-6)预测[2]。

$$\Delta T_b = 0.51\, m \tag{9-6}$$

式中，m是重量摩尔浓度（mol/kg）。ΔT_b可用来估算在同样压强下含有溶质的液体（中药液体物料）沸点与饱和水蒸气的温度的压差。无论式(9-4)、式(9-5)还是式(9-6)都涉及溶液体系中溶质的摩尔分数和摩尔浓度变化。而鉴于中药溶液环境的"非线性"等复杂特征，难以判断中药液体物料的摩尔分数及其变化。上述计算办法亦无法直接计算浓缩过程对中药液体物料的沸点和蒸汽压的改变值。除非采用数据挖掘的手段，而如此一来，对于中药液体物料的蒸发浓缩过程设计和工艺研究，需要大量与中药溶液环境相关的物理化学基础数据。

中药浓缩过程即通过压力和加热温度的控制与调节，使中药提取液中的溶剂（通常是水）受热蒸发制备中药高浓度浸膏。在此生产工艺中，在维持溶液沸腾状态的前提下，通过调节设备的真空度和加热能量，既要保证料液中热敏性的物质不受热降解，也要尽可能地加快生产速度，以降低生产能耗。在中药浓缩过程中，中药溶液相关的物理化学参数会随其溶质质量分数增加而发生改变。其中沸点和饱和蒸汽压这2个参数直接制约了中药产品的质量稳定性和生产过程的能耗控制[2]，它们之间的函数关系是中药浓缩工艺过程中的重点研究对象。

以甘草酸溶液为例[3]：① 基于动态法测量沸点-饱和蒸汽压的理论，采用UPLC法测定不同质量分数下甘草酸溶液中的甘草酸质量浓度；② 采用铂金板法测量不同质量分数下甘草酸溶液的表面张力；③ 基于动态法对不同质量分数条件下的甘草酸溶液的沸点-饱和蒸汽压进行测量，以探讨不同浓度条件下甘草酸溶液的沸点-饱和蒸汽压的关系，构建甘草酸溶液浓度-沸点-饱和蒸汽压间的函数关系。综合上述，实验数据发现，原始浸膏中甘草酸质量浓度为99.25 mg/mL，约占总固体可溶物的21.5%，其稀释过程充分均匀，符合梯度比例；当溶液质量分数超18%后，料液中就逐渐形成胶束，溶液的表面张力降低；当环境压力稳定，料液质量分数增加时，沸点会呈降低趋势；当料液温度不变时，随着料液质量分数的增加，溶液的饱和蒸汽压呈增长趋势，但在溶液温度313.0~343.0 K的范围内，这两者间的相互作用趋势不明显。根据上述实验结果，构建了甘草酸溶液浓度-沸点-饱和蒸汽压三者间的函数关系，并由该方程发现,当维持浓缩真空度和加热能耗保持不变时,随着料液质量分数的增加,甘草酸浓缩液的温度会缓慢降低,而蒸发速率会适当加快。该研究为中药浓缩过程的相关工艺研究提供实验数据和理论依据。

侯一哲等[4]则以甘草提取液浓缩过程为研究对象,采用动态法测定,得到了不同质量分数下甘草溶液沸点-饱和蒸汽压的对应关系,将其代入非随机双液体理论模型方程拟合得到相关活度系数;在此基础上,采用化工模拟分析软件 ASPEN PLUS7.2 构建了甘草水提液浓缩模拟流程;根据动态过程的仿真模拟探讨了在外热式浓缩设备中,加热功率、进料速率和真空度等工艺参数对甘草溶液浓缩过程的影响,并构建了浓缩时间与加热功率的函数方程。基于非随机两液体方程(nonrandom two liquid equation,NRTL 方程)模型[5],将实验数据代入理论方程,进行参数拟合,得到浓缩时间与加热功率的函数方程为 $t = 2\,329c_1H/c_0Q$ (C_0 为浓缩开始时待浓缩液溶质质量分数,C_1 为浓缩停止时浓缩液溶质质量分数,t 为浓缩时间,Q 为加热功率,H 为蒸发罐已有溶液质量)。从该式可看出,浓缩操作时间与其加热功率呈现反比例的变化趋势。并以此来表示在溶剂浓缩过程中,溶质对于溶剂蒸发过程的相互作用。以上各个参数即用于表示在 NRTL 方程中,甘草溶液在浓缩过程中,计算随其质量分数增加气液相间传质的活度系数。

结果表明,以相关实验数据通过热力学模型拟合可得到其相关方程参数。在理想工艺条件下,通过动态仿真模拟对甘草浓缩过程的影响因素进行分析,得出加热功率是影响浓缩过程的关键因素,浓缩时间随加热功率的增加而逐渐降低,但两者所构成的函数关系是非线性的。同时,该函数方程可对中药浓缩时间进行大致预测。理论预测并表明,加热功率不能无限增加,必须从生产成本角度出发,选择适宜的加热功率,过分地增大加热功率并不能等比例地缩短浓缩时间。该研究在一定意义上,填补了化工热力学相关理论研究和数据的空白,为中药浓缩生产过程的工艺研究与设备研发提供了理论支持。

二、中药煎液蒸发浓缩工艺引起质变的讨论

基于蒸发效应的浓缩技术是中药制药浓缩技术的重要手段,目的是根据物料的性质及浓缩要求,减少溶剂量(大多部分情况是水),保留药效物质,从而达到后续干燥工段等要求的相对密度或固含量,为制备膏体制剂与固体制剂做准备。

如上所述,浓缩工艺的本质是减少溶剂体量,因此在过程和工艺设计中需要考虑浓缩手段对中药制剂品质的影响,检测浓缩物的收率及指标成分含量,评价浓缩工艺过程的合理性与可行性。由于蒸发浓缩工艺需要大量热量作为能量输入浓缩设备及系统,因此中药提取液中的某些成分很可能会因为蒸发浓缩工艺的高温环境发生变化。

众所周知,提取分离工艺的改变,由于影响到中药制剂的物质基础,被认为存在质的改变。那么,不同的浓缩技术对中药制剂品质是否会发生质的改变,以致对治疗效果产生影响呢?大量研究表明,中药某些成分在不同浓缩状态中可能发生变化。这类变化,既有同种成分含量的变化,也有某种成分转化为另一种成分。其原因是浓缩过程中存在复杂的物理和化学变化,不仅使中药制剂外观性状和内在质量发生不同程度的改变,更进一步会影响其临床疗效。因此,浓缩过程中可能存在的工艺改变是不容忽视的,客观、准确地评价这些过程中的工艺改变程度,并有的放矢地提出相应解决措施,具有重要的现实意义。

如曾宝等发现[6],药典中含芍药的成药,制备工艺中有提取浓缩干燥过程,其中多数芍药苷保留率很低,只有 20%~30%。在研制新药调经止血胶囊、康泰胶囊的过程中同样发现,尽管采用正交试验优化工艺条件,在小试成品中芍药苷保留率较高,而在中试成品中芍药苷保留率较低。为考察其原因,研究了芍药中芍药苷在提取浓缩干燥过程中的含量变化情况和影响因素。芍药苷既溶于水又溶于乙醇,

可水提或醇提,且在提取过程中其保留率都较高。白芍浓缩液制成膏粉的工艺过程中主要影响因素有溶媒、加热温度与时间。该实验结果显示,溶媒水及不同体积分数乙醇对芍药苷的含量变化影响小,而加热温度与受热时间是芍药苷在生产工艺过程中含量下降的主要因素。含芍药的中药制剂,芍药苷保留率低,多是因为浓缩时温度过高和时间过长,干燥方法选择不当而造成的。

芍药中芍药苷的结构不但含有糖苷键,而且含苯甲酸酯键。两者均有可能在溶媒的作用下发生化学反应。又芍药苷结构中存在半缩酮基团,在提取和分离过程中有可能与醇类溶剂发生缩酮反应。文献报道,在牡丹皮乙醇提取物中分离得到人工产物芍药苷-4-乙基醚。在芍药生产工艺过程中,可能因水解或缩酮反应引发芍药苷含量变化的降解机制。

为此,为减少加热温度和时间,芍药的生产工艺中采用浓缩温度不超过80℃,进行单次浓缩工序放膏,不宜多次加料一次放膏。即在浓缩罐中加入提取液,浓缩成的清膏或稠膏,直接一次性放出清膏或稠膏,再加提取液进行第二次同样过程的浓缩程序,直至浓缩结束;干燥方式应采用喷雾干燥等受热时间短的干燥方法。

上述案例提示,在设计和优化现有中药制药浓缩工艺的时候,需要客观与准确地评价现有工艺与工艺改变对中药制剂质变的影响,浓缩工艺设计的一般原则是,根据物料的性质及影响浓缩效果的因素,优选方法与条件,使达到一定的相对密度或含水量,并应以浓缩的收率及指标成分含量,评价本工艺过程的合理性与可行性。

又如,为研究浓缩的加热方式与时间对中药煎液有效成分的影响,陶春蕾等[7]选择有效成分清楚,且其化学结构又具一定代表性的常用药如白芍、枳实、葛根、栀子和延胡索等药味,以其各自指标性成分——芍药苷(paeoniflorin,简称 Pa,下同)、辛福林(synephrine,Sy)、葛根素(puerarin,Pu)、京尼平苷(genipo-side,Ge)和四氢帕马丁(D1-tetrahydropalmatine,Te)为考察指标,比较水煎液中上述各指标成分含量在两种不同加热浓缩方式[直火加热浓缩法、电热套模仿硬气加热浓缩法,以及不同加热时间(0、2、4、8、16 h)的变化情况]。以加热浓缩0 h 时原药材中的有效成分含量为100%,得出其他不同时间的有效成分的相对含量。实验结果见表9-1。

表9-1　加热方式、时间对5种中药有效成分的影响结果($\bar{x}\pm s$)[7]

有效成分	加热时间(h)	直火加热浓缩		模仿硬气加热浓缩	
		实验次数(次)	含量(%)	实验次数(次)	含量(%)
Pa	2	7	88.0±1.30	6	93.5±1.02
	4	8	79.6±1.93	6	82.8±2.51
	8	6	67.9±0.91	6	66.7±1.42
	16	7	63.0±1.74	6	54.3±2.01
Sy	2	7	86.1±0.67	6	92.8±0.64
	4	7	80.4±0.47	6	82.0±1.00
	8	7	73.5±1.55	6	66.9±1.06
	16	7	67.1±1.45	6	56.1±1.98
Pu	2	9	97.2±0.16	8	98.0±0.33
	4	9	90.3±.021	8	90.4±0.26
	8	9	88.4±0.22	8	87.9±0.21
	16	9	81.8±0.15	10	82.9±0.18

有效成分	加热时间(h)	直火加热浓缩		模仿硬气加热浓缩	
		实验次数(次)	含量(%)	实验次数(次)	含量(%)
Ge	2	8	94.7±0.50	11	94.7±0.20
	4	8	85.1±0.49	11	85.8±0.41
	8	8	78.7±0.65	11	80.7±0.35
	16	8	73.3±0.25	10	74.5±0.26
Te	2	8	94.6±0.36	8	96.4±0.18
	4	8	86.1±0.25	8	87.3±0.25
	8	8	80.3±0.12	8	81.9±0.23
	16	8	64.4±0.27	8	73.5±0.10

由上表,可以得到以下提示:

(1)浓缩加热时间是有效成分含量变化的主要因素,上述 5 味中药的有效成分含量随着加热时间的延长而呈下降趋势。

(2)不同结构的成分在浓缩受热过程中含量变化不同,Ge 在加热过程中含量还出现增加阶段,这是由于结构相似的京尼平苷 $-1-\beta-D$ 龙胆二糖苷水解转变成 Ge 所致,但随加热时间延长又呈下降趋势。其余 4 味药中有效成分在加热 4 h 后含量降低 10%~20%。

(3)两种浓缩加热方式对有效成分的影响程度,经两组资料配对 t 检验,证明差异无显著性($P>0.05$)。

该研究结果表明,药效成分因浓缩受热被破坏的严重性应该引起重视,包括浓缩工序在内中药制药分离工艺的设计与优化,应尽量缩短药液受热时间,减少有效成分损失,提高药物的利用率。

三、浓缩过程对中药物料溶液环境的影响

如上所述,中药液的浓缩过程实质上是一个去水的过程;而由于液体的水分不断在减少,其液体的物理特性也在瞬时变化。而就中药固体制剂工艺流程而言,中药液体物料浓缩是为下道干燥工序做准备,那么浓缩液的性质,即中药液体物料的溶液环境对后续干燥过程有何影响,能否探索不同浓缩技术对中药液体物料溶液环境表征参的影响规律?

(一)中药浸膏"挂旗"现象与中药浓缩液黏度的相关性[8]

传统中药制药过程中,特别是膏方的制备过程,因为缺少标准化的指标,经常用"挂旗""滴水成珠"等观察的现象作为中药物料浓缩最终判定标准。"挂旗"顾名思义,就是根据老药工的经验,用竹片提起浓缩的中药液体,向下能滴成三角形。滴水成珠,则指取浓缩药液滴于能吸水的纸上检视,若取 1 滴药液滴入冷水中成珠状,即代表浓缩工艺的结束。

上述"挂旗""滴水成珠"等作为中药液是否达到浓缩要求的传统判断标准,虽有一定实用性,但鉴于过分依赖操作人员的经验而缺乏规范性,缺少量化指标,难以与当今方兴未艾中药提取分离过程现代化进程匹配,难以满足中药制药产业逐渐标准化、规模化生产的需求。

张雪等[8]记录了多种中药复方提取液在不同浓缩阶段的黏度数值。浓缩阶段分别用 1、2、3、4、5 代表。其中,1、2、3 代表"挂旗前期",4 代表"挂旗中期",5 代表"挂旗中后期"。实验表明,中药液黏度随着浓缩过程进展变大,特别在 2~3 阶段或者 3~4 阶段能明显观察到黏度的显著增大("黏度突跃")。在测试的 22 个药方中,82%的浓缩液在室温测试黏度为 5~15 Pa·s 范围内可以实现一次成丸型。根

据该研究,张雪等建议对于中药溶液中纤维料、糖性料占比大的药方,由于"挂旗中期"料液黏度太大,出膏率较高,宜浓缩至"挂旗前期"待后期制成其他固体制剂如丸剂;对于油性料、粉性料占比较大的药方,由于得到"挂旗中期"的时候浓缩液量比其他药方同期得到的量少,考虑到后期固体制剂所需最小体积的要求,因此建议浓缩至"挂旗前期"便可停止。对于各类物料含量都比较均衡的浓缩中药液,则能够一次成型的黏度范围则选择较广。

从中药制药分离过程工程原理的角度分析,中药制剂提取物中溶液环境的物理性质[5],如黏度、比热容、含水量及其化学性质(成分组成)[6]对后期干燥工艺和参数的设计(如热量传递)及制成固体后的吸湿性都起着至关重要的决定性作用。其中,"挂旗"现象的出现就是浓缩过程中溶液环境"黏度突跃"的变化造成的[8]。

虽然上述结果够观察到"挂旗"与黏度变化的现象,但是缺少了对不同药方浓缩液在"挂旗"时的定量描述,即如何判断出每一种中药液体物料开始"挂旗"(即进入"挂旗"状态的时间起点),用上述观察法作为判断"挂旗"的起始是否合适?另外,本书作者认为,"挂旗"的科学问题本质与液体的流动性有关,亦即涉及"流体动力学"领域的科学问题,引起"挂旗"的黏度、固含率等液体的物理化学特征必然存在一定规律性。因此,采用多学科交叉研究手段探讨中药液体物料的黏度、浓度与其他物理化学参数的相关性,对于理解中药溶液环境在浓缩过程中的变化对中药制药过程标准化具有深远意义。

(二)中药水提浓缩液中相对密度与运动黏度的相关性

李万忠等[9]关于中药水提浓缩液中相对密度与运动黏度的研究,为解决"中药水提液浓缩对后续干燥操作的影响"问题提供了一种新的研究模式。该研究考察了运动黏度与喷雾干燥及温度的关系,并对其进行了数学模型的拟合。结果发现,运动黏度对喷雾干燥的影响大于相对密度,并获得了运动黏度随温度的变化规律,可为后续喷雾干燥工艺进液温度参数优化提供依据。

1. 中药浓缩液黏度、运动黏度、相对密度的概念及其相关性　中药浓缩液被视为非牛顿流体,这是因为它是由胶体、高分子、混悬粒子等组成的不均匀分散体系。浸出液的浓度不同,相对密度不同,黏度也不同。一般而言,密度大的浸出液,浓度大、黏度大,流动阻力也大,易造成喷雾不匀或喷不成雾状,且黏度大的雾滴造粒时,热交换过程不充分,从而影响颗粒质量。

(1)浓缩液相对密度的测定:用韦氏比重瓶法测定相对密度 d,在规定温度下,将不同浓度的提取浓缩液分别混匀后倒入 200 mL 量筒中,立即放入适宜范围的密度计并读取读数 ρ。实验结果表明,相对密度在 1.01~1.13,药典法与密度计测定的结果完全一致。在此范围内,可以用密度计法代替药典法测定浓缩液的相对密度,使得相对密度的测定更加方便快捷。

(2)运动黏度随相对密度变化的数学模型:取 25℃蒸馏水及不同密度的浓缩液,分别流经同一支已标定的酸式滴定管,用秒表记录流体在相同条件下经过相同体积滴定管所用的时间 $t_{液(水)}$,将其代入公式 $E_0 = t_{液}/t_{水}$,即得不同浓缩液的黏度;再将 E_0 用公式 $\gamma = 0.073\ 2E_0 - 0.063\ 1/E_0$ 换算为运动黏度[6],连续测定 3 次,结果见表 9-2、表 9-3 及图 9-3。

表 9-2　不同密度浓缩液在相同条件下的黏度及运动黏度(25℃,$n=3$)[9]

流　　体	相对密度(d)	流出时间(s)	黏　　度	运动黏度
水		12.8		
水提浓缩液	1.01	13.1	1.02	0.012 8
	1.05	14.1	1.10	0.023 2
	1.08	14.4	1.15	0.029 4

续 表

流 体	相对密度(d)	流出时间(s)	黏 度	运动黏度
	1.10	16.9	1.20	0.035 2
	1.13	18.1	1.33	0.049 6
	1.16	21.7	1.70	0.087 3
	1.19	32.6	2.55	0.162 0

表 9-3　运动黏度随相对密度变化数学模型拟合[9]

数 学 模 型	R	SUM	r^2
威布尔分布	0.982 0	0.001 287	0.976 1
指数函数($y=Be^{ax}$)	0.987 1	0.000 972 6	0.975 1

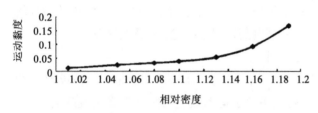

图 9-3　浓缩液运动黏度随密度变化曲线[9]

由图 9-3 可知：相对密度在 1.01~1.13 时，浓缩液的运动黏度变化不大，但是随着相对密度的不断增加，运动黏度变化加快，当由 1.16 变至 1.19 时，运动黏度的变化发生突变，这说明运动黏度的变化存在着一个临界点，即运动黏度一旦超过此点，数值就会剧增。从评价浓缩液动力学性质方面，运动黏度比相对密度的变化更加敏感一些，但从线性相关系数(R)、残差平方和(SUM)、拟合度(r^2)上看，指数函数($y=1.6\times10^{-8}e^{13.35x}$)为较优数学模型。数学模型的建立，有利于指导中药提取液的浓缩，为喷雾干燥选择较优的运动黏度提供一定的理论基础。

2. 不同密度浓缩液运动黏度与相对密度的关系　　不同密度的浓缩液，其黏度也不相同。为了便于操作，实验中探讨了运动黏度与相对密度的关系，见表 9-4；并用 SPSS12.0 统计软件进行 SNK 检验，结果见表 9-5。

表 9-4　不同密度浓缩液的运动黏度与相对密度关系比较(25℃, $n=3$)[9]

浓缩液	相对密度	流出时间			运动黏度			均 值
		1(s)	2(s)	3(s)	1(s)	2(s)	3(s)	
常压	1.10	17.5	17.6	17.6	0.053 9	0.054 8	0.054 8	0.054 5
常压	1.08	16.9	16.8	16.9	0.048 8	0.048 0	0.048 8	0.048 5
常压	1.10	16.8	17.0	16.8	0.048 0	0.049 7	0.048 0	0.048 6

$t_{液(水)}=12.8$。

表 9-5　运动黏度与相对密度单因素方差分析[9]

I	J	Mean Difference I-J	P
常压 1.10	常压 1.08	0.005 966 7	0.000
常压 1.10	常压 1.10	0.005 933 3	0.000
常压 1.08	常压 1.10	0.000 033 3	0.955

由表9-4,表9-5可知:浓缩方法不同,即使浓缩液的相对密度相同,运动黏度也不同;常压1.10与常压1.08、减压1.10间的运动黏度有显著性差异($P<0.05$),而常压1.08与减压1.10间的运动黏度无显著性差异,可见其运动黏度与浓缩方法有关,减压法对运动黏度的影响比常压法要小一些。取常压(1.10)、常压(1.08)、减压(1.10)浓缩液各50 mL,分别进行喷雾干燥(干燥条件:温度170℃,吸气率100%,流速30%,通针速度5,流量转子数60),收取喷雾干燥粉备用,结果见表9-6。

表9-6　不同浓缩方法对喷雾干燥效果的影响[9]

相 对 密 度	运 动 黏 度	浸膏粉质量(g)	含水量(%)
常压1.10	0.054 5	7.465 1	9.22
常压1.08	0.048 5	9.017 2	7.38
减压1.10	0.048 6	9.160 9	7.33

以浸膏粉重量、含水量为评价指标,经喷雾干燥的浸膏粉,当属减压(1.10)浓缩液的质量为好。由此可见喷雾干燥的效果,在一定范围内与浓缩液的黏度较相对密度的关系更为密切。

3. 浓缩液的运动黏度随温度变化的关系及数学模型拟合　　鉴于浓缩液的运动黏度更能反映喷雾干燥的效果,通过实验考察了浓缩液温度对运动黏度的影响,结果见表9-7、表9-8及图9-4。

表9-7　浓缩液温度与运动黏度的关系($n=3$)[9]

温　度(℃)	流出时间(s)		黏　度	运动黏度
	水	浓缩液		
25	12.4	19.5	1.57	0.074 7
35	12.3	18.1	1.47	0.064 7
45	12.0	17.6	1.47	0.060 1
55	11.9	16.6	1.39	0.056 4
65	11.8	15.9	1.35	0.052 1
75	11.7	15.3	1.31	0.047 7
85	11.5	14.9	1.30	0.046 6

表9-8　运动黏度随温度变化的数学模型拟合[9]

数 学 模 型	R	SUM	r^2
零级反应动力学	-0.974 7	$3.073×10^{-5}$	0.998 7
一级反应动力学	-0.986 9	$1.739×10^{-5}$	0.999 3

由表9-7、表9-8可知,运动黏度随着浓缩液温度的不断升高而降低,说明喷雾干燥的质量与进液温度有一定的关系。从线性相关系数R、残差平方和SUM拟合度r^2上看,一级反应动力学为较优的数学模型通过数学模型,可以了解到运动黏度随温度的变化规律,从而为进行喷雾干燥提供适宜的进液温度与理论指导。

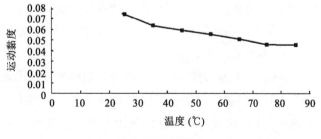

图9-4　浓缩液温度与运动黏度的关系曲线[9]

4. 讨论

（1）在一定的范围内，密度计法代替药典法测定浓缩液的相对密度，可使相对密度的测定更加简单快捷。

（2）浓缩液的黏度比相对密度更能反映流体的内在本质，将运动黏度替代相对密度作为喷雾干燥工艺的影响因素，可使研究更加具有针对性和实用性。对运动黏度随相对密度及温度之间的变化规律进行数学模型拟合，可为指导生产提供一定的理论依据。

（三）关于中药制药浓缩过程的考察指标选择的讨论

但是与前述"中药浸膏'挂旗'现象与中药浓缩液黏度的相关性"案例不同，李万忠等[9]认为中药液体物料属于"非牛顿"液体，与大多数液体食物的黏度特征相似。且不同浓缩方法（不同压强）得到的浸膏虽最终密度一样，但运动黏度不一样，对后期喷雾干燥的效果也不一样（表9-9）。李万忠等提出，浓缩液的黏度比相对密度更能反映流体的内在本质，应将运动黏度替代相对密度作为后续喷雾干燥工艺研究的考察指标。

表 9-9　不同压强下的热效浓缩条件对干燥工艺（喷雾干燥）效果的影响[9]

提 取 方 式	相 对 密 度	运 动 黏 度	浸膏粉质量（kg）	含水率（%）
常压浓缩	1.10	0.054 5	7.465	9.22
常压浓缩	1.08	0.048 5	9.017	7.38
减压浓缩	1.10	0.048 6	9.161	7.33

中药提取液应被视为"固体（可溶性与非可溶性）与溶剂"的混合物。在水（溶剂）被去除的浓缩过程中，该混合物中固体与水的比例随水的去除而时刻变化。而中药提取液"固含率"则被定义为"提取物固体与水之比"。假设提取物固体（即中药提取液经浓缩、干燥后的干膏——其质量值为"固含量"）的密度为 a，根据密度的定义，浓缩过程中中药提取液的密度无限接近 a。文献并证明[10]，a 值的范围可能就在 1.6 附近，即"提取物固体密度约为 $1.6\ kg/m^3$"（当然，固体密度概念是否适用于所有中药提取物体系，中药提取液所含有的不同成分对提取物固体密度是否会造成影响，尚需进一步研究）。根据上述分析、推理，不难理解：中药制药分离工程领域可视固含量为浓度的一个标记。其物理意义与应用价值：适用于通过"中药溶液环境"表征参数的相关性研究，广泛预测中药提取液其他物理特征参数。

对于选择哪一项作为中药制药浓缩中的指标参数，以预测中药溶液环境中其他特征参数，还有待于通过大量系统的基础工作，建立基于浓缩过程的中药"溶液环境"数据库。再者，本书作者认为，不同中药物料体系中存在的蛋白质、多糖等成分含量不一，可能会使中药物料体系在浓缩过程中黏度的变化呈现不同趋势；有些物料在低浓度的时候表现得像牛顿液体一样，在高浓度的时候表现得像非牛顿液体一样，中间可能存在一个临界浓度促使这种转变的发生。

有关上述物理参数如何对传统蒸发浓缩与新型膜浓缩技术的浓缩能耗计算过程产生影响的具体问题，将在本章第二节进行详细论述。

（四）与浓缩操作有关的中药液体物料溶液环境表征参数相关性研究[11-13]

一般中药制药过程中的提取和浓缩工序经常用生药浓度作为衡量中药液浓度的指标。需要指出的是：生药浓度与中药液的浓度存在明显差异，不可混淆使用。因为生药浓度定义为单位体积提取液中含有中药材的质量，不同溶剂与不同提取方法得到的成分和固体含量都不一样，因此，生药浓度并不能客观地反映中药液溶液环境中的固体含量,生药浓度并不能客观地反映中药液的浓度。

孟庆卿等对不同丹参提取溶剂下浓缩过程的生药浓度变化、密度变化与白利度变化趋势及丹参不同提取方法生药浓度与密度的相关、丹参不同提取方法生药浓度与白利度的相关性进行了研究,有关数据分别如表9-10~表9-12所示。

表9-10 不同丹参提取溶剂下浓缩过程的生药浓度变化、密度变化与白利度变化趋势[11]

丹参水提液			丹参醇提液		
生药浓度 C_v(g/mL)	密度 ρ(g/cm³)	白利度 C(°Brix)	生药浓度 C_v(g/mL)	密度 ρ(g/cm³)	白利度 C(°Brix)
0.06	1.007	3.75	0.09	1.005	7.25
0.12	1.023	7.25	0.20	1.029	11.5
0.35	1.073	19.75	0.28	1.041	13.73
0.53	1.112	29.50	0.57	1.091	26.50
0.70	1.154	37.25	0.75	1.132	33.00
0.82	1.187	45.75	0.85	1.144	37.25
1.01	1.251	50.50	1.13	1.192	45.75

表9-11 丹参不同提取方法生药浓度与密度的相关性[11]

类 别	回 归 方 程	r^2
水提液	$\rho = 0.2465Cv + 0.9885$	0.9924
醇提液	$\rho = 0.1808Cv + 0.9907$	0.9987

表9-12 丹参不同提取方法生药浓度与白利度的相关性[11]

类 别	回 归 方 程	r^2
水提液	$C = 51.004Cv + 1.8612$	0.9919
醇提液	$C = 38.452Cv + 3.9887$	0.9968

孟庆卿团队[13]用同样方法对黄芩提取液进行物性参数的测定及相关性研究,预测不同温度和不同浓度下黄芩提取液的黏度、导热系数。孟庆卿等认为,浓度与温度的变化在中药制药过程工艺过程中比较容易监控,因此提出利用生药浓度与溶液温度可以预测黄连的提取液(水提液与醇提液)的导热系数与黏度[12]。

并以丹参提取液系统(水提液与醇提液)为实验体系,确立了有关参数之间的相关性模型[11]:

黏度(η)-白利度(浓度 C): $\eta = Ae^{BC}$ (9-7)

黏度(η)-温度(T): $\eta = Ae^{\frac{B}{T}}$ (9-8)

黏度(η)-白利度(C)-温度(T): $\eta = c\exp\left(\frac{E_a}{RT} + dC + fC^2\right)$ (9-9)

并确立了丹参提取液有关参数之间的相关性模型:

导热系数(λ)-温度(T)：$\lambda = a - bT$ （9-10）

导热系数(λ)-浓度(C)：$\lambda = a - bC$ （9-11）

导热系数(λ)-温度(T)-浓度(C)：$\lambda = a - bC - cT - dCT$ （9-12）

贯穿整个中药制药工程的传热过程,如加热、冷却、蒸发等,均需进行热量的输入或输出,以满足工序操作对能耗的需求。对于蒸发浓缩工艺来说,中药液的导热系数、热扩散系数及对流传热系数对系统考察中药液体物料浓缩过程的热流量(单位时间内通过一个传热面的流量)、热流密度(单位时间内通过单位传热面积所传递的热量)等参数至关重要。因此,选择中药"溶液环境"体系中一个或多个合适、简单的特征参数,可简便预测中药液体物料体系与蒸发浓缩相关的系数,能为相关浓缩设备与工艺设计提供理论支持。

中药液体物料的密度、白利度、黏度、导热系数、比热容等物理参数可对中药制药过程涉及的热量传递(加热、蒸发等)、质量传递(蒸馏、干燥等)及动量传递(过滤、沉降等)估算提供理论支持。因此,建立中药溶液环境物理参数的相关性,是实现中药制药工程现代化一项需要大量基础研究支撑的重要工作。

（五）电导率用于中药浓缩过程关联浓度改变的特征参数代表研究及其局限性

金唐慧[14]研究了白芷、益智仁、泽兰、骨碎补、青风藤、远志、制何首乌、干姜、炙甘草和黑附片十味中药提取液浓缩过程中生药浓度与电导率的关系,结果如表9-13所示。从图9-5可知,不同中药提取液的电导率与浓度之间均呈现良好线性关系。

表9-13 十味单味中药的高浓度水提液电导率[14]

中药	电导率(μS/cm)				
浓度(g生药/mL)	0.02	0.04	0.06	0.08	0.1
白芷	726	1 089	1 474	1 818	2 050
益智仁	921	1 390	1 940	2 510	3 170
泽兰	701	1 012	1 302	1 652	2 000
骨碎补	989	1 575	2 240	2 760	3 400
青风藤	643	886	1 155	1 387	1 638
远志	641	897	1 168	1 390	1 640
制何首乌	678	1 002	1 603	1 641	2 090
干姜	920	1 460	1 958	2 570	3 110
炙甘草	818	1 266	1 614	1 963	2 290
黑附片	750	1 060	1 402	1 717	2 040

电导率在众多"浓缩过程对中药溶液环境影响"的研究案例中,被用作可关联浓度改变的特征参数。金唐慧的研究表明,电导率与中药液体物料的生药浓度呈线性关系,因此在浓缩过程中可用于表征中药液体物料的浓度。

但电导率是否真的适合用来表示相关中药提取液的浓度呢? 有关天然植物提取液的相关研究指出,天然植物提取物里含有大量的天然表面活性剂。而表面活性剂又包括了离子型与非离子型的表面活性剂,它们的水溶液环境中电导率数值在临界胶束浓度(critical micelle concentration,CMC)的变化规律却不一样[15]。尽管存在于天然植物里的大部分物质都属于非离子型表面活性剂,但是存在个别少数的离子型表面活性剂,直接影响中药浓缩液溶液环境中电导率和其他物理参数的相关性。

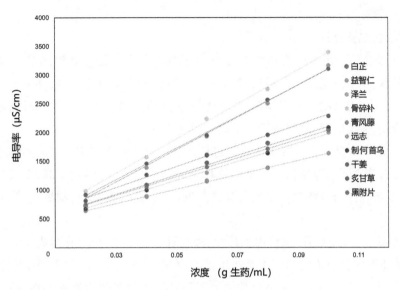

彩图 9-5

图 9-5　10 味单味中药的高浓度水提液生药浓度与电导率关系[14]

再者,本书作者团队发现[16],在蒸发浓缩玉屏风散时电导率与浓度[以白利度(°Brix)衡量]并不呈直线规律(图 9-6),初步验证了在复杂中药溶液环境体系,电导率不一定能作为衡量浓度的依据。需要更多的基础研究验证去支持关于不同含有种类表面活性剂的中药溶液环境的电导率与其临界胶束浓度的关系。

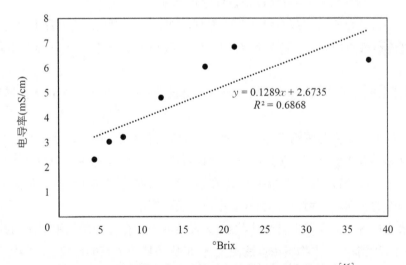

$$y = 0.1289x + 2.6735$$
$$R^2 = 0.6868$$

图 9-6　玉屏风散在蒸发浓缩时电导率与白利度的关系[16]

浓缩时中药溶液环境变化中各种物理特征的相关性的研究还包括中药提取液相对比重与固体含量的相关性、密度与运动黏度的相关性、密度与导热系数的相关性等。

需要特别指出的是,与上述"挂旗"案例所观察到的现象相似,当浓缩达到一定浓度时发生的"黏度突变",此时,运动黏度与浓度的关系呈指数函数上升。黏度在相同温度下,与药液的浓度呈指数关系;而中药浓缩液的运动黏度与温度、相对密度变化是关联的。

四、基于蒸发效应的中药热效浓缩设备、过程设计与应用

根据蒸发装置的不同,基于蒸发效应的中药热效浓缩蒸发器可分为以下三类,分别是夹套式蒸发

器,膜式蒸发器和外循环蒸发器。

（一）常见的中药热浓缩设备

1. 夹套式浓缩设备　　夹套作为热交换表面,中药物料与夹套接触被加热至沸腾。该类设备主要有敞口可倾式夹层锅、真空浓缩罐等。敞口可倾式夹层锅与大气环境相接触,在常压下操作;而真空浓缩罐在蒸发器中抽真空,降低物料沸点温度,达到去除水分的目的。夹套式浓缩设备结构简单,操作方便,对浓缩物料的黏度适应广泛,最终浓缩产品密度可达 1.35~1.40。

2. 膜式蒸发设备　　膜式蒸发器式料液通过蒸发室一次达到所需浓度,料液沿加热壁呈膜状流动而进行传热和蒸发浓缩。膜式蒸发器可在常压或真空条件下操作,传热效率高,蒸发速度快,料液停留时间短,特别适用于热敏性药液浓缩。分为升膜式蒸发器、降膜式蒸发器、刮板式薄膜蒸发器和离心式薄膜蒸发器。

3. 外循环蒸发器　　外循环蒸发器由加热室、沸腾管、蒸发室及循环管组成。其技术原理:借助加热室与蒸发室及循环管内料液浓度的密度差产生推动力,推动料液达到自然循环,促使料液不断得到蒸发,达到较大的浓缩比。外循环蒸发器主要常见类型有自然外循环两相流浓缩器及在线防挂壁三相流浓缩器。其中后者已应用于生产更年安提取液,包括醇提取液和水提取液。结果表明:更年安醇提液的蒸发强大,较自然外循环两相流浓缩器提高 0.63 倍,装置连续运行 15 天无挂壁现象;可在 80℃、相对密度 1.33 以上的条件一次性放出最终浓缩液,无须后续夹层浓缩器。可实现在线强化蒸发浓缩过程,提高浓缩效率,降低浓缩温度,减少浓缩时间,减少有效成分损失,稳定浓缩产品的质量。

上述蒸发设备的结构与示意图在此不一一做详细介绍,具体请参考相关文献[17]。

（二）基于蒸发效应的中药热效浓缩设备设计原理基础

经济效益往往是设计热效浓缩蒸发设备与工艺时,考虑的首要因素,其内容主要为:① 中药物料中水的去除率;② 整体蒸汽使用率;③ 蒸发需要的单位蒸汽动力供给率与此系统内中药物料中水的去除率[18]。

蒸发过程的时间、能耗及产品质量,取决于蒸发浓缩设备中的热传递。决定热传递速率的因素有以下几点。

（1）蒸汽室中的蒸汽温度与沸腾液体的温度差:为增大温度差,通常会提高蒸汽的压强和温度,或在蒸汽室中减压以降低液体沸点。在蒸发浓缩商业设备中,一般液体的沸点可降至 40℃。物料浓度上升过程中,因为物料的物理特征在变化,温度差也在逐渐减小,对热传递速率造成负面影响。

（2）热交换部件的表面易结垢,对热交换效率产生负面影响。

（3）由于待浓缩物料在蒸发器中呈流体状态,蒸发器内表面存在一层几乎不流动的液体,形成薄薄的边界液体膜,并随着浓缩过程中物料浓度逐渐上升,形成边界液体膜的现象越来越严重。特别需指出的是,浓缩过程中普遍存在物料黏度上升的现象,其结果导致雷诺数与热交换效率的下降。

流体的性质和热交换介质等因素对热传递系数有一定影响,表 9-14 中罗列了一些热交换流体的总热传系数。

表 9-14　热交换流体的总热传递系数实例[18]

热交换流体	例　子	总热传递系数[W/(m²·K)]
热水-空气	空气加热	10~50
黏稠液体-热水	夹套式加热	100
黏稠液体-热水	搅动夹套式加热	500

续　表

热交换流体	例　子	总热传递系数[W/(m² · K)]
黏稠液体-蒸汽	蒸发器	500
不黏稠液体-蒸汽	蒸发器	1 000~3 000

另外,在设计中药物料蒸发浓缩设备需要考虑的因素,除了所选蒸发设备对浓缩中药产品品质的影响,还有浓缩过程本身的经济效益,如何增加有效热交换效率等。若蒸发器及换热面积,蒸汽压力、真空度等选择得当,皆可增加有效热交换效率。此外,采取以下措施可节省能耗方面的投入:① 再压缩排出的蒸汽,提高其压力,以供重复使用;② 预热待浓缩物料;③ 采取多效蒸发浓缩,直接重复利用排出的蒸汽作为热源。表 9-15 所示为采取蒸汽再压缩、多效蒸发的优势对比案例。

表 9-15　蒸发器个数与蒸汽再压缩对浓缩的能耗对比(蒸汽用量)[18]

蒸发器个数(个)	蒸汽用量(kg/kg 蒸发的水)	
	没有蒸汽再压缩	有蒸汽再压缩
1	1.1	0.6
2	0.6	0.4
3	0.4	0.3

值得注意的是,多效蒸发浓缩之所以可提高浓缩效率,是通过降低之后"几效"的蒸发器内的压强,以降低蒸发器内沸点,致使从"上一效"排出的蒸汽能与物料产生有效的温度差。"上一效"所排出的蒸汽中,可能带有一定量的饱和水蒸气,从而可能降低下一级的热传递效率。为对某浓缩系统的经济效益作全面考虑,必须正确选择蒸发器的数量、多效蒸发器的排列组合方式。图 9-7 为多效蒸发器的常见排列方式;表 9-16 是对几种多效蒸发器的排列组合方式优点和缺点进行的比较。

表 9-16　多效蒸发浓缩的排列组合方式优点与缺点对比比较[18]

蒸发器排列	优　点	缺　点
正向多效蒸发	价格低,简单操作,不需要额外的物料泵能从一效自然流向另外下一效,各效之间沸点在逐渐降低,因此不需要考虑高温对浓缩的中药物料药效成分带来的影响	随着物料浓度上升,物料的黏度越来越高,降低热交换效率。最重要的是品性最好的蒸汽用来浓缩浓度最低的初始物料;后期浓缩浓度高的物料反而只能用品性较差的蒸汽和水蒸气
反向多效蒸发	最好质量的蒸汽用来浓缩浓度最高、最黏稠的中药物料,也由于更高温、品性更好的蒸汽是用来加热与浓缩更黏稠的中药物料,可以抵消由于浓度、黏度上升带来的沸点波动。因此,给整个浓缩过程带来更好的经济效益	各效之间的物料传递需要物料泵协助完成,由于浓度与黏度高的物料接触较高品性的蒸汽,容易造成过热而导致在热交换表面的结构甚至物料的焦化
平行多效蒸发	可以处理对于会析出、结晶的物料浓缩	最复杂、最昂贵的排列方式,每一级之间需要使用泵
混合多效蒸发	含有正向的简易操作与反向的经济效益,能处理非常黏稠的物料	造价昂贵,复杂

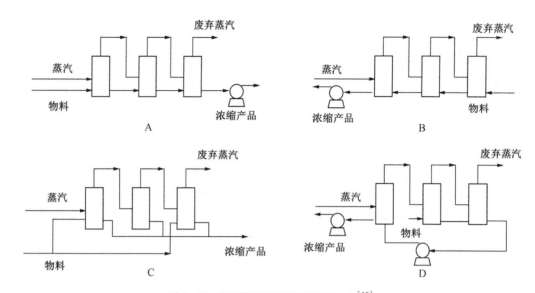

图9-7　多效蒸发器的常见排列方式[18]

A. 正向多效蒸发器；B. 反向多效蒸发器；C. 平行多效蒸发器；D. 混合多效蒸发器

五、中药物料浓缩的特殊问题

中药物料富含皂苷、多糖、蛋白质等能降低液体表面张力的物质，在浓缩过程中常常导致溢沫现象的发生。浓缩设备的溢沫问题会引起许多不必要的药效物质流失（俗称"逃液"）[13]，如图9-8，烧杯中的淡黄色液体即混有"逃液"的蒸发逸出水。浓缩过程的本质是溶质与溶液的分离；中药液中水分不断减少，使得在中药液中的低表面张力物质（如皂苷）浓度增加。经过强烈震荡后，达到一定临界点浓度，形成大量持久性泡沫，严重影响浓缩效率。

贾广成等[19]发现，通过调整加热浓度、投料量，可以影响甘草提取液减压浓缩过程的增加或者减少泡沫现象，但是并不能做到消除中药液浓缩时产生的泡沫。对于观察到浓缩过程中不同工艺条件下的泡沫现象并没有一个明确的趋势。本书作者团队在进行经典名方玉屏风散的膜浓缩实验中也发现产生大量泡沫，并导致膜通量急剧下降（图9-9）。

彩图9-9

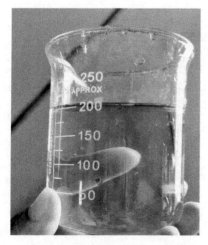

图9-8　杜仲叶水提液单效蒸发设备中收集到蒸发的水中带有一定"逃液"

图9-9　反渗透膜浓缩玉屏风散时产生的大量泡沫

上述研究实践表明，控制中药液浓缩时泡沫的形成，破坏泡沫的稳定，是中药制药工程浓缩工序面对的难题之一。针对中药浓缩过程大量泡沫产生的现象,本书作者团队借助现代智能手段,如使用图像分析手段高速摄像机,对中药浓缩过程跟踪拍摄,并采用 Image J 开源软件对拍摄得到浓缩过程产生的泡沫大小与形态进行分析;又如,使用低温电子显微镜(又称冷冻电镜,cryogenic electron microscopy)技术,观察微米级别的泡沫。目的是从原理的角度,了解密泡沫产生、扩大、缩小,乃至破灭的动态变化发展规律,寻求科学合理的技术对策。

第二节 基于膜筛分与亲和扩散效应的中药浓缩原理与技术应用

近年来,膜过程,如反渗透、膜蒸馏、超滤、纳滤等作为一种高效浓缩技术,已被广泛应用在食品行业(如牛奶、果汁浓缩、咖啡等溶液)。中药制药行业中,膜浓缩技术亦被用于提取液中间体的减量,以降低后期干燥等其他工艺的负担。由于先进膜材料的发展迅速及膜过程的不断创新,以及膜装置的特殊设计相对传统中药制药装置较简单且允许在线检测传感器的安装,使得膜技术在中药制药行业中的应用不断深入、系统。例如,驰名中外的中药凉茶红罐饮品王老吉,已采用反渗透膜浓缩技术,以批次量形式将含有七味中药材的王老吉复方水提液浓缩至流浸膏状态。其反渗透生产线已安装相关白利度等在线检测传感器,浓缩全程使用膜浓缩技术将王老吉提取液从 1.5~2.5°Brix 浓缩至 18°Brix,有效保留王老吉中几味中药富含的特有芳香气味,并实现生产流程自动化(图 9 - 10)。

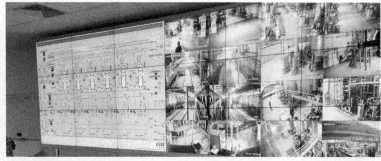

彩图 9 - 10

图 9 - 10 王老吉生产车间膜工艺、装置实景
反渗透膜浓缩工段(左);全自动化控制室(右上);反渗透操作环境传感器(右下)

膜浓缩基本原理概括了以膜作为分离介质,对系统施加驱动力,待浓缩的液体在膜表面发生分离,只允许水通过特定传质方式,在膜另外一端被收集;而待浓缩的液体则保留在膜的进液侧(稍后会解释每一种膜浓缩的机制)被浓缩至相应的体积和固含率。多数膜浓缩技术不涉及系统自身需要热能输入,因此能保留中药液中含有的热敏成分,避免传统蒸发浓缩中因加热时间过长、加热温度过高对中药液造成质变的弊端。

一、纳滤：基于膜筛分、溶解-扩散与道南效应协同作用的中药膜浓缩原理与技术

（一）纳滤技术原理与浓缩的特点

纳滤（nanofiltration，NF），是一种根据孔径筛分（空间）、溶解-扩散和道南效应（荷电）压力驱动的膜过程[18]。纳滤膜孔径范围在纳米级别，一般拥有孔径范围 1~10 nm，分离范围介于超滤和反渗透之间，一般我们认为纳滤膜的截留分子量范围应该在几百到几千道尔顿内。

理论上，只要选择膜孔径较小的纳滤膜，纳滤膜的中药液浓缩就可以达到 100%溶剂（水）与溶质的分离，这是我们传统认识的纳滤膜筛分机理。但是由于纳滤膜制备工艺的局限性，存在一定的孔径分布，浓缩过程中可能会出现达不到与理论截留分子量完全相符的截留率。例如，尽管纳滤膜截留分子量为 800 Da，在从葡萄汁中分离分子量 594.5 Da 的原花青素的过程中发现，纳滤膜对比截留分子量小的原青花素具有拦截作用（在 pH 为 8 的溶液环境中，截留率高达 90%以上）[20]。其机理，是因为纳滤膜孔径比较小，其传质机制还包括了"溶解-扩散"与"道南效应"。"溶解-扩散"传质一般存在于致密膜过程（气体分离膜过程、反渗透膜过程）中溶液环境的物质在待浓缩侧物料的膜表面的吸附过程、在膜孔中扩散、在透过端表面脱附。"溶解-扩散"还存在一定的选择性，因此在纳滤浓缩应用中，选择对溶剂有绝对高的吸附能力但对溶质的吸附作用绝对低的膜材料，可有效控制纳滤膜浓缩中药液的效率。而道南效应描述的是膜材料表面的荷电与溶液环境中的带电粒子相互作用[21]，该作用可能对中药提取液纳滤膜浓缩过程中出现的某些药效成分的流失产生一定影响。纳滤膜孔径的大小决定了纳滤膜同时拥有致密膜与微孔膜的性质。因此，纳滤膜的中药提取液浓缩过程工程原理应由筛分、溶解-扩散机理与道南效应的协同作用共同构成。

一般中药提取液药效物质的分子量大多小于 1 kDa。因此，作为中药液浓缩的纳滤膜选择与过程设计，应保留并富集药效物质在截留液端，尽量选择分子量较小的纳滤膜。由于中药溶液环境的多元性加上纳滤膜传质的复杂性，膜对某些中药药效分子的截留作用机理尚不清楚，导致一些药效物质在浓缩过程中可能出现流失，渗透到透过液端。相比于同是压力驱动的反渗透膜浓缩技术，纳滤膜技术的优点是操作压力相对较低而致系统浓缩所需能耗不高，以及现有的商业纳滤膜有部分能耐受有机溶剂环境（如乙醇），可满足已有机溶剂为溶媒的中药提取液浓缩及溶剂回收。

（二）中药液纳滤膜浓缩工艺分析

在中药制药中，纳滤浓缩过程大多被应用于有机溶剂的回收。由于中药溶液环境小分子物质在不同溶剂中的纳滤过程传质机理尚未明确，因此研究中药液的小分子物质在纳滤膜浓缩过程中与膜材料、传质的构效关系，就尤其重要[22-26]。本部分只列举关于中药液的纳滤膜浓缩原理与工艺，不涉及纳滤膜对中药液的精制过程的讨论。

1. 案例一：板蓝根水提液的纳滤浓缩工艺探讨[27] 伍永富等[29]采用 3 种不同孔径纳滤膜（聚酰胺复合膜，截留分子量为 100、200、400 Da，成都连接流体分离科技有限公司），处理板蓝根提取液，通过高效液相色谱法测定（R,S）-告依春含量，计算其保留率，以（R,S）-告依春为指标性成分，评价其保留率，确定最佳纳滤浓缩工艺，为中药有效成分的浓缩提供新方法。

主要结果与讨论如下，超滤前板蓝根水提液中（R,S）-告依春含量测得为 27.80 μg/mL，超滤澄清、精制后板蓝根水提液中（R,S）-告依春含量测得为 27.00 μg/mL，（R,S）-告依春的透过率为 99.7%。证明所选超滤膜及膜过程可以对板蓝根水提液进行前期的澄清处理，有效保留药效物质。

为保证纳滤浓缩过程未对药效成分产生损失，检测了同种材质、不同孔径的纳滤膜对板蓝根的水提液中（R,S）-告依春的保留率[计算公式：保留率（%）=（$1-C_2/C_1$）×100%]，结果如表 9-17 所示。

表 9-17 以 (R,S)-告依春为指标性成分的纳滤浓缩板蓝根浓度结果[27]

纳滤膜截留分子量(Da)	C_1,纳滤浓缩前告依春浓度($\mu g/mL$)	C_2,纳滤浓缩后告依春在渗透液端浓度($\mu g/mL$)	保留率(%)
100	27.00	0.36	98.70
200	27.00	0.69	97.50
400	27.00	7.92	71.40

(R,S)-告依春的分子量约为 129 Da,按照孔径筛分原理,该研究中截留分子量为 200 Da 和 400 Da 的纳滤膜对告依春应该不存在截留情况。但是从表 9-17 结果中看,分子量为 200 Da 的纳滤膜,对告依春的截留作用与分子量为 100 Da 的相似,两者得到纳滤浓缩后渗透液端测得的告依春浓度相近。

需要指出的是,研究者仅仅对渗透液端告依春浓度和浓缩前告依春浓度进行了对比,并没有对纳滤前后的物料、渗透液进行物料守恒等过程分析。因此,无法得出准确的纳滤膜浓缩板蓝根的浓缩效率。

2. 案例二:丹参提取液中的丹酚酸 B 纳滤浓缩工艺[24] 文献报道[24-26],以丹酚酸 B 截留率、传质系数等作为指标[24],综合评价有机相中纳滤分离溶剂与酚酸类溶质的适用性,为酚酸类成分与有机溶剂的分离提供理论和技术支撑。研究所选择的膜如表 9-18 所示。所选膜材质均为复合聚酰胺,有效面积为 $0.33\ m^2$,pH 耐受范围均在 4.0~10.0 之间。

表 9-18 商业纳滤膜的性质对比[24]

型 号	截留分子量(Da)	MgSO$_4$ 最小截留率(%)	PEG800 最小截留率(%)
NFX	150	99.0	99.0
NFW	450	97.0	99.0
NFG	800	<60.0	95.0

连接纳滤泵与纳滤组件,纯水清洗纳滤膜至酸碱中性,进而将供试品溶液置于纳滤分离设备,调节中压泵转速和截留液端流速,维持跨膜压力为 1.0 MPa,初始阶段进行纳滤循环使得溶质与纳滤膜之间吸附-解吸附趋于稳定,进而从储液罐中取样为平衡液,同时收集纳滤端,待分离完成后,取样纳滤液。实验结果与相关讨论如下:

丹酚酸 B 分子量约为 718 Da,根据纳滤膜孔径分子筛分原理,在本研究中所选择地纳滤膜截留分子量为 150 Da 和 450 Da,显示较高截留率,均高于 97%。而对于截留分子量比丹酚酸 B 的纳滤膜中,丹酚酸 B 截留率随着溶质丹酚酸 B 浓度降低、对应的丹酚酸 B 截留率升高的现象,考虑到纳滤浓缩机制中,溶剂应被所选膜材料所吸附,符合纳滤浓缩的溶解-扩散传质机理。而供试品中丹酚酸 B 浓度随着乙醇浓度升高而降低,由此推测乙醇浓度升高也可能进一步与膜材料导致溶胀现象,引起膜孔径缩小从而增加了截留率。

3. 案例三:纳滤浓缩技术在中药制药生产中的研究 广州白云山汉方现代药业有限公司已将纳滤浓缩技术应用于工业生产,实现了蛋黄卵磷脂的纳滤浓缩技术产业化。并对公司旗下肾石通、丹参提取液等几个品种开展了纳滤浓缩的研究及测试。

(1)蛋黄卵磷脂的超临界 CO_2 流体萃取-纳滤精制、浓缩工艺:蛋黄卵磷脂是以蛋黄粉为原料,经丙酮处理、脱油、脱水,再用无水乙醇提取精制而得的磷脂混合物。蛋黄卵磷脂是一种不稳定,易氧化,不耐高温的原料。因此它的工艺需避免高温提取和浓缩。该公司的蛋黄卵磷脂制备工艺为:将蛋黄粉经丙酮处理,用乙醇制粒,以乙醇做夹带剂,超临界 CO_2 流体萃取,萃取液真空冷冻干燥成粉末,密封低温保存。因此,为了减少冷冻干燥的工作量和成本,笔者对超临界流体萃取液进行了纳滤浓缩研究,采用膜浓缩系统将卵磷脂醇提液(预处理脱除悬浮物后料液)进行浓缩,溶液中醇浓度在 90%~95%,固形物含量约为 2%,选择合适纳滤膜,确定膜系统的各项操作参数:压力、流量、温度等,工艺过程控制浓缩倍数在 4 倍以上、产品透析损失小于 5%,同时回收乙醇,降低蒸汽、冷却水消耗。醇提液经纳滤后,溶液体积仅为原来的 30%,再经过冷冻干燥,干燥时间大大缩短,仅为原来的 1/4,并且纳滤透过的仅为溶剂,没有任何损失,也没有温度影响。纳滤浓缩制备精制蛋黄卵磷脂的产业化数据见表 9-19。

表 9-19 纳滤浓缩制备精制蛋黄卵磷脂产业化数据

品　　名	设　备　名　称	浓　缩　液	批浓缩量(t)	浓缩时间(h)
精制蛋黄卵磷脂	卷式纳滤膜浓缩设备 SMT-84 N4S-3/4	醇提液	7	4

(2)肾石通的纳滤浓缩工艺[28]:利用动态逆流提取法,对肾石通进行提取。采用正交试验设计,以丹酚酸 B 转移率为指标,考察料液浓度、温度、操作压力对纳滤浓缩的影响,分别并比较纳滤浓缩与蒸发浓缩对其质量和能量消耗的影响。该研究发现:在操作压力 1.5 MPa、料液浓度 10%、料液温度 30℃时,能取得较好的浓缩效果,纳滤浓缩品质量显著改善,丹酚酸 B 的保留量高于蒸发浓缩的 1 倍以上,而其直接能耗只有蒸发浓缩的 1/2,时间为蒸发浓缩的 70%。取肾石通提取液 10 kg,按正交试验设计的最佳试验条件进行纳滤浓缩,计算浓缩至相对密度为 1.03 时所消耗的时间。将同等重量的提取液置单效浓缩器中,在 80℃下真空蒸发浓缩,计算浓缩至相对密度为 1.03 时所消耗的时间。测定浓缩前后的固体含量和丹酚酸 B 含量,结果见表 9-20。

表 9-20 肾石通的两种浓缩方法能耗对比[28]

浓缩方法	时间(min)	电量(W)	丹酚酸 B (mg/100 g 浸膏)	肾石通浓缩液外观
纳滤浓缩	20	160	502.8	均一,透明
蒸发浓缩	30	320	353.7	有肉眼可见颗粒

在肾石通的纳滤浓缩过程中,由于肾石通是复方中药,有些药材含淀粉多,提取液容易堵塞膜孔,致使膜通量下降,因此,研究团队并提出一种在纳滤浓缩装置外加超声波防膜污染堵塞的设备。

总体而言,目前纳滤技术在中药浓缩中应用还多处于试验研究阶段,产业化应用很少,且以单味药材物料体系的研究为主。有关中药复方纳滤浓缩的研究应用较少,其重要原因是:中药产品主要为复方,所用药材通常含有根、全草、果实、种子等不同的药用部位,其提取液为含有淀粉、蛋白质等大分子胶体、悬浮的颗粒、表面活性剂的胶团、小分子有效成分等多种成分的复杂体系。不同的中药复方品种,其提取液成分组成和含量差别很大。因此,必须面对料液的预处理、膜过程工艺条件及膜的清洗再生等一系列复杂问题,开展深入研究,探索解决之道。

还需要特别指出的是,上述大多数案例均为对中药提取液体系的纳滤膜浓缩前后成分的浓度进行系统分析,无法正确计算和判断浓缩前后有效物质整体转移率。而膜浓缩在中药行业中的应用需要考虑整体中药液体物料体系的处理率、各批次每平方米膜的药液处理量等工艺参数。

二、反渗透：基于溶解-扩散效应的中药膜浓缩原理与技术

(一) 反渗透技术原理与特点

反渗透技术通常用于海水淡化的脱盐应用,在要被浓缩的物料施加压力,驱动水透过拥有致密层的半透膜的过程。反渗透过程是由物料体系的渗透压与透过阻力(膜材料)共同决定的。物料的渗透压可以由范特霍夫(van't Hoff)方程公式计算得[29]

$$\pi = v_i RTC_i \tag{9-13}$$

式中, π 代表物料渗透压,Pa; R 是气体常数,取 $8.3145\ \mathrm{m^3 \cdot Pa/(K \cdot mol)}$; T 是绝对温度,K;而 v_i 代表能游离的离子; C_i 代表 i 物质的摩尔浓度,$\mathrm{mol/m^3}$。例如,氯化钠溶液能游离出 $\mathrm{Na^+}$ 和 $\mathrm{Cl^-}$ 两种离子,需要在浓度上乘以 2。当溶液中大量存在大分子物质时, π 可以用以下公式算得

$$\pi = AC_i^n,\ n > 1 \tag{9-14}$$

具有致密层的膜一般遵循溶解-扩散传质模型,而传质是由溶液浓度和压力梯度共同决定的。可以透过致密膜的物质在膜材料溶解,在膜材料中扩散。在中药水提液浓缩过程中,只考虑水的去除,因此浓缩过程的传质和膜通量遵循以下公式[30]:

$$J = A(\Delta P - \Delta \pi) \tag{9-15}$$

式中：
$$A = \frac{H_w D_w C_W^0}{\delta} \frac{V_w}{RT} \tag{9-16}$$

式中, D_w 是水在膜材料中的扩散系数($\mathrm{m^2/s}$), A 是水的渗透性(m/s bar), H_w 是水与膜的分配系数[($\mathrm{kg/m^3}$)膜/($\mathrm{kg/m^3}$)溶液], R 是气体常数和 T 是绝对温度(单位同上), δ 是膜厚度(m), V_w 是水的摩尔体积($\mathrm{m^3/mol}$)及 C_W^0 是水在物料中的摩尔浓度($\mathrm{mol/m^3}$)。

(二) 中药提取液的反渗透浓缩

除了前述王老吉大生产采用了反渗透浓缩技术外,反渗透技术在中药制药浓缩领域的应用,大多还停留在实验室阶段,且大多研究只涉及指标成分的保留率、指纹图谱相似度等内容。主要原因是反渗透限于自身的技术原理,仅依赖单一的反渗透过程难于将中药液体物料浓缩成后续干燥工艺所需求的浸膏浓度。但从反渗透膜浓缩等绿色制造技术在中药制药领域所承担的"节能减排"重要角色进行考量,深入系统地开展基于膜过程的中药液反渗透浓缩工艺研究,仍是我们面临的重大战略任务。

案例：反渗透技术浓缩鼻炎康等中药提取液的研究[31] 严滨等[31]对鼻炎康、复方珍珠暗疮和维 C 银翘片提取液进行的反渗透浓缩研究,将初始提取液先采用离心分离处理,主要除去提取液中的悬浮物和大分子胶体物质。其流程采用将反渗透浓缩液回流,重新进入反渗透系统的工艺设计(图 9-11)。

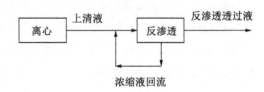

图 9-11 反渗透中药液浓缩实验主要流程[31]

鼻炎康复方提取液、复方珍珠暗疮提取液和维 C 银翘提取液的指标性成分分别是蒙花苷、黄芩苷和绿原酸。利用高效液相色谱定量分析初始中药提取液和反渗透浓缩液中有效组分的浓度,可得到有效成分保留率。该案例中保留率计算分为正算和反算两种方式：正算是通过浓缩液中有效成分的质量 m_c 除以原提取液中有效组分的总量 m_0;反算是通过总量减去透过液中有效组分的比例来表征。膜设备中由于包括了管路、泵等存在一定体积空间的设备,设备本身有死体积,正算方式会由于死体积的存在出

现保留率 T_a 数值比例偏小,反算方式保留率 T_b 相对会比较精确。

$$T_a = \frac{m_c}{m_0} \times 100\% = \frac{c_c \times V_c}{c_0 \times V_0} \times 100\% \qquad (9-17)$$

$$T_b = \left(1 - \frac{m_T}{m_0}\right) \times 100\% = \left(1 - \frac{c_T \times V_T}{c_0 \times V_0}\right) \times 100\% \qquad (9-18)$$

式中,c_c、c_T 和 c_0 分别为浓缩液、透过液和初始液中有效成分的浓度;m_c、m_T 和 m_0 分别为浓缩液、透过液和初始液中有效成分的质量;V_c、V_T 和 V_0 分别为浓缩液、透过液和初始液的体积。

实验结果见表 9-21。

表 9-21 反渗透浓缩 3 种中药提取液的结果分析[31]

种 类	批 次	运行时间（min）	操作压力（MPa）		平均温度（℃）	脱水率（%）	保留率（%）	
			进 膜	出 膜			正 算	反 算
鼻炎康提取液	1	370	3.2	2.7	53	63	52.43	99.2
	2	360	3.0	2.5	57	61	103.3	99.9
	3	360	3.0	2.5	60	63	103.5	99.8
复方珍珠暗疮提取液	1	430	2.9	2.5	56	63	94.15	99
	2	420	2.8	2.8	61	64	98.56	100
	3	400	2.9	2.7	61	64	96.17	99
维 C 银翘提取液	1	370	3.3	2.8	62	62	97.17	99
	2	360	3.0	2.6	58	65	95.86	99.9
	3	360	2.9	2.7	59	61	96.72	98.7

实验结果表明,反渗透对 3 种不同复方中药提取液的脱水率均在 60% 上下波动。反渗透针对中药提取液中的有效物质保留率平均值为 99%,且由于初次试验时存在的死体积残留的水导致保留率偏低,连续试验之后残留的浓缩液可能导致保留率变高,因此我们认为保留率的正算方法可能存在一定偏差,建议在反渗透的中药浓缩中使用反算法计算保留率,表征与评价反渗透技术对中药浓缩的效果与作用。

除了单一有效成分的保留率测试,金唐慧[14]还对 3 种中药复方提取液的反渗透浓缩前后进行指纹图谱相似度对比,从化学物质整体层面考察了反渗透过程对中药水提液化学组成的影响。金唐慧发现,不同初始生药浓度的同种中药提取液,经反渗透浓缩后的指纹图谱相似度不一样,对可能造成指纹图谱相似度相差较大的原因有待研究。

三、膜蒸馏：基于气体分离的中药膜浓缩原理与技术

（一）膜蒸馏技术原理与特点

膜蒸馏技术是一项新兴的脱盐技术,一般在微孔疏水膜两端设置温度差,溶液中易挥发的成分(如中药液中常见的溶剂,水)在较热一端的膜表面蒸发,水蒸气透过疏水材料的膜,在渗透液端被收集,从而达到药效物质和溶剂(水)的分离。在中药水提液的浓缩过程中,膜蒸馏是由膜两端在膜表面温度的饱和水蒸气压力差驱动的[30],如式(9-19)：

$$J = B_{\mathrm{m}}(P_{\mathrm{f, m}} - P_{\mathrm{b, m}}) \tag{9-19}$$

式中，B_{m} 是膜蒸馏膜的膜透过率，属于材料特性。而 $P_{\mathrm{f, m}}$ 和 $P_{\mathrm{b, m}}$ 代表物料端和渗透液端膜表面的饱和水蒸气压力，由膜表面温度决定。膜蒸馏技术的装置一般有 4 种，分别是直接接触膜蒸馏、空气间隙膜蒸馏、扫气膜蒸馏与真空膜蒸馏。

（二）中药液膜蒸馏浓缩的现状与困境

中药膜蒸馏浓缩方面研究已开展 10 余年，但并无大进展。膜蒸馏的中药浓缩主要难题来源于膜蒸馏过程存在的润湿和污染问题。大量存在中药液中的皂苷、蛋白质等能降低液体表面张力的物质可能对膜蒸馏膜造成污染与润湿，并且在长期浓缩过程中，皂苷、蛋白质等的浓度逐渐升高，膜润湿、污染状况会愈来愈严重。

如 Zhongwei 等早在 2007 年即已开始利用直接接触膜蒸馏浓缩复方（桑叶、菊花、桔梗、连翘、炒苦杏仁、甘草、薄荷、芦根和前胡）水提液[31]。Zhongwei 发现，在水提液的浓缩倍数达到 12 倍以上时，溶液中饱和水蒸气压力会比一般纯水环境下的水蒸气压力有所下降，从而降低了膜蒸馏的驱动力和膜通量。此外，在由于在膜表面形成的污染层，膜通量的下降在浓缩倍数 2 以上非常明显。又如，真空膜蒸馏浓缩益母草、芍药提取液应用研究中发现[32]，膜蒸馏对提取液药效成分截留率可达 100%，但是由于膜表面可能对有效成分产生一定吸附作用，总体物质保留率有所降低。

石飞燕[33] 对黄芩、黄连、白芍、霜桑叶、大青叶、枇杷叶、菊花、槐米、金银花、益智仁、女贞子、莱菔子与车前子 13 种中药提取液进行真空膜蒸馏浓缩。对中药提取液中的物理化学性质进行测试，如黏度、固含量、电导率及高分子含量（包括淀粉、蛋白质、鞣质和果胶）。但并未发现中药水提液的物理化学特性与膜通量衰减并无显著关系。另外，对以上这十三味中药材分类为根茎类、花类、果实类及种子类水提液的膜蒸馏浓缩前后理化参数变化进行分析，发现除 pH 与浓缩过程无关外，其余的参数包括黏度、电导率、浊度和固含量都明显上升。另外，研究还对膜蒸馏前后的水提液进行液相特征图谱比较。发现果实类和种子类浓缩前后图谱相似度较大，如益智仁浓缩液与原液图谱相似度仅为 0.80 左右；女贞子浓缩前后图谱相似度仅为 0.40 左右。其余几类中药材水提液膜蒸馏浓缩前后相似度均为 0.90 以上。现有工作并未对果实类和种子类提取液膜蒸馏浓缩前后相似度进行分析，深入研究膜蒸馏的运行参数对成分保留率的影响，与同等温度下的传统蒸发浓缩工艺进行对比。

针对膜蒸馏浓缩中药水提液的污染问题，从过程优化出发，潘林梅等[34] 研究了预处理技术对黄芩水提液膜蒸馏浓缩过程的影响，发现经过离心配合 60~80 kDa 截留分子量得超滤膜过滤进行预处理，能有效减缓膜蒸馏浓缩的通量衰减问题。

至今，由于中药溶液环境体系复杂，暂未有从材料化学等方向，针对中药膜蒸馏浓缩的污染、润湿问题进行深入研究与讨论的系统研究。传统膜蒸馏脱盐中为降低膜被润湿的程度，一般可在膜蒸馏膜表面构建低表面能量涂层，添加带有非极性物质的材料，以对膜表面进行改性。中药水提液中，存在大量蛋白质类物质。蛋白质类物质一般含有疏水端，容易被疏水或超疏水表面吸引、吸附，在表面形成污染层，降低膜通量。在微滤、超滤膜应用中，膜材料亲水化是防治蛋白质污染的主要手段。在疏水膜上加入亲水层，也会增加膜被中药水提液润湿的可能性，从而使药效物质直接与待浓缩中药物料的溶剂（水）一并穿过膜孔，失去浓缩的意义。鉴于此，笔者提出了独特的学术思想：根据膜蒸馏中药浓缩过程膜材料改性存在的"污染-润湿悖论"，构建带有荷电排斥作用的亲水-疏水双性膜[35]。其中，表面亲水层可抵御中药中蛋白质的吸附，而支撑的疏水膜则能保证膜蒸馏的中药浓缩过程不被液体润湿；针对中药物料体系中存在的皂苷类物质，膜蒸馏亲水表面则可用皂苷相同电荷进行修饰，以进一步排斥皂苷对膜的吸附，抵制皂苷对膜可能造成的润湿。这一学术思想的内涵示意见图 9-12。

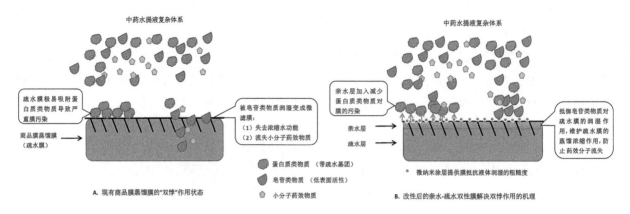

图 9-12 针对膜蒸馏中药液浓缩设计的特种亲水-疏水膜图

再者,基于膜蒸馏的传质原理,膜蒸馏的中药浓缩过程物料需要被加热到一定温度与透过液端产生温度差。膜蒸馏技术与蒸发浓缩技术均属于热能驱动的浓缩技术,若膜蒸馏过程没有经过优化,理论上能耗与传统蒸发浓缩技术并没有优势(数值上仍属一个数量级)。只是由于膜蒸馏技术可以利用低级热能作为能量来源,从其海水淡化的应用案例来说,膜蒸馏过程经过优化后有望能达到节能减排的需求,被认为是可被大规模复制和应用在中药绿色制造的新型膜浓缩技术。

（三）膜蒸馏浓缩技术在食品领域应用的成功案例

由于膜蒸馏技术能处理浓度极高的物料,其在果汁浓缩过程的应用在过去 10 年内得到了极大关注。最近,更有研究展示出具有前瞻性的低温膜蒸馏浓缩技术可行性,该技术应用于果汁、枫糖浆的浓缩,可进一步减少系统所需能耗。

案例:浸没式低温膜蒸馏浓缩苹果汁[36]   Julian 等采用浸没式直接接触膜蒸馏设置浓缩苹果汁,膜总面积约 0.012 m²。在透过液端加入 $K_4P_2O_7$ 以降低透过液端水蒸气压(又称汲取液端),膜蒸馏物料端温度设置在 30~50℃,设置运行时长为 1 h。在低温操作环境下,膜蒸馏仍能达到浓缩苹果汁的效果。浓缩过程对苹果汁中的酚类化合物和维生素 C 的浓度,以及酸度、总溶解固体量和苹果汁的颜色进行检测。

实验结果与讨论:鉴于非理性环境下,液体中的饱和蒸汽压需要考虑到水活性因素。Miyawaki 和 Schofield 等人提出以下公式,由纯水蒸气 P^0 计算与修正在带有溶质环境下的饱和蒸汽压 $P_{s,m}$[37,38]:

$$P_{s,m} = P^0(1 - x_s)\exp(ax_s^2 + \beta) \tag{9-20}$$

式中, x_s 是接触疏水膜端溶质在溶液中的摩尔分数比。文献已测试葡萄糖和 $K_4P_2O_7$ 溶液,并计算出式中的 a、β 数值(表 9-22)。

表 9-22   葡萄糖和 $K_4P_2O_7$ 溶液的 a、β 数值及 x_s 溶质在溶液中的摩尔分数比[36]

溶 液	a	β	x_s
葡萄糖	-7.405	0	$x_s \leq 0.037$
$K_4P_2O_7$	-49.3	0	$0 \leq x_s \leq 0.0593$
	-100.8	0.181	$0.0593 \leq x_s \leq 0.0925$

研究发现,汲取液端的流速、$K_4P_2O_7$ 浓度与膜蒸馏膜通量有关。根据上述公式(9-20),理论上在渗透液/汲取液端加入 $K_4P_2O_7$ 会导致饱和蒸汽压下降,从而致使要被浓缩的物料在与室温相近环境下,膜两侧存在足够的饱和蒸汽压差,能够驱使膜蒸馏过程正常产水。

Julian 等对直接接触膜蒸馏过程和蒸发过程后的苹果汁进行质量分析(表 9-23),浓缩过程分别运行 2 h。发现在 60℃的蒸发浓缩过程中:酚类化合物的降解最为严重,浓缩后的酚类化合物含量仅为原液的浓度的 0.72 倍。采用 30~50℃的直接接触膜蒸馏浓缩苹果汁对酚类化合物的浓缩效果为 0.83~0.95。运行温度越高,营养物质的浓缩比越低,特定物质的浓缩效率越低;尽管 50℃的膜蒸馏比 30℃能更快速地制备出高浓度的果汁,但是由于运行温度过高,营养物质的浓缩比比 30℃时的要低。Julian 等建议膜蒸馏在果汁中的浓缩采用低温操作与增大膜面积的方法以提高浓缩效率。

表 9-23　膜蒸馏与传统蒸发浓缩的苹果汁酚类化合物和维生素 C 的浓缩前后浓度对比[39]

温度(℃)-浓缩模式	维生素 C 浓缩比	酚类物质浓缩比
原液	1.00	1.00
30-膜蒸馏	0.97	0.95
40-膜蒸馏	0.87	0.89
50-膜蒸馏	0.85	0.86
60-蒸发浓缩	0.77	0.83

四、渗透气化:基于溶解-扩散与气体分离的协同效应的中药膜浓缩原理与技术

(一) 渗透气化技术原理与特点

在渗透气化过程中,两种沸点相似或化学性质相似的液体可以被分离。由于渗透气化一般采用致密膜,传质与分离靠被分离的物质在膜材料中的选择透过性;与材料较亲和的物质,在膜材料中溶解-扩散,达到分离目的。与膜蒸馏技术相似,渗透气化技术存在相变过程,在扩散过程中,被分离的物质以气体形式在膜材料中扩散到透过液端。渗透气化在制药行业、污水处理等行业对标的分离技术是蒸馏过程。蒸馏分离原理是由物质的挥发性差异决定的,而渗透气化则靠物质与膜材料的亲和性差异决定的。因此,渗透气化在分离沸点相似的物质时,能耗方面具有显著优势。渗透气化的传质过程由以下公式表示[29]:

$$J_i = \frac{D_i H_{G,i}}{\sigma}(P_i^0 - P_p) \tag{9-21}$$

式中,$H_{G,i}$ 是物质 i 的亨利系数(Henry coefficient),代表气体状态下的 i 物质在膜材料的吸附系数。P_i^0 和 P_p 分别代表物质 i 在膜两端的气体分压。D_i 则是物质 i 在膜材料中的扩散系数。从上述公式可知,物质与材料的亲和性(吸附能力)与扩散能力在渗透气化的传质过程都扮演着非常重要的角色。

(二) 渗透气化在中药浓缩中的应用

渗透气化在中药制药浓缩工序的应用,主要集中在中药挥发油的富集与水提醇沉工艺中乙醇的回收。中药挥发油的水蒸气蒸馏提取过程中,挥发油往往会与提取液形成油水混合物,通过渗透气化技术可以从油水混合物中富集挥发油成分。虽然渗透气化在中药制药中浓缩工段的应用与本章所介绍的传统浓缩概念有差别,但是也属于药效物质的浓缩与富集的一种类型。

1. 案例一:渗透气化对藿香挥发油的富集[40]　　王晗等[40]基于超滤和水蒸气渗透膜法对比、分析两法各自获取的广藿香挥发油的质量和成分组成,两种膜技术均选择聚偏氟乙烯膜材料。

由表 9-24 实验结果显示,两种膜技术的挥发油收率都较高,而超滤技术的收率稍微比渗透气化的略高,可能与所选超滤膜材料有关。

表 9-24　不同膜技术富集广藿香挥发油得率比较[40]

富 集 技 术	原油水混合物质量(g)	富集油质量(g)	收率(%)
超滤	15	12.73 ± 0.43	84.87±0.76
渗透气化	15	11.77±0.05	78.46±0.21

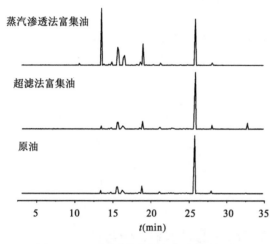

图 9-13　不同膜技术的广藿香挥发油与
原油水混合物指纹图谱对比[40]

图 9-13 与表 9-25 的结果均显示,超滤膜法富集挥发油的效果比渗透气化效果更佳,其与原油水混合物的图谱相似度更高。其原因可能是两种膜过程的传质机理不同,超滤的筛分机理可使油水混合液中的挥发油颗粒透过而使油的化学组分得到较完整的富集;而所选用的渗透气化膜材料可能与广藿香油的部分化学组成不具亲和性,此类成分受热气化至膜表面时,无法溶解扩散入膜,造成损失;也可能因为挥发油成分、沸点、使膜材料溶胀等原因导致油成分透过不全,而使得挥发油得率降低。

该研究结果给予了关于渗透气化在中药挥发油应用的建议:中药制药分离过程工程原理与材料化学工程理论密切相关。特别在渗透气化过程中,选择膜材料时需要考虑富集的目标成分与膜材料间的亲和作用,也要考虑成分中希望富集的成分的沸点与其他物质的区别。如该研究结果发现,由于广藿香醇易形成分子内氢键导致其沸点增加,在低温环境下较难被气化,因此在透过液端广藿香醇的含量不如超滤膜过滤得到的广藿香醇含量高。

表 9-25　广藿香挥发油图谱相似度对比[40]

样 品	相似度		
	原油水混合物	超滤膜富集	渗透气化富集
原油水混合物	1.000	0.985	0.928
超滤膜富集	0.985	1.000	0.902
渗透气化富集	0.928	0.902	1.000

在中药制药过程中,另外一类最常见的渗透气化应用是在水提醇沉后的回收乙醇,以减少提取液体积,富集水提液中有效成分。一般来说,水提醇沉后的中药物料中,乙醇的含量因各品种精制工艺中所需酒精浓度不同而各异,再加上在渗透气化过程中物料端酒精浓度在不断下降,改变了物料端乙醇蒸汽分压而降低乙醇透过速率,使得渗透气化回收乙醇浓缩中药提取液的应用在膜材料和过程设计等方面存在种种难题。

对于浓缩过程需要除水或者极性分子的溶液系统,膜的致密层材料建议选择亲水材料(水或极性分子在材料中有较好的吸附性),如聚乙烯醇[41]、壳聚糖[42]和海藻酸钠[43]等。如系统中含有非极性分子并希望非极性分子透过膜,则膜的致密层材料需选择 PDMS[44]和 POMS[45]等非极性材料。因为水/乙醇在分子结构和极性方面都具有相似性,且会发生共沸现象,因此也存在有相当一部分研究采用疏水、非极性材料对水/乙醇系统进行渗透气化的分离操作[46]。

除了膜材料的设计与选择,物料中乙醇和水的体积比、物料温度对水和乙醇的渗透气化过程对分离效果的影响都极大[47]。总体来说,乙醇浓度越高,总通量越高;提高运行温度,各成分蒸汽分压压力上升,膜产生的总通量也有显著升高趋势。但是高运行温度随之而来却可能伴随分离系数的降低,减弱水和乙醇的分离。乙醇对膜结构会造成一定的溶胀现象,酒精浓度越高,溶胀越明显。膜材料的溶胀会导致膜的疏水性降低,导致乙醇与水的分离系数降低。

　　以上提到的各种因素,制约着渗透气化技术在中药制药过程中的应用和推广。但随着中药膜标准的建立,从中药特种膜产品开始,到中药膜过程和以特种膜过程制备的中药产品,均需对基于膜过程的中药绿色制造进行全过程规范,以服务于膜技术在中药制药行业的全面推广。

　　2. 案例二：渗透气化在食品工程中的应用　　渗透气化在食品工程中最常见的应用就是富集天然产物中的芳香化合物,这与中药挥发油(如芳香水)的富集有着异曲同工之妙。Castro-Muñoz 总结了渗透气化富集天然产物中的芳香化合物、它们的化学结构与膜材料亲疏水性的(表 9 - 26)[48],对研究基于渗透气化的中药体系中的挥发油富集具有启示性意义。

表 9 - 26　渗透气化富集天然产物中的芳香化合物的总结[48]

芳香化学物	来　源	膜性质	膜材料	运行参数(物料温度,真空度)	膜通量 [kg/(m·h)]	富集度(β)	引用文献
乙醇,丁醇,异戊醇,己醇,反-2-己烯醛,乙酸正丁酯,乙酸己酯,乙酸乙酯,丁酸乙酯,2-甲基丁酸乙酯等	苹果汁	疏水膜	PDMS	5℃,5 mbar	0.107	44~125	[56]
乙酸乙酯	实验室制备溶液	疏水膜	PDMS	30℃,20 mbar 50℃,20 mbar	0.006 0.012	230 280	[57]
香草醛	生物转化培养液	疏水膜	PEBA	65℃	0.128	12.6	[58]
乙酸乙酯,异丁醇,异戊醇,乳酸薄荷酯,己醇,呋喃甲醛,2-3丁二醇,5-甲基呋喃醛	蜜思加葡萄酒(麝香葡萄)	疏水亲脂膜	POMS	35℃	0.001	10~160	[59]
2-甲基丁酸乙酯,丁酸乙酯,乙酸异戊酯,乙酸正己酯	苹果汁模型溶液	疏水亲有机物	POMS	20℃,28.8 mbar 20℃,17.4 mbar 20℃,5.9 mbar 20℃,1.3 mbar	/	3 400 2 000 2 900 3 400	[60,61]
2-己烯醛	苹果汁模型溶液	疏水膜	PDMS; POMS; PEBA	20℃,2 mbar 20℃,2 mbar 20℃,2 mbar	0.045; 0.035; 0.002	380 700 150	[62]
芳樟醇,1-己醇	葡萄酒制造过程中未发酵的葡萄浆	疏水膜亲有机物	POMS	18℃,0.4 mbar	/	150 200	[63]
邻氨基苯甲酸甲酯	葡萄汁模型溶液	疏水膜	PDMS	33℃,6.6 mbar	0.055	15	[64]
顺式-3-己烯醇	茶萃取溶液	疏水膜亲有机物	POMS	30℃,6 mbar	0.003	120	[65]
香柑内酯,芳樟醇,乙酸芳樟酯,柠烯	佛手柑皮油	疏水膜	商业GFT1070	25~40℃,10 mbar	/	/	[66]
甲基吡嗪,呋喃甲醛,5-甲基-2-糠醛,等	咖啡萃取溶液	疏水膜	PDMS	35℃,5 mbar	0.001	/	[67]

一般来说,需要被富集或选择透过性的物质通常具备可挥发性,需要与渗透气化膜具有良好的吸附能力。使用 Pervatech BV 公司提供的商业 PDMS 膜进行渗透气化,可收集存在于咖啡水提液具有坚果、奶油等味蕾感觉的化合物如 2,3 -丁二酮与 2,5 -二甲基吡嗪[49]。同样地,渗透气化膜技术也被运用在无醇啤酒和无醇葡萄酒的制备中(图 9 - 14)[50]。随着食品行业中有更多附加值高的产品需要对具挥发性的香气先行收集,将有更多的渗透气化材料被开发,以适用于不同的体系。

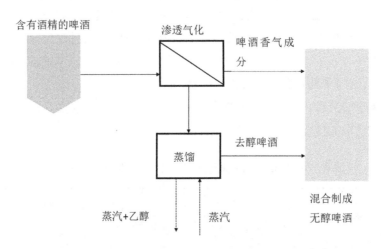

图 9 - 14　渗透气化无醇啤酒制造工艺流程示意图[50]

五、膜集成浓缩原理与技术

与真空减压浓缩工艺相比,膜浓缩具有能耗小、成本低等优点。如浓缩 16 倍的水,纳滤与真空浓缩的能耗成本各约为 33、360 元/吨,前者约为后者的 1/12;分离 1 000 kg 水的费用,反渗透,超滤,电渗析等膜法仅为其他工艺的 30% ~ 1. 25%[51]。

但膜分离科技在中药浓缩领域的潜力还远未发挥,而制约中药膜浓缩技术工业应用的因素,除了膜污染这一共性问题外,各种膜浓缩过程因其技术原理而造成的缺陷,也影响它们优势的发挥。如反渗透过程透水速率比较高,但浓缩倍数较小。其原因在于: 物料自身的渗透压随浓缩倍数的增加而提高,由此造成的物料高密度、高渗透压使反渗透过程无法运行。再如,膜蒸馏充分耦合了膜分离与蒸馏的优势,可把物料浓缩至高密度状态,但膜蒸馏过程中膜通量不稳定,在浓缩倍数较高,可因膜面水蒸气下降而致通量衰减[52]。

鉴于膜过程各有利弊,为适应不同应用体系,可采用集成膜过程,将各种膜过程组合起来取长补短。进入 21 世纪以来,膜集成工艺日益成为浓缩技术领域的新生长点。其中,反渗透的高透水速率与膜蒸馏在高浓度物料浓缩方面具有其他膜过程无法比拟的优势,反渗透与膜蒸馏的组合已成为膜集成浓缩工艺的亮点。如 Cassano 等的超滤/反渗透/渗透蒸馏(渗透蒸馏,膜蒸馏技术之一)集成、Lagana 的反渗透/渗透蒸馏集成等,均为膜集成浓缩工艺成功之作[53,54]。

如上所述,由于自身的传质原理受到的热力学等方面限制,导致单一膜浓缩技术的使用受到较大的局限性。为实现中药绿色制造的目的,不建议在中药制药工艺流程中使用单种膜技术,对于浓缩过程更是如此。而中药制药过程基于膜技术的集成、耦合浓缩工艺设计,应遵从"减少溶剂、保留溶质"的宗旨,以降低热源与中药物料的接触时间,根据下游中药制剂所需中药接触的物理性状要求(如含水量、密度等)作为服务原则。本部分,将以膜集成工艺在中药制药过程的应用及其对有效成分的转移率、能耗等问题作为主要研究内容。

1. 案例一: 超滤-纳滤的集成优化益母草生物碱的浓缩研究[55]　　李存玉等[57]开展的超滤-纳滤

联用优化益母草生物碱的浓缩工艺研究的主要研究方法如下：① 称取益母草药材 10 kg,按照体积质量比,分别加入 10、8 倍纯化水提取 2 次,每次 1 h,提取液使用 0.45 μm 微孔滤膜过滤,合并滤液的益母草水提液。② 为提高纳滤分离效率、减轻膜组件污染,采用超滤去除益母草提取液中的蛋白质等大分子物质。取益母草水提液,分别采用截留分子量 10、50、100 kDa 超滤膜过滤,以盐酸水苏碱、总生物碱和总蛋白质含量的动态变化为指标,筛选超滤参数。③ 为了排除纳滤分离过程中膜吸附对益母草中盐酸水苏碱等生物碱类成分的影响,取 2 L 益母草超滤液置于纳滤系统中进行循环平衡。④ 待盐酸水苏碱在纳滤膜中的吸附-解吸附达到平衡时,取样平衡液,进而将溶液进行纳滤,确定纳滤分离环境参数,以盐酸水苏碱和生物碱含量变化为指标,选择药液平衡体积、溶液温度、操作压力对益母草超滤液的纳滤浓缩效果进行单因素试验。

实验结果表明,超滤技术在益母草水提液中的蛋白质的去除方面优势明显,10 kDa 的超滤膜的蛋白质的去除率高达 98% 以上,但随着超滤膜截留分子量的增大,其透过率逐步升高,去除效果下降。在去除益母草水提液中大分子物质的同时,保证生物碱类成分有效保留,选择截留分子量为 50 kDa 的超滤膜对益母草水提液进行预处理。

以提高截留率和膜分离效率为目的,得到益母草提取液的最佳纳滤浓缩工艺为：截留分子量为 450 Da,pH 3.07,盐酸水苏碱质量浓度为 80.15 mg/L,总生物碱为 285.73 mg/L,理论计算盐酸水苏碱的截留率为 93.00%,总生物碱的截留率为 95.05%。在此基础上进行验证试验,盐酸水苏碱和总生物碱的截留率分别为 93.37%、95.85%。

2. 案例二：纳滤-减压浓缩的集成用于中药栀子中栀子苷的精制[56] 宗艳艳等[56]为开展中药栀子中栀子苷的精制工艺对比研究：① 采用耐压管路依次连接直流增压泵、压力表、纳滤膜套件(纳滤膜和纳滤膜壳)、压力调节阀,进而取栀子提取液置于储液罐中,调节增压泵转速提供纳滤分离压力,分别收集纳滤液及截留液,分析操作条件对栀子苷转移率影响。② 取栀子提取液,采用旋转蒸发器减压浓缩,由原药液体积 2 L 浓缩至 100 mL,分别考察 70、75、80、85、90、95℃加热条件下栀子苷转移率,分析减压浓缩温度对栀子苷转移率影响。实验结果与讨论如下：

(1) 以保障栀子苷截留率和膜分离效率为前提,利用 Design-Expert 软件预测最佳纳滤分离参数与结合实际分离参数的可操作性,调整膜截留分子量为 450 Da,跨膜压力差为 1.2 MPa,pH 为 7.5,栀子苷理论截留率为 92.88%。

(2) 减压浓缩温度与栀子苷转移率呈现负相关,减压浓缩温度高于 80℃时,栀子苷损失超过 15%,随着温度增加,转移率也逐步降低,说明长时间高温加热处理,引起栀子苷中半缩醛结构的分解,影响其稳定性。

因此,使用纳滤膜预浓缩栀子提取液,减少后期减压浓缩处理量以降低中药提取液接触热源的时间,提高药效物质转移率(表 9-27)。

表 9-27 纳滤-减压联用的栀子苷转移率研究(%)[56]

序　号	转移率	平均值	RSD
1	92.45		
2	87.21	89.27	3.13
3	88.16		

(3) 取栀子提取原液 2 L,置于储液罐中,按照操作跨膜压力差 1.2 MPa 和 pH 为 7.5,收集截留液。与减压浓缩进行 3 次适用性评价,将截留液置于旋转蒸发器,80℃减压浓缩至相对密度为 1.2 g/mL,计

算栀子苷转移率,分析纳滤-减压串联浓缩栀子苷的适用性。常温化是纳滤浓缩的技术优势,但是当溶液黏度增加时将会大幅降低分离效率,而减压浓缩相对不受限制。纳滤-减压浓缩联用,得到栀子苷平均转移率为89.27%,高于相同温度下减压浓缩效率和栀子苷转移率。

3. 案例三：微滤-反渗透-蒸发浓缩集成的脱脂牛奶浓缩[57] Blais 等[57]研究了微滤、反渗透、微滤-反渗透与蒸发浓缩联用在浓缩脱脂牛奶的过程应用。具体实验设计如图 9 - 15。首先考虑不同温度下微滤-反渗透的脱脂牛奶浓缩效率,发现高温状态下牛奶的黏度降低,导致同样参数设定下,通过膜表面的液体流速增加,从而使得膜通量上升。

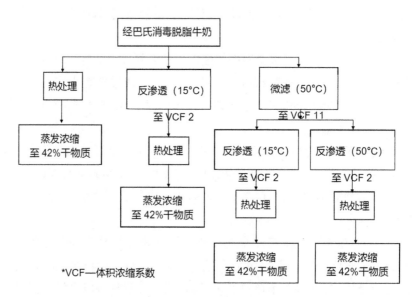

图 9 - 15　脱脂牛奶微滤-反渗透耦合实验设计[57]

在许多中药反渗透浓缩的研究中,微滤过程可以减少反渗透过程中的污染带来的问题。但在脱脂牛奶浓缩中,大分子物质如残留脂肪球并不是造成反渗透膜膜通量下降最主要的因素,因此微滤并不能有效减少反渗透浓缩脱脂牛奶时遇到的通量下降问题。同时,在食品行业的浓缩应用中,当反渗透作为蒸发浓缩的预浓缩技术,期望减少后期蒸发浓缩处理量,过程设计时必须要考虑物料流量、温度等因素引起物料的理化性质改变。

针对图 9 - 15 的膜耦合过程,Blalis 等人对微滤、反渗透以及微滤-反渗透联用的能耗进行了计算与对比,如表 9 - 28。针对微滤-反渗透联用和微滤与微滤-反渗透联用的情况,同样运行条件下,高温下的耦合过程比在 15℃ 运行的过程节省 50% 以上的能耗。需要值得提出的是,牛奶在进入生产线前温度已达 42℃。因此,利用增压泵等过程产生的余热将牛奶从 42℃ 升温至 50℃,与没有考虑热回收的同样过程工艺过程对比,可以节省较大能耗。笔者认为,本案例中膜集成过程与其他工艺之间的设计对设计中药制药过程起到了重要的启示作用：合理设计与使用生产流程中的余热,巧妙考虑热交换流程,可以降低整个浓缩过程的能耗。

表 9 - 28　不同膜集成过程对脱脂牛奶浓缩的能耗对比[57]

过　　程	物料泵(kW)	循环泵(kW)	增压泵(kW)	热交换器(kW)	总能耗(kW)	能耗(kJ/L 渗透液)
反渗透	0.50±0.02	1.14±0.03	3.67±0.05	2.84±0.04	8.15±0.04	396±9
微滤	0.17±0.11	1.85±0.05	—	—	2.03±0.03	21±2

续　表

过　　程	物料泵(kW)	循环泵(kW)	增压泵(kW)	热交换器(kW)	总能耗(kW)	能耗(kJ/L 渗透液)
微滤－反渗透联用	0.52±0.01	1.23±0.15	3.87±0.00	2.94±0.31	8.56±0.15	380±69
微滤与微滤－反渗透联用	—	—	—	—	—	421±21
微滤－反渗透联用(50℃)	0.56±0.04	1.27±0.06	3.70±0.09	—	2.03±0.03	137±22
微滤与微滤－反渗透联用(50℃)	—	—	—	—	5.53±0.19	178±25

4. 案例四：反渗透－蒸发浓缩联用的枫糖制造过程及能耗分析[58]　　Weaver 等[58]从能耗方面分析,考察了用单级分批式反渗透－蒸发浓缩联用最低能耗,将 1 L 含糖量为 2%的枫糖浓缩至 68%。Weaver 等首先进行了反渗透浓缩实验(操作条件:恒定物料压力 50 bar),忽略污染对膜传质造成的影响,得到一系列在膜过程中的传质阻力(包括了浓差极化带来的阻力)。此研究中使用错流卷式膜(Dow Filmtec FT－30 RO－8038)具有总面积为 134 cm² 。

六、中药膜浓缩与传统蒸发浓缩能耗对比与工艺设计的思考

本部分将详细介绍中药膜浓缩与传统蒸发浓缩能耗对比的模型构建方法,以及其对中药制药中浓缩工艺设计的作用。

与传统热效蒸发浓缩技术相比,膜分离浓缩技术具有能耗低且能有效保护产物中热敏性成分的优点。它在海水淡化处理应用上已有较为成熟的经验。但膜浓缩在中药制药领域的应用,针对相关过程的研究和分析,尤其是能耗计算和工艺优化方面的研究,仍然比较匮乏。就中药制药领域而言,由于缺少对中药浓缩时溶液环境变化的数据及相关研究,至今未能直接建立相关传质与能耗模型。有关中药液体物料膜浓缩的能耗也就缺乏科学计算方法,只能借助海水淡化的相关模型与方法进行评价和比较。

膜蒸馏和反渗透过程的能耗计算与物料溶液环境特征参数,如密度(ρ)、黏度(μ)、导热率(k)、比热容(C_p)和渗透压(π)等息息相关。其中膜蒸馏的热传递分析模型需要输入物料溶液的热物理性质参数(密度、黏度、导热率和比热容)才能进行运算;而物料溶液的渗透压会影响反渗透过程的物质传递过程,从而影响能量消耗。这些参数都和溶液浓度有着紧密的关联。在浓缩过程中,物料的溶液环境会随着浓度上升而发生较大的改变。这些改变对膜浓缩过程模型建立和能耗估算有显著的影响。由于中药物料体系种类更多且成分更加复杂,至今仍未能建立中药液体物料溶液环境的基础数据,从而给相关的能耗分析、节能研究带来了不少困难与挑战。

综上所述,开展中药膜浓缩能耗研究的前提是掌握中药溶液环境的特征参数,在此基础上设法建立特征参数和中药物料浓度的相关性,再将这些参数关系式与传统的海水淡化能耗模型相结合,建立与中药浓缩过程兼容的膜分离能耗模型。

本书主编之一钟文蔚博士以玉屏风散水提液浓缩过程各溶液环境特征参数动态变化的相关性规律为基本依据,借助膜蒸馏和反渗透的传质与能耗模型,开展了"基于白利度的玉屏风散浓缩能耗算法创新及评估"探索,并与玉屏风散传统热效浓缩过程能耗做对比分析[16,59]。主要研究方法与结果介绍如下。

(一) 主要实验方法

1. 玉屏风散提取液、浓缩液的制备　　玉屏风散溶液提取自三味药材:防风、白术和蜜炙黄芪。这三味药材按照 1∶2∶2 的剂量比放入水中煎煮,水和药材的比例是 10∶1。由于反渗透和膜蒸馏都是比

较精密的分离技术，在正式实验前，水提液用0.2 μm的陶瓷膜微滤系统进行澄清预处理，以减少对膜的损害。

2. 膜浓缩系统　　反渗透浓缩实验中使用的是山东博纳生物科技集团有限公司生产的有机膜分离实验机（BONA-GM-18MA，Shandong Bona Biological Technology Group Co. Ltd），里面安装的是TFM卷式膜（GE-1812，SUEZ Water Technologies and Solutions），有效膜面积为0.4 m²。反渗透实验采取了半批式（semi-batch）的操作方法，透析液（水）会不断移出系统，而浓缩液则会循环至物料桶中，重新泵入反渗透系统。

反渗透实验中的变量为物料一侧的操作压强，其中分别测试了4个不同的压强操作（0.3、0.45、0.6、0.9 MPa）。每次实验都使用了5 L的玉屏风散水提液作为物料。实验过程中，系统会自动记录膜前和膜后的压强，以及物料泵进系统的流速。透析液产出的速率（膜通量）和玉屏风散水提液的浓度则会被手动测量记录。根据溶液的浓度变化数据，结合玉屏风散的性质方程，便可得出渗透压的变化趋势，为反渗透浓缩的能耗计算提供必要的信息。

膜蒸馏实验使用了自制的直接接触膜蒸馏实验装置。装置包括了一个丙烯酸玻璃制成的模具，其内部分离物料和透析液的膜是疏水聚四氟乙烯材料和亲水聚丙烯骨架结合制成的，孔径为0.22 μm，有效膜面积为3.69×10^{-3} m²。模具内的物料溶液和透析液以对流方式隔着膜相互接触。在模具外，它们会分别循环经过一个热水浴和冰水浴进行加温和冷却，维持两侧的温度差。实验的唯一变量是物料进入模具前的温度（50、55和60℃）。这是通过热水浴的设定温度进行控制。

模具外4个分流（物料进、物料出、透析液进、透析液出）的温度都会被电脑自动测量和记录。它们的流速都设定在0.2 L/min左右。物料的初始体积为1 L。通过称量透析液循环中的贮放杯并记录它每分钟增加的重量，便可推算透析液的产出率。物料浓度的数据，则通过手动取样，用仪器测量白利度获得。膜蒸馏浓缩过程的白利度数据主要用于预测物料的热物理性质变化趋势，它们是膜蒸馏热传递模型建立中，用于计算对流导热系数（h）的关键参数。

（二）结果与讨论

1. 玉屏风散水提液溶液环境特征参数相关性　　白利度[59,60]（°Brix）最早被定义为溶液中蔗糖的质量分数，后被广义定义为与蔗糖质量分数相等的溶液中可溶性固形物质量分数，广泛被浓缩行业采用指示物料浓度（如果汁浓缩和凉茶浓缩）。实验中衡量中药浓度的指标为溶液的白利度。由于中药多提取于草本植物，其溶液含有较高的多糖成分，而白利度能反应溶液的糖含量，且能够很方便地通过折射仪测得的折射指数转化而得，因此它可以作为一个衡量中药溶液浓度的有效指标。不同浓度下的玉屏风散水提液的溶液特征参数可以通过具体实验测量获得，将这些特征性质参数与对应的溶液环境浓度特征（白利度）作图，便可研究他们的相关性，进而推导出玉屏风散水提液溶液环境各特征参数的关系式（表9-29）。

表9-29　玉屏风散水提液性质的关系式总结[16]

物理参数	关系式	
密度（kg/m³）	玉屏风散	$4.2661 \times °Brix + 1072.3$
黏度（Pa·s）	玉屏风散	$3.3619e^{0.15593 °Brix}$
导热率（W/m·K）	玉屏风散	$0.0067 \times °Brix + 0.6191$
比热容（J/kg）	玉屏风散	$44.03 \times °Brix + 4039.7$
渗透压（kPa）	玉屏风散	$102.63 \times °Brix - 54.321$

2. 反渗透膜浓缩能耗讨论　　反渗透浓缩的建模主要基于吸附-扩散模型(sorption-diffusion model),模拟物质传递过程,即动态的膜通量(J_{water})及透析液产出量(V_p)。

$$J_{water} = B(\Delta P - \Delta \pi) \tag{9-22}$$

通过透析液产出的动态数据可推出剩余浓缩液的体积(V_p)和浓度(C)变化,根据浓度数据得出的渗透压($\Delta \pi$)随透析液体积变化趋势可以积分和归一化,可估算反渗透过程所需的能量($E_{thermo,\ min}$)。这个能耗是热力学定义上的最小理论能耗值,和溶液分离的吉布斯自由能(Gibbs free energy)有密切的联系,而与反渗透系统的设计和操作条件无关。

$$C = \frac{V_0 C_0}{V_0 - V_p} \tag{9-23}$$

$$J_{water} = B(\Delta P - \Delta \pi) \tag{9-24}$$

将实际能耗降低至这个最小理论值的条件是要将反渗透的操作压强(ΔP)一直维持在和物料渗透压刚好持平的状态,故系统对物料溶液没有做多余的功。

$$E_{thermo,\ min} = \frac{\int_0^{V_p} \Delta \pi dV_p}{V_p} \tag{9-25}$$

对比不同操作压强的热力学最小能耗值可知,能耗随除水率的增长变化遵循一个单一的上升趋势,且这一趋势不会被操作压强的不同而影响。但操作压强的大小会决定反渗透过程终止时的物料浓缩程度(等同于最大除水率),溶液达到最大浓缩程度时所对应的渗透压等于设定的操作压强。

对比不同操作压强的热力学最小能耗值可知,能耗随除水率的增长变化遵循一个单一的上升趋势,且这一趋势不会被操作压强的不同而影响。但操作压强的大小会决定反渗透过程终止时的物料浓缩程度(等同于最大除水率),溶液达到最大浓缩程度时所对应的渗透压等于设定的操作压强。

上述估算的反渗透浓缩所需的热力学最小能耗值(表9-30)都比反渗透海水淡化系统的文献数值(在25℃的操作温度,用反渗透处理32 000 ppm 的 NaCl 溶液达到50%产水率所需的热力学最小能耗约为1 kW·h/m³)要小。这个问题的主要原因是玉屏风散物料溶液的渗透压(<1 MPa)远小于海水(30 000~40 000 ppm 的盐水的渗透压范围大概是2~3 MPa)。物料溶液渗透压的大小会影响溶液的水与溶质的分离吉布斯自由能,而热力学最小能耗值的估算正是基于物料溶液分离的吉布斯自由能的计算。

表9-30　不同操作压强的玉屏风散反渗透浓缩过程的热力学最小能耗[59]

压强(MPa)	最大除水率(%)	热力学最小能耗值(kW·h/m³)
0.3	42.07	0.058 9
0.45	59.3	0.071 3
0.6	68.63	0.081 2
0.9	78.49	0.096 5

在实际反渗透工艺中,恒压操作更为常见,这也是这次反渗透实验所采取的操作模式。恒压操作需要将压强设定为高于物料初始渗透压,且大于或等于产物目标浓度对应的渗透压。为了更准确地估算

反渗透实验的实际能耗,高压强系统所产生额外功也需要被考虑进去。许多研究常对反渗透系统的电能量消耗,也就是泵的功率(W_{pump}),关于透析液产出率($\dot{V}_p$)归一处理来进行能耗比计算。对比实际实验数据计算的实验能耗比和采用了优化反渗透浓缩模型的模拟数据计算的模拟能耗比[59]。结果显示,能耗比($SEC_{experiment}$)会随着操作压强的上升而减小。

$$SEC_{experiment} = \frac{W_{pump}}{\dot{V}_p} = \frac{P_f \times \dot{V}_f}{\dot{V}_p} \tag{9-26}$$

表9-31为不同操作压强的玉屏风散反渗透浓缩过程比能耗的分析,这里估算的比能耗较反渗透海水淡化系统比能耗的文献值要高($1 \sim 4.5 \text{ kW} \cdot \text{h/m}^3$),这是因为玉屏风散浓缩实验采用的反渗透实验机器的操作规模要比实际的海水淡化系统要小得多。一个最明显的区别就是有效膜面积的大小,玉屏风散浓缩实验系统的有效膜面积只有0.4 m^2,而一个参考文献里的海水淡化反渗透系统的总有效膜面积为37 m^2,这导致了两个系统在相同压强操作和物料流速设定下,产水/除水的效率会有较大的差异。提高系统的规模能够提高能量利用率,进而降低系统能耗比。

表 9-31　不同操作压强的玉屏风散反渗透浓缩过程比能耗的分析[59]

0.3 MPa		0.45 MPa		0.6 MPa		0.9 MPa	
除水率(%)	实验能耗比 ($\text{kW} \cdot \text{h/m}^3$)	除水率(%)	实验能耗比 ($\text{kW} \cdot \text{h/m}^3$)	除水率(%)	实验能耗比 ($\text{kW} \cdot \text{h/m}^3$)	除水率(%)	实验能耗比 ($\text{kW} \cdot \text{h/m}^3$)
5.10	64.54	5.31	52.31	5.09	48.37	5.11	47.65
10.13	74.24	10.27	51.23	10.37	47.97	10.60	43.26
20.14	71.25	20.17	48.57	20.16	45.60	20.41	40.13
30.04	168.52	30.24	52.10	30.38	44.68	30.75	39.14
		40.10	68.31	40.22	46.59	40.86	34.00
		50.13	101.00	50.31	58.33	50.41	45.66
10	68.02	10	46.63	10	40.29	10	35.47
20	87.86	20	51.99	20	43.18	20	36.92
30	140.53	30	61.02	30	47.56	30	38.97
		40	79.42	40	55.01	40	42.08
		50	137.35	50	70.46	50	47.38
				60	121.64	60	58.41
						70	95.42

反渗透浓缩实验还有一个额外的发现。不同于海水这类主要由无机盐组成的溶液,中药溶液含有许多有机成分和表面活性剂,在通过泵的抽吸传送和加压的过程中,中药物料更容易产生大量且稳定的泡沫。溶液中泡沫的存在降低了反渗透过程的物料传送效率和操作压强的稳定性,从而造成额外的通量衰减。这也会对反渗透浓缩系统的能量效率产生一定的影响。

3. 膜蒸馏能耗讨论　　膜蒸馏过程的模拟主要基于它膜两侧的一维热传递和质量传递的模型。膜蒸馏过程中物质传递主要表现为水分在物料溶液的一侧蒸发,并在膜两侧温度差引起的饱和蒸汽压压差($P_{f, sat} - P_{p, sat}$)带来的推力下,穿过疏水膜材料,在另一侧冷凝为透过液。在这过程中,透过液的膜通量(J)是由膜两边表面的温度差决定的,而膜通量的大小也会影响这个过程中的热传递(Q_{model}),

从而改变膜表面温度（$T_{f, m}$ 和 $T_{p, m}$）。膜表面的温度又会影响膜两侧的物质传递，也就是膜通量的大小。因此，膜蒸馏的模拟建模需要紧密结合热量和质量传递两种模型。

本研究中的膜蒸馏的能耗参考指标比能耗，也采取了两种计算方法。模拟比能耗的能量计算来自膜蒸馏的一维热量和质量传递模型，主要分析了透过液（Q_p）和物料（Q_f）两侧通过膜间层（Q_m）的能量交换过程。计算中的归一化采用了模拟的透过液产出率。

$$SEC_{model} = \frac{Q_{model}}{\dot{V}_{p, model}} \tag{9-27}$$

而实验比能耗则通过模具物料进出两侧的温度数据（$T_{f, in}$ 和 $T_{f, out}$）估算了物料溶液在经过模具时热能消耗（$Q_{experiment}$），并用瞬时的透过液产出率进行归一化处理。图 9-16 与表 9-32 所示结果表明，在比较小的温度变化区间下（10℃），不同操作温度实验的能耗比差距并不明显。后期如果需要继续探索温度对膜蒸馏实验能耗的影响可能会需要选取一个更多范围不同的温度区间。

$$SEC_{experiment} = \frac{Q_{experiment}}{\dot{V}_{p, experiment}} = \frac{\dot{m}_f Cp_f (T_{f, in} - T_{f, out})}{\dot{V}_{p, experiment}} \tag{9-28}$$

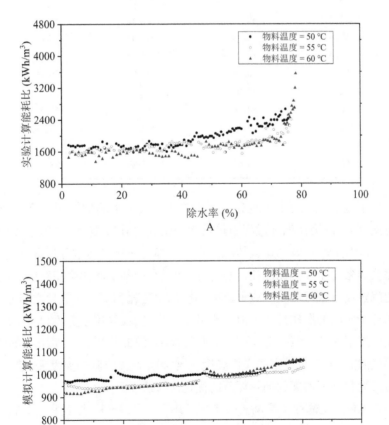

图 9-16　不同操作温度的玉屏风散提取液膜蒸馏浓缩的（A）实验
比能耗和（B）模拟比能耗[59]

表9-32 不同操作温度的玉屏风散提取液膜蒸馏浓缩能耗[59]

50℃		55℃		60℃	
除水率(%)	实验比能耗 (kW·h/m³)	除水率(%)	实验比能耗 (kW·h/m³)	除水率(%)	实验比能耗 (kW·h/m³)
10.62	1 719.04	10.03	1 589.79	10.05	1 581.18
20.67	1 747.54	20.06	1 630.91	20.62	1 599.44
30.60	1 773.06	30.14	1 728.91	30.28	1 552.82
40.12	1 770.07	40.02	1 795.46	39.97	1 501.02
50.07	1 985.09	50.54	1 576.15	50.14	1 715.92
59.94	2 163.68	60.14	1 552.31	60.08	1 679.80
70.02	2 387.41	70.28	1 939.51	70.40	1 956.75
76.04	2 255.31	76.61	2 402.79	78.18	3 555.49
10	980.64	10	937.58	10	927.11
20	998.24	20	945.64	20	943.27
30	998.09	30	954.77	30	949.13
40	994.01	40	953.99	40	959.41
50	996.01	50	986.93	50	1 009.48
60	1 002.44	60	991.08	60	1 006.28
70	1 035.39	70	1 008.05	70	1 032.96
80	1 061.01	80	1 027.83	80	1 060.29
10.62	1 057.47	10.03	935.34	10.05	819.41
20.67	1 082.63	20.06	946.92	20.62	853.10
30.60	1 105.98	30.14	1 002.01	30.28	869.33
40.12	1 132.72	40.02	961.00	39.97	885.77
50.07	1 136.71	50.54	957.63	50.14	882.29
60.46	1 572.92	60.14	940.99	60.08	931.42
70.02	1 767.83	70.28	1 113.41	70.40	1 019.18
76.04	2 180.15	76.61	1 277.88	78.18	2 211.42

上述膜蒸馏实验中也发现了两个可能对系统能效产生较大影响的问题。第一个是,物料一侧的温度会比周围的环境温度要高,因而循环过程中热量散失情况会比较显著。这个问题可以通过模拟比能耗,实验比能耗及冷却功率比,三者的比较体现出来。冷却功率比是通过分析透析液一侧的吸热情况得出的。实验比能耗会稍微高于模拟比能耗,但模拟比能耗和冷却功率比会相对接近。因此推断,对膜蒸馏系统的物料侧的隔热设计进行优化应该可以减小模拟比能耗和实验比能耗之间的差值。

第二个问题来源于实验的操作模式。由于规模比较小,实验采用了分批(batch)操作模式。实验中物料循环的流速是保持不变的,而物料体积则在不断减小,因此物料在热水浴中的停留时间会越来越短,以至于无法充分加热并升温至设定的操作温度。这会减小膜两侧的温度差,造成通量的快速衰减。这个问题会需要通过物料循环内部的加热环节的优化来解决。

4. 反渗透、膜蒸馏和蒸发浓缩玉屏风散的能耗对比　　图9-17与表9-33将这3种技术的比能耗进行对比来研究反渗透、膜蒸馏和热效蒸发的能量效率。反渗透的能耗衡量数据采用了模拟能耗比。膜蒸馏的模拟比能耗虽然比实验比能耗低,但它们是在同一个量级,且和发表文献上的数据范围(1 037~2 064 kW·h/m³)接近。因此膜蒸馏的能耗数据选用了稳定性较高且有一定代表性的模拟能耗比。而热效蒸发的能耗估算参考了文献里单效蒸发浓缩的加热蒸气消耗比。加热蒸汽消耗比和加热蒸汽气化潜热的乘积就是热效蒸发的比能耗。

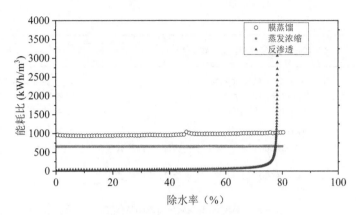

图 9-17　反渗透、膜蒸馏、热效蒸发浓缩 3 种技术的
比能耗的分析和对比[59]

表 9-33　反渗透、膜蒸馏、热效蒸发浓缩 3 种技术的比能耗的分析与对比[59]

反渗透		膜蒸馏		热效蒸发浓缩	
除水率(%)	比能耗 （kW·h/m³）	除水率(%)	比能耗 （kW·h/m³）	除水率(%)	比能耗 （kW·h/m³）
10	35.47	10	937.58	10	656.41
20	36.92	20	945.64	20	656.41
30	38.97	30	954.77	30	656.41
40	42.08	40	953.99	40	656.41
50	47.38	50	986.93	50	656.41
60	58.41	60	991.08	60	656.41
70	95.42	70	1 008.05	70	656.41
78.34	3 895.56	80	1 027.83	80	656.41

　　对比显示,在物料浓度较低的时候,反渗透浓缩技术在减少能耗方面有着显著的优势,但在浓度接近该操作压强下的门槛浓度时(即其对应的渗透压等于操作压强),能耗比会骤然上升。膜蒸馏的能耗更接近于蒸发浓缩的能耗,且比它要高。这和部分文献中,认为膜蒸馏的物质传递原理和热效蒸发都属于水的气化蒸发,这与它们实际能耗会很接近的观点相符合。这也反映了实验规模的膜蒸馏设施会需要继续优化设计来提高能量效率。另外,膜蒸馏过程仅需要温和地加热,因此适用于低等级的热源(如地热、工业废热)再利用,且能够更好地保护中药物料中具有热敏性的易挥发成分。这也是相对高能耗的它被视为一种优于传统热效蒸发的、可持续发展的新型分离工艺的主要原因。

　　除了中药制药方面的能耗对比,其他相关食品行业研究中关于反渗透与蒸发浓缩的能耗对比也有报道,表 9-34 所示为反渗透浓缩与蒸发浓缩在乳制食品中的能耗对比[61]。

表 9-34　乳清的反渗透与蒸发浓缩对比[61]

参　　数	反　渗　透	蒸　发　浓　缩
蒸汽消耗量	0	(250~550) kg/1 000 L 水去除量
电消耗量	10 kW·h/1 000 L 水去除量(生产模式连续化); 20 kW·h/1 000 L 水去除量(生产模式批次化)	5 kW·h/1 000 L 水去除量

参　数	反渗透	蒸发浓缩
总能耗(kW·h)	3.6(6%~12%固含率) 8.8(6%~18%固含率) 9.6(6%~20%固含率)	单效387(6%~50%固含率) 双效90(6%~50%固含率) 七效60(6%~50%固含率)
人力消耗	每日4h	通常需要2名操作工完成整个流程
冷却水消耗	(0~29 300)kJ/1 000 L水去除量(生产模式连续化); (0~58 600)kJ/1 000 L水去除量(生产模式批次化)	(5.2-1.2)×10⁶ kJ/1 000 L水去除量
最终产品质量参数	最多达到30%固含率,产品质量与原物料浓度有关	最多达到60%固含率

节能减排是中药绿色制造的核心目标,智能制造则是中药现代化的重要内容。而传统的浓缩能耗计算公式涉及多达近10个物料理化参数和浓缩过程工艺参数,其中部分参数采集方法烦琐、缺乏精准性,且无法实现在线检测,加上烦琐的推算过程,难以在大生产中推广应用。

化工过程控制原理提出: 对于复杂的化工过程,不能满足于在现有装置上通过测试获得所需的对象动态特性知识,更重要的是,在对象处于设计阶段,就能利用计算方法预估其特性,以改变黑匣无知状态,指导工艺设计中的原理性设计。中药水提液由几十甚至上百种小分子化合物(包括挥发油、氨基酸及生物碱、有机酸、黄酮类、皂苷等化学成分)和生物大分子物质(包括肽、蛋白质、糖肽及多糖等)组成,是一种典型的高度复杂的大系统客体。因此,十分有必要引入现代自然科学化工过程控制的方法对其进行研究。

本研究将化工过程控制基本原理引入中药生产工艺,结合数学建模的基本方法,将原型的某一部分信息简化、压缩、提炼而构造成的原型替代物,在开展中药制剂、分析化学、现代分离科学及计算机技术等多学科联合攻关的基础上,对中药制药浓缩过程进行深入系统的基础研究。本研究提出的能耗方法,仅需对某一常年生产的大品种建立以白利度为核心参数,与物料黏度、渗透压、比热容、密度和导热率等参数的相关性模型,采用有关算法编制相关软件,即可根据实时采集的白利度数据,得出瞬时能耗及同一时刻的物料溶液环境各相关特征参数,为膜浓缩这一绿色制造先进技术在大生产中的推广应用,也为中药生产过程实现在线监测、智能控制提供技术支撑。

第三节　基于结晶的中药冷冻浓缩原理与技术应用

一、冷冻浓缩的技术原理

有别于传统的蒸发浓缩技术,冷冻浓缩技术采用了冰点以下的固液相平衡原理与溶剂结晶的特性,将溶剂固化再用机械分离的方法将溶剂除去。冷冻浓缩操作是将稀溶液降温,直至溶液中的水部分冻结成冰晶,并将冰晶分离出来,从而使得溶液变浓。因此,冷冻浓缩涉及固液两相之间的传热传质与相平衡规律。

1. 冷冻浓缩的相平衡图　　与传统蒸发浓缩技术相似,需要被浓缩的物料中存在着溶液与冰的固液平衡关系[62-64](以水溶液为例,如图9-18)。溶质的完全固化根据溶液中溶质的特性(晶质或非晶质)决定的,如晶质溶液的完全固化温度应该比T_{eu}低而非晶质溶液的完全固化温度应比$T'_{g}(w)$低。因此,冷冻浓缩技术的发展与优化强烈依赖着建立不同体系中冰晶生长与种晶大小等的相关数学模型。根据不同溶液体系独特的冷冻平衡曲线,可以求出不同时间段析出的冰的质量与现阶段溶质质量分数。

总体来说,晶质溶液通过冷冻浓缩除水比非晶质溶液的简单和更彻底;非晶质溶液需要二次除水因为至少有 20% 的水不能靠第一次冷冻结晶去除,与非晶质的溶质混合在一起,需要进行第二次冷冻结晶去除。非晶质溶质的固化必须经过玻璃化;在低于最低共晶温度下水继续形成冰,溶质质量分数不断上升。当系统从橡胶态转变成玻璃态时,系统中的水停止结晶(冰),完成系统的完全固化。在这个玻璃化的非晶体固体系统中,存在着水和溶质。非晶体体系的溶液在冷冻浓缩过程中可能会存在部分溶质与溶剂共同固化、析出,导致溶质的流失。

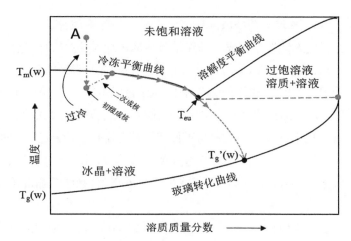

图 9-18　冷冻浓缩技术的固液平衡图[62]

其中,A 物质,T_g(w)代表纯水的玻璃转化温度,T_g'(w)代表溶液的玻璃转化温度,T_m(w)代表纯水的结冰温度,T_{eu}代表最低共晶温度

随着现代科技的发展,图 9-18 所示的溶液的 T_g'(w)与 T_{eu} 等参数,均可借助差示扫描量热法(differential scanning calorimetry,DSC)、调幅式示差热分析仪(modulated differential scanning calorimetry,MDS)、差热分析(differential thermal analysis,DTA)等仪器设备检测获取。

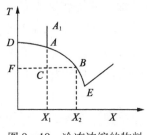

图 9-19　冷冻浓缩的物料平衡示意图[63]

2. 冷冻浓缩的物料平衡　如图 9-19 所示(横坐标表示溶液的浓度 X,纵坐标表示溶液的温度 T。曲线 DABE 是溶液的冰点线,D 点是纯水的冰点,E 是低共溶点。在一定的浓度范围内,当溶液的浓度增加时,其冰点是下降的),某一稀溶液起始浓度为 X_1,温度在 A_1 点。对该溶液进行冷却降温,当温度降到冰点线 A 点时,如果溶液中有冰种,溶液中的水就会结成冰。如果溶液中无冰种,则溶液并不会结冰,其温度将继续下降至 C 点,变成过冷液体。过冷液体是不稳定液体,受到外界干扰(如振动),溶液中会产生大量的冰晶,并成长变大。此时,溶液的浓度增大为 X_2,冰晶的浓度为 0(即纯水)。如果把溶液中的冰粒过滤出来,即可达到浓缩目的。这个操作过程即为冷冻浓缩。设原溶液量为 M,冰晶量为 G,浓缩液量为 P,根据溶质的物料平衡,有

$$(G + P)X_1 = PX_2 \tag{9-29}$$

即:

$$GX_1 = P(X_2 - X_1) \tag{9-30}$$

或

$$G / P = (X_2 - X_1) / X_1 = BC / FC \tag{9-31}$$

上式表明,冰晶量与浓缩液量之比等于线段 BC 与线段 FC 长度之比,这个关系符合化学工程精馏分离的杠杆法则。根据上述关系式可计算冷冻浓缩的结冰量。当溶液的浓度大于低共溶点 E 时,如果冷却溶液,析出的是溶质,使溶液变稀,这即是传统的结晶操作。所以,冷冻浓缩与结晶操作不一样,结晶操作是溶液中的溶质变成固体,操作结果是溶液变稀;而冷冻浓缩是溶剂变成固体(结冰),操作结果是溶液变浓。

二、基于结晶过程原理的冷冻浓缩技术分类与技术应用

根据结晶方式的不同,冷冻浓缩可分为悬浮结晶冷冻浓缩和渐进冷冻浓缩。

1. 悬浮结晶冷冻浓缩 悬浮结晶冷冻浓缩将晶核生成、晶体成长、固液分离3个主要过程分别在不同的装置中完成。悬浮结晶冷冻浓缩时，冰晶自由悬浮于母液中。由于母液中产生了大量毫米级的冰晶，单位体积冰晶的表面积很大，造成冰晶与母液的分离和有效回收微小悬浮结晶表面附着的浓缩液比较困难。另外，由于低温条件下，浓缩液黏度较大，也增加了固液分离的难度。因此，悬浮结晶冷冻浓缩对重结晶器的过冷温度的控制要求比较严格，以避免2次晶核的生成，使冰晶缓慢成长，制得粒度较大的冰晶，利于固液分离。这种考虑使装置系统比较复杂，投资大、操作成本高，限制了此法的实际应用。

悬浮结晶冷冻浓缩在速溶咖啡、速溶茶、橙汁、甘蔗汁、葡萄酒、乳制品等的浓缩上有一定的研究，20世纪70年代开始应用于工业生产。近年来，悬浮结晶冷冻浓缩开始用于中药水提取液的浓缩，并进行了中试研究。

2. 渐进冷冻浓缩 针对悬浮结晶冷冻浓缩存在的问题，提出了渐进冷冻浓缩工艺和技术。渐进冷冻浓缩时，冰晶沿结晶器冷却面生成并成长为整体冰块。在固液相界面，溶质从固相侧被排除到液相侧。番茄汁液和咖啡液等的小试和中试浓缩实验研究表明，该方法可以将一定浓度的稀溶液浓缩到原体积的1/4~1/5。进料浓度低时，冰晶融解液中的溶质浓度较低，分离较为彻底。也可实现高浓度液体的浓缩。进料浓度高时，冰晶融解液中的溶质浓度较高，分离不很彻底。如果进行2次处理或与膜过滤组合使用，溶质也容易回收。渐进冷冻浓缩需要进一步解决的难题主要是：如何消除结晶初期的过冷却，以避免形成树枝状冰晶；如何提高冰晶纯度，以减少溶质损失；如何增大溶液与传热面的接触面积，以提高传热效率；如何促进固液界面的物质传递，以提高浓缩效果。渐进冷冻浓缩最大的特点是形成一个整体的冰晶，固液相界面积小，母液与冰晶的分离容易。同时，由于冰晶的生成、成长、与母液的分离及脱冰操作均在一个装置内完成，无论是设备数量还是动力消耗都少于悬浮结晶冷冻浓缩，装置简单且容易控制，设备投资与生产成本降低。渐进冷冻浓缩目前在葡萄糖液、咖啡液、番茄汁液、柠檬汁液等的浓缩方面取得了较好的效果。

现阶段最常见的两种具体控制冰晶生成方式的冷冻浓缩技术，分别是层状冻结和悬浮冻结。层状冻结简称规则冻结，一般使用管式、板式等设备进行单项冻结。冰晶依次沉积在先前结成的晶层上。通过晶尖处溶液的温差逐渐降低，冻结效率降低，从而使晶体直径增大。

悬浮结晶冷冻浓缩法是一种不断排除在母液中悬浮的自由小冰晶，使母液浓度增加而实现浓缩的方法，通过机械手段将悬浮于母液的晶体不断移除。现已有成熟设备在生产中运用，其优点是能够迅速形成结晶的冰晶且浓缩终点比较高，但由于种晶生成、结晶成长、固液分离3个过程要在不同装置中完成，系统复杂，设备投资大、操作成本高。悬浮结晶法所能形成的最大冰晶直径仅为毫米级，小冰晶给分离造成的困难未能从根本上得到解决。

溶液的黏度和流体状态等特征决定溶液适用于不同的冷冻浓缩装备。因此，针对不同中药复杂体系中溶液环境必须绘制溶液的冷冻固液平衡，设计最佳冷冻浓缩设备和过程。不同体系下的结晶条件部分可参考海水淡化膜浓缩结晶器的方法，使用计算机流体模拟（computational fluid dynamics，CFD）、矩阵实验室（MATLAB）等方法配合实验，探索和研究不同参数条件和设计下结晶情况和除水率[64]。

3. 冷冻浓缩中试装置 图9-20所示为某冷冻浓缩中试实验装置，由回转制冰机、减速电机、制冷机与药液罐等组成。回转制冰机是夹层结构，夹层内通冷媒（如不冻液），内筒体通中药水提取液。中药水提取液与冷的筒体内壁接触即可结冰。筒体内装有刮刀，刮刀由减速电机通过皮带驱动回转，能把筒体内壁的冰晶刮下来。这些冰晶漂浮在中药

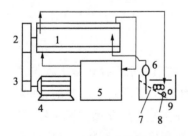

图9-20 冷冻浓缩中试实验装置[63]

1. 回转制冰机；2. 大皮带轮；3. 小皮带轮；4. 减速电机；5. 制冷机；6. 低温药液泵；7. 滤网；8. 冰晶；9. 药液罐

水提取液中,不断成长长大成纯冰粒。药液罐内有滤网,能把粗大的冰粒截留下来。每隔一段时间,用离心机甩干这些粗冰粒。这种回转制冰机传热效率高,工作温度可低达-15℃。

三、关于中药及天然产物冷冻浓缩技术的讨论

冷冻浓缩技术不需要加热,在一些对热敏性物质浓缩的场景如食品风味的保留和生物医药行业引起了巨大的兴趣。如冯毅等利用冷冻浓缩对新鲜茶叶水提液进行浓缩,发现浓缩液中的茶多酚比蒸发浓缩的损失少,能较好保留茶的香气[65]。其他研究冷冻浓缩的操作参数对绿茶提取物的影响,分别探讨了温度、冰与溶液的浓度、最终浓缩比及溶质损失率之间的关系[66]。蒋文鸿等研究了玫瑰香葡萄汁使用冷冻浓缩技术中冷媒温度和果汁浓度对结晶强度、冰晶纯度和冰晶浓缩液浓度(营养成分)的影响[67]。针对上述研究,本书作者提出若干思考。

1. 中药及天然产物水提取液冷冻浓缩技术存在的共性问题 目前,中药生产常用的浓缩方法为三效真空蒸发浓缩,其操作温度在60~90℃之间。由于存在减压操作,所以一些中药的芳香成分及一些易挥发有效成分,会被真空泵抽出去。同时,由于长时间受热,一些有效成分有可能聚合变性。而在常压下用冷冻浓缩工艺浓缩中药水提液,理论上可避免在真空蒸发过程中某些易挥发有效成分的损失。冯宁等[68]采用冷冻浓缩工艺,对中药水提取液进行中试规模的浓缩实验。结果表明,该冷冻浓缩制得的冰晶粒径小于1 mm;分离后得到的冰晶色泽与冰块无异。与三效真空蒸发浓缩相比,该法可改善口服液的口感。但是,冷冻浓缩产品的指标成分含量比三效真空蒸发浓缩产品的稍低,这可能是由于母液夹带所致。以冯宁等[70]开展的连翘提取液冷冻浓缩工艺研究为例,下述问题值得关注。

(1)产冰速率问题:从传质与分离的理论上分析,冷冻浓缩机的产冰速率越小,冰粒越纯净。但从应用的角度,则希望产冰速率尽量大一些。试验过程初步探索了产冰速率与分离效果的关系,由于涉及复杂的湍流问题,还难以用理论描述。

在试验过程中发现,冰粒形成与长大速率,除与机器的刮刀转速等机械结构有关外,也与提取液的浓度有关。开始浓缩时,提取液很稀,冰粒形成与长大速率快,达5.5 kg/h;浓缩结束阶段,提取液很浓,冰粒形成与长大速率慢,产冰速率只有2.4 kg/h。以上两组数据是在某一最佳刮刀转速下取得的,所谓最佳刮刀转速,是指在此转速下,冰粒中挟带的有效成分较少,产冰速率较大。

(2)冰粒挟带有效成分问题:某一最佳刮刀转速下,分别测定产冰量为10、20、30、40 kg时冰粒挟带连翘苷(口服液的主要有效成分)量,如表9-35所示。可以看出,在产冰量达到10 kg以前,冰粒中检测不到连翘苷。其原因可能是提取液很稀,冰粒中和冰粒表面挟带连翘苷极微所致。其后冰粒挟带连翘苷量明显增多,产生此现象的原因可能是,提取液较浓导致冰粒表面和冰粒中挟带连翘苷较多。

表9-35 冰粒挟带连翘苷量[70]

产冰量(kg)	冰粒挟带连翘苷含量(μg/mL)
10	0
20	0.28
30	0.3
40	0.4

由于冰粒表面或多或少会挟带有效成分,所以如果浓缩的倍率相同,则冷冻浓缩所得产品的连翘苷含量肯定会比真空蒸发浓缩产品低少许。解决此问题的方法有两个,一是用稀提取液清洗冰粒表面;二是适当提高冷冻浓缩的倍率。

（3）中药水提取液的低共溶点问题：尽管从 50 kg 稀提取液中除去 40 kg 冰（水），连翘苷在浓提取液中的含量还是很低的，肯定远低于相图中的低共溶点 E，因为没有发现连翘苷结晶析出。所以冷冻浓缩过程中不用担心碰到低共溶点。

（4）能源费用：冷冻浓缩用的是电，真空蒸发浓缩用的是燃煤（油）锅炉蒸汽。电价虽然比煤（油）贵，但是冷冻浓缩的能源费用并不一定比真空蒸发浓缩高。原因是：① 冷冻浓缩所用的冷冻机，其制冷系数一般大于 1.5；② 可以用冷冻浓缩分离出来的冰粒预冷稀提取液至 0℃ 左右，节省制冷电耗；③ 燃煤（油）锅炉要有专人使用、维护、定期检修及年度安全检测，花费多；④ 燃煤（油）锅炉涉及烟气污染环境及缴纳排污费问题。

2. 如何评估并减少浓缩过程中有效成分与溶剂共同固化而导致的有效成分丧失　　天然提取物与中药体系相似，含有大量多糖与蛋白质。这些物质的存在造成溶液在冷冻浓缩过程中不存在共晶行为。但共晶温度是影响冷冻浓缩效率的最大的影响因素。本节前部分叙述中提及在非晶体溶质-溶液体系中存在溶质与溶剂共同固化、析出，导致无效浓缩和溶质流失的问题。在层状冻结浓缩过程中，通过控制溶剂（水）的冰晶（接触冷冻面一端）与冷冻面的温度差和溶液扩散速率，可以调节溶剂（如水）固化和析出的速度，减少溶质与溶剂的共同析出[69-71]。

Miyawaki 等利用溶液内部的分布系数 K_0 去预测层状冻结过程中溶质的流失［式（9-32）］。一般来说，相对单一体系如海水扩散系数相对较容易；Gu 等将渗透压与 K_0 关联[70]。在复杂的天然植物提取物系统里，存在大量的葡萄糖与聚糖，影响着溶液的黏度等溶液环境相关参数，进而影响着扩散系数，直接采用 Gu 等方法可能会导致预测结果的偏差。因此，Vuist 等将系统的热传导传质过程耦合进了他们的分布系数模型，探索系统内部的扩散系数 K_0 与相变化的关系，以及临界浓度与溶液体系的玻璃转换温度关系[71]。因为冷冻浓缩存在的相变产生浓差极化现象，内部扩散系数 K_0 与平均扩散系数 K 不一样。

$$K_0 = \frac{C_s}{C_i} \tag{9-32}$$

$$K = \frac{C_s(t)}{C_1} \tag{9-33}$$

式中，C_i 代表溶质在溶液和冰的界面中的浓度，C_s 代表溶质在冰中的浓度；$C_s(t)$ 代表在时间 t 时溶质在冰中的浓度，C_1 则代表溶质在溶液的浓度。以下内容是基于 Vuist 等预测富含葡萄糖和蛋白质溶液冷冻浓缩的冰层增长速率和溶质扩散到冰层的系数的研究[71]。

根据图 9-21 展示的层状冻结-温度曲线示意的热传导机理，层状冻结过程中冰层的固化、结冰速率可以用能量守恒公式计算，如下式[72]：

$$\frac{\mathrm{d}M_冰}{\mathrm{d}t} = \frac{(q_冰 - q_{fp})A_{fp}}{\Delta H_{熔化}} \tag{9-34}$$

$$q_冰 = h(T_1 - T_{fp}) \tag{9-35}$$

$$q_{fp} = h_{总体,冰+热交换器}(T_{fp} - T_{冷冻}) \tag{9-36}$$

冰增长的速度与（冰层失去的热量-溶液到界面层传递的热量）成正比，可得式 9-37：

$$v_冰 = \frac{\mathrm{d}L_冰}{\mathrm{d}t} = \frac{q_冰 - q_{fp}}{\Delta H_{熔化}\rho_冰} \tag{9-37}$$

式中，q 代表热流，L 代表距离，ΔH 代表热变化，A 代表接触面积，T 代表温度，下标 fp 代表结冰的状态。根据界面层的物料守恒原则，冰层的增长速度可以用以下公式关联，其中 D 代表溶质在溶液的扩散系数：

$$-D\frac{\mathrm{d}C}{\mathrm{d}x} + v_{\text{冰}} C = v_{\text{冰}} C_s \qquad (9-38)$$

式(9-38)的边界条件可由图 9-21 得知，当 $x=0$ 时，$C=C_i$；当 $x=-\delta$，$C=C_1$，并用传质系数 k 代替 D/δ，可通过舍伍德算法(sherwood algorithm)计算得到系统的传质系数 k。将以上边界条件和 K_0 代入式(9-38)，得以下公式(9-39)和(9-40)。

$$\frac{C_i - C_s}{C_1 - C_s} = \exp\left(\frac{v_{\text{冰}}\delta}{D}\right) \qquad (9-39)$$

$$C_s = \frac{\exp\left(\dfrac{v_{\text{冰}}}{k}\right) C_1}{\exp\left(\dfrac{v_{\text{冰}}}{k}\right) + \dfrac{1}{K_0} - 1} \qquad (9-40)$$

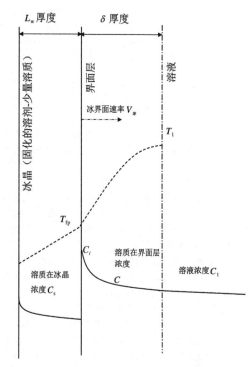

图 9-21　非晶体溶液层状冻结-冷冻浓缩溶质浓度与温度曲线示意图[73]

从图 9-21 得知，当过程的冷冻曲线与系统的玻璃化温度相交时的温度 T' 就是这个系统的浓缩终点，再降低温度也不会继续浓缩，此时冰中的溶质浓度和溶液中的溶质浓度一样，不再出现溶质的扩散。Burton 等人认为当系统达到浓缩终点时，式(9-32)的溶质向溶液的扩散系数 K_0 最终会逼近一个常数，此时用 $\dfrac{C_1}{C_{\text{临界}}}$ 计算[73]。因此系统的内部扩散系数 K_0 与最大浓缩点的扩散系数对比，可粗略判断系统剩余的冷冻浓缩的能力。

联合上述式(9-32)至(9-40)，可以得知 $\ln\left(\dfrac{1}{K}-1\right)$ 与 $\dfrac{v_{\text{冰}}}{k}$ 的关系是一条直线，如下式。

$$\ln\left(\frac{1}{K}-1\right) = \ln\left(\frac{1}{K_0}-1\right) - \frac{v_{\text{冰}}}{k} \qquad (9-41)$$

根据克劳修斯-克拉珀龙方程(Clausius-Clapeyron equation)，可重新计算出每个时间点浓度下系统的冰点温度。

$$\ln(1-x_s) = \frac{\Delta H_{\text{熔化}}}{R}\left(\frac{1}{T_{\text{fp,初始}}} - \frac{1}{T_{\text{fp}}}\right) \qquad (9-42)$$

通过式(9-37)模拟不同条件下冰层形成的速率，统计记录真实实验中观察到冰层增长的速率，对两者进行比较后发现冰层增长模型与实际观察模型相近。分析、记录溶质在溶液、冰层中的浓度，与式(9-40)的模拟进行比较，发现浓差极化现象可能会增加溶质在冰层的浓度，导致浓缩效率的降低。此研究的方法和模型对天然产物的冷冻浓缩过程设计和预测系统的最大浓缩能力提供了一个新的思路，可有望解决浓缩过程中有效成分与溶剂共同固化而导致有效成分丧失等问题。

参 考 文 献

[1] FELDER, RICHARD M, ROUSSEAU, et al. Elementary principles of chemical processes. New York: John Wiley & Sons, Inc, 2018.

[2] 张立国,朱静,倪力军. 中药提取和浓缩过程的理论模型及控制策略. 天津大学学报·自然科学与工程技术版,2007,40(12): 1490-1494.

[3] 于洋,侯一哲,余河水,等. 甘草酸溶液浓缩过程中浓度-沸点-饱和蒸汽压三者关系研究. 中草药,2018,49(1): 142-150.

[4] 侯一哲,李正,余河水,等. 甘草水提液浓缩过程动态仿真模拟研究. 中草药,2019,50(2): 364-374.

[5] 上海化工学院化学工程专业,上海石油化学研究所. 醋酸-水-醋酸乙烯酯三元系气液平衡的研究——Ⅰ. 液相完全互溶区. 化学学报,1976,67(2): 79-93.

[6] 曾宝,黄晓其,易智彪,等. 芍药苷在生产工艺过程中的含量变化和影响因素研究. 中国中药杂志,2007,32(14): 1472-1474.

[7] 陶春蕾. 加热浓缩对 5 种中药煎液有效成分的影响. 安徽中医学院学报,2002,21(6): 49-50.

[8] 张雪,胡志强,林晓,等. 基于浓缩液黏度与制剂成型质量相关性的"零辅料"中药临方浓缩水丸制备研究. 中国中药杂志,2021,46 (15): 3772-3779.

[9] 李万忠,唐金宝,何群. 愈痫灵颗粒水提浓缩液中相对密度与运动黏度的研究. 中国中药杂志,2007,32(4): 309-312.

[10] 张一芳,耿焰. 中药提取液相对比重与固体含量理论关系探讨. 数理医药学杂志,2010,23(1): 89.

[11] 孟庆卿. 丹参提取、浓缩及喷雾干燥过程的工艺研究与相关参数分析. 北京: 北京中医药大学,2017.

[12] 孟庆卿,王宝华,季文琴,等. 黄连提取液物性参数的测定及相关性研究. 中医药信息,2017,34(2): 34-38.

[13] 鲁冰,王宝华,王妍杨,等. 黄芩提取液物性参数的测定及相关性研究. 北京化工大学学报(自然科学版),2015,42(3): 39-44.

[14] 金唐慧. 反渗透浓缩对中药物料体系渗透压等理化参数的影响及膜动力学研究. 南京: 南京中医药大学,2014.

[15] MUHAMMAD KHAN A, SHAH S S. Determination of critical micelle concentration (Cmc) of sodium dodecyl sulfate (SDS) and the effect of low concentration of pyrene on its Cmc using ORIGIN software. Journal of The Chemical Society of Pakistan, 2008, 30(2): 186-191.

[16] 钟文蔚,黎万钰,丁菲,等. 基于中药水提液浓缩过程溶液环境特征参数相关性的瞬时能耗计算方法探索——以玉屏风散水提液为例. 中草药,2021,52(7): 1937-1944.

[17] 郭立玮. 中药分离原理与技术. 北京: 人民卫生出版社,2010.

[18] WARCZOK J, FERRANDO M, LOPEZ F, et al. Concentration of apple and pear juices by nanofiltration at low pressures. Journal of food engineering, 2004, 63: 63-70.

[19] 贾广成,裴朝阳,王佩佩,等. 基于图像分析技术的甘草浓缩起泡过程实验探究. 天津中医药大学学报,2019,38(2): 170-174.

[20] LI CUNYU, MA YUN, LI HONGYANG, et al. Exploring the nanofiltration mass transfer characteristic and concentrate process of procyanidins from grape juice. Food science & nutrition, 2019, 7: 1884-1890.

[21] NAGAR H, DUVVURI S, MOULIK S, et al. Water Sorption and Diffusion. In: Drioli E., Giorno L. (eds) Encyclopedia of Membranes. Berlin: Springer, 2016.

[22] 李存玉,马赟,刘莉成,等. 紫苏叶中咖啡酸存在状态与其纳滤传质过程的相关性. 中草药,2017,48(19): 3986-3991.

[23] 李存玉,刘莉成,金立阳,等. 基于道南效应和溶解-扩散效应分析低浓度乙醇中绿原酸的纳滤分离规律. 中国中药杂志,2017,42 (14): 2670-2675.

[24] 李存玉,牛学玉,刘桓妗,等. 多指标评价有机相中纳滤分离丹酚酸 B 的适用性. 中草药,2019,50(6): 1328-1333.

[25] 李存玉,陈琪,刘乃榕,等. 有机溶液环境中阿魏酸的纳滤"强化"分离行为研究. 中草药,2018,49(21): 5070-5075.

[26] 李存玉,马赟,刘莉成,等. 中药枳实中辛弗林存在状态与其纳滤传质过程的相关性. 中国中药杂志,2017,42(23): 4598-4603.

[27] 伍永富,朱河澄,冯天炯,等. 板蓝根水提液纳滤浓缩工艺研究. 中国药业,2017,26(14): 4-6.

[28] 宋晓燕,罗爱勤,刘洁瑜,等. 肾石通颗粒提取浓缩工艺和节能性研究. 中国执业药师,2013,10(7): 28-31.

[29] NAGY E. Basic equations of mass transport through a membrane layer. Amsterdam: Elsevier, 2019.

[30] WIJMANS J G, BAKER R W. The solution-diffusion model e a review. Journal of Membrane Science, 1995,107: 1-21.

[31] 严滨,林丽华,叶茜,等. 反渗透技术在鼻炎康等中药提取液浓缩中的应用. 膜科学与技术,2012,32(4): 70-74.

[32] 李建梅,王树源,徐志康,等. 真空膜蒸馏法浓缩益母草及赤芍提取液的实验研究. 中国保健,2004,5: 423-424.

[33] 石飞燕. 基于 PVDF 疏水膜的真空膜蒸馏技术浓缩黄芩等中药水提液的初步研究. 南京: 南京中医药大学,2015.

[34] 潘林梅,石飞燕,杨晨,等. 预处理技术优化黄芩水提液"溶液环境"及其对膜蒸馏浓缩过程的影响. 膜科学与技术,2017,37(2): 104-108.

[35] 钟文蔚,郭立玮,袁海,等. 以"材料化学工程"理念构建"基于膜过程的中药绿色制造工程理论、技术体系"的探索,中草药,2020, 51(14): 3609-3616.

[36] JULIAN HELEN, YAOHANNY FELLY, DEVINA ANITA, et al. Apple juice concentration using submerged direct contact membrane distillation (SDCMD). Journal of Food Engineering, 2020, 272: 109807.

[37] YANG C, LI X-M, GILRON JACK, et al. CF4 plasma-modified superhydrophobic PVDF membranes for direct contact membrane distillation. Journal of Membrane Science, 2014, 456: 155-161.

[38] ZHONG W, GUO L, JI C, et al. Membrane distillation for zero liquid discharge during treatment of wastewater from the industry of

traditional Chinese medicine: A review. Environmental Chemistry Letters, 2021, 19: 2317-2330.

[39] JULIAN HELEN, YAOHANNY FELLY, DEVINA ANITA, et al. Apple juice concentration using submerged direct contact membrane distillation (SDCMD). Journal of Food Engineering, 2020, 272: 109807.

[40] 王晗,刘红波,李博,等.基于超滤和蒸汽渗透膜法广藿香挥发油分离研究.中草药,2021,52(6): 1582-1590.

[41] CHAUDHARI SHIVSHANKAR, KWON YONGSUNG, SHON MINYOUNG, et al. Stability and pervaporation characteristics of PVA and its blend with PVAm membranes in a ternary feed mixture containing highly reactive epichlorohydrin. RSC Advances, 2019, 9: 5908-5917.

[42] QIU SHI, WU LIGUANG, SHI GUOZHONG, et al. Preparation and pervaporation property of chitosan membrane with functionalized multiwalled carbon nanotubes. I&EC, 2010, 49(22): 11667-11675.

[43] HUANG R Y M, PAL R, MOON G Y. Characteristics of sodium alginate membranes for the pervaporation dehydration of ethanol-water and isopropanol-water mixtures. Journal of Membrane Science, 1999, 160(1): 101-113.

[44] QIN FAN, LI SHUFENG, QIN PEIYONG. A PDMS membrane with high pervaporation performance for the separation of furfural and its potential in industrial application. Green Chemistry, 2014, 16(3): 1262-1273.

[45] SHE MANJUAN. Concentration of flavor distillates and extracts by pervaporation. Department of Chemical& Materials Engineering, South China University of Technology, 2005.

[46] LAZAROVA M, BÖSCH P, FRIEDL A. POMS Membrane for selective separation of ethanol from dilute alcohol-aqueous solutions by pervaporation. Separation Science and Technology, 2012, 47(12): 1709-1714.

[47] JAIMES J H B, ALVAREZ M E T, DE MORAES E B, et al. Separation and semi-empiric modeling of ethanol—water solutions by pervaporation using PDMS membrane. Polymers, 2021, 13: 93.

[48] CASTRO-MUÑOZ ROBERTO. Pervaporation: The emerging technique for extracting aroma compounds from food systems. Journal of food engineering, 2019, 253: 27-39.

[49] WESCHENFELDER THIAGO ANDRÉ, LANTIN PEDRO, VIEGAS MARCELO CALDEIRA. Concentration of aroma compounds from an industrial solution of soluble coffee by pervaporation process. Journal of Food Engineering, 2015, 159: 57-65.

[50] CATARINO MARGARIDA, MENDES ADÉLIO. Non-alcoholic beer-a new industrial process. Separation and Purification, 2011, 79(3): 342-351.

[51] 杨祖金,袁雨婕,葛发欢,等.纳滤技术在中药浓缩中的应用,中药材,2008,31(6): 910-912.

[52] 于健飞,丁忠伟,龙秉文,等.用直接接触式膜蒸馏浓缩中药提取液.北京化工大学学报,2008,35(2): 10-13.

[53] CASSON A, DRIOLI E, GALAVERNA G. Clarification and concentration of citrus and carrot juices by integrated membrane processes. Journal of food engineering,2003,57: 153-163.

[54] LAGANA F, BARBIERI G, DRIOLI E. Direct contact membranedistillation: Modeling and concentration experiments. J Membr Sci, 2000,166(1): 1-11.

[55] 李存玉,马赟,刘奕洲,等.超滤-纳滤联用优化益母草生物碱的浓缩工艺.中国中药杂志,2017,42(1): 101-106.

[56] 宗艳艳,武美蓉,张圆圆,等.中药栀子中栀子苷的精制工艺对比研究.中医药导报,2020,26(11): 54-58.

[57] BLAIS HEREHAU, HO QUANG TRI, MURPHY EOIN G, et al. A cascade microfiltration and reverse osmosis approach for energy efficient concentration of skim milk. Journal of Food Engineering, 2021, 300: 110511.

[58] WEAVER NICHOLAS J, WILKIN GEOFFREY S, MORISSON KEN R, et al. Minimizing the energy requirements for the production of maple syrup. Journal of Food Engineering, 2020, 273: 109823.

[59] LI W, LI Q, GUO L, et al. Traditional Chinese medicine extract properties incorporated energy analysis for membrane concentration processes. Membranes, 2021, 11(9): 673.

[60] 董行健.关于"白利糖度"(Brix).中国南方果树,2005,34(1): 49.

[61] LEWIS M J. Physical properties of foods and food processing systems. Cambridge: Woodhead Publishing, 1990.

[62] ASSEGEHEGN GETACHEW, BRITO-DE LA FUENTE EDMUNDO, FRANCO JOSE M, et al. The Importance of understanding the freezing step and its impact on freeze-drying process performance. Journal of Pharmaceutical Sciences, 2019,108: 1378-1395.

[63] 郭立玮.制药分离工程.北京: 人民卫生出版社,2014.

[64] JULIAN HELEN, LIAN BOYUE, LI HONGYU, et al. Numerical study of CaCO$_3$ scaling in submerged vacuum membrane distillation and crystallization (VMDC). Journal of Membrane Science, 2018, 559: 87-97.

[65] 冯毅,唐伟强,宁方芹.冷冻浓缩提取新鲜茶浓缩液工艺的研究.农业机械学报,2006,37(8): 66-72.

[66] 王志岚,许勇泉,尹军峰,等.绿茶茶汤冷冻浓缩研究初报.食品工业科技,2011,32(2): 208-210.

[67] 蒋文鸿,余金橙,刘素稳,等.玫瑰香葡萄汁冷冻浓缩响应面工艺优化与品质研究.食品研究与开发,2020,41(19): 123-131.

[68] 冯毅,宁方芹.中药水提取液冷冻浓缩的初步研究.制冷学报,2002,3: 52-54.

[69] BAE S K, MIYAWAKI O. Progressive freeze-concentration and its relationship with the ice structure at freezing front. Yano T, Matsuno R, Nakamura K. (eds) Developments in Food Engineering. Boston: Springer, 1992: 382: 384.

[70] GU X, SUZUKI T, MIYAWAKI O. Limiting partition coefficient in progressive freeze-concentration. Journal of Food Science, 2006, 70 (9): E546-E551.

[71] VUIST JAN EISE, LINSSENRIKKE, BOOM REMKO M. et al. Modelling ice growth and inclusion behaviour of sucrose and proteinsduring progressive freeze concentration. Journal of Food Engineering, 2021, 303: 110592.

[72] RANE MILIND V, JABADE SIDDHARTH K. Freeze concentration of sugarcane juice in a jaggery making process. Applied Thermal Engineering, 2005, 25(14-15): 2122-2137.

[73] BURTON J A, KOLB E D, SLICHTER W P, et al. Distribution of solute incrystals grown from the melt. Part Ⅱ. Experimental. Journal of Chemical Physics, 1953, 21: 1991-1996.

第十章
中药干燥过程工程原理与技术应用

干燥是中药制药过程的关键工序之一,其操作对象包括中药材、中药制药中间体(浸膏)及成型固体制剂等,直接影响着药品的质量。干燥新技术的发展是中药制造工业技术转型升级的关键,关系着中药现代化的进程。近年来,尽管干燥技术领域取得许多创新成果,但若干重要问题仍然困惑着干燥技术的进一步提升,如中药物料干燥过程的传热传质规律研究非常薄弱,干燥机制研究有待深入;对中药物料干燥效果的评估体系不能体现中药药效物质整体性的特征;干燥过程的绿色环保尚不完善;干燥过程的自动化、智能化研究严重缺失。为此,深入开展中药物料干燥过程的工程原理研究仍是中药制药分离过程领域的重要任务。

第一节　基于中药物料中水分子行为的
干燥过程工程原理

一、中药物料中水分子的存在形态及其在干燥过程中的迁移行为

干燥是除去固体物质或者膏状物质中所含有的水分或者其他溶剂,获取干燥物的过程。除水过程的难易程度与水分子在物料中存在的状态有关。

1. 中药物料中水分子的存在形态[1]　　一般而言,中药物料所含的水分基本处于下述三种状态。

(1)结晶水:结晶水是化学结合水,如芒硝($Na_2SO_4 \cdot 10H_2O$)中的 H_2O 是化学结合水,一般通过风化的方法除去,成为玄明粉(Na_2SO_4)。

(2)结合水与非结合水:结合水指存在于细小毛细管中的水分和渗透到物料细胞中的水分,这种水难以从物料中除去;非结合水是指存在于物料表面的润湿水分,粗大毛细管中的水分和物料孔隙中的水分。这种水分与物料结合力弱,容易除去。

(3)平衡水分与自由水分:物料与一定温度、湿度的空气接触时,可发生排出水分,或者吸收水分的过程,直到物料表面所产生的蒸汽压与空气中的水蒸气分压相等为止,物料中的水分与空气处于动态平衡状态。此时,物料中所含的水分称为该空气状态下物料的平衡水。平衡水分与物料的种类、空气的状态有关。物料不同,在同一空气状态下的平衡水分不同;同一物料,在不同的空气状态下的平衡水分也不同。所以,自由水和平衡水的划分除与物料有关外,还取决于空气状态。

物料中所含的总水分为自由水与平衡水之和,在干燥过程中可除去自由水(包括全部非结合水和部分结合水),不能除去平衡水。

2. 低场核磁共振及成像技术分析中药材加工过程中水分变化规律　　低场核磁共振(low-field nuclear magnetic resonance,LF - NMR)是利用氢原子核在磁场中的自旋弛豫特性,通过弛豫时间的变化从微观的角度解释样品中水分的分布变化和迁移情况,具有快速、准确、无损、无侵入等优点。近年来,此技术已广泛应用于观测样品干燥过程中水分的存在形式与变化。

段文娟等[2]采用 LF－NMR 及核磁共振成像(nuclear magnetic resonance imaging,MRI)技术对白芍炮制过程中的水分状态和含量进行研究,考察白芍药材水煮、干燥过程中弛豫时间(transverse relaxation time,T_2)和 MRI 图像的变化。结果显示,白芍鲜品中主要是自由水,煮制过程中,结合水的含量下降而自由水的含量增加,煮制过程结束时,白芍药材中自由水的含量达到 90% 以上。干燥过程中,T_2 向左移动,水分流动性降低。MRI 图像显示,白芍炮制过程中水分的增加和减少均是由外而内的过程,干燥结束时,剩余水主要存在于白芍内层。水分的变化对药材炮制后的品质和外观均有影响,低场核磁及成像技术为白芍药材炮制过程中水分的变化提供了直观的参考依据,该研究结果可为根类药材的炮制方法优化及饮片评价提供技术支撑。

陈衍男等[3]利用低场核磁共振技术监测不同干燥方式(热风干燥、蒸制后干燥、分段式干燥、阴干)下光皮木瓜的横向弛豫时间(T_2)反演谱,分析水分迁移变化。结果发现,新鲜光皮木瓜片中含有 3 种状态的水,其含量为自由水>结合水>不易流动水。热风干燥、蒸制后干燥、阴干的规律相似,总水分逐渐散失,水分与非水组分的结合力会增强,蒸制加快了木瓜片的失水率,蒸制后干燥与热风干燥下木瓜片失水速率有显著性差异($P<0.05$)。分段式烘干中,干燥的间歇阶段会发生不同状态水分之间的转换,以重新达到相对稳定的平衡状态。低温干燥对木瓜组织破坏较小,更利于组织中不易流动水转化为自由水,进而较快散失,而高温干燥在前期就对木瓜片组织结构造成破坏,组织收缩变形,水分与非水组织间的结合力出现短暂增强的现象。

3. 时域反射法对杞菊地黄丸干燥过程在线水分测定　　时域反射法(time domain reflectometry,TDR)是利用电磁波在不同介质中的传播速度的差异来测定土壤含水率的一种方法。TDR 测定中药丸剂中水分含量的原理是通过分析电磁波在探头中的传播时间来确定被测丸子的介电常数,再通过介电常数模型来确定丸子的含水量。时域反射计可以实时得到信号值,采用该法测试丸剂干燥过程中水分、环境温度和信号值的关系可以实现实时水分和温度在线监测,从而实现丸剂干燥过程的自动化。

文献报道[4],运用玻璃化转变理论探讨中药丸剂在干燥和储存过程中的干燥特性和物理状态变化的过程、品质变化机制及其对策[5-7],在干燥开始阶段,低温容易使丸剂内部更多孔道处于开放状态,干燥速率增加。因此,第一个变温点是由低温到高温;干燥高温持续一段时间后,丸剂状态由"橡胶状"变成"玻璃态"而容易结壳。因此,第二个变温点是由高温到低温[8,9]。由于生产过程中没有实时水分监测输出数据,变温点的数据很难准确获得,往往凭经验操作。如何实现干燥过程中实时水分和温度在线检测,以此控制变温时间节点,成为工业生产需要解决的问题。

侯晓雅等[4]采用 TDR 通过水分、温度及时域反射计反射信号值之间的关系,建立杞菊地黄丸干燥过程水分模型;以马钱苷和丹皮酚的干燥前后转移率为评价指标,结合干燥总用时、杞菊地黄丸的外观形态,综合考察药丸不同厚度(8、16、24 mm)、不同干燥温度(30、40、50、60、70、80、90℃)对干燥工艺的影响并对变温参数进行分析、验证。结果采用时域反射法测试杞菊地黄丸干燥过程水分模型:$Y = 0.305X － 34.772$,$r^2 = 0.999$;$X = X(T) － (0.768\ 9T － 24.824\ 7)$ ($T \geqslant 30℃$),X 为时域反射值,Y 为真实水分含量;优化后工艺为以 60℃ 干燥至水分为 13.8% 后升温到 80℃ 后,继续干燥至 7.80% 后,降温至 60℃ 干燥到目标水分 5.0%。

二、基于蒸发原理的干燥过程模拟动力学

利用干燥模型对干燥进程和干燥效果进行预测也是指导试验和生产的重要手段,对干燥理论的发展和应用具有重要意义。韦布尔(Weibull)分布函数是瑞典科学家 Weibull 在 1951 年提出的一种概率分布函数[10],具有适用性广、覆盖性强等特点。近年来已广泛应用于湿物料的干燥动力学研究中,并取

得较高的拟合精度,可为相关物料干燥加工的预测、调控提供理论依据。

（一）基于韦布尔分布函数的中药材干燥过程模拟及其动力学研究

沙秀秀等[11]采用韦布尔分布函数,对当归药材采用控温鼓风干燥、控温红外干燥方法,分别在50、60、70℃干燥温度条件下的干燥曲线、水分有效扩散系数及干燥活化能进行模拟与分析。结果表明,韦布尔分布函数能够较好地模拟当归药材在实验条件下的干燥过程（R^2 为 0.994 ~ 0.999）,当归药材的干燥过程属于降速干燥;尺度参数 α 与干燥温度有关,且随着干燥温度的升高而降低;干燥温度对形状参数 β 的影响较小;水分有效扩散系数在（0.425 ~ 2.260）× 10^{-9} m^2/s 范围内,随着干燥温度的升高而升高;控温鼓风干燥和控温红外干燥的干燥活化能分别为 68.82、29.60 kJ/mol。

该研究中,韦布尔分布函数中的尺度参数 α 表示干燥过程中的速率常数。尺度参数 α 受温度影响,温度升高,α 减小,说明升高温度可以显著缩短干燥时间、提高干燥效率。此外,在相同的干燥温度下,不同的干燥方法所对应的 α 也不同。对于相同干燥物料而言,干燥速率常数 α 与干燥温度和干燥方式有关,在同一种干燥方式下,干燥速率常数 α 随着干燥温度的升高而减小。而形状参数 β 与干燥过程中水分迁移机制相关:形状参数 β 在 0.3~1 时,表示物料在干燥过程中是由内部水分扩散控制,即表现降速干燥的特点;形状参数 $\beta>1$ 时,干燥曲线呈现出"Z"形态,表示物料在干燥前期存在延滞阶段,即在干燥前期出现干燥速率先升高而后降低的形态。因此,在描述物料的干燥状态时,可根据韦布尔中形状参数 β 的值与 1 的大小关系来对物料的干燥过程进行判断。

据报道[12],形状参数 β 是一个与被干燥物料形状相关的参数,在同样的干燥条件下,会随着物料的变化而产生差异;同样地,如果干燥过程中物料状态的变化较小,对于形状参数 β 的影响也较小。在当归干燥过程中,不同的干燥方法下当归的性状无明显变化,故其形状参数 β 无明显差异。

当归干燥过程中的干燥曲线采用水分比（moisture ratio,MR）随干燥时间变化的曲线表示。MR 用于表示一定干燥条件下不同干燥时刻的物料含水量,可以用来反映物料干燥速率的快慢。不同干燥时间当归的水分比 MR 按式（10-1）计算。

$$MR = \frac{M_t - M_e}{M_0 - M_e} \tag{10-1}$$

式中,M_0 为初始干基含水率（g/g）,M_e 为干燥到平衡时的干基含水率（g/g）,M_t 为在任意干燥 t 时刻的干基含水率（g/g）。

水分有效扩散系数是表征干燥过程中水分迁移速度快慢的参数。整个干燥过程属于降速干燥,干燥过程中的水分有效扩散系数可以用菲克第二定律计算[13]。物料的水分有效扩散系数 D_{eff} 按式（10-2）计算。由式（10-2）可知,当归在干燥过程中水分比的自然对数 $\ln MR$ 与干燥时间 t 呈线性关系。

$$\ln MR = \ln \frac{8}{\pi^2} - \frac{\pi^2 D_{eff}}{L^2}t \tag{10-2}$$

式中,D_{eff} 为干燥过程中物料的水分有效扩散系数（m^2/s）;L 为当归平均直径,其值是 $1.8×10^{-2}$ m;t 为干燥时间（s）。

该研究表明,温度对当归水分有效扩散系数的影响较大,温度越高,其扩散系数越大。同一干燥温度条件下,不同干燥方法的有效水分扩散系数也不同,控温鼓风干燥<控温红外干燥。该结果与不同干燥方法的传热传质机制有关,控温鼓风干燥对物料由表及里加热,与水分扩散方向相反,而红外干燥是对物料内外同时加热,与水分扩散方向一致,因此控温鼓风干燥水分扩散系数小于控温红外干燥。

（二）基于多种模型的中药复方制剂干燥过程模拟及其动力学研究

齐娅汝等[14]研究了二至丸在不同热风干燥温度（50、60、70、80、90℃）下丸剂的水分比、干基含水率、干燥速率随干燥时间的变化曲线及干基含水率与干燥速率间的关系。利用经验模型 Henderson&Pabis 模型、Newton 模型、Page 模型、Logarithmic 模型、Two term Exponential 模型、Wang&Singh 模型、Midilli 等模型对丸剂干燥过程中水分比与时间的关系进行模型拟合与验证；以菲克定律为依据，确定不同热风干燥温度丸剂的水分有效扩散系数（Q_{eff}）及活化能（E_a）。结果由二至丸干燥曲线发现，二至丸的水分比、干燥速率与干燥介质的温度密切相关，随着干燥时间的延长，物料的水分不断减少；由干燥速率曲线可知，随着热风温度的升高，干燥速率增加，加速水分的迁移。通过比较各模型的相关系数（R^2）和标准误差（RMSE）等，可知 Midilli 等模型的 R^2 平均值最大、X^2 及 RMSE 平均值最小，分别为 0.996 86、2.43×10^{-4} 及 1.93×10^{-4}，结果表明，Midilli 等模型能够很好地描述与预测丸剂的干燥过程；实验数据得到 D_{eff} 值在 $8.6\times10^{-11}\sim3.13\times10^{-10}$ m²/s，E_a 为 30.97 kJ/mol。上述研究的主要方法、内容如下。

1. 丸剂干燥参数的计算

（1）初始含水率：将丸剂放置于称量瓶，称得总质量，然后放入烘箱 105℃恒温干燥 3 h，用电子天平称质量，再继续烘干，直到前、后两次质量差异不超过 5 mg 为止，根据称量前后丸剂质量的变化，得到其初始含水率。本研究中丸剂的含水量均以干基计算，按照式（10-3）计算干基含水率。

$$M_0 = (M - M_d) / M_d \qquad (10-3)$$

式中，M_0 为丸剂的初始干基含水率，M 为物料质量，M_d 为绝干物料质量。

（2）丸剂的水分比（moisture ratio，MR）：不同时间丸剂的 MR 按式（10-4）计算。

$$MR = (M_t - M_e) / (M_0 - M_e) \qquad (10-4)$$

式中，M_0 为丸剂的初始干基含水率，M_e 为丸剂的平衡干基含水率，M_t 为干燥过程 t 时刻丸剂的干基含水率。

由于 M_e 相对于 M_0 和 M_t 很小，可以忽略，因此式（10-4）可以简化为式（10-5）。

$$MR = M_t / M_0 \qquad (10-5)$$

（3）丸剂的干燥速率（drying rate，DR）：丸剂失水的 DR 是指两相邻时刻物料含水率（干基）的差值与时间间隔的比值，其按式（10-6）计算。

$$DR = -(M_{(t+\Delta t)} - M) / \Delta t \qquad (10-6)$$

$M_{(t+\Delta t)}$ 为干燥过程中 $t+\Delta t$ 时刻丸剂的干基含水率。

2. 薄层干燥数学模型　　薄层干燥是指物料厚度在 20 mm 以下，其表面完全暴露在相同的环境条件下进行烘干的干燥方式，在干燥过程中，由于物料厚度远小于筛网直径，所以薄层丸剂被假定为大平板，符合菲克第二定律。忽略温度梯度导致的水分扩散，物料中的水分扩散可被假设为沿物料内部厚度方向的一维扩散过程。建立干燥过程的数学模型对研究干燥变化规律，预测及优化干燥工艺参数有重要作用。几种常用的经验、半经验的干燥数学模型见表 10-1。

表 10-1　薄层数学模型方程[14]

模型序号	模型名称	模型方程
1	Henderson&Pabis[1]	$MR = a\exp(-kt)$
2	Newton[2]	$MR = \exp(-kt)$

模型序号	模 型 名 称	模 型 方 程
3	Page[3]	$MR = \exp(-kZ^n)$
4	Logarithmic[4]	$MR = a\exp(-kt) + b$
5	Two term Exponential[5]	$MR = a\exp(-kt) + (1-a)\exp(-kat)$
6	Wang&Singh[6]	$MR = 1 + at + b''$
7	Midilli[7]	$MR = a\exp(-k/^n) + bt$

t 为干燥时间(s);a、k、b、n 为模型系数。上表中有关数学模型的参考文献见本章"参考文献"。

3. 二至丸的干燥及干燥速率曲线

（1）二至丸的干燥曲线：在恒定风速,丸剂厚度为 5 mm 的条件下分别考察热风干燥温度为 50、60、70、80、90℃对丸剂干燥过程的影响,得到各条件下的干燥曲线见图 10-1、图 10-2。

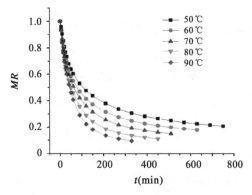

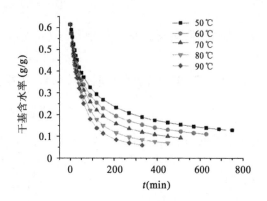

图 10-1　二至丸不同干燥温度的干燥曲线[14]　　　　图 10-2　二至丸不同干燥温度的干基含水率[14]

（2）二至丸的干燥速率曲线：在恒定风速,丸剂厚度为 5 mm 的条件下分别考察热风干燥温度为 50、60、70、80、90℃对丸剂干燥速率的影响,得到各条件下干燥曲线见图 10-3、图 10-4。

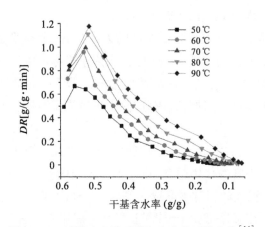

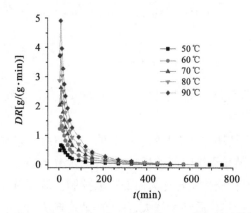

图 10-3　干燥速率随干基含水率的干燥曲线[14]　　　图 10-4　二至丸不同干燥温度的干燥速率曲线[14]

图 10-3 显示随着热风温度的升高,DR 增加,加速水分的迁移。图 10-3 和图 10-4 的 DR 在干燥初期,干燥曲线的斜率先呈现增大的趋势,这是由于物料内部与表层温度同时急剧升高,表面的水分受热首先蒸发扩散,导致表面温度低于内部,外部和内部温度不一致产生内外温度梯度,这一温度梯度推

动水分向外表面迁移。之后不同干燥温度的曲线总体呈现先降速后恒速的干燥阶段。由曲线可知,水分的减少主要发生在降速干燥阶段。通过文献调研表明,二至丸降速干燥阶段可用热力学第二定律解释,水分由较高含水量的区域移动到较低含水量区域和水分由内部扩散到表面,扩散是控制丸剂水分运动的主要物理机制[15]。干燥时间至 150 min 以后,二至丸的干燥过程进入恒速干燥阶段,在该阶段不同干燥温度的干燥速率几乎接近,因此二至丸在干燥后期可采用低温干燥。根据二至丸的不同干燥阶段,采取变温干燥来实现物料干燥的方法,是对传统方法的改进。大量的研究表明,变温干燥可以使干燥时间缩短、有效成分保留率高、色泽保持性好、水分活度低[16]。由于干燥所处的阶段不同,水分与物料结合的方式不同,干燥过程所消耗的能量不同;变温干燥使表面与内部产生很大的温差,使传热传质的动力变大,提高丸剂内部水分的驱动力,加快水分的扩散,提高干燥效率[17]。

4. 活化能 E_a 物料内部水分的扩散与物料温度有关,其关系符合阿伦尼乌斯方程(Arrhenius equation)。干燥 E_a 表示干燥过程中蒸发单位摩尔的水分所需要的启动能量,物料的 E_a 越大表明其越难干燥[18],D_{eff} 与 E_a 的关系可根据阿伦尼乌斯方程建立。

$$D_{eff} = D_0 \exp(-E_a / RT) \tag{10-7}$$

式中,D_0 为阿伦尼乌斯方程的指前因子(m^2/s),R 为气体常数[8.31 J/(mol·K)],T 为干燥温度(K)。

将式(10-7)等号两边分别取自然对数,可得到 $\ln D_{eff}$ 与 $1/T$ 的线性关系表达式(10-8)。

$$\ln D_{eff} = \ln D_o - E_a / RT \tag{10-8}$$

对实验数据线性拟合由式(10-8)可得到 $\ln D_{eff}$ 与 $1/T$ 线性关系的斜率值 $-E_a/R$,从而计算出 E_a。

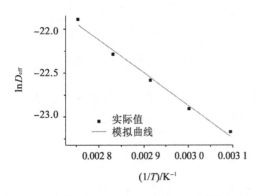

图 10-5 $\ln D_{eff}$ 与 $1/T$ 拟合结果[14]

由上述计算所得二至丸热风干燥在不同温度下的 D_{eff},作 D_{eff} 自然底对数与温度倒数间的关系图,再根据 D_{eff} 与 E_a 的关系,可依据 Arrhenius 方程式(10-7),得到如图 10-5 所示的曲线结果。从图 10-5 中可看到丸剂干燥过程中 $\ln D_{eff}$ 与 $1/T$ 呈现线性关系,直线方程分别为 $\ln D_{eff} = -11.693 - 726.93/T$, $R^2 = 0.990$。由式(10-8)可得丸剂干燥过程中水分 E_a 为 30.97 kJ/mol。

干燥是物料中的水分受热被除去的过程,主要受温度和湿度两个方面的影响,中药丸剂干燥过程传热传质的效率,最终影响中药丸剂干燥品质的形成。若干燥过程中丸剂内部水分迁移与边界层蒸发速度不对称,导致丸剂干燥过程周期长、成分损失、出现裂丸、结壳、假干燥等现象。

上述图 10-1 和图 10-2 的干燥曲线结果显示二至丸的水分比、干燥速率与干燥介质的温度密切相关,随着干燥时间的延长,物料的水分不断减少,水分梯度的作用越来越小,干燥界面内移,干燥过程由表面传质控制转化为内部扩散控制。温度越高,干燥温度的相对湿度越低,物料与空气产生的温差越大,使传热传质动力越大,使干燥速率越大,因此高温可以显著减少干燥时间,提高干燥速率。图 10-3 和图 10-4 的干燥速率曲线显示水分的减少主要发生在降速干燥阶段,水分由较高含水量的区域移动到较低含水量区域和水分由内部扩散到表面,扩散是控制丸剂水分运动的主要物理机制。干燥时间至 150 min 以后,可考虑采用变温干燥丸剂,缩短干燥时间,有效成分保留率高,并使丸剂内部的水分扩散均匀,减少丸剂内外的水分梯度差,避免出现结壳、假干燥等现象。

三、干燥对浸膏、丸剂性质等影响及其作用机理

大量研究证明不同干燥方法与工艺会导致中药浸膏性质的改变,但其影响机理尚不明确。因此,加强中药浸膏干燥机理的研究,综合分析浸膏微观内部结构(多孔结构、孔隙度、孔隙分布、孔隙的连通性)、表面化学成分分布、化学成分的存在状态(水化物、溶剂化物、晶体、无定形)及化学结合力(配位键、氢键、范德华瓦耳斯力)等对浸膏物理性质的影响,对于合理选择中药浸膏干燥方法具有指导意义[19]。

(一)干燥过程对药物组分晶形与体外溶出的影响

丹参酮是一类具有二萜醌结构的化合物,难溶于水,口服吸收差,其药效的发挥受到很大的限制。采用熔融法和溶剂法制备丹参提取物的固体分散体,虽可显著提高脂溶性成分丹参酮 Ha 的溶出度。然而由于载体用量一般较大,丹参酮组分中有效成分含量相对较低,服用剂量相应增加。

蒋艳荣、丁冬梅等[20,21]在不添加辅料的条件下,通过喷雾干燥法处理丹参酮组分,运用比表面积测定法、扫描电镜法、差示扫描量热法和 X 射线粉末衍射法等方法对丹参酮 II_A 粉体进行分析,考察其体外溶出度和稳定性。结果显示,经喷雾干燥处理后的丹参酮 II_A 具有较窄的粒径分布范围及较大的比表面积;喷雾干燥处理前丹参酮 II_A 为不规则结晶体状态,而喷雾干燥处理后丹参酮 II_A 的表面形态结构发生了变化,喷雾干燥产物多为圆整性及均一性较好的类球状颗粒,明显的块状晶体消失。

差示扫描量热法、X 射线粉末衍射法图谱显示喷雾干燥处理后的丹参酮组分结晶峰强度显著减弱或消失,表明有效成分可能主要以非晶体形式存在;丹参酮 II_A 的 8 h 累积溶出度为 85.2%;而同期(8 h)未经喷雾干燥处理丹参酮 II_A 的累积溶出率仅为 44.3%。该结果表明,喷雾干燥处理丹参酮 II_A,通过减小药物粒径,使药物以非晶体形式存在。非晶型由于其无晶格束缚,自由能大,有利于提高药物的溶出度。从而为提高难溶性药物体外溶出度提供了一种简单、快速的方法。

稳定性试验中发现,经喷雾干燥处理的丹参酮 II_A 在 6 个月后溶出度降低,可能是由于其中以非晶形式存在的药物处于一种热力学不稳定状态,经一段时间放置后,发生重结晶现象。后期计划探索在喷雾干燥过程中引入 5%~10% 的高分子辅料抑制结晶来改善其稳定性。

(二)干燥技术原理对粉体学性质及其后续成型工艺的影响

干燥是中药浸膏形成的关键环节,其过程不只是简单的水分蒸发,还涉及能量的传入和水分的传出过程。中药浸膏干燥因干燥原理的不同,不仅使浸膏粉的物理性质发生不同程度的改变,更进一步影响后期制粒、混合、压片等生产工艺的难易程度及最终制剂的质量。目前,中药提取物干燥方式按干燥原理不同,主要有真空干燥(vacuum drying,VD)、真空微波干燥(vacuum microwave drying,VWD)及喷雾干燥(spray drying,SD)3 种方式。李延年等[22]研究以丹参提取物为模型药,全面考察上述不同干燥方式对丹参浸膏粉物理性质的影响。结果表明,浸膏粉的物理性质与干燥方式的干燥原理密切相关。

在 VD 过程中,浸膏处于相对静止的过程,VD 通过热传导方式将热量由物料外部向内部传导,使水分从内部慢慢向表面扩散并蒸发,阻碍了热量向物料内层传递,易出现表面假干燥现象,导致物料易结成硬块。因此,经 VD 的丹参浸膏粉体较为紧实,其粉体松密度(ρ_b)最大。VWD 依据介电损耗原理,借助微波辐射使水分子急剧运动而产热,使物料内外同时均匀加热,不易出现表面假干燥和结壳现象,水分子变成水蒸气使物料蓬松多孔,易于粉碎,所得 ρ_b 较小,但同样需二次粉碎;SD 是利用雾化器将提取液分散为细小的雾滴,与热气流进行热交换后迅速蒸发溶剂形成干浸膏粉。其粉末粒径小而均匀,具有较大的比表面积(SSA)和孔体积(PV),因此具有较好的压缩成型性。但是由于粉末粒径小、SSA 大,粉体间的接触面积增大,增加了粉体间的摩擦力和黏附作用,使粉体间不易发生相对流动,最终导致 SD 粉体流动性极差。

将各浸膏粉的物理属性转化至同一尺度作为粉体学性质的二级指标[22]，根据粉末的物理性质将其粉体学性质归纳为均一性、堆积性、流动性、可压性和稳定性 5 个方面，并通过二级指标计算出各平均值。结果表明，SD 产物具有良好的均一性和可压性，VD 和 VWD 产物则具有优越的堆积性能。采用夹角余弦法计算各浸膏粉物理指纹谱的相似度，结果显示，SD 与 VD 浸膏粉体学性质相似度为 79%，与VWD 的相似度为 81.3%，而 VD 与 VWD 的相似度高达 98.2%。可能由于 VD 和 VWD 在制粉末制备过程中，经过了同一粉碎、过筛处理，使粉末粉体学形态趋于相同。通过粉体物理属性指标计算各粉体的参数指数（index of parameter，IP）、参数轮廓指数（index of parametric profile，IPP）及良好可压指数（index of good compression，IGC）值，用于辅助判断粉体的可压性。采用粉末直接压片法对各粉体压缩成型形进行相应研究，发现 3 种粉体制得片剂片重差异大，表明各粉体在填充过程中都不易流动；SD 压制的片剂抗张强度较大，表明该粉体压缩成型性良好，而 VD 和 VWD 的片剂抗张强度很小，表明该粉体可压性较差。

李远辉等[23]选取金银花、丹参、大青叶药材的水提液为研究对象，研究了 VD、VWD、SD 3 种干燥方式及不同工艺参数对其粉体学性质的影响，结果发现，不同干燥方式及 SD 的不同工艺参数对浸膏的粉体学性质有较大影响（表 10-2）。

表 10-2 干燥方式对金银花、丹参、甘草水提物粉体学性质的影响[23]

模型药	干燥方式	休止角(°)	吸湿增重（%）	粒度(pm)	比表面积（m²/g）	孔隙度（×10⁻³·m³/g）	抗张强度（MPa）
金银花	VD	43.3	22.64	41.723	0.280 9	1.451	1.41
	VWD	46.6	20.51	40.677	0.227 3	1.226	1.49
	SD	51.4	25.85	5.219	0.834 4	7.308	1.63
丹参	VD	47.2	20.19	36.068	0.140 7	1.106	1.18
	VWD	48.9	21.86	36.722	0.149 1	1.129	1.22
	SD	50.6	22.30	4.206	0.533 0	5.310	1.26
大青叶	VD	45.9	29.88	32.524	0.178 8	0.787	1.63
	VWD	49.7	22.46	32.891	0.187 5	0.762	2.20
	SD	53.7	28.99	6.219	0.691 5	3.895	2.58

该表所显示的 VWD 得到的浸膏较不易吸湿，可能是由于微波辐射（能量为 10~100 J/mol）易造成物料中氢键（键能为 8~50 kJ/mol）的断裂，引起物料与外界环境中的水分子吸附能力减弱，并且由于微波频率与分子的转动频率相近，微波被极性分子吸收时，可以通过在分子中储存微波能量与分子平动能量发生自由交换，即通过改变分子排列的焓或熵效应来降低反应活化能，从而改变了反应的动力学；同时微波场的存在会对分子运动造成取向效应，使反应物分子在连心线上分运动相对加强，造成有效碰撞频率增加，从而更易引起极性化学键的断裂[24]。

（三）干燥工艺参数对吸湿性等粉体学性质的影响及其机制

宗杰等[25]以骨痹颗粒复方（由桑寄生、骨碎补、千年健、牛膝、鸡血藤、油松节、土鳖虫等组成）水提液为实验体系，分别以 SD 进口温度、送料密度、送料速度、空气流量为考察因素，采集不同 SD 条件下中药提取物的含水量与吸湿性数据，建立吸湿方程、吸湿速度方程、吸湿加速度方程，并以电镜扫描手段比较不同 SD 条件下各样品的微观形态。研究发现，不同 SD 条件下各样品吸湿动力学过程及其微观形态存在差异，其吸湿过程为非匀减速过程。该研究主要方法与结果如下。

根据预实验研究结果,选择进口温度(120、180℃);进样密度(1.01、1.05 g/mL);送料速度(10、20 mL/min);空气流量(30、50 m³/h)因素水平,设计平行比较实验(A、B、C、D 4因素,各两水平)。除考察因素以外,其他的条件保持一致,考察不同 SD 因素对粉体含水量与平衡吸湿量的影响。

(1)粉体的吸湿性测定:中药粉体的吸湿性能往往采用平衡吸湿量表征,但平衡吸湿量所代表的是物料达到吸湿平衡时的含水量。有些物料虽然平衡吸湿量很大,吸湿过程却很缓慢;而有些物料在一定短时间内吸湿量猛增,之后却增长缓慢。所以平衡吸湿量只能衡量吸湿终点物料的特性,而不能反映物料吸湿过程的速度特征。为表征物料吸湿速率,该研究参考相关文献[26],引入吸湿率-时间曲线及吸湿初速度、吸湿速度、吸湿加速度等参数。以冀能较全面地表征中药喷干粉的吸湿行为。

(2)平衡吸湿量测定方法:取样品约 300 mg,精密称量,平摊于称量瓶中,厚度不超过 5 mm,开盖置于干燥器中 48 h 脱湿平衡。精密称重后置于 25 相对湿度 75%的恒温恒湿箱中,每隔一定时间测定,计算吸湿增重,一直维持 24 h。

(3)喷雾干燥样品吸湿率-时间曲线的绘制:计算吸湿率,以吸湿率为纵坐标,时间为横坐标,绘制吸湿率-时间曲线。吸湿率=(吸湿后样品质量-吸湿前样品质量)/吸湿前样品质量×100%。

(4)吸湿过程动力学分析:粉体吸湿过程数据一般可用多项式方程进行拟合,对喷雾干燥各样品的吸湿曲线数据进行回归拟合,可得到如下吸湿方程[27]。

吸湿过程动力学分析,粉体吸湿过程数据一般可用多项式方程进行拟合,对喷雾干燥各样品的吸湿曲线数据进行回归拟合,可得到如下吸湿方程:

$$\omega = a_n t^n + a_{n-1} t^{n-1} \cdots + a_2 t^2 + at + c \tag{10-9}$$

式中,ω 为吸湿率;t 为时间 a_n,a_{n-1},a_2,a,c 分别为常数。

对上述吸湿方程进行一阶求导,得到吸湿速度方程。

$$r = n a_n t^{n-1} + (n-1) a_{n-1} t^{n-2} \cdots + 2a_2 t + a \tag{10-10}$$

式中,r 为 t 时刻的吸湿速度。

吸湿刚开始时,$t=0$,则吸湿的初始速度为 $r_0 = a$。当达到吸湿平衡时,吸湿速度为 0,则可令方程(10-10)的值为 0 从而求得吸湿平衡时间。对上述吸湿速度方程一阶求导,得到吸湿加速度方程。

$$r' = n(n-1) a_n t^{n-2} + (n-1)(n-2) a_{n-1} t^{n-3} \cdots + 2a_2 \tag{10-11}$$

式中,r' 为吸湿加速度。

由式(10-9)~式(10-11)求算各样品的吸湿初速度。

各喷雾干燥粉样品的"吸湿"方程见表 10-3。

表 10-3 不同喷雾干燥粉的"吸湿"方程

序号	吸湿方程拟合系数	吸 湿 方 程	吸湿速度方程	吸湿加速度方程
A_1	0.983 5	$\omega = -0.002\ 2t^4 + 0.083\ 6t^3 - 1.175t^2 + 7.71t + 1.341\ 9$	$r = -0.088t^3 + 0.250\ 8t^2 - 2.351\ 6t + 7.71$	$r' = -0.026\ 4t^2 + 0.501\ 6t - 2.351\ 6$
A_2	0.971 9	$\omega = -0.003\ 2t^4 + 0.125\ 3t^3 - 1.753\ 2t^2 + 10.412t + 1.824\ 4$	$r = -0.012\ 8t^3 + 0.375\ 9t^2 - 3.506\ 4t + 10.412$	$r' = -0.003\ 84t^2 + 0.751\ 8t - 3.506\ 4$
B_1	0.958 7	$\omega = -0.001\ 8t^4 + 0.087\ 5t^3 - 1.623\ 2t^2 + 9.493\ 6t + 1.739\ 7$	$r = -0.007\ 2t^3 + 0.262\ 5t^2 - 2.861\ 0t + 9.239\ 4$	$r' = -0.002\ 16t^2 + 0.525\ 0t - 2.861\ 0$

续　表

序号	吸湿方程拟合系数	吸湿方程	吸湿速度方程	吸湿加速度方程
B_2	0.998 3	$\omega = -0.000\,5t^4 + 0.028\,3t^3 - 0.597\,8t^2 + 5.790\,0t + 0.499\,5$	$r = -0.002t^3 + 0.084\,9t^2 - 1.195\,6t + 5.790\,0$	$r' = -0.006t^2 + 0.169\,8t - 1.195\,6$
C_1	0.968 6	$\omega = -0.003t^4 + 0.117\,6t^3 - 1.623t^2 + 9.493\,6t + 1.739\,7$	$r = -0.012t^3 + 0.352\,8t^2 - 3.246t + 9.493\,6$	$r' = -0.036t^2 + 0.705\,6t - 3.246\,4$
C_2	0.970 6	$\omega = -0.003\,1t^4 + 0.118\,8t^3 - 1.631\,7t^2 + 9.450\,6t + 1.600\,1$	$r = -0.012\,4t^3 + 0.356\,4t^2 - 3.263\,4t + 9.450\,6$	$r' = -0.037\,2t^2 + 0.712\,8t - 3.263\,4$
D_1	0.998 3	$\omega = -0.001\,7t^4 + 0.073\,3t^3 - 1.165t^2 + 8.178\,8t + 0.118\,1$	$r = -0.006\,8t^3 + 0.219\,9t^2 - 2.33t + 8.178\,8$	$r' = -0.020\,4t^2 + 0.439\,8t - 2.33$
D_2	0.965 4	$\omega = -0.004\,1t^4 + 0.156t^3 - 2.073\,9t^2 + 11.159t + 1.803\,3$	$r = -0.016\,4t^3 + 0.468t^2 - 4.147\,8t + 11.159$	$r' = -0.004\,92t^2 + 0.936t - 4.147\,8$

（5）微粒的形貌观察：取不同条件下制备的 SD 粉末少许，固定于电镜样品台导电胶上喷金，然后在真空条件下进行成像观察。结果显示，在 120、180℃不同的 SD 进口温度下，均出现了较强程度的粘连。结合含水量测定结果分析，认为过低与过高的进口温度均不利于 SD 的进行：过低的进口温度导致含水量过高，可诱导粉末的黏性产生；过高的进口温度使粉末的含水量过低，不仅粉末吸湿活性更强，且粉末易于团聚也会加剧粉末的粘连。不同的进料密度下粉体的粒径出现了明显的差异，送料密度为 1.01 g/mL，粉体的粒径在 1~3 μm；而送料密度为 1.05 g/mL，大部分粉体粒径都集中在 6 μm 左右。不同送料速度下的喷干粉体的形态与粒径未见明显差异。不同空气流速的粉体粒径也出现了明显差异，空气流速 30 m³/h 中大颗粒的数量明显多，粒径集中在 4~10 μm；而空气流速 50 m³/h 粒径明显偏小，大部分集中在 1~2 μm。另外，实验也发现，除了 120、180℃时粉末发生严重粘连之外，其他各组的粉末均呈现出了较优的球状，一般认为球形颗粒具有更好的粉体学性质。

（6）吸湿初速度与吸湿平衡时间计算结果：为了表征不同 SD 条件下粉末的吸湿特征，按照表 10-3 的拟合方程进行了数学计算，得到各组不同条件喷干粉末的吸湿初速度与吸湿平衡时间数据（表 10-4）。

表 10-4　不同 SD 条件下粉末的吸湿初速度与吸湿平衡时间[25]

序号	吸湿初速度（g/h）	吸湿平衡时间（h）
1	7.710 0	13.550 0
2	10.412 0	6.447 6
3	9.239 4	5.936 0
4	5.790 0	11.700 0
5	9.493 6	8.364 2
6	9.450 6	9.619 5
7	8.178 8	9.169 1
8	11.159 0	5.103 7

注：吸湿量按 100 g 样品计，表中平衡吸湿时间是令平衡吸湿方程的值为 0，解该一元三次方程并根据吸湿曲线实际情况优选所得。

实验结果表明，喷雾送料密度、喷干温度、空气流量均对含水量和粉体形态有较大影响，该实验体系较优的 SD 条件为进口温度为 150℃,进料密度为 1.05 g/mL,进料速度为 20 mL/min,空气流速为 30 m³/h。

(7) 关于吸湿机制的若干分析:整个吸湿过程的主要影响因素有两大类。一类是制剂原料的物理特性,如制剂原料的孔隙率、含水量、粒径、粒子的表面性质等;另一类则是由制剂原料的化学特性,如化学基团所决定的制剂原料与水分子之间的吸引力。从该实验结果来看,SD 条件的不同,造成了粉体物理性质,如含水量、粒径等的差异,而这些差异也确实带来了粉体吸湿性能上的不同。

吸附理论认为制剂原料吸湿的主要动力是水的扩散,环境中的水分子吸附于制剂原料表面,随着水分子浓度的增大,内外压差促使水分逐步向内部渗透。因而,中药的吸湿行为可以描述为水分子向内部扩散的一个过程,而此过程可以用菲克第二定律(10-12)来描述。

$$dw/dt = -DA(dc/dx) \qquad (10-12)$$

式中,w 为 t 时浸膏表面含水量,dw/dt 为扩散速度,A 为扩散面积,dc/dx 为浓度梯度,dc 代表表面的水分子浓度,dx 表示扩散间距。"-"表示扩散方向为浓度梯度的反方向,即扩散物质由高浓度区向低浓度区扩散。D 为扩散系数(其受多方面因素影响,如温度)。

由菲克第二定律可知,扩散面积、扩散系数、浓度梯度越大,水分的扩散速度越快,也就是吸湿性越强,反之则越弱。所以吸湿曲线的分析结果可以结合 SD 粉末不同样品微粒的电镜扫描图和菲克第二定律来得到合理的解释。

SD 粉末不同样品微粒的电镜扫描图显示,由于温度较高,A_2 组粉末的含水量更低,其表面的活性基团具有更强的吸水活力。所以其在短时间内可以吸附大量的水,具有更高的吸湿初速度 10.412 0 g/h。当表面吸附一定的水后,由于 A_2 组粉末内部的含水量(2.66%)也很低,造成了内外大的浓度梯度,所以吸湿速度也较 A_1 组更快。但随着内部水分的越来越多,内外水分子浓度梯度的减小,其吸湿速度也急剧减缓。而 120℃ 粉末由于内外的含水量(6.79%)均要高,所以无论是外部的吸水速度还是水分向粉体内部扩散的速度都要慢,造成了总体吸湿过程的缓慢,吸湿平衡时间也更长为 13.55 h。

SD 粉末不同样品微粒的电镜扫描图中 B_2 组的粉体粒径要比 B_1 组明显大,可见相同质量的粉体,B_1 组的比表面积要比 B_2 组大。由菲克第二定律可知,B_1 组的扩散初速度与扩散速度要比 B_2 组快。所以 B_1 达到吸湿平衡的时间也更短。这与表 10-3 的结果相符。在实验中发现随着实验过程的进行,粉体 B_1 出现了部分液化的现象。其原因可能是随着吸水过程快速进行,诱导了粉体之间的黏性增大,导致粉体之间互相黏附。而此过程带来的影响是扩散表面积减小,扩散速度变慢。与此同时,也伴随着浓度差的影响,即随着水分扩散的进行,粉体内外的水分浓度差快速减小,进而导致扩散速度的进一步变慢。

SD 粉末不同样品微粒的电镜扫描图中 C_1、C_2 粉体粒径未见明显差异,可见进样速度不同对粉体粒径的影响不大。由相关计算可知,C_1 组粉体含水量为 3.97%,C_2 组含水量为 4.73%,可见含水量的差异也不大。该研究同时发现,C_1、C_2 两组喷干粉末的吸湿拟合曲线很相似,每个时间点的吸湿率也相差较小。C_1、C_2 两组的上述结果再一次提示粉体的粒径差异和含水量是影响粉体吸湿性的主要因素。

干燥工艺参数对吸湿性等粉体学性质的影响亦有较多文献报道,如以复方黄连干粉含水量及盐酸小檗碱损失率为指标[28],考察不同进风温度、喷速对复方黄连干粉质量的影响。结果表明,下述工艺因素对喷雾干燥产品有较大影响:① 进风温度越高,盐酸小檗碱损失率越大,干粉含水量越低;反之,进风温度越低,盐酸小檗碱损失率越小,干粉含水量越高。同时,喷速越高,盐酸小檗碱损失率越小,干粉含水量越大;反之,喷速越低,干粉含水量越小。② 提取溶媒的浓缩液密度也对干粉质量产生一定的影响。用不同体积分数醇提的药材提取液,回收乙醇浓缩并喷雾干燥,发现提取溶媒含醇量越高,干粉越容易吸湿黏结成团,含水量高;同时发现,浓缩液相对密度在 1.03 以下时,由于浓缩液体积过大,SD 时间长,成本高,随着浓缩液相对密度增大,干粉颜色加深,且越容易吸湿,相对密度超过 1.05 时,容易堵塞雾化器,若相对密度超过 1.10,则由于药液黏稠而无法进行喷雾干燥。③ 压缩空气压力对喷雾干燥结果也产生一定的影响,压力越小,干粉越粗,越不易制粒,压力低于 2.0 kg 时,不能雾化;反之,压力越大,干粉越细,越容易制粒,但压力过大,高于 4.5 kg,雾化器转速太快,则会损坏雾化器。

（四）干燥方式对丸剂品质形成的影响[29]

中药丸剂是指饮片细粉或提取物加适宜的黏合剂或其他辅料制成的球形或类球形制剂,其按辅料不同主要分为水丸、蜜丸、水蜜丸、浓缩丸、糊丸、蜡丸等。中药丸剂具有中国特色的传统而经典的剂型,我国较早的医方集《五十二病方》中所记载药物剂型最常用的是丸剂,《中国药典》(2015 年版)一部共收录单位药及中药成方制剂 1 493 种,其中丸剂 466 种,约占 31.21%。其特点药效持久、缓和,可减激性药物可因延缓吸收而减少毒性和不良反应。丸剂的制备过程中影响中药丸剂品质的因素众多,如药粉的性质、黏合剂的类型、制备丸剂的方法、制药设备、制备工艺、干燥及质量标准,也直接影响丸剂成品的质量,丸剂干燥是影响丸剂有效性及安全性的重要因素。中药丸剂干燥过程传热传质的效率,最终影响中药丸剂干燥品质的形成。若干燥过程中丸剂内部水分迁移与边界层蒸发速度不对称,导致丸剂干燥过程周期长、成分损失,出现裂丸、结壳、假干燥、阴阳面等现象。

(1) 外观形态：外观是反映丸剂质量最直观的指标,适宜的干燥设备及工艺是保证丸剂圆整度和色泽的必备条件。干燥过程中温度过高、过低或受热不均匀均会影响丸剂的外观形态。丸剂干燥温度过高,会使丸剂表面的水分先行气化,阻止内部的水分扩散到表面,不利于干燥的持续进行,导致药丸裂变及假结壳等。如果干燥温度过低,间接延长干燥时间,使丸剂易滋生细菌,黏性低的药丸会脱落掉渣、松散易碎,是外观形状发生改变。若受热不均使丸剂内部水分不能均匀扩散,药丸出现色泽不一致、花丸、阴阳面等,影响丸剂质量指标,降低临床疗效。研究表明[30],不同干燥方式对胡萝卜粉色泽的影响显著程度大小为：中短波红外干燥>真空干燥>真空微波干燥>热风干燥。观察不同干燥条件对大黄水体物样品颜色的影响[31],结果显示：样品颜色的深浅程度分别为：常压干燥>真空干燥、微波干燥、冷冻干燥>喷雾干燥。

(2) 含水率：丸剂中含水量的高低及结合状态对丸剂的色泽均匀度、硬度和稳定性等重要特性有直接的影响。有关研究表明[32,33]温度对含水量的影响较大,温度越高,水分散失的速率越快,所需的干燥时间越短。

(3) 药物成分含量：中药丸剂由多种不同的中药配伍而成,多种中药药物成分相互配伍可能发生的未知氧化、水解等反应[34-36],使中药固体制剂药物成分更为复杂。《中国药典》(2015 年版)一部对中药丸剂含量均匀度未作规定。大量文献研究表明,相同丸剂不同的干燥设备及干燥工艺,可造成中药丸剂质量存在较大差异,使药物的含量差异很大,从而对中药丸剂的有效性产生较大影响。

中药丸剂干燥选择的设备和工艺不同,指标性成分含量不同,如使用微波干燥技术和常压烘干技术干燥补肾填精丸[37],淫羊藿苷质量分数分别为 0.9,1.4 mg/g,相差 0.5 mg/g;使用微波减压干燥机干燥前列安丸,干燥时间分别为 40、50 min,丹酚酸 B 质量分数分别为 6.34、8.67 mg/g,相差 2.33 mg/g[38]。尤其是含热敏性成分的丸剂,六味地黄丸中的丹皮酚溶解于热水中,干燥时温度高,该成分随水蒸气挥发而损失,因此干燥温度不宜超过 70℃[39]。因此,含挥发性成分较多的丸剂应低温焖烘,一般 60℃ 以下干燥,且含挥发性成分多的药物细粉极为疏松,温度过高使热交换太快,细粉之间结合松散且极易开裂,影响丸药的含量及性状。

(4) 溶散时限：研究表明影响丸剂的溶散时限是多方面的,包括药粉的性质、黏合剂的类型、制备工艺、含水量、干燥设备及工艺等。对杞菊地黄丸干燥工艺的优选研究过程中表明[40],丸剂的含水量越低溶散时间越长,含水量过低不能保持丸粒的疏密度,比表面积较小,相对孔隙也减小,不利于水分的渗透。通过研究不同干燥温度对不同类型的丸剂溶散时限的影响[41,42],结果发现温度在90℃时,所有丸剂的溶散时限均不合格;80℃时仅少部分药材崩解合格;70、60℃时,各丸剂的溶散时限均合格。从而提示,干燥温度对丸剂溶散时限的影响效果明显,应根据中药丸剂的组成成分对中药丸剂进行干燥。含动物类药材的丸剂干燥温度应控制在60~70℃,一般类型的丸剂干燥温度应控制在70~80℃。丸剂在干燥过程中温度应梯度上升,否则丸剂表面的水分会先行蒸发,是外层形成一层致密的硬壳,不利于水分的渗入,使溶散时限不合格。

使用减压干燥箱、烘箱、减压冻干机干燥小活络丸[43],结果表明:溶散时限分别为92.0、110.6、8.9 min;同样采用该3种方法干燥六味地黄丸,溶散时限分别为43.2、41.5、8.0 min。采用烘箱和多层隧道微波干燥机分别干燥逍遥丸和金芪降糖丸[44],结果表明微波干燥比烘箱燥干燥时间短,溶散时限有所降低,分别相差18.0、7.6 min,该研究结果充分说明不同干燥设备对丸剂的溶散时限有显著影响。

四、干燥过程的玻璃化转变及其对产品品质的影响与策略

(一)玻璃化转变概述

玻璃化转变理论源于食品科学领域,蛋白质、淀粉、糖等组成食品主体的常见高分子物质有着与低分子物质不同的结构特征,这些高分子物质一般存在非晶态成分,根据其力学性能随温度变化的特征,可以把这些高分子物质划分为3种力学状态,即玻璃态、橡胶态和黏流态[45,46]。其中玻璃态与橡胶态之间的转变区称为玻璃化转变区,3种力学状态下的高分子物质存在下述转化的机制:① 在玻璃态下,高分子物质内部的分子运动能量不足以克服主链内旋转的位垒,因此不足以激发起链段的运动,即链段处于被冻结的状态。只有那些较小的运动单元如侧基、支链和小链节可以运动,而高分子链不能实现从一种构象到另一种构象的转变。这时体系的宏观力学状态表现为玻璃态,分子运动的能量很低,体系的黏度很高(μ>10 Pa·s)[47-49]。② 当物料温度上升,分子热运动能量增加到一定阶段时,分子能量足以克服内旋转的位垒,这时链段运动被激发,链段构象可改变,物质进入橡胶态。当受到力作用时分子链可以通过链段的构象改变来适应外力的作用。例如,受到拉伸时,分子链可从卷曲状态变到伸展状态,因而表现在宏观上可以发生很大的变形。一旦外力除去,分子链又要通过单键的内旋转和链段运动回复到原来的卷曲状态。由于在橡胶态下的变形是外力作用促使高分子主链发生旋转的过程,所以较小外力情况下即可发生较大的变形,同时许多物理性质如比热、膨胀系数也将发生急剧变化,其中力学性能尤为突出[50,51]。温度继续上升,高分子物质可以表现出黏性流动的状态,即黏流态。③ 高分子物质由橡胶态变化到玻璃态有一个时间历程,期间要经过一个玻璃化转变区。玻璃化转变是一个受动力控制的物态变化过程,它发生在一个温度区间内而不是在某个特定的单一温度处,不同于平衡的热力学相变过程。食品聚合物科学中把物质从橡胶态向玻璃态转变过渡时对应的温度称为玻璃化转变开始温度(T_{g1}),玻璃化转变结束时(形成了玻璃态)所对应的温度称为玻璃化转变结束温度(T_{g2})。T_{gg}是高分子玻璃化转变理论中的关键参数,取决于化学组成、含水量、温度等因素[52,53]。

(二)中药丸剂干燥过程中类玻璃化转变现象

如上所述,由于在干燥过程中,蛋白质、淀粉、多糖等食品和生物物料,可导致非晶态高分子物质的存在,其物质状态对温度和水分的变化很敏感。随着水分和温度的变化,这些物质具有玻璃化转变特征,可以由玻璃态变化到橡胶态[54,55]。

中药丸剂如水蜜丸、水丸、糊丸、浓缩丸中除含有药效物质外,还含有水、糖类、蛋白质、胶类、黏性物质等其他成分。从成分组成上,中药物料组成与食品具有很大的相似性,中药浸膏在干燥和储存过程中

受水分和温度的影响可存在玻璃化转变的现象已被证实[56-58]。基于中药浸膏制备的中药丸剂中的糖类、淀粉等成分干燥过程中可能同样会形成非晶态的物质,受水分或温度变化(如干燥脱水或吸湿)等因素影响,其非晶态部分的物理性质可能也会发生类玻璃化转变的现象。当丸剂物料温度高于其玻璃化转变温度时,则物料呈现橡胶态,膨胀系数、比体积及扩散系数都比较高,弹性模量小;反之呈玻璃态,膨胀系数、比体积及扩散系数都比较低,弹性模量大。

中药湿丸剂干燥过程中,丸剂含水量是不断变化的,根据戈登-泰勒(Gordon-Taylor)方程(10-13)[59],由于水的玻璃化温度为-135℃,可极大地降低物料体系的玻璃化转变温度。因此,可推测干燥过程中由于丸剂表面与内部水分蒸发扩散速度的非均一性,导致丸剂表面与内部体系的玻璃化转变温度存在差异。通常情况下丸剂表面的含水量低于内部的含水量,因此,丸剂表面的 T_g 高于内部的 T_g,同等温度条件下丸剂表面玻璃化转变要早于丸剂内部,从而将导致丸剂内外力学性质产生显著差

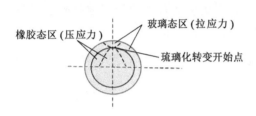

图 10-6　中药丸剂的"类玻璃化转变"示意图[59]

异。如图 10-6 所示,当丸剂整体温度高于其自身的玻璃化转变温度时,干燥首先使丸剂表面产生单纯由于失水引起的外拉内压,但是很快由于表面玻璃态开始形成,玻璃态物质的收缩更大,即外拉力量成倍增大,在丸剂内部会形成如图10-6 所示的明显的 2 个区域,靠近表面一层为由玻璃态物质及正进行玻璃化转变的物质组成,它们承受拉应力;中心层为由处于橡胶态的物质组成,承受压应力,在玻璃态层和橡胶态层之间是玻璃化转变开始点。

$$T_g = \frac{(1-w)T_{gs} + kwT_{gw}}{(1-w) + kw} \qquad (10-13)$$

T_g、T_{gs}、T_{gw} 分别是混合体系、高分子聚合物或非晶态物质和水的玻璃化转变温度,已知 T_{gw} 为-135℃,w 为含水量,k 是戈登-泰勒方程的参数。

(三) 基于璃化转变理论的中药丸剂干燥机制分析

丸剂的干燥机制可通过干燥特性曲线进行分析。丸剂干燥特性曲线由干燥曲线、温度曲线及表面温度曲线组成。根据丸剂干燥速度的变化可将干燥过程分为 3 个阶段:预热阶段、恒速干燥阶段和降速干燥阶段。

丸剂玻璃化转变温度随着丸剂内部水分的降低而升高(图 10-7)。丸剂干燥时其含水率随着干燥时间的进行而减少。因此,可认为干燥过程中丸剂的玻璃化转变温度随干燥时间的进行将逐渐升高(图 10-7)

(1) 预热阶段(AB 段):干燥介质供给丸剂的热量主要用来提高丸剂温度,只有一部分热量使水分蒸发。丸剂的大量失水并未开始,且这个阶段时间很短,因此此时丸剂含水率高,导致丸剂自身的 T_g 很低,丸剂的干燥温度大于其自身的 T_g,丸剂力学状态表现为橡胶态。

(2) 恒速干燥阶段(BC 段):干燥介质提供的热量正好等于水分蒸发所需要的热量时,干燥过程进入恒速干燥阶段。此阶段虽然丸剂的总含水率不断下

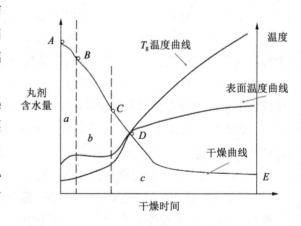

图 10-7　中药丸剂的玻璃化转变温度曲线、干燥曲线与表面温度示意图[59]

a. 预热干燥阶段;b. 恒速干燥阶段;c. 降速干燥阶段

降,但其表面保持湿润,丸剂干燥温度仍大于其自身的 T_g,其力学状态仍保持橡胶态。

(3)降速干燥阶段(CDE 段):丸剂干燥速度逐渐下降,温度逐渐上升。恒速阶段与降速阶段的交点 C 称为第 1 临界点。从 C 点以后,丸剂表面水分蒸发速度大于内部水分的扩散速度,而且表面水分蒸发速度逐渐减小。这时,丸剂表面力学状态开始进入玻璃化转变区。当丸剂表面水分蒸发现象停止时,此时由于丸剂表面的玻璃化转变温度略高于外部干燥温度,丸剂干燥过程到达第 2 临界点 D(此时丸剂的含水量为临界含水量),丸剂水分的蒸发表面向丸剂内部转移,丸剂表面力学状态进入玻璃态,即表面已形成玻璃态,并且逐层向里发展。可认为,D 点对应丸剂临界玻璃化转变温度。图 10-7 中显示干燥过程中丸剂含水率大于 D 点对应的含水率时,此时丸剂的玻璃化温度低于干燥温度,丸剂状态为橡胶态。反之,小于 D 点对应的含水率时,丸剂为玻璃态。

(四)基于玻璃化转变理论的中药丸剂表面结壳、裂纹等品质变化机制

(1)表面结壳:表面结壳是丸剂干燥中常有的现象,既直接影响丸剂的干燥效果,又间接影响丸剂的崩解性能与溶散时限[60]。表面结壳使丸剂干燥失水的阻力增大,影响干燥速率,根据前述戈登-泰勒方程,其原因可能由于物料干燥速度过大时,其表面水降到一定程度后,物料表面迅速由橡胶态迅速转变为玻璃态(玻璃化转变区很小,图 10-7 中表现为 CD 段很短)。在这个过程中,物料内部水分来不及扩散到表面以补充失去的水分,最终结果是表面收缩成玻璃态而结壳,即造成丸剂的"假干燥",甚至产生裂纹。这种状态下,只有保证玻璃态的外壳有较大的强度,才能使丸剂表面不致产生裂纹。

(2)裂纹:干燥后丸剂产生裂纹会严重影响其质量品质。丸剂降速干燥一定时间后,因为表面首先开始进入玻璃化转变区,体积逐渐收缩而使表面产生拉应力,相应则内部产生压应力。因为丸剂玻璃态表面的弹性模量大(小变形即能产生很大的应力),当拉应力超过丸剂本身的极限强度时表面将产生裂纹。此时丸剂内部进入玻璃化转变区的时间较慢,有较大的塑性,能承受较大的变形,一般不至于产生裂纹。当丸剂在干燥后立即冷却时也容易产生裂纹。这其中可能存在 2 种原因:如果丸剂表面已经发生玻璃化,则因为处于玻璃态的丸剂表面弹性模量大,迅速冷却时,收缩产生很大拉应力,易超过材料承受能力,易产生裂纹。如果丸剂表面尚未发生玻璃化,在迅速冷却时,丸剂表面因温度骤降到 T_g 以下而迅速形成玻璃化,因此同样易产生裂纹。

(五)等温吸附曲线数学模型协助优选干燥技术及其工艺参数

干燥工序最终产品质量评价包括产品的吸湿性、溶解性、润湿性、含水量、粒子大小和形态与药效物质保留率等。而物料中糖的玻璃化对于干燥后产品的稳定性至关重要。一旦在干燥过程中,物料中的糖以晶体形式析出和存在,将会大大影响干燥后产品的稳定性。特别地通过分子模拟技术 Material Studio 协助下发现在干燥过程中,物料所含糖的含水量、水分子和糖分子形成的氢键及水分子在物料中的活动性,都与干燥物料中的糖成分的玻璃化有直接的关系[61]。

中药提取液里含有高含量的糖成分和有机酸,这些成分的玻璃化温度较低。当干燥温度高于物料的玻璃化温度 10~20℃,物料中的成分就容易从无晶体状转化成橡胶状,更加容易引起黏壁、结块等问题[62,63]。而且由于它们分子带有的极性末端结构,使得它们更加容易与环境中的水分子结合,从而使得产品更易吸湿。Mathlouthi 和 Rogé 提出,关于天然产品吸湿性的研究可以通过构建该产品的等温吸附曲线数学模型[64],从而更加好地设计干燥工艺参数及干燥技术的选择。也可通过等温吸附曲线的数学模型,预测在一定储存环境中中药干燥成品的吸湿情况。

王雅洁等人对人参提取干燥后的成品进行了等温吸湿数学模型构建[65]。研究中采用了 Mod-BET、Halsey、Henderson 和 GAB 等常用理论水分吸附/吸解模型进行拟合。其中发现在室温 25℃状态下,人参提取干燥成品的吸湿率可达 35%,而这种极高吸湿性与提取物中含有的极性高的多糖和皂苷密切相关。而韩鹏军等人[66]针对升麻葛根汤颗粒、达原饮颗粒、桃核承气汤颗粒 3 种中药颗粒剂的吸湿模型

进行拟合,进一步确认了不同中药提取物的成分与吸湿过程动力学紧密相连。根据国际理论和应用化学联合会分类,上述3种中药颗粒剂吸湿行为都属于第3种类型,通常表现出颗粒与吸附质之间的作用力小于吸附质之间的作用力,在协同作用下导致均匀的单一吸附层尚未完成之前已经形成的多层吸附,吸附容量随着吸附的进行而迅速提高,同一温度下的平衡含水率在相对湿度区间较低的时候上升缓慢,而在中间和高相对湿度区间急剧上升,一般常见于多糖含量较高的天然产物中。

其他相似文献有报道,GAB模型可适用于大黄、黄芪、菊花、当归药材的水提喷雾干燥粉[67],葛根提取物[68]、五味子水提喷雾干燥粉[69]的吸湿等温线模型,而GAB模型则不适用于黄芩提取物喷干粉[70]、人参提取物喷干粉[65]的吸湿等温线模型,表明中药提取物成分对吸湿过程与速率有着决定性影响。一般认为,中药提取物干燥成品的吸湿分为3个步骤:① 表面吸附阶段,环境中水分子在中药提取物干燥成品吸附凝聚成液滴,形成饱和溶液;② 溶解阶段中,液滴进一步溶解饱和溶液层;③ 水分子扩散到内部。不同种类和不同干燥制备工艺可以使得吸湿率和扩散率不一样。

桂枝茯苓胶囊由桂枝、茯苓、牡丹皮、桃仁和白芍5味药材组成,胶囊中的提取物属于半浸膏粉状,一般认为具有活血、化瘀、消癥等功效,用于治疗痛经、子宫肌瘤等疾病。陈琪等人针对桂枝茯苓胶囊中的提取物吸湿性进行了人工智能模型构建与预测[71]。其中,对胶囊内粉状提取物的粒径及分布、休止角、松装密度、振实密度、豪斯耐比、卡尔指数、颗粒间孔隙率及吸湿性进行测试。根据实验测试数据分析及计算得到的54个参数,作为输入模型的变量,输出值为测得的吸湿性,进行模型训练。使用的算法包括了PLS、CART、MART和GPS算法,这些算法特征包括了能够处理非线性、多维的复杂体系,并进行特征降维。以上机器学习算法都用于对变量重要性列表进行建模精炼,筛选重要输入变量。研究发现,表明桂枝茯苓胶囊提取物的吸湿性与软材细粉的休止角和湿颗粒的振实密度有关,而休止角的大小是粉体粒子大小和粒径分布、粉体表面性质及粒子间相互作用力的综合体现,休止角越大,吸湿性越强。湿颗粒振实密度与颗粒的粒径分布、骨架密度和孔隙结构有关,因而影响颗粒吸湿性。湿颗粒振实密度与黏合剂加入量和浓度有关,提示生产过程中需及时调整黏合剂用量和浓度来保证颗粒的吸湿性处于一定的均匀范围内。湿颗粒振实密度还有可能与制粒过程中所加辅料的性质有关。

笔者认为中药产品的干燥工艺优化,还必须关联中药溶液环境中的特征参数及成分(尤其是分子量较低的糖),为关于干燥最终产品的人工智能预测模型搭建的参数选择提供更加可靠的理论支持。

(六)基于玻璃化转变理论的中药制剂干燥工艺与储存优化设计策略

(1)基于玻璃化转变理论的丸剂干燥工艺优化设计原理:由上述丸剂可能存在的干燥机制可知,干燥过程中丸剂品质的变化(表面结壳、裂纹等)是由于丸剂各部分进入玻璃态的不一致、不均匀造成的。因此,尽可能减小丸剂各部分进入玻璃态的不一致性,是控制中药丸剂干燥品质退化的一种手段。从图10-7中可知,干燥时间或丸剂水分临界点D前后干燥工艺的合理选择至关重要:① D点前,采用振动干燥、红外干燥、热风对流干燥、真空干燥等方式,增加丸剂与干燥介质的接触面积,提高传热传质的交换速度,加快丸剂外部蒸发速度,有利于丸剂表面类玻璃化状态的快速形成,是此阶段中药丸剂干燥的关键;② D点后,采用减少丸剂外部蒸发速度,或者提高干燥介质的湿度,或停止干燥进行缓苏的措施,可防止丸剂表面玻璃态的形成,利于中药丸剂内部水分的充分扩散,最大限度地保证丸剂的干燥品质。

可见,设计温度与湿度可变调控的脉冲干燥设备,对保证中药丸剂的干燥品质,提高丸剂的干燥效率具有重要的现实意义。

(2)基于玻璃化转变理论的丸剂储存条件优化设计原理:丸剂经过干燥处理后,储存过程中受水分或温度压力的影响同样面临玻璃化转变的发生。因此,确定丸剂的临界储存条件对保持丸剂的质量

品质具有重要意义。如图 10 - 8 所示,在 $T_g = 25℃$
(室温)时,含湿量与含水量关系曲线上的 C 点,对应
的相对湿度与丸剂含水量即为丸剂的临界残余含湿
量,以及对应的储存条件。此临界条件下,各成分处
于性质稳定的玻璃态,这时物质内部的结晶化、各种
化学反应及其他的品质退化反应等能力均被抑制,对
保持丸剂品质极为有利。所以以丸剂储存温度、含湿量
与储存湿度应低于其对应的临界值。

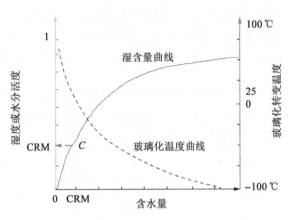

图 10 - 8　丸剂的残余含水量、水分湿度及
玻璃化转变温度的关系示意图[59]

（七）基于玻璃化转变理论的中药浸膏喷雾干燥
工艺改造

玻璃化转变理论认为,影响物质玻璃化转变温度
的主要因素是水的增塑作用与相对分子量的大小。
传统工艺通过添加各类高相对分子量的辅料来提高体系的玻璃化转变温度,从而使干燥过程顺利进行,
以解决黏壁问题。但这会导致产品中辅料比例太大,增加服药量。

鉴于水的玻璃化转变温度很低,为 $-135℃$,水分对浸膏粉的玻璃化转变温度会有很强的增塑作用,
何雁等[72]提出对喷雾干燥过程中水分进行严格控制以抑制玻璃化转变的策略。其所开展的主要研究
为:以口炎清(天冬、麦冬、玄参等五味中药组成的复方)浸膏为模型药,分别对湿空气(RH 70%)和干
空气条件进行喷雾干燥,同时考察干空气下不同压缩空气比对喷雾结果的影响及进风温度分别为 100、
110、120、130、140℃时对喷雾干燥粉粉体学性质(浸膏得粉率、粘连百分比、含水量、休止角、压缩度、粒
径大小与分布)的影响。对理想粉末进行吸湿性和不同平衡含水量下玻璃化转变温度(T_g)的测定,分
别用 GAB 方程[73]和戈登-泰勒模型对水分活度与平衡含水量之间及平衡含水量与 T_g 之间进行拟合,得
到口炎清浸膏粉的状态图,可用以指导其合理储存条件。研究发现,干空气下浸膏粉含水量随着压缩空
气比的增加而降低且压缩空气比为 100% 时喷雾效果最好。湿空气下浸膏粉的得率极低,其含水量和
T_g 分别为 4.26%、16.73℃;其他相同仪器参数相同,干空气下浸膏粉的含水量和 T_g 分别为 2.43%、
24.86℃,与湿空气相比,含水量降低了 42.96%, T_g 提高了 8.13℃。从状态图分析可知口炎清浸膏
粉在 25℃ 下达稳态时的临界含水量为 3.42%,临界水分活度(α_w)为 0.188。由此可见,水分降低了中药浸膏
粉的 T_g 是造成其喷雾干燥黏壁和软化的主要原因,因此加入干空气对于中药浸膏喷雾干燥有重要的指
导作用。

T_g 除受含水量的影响之外,也与相对分子量的大小直接相关。相对分子量越大,分子与分子之间的链
段所形成的结构就越稳定,表现出该物质从玻璃态到橡胶态(黏流态)所需要的温度也就越高, T_g 随之升
高。从不同进风温度喷雾干燥条件的实验结果来看,口炎清浸膏粉含水量增加 1%,其玻璃化转变温度降
低 10.3℃,可见水分对玻璃化转变温度影响很大。通过在进风处加入一个除湿机,避免了喷雾干燥过程中
空气中的水分,能够提高物料的玻璃化转变温度,因此能十分有效地改善喷雾干燥过程,尤其能对富糖类
物料(如经过水提醇沉工艺后的浸膏中主要化学成分为多糖类)的喷雾干燥改善更为明显。

五、干燥技术选择的适应性原则

确保中药浸膏性质与干燥技术原理兼容,是合理选择干燥工艺技术的原则。中药浸膏除含有效成
分外,还含有一定量的鞣质、蛋白质、胶类、糖类和树脂等成分。对于中药浸膏干燥技术的评价与选择,
除考察中药浸膏干燥产品的含水率、有效成分的量和干燥速率外,与干燥产品质量相关的其他指标也应
该得到重视,如干燥产品的色泽、浸膏粉体的孔隙率、溶散时限等。由于中药成分的多样性和复杂性,不

同性质和成分的中药浸膏应选择适宜的干燥方式。因此，在对中药浸膏进行研究时，应确认其是否含有热敏性有效成分，评估干燥损失对产品质量的影响，同时研究药液黏性随浓度、温度变化的规律，再结合实际情况对干燥工艺进行合理的选择。表 10-5 可供选择干燥技术时参考。

表 10-5　各干燥工艺的特点、适用范围及存在的问题[73]

干燥技术	优　　点	缺　　点	适 用 范 围
喷雾干燥	干燥速度快，干燥时间短（3~10 s），干燥效率高，制备的提取物流动性好、松散度好、液体可直接制取无菌粉	体积大，动力消耗大，传热系数低，热效率低，易黏壁	适用于含芳香性成分、热敏性成分的干燥，目前主要应用于中药提取液的干燥、喷雾干燥制粒、喷雾干燥制备微囊和喷雾包衣 4 个方面
流化床干燥	干燥效率高，速度快，干燥均匀，产量大，适合于大规模生产	由于气泡现象造成流化不均匀，相间接触效率偏低且工程放大较困难，动力消耗较大等	现主要用于片剂、颗粒剂制备过程中的制粒干燥及水丸、小蜜丸的干燥
微波干燥	不需要预热，无热阻，干燥速度快；干燥温度低，有效成分不挥发，收率高；物料受热均匀，干燥时间短、能耗不高；微波干燥的同时也完成了灭菌功能，且灭菌效果比较好	微波干燥应用于提取物和浸膏时，在干燥速度上具有明显优势，但容易产生有效成分损失的问题	广泛应用于中药材、中药提取物、浸膏、散剂、丸剂、胶囊剂、片剂等方面；富含挥发性或热敏性成分的中药材、含大量淀粉、树胶的天然植物都不适合使用微波干燥
真空冷冻干燥	低温、低压下脱水，可避免成分因高热而分解变质，能较好地保存物质成分、结构、色、香、味	设备及操作工艺复杂，投资大，干燥速率较低，能耗较高	适用于极不耐热物品的干燥，广泛应用于人参、西洋参、冬虫夏草、鹿茸等中药材中；也是制备各种中药脂质体、毫微粒、纳米乳的常用方法
远红外干燥	所辐射出的能量与大多数被辐射物的吸收特性相一致，吸收率大，效果好，耗能少，质量高，成本也低	远红外波长短，透入深度小，适合干燥薄层药材，是否适用于所有类型药材的干燥还有待于更多深入研究	适合于含水量大，有效成分对热不稳定、易腐烂变质或贵重药材及饮片的快速干燥。目前，远红外干燥技术主要用于中药材、饮片、丸剂、散剂、颗粒剂等的干燥灭菌工艺

在中药浸膏生产中，有时用单一形式的干燥设备干燥物料可能达不到相关质量要求，因此，可以考虑采用多种干燥工艺组合对浸膏进行干燥，目前常用的组合干燥方式有喷雾-流化床干燥、喷雾冷冻干燥等。

第二节　基于快速蒸发效应的喷雾干燥过程工程原理与技术应用

喷雾干燥是目前工业上常用的干燥方式，目前该技术已广泛应用于中药制药行业。喷雾干燥是流态化技术用于液态物料干燥的较好方法。它是将液态物料浓缩至适宜的密度后，使雾化成细小雾滴，与一定流速的热气进行热交换，使水分迅速蒸发，物料干燥成粉末状或颗粒状的方法。因是瞬间干燥，特别适用于热敏性物料；产品质量好，能保持原来的色、香、味，易溶解，含菌量低；可根据需要控制和调节产品的粗细度和含水量等质量指标。喷雾干燥可制得 180 目以上极细粉，且含水量≤5%。喷雾干燥不足之处是进风温度较低时，热效率只有 30%~40%；虽设备清洗较麻烦，但采用蒸汽熏洗设备，可收到较好的效果[74]。

一、喷雾干燥技术的工程原理

1. 喷雾干燥技术的蒸发原理[74]　　喷雾干燥的瞬间干燥功能源于其快速蒸发原理，而气液相平衡是蒸发过程的基本原理。蒸发过程把大量存在于液相中的组分(不如说就是液相本身)使之向气相蒸发而除去。这时即使气相含有不活泼的第三组分也不会产生不良影响。然而,大多数情况下气相中只有纯粹组分i。可以认为液相侧组分i在向气液界面移动时,阻力几乎为零。但液相中不蒸发组分的存在,使得溶液的蒸汽压要比相应温度下纯组分的蒸汽压低,这就是通常说的沸点升高现象。处于气液界面液相侧组分i的蒸汽压P_{il}^*与气相侧组分i的蒸汽压P_{ig}^*之差ΔP_i就是使组分i向气相侧蒸发的推动力。多数情况下,气泡是在液相侧生成并长大的。对于蒸发过程的分析与吸收和气体的有所不同,蒸发速度的大小是由如何将使组分i蒸发所需的热量送至气液界面来决定的。也就是说,如果热的补充不够充分,将减少,蒸发推动力ΔP_i降低,而当$\Delta P_i = 0$时,气泡就不再长大,蒸发也就停止了。另外,对于气相中的组分i,无论是采用排放、冷凝,还是真空泵抽吸等措施将其除去,都可以使P_{ig}^*减小,增大推动力ΔP_i。毫无疑问,组分i的蒸发速度也与气液接触面积成正比。

2. 喷雾干燥过程中粒子形成的原理 喷雾干燥过程是将一混合液体喷入的热干燥空气中,混合物可以是溶液、乳浊液、悬浊液或悬浮液。混合物被喷雾成成千上万个小颗粒。这个过程增加了物质的表面积,溶剂被快速蒸发,产物被干燥成粉末,粒子或团状物。其基本原理如图10-9所示。

由于喷雾干燥过程条件及物料性质的不同,粒子在干燥的过程中会发生形态的变化,Vehring R 等人提出了影响粒子形成过程的两个无量纲参数[75]:一个为 Peclet 数(P_e),描述粒子表面溶质的积累情况,此参数与溶质的扩散运动及溶剂的蒸发速率相关;另一个为溶质的饱和度,见式(10-14)。

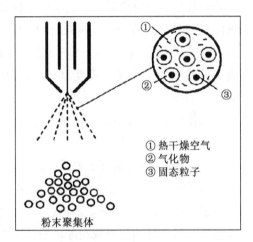

① 热干燥空气
② 气化物
③ 固态粒子

$$P_e = \frac{R^2}{\tau_d D} \qquad (10-14)$$

图 10-9 喷雾干燥过程粒子形成原理简图[75]

其中,τ_d是液滴干燥所需时间,R 为液滴半径,D 为溶质的扩散系数,R^2/D 是液滴内部的溶质自液滴边缘扩散到中心所需要的时间。喷雾干燥粒子的最终形态与液滴内部溶质的运动行为有密切关系。当$P_e<1$ 时,液滴内溶质干燥速度较慢,因而有足够的时间使溶质自液滴边缘向中心扩散,在液滴内部重新分布,最终溶质不易在粒子表面富集。反之,当$P_e>1$ 时,溶质在液滴表面干燥析出的速率远大于溶质由边界扩散至中心的速率,易滞留在液滴的边界形成外壳;随着液滴内部溶剂的进一步挥发,使得壳层变厚,实现自外向内的干燥[76]。如果形成的外壳能够承载足够的机械应力,那么最终将形成空心的固体球形粒子,若形成的外壳不足以承载足够的机械应力,那么随着干燥的进行,将形成皱缩或有裂口的粒子。各种粒子形成模型见图10-10。

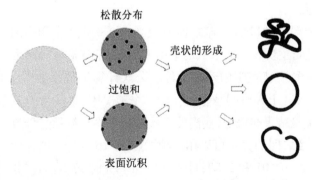

松散分布

壳状的形成

过饱和

表面沉积

图 10-10 喷雾干燥法制备粉体颗粒的形态变化[76]

喷雾干燥的效果取决于所喷雾滴直径。雾滴直径与雾化器类型及操作条件有关。当雾滴直径为 10 μm 左右时,每升料液所成的液滴数可达$1.91×10^{12}$,其总表面积可达$400\sim600$ m²。因表面积很大,传热传质迅速,水分蒸发极快,干燥时间一般只需零点几秒至十几秒钟,故具瞬间干燥的特点。同时,在干燥过程中,雾滴表面有水饱和,雾滴温度大致等于热空气的湿球温度,一般约为50℃左右,故特别适用于热敏性物料,制品质量好。此外,干燥的制品多为松脆的颗粒或粉粒,溶解性能好,对改善某些制剂的溶出速度具有良好的作用。

二、喷雾干燥过程的粒度分布变化规律

目前液滴干燥理论模型可以分为确定性模型、半经验干燥特性曲线模型(characteristic drying curve, CDC)[77]和新型的反应工程方法模型(REA)[78]。反应动力学方法(reaction engineering approach,REA)模型对离散相的预测与实验结果更接近并且节约计算资源。

吕凤等[79]利用群体粒数衡算(population balance,PB)计算机模拟和相关实验,研究了甘露醇水溶液的喷雾干燥过程中液滴的粒度分布的变化规律。液滴干燥过程中的颗粒粒度的萎缩速率,在群体粒数衡算模型中描述为液滴的逆(或负)生长项,通过单个液滴反应动力学方法(reaction engineering approach,REA)获得。基于单个液滴干燥的 REA 模型和 PB 模型集成建立 PBREA 模型。PBREA 模型的求解通过高分辨率数值方法完成。该研究模拟了不同工况下,不同粒径液滴的干燥时间、液滴平均含湿量及液滴粒度分布随时间的变化。结果显示,液滴粒径越大,干燥时间越长,模型预测的颗粒平均粒径为实验值的 1.0~1.5 倍,粒度分布跨度是实验值的 0.61~0.89 倍。模拟误差主要来源于液滴及颗粒粒径分布统计精度、单个静止液滴与群体运动液滴干燥的差异、热导率及扩散系数是经验值 3 个方面。

在使用 Buchi 290 小型喷雾干燥仪进行的实验中,借助图像采集和分析方法得到了液滴及颗粒的数密度分布,并和模拟结果做了对比。图像分析法是一种常用的获取数密度粒度分布的方法[80,81]。该研究中,每个样品的溶液配置好后,添加 0.2%的品红溶液,在与制备颗粒相同的操作参数下,在喷嘴下方 5 cm 处放置一个直径为 2 cm,盛有二甲基硅油的培养皿[82,83],使用 Buchi290 的喷嘴,喷雾得到液滴。显微镜下,液滴呈红色的球形。颗粒的粒度信息则是通过分析扫描电子显微镜图片得到,干燥后的颗粒成规则的球形。液滴和颗粒均随机采样 1 000 个,使用 Image J 统计液滴和颗粒的数密度粒度分布。

根据甘露醇的质量分数 10%和 15%,以及雾化气体流量 4.1 L/min 和 5.95 L/min,把样品分为 4 组。4 种样品经过干燥后的产率为 71.3%~84.4%,含湿量在 0.38%~1.22%之间,体积中位直径为 7.24~11.76 μm,分布跨度在 1.39~1.62 之间。液滴和颗粒粒度分布跨度可用式(10-15)计算。

$$分布跨度 = (D_{90} - D_{10})/D_{50} \tag{10-15}$$

喷雾干燥过程影响颗粒粒径变化的因素主要有液滴的萎缩、液滴/颗粒的团聚和破裂等。液滴萎缩的主要原因是液滴中的水分蒸发,导致液滴的直径减小。该实验结果经图像处理得到 4 个实验样品的液滴和颗粒的数密度粒度分布,液滴群干燥成颗粒群后累积密度分布整体向直径减小的方向偏移,这说明液滴干燥成颗粒后直径是往减小的方向变化。液滴在干燥过程中,液滴萎缩对液滴粒径变化起主要作用,而非团聚和破碎。如果是团聚作用占主导时,颗粒直径会大于液滴直径[84],而从扫描电子显微镜的结果中看到颗粒是完整的球形,极少有破裂的现象。

实验结果同时表明,不同粒径液滴的含湿量随着时间的增加逐渐变小,直至减小至 0.6,4 个样品的干燥时间分别为 2.69、1.01、4.47 和 1.61 s。干燥时间主要和扩散系数的取值有关,由于球形液滴蒸发时的扩散系数很难准确地测量[85],该研究使用甘露醇溶液在管内蒸发的经验公式计算扩散系数[86]。对比 4 种情况的液滴干燥过程,液滴的平均粒径越大,其干燥时间越长。在同一个工况中,直径为 D_{10}、D_{50}、D_{90} 的液滴所对应的干燥时间也是依次增大。实验结果亦表明,液滴的干燥时间主要与粒径与母液浓度有关,在相同母液浓度下,液滴的干燥时间与粒径之间的关系可以用二项式(10-16)拟合,拟合优度为 1。当母液浓度为 10%时,α_1、α_2、α_3 分别为 0.49、-0.01 和 2.79;母液浓度为 15%时,α_1、α_2、α_3 分别为 0.14、0.03 和 3.65。

$$t_{Drying} = \alpha_1 + \alpha_2 D + \alpha_3 D^2 \tag{10-16}$$

研究结果表明,该模型可以有效地预测喷雾干燥过程中干燥颗粒的平均粒度及分布跨度。

三、基于计算流体力学方法的喷雾干燥过程优化[87]

计算流体力学(computational fluid dynamics,CFD)是建立在经典流体力学与数值计算方法基础上的一门新型独立学科,涉及多领域、多学科交叉,包括计算机科学、流体力学、偏微分方程的数学理论、计算几何学、数值分析等。它利用计算机的强大计算功能,模拟流体的流动情况,数值求解流体运动和传热传质的三大守恒定律,从而预测流体的动量、热量和质量的转移。由于喷雾干燥过程中液滴在塔内的传热传质过程伴随相变的气、液、固三相流动,在干燥塔内直接测量相关数据极其困难,计算流体力学在喷雾干燥技术领域常用于液滴及颗粒的干燥行为的预测,主要集中在流动相的温度场、速度场及含湿量的模拟。本部分主要介绍CFD技术通过模拟喷雾干燥过程中的流体流动和各种热力学参数的分布信息,在设计喷雾干燥仪结构、预测喷雾干燥过程、优化工艺参数和研究物料器壁沉积方面的应用。

1. 提高喷雾干燥仪结构设计工作效能　　喷雾干燥塔设备体积庞大,热效率低,能耗大。在设计过程中,为获得较佳的设备尺寸参数,通常要对喷雾干燥塔及相关参数进行反复计算,工作量大。文献报道,采用正交设计安排试验方案,以锥冒半径、锥冒角度、排风管插入锥冒的深度为考察因素,借助Fluent软件,对不同方案下干燥塔内流场进行数值模拟,由模拟结果确定喷雾干燥塔塔底的最优排风设计,大大降低设计成本,提高设计速度[88,89]。该方法还被成功用于喷雾干燥塔的放大设计、防止物料塔壁沉积的装置的安装方案设计等工程项目[90,91]。如模拟不同参数对干燥性能的影响,为提高干燥塔的性能,选择不同几何形状(圆柱圆锥形、灯笼形、沙漏形和圆锥形)的干燥塔设计方案提供依据[92]。

2. 预测喷雾干燥过程　　通过CFD数值模拟,可得到干燥过程中的气体湿度、速度和温度分布,以及颗粒运动的轨迹、直径变化和停留时间等详细信息[93],以分析不同工艺条件对产品质量的影响,进而优选获取最佳工艺。如应用气粒两相流和CFD理论,结合喷雾干燥的特点,建立模拟喷雾干燥室内气体-颗粒两相湍流流动的CFD模型,通过模拟脉动气流干燥过程,获取干燥室内气体-颗粒两相流动力学和热力学参数的分布信息[94];采用CFD技术分析旋流式单喷嘴压力雾化器的喷雾干燥塔内气、固、液三相流场,对干燥系统的结构及工艺参数进行优化[95];采用CFD预测压力式雾化器下新型减水剂的喷雾干燥过程,对该新型减水剂的干燥进行可行性验证[96];通过CFD对气流喷嘴的雾化干燥过程的数值模拟,建立适合气流式喷嘴的气体-颗粒两相运动及液滴雾化干燥的完整模型,获取干燥室内气体流场和颗粒运动轨迹、气体局部湿度和温度变化及不同初始直径液滴在干燥室内的干燥规律等信息[97];采用CFD绘制牛奶的喷雾干燥曲线,用以通过液滴的直径预测干燥时间[98]。

3. 优化喷雾干燥工艺参数　　如运用CFD软件研究蜂蜜混合料液在离心喷雾干燥塔内的运动及水分蒸发情况,通过建立离心雾化器的雾化模型及喷雾干燥室内气固两相运动、蒸发等的CFD模型,对蜂蜜喷雾干燥过程开展仿真试验,获取喷雾干燥室内气流的温度分布、雾滴的运动轨迹和蒸发情况等。并通过试验验证了该模型的适用性,得到了蜂蜜喷干的最佳工艺条件[99];利用CFD模拟了盐溶液在喷雾干燥过程中的含水量变化,分析各工艺参数对含水量的影响,结果表明进液速度和雾化压力对湿度曲线的径向和轴向都有较大的影响[100];利用CFD研究喷雾干燥工艺参数对物料器壁沉积的影响,以期通过模拟得到最佳的参数来提高收率。研究表明,浓度高的溶液颗粒易聚集,与器壁的撞击率增加,因此得出进液速度和物料浓度越低,产品收率越高的结论,并用脱脂牛奶的喷雾干燥试验验证了CFD预测结果的准确性[101]。

4. 研究物料器壁沉积问题　　物料沉积不仅影响产品最终的质量、收率,且造成设备清洗困难,降低连续生产的效率,是中药喷雾干燥过程的技术瓶颈之一。应用CFD分析喷雾干燥过程,以了解物料沉积的原因、沉积的位置和影响因素,可减少产品损失,提高生产效率。国外学者利用CFD对此展开了深入研究。通过模拟不同平均直径(36、79、123和166 μm)橙汁液滴的喷雾干燥过程,发现直径越大的粒子湍流的程度越小,更早到达锥形部位的器壁,因此在干燥塔圆锥部位的沉积要多于在圆筒部位的沉积,而大部分直径小的粒子由于动量较小,无法逃离流体气旋中心被干燥带走[102]。该结论验证了"液滴的初始直径对器壁沉积的位置有较大影响"的文献报道[101]。通过Fluent软件模拟牛奶的喷雾干燥过程发现,干燥塔器壁的温度对物料沉积也有影响,与干燥塔顶部圆形区域和中间的圆筒区域比较,下面的锥形部位剪切力较高,大部分粒子都沉积在该部位[103]。

应用Fluent 5.3软件模拟小试规模的喷雾干燥过程表明,工艺参数是影响器壁沉积的重要因素。模拟和试验结果均表明压缩空气速率越低,器壁沉积越严重[104]。应用CFD模拟喷雾干燥时选用K-s湍流模型,改变干燥空气入口的涡流量、喷雾锥与干燥塔中心轴的角度(45~60°),观察器壁沉降率的变化。结果表明,喷射的雾锥角度降低时,器壁沉积率升高:喷雾角小时,粒子大部分沉积在干燥塔的圆锥部位;当喷雾角为60°时,器壁沉积率最低[105]。上述模拟研究工作加深了对喷雾干燥中出现的黏壁问题的理解,大大节省了试验工作量。

中药喷雾干燥过程存在很多亟待解决的问题,主要包括:物料结块、黏壁、再吸湿、关键参数的获取等,解决这些问题需要喷雾干燥原理的理论指导,因此将CFD应用于中药物料喷雾干燥技术应用的基础研究,建立基于多相流体力学和传热传质理论的中药喷雾干燥过程的数学模型,通过对数学模型的求解分析并在试验的基础上验证和完善理论模型,进而掌握中药喷雾干燥过程的工作机制等方面有广阔的应用价值和前景。

四、黏壁现象发生机制及其解决方案

黏壁现象发生机制[106]:表面黏性是物质的一个特征属性,此特性可在不同物质的表面(或接触面)间形成一个可以测量的物理结合力。喷雾干燥是料液在压力或气流的作用下雾化成极小的液滴,液滴与热空气接触水分迅速蒸发,在极短时间内干燥为粉末的过程。在由液滴到粉末的干燥过程中,热空气带着雾滴和干燥后的粉末在喷雾干燥仪腔体内运动,粉末与喷雾干燥器壁发生碰撞或接触,如果雾滴或粉末在与器壁碰撞时具有较强的黏性则会黏附在器壁上,发生黏壁。喷雾干燥过程出现的黏壁分为3种类型:半湿型黏壁、热熔型黏壁和干粉附着黏壁。

由于各种原因,黏壁难以避免。其中热熔型黏壁主要与物料本身的理化特性有关。中药提取液成分复杂,容易在干燥过程中出现低共熔固体溶液,熔点和软化点(或玻璃化转变温度)都较低,使其在喷雾干燥的温度下处于熔融或软化状态,而黏附于喷雾干燥器壁上。

黏壁现象是喷雾干燥过程中普遍存在的技术难题,除了上述通过模拟研究解决喷雾干燥黏壁问题的报道,研究者还发现喷雾干燥的工艺参数和料液本身的性质对物料黏附也都有影响,并提出相关解决对策。

1. 与喷雾干燥黏壁现象的相关密切中药提取液化学成分　　李佳璇等[107]为探索中药提取液有机酸、小分子糖、蛋白质等化学组分与喷雾干燥黏壁的相关关系,选取55种常用中药,测定中药提取液中柠檬酸、果糖等7种化学成分的含量,并将提取液喷雾干燥,观察喷干黏壁情况;通过主成分分析、系统聚类分析及正交偏最小二乘判别分析法对各化学成分与黏壁现象之间进行相关性分析,寻找与黏壁有关的关键化学组分。结果表明,3 种统计分析法均可将黏壁药材与非黏壁药材显著区分;主成分分析得分图与系统聚类分析聚类散点图表明:小分子物质是主要致黏壁因素,部分中药提取液喷干表现为不黏壁但经醇沉后则黏壁,初步证实此推断;正交偏最小二乘判别分析结果显示,L-苹果酸、柠檬酸、果糖、葡萄糖为中药提取液黏壁与否的差异性因素。该研究结论:中药材提取液中的小分子成分 L-苹果酸、柠檬酸、果糖、葡萄糖为导致中药提取液热熔型黏壁的关键因素,而大分子成分可能起到改善黏壁的作用。

2. 中药提取液喷雾干燥黏壁现象的"混料设计"解决方案[108] 半湿物料黏壁及热熔型黏壁在喷雾干燥黏壁中最为常见,半湿物料黏壁是由于进风温度较低、雾滴较大等原因导致物料未达到表面干燥就与器壁接触而黏附于表面;热熔型黏壁主要是由于喷干温度高于物料软化点导致干燥后物料塌陷、变软,产生黏壁[106,109]。

朱宇超等以温经止痛方为模型药物,采取提出"混料设计"模式解决黏壁问题的途径。前期研究及文献发现温经止痛方提取液在喷雾干燥过程中黏壁原因以热熔型黏壁为主[110-115],只调整工艺参数难以有效改善此现象,需加入辅料。鉴于喷干粉流动性可影响后续成型工艺中称量准确性及混合均匀度,而吸湿性主要影响喷干粉的贮存,所以该研究在喷干粉得率的基础上增加喷干粉流动性及吸湿性为指标进行辅料筛选,并基于混料设计进行辅料配比研究。

温经止痛方由肉桂、干姜、小茴香、炙甘草、大枣组成,具有祛寒通脉止痛、补中养营、化源生血之功用,主用于治疗女性经期腹痛。方中肉桂主要含挥发油、萜类、多糖类等成分,其中桂皮醛具有显著的解热、镇静、镇痛作用;小茴香中主要含挥发油、油脂、黄酮类等成分,挥发油中反式茴香脑具有抗炎镇痛、促进胃肠蠕动等作用;干姜中主要含挥发油、姜酚类、二苯基庚烷类等成分,其中姜酚类成分具有显著抗炎、镇痛、抑制血小板凝聚等作用,但具有热不稳定性;炙甘草中除含有甘草皂苷、甘草黄酮等活性成分,还含有较多的小分子糖、有机酸类成分;大枣主要含多糖、黄酮类等成分,同时富含氨基酸、有机酸、小分子糖等,具有镇静、抗氧化等作用。温经止痛方提取液提取工艺为:肉桂、小茴香提取挥发油,药渣再与干姜、炙甘草、大枣 60%醇提 2 次,水提 1 次。

干姜中 6-姜辣素为热不稳定性成分,具有较强的抗炎镇痛活性,甘草中甘草酸同样具有抗炎镇痛效用,故以温经止痛方提取液中 6-姜辣素及甘草酸保留率为指标,在优化辅料配比的基础上进一步优化喷雾干燥工艺参数。

温经止痛方提取液以醇提液为主,所含多糖等大分子物质较少,且含较多的有机酸、小分子糖,在喷雾干燥中极易发生热熔型黏壁,而仅仅通过降低温度等工艺参数的调节无法明显改善此情况,加入辅料成为比较可行的选项。文献报道,麦芽糊精能提高浸膏玻璃转化温度(约 30℃),但为达到较高产率所需加入量过大。而轻质氧化镁相较麦芽糊精更易使溶质颗粒黏附于其表面,避免喷干过程中粉体颗粒之间粘连并黏附于分离器壁上,从而可增加喷干粉得率,故选择以加入轻质氧化镁为主。为改善喷干粉性质,还选择加入麦芽糊精和二氧化硅,麦芽糊精具有较好的抗吸湿作用,作为承载体时,结合及黏合作用强,可遮掩被承载物质的部分特性,改变产品的结构和外观。二氧化硅具有良好的抗黏结作用,可增加粉末流动性。混合辅料的加入,大大提高温经止痛方提取液喷雾干燥效果。

出于上述分析,该研究以温经止痛方喷干粉得率、吸湿性、流动性为指标对加入辅料进行筛选,并基于混料设计对筛选辅料配比进行优化。在此基础上,以喷干粉中甘草酸和 6-姜辣素含量及喷干粉得率、两指标成分保留率为指标,进一步优化喷雾干燥工艺参数。最终优选温经止痛方喷干工艺参数为:干膏:轻质氧化镁:麦芽糊精:二氧化硅辅料配比为 0.5:0.305:0 145:0.05;药液初始温度为60℃,进风温度为 130℃,空气流速为 35 m^3/h,雾化压力为 40 mm,进液速度为 4.5 mL/min,此条件下喷干粉得率为 90.28%,甘草酸保留率为 74.51%,6-姜辣素保留率为 72.10%。该研究优选的辅料配比能较好提高喷雾干燥产率，改善喷干粉性质，优选的工艺条件较好保留不稳定的姜辣素类成分。

3. 大豆多糖对改善喷雾干燥过程黏壁现象的作用　　严红梅等[116]于淫羊藿总黄酮提取液中分别加入一定比例的大豆多糖进行喷雾干燥，观察大豆多糖对解决喷雾干燥黏壁效果的作用，同时考察淫羊藿总黄酮共喷雾干燥粉体的粉体学性质和有效成分的体外溶出行为。结果表明，与淫羊藿总黄酮喷雾干燥粉体相比较，大豆多糖-淫羊藿总黄酮喷雾干燥粉体抗黏壁效果显著，粒径无明显变化，但粒子表面光滑，流动性提高，吸湿性改善，体外溶出度显著提高。

与共聚维酮等辅料相比，水溶性大豆多糖本身也可作为日常的膳食纤维食用，具有纯天然和安全性高的特点，并有一定的保健作用。该研究表明，将大豆多糖作为淫羊藿总黄酮浓缩液喷雾干燥辅料时，除可显著改善淫羊藿总黄酮喷干粉的黏壁现象，获得的干燥粉体性质也略佳，有利于后续制剂成型的顺利进行和提高产品稳定性。大豆多糖在中药喷雾干燥工艺过程中的应用值得进一步研究和探索。

4. 黏附力测定新装置及其预测中药喷雾干燥热熔型黏壁的功能[117]　　对于中药喷雾干燥过程的热熔型黏壁，基本无法通过调整干燥参数进行改善，在中药行业中往往需要多次实验优化，选择添加适宜的防黏辅料解决。那么，如何快速判断提取液在喷雾干燥过程中会发生热熔型黏壁，如何快速选择适宜的防黏辅料，目前相关研究鲜见。

上海中医药大学冯怡课题组[118]，改造搭建了一台黏附力测定装置。该装置以物性测定仪为基础测试平台，添加了一套提供热风的装置，并配上摄像头、温湿度探头等。对风机位置、风速、风温等参数进行选择，最大限度模拟喷雾干燥仪的干燥环境，可模拟液滴干燥过程，探索物料特性与喷雾干燥黏壁的关系。并制定了测试程序和操作方法，以保证测试的重现性。测试结果可以直接用来表示液滴对探头的黏附力。

该研究并采用数据挖掘手段，建立预测喷雾干燥热熔型黏壁的模型进行验证。结果显示，可通过物料的黏附力预测该装置喷雾干燥过程是否发生热熔型黏壁。研究还发现，热熔型黏壁的物料黏附性随水分的蒸发而逐渐变大，不黏壁的物料的黏附力则是先变大后急速下降。研究结果显示，该预测装置和模型具有很好的应用前景。

五、面向粉雾剂的复合粒子喷雾干燥制备原理与技术应用[119,120]

中药肺部吸入给药在临床上早有应用，但多以溶液形式雾化给药，由于中药复方中的某些成分在溶液状态下常常不稳定，因此，药物以干粉形式吸入给药得到了越来越多的关注。目前，中药单一成分干粉吸入剂已有研究，但中药药效物质具有多元性与整体性，往往包括亲水性与亲脂性两大类成分，所以实现这两类成分同步到达作用部位是目前中药复方干粉吸入剂需要解决的共性关键问题。

复方丹参方在心绞痛、冠心病等治疗中有显著的疗效，三七总皂苷和丹参酮ⅡA是其中的两类主要成分，前者为无定型药物，引湿性大、亲水性强，但不易穿过黏膜，因而生物利用度低，后者为结晶性药物，疏水性强，因而生物利用度低。三七总皂苷单独喷雾干燥后得到的粉体往往易吸湿团聚，且粒径跨度大。本书作者团队研究以复方丹参方中主要有效成分三七总皂苷-丹参酮ⅡA组合物为模型药物，探索一种能够使中药复方中多元组分同步到达吸收部位的干粉粒子制备方法。主要研究方法：采用喷雾干燥法制备三七总皂苷-丹参酮ⅡA复合粒子，利用扫描电子显微镜、激光共聚焦显微、X-射线衍射、红外光谱、干法激光粒度分析、高效液相色谱对复合粒子进行表征，并利用新一代雾粒分布仪对复合干粉粒子的空气动力学行为进行评估。结果表明，所制得的干粉粒子具有较窄的粒径分布范围，良好的空气动力学行为，能实现多组分药物同步给药。

（一）复合颗粒形成机理的探讨

中国科学院院士、南京大学冯瑞教授在其主编的《材料科学导论：融贯的论述》[121]中指出："有序与无序这两个基本概念贯穿在物质机构的各个类型和层次之间中",而"能与熵的角逐是'有序——无序'转变的物理根源"。根据材料设计的这一基本原理,国内外有关复合粒子设计与制备研究的基本策略是:在掌握物料体系物理化学特征的基础上,研究、寻找不同物料粒子复合过程所需要的能量(熵、焓)等热力学影响因素,通过模拟实验,采用多学科高技术手段深入开展分子机制水平的研究,建立数学模型。再有的放矢地选择相宜物理或者化学手段加以干预,通过改变待复合物料体系之间的界面作用机理,实现有效控制工艺过程与目的产物性能。

根据上述论述,我们开展了采用喷雾干燥法将理化性质差异大的中药组分结合在同一个粒子中,形成"复合粒子"的研究,其工程原理出图10-11所示。

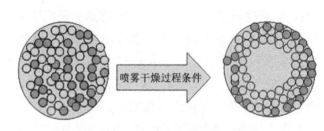

图10-11 复合粒子形成模型图[120]

(⬤)丹参酮ⅡA;(◯):三七总皂苷(左图代表喷雾干燥前的小液滴,右图代表喷雾干燥后所得药物复合粒子)

从微粒的扫描电镜图、所得微粒的颜色结合其他各项表征结果来看,在喷雾干燥过程中丹参酮ⅡA在粒子的外表面以无定形或微晶形式存在,且在不同喷雾干燥过程条件下存在的形式及量不同,此现象与喷雾干燥过程中粒子形成机制密切相关。Vehring等提出了影响粒子形成过程的两个无量纲参数:一个为Peclet数,描述粒子表面溶质的积累情况,此参数与溶质的扩散运动及溶剂的蒸发速率相关;另一个为溶质的饱和度。具体到本研究中复合颗粒的形成(图10-11),作者认为主要归因于两方面:首先是两类物料的理化性质,其次是喷雾干燥过程条件(主要为进口温度和溶剂系统)。

1. **两类物质理化性质的影响** 丹参酮ⅡA原料药为橘红色针状结晶,相对分子量为294.33,三维结构导致其具有疏水性强,亲脂性高的特点。丹参酮ⅡA在水中的溶解度仅为6.9 μg/g,而在乙醇和丙酮中的溶解度分别为632.4 μg/g和2 865.6 μg/g,分子小使其在干燥过程中更容易随溶剂往外扩散。三七总皂苷为淡黄色无定形粉末,其中主要的3个有效成分人参皂苷Rb_1、人参皂苷Rg_1和三七皂苷R_1的相对分子量分别为1 109、801和933.1,均含有较多的羟基,在水和乙醇中有较好的溶解性,且具有一定的表面活性作用。可以推测,在干燥过程中雾化液滴中两类成分存在一定的表面竞争作用,为了减少粒子的引湿性及增加粒子表面的粗糙度,希望丹参酮ⅡA能够较多地分布在粒子外层。当然丹参酮ⅡA不可能完全包裹在外层,对于干粉吸入剂来说,外层中少量具有表面活性作用的三七总皂苷类成分的存在将减小粉末静电作用、更有利于粒子的分散。

2. **喷雾干燥过程工艺条件的影响** 根据成分性质及喷雾干燥粒子形成基本原理,本研究通过改变进口温度及溶剂系统,尝试对溶质分子在微粒中的排布进行干预。在以无水乙醇为溶剂系统的条件下,丹参酮ⅡA已饱和,虽然经过超声溶解为较澄明的溶液,但在喷雾干燥过程中,随着溶剂量的减少、温度的下降,小部分丹参酮ⅡA会析出,此种条件下得到的微粒表面略粗糙也有晶粒存在。当用10%的丙酮取代相同量的乙醇后,丹参酮ⅡA的溶解度得到提高,接近饱和但未饱和,在干燥结束后基本没有沉淀析出。在110℃的条件下得到的粉末粒子,其外层有较多晶颗粒存在,对于此现象作者认为:首先,少量低沸点丙酮的加入使得丹参酮ⅡA溶质分子更易向外扩散;其次,在此种溶剂系统中小部分丹参酮ⅡA以胶体形式存在,这部分并未在喷雾干燥过程中沉淀析出,而是随着溶液一起干燥,在110℃相对不高的干燥温度下,液滴内部的溶质分子干燥相对较慢,导致外层以胶体形式存在的丹参酮ⅡA易成长为微晶颗粒,进口温度升高后,整体干燥速率加快,在乙醇中溶解较好的三七总皂苷类成分也可能更容易向粒子表面迁移,同时由于颗粒内部溶液的干燥加快使得颗粒不易发生凹陷,球形度变好。当用20%的丙酮取代相同量的乙醇后,丹参酮ⅡA的溶解度得到进一步提高,在干燥结束后完全没有沉淀析出,从扫面电子显微镜图中可见,粒子外层有层片状物质存在,结合 X 射线衍射结果分析,推测至少有部分是以无定型形式存在的丹参酮 II_A,粒子的外表面很少有晶颗粒,相反有一些粒径很小的球形粒子吸附在颗粒外层,可能是很小部分溶解在丙酮中的丹参酮 II_A 单独析出所形成的。丙酮含量的改变使丹参酮 II A 在粒子外层的存在形式发生了改变,此现象主要归因于丹参酮 II_A 的溶解度、饱和度。

（二）有关喷雾干燥技术制备复合粒子的讨论

1. 喷雾干燥过程参数对两类不同性质组分在粒子中分布的调控作用　　本研究基于对物料性质的认识,通过调节喷雾干燥过程参数来调控两类不同性质组分在粒子中的分布,前期实验中考察了雾化压力、溶剂系统、进口温度等因素,通过扫描电镜观察发现在由两种雾化压力、三种溶剂系统组合得到的六种条件下,随着进口温度由 110℃ 升为 120、130℃,粒子均由皱缩型向球形转变。通过预实验结果发现在雾化压力为 550 L/h 的条件下所得粒子的有效细粉量均低于 670 L/h 条件下所制备得到的粒子,综合考虑后最终将雾化压力定为 670 L/h。

由含量测定结果可见（表 10-6）,各不同工艺条件下 7 个样品微粒中人参皂苷 Rb_1 和丹参酮 II_A 的含量有所差异。1 号样品所含丹参酮 II_A 在 7 个样品中最小,可能是在以纯乙醇为溶剂系统时,随着喷雾干燥的进行,最后会有少许丹参酮 II_A 因过饱和而沉淀析出,导致所得粒子中丹参酮 II_A 含量稍偏低。

表 10-6　喷雾干燥过程条件、复合粒子样品得率及主要有效成分含量（n=3）[120]

样　品	溶剂系统 乙醇/丙酮 (V/V)	进口温度 (℃)	雾化压力 (L/h)	得率（%）	有效成分含量（%）	
					人参皂苷 Rb_1	丹参酮 II_A
#1	100:0	120	670	43.6±1.8	27.40±0.83	15.76±1.50
#2	90:10	110	670	54.4±2.4	26.12±1.35	16.11±0.93
#3	90:10	120	670	50.8±1.7	27.10±1.93	16.15±1.30
#4	90:10	130	670	46.4±0.8	26.53±1.87	16.24±1.05
#5	80:20	110	670	53.8±1.3	26.80±1.21	15.96±0.38
#6	80:20	120	670	48.5±0.9	26.68±1.41	16.07±0.57
#7	80:20	130	670	44.8±0.9	26.25±0.92	15.95±0.48

2. 微观、宏观性质的相关性研究有助配方及工艺优化设计　　各项理化表征结果表明,不同喷雾干燥过程条件得到不同形貌的粒子,而不同形貌的粒子从微观上来说结晶状态、粒子间黏附力等不同,这些微观因素直接影响着宏观上微粒的体外雾化沉积性能,研究微观、宏观之间的相关性,有助于更快、更准确地选择合适的配方及粒子优化设计方法。而对于粒子引湿性,该研究采用高精度的动态水蒸气吸附仪（DVS）,在氮气保护下,将药物粒子分散后,在 0~95% 相对湿度内进行吸湿性考察,从宏观上表明,通过将不同性质的药物复合,可以改善某些药物易吸湿的不良特性,减轻颗粒间的团聚黏附现象,从而提高药物的稳定性;而从微观上,不同溶剂系统条件下所得微粒的引湿性不同,也可以反映疏水性成分在粒子外侧的分布差异。

综上所述,根据成分的不同理化性质,有目的地改变喷雾干燥过程条件,可实现不同性质组分的复合。喷雾干燥液滴中溶质的无序分布状态,通过干燥过程成为两类溶质相对有序排列的药物复合粒子。

六、纳米喷雾干燥技术及其在药物研究中的技术应用[122]

纳米喷雾干燥技术是近年发展起来的新兴颗粒制备技术。瑞士 Buchi 公司 2009 年开发研制的 B90 型纳米喷雾干燥仪可从低至毫升级的样品中高产率（>90%）地直接获得平均粒径为 0.3~5 μm 的颗粒[123]。该技术在制备药物颗粒方面的优势主要体现在：① 使颗粒纳米化，增大比表面积，有利于提高药物的溶出速率、吸收率和生物利用度，从而增强治疗效果。② 操作条件温和，能较好地保持药物的结构和活性[124]，是目前较适合制备热敏性生物大分子纳米颗粒的技术手段，有望在创新药物制剂领域发挥重要作用。

（一）纳米喷雾干燥装置结构及其技术原理

纳米喷雾干燥装置包括高频振动雾化喷头、层流加热系统及高压静电收集器[125,126]（图 10 - 12）。

其技术原理与设备设计密切相关，主要体现在下述两点。

（1）通过压电陶瓷驱动多孔金属膜片（孔径为 4、5.5、7 μm）高频上下振动，将料液从微孔中喷出形成具有精确大小的微滴气雾进入热干燥气体中。层流加热系统是通过多孔金属泡沫来实现的。操作时，气体透过热的多孔金属泡沫层而实现受热，这种加热方式有助于优化能量输入，可实现气体快速、均匀、细微受热，是热敏性药物干燥的理想途径[127]。而传统的喷雾干燥仪是通过旋转雾化器、压力喷嘴或二流体喷嘴实现料液的雾化，所产生的颗粒大、粒径均一度差。

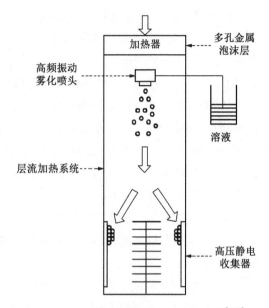

图 10 - 12　纳米喷雾干燥仪结构示意图[122]

（2）在颗粒收集部分，纳米喷雾干燥仪采用了星状电极（负极）和圆筒状电极（正极）组成的高压静电场。在静电场中，微粒的收集不再依赖于其质量，实现了高效率的细微颗粒回收。而传统的旋风分离技术无法收集到粒径小于 2 m 的颗粒[128]。

（二）纳米喷雾干燥技术的工艺参数

在纳米喷雾干燥技术的应用过程中，喷雾干燥温度、喷帽孔径大小及料液组成和浓度对于药物颗粒的大小、形貌、分散性、流动性及热敏性物质的保护等均至关重要。因此，各工艺参数需要不断探索和优化。

1. 喷雾干燥温度　　进口温度是直接可控的，并对其他两种温度有重要影响。进口温度最高为120℃，但微滴的实际蒸发温度由于气化潜热的冷却效应明显降低，使活性成分热降解的问题得到明显改善。进口温度较高能使物料干燥得更彻底，但易破坏热敏性物质的活性；而进口温度较低能更好地保护热敏性物质的活性，但物料干燥不彻底。因此，进口温度的设置需要依据配方组分及物料的理化性质进行摸索。出口温度主要受进口温度、气流速度及料液流速等因素的影响，出口温度的降低也有利于保护热敏性物质的活性。喷头温度的影响因素更为复杂和不确定，进口温度、气流速度、喷雾速率、物料性质及喷雾状态等都会影响喷头温度。通常，进口温度的设定及出口温度的调控，都是喷雾干燥过程中试验设计的考虑因素。如将纳米喷雾干燥仪的进口温度设置为 80~120℃，出口温度调控至 36~55℃，经工艺优化可制得平均粒径 460 nm、轴比 1.03±0.00、跨距 1.03±0.03 的牛血清白蛋白纳米粒，收率为（72±4）%，且可有效维持牛血清白蛋白结构稳定性，显示出纳米喷雾干燥技术是制备热敏感肽和蛋白质颗粒的理想途径[129]。如文献报道[130]，以 β-半乳糖苷酶为模型蛋白质，海藻糖为稳定剂，通过完全析因设计考察了进口温度、喷帽孔径及溶液中乙醇浓度等参数对纳米喷雾干燥颗粒的粒径、跨度、外观、产率、酶活性和稳定性的影响。结果显示，进口温度和喷帽孔径能显著影响酶活性；颗粒粒径由喷帽孔径和溶液中乙醇浓度决定；颗粒外观取决于喷帽孔径大小；降低进口温度、减小喷帽孔径及减少溶液中乙醇浓度可实现较高的产率；当不添加乙醇并使用较大孔径的喷帽时，蛋白质呈现较好的贮存稳定性。

最后,通过综合分析优化参数,使β-半乳糖苷酶活性得到较好的保持,且颗粒产率达90%。亦有报道[125],进口温度对颗粒的水分残留量影响不显著。即使将进口温度设置为最高,出口温度仍可维持在较低区间,并且粒径小的液滴蒸发更快,所需干燥温度也更低。这样的进出口温度范围对于维持热敏感物质活性是有利的。

2. **喷帽孔径** 纳米喷雾干燥仪的喷帽孔径决定所生成液滴的粒径大小,并最终决定干燥颗粒的大小。如文献报道[125]喷帽孔径为4、7.0 μm时得到的液滴粒径(d_{50})分别为4.8、7.2 μm。分别采用孔径为4、5.5、7 μm喷帽制备β-半乳糖苷酶的海藻糖颗粒[130],结果粒径分别为(1.75±0.24)、(4.45±1.22)、(4.87±0.95)μm;用4 μm孔径的喷帽能得到光滑的球体,而用5.5 μm和7 μm孔径的喷帽能得到光滑和褶皱相间的球体,且部分为空心球体。尽管喷帽孔径对颗粒外观有一定影响,但与料液等其他因素相比,影响较小。虽然小孔径有利于生成粒径小的颗粒,但孔径越小,流体透过时剪切力越大,会对酶等活性物质产生不利影响,因而使用大孔径喷帽对于维持药物活性更有利。如采用纳米喷雾干燥工艺制备BSA颗粒[129],孔径为4、5.5、7 μm的喷帽所得到颗粒的粒径,分别为(540~955)、(1 167~2 350)、(1 221~2 609)μm。

3. **料液浓度** 料液浓度是喷雾干燥工艺的重要参数之一,主要体现为对颗粒粒径大小和分布、形貌、产率等方面的影响,且对于不同物质,具体的影响也不同,因此需要根据试验目的和要求选择合适的料液浓度。

文献报道[125]料液浓度为0.1%时所得颗粒粒径为0.6 μm(跨距1.6),而将浓度升高至1%时,所得颗粒粒径为1.2 μm(跨距0.8)。显然,喷雾干燥料液的浓度会在较大程度上影响所得颗粒的粒径。在对阿拉伯胶和乳清蛋白进行纳米喷雾干燥时[131],两者浓度为0.1%时得到的颗粒粒径峰值(指分布频率最大)分别是(353±107)、(421±144)nm;浓度增大到1%时,粒径峰值分别增大至(581±363)、(593±374)nm。对0.1%和1%的氯化钠溶液进行喷雾干燥时,也出现类似的结果,粒径峰值分别是(517±182)、(993±256)nm。这些结果均说明料液浓度较大时颗粒粒径的峰值也较大。不仅如此,料液浓度还影响纳米喷雾干燥颗粒的外观。文献报道[125]料液浓度由0.5%升至2%时,所得牛血清白蛋白颗粒形状由不规则变为球形。这可能与牛血清白蛋白微弱的表面活性有关[132]。该结果与文献[133]报道的喷雾干燥过程中料液浓度的增加会形成球体颗粒一致。利用纳米喷雾干燥法[134],以具有生物降解功能的不同分子量聚乳酸-羟基乙酸共聚物[polyclactic-coglycolic acid,PLGA]为载体制备包裹疏水性药物环孢素A和地塞米松的颗粒。结果表明,低料液浓度(0.5%)时颗粒产率较低,所得颗粒粒径为(1.61±0.55)μm;当料液浓度为5%时,虽产率提高,但会产生大粒径颗粒(>10 μm),故较佳浓度范围为1%~2%,此范围内制品具有较高的产率和较好的粒径分布。

(三) 纳米喷雾干燥技术用于生地黄低聚糖微粉的制备工艺研究[135]

生地黄低聚糖是由生地黄饮片加水煎煮浓缩后采用HPD大孔树脂进行蒸馏水洗脱后,将得到的洗脱液采用活性炭煮沸脱色后,用超滤膜(截留分子量为1 000 Da的卷式膜)和纳滤膜(截留分子量为150 Da的卷式膜)进行超滤和纳滤之后最终得到的纳滤截留液减压浓缩至少量后得到的低聚糖部位。由水苏糖、棉子糖和甘露三糖等组成,水苏糖为其主要成分。生地黄低聚糖吸湿性强,在不加入辅料的情况下无法直接制成微粉,前期采用喷雾干燥将其制成可吸入微粉,加入辅料L-亮氨酸和甘露醇改善其吸湿性,制得了载药量为20%的生地黄低聚糖微粉,收率和吸湿率分别为79%和6%,但由于载药量低,成本高,亟须提高载药量。

周扬等[135]采用B-90纳米喷雾干燥仪制备生地黄低聚糖微粉,采用单因素试验考察后,通过正交试验设计,以平均粒径、收率和吸湿率为评价指标,考察进风口温度、喷雾干燥效率和药液质量分数对制备工艺的影响并优选最佳制备工艺。正交试验结果得到最佳制备工艺条件:进风口温度为110℃、喷雾干燥效率为50%、药液质量分数为1.0%,最终得到了载药量为30%、收率为89%、吸湿性良好的生地黄低聚糖微粉,微粉形态稳定。与传统喷雾干燥制得的生地黄低聚糖微粉相比,纳米喷雾干燥制得的生地黄低聚糖微粉载药量提高到了30%,吸湿性得到了改善,收率也由79%提高到89%,堆密度 P_b 和振实密度 P_{tap} 降低,压缩度 C 提高,表明其流动性得到了提高,说明该纳米喷雾干燥制备生地黄低聚糖微粉的工艺优于传统的喷雾干燥工艺,并且制得的微粉质量良好。

第三节　基于蒸发热效应的其他干燥过程原理与技术[74]

一、减压干燥过程工程原理与技术

1. 蒸发量与压力的关系　　蒸发过程中单位时间内的蒸发量与相关工艺条件的关系可由式(10-17)表示:

$$M \propto S(F-f)/P \tag{10-17}$$

式中,M 为单位时间内的蒸发量;S 为液体暴露面积;P 为大气压力;F 为在一定温度时液体的蒸汽压;f 为在一定温度下液体的实际蒸汽压。

由式(10-17)可知,在一定时间内液体的蒸发量与其暴露面积成正比关系,而与本身的蒸汽压和大气压都是反比。即液体的表面愈大,蒸汽压愈低,大气压愈小,愈有利于液体的蒸发,F 与 f 间的差值是进行蒸发的关键,当 F 与 f 的差值为 0 时,蒸发过程停止。在实际蒸发浓缩操作中,加大液体的蒸发面,进行减压蒸发(可降低 f 值,增大蒸发量,并能降低沸点,防止成分受热破坏及改善传热状况),是强化蒸发的有效办法。

2. 在蒸发干燥过程可受压力影响的因素

(1)温度差:在蒸发过程中,温度差(受热面与加热面间的)一般不应低于20℃,以满足蒸发所需的热能。若蒸发速度加快,此温度差亦应适当调大。

(2)表面结膜:液体的气化速度在液体表面总是最大的。由于蒸发过程中热能的损失,液面的温度下降很快,加之溶媒的挥散,液面浓度增高也快。温度下降和浓度升高是黏度增高的重要因素,导致液面结膜,不利于导热与蒸发。

(3)蓄积热:热蓄积是蒸发后期的重要问题,能使局部产生过热现象,导致药物成分的变质。产生的原因是液体黏度增大或部分沉积物附着换热面所致。加强搅拌,或不停地除去沉积物可减轻该影响。

(4)沸点升高:由于浓度及黏度的增大导致沸点的升高,真空减压蒸发可避免该问题。

(5)液体静压:液体的静压对液体的沸点和对流有一定的影响,液层愈厚,静压愈大,所需促进对流的热量也愈大。导致液内的对流不易良好地进行,底部分子因受较大压力而沸点也较上层为高。解决之道是促进液内对流。

二、真空带式过程干燥工程原理与技术

真空带式干燥是一种采取连续进料、连续出料形式的接触式干燥方式,相比其他干燥方式,具有以下优点:料层薄、干燥快、物料受热时间短;环境密闭、动态操作、不易结垢;物料松脆、容易粉碎;隔离操作、避免污染、自动化程度高。真空带式干燥的适应范围广,尤其对于黏性高、易结团、热塑性、热敏性的物料,不适宜或者无法采用喷雾干燥的物料,用真空带式干燥是最佳选择。干燥过程无须添加任何辅料,有利于保持浸膏的原色原味。如喷雾干燥和箱式真空干燥是生产穿心莲干浸膏的传统方法,这两种方法干燥的干

浸膏在贮存或制剂过程中极易吸收水分，并结坚硬团块而不易碎，成为穿心莲原料和制剂生产过程中的难题。研究发现，穿心莲浸膏经带式真空干燥后，粉碎的粉末呈 3~5 mm 颗粒状，不易吸收水分和结团，生产时间短，产量高，损耗率低，在线清洗方便[136]。喷雾干燥、真空冷冻干燥和真空带式干燥对三七中 5 种主要的皂苷成分的对比研究结果显示[137]，5 种主要的皂苷成分经过真空带式干燥后量基本未发生变化，有效成分的收率高于喷雾干燥和真空冷冻干燥，且真空带式干燥产品的含水率低于其他 2 种方法。

1. 带式真空干燥机的工作原理　　在真空条件下，将湿物料均匀地分布在传送带上，通过传导与辐射传热向物料提供热量，使物料中的水分蒸发，被真空泵抽走；干燥后的物料由切料装置从传送带取下，经粉碎后得到干产品[138]。带式真空干燥时传送带上物料厚度仅几毫米，属于薄层干燥的一种。带式真空干燥机一般具有 3 个独立的加热区，依次为加热 1、2、3 区。在进入第 3 个加热区时已基本进入降速段，此阶段热量可使物料显著升温，需注意该区温度不可高于物料耐热温度。加热 1 区主要使浸膏快速发泡，以增加蒸发面积[139]。

2. 主要技术参数　　带式真空干燥机的主要技术参数有：加热系统温度（分 3 个加热区）、传送带速度、进料速度、浸膏初始含水率、真空度、浸膏进料温度和冷却段温度等[140,141]。

张淹等[142]采用正交试验设计和多指标综合评分法，以通脉颗粒干燥后产品中的含水率和干燥速率为考察指标，对影响通脉颗粒真空带式干燥过程的各个因素进行考察。结果表明，通脉颗粒真空带式干燥的最佳工艺条件即履带速度为 15 cm/min，进料速度为 12 L/h，干燥温度的 3 个加热区温度分别为 80、90、80℃，通脉颗粒浸膏相对密度为 1.15（20℃）。

韦迎春等[143]通过单因素考察试验，并采用 Box-Behnken 设计结合响应曲面法，以干燥时间、加热系统温度、浸膏相对密度为自变量，干燥前后 23-乙酰泽泻醇 B 转移率为因变量，优化醇提浸膏真空带式干燥工艺。结果显示，干燥时间为 114 min，加热系统温度为 97℃，浸膏相对密度为 1.27，该条件下醇提浸膏干燥产物中 23-乙酰泽泻醇 B 转移率及干膏含水率均达到要求。

李雪峰等[144]通过单因素考察试验，并采用 Box-Behnken 设计结合效应面法，以干燥时间、系统加热温度、浸膏相对密度为自变量，干燥前后人参皂苷 Rg_1、Re、Rb_1 与黄芪甲苷转移率为因变量，优化人参黄芪浸膏真空带式干燥工艺。得到芪白平肺颗粒中人参黄芪浸膏真空带式干燥的最佳工艺条件为：干燥时间为 112 min，加热系统温度为 87℃，浸膏相对密度为 1.30 g/mL，该条件下人参黄芪浸膏干燥产物中人参皂苷（Rg_1+Re）、人参皂苷 Rb_1 与黄芪甲苷转移率分别为 88.01%、87.31%、84.34%。

上述研究均表明，真空带式干燥技术是一种适合中药浸膏的新型干燥方法，设备实现真空状态下连续进料、连续出料，使传统的静态干燥转化为真空动态干燥，干燥速率高、产品质量好，工艺合理、可行，具有良好工业化前景。

三、沸腾干燥过程工程原理与技术

沸腾干燥又称流床干燥。是利用具有一定流速自下向上流动的热空气，使干燥室底部多孔分布板上的颗粒状湿物料被热气流吹起来呈一种沸腾悬浮状态，称为固体流化状态。此时在湿颗粒与热空气间气-固两相高度混合的同时进行传热传质过程，湿颗粒被热空气加热，其中的水分气化进入气相并被热风带出干燥室湿颗粒被干燥。流化床干燥器具有气流阻力较小，物料磨损较轻，湿物料受热均匀、热质传递面积大、传热传质迅速、热利用率较高特点；干燥时间短、一般湿颗粒流化干燥时间为 20 min 左右，能很好地保护药物中的热敏性成分、密闭操作、没有杂质带入，避免杂质污染物料等优点；干燥时无须翻料，且能自动出料，节省劳动力；因此特别适合制药用物料湿颗粒的干燥。

在实际应用中，普通流化床干燥器仍存在一些不足。例如，由于气泡现象造成的流化不均匀，相间接触效率偏低且工程放大较困难，动力消耗较大等[145]。在流化床干燥类型的选择时，要根据物料特性、产品特性、加工工艺及现有条件综合考虑,对于松散的粉状粒状物料比较容易处理;但对于初始湿含量较高,易在加料口区域成团或结块,或造成死床的物料必须经过预干燥之后才能用普通流化床干燥器进行干燥。同时,由于是以热风为干燥介质的传热传质过程,大量热能随尾气排出设备,造成该设备热能损耗高,清扫设备较麻烦,药品生产成本较高[146]。

沸腾干燥设备目前在制药工业生产中应用较多的为负压卧式沸腾干燥装置,如图 10-13 所示。此种沸腾干燥床流体阻力较低,操作稳定可靠,产品的干燥程度均匀,且物料的破碎率低。其主要结构由空气预热器、沸腾干燥室、旋风分离器、细粉捕集室和排风机等组成。

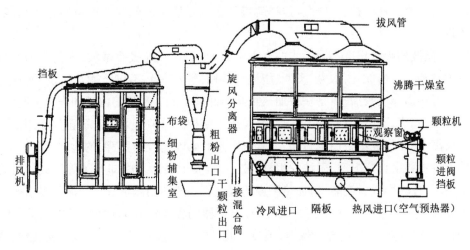

图 10-13　负压卧式沸腾干燥装置图[74]

（1）空气预热器:是用高效的蒸汽散热排管,当吸入空气经过排管交换后成为热气流,热气流温度可调节在 80℃以上,有时达 100℃。

（2）沸腾干燥室:一般长约 2 m、宽 25 cm、高 5 cm,室两边各有观察窗和清洗门,底部由两块多孔板组成,上铺一层筛网,孔板下面有几个进风阀门。使用时,将清洗门、观察窗关闭,启动排风机抽真空时,热气流经多孔板高速进入,因此湿颗粒进入沸腾室后,立即在多孔板上上下翻腾,快速地与热气流进行热交换,蒸发的水蒸气经扩大层随热气流带走。由于颗粒在室内不停地翻腾,流动性很强,在沸腾室下部形成连续的沸腾层,并向出口方向移动。湿颗粒流化干燥约 20 min,当沸腾层内温度持续在 40% 左右时,表示颗粒已干燥,打开出料阀门,干颗粒即由出口放出。亦有在出口处装置电磁簸动筛,使干粒过筛后收集于适宜容器中。在沸腾干燥室的上方有长方形扩大层,它比下面宽 1 倍,高 1 倍,借以降低运动速度,减低颗粒中细粉的上升速度,并使逐渐上升的细粒在扩大层中继续干燥,再进入旋风分离器中。

（3）旋风分离器:湿热空气呈切线方向进入旋风分离器,夹带的粗粉沉于分离器底部,湿热空气与细粉再进入细粉捕集室内。

（4）细粉捕集室:主要由几组布袋滤器组成,室的一端连接排风机,另一端与旋风分离器的风道相连,沸腾室中湿热空气经布袋滤器滤过排出,细粉则留在袋内,待操作结束后由布袋底部放出。

（5）排风机:动力为 7 kW,风量为 2 250 m³/h,压力为 80 kPa。操作时,先开蒸汽加热器,扣好布袋滤器,开动排风机,使沸腾床内部干燥,然后加湿颗粒,调节好风量,保持一定温度。可以间歇或连续操作。

四、微波干燥过程工程原理与技术

微波是一种高频波,其波长为 1 mm 到 1 m,频率为 300 MHz 到 300 kMHz。制药工业上微波加热干燥只用 915~2 450 MHz 两个频率,后者在一定条件下兼有灭菌作用。微波加热的方式主要源于物质内部分子吸收电磁能后所产生数十亿次的偶极振动而产生的大量热能来实现的,即内加热。这种由分子间振动所产生的内加热能将微波转变为热能,可以直接激发物质间的反应。与常规的加热相比,微波具有加热速度快、均匀,无温度梯度存在,能瞬时达到高温,热量损失小等优势。此外,不同的物质具有不同的电介质性质,从而有不同的吸收微波能力,这一特征又使微波辐射具有选择性加热特点。

物质在外加电场的作用下分子发生极化,如果外加电场为交变电场,则无论是有机分子电介质,还是无机分子电介质均被反复极化。随着外加交变电场频率的提高,极化的分子电场方向也交互变化,不断地迅速转动而发生剧烈地碰撞和摩擦。这样就将其在电磁场中所吸收的能量转化为热能,使物体本身被加热和干燥。

物质不同,对微波的吸收程度不同。水的介电常数大,能强烈地吸收微波,因此含水的物料采用微波加热干燥更为有利。中药饮片、水丸、蜜丸、袋泡茶等用微波干燥,不仅干燥速度快,而且可提高产品质量。因为微波可穿透介质较深,热是在被加热物质内部产生的。物料的内部和表面可同时均匀加热,热效率高,故干燥时间短,不影响产品的色、香、味及组织结构。且兼有杀虫和灭菌的作用。但微波干燥设备投资费用较高,产品的成本费用也较高,尤其对眼睛有影响,应注意微波的泄漏和防护。

微波干燥设备主要由直流电源、微波发生器、波导、微波干燥器及冷却系统等组成。微波发生器由直流电源提供高压,扦转变成微波能量,加热干燥的微波管一般使用磁控管。微波干燥器按物料和微波作用的形式可分为 4 种类型:① 谐振腔式微波炉,干燥器的器壁可反射微波,置于干燥器的被干燥物料,其各个方向均可以受热。② 波导干燥器,微波从波导的一端输入,而在另一端接有吸收微波剩余能量的水负载。微波在干燥器内无反射地从一端向被干燥物料馈送。③ 辐射型干燥器,微波能量可通过喇叭式装置直接辐射到被干燥的物料。④ 慢波型干燥器,微波沿螺旋线前进。沿轴方向速度减慢,从而提高了电场强度。适用于不易加热或表面积较大的物料,能充分进行能量交换而达到干燥。

五、红外线干燥过程工程原理与技术

红外线干燥是利用红外线辐射器产生的电磁波被含水物料吸收后,直接转变为热能,使物料中水分气化而干燥的一种方法。红外线干燥属于辐射加热干燥。

红外线是介于可见光与微波之间的电磁波,其波长范围处于 0.76~1 000 μm。一般把 0.76~2.5 μm 波长的红外辐射称为近红外,把 5.6~1 000 μm 波长辐射称为远红外。由于物料对红外线的吸收光谱大部分分布在远红外区域,特别是有机物、高分子化合物及水等在远红外区域有很宽的吸收带,因此,利用远红外线干燥要优于近红外线干燥。

红外线辐射器所产生的电磁波以光的速度辐射到被干燥的物料上,由于红外线光子的能量较小,被物料吸收后,不能引起分子与原子的电离,只能增加分子热运动的动能,使物料中的分子强烈振动,温度迅速升高,将水等液体分子从物料中驱出而达到干燥。远红外线干燥速率是近红外线干燥的 2 倍,是热风干燥的 10 倍。由于干燥速率快,故适用于热敏性药物的干燥,特别适宜熔点低、吸湿性强的药物,以及某些物体表层(如橡胶硬膏)的干燥。又由于物料表面和内部的物质分子同时吸收红外线,因此物料受热均匀,产品的外观好,质量高。此外,远红外线电能消耗小,是近红外的 50% 左右,因此目前在制药、食品等行业中已广泛应用。

远红外线辐射元件(又称辐射能发生器)的形式很多,主要由三部分组成:① 涂层,其功能是在一定温度下能发射出具有所需波段宽度和较大辐射功率的辐射线。位于元素周期表第 2~5 周期的大多数元素的氧化物、碳化物、硫化物、硼化物等,在一定的温度下都能辐射出不同波长的红外线,为了获得较宽范围波长的红外线,一般将数种物质混合使用,采用涂布、烧结、熔射喷涂等工艺方法,使涂料附着在基体上。如目前除常选用加涂料的碳化硅干热电热板外,也有选用氧化钴、氧化锆、氧化铁、氧化钇等混合物构成的电热板者。② 发热体或热源,其功能是向涂层提供足够的能量,以保证辐射层正常发射辐射线所必需的工作温度。发热体是指电阻发热体,热源是指非电热式的可燃气体、蒸汽或烟道等。③ 基体,主要是供安置发热体或涂层用。常用的远红外干燥设备如下。

1. 振动式远红外干燥机　　振动式远红外干燥机如图 10-14 所示,主要采用振动输送物料和电加热方式。机组由加料系统、加热干燥系统(主机)、排气系统及电气控制系统组成。

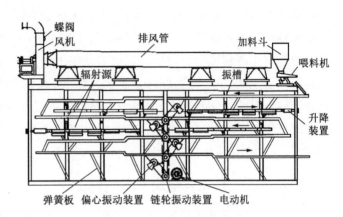

图 10-14　振动式远红外线干燥机结构图[74]

（1）加料系统:由加料斗和 KDZ-4 型定量喂料机组成。

（2）加热干燥系统:由框架、保温门、振槽、链轮振动装置、辐射装置及电动机等组成。

（3）排气系统:由排风管、风机和蝶阀组成。

（4）电气控制系统:由电热丝断路指示灯、远红外辐射器开关、7151-DM 型控温仪、SL-24 型湿度测定仪、电压表及电流表等组成,均安装在一个电器控制柜上。

干燥时潮湿的颗粒状物料由喂料机自动定量地加入第一层振槽,利用箱顶的预热使药面温度上升到 48% 左右,然后由振动装置输送到第二层振槽,在远红外线辐射下使药面温度升高至 78℃ ,再送至第三层振槽继续加热增至 90℃ 。由于振动作用物料不断上抛翻动,水不断蒸发,从而达到干燥的目的。当物料送至第四层时,由于该层无辐射加热装置,又有冷风不断补充,使加热后的颗粒逐渐冷却,通过振槽终端的筛网筛去细粉,成品送至接受桶。振动式远红外线干燥机多用于颗粒剂湿颗粒的干燥。对黏度较大的湿粒,必须先在室温下进行除湿预处理,使颗粒的性质能满足该机的要求,否则,此种湿粒直接进入振动式远红外线干燥机、在干燥过程中颗粒容易黏结,形成大颗粒或块状物,使包裹于大颗粒内的水分难以蒸发;部分颗粒还容易黏结在远红外烘箱振槽板面上,造成积料和焦化现象。

该干燥机具快速、优质、耗能低的特点。湿颗粒在机内停留 6~8 min,而通过远红外线辐射时仅 1.5~2.5 min,箱内气相温度达 68℃ ,每小时能干燥干料 120 kg;干燥时物料最高温度为 90℃ ,由于加热时间短,药物成分不易被破坏,也能起灭菌作用,颗粒外观色泽鲜艳、均匀,香味好,成品含水量可达到 2% 左右,达到优级水平;全机总功率为 50.6 kW,平均每度电能干燥药物 3.5 kg。

2. 隧道式红外线烘箱　　主要由干燥室、辐射能发生器、机械传动装置及辐射线的反射集光装置等组成。图 10-15 为隧道式红外线烘箱与红外线发生器示意图。这种烘箱为注射剂安瓿连续自动化生产提供了有利条件,但有安瓿污染及气体燃烧后产生气味等缺点。此种烘箱略加改造,在其左上方安装加料系统,右下方设有物料出口,可用于湿颗粒的干燥。

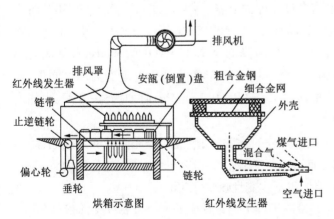

图 10-15　隧道式红外线烘箱与红外线发生器示意图[74]

第四节　基于升华原理的冷冻干燥技术

冷冻干燥过程是低温低压下水的物态变化和移动过程，可避免成分因高热而分解变质，适用于极不耐热物品的干燥，如天花粉等；冻干技术在最大限度地保存药用有效成分的活性的同时，还可较好地保持药材的外观品质、颜色、气味，脱水彻底，保存性好，故其在人参、西洋参、冬虫夏草、鹿茸等贵重中药材中得到了广泛应用。如低温冷冻干燥工艺可最大限度地保持鹿茸的活性营养成分，保持鹿茸的形、色、味基本不变，既保证了鹿茸质量，又大大缩短加工周期[147]。又如，冻干参片中皂苷类成分与鲜人参相比差异很小，而烘干人参片中不仅人参总皂苷和热敏性成分 Rb_1 损失较多，单体皂苷的组成也发生了变化[148]。冻干技术也是制备各种中药冻干粉针、脂质体、毫微粒、纳米乳的常用方法[149]。

一、冷冻干燥过程工程原理及其关键工艺

1. 升华是冷冻干燥的基本原理[150-152]　　由固相直接变为气相的相变化过程称为升华，而直接由气相返回固相的相变化过程为逆向升华。把固相蒸汽压与气相总压相等时的温度称为升华点（相当于气液平衡时的沸点）。固相中某组分的分压与气相中同一组分分压相等时所对应的温度则称为雪点（相当于露点）。

当气相全部是由升华的物质构成的，这种情况称为单升华。如果气相是由升华的物质及其他物质（包括人为引入的物质、因泄漏而进入的物质等）共同构成，则称为载体升华。

升华操作常用于对物质进行精制，也可以用于粒状结晶构造的形成。在使用蒸馏操作时会出现分解、腐蚀等问题，若改用低温下进行的升华操作，就不会产生上述情况，效果极佳。另外，用溶液制作结晶时，其溶媒会带来许多问题，这时升华就成了必不可少的替代技术。尤其是要进行气相反应生成物的回收及精制时，采用逆向升华是十分有效的方法。

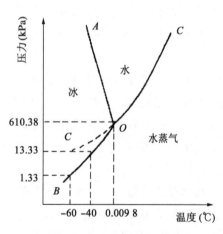

图 10-16　水的三相点相图[74]

冷冻干燥的原理可以由水的相图（图 10-16）来说明。图中 OA 线是固液平衡曲线；OC 是液气平衡曲线（表示水在不同温度下的蒸汽压曲线）；OB 是固气平衡曲线（即冰的升华曲线）；O 为三相点。由图 10-16 知，凡是三相点 O 以上的压力和温度下，物质可由固相变为液相，最后变为气相；在三相点以下的压力和温度下，物质可由固相不经过液相直接变成气相，气相遇冷后仍变为固相，这个过程即为升华。例如，冰的蒸汽压在-40℃时为 13.33 Pa（0.1 mmHg），在-60℃时变为 1.33 Pa（0.01 mmHg），若将-40℃冰面上的压力降低至 1.33 Pa（0.01 mmHg），则固态的冰直接变为水蒸气，并在-60℃的冷却面上复变为冰。同理，如果将-40℃的冰在 13.33 Pa（0.1 mmHg）时加热至-20℃，也能发生升华现象。

冷冻干燥即基于升华原理的干燥技术，将含有大量水分的物质（如溶液），预先降温冻结成固体，然后在真空条件下使水蒸气直接从固体中升华出来，而物质本身则保留在冻结时由冰固定位置的骨架里，形成块状干燥制品。制品干燥后只含微量的水分但体积不改变且疏松、多孔。

2. 冷冻曲线和共熔点　　冷冻曲线和共熔点是冷冻干燥工艺设计中的两个重要概念，简介如下。

（1）冷冻曲线：为了获得良好的冻干产品，一般在冻干时都根据每种冷冻干燥机的性能和产品的

特点,在试验的基础上制订出一条冷冻曲线,然后控制机器,使冻干过程各阶段的温度变化符合预先制订的冷冻曲线。也可以通过一个程序控制器,让机器自动地按照预先设定的冷冻曲线来工作,从而得到合乎希望的产品。

用同一台机器干燥不同的产品,以及同一产品用不同的机器干燥时其冷冻曲线是不一定相同的,这样就需要制订出一系列的冷冻曲线。而且在制订冷冻曲线时往往留有一定的保险系数,例如,为了防止产品冻不结实抽空时膨胀发泡,预冻温度可能比实际所需的温度低得多;或是为了防止产品干缩起泡,升华加热时,温度往往慢慢地上升等,这样就将延长整个冻干的时间。

(2) 共熔点:所谓共熔点就是产品真正全部冻结的那个温度,也相当于已经冻结的产品开始熔化的那个温度。当我们知道某一产品的共熔点时,在预冻时只要使产品温度降到低于共熔点以下几度,产品就能完全冻结,然后保持 1~2 h 就可以抽空升华。在升华时只要控制使产品本身的温度不高于共熔点的温度,产品就不会发生熔化现象。待产品内冻结全部升华完毕之后,再把产品加热到出箱时所许可承受的最高温度,然后在此温度保持 2~3 h,冻干过程就可以结束。为此,首先需要确定产品的共熔点。

一个产品在冻结的时候,当温度达到 0℃ 时,产品中会有部分水开始结成纯冰,这样其余部分的浓度将会增加,而浓度的增加可引起凝固点的降低。当温度继续下降到一定数值时,全部产品才凝结成固体。随着冻结过程的进行,物质的结构发生着变化,由液态逐渐变成固态,这个结构的改变从温度上是无法测量到的。但是随着物质结构的改变而同时发生着物质体系物理化学性能的改变,如通过测量冻结过程中产品电阻的变化即可判断冻结是在进行之中,还是已经完成。

其原理如下所述:纯水几乎不导电,但当水中含有杂质时,水的导电性就明显增加,冻干产品中含有很复杂的成分,在液态时是导电的。

溶液主要靠离子导电,导电液体的电阻随温度的改变而改变。当温度降低时,电阻将会增大;当达到熔点的温度时,全部液体变成固体,这时液体的电阻会出现一个突然增大的现象,这一突变与液体的离子导电突然停止有关。因此,在降温的过程中如果一方面进行温度的测量记录,另一方面进行电阻的测量记录,当温度降到发生电阻的突然增大时,那么这时的温度便是产品的共熔点。

如果对已经冻结的产品进行加热,使之温度上升到共熔点时,则冻结产品便开始熔化,离子导电又重新恢复,因此,原来突然增大的电阻又会突然减小,表示冻结产品已开始熔化。

在共熔点附近,仅仅很小的温度变化,就会引起电阻的非常明显的变化。不同的产品在共熔点时的电阻数值是不相同的,其数值约在几百千欧到几兆欧之间。可用电阻来控制产品升华时的加热,它比用温度控制灵敏得多。温度的少许变化不容易被检测和控制,而电阻的明显变化很容易被检测和控制。

3. 冷冻干燥速度　　对传质过程若以克努森数(Knudsen number, K_n)(= 分子平均自由距/传质的特性尺寸)表示真空的影响,则 $K_n < 0.01$ 时为黏性流范围, $K_n > 10$ 时为分子流范围, $K_n = 0.01 \sim 10$ 时为过渡流范围。在升华面和冷凝面相对的情况下,则在黏性流动范围内:

(1) 不伴有流动时,对于单向扩散,存在以下关系:

$$R'' = (DP_\pi M_0 / RTLP_{Bm})(P_1 - P_2) \tag{10-18}$$

式中, L 为扩散距离,m; D 为蒸汽的扩散系数,m^2/s; R 为气体常数,等于 8.314 J/(mol·K); M_0 代表分子量,g/mol; P_{Bm} 为平衡态压力,kPa; P_1 为初态压力,kPa; P_2 为终态压力,kPa; R'' 代表升华速度,kg/(s·m^2); P_π 代表总压,kPa。

(2) 伴有流动时,对于单向扩散,存在以下关系:

$$R'' = (K'' P_\pi / P_{Bm})(P_s - P_0) \tag{10-19}$$

式中，P_s 为在物体表面温度 t_s 下的平衡蒸汽压，kPa；K'' 为与气体有关的常数；P_0 为流体本体内的水蒸气压，kPa。

在分子流动范围内：

$$R'' = \alpha_M \sqrt{\frac{M_0 g_c}{2\pi R T_1}} (P_1 - P_2) = \alpha_M K_m (P_1 - P_2) \qquad (10-20)$$

式中，g_c 为重力换算系数，等于 1；T_1 为温度，K；α_M 为系数；$K_m = \sqrt{\dfrac{M_0 g_c}{2\pi R T_1}}$。

在过渡流范围内：

$$R'' = (P_s - P)/\{(1/\alpha_M K_m) + (P_{Bm}/K'' P_\pi)\} = K(P_s - P) \qquad (10-21)$$

若已知干燥条件与 α_M 及常压下的 K''，即能求出 R''。研究人员发现，R'' 以式（10-18）的形式表达时，α_M 处于 0.44~0.63 范围之间。

而 Edc 等对各种物料求出的式（10-18）的形式则为

$$R'' = 4 \times 10^{-5} (P_s - P)/P_{Bm} \qquad (10-22)$$

二、冷冻干燥设备与基本流程

冷冻干燥设备即冷冻干燥机组主要由冷冻干燥箱、冷凝器、制冷机组、真空泵组和加热装置等组成。如图 10-17 所示。

冷冻干燥的基本流程主要由预冻、升华干燥和解吸附干燥三阶段组成。预先降温冻结在冻干工艺过程中称为预冻，在真空条件下使水蒸气直接从固体中升华出来的过程又可分为一级干燥和二级干燥两个阶段。冻干过程 3 个主要阶段的处理步骤彼此独立，各具主旨，又相互依赖、互相影响。预冻使制品成形，一级干燥即真空升华干燥，可

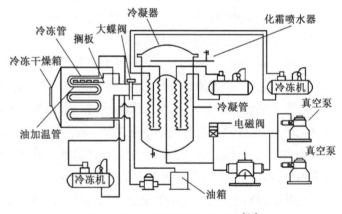

图 10-17　冻干燥机组示意图[74]

升华去除溶剂水分，二级干燥即真空解吸附干燥，可解吸附去除物质结合水。冷冻干燥的 A~E 各阶段划分及其流程 F 见图 10-18。

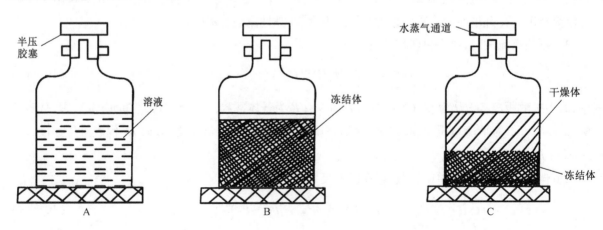

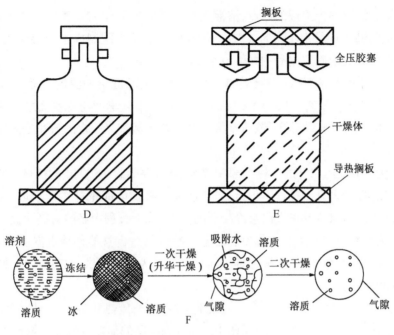

图 10-18　冻干工艺流程阶段示意图[74]

冷冻干燥过程的若干关键操作及其技术原理如下。

1. 预冻　冻干工艺过程的第一步为预冻,即将药液完全冻结。在这个过程中,药液成为冰晶和分散的溶质。为了提高干燥效率,应尽可能增大制品升华的表面积,以加快冻干的速度。制品冻结速度的快慢,是影响制品质量的重要因素。通常,溶液速冻时(每分钟降温 10~50℃),形成在显微镜下可见晶粒,慢冻时(1℃/min),其结晶肉眼可见。此过程中,冰的晶体逐步长大,溶质逐渐结晶析出。速冻生成细晶升华后留下的间隙较小,使下层升华受阻,但速冻的成品粒子细腻,外观均匀,比表面积大,多孔结构好,溶解速度快,成品的引湿性相对强于慢冻成品。慢冻形成粗晶在升华时留下较大的空隙,可提高冻干效率,适用于抗生素类制品的生产。溶液冷冻所形成的冰晶形态、大小、分布等情况直接影响成品的活性、构成、色泽及溶解性能大等。到底采用何种冻结方式进行冷冻干燥,须根据制品的特点来决定。

原药液冷冻干燥时,需装入适当的容器才能预冻结成一定形状进行冷冻干燥。预冻结还能保护药物的活性在冻干过程中稳定不变,冻结后制品具有合理的结构,这利于水分的升华。为保证冻结干燥后的制品具有一定的形状,原液溶质浓度应该在 4%~25% 之间,以 10%~15% 最佳。制品在容器中成型,一般制品分装厚度不宜超过 15 mm,并应有恰当的表面积和厚度之比,表面积应大而厚度要小。容量较大的制品需要大瓶做容器,一般采用旋冻的方法将制品冻成壳状,也可倾斜容器将制品冻成斜面,以增大表面积,减小厚度,提高干燥速度。

为避免抽真空时制品沸腾并冒出瓶外,预冻要将制品冻结实,但冻结温度过低,则浪费能源和时间,甚至还会降低某些制品有效成分的活性。因冻结制品处于静止状态,冻结过程常会出现过冷现象。即制品温度虽已达到溶液的共晶点,但溶质仍不结晶。为克服过冷现象,制品冻结的温度应低于共熔点以下一个范围,并保持一段时间,使其完全冻结。溶液的结冰过程与纯液体不同,如水在 0℃ 时结冰,水的温度并不下降,直到全部水结冰后温度才进一步下降,这说明纯液体水的结冰点与共熔点是固定一致的。溶液不是在某一固定温度完全凝结成固体,而是在某一温度时开始析出晶体。随温度下降,晶体的数量不断增加,直到全部凝结。即溶液并不是在某一固定温度时凝结,而是在某一温度范围内凝结。冷却时,开始析出晶体的温度称为溶液的冰点,溶液真正全部凝成固体的温度才是溶液的共熔点(eutectic point)。溶液的冰点与共熔点是不相同的。需冻干产品,一般预先配制成水的溶液或悬浊液,其冰点低于溶剂的冰点,应在预冻之前确定制品的共熔点温度。

2. 升华干燥　升华干燥又称一次干燥或一级干燥。制品冻结的温度通常为-25℃与-50℃。冰在该温度下的饱和蒸汽压力分别为63.3 Pa与1.1 Pa,真空中升华面与冷凝面之间便产生了相当大的压差,如忽略系统内的不凝性气体分压,该压差将使升华的水蒸气以一定的流速定向地抵达凝结器表面结成冰霜。

冰的升华热约为2 822 J/g,1 g的冰块全部变成水蒸气,要吸收2 800 kJ的热量。制品中的水分在升华时需要吸收大量热量,如果升华过程不供给热量,制品便降低内能来补偿升华热,直至其温度与凝结器温度平衡,升华停止。为保持升华表面与冷凝器的温差,冻干过程中必须对制品提供足够的热量。但要注意为制品提供热量有一定限度。不能使制品温度超过制品自身的共熔点温度,否则会出现制品熔化、干燥后制品体积缩小、颜色加深、溶解困难等问题。如果为制品提供的热量太少,则升华的速率就会很慢,延长升华干燥的时间。

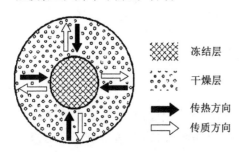

图 10-19　一级干燥中的传热、传质过程示意图[74]

冻结层

干燥层

传热方向

传质方向

一级干燥过程中,传热和传质沿同一途径进行,但方向相反(图10-19)冻结层的加热是通过干燥层的辐射和导热来进行,而冻结层的温度则决定于传热和传质的平衡条件。干燥过程中的传热、传质过程互相影响,随着升华的不断进行和多孔干燥层的增厚,热阻增加。

在实际的一级干燥过程中,介于干燥层和冻结层之间,存在一个升华过渡层。在升华过渡层的外侧,绝大部分水分经过升华,物料已被干燥。升华过渡层内部仍为冻结层,升华尚未进行。升华过渡层没有明显的界面,水分含量介于干燥层和冻结层之间,随着升华干燥过程的进行,升华过渡层不断向中心推进,直到升华干燥结束,升华过渡层和冻结层消失。

在升温的第一阶段(大量升华阶段),制品温度要低于其共晶点一个范围,因此导热搁板温度要加以控制。若制品已经部分干燥,但温度却超过了制品的共晶点温度,将发生制品融化现象。此时融化的液体,对冰饱和,对溶质却未饱和,干燥的溶质将迅速溶解进去,最后浓缩成一薄僵块,外观极为不良,溶解速度很差。若制品的融化发生在大量升华后期,由于融化的液体数量较少,被干燥的孔性固体所吸收,造成冻干后块状物有所缺损,加水溶解时仍能发现溶解速度较慢。在大量升华过程中,虽然搁板温度和制品温度有悬殊,但由于板温、凝结器温度和真空度基本不变,因而升华吸热比较稳定,制品温度相对恒定。随着制品自上而下层干燥,冰层升华的阻力逐渐增大,制品温度相应也小幅上升。直至用肉眼已见不到冰晶的存在。此时90%以上的水分已被除去。

在一级干燥过程中,如果热量控制不当,制品温度高于制品的共熔点时,可能会出现部分融化,这种现象称为回熔(melt back)。当出现回熔现象时,制品块的局部晶体结构被破坏,生成无定型体(玻璃化),冻结体会发生收缩或膨胀。这不仅影响升华的继续进行,而且会影响制品的贮存稳定性。因此,在温度尚不到升华所必需的低温时,不能抽真空。否则,没有完全冻结的浓缩液体会产生沸腾,容易使一些具有较低共熔点温度的制品出现难以干燥的玻璃化状态。

在干燥工艺设计时,应注意的另一个温度称为崩解温度(倒塌温度),高于这个温度时冻干,冻结体就会局部出现塌方现象,影响正常工艺过程的进行。崩解温度对一些制品而言,有时会高于制品的三相点温度,对另一些制品而言,则可能低于其三相点温度,这些重要数据需在制品开发过程中确定下来,并在工艺验证中予以确认。

在冻干过程中，箱体内的压力应控制在一定的压力范围内。箱体内压力低虽有利于制品内冰的升华，但压力低于 10 Pa 时，气体的对流传热小到可以忽略不计，制品不易获得推动冰快速升华所需的热量，升华的速率反会因传热不利而降低。压力大于 10 Pa 时，气体的对流传热明显增加。为了改变传热不良的情况，在制品升华干燥的前阶段可采用导入气体的方法来改善热的传导。就生物药品而言，理想的压力控制范围应在 20~40 Pa 之间。

通常，在冻干过程的一级干燥阶段，采用周期地提高和降低干燥箱内部压力的方法，可有效缩短冻干时间。具体做法是，在干燥的前半个周期适当地提高箱内压力，增加箱体内气体对流，优化制品干燥层的导热，加速药品中水蒸气的排出。由于制品干燥层的外表面压力降低，制品所处的升华界面与其外表面之间形成了较大压差。此时，水蒸气排出大部分时间内是依赖水力流动，而不是扩散。这种压力交替变化，构成循环压力冻干。在循环压力冻干过程中，周期性压力高低的选择，应随制品种类、充气成分的不同而异。低压程度应使之能在低压期间完成水蒸气的排出，从而引起升华界面再一次降低。高压数值的选择应以最小压力差能获得干燥层的最大导热效果为原则。在一个循环压力冻干的周期中，高压维持的时间应比低压时间适当延长，并可提高制品的温度达到它所允许的最高值。低压时间应相应短，只需足以完成水蒸气的快速排出即可。

3. 解吸附干燥　　解吸附干燥又称二级干燥或二次干燥。制品在一级升华干燥过程中虽已去除了绝大部分水分但如将制品置于室温下，残留的水分（吸附水）仍足以使制品分解。因此，有必要继续进行真空干燥，即二级干燥，以去除制品中以吸附方式存在的残留水分。通常冻干药品的水分含量低于或接近于 2% 较好，原则上最高不应超过 3%。二级干燥过程所需要的时间由制品中水分的残留量来决定。制品中残留水分的理化性质与常态水不同。残余水分包括化学结合水与物理结合水，如化合物的结晶水、蛋白质通过氢键结合的水及固体表面或毛细管中吸附水等。由于残余水分受到溶质分子多种作用力的束缚，其饱和蒸汽压力被不同程度地降低，其干燥速度明显下降。

二级干燥在共熔点和崩解温度以下，应尽量提高制品的温度，降低干燥体的压力，以提高干燥效率。干燥过程中要由实验来确定保证制品安全的最高干燥温度，以避免出现制品玻璃化及受热降解问题。操作时可使制品温度迅速上升到其最高容许温度，并在该温度维持到冻干结束，这样有利于降低制品残余水分含量和缩短解吸干燥时间。一级干燥阶段结束后，制品的温度已达到 0℃ 以上，90% 左右的水分都已排除（通过箱体视镜可观察到筷状物上的水迹印消除），冷凝器负载已降低。由于已干燥的制品导热系数较低，且箱内压力下降，箱内压力与冷凝器压差增大，箱体内真空升高，热量传递到制品上去就更加困难。此时，可以直接加大供热量，将温度升高至制品的最高可耐温度，以加快干燥速度。迅速提高制品温度，有利于降低制品中残余水分含量和缩短解吸干燥的时间。制品的最高许可温度视制品的品种而定，一般为 25~40℃。如病毒性制品的最高许可温度为 25℃，细菌性制品的最高许可温度为 30℃，血清、抗生素等的最高许可温度可提高 40℃ 以上甚至更高。此干燥阶段初期，因板温升高，残余水分少又不易气化，制品温度上升较快，在此阶段将搁板温度设置在 30℃ 左右，并保持恒定一般效果不错。

随着制品温度与板温靠拢，热传导逐渐变缓，残余水分干燥速度缓慢。在解吸干燥阶段，因制品内逸出水分减少，冷凝器附着水蒸气量也减少。冷凝器由于负荷减少温度下降，又引起系统内水蒸气压力下降，这常使干燥箱体总压力下降到 100 Pa 以下，而导致箱体内对流传递几乎消失，因此即使导热搁板的温度已加热到制品的最高许可温度，但由于传热不良，制品的温度上升仍然很缓慢。解吸干燥阶段需要的时间几乎等于或超过大量升华的时间。

4. 冻干过程结束条件　　在二级干燥过程中，制品温度已达到最高许可温度，并保持 2 h 以上。此时,可通过关闭干燥箱体和冷凝器之间的阀门,观察干燥箱体内的压力升高情况(这时关闭的时间应长些,1~3 min)来判断箱内制品的干燥情况。测试时关闭干燥箱体和冷凝器之间的真空隔阀门,切断箱体内的真空排气,观察 1 min 左右,如果箱体内的压力为明显升高,如压力变化小于 1 Pa,则冻干制品的残余水分约在 1%以内。如果压力明显上升,标志着制品内还有水分逸出,需要延长干燥时间,直到关闭干燥箱体冷凝器之间的阀门之后压力上升在许可范围内为止。

通常,干燥的速率与干燥箱体内和冷凝器之间的水蒸气压差成正比,与水蒸气流动的阻力成反比。干燥箱体和冷凝器之间水蒸气的压力差越大,流动阻力越小,则干燥的速率越快。水蒸气的压力差取决于冷凝器的有效温度和制品温度的温度差,因此要尽可能地降低冷凝器的有效温度和最大限度地提高制品的温度。

三、冷冻干燥曲线的设计参数及其绘制

冷冻曲线的设计参数主要由下述 1~3 项组成。

1. **预冻速率**　多数情况下制品的预冻速率不可能通过设备有效地控制(冻干设备的最大制冷能力是不变的)。因此,只能以预冻干燥箱体的方式来决定预冻速率。若要求预冻速率快,干燥箱体应预先降至较低的温度再让制品进箱。反之,可在制品进箱后再对箱体降温。

2. **预冻最低温度**　预冻就是使液体固化。理论上预冻的最低温度必须低于制品的共熔点温度。如果预冻的最低温度高于制品的共熔点温度,产品没有完全被冻结实,在抽真空升华时,就会膨胀起泡甚至喷瓶,造成冻干失败。若预冻的温度太低,不仅增加不必要的能量消耗,而且由于升华阻力加大,会造成制品底部易出现融化的现象。对于某些产品会减低冻干后的成活率。冷却速度越快,晶核数量越多,晶粒越细,升华阻力越大,反之则结晶粗大,升华阻力小。如文献报道[153],以冻干燥技术制备红花注射剂,根据产品特性为避免塌方,多次实验后选择−15℃入箱的方式。

3. **若干关键工序的时间控制**

(1) 预冻时间:制品装量较多且所用容器底厚也不平整,或不采用把制品直接放在干燥板层上预冻时,要求预冻的时间长一些。为使箱内每一瓶(盘)制品完全冻实,一般要求在制品的温度到达最低温度后保持 1~2 h。

(2) 冷凝器降温时间:在预冻的结束阶段,尽管预冻尚未结束,只要设备的预冻能力有富余,抽真空开始之前就可以开始对冷凝器降温。究竟在系统抽真空开始前何时开始对冷凝器降温,需由冻干机的降温性能来决定。一般要求在预冻结束,开始抽真空时,冷凝器的温度应达到−40℃左右。

(3) 抽真空时间:预冻结束时即为开始抽真空的时间。通常要求在半小时左右的时间内,箱体内的真空度就能达到 10 Pa。在抽真空的同时,打开干燥箱体冷凝器之间的真空阀,真空泵和真空阀门打开的时间应一直持续到冻干结束。

(4) 预冻结束时间:预冻结束,就停止干燥箱体搁板层的降温,通常,在抽真空的同时或真空度抽到规定要求时,即停止导热板层的降温。

(5) 干燥过程加热的时间:一般认为开始加热的时间就是升华干燥开始的时间(实际上抽真空开始时升华即已开始)。干燥过程中开始加热是在真空度到达 10 Pa。

(6) 对干燥箱体内真空进行控制的时间:箱体内进行真空控制的目的是改进干燥箱体内热量的传递,通常在第一阶段干燥时使用,待制品升华干燥结束时即可停止控制。在干燥的第二阶段,系统应恢复到能得到的最高真空度。恢复高真空状态使用时间的长短由制品的品种、装量和调定的真空度数值来决定。

(7) 不同冻干阶段制品加热的最高许可温度:导致搁板加热的最高许可温度应根据制品理化性质

而定。在制品升华干燥时,导热搁板的加热温度可超过制品的最高许可温度。因这时制品仍停留在低温阶段,提高搁板温度可提高升华干燥速度。冻干后期导热搁板温度须下降到与制品的最高许可温度一致。此时,由于传热产生的温差,板层的实际温度可比制品的最高许可温度略高。

4. 冷冻曲线的绘制　　在冻干机的运行的过程中,将搁板温度、制品温度与系统真空度随时间的变化真实地记录下来,即可得到制品的冻干曲线。冻干曲线是进行冷冻干燥过程控制的基本依据。典型的冻干曲线中导热搁板的升温过程分为两个阶段。在升华的阶段搁板保持较低温度,根据制品的实际情况,可控制在 −10℃ ~ 10℃ 之间,在第二阶段依制品理化性质将搁板温度适当调高,此法尤其适用于共熔点较低的制品。冷冻工艺曲线见图 10 − 20。

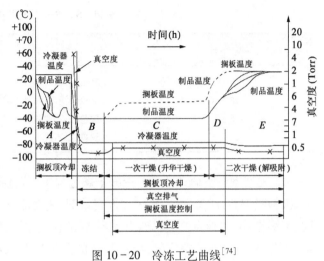

图 10 − 20　冷冻工艺曲线[74]

四、优选中药复方粉针剂冻干工艺的原理

冷冻干燥法制备粉针,影响因素很多,特别是中药复方制备粉针,由于成分复杂,且冻干后易吸湿,故成型困难。在优选中药复方粉针剂冻干工艺时,需从冷冻干燥技术原理出发,对药液浓度、充填剂品种等进行考察、优选。

1. 药液浓度的选择　　中药复方注射剂成分复杂,药液浓度对成品性状有很大影响,因此冻干前应对药液浓度进行选择。如唐岚等[154]在参附青冻干粉针成型工艺研究中,将冻干前药液配成含固形物量分别为 4%、5%、6%、8%、12% 的浓度,加入一定量的甘露醇,进行冻干,观察成品性状,结果见表10 − 7。

表 10 − 7　不同浓度药液冻干效果[154]

含固形物量(%)	颜　色	成形性	水溶性	澄明度
4	浅黄色	良好	好	好
5	浅黄色	良好	好	好
6	浅黄色	良好	好	好
8	浅黄色	稍差	好	好
12	浅黄色	差	好	好

由表 10 − 7 可见,药液固形物量在 8% 以下成型性较好,浓度为 6% 时,冻干液的体积小,厚度适宜,有利于冷冻干燥过程的进行,故选择药液固形物含量为 6% 的浓度进行冻干。

袁媛等[155]在开展热毒清粉针剂的冻干工艺的优选研究时,为优选药液浓度,配置 2 g 生药/mL 药液,平分四份,分别稀释至 0.5、1、1.5 g 生药/mL,第四份不稀释,各装入西林瓶中,每瓶装 3 mL,冷冻干燥。由表 10 − 8 可见,1 g 生药/mL 药液浓度的冻干样品成型性最佳,且复水时间较短,并结合超滤合适的药液浓度的筛选结果,最终选择 1 g 生药/mL 药液浓度进行冻干。

表 10-8　冻干工艺药液浓度的优选[155]

浓度(g生药/mL)	外　　　观	复水时间(s)
0.5	颜色较浅,成品有裂隙,不成型	33
1	颜色较浅,成品外观较好	36
1.5	颜色深,不均匀	60
2	颜色深,不成型	96

2. 充填剂种类的选择　　冷冻干燥过程中,若直接以中药药液进行冻干,由于成品疏松、比表面积大、极易吸湿、难成型,故一般需加入充填剂,使之能形成团块结构。充填剂应具备纯度高、无毒、无抗原性、引湿性小、共熔点高、价廉、升华时不起泡、干燥后复水性好等优点。常用的充填剂有甘露醇、葡萄糖、氯化钠、乳糖右旋糖酐等,而一些新的药用辅料水溶性较好,也逐渐作为充填剂应用在制剂中,如HP-β-CD 等。

如唐岚等[154]的参附青粉针试验,主要选取了价廉易得、常用的充填剂甘露醇、葡萄糖、氯化钠、乳糖,同时选择了水溶性好的 HP-β-CD 进行冻干,观察成品性状,结果见表 10-9、表 10-10。

表 10-9　不同充填剂冻干效果(含量为 10%)[154]

充填剂	甘露醇	葡萄糖	乳糖	氯化钠	HP-β-CD
成型性	好	不成形	不成形	不成形	不成形

表 10-10　不同填充剂配伍冻干效果

| 充填剂 | 5%甘露醇 | 5%甘露醇 | 5%甘露醇 | 5%甘露醇 |
	5%氯化钠	5%葡萄糖	5%乳糖	5%HP-β-CD
成型性	差	差	差	一般

充填剂的共熔点影响冻干效果,甘露醇的共熔点高,水溶性好,利于本品的冻干和成型,而其他的充填剂均不适于本品,故选择甘露醇为充填剂。

充填剂的用量也影响着产品的成型,且为使产品易于冻干及复水性好,冻干液的浓度应在 4%~25%之间[156]。上述参附青固定药液为 6%的浓度,分别加入不同比例的甘露醇,考察冻干成型效果,结果见表 10-11。

表 10-11　不同甘露醇浓度冻干效果[156]

甘露醇浓度(%)	颜　　色	成 型 性	水 溶 性	澄 明 度
6	黄色	差	好	好
8	黄色	稍差	好	好
10	淡黄色	好	好	好
12	淡黄色	好	好	好
14	淡黄白色	好	好	好
16	淡黄白色	好	好	好

可见,甘露醇浓度在 8%以上,产品成型效果好,从节约成本考虑,确定甘露醇浓度为 10%。

但也有在中药粉针剂中不用充填剂的研究实例。如袁媛等[155]在冻干辅料的选择时做了下述实验：取药液浓度为 1 g 生药/mL 的注射液分装入西林瓶中，每瓶装 3 mL，分 4 组：组 1 加入 5%葡萄糖；组 2 加入 5%氯化钠；组 3 加入 4%的 β-环糊精；组 4 为空白。冷冻干燥。观察。由表 10 - 12 分析，空白组虽然颜色稍深，但成型性好，外观较好，复水性快。因此，考虑到粉针剂作为注射用剂，以不加辅料为最佳选择。

表 10 - 12 冻干辅料的选择[156]

组别	外 观	复水时间(s)
组 1	深褐色，吸湿性强，取出后很快吸湿，不成型	45
组 2	颜色较浅，但成型性差，成品有裂隙	37
组 3	颜色深，不均匀	35
组 4	颜色稍深，成型性好，但表面结膜	33

五、冷冻干燥技术在中药领域中的应用[157-159]

1. **制备中药冻干粉针等现代剂型**　随着中药现代化技术的发展，冷冻干燥制剂不仅应用于多肽蛋白类药物的临床开发，更广泛应用于植物药现代化剂型的研究和开发。很多临床治疗效果良好的中药注射剂因其制剂的不稳定性，临床应用受到局限并且给储藏和运输带来不便。而将其制成冻干粉针后，稳定性大大增强，所得产品质地疏松，加水后能迅速溶解，该制剂含水量低，粉针包装可保持真空或充填惰性气体，有利于增强药物的稳定性。同时，冻干技术也是制备各种脂质体、毫微粒、纳米乳的常用方法。

2. **在中药材加工、储备中的应用**　与其他干燥方法相比，中药材冷冻干燥有以下优点：① 可避免常见的干燥加工过程中物料热敏性成分的破坏和易氧化成分的氧化等劣变反应，产品活性物质保存率高，芳香物质挥发性降低，产品性味浓厚。② 中药材干燥前进行预冻处理，形成了稳定的固体骨架，水分蒸发以后，固体骨架基本保持不变，其收缩率远远低于其他方法干燥的产品，较好地保持了物料的外形，具有较好的外观品质。③ 中药材预冻之后，内部水分以冰晶的形式存在于固体骨架之间，溶解于水中的无机盐等物质也被均匀分配其中，升华时就地析出，避免了一般干燥过程中物料内部水分向表面迁移时，所携带的无机盐在表面析出而造成的药材表面的硬化。④ 由于低温下化学反应速率降低及酶发生钝化，冷冻干燥过程中几乎没有因色素分解而造成的褪色，以及酶和氨基酸所引起的褐变现象，故经冷冻干燥的中药产品无须添加任何色素和添加剂，安全而卫生。⑤ 脱水彻底，质量轻，保存性好，适合长途运输和贮藏。在常温下，采用真空包装，保质期可达 3 ~ 5 年。

目前冷冻干燥技术已经在人参、西洋参、冬虫夏草、山药、枸杞、鹿茸、水蛭等中药材中得到了应用。例如，使用该技术不仅较好地保存了冬虫夏草中蛋白质、氨基酸、虫草酸、虫草素、虫草多糖和超氧化物歧化酶等多种药用和营养成分的活性，还解决了人工栽培中大批量、长时间存储的问题。冻干技术同样也是加工山药制品的理想办法，真空避免了氧化，低温保证了山药制品中的皂苷、黏液质、蛋白质、氨基酸等成分不被破坏。可克服一般加工中营养损失严重，药效降低，产品变色褐化的问题。再如，冻干水蛭的整个加工过程是在低温(-30 ~ -27℃)、低压(最低为 4 Pa)的条件下进行，具有生物活性物质损失少、成品含水量低，能完好地保存色泽、外形、有效成分等特点。另外，含水量为 2.19%的冻干水蛭易于粉碎加工成微颗粒，为水蛭加工提供了一种新途径。

3. 在中药制药半成品中的应用　　中药提取液的浓缩方法目前多采用真空低温浓缩技术及薄膜蒸发浓缩技术，以减少有效成分的损失。而浓缩液的干燥也可选择冷冻干燥方法，尤其在对照品的干燥上应用较广。

参 考 文 献

[1] 傅超美.中药药剂学.北京：人民卫生出版社,2014.
[2] 段文娟,李月,崔莉,等.低场核磁共振及成像技术分析白芍炮制过程中水分变化规律.中国中药杂志,2017,42(11)：2092－2096.
[3] 陈衍男,赵恒强,卢丙,等.基于低场核磁共振技术的不同干燥过程中光皮木瓜水分迁移规律研究.中草药,2018,49(17)：4022－4028.
[4] 侯晓雅,何芳辉,孙小梅,等.用时域反射法对杞菊宁地黄丸干燥过程在线水分测定及干燥工艺优化.中草药,2020,51(10)：2767－2772.
[5] 岳鹏飞,许俊男,谢元彪,等.论中药丸剂"类玻璃化转变"的干燥机制与品质调控对策.中草药,2016,47(11)：1825－1829.
[6] 扶庆权,王海鸥,陈雨,等.不同干燥方式对白玉菇品质的影响.食品研究与开发,2019,49(17)：148－152.
[7] 葛进,刘大会,崔秀明,等.昭通产乌天麻的变温干燥工艺研究.中草药,2015,46(24)：3675－3681.
[8] 齐娅汝,李远辉,韩丽,等.干燥对中药丸剂品质形成的影响及调控.中国中药杂志,2017,42(11)：2208－2213.
[9] 王学成,康超超,伍振峰,等.基于Weibull函数的单颗六味地黄丸干燥过程模拟及其动力学分析.中国实验方剂学杂志,2019,25(12)：133－139.
[10] WEIBULL W. A staistical distribution function of wide applicability. J Appl Mech, 1951, 18(3)：293－298.
[11] 沙秀秀,朱邵晴,段金廒,等.基于Weibull分布函数的当归干燥过程模拟及其动力学研究.中国中药杂志,2015,40(11)：2117－2122.
[12] 白竣文,王吉亮,肖红伟,等.基于Weibull分布函数的葡萄干燥过程模拟及应用农业工程学报,2013(16)：278－281.
[13] AFZAL T M, ABE T. Diffusion in potato during far infrared radiation drying. J Food Eng, 1998, 37(4)：353－358.
[14] 齐娅汝,李远辉,韩丽,等.二至丸热风干燥动力学及干燥过程数学模拟研究.中草药,2017,48(15)：3056－3063.
[15] TORKI-HARCHEGANI M, GHASEMI-VARNAMKHASTI M, GHANBARIAN D, et al. Dehydration characteristics and mathematical modelling of lemon slices drying undergoing oven treatment. Heat Mass Transfer, 2016, 52(2)：281－289.
[16] KOWALSKI S J, SZADZINSKA J. Kinetics and quality aspects of beetroots dried in non-stationary conditions. Dry Technol, 2014, 32(11)：1310－1318.
[17] CHUA K J, MUJUMDAR A S, CHOU S K, et al. Convective drying of banana, guava and potato pieces：effect of cyclical variations of air temperature on drying kinetics and color change. Dry Technol, 2000, 18(4/5)：907－936.
[18] MINAEI S, MOTEVALI A, AHMADI E, et al. Mathematical models of drying pomegranate arils in vacuum and microwave dryers. J Agr Sci Tech-Iran, 2011, 14(2)：311－325.
[19] 詹娟娟,伍振峰,尚悦,等.中药浸膏干燥工艺现状及存在的问题分析.中草药,2017,48(12)；2365－2370.
[20] 蒋艳荣,张振海,丁冬梅,等.喷雾干燥处理对丹参酮组分物性和体外溶出的影响.中国中药杂志,2014,39(5)：817－820.
[21] 丁冬梅,张振海,蒋艳荣,等.丹参酮ⅡA喷雾干燥粉体药剂学性质的研究.中草药,2014,45(10)：1398－1401.
[22] 李延年,伍振峰,尚悦,等.基于浸膏物理指纹谱评价不同干燥方式对浸膏粉体性质的影响.中草药,2018,49(10)：2372－2377.
[23] 李远辉,伍振峰,李延年,等.基于粉体学性质分析浸膏干燥工艺与中药配方颗粒制粒质量的相关性.中草药,2017,48(10)：1930－1935.
[24] 张先如,徐政.微波在有机合成化学中的应用及进展.合成化学,2005,13(1)：1－5.
[25] 宗杰,邵琪,张红芹,等.喷雾干燥条件对骨痨颗粒复方水提液喷干粉吸湿性能的影响及其机制研究.中国中药杂志,2014,39(4)：663－668.
[26] 赵立杰,冯怡,徐德生,等.中药制剂原料吸湿特性与其物理特性相关性研究.烟台：中国药学大会暨第11届中国药师周,2011.
[27] 桂卉,严航,李静,等.乙肝宁水提取物中糖类成分吸湿性考察.中国实验方剂学杂志,2012,14(18)：33－37.
[28] 陈象青,刘圣,方焱,等.喷雾干燥条件对复方黄连干剂质量的影响.中国实验方剂学杂志,2011,17(18)：29－31.
[29] 齐娅汝,李远辉,韩丽,等.干燥对中药丸剂品质形成的影响及调控.中国中药杂志,2017,42(11)：2208－2213.
[30] 陈瑞娟,毕金峰,陈芹芹,等.不同干燥方式对胡萝卜粉品质的影响.食品科学,2014,35(11)：48－53.
[31] 李华,王强,金城,等.不同干燥条件大黄水提物的外观及理化性质比较研究.中国药业,2009,18(24)：25－27.
[32] 贾敏,丛海花,薛长湖.鲍鱼热风干燥动力学及干燥过程数学模拟.食品工业科技,2012,33(3)：72－76.
[33] 肖正国,刘效栓,李喜香.通窍鼻渊丸微波干燥工艺的研究.西部中医药,2012,25(8)：38－43.
[34] 梁生旺,王淑美,陈阿丽.中药配伍前后的化学变化研究及分析方法.河南中医学院学报,2007,22(1)：44－49.
[35] 颜素容,王耘,郑虎占,等.基于方剂药性特征的中药配伍方法初探.北京中医药大学学报,2011,34(9)：585－591.
[36] 钟晓雨,霍务贞,龚琼,等.基于药动学的中药配伍研究现状.中草药,2013,44(21)：3084－3089.

[37] 侯艳冬.不同干燥设备对中药丸剂有效成分影响的工艺研究.今日药学,2015,25(10):706-710.

[38] 肖晏婴,王洪军,邹如政,等.浓缩前列安丸的干燥和成型工艺研究.中国药物警戒,2016(1):20-24.

[39] 肖绍玲,马燎原.浓缩六味地黄丸制备工艺的优化.中成药,2009,31(2):299-303.

[40] 马新换,肖正国,马琴国,等.正交试验优选杞菊地黄丸的干燥工艺中医研究,2002,25(2):59-63.

[41] 林霞,刘峰.干燥温度对中药丸剂溶散时限的影响探讨.云南中医中药杂志,2014,35(10):113-117.

[42] 沈烨.干燥温度对中药丸剂溶散时限的影响.时珍国医国药,2003,14(10):609-612.

[43] 刘文伟,张国泰,田田,等.真空冻干燥技术在中药复方制剂生产中的应用中国民族民间医药,2008,17(8):17-21.

[44] 李慧,周里欣.微波干燥技术在浓缩丸生产中的应用中国实验方剂学杂志,2011,17(19):47-51.

[45] 励杭泉,张晨,张帆.高分子物理.北京:中国轻工业出版社,2009.

[46] 卞科.食品中的玻璃态研究.河南工业大学学报,2006,27(6):1-6.

[47] BHANDARI B R, HOWES T. Implication of glass transition for the drying and stability of dried foods. J Food Eng, 1999, 40: 71-79.

[48] CARTER B P, SCHMIDT S J. Developments in glass transition determination in foods using moisture sorption isotherms. Food Chem, 2012, 132(4): 1693.

[49] ISLAM M Z, KITAMURA Y, YAMANO Y, et al. Effect of vacuum spray drying on the physicochemical properties, water sorption and glass transition phenomenon of orange juice powder. J Food Eng, 2016, 169: 131-140.

[50] 郭颖,许时婴.浅述用差示扫描量热法研究食品的玻璃化转变.食品科技,2002,13(1):13-17.

[51] 丁耀,杨玉玲.浅谈谷物食品的玻璃化转变与稳定性的控制.江苏食品与发酵,2001(3):28-31.

[52] 周顺华,刘宝林.玻璃化转变理论及其在冷冻食品中的应用.食品研究与开发,2001,22(增刊):69-72.

[53] 詹世平,陈淑花,刘华伟,等.淀粉的玻璃化转变温度与含水量的关系.食品科技,2006,27(6):28-31.

[54] ALEXANDER K, KING C J. Factors governing surface morphology of spray-dried amorphous substances. Drying Technol, 1985, 3(3): 321-348.

[55] ROOS Y, KAREL M. Plasticizing effect of water on thermal behavior and crystallization of Amorphous food models. J Food Sci, 1991, 56(1): 38-43.

[56] 杜松,刘关凤.中药提取物吸湿、结块和发黏现象的机制分析.中草药,2008,39(6):932-934.

[57] 曾金娣,熊磊,谢茵,等.中药浸膏粉玻璃化转变温度测定方法分析.中国实验方剂学杂志,2015,21(6):1-5.

[58] 何雁,谢茵,郑龙金,等.空气湿度对中药浸膏喷雾干燥过程的影响及浸膏粉的稳定性预测.中国中药杂志,2015,40(3):424-429.

[59] GORDON M, TAYLOR J S. Ideal copolymers and the second-order transitions of synthetic rubbers: I. Non-crystalline copolymers. J Appl Chem,1952, 2: 493-500.

[60] 沈烨.干燥温度对中药丸剂溶散时限的影响.时珍国医国药,2003,14(10):609-612.

[61] SUZUKI T, ITAKURA K, TAMON H. A molecular dynamics study of the role of water molecules in glass transition of amorphous sugars. Drying technology, 2018, 36(6): 673-676.

[62] SOBULSKA M, ZBICINSKI I. Advances in spray drying of sugar-rich products. Drying technology, 2021,39: 1774-1799.

[63] RAZA N, ARSHAD M U, ANJUM F M, et al. Impact of drying methods on composition and functional properties of date powder procured from different cultivars. Food Science & Nutrition, 2019, 7: 2345-2352.

[64] MATHLOUTHI M, ROGE B. Water vapour sorption isotherms and the caking of food powders. Food Chemistry, 2003, 82: 61-71.

[65] 王雅洁,汤成成,贾艾玲,等.人参提取物吸湿特性及数学模型.中草药,2017,48(15):3064-3076.

[66] 韩鹏军,薛志峰,张丽娜,等.3种中药颗粒剂的吸湿性及数学模型拟合.天津中医药大学学报,2018,37(4):326-331.

[67] 谢茵,何雁,曾金娣,等.4种中药浸膏粉等温吸湿规律与吸湿热分析.中国实验方剂学杂志,2015,21(11):1-6.

[68] 赵立杰,林晓,王优杰,等.应用动态水蒸气吸附法分析葛根提取物的吸湿性对其压缩成性的影响.药学学报,2017,52(8):1318-1323.

[69] 刘慧,罗晓健,何雁,等.不同DE值麦芽糊精对五味子喷雾干燥粉性质的影响.中国中药杂志,2016,41(16):3016-3021.

[70] 郑龙金,何雁,张俊鸿,等.黄芩饮片等温吸附与解吸曲线及热力学性质研究.中国中药杂志,2016,41(5):830-837.

[71] 陈琪,徐芳芳,张欣。基于不同算法对桂枝茯苓胶囊内容物吸湿性预测建模研究.中草药,2021,52(11):3216-3223.

[72] 何雁,谢茵,郑龙金,等.空气湿度对中药浸膏喷雾干燥过程的影响及浸膏粉的稳定性预测.中国中药杂志,2015,40(3):424-429.

[73] 詹娟娟,伍振峰,王雅琪,等.中药材及制剂干燥工艺与装备现状及问题分析.中国中药杂志,2015,40(23):4715-4720.

[74] 郭立玮.中药分离原理与技术.北京:人民卫生出版社,2010.

[75] VEHRING R. Pharmaceutical particle engineering via spray drying. Pharm Res,2008,25: 999-1022.

[76] 葛凤鹏,杨云.利用扫面电镜研究喷雾干燥过程中筛颗粒的形成过程.菏泽师范专科学校学报,2003,25(4):33-36.

[77] LANGRISH TAG, KOCKEL T K. The assessment of a characteristic drying curve for milk powder for use in computational fluid dynamics modelling. Chemical Engineering Journal, 2001, 84(1): 69-74.

[78] LIN S, CHEN X D. A model for drying of an aqueous lactose droplet using the reaction engineering approach. Drying Technology, 2006, 24(11): 1329-1134.

[79] 吕凤,张扬,马才云,等.甘露醇喷雾干燥过程中液滴粒度分布变化的群体粒数衡算模拟和实验研究.化工进展,2019,38(2):772-778.

[80] 陈文武,毕荣山,刘振东,等.气液喷射反应器内液滴粒径分布 PLIF 研究.化工进展,2012,31(4)：754－757.

[81] 郭金海,谭心舜,毕荣山,等.压力旋流喷嘴雾化滴径分布的模型预测和实验.化工进展,2012,31(3)：528－532.

[82] ELVERSSON J, MILLQVIST FUREBY A, ALDERBORN G, et al. Droplet and particle size relationship and shell thickness of inhalable lactose particles during spray drying. Journal of Pharmaceutical Sciences, 2003, 92(4)：900－910.

[83] KIEVIET F G. Modelling quality in spray drying. Holland：Technische Universiteit Eindhoven, 1995.

[84] WAWRZYNIAK P, ASKULSKI M, ZBICINSKI I, et al. CFD modelling of moisture evaporation in an industrial dispersed system. Advanced Powder Technology,2016, 28(1)：167－176.

[85] ULLUM T, SLOTH J, BRASK A, et al. Predicting spray dryer deposits by CFD and an empirical drying model. Drying Technology, 2010, 28(5)：723－729.

[86] HAR C L, FU N, CHAN E S, et al. Unraveling the droplet drying characteristics of crystallization prone mannitol — experiments and modeling. AIChE Journal, 2017, 63(6)：1839－1852.

[87] 杨嘉宁,赵立杰,王优杰,等.计算流体力学在喷雾干燥中的应用.中国医药工业杂志,2013,44(7)：729－733.

[88] 龚琦.喷雾干燥塔的计算机辅助设计.沈阳化工学院学报,2001,15(3)：193－196.

[89] 胡中杰.喷雾干燥塔塔底排风结构设计的数值模拟.河南化工,2012,(6)：20－22.

[90] OAKLEY D E. Scale-up of spray dryers with the aid of computational fluid dynamics. Dry Technol, 1994, 12(1－2)：217－233.

[91] MASTER K. Scale-up of spray dryers. Dry Technol, 1994,12(1－2)：235－257.

[92] HUANG L, KUMAR K, MUJUMDAR A S. Use of computational fluid dynamics to evaluate alternative spray dryer chamber configurations. Dry Technol, 2003, 21(3)：385－412.

[93] MEZHERICHER M, LEVY A, BORDE I. Modeling of droplet drying in spray chambers using 2D and 3D computational fluid dynamics. Dry Technol, 2009, 27(3)：359－370.

[94] 吴中华,刘相东.脉动气流喷雾干燥的数值模拟.农业工程学报,2002,18(4)：18－21.

[95] 张忠杰,毛志怀,汪喜波.旋流式压力雾化器的研究应用.无机盐工业,2003,35(4)：54－56.

[96] 陈有庆,胡志超,胡良龙,等.喷雾干燥过程的数值模拟.农机化研究,2008,(10)：37－39.

[97] 张丽丽,周慎杰,陈举华.气流式喷嘴流体雾化干燥过程的 CFD 分析.计算机仿真,2002,25(12)：329－331.

[98] LANGRISH T A G, KOCKEL T K. The assessment of a characteristic drying curve for milk powder for use in computational fluid dynamics modelling. Chem Eng J, 2001, 84(1)：69－74.

[99] 马景林,韩志萍,叶剑芝,等.蜂蜜喷雾干燥过程的模拟与仿真.安徽农业科学,2011,39(2)：849－851.

[100] SALEM A, AHMADLOUIEDARAB M, GHASEMZADEH K. CFD approach for the moisture prediction in spray chamber for drying of salt solution. J Ind Eng Chem, 2011, 17(3)：527－532.

[101] SADRIPOUR M, RAHIMI A, HATAMIPOUR M S. Experimental Study and CFD modeling of wall deposition in a spray dryer. Dry Technol, 2012, 30(6)：574－582.

[102] ROUSTAPOUR O R, HOSSEINALIPOUR M, GHOBADIAN B, et al. A proposed numerical — experimental method for drying kinetics in a spray dryer. J Food Eng, 2009, 90(1)：20－26.

[103] JIN Y, CHEN X D. A fundamental model of particle deposition incorporated in CFD simulations of an industrial milk spray dryer. Dry Technol, 2010, 28(8)：960－971.

[104] GOULA A M, ADAMOPOULOS K G. Influence of spray drying conditions on residue accumulation-simulation using CFD. Dry Technol, 2004, 22(5)：1107－1128.

[105] LANGRISH T A G, ZBICINSKI I. The effects of air inlet geometry and spray cone angle on the wall deposition rate in spray dryers. Chem Eng Res Des, 1994, 72(A3)：420－430.

[106] 王优杰,徐德生,冯怡,等.利用数值模拟技术分析中药喷雾干燥黏壁原因.成都："好医生杯"中药制剂创新与发展论坛,2013.

[107] 李佳璨,施晓虹,赵立杰,等.中药提取液化学成分与喷雾干燥黏壁现象的相关性研究.中国中药杂志,2018,43(19)：3867－3875.

[108] 朱宇超,程建明,颜媛媛,等.基于混料设计的温经止痛方提取液喷雾干燥工艺研究.中国中药杂志,2020,45(1)：98－105.

[109] 王瑞,郭洁,沈锡春,等.中药喷雾干燥黏壁原因与解决途径.临床医药文献电子杂志,2018,5(62)：201－206.

[110] 段晓颖,刘晓龙,郝亚洁,等.中药提取物防黏壁研究概况.中医研究,2014,27(1)：78－82.

[111] 李佳璨,施晓虹,赵立杰,等.中药提取液化学成分与喷雾干燥黏壁现象的相关性研究.中国中药杂志,2018,43(19)：3867－3871.

[112] 王优杰,施晓虹,李佳璨,等.黏附力测定新装置及其在预测中药喷雾干燥热熔型黏壁中的应用.中国中药杂志,2018,43(23)：4632－4637.

[113] 罗晓健,刘慧,梁红波,等.中药浸膏粉的玻璃化转变及其应用.中国中药杂志,2017,42(1)：192.

[114] 王志良,单金海,张宇,等.玻璃化转变对中药喷雾干燥过程和产品质量的影响.石家庄：中国药学会学术年会暨中国药师周,2008.

[115] 王优杰,冯怡,杨胤,等.辅料对改善强力宁提取液喷雾干燥黏壁现象的作用研究.中成药,2012,34(1)：34.

[116] 严红梅,贾晓斌,张振海,等.大豆多糖辅助淫羊藿总黄酮喷雾干燥及其对粉体学性质的影响.中国中药杂志,2015,40(15)：2994－2998.

[117] 王优杰,施晓虹,李佳璨,等.黏附力测定新装置及其在预测中药喷雾干燥热熔型黏壁中的应用.中国中药杂志,2018,43(23)：

4632 - 4638.
[118] ADHIKARIA B, HOWESA T, BHANDARI B R, et al. In situ characterization of stickiness of sugar-rich foods using a linear actuator driven stickiness testing device. J Food Eng,2003,58: 11 - 18.
[119] 王华美,付廷明,郭立玮.喷雾干燥法制备面向粉雾剂的三七总皂苷-丹参酮 $Ⅱ_A$ 复合粒子及其表征.中国中药杂志,2013,38(4): 559 - 563.
[120] 王华美."三七总皂苷-丹参酮 $Ⅱ_A$"复合粒子的优化设计及其肺部给药吸收、分布特性研究.南京: 南京中医药大学,2013.
[121] 冯瑞,师昌绪,刘治国.材料科学导论——融贯的论述.北京: 化学工业出版社,2002.
[122] 郭静,李浩莹.纳米喷雾干燥技术在药物研究中的应用进展.中国医药工业杂志,2013,44(4): 399 - 403.
[123] PATEL R P, PATE1 M P, SUTHAR A M. Spray drying technology: An overview. Indian J Sci Technol, 2009, 2(10): 44 - 47.
[124] SCHUCK R DOLIVET A, MEJEAN S, et al. Drying by desorption: A tool to determine spray drying parameters. J Food Eng,1994(2): 199 - 204.
[125] SCHMID K, ARPAGAUS C, FRIESS W. Evaluation of the nano spray dryer B - 90 for pharmaceutical applications. Pharm Dev Technol, 2011, 16(4): 287 - 294.
[126] GAUTIER S, ARPAGAUS C, SCHAFROTH N, et al. Very fine chitosan microparticles with narrow and controlled size distribution using spray drying technologies. Drug Deliv Technol,2010(6): 30 - 37.
[127] WALDREP J C, DHAND R. Advanced nebulizer designs employing vibrating mesh/aperture plate technologies for aerosol generation. Curr Drug Deliv, 2008, 5(2): 114 - 119.
[128] MOSEN K, BACKSTROM K, THALBERG K, et al. Particle formation and capture during spray drying of inhalable particles. Pharm Dev Technol, 2004, 9(4): 409 - 417.
[129] LEE S H, HENG D, NG W K, et al. Nano spray drying: A novel method for preparing protein nanoparticles for protein therapy. Int J Pharm, 2011, 403(1 - 2): 192 - 200.
[130] BURKI K, JEON I, ARPAGAUS C, et al. New insights into respirable protein powder preparation using a nano spray dryer. Int J Pharm, 2011, 408(1 - 2): 248 - 256.
[131] LI X, ANTON N, ARPAGAUS C, et al. Nanoparticles by spray drying using innovative new technology: The Buchi nano spray dryer B - 90. J Controlled Release, 2010, 147(2): 304 - 310.
[132] ADLER M, UNGER M, LEE G. Surface composition of spray- dried particles of bovine serum albumin/trehalose/surfactant. Pharm Res, 2000, 17(7): 863 - 870.
[133] LANGRISH TAG, MARQUEZ N, KOTA K. An investigation and quantitative assessment of particle shape in milk powders from a laboratory-scale spray dryer. Dry Technol, 2006, 24(10 - 12): 1619 - 1630.
[134] SCHAFROTH N, ARPAGAUS C, JADHAV U Y, et al. Nano and microparticle engineering of water insoluble drugs using a novel spray-drying process. Colloids Surf B Biointerfaces, 2012, 90: 8 - 15.
[135] 周扬,刘力,徐德生,等.纳米喷雾干燥技术用于生地黄低聚糖微粉的制备工艺研究.中草药,2016,47(1): 65 - 71.
[136] 殷竹龙,朱国琼,陈跃飞,等.带式真空干燥技术在穿心莲浸膏干燥中的应用.现代中药研究与实践,2007,21(6): 57 - 59.
[137] 刘雪松,邱志芳,王龙虎,等.三七浸膏真空带式干燥工艺研究.中国中药杂志,2008,33(4): 385 - 388.
[138] 董德云,关健,金日显,等.带式真空干燥技术在中药浸膏干燥过程中的研究和应用.中国实验方剂学杂志,2012,18(13): 310 - 313.
[139] 赵丽娟,李建国,潘永康.真空带式干燥机的应用及研究进展.化学工程,2012,40(3): 25 - 29.
[140] DINCER I ,SAHIN A Z. A new model for the thermodynamic analysis of a drying process. Int J Heat Transfer,2004,54(19): 645 - 649.
[141] EKECHUKWU O V. Review of solar energy drying systemsl: an overview of drying principles and theory. Enery Conver M anage,1999, 40 (6): 593 - 598.
[142] 张淹,田守生,郝向慧.通脉颗粒的真空带式干燥工艺研究.中草药,2010,41(8): 1299 - 1300.
[143] 韦迎春,闫明,孙永城,等. Box-Behnken 法优化调压颗粒醇提浸膏真空带式干燥工艺.中国医药工业杂志,2017,48(2): 187 - 190.
[144] 李雪峰,徐振秋,闫明,等.效应面法优化芪白平肺颗粒中人参黄芪浸膏真空带式干燥工艺.中国中药杂志,2015,40(20): 3987 - 3992.
[145] 张引,于才渊.搅拌流化床干燥器传热特性的研究.化工装备技术,2002,23(1): 5 - 9.
[146] 邢黎明,赵争胜.流化床干燥器的热能利用分析及节能措施.中国中药杂志,2012,37(13): 2034 - 2036.
[147] 马齐,王丽娥,李利军,等.鹿茸低温冷冻干燥加工技术.经济动物学报,2007,11(1): 21 - 23.
[148] 钱骅,赵伯涛,张卫明,等.人参冻干及对皂苷含量的影响.中成药,2007,29(2): 238 - 241.
[149] 刘嘉,刘汉清.冻干技术及其在中药冻干制剂中应用的研究进展.中国医药技术经济与管理,2007,1(5): 34 - 38.
[150] 李津,俞泳霆,董德祥.生物制药设备和分离纯化技术.北京: 化学工业出版社,2003: 299 - 330.
[151] 韩志,谢晶.水蛭冷冻干燥过程优化及最佳工艺条件的确立.安徽农业科学,2008,36(31): 13849 - 13850,13853.
[152] 詹丽茵.冷冻干燥技术的中药应用研究.中国医药导报,2008,5(22): 26 - 27.
[153] 王岩,华海婴,刘琳.冷冻干燥工艺在红花注射剂中的应用.中医研究,2008,21(11): 21 - 23.
[154] 唐岚,刘力,徐德生.参附青冻干粉针成型工艺研究.中成药,2005,27(5): 512 - 514.
[155] 袁媛.热毒清粉针剂的冻干工艺的优选研究.南京: 南京中医药大学,2005.

[156] 赵新先. 中药注射剂学. 广州：广东科技出版社,2003.
[157] 闫家福,仝燕,王锦玉. 冷冻干燥技术及其在中药研究中的应用. 中国实验方剂学杂志,2006,12(12)：65-69.
[158] 陈怡,罗顺德. 注射用中药冻干粉研究进展. 中国药师,2003,6(11)：743-745.
[159] 李一果,段承俐,萧凤回,等. 冻干技术在中药材及三七加工中的应用. 现代中药研究与实践,2003(增刊)：60-62.

第十一章
中药制药反应分离过程
工程原理与技术应用

第一节 反应分离的概念与反应
分离过程工程原理

一、反应分离的概念与反应分离方法分类[1,2]

化学反应常常只对混合物中某种特定成分发生作用。而且多数情况下,反应物都能完全被化学改变为目的物质。从这种观点出发,通过化学反应可以对指定物质进行充分的分离。所谓反应分离技术是将化学反应与物理分离过程一体化,使反应与分离操作在同一设备中完成。近年在生物制药和污水治理领域日益推广应用的膜生物反应器即为典型的反应与分离结合反应分离工艺设备[2]。

虽然反应-分离耦合过程中,因反应与分离之间相互影响,规律难以把握,其应用受到一定限制。但反应与分离结合可降低设备投资、简化工艺流程、具有多种优点。如在反应过程中及时分离对反应有抑制作用的产物,可提高总收率和维持高的反应速率;利用反应热供分离所需,能降低能耗;简化产品后续分离流程,减少投资等。

利用反应进行分离操作的方法很多。例如,通过调整 pH,把溶解于水中的重金属变成氢氧化物的不溶性结晶而沉淀分离方法;利用离子交换树脂的交换平衡反应的离子交换分离法;以及通过微生物进行生物反应,将溶解于水中的有机物质分离除去的方法等,都可以看作是反应分离操作[1]。

本书第一章中,表 1-3 把能够用于分离目的的反应分为:可逆反应、不可逆反应和分解反应 3 种。其中,又大体可以分为利用反应体的分离和不利用反应体的分离。严格地说,所有的反应都是可逆反应,但现实中多数的反应都可认为是不可逆的,其原因在于:反应过程中,反应生成物中的一部分可因多种原因脱离反应系统。例如,把 H_2SO_4 水溶液加入 $Ca(OH)_2$ 水溶液中,就会产生 $CaSO_4$ 沉淀,然而因为 $CaSO_4$ 难溶于水,也就很难引发逆反应。类似这种情况,事实上可以认为是不可逆反应。又如,燃烧甲烷,就会产生 CO_2 与 H_2O,随之即扩散到空气中去了,不再返回到甲烷。这种反应也认为是不可逆反应。

可逆反应需要利用做成液体或者是固体的反应体。反应达到平衡后还要进行逆向反应,使反应体再生(赋活)。反应体又可以分为再生型反应体、一次性反应体和生物体型反应体。其中以生物为反应体的生物反应分离技术在反应分离技术中占有独特的位置,它们主要有酶解反应,免疫亲和反应与利用微生物的反应等,其各自反应原理与技术特点可见表 11-1。

在对再生型反应体进行再生操作时,要用到再生剂。这时,再生剂在制造时所吸纳的能量就有一部分转移到了反应体上,分离反应时,就会利用到这部分能量。也有用加热的方法来再生反应体的,在这种场合,可以认为反应体再生时所吸纳的热能变成了分离所需的能量。

表 11-1　常见生物反应分离方法[1]

反 应 类 型	反 应 原 理	技 术 特 点
酶解反应	酶对底物高度的专一性	可在常温、常压和温和酸碱度下高效进行；有高度立体特性
免疫亲和反应	利用抗原与抗体的高亲和力、高专一性和可逆结合的特性	纯化、浓集能力好；选择性好；可重复使用
利用微生物的反应	微生物：① 自身的丰富酶系促使物质转化；② 生命过程与某特定元素关系密切；③ 体内细胞所含多种官能团对重金属离子有强亲和力	可在温和条件下进行；可高效、经济、简便去除水体中低浓度重金属

不可逆反应过程中所需要的能量,有来自一次性反应体在制造时所吸纳的能量,还有其他手段从外部向反应场补充的能量。在生物学反应中,是使用光能或者是原料中所含有机物的资质来推进反应的。不需要反应体而进行反应分离的例子是电化学反应,使用电能作为反应所需的能量[1]。

二、反应过程得以进行的条件与反应平衡

热力第二定律指出：一般地,自发过程都是向着熵增大的方向进行的。即：

$$\Delta S \geqslant 0 \tag{11-1}$$

显然化学反应也有朝着熵增大方向进行的倾向。并且是向着以结合能为首的蓄积在分子间的势能降低的方向进行的。

原子处于自由状态时的势能最高(不稳定)。原子间的结合增强会使其势能降低(比较稳定)。从高势能转变为低势能的时候也就是发生化学反应的时候,多余的能量会变成热能(或者是光能)而放出,这就是发热反应。

那么,在什么样的情况下反应才会进行呢?

(1) 势能降低,即发热反应,如上面所说那样,在分子间排列趋于稳定的同时,由于产生了热量,反应系统温度升高使熵增大。如果所生成的分子比较简单,熵会进一步增大,反应则顺利进行。

问题在于,所产生的分子有时会是更为规则的分子,这时会因规则性地增加使熵减少。所以,只有当发热使熵增大的量超过熵减少的量,反应才会进行。

(2) 如果势能增加即是吸热反应,由于熵减少,反应难以进行。依靠生成较为简单的分子来使熵增大,其量若能够超过熵减少的量,反应才进行。

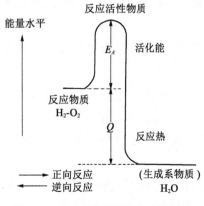

图 11-1　反应进行的方向与活性化状态及能量关系[1]

想要生成比较规则分子的反应是最难进行的。这时由于都是熵减少的情况,反应基本上处于停滞状态。在这种情况下,要像光合反应和电化学反应那样,从外部输入能量,而这个熵增大的量如果能超过前两个减少的量,反应才能进行。

以图 11-1 所示举例。对由 H_2 与 O_2 构成的左侧系统和由 H_2O 构成的右侧系统进行分析。在反应过程中,反应进行的方向可以通过反应活性物质向左或者向右。常温条件下,左、右两状态都可以存在。但就能量水平来看,右侧系统稳定而左侧系统不稳定。加热左侧系统,它就会燃烧并向右侧转移。或者对右侧系统通电,它就会发生电化学反应并向左侧转移。使温度升高,左侧系就要移向右侧。反之,降低温度,自然也会发生从右向左的转移。

当从左向右的反应速度与从右向左的反应速度相等时,就达到了平衡状态。

在内能的基础上再计入改变体积所带来的能量就是焓 $(H)(H = U + PV)$,与熵(S)联结起来的有亥尔姆斯自由能(A),或者吉布斯自由能(G),或者单位摩尔物质自由焓,以及化学势(μ),利用这些量,可使上述讨论变得比较简单。控制反应方向的条件是内能或焓的减少和熵的增大,此两条件可分别以式$(11-2)$与式$(11-3)$表达:

$$\Delta U \leqslant 0, \Delta H \leqslant 0 \qquad (11-2)$$

$$\Delta S \geqslant 0 \qquad (11-3)$$

所以亥尔姆斯自由能或吉布斯自由能$(A$ 或者 $G)$的变化是向负方向进行的,即:

$$\Delta A = \Delta U - T\Delta S (恒温,恒容) \qquad (11-4)$$

$$\Delta G = \Delta H - T\Delta S (恒温,恒压) \qquad (11-5)$$

当 $\Delta A = 0, \Delta G = 0$,或者 $\Delta \mu = 0$ 时,说明原物系与生成物系的自由能刚好平衡,这也是化学平衡的条件。

三、利用反应体的可逆反应分离过程工程原理[1,2]

所谓可逆反应,正向反应一经进行,就会有反应生成物产生,而此反应生成物会立即开始进行逆向反应,随着正向反应的进行,反应物质减少了,正向反应的速度也逐渐降低。另外,生成物质越来越多,逆向反应的速度也相应会增大。最终,正向反应与逆向反应的速度趋于一致。这样的状态就是动态平衡,也叫化学平衡。

能够对所分离的组分进行选择性可逆反应的物质称为可逆反应体。它的存在方式可以是固体、液体,亦可是气体。但若为气相的可逆反应体,而其反应生成物又不是液体或固体时,则无法从容积关系的角度来进行分析。

作为液相可逆反应体的分离操作,有化学吸收、化学萃取、浸出等;而以固相为可逆反应体的分离操作,则有离子交换、气体化学吸收等。无论是哪种操作,首先要在第一阶段使反应体与混合物中的待分离组分(溶质)按式$(11-6)$将反应向右进行生成反应生成物。

$$(溶质) + n(可逆反应体) \Longleftrightarrow (反应生成物) \qquad (11-6)$$

而在第二阶段,即回收反应生成物之后,再按上式使反应向左进行,回收反应体。这时,如果已分离开的溶质组分比较珍贵,就要回收再利用。否则,还需采取适当的方式进行废弃处理。

图 $11-2$ 为反应分离与再赋活原理示意图,利用在可逆反应的分离操作中,反应体相与混合物相形成不均匀的两个相。从式$(11-6)$可知,反应是在反应体相进行的,待分离的溶质组分被向右进行的反应所消耗,其浓度明显下降,不断需要来自混合物相的溶质进行补充。此外,反应体相中的全反应体浓度是确定的,因此,无论混合物相中的溶质浓度有多高,能够移往反应体相的溶质的量都不可能超过某一值。也就是说,两个相中全溶质浓度的关系是受到化学等量关系制约的。由图 $11-3$ 可知,当混合物中溶质浓度较低时,利用反应体,尤其可以对大量混合物进行反应分离。相反,如果混合物中溶质浓度较高时,利用可逆反应就不是一种很有利的分离方法。

(一) 化学萃取

1. 化学萃取原理　　常见的萃取过程一般可分为化学萃取与物理萃取。许多溶液萃取体系,多伴有化学反应,即存在溶质与络合反应剂之间的化学作用,这类伴有化学反应的传质过程,称为化

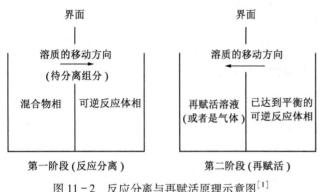

图 11-2　反应分离与再赋活原理示意图[1]

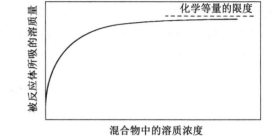

图 11-3　可逆平衡反应时混合物相中溶质浓度与反应体所吸纳溶质量的关系[1]

学萃取[1,3]。而仅根据某组分在两个液相间的分配差异进行的萃取，如液液萃取是一种物理萃取过程。选择物理萃取溶剂的首要原则是相似相容，即在不形成化合物的条件下，两种物质的分子大小、组成、结构越相似，它们之间的相互溶解度就越大。然而对于极性有机物稀溶液分离体系，溶质和水都是极性物质。若选择极性大的溶剂，提高溶质的物理萃取分配系数，则萃取溶剂在水中溶解度也就大，工艺过程会出现较大的溶剂损失或加重萃残液脱溶剂的负荷。因而物理萃取法对极性有机物稀溶液分离体系并非理想的选择。

化学萃取原理如图 11-4A 所示，被包含于一个液相[('')相]中的物质 M 与从('')相溶解出来的或从外边加入的反应体 L，相互反应，生成反应生成生成物 ML 后再向('')相转移，这种转移就是一种化学萃取。一般情况下，('')为水相而('')为有机相，因此以下只就水相—有机相间的萃取，尤其以不具有电荷的中性分子被有机相所萃取为例来进行分析和讨论。图 11-4 中，能够移向有机相的反应生成物 ML 就不具有电荷。一般说来，没有电荷的中性分子（此间即是反应生成物 ML），只要不具有与水亲和性较高的官能基，就不易溶于水相。反应体 L 是有机物，它原来溶解于有机相的话，除特殊情况外，反应生成物 ML 对有机相也是易溶的，也就是说，反应生成物 ML 会被更多地分配于有机相。图 11-4B 给出了水相中物质 M 的浓度$(ML)_{(aq)}$与有机相中 ML 的浓度$(ML)_{(0)}$的关系曲线。可以看到，它与图 11-2 所表现的关系相同，所以，水相浓度$[ML]_{(aq)}$。在较低范围时更加有利于分离。

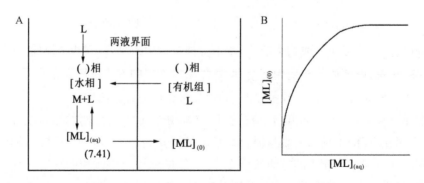

图 11-4　化学萃取中物质 M 的反应及反应生成物 ML 的萃取原理(A)与液相与反应体系相的浓度关系(B)[1]

利用化学萃取的分离对象常常是金属，所以用"metal"的首字母 M 来表示被分离的物质。而作为反应体 L，则有可以生成金属螯合物的各种配位体，以及有机酸等液体阳离子交换萃取剂、金属的阴离子络合物，可形成中性盐及离子对的液体阴离子交换萃取剂及协同萃取剂等。

基于上述化学萃取原理，贺云等[4]通过发现 Fe^{3+} 能够和葛根素生成可溶性络合物，提出利用"Fe^{3+}

可与葛根素生成可溶性络合物"[5]原理分离、纯化葛根素的技术路线(图11-5),建立了一种从中药野葛根中萃取葛根素的新型分离方法:以甲醇冷浸从野葛根中提取葛根总黄酮,将其进行水解、中和,再在水解葛根总黄酮中加入$FeCl_3$使葛根素与Fe^{3+}络合溶解,过滤除去其他不溶性物质,用盐酸解聚Fe^{3+}-葛根素络合物,则得葛根素粗品。

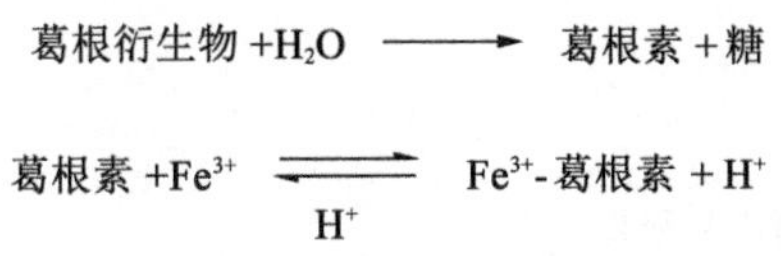

葛根衍生物 $+H_2O \longrightarrow$ 葛根素 $+$ 糖

葛根素 $+Fe^{3+} \underset{H^+}{\overset{}{\rightleftharpoons}} Fe^{3+}$-葛根素 $+H^+$

图11-5 络合萃取法从野葛根中分离葛根素的原理[4] 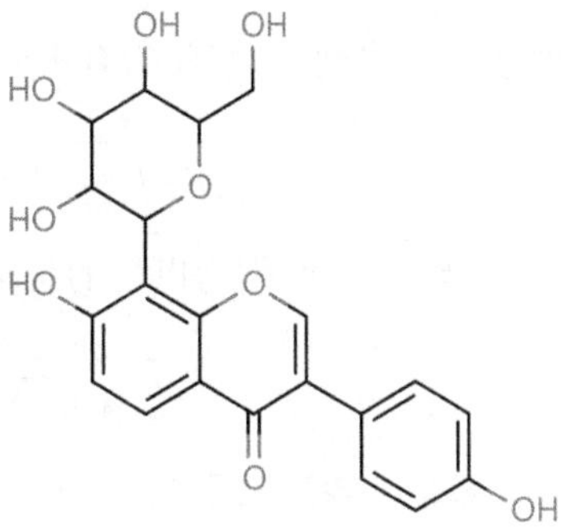   图11-6 葛根素结构式[5]

该研究实例较好地诠释了以多学科手段探索中药制药分离原理的重要性和有效性。葛根素微溶于水,在水中的溶解度为1.1×10^{-2} mol/L(0.458%),其结构式如图11-6所示,其中含有2个酚羟基和1个羰基。由于这2种基团中的氧原子有2个孤对电子,则该分子中有3个可供配位的基团,因此,葛根素属于有较强配位能力的异黄酮。

葛根素分子结构中有两个酚羟基能够在水溶液中与Fe^{3+}络合,生成的络合物可溶于水,大大地增加了葛根素的水溶性。葛根中大豆苷元和芒柄花素等其他异黄酮苷元虽然分子结构中也有酚羟基,但它们不溶于水无法与水溶液中的Fe^{3+}络合。在中和后的葛根总提取物水解溶液中加入Fe^{3+}充分搅拌,葛根素与Fe^{3+}络合而溶解,而葛根总黄酮中的大豆苷元和芒柄花素等其他非水溶性成分以沉淀的形式存在,通过过滤可除去。由于酚羟基与Fe^{3+}络合后释放出H^+,给Fe^{3+}-葛根素络合体系中加入酸则可使络合平衡向游离葛根素方向进行,也就是酸可以使Fe^{3+}-葛根素络合物解聚。

2. 萃取剂及其应用[1]

(1)液体阳离子交换萃取剂:在水相,金属离子以阳离子M^{n+}的形式存在时,与具有反应电荷的液体阳离子交换萃取剂是按以下化学反应式来形成ML_n络合物的。萃取剂具有两个官能团,与生成的络合物形成螯环构造时称为螯合萃取。

$$M^{n+} + n(\overline{LH}) \rightleftharpoons \overline{ML_n} + nH^+ \tag{11-7}$$

实际上,与每个分子的金属离子相对应,反应体常常是以二聚物或者四聚物进行反应的。所以一般说来产生的是下列反应式所表达的可逆反应:

$$M^{n+} + a(\overline{LH}) \rightleftharpoons \overline{ML_n(LH)}_{a-n} + nH^+ \tag{11-8}$$

螯合萃取的选择分离性取决于螯合剂(配位体)与金属离子及其立体因子等特殊的相互作用。因而若能选择出适当的螯合剂,就可以只将特定金属离子分离出来。对于持有反应电荷的酸性反应体的有机酸,其萃取能力的大小与其酸性度之强弱的排列相同,即磺酸>烷基磷酸>羧酸。

(2)液体阴离子交换萃取剂:分子量为250~600 Da的伯胺、仲胺、叔胺及季铵盐,如三辛基磷酸铵,对于水相的溶解度较小,而对有机相的溶解度较大一些,所以被用作化学萃取中的萃取剂。金属离子通过适当的阴离子(Cl^-、Br^-、CN^-、SCN^-、NO_3^-、SO_4^{2-}等)使配位数满足后形成了水化能力弱的络阴离子(如 MY_{n+1}^-),进而与 H^+ 缔合变为酸性的金属盐。把游离氨(如 R_3N)溶于有机相使之与水相中的络阴离子相接触,氨被接上了质子 H^+ 成为阳离子,并与络阴离子形成离子对,转入有机相而被萃出,其反应式如下:

$$\overline{(R_3N)} + H^+ + MY_{n+1}^- \Longrightarrow \overline{(R_3NH^+ \cdot MY_{n+1}^-)} \tag{11-9}$$

用季铵盐作萃取剂时,情况略有不同,有时会出现如下的交换反应:

$$\overline{(R_4N^+ X^-)} + MY_{n+1}^- \Longrightarrow \overline{(R_4N^+ \cdot MY_{n+1}^-)} + X^- \tag{11-10}$$

若是 MX_n 等中性盐,则为以下的可逆附加反应:

$$\overline{(R_4N^+ X^-)} + MX_n \Longrightarrow \overline{(R_4N^+ \cdot MX_{n+1}^-)} \tag{11-11}$$

（3）协同萃取：磷酸三丁酯(TBP)、三辛基氧磷(TOPO)等烷基磷酸酯类、硫化磷类萃取剂,以及醚、醇、酮等含氧萃取剂,若对酸性金属盐时,是与质子进行协萃反应;如果对中性盐时,则是与金属离子按照下列反应式进行协萃反应,且反应生成物向有机相转移。

$$HMX_{n+1} + a\overline{(S)} \Longrightarrow \overline{[(HS_a)^+ (MX_{n+1})^-]} \tag{11-12}$$

$$MX_n + b\overline{(S)} \Longrightarrow \overline{(MS_b^+ X_n^{n-})} \tag{11-13}$$

协同萃取剂含有多电子的氧原子和硫黄,与金属离子配位的同时。具有了长链烷基而变得憎水。

上述液体萃取剂的黏度都比较高,且相对密度接近于1,很难与水相进行混合与分离。另外,其表面活性较大,与水相混合后容易形成乳浊液。这些萃取剂即使不加处理也可使用,但为了克服这些问题,一般都是用煤油、二甲苯等廉价的且不溶于水的稀释剂与萃取剂混合之后再使用。

另外,在萃取时,被萃的金属是挟持着水分子等极性高分子进入有机相的,因此常常会形成第 3 相。为了避免第 3 相的形成,在实际操作中还需将 5%~10% 的醇、酚等具有极性基的溶剂作为改良剂一起使用。

3. 化学萃取基本流程[1]　　化学萃取基本流程的设计须考虑萃取剂的再生问题,这可通过反萃来解决。式(11-7)~式(11-13)的可逆萃取反应式中,基本上都是从左向右进行反应的。而当萃取结束后,还应使反应从右向左进行即反萃,回收金属的同时将萃取剂再生,以供下次使用。

用液体阳离子交换萃取剂的式(11-7)、式(11-8),反萃时加入可放出离解质子的酸,如与 20% 的 H_2SO_4 水溶液接触。用液体阴离子交换萃取剂的式(11-9)~式(11-11),反萃时要降低反应生成物的活度。例如,式(11-9)叔胺作萃取剂时,或者用 pH 很高的水溶液来彻底扭转氨盐的形成,或者用阴离子浓度极低的水溶液(即水)来抑制络合物的形成。在式(11-12)和式(11-13)协同萃取的反萃中,就是使用络合配位体浓度极低的水溶液,亦即水,以及使用有可在水相形成络合物的配位体之水溶液。

归纳上述机理,化学萃取的基本工艺流程如图 11-7 所示,由化学萃取装置和再生(反萃)装置组成。在各个装置内,分别由液相萃取剂或者是反应生成物构成的有机相,和分别由原料水溶液或者是再生液构成的水相,互呈逆向流动,设备的效率和回收率都能够有所提高。可以使用间歇操作,但多数情况下适合于连续操作。萃取装置及再生装置的结构形式与第八章第五节所介绍的萃取装置基本上相同。但是化学萃取时,两个金属间的分离系数非常高,若是在 1 000~5 000,则无须多级,只用一级处理已足够,并且常采用搅拌-澄清的装置形式。如果分离系数在 50~300,就需有数级处理,但仍采用搅拌-

澄清的形式。在进行稀土元素间的分离时,分离系数较低,仅为 1.2~1.5,所以必须采用多级连续萃取的操作形式和脉冲柱那样的塔形萃取装置。

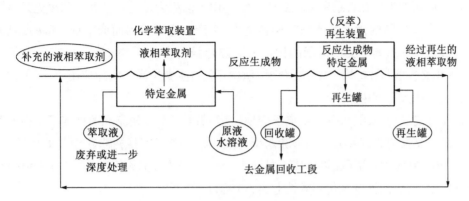

图 11-7　化学萃取的基本工艺流程[1]

近年来,上述化学萃取方法已被引入中药药效物质的分离,如通过葛根素与 Ca^{2+}、Cu^{2+} 等金属离子的配位萃取研究,建立从葛根药材中获取葛根素的技术即为典型实例。葛根素的提取分离方法主要有溶剂法(包括水提法、醇提法、正丁醇法)、铅盐法、柱层析法(氧化铝柱层析、硅胶柱层析、聚酰胺柱层析、大孔吸附树脂等),其中,铅盐沉淀法得到的成品中总异黄酮含量最高,但其得率极低;柱层析法主要用于单体的分离;在溶剂法中正丁醇法较科学,但是由水饱和正丁醇萃取后得到的葛根素得率和纯度都不如人意。而上述萃取葛根素的新型分离方法:按图 11-5 所示技术原理实施,可获得葛根素粗品,将其重结晶可得葛根素。该方法从葛根中提取葛根素收率为 1.2%,纯度为 96.5%,具有操作简便、工艺流程简单,容易实现工业化的优点。

(二) 离子交换色谱[6-8]

1. 离子交换色谱、离子交换剂、离子交换树脂分类概述　　离子交换色谱是以离子交换剂为基本载体的一类分离技术。离子交换剂一般是指含可解离成离子基团的固态物质(液体离子交换剂则为液态)。当离子交换剂与含有其他离子的溶液接触时,溶液中的离子与离子交换剂上可解离的抗衡离子发生交换,即离子交换现象。除可发生离子交换的离子外,离子交换剂上的任何组分或基团都不会进入或溶解于发生交换的溶液中。

离子交换剂主要有无机离子交换剂和合成有机离子交换树脂两大类,前者如沸石、活性炭等,后者原则是一个大家族,包括人们所熟悉的阳离子交换树脂、阴离子交换树脂和两性离子交换树脂等。

离子交换树脂的定义有狭义与广义之分。离子交换树脂的广义定义:在离子交换树脂基础上发展起来的功能高分子材料,如吸附树脂、螯合树脂、聚合物固载催化剂、高分子试剂、固定化酶、氧化还原树脂、离子交换纤维和离子交换膜等都包括在其中。本书主要介绍狭义定义、目前常用的珠(粒)状离子交换树脂:外形一般为球形珠状颗粒,带有可离子化基团的交联聚合物。具有两个基本特性,其一骨架或载体为交联聚合物,因而一般溶剂不能使其溶解或熔融;其二聚合物上所带的功能基可以离子化。常用的离子交换树脂的颗粒直径为 0.3~1.2 mm,某些特殊用途使用的离子交换树脂的粒径可能大于或小于这个范围,如高效离子交换色谱所用的离子交换树脂填料的粒径可小到几微米。

离子交换树脂的主要分类方法如下。

(1) 根据合成方法,可分成缩聚型和加聚型两大类。缩聚型指离子交换树脂或其前体是通过单体逐步缩聚形成的,同时副产物为简单的小分子如水等,如甲醛与苯酚或甲醛与芳香胺的缩聚产物。目前工业上采用的离子交换树脂几乎全是加聚型的,只有少数特殊用途仍使用缩聚型离子交换树脂。

（2）根据树脂的孔结构，可分为凝胶型和大孔型离子交换树脂。凝胶型离子交换树脂在干态和溶胀态都是透明的。在溶胀状态下存在聚合物链间的凝胶孔，小分子可以在凝胶孔内扩散。大孔型离子交换树脂的孔径从几纳米到几百纳米甚至到微米级。比表面积为每克几平方米到每克几百平方米。

凝胶型离子交换树脂的优点是体积交换容量大、生产工艺简单因而成本低；其缺点是耐渗透强度差、抗有机污染差，大孔型离子交换树脂的优点是耐渗透强度高、抗有机污染、可交换分子量较大的离子；其缺点是体积交换容量小、生产工艺复杂因而成本高、再生费用高。实际应用中，可根据不同的用途及要求选择凝胶型或大孔型树脂。

（3）根据所带离子化基团，可分为阳离子交换树脂、阴离子交换树脂和两性离子交换树脂。阳离子交换树脂或阴离子交换树脂都又分为强型和弱型两类。根据离子交换树脂功能基的性质，我国原石油化学工业部在 1977 制定的《离子交换树脂产品分类、命名及型号》部颁标准，将其分为强酸性、弱酸性、强碱性、弱碱性、螯合性、两性及氧化还原性七类，如表 11-2 所示。

表 11-2 离子交换树脂的种类[6]

分类名称	功 能 基
强酸性	磺酸基（—SO_3H）
弱酸性	羧酸基（—COOH），膦酸基（—PO_3H_2）等
强碱性	季胺基 $\left[-N^+(CH_3)_3, -N^+\begin{array}{c}(CH_3)_2\\CH_2CH_2OH\end{array}\right]$ 等
弱碱性	伯、仲、叔胺基（—NH_2，—NHR，—NR_2）等
螯合性	胺羧基 $\left(-CH_2-N\begin{array}{c}CH_2COOH\\CH_2COOH\end{array}\right)$ 等
两 性	强碱—弱酸 $[-N^+(CH_3)_3, -COOH]$ 等 弱碱—弱酸（—NH_2，—COOH）等
氧化还原性 *	硫醇基（—CH_2SH），对苯二酚基（HO—⟨○⟩—OH）等

* 参照上面描述的离子交换树脂的定义，表 13-2 中的氧化还原树脂其实并非离子交换树脂，而应是电子交换树脂。

2. 离子交换分离原理

（1）离子交换反应：离子交换体系是由离子交换剂和与之接触的溶液组成的。离子交换作用即溶液中的可交换离子与交换剂上的抗衡离子发生交换，如图 11-8 所示为阴离子交换树脂发生离子交换作用原理的示意图。离子交换剂的抗衡阴离子是 A^-，溶液中存在阴离子 B^-，当离子交换剂和溶液接触时，B^- 可以扩散到树脂内部所包含的溶液中，当扩散到树脂内部的 B^- 与树脂上的抗衡离子 A^- 接近时，则发生离子交换，被交换的 A^- 由树脂内部扩散到树脂外的溶液中。经过一定的时间得到平衡，平衡时两相都包含两种抗衡离子。

对于树脂上固载的可离子化的基团和抗衡离子都为 1 价离子的离子交换平衡，可用下面的通式表示：

$$R-LA + B^- \underset{}{\overset{K}{\rightleftharpoons}} R-LB + A^- \tag{11-14}$$

式中，R-L 为树脂骨架及其固载的可离子化的基团；A^-、B^- 为抗衡离子。根据质量作用定律，平衡常数

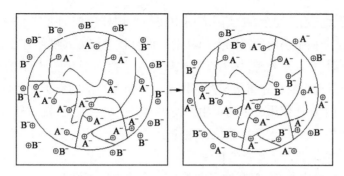

图 11-8 阴离子交换树脂发生离子交换作用原理示意图[6]

-⊕固定于交换剂骨架上的带正电离子；A⁻、B⁻抗衡离子；⊕溶液中的同离子

K 可表示为

$$K = \frac{Q_{R-LB}[A]}{Q_{R-LA}[B]} \tag{11-15}$$

式中，Q_{R-LA} 和 Q_{R-LB} 分别为平衡时树脂对 A 和 B 的吸附量。对于树脂上固载的可离子化的基团为一价离子、抗衡离子的价数分别为 Za 和 Zb 的交换反应，其交换平衡常数 K 为

$$K = \frac{Q_{R-LB}^{Za}[A]^{Zb}}{Q_{R-LA}^{Zb}[B]^{Za}} \tag{11-16}$$

式(11-15)和式(11-16)表示的离子交换平衡常数未考虑活度系数。根据化学反应热力学理论可知，交换反应的自由能变化 ΔG^0 与平衡常数 K 的关系为

$$\Delta G^0 = -RT\ln K \tag{11-17}$$

由式(11-17)得

$$nK = -\frac{\Delta G^0}{RT} \tag{11-18}$$

$$\ln K = -\frac{\Delta H^0 - T\Delta S^0}{RT} \tag{11-19}$$

（2）离子交换色谱：离子交换剂的主要特点之一是其可重复使用性。可逆的离子交换是离子交换树脂重复使用的必要条件。即离子交换剂在某应用中交换其他离子后，经过适当处理再生后又回复到起始状态。

对于大部分离子交换体系，如果其正向平衡为应用所需的交换反应，则其逆向平衡（或类似的平衡）为再生交换反应。如果离子交换平衡倾向于向应用所需的交换的方向移动，则对应用是有利的，但对树脂的再生是不利的。反之，如果离子交换平衡倾向于向再生所需的交换的方向移动，则对再生是有利的，但对应用是不利的。如当平衡倾向于向右移动，即树脂对 B 的亲和力大于对 A 的亲和力，正向平衡的主要驱动力是焓变，式(11-19)中的 ΔH^0 为较大的负值。而向左的平衡即再生交换反应的 ΔH^0 必定为较大的正值，焓变对再生交换反应是不利的，此时的交换反应的驱动力只能是熵变，即式(11-19)中的 ΔS^0 为较大的正值。在这种情况下，交换前树脂上结合的抗衡离子全部是 B，溶液（再生液）中的抗衡离子全部是 A，交换平衡后，树脂上结合的抗衡离子既有 A 又有 B，同样，溶液中的抗衡离子也既有 A 又有 B，体系的状态数或混乱程度增加，熵增大，这就是熵驱动的原理。很明显，这样的再生是很不完全的。

为了使所需的交换反应趋于完全，在实际应用中往往采用柱色谱的方式。一个柱色谱相当于许许多多个罐式平衡，使离子交换平衡向所需的方向移动。而且柱色谱方式操作方便，易实现自动化。在大部分离子交换的实际应用中，如水处理，柱色谱方式只是为了使离子交换平衡向所需的方向移动，并非真正的色谱分离过程。只有少数实际离子交换应用及以分析为目的的离子交换色谱才是真正的色谱分离过程。此外，实际应用中往往使用过量的再生剂使再生交换趋于完全，特别是当再生交换反应的焓变是较大的正值时，要使用过量的再生剂才能使再生完全。

3. 离子交换反应的类型及离子交换选择性

（1）常见的离子交换反应类型：常见离子交换反应主要有以下类型。

1）中性盐分解反应

$$R - SO_3H + NaCl \Longleftrightarrow R - SO_3Na + HCl \qquad (11-20)$$

$$R - N(CH_3)_3OH + NaCl \Longleftrightarrow R - N(CH_3)_3Cl + NaOH \qquad (11-21)$$

2）中和反应

$$R - SO_3H + NaOH \Longleftrightarrow R - SO_3Na + H_2O \qquad (11-22)$$

$$R - COOH + NaOH \Longleftrightarrow R - COONa + H_2O \qquad (11-23)$$

$$R - N(CH_3)_3OH + HCl \Longleftrightarrow R - N(CH_3)_3Cl + H_2O \qquad (11-24)$$

$$R - N(CH_3)_2 + HCl \Longleftrightarrow R - NH(CH_3)_2Cl \qquad (11-25)$$

3）复分解反应

$$2R - SO_3Na + CaCl_2 \Longleftrightarrow (R - SO_3)_2Ca + 2NaCl \qquad (11-26)$$

$$2R - COONa + CaCl_2 \Longleftrightarrow (R - COO)_2Ca^{2+} + 2NaCl \qquad (11-27)$$

$$R - NH(CH_3)Cl + NaBr \Longleftrightarrow R - NH(CH_3)Br + NaCl \qquad (11-28)$$

$$R - N(CH_3)_3Cl + NaBr \Longleftrightarrow R - N(CH_3)_3Br + NaCl \qquad (11-29)$$

（2）离子交换平衡常数与离子交换选择性：上述的离子交换平衡常数也是离子交换选择性的量度。当 $K>1$ 时，离子交换剂对 B 的选择性大于对 A 的选择性；反之，当 $K<1$ 时，离子交换剂对 A 的选择性大于对 B 的选择性。一般来说，离子交换树脂对价数较高的离子的选择性较大。对于同价离子，则对离子半径较小的离子的选择性较大。因为离子半径较小的离子，其水合半径较大，与树脂上的反离子基团结合后会使树脂因持水量增加而膨胀，使体系的能量增加。由此也可知，树脂的交联度较大时，膨胀能也较大，因此选择性较大。在同族同价的金属离子中，原子序数较大的离子其水合半径较小，阳离子交换树脂对它们的选择性较大。

常用离子交换树脂对一些离子的选择性顺序如下。

1）对于苯乙烯系强酸性阳离子交换树脂。

$$Fe^{3+} > Al^{3+} > Ca^{2+} > Na^+$$

$$Tl^+ > Ag^+ > Cs^+ > Rb^+ > K^+ > NH_4^+ > Na^+ > H^+ > Li^+$$

2）对于丙烯酸系弱酸性阳离子交换树脂。

$$H^+ > Fe^{3+} > Al^{3+} > Ca^{2+} > Mg^{2+} > K^+ > Na^+$$

3）对于苯乙烯系强碱性阴离子交换树脂。

$$SO_4^{2-} > NO_3^- > Cl^- > OH^- > F^- > HCO_3^- > HSiO_3^-$$

4）对于苯乙烯系弱碱性阴离子交换树脂。

$$OH^{-1} > SO_4^{2-} > NO_3^- > Cl^- > HCO_3^- > HSiO_3^-$$

（3）离子交换的限速步骤——膜扩散和粒扩散：离子交换反应主要发生在树脂内部。即使树脂是高度亲水性的,树脂被水高度溶胀,树脂中的离子交换反应速率还是比一般均相溶液中的离子反应速率要慢得多。离子交换过程大致为：离子由溶液中扩散到树脂表面,穿过树脂表面一层静止的液膜进入树脂内部,在树脂内部扩散到树脂上的离子基团的近旁,与树脂上的离子进行交换,被交换下来的离子按与上述相反的方向扩散到溶液中。研究表明,离子穿过树脂表面液膜进入树脂内部的扩散（膜扩散）和在树脂内部的扩散（粒扩散）是离子交换的限速步骤。膜扩散速率可通过提高交换器的搅拌速度、提高交换温度和增加树脂的比表面积（如采用大孔型树脂）来提高;粒扩散速率可通过提高交换温度、减小粒度和增加树脂的表面积来提高。对于搅拌速度较快的釜式交换器内的交换体系,粒扩散是离子交换的限速步骤。Mackie 和 Meares 提出了离子在离子交换剂内的扩散系数与该离子在溶液中的扩散系数的关系：

$$\overline{Di} = Di\left[\varepsilon/(2-\varepsilon)\right]^2 \tag{11-30}$$

式中, $\overline{Di}$ 和 D_i 分别是组分在离子交换剂中和在溶液中的扩散系数; ε 为粒内孔体积分数,可近似地用容易测定的交换剂吸附溶剂的质量分数代替。对于一价离子和非电解质,如果它们的体积不大,则由式（11-30）计算得到的粒扩散系数与实测值符合得很好。而对于高价离子、体积较大的离子或大分子,则实测粒扩散系数比由式（11-30）的计算值小得多。

4. 离子交换树脂在天然产物分离工程中的应用[2]　　离子交换树脂法是分离和提纯中药及天然产物中化合物的手段之一,可用于生物碱、氨基酸等活性成分的纯化和皂苷类产品的脱色精制等方面。

（1）离子交换树脂用于生物碱的纯化：生物碱可与酸形成盐而溶于水中,因此可用酸水溶液进行提取。而生物碱盐在水中以离子形式存在,即能被阳离子交换树脂的氢离子交换而吸附于树脂上,从而达到与其他非离子性成分分离的目的。与液-液分配等纯化方法相比,该方法不仅省时省力,而且还可以节约大量的有机溶媒,适合于工业化生产。

有关阳离子交换树脂纯化苦参总生物碱、钩藤总生物碱及弱酸性离子交换树脂纯化黄连总生物碱的研究可参考相关文献[9-11]。

迟玉明等[12]开展了离子交换树脂用于角蒿总生物碱的纯化的研究。角蒿（Incarvillea sinensis）的主要成分是生物碱,其中单萜生物碱之一——角蒿酯碱（in-carvillateine）具有很强的镇痛活性。鉴于角蒿的主要成分是叔胺类生物碱,碱性较弱;同时角蒿生物碱成分的分子量差别较大,180~890 Da 不等,而交联度大的离子交换树脂,交换容量大,但交联网孔小,不利于大离子的进入;交联度小的树脂,交换容量小,但交联网孔大,易于离子的扩散和交换。选用 3 种交联度不同 DOWEX 50 W 型强酸性阳离子交换树脂（主要特征列于表 11-3）的交换能力进行的比较研究表明,交联度为 2 的强酸性阳离子交换树脂 DOWEX 50WX2 对角蒿生物碱成分的交换能力最强。

表 11-3　不同型号树脂的主要特征[12]

型 号	交联度（%）	粒 度（目）	含水量（%）	离子形式	交换容量（meq/mL）	pH 范围
50WX2	2	50~100	78	H	0.6	0~14
50WX4	4	50~100	78	H	1.1	0~14
50WX8	8	50~100	78	H	1.7	0~14

（2）离子交换树脂纯化氨基酸：氨基酸具有两性解离性,溶液的 pH 决定了氨基酸分子所带的电荷,除了碱性氨基酸外,其余氨基酸的等电点均小于 pH7.0。当溶液的 pH 低于等电点时,氨基酸带正电荷。所以,可用强酸型阳离子交换树脂对氨基酸进行纯化。当氨基酸与杂质混合液通过交换柱时,由于氨基酸带正电荷而留在树脂上,而杂质不带电荷或带负电先与水流走,从而将氨基酸与杂质分离。然后用氨水将与树脂结合的氨基酸洗脱下来,即得纯化的复合氨基酸。用离子交换树脂法纯化复合氨基酸,选择性强,速度快,且设备简单,适合中小型化工生产,是一种简单、方便、经济的方法。

如干蚯蚓体中含有大量的蛋白质及 15 种氨基酸。其中,亮氨酸的含量最高,其次为谷氨酸、天冬氨酸,占 2%以上的氨基酸有缬氨酸、赖氨酸、精氨酸和丙氨酸,这些都是人体必需的氨基酸,可用于制药和化妆品的生产。蚯蚓生长发育快、繁殖力高、适应性强、易于人工养殖,刘红等[13]用离子交换树脂法纯化从蚯蚓体中提取的复合氨基酸的粗制品,可提高产品的纯度,达到较好效果。表 11－4 为采用 S433 氨基酸分析仪测定复合氨基酸粗制品及其纯化后的精制品中各种氨基酸的含量。

表 11－4　复合氨基酸中的各种氨基酸含量(mg/g)[13]

氨基酸名称	粗 制 品	精 制 品*
亮氨酸	68.56	80.31
谷氨酸	48.20	95.76
天冬氨酸	42.38	94.48
缬氨酸	36.02	42.02
赖氨酸	42.64	90.26
精氨酸	34.22	36.24
丙氨酸	39.41	80.24
苏氨酸	23.57	26.37
甘氨酸	26.24	52.69
脯氨酸	32.26	33.58
络氨酸	6.18	12.32
苯丙氨酸	12.26	13.27
色氨酸	0.28	—

＊每克氨基酸粗制品纯化后的含量。

5. 离子交换树脂对皂苷类产品的脱色精制　　皂苷类产品,如甜菊苷、绞股蓝皂苷、人参皂苷、三七皂苷等可用吸附树脂分离法从天然植物中提取得到。其后续纯化工序中,脱色精制是很重要的一步。目前普遍采用的脱色方法有活性炭脱色法和离子交换树脂法。活性炭比表面积大,吸附力强,但脱色时需要升温到一定温度,以减小溶液的黏度利于吸附及过滤。活性炭在吸附色素的同时也较多地吸附皂苷,使皂苷的损失较大;且用过的活性炭很难再生回收,容易造成污染环境。相比之下,离子交换树脂法的脱色能力较大,而皂苷的损失小得多。用于脱色的树脂主要是带胺基的阴离子交换树脂。该方法已成功地用于制糖工业的糖液精制脱色,以及甜菊苷、绞股蓝皂苷等天然产物皂苷类产品的脱色。

例如,鉴于用大孔吸附树脂分离法从三七叶中得到的总皂苷仍含有较多的杂质,其中有提取过程中溶解下来的一些色素类成分,如叶绿素、叶黄素、胡萝卜

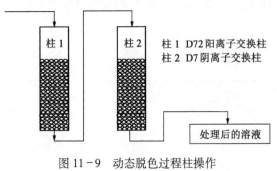

柱 1　D72 阳离子交换柱
柱 2　D7 阴离子交换柱

处理后的溶液

图 11－9　动态脱色过程柱操作
装置示意图[14]

素及水溶性很好的糖类、氨基酸类等。且在后续的浓缩、干燥阶段还产生一些焦糖化的色素。此类色素的存在,既直接影响产品的外观,又会使结皂苷成分的结晶析出困难,难以获得更高纯度的产品。范云鸽等[14]对多种阴离子交换树脂(各树脂性能见表 11-5),采用图 11-9 所示实验装置,对三七叶总皂苷中所含的色素杂质的吸附脱除性能进行了筛选研究。

表 11-5 阴离子交换树脂性能[14]

树脂	基 团	总交换量(mmol/g)	结 构	湿视密度(g/mL)	含水量(%)	pH	出厂型式
D201	季胺	≥3.7	大孔球粒	0.65~0.75	50~60	1~14	Cl-1
D296	季胺	≥3.6	大孔球粒	0.65~0.70	50~60	1~14	Cl-1
D280	季胺	≥3.0	大孔球粒	0.68~0.78	50~60	1~14	Cl-1
Dt	季胺和叔胺	≥5.8	大孔球粒	0.65~0.72	60~70	1~12	Cl-1
Gt	季胺和叔胺	≥6.0	凝胶球粒	0.60~0.70	50~60	1~12	Cl-1
Ds	季胺和叔胺	≥7.0	大孔球粒	0.65~0.75	60~75	1~8	碱型

注:骨架均为 StDVB;粒径均为 0.3~1.2 mm。

相关研究内容、实验结果与讨论简述如下。

(1)脱色树脂筛选:选用 6 种不同类型的阴离子交换树脂 5 mL 和活性炭 2 g 分别对等量的三七叶总皂苷供试溶液(三七叶总皂苷原液稀释 1 倍)静态吸附脱色,结果见表 11-6。

表 11-6 脱色阴离子交换树脂筛选[14]

树 脂	脱色后溶液色值(S_1)	色素残留(S_1/S_0)(%)	脱色率(%)
D201	0.301	28.34	71.66
D296	0.261	24.58	75.42
D280	0.824	77.59	22.41
Dt	0.260	24.48	75.52
Gt	0.884	83.24	16.76
Ds	0.900	84.75	15.25
活性炭	0.823	77.50	22.50

注:原液色值 S_0 均为 1.062。

表 11-6 表明树脂结构对脱色有较大影响,其中 D296、D201 都是强碱 I 型阴离子交换树脂,用于此处脱色 D296 好于 D201,含吡啶基的 D280 的脱色效果较差;弱碱型的 Ds 树脂只能脱除很少量的色素;含强弱碱功能基的大孔 Dt 树脂的脱色性能与 D296 相当,而含同样基团的凝胶型的树脂 Gt 脱色性能最差;活性炭的脱色效果并不好,一般活性炭在较低温度吸附时常表现为物理吸附,随温度升高化学吸附作用增加,在室温下进行的该实验,活性炭脱除的色素量较少。鉴于此,选用 D296 和 Dt 树脂进行动态柱操作脱色实验。

(2)动态脱色实验:表 11-7 是 20 mL Dt 树脂装柱,100 mL 三七叶皂苷原液以图 11-9 所示的装置动态脱色的结果。由于单用阴离子交换树脂时脱色流出液为碱性,而且阴树脂的耐污染性能通常也较差,因此在阴树脂之前加阳离子树脂柱,可以调节酸碱度,同时也能去除一些阳离子杂质。从表 11-7 可见,流速对脱色有一定的影响:流速高时,树脂的脱色效率有所下降;3 种不同来源的三七叶总皂苷,所含的杂质量不同,用该工艺都获得了较好的脱色效果。Dt 树脂的循环使用性能良好,树脂再生后脱色能力并未下降。

表 11 - 7　Dt 树脂动态脱色实验条件及结果[14]

实验批次	皂苷	原液色值	树脂	流速（BV/h）	脱色率（%）
E-1	Z	6.58	新	2	82.00
E-2	Z	6.58	再生	1.5	86.50
E-3	Z	6.58	再生	1	89.40
E-4	Z	6.58	新	1	90.00
E-5	Z	4.28	再生	1	90.21
E-6	Z	4.28	再生	1	88.76
E-7	Y	6.921	再生	1	89.97
E-8	G	1.975	再生	1	89.00

注：树脂体积均为 20 mL。

（3）精制皂苷产品的获得：将吸附色素饱和后的树脂用 2~3 倍树脂床体积的水淋洗，与脱色流出液合并，减压蒸干，真空干燥，研碎，得到精制皂苷产品。将其配成体积分数 1% 乙醇溶液，紫外线法测定溶液在 420 nm 波长处的吸光度，结果列于表 11 - 8 中。3 种不同来源的三七叶总皂苷经离子交换工艺脱色后，产品的质量和纯度都得到提高。

表 11 - 8　脱色精制后产品的色度和皂苷含量比较[14]

三七叶皂苷	脱色前 E	总皂苷（%）	脱色后 E	总皂苷（%）	得率（%）
Y	1.284	80.00	0.129	91.56	76
Z	1.184	82.84	0.145	93.50	79
G	0.230	86.14	0.116	94.20	81

四、生物反应分离过程工程原理与技术[1,2]

反应分离原理在于：化学反应常常只对混合物中某种特定成分发生作用，而且多数情况下，反应物都能完全被化学反应改变为目的物质，因此通过化学反应可以对指定物质进行充分的分离。生物概念的内涵极其丰富，包括病毒、噬菌体、支原体等寄生于细胞上增殖的极为微小的生物；还包括细胞构成要素酶，以及细胞、酵母等微生物；动物细胞、植物细胞。动植物组织及动植物自身等也都是生物，大小不同而已。但从构成技术因素角度来看，上述"生物"当中，比较容易被用于分离目的，主要是酶和微生物。

生物有其极特殊的功能。这种特殊性主要是指：酶蛋白特异的催化反应性，以及形成细胞膜的酶特有的输送物性。例如，有一种海藻能把海水中的铀浓度提高数百倍后将铀浓缩于自己体内。还有一种叫作海鞘的贝类，其血红细胞中钒的浓度要比海水中钒的浓度高 1 000 万倍。假如有某种植物，能够从根部吸收土壤中的强放射性元素，那么它就可用于被核能污染土地的无害化。有些微生物具有分解含氯有机化合物的特别功能，利用这种功能所构建的生物技术可用以消除 PCB、三氯乙烯等对土壤造成的污染。

问题在于如何面向经济、实用的需求，将这些"生物功能"构成技术，又如何将待分离的目标物质从相关生物体中分离出来。比如，从经济的角度来看，收集浮游在海水中的海藻工作量极大，为了得到铀而去养殖巨量海鞘也缺乏可操作性。

作为基于生物反应分离过程工程原理的技术,目前比较成熟,得到一定应用的主要有以下类型。

1. 微生物分解、转化中药成分——发酵炮制中药的理论根据　微生物自身具有的丰富酶系可在温和条件下促使物质转化,产生新物质。通过微生物与中药共发酵技术来炮制中药,可望获得药效更强的药物:微生物发酵的次生代谢物与药物成分发生协同作用增强药效;微生物在发酵过程中可能使药物转化为小分子,更利于身体的吸收;以中药的有效成分为前体,经微生物代谢修饰可以形成药效更强的新物质。

2. 只与某个特定的元素关系密切的微生物分离技术　一般说来,几乎所有的元素都对微生物的生命维持承担当着各自不同的重要使命。然而就某一具体微生物而言,则通常只与某一特定元素关系密切[1]。例如,铁氧化菌就是利用将 Fe^{2+} 氧化为 Fe^{3+} 时所获得的能量,以及以空气中的 CO_2 为碳源生存。而硫磺氧化菌则是以把还原形硫化物(H_2S、S、$S_2O_2^{2-}$)氧化为硫酸所得到的能量来维持生存。

3. 可去除重金属离子的生物吸附技术　人们早已知道革兰氏阴性菌可将银浓缩到自己体内,蓄积量可达菌体重量的30%;而青霉菌能够浓缩铀,蓄积量为干燥菌体总重的1%。微生物的这些功能,在当代社会得到了日益广泛的应用,20世纪90年代出现的生物吸附技术就是利用微生物治理重金属水污染的一项新技术。与传统技术比较,该技术具有选择性高、对酸碱性适应范围广、投资较低和可回收利用等特点,应用前景广阔。

生物吸附剂本质上应属于生物离子交换剂,这是因为微生物(包括细菌、真菌和藻类等)体内的活细胞或死细胞所含有的各种官能团(如羧基、氨基、磷酸基和疏基等)对重金属离子具有很强的亲和力。出于工艺的要求,通常将某种特定的生物体,如细菌或真菌等吸附或附着在特殊的多孔载体上,构成生物吸附剂,用以除去水中重金属。

利用生物吸附剂特别是各种藻类加工产品去除天然水体、中药提取液的重金属具有高效、经济、简便的特点。不过,除个别应用实例外,绝大多数生物吸附技术目前仍然处于实验室试验阶段,尚存在一些必须解决的理论和技术问题。相信通过深入的研究和完善,生物吸附法处理重金属技术一定可以大放异彩。

4. 免疫亲和色谱　免疫亲和色谱(immunoaffinity chromatography,IAC)是一种将免疫反应与色谱分析方法相结合的分离、分析方法。该技术不仅可简化处理过程,而且较之传统的样品前处理方法,可大幅度提高处理方法的选择性,有效去除样品基体中一些理化性质相近的化合物,提高分析结果的准确和可靠性。目前,该技术在抗体、激素、多肽、酶、重组蛋白、受体、病毒及亚细胞化合物的分析中被广泛应用。据报道[15],为了获取剔除柚皮苷的中药方剂四逆散样品以供药理活性研究,制备了抗柚皮苷抗体的免疫亲和色谱柱,用于特异性地剔除四逆散或其他样品的柚皮苷成分。

第二节　酶解反应分离过程工程原理与技术应用

酶是一种由活细胞产生的生物催化剂。它是一种蛋白质,在生物体的新陈代谢中起着非常重要的作用。它参与生物体大部分的化学反应,使新陈代谢有控制地、有秩序地进行下去,从而使生命得以延续。

一、酶的化学本质与特性[2,16-18]

1. 酶的化学本质　酶的化学本质是蛋白质,蛋白质的分子都是由氨基酸组成的。除脯氨酸外,组成蛋白质的氨基酸都有一个氨基连在与羧基相邻的之一碳原子上,所不同的结构是侧链。若用"R"来表示侧键,氨基酸的结构通式如图11-10:

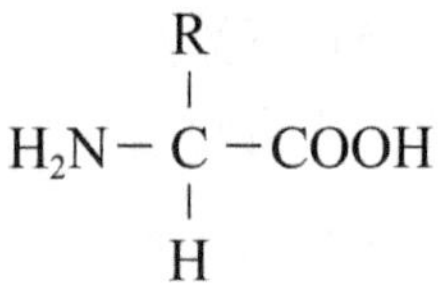

$$\underset{\underset{H}{\overset{\overset{R}{|}}{H_2N-\overset{|}{C}-COOH}}}{}$$

图 11-10　氨基酸的
结构通式

氨基酸之间,通过羧基和氨基作用,脱去 1 分子水而形成肽键(—CO—NH—),相互连接,聚合成肽。由 2 个氨基酸组成的肽称为二肽,由 3 个氨基酸组成的肽称为三肽,依次类推,由许多氨基酸组成的肽称为多肽。多肽成链状,称为多肽链。蛋白质是具有空间构象及生物活性的多肽。有的蛋白质除含氨基酸残基外,还含磷酸、糖、脂、色素、核酸等物质,这种蛋白质叫作复合蛋白。不含其他物质的蛋白质,叫作简单蛋白。

每种蛋白质分子肽链上的氨基酸残基都严格地按一定顺序线性排列,这是蛋白质的一级结构,1 个蛋白质分子可能由 1 条肽链构成,也可能由几条肽链构成。肽键可以出现 α-螺旋和 β-折叠两种稳定的构象形式,β-折叠又可以分为平行和反平行两种,平行的更为稳定。肽链的这类构象形式也称为蛋白质的二级结构。主肽键自身形成的氢键是维持二级结构稳定的主要因素。螺旋和折叠对于稳定蛋白质的空间结构有很大作用。

完整的蛋白质分子中的肽链在空间的排列并非杂乱无章,而是按照严格的立体结构盘曲折叠而成一个完整的分子。这种立体构象称为蛋白质的三级结构。由几条肽链所组成的酶分子,它们的肽链并不一定都由二硫键共价连接,也可能以非共价的方式按一定的形式互相结合。这种肽链以非共价键相互结合成为完整分子的方式被称为蛋白质的四级结构,其中每条完整的肽链称为亚基。

2. 酶的特性　因为酶的化学本质是蛋白质,所以它具有蛋白质的一般特性:① 酶是高分子量的胶体物质,且是两性电解质,酶在电场中能像其他蛋白质一样泳动,酶的活性 pH 曲线和两性离子的解离曲线相似;② 紫外线、热、表面活性剂、重金属盐及酸碱变性剂等能使蛋白质变性的因素,往往也能使酶失效;③ 酶自身可被蛋白质水解酶分解而丧失活力。此外,酶还具有下述特性。

(1) 酶蛋白具有活性中心:酶蛋白具有一个与催化有关的特定区域,称为活性中心,其中含有催化过程中关键的催化基团及与底物结合有关的结合基团。活性中心所具有的催化功能由整个蛋白质结构所决定。破坏了酶蛋白的整体结构,也必然破坏活性中心,从而使酶丧失活性。酶蛋白活性中心以外的部分不仅具有维持结构的作用,而且具有确定微环境的作用。酶分子的亲水性强弱、分子的带电性和电荷的分布,以及活性中心周围的环境都是由整个酶蛋白结构决定的,这些因素对于酶的催化特性具有很大的影响。

(2) 酶催化反应的高效性:与一般催化反应不一样,酶催化反应可以在常温常压和温和的酸碱度下高效地进行。1 个酶分子在 1 min 内能引起数百万个底物分子转化为产物,酶的催化能力比一般催化剂的催化能力大 1 000 万倍到 10 万亿倍。

酶的催化作用不但与底物一接触便发生,而且不用附加剧烈的条件。看似平静的自然界中,每时每刻都在发生着无法计数的酶促反应,而参与酶促反应的酶用量又极少量。例如,土壤中的固氮菌以每秒钟涉及 10 万个氨分子的反应速度把空气中的氮转化成复杂的含氮化合物,组成自身的菌体物质,并供植物利用,可见其反应之快。

由于酶的催化效能如此巨大,以至只能相对地以催化了多少底物来表示它们的含量。即在一定的时间、温度、酸碱度等条件下,所催化的底物转化数量,定为 1 个单位。单位数越多,酶活力越高。

为了统一起见,国际酶学委员会推荐的酶活力单位定义,规定 1 个酶活力单位是在 25℃、特定的最适缓冲液的离子强度和 pH,特定的底物浓度等条件下,1 min 内转化 1 μmol 的底物的酶量,或转化底物的有关基团的 1 μmol 的酶量。1 mL 酶蛋白所含的酶活力单位,叫作比活力。1 mL 溶液中的酶活力单位(U/mL)或每升所含的酶活力单位(U/L)称为酶的浓度。

(3) 酶促反应的专一性:酶对底物高度的专一性是酶促反应的另一重要特点。一种酶只能催化一种或一类物质反应,即酶是一种仅能促进特定化合物、特定化学键、特定化学变化的催化剂。如淀粉酶只能催化淀粉水解,蛋白酶只能催化蛋白质水解。

　　酶促反应的专一性主要表现在以下 3 种情况:① 只催化一种底物起反应,特异性极高,如脲酶只催化尿素水解,对其类似物(甲基脲)无作用;② 能催化一类底物起反应,特异性极低,如蔗糖酶既水解蔗糖,也水解棉子糖,因为它们有相同的化学键;③ 能催化底物的立体异构体之一起反应,有高度的立体特性,如乳酸脱氢酶只催化 $L(+)$-乳酸脱氢,不能催化 $D(-)$-乳酸脱氢。

二、酶反应机制与影响因素[2,16-18]

　　酶反应中,1 个酶分子在 1 min 内能引起数百万个底物(酶反应中的反应物称为底物)分子转化为产物。酶实际上是参与反应的,但酶在反应过程中并不消耗。只是在 1 个反应完成后,酶分子本身立即恢复原状,又能继续下次反应。已有许多实验间接地或直接地证明酶和底物在反应过程中生成络合物,这种中间体通常是不稳定的。

　　1. 酶的作用机制

　　(1)"锁和钥匙"模式:酶与底物的结合有很强的专一性,也就是对底物具有严格的选择性,即使底物分子结构稍有变化,酶也不能将它转变为产物。因此,这种关系可被比喻为锁和钥匙的关系。按照这个模式,在酶蛋白的表面存在 1 个与底物结构互补的区域,互补的本质特征包括大小、形状和电荷。如果某个分子的结构能与该模板区域充分互补,那么它就能与酶结合。当底物分子上的敏感的键定向到酶的催化部位时,底物就有可能转变为产物。

　　(2)"诱导契合"学说:各种酶的催化反应不能用某统一的机制来说明,因为即使是催化相同的反应,不同的酶也可能有不同的催化机制。Koshland 将其发展为"诱导契合"模式,其要点包括:① 底物结合到酶活性部位上时,酶蛋白的构象有一个显著的变化;② 催化基团的正确定向对于催化作用是必要的;③ 底物诱导酶蛋白构象的变化,导致催化基团的正确定向与底物结合到酶活性部位上去。

　　"诱导契合"学说认为催化部位要诱导才能形成,而不是现成的。这样可以排除那些不适合的物质偶然"落入"现成的催化部位而被催化的可能;"诱导契合"学说也能很好地解释无效结合,因为这种物质不能诱导催化部位形成。

　　2. 酶反应动力学　　早在 20 世纪初,Michaelie 和 Menten 就指出,在不同底物浓度下酶催化的反应有两种状态。即在低浓度时,酶分子的活性中心未被底物饱和,于是反应速度随底物的浓度而变;当底物分子的数目增加时,活性中心更多地被底物分子结合直至饱和,就不再有活性中心可以发挥作用,这时酶反应速度则不再取决于底物浓度。

　　由上述论断推导的 Miehaelie-Menten 方程(米氏方程)可用式(11-31)表示,该方程可确定酶促反应速度与底物浓度之间的定量关系,并满足其双曲线的特征。

$$U = v[S]/(K_m + [S]) \tag{11-31}$$

式中,U 为在一定底物浓度 $[S]$ 时测得的反应速度;K_m 为米氏常数,以浓度单位表示,mol/L;v 为在底物饱和时的最大反应速度。

　　通过一系列推导,可知 K_m 为酶促反应速度恰等于最大反应速度一半时的底物浓度。一种酶对应一种底物只有一个 K_m 值,所以 K_m 值是酶的特征常数,在一定的 pH、温度条件下,成为鉴别酶的一种手段。

　　3. 酶促反应的影响因素　　酶在催化反应中不能改变反应的平衡,但可以加快反应速度。影响酶促反应的主要因素有:底物浓度、酶浓度、激活剂、抑制剂、温度、pH、作用时间及实际生产中的工艺设备情况。

（1）底物浓度的影响：在反应开始时，也就是初速度时，米氏方程可以简化为

$$U = [v/K_{\mathrm{m}}][S] \tag{11-32}$$

即初速度与底物浓度成正比，当反应速度慢慢加快时，米氏方程可以简化为下列形式：

$$U = v \tag{11-33}$$

此时，速度不再随底物浓度而变化。工业生产中，为了节省成本，缩短时间，一般以过量的底物在短时间内达到最大的反应速度。

（2）酶浓度对反应速度的影响：在酶促反应中，根据中间产物学说，催化反应可以分为两步进行，反应式如下：

$$E(酶) + S(底物) \rightarrow ES(中间产物) \rightarrow P + E(最终产物) \tag{11-34}$$

酶促反应的速度是以反应产物 P 的生成速度来表示的，见式（11-35）。根据质量守恒定律，产物 P 的生成决定于中间产物 ES 的浓度。ES 的浓度越高，反应速度也就越快。

$$v = \mathrm{d}[S]/\mathrm{d}t = K[E] \tag{11-35}$$

式中，v 为反应速度；$[E]$ 为酶的浓度；K 为速度常数；$[S]$ 为底物浓度；t 为反应时间。

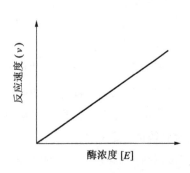

图 11-11 酶浓度与反应速度的关系

在底物大量存在时，形成中间产物的量就取决于酶的浓度。酶分子越多，则底物转化为产物也就相应地增加，这就意味着底物的有效转化随着酶浓度的增加而成直线地增加。如图 11-11 所示。

通常工业生产中底物浓度是过量的，所以反应速度取决于酶浓度，而酶的实际用量又必须综合工艺制订及生产效益两方面的因素考虑，一般根据具体情况而定。

（3）激活剂的影响：激活剂是一种促使酶成为活性催化剂的物质，又是一种提高酶催化效率的物质。在实际生产中它的应用不多。

（4）抑制剂的影响：抑制剂是能引起催化反应速度降低的一种物质。引起抑制的原因有：① 它与催化剂起反应，生成一种催化剂-抑制剂的络合物；② 它与其中某一反应物发生了反应。

酶的抑制剂有可逆的和不可逆的。在可逆抑制时，当移除抑制剂后，酶能恢复其活力；在不可逆的情况下，则不能恢复活力。在实际生产中，由于不了解或不注意抑制剂对酶的影响，有时会因设备材质或是原料中某些成分对酶的抑制作用而影响了酶的正常作用，给生产带来不必要的麻烦。例如，某粮食加工厂使用耐高温 α-淀粉酶液化不理想，经反复观察研究后发现，是液化罐内冷却铜管产生的 Cu^{2+} 对酶的抑制作用，更换冷却管后问题即解决。

（5）温度对酶促反应的影响：温度对酶的影响有以下两个方面。

1）提高温度可加速催化反应：一般而言，温度每升高 10℃，反应速度相应地增加 1~2 倍。温度对酶促反应速度的影响通常用温度系数 Q_{10} 来表示：

$$Q_{10} = 在(t℃ + 10℃)时的反应速度 /t℃ 时的反应速度 \tag{11-36}$$

2）当温度升高达到酶的变性温度时完成酶的变性过程：在较高的温度下，酶的变性和酶促反应的速度将一样快，而且此种变性是不可逆的。酶在低温下只是催化反应速度慢，甚至慢到不易察觉，但绝不是不会作用。所以一般可以用低温冷藏技术保存酶制剂，因为低温下酶的变性极小。实际生产中，酶制剂的作用温度是酶的最适温度与最佳经济效益的统一。

（6）pH 的影响：pH 对酶活力的影响是很大的；某些酶有一个很宽的最适 pH 范围,而另一些则很窄。酶的稳定性也受 pH 的影响,甚至局部的 pH 变化也会对酶促反应产生很大的影响。酶对 pH 的敏感程度比对温度还要高,一般在较低温度下,酶的活力小,在高温时,也有一些瞬间活力。但对 pH 而言,当溶液 pH 不在酶的适用范围之内时,便可以使酶丧失全部活力。所以生产中应严格控制 pH,有必要调整 pH 时,必须事先调好 pH,然后再加入酶,否则酶作用肯定不好,这是使用时比较关键的一点。

综上所述,温度、pH 对酶的变性是不可逆的,即高温及不适合的 pH,使酶变性而且不可能再恢复活力,而金属离子使酶的变性反应有时是可逆的；所以在生产中尤其要注意控制 pH 及温度,使酶有合适的作用环境。

（7）作用时间的影响：实际生产中,酶的使用量与酶的作用时间是成反比的,即作用时间越长,酶的相对使用量就少；作用时间越短,酶的相对使用量就多。

（8）工艺及设备的影响：酶的作用效果在实际生产中和与之配套的工艺及设备情况密切相关,要想使酶发挥最好的效果,就要根据酶的最适 pH 及温度范围配上合适的工艺及与之适应的设备。

三、基于酶反应机制的中药制药分离过程工程原理与技术应用

酶反应技术,具有反应特异性高、条件温和且易于控制等优点,广泛应用于生物制药工程领域。近年来,酶反应技术应用于中药有效成分的提取、分离和纯化的研究开发也取得很大的进展。

（一）基于酶反应机制的中药制药分离工程原理

酶反应技术在天然药物分离领域的应用,主要基于下述几方面的作用原理。

1. 破坏植物细胞壁,加速目标成分的释放、溶出,提高有效成分提取率　　下述案例一至案例四为植物类来源中药的若干案例。

案例一：将金银花以乙醇回流提取前,用纤维素酶和果胶酶分别或联合处理。结果表明,采用纤维素酶处理能显著提高金银花提取物中绿原酸得率（8.15 g/100 g）,最适温度为 40~50℃,且酶用量和处理时间对绿原酸得率有显著影响；联合处理对绿原酸得率影响不明显,但能显著提高提取物得率[19]。

案例二：工业生产薯蓣皂苷元一般须先经自然发酵,再进行酸水解和溶剂浸取,此法虽可提取 25% 的皂苷元,但自然发酵条件不宜控制,产品质量不稳定。若在体系中加入纤维素酶、果胶酶、苦杏仁酶和葡萄糖苷酶,可多获得 25% 的薯蓣皂苷元[20]。

案例三：将黄芪在 pH 4.5~6.0,温度 40~60℃ 的条件下,分别用 0.3%、0.4% 和 0.5% 纤维素酶预处理后用常规水提法。结果表明,黄芪有效成分的提取过程加入不同浓度的纤维素酶,能够显著提高黄芪甲苷和黄芪多糖的收率,其中黄芪多糖的收率较对照组分别增加了 314.8%、392.6%、342.6%,黄芪甲苷的收率分别增加了 83.4%、61.8%、56.8%[21]。

案例四：将冷浸法与复合酶解提取法结合,在显著提高三七总皂苷提取率和提取物得率的同时,使三七素等水溶性有效成分溶出,保持三七止血而不留瘀的功效。提取工艺为：纤维素酶、果胶酶用量分别为 15 U/g 生药、140 U/g 生药,酶解 pH 为 4.5,温度为 50℃,乙醇浓度为 80%,提取 2.5 h。所得提取液中的皂苷含量 12.0%,提取物得率 35.8%,显著高于传统的乙醇回流法和渗滤法[22]。

在动物药的提取中,由于干燥后的药材质地坚硬,传统方法难以浸出。许多动物胶原具有很多生物功能,并有免疫原性低、生物相容性高和生物降解性好等优点,均可采用酶解技术从动物类来源中药更经济、有效地获取活性物质。

案例五：采用碱法提取海参中多糖蛋白质成分时,多糖得率仅为鲜品海参的 0.06%,而采用胃胰蛋白酶提取得的海参多糖则为鲜品的 1.45%~1.61%[23]。

案例六：在阿胶的提炼中将猪皮用胃蛋白酶处理可使动物胶原蛋白提取得更彻底[24]。

案例七：甲鱼具有补血、强骨、益智、抗疲劳、抗氧化作用，乐氏等[25]在提取中采用胰蛋白酶进行提取研究，结果不仅可使甲鱼水解很彻底，还可提高所得制剂的色泽和口感。

2. 降解溶于水中的植物组织高分子物质，提高过滤分离效率，提高提取液的澄清度　中药水提液含有多种类型的杂质，如淀粉、蛋白质、鞣质、果胶等。采用常规提取法时，煎煮过程中药材里的蛋白质遇热凝固、淀粉糊化，导致有效成分煎出，分离困难。针对中药水提液中所含的杂质类型，采用相应酶将其降解为小分子物质或分解除去，可解决上述问题，并可改善中药口服液、药酒等液体制剂的澄清度，提高成品质量。

案例：李国文等[26]采用木瓜蛋白酶对中药材（茯苓、牡丹皮）煮出液中的蛋白质进行降解。结果表明，在 pH 5.5、45℃的最佳酶解条件下，茯苓和牡丹皮的浊度分别降低了 14% 和 25%。考虑到中药煮出液中尚有其他影响浊度的成分，故上述结果表明木瓜蛋白酶的酶解效果显著，有望用于工业化生产。

3. 作为生物催化剂，促使天然药物化学成分生物转化，对天然药物成分进行结构修饰　中药中很多高活性成分属于痕量物质，而中药有效成分的生理活性与其结构紧密相关。在中药提取过程中通过某些酶的加入将一些生理活性不高，或没有生理活性的高含量成分的结构转变为高活性分子结构，可以大大提高提取物的生理活性及应用价值，降低生产成本。

案例一：于兆慧等[27]采用超声波辅助酶解的方法，利用超声波的空化效应、热效应和机械振动等作用，促使底物与酶变成微小粒子，增大接触面积，结合更充分，进一步使蜗牛酶发挥酶解作用。在其他条件相同的情况下，人参稀有皂苷 CK 的转化率从 3.27% 提高到 6.91%。所采用蜗牛酶是一种含纤维素酶、果胶酶、淀粉酶、蛋白酶等 20 多种混合酶的复合酶，酶解能力较强，且可很好地保持产物的结构。

案例二：天然化合物结构复杂，常有多个不对称碳原子，合成难度大，酶工程技术为获得复杂结构的单一天然活性产物提供了新途径。利用酶作为生物催化剂，可对中药化学成分进行生物转化，修饰其结构或活性位点，从而获得新活性化合物。同时，酶催化反应具有反应选择性强（立体选择性和区域选择性）、条件温和且副产物少、不造成环境污染及后处理简单等优点。如以黄芪为诱导物，从 *Absida sp.* *A3r*、*A84r*、*A9r*、*A8r*、*A38r*、*ARr* 6 菌株中筛出能够产水解黄芪皂苷糖基的酶的菌株，将多糖基的皂苷降解成低糖基的皂苷，从而提高该类物质的活性[28]。

案例三：红芪多糖（hedysarum polysaccharides，HPS）是红芪的主要药效成分，具有提高免疫力、抗补体和体外抗凝血等药理作用。传统水提法提取率低、溶解度差、后期纯化困难，且所得天然结构的多糖相对分子量大，黏度高，影响其生物利用度。利用复合酶联合超声提取法[29]，在酶解 2 h，酶解温度 50 及复合酶为纤维素酶和木瓜蛋白酶条件下，通过单因素和正交试验所得最佳提取工艺：复合酶配比 1：1、超声功率 105 W、超声时间 60 min、酶解 pH 5（该研究表明，提取液的 pH 为 4~6 时，能够维持复合酶酶活性中心最佳立体三维构象，促进酶分子与红芪多糖结合），红芪多糖得率和质量分数分别为 14.01%、92 45%。所获得的高效优质红芪多糖，与热水浸提多糖比较：相对分子量、绝对黏度和蛋白质含量低、抗氧化能力强。复合酶联合超声提取产物，红芪多糖各组分的含量差异不明显，但其绝对黏度显著降低。传统提取的多糖样品，需经多次脱蛋白质和脱色素，耗费大量时间、人力和成本，运用复合酶联合超声波降解的分子修饰手段，可显著降低蛋白质含量，极大减少多糖纯化工序，节约成本。更值得关注的是，利用酶和超声波降解的分子修饰技术，可改变多糖的空间结构，降低相对分子量及提高溶解度等特性，进而影响其生物活性。

案例四：栀子苷元，又名京尼平（genipin），是栀子苷酶催化水解后的产物。栀子苷元用途广泛，可作为优良的天然生物交联剂，治疗肝脏疾病、降压、通便及缓解 2 型糖尿病症状的药物，指纹采集试剂和制备固定化酶的交联剂，以及作为天然食品级色素的底物。以栀子苷元浓度为评价指标[30]，从 O‑葡萄糖苷酶、啤酒复合酶、果胶酶优选水解栀子苷效果较佳的酶类，以加酶量、酶解液 pH、酶解时间、酶解温度为考察因素,通过正交试验选取最佳酶解工艺。得到最佳水解条件:选用一定纯度的栀子苷粗品,在摇床转速 100 r/min、栀子苷质量浓度 40 g/L 下,按酶苷质量比 1∶1 加 O-葡萄糖苷酶,酶解液 pH 4.5,酶解 20 h,酶解温度 50℃,栀子苷元转化率可达 85.8%。

案例五:蛋白质为薏苡仁的重要营养成分之一,总含量为 14.17%,根据其溶解性的不同又分为 4 大类:清蛋白、球蛋白、醇溶蛋白和谷蛋白。其中醇溶蛋白和谷蛋白含量较高,分别占蛋白总量的 44.74% 和 37.38%。有些蛋白质自身并不直接表现出生物活性,但可以在一定条件下分解释放出具有活性的生物肽。通过蛋白酶水解、酸解或碱解法、微生物发酵等方法都可从前体蛋白中获得生物活性肽。袁建娜等[31]利用胃蛋白酶水解薏苡仁醇溶蛋白,邻苯二甲醛法测定水解度,通过正交实验优化醇溶蛋白酶解条件。酶解液超滤(截留分子量 3 kDa)冻干得到小分子量多肽,采用高效液相色谱法对其 ACE 抑制活性进行测定。结果:薏苡仁醇溶蛋白酶解的最佳条件为:底物浓度 1%,酶与底物浓度比 1∶5,水解时间为 48 h;酶解物在 0.1 mg/mL 浓度下体外 ACE 抑制率为(83.40±0.93)%。醇溶蛋白水解产物表现出较强的体外 ACE 抑制作用,该研究可为薏苡仁降压作用的进一步研究及功能食品的开发提供依据。

案例六:部分中药有效成分的水溶性或稳定性不佳,或不良反应大,影响应用。可对它们进行结构转化,以改善成药性。如葛根素是葛根中含量最丰富的异黄酮,也是其主要有效成分。葛根素水溶性差,故不能通过注射给药,为提高其水溶性,利用多种酶进行结构改造。试验发现[32],来源于嗜热脂肪芽孢杆菌的麦芽糖淀粉酶最有效,得到两种主要产物:$\alpha-D-$葡萄糖基-$(1\rightarrow6)-$葛根素和 $\alpha-D-$麦芽糖基-$(1\rightarrow6)-$葛根素,溶解度分别为葛根素的 14 和 168 倍。

案例七:通过结构修饰可获得更有效的成分以提高治疗效果。淫羊藿为常用中药,主要成分为淫羊藿苷,有增强内分泌、促进骨髓细胞 DNA 合成和骨细胞生长的作用。淫羊藿苷有 3 个糖基,研究表明,低糖基淫羊藿苷和淫羊藿苷元的活性均明显高于淫羊藿苷。利用曲霉属霉菌产生的诱导酶水解淫羊藿苷可制得低糖基淫羊藿苷或淫羊藿苷元,转化率较高[33]。

案例八:甘草皂苷是甘草的主要活性成分,具有多种生理活性。近年来研究发现,甘草皂苷对 HIV 病毒增殖有显著的抑制效果[34],但因其有排钾阻钠的不良反应,过多服用将导致人体电解质平衡失调,而限制临床应用。研究表明,甘草酸去除 1 个葡萄糖醛酸基,生成单葡萄糖醛酸基甘草皂苷元,甜度为蔗糖的 1 000 倍,同时明显改善甜味,并有可能去除排钾阻钠的作用[35]。吴少杰等[36]采用生物转化方法,利用葡萄糖醛酸苷酶水解甘草苷葡萄糖醛酸基,获得了甜度极高的单葡萄糖醛酸基甘草皂苷元。

4. 寻找新的天然活性先导化合物　　以多种不同催化功能的酶体系对中药化学成分进行生物转化,可产生新的天然化合物库,再与药理筛选相结合,有望从中找到新的高活性低毒性的天然先导化合物。

案例:雷公藤可治疗风湿性关节炎、肾炎、系统性红斑狼疮和皮肤病,也可用于男性节育。雷公藤内酯是其主要活性成分,但肾毒性大,临床应用受限。文献[37]用短刺小克银汉霉菌 AS3.970 转化雷公藤内酯,获得了 4 个新化合物,均对人肿瘤细胞株有细胞毒效应。青蒿素是我国学者从传统中药青蒿中分离的高效、低毒,对脑型疟疾和抗氯喹恶性疟疾有特殊疗效的抗疟药物。Zhan 等[38]对青蒿素进行生物转化,得到 5 个产物,分别为去氧青蒿素、$3\beta-$羟基去氧青蒿素、$1\alpha-$羟基去氧青蒿素、$9\beta-$羟基青蒿素及 $3\beta-$羟基青蒿素,其中后 3 种均为新化合物。

(二)酶技术在天然药物领域应用的基本工艺过程[2,39,40]

酶技术在天然药物领域应用的基本工艺过程,可以归纳为以下几个步骤。

(1)酶的筛选、制备与活力测定:如采用漆酶提取黄芪中黄芪皂苷时先须制备漆酶粗酶液:取保藏的杂色云芝斜面进行活化培养,挑取适量菌丝转接于培养基平板上,再按一定的接种量接入三角瓶中,

25℃振荡培养,定期检测酶活;培养若干天后发酵液经滤过、离心,取上清液,测定酶活后低温保存,使用前再测酶活。

（2）酶解浸提及其工艺条件优选:酶解条件与 pH、温度和加酶量等因素有关,仍以上述研究为例,首先考察漆酶的加入量对提取率的影响。再采用正交表进行优选工艺参数,结果表明,影响黄芪皂苷提取率的主要因素是反应温度,其次是 pH 和反应总体积,影响最小的是时间。

（3）酶的灭活及其与目标产物的分离:根据目标产物的物理化学性质,在不影响目标产物活性的前提下,选择适宜的酶灭活及分离方法,具体技术要求与实施方案可参考有关生物制药与生物工程等文献。

（三）酶反应技术在中药制药分离领域的问题与展望[41,42]

综上所述,酶工程技术可强化中药及天然药物提取过程,显著提高其提取率,并可生产出高活性有效成分,在制药领域具有重要的开发前景和应用潜力。但酶法提取对实验条件要求较高,能否将其用于工业化的天然药物提取中,还需综合考虑酶的浓度、底物的浓度、抑制剂和激动剂等对提取物有何影响,此外,针对天然药物提取用酶的生产技术等问题,都有待进一步深入研究。

同时中药及天然药物提取体系多为非均相体系,而且提取过程大都是在较高的温度条件下进行,而目前大多的研究主要集中在利用市场上已有的酶进行工艺条件的探索,对非均相和较高温度的提取体系内酶的作用机制和过程的基础研究极为缺乏,而且缺少针对中药提取用酶的生产技术。

因此,要将酶工程技术的优势广泛用于天然药物提取,需要在以下几个方面重点加强其基础和应用研究:① 有关中药及天然药物提取体系酶的作用机制及酶促反应过程解析;② 中药及天然药物提取过程的酶功能的快速评价技术;③ 适于中药及天然药物提取的产酶微生物的筛选技术;④ 适于中药及天然药物提取的酶的生产及应用技术等。通过这些研究的深入开展,建立强化中药及天然药物提取效率的酶制剂的最适利用途径和生产方法,从而实现高效提取和高效转化,降低生产成本,实现工业化生产。

第三节　发酵反应分离过程工程原理与技术应用

中药发酵是借助于酶和微生物的作用,在一定的环境条件下(如温度、湿度、空气、水分等),使药物通过发酵反应过程,改变其原有性能,增强或产生新的功效,扩大用药品种,以适应临床用药的需要。随着现代科学技术的发展,发酵法在中药领域的应用范围越来越广泛。众多研究结果表明,中药发酵具有提高中药药效、生成新活性成分、产生新药效、节省药源等功用。可以较大幅度地改变药性、提高疗效、降低毒副作用、发现新的药用资源,为中药的发展开辟新的研究领域,具有十分广阔的前景。

利用现代生物技术对中药发酵过程开展深入、系统的研究,特别是从微生物学、化学、药理学、生物药剂学等多学科角度交叉探索中药发酵分离工程原理,给传统发酵工艺赋以现代高新技术元素,必将使古老的中药发酵技术焕发青春,成为中药现代化研究领域的一朵奇葩。

一、中药发酵分离过程的微生物学原理[43,44]

微生物发酵中草药的历史悠久,在汉以前,古文献中就有中草药比较简单的炮制记载。现代发酵中草药的研究始于 20 世纪 80 年代,近年来更是成为中草药现代化研究的热点。

（一）中药发酵过程的科学本质[44]

中药发酵过程是微生物对中药化学组成的转化,其本质是利用微生物生长代谢过程中产生的酶对特定底物进行结构修饰的化学反应,具有区域和立体选择性强、反应条件温和、操作简单、成本较低、公害少等优点[45]。现代微生物发酵研究表明,微生物在发酵中草药的过程中产生的酶类可以消化植物细胞壁,大幅度地释放活性物质[46,47],降解有毒物质,产生新的生物活性物质[48,49],从而对中草药有效成分进行生物学转化,将中草药中的大分子物质转化为能够被动物肠道直接吸收的小分子物质,使中草药成为快速吸收、定量疗效的新型药物[45]。总体而言,微生物发酵后的中草药具有下述优点:增加中草药有效成分的利用率,提高药效;降低药物毒副作用;修饰中草药活性成分,产生新药效物质;益生菌与中草药活性成分协同作用;节约药源,保护环境。

发酵对中药活性成分的影响,可以从 4 个方面概括其途径[50]:① 微生物在生长过程中产生生物活性物质,包括多种酶、抗生素等。如米曲霉在生长过程中产生数种蛋白酶、纤维素酶、果胶酶、酰胺酶、酯化酶、淀粉酶和糖化酶等,酵母在发酵时可产生蔗糖酶、淀粉酶、酒化酶、脂肪酶等。这些酶类可以催化中药成分的分解,或转化成其他成分,如中药淡豆豉,经过发酵过程,其苷类成分发生了变化,转化为游离的苷元,具有更强的生理活性。② 微生物的次生代谢过程中产生活性化合物。③ 中药所含的某些成分可以改变微生物的代谢途径,形成新的成分或改变各成分的相互比例。④ 微生物的代谢可以将中药中的有效成分转化成新的化合物,同时微生物的次生代谢产物和中药中的成分发生反应,也能产生新的化合物。

薛慧玲等[47]采用筛选获得的 O-葡萄糖醛酸酶产生菌 HQ-10,通过发酵,将黄芩中的主要前体物质黄芩苷转化为黄芩苷元,结果发酵后的黄芩苷元含量是原药材含量的 5.3 倍。李国红等[49]用枯草芽孢杆菌对三七须根进行发酵,并对产物中的皂苷成分进行分离、鉴定。结果显示,通过发酵新产生了人参皂苷 Rh_4,而在三七原料药中未发现含有该化合物。

（二）中草药发酵常用菌种及其应用模式[44]

用于中草药发酵的微生物主要有乳酸菌、芽孢杆菌、酵母菌、双歧杆菌及各种药用真菌等。中草药发酵常用菌种见表 11-9。

表 11-9　中草药发酵菌株[44]

微生物类群	微生物菌株	文　献
细菌	*Lactobacillus plantarum*	[12-19]
	L. amylophilus	[13]
	L. bulgaricus	[13]
	L. curvatus	[20]
	L. acidophilus	[21-26]
	L. mesenteroides	[22]
	Bacillus longum	[22-23,25]
	BiNdobacterium biNdum	[23]
	B. breve	[23]
	L. rhamnosus	[23,27]
	Streptococcus thermophiles	[23,28]
	L. casei	[25,29-32]
	S. faecium	[26]
	L. fermentum	[29,33]
	Enterococcus faecium	[32]
	S. alactolyticus	[34]
	L. pentosus	[35-36]
	L. brevis	[37-39]
	L. gasseri	[40]

续 表

微生物类群	微生物菌株	文 献
	Pediococcus pentosaceus	[40]
	B. licheniformis	[40－42]
	B. subtilis	[43－47]
	Alcaligenes piechaudii	[48]
真菌	*Aspergillus niger*	[17,46,49－50]
	Candida utilis	[32]
	Saccharomyces cerevisiae	[33,39,51]
	Rhizopus oryzae	[46]
	A. oryzae	[52]
	Phellinus linteus	[53]
	Eurotium cristatum	[54－55]
	Grifola frondosa	[56]
	Trichoderma reesei	[57]
	Ganoderma lucidum	[58－60]
	Coprinus comatus	[61]
	Ophiocordyceps sinensis	[62]
	Penicillium sp.	[63]
	Phanerochaetechrysosporium	[63]
	Fusarium moniliforme	[64]
	Pleurotus ostreatus	[65]
	Talaromyces purpurogenus	[66]

1. 单一菌种中草药发酵[44] 中草药常以单一菌种发酵,包括益生菌、食药用真菌及其他菌种,发酵中草药最常用的菌种为益生菌,其次为食药用真菌、霉菌和链球菌等。马超等[51]采用从酵母菌中筛选出的菌株 KM12,将中药大黄结合型蒽醌转化为游离型蒽醌,为减轻生大黄的峻烈泻下作用提供一种选择。

Negishi 等[52]对红曲霉属菌株进行筛选,从 *M. ru-ber*、*M. purpureus*、*M. pilosus*、*M. vitreus* 和 *M. pubigerus* 5 种红曲霉属菌种中得到 Monacolin K、Monacolin J、Monacolin L、Monacolin X 及 Monacolin M 等降血脂成分。其中 Monacolin K 是强效降血脂成分,其类似物是特异性的 HMG－CoA 还原酶抑制剂,对血清胆固醇降低作用显著,并有降低甘油三酯及低密度脂蛋白的作用[53]。益生菌是一类对宿主有益的活性微生物,广泛存在于人体肠道、生殖系统内,能有效改善宿主微生态平衡,发挥有益作用。食药用真菌拥有分解纤维素、淀粉、蛋白质、脂类等营养物质的酶类,对中草药有较强的分解利用能力。由于真菌具有种类多、次生代谢产物丰富、培养条件比较简单等特点,药用真菌如灵芝、冬虫夏草、云芝、灰树花、获苓等自身发酵的研究已成为中草药发酵的一个热点[54],但单一菌种的中草药发酵常存在产酶种类单一,产酶能力较弱等方面的不足。

2. 混合菌种发酵中草药[44] 相比于单菌发酵,混菌发酵可以更大限度地发挥多菌及酶类的复合效用,发酵效率更高,发酵产物更丰富,比单菌发酵更有潜力,尤其是药用真菌和益生菌混合发酵。李亚新[55]通过使用不同比例的乳酸菌、酵母菌、芽孢杆菌、里氏木霉,对党参、白芍、黄芪、益母草、甘草 5 种药渣进行混菌发酵,经发酵处理后,还原糖含量最高分别提高了 36%、40%、30.8%、66%。戴燊[56]采用黑曲霉先有氧发酵,利用其产纤维素酶、果胶酶特性破解植物细胞壁,再用植物乳杆菌厌氧发酵酶解,中草药复方(由山茶籽饼粉、黄芪、山楂、松针粉、淫羊藿组成)经混菌发酵后,粗蛋白质提高了 31.19%,

粗脂肪提高了 59.11%,Ca、P 含量分别提高了 50%、85.71%,中性洗涤纤维、酸性洗涤纤维、木质素分别降解了 24.21%、12.58%、17.56%。作者根据 HPLC 图,比较发酵前后中草药成分的变化,发现发酵后大多数物质峰面积达到发酵前的 1~4 倍;同时复方制剂经过发酵后产生了多种新的特征吸收峰,说明中草药经发酵后,产生了新的物质。李艳宾等[57]对甘草经加工后所产生的大量残渣,选用白腐菌(黄孢原毛平革菌)与一株分解纤维素的青霉菌,研究单菌种发酵与混合菌发酵处理对甘草渣中黄酮类化合物提取的影响。结果表明,与乙醇直接提取法相比,经微生物发酵处理均能有效提高甘草黄酮的得率。其中经白腐菌、纤维素分解菌发酵后黄酮得率分别为 0.89%、0.87%,比乙醇直接提取法的黄酮得率(0.66%)提高了 34.85%、31.82%;白腐菌与纤维素分解菌混合发酵处理,黄酮得率达到 1.32%,与乙醇直接提取法相比,提高 100%,比白腐菌、纤维素分解菌单菌发酵分别高出 48.31%、51.72%。但目前多菌种混合发酵的研究报道相对较少,混合发酵的菌种及代谢产物互作机制有待研究进一步阐明。

二、中药发酵分离过程的化学原理[43、44]

在中药发酵过程中,由于微生物的生长代谢和生命活动具有强大分解转化物质的能力,并能产生多种次生代谢产物,可以比一般的物理或化学手段更大幅度地改变药性,产生新的化学成分或活性更强的先导化合物。发酵过程能完成一些化学合成难以进行的反应,主要涉及羟基化、环氧化、脱氢、氢化、水解、水合、酯基转移、酯化、胺化、脱水、异构化、芳构化等化学反应[57]。

1. **生物碱类**　生物碱是存在于自然界中的一类含氮的碱性有机化合物,大多数有复杂的环状结构,氮素多包含在环内,有显著的生物活性,是中草药中重要的有效成分之一。利用酿酒酵母 *ATCC9763* 和 *GIM2.9* 对葛根芩连汤进行发酵[58],结果表明,发酵后总生物碱含量分别提高 24.91%、30.89%。草乌以其通络散寒止痛之效著称,但其毒性大,使用不当极易中毒甚至危及生命。采用药用真菌发酵草乌,可明显降低草乌中剧毒成分乌头碱、中乌头碱及次乌头碱含量[59]。

2. **皂苷类**　皂苷是一类以三萜或螺旋甾烷类化合物为苷元的糖苷,主要分布于陆地高等植物中,也少量存在于海星和海参等海洋生物中。采用枯草芽孢杆菌对三七根进行发酵后[60],发现发酵后的三七中分离得到了人参皂苷 Rh*,这种化合物在三七中未见报道,也未在三七原料药中检测到,说明该化合物可能是在发酵过程中,三七须根的某些皂苷被微生物转化为人参皂苷 Rh₄。选取植物乳杆菌对人参进行发酵[61],发酵后的人参 Rd 含量显著提高。Rd 作为稀有人参皂苷转化过程中的中间产物,其作用极为重要,Rd 的结构与稀有人参皂苷 Rg₃、Rh₂、F₂、CK 相似。其他如,利用串珠镰刀菌将人参皂苷 Rd 转化成人参皂苷 CK[62];利用曲霉将 Rb₁ 转化成 Rd 后[63],进一步将 Rd 转化成 Rg₃,其相应转化途径见图 11-12。

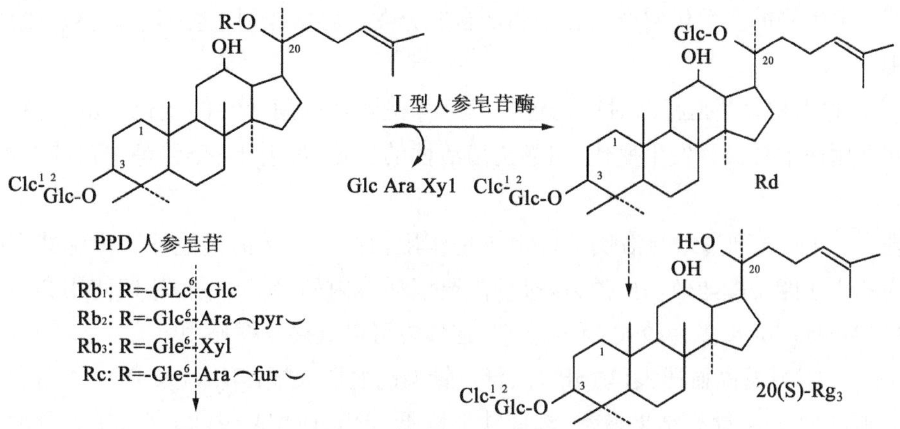

图 11-12　人参皂苷 Rd 的转化途径[63]

3. 挥发油类　中草药挥发油由多种成分组成，除含有脂肪族和芳香族的烃及含氧化物外，大多含萜类，具有较好的抗菌效果。采用酵母发酵葫芦巴[64]，其挥发油产率为 0.242 3%，明显高于未发酵葫芦巴挥发油的 0.086 8%产率，这主要是由于酵母菌可将葫芦巴中的多糖(如淀粉、纤维素等)分解为单糖或双糖供微生物生长且降低培养基黏度，使得挥发油易于释放出来。

4. 黄酮类　黄酮类化合物泛指 2 个具有酚羟基的苯环(A 环与 B 环)通过中央三碳原子相互连接而成的一系列化合物，其基本母核为 2 -苯基色原酮。黄酮类化合物结构中常连接有酚羟基、甲氧基、甲基、异戊烯基等官能团。此外，它还常与糖结合成苷。该类化合物种类极其多样，主要包括黄酮、二氢黄酮、黄酮醇、二氢黄酮醇、异黄酮和双黄酮等。采用黑曲霉发酵蒲公英[65]，测得发酵后提取液中总黄酮浓度为 0.097 mol/L，约为蒲公英发酵前水提液中总黄酮浓度(0.025 mol/L)的 5 倍。采用糙皮侧耳真菌液体发酵中草药党参[66]，发现发酵后党参黄酮含量明显增加。大豆中含有多酚类混合物大豆异黄酮，能发挥雌激素作用。大豆发酵成中药淡豆豉，其 5,7,4′-三羟基异黄酮-7 -葡萄糖苷(染料木苷)和 7,4′-二羟基异黄酮-7 -葡萄糖苷(大豆苷)等苷类成分转化为游离的苷元[55]，而游离的苷元生理活性更强。测定结果显示，淡豆豉中染料木素含量比原料大豆高 48.3%，大豆黄素含量比原料大豆高 94%。

5. 多糖类　多糖是由糖苷键结合的糖链，至少要超过 10 个单糖组成的聚合糖高分子碳水化合物。枯草芽孢杆菌发酵复方中草药，测得复方中草药多糖含量平均值为 19.59%，相比未发酵复方中草药中 12.70%的多糖，发酵后提高了 55.75%[67]。黄芪经益生菌 M -9 菌株发酵后多糖含量及得率分别提高 84.92%、59.34%[68]。

6. 有机酸类　有机酸是指一些具有酸性的有机化合物。在中草药的叶、根，特别是果实中广泛分布。甘草具有清热解毒、止咳祛痰、补脾和胃、调和诸药的功效。其主要有效成分为三萜皂苷甘草酸，质量分数在 3.7%~8.3%，甘草次酸也是甘草中重要有效成分之一，但是质量分数较低，只有 0.1%左右，通过优化发酵工艺，能够得到最大产量的甘草次酸，即 2.2 g/L，提高了 20 倍[69]。

7. 其他　研究发现[70]，冬虫夏草发酵粉中 3′-脱氧腺苷和甘露醇的含量明显高于冬虫夏草籽实体中相应成分的含量，各种氨基酸的含量和水平与冬虫夏草籽实体中相应氨基酸的含量和水平相当，证明了发酵能提高冬虫夏草的药效。薛慧玲等[47]利用筛选获得的产 O -葡萄糖醛酸酶的黑曲霉菌株 HQ -10 对黄芩中的主要前体物质黄芩苷进行发酵转化，转化后黄芩素得率是原药材的 5.3 倍。

三、中药发酵分离过程的药理学、临床药效学原理[43,44]

发酵过程中，微生物能分解、转化中药中的纤维、糖类、蛋白质等成分，同时可以使中药细胞破壁，促进有效成分溶出。中药中所含成分与微生物的生长、代谢存在相互作用，生成新的化学成分或改变各成分之间的比例。微生物的次生代谢产物和中药所含成分发生协同作用，达到提高药效、改变药性或产生新的治疗作用。

1. 抗菌　利用枯草芽孢杆菌对中药进行发酵并检测其抗菌活性的变化。由于枯草芽孢杆菌与中药发生相互作用使中药成分发生变化，引起抗菌活性的变化，如射干、杏仁等中药的发酵产物抗菌活性明显增强[71]。

研究发现[72]，红曲各剂量组与洛伐他汀组抗炎作用相似。由于洛伐他汀为内酯式 Monacolin K 需在体内水解为酸式才能发挥药效。此外，该过程需要消耗体内的羟基酯酶，长期使用会增加肝、肾的负担，而红曲中的 Monacolin K 多为酸式，无须水解，在体内可以直接发挥作用[73]。

2. 降血压　对自发高血压大鼠(SHR)、肾血管型高血压大鼠(RHR)及 DO CA -盐型高血压大鼠(DHR)每日口服红曲 3~4 周。结果显示，红曲能够降低 SHR、DOCA -盐型高血压大鼠的血压，其中对 DOCA -盐型高血压大鼠的降血压作用强于 SHR[74]。

3. 溶栓作用　　利用豆豉提取豆豉溶栓粗酶,研究豆豉链激酶在不同温度、酸碱度、金属离子强度及各种不同的化学物质中溶栓能力的大小,测定了加入各种类型的抑制剂,其溶栓能力的变化情况[75]。

4. 防治骨质疏松　　文献报道[76]淡豆豉可显著提高卵巢切除大鼠的骨密度及血清钙(Ca)、磷(P)浓度,降低血清总碱性磷酸酶的活性,其作用与剂量有关,提示淡豆豉具有改善绝经后骨质疏松作用。

5. 降血脂　　研究结果显示,红曲 H-40 和 H-18 均具有降低高脂血症鹌鹑血清总胆固醇(TC、甘油三酯、低密度脂蛋白胆固醇)的作用,而红曲 H-18 比红曲 H-40 具有更强的降血脂活性[77]。

6. 发酵对中药抗肿瘤作用的影响　　采用稻瘟霉分生孢子法初筛[78],四唑盐(MTT)比色法研究中药淡豆豉,结果显示,中药淡豆豉醇提物可显著抑制 SMMC-7721 和 QSG-7701 生长,同时具有一定的时间、剂量依赖关系,且作用强于原料黑豆醇提物。

文献报道[79],六味地黄发酵液连续给药两周,可显著抑制小鼠肝癌 H22 的生长,抑瘤率为 30%,而同等剂量的六味地黄煎剂无明显的抑瘤作用,表明抑瘤作用是经发酵产生的。

7. 中药发酵对临床药效学的增强作用　　文献报道,用麻黄、莱菔子、金银花、连翘等中药发酵灵芝菌,能明显增加灵芝菌的生物量,而且灵芝发酵液的祛痰、止咳作用更强[80];2 mg 芥子裂变物的药效等于未提取的芥子 50 g 的药效[81];大豆经发酵加工成淡豆豉,即具有降血脂、抗氧化、抗癌及类雌激素等生理功能,可用于治疗心血管疾病、糖尿病、骨质疏松、乳腺癌及女性更年期综合征等[82]。

临床可针对痰邪的不同性质[83],把半夏用药汁浸或加其他药物制成曲,使半夏更能发挥其祛痰功效,包括生姜曲、矾曲、皂角曲、竹沥曲、麻油曲、牛胆曲、开郁曲、硝黄曲、海粉曲、霞天曲等的不同应用。

中药发酵能显著提高疗效,发挥抗癌药提高癌症患者免疫力和对化疗的增效减毒功效。如中药复方的发酵制剂三株赋新康口服液,经临床药理研究室实验证实,其 S180 抑瘤率达 60% 以上,而相同中药复方不经发酵其抑瘤率仅为 31%[84]。

不同的培养基经同样的微生物类群转化后也会产生药性的差异,如发酵淡豆豉时,用桑叶、青蒿同制,药性偏于寒凉,适用于外感风热或温病初起之证;用麻黄、紫苏等同制,药性偏于辛温,适用于外感风寒之证[85]。

四、发酵过程对中药毒副作用的影响[43]

发酵过程导致的微生物的分解作用有可能分解中药中的有毒物质,从而降低毒副作用,或使原来不易被消化吸收的物质,经微生物的分解作用而变得易于吸收。如动物血经微生物发酵后,消化吸收率可以成倍地提高[86]。通过发酵炮制,可降低或消除部分患者服用五倍子后食欲不振的副反应[87]。文献[88]报道,苦参灵芝发酵液,具有抗 HBV 的作用,苦参经过灵芝发酵后毒性降低。

药用真菌发酵,可将中药的有毒物质进行分解,降低药物的毒副作用。如利用灵芝对大豆进行深层发酵可较完全地去除引起食后胀气的低聚糖[89]。在一定程度上,中药发酵可以起到减毒增效的作用。

五、中药发酵分离过程的生物药剂学原理

中药经发酵,分子量相对较小,在人体中吸收较快、较完全。药物进入人体后不能直接被利用的有效活性组分,可通过发酵将其降解成小分子活性物质而被直接利用,从而提高药效。使用微生物对中草药进行发酵,能使中草药活性物质更充分地释放出来或者被代谢得到活性更好的物质。如苏贵龙[90]利用非解乳糖链球菌 FGM 发酵黄芪,可提高黄芪根和茎中主要活性成分多糖、皂苷、黄酮的提取率。

不少中草药自身结构不能被机体直接吸收利用,而是作为前体物,经肠道菌群的作用,才能发挥药效[91,92],如含苷类物质的中草药需要经微生物分泌的丰富酶类分解,成为具有药物活性的苷元后,才有药效。

如用糙皮侧耳真菌液体发酵中草药党参[66],党参发酵后党参多糖含量减少。可能是因为发酵时,微生物利用自身的酶系统降解多糖成可吸收利用的寡糖,从而来提高自身的生长,进而实现发酵后中草药产生的益生元促进微生物繁殖,同时微生物也可促进中草药的活性物质的释放或提升,两者相辅相成、协同增效。

六、新型中药发酵过程工程原理与技术应用[44]

中草药发酵技术是在继承传统中草药发酵炮制方法的基础上,采用现代生物技术而形成的高科技中草药制药新技术,在发酵工程的分类上,中草药发酵可分为固体发酵、双向固体发酵及液体发酵。

1. **固体发酵**　固体发酵源自古代的制曲工艺,它是指一类使用不溶性固体基质来培养微生物的工艺过程,固体发酵概念范围广泛,包括将不溶性固态物质悬浮在液体中的发酵方式(也称惰性载体吸附发酵、载体培养),也包括在几乎没有可流动水的湿固体材料上培养微生物的过程。固体发酵提取工艺简单,没有大量有机废液产生,同时具有节水、节能的独特优势,属于清洁生产技术。研究表明,中草药经固体发酵后,具有增效、降毒和增加活性物质等功效。如王英姿等[93]以当归苦参丸为例,对该方药作固体发酵前后2种水提取液的阿魏酸、苦参碱、苦参总碱、干浸膏4个指标成分的综合比较,探讨固体发酵技术对中药成分提取的影响。结果发现,当归苦参丸方药经固体发酵后有利于药物成分的提取。Bose S 等[94]对益生菌固体发酵黄连和未发酵的黄连体外、体内抗脂多糖损伤的研究发现,经发酵后的黄连体外和体内抗炎症效果更好。Wen Y L 等[95]对栝蒌、丹参、厚朴和甘草4种中草药进行米曲霉固体发酵,发现固体发酵可促进中草药中有效成分的释放,从而增强中草药的药效。虽然固体发酵效果优良,但其工艺存在一定的局限性,如机械化程度低、难以大规模生产、发酵速度慢、产量有限且生产过程多依据经验判断,缺乏科学的发酵终点与质量控制指标及合理的产品后处理工艺[96]。

2. **双向固体发酵**　20世纪80年代后期,庄毅等[97~99]建立了一种使真菌与中草药有机结合的复合型中草药生产工艺,称为双向性固体发酵,也称新型固体发酵。药用真菌双向固体发酵技术是采用具有一定活性成分的中药材或药渣作为药性基质来代替传统的营养型基质与发酵菌种构成发酵组合,在提供真菌所需营养的同时,还受到真菌酶的影响而改变自身的组织、成分,产生新的性味功能,从而产生双向性,体现了药用真菌与中药材之间的有机结合[100]。双向发酵的产物,同时具备药用真菌和中药材的成分和功效,还可能产生新的性味和功效,通过不同真菌与不同中药材交叉、复合可构成大量的组合,产生种类繁多的发酵产物,它们可作为创新中药材的材料[101]。与传统发酵技术相比,真菌双向固体发酵技术具有扩用、增效和排毒的特点。如槐耳是近年来研究开发较多的药用真菌,具有增强机体免疫力、抗肿瘤、治疗慢性乙型肝炎等作用[102]。中药大黄能泻热解毒、行淤血、抗感染,蒽醌类成分是其主要的药效成分。生大黄中的游离型蒽醌有抑菌、止血、抗肿瘤、利胆退黄等功效,结合型蒽醌主要用于泻下,但其泻下作用峻猛,易引起恶心、腹痛、腹泻、头昏等不良反应。槐耳大黄双向发酵体系的研究发现[103],与原药材大黄相比,经槐耳发酵产生的菌质所含结合型蒽醌减少,游离型蒽醌增加,表明大黄极强的泻下作用可能得到改善,而抑菌、止血、抗氧化、抗肿瘤等药效可能得到提升。传统的煎煮等中药炮制方法也能有效降低结合型蒽醌含量,减轻大黄毒副作用[104],而双向发酵的优势在于有效降低结合型蒽醌含量的同时,能实现其他药效成分含量的增加。经双向发酵后,槐耳大黄双向发酵体系还可能产生新的药效成分,但具体药效成分的变化规律,尚需深入研究。

又如,雷公藤被广泛用于肾病、类风湿性关节炎、系统性红斑狼疮、癌症的治疗中,且疗效理想,但是副作用较大。刘霞等[105]通过双向性固体发酵使雷公藤的急性毒性降低,并保持一定的免疫抑制作用。虽然真菌双向固体发酵技术具有显著的优势,但是还存在一系列的问题有待解决,比如如何运用中医学或生物学等学科相关理论指导发酵组合的筛选,如何确定药用真菌的哪种酶影响了药性基质,其影响药性基质的机制如何等。

3. **液体发酵**　液体发酵,又称为液体深层发酵,是在液体培养基中接入菌种,在适宜温度及 pH 条件下通过搅拌、通气可控培养获得微生物及代谢产物的一种发酵方式。液体发酵具有规模大、传质效率高、成本低、工程化程度高等优点,易于实现大规模工业化生产。随着微生物发酵工艺的成熟及各种分离技术和结构鉴定手段的发展,中草药液体发酵的控制变得准确,发酵效率及产率大为提高,发酵活性成分的分析更为便利[106]。郑飞等[107]采用快速液相色谱-四极杆飞行时间质谱(RRLC－Q－TOFMS)法对鲜人参与仙人掌果配伍液体发酵过程中的人参皂苷进行定性和定量分析,结果表明,在发酵液中共鉴别了 27 种人参皂苷,通过其总离子流图比较了发酵前后人参皂苷成分的差异。其中,确定了发酵后含量明显增加的人参皂苷 Rg_2、CK 等成分。范秀芝等[108]为缩短生产周期、提高多糖产量,利用优选的黑木耳菌株和培养基进行液体发酵,获得发酵胞外和胞内粗多糖产量分别为(10.49±0.27)、(3.05±0.03)g/L。现代分析手段的引入及成熟发酵工艺的应用使中草药的液体发酵成为一种可控规模化制取有效中草药活性成分的生产方式。

4. **计算流体力学在发酵工程中的应用**　发酵罐内进行的生物反应涉及工程水平、细胞水平和分子水平的问题,3 个水平之间相互影响、相互作用[109]。发酵罐的流场特性决定了细胞所处的外部环境,从物料和能量的供应上影响生物反应,因而对发酵过程的放大具有重要影响[110]。近年来,计算流体力学方法在发酵过程研究中应用广泛,利用计算流体力学方法可以得到发酵罐内的流场特性,为发酵过程的放大提供重要依据。

陈双喜等[111]引进计算流体力学方法,利用 ANSYS CFX 13.0 软件模拟了 12 m³ 中试罐和 100 m³ 生产罐的流场特性,确认溶氧(DO)是鸟苷发酵过程放大的瓶颈。与生产罐相比,中试罐流场较均匀,对气体控制力强,平均最大氧传递速率为 65 mmol/L·h,是生产罐的 15 倍,能够保证发酵过程中 DO 维持约 20%,放罐时鸟苷产率为 34.02 g/L。而生产罐中由于流场特性不佳,16~32 h 存在 DO 跌零的现象,放罐时鸟苷产率仅为 20.35 g/L。发酵属于高耗氧过程[112],特别是对数生长末期,发酵过程摄氧率达到峰值,如果发酵罐的供氧能力不足,即会出现 DO 低于临界氧浓度的现象,严重影响菌体正常的生理代谢,从而抑制目标产物的合成。根据本研究结果,可对 100 m³ 生产罐的结构进行改造,以改善其流场特性、提高供氧能力,为进一步解决过程的放大提供参考。

第四节　免疫亲和反应分离过程工程原理与技术应用

免疫亲和色谱(immunoaffinity chromatography,IAC)是一种将免疫反应与色谱分析方法相结合的分析方法。该技术的样品处理过程简便,且选择性较之传统样品前处理方法大大提高,可有效去除样品基体中理化性质相近的化合物,分析结果更加准确和可靠。目前,该技术在抗体、激素、多肽、酶、重组蛋白、受体、病毒及亚细胞化合物的分析中被广泛应用,亦逐步进入中药活性物质筛选、分离领域。

一、免疫亲和色谱技术原理与技术特征[2,42]

(一)技术原理

IAC 是利用抗原与抗体的高亲和力、高专一性和可逆结合的特性,基于色谱的差速迁移理论而建立的一种色谱方法。将针对被测物的特异性抗体固定到适当的固相基体,制备成免疫亲和色谱固定相。

其分离过程工程原理的科学本质是生物反应：利用被测物的反应原性、抗原抗体结合的特异性及抗原抗体复合物在一定条件下能可逆解离的性质进行色谱分离。当含有目标物的样本粗提液经过免疫亲和色谱柱时，提取液中对抗体有亲和力的目标物就因与抗体结合而被保留在柱上，淋洗去掉非目标分析物后采用适当条件将结合在抗体上的目标物洗脱下来，从而使被测物被选择性地提取与浓缩。所得提取物可直接采用 GC、HPLC、ELISA 等方法进行检测。

（二）技术特征

1. 纯化、浓集能力强　　由于生物样本分析样品浓度通常较低，所以无论作为样本制备手段，还是样品分离手段，分析方法的灵敏度是首要考虑的因素。IAC 能成倍甚至成百倍、成千倍地提高样品的纯化率；还可缩短分析时间，提高分析效率。如此纯化、浓集及专属的高效分离效能可为后续的样品测定提供良好的保证。

2. 选择性能高　　IAC 是利用抗原抗体的特异性反应来分离和纯化样品的，只有与其抗原决定簇相吻合的被测物才能被它结合。虽然在免疫反应中交叉反应也会发生，但是通过制备高纯度的抗体及有多个活性位点的抗体可以提高抗原结合的选择性。如陈亮[113]等制备的抗柚皮苷抗体免疫亲和色谱柱，可用于特异性地剔除四逆散或其他样品的柚皮苷成分。

3. 可重复使用　　IAC 超越传统固相萃取技术的另一个优点是它可以一定缓冲液冲洗后重复使用，这可节约资源，降低成本。例如，将 IAC 柱与 SPE 柱结合使用能显著提高净化效果，并保护 IAC 柱，易再生使用。

二、免疫亲和色谱基本流程与技术要点[114]

免疫亲和色谱分离技术的基本流程包括：① 抗体的制备；② IAC 基体选择；③ 抗体与基体的偶联；④ 待测物洗脱。其主要技术要点简述如下。

1. 抗体的制备　　IAC 中的抗体作为固定相的配体，直接影响到目标测定物的特异性亲和力，所以是 IAC 建立的关键因素。当抗原注入生物体时，机体被激发产生相应的抗体，并能与该抗原发生专一性的结合反应。某些分离过程的目标物相对分子量较小，本身不具备抗原性。如将其先衍生化，使其末端含有氨基、羧基、羟基等活性基团，再通过这些活性基团与大分子物质如蛋白质基体结合，也能免疫产生抗体。将抗原或半抗原的基体蛋白结合物注入实验动物（兔或豚鼠）体内，数星期或数月后收集动物血液，分离血清，获得抗体。这样制得的抗体为混合抗体，它们是由体内不同的细胞系产生的，被称为多克隆抗体。因此，需要通过杂交瘤技术将抗体分离纯化制备出单克隆抗体，目前也可以采用基因工程技术生产抗体，从而使单克隆抗体的大规模制备成为可能。

2. IAC 基体选择　　基体的选择一般要求高度亲水，使亲和色谱固定相易与水溶液中的生物大分子接近；要求非专一性吸附小；应具有相应的化学基团可以修饰和活化；有较好的理化稳定性和良好的机械性能，对温度、压力、pH、离子强度等有良好的耐受性；具有良好的多孔网状结构和均一性。传统的基体一般为某些碳水化合物（如琼脂和纤维素）或一些合成的有机基体（如丙烯酰胺聚合物、共聚物或衍生物、聚甲基丙烯酸酯衍生物、磺酰醚聚合物）。填充这些基体的 IAC 柱，通过柱后抽负压的方式或直接在流体重力的作用下即可实现加样分析的过程，其最大的优点是价格便宜，操作简单，多用于非在线分析时的样本制备。但其缺点也比较明显，即传质能力低，在高压及高流速状态下稳定性较差，不能在 HPLC 系统使用。因此，该类基体也被称为低效基体。近年来，材料学科的迅猛发展为开发适于 HPLC 分析，高效、耐用性的基体提供了技术支撑。一批新型的基体材料，如硅胶、玻璃及某些有机物的衍生物（如氮杂内酯修饰的玻璃珠和聚苯乙烯处理的介质等）正进入免疫亲和色谱技术领域。该类基体的高效能和机械稳定性，有力提升其用于 HPLC 系统时的分析速度和精密度。

3. 抗体与基体的偶联　　基体在与抗体偶联之前,需要进行活化。一般是在基体骨架上引入亲电基团,然后与间隔分子或抗体上的亲核基团共价结合。需要说明的是,在小配体的亲和色谱中,常在基体和配体之间插入一个间隔臂,以减小空间位阻的影响。常用的活化试剂包括溴化氰、环氧氯丙烷和维生素 H 酰肼等。

抗体与活化基体的偶联方式有随机偶联与定向偶联两种。随机偶联时,基体与抗体的结合位点不固定,这是因为随机偶联时,抗体的抗原结合位点可能被占用,或者挤占了抗原结合位点的空间结构,导致与抗体失去亲和力。因此,随机偶联后的 IAC 的免疫活性一般较低。定向偶联是先将蛋白 A(protein A)或蛋白 G(protein G)固定在基体上,蛋白 A 或蛋白 G 只与 IgG 的 Fc 区相结合,然后用二甲基庚二酸酯等化学交联剂使抗体(多抗或单抗)与蛋白 A 或蛋白 G 定向偶联,抗体上的抗原结合位点则处于游离状态。如为建立 β_2 受体亲和色谱方法,以大孔硅胶为载体,采用温和的化学偶联方法,将 β_2 受体(G 蛋白偶联的 7 次跨膜受体蛋白家族的成员之一,是苦杏仁等止咳平喘药物发挥药效的主要靶体)通过共价键均匀地固载在大孔硅胶表面,用硫酸沙丁胺醇、重酒石酸去甲肾上腺素、盐酸肾上腺素和盐酸普萘洛尔表征 β_2 受体色谱柱的保留特性。采用该法从苦杏仁粗提物中筛选活性成分。结果表明,色谱固定相的 β_2 受体能保持其生物活性和选择性;苦杏仁粗提物中与该受体色谱柱有保留作用的活性成分为苦杏仁苷[115]。该研究实例也可表明定向偶联方式的优点:可留出正确定向的抗原结合位点,提高 IAC 固定相的结合容量。

4. 洗脱方式[116]　　IAC 可以视为免疫反应-色谱方法在样本制备和分析中的应用,它的洗脱方式与固相萃取有许多相似之处。其操作过程可分为如下几个步骤:① 在一定的流动相系统下,将待测样品注入 IAC 柱中,在此条件下,待测物与固定于柱上的抗体有很强的结合作用。② 由于待测物与抗体发生专属性的抗原-抗体结合反应被保留在 IAC 柱上。而样品中的其他溶质则不被保留,采用适当的缓冲溶液(冲洗液)即可将其冲出 IAC 柱。③ 采用另一种缓冲体系(洗脱液),将待测物从 IAC 柱上洗脱下来。通常,洗脱液有较强的酸性,其中加入碘化钠等试剂以增加离子浓度,并加入适量的有机改性剂,以使 IAC 柱环境发生改变,降低抗原-抗体反应的平衡常数,最终使得抗原-抗体结合物解离,从而实现待测物的洗脱。④ 测定上述③中的洗脱物。⑤ 当所有待测物都被洗脱后,再用冲洗液重新冲洗系统,使固定的抗体再生,即可以进行下一轮的加样分析。

以"免疫亲和色谱法检测中药中黄曲霉毒素的研究"为例[117]。

黄曲霉毒素 B_1、黄曲霉毒素 B_2、黄曲霉毒素 G_1、黄曲霉毒素 G_2 是黄曲霉(aspergillus flavus)和寄生曲霉(aspergillus parasiticus)的二次代谢产物,也是其主要有毒物质,其中黄曲霉毒素 B_1 含量多且毒性最大,这些毒素具有高毒性和高致癌性。欧盟在 1999 年 1 月 1 日对花生、干果、坚果及谷类(包括荞麦)规定黄曲霉毒素总量(黄曲霉毒素 B_1+黄曲霉毒素 B_2+黄曲霉毒素 G_1+黄曲霉毒素 G_2)不超过 4 $\mu g/kg$,其中黄曲霉毒素 B_1 的含量不超过 2 $\mu g/kg$。德国也制定了相同的限量,其中对婴儿食品制定了更为严格的限量要求,黄曲霉毒素 B_1 和 4 种化合物的总量不得超过 0.05 $\mu g/kg$。

随着黄曲霉毒素限量的日益严格,对检测方法在灵敏度、定量准确度和自动化方面提出了新的要求。以前大多采用硅胶柱、C_{18} 柱或液-液分配技术净化样品,随着生物化学技术的发展,越来越多地采用黄曲霉毒素免疫亲和柱净化样品,我国国家标准 GB/T 18979-2003 中样品前处理采用的就是免疫亲和柱。该法操作简便、溶剂消耗少、特异性高、净化效果好,在国内外得到了广泛应用。

中药中黄曲霉毒素的检测报道较少,应用方法单一,主要为薄层色谱法和酶联免疫吸附法。应用高效液相色谱-荧光检测器检测食品、中药中的黄曲霉毒素,具有分离度好、灵敏度高、快速准确等优点。张雪辉等[117]采用 IAC 净化、过溴化溴化吡啶柱后衍生,研究建立用高效液相色谱分离测定中药中黄曲霉毒素的新方法。4 种毒素的检出限达到 0.20 $\mu g/kg$。

(1) 主要实验材料与方法

1) 试剂和仪器:水为重蒸水;甲醇、乙腈为色谱纯;过溴化溴化吡啶为分析纯(Fisher 公司);黄曲霉毒素混合对照品购自 SUPELCO 公司,纯度≥99%,其中黄曲霉素 B_1 含量的为 0.960 ng/mL,黄曲霉素 B_2 的含量为 0.288 ng/mL,黄曲霉素 G_1 的含量为 1.000 ng/mL,黄曲霉素 G_2 的含量为 0.303 ng/mL。免疫亲和柱:AflaTest○RP 柱(Vicam 公司);液相色谱系统:Waters 996 泵,Waters 2475 多波长荧光检测器。柱后衍生系统:Waters 501 泵,Waters 柱后反应器。

2) 色谱条件:色谱柱 Symmetry C_{18}(3.9 mm×150 mm,5 μm);流动相乙腈-甲醇-水(1:1:4);流速 1.0 mL/min;柱温 20℃;衍生柱温 40℃;衍生剂流速 0.3 mL/min;荧光检测器激发波长 λ_{ex}365 nm,发射波长 λ_{em}450 nm;进样量 20 μL。

3) 溶液的配制:黄曲霉毒素混标品的配制:吸取 0.5 mL 黄曲霉毒素混合对照品,定容于 10 mL 量瓶中,作为储备液。吸取储备液 1 mL 定容于 25 mL 量瓶中,即得。衍生剂的配制:称取 50 mg 过溴化溴化吡啶于小烧杯中,用 1 mL 甲醇溶解,量取 1 000 mL 水,用少量水将甲醇溶解的过溴化溴化吡啶溶液转移至试剂瓶中,少量多次洗涤,全部转移后获得浓度为 0.05 mg/mL 的过溴化溴化吡啶水溶液。将此水溶液超声后过滤。衍生剂需每日新鲜配制。

4) 样品溶液的制备:精密称取药材粉末 10 g,置于 250 mL 具塞锥形瓶中,精密加入 100 mL 甲醇-水(7:3)溶液,超声提取 3 次,每次 10 min,用 Whatman 玻璃微纤维过滤纸过滤,弃初滤液,收集滤液于锥形瓶中,备用。

5) 免疫亲和柱净化:精密吸取 10 mL 样品溶液于蒸发皿中,置于 35℃水浴锅上,氮气吹,使溶液浓缩至 2~3 mL。在此浓缩液中添加 5 mL 15%聚山梨酯-20 水溶液,混合均匀,用 10 mL 注射器吸取上述溶液以每秒 1 滴的速度通过免疫亲和柱,再用 10~15 mL 水以每秒 1~2 滴的速度洗涤亲和柱,洗涤完后,让空气进入柱中,将水挤出柱子,最后添加甲醇洗脱黄曲霉毒素,收集于 1 mL 量瓶中,即得。

6) 衍生化方法的选择:高效液相色谱法结合荧光检测器检测黄曲霉毒素是国际上流行的方法,但黄曲霉素 B_1 和黄曲霉素 G_1 在含水溶液中容易发生荧光淬灭,为解决黄曲霉素 B_1 和黄曲霉素 G_1 在含水流动相中荧光太弱的问题,一般采用柱前衍生(加三氟醋酸)或柱后衍生(碘溶液或溴溶液)。柱前衍生操作烦琐,费时费力,且人工操作对最后检测结果的影响较大。在柱后衍生方法中,溴溶液衍生化条件要比碘衍生化条件宽松,灵敏度高,衍生化结果稳定。实验证明,该方法的衍生化效果十分理想[117]。

(2) 实验结果

1) 最低检出限:根据信噪比 S/N≥3 确定被测物质的最低检出限,黄曲霉毒素 B_2 和黄曲霉毒素 G_2 的最低检出限为 0.06 μg/kg,黄曲霉毒素 B_1 和黄曲霉毒素 G_1 的最低检出限为 0.20 μg/kg。

2) 标准曲线:将黄曲霉毒素混标品分别进样 5、10、15、20、25 μL,获得的色谱峰峰面积(Y)对黄曲霉毒素的绝对量(X)作回归,得到标准曲线。见表 11-10。

表 11-10 过溴化溴化吡啶柱后衍生化检测黄曲霉毒素标准曲线[117]

化 合 物	回 归 方 程	r	线性范围(ng)
黄曲霉毒素 G_2	$Y = 3.91 \times 10^5 X + 1.12 \times 10^2$	0.999 8	0.003~0.015
黄曲霉毒素 G_1	$Y = 2.50 \times 10^5 X + 4.25 \times 10^2$	0.999 7	0.01~0.05
黄曲霉毒素 B_2	$Y = 7.34 \times 10^5 X - 61.7$	0.999 6	0.002 88~0.014 4
黄曲霉毒素 B_1	$Y = 3.05 \times 10^5 X + 1.35 \times 10^3$	0.999 8	0.009 6~0.048

3）日内精密度实验：将黄曲霉毒素混标品连续进样 5 次，每次 20 μL，以各化合物的峰面积进行计算，结果黄曲霉毒素 G_2、黄曲霉毒素 G_1、黄曲霉毒素 B_2、黄曲霉毒素 B_1 的 RSD 分别为 0.8%、1.2%、1.4% 和 1.3%。

4）日间精密度实验：将黄曲霉毒素混标品连续 5 天进样，每天进样 1 次，每次 20 μL，以各化合物的峰面积进行计算，结果黄曲霉毒素 G_2、黄曲霉毒素 G_1、黄曲霉毒素 B_2、黄曲霉毒素 B_1 的 RSD 分别为 2.0%、2.1%、1.5% 和 2.0%。

5）回收率实验：党参、桃仁、神曲 3 种药材，代表了常用中药的 3 种基质，且这 3 种药材经过免疫亲和柱处理之后，进 HPLC 检测是基线，对添加的标准品检测无干扰，故用来做回收率实验。实验添加了 2 个水平的混标品溶液，水平 1：总黄曲霉毒素为 2.548 μg/kg，其中黄曲霉毒素 B_1 为 0.960 μg/kg、黄曲霉毒素 B_2 为 0.288 μg/kg、黄曲霉毒素 G_1 为 1.000 μg/kg、黄曲霉毒素 G_2 为 0.300 μg/kg；水平 2：总黄曲霉毒素为 1.274 μg/kg，其中黄曲霉毒素 B_1 为 0.480 μg/kg、黄曲霉毒素 B_2 为 0.144 μg/kg、黄曲霉毒素 G_1 为 0.500 μg/kg、黄曲霉毒素 G_2 为 0.060 μg/kg。

6）样品测定：运用此方法测定了以下药材，有的药材经过免疫亲和柱前处理后，经 HPLC 测定为基线，无任何峰出现，用"—"表示。有的药材经过免疫亲和柱前处理以后，经 HPLC 测定有色谱峰出现，但这些色谱峰对检测的黄曲霉毒素色谱峰无干扰，用"×"表示。药材为北京市场随机购买获得。见表 11 - 11。

表 11 - 11　样品中黄曲霉毒素检测结果[117] μg·kg⁻¹

样　品	结果	样　品	结果	样　品	结果	样　品	结　果
蛹虫草（培养）	—	茯苓	—	生谷芽	—	白芷	×
大黄	—	天麻	—	大山楂丸（湿）	—	甘草	×
决明子	—	瓜蒌	—	桔梗	—	菟丝子	×
丹参	—	莱菔子	—	天冬	—	秦艽	B_2 0.675 7
金银花	—	苦参	×	北沙参	—	生建曲	B_1 0.931 2
							B_2 0.109 4
苦荞	—	鲜橘皮	×	白术	—	生麦芽	B_1 0.634 5
黄芩	—	麻黄	×	小白蔻	—	杏仁	B_1 2.619 8
							B_2 0.192 1
淡豆豉	—	陈皮	×	益智仁	—		
薏米仁	—	半夏曲	×	胖大海	—		
生神曲	—	沉香舒气丸	×	大山楂丸（干）	×		

采用免疫亲和柱净化、结合柱后衍生化的高效液相色谱-荧光检测器检测几十种常用中药材中的黄曲霉毒素 B_1、黄曲霉毒素 B_2、黄曲霉毒素 G_1、黄曲霉毒素 G_2，具有快速、简便、灵敏、准确、自动化高等优点，完全能满足批量检测的需要。

三、免疫亲和色谱的技术应用

根据 IAC 分析的基本原理，即抗原-抗体的特异性结合反应，IAC 可分为单抗体-单分析物；单抗体-多分析物；多抗体-多分析物等多种模式。但就分离分析的整个过程而言，IAC 可分为非在线 IAC 和在线 IAC 两种模式。

（一）非在线免疫亲和色谱模式

该模式是以 IAC 作为样本的分离纯化方法，随后，可将 IAC 柱上洗脱下来的样品组分用其他分析方法进行定性或定量分析。这种模式操作简便，并可根据需要与其他分析方法组合，不需特别的仪器设备，因而使用广泛。通常，只需经过一步 IAC 的提取过程，即能收到满意的实验结果。如将抗-乳链球菌素单克隆抗体固定于 N -羟基琥珀酰亚胺-活性琼脂糖单体上[118]，完成了乳链球菌素 A 的纯化，可获得良好的重现性和回收率。有时，为了提高分离的纯度，也采用几种纯化手段联用的方式。如在纯化四氯二苯-p -二噁英血清样本时[119]，先用乙醇-己烷混合溶剂进行液液萃取，再用 IAC 柱进一步分离。经这一操作过程，血清中的样品在 IAC 柱上达到 90% 以上的结合率。目前，IAC 技术正朝着微量化的方向发展。比如，膜片单体的出现，使得液体流过 IAC 柱时压力更小，流速更快，从而提高分析速度。而免疫亲和探针则是将抗体附着于探针的尖部，这对于微量样品的分析显示出独特之处。

（二）在线免疫亲和色谱模式

与非在线 IAC 模式相比，在线 IAC 模式更易实现操作的自动化，符合现代科学发展的需要。就其目前的发展状况而言，可分为以下两种应用方式：

1. 高效免疫亲和色谱柱的应用　　用免疫亲和柱代替液相色谱柱，直接在 HPLC 系统上实现分离分析，形成高效免疫亲和色谱系统。以此技术已实现了牛血清生长激素释放因子(bGHRF) 的痕量分析；该技术和流动注射分析(flow injection analysis, FIA)结合，可进行尿中蛋白质含量的测定[120]，为肾脏疾病的诊治提供依据；通过制备固定有抗体的毛细管柱，可形成高效免疫亲和毛细管电泳，进而可用毛细管区带电泳分析血清中的胰岛素[121]。高效免疫亲和柱虽然是一种较为简便的在线 IAC 模式，但由于直接连接在仪器系统中，对 IAC 柱的耐高压要求较高，并且由于分析柱的长度一般比样本纯化时所用的萃取柱长得多，需要制备较多的抗体，色谱柱的造价亦较昂贵。

2. 联用技术的应用　　在该种应用方式中，IAC 技术仍作为分析过程前期的样本纯化方法，随后与其他技术联用，实现进一步的定性或定量分析。与非在线模式不同的是，样品纯化、转移和分析的整个过程均实现了自动化操作。原则上，IAC 可与 HPLC、GC、HPCE、MS 等多种分析方法联用。但由于仪器接口的问题，目前最成熟的仍是 IAC - HPLC 的联用，而该模式主要是通过柱切换技术实现的。具体研究内容，可参考有关文献[122-127]。

IAC 作为理化检测方法的分离纯化手段，使残留分析集免疫反应的高选择性、快速与理化检测方法的准确性于一体，避免了单纯免疫分析或理化分析的不足。IAC 主要用于食品与药品安全监管中的农药残留、真菌毒素等检测。其优点是大大简化了样品前处理过程，提高了分析的灵敏度。但是目前由于许多样品的前处理还是采用传统的固相萃取、基质固相分散，使该技术的推广应用受到限制，而大量性质均一的纯化抗体的供应和非特异性吸附难题的解决是 IAC 真正走向实用化的前提。

第五节　分子生物色谱分离原理——
药物靶体分子识别功能

分子生物色谱技术色谱学与分子生物学和药理学紧密结合的产物，是以靶体的分子识别功能为基础的药物成分筛选、分离方法。现代分子生物学的发展，逐步阐明了体内神经介质、酶、受体在生命活动中所起的调节作用。如果把生物体内活性物质如酶、受体、传输蛋白等固定于色谱填料中，就可以利用中药中活性成分与它们的相互作用，发现新的生理活性物质。基于分子识别原理的分子生物色谱方法研究中药活性成分筛选方法，就是根据这一认识提出的[128]。药物筛选过程就是一个发现有效成分与适当靶体结合的过程。分子生物色谱已发展为色谱学服务于生命科学的一个颇具魅力的新方向。其中以血浆蛋白为配基的分子生物色谱，由于其选择性较广，可用来建立中药分子生物色谱的谱图库，为生物活性成分筛选提供指导。

一、基于药物靶体分子识别功能的分子生物色谱原理及其特点

中药成分作为一类重要的生物活性物质与血浆蛋白如白蛋白、α_1-酸性糖蛋白存在可逆地结合平衡。血液中只有游离药物可透过血管到达活性位点,产生药效或引发副作用。分子生物色谱的基本原理就是借助生物大分子与中药成分的特性相互作用,将蛋白质键合于硅胶上形成的以蛋白质固定相为基础的色谱,以实现具有活性的化合物和生化参数的分离、纯化和测定。酶、受体、DNA、膜蛋白、膜磷酯、血浆中的运输蛋白和其他具有重要生理功能的生物大分子均可作为分子生物色谱的配基,用于开展药物活性成分研究,其中血浆运输蛋白可用于活性成分的粗筛选。分子生物色谱法,是适应日益发展的生命科学和制药工业对药物分离分析的要求而发展起来的多学科交叉创新研究的成果。

分子生物色谱技术是目前唯一能对中药活性成分筛选、分离和结构鉴定进行一体化研究的新技术,其具有以下特点:① 重复性好,可从源头上消除实验误差的主要隐患;② 测量精度高,数据的变异系数小;③ 直接进样,不需预处理、纯化,分析过程快速、简单;④ 通过对典型的系列化合物快速分析,可得到可比较的数据;⑤ 直接与一些药理学参数(如活性或结合强度)相关,具有一定的药理学意义。

二、分子生物色谱用于活性成分筛选、分离的基本模式与技术路线

以分子识别为基础的生物色谱应用于中药活性成分筛选在两个层次上进行,首先以血液中存在的运输蛋白为靶体进行活性成分的粗筛选;然后以特异性靶体筛选具有特定活性的物质。在技术发展上,建立以分子生物色谱为核心、与 NMR、MS 等可提供结构信息的手段联用的一体化系统,使活性成分筛选、分离及结构鉴定一体化成为可能,而目前其他筛选方法尚无这一可能性。其基本技术路线如图 11-13 所示。

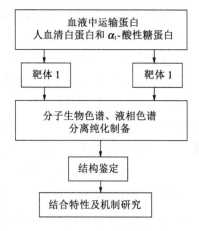

图 11-13 以分子生物色谱为核心的中药活性成分筛选法示意图[128]

1. 以血浆运输蛋白为靶标的生物色谱方法 研究分子生物色谱的保留规律,发展其条件优化方法,是建立色谱图库的首要条件。据报道[128],邹汉法实验室在此基础上已建立 100 多种常用中药的以血浆蛋白,如人血清白蛋白和 α_1-酸性糖蛋白为配基的分子生物色谱图库,为药物开发研究奠定了厚实基础。

建立分子生物色谱中药活性成分谱图库的优点:① 具客观可比性。目前在中药研究中,不同实验室甚至同一实验室的不同研究者的研究结果都难以重复,缺乏可比性。究其原因是于太多的非活性物质干扰了常规色谱的分离分析。而分子生物色谱由于其较高的选择性,可排除大部分杂质干扰,因而谱图信息明确。② 作为生物活性成分筛选、分离的导向,避免中药研究工作的重复,防止人力和资源的浪费。

大多数合成药物与血浆中运输蛋白如血清白蛋白等或多或少存在可逆结合,这种结合对药物的药动学和药效学均有重要意义。可利用这种作用从中药中筛选活性成分,如以这项技术确定当归中的阿魏酸和藁本内酯、茵陈中的香豆素和色原酮丹参中的丹参酮、川芎中的川芎为活性成分,这与已有的文献报道结果一致。邹汉法等实验室所发展的固载化方法可较好地保持了蛋白质的天然构象和结合特性。该方法可推广应用于一系列蛋白质为配基的固定相合成。表 11-12 列出了采用以人血清白蛋白和 α_1-酸性糖蛋白为固定相的分子生物色谱方法分离分析 4 种单味中药活性成分的结构。对于当归可同时测定已确定的两种主要活性成分阿魏酸和藁本内酯。

表 11－12 分子生物色谱应用与一些单味中药有效成分分析[129]

药　名	指纹峰数	可测定有效成分	与蛋白质作用强度	固定相配基
当归	10	阿魏酸、藁本内酯	阿魏酸<藁本内酯	人血清白蛋白
茵陈	25	茵陈色原酮、香豆素	茵陈色原酮<香豆素	人血清白蛋白
丹参	17	丹参酮 II_A	强作用	α_1-酸性糖蛋白
川芎	22	阿魏酸、藁本内酯、川芎嗪	阿魏酸<川芎嗪<藁本内酯	α_1-酸性糖蛋白
川芎	18	阿魏酸、藁本内酯、川芎嗪	川芎嗪<阿魏酸<藁本内酯	人血清白蛋白

同时还发现一系列未知的活性成分,尚需做进一步的结构鉴定。由于中药药理作用的特殊性,"多成分、多靶点、多渠道"组效关系的存在已成共识,单一高选择性靶体筛选难以解决中药复方的活性成分的筛选。而这种粗筛选方法有可能较好地解决这一问题,既排除了绝大部分非活性物质,又保留了多种多样的活性成分,为研究中药活性成分的组效关系和分子网络作用提供了可能。

2. 高选择性的药物筛选方法　　自然界和有机合成实验室中化合物丰富多样,如人参皂苷样品在胶束毛细管电泳分离出 40 多个峰,在电色谱上可出现 90 多峰;又如,黄芪单味药的水提取液利用高效液相色谱结合峰拟合软件发现至少有 60 多个组分。对于多味药的复方制剂将会出现上百甚至数千种化合物。研究表明,我国大多数常用中药中存在与受体、酶作用的活性成分。但这些成分的绝大部分并没有已有西药的疗效好,因此组合药理作用应是中药药理作用的关键。多靶体多通道对于中药活性成分的筛选是非常必需的。

以防治心血管疾病药物先导物的分离、结构测定和筛选为例。首先以与药物有广谱的分子识别作用的血浆蛋白如人血清白蛋白等为靶标,研究中药中主要活性成分与靶标的分子识别作用,建立中药系统分析的分子生物色谱图库。这是药物先导物的粗筛选阶段,为药物先导物进一步筛选和结构优化提供参考。第二步以血管紧张素 I 转化酶和凝血酶为靶标,研究分子识别作用机制,并筛选具有防治心血管疾病的活性物质。以此为基础发展高选择性药物筛选的分子生物色谱方法和技术。

在人凝血酶固定化及血栓疾病药物的高选择性筛选方面,应选择合适的交联试剂及反应条件,考察非特异性吸附影响。比较固载化酶与天然酶的差异(包括酶活性、稳定性及底物的特异性),以改进筛选固载化方法。利用固载的人凝血配基的生物色谱技术从治疗血栓疾病的中药中筛选活性成分。利用色谱等分离制备手段将活性成分分离出来,并经红外、核磁和质谱等手段进行结构鉴别。

3. 以分子生物色谱为核心的新技术　　采用联用技术,即与二极管列阵(DAD)和高分辨率质谱(MS)联用,获取活性分子的结构信息,实现中药活性成分分离、结构鉴定一体化。采用柱切换,即与高效能的分离手段联用,如与 HPLC 等联用,实现分子生物色谱中活性馏分的二级分离,以提高分子生物色谱的分离功能和所获得的中药有效化学成分的信息量。

文献报道[129],细胞固相色谱可将生物学部分与二极管列阵、NMR、MS 技术结合、联动,直接获取效应成分(群),并验证该成分(群)的效应特征。以玉屏风散为例,应用淋巴细胞、巨噬细胞等免疫细胞膜研究黄芪、白术、防风的作用及其效应-化学关系配伍的变化;应用淋巴磁暴、巨噬细胞等免疫细胞膜固相色谱法分析给予方剂提取物后的血清、脑脊液、淋巴液等,分析其体内代谢后效应-物质基础、细胞因子、信号转导等变化,以阐明方剂学配伍规律及其配伍规律的当代生物学基础。再以二陈汤为例子,用肺上皮细胞、肺杯状细胞、肺腺细胞固相色谱分析应用二陈汤后血清、脑脊液、淋巴液、肺灌流液的化学成分,并分析成分与信号转导及细胞因子各效应之间的关系,阐明这二味药的配伍规律。

分子生物色谱用于活性成分筛选、分离的技术路线可用下述"细胞膜色谱法筛选当归中的有效成分"实例加以说明。

当归为伞形科植物,具有补血和血、调经止痛等功效。近代中药药理学研究表明,当归具有扩血管和降压的作用。由于当归成分复杂,应用经典的天然药物分离提取方法筛选其中特定的有效成分周期长,命中率相对较低。采用生物亲和色谱法[130],可不经提取分离步骤,在特定的细胞膜色谱(cell membrane chromatography,CMC)筛选模型上直接确定当归中对主动脉血管有舒张作用的有效成分。实验结果表明,血管 CMC 模型基本可以反映化合物与细胞膜及膜蛋白(包括受体)的相互作用;化合物在 CMC 体系中的保留特性和其药理作用有显著的相关性;DG－2 是当归中对血管有舒张作用的有效部位,而 DG－21 则是其有效成分。该筛选方法快速、简捷、命中率高。其主要技术路线由(1)至(5)的实验操作组成,简述如下。

(1) 血管 CMC 模型的建立:血管 CMSP 的制备参见文献方法。首先在低温(4℃)条件下,制备血管细胞膜悬液,并测定其酶活性和膜蛋白含量,分别不得低于 5.13 μmol/(L·mg·h)和 2.19 mg/mL,备用。将细胞膜悬液与载体在低温和低压条件下进行结合反应,制备成血管 CMSP。色谱条件:色谱柱 50 mm×2 mm,填充血管 CMSP;流动相:50 mmol/L 磷酸盐缓冲液(pH7.4);流速:0.5 mL/min;检测波长:236 nm;柱温:37℃。平衡 3~4 h 后,开始进样分析。

(2) 模型药物在血管 CMSP 柱上的保留特性:选择通道阻滞剂 VP、DT、NM 和 NT 作为模型药物,对其在血管 CMSP 色谱模型系统中的保留特性(容量因子 K')进行考察,结果 4 种三类钙通道阻滞剂在血管 CMSP 上有不同的保留特性,其容量因子的大小顺序为: $K'_{VP}(11.0) > K'_{NM}(8.6) \approx K'_{NT}(8.4) > K'_{DT}(6.2)$。表明钙通道阻滞剂与血管细胞膜间存在着相互作用,而且在作用强度上有差异。因此,血管 CMC 模型可以作为研究化合物与血管细胞膜作用特性的实验模型。

(3) 当归不同提取物在血管 CMSP 柱上的保留特性:取当归药材依次用不同极性的溶剂石油醚、乙醚、乙酸乙酯、丙酮、甲醇、水提取,并制备成不同提取物(DG－1、DG－2、DG－3、DG－4、DG－5、DG－6)的供试品溶液。分别吸取 5~10 μL 注入血管 CMSP 柱分析。结果乙醚提取物中有成分在血管 CMSP 上保留。其容量因子(K'_{DG-2})与维拉帕米的相近(图 11－14)。表明当归的乙醚提取物中可能含有与血管细胞膜及膜受体作用的有效成分。

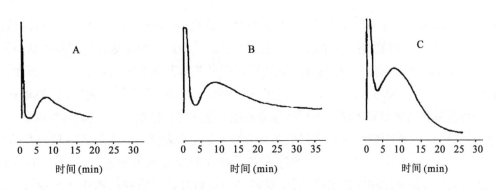

图 11－14　Ver、DG－2、DG－21 在血清 CMSP 柱上的色谱图

(4) 当归乙醚提取物的普通柱层析分离:以硅胶为填料,湿法装柱并用洗脱液平衡后,将乙醚提取物(DG－2)上柱分离,采用石油醚-乙酸乙酯梯度下行洗脱方法,分别等体积收集洗脱液,回收溶剂,得不同极性的分离样品 18 份(编号为 DG－21~DG－218)。分别将各样品注入血管 CMSP 柱分析,结果发现其只有 2 个馏分的样品(编号为 DG－21 和 DG－22)有类似于当归乙醚提取物的保留特性,其他样品均没有保留。这就表明 DG－21 和 DG－22 为当归乙醚提取物中对血管细胞膜及膜受体有作用的活性成分。经薄层色谱鉴定,DG－21 和 DG－22 的纯度已在 80% 以上。

（5）当归 DG - 2、DG - 21 和 DG - 22 的离体药理实验：以模型药物 VP 为对照,对当归的乙醚提取物 DG - 2,分离组分 DG - 21 和 DG - 22 进行了离体动脉条药理实验,结果发现,DG - 2 对氯化钾和去甲肾上腺素所诱发的血管收缩有显著的抑制作用,并存在量效关系(图 11 - 15,图 11 - 16)。组分 DG - 21 对去甲肾上腺素所诱发的血管收缩抑制作用明显,而 DG - 22 的作用较弱。

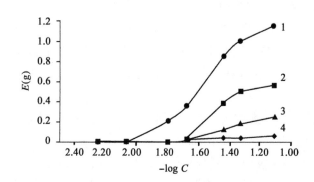

图 11 - 15　DG - 2 对 KCl 量-效关系的影响[130]

1. KCl E(g);2. ［DG - 2 15 mg/L］E(g);3. ［DG - 2 20 mg/L］E(g);4. ［DG - 2 45 mg/L］E(g)

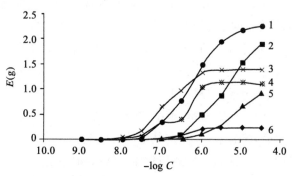

图 11 - 16　Ver、DG - 2 对 NE 量-效关系的影响[130]

1. NE E(g);2. ［Ver 20 mg/L］E(g);3. ［Ver 80 mg/L］E(g);4. ［DG - 2 15 mg/L］E(g);5. ［DG - 2 30 mg/L］E(g);6. ［DG - 2 60 mg/L］E(g)

（6）讨论：血管 CMC 模型基本可以反映化合物与细胞膜及膜蛋白(包括受体)的相互作用;化合物在 CMC 体系中的保留特性和其药理作用有显著的相关性;DG - 2 是当归中对血管有舒张作用的有效部位,而 DG - 21 则是其主要有效成分。

药物在体内产生药理作用是一个受各种因素影响的复杂过程。CMC 模型虽然在一定程度上能够反映药物与细胞膜的作用情况,但毕竟是一个体外过程,与药物在体内的作用相比还有一定距离。故在研究药物分子与细胞膜固定相作用时,需充分考虑到这些因素,使模型不断完善,更符合药物作用的体内过程。

三、硅胶载体细胞膜色谱法[2,131]

1. 硅胶载体细胞膜色谱法技术原理　　硅胶载体细胞膜(carrier cell membrane,CCM)色谱法技术原理：细胞膜上的药物受体能选择性地识别药物并与之结合,为最大限度地保持细胞膜的整体性、膜受体的立体结构、周围环境和酶活性,将活性细胞膜固定在硅胶等某种载体表面,形成 CCM,则其可具备普通细胞膜制剂的特性。同时,硅胶 CCM 还具有一定的刚性,有可能作为一种生物活性填料用于液相色谱,形成一种能模仿药物与靶体相互作用的色谱系统。在这种色谱系统中,药物与细胞膜及膜受体间疏水性、电荷、氢键和立体等作用,可用色谱的各种表征参数定量表征。从而形成一种研究药物作用机制和药物筛选的新色谱方法。利用 CCM 的这种双重特性制成的色谱固定相,可直接用于研究药物与膜受体相互作用的特异性和立体选择性,由此得到的色谱参数对研究药物作用机制和新药开发与筛选有重要参考价值。

2. 硅胶载体细胞膜的制备方法　　以兔红细胞膜、心肌细胞膜和小脑细胞膜硅胶 CCM 的制备方法为例[57]：取经表面活化处理的硅胶于低温(4℃)反应管中,加入悬液细胞膜,直至吸附反应达到平衡。向反应管中补加等体积的去离子水,使细胞膜的磷脂双层进行自身相互作用,直至在硅胶表面形成均匀的细胞膜。离心除去上清液,硅胶 CCM 用 Tris - HCl 缓冲溶液洗涤,除去未结合的细胞膜。

3. 硅胶载体细胞膜的表面特征　　在水溶液中,硅胶表面上的硅羟基对生物大分子的吸附性极强,通常认为是不可逆的。硅胶表面的硅羟基会与膜蛋白和脂类分子中的极性基团作用,使细胞膜牢固地吸附(固定)在硅胶的表面。另外,细胞膜具有磷脂双层结构的特性脂质分子极性头间的离子相互作用,膜内部烷基链间的疏水相互作用,使吸附在硅胶表面的细胞膜碎片间彼此靠近而融合,并自动形成闭合结构,结果硅胶表面完全被细胞膜覆盖。而通常用的化学键合方法则由于空间效应,根本无法实现对硅胶表面硅羟基的完全覆盖。

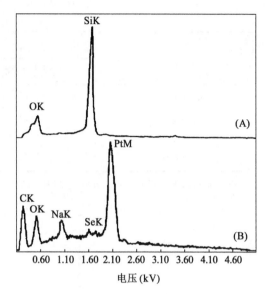

图 11-17 硅胶载体和载体细胞固定相
能谱表面分析图[131]

A. 硅胶载体;B. 硅胶载体细胞膜

电子显微镜技术和表面能谱技术测试证实(图 11-17):硅胶 CCM 中硅胶表面的硅羟基已完全被细胞膜所覆盖。硅胶 CCM 中细胞膜已完全覆盖在硅胶表面并与硅胶连为一体,与纯硅胶载体明显不同。载体硅胶表面被细胞膜有效地覆盖后,由于单一硅胶 CCM 颗粒表面细胞膜间的相互作用,使多个硅胶 CCM 呈堆积状。0.52 kV 处有氧(O)的能谱峰,1.74 kV 处有较强的硅(Si)能谱峰;0.27 kV 处增加了碳(C)的能谱峰,0.52 kV 处氧(O)的能谱峰强度有所增加,而 1.74 kV 处的硅(Si)峰几乎消失。2.05 kV 处的铂(Pt)峰为生物样品制片时喷涂的铂金[131]。

4. 硅胶载体细胞膜的稳定性 硅胶 CCM 酶活性随温度和时间的变化规律:取兔红细胞膜悬液,等体积分为 3 份,分别用作悬液细胞膜、离心分离后取沉淀用作沉淀细胞膜和制成硅胶 CCM,同时将这 3 种细胞膜贮存在-28、-10、4、25℃的条件下,分别在放置 0、12、36、60、80、108 h 后取出。测定 3 种细胞膜的 K^+,Na^+-ATP 酶活性,计算其稳定性。结果表明,虽然 3 种不同状态细胞膜的酶活性,在不同贮存温度下随时间改变的幅度有所差异。但是,硅胶 CCM 与其他两种细胞膜一样,具有可比较的酶活性变化特征,并在一定的时间范围内稳定。如同悬液细胞膜一样,硅胶 CCM 也有可能作为一种特殊的细胞膜制剂。

5. 硅胶载体细胞膜的色谱特性 硅胶 CCM 具备细胞膜制剂和色谱填料的双重特性,由此形成的色谱系统,可直接研究药物与固定相上膜受体的动态相互作用。所得色谱参数容量因子 k'、分离因子 α 和分辨率 R 等将直接表征药物在膜受体上的作用强度和立体选择性,并与药物最终的药理作用密切相关。

(1) 钙通道阻滞剂在硅胶载体与硅胶 CCM 固定相上色谱保留特性比较:6 种钙通道阻滞剂分别在硅胶载体固定相、兔红细胞膜固定相和心肌细胞膜固定相上的容量因子(表 11-13)测定数据表明:在硅胶载体为固定相的色谱系统中,钙通道阻滞剂的保留时间都很短,柱压也很低(<1 MPa)。而在兔红细胞膜和心肌细胞膜为固定相的色谱系统中其保留明显增长,柱压也较高(>6 MPa)。这进一步证实了在硅胶 CCM 固定相表面细胞膜对钙通道阻滞剂的保留起着支配作用。表 11-13 的结果还证明,同一组织细胞膜对不同药物、不同组织细胞膜对同一药物均显示出不同的作用强度,反映了药物与膜受体间相互作用的特异性。

表 11-13 6 种钙通道阻滞剂在不同固定相上的保留特性*[131]

药 物	色谱保留值(k')		
	纯硅胶固定相	兔红细胞膜固定相	兔心肌细胞膜固定相
硝苯地平	0.6	3.0	4.0
地尔硫䓬	1.1	10.5	29.0

续　表

药　　物	色谱保留值(k')		
	纯硅胶固定相	兔红细胞膜固定相	兔心肌细胞膜固定相
Bay2K8644	1.3	9.0	22.0
尼莫地平	1.4	10.5	31.5
维拉帕米	1.7	16.0	35.0
尼群地平	1.7	13.0	30.0

＊色谱柱：50 mm×2 mm(ID)，分别填充 3 种不同的固定相；流动相：50 mmol/L 磷酸盐缓冲溶液(pH＝7.4)；流速：0.5 mL/min；波长：236 nm；柱温：37℃

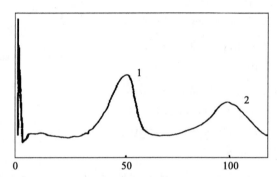

图 11-18　尼卡地平异构体在兔小脑细胞膜固定相上的拆分图[131]

色谱柱：200 mm×2 mm(ID)，填充兔小脑细胞膜固定相；流动相：50 mmol/L Tris-HCl 缓冲液(pH＝7.4)；流速 0.3 mL/min；检测波长：236 nm；柱温 37℃。1 为尼卡地平异构体第 1 个峰，2 为尼卡地平异构体第 2 个峰

（2）二氢吡啶类钙拮抗剂在硅胶 CCM 固定相上的立体选择性：药物和膜受体分子的立体化学结构，对药物与受体的相互作用起重要作用。受体对药物的识别、亲和力和药物呈现内在活性，是在三维空间中实现的，受空间因素的影响。二氢吡啶类钙通道阻滞剂在兔小脑 CCM 色谱系统中，表现出明显的但又各不相同的立体选择性。如尼卡地平各异构体在兔小脑细胞膜固定相上得到完全分离（图 11-18），尼群地平、尼古地平（niguldipine）和 Bay-K8644 得到部分分离，而尼莫地平则没被分离。可见由兔小脑细胞膜固定相形成的色谱系统，在给定色谱条件下，对部分二氢吡啶类药物异构体具有较强的识别能力。而且，不同药物异构体的立体选择性不同（表 11-14）。由于硅胶 CCM 的酶活性随时间的增长而降低，在目前条件下，柱寿命一般在 1 周之内，比通常的色谱柱寿命短。

柱的重现性以维拉帕米为例：测定其在兔心肌细胞膜固定相的容量因子，结果日内平均值为 3 510±1.8(n＝5)，日间平均值为 3 114±317(n＝5)，柱间平均值为 3 617±311(n＝4)，结果较为满意。

表 11-14　5 种二氢吡啶类钙通道阻滞剂在兔小脑细胞膜固定相上的立体选择性①[131]

药　　物	k_1'②	k_2'③	α④	R⑤
尼群地平	14.4	18.9	1.31	0.87
Bay-K8644	14.7	16.7	1.14	0.39
尼卡地平	25.6	49.5	1.93	1.71
尼古地平	26.7	30.8	1.15	1.08
尼莫地平	27.2	27.2	1.00	0

①色谱柱：200 mm×2 mm(ID)，填充兔小脑细胞膜固定相，流动相Ⅱ，流速 0.3 mL/min，检测波长 236 nm，柱温 37℃；②k_1'为第 1 个峰的容量因子；③k_2'为第 2 个峰的容量因子；④α为分离因子；⑤R为分离度。

综上所述,利用硅胶表面硅羟基(Si-OH)的吸附作用和细胞膜自身的融合作用所形成的硅胶CCM,经测定仍具有酶活性,可作为一种新的细胞膜制剂。由于其具有一定的刚性,又可作为一种新的亲和色谱填料。利用硅胶CCM的这种双重特性制成的色谱固定相,可直接用于研究药物与膜受体相互作用的特异性和立体选择性,由此得到的色谱参数对研究药物作用机制和新药开发与筛选有重要参考价值。

第六节　中药功效成分生物合成过程
工程原理与技术应用[132]

一、中药合成生物学与工程原理概述[133]

"中药合成生物学"是采用微生物合成法获取中药药效成分的新方法。目前中药药效成分的其他获取途径主要有:① 直接从药源植物中分离提取;② 化学及半化学合成途径;③ 利用植物细胞或组织培养技术。上述由①至③的各种方法,虽都可用以获取中药药效成分,但均不同程度地具有各自的弊端或限制因素。如①法虽是目前中药药效成分获取的主要途径,但该法过度依赖于中药资源,尤其是野生资源。更困难的是,作为植物次级代谢产物的大多数药用药效成分,在植物中的积累量极低。而人工栽培耗时耗力,生产成本高;法②无论通过化学合成或半化学合成途径,都会受制于"手性及不对称中心"等特殊的化学结构;法③主要面对的问题在于大多数中药组培机制研究不甚清楚,且受基因型及细胞毒性,生产成本等限制,利用该法进行工业化生产成功的例子并不多。

中药功效成分的微生物合成生物学法的主要工程原理:即在系统生物学基础上,采用工程学的设计思路和方法,通过对相关功能基因的模块化设计及改造,并充分考虑合成过程中适配性的问题,将中药功效成分的合成过程或其前体物质的生物合成途径转移到微生物细胞中,利用微生物的发酵过程完成药用天然活性物质的高效异源的合成。该方法借助微生物易培养、受环境影响小、生长周期短,生产系统规范,反应条件温和易控,产物成分较为单一,易于分离和提取及环境友好等特点,遵循较为清晰的生物合成路径通过发酵过程,获取目标产物。面向中药药效成分来源稀缺、化学合成困难、造价高等一系列问题,为中药药效成分的工业化生产及可持续利用提供新方法。

不容置疑,合成生物学仍在发展初期,还存在不少疑问有待破解。如以青蒿素[134]为基础的联合用药是疟疾特别是恶性疟现有的首选、最佳疗法,青蒿素类药物需求巨大。青蒿素原料药依旧主要依赖于从药用植物黄花蒿(中药青蒿)中提取、分离、纯化,但其在黄花蒿中的含量较低,且含量变异大。有关青蒿素生物合成分子机制及调控的研究表明,化合物分析及重要基因的表达分析证明腺毛是青蒿素体内合成、分泌、积累及储存的场所,青蒿素由腺毛的分泌细胞合成并被存储在皮下腔空间。但是腺毛如何合成青蒿素还不是非常清楚,2个顶细胞与4个下顶细胞是非常不同的,青蒿素是由2个顶细胞合成,还是在6个分泌细胞中都合成一直存在较大争议。还有赖于细胞化学的研究证据来进一步确证。此外,非分泌型腺毛中也存在倍半萜和三萜类生物合成特异性基因的表达,因此非分泌型腺毛中是否也存在青蒿素合成,以及如何合成还需进一步研究。与此同时,虽然青蒿素的生物合成途径属于类异戊二烯代谢合成途径,其上游途径已较清楚,有公认的酶及催化步骤,但从法尼基焦磷酸(farnesyl pyrophosphate,FPP)开始的下游合成途径仍存在争议。主要是关于青蒿酸能否转化成青蒿烯并进一步转化成青蒿素,以及二氢青蒿酸如何转化成青蒿素等,都还有赖于青蒿素生物合成代谢途径的进一步解析。

二、中药合成生物学策略

合成生物学是一门在基因工程、代谢工程等经典学科上发展起来的整合学科,是一门将生物学工程化的学科,其目的在于将复杂的自然生物代谢系统改造为由简单的、可控的模块或零件,经计算机辅助设计对其进行模拟预测,从而构建出由天然或非天然的功能元件或模块组成的生物系统,实现生物系统在各领域的模块化应用。其基本思路由下述环节构成:① 根据目标产物选择合适的底盘细胞;② 将设计好的目标产物合成途径在底盘细胞中进行重建;③ 对所创建的合成途径进行模块式优化;④ 根据目标产物的产量调整优化策略,以达到合成途径和底盘生物的最优化适配;⑤ 实现目标产物的大量合成。

1. 中药功效成分合成路径的创建　　目前,中药功效成分的合成途径构建可以分为 2 种模式,第一种模式是在充分了解目标天然代谢产物代谢途径的基础上,根据研究目的,将目的产物所在基原物种的生物合成途径转移到微生物中,利用底盘细胞中原有的或者重新构建的代谢途径大量生产目标产物;另一种模式是根据目标产物或其合成过程中的中间体的化学结构,利用已挖掘基因元件的功能,实现对目标产物的合成甚至生产自然界中不存在的化学物质。

2. 原代谢途径的直接转移　　其基本模式是对原代谢途径的直接转移、重构和工程化,这种模式对新代谢途径的构建可分为 3 种方式。

第一种方式:是将来源不同的与目标产物合成有关的基因整合到底盘细胞中,利用底盘细胞的主要和次要代谢所提供的前体物质,然后通过异源基因的表达将其转化为目标产物。这种基于基因工程基础上的构建方式是目前最为简单的构建方式,被广泛地应用到了不同的底盘细胞中去,但它的目的主要是对所设计的代谢途径在不同底盘细胞中重构的可行性进行检验。

第二种方式:也是基于底盘细胞固有的中间体供应机制,在第一种方式的基础上,导入中药药效成分生物合成模块和底物调控模块,通过调节底物合成量来达到提高目标产物的合成量。如 Dai 等[28]在构建产原人参二醇的工程菌株时,除了导入 *PgDDS*、CYP716A47 及 *AtCPR1* 基因外,同时通过对相关基因 *tHMG1*、*ERG20*、*ERG9*、*ERG1* 等进行了系统调控,原人参二醇的产量 1.2 g/L,较原始出发菌株产量提高了 262 倍;Donald 等[12]将截短了的 *HMGR1* 基因(*tHMGR*)导入酿酒酵母中,增加了 *HMGR1* 的表达量从而使青蒿素的前体物质角鲨烯的合成量大大提高。

第三种方式:是在前 2 种方式基础上,同时导入底物合成模块、底物调控模块及中药功效成分生物合成模块,这种方式不必依赖于底盘细胞的底物供应,既可在无底物供应的情况下完成目标产物或其前体物质的合成,又可同时利用底盘细胞供应的前体及新引入的底物供应途径提供的底物进行目标产物及其中间体的合成。最经典的是 Keasling 实验小组在构建的产紫穗槐 4,11 -二烯的大肠杆菌中,将来自酿酒酵母的甲羟戊酸合成模块(底物调控模块)、FPP 合成模块(底物合成模块)及紫穗槐 4,11 -二烯合成模块(中药功效成分生物合成模块)这 3 个模块同时导入底盘菌株中,成功构建了产青蒿素前体物质紫穗槐-4,11 -二烯的工程菌株,后经优化操作,紫穗槐-4,11 -二烯产量达 27.4 g/L。Ajikumar 等将紫杉醇生物合成途径分为 2 个模块,即:产 IPP 的内源性丙酮酸/磷酸甘油醛代谢途径(MEP phthway)的上游模块和合成异源萜类化合物途径的下游模块。将下游模块导入底盘细胞中并过表达上游模块,经最后优化后,紫杉醇二烯合成量最高达 1.02 g/L。

3. 对中药药效成分合成路径计算机模拟设计　　当选定要生产的目标产物时,首先要确定该产物的最优合成途径。伴随着新一代的测序技术及生物信息学分析技术的发展为合成路径的发现提供了一个新的选择,即参考代谢流分布,设计一些启发式的假设(如菌体最大生长量、产物最大合成量等),进行通量平衡分析、最小代谢调整分析等生物信息学分析,通过各种各样的依靠大规模的细胞代谢模型对细胞代谢进行系统的模拟操作,通过计算机模拟出最高的物质产出(流平衡分析),确定最优的合成途径。目前,化学计量的基因组尺度代谢模型是最常用的一种模型,它能够对整体代谢网络进行深入的思考及对如何将中央路径引入其他细胞的新陈代谢中。

最早、最简单的关于化学计量模型(基因尺度或非基因尺度)是发现产品的最大理论产量和最高产量的中代谢的流量分布。Opt Strain 算法可以搜索反应数据库,找到可以添加到网络提高理论产量额外的反应。这些方法已经取得了巨大的成功,如二氢青蒿酸的生产。此外,通过应用最小代谢调整分析法,鉴定并通过实验证实了缺失 7 个基因的 E. coli JE660 菌株中番茄红素的合成量显著提高(比原菌株高约 40%),成功完成了对大肠杆菌中能够改善番茄红素合成量的靶基因位点的预测及鉴定工作;利用基因组规模代谢网络和流量平衡分析,确定 2 个氨基酸和 4 个维生素作为必要化合物补充到培养基中,将改善曼琥珀酸的产量(比原培养基中提高 15%);提出一种基于约束条件,通过计算机模拟生物可达到的最佳反应速率,基于模拟结果,确定能够改善萜类物质潜在的敲除位点,结果表明,与野生型相比,大多数单突变体产生紫穗槐二烯的产率增加 8~10 倍。

4. 对所创建的代谢途径的优化调控　　将基因导入到底盘细胞后,需要对其所产生的一系列不良反应,采取一定的应对措施进行优化调控。第一个要解决的障碍是确保导入基因的协调表达,异源合成途径导入过程往往会打破微生物在长期的自然进化过程中所形成的代谢方式,破坏细胞内基因表达的动态平衡,造成上下游途径的不适配性,引起中间代谢物尤其是有毒中间代谢物的大量积累,造成细胞毒性,严重影响细胞的正常生长,致使目标产物无法高效合成,同时也会影响细胞自身的生长繁殖。上述问题可通过正确选择包括启动子的调节组分和转录终止子及核糖体结合位点,分别控制转录和翻译速率。另外,由于底盘细胞无法自发地对外源基因的表达进行调控,因此还会诱发一系列的不良反应如严谨反应、热激反应、压力反应等,而这些不良反应又会造成细胞的多种改变,如质粒不稳定、细胞裂解及遗传信息的改变等[55]。为了避免这些因素对产物合成的影响,必须对所构建的工程菌株进行优化。

(1) 启动子:一般来讲,协调多基因表达最常用的方法就是采用不同的启动子对不同的基因分别进行调控。目前常用的启动子分为 2 类:组成型启动子和诱导型启动子。组成型启动子是一类可以在保持下游基因持续表达的启动子,并且不需要任何诱导剂,其表达系统最为经济简便,对于比较低廉的化学品及药物来说,使用组成型启动子可以节约成本。但是过早的表达产物会对细胞造成毒害作用,影响宿主细胞的生长,甚至会导致宿主细胞的死亡。因而,在利用工程菌生产中药功效成分时,大多用的还是诱导型启动子,这也是协调多基因表达最直接、最简单的方法。如在大肠杆菌中用 Pt'' 启动子控制大肠杆菌多聚磷酸盐激酶(PPK)的表达,同时用另一诱导型启动子 Pbad 对聚磷酸酶(PPX)基因的表达进行调控,通过在菌株的不同生长时期添加不同的诱导剂,对两基因在不同的时期进行表达实行了简单的调控。但在实际运用中,诱导型启动子只能对基因的表达起到粗略地调控,即对所控制的基因实行全部开启或全部关闭,而不能实现对基因表达的精细调控。另外,诱导型启动子的数量及诱导剂之间的相互干扰也极大地限制了这一方法的大规模应用。针对这一问题,科学家们首先想到的是对启动子进行改造,即应用启动子工程,构建出能够满足不同表达强度需求的启动子库。如在构建产倍半萜烯紫山槐-4,11-二烯的大肠杆菌工程菌株时,甲羟戊酸激酶(MK)和磷酸甲羟戊酸激酶(PMK)2 种蛋白质的表达水平非常低。为了克服这一瓶颈,对 MK 和 PMK 基因进行密码子优化及替换强启动子,这些变化显著提高了紫山槐-4,11-二烯的产量(4 500 mg/L)。另外,就是通过筛选得到能够响应同一诱导物的具有不同表达强度的诱导型启动子,从而避免不同诱导剂之间的相互干扰,如利用代谢工程多元模块法生产紫杉醇二烯实验中,上游模块就是由 Trc 启动子控制 MEP 途径的 4 个关键酶基因(dxs、idi、ispD 和 ispF)。但该方法所能利用的启动子库非常少。

(2) 建立动态平衡:在合成路径的构建往往会增加几个数量级的前体途径的代谢流,即使是细胞本源的代谢路径,也会使酶活性水平的失衡,导致代谢物浓度的巨大波动。例如,在利用酵母中异戊二烯途径产青蒿素过程中,会有 2 个中间体在这个途径导致细胞生长抑制,一个是 HMG-CoA,它会在脂肪酸生物合成路径中导致反馈抑制,这是由于它和丙二酸单酰辅酶 A(malonyl CoA)的相似性所导致的;另一个是倍半萜的直接前体物质 FPP。而 FPP 代谢流需要很大才能满足萜类物质大量合成的要求,当下游途径的表达模块与 FPP 供应量不能相协调时,FPP 的积累会造成细胞毒性,对细胞生长造成威胁;同时,目标产物的合成也受到影响。针对这一问题,Dahl 等将来源于大肠杆菌的对 FPP 压力起负调控的启动子被用来调控上游乙酰辅酶 A 硫解酶,而对其起正调控启动子被用来调控下游 *ads* 的表达,通过设计紫槐二烯途径及甲羟戊酸途径的动态回路,成功促进了紫槐二烯的合成;Yuan 等利用实时定量 PCR 对酿酒酵母中基因的表达进行了探究,发现当细胞中麦角固醇积累时,羊毛甾醇 14a-去甲基化酶(*ERG11*)、C-8 甾醇异构酶(*ERG2*)、C-5 甾醇去饱和酶(*ERG3*)这 3 个基因的表达是下调的,并对调控这些基因的启动子进行了鉴定,利用这些响应启动子对 *ERG9* 的表达进行调控,萜类合成量可提高 2~5 倍。

(3)操纵子策略:在原核生物中,多个相关基因在表达时往往会被组合成一个操纵子,而操纵子基因之间的序列能够直接影响 mRNA 的加工及稳定性。合成生物学运用这一特性,用一个启动子对多个基因进行表达进行调控。通过改变基因间的区域(tunable intergenic region,TIGR)的方法,成功实现了对同一个操纵子中多个不同基因的精确调控。该方法通过构建包含 mRNA 二级结构、RNA 酶切位点及核糖体结合位点的 TIGR 库,对这些调控元件进行适当的组合,得到最优化的 DNA 序列,如利用该方法,对大肠杆菌中异源的甲羟戊酸途径中的 3 个基因的表达量进行了平衡调控,最终,甲羟戊酸产量提高了 7 倍。

(4)支架蛋白:支架蛋白是存在于生物信号转导系统中的一种不具备酶活性的蛋白质,能同时将 2 个或多个功能相关的蛋白质结合在一起,从而保证了信号传递的特异性和高效性。以该理论为基础,通过人工设计支架蛋白,对代谢途径中相关酶进行优化和改造,把功能相关的酶形成可控的复合体,通过对代谢途径中基因表达的精密调控,在提高底物的有效浓度的同时,解决细胞毒性及代谢压力的问题,最终达到提高底物转化效率的目标。如根据大肠杆菌工程菌中所构建的甲羟戊酸途径,设计构建了一个由 3 个不同配基组成的支架蛋白,同时对该途径中的 3 个合成酶——乙酰辅酶 A 硫解酶、羟甲基戊二酰-CoA 合酶、HMG-CoA 还原酶添加了相应的配体,通过改变支架蛋白上配基的数量来改变这 3 个酶的化学计量数,从而达到平衡代谢流、减少细胞负荷的目的,同时甲羟戊酸生产浓度提高了 77 倍。虽此方法可以对代谢流进行精密高效的控制,但自然界中的支架蛋白只存在于其固有的信号途径中,而对其进行设计及改造十分局限,实施起来难度较高,目前成功的例子很少。

三、基于生物合成过程工程原理的中药合成生物学展望

2014 年以"合成生物学与中药资源的可持续利用"为主题的第 510 次香山科学会议,明确了合成生物学与传统种植业的关系[135]。未来的方向将是中药材饮片以"道地"为基础的定点栽培、中成药工业原料以"有效成分"为目标的定向培育及合成生物学"不种而获"的协同发展。通过阐明并模拟中药活性成分生物合成的基本规律,人工设计并构建新的、具有特定生理功能的生物系统(药用植物或者微生物系统),将是一种极具潜力的中药活性成分资源获取方法。这里对目前中药合成生物学研究领域被高度关注的若干品种研究发展前景做一概述。

1. 丹参　丹参已经作为药用植物的模式植物,其二萜类活性成分丹参酮合成生物学研究,将为其他中药萜类活性成分研究提供研究示范。其原因在于:① 丹参酮是丹参中一类脂溶性二萜化合物,包括丹参酮Ⅰ、丹参酮Ⅱ~A~、丹参酮Ⅱ~B~、隐丹参酮等;② 丹参酮具有显著的药理活性,是丹参治疗心脑血管系统疾病及其他功效的重要物质基础,临床需求量极大。以丹参作为模式药用植物[136,137],开展丹参酮合成生物学研究,对于认识丹参酮形成的分子机制和丹参酮合成生物学生产具有重要科学意义和应用价值,并可为中药资源可持续利用研究提供新的研究策略。

2. 人参[138]　　人参为五加科多年生草本植物,驰名中外的名贵药材,人参的主要活性成分为人参皂苷,大体上可以分为 3 种:齐墩果烷型、原人参二醇和原人参三醇。人参皂苷具有抗血栓、抗疲劳、抗衰老、控制肿瘤、增强免疫力等诸多作用。尽管人参皂苷药理学研究已经非常成熟,其合成酶及合成的机制在很大限度上仍然有待探索;还应更深入了解人参皂苷与激素信号传导途径的相互影响及其他影响人参皂苷合成的途径等方面,以提高人参皂苷的药效药理作用。

同时,尽管迄今已分离得到 150 多种人参皂苷(其中大部分是达玛烷型或齐墩果烷型)。然而,人参皂苷生物合成的机制,以及人参皂苷在不同人参物种中的多样性还没有被阐明。需要进一步研究各种人参皂苷的合成中特定组织中潜在的机制及如何将其运到目标组织中。

三萜皂苷是名贵药材人参、西洋参、三七中的主要活性成分,其具有抗肿瘤、抗炎、抗氧化等多种药理活性,但由于人参等植物栽培年限长,生长环境特异,使其易受病虫害感染降低药材的品质。因此,解决人参皂苷的充足供应是人参属药材可持续发展的重要前提。而转录组学可在该研究领域发挥重要的作用[139]。作为功能基因组学的一个重要分支,转录组学在发现次生代谢产物生物合成关键基因、阐明次生代谢调控、筛选分子标记等方面具有重要的应用价值。通过转录组测序可筛选出人参皂苷合成途径的关键基因,利用代谢工程技术和生物技术手段调节合成途径中关键基因的表达可以增加人参皂苷的生物合成。利用合成生物学手段发酵生产人参皂苷也是当前的研究热点之一。此外,转录组测序是筛选分子标记的有效手段之一,通过转录组测序挑选出与人参皂苷合成相关的分子标记是人参属药用植物遗传育种和品种选育的重要前提。

3. 紫杉醇[140]　　紫杉醇是一种从红豆杉植物中提取的具有显著抗癌效果的萜类次生代谢产物。作为有效的抗癌药物,目前生产主要依赖于红豆杉,供求矛盾十分突出。近年来,利用合成生物学技术建立新的紫杉醇来源途径已成为研究热点。目前,紫杉醇合成途径基本框架已经确定,参与紫杉醇合成相关酶基因大部分已被克隆和鉴定,已经可以在大肠杆菌和酿酒酵母中异源合成紫杉醇的前体物质紫杉烯和 5a-羟基紫杉烯,但是由于紫杉醇生物合成途径仍然没有完全清楚,导致对紫杉烯到紫杉醇阶段的合成研究较少,因此要利用生物合成实现紫杉醇的持续供应仍需付出艰苦努力。

4. 齐墩果酸[141]　　齐墩果酸为齐墩果型药用三萜类化合物,有抗病毒、抗炎、抗变态反应、抗氧化应激及促进肝糖原合成和肝细胞再生作用等药理活性,齐墩果酸片等药品已在临床应用于肝脏保护。目前其主要生产方式是从齐墩果和女贞等药用植物中直接提取,此法对野生资源存在过度依赖和破坏。

齐墩果酸为萜类生物合成途径的产物,其基本合成单元异戊烯焦磷酸(IPP)和二甲基烯丙基焦磷酸(DMAPP)由植物细胞中线粒体、细胞溶质和内质网中存在的甲羟戊酸代谢途径(MVA pathway)和在质体中存在的丙酮酸/磷酸甘油醛代谢途径(MEP pathway)分别合成。其中三萜的基本前体物质鲨烯为 IPP 和 DMAPP 经过法尼基焦磷酸合酶(FPS)和鲨烯合酶(SQS)逐步催化得到,鲨烯可以被鲨烯环氧酶(SQE)和 O-香树脂合酶(bAS)依次催化为齐墩果型三萜化合物的共同前体 O-香树脂,O-香树脂能被齐墩果酸合成酶(OAS)和烟酰胺腺嘌呤二核苷磷酸-细胞色素 P450 还原酶(CPR)共同催化生成齐墩果酸。

为通过遗传改造和发酵工艺优化等方法进一步提高齐墩果酸酿酒酵母细胞工厂的生产能力,利用多片段基因同源重组法,增加齐墩果酸酿酒酵母工程菌 BY-OA 中甘草 O-香树脂合酶(GgbAS),蒺藜苜蓿齐墩果酸合成酶(MtOAS)和拟南芥烟酰胺腺嘌呤二核苷磷酸-细胞色素 P450 还原酶 1(AtCPR1)等基因的拷贝数;并通过优化 YPD 发酵液中初糖浓度的方式提高齐墩果酸的产量。结果表明,增加工程菌 BY-OA 中 GgbAS、MtOAS 和 AtCPR1 基因的拷贝数能显著提高工程菌中目标产物的产量,获得的工程菌 BY-20A 在初始葡萄糖浓度为 20 g/L 的 YPD 培养基中发酵 7 天后 O-香树脂和齐墩果酸分别达到 136.5 mg/L(提高 54%)和 92.5 mg/L(提高 30%),当初糖浓度提高到 40 g/L 时,齐墩果酸产量能达到 165.7 mg/L。新获得的工程菌 BY2OA 生产齐墩果酸的能力显著提高,为发酵法生产齐墩果酸奠定了基础。

参 考 文 献

[1] 大矢晴彦. 分离的科学与技术. 张瑾译. 北京:中国轻工业出版社,1999.

[2] 郭立玮. 制药分离工程. 北京:人民卫生出版社,2014.

[3] 戴猷元. 新型萃取分离技术的发展及应用. 北京:化学工业出版社,2007.

[4] 贺云,张尊听,刘谦光,等. Fe³⁺ 络合萃取法从野葛根中分离葛根素. 天然产物研究与开发,2002,14(5):21－23.

[5] 潘见,戴郁青,袁传勋. 葛根素配位萃取探讨. 合肥工业大学学报(自然科学版),2002,25(5):650－653.

[6] 黄文强. 吸附分离材料. 北京:化学工业出版社,2005.

[7] 卢艳花. 中药有效成分提取分离技术. 北京:化学工业出版社,2006.

[8] 冯年平,郁威. 中药提取分离技术原理与应用. 北京:中国医药科技出版社,2005.

[9] 高鹏. 离子交换树脂纯化苦参总生物碱的工艺优选. 中国实验方剂学杂志,2011,17(13):39－41.

[10] 王信,代龙,孙志强,等. 阳离子交换树脂纯化钩藤总生物碱的工艺研究. 中草药,2011,42(10):1973－1976.

[11] 陈奇,邓雁如,等. 弱酸性离子交换树脂纯化黄连总生物碱. 中国实验方剂学杂志,2011,17(18):9－12.

[12] 迟玉明,赵瑛,吉泽丰吉,等. 离子交换树脂用于角蒿总生物碱的纯化研究. 天然产物研究与开发,2005,17(5):617－621.

[13] 刘红,刘华. 用离子交换树脂法纯化从蚯蚓体中提取的复合氨基酸. 贵阳医学院学报,2005,30(3):287－290.

[14] 范云鸽,施荣富. 离子交换树脂对三七叶总皂苷的脱色精制研究. 中国中药杂志,2008,33(20):2320－2323.

[15] 陈亮,陈婷,徐强. 免疫亲和色谱特异性剔除中药方剂四逆散中的柚皮苷. 色谱,2006,24(3):243－246.

[16] 袁勤生. 现代酶学. 上海:华东理工大学出版社,2001:19－55.

[17] 姜锡瑞,段钢. 新编酶制剂实用技术手册. 北京:中国轻工业出版社,2002:8－21.

[18] 王联结. 生物化学与分子生物学原理. 北京:科学出版社,2002:49－54.

[19] 刘佳佳,赵国玲,章晓骅,等. 金银花绿原酸酶法提取. 中成药,2002,24(6):416－418.

[20] 宋发军. 甾体药物资源植物薯蓣属植物中薯蓣皂苷元的研究及生产状况. 中成药,2003,25(3):232－234.

[21] 郑立颖,魏彦明,陈龙. 纤维素酶在黄芪有效成分提取中的应用. 甘肃农业大学学报,2005,40(1):94－96.

[22] 李元波,殷辉安,唐明林,等. 复合酶解法提取三七皂苷的实验研究. 天然产物研究与开发,2005,17(4):488－492.

[23] 张彧,农绍庄,徐龙权,等. 海参蛋白酶解工艺条件的优化. 大连轻工业学院学报,2001,20(2):105－108.

[24] 施辉阳,张鹏. 酶法提取生猪皮胶原工艺条件的研究. 食品工业科技,2004,25(7):93－95.

[25] 乐坚,黎铭. 酶法水解甲鱼蛋白的研究. 食品工业科技,1997(6):46－47.

[26] 李国文,李刚,苏艳. 木瓜蛋白酶在中药加工中的应用研究. 农业与技术,1996,5:9－11.

[27] 于兆慧,刘其媛,崔莉,等. 超声辅助酶解人参总皂苷制备人参稀有皂苷 Compound K 的研究. 中国中药杂志,2014,39(10):3079－3084.

[28] 毛羽,鱼红闪,金凤燮. 黄芪皂糖苷酶产生菌的筛选及其酶反应条件. 大连轻工学院学报,2005,24(1):19－21.

[29] 杨秀艳,薛志远,杨亚飞,等. 红芪多糖的复合酶联合超声提取工艺、理化特性及抗氧化活性的研究. 中国中药杂志,2018,43(11):2261－2268.

[30] 钮小松,孟兆青,程宁波,等. 酶解栀子苷制备苷元的正交试验研究. 中国中药杂志,2012,37(21):3236－3239.

[31] 袁建娜,陈秀梅,崔帅,等. 薏苡仁醇溶蛋白水解工艺优化及其 ACE 抑制活性的研究. 世界科学知识——中医药现代化,2014,16(4):806－810.

[32] LI D, PARK S H, SHIM J H, et al. In vitro enzymatic modification of puerarin to puerarin glycosides by maltogenic amylase. Carbohydr Res,2004,339(17):2789－2797.

[33] 金凤燮. 酶法水解淫羊藿苷糖基制备低糖淫羊藿苷或甙元的方法:CN03133635. 2004－02－11.

[34] SASAKI H, TAKEI M, KOBAYASHI M, et al. Effect of glycyrrhizin, an active component of licorice roots, on HIV replication in cultures of peripheral blood mononuclear cells from HIV-positive patients. Pathobiology,2002,70(4):229－236.

[35] KIMURA S. The revelation of toxicity which is caused by poisonous substances derived from foodstuffs and its modification under nutrional conditions. Yukugaku Zasshi,1998,104(5):423－429.

[36] 吴少杰,杨志娟,朱丽华,等. 甘草皂苷生物转化的研究. 中草药,2003,34(6):516－518.

[37] NING L L, ZHAN J X, QU G Q, et al. Biotransformation of triptolide by cunninghamella blakesleana. Tetrahedron,2003,59(23):4209－4213.

[38] ZHAN J X, ZHANG Y X, GUO H Z, et al. Microbial metabolism of artemisinin by mucor polymorphosporus and aspergillus niger. J Nat Prod,2002,65(11):1693－1695.

[39] 蒲军,郭梅,杜连祥,等. 漆酶提取黄芪中黄芪皂苷的研究. 中草药,2005,3(12):1809－1811.

[40]　李津,俞泳霆,董德祥.生物制药设备和分离纯化技术.北京:化学工业出版社,2003.

[41]　张晓伟,张培正,宫玮,等.酶法提取黄芪多糖的工艺优化.食品与发酵工业,2007,33(5):158－161.

[42]　郭立玮.中药分离原理与技术.北京:人民卫生出版社,2010.

[43]　王延年,董雪,乔延江,等.中药发酵研究进展.世界科学知识——中医药现代化,2010,12(3):437－441.

[44]　艾素,汤伟,郭若琳,等.微生物发酵中草药及其活性物质的研究进展.中国中药杂志,2019,44(6):1110－1118.

[45]　周方方,徐朝霞,阿地拉·艾皮热,等.中草药治疗哮喘的免疫调节作用最新研究进展.中国中药杂志,2017,42(19):3713－3738.

[46]　汤兴利,徐增莱,夏冰,等.用盾叶薯蓣生产薯蓣皂苷元预发酵与水解条件优化.植物资源与环境学报,2004,13(3):35－38.

[47]　薛慧玲.微生物发酵转化黄芩的研究.成都:四川大学,2006.

[48]　王玉红,丁重阳,徐鹏.中草药黄芪对发酵生产灵芝多糖的影响.食品与生物技术学报,2005,24(2):38－41.

[49]　李国红,沈月毛,王启方,等.发酵三七中的皂苷成分研究.中草药,2005,36(4):499－502.

[50]　张菊,李金敏,于艳,等.微生物发酵中草药的研究进展及在畜牧水产养殖中的应用.饲料广角,2013(11):36.

[51]　马超,胡珊,李学如,等.酵母转化大黄结合型蒽醌研究.世界科学知识——中医药现代化,2013,15(6):1334－1337.

[52]　WU SZ-JIE, FANG JONG-YI, NG CHANG-CHAI, et al. Anti-inflammatory activity of lactobacillus-fermented adlay-soymilk in LPS-induced macrophages through suppression of NF-kB pathways. Food ResInt, 2013, 52(1):1.

[53]　JUNG-JIN L, HYEEUN K, JI-HYE L, et al. Fermented soshiho-tang with lactobacillus plantarum enhances the antiproliferative activity in vascular smooth muscle cell. BMC Complement Al- ternat Med, 2014, 14(1):78.

[54]　李羿.试论发酵中药.南京:药用植物研究与中药现代化——第四届全国药用植物学与植物药学术研讨会,2004.

[55]　李亚新.两种复合菌剂及酶制剂发酵四种中草药药渣的效果研究.杨凌:西北农林科技大学,2018.

[56]　戴燊.中草药混菌发酵生产新型生物制剂的研究.合肥:安徽农业大学,2013.

[57]　何文胜.微生物转化在中草药生产中的应用研究.海峡药学,2006,18(4):191－194.

[58]　苏建树,刘白宁,田平芳,等.微生物发酵对川乌、附子中生物碱含量的影响.北京化工大学学报:自然科学版,2010,37(3):97.

[59]　王身艳.药用真菌发酵有毒中草药草乌减毒增效基础研究.南京:南京中医药大学,2012.

[60]　李国红,沈月毛,王启方,等.发酵三七中的皂苷成分研究.中草药,2005,36(4):499.

[61]　陈旸,王义,孙亮,等.植物乳杆菌发酵转化人参皂苷的研究.中国中药杂志,2014,39(8):1435.

[62]　杨元超,王英平,闫梅霞,等.人参皂苷compound K 转化菌株的筛选.中国中药杂志,2011,36(12):1596－1599.

[63]　YU HONGSHAN, LIU QINGMEI, ZHANG CHUNZHI, et al. A new gin-senosidase from Aspergillus strain hydrolyzing 20-O-multiglycoside of PPD ginsenoside. Proc Biochem,2009(44):772－776.

[64]　姚健,马君义,张继,等.发酵对葫芦巴挥发性化学成分的影响.食品科学,2006(12):194－199.

[65]　宗凯,刘国庆,张黎利,等.蒲公英发酵及对其粗提物中黄酮类物质含量的影响.农产品加工:创新版,2010,25(2):38.

[66]　敢小双.党参的糙皮侧耳发酵及发酵液的应用.兰州:兰州大学,2008.

[67]　武洪志,宋玉卓,王志龙,等.枯草芽孢杆菌发酵复方中草药工艺优化.中国饲料,2016(20):26－29.

[68]　秦哲.黄芪发酵后主要有效成分变化分析及多糖对大鼠实验性肝纤维化影响.兰州:甘肃农业大学,2012.

[69]　何晨.甘草的微生物转化研究.成都:四川大学,2006.

[70]　王尊生,顾宇翔,周丽,等.冬虫夏草(Cordyceps sinensis)菌丝体固体发酵粉化学成分的分析.天然产物研究与开发,2005(3):331－337.

[71]　李国红,张克勤,沈月毛.枯草芽孢杆菌对种中药的发酵及抗菌活性检测.中药材,2006,29(3):154－157.

[72]　王炎焱,赵征,黄烽,等.红曲抗炎机制研究.中国药物与临床,2006,6(5):350－352.

[73]　ENDO A. The discovery and development of HMG-CoA reductase inhibitor. J Lipid Res, 1992, 33 (11):1569~1579.

[74]　孙明,李悠慧,严卫星.红曲降血压作用的研究.卫生研究,2001,30(4):206.

[75]　齐海萍,钱和,王璋.淡豆豉提取物的体外溶栓特性研究.中国调味品,2003(7):15－17.

[76]　毛俊琴,李铁军,黄晓瑾.中药淡豆豉防治去卵巢大鼠骨质疏松的实验研究.解放军药学学报,2006,22(2):136－138.

[77]　宋洪涛,郭涛,宓鹤鸣,等.中药红曲对高脂血症鹌鹑模型的降血脂作用.中草药,1998,29(5):317－319.

[78]　毛俊琴,李铁军,黄晓瑾,等.中药淡豆豉提取物的体外抗肿瘤作用研究.解放军药学学报,2003,19(6):407－410.

[79]　董枚,郭芳.六味地黄发酵液的抗瘤和减毒作用.现代中西医结合杂志,2002,11(18):1753－1754.

[80]　王林,王玉红,章克昌.灵芝中药发酵液对慢性支气管炎疗效的研究.中国食用菌,2004,23(5):39－41.

[81]　李羿,刘忠荣,吴洁庆.发酵中药——拓展中药新药研究开发的新空间.天然产物研究与开发,2004,16(2):179－181.

[82]　毛峻琴,宓鹤鸣.大豆异黄酮的研究进展.中草药,2000,31(1):61－64.

[83]　刘涛,齐更红,张艳霞.半夏造曲的临床应用.吉林中医药,2001(6):30.

[84]　杨秀伟,邹臣亭,服部征雄.哈巴苷代谢素Ⅰ和Ⅱ——人肠内细菌代谢哈巴苷产生的两个新的代谢产物.第三届国际天然药与微生态学术研讨会论文集,2000.

[85]　颜正华.中药学.北京:人民卫生出版社,1991.

[86]　王兴红,李祺德,曹秋娥.微生物发酵中药应成为中药研究的新内容.中草药,2001,32(3):267－268.

[87]　郑利华,焦素珍.五倍子发酵炮制.中国中药杂志,1998,23(1):26.

[88]　李雁群,张莲芬,张志斌,等.苦参灵芝发酵液在2215细胞中抗HBV作用.无锡轻工大学学报,2004,23(2):98－100.

[89]　熊晓辉,沈昌,沈爱光.大豆蛋白为原料的灵芝深层发酵工艺研究.南京农业大学学报,1994,17(3):111.

[90]　苏贵龙.益生菌FGM发酵对黄芪根、茎、叶主要活性成分含量的影响研究.北京:中国农业科学院,2017.

［91］ KOIZUMI M, SHIMIZU M, KOBASHI K. Enzymatic sulfation of quercetin by arylsulfotransferase from a human intestinal bacterium. Chem Pharm Bull, 1990, 38(3): 794-799.

［92］ XU M, WANG J, XU C, et al. Microbial transformation of glycosides in traditional Chinese medicine: Mechanism and application. World Sci Technol, 2006, 8(2): 24-29.

［93］ 王英姿,韩春超,张兆旺,等. 当归苦参丸方药固体发酵前后2种水提取液的成分比较. 中国中药杂志,2010,35(8): 973-977.

［94］ BOSE S, JEON S, EOM T, et al. Evaluation of the in vitro and in vivo protective effects of unfermented and fermented Rhizoma Coptidis formulations against lipopolysaccharide insult. Food Chem, 2012, 135(2): 452-458.

［95］ WEN Y L, YAN L P, CHEN C S. Effects of fermentation treatment on antioxidant and antimicrobial activities of four common Chinese herbal medicinal residues by Aspergillus oryzae. J Food Drug Anal, 2013, 21(2): 219-224.

［96］ 周选围,陈文强,邓百,等. 生物技术在药用真菌资源开发与保护中的应用. 中草药,2005,36(3): 451-459.

［97］ 庄毅,潘扬,谢小梅,等. 药用真菌"双向发酵"的起源、发展及其优势与潜力. 中国食用菌,2007,26(2): 3-8.

［98］ 庄毅. 应用药用真菌新型固体发酵工程技术研制中药—类新药的建议. 中药新药与临床药理,1995,6(4): 41-47.

［99］ 庄毅. 药用真菌新型(双向型)固体发酵工程. 中国食用菌,2002,21(4): 3-7.

［100］ 卢君蓉,王世宇,盛菲亚,等. 中药发酵研究概况. 中药与临床,2012,3(4): 47.

［101］ 何斌. 灵芝召归双向发酵条件优化及抗氧化性研究. 成都：四川农业大学,2010.

［102］ 李立新,叶胜龙,王艳红,等. 槐耳浸膏的实验研究及临床应用进展. 中国肿瘤,2007,16(2): 110-113.

［103］ 周黎,戚岑聪,高鹏飞,等. 槐耳大黄双向发酵体系研究. 世界科学知识——中医药现代化,2014,16(11): 2500-2505.

［104］ 李丽,肖永庆. 大黄饮片炮制前后物质基础变化规律研究. 中华中医药杂志,2012,27(4): 803-813.

［105］ 刘霞,王军永,张佐. 双向固体发酵后雷公藤菌质的急性毒性研究. 中医药学报,2011,39(2): 33.

［106］ 梁红娟,季新燕,李津,等. 液体发酵技术在中药研究方面的应用. 山西中医学院学报,2012,13(4): 75.

［107］ 郑飞,张琰,韩铭鑫,等. RRLC-Q-TOF MS 法分析鲜人参与仙人掌果配伍发酵前后人参皂苷成分的变化. 质谱学报,2018,39(5): 532.

［108］ 范秀芝,殷朝敏,姚芬,等. 液体发酵黑木耳多糖分离纯化及抗氧化、保湿性研究. 现代食品科技,2018(9): 1-6.

［109］ 张嗣良. 发酵过程多水平问题及其生物反应器装置技术研究——基于过程参数相关的发酵过程优化与放大技术. 中国工程科学,2001,3(8): 37-45.

［110］ ZHANG S, CHU J, ZHUANG Y. A multi-scale study of industrial fermentation processes and their optimization. Adv Biochem Eng Biotechnol, 2004, 87: 97-150.

［111］ 陈双喜,夏建业,郑明英. 流场特性对鸟苷发酵过程放大的影响. 中国医药工业杂志,2013,44(2): 146-148.

［112］ 陈双喜,蔡显鹏,王仲石,等. 鸟苷发酵的优化研究. 微生物学通报,2002,29(5): 65-69.

［113］ 陈亮,陈婷,徐强. 免疫亲和色谱特异性剔除中药方剂四逆散中的柚皮苷. 色谱,2006,24(3): 243-246.

［114］ 张国华,赖卫华,金晶,等. 免疫亲和色谱的原理及其在食品安全检测中的应用. 食品科学,2007,28(10): 577-581.

［115］ 郑晓晖,赵新锋,杨荣,等. β_2-肾上腺素受体亲和色谱及其在苦杏仁活性成分筛选中的应用. 科学通报,2007,52(18): 2111-2115.

［116］ 高立勤,左文坚. 免疫亲和色谱及其在生物样本分析中的应用. 国外医学：药学分册,2000,27(2): 107-111.

［117］ 张雪辉,陈建民. 免疫亲和柱净化 HPLC 柱后溴衍生化方法检测中药中黄曲霉毒素. 中国中药杂志,2005,30(3): 182-184.

［118］ SUAREZ A M, AZCONA J I, RODRIGUEZ J M, et al. One-steppurification of nisin A by immunoaffinity chromatography. Appl Environ Microbiol,1997,63(12): 4990-4992.

［119］ SHELVER W L, LARSEN G L, HUWE J K. Use of an immunoaffinity column for tetrachlorodibenzo-p-dioxin serum sample cleanup. J Chromatogr B Biomed Sci Appl,1998,705(2): 261-268.

［120］ RUHN P F, TAYLOR J D, HAGE D S. Determination of urinary albumin using high-performance immuno-affinitychromatography and flow injection analysis. Anal-Chem,1994,66(23): 4265-4271.

［121］ COLE L J, KENNEDY R T. Selective preconcentration forcapillary zone electrophoresis using protein Gimmunoaffinity capillary chromatography. Electro-phoresis,1995,16(4): 549-556.

［122］ SIMON P, DELSAUT P, LAFONTAINE M, et al. Automated column-switching high-performance liquid chromatography for the determination of aflatoxin M1. J Chromatogr B Biomed Sci Appl,1998,712(1/2): 95-104.

［123］ DEINL I, ANGERMAIER L, FRANZELIUS C, et al. Simple highperformance liquid chromatographic column-switching technique for the on-line immunoaffinity extraction and analysis of flunitrazepam and its main metabolites in urine. J Chromatogr B Biomed Sci Appl,1997,704(1/2): 251-258.

［124］ KAGEL J R, ROSSI D T, NORDBLOM G D, et al. Considerationin the development of a sensitive HPLC assay for humanepidermal growth factors in human plasma. JPharm Biomed Anal,1995,13(10): 1205-1213.

［125］ TURESKY R J, GARNER R C, WELTI D H, et al. Meta-bolismof the food-borne mutagen 2-amino-3,8-dimethylimidazo[4,5-f] quinoxaline in humans. Chem Res Toxicol,1998,11(3): 217-225.

［126］ CAI J, HENION J. Quantitative multi-residue determi-nation of beta-agonists in bovine urine using on-line immunoaffinity extraction-coupled column packed capillary liquid chromatography-tandem mass spectrometry. J Chromatogr B Biomed Sci Appl,1997,691(2): 357-370.

［127］ NAYLOR S, JI Q, JOHNSON KL, et al. Enhanced sensitivity for sequence determination of major histocompatibility complex class I peptides by membrane preconcentration-capillary electrophoresis-microspray-tandem mass spectrometry. Electrophoresis, 1998, 19(12): 2207-2212.

[128] 邹汉法,汪海林.生物色谱技术分离、鉴定和筛选中药活性成分.世界科学技术——中医药现代化,2000,2(2):9-13.

[129] 陆茵,段金廒,丁安伟,等.应用新技术研究方剂药效物质基础的思路和方法.世界科学技术——中医药现代化,2005,7(6): 19-24.

[130] 赵惠茹,杨广德,贺浪冲,等.用细胞膜色谱法筛选当归中的有效成分.中国药学杂志,2000,35(1):13-15.

[131] 贺浪冲,杨广德,耿信笃.固定在硅胶表面细胞膜的酶活性及其色谱特性.科学通报,1999,44(6):632-637.

[132] 苏新尧,薛建平,王彩霞.中药功效成分合成生物学研究进展.中国中药杂志,2016,41(22):4150-4157.

[133] 邹丽秋,王彩霞,匡雪君,等.黄酮类化合物合成途径及合成生物学研究进展.中国中药杂志,2016,41(22):4124-4128.

[134] 谭何新,肖玲,周正,等.青蒿素生物合成分子机制及调控研究进展.中国中药杂志,2017,42(1):10-20.

[135] 高伟,胡添源,郭娟,等.丹参酮合成生物学研究进展.中国中药杂志,2015,40(13):2486-2491.

[136] 王庆浩,陈爱华,张伯礼.丹参:一种中药研究的模式生物.中医药学报,2009,37(4):1-6.

[137] 黄璐琦,戴住波,吕冬梅,等.探讨道地药材研究的模式生物及模型.中国中药杂志,2009,34(9):1063-1068.

[138] 林彦萍,张美萍,王康宇,等.人参皂苷生物合成研究进展.中国中药杂志,2016,41(23):4292-4302.

[139] 邹丽秋,匡雪君,李滢,等.人参属药用植物转录组研究进展.中国中药杂志,2016,41(22):4138-4143.

[140] 匡雪君,王彩霞,邹丽秋,等.紫杉醇生物合成途径及合成生物学研究进展.中国中药杂志,2016,41(22):4144-4149.

[141] 黄璐琦,戴住波,张学礼.齐墩果酸酵母细胞工厂的合成途径与发酵工艺优化.中国中药杂志,2014,39(14):2640-2645.

第十二章
中药制药分离过程的耦合、
强化工程原理与技术应用

第一节　过程耦合与过程强化技术概述

通过上述各章的介绍,我们了解到:各种分离技术各有不同的技术原理,因而也各有不同的适用体系。而中药体系,无论是单味,还是复方,其化学组成都呈现复杂、多元的基本特征,既有母核各异的化学成分,亦有母核相同而具有不同官能团的化学成分。但确认中药制药分离目标最重要的原则是"整体性"。显然,仅采用某一分离技术是难以实现中药药效物质的完整性的。同时,以中药药效物质精制为目标的待分离物料体系,原料液浓度低,组分复杂,回收率要求较高。中药现代化的进程,使传统的分离技术面临着严峻的挑战,现有的化工分离技术如蒸馏、萃取、结晶、吸附和离子交换等,是以浓度差为传质推动力实现待分离组分由高浓向低浓扩散的,往往难以满足中药制药分离任务的要求。

根据现代分离技术研究领域的发展趋势,主要可从两个方面着手解决上述问题。一是针对中药药效物质分离过程的特征创新、研发、推出新技术;二是有效组合已有的和新开发的分离技术,或者把两种以上的分离技术组合成一种更有效的分离技术,以实现提高产品选择性和收率,达到过程优化,这种多种技术的组合或合成称为"耦合"或"集成"。近年来,中药制药分离领域的重要发展趋势之一就是中药分离过程的耦合与集成。

一、过程耦合及其优点[1-3]

过程耦合或集成(下同,process coupling)的含义:将两个或两个以上的反应过程或反应-分离过程相互有机地结合在一起,进行联合操作以构成一项特定的工艺过程,达到较高的选择性或较高的转化率。借助过程耦合可提高反应过程中目的产物的收率或提高分离过程产品的纯度,减少副产物的生成或改善过程排放物的质量,使过程向有益于环境的方向发展。近年来,与膜相关的耦合技术在中药制药分离领域显示出突出优势,倍受学术界与产业界关注。

从空间尺度的角度,可将"耦合"分为两类。

1. 设备间的耦合　通常由两个(或以上)独立的设备,通过气、液或固态物流在设备间流动来完成过程耦合。如以平均分子量 M_n 为 4.5×10^4 的明胶为原料,制备目标产物 M_n 为 2.8×10^4 且具有正态分布特征的明胶多肽,采用热降解、膜过滤及有机溶剂分级沉降 3 个独立的设备组合而成的工艺过程[4]。

2. 设备内的耦合　近十几年来,设备内耦合技术的研究非常活跃,其内容主要涉及传热、传质等过程之间的耦合。由于传热方式、传质方式、动量传递方式的不同,根据其实现的功能设备内耦合,可分为如下几类:

(1) 反应与传热的耦合:旨在供给或移走反应热——反应同传热的结合。近年来新兴的反应传热类型,如固体细粉移热、周期性逆流、溶剂蒸发移热等新型反应器。

（2）反应和传质的耦合：反应和传质耦合——在同一装置中同时进行的反应与传质的过程，主要类型有色谱反应器、催化精馏反应器、膜反应器等类型。其主要技术特征是：反应生成的某一组分通过传质过程移出反应体系，以促进可逆反应方向向产品生成进行。

二、常见的中药分离耦合技术

分离耦合过程综合了两种或两种以上分离技术的长处，具有简化流程、提高收率和降低消耗等优点。耦合分离技术还可以解决许多传统的分离技术难以完成的任务，因而在生物工程、制药和新材料等高新技术领域的应用日益扩大。以下是目前见有报道的中药制药分离耦合过程。

1. 分离过程与分离过程的耦合　　① 多种膜过程的集成；② 膜分离与树脂吸附过程的集成；③ 超临界流体提取技术与分子蒸馏（精馏）技术的耦合等。例如，为使整个生产过程达到优化，可把各种不同的膜过程合理地集成在一个生产循环中，组成一个膜分离系统。该系统可以包括多种不同膜过程，也可包括膜与非膜过程，称为集成膜过程[5]。如著者所承担的国家"十一五"支撑项目"基于膜集成技术的中药挥发油高效收集成套技术研究"，可用于富集中药含油水体中挥发油及其他小分子挥发性成分。再如，膜萃取技术由膜过程和液液萃取过程耦合所构成，既可避免萃取剂的夹带损失和二次污染，拓展萃取剂的选择范围；又可提高传质效率和过程的可操作性，使过程免受返混影响和液泛条件限制。文献报道，该技术用于从北豆根中分离北豆根总碱，在优化条件下，平均萃取率达到86.0%[6,7]。

2. 反应过程与分离过程的耦合　　膜反应器的技术原理主要是反应过程与分离过程的耦合技术，该装置已成为中药制药工业污水处理不可或缺的利器。

如由 MF、UF 或 NF 膜组件与生物反应器组成的膜生物反应器，其在污水处理中的主要作用是：通过活性污泥法与膜过程相组合，分开活性污泥和已净化的水。与常规二沉池相比，膜生物反应器不但装置紧凑，且可通过活性污泥回用，使反应器中微生物浓度高达 20 g/L（常规 AS 工艺为 3~6 g/L）。因此，膜生物反应器对化学需氧量（COD）脱除率可大于 98%，对悬浮物（SS）脱除率达 100%，且可实现水资源回收，总用水量大大减少。

此外，还可将包结技术与分离技术组合起来形成新颖的分离工艺流程，如包结（螯合）晶析技术与真空蒸馏技术的耦合、尿素包合技术与超临界流体提取技术的耦合等。

三、过程强化及其优点

化工过程强化技术被认为是解决化学工业"高能耗、高污染和高物耗"问题的有效技术手段，可望从根本上变革化学工业的面貌[8]。中药制药作为以化工技术为基本操作，且能耗巨大，废弃物排放严重的过程工业，同样对过程强化技术具有迫切的需求，并有望据此实现对自身升级换代的目标。过程强化技术以节能、降耗、环保、集约化为目标，指可使瓶颈过程中的混合、传递或反应过程速率显著提升和系统协调，大幅度减小化工过程的设备尺寸，简化工艺流程，减少装置数量，使单位能耗、废料、副产品显著减少的新技术。

21 世纪中药制药工业在我国国民经济中占有的地位日益增加，已成为不可或缺的支柱产业之一。在地球资源日趋枯竭，环境污染日益严重的今天，我国中药制药工业迫切需要向资源节约型和环境友好型发展模式转变，而针对复杂中药制药体系利用过程强化技术来推动和促进这一转变过程则是中药制药工业现代化的必由之路。通过过程强化技术开发新型、高效的生产工艺，或对传统工艺进行改造和升级，使过程的能耗、物耗和废物排放大幅度减少，必将从根本上变成中药制药工业的面貌。

四、常见的中药制药分离强化技术

近年来，我国在过程强化领域取得了令人瞩目的进展，在超临界流体技术、膜过程耦合技术、微波技术、超声波技术、微化工技术、超重力强化技术、磁稳定床技术、等离子体技术、离子液体技术等领域、取得了长足进步。其中前5种技术在中药制药领域已有比较多的应用。

1. 中药固体提取强化技术　　作为中药化学成分研究的基本步骤和中药现代化过程中的关键环节，提取这一过程的成功与否及其对后期环节和最终疗效的影响越来越引起人们的重视。其主要评价标准除了提取物收率高低、有效成分含量多少及表现出的疗效强弱外，快速、节能、安全、方便和环保即成为最为重要的因素。在已被人们熟知的如煎煮法、回流法、连续回流法、浸渍法、渗漉法等提取方法的基础上，近年来建立在多种技术原理基础上的超声波提取法、微波提取法等中药固体提取强化技术等渐被人们接受，其优缺点及应用潜力正在经受实践的检验。

2. 膜过程耦合技术　　膜分离技术是多学科交叉结合、相互渗透的产物，特别适合于现代工业对节能、低品位原材料再利用和消除环境污染的需要，成为实现经济可持续发展战略的重要组成部分。近年来，膜材料及膜过程的研究推动了膜过程耦合技术的发展，如将膜分离技术与反应过程结合起来，形成新的膜耦合过程，已经成为膜分离技术的发展方向之一。基于膜过程的中药微型给药系统制备，在靶向、缓释制剂领域创新作用日益彰显。多种膜过程集成的"膜一体化"中药制药流程已在中药生产线发挥显著效益。而膜生物反应器的问世与性能改善亦为中药生物医药工程及制药废弃物处理提供了重要武器。

第二节　膜耦合过程工程原理与技术应用

膜过程能否商业化，常取决于其经济性能是否优于常规分离过程。严格地讲，膜过程不能取代常规分离过程，而膜过程与常规分离过程结合的方法可得到最优方案[9]。

膜耦合技术就是将膜分离技术与其他分离方法或反应过程有机地结合在一起，充分发挥各个操作单元的特点。目前研究及应用的膜耦合过程形式主要有膜反应器、膜蒸馏技术、渗透蒸发技术及亲和膜技术等。

膜耦合技术可以分为两类：一类是膜过程与反应过程的耦合，其目的是部分或全部地移出反应产物，提高反应选择性和平衡转化率，或移去对反应有毒性作用的组分，保持较高的反应速度；另一类是膜过程与其他分离过程的耦合，提高目的产物的分离选择性系数并简化工艺流程。

一、膜过程与反应过程的技术耦合[2]

膜分离与反应的耦合可以分为两种情况：一是膜只具有分离功能，包括分离膜反应器和膜作为独立的分离单元与反应耦联两种形式；二是膜作为反应器壁同时具有催化与分离的功能，称为催化膜反应器。

膜分离与反应耦合的优点有：反应产物不断在线移出，消除平衡对转化率的限制，从而最大限度地提高反应转化率；提高反应选择性，可省去全部或部分产物分离和未反应物的循环过程，从而简化工艺流程。例如，杨富国等[7]在超滤膜反应器中以木聚糖酶解法制备低聚木糖，低聚木糖得率为35.9%，而木糖得率仅为0.2%，远远优于常规方法。

著者科研团队开展的"膜反应器精制地龙活性组分群及其药理性质的研究"，将地龙生物活性部位的酶解与具有不同分子量区段的多个组分群的分离两个过程集中在膜反应器一步进行，工艺过程中，目标产物不断被移出生产体系,促使酶解反应平衡一直处于有利于酶解的方向进行。研究表明,该膜反应器技术应用于动物类中药材活性成分精制分离前景光明。

近年来在污水防治,特别是在合成生物学领域,如合成人参皂苷的人参生物反应器[10]及生物制药、发酵等行业废水防治领域得到大力推广的膜生物反应器,实际上就是膜分离与反应的耦合装置。制药企业的总用水量中有70%左右是工艺用水,因药物产品和生产工艺的差异,所产生的工业废水水质也大相径庭。中药制药生产废水水质成分更为复杂,其主要特征是:含有浓度较高的多种有机污染物;化学需氧量(COD)高,通常为14 000~100 000 mg/L,某些浓渣水甚至更高;生化需氧量(BOD)/COD往往高于0.5,系生物技术处理的适宜对象;悬浮物(SS)与氨氮(NH₃-N)浓度高,pH波动幅度较大,色度深。对于中药制药废水,除了常规综合性控制指标外,《中药制药工业污染物排放标准》(于2010年实施)还将总氰化物与急性毒性96 h LC_{50}值(半致死浓度)作为废水毒性控制指标。

膜生物反应器技术可为实现上述排放标准提供有力的技术支撑。

据报道[11],浙江省某生物制药有限公司每年排放制药发酵废水70 000 m³。为了治理污染,该公司2000年初总投资352万元,建成了一套每日200 m³高浓度有机发酵废水膜分离式活性污泥处理工程。经过多年的运行,现在该处理系统效果显著且运行稳定,水质均达到国家排放标准。

生物制药产生的废水主要来源于各生产工序,属高浓度有机废水,一般都采用厌氧-好氧联合处理。但由于厌氧处理对温度、pH等环境因素较敏感,操作范围很窄,构筑物停留时间长。而常规好氧生化法处理工艺,存在占地面积大,停留时间长,运行管理不方便等缺点。因此,在该废水处理工程中,选用膜分离活性污泥处理技术,使用的膜是网眼极为细小的合成高分子制的中空纤维膜。

其基本工艺流程为:废水先经过细格栅去除悬浮物后进入调节池均衡水质水量,然后用泵输入混凝反应池,加入适量聚合氯化铝(PAC)、聚丙烯酰胺(PAM)搅拌形成絮体后进入沉淀池进行固液分离。经过上述预处理后的废水上清液溢流进入浸没式(SM)中空纤维膜处理池(简称SM处理池)。SM膜系统就是一种生物反应器,能将污泥完全截流在反应器中,在充氧曝气和微生物的作用下进行生物降解和硝化,并由膜组件进行固液分离,处理后的废水流入渣滤池达标排放。

SM处理池采用的是外进内出式中空纤维膜,操作压力仅为0.15~0.2 kg/cm,与传统的内进外出式膜处理单元相比,能耗大大降低。中空纤维膜能保留各种新生的活性好、沉淀性能差的菌种,生物相丰富,处理效率高,抗有机负荷冲击能力强,处理的出水水质稳定。按每天200 t废水计算,运行费为:每立方米4.46元。该处理方法运行费用低廉,操作和维护管理方便,运行性能稳定可靠,特别是与常规生化处理方法相比,具有设施占地小、污泥产生量少等优点,对制药发酵高浓度废水治理行业具有较高的推广价值。

图12-1所示为一体式膜生物反应器处理中药厂混合废水的工艺流程[12],经过前处理的废水中的有机物在膜生物反应器中被微生物分解,并通过微孔滤膜实现泥水分离。该系统废水处理规模为每日150 m³。膜生物反应器内设40片孔径为0.2 μm的中空纤维微孔过滤膜,总膜面积为500 m²。系统运行费用为每立方米1.55元(包括每立方米1.04元的折旧)。

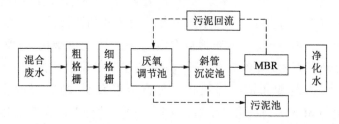

图12-1　一体式膜生物反应器处理中药厂混合废水工艺流程[12]

二、膜过程与树脂吸附的耦合技术

（一）优势互补提高中药复方精制产物——药效物质完整性

超滤系利用膜孔径特征，用物理手段将不同大小的分子进行分离，被公认为 20 世纪末至 21 世纪中期最有发展前途的一项重大生产技术。

大孔吸附树脂近年来并在医药领域（特别是天然药物精制）中广为运用，是提取分离中药及天然产物中水溶性有效成分的一种有效方法。但植物类中药的大量多糖类成分及动物类（包括少量植物药）的多肽类成分，使其采用大孔树脂吸附技术受到一定限制。

膜技术与树脂法的联用可充分发挥各自的优势，互补对方的不足。膜技术与树脂法联用的手段，可成为中药复方精制的一种基本方法。

膜与树脂集成技术应用流程一般有两种设计方案，方案一、方案二分别如图 12-2、图 12-3 所示。

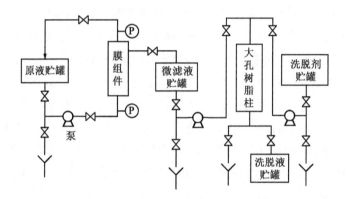

图 12-2　膜与树脂集成技术应用流程之一

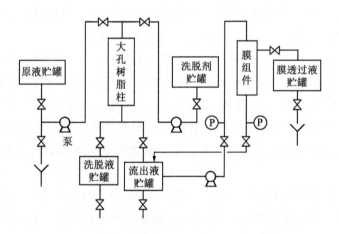

图 12-3　膜与树脂集成技术应用流程之二

其中，图 12-2 流程是将原液先经过膜预处理，预处理得到的膜透过液再经树脂柱吸附分离，从而获得含量较高的目标有效成分。例如，六味地黄丸采用大孔树脂吸附与超滤联用流程精制，主要实验步骤及其作用如图 12-4 所示：将六味地黄水煎液，流经大孔树脂柱，药液中的有机小分子被吸附精制；为保留不被树脂吸附的多糖类活性物质，将树脂柱流出液以超滤法截留多糖类成分。合并提取物Ⅰ、Ⅱ、Ⅲ，即得六味地黄丸精制提取物。实验结果表明，精制提取物重量仅为原药材的 4.6%，而 98% 的丹皮酚与 86% 的马钱素被保留（表 12-1）。达到有效减少服用量，保留小分子有效成分的目的。

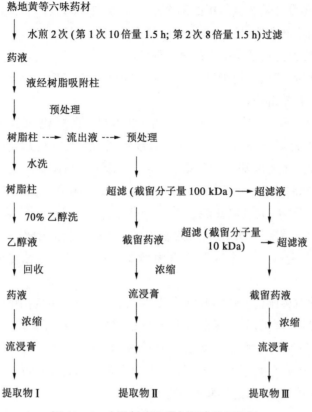

图 12－4　大孔树脂吸附与超滤联用精制
六味地黄丸实验流程图

此外,以陶瓷膜微滤作为预处理技术对中药水提取液直接进行澄清处理,可有效地减少水提液中悬浮杂质对树脂的毒化作用,提高单位树脂的吸附容量。陶瓷膜微滤操作简单,单元操作周期短,省去了大量乙醇浓缩蒸发过程,适合于工业化生产。

图 12－3 流程则是将原液先经树脂柱分离,流出液再经膜分离得到相应的有效组分。该流程以膜工艺作为终端处理,可截留各种树脂残留物,确保注射液等最终产品的安全性。

表 12－1　提取物中丹皮酚和马钱素的含量(%)

检 测 指 标	组方药材	水 煎 物	提取物 I	提取物 II	提取物 III
固形物重量(g)	500	71.4	10.2	9.5	3.1
丹皮酚含量(mg/g)	0.013	0.075	0.516	—	—
马钱素含量(mg/g)	0.032	0.19	1.15	—	—

上述实验结果表明,采用膜与树脂集成技术应用流程一具有如下优势:

(1)六味地黄丸水煎提取固形物得率为 14.28%,水煎液流经大孔树脂柱后,其中的丹皮酚约 98% 可被大孔树脂吸附,而马钱素则有 86% 被大孔树脂吸附;超滤与树脂技术联用精制的提取物重量只有原药材的 4.6%。说明该联用精制技术可有效地减少服用量,保留小分子有效成分。

(2)多糖具有调节免疫、调节血糖等多种药理作用。六味地黄丸复方药物中富含多糖,是该复方的有效组分之一,为保留多糖,采用超滤技术截留多糖。实验表明,超滤法对中药中的多糖类成分的截留非常有效。

又如,黄芪多糖和黄芪皂苷是黄芪药用的两个主要有效成分,文献[13]比较了从黄芪中同时获取多糖和皂苷两种主要成分的不同方法,显然,膜与树脂耦合工艺效果最优。

（二）膜技术防治树脂制造过程中引入的有害残留物[14]

该研究采用图 12-3 所示"膜与树脂集成技术应用流程之二"进行：将原液先经树脂柱分离,流出液再经膜分离得到相应的有效组分。

AB-8 树脂是一种具有孔穴结构的交联共聚体,它的制造原料包括单体、交联剂、添加剂(致孔剂、分散剂)。其单体为苯乙烯,交联剂为二乙烯苯,致孔剂为烃类,分散剂为明胶。AB-8 树脂中残留物有苯乙烯、二乙苯烯、芳烃(烷基苯、茚、萘、乙苯等)、脂肪烃、酯类。它的来源是未完全反应的单体、交联剂、添加剂及原料本身不纯引入的各种杂质。根据国家药品评审中心下发的 2000 年 11 月 28 日由该中心主持召开的"大孔吸附树脂分离纯化技术专题讨论会"会议纪要中的有关技术要求,开展以下研究工作：① AB-8 大孔吸附树脂乙醇、丙酮洗脱液中残留物含量测定；② 栀子水提浓缩液通过树脂后的乙醇洗脱液中残留物含量测定；③ 含有一定浓度苯乙烯溶液通过醋酸纤维素膜后的含量变化。

为了探讨膜分离技术对树脂残留物的截留效果,将苯乙烯加入经树脂吸附后的栀子洗脱液,作为含树脂残留物的阳性样品,结果提示,分子截留量 10 kDa 的 CA 膜对苯乙烯有较好的截留作用,其对水溶液中苯乙烯的清除率大于 70% 乙醇液。苯乙烯分子量为 104.15 Da,理论上应能通过分子截留量 10 kDa 的醋酸纤维素膜,但在实际应用中,不同分子形状及其在溶液中的状态(如易于聚合、结团、溶解度小等),都会改变其通过率,还应通过实验加以考察。

主要实验方法如下。

（1）AB-8 大孔吸附树脂残留物含量测定。设 2 组对比,其中：① 取 0.3 g 未经任何处理的 AB-8 树脂 2 份,分别加入乙醇、丙酮 3 mL,于超声中提取 1 min,分别取 0.5 μL 注入气相色谱仪,测定残留物含量；② 取经乙醇浸泡 24 h 后的 AB-8 树脂约 14 g 装柱(内径 14 mm,树脂柱长 150 mm),用水 120 mL 淋洗→50 mL 乙醇洗脱→5% HCl 40 mL 洗脱→水 60 mL 洗至流出液呈中性→5% NaOH 40 mL 洗脱→水 80 mL 洗至流出液呈中性→各取 0.3 g,分别加乙醇、丙酮 3 mL,超声提取 1 min,抽取 0.5 μL 注入气相色谱仪,2 组对比数据见表 12-2。

表 12-2　部分有机物残留检测结果(μL)

浸 出 液		乙 醇	丙 酮
苯	处理前	—	—
	处理后	—	—
甲苯	处理前	10.7	14.7
	处理后	—	—
二甲苯	处理前	0.075 5	0.067 9
	处理后	—	—
苯乙烯	处理前	0.018 3	0.015 1
	处理后	—	—

（2）栀子洗脱液中残留物的测定：将经清洗处理后的柱加样品 10 ml(相当于 2.3 g 栀子水提液),然后分别用 50%、70%、90%、100% 乙醇 40 mL 淋洗,收集洗脱液,注入气相色谱仪,测定残留物含量,然

后再清洗处理一次柱床,重复上样、洗脱、测定,观察二次洗脱液中残留物,结果均未见有。

（3）含有一定量苯乙烯溶液通过 CA 膜以后的含量变化：将含有一定量苯乙烯的经树脂吸附后的栀子洗脱液通过 CA 膜（截留分子量 10 kDa）,取适量注入气相色谱仪,其前后变化如表 12 - 3。

表 12 - 3　苯乙烯含量变化

溶　剂	通过前(nL/μL)	通过后(nL/μL)	膜清除率(%)
水	2.640	1.306	50.5
70%乙醇	0.085	0.052	39.3

大孔吸附树脂是一种具有孔穴结构的交联共聚体,其制造原料包括单体（苯乙烯等）、交联剂（二乙烯苯等）、致孔剂（烃类等）、分散剂（明胶等）。因此,经树脂吸附后的洗脱液中常常残留有苯乙烯、二乙苯烯、芳烃（烷基苯、茚、萘、乙苯等）、脂肪烃、酯类。它们的来源是未完全反应的单体、交联剂、添加剂及原料本身不纯引入的各种杂质。上述研究部门,为了保证产品的安全性,可采用图 12 - 3 所示"膜与树脂集成技术应用流程之二",以适宜的膜分离工艺对洗脱液进行处理,以截留树脂残留物。

（三）膜分离作为预处理技术防治树脂毒化的研究

本部分内容引自文献"陶瓷微滤膜防治苦参水提液对 AB - 8 树脂毒化作用"[15],本课题组开展的该研究比较了无机陶瓷膜微滤与高速离心、醇沉作为预处理手段对树脂吸附量及精制效果的影响。其数据分析部分参见本书第二章第三节"四、大孔吸附树脂的毒化与再生"。结果表明,样液流经大孔吸附树脂后,微滤-（AB - 8）树脂法的总黄酮含量（14.46%）优于醇沉-（AB - 8）树脂法的总黄酮含量（12.89%）,而微滤-（AB - 8）树脂法的固形物重量少于醇沉-（AB - 8）树脂法。

三、膜过程与分子印迹的耦合技术

（一）分子印迹和识别原理[16]

分子印迹技术是指以特定的分子为模板,制备对该分子有特殊识别功能和高选择性材料的技术。分子印迹聚合物的内部带有许多固定大小和形状的孔穴,孔穴内带有特定排列的功能基团。分子印迹聚合物对分子的识别作用就是基于这些孔穴和功能基团。

分子印迹和识别原理可由图 12 - 5 示意。将一个具有特定形状和大小的需要进行识别的分子（A）作为模板分子（又称印迹分子）,把该模板分子溶于交联剂（B）中,再加入特定的功能单体（C）引发聚合后,形成高度交联的聚合物（D）,其内部包埋与功能单

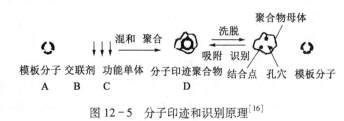

图 12 - 5　分子印迹和识别原理[16]

体相互作用的模板分子。然后利用物理或化学的方法将模板分子洗脱,这样聚合物母体上就留下了与模板分子形状相似的孔穴,且孔穴内各功能基团的位置与所用的模板分子互补,可与模板分子发生特殊的结合作用,从而实现对模板分子的识别。如果模板分子可以反复洗脱和吸附,则该分子印迹聚合物可以多次使用。

（二）分子印迹聚合物与模板分子的结合作用[17,18]

分子印迹聚合物与模板分子之间的结合作用主要是这些固定排列的功能单体与模板分子间的共价

键作用、非共价键作用和金属络合作用。不选用功能单体时，仅靠分子印迹聚合物上孔穴的特定形状和大小识别分子，这时分子印迹聚合物与模板分子主要是通过分子间力相互结合的。

（1）共价结合作用：借助共价结合作用可在聚合物中获得空间精确固定的结合基团，对模板分子的选择性较好。如果模板分子能比较完全地除去，共价结合方式就占有优势。目前，已使用共价结合作用制备了对糖类及其衍生物、芳香化合物、腺嘌呤等具有分离作用的分子印迹聚合物。所使用的结合基团主要包括硼酸酯、西佛碱、缩醛和缩酮类等。

（2）金属络合作用：金属络合作用通常是通过配位键产生的，这类键的优点是其强度可通过实验条件控制，聚合时有固定的相互作用，不需要过量的结合基团，且模板分子与聚合物的结合速度较快。

（3）非共价键作用：非共价键作用主要包括氢键作用和静电作用。氢键作用在许多有机化合物间容易产生，是最方便也是应用最多的结合方式。目前，氢键作用已被广泛用于二胺、维生素、氨基酸及其衍生物、缩氨酸、核苷和染料等的印迹过程中。与静电作用相比，其作用力较强，因而选择性较好。同共价键相比，其作用力较弱，但这恰恰为洗脱模板分子带来了方便，且通过选择多个相互作用点也可大大提高模板分子与分子印迹聚合物的相互作用力，使分子印迹聚合物具有很高的选择性。

静电作用力相对较弱，通常只和其他键合方式一起作用而不单独使用。例如，Sergey 等利用能产生氢键和静电作用的 $D(L)$-苯基丙氨酸为模板制得了分子印迹聚合物。将该聚合物用于色谱大大改善了苯基丙氨酸手性异构体的分离效果。

分子印迹技术在中药活性成分中的应用已较为广泛，涉及黄酮、多元酚、生物碱、甾体、香豆素等多种结构类型化合物[19]。

（三）由分子印迹膜的制备实例领略膜与分子印迹技术耦合的原理

本部分以聚偏氟乙烯微孔滤膜为支撑膜，制备槲皮素配合物为模板的锌离子配位分子印迹聚合物膜，由此领略膜与分子印迹技术耦合的原理。在金属离子的调节下，金属配位分子印迹聚合物膜具有很高的选择性，可根据底物分子体积大小及其官能团选择性识别印迹分子，利用这一特点可以对底物进行选择性富集分离，为相关中药物料中槲皮素的富集分离提供了新途径。

文献报道[20]以紫外线引发原位聚合法制备了以 Zn-槲皮素配合物为模板，以聚偏氟乙烯微孔滤膜为支撑膜的金属配位分子印迹聚合物膜。主要实验内容与结果如下。

1. 锌离子配位分子印迹聚合物膜的制备　　将 0.2 mmol 醋酸锌和 0.2 mmol 槲皮素溶于四氢呋喃/甲醇（$V/V=1/3$）的混合溶剂中，然后加入 1.0 mmol 的 α-甲基丙烯酸、2.0 mmol 乙二醇二甲基丙烯酸酯（EDMA）和 15 mg 偶氮二异丁腈（AIBN）。超声波脱气并通氮 5 min。把聚偏氟乙烯管状微孔滤膜（PVDF 膜）放入该溶液中浸泡 60 min。然后将该膜固定在玻璃棒上，在旋转情况下用 400 W 紫外灯（435 nm）照射 1 h，合成分子印迹聚合物分子印迹膜（MIP）。以乙酸/甲醇（$V/V=1/1$）混合溶剂 0.1 mmol/L 的 EDTA 溶液依次洗去槲皮素、未反应的单体、交联剂、引发剂和乙酸锌，再用水洗去膜上的 EDTA，最后将膜保存在含 1×10^{-6} mol/L Zn^{2+} 的甲醇溶液中备用。

2. 膜渗透实验　　先向烧杯 1 中分别加入甲醇/水（$V/V=1/1$）5 mL，然后将管状 MIP 膜的一头封死，放入烧杯中。有关槲皮素渗透实验如下：

（1）时间差的实验，向 MIP 管状膜中加入事先等体积混合的槲皮素的甲醇溶液（0.5 mmol/L）和醋酸锌水溶液（0.5 mmol/L）。再将 MIP 膜放入烧杯中，同时开始计时。应保持烧杯的液面与 MIP 膜内的液面相等。取 1~10 min 的渗透溶液，作超声通氮处理后，用差示脉冲伏安法（在 0.4 V 电位下）测定槲皮素渗透前后的浓度变化。

（2）浓度差的实验，分别用体系浓度为 0.1~0.6 mmol/L 的槲皮素和醋酸锌溶液重复上述实验，使渗透时间为 10 min。取渗透溶液，作超声通氮处理后，用差示脉冲伏安法测定槲皮素渗透前后的浓度变化。芦丁渗透实验方法同上。

3. **实验条件对 MIP 膜性质的影响**　实验发现当浸泡时间少于 40 min 时,得到的膜重现性较差,反复使用 5 次以后,对模板分子的选择能力下降;当浸泡时间超过 1 h 后,得到的膜性能较好,可反复使用 20 次以上,因此选用浸泡时间为 1 h;当光照时间少于 30 min 时,得到的膜对模板分子的选择能力较差,超过 60 min 时,膜很容易变脆,本实验选用光照时间为 1 h。

4. **Zn-槲皮素与 α-甲基丙烯酸之间的作用模式**　槲皮素为黄酮类化合物,它的红外光谱图 3 381.94 cm⁻¹ 和 3 298.29 cm⁻¹ 处有 2 个羟基峰,在 1 656.90 cm⁻¹ 有一羰基峰(图 12-6 的 d 线),加入 Zn^{2+} 聚合后(图 12-6 的 a 线),羟基峰减少为一个且向高波数方向移动,羰基峰向低波数方向移动且峰强度减弱,说明槲皮素羟基与羰基参与了配位反应;α-甲基丙烯酸在 3 428.46 cm⁻¹ 有羟基峰,加入槲皮素,Zn^{2+} 聚合后该峰消失(图 12-6d 的 b 线),比较图 12-6 的 a 线和 b 线可知 α-甲基丙烯酸的羟基参与了配位反应,形成了配位作用很强的配合物;当含有三元配合物的聚合物经过乙酸/甲醇、EDTA、二次水充分洗涤后得图 12-6 的 c 线,比较图 12-6 的 b 线和 c 线,两线几乎没有差别,说明通过洗涤后,模板分子槲皮素-Zn^{2+} 配合物可以除去,聚合物中形成完整的槲皮素-Zn^{2+} 配合物的印迹空穴。因此,根据红外光谱图,$Zn(OAc)_2$ 和槲皮素可以按图 12-7 所示形成

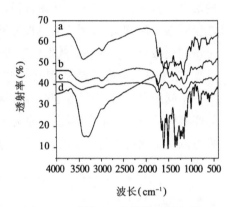

图 12-6　槲皮素及在紫外光照射下得到的聚合物的红外光谱图[20]

a. 槲皮素 + Zn^{2+} + α-甲基丙烯酸 + EDMA;b. α-甲基丙烯酸 + EDMA;c. 从 a 中除去 Zn^{2+}-槲皮素配合物;d. 槲皮素

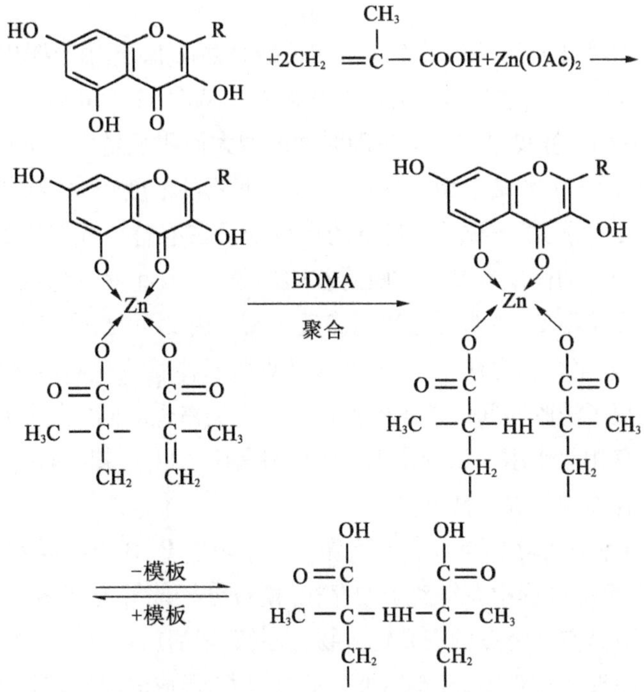

1:1 配合物且被印迹在 α-甲基丙烯酸 EDMA 共聚物的母体中。当清洗去 $Zn(OAc)_2$ 和槲皮素后,三元配合物所形成的互补立体空穴与一般的分子印迹聚合物相比更具特点,所以以金属配合物为组分所制备的分子印迹聚合物膜,其对模板分子的选择性比较高。

图 12-7　分子印迹过程示意图[20]

5. MIP 膜对底物的渗透与浓度的关系　　在乙酸锌存在下,考察 MIP 空穴膜对槲皮素和芦丁两种底物的透过量随浓度的变化曲线,结果见图 12 - 8 和图 12 - 9。从图 12 - 8 可知,当槲皮素浓度在 0.4 mmol/L 以下变化时,MIP 膜对槲皮素的渗透量基本保持不变,说明溶液中的槲皮素基本被膜表面所吸附,而不能透过膜进入另一侧的溶液中,这也表明印迹膜空穴的立体结构与模板分子槲皮素的结构完全匹配且具有很强的配位作用。因此,印迹膜的空穴在未被模板分子槲皮素完全占据之前,其槲皮素的渗透量基本保持不变,其传质过程符合溶解-扩散机理。当槲皮素浓度超过 0.4 mmol/L 时,渗透量随浓度的增大而增大,表明随着模板分子浓度的增大,膜表面的配位作用位点已经全部与模板分子作用,过量的模板分子在浓差扩散作用下进入膜的另一侧溶液,其传质过程符合 Piletsky 的"门"模型。由此可见,在槲皮素浓度不同时,其传质过程不同。因此利用这种膜有可能实现中草药中槲皮素的富集分离。不同的是,MIP 膜对芦丁的渗透量虽然一直随浓度的增大而增大,但是透过量很小,说明芦丁分子与印迹膜的空穴并不太匹配,不容易离开膜表面而渗透。因此,当槲皮素和芦丁的浓度较大时利用 MIP 膜可以实现槲皮素与芦丁的选择性分离。

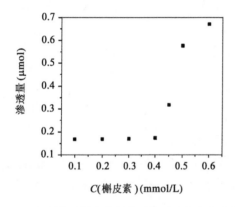 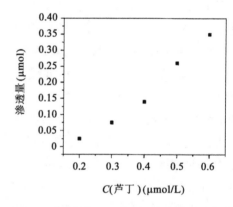

图 12 - 8　印迹膜对槲皮素的渗透量随浓度变化曲线[20]　　　　图 12 - 9　印迹膜对芦丁的渗透量随浓度变化曲线[20]

Zn(OAC)₂ 浓度: 0.5 mmol/L;渗透时间: 4 min;温度: 25℃　　　Zn(OAC)₂ 浓度: 0.5 mmol/L;渗透时间: 4 min;温度: 25℃

6. 在 MIP 膜上底物的渗透与时间的关系　　在乙酸锌存在下,选用与槲皮素分子结构相近的芦丁为底物,考察 MIP 膜上两种底物的透过量随时间变化曲线。从图 12 - 10 可知,在两种底物的浓度均为 0.5 mmol/L 时在渗透前 4 min,槲皮素的渗透量随时间的增大而明显增大;4 min 之后,槲皮素的渗透量随时间的增大而减小。与图 12 - 8 结果相比,由于选用的底物的浓度较大,膜内表面的配位作用位点在 Zn^{2+} 的调节下,很容易与模板分子完全作用,过量的模板分子在浓差扩散作用下进入膜的另一侧溶液,但随着渗透时间的增长,透过的槲皮素又可被吸附在印迹膜上,因此渗透量反而减小,当渗透时间超过 10 min 之后,峰电流基本保持不变,说明已经达到渗透平衡。由此可见,印迹膜对模板分子槲皮素有富集作用。与传统的制备印迹聚合物方法相比,该方法既克服了棒状或块状分子印迹聚合物聚合时间长和需要筛分的缺点,又缩短了洗脱时间。芦丁的渗透量一直随渗透时间的增长而减小,表明在这种印迹膜中,结构类似物芦丁也有相似作用。比较图 12 - 10 与图 12 - 11 可知,对浓度较大的底物,通过控制渗透时间,可对它们的混合物进行选择性分离。

7. P(槲皮素)膜和非印迹膜对底物的渗透性质　　非印迹 P(Blank)膜对这两种底物的渗透量都很小。这是因为印迹膜在反应过程中有锌离子的存在,模板分子能够与锌离子形成配合物与功能单体预组织结合,进而形成了更具空间特点的三元配合物,洗脱完毕后就留下了与模板分子相匹配的孔穴和结合位点;非印迹膜由于在形成过程中,没有模板分子的加入,形成的膜比较致密,故不可能留下与模板配合物相匹配的孔穴。虽然在致孔剂作用下,有一部分无规则孔穴形成,对模板分子也有一定的渗透

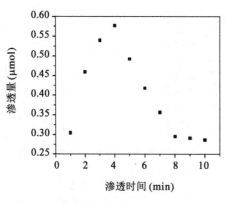

图 12－10　印迹膜对槲皮素的渗透量随时间变化曲线[20]
　　槲皮素初始浓度：0.5 mmol/L；Zn(OAC)₂浓度：
　　0.5 mmol/L；温度：25℃

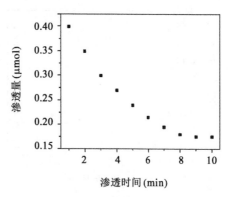

图 12－11　印迹膜对芦丁的渗透量随时间变化曲线[20]
　　芦丁初始浓度：0.5 mmol/L；Zn(OAC)₂浓度：
　　0.5 mmol/L；温度：25℃

量,但相对于印迹膜来说要少得多。P(槲皮素)[P(Qu)]膜虽然有槲皮素的加入,但由于没有锌离子的存在,故不能形成相应的三元配合物。槲皮素与α-甲基丙烯酸之间没有足够强的预组织结合作用,故模板分子印迹到膜的效果就不好。但由于槲皮素的存在,可能会形成少量无规则孔穴,从而可以渗透一定量的底物分子。因为这种孔穴是无规则的,所以底物渗透的选择性很低。三种膜对槲皮素的渗透量大小顺序为 MIP>P(Qu)>P(Blank)(表 12－4)。

表 12－4　MIP、P(Qu)和 P(Blank)膜对底物渗透情况[20] a

底　　物	渗透量(μmol)		
	MIP	P(Qu)	P(Blank)
槲皮素	0.58	0.25	0.22
芦　丁	0.27	0.035	0.012

　　a：芦丁初始浓度：0.5 mmol/L；Zn(OAC)₂浓度：0.5 mmol/L；渗透时间：4 min。

　　8. 阳离子和阴离子对印迹膜渗透槲皮素的影响　　为了进一步验证金属配合物的分子印迹聚合物膜具有高度选择性,选用与制备分子印迹聚合物膜不同的阳离子(Cu^{2+})和阴离子(Cl^-),研究它们对模板分子的渗透量的影响(图 12－12、图 12－13)。实验发现,不论是改变阳离子还是阴离子,印迹聚合物膜的渗透能力都很弱。Cu^{2+}与Zn^{2+}相比较,虽然也容易与α-甲基丙烯酸和槲皮素形成含铜离子组分的三元配合物,但是 MIP 膜中分子印迹聚合物的特定空间仅对锌-槲皮素体系的三元配合物表现出高度的选择性,反之该空间将铜纳入其中,形成 Cu-槲皮素-α-甲基丙烯酸的三元配合物就不大合适了。因此,Cu^{2+}对 MIP 膜体系中的槲皮素的结合能力减弱,从而对印迹分子的渗透能力近乎消失。当阴离子由AcO^-换为Cl^-后,由于Cl^-与AcO^-在尺寸和形状上有差别,阴离子AcO^-也参与了分子印迹过程,所以Zn^{2+}与Cl^-,槲皮素及α-甲基丙烯酸结合形成的配合物与印迹过程中所形成的配合物尺寸和形状不匹配,从而使印迹膜对模板分子的渗透能力很弱。由此可见,金属配合物的分子印迹聚合物膜具有高度选择性。

　　上述方法制得的分子印迹聚合物膜有许多优点:由于它能形成金属配合物(特别是三元配合物),空间结构更具特殊性,所以对模板分子选择性比较高;既克服了棒状或块状分子印迹聚合物聚合时间长和需要筛分的缺点,又缩短了洗脱时间。

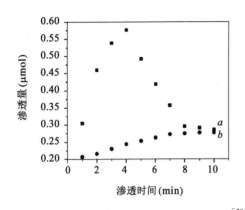

图 12-12　阳离子对印迹膜渗透槲皮素的影响[20]

槲皮素和金属离子初始浓度均为 0.5 mmol/L

a. 醋酸锌+槲皮素；b. 醋酸铜+槲皮素

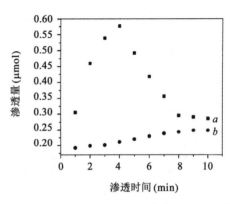

图 12-13　阴离子对印迹膜渗透槲皮素的影响[20]

槲皮素初始浓度为 0.5 mmol/L；阴离子浓度 1 mmol/L

a. 醋酸锌+槲皮素；b. 氯化锌+槲皮素

分子印迹聚合物膜(MIP 膜)的开发应用是分子印迹技术研究领域最具吸引力的方向之一。这主要是因为：① 膜分离技术便于连续操作、易于放大、能耗低、能量利用率高；② 目前的商售膜如超滤、微滤及反渗透膜等都无法实现单个物质的选择性分离，而 MIP 膜为将特定目标分子从其结构类似物的混合物中分离出来提供了可行且有效的解决途径；③ MIP 膜比一般生物材料更稳定，抗恶劣环境能力更强，在传感器领域和生物活性材料领域具有很大的应用前景；④ 与传统粒子型 MIP 膜相比，MIP 膜具有不需要研磨等烦琐的制备过程，扩散阻力小，易于应用等独特的优点。目前，MIP 膜已应用于手性拆分、仿生传感器、固相萃取、渗透气化等领域。

四、膜过程与结晶、萃取、蒸馏等分离方法的技术耦合

1. **膜分离与结晶耦合**　膜分离与结晶耦合原理主要着眼采用膜技术除去液体物料体系中的杂质，以便于后续结晶工艺的顺利进行。膜分离与结晶耦合方法从大麻提取液中获取大麻二酚(cannabidiol，CBD)结晶的工艺就是一项比较典型的研究实例。

大麻植物中具有致幻成瘾作用的精神活性成分四氢大麻酚(THC)含量低于 0.3%，不具备毒品利用价值的品种被称为工业大麻(汉麻)。作为全球主要的工业大麻生产国和出口国，中国工业大麻的合法种植基地主要分布在云南省和黑龙江省。

大麻类药物 CBD，是大麻(*Cannabis sativa* L.)中的非成瘾性成分，具有神经保护、抗痉挛、抗炎、抗焦虑等多种生物活性，用于治疗伦诺克斯-加斯托综合征(Lennox-Gastaut syndrome，LGS)和德拉韦综合征(Dravet syndrome)。近年来的研究表明，CBD 还具有杀菌、镇痛、抗精神病、抗氧化、改善学习记忆、神经保护和减少肠蠕动等作用。近年的 CBD 提取生产工艺中，国内生产厂家普遍使用树脂对 CBD 浸膏进行粗分，操作复杂、生产成本较高，使用的醇-水洗脱系统较难回收，可造成环境污染。

郑玲等采用[21]膜分离与结晶耦合的工艺设计，可得到纯度高于 60% 的大麻二酚粗品，包括以下几项主要技术环节。① 萃取：将粉碎好的工业大麻花叶原料用甲醇于 50℃ 热回流提取 5 h，浓缩至酒精度约 30%，得甲醇浓缩膏。② 水沉：将甲醇膏置于水沉容器内，加入纯化水至甲醇度 20%，由于 CBD 不溶于水，会形成沉淀。将水沉容器置 5～10℃ 的冷库中，放置 24 h 后使用离心设备进行固液分离。③ 膜法粗分：将固体溶解于甲醇中，过滤，将滤液使用膜分离设备去除大于 600 Da 及小于 150 Da 的杂质，将 150～600 Da 段浓缩。④ 结晶：将 150～600 Da 段产物浓缩至较黏稠状，边搅拌边加入纯化水，直至晶体析出。将结晶液置 5～10℃ 的冷库中放置 24 h，使用压滤机将结晶液进行固液分离。固体置真空干燥箱

干燥后,得到褐色粉末状 CBD 粗品,含量大于 65%。

2. 膜萃取技术　膜萃取,是膜过程和液液萃取过程相结合的一种新型分离技术。膜萃取传质过程是在分隔料液相和溶剂相的微孔膜表面进行的,与通常萃取中液相以细小液滴的形式分散在另一液相中进行两相接触的情况不同。

膜萃取具有以下优点:可避免因液滴分散在另一液相中而引起萃取剂的夹带损失和二次污染;料液相和溶剂相各自在膜两侧流动,料液的流动不受溶剂流动的影响,可使萃取剂的选择范围大大放宽;不形成直接接触的两相流动,使过程免受返混影响和液泛条件的限制,提高传质效率和过程的可操作性。

研究表明,膜萃取在物质的富集与分离方面显示出独特的优越性。例如,鲁传华等[22]根据溶解扩散机制及中药成分的特点,研制了一种致密膜,通过选择合适萃取剂,从麻黄水提液中萃取分离麻黄碱;莫凤奎等[23]用乳状液膜法从北豆根中分离北豆根总碱,在外相 pH 为 10.1、内相盐酸浓度为 0.3 mol/L、膜相 Span – 80 浓度为 5.0%、制乳时间为 5 min 的优化条件下,平均萃取率达到 86.0%。

3. 膜蒸馏技术　膜蒸馏是一种采用疏水性微孔膜以膜两侧蒸汽压力差为穿质驱动力的膜过程,它是将膜与蒸馏过程相结合的分离方法。如果溶质是易结晶物质,可把溶液浓缩到过饱和状态而出现膜蒸结晶现象,从而直接分离出结晶产物。蒸馏技术理论上能 100% 分离离子、大分子、胶体、细胞和其他非挥发性物质;比传统的蒸馏操作温度低;比传统膜过程的操作压力更低,减少了膜与处理液体之间的化学反应,对膜的机械性能要求较低;比传统蒸馏过程的蒸汽空间小。

采用膜蒸馏技术对洗参水和人参露的浓缩实验研究表明[24]。实验中皂苷的截留率达到 90% 以上;膜蒸馏前后人参露和洗参水中主要微量元素和氨基酸的含量也提高了近 10 倍。膜蒸馏技术亦被用于制备蝮蛇抗栓酶等[25]。膜蒸馏技术浓缩益母草与赤芍提取液等均具有效率高、耗能少、操作方便的优点,且有效成分水苏碱和芍药苷的截留率均达到 100%[26]。

4. 亲和膜技术　在传统的研究中,膜分离与亲和分离是两个平行发展的研究方向,在生物分子的分离和纯化方面各有特色。亲和色谱能提供高纯化比,但其处理量小,过程速率低;膜分离则处理量大,产物损失率低,亲和膜分离技术兼有两者的优势。亲和膜是把亲和配体结合在分离膜上,利用膜作基质,膜表面活化后耦合配基,再按吸附、清洗、洗脱、再生的步骤对生物产品进行分离。目标蛋白质留在膜上,而杂质通过膜除去;用解离洗脱剂洗下留在膜上的目标蛋白质,再从膜上除去解离剂使配基再生。目前亲和膜分离技术已用于单抗、多抗、胰蛋白酶抑制剂的分离及抗原、抗体、重组蛋白、血清白蛋白、胰蛋白酶、胰凝乳蛋白酶、干扰素等的纯化。且已用于红毛七、当归、川芎等中药中活性成分的筛选[27-30]。

5. 渗透蒸发　渗透蒸发是液体混合物透过致密及具有选择性的膜,发生部分蒸发而被分离的过程。由渗透蒸发原理可知,渗透蒸发膜分离不受气液平衡的限制,在处理用传统分离手段难以奏效的体系,如同分异构体、共沸物、沸点相近的物系及有机溶液中微量水的脱除等领域显示出独特优势。对渗透蒸发系统的研究虽然仅有 10 多年的历史,但已实现有机溶剂与混合溶剂脱水及从水溶液脱除少量有机物等渗透蒸发过程的工业化。近年来,研究者们将渗透蒸发与反应过程耦合,用于脱除平衡反应中某种组分,提高反应速度及目的产物的收率。

第三节　超临界流体耦合过程工程原理与技术应用[31]

超临界流体萃取(supercritical fluid extraction,SFE)技术的发展,有力地促进了分离纯化、材料制备、化学反应等领域的技术进步。值得特别关注的是,单独应用超临界流体萃取技术,会出现一些难以克服的缺点,而将超临界流体萃取技术与某些化工过程相耦合,可形成一些先进、高效、节能的复合过程。

由于天然产物组成复杂，近似化合组分多，因此单独采用超临界流体萃取技术常常满足不了对产品纯度要求。为此人们开发了超临界流体萃取与其他分离手段的联用工艺技术。

在发达国家，随着对食品和药品中有机溶剂的残留限制标准不断提高，相关厂商不得不转而采用成本较高的超临界 CO_2 流体萃取技术。为拓展这一技术的应用领域，超临界流体萃取与其他技术耦合的研究，如络合萃取、微乳萃取、反胶团萃取、分馏萃取、亚临界萃取、超高压萃取、引进外场（超声物、电场）萃取等方兴未艾。

同时，由于中药成分复杂，同一味药中的各化学成分的极性、沸点、分子量、溶解度等特性各有不同，多重目标产品决定了需要采取多种提取分离的手段。超临界流体萃取与多种分离手段的耦合应运而生。例如：超临界流体萃取耦合分子蒸馏使姜辣素收率明显提高；超临界流体萃取耦合硅胶柱可提高莪术二酮产品纯度；超临界流体萃取耦合反胶团技术明显缩短水溶性维生素提取时间；超临界流体萃取耦合离子对试剂使麻黄碱提取率显著提高；超临界流体萃取耦合重结晶大大降低青蒿素制备成本等。

一、超临界流体萃取技术与膜过程的耦合原理[2]

超临界流体萃取技术与膜过程耦合，可为复合型新工艺的开发和应用提供广阔空间，从而达到降低过程能耗、减小操作费用、实现精细分离、利于环境保护、提高产品质量等目的[32-34]。

1. 提高超临界流体萃取选择性及目标产物收率的耦合技术原理　　超临界流体萃取工艺与膜技术耦合的原理首先在于：超临界流体萃取能力和选择性通常不能同时兼得。如果将超临界溶剂的溶解度提高，能够增加萃取量，但也会增加其他组分的溶解度，萃取选择性反而会降低，导致分离的困难。而如果超临界流体与膜过程耦合，则既可降低膜分离阻力又可选择性地透过某些成分，在降低能耗和提高选择性上多方面获益。

例如，将超临界流体萃取与纳滤过程结合，可以首先选择合适条件增大萃取能力。然后选择合适的纳滤膜，选择性地透过需要的萃取组分，从而使分离效率也得到提高。如鱼油中富含多种多烯不饱和脂肪酸，采用超临界 CO_2 流体萃取鱼油，萃取物中主要成分为三酸甘油酯，而三酸甘油酯中最有价值的是长链 $\omega-3$ 多不饱和脂肪酸，特别其中的二十碳五烯酸（简称 EPA）能防治心血管疾病，二十二碳六烯酸（简称 DHA）具有防治老年性痴呆、抑制脑肿瘤扩散等药理作用。再采用纳滤过程，即可将三酸甘油酯中的长链不饱和脂肪酸和短链脂肪酸相分离。采用此种耦合技术也可将萝卜籽、胡萝卜油中的 β-胡萝卜素进行精制，都能得到纯化产物。

类似的耦合技术原理好体现在提高目标成分收率及杂质去除率方面。如采用国产 $2×10\ L$ 超临界 CO_2 流体萃取装置及平板超滤器等联合生产工艺设备，以外购含量为 $10\%~14\%$ 的银杏黄酮粗品为原料，经联合工艺处理，结果得到黄酮含量大于 30%，内酯为 $6\%~8\%$ 的产品，经高效液相色谱仪、原子吸收仪及微生物检验等测试，产品中的烷基酚、重金属、农药残留、细菌等指标均能达到国际质量标准。

2. 强化膜过程的耦合技术原理　　超临界流体提取工艺与膜技术耦合的原理之二，是利用其他分离过程的强化作用。比如，对黏性较大的液体进行超滤操作，能量消耗大且透过滤小，为了降低液体黏度，传统的方法是提高过滤温度（如高达 $623\ K$）或添加化学剂（如表面活性剂）。其后果是增加生产成本和污染，还可能影响产品质量。超临界 CO_2 流体具有独特的溶解能力和黏度性能，可与许多极性化合物完全互溶，对其产生"稀释"作用。将超临界 CO_2 流体应用于黏性液体的超滤工艺，是解决黏性较大的液体进行超滤操作的一条有效途径。

实验表明，超临界 CO_2 流体对过滤液体的黏性影响有如下特点：CO_2 压力越高，对黏性的降低作用越明显；操作温度越低，对黏性的降低作用越明显；滤液的分子量越大，对黏性的降低作用越明显。已有研究结果表明，加入超临界 CO_2 流体可以显著降低错流过滤的阻力，提高渗透通量。

3. 回收超临界流体萃取溶剂的耦合技术原理　　可通过改造工艺装置实现超临界流体溶剂的循环使用,是超临界流体萃取耦合膜分离技术的又一原理。如为确保超临界流体萃取过程的经济性,超临界流体溶剂应该循环使用,而不是在萃取完成后简单地采用混合物卸压使 CO_2 气化的办法分离萃取产物。目前常用的是超临界 CO_2 与萃取物分离的降压分离法,一般需消耗大量能量,从而使超临界流体萃取的操作费用大为增加。用纳滤代替降压分离过程有效地改变了这种状况。

纳滤是一种压力驱动的膜过程,它可以在压力变化不大、恒温和不改变分离物的热力学相态的情况下达到理想的分离效果。用纳滤代替降压分离过程,在较小的跨膜压降(一般小于 1 MPa)的情况下, CO_2 无须经历压力、温度和相态的循环变化(从而避免使用大型压缩和制冷系统),就能实现超临界 CO_2 与萃取物的分离。在近临界条件下使用平均孔径为 3 nm 的 ZrO_2-TiO_2 膜回收 CO_2,咖啡因的截留率可高达100%, CO_2 的渗透通量达到了 0.024 mol/$(m^2 \cdot s)$。

二、超临界流体萃取与精馏技术联用的耦合原理

将超临界流体萃取与精密分馏相结合,在萃取的同时将产物按其性质和沸程分为若干不同的产品。具体工艺流程是将填有多孔不锈钢填料的高压精馏塔代替分离釜,沿精馏塔高度设有不同控温段。新流程中萃取产物在分离解析的同时,利用塔中的温度梯度,改变 CO_2 流体的溶解度,使较重组分凝析而形成内回流,产品各馏分沿塔高进行气液平衡交换,分馏成不同性质和沸程的化合物。通过这种联用技术,可大大提高分离效率。

如前所述,鱼油中富含多种多烯不饱和脂肪酸,其中二十碳五烯酸(eicosapentaenoic acid,EPA)、二十二碳六烯酸(docosahexaenoic acid,DHA)的药用价值开发前景十分诱人。超临界 CO_2 流体萃取精馏技术非常适于从精制鱼油中提纯 EPA、DHA 这样高沸点、热敏性的天然产物。精制鱼油在超临界 CO_2 流体中的溶解度,与超临界 CO_2 流体的密度逐步下降,鱼油甲酯的溶解度随之下降。这时鱼油甲酯混合物中碳链较长的重质组分(如 EPA、DHA)比碳较短的轻质组分更容易从超临界 CO_2 流体中析出。正是基于温度对溶解度的这种负效应,再分离柱的轻质组分从柱顶引出,而重质组分不断回流到柱底,从而使轻质、重质组分得以分离[24]。试验结果见表 12-5。

表 12-5　超临界 CO_2 流体萃取 EPA、DHA 的试验条件与结果[35]

操作序号	萃取温度(℃)	精馏温度梯度(℃)	精馏压力(MPa)	溶剂比(S/F)	EPA 纯度(%)	DHA 纯度(%)
1	40	40~80	15~17	104.2	41.8	53.9
2	40	40~80	13~15	206.2	74.4	80.3
3	40	40~80	12~14	239.8	89.2	91.1
4	40	40~60	12~14	274.8	60.4	78.6
5	40	40~50	12~14	24.2	35.9	51.5

通过考察萃取及精馏的有关工艺条件,可以对此两工艺过程的耦合原理有更深入的理解。

(1)萃取温度的影响:萃取温度高于 CO_2 的临界温度时,超临界 CO_2 对鱼油的溶解度明显增大,但随着温度的继续升高,溶解度下降。因此,萃取温度 40℃ 左右为宜。能将原料最大限度地萃取出来并送入分离柱精馏,缩短精馏时间,提高萃取速度。

(2)精馏温度的影响:在分离柱上设置一个由低到高的温度梯度,有利于提高分离效率,得到高纯度的样品。如表 12-5 所示,操作 3 的温度梯度为 40~80℃,分离效果最佳。温度梯度越小(如表 12-5

中操作4、5),分离效果越差;另外,随着精馏温度梯度的增大,溶剂比(S/F)随之增加,意味着将增加CO_2的循环量,且温度升高,易使精制鱼油氧化及反酯化降解。因此,温度梯度控制在40~80℃是最合适的。

(3)精馏压力的影响:用程序升压法来提高萃取速率。程序升压法通过增加分离中预定点的压力来完成分离。操作中压力增量为(0.2 ± 0.1)MPa,该工艺将压力(或密度)梯度用于超临界流体萃取精馏中。分离过程中要依据萃取物组成变化来增加压力,以EPA或DHA的相对分离系数R(R=EPA或DHA占馏分中的百分含量/EPA或DHA占试料中的百分含量)为判断标准。初压力选为12 MPa,以收集溶解度略小的组分,以此类推。在13.5 MPa左右收集EPA,在分离的最后,混合物中主要以DHA为主,需将压力迅速提高到15 MPa,以快速提取DHA。若初选压力过高(如表12-5中操作1、2)会使EPA、DHA过多地随轻质组分损失,且容易形成返混,削弱分离效果。

(4)溶剂比(S/F)的影响:S/F即每收集一单位的馏分所需CO_2的克数。S/F的大小反映了分离柱中超临界CO_2溶解鱼油甲酯的饱和情况及流体在分离柱中的流动速率、传热传质情况。S/F值过小(如表12-5中操作5),会使重质组分(如DHA)不均匀析出,削弱分离效果。S/F值越大,EPA、DHA纯度越高,但S/F增大会增加CO_2的循环量。因此,S/F值在200~260(表12-5)是较适宜的。

研究结果表明,超临界CO_2流体萃取精馏鱼油中的EPA、DHA的工艺中,若在分离柱上设置一个由低到高的温度梯度,会产生自然回流的精馏效果,采用程序升压法可以得到良好的分离效果。

其最佳实验条件:萃取温度为313.2 K,精馏温度梯度为313.2~353.2 K,精馏压力为12~14 MPa,S/F值为200~260。并获得了含量为89.2%的EPA甲酯和含量为91.1%的DHA甲酯。

三、超临界流体萃取与溶剂萃取联用的耦合原理

克服超临界CO_2流体萃取装置处理某些高黏度浆状态的中药或天然产物物料存在的局限性,是超临界流体提取与溶剂萃取联用的主要耦合原理。

其典型实例[25]为:采用溶剂萃取工艺与超临界CO_2流体萃取的联合工艺,从茶叶中提取精制茶多酚和咖啡。首先,采用溶剂法从茶叶中提取分离得到茶多酚和咖啡因粗品,其含量分别为30%和80%左右。然后用超临界CO_2流体萃取工艺萃取脱溶纯化,可将茶多酚含量提高到60%,咖啡因含量提高到99.5%以上,经气相色谱检验,溶剂残留和产物含量等指标均能达到国际质量标准。

据报道,大蒜头采用超临界CO_2流体萃取技术可获得3.77 g/kg蒜油,为乙醇溶剂法的1.38倍;精油中含蒜素40.3%,即1.52 g。从获取蒜油的得率和品质上讲,超临界CO_2流体萃取法是最有效的,但就工业化而言,操作技术上存在一些难点。大蒜头原料是块状固形物,要在高压萃取釜操作加压萃取,是不经济的操作模式,限制了工业化。有人把蒜头捣碎成浆状可流物,实施高压萃取釜不卸盖、不卸压操作。但蒜泥黏度大,使之在高压釜内与流动相CO_2接触的流动特征模拟和放大困难。此外,蒜头规模化打浆过程会放热,蒜素损失严重,失去了超临界CO_2流体萃取蒜油的优势,难于实现工业化。

由溶剂浸出与超临界CO_2流体萃取结合的蒜油提取工艺路线[36],可以完美解决上述矛盾。先用乙醇浸出大蒜,获取大蒜浸出液。制备乙醇蒜液方法为:大蒜头去皮、切片,按100 g大蒜:70 mL(70%)乙醇浸泡。浸泡6 h后,分离出乙醇蒜液,配制成乙醇蒜液1.2~2.2 mg蒜/mL乙醇溶液,作为供超临界CO_2流体萃取的原料。

超临界CO_2流体萃取蒜油的基本工艺为:采用乙醇蒜液一次加料、一级萃取、一级闪蒸分离,超临界CO_2连续萃取流程。实验全程萃取釜温度恒定在35℃,CO_2流量恒定约为1.1 L/min(大气状态),实现超临界CO_2流体萃取连续稳定操作。采用此工艺路线,从大蒜中获得的蒜油得率和品质与直接用超临界CO_2萃取法相当,又可实现高压萃取釜不卸压的连续作业模式,便于实现工业化。实验测试表明,

乙醇浸出液中蒜油在超临界 CO_2 流体萃取过程中很稳定,损失少。萃取物中蒜素含量高,稳定易保存;表观透明、黏度小、蒜味浓烈,保持大蒜原有新鲜风味和活性物质。

四、超临界流体萃取与分子蒸馏的耦合原理与技术应用

分子蒸馏属于特殊的高真空蒸馏技术,与普通蒸馏相比,分子蒸馏温度低,受热时间短,故适合热敏性有效成分的分离。其有效成分的分离主要受蒸馏温度和真空度的影响,不同的蒸馏温度和真空度所获得的有效成分种类及相对含量不同,调节适宜的蒸馏温度和真空度可获得相对含量较高的有效成分。

沙姜(*Rhizoma Kaempfe Nae*)是姜科植物山奈(*Kaempferia galanga* L.)的干燥根茎,具有行气温中、消食止痛的功效,其精油中对甲氧基肉桂酸乙酯(ethyl p-methoxycinnamate)具有抗肿瘤、抗菌和防晒的作用,相对含量较高。

目前,提取沙姜精油的方法主要有水蒸气蒸馏法、超临界 CO_2 流体萃取法等,其中以水蒸气蒸馏法为主,但该法提取效率低。超临界 CO_2 流体萃取所得沙姜油中对甲氧基肉桂酸乙酯的相对含量也仅约为 70%。采用超临界 CO_2 流体萃取技术从砂姜中提取沙姜精油[37],然后使用分子蒸馏进行纯化,所得产物经 GC-MS 检测,其主要成分对甲氧基肉桂酸乙酯的相对含量从 74% 提高到 90% 以上。

采用超临界 CO_2 流体萃取与分子蒸馏两项技术联用方法[38],对干姜有效成分进行萃取与分离,并用气相色谱质谱联用技术对干姜超临界 CO_2 流体萃取物及其分子蒸馏液进行分析。其主要实验内容如下:

(1)超临界 CO_2 流体萃取:使用 5LHA-9508A 型超临界流体萃取装置,将粉碎成 20 目干姜 1 kg 投入到萃取釜中,按表 12-6 设定的工艺参数进行萃取,时间为 1.5 h,从解析釜 I、II 出料,萃取物收率为 5.25%。

表 12-6 萃取条件及参数[38]

	压力(MPa)	温度(℃)	流量(kg/h)
萃取釜	27.5	54	10
解析釜 I	12.4	60	10
解析釜 II	6.5	40	10

(2)分子蒸馏:使用 MD-S80 分子蒸馏装置,取 250 mL 超临界 CO_2 流体萃取物,按如下操作参数进行分子蒸馏:进料速度 1.2~1.5 mL/min,真空度 10~15 Pa,加热温度 120℃,冷却温度 3~6℃,转速为 280~300 r/min。收集蒸馏液 110 mL,进行 GC-MS 分析。

(3)GC-MS 分析:使用 HP5988A 型气相色谱-质谱联用仪,条件:Uitra12 m×0.2 mm 石英毛细管柱,柱闻 60~240℃,程序升温 8℃/min,前压 20 KPa,进样温度 250℃,离子源 EI240℃,倍增变压 2 500 伏,传输线温度 240℃,进样量 0.05 μL,载气为氦气,按上述条件分别对超临界 CO_2 流体萃取物与分子蒸馏液进行鉴定与分析,结果从萃取物中分离出 49 种化学成分,其中相对含量在 2% 有 10 种,见表 12-7,主要成分为 α-trans-β-bergamotene 和 α-bergramobene。蒸馏液中分离出 32 种化学成分,其中相对含量在 2% 以上的有 5 种,见表 12-8,主要成分为 α-zingberene 和 β-sesquiphllandrene。

表 12-7 超临界 CO_2 萃取物主要化学成分[38]

组 分 名 称	相对含量(%)
sabinene	7.03
ar-curcumene	7.73

组 分 名 称	相对含量（%）
$\alpha - trans - \beta - bergamolene$	27.22
$\alpha - begramotene$	30.98
$\beta - sesquiphellandrene$	15.80
curcumone	6.41
oleic acid	2.58
linoleic acid	2.14
zingibeml	11.98
shogal	9.56

表 12-8　分子蒸馏液的主要化学成分[38]

组 分 名 称	相对含量（%）
$ar - curcumene$	13.98
$\alpha - zingberol$	31.22
$E,E,\alpha - famesene$	12.32
$\beta - bisabolene$	7.30
$\beta - sesquiphellandrene$	16.44

超临界 CO_2 流体萃取物显棕红色黏稠油状，经分子蒸馏后，蒸馏物呈黄色液体状，从感官上判断，两者均有浓郁的姜辣味。

第四节　微波强化过程工程原理与技术应用

一、微波技术强化中药制药分离过程的原理

（一）微波技术原理及其导致的技术特征

1. 微波的热效应　微波是波长介于 1 mm~1 m（频率在 300 MHz~300 GHz）的特殊的电磁波，它位于电磁波谱的红外辐射和无线电波之间。为防止民用微波能对于微波雷达和通讯的干扰，国际上规定农业、科学和医学等民用微波有 L（频率 890~940 MHz）、S（频率 2 400~2 500 MHz）、C（频率 5 725~5 875 MHz）和 K（频率 22 000~22 250 MHz）4 个波段。目前 915 MHz 和 2 450 MHz 两个频率已广为微波加热所用[39]。

微波能强化质量传递和化学反应，一般认为是基于微波的热效应和非热效应。由于微波的频率与分子转动的频率相关联，所以微波能是一种由离子迁移和偶极子转动引起分子运动的非离子化辐射能。微波在传输过程中遇到不同的物料会根据物料性质不同而产生反射、穿透、吸收现象，当它作用于分子上时，促进了分子的转动运动。分子若此时具有一定的极性，便在微波电磁场作用下产生瞬时极化，通过分子偶极以每秒数十亿次的速度做极性变换运动，从而产生键的振动、撕裂和粒子之间的相互摩擦、碰撞，促进分子活性部分（极性部分）更好地接触和反应，同时迅速生成大量的热能。不同物质由于介电常数、比热容、形状和含水量的不同，将导致其吸收微波。此外，微波还存在非热效应。当把物质置于微波场，其电场能使分子极化，其磁场力又能使这些带电粒子迁移和旋转，加剧了分子间的扩散运动，提

高了分子的平均能量,降低了反应的活化能,可大大提高化学反应速度。

2. 微波热效应与传统热效应的区别　极性分子接受微波辐射的能量后,通过分子偶极的每秒数十亿次的高速旋转产生热效应,这种加热方式称为内加热(相对地,把普通热传导和热对流的加热过程称为外加热)。与外加热方式相比,内加热具有加热速度快、受热体系温度均匀等特点。传统热萃取是以热传导、热辐射等方式由外向里进行,而微波萃取是通过偶极子旋转和离子传导两种方式里外同时加热,可分别用图 12-14A 和图 12-14B 加以表示[40]。微波加热过程实质上是介质分子获得微波能并转化为热能的过程,在此过程中是整个物料同时被加热,即"体加热"过程。因此,克服了传统传导加热时温度上升慢的缺点,保证了能量的快速传导和充分利用。

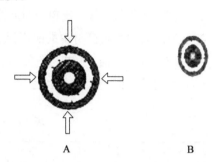

图 12-14　传统热效应与微波
热效应示意图
A. 传统热效应;B. 微波热效应

3. 基于微波技术原理的溶剂极性与萃取率的相关性　溶剂的极性对萃取效率有很大的影响。利用微波能从含水植物物料中萃取精油或其他有用物质,一般选用非极性溶剂。这是因为非极性溶剂介电常数小,对微波透明或部分透明。如上所述,微波射线自由透过对微波透明的溶剂,可到达植物物料的内部维管束和腺细胞内,使细胞内温度突然升高。由于物料内的水分大部分是在维管束和腺细胞内,细胞内温度升高更快,而溶剂对微波是透明(或半透明)的,受微波的影响小,温度较低。

许多实验结果表明,溶剂的介电常数越大,萃取率越小。如非极性溶剂正己烷和等体积极性溶剂丙酮混合后,萃取率有明显下降。环己烷和二氯甲烷混合也有同样的现象。这也证明了非极性溶剂适用于微波萃取含水物料。

4. 微波萃取选择性能的技术原理及其应用　极性较大的分子可以获得较多的微波能,利用这一性质可以选择性地萃取极性分子,从而使产品的纯度提高,质量得以改善;微波萃取还可以在同一装置中采用两种以上的萃取剂分别萃取所需成分,降低工艺费用。

文献报道[41],微波萃取对含有不同极性成分中药的萃取选择性不显著,对不同形态结构中药的萃取有一定选择性。

微波条件对不同极性成分(蒽醌、有机酸、苷)萃取率的影响大致相同。大黄中 5 种蒽醌类成分之间存在极性差异。在同一温度条件下,除个别成分外,各组分的最高萃取率都比较接近($P>0.05$),萃取率随温度的变化趋势也基本一致。因此,微波萃取对被萃取成分极性的选择性并不明显,萃取率与被萃取成分本身的极性并不呈明显的正相关性,这可能是由于中药的浸提以水为主要溶剂,而水的极性决定了其对微波能的强吸收性。

在微波萃取对中药浸提过程中,溶剂对微波能的吸收成为决定因素,而溶质本身的极性是次要的,以水为溶剂使微波萃取法可适用于含各种成分的中药浸提。在同一温度条件下,根茎类中药大黄中大黄素、大黄酚、大黄素甲醚萃取率明显高于种子类中药决明子中相同成分的萃取率($P<0.05$);4 种中药中有效成分的萃取率为:花类>根茎类>种子类,这可能是由于中药材表面的质地结构各不相同,如决明子外种皮坚硬,含木栓化细胞,需用水浸泡多时,表面才可软化,而金银花表皮较薄且柔软,多为薄壁细胞组织,极易吸水膨胀。这些结构上的差异导致各种中药吸收微波的能力各不相同,造成微波萃取明显的选择性。因此,在用微波萃取对不同形态结构中药的浸提中应充分考虑到这一点。

5. 基于萃取原理的微波技术的其他特点　由于微波萃取自身的技术原理,该技术与现有其他萃取技术相比还具有以下特点。

(1) 速度快:被加热的物体往往是被放在对微波透明或半透明的容器中,且为热的不良导体,故物料迅速升温,可大大缩短工时,节省50%~90%的时间。

（2）效果好：可以避免长时间高温引起的样品分解,从而有利于热不稳定成分的萃取。特别是微波在短时间内可使药材中的酶灭活,因此用于提取苷类等成分时具有更突出的优点。

（3）过程简洁：工艺过程简洁,溶剂用量降低,人力消耗降低,节省能源,减少投资。

微波萃取的技术特点由表12-9、表12-10、表12-11可见一斑。

表12-9 微波等3种方法萃取薄荷技术参数比较[40]

	索 氏 萃 取	微 波 萃 取	超临界流体萃取
样品重	10 g	10 g	10 g
溶剂	己烷	己烷	CO_2
溶剂用量(mL)	300	50	25
温度(℃)	沸点	60	120
时间	3 h	2 min	60 min

表12-10 应用微波辐射技术制备速溶茶[42]

项　　目	绿　茶	花　茶	红　茶
溶剂	水	水	水
时间(min)	4	4	4
温度(℃)	<75	<75	<75
得率(%,两次)	>26	>25	>22
茶多酚含量(%)	43.6	45.9	26.5

表12-11 微波萃取银杏叶与传统加热萃取的比较[42]

项　　目	微 波 萃 取	传统加热萃取
溶剂	70%乙醇	70%乙醇
时间(1次)	2 min	2 h
次数(次)	2	3
温度(℃)	<75	沸点温度
粗提物得率(%)	21.7	19.5

（二）微波技术强化中药提取过程的作用机制

微波辅助萃取(microwave-assisted extraction,MAE)是颇具发展潜力的一种新的萃取技术。其作用机制一般认为：微波直接与被分离物质作用,微波的激活作用导致样品基体内不同成分的反应差异使被萃取物与基体快速分离,并达到较高产率。目前学术界对微波辅助提取天然产品成分的机制阐述,主要有"Pare的细胞壁破裂假说",但也存在相反的见解,概述如下。

1. Pare的细胞壁破裂假说——微波辅助萃取天然产品成分的机制假设　1991年Pare等[39]提出了微波辅助萃取天然产品成分的机制假设：微波射线自由透过对微波透明的溶剂,到达植物物料的内部维管束和腺细胞内,细胞内温度突然升高,连续的高温使其内部压力超过细胞壁膨胀的能力,从而导致细胞破裂,细胞内的物质自由流出,传递至溶剂周围被溶解。

在传统的天然植物有效成分提取过程中,固液萃取(即浸提技术)对于存在于植物细胞不同位置和细胞器中的目标产物,若将其从细胞内浸取到液相中,目标分子将经历液泡和细胞器的膜透过、细胞质中的扩散、细胞膜和细胞壁的透过等复杂的传质过程。若细胞壁没有破裂,浸取是靠细胞壁的渗透作用来完成的,浸取速率慢。细胞壁破坏以后,传质阻力减小,目标产物比较容易进入到萃取剂中,并依据相似相容的原理而溶解,达到萃取的目的。

在微波辅助萃取过程,一方面,微波辐射过程是高频电磁波穿透萃取介质,到达物料内部的维管束和腺胞系统。由于吸收微波能,细胞内部温度迅速上升,使其细胞内部压力超过细胞壁的膨胀承受能力,导致细胞破裂,胞内有效成分自由流出,在较低的温度条件下被萃取介质捕获并溶解。通过进一步过滤和分离,便获得萃取物料。另一方面,微波所产生的电磁场加速了被萃取组分趋向萃取溶剂界面的扩散速率。用水作溶剂时,在微波场下,水分子高速转动成为激发态,这是一种高能量不稳定状态,或者水分子气化,加强萃取组分的驱动力;或者水分子本身释放能量回到基态,所释放的能量传递给其他物质分子,加速其热运动,缩短萃取组分的分子由物料内部扩散到萃取溶剂界面的时间,从而使萃取速率提高数倍,同时还可降低萃取温度,保证萃取的质量。

2. 微波作用导致细胞结构的松散,但不足以使细胞壁破裂——相悖于 Pare 假说的实验

与上述 Pare 的细胞壁破裂假说相悖,有关微波辅助萃取银杏叶的文献报道[43]却指出,虽然在微波、溶剂或加热的作用下,新鲜银杏叶片细胞的结构都会发生较为明显的变化(主要表现在有质壁分离现象,细胞器、淀粉粒等胞内物质被破坏),但微波辅助萃取和传统的热提取都没有使细胞壁破裂。因而认为,微波的作用会导致植物细胞结构的松散,但不足以使细胞壁破裂。

该观点的主要依据出自"微波作用对新鲜银杏叶片细胞结构的影响"的实验结果[43],其主要研究方法与结果如下。

(1) 实验方法:将新鲜的银杏叶片分别进行以下处理(方法 1~4)。然后立即用 2.5%戊二醛溶液固定后,做脱水、包埋、超薄切片、染色、透射电镜观察和照相。

方法 1:新鲜银杏叶不做任何处理,作为对照。

方法 2:新鲜银杏叶加入 70%乙醇后,再放入微波辅助萃取装置中接受微波辐射 1 min,微波功率为 650 W,频率为 2 450 MHz。体现微波在有溶剂存在时的影响。由于乙醇是极性溶剂,吸收微波能力强,1 min 内已接近沸腾,温度达到 55℃,此温度是提取实验筛选出的最佳温度。

方法 3:新鲜银杏叶在 55℃的 70%乙醇中浸泡 10 min。体现传统溶剂热提取的影响。

方法 4:新鲜银杏叶不加溶剂,放入微波辅助萃取装置中接受微波辐射 1 min,微波功率为 650 W,频率为 2 450 MHz。体现没有溶剂干扰的情况下微波的影响。

为了保证实验结果的可靠和进一步探讨微波作用机制,还选用了新鲜的黄花蒿(A rtem isia annua L.)叶做类似实验。实验中选用合适提取溶剂——6#抽提溶剂油,此溶剂的极性不如乙醇;采用较长微波提取时间 10 min,相同微波功率 650 W,频率 2 450 MHz。

(2) 实验结果及讨论:新鲜银杏叶片,细胞结构完整;放大了的叶绿体,有明显的类囊体片层结构,其中还含有一个淀粉粒[43]。

新鲜银杏叶加入 70%乙醇后,再放入微波辅助萃取装置中接受微波辐射 1 min 后。加入溶剂后,微波对细胞破坏十分明显:不仅有了明显的质壁分离现象,且细胞器被破坏,所有的细胞内物质缩成一团;叶绿体等细胞器也面目全非,几乎没有完整的淀粉粒。

新鲜银杏叶在 55℃的 70%乙醇中浸泡 10 min 后的图片。没有微波作用,传统的溶剂热提取,也使细胞有很明显的质壁分离,但细胞内物质没缩成一团;细胞器被破坏,还有少量淀粉粒[43]。

新鲜银杏叶不加溶剂,放入微波辅助萃取装置中接受微波辐射 1 min 后。可以观察到质壁分离

现象。放大的叶绿体也受到了一定程度的破坏,其结构不是紧密的,淀粉粒周围的类囊体片层结构变松散[43]。

新鲜黄花蒿叶,细胞结构完整,淀粉粒清晰。新鲜黄花蒿叶加入溶剂 6# 抽提溶剂油后,再放入微波辅助萃取装置中接受微波辐射 2 min 后。新鲜黄花蒿叶加入溶剂 6# 抽提溶剂油后,再放入微波辅助萃取装置中接受微波辐射 10 min。加入溶剂后,微波对细胞破坏大大加强了,出现明显的质壁分离现象。微波辐射时间为 10 min 时,所有的细胞内物质缩成一团、细胞器面目全非,几乎没有完整的淀粉粒[43]。

综上所述,方法 2 对细胞的破坏程度最严重,其次是方法 3,再次是方法 4。质壁分离的程度可以从一定程度上表示细胞内有效成分被抽提的程度,见表 12-12。这说明用溶剂浸取植物叶片,在加热或有微波作用的条件下,植物细胞的结构都会发生明显的变化,且微波对植物细胞的破坏作用更为迅速。方法 2 和方法 3 的最大区别是微波辅助溶剂提取,会使细胞内物质紧紧缩成一团,细胞器完全变形,周围似乎没有细胞质;而传统的溶剂热提取(方法 3),作用时间虽然是前者的 10 倍,但细胞内物质并没有完全不可辨认,如淀粉粒还存在。方法 4 对细胞的破坏较小。仅有微波作用的条件下,存在轻度的质壁分离现象,细胞结构松散。

表 12-12 银杏叶的微观结构变化[43]

处 理 方 法	质壁分离	细胞壁	细 胞 器	淀 粉 粒
1. 新鲜银杏叶片	无	完整	完整	完整,清晰
2. 新鲜银杏叶片加入 70% 乙醇后,再微波辐射 1 min	显著	完整	破坏严重,缩成一团	无法辨认
3. 新鲜银杏叶片用 55℃ 的 70% 乙醇浸泡 10 min	显著	完整	破坏严重,无法辨认	不完整
4. 新鲜银杏叶片微波作用 1 min	显著	完整	结构松散	不完整

另外,还有一个鲜明的特征,那就是微波、加热和溶剂 3 种作用均未使细胞壁破裂。在透射电镜观察过程中,未发现银杏或黄花蒿的细胞壁发生破裂。细胞壁不具备选择透过的能力,对于不带电荷的小分子,如蔗糖,某些植物生长物质,它们穿过细胞壁受到的阻力是很小的。从分子水平上说,纤维素微纤丝的骨架作用、半纤维素的隔撑作用、果胶的黏合作用、结构蛋白的网络作用等,使得细胞壁在各个方向上都具有很好的机械强度。

上述实验结果与 Pare 的细胞壁破裂假说相悖,而其原因可能是微波的作用导致细胞内物质的物理或化学结构、性质发生改变,原有的细胞结构遭到破坏而变得疏松,从而使有效成分快速溶出。由此可推测,微波的作用应该包括:使细胞内水分气化;使一些蛋白质和酶失活;提高溶剂的活性,大大增强其溶解性。一方面,微波使细胞内的一些极性分子高速转动成为激发态,或使极性分子变性,细胞结构不再正常,变得疏松,或者极性分子本身释放能量回到基态,所释放的能量传递给其他物质分子,加速其热运动,缩短萃取组分的分子由物料内部扩散到萃取溶剂界面的时间,从而提高萃取速率;另一方面,微波作用于溶剂,不仅加热了溶剂,而且提高了溶剂的活性,使其更多地溶解有效成分,并高效率传递入溶剂主体。正是微波的这些热效应和非热效应加速了提取过程。

(3) 结论:综上所述。可以得出如下结论:

1) 在微波、溶剂或热的作用下,植物细胞的结构都会发生较为明显的变化,主要表现在:出现质壁分离现象,细胞器、淀粉粒等胞内物质被破坏,但微波辅助萃取和传统的热提取都没有使细胞壁破裂。微波的作用可导致细胞结构的松散,但不足以使细胞壁破裂。

2) 微波辅助萃取 1 min 对银杏叶细胞的破坏程度比传统热提取 10 min 还要大,说明微波的热效应和非热效应加速了溶剂的提取速率,且这种加速效应明显大于传统热提取。

3)微波的作用,一方面,导致细胞内物质的物理或化学结构、性质发生改变,原有的细胞结构遭到破坏变得疏松,萃取组分的分子由物料内部扩散到萃取溶剂界面的时间得以缩短;另一方面,可提高溶剂的活性,增大其溶解度,传质阻力,从而使有效成分快速溶出。

3. 微波直接造成植物组织表面结构的破坏 亦有文献[44]以决明子中有效成分总蒽醌为指标,采用分光光度法,从提取率和提取速度两方面对微波辅助萃取与常用提取方法进行比较。结果发现,微波辅助萃取的提取率最高,是超声提取法的 16 倍,是索氏提取法的 3 倍,是水煎法的 1.1 倍,且微波辅助萃取仅 5 min 就已超过超声 1 h 的提取率,15 min 已达到或接近索氏提取 2 h 和水煎法的提取效果。

显微观察结果表明,中药有效成分的提取率与植物表面结构的破坏程度呈一定的相关性。超声处理后的决明子样品表面结构基本完整,大致同未处理过的样品;而微波辅助萃取及索氏提取后的决明子外种皮甚至内种皮均有不同程度的破裂、翘翘或脱落,其中微波辅助萃取和索氏萃取处理的样品程度相似,破坏较严重。这可能是由于微波的瞬间加热作用严重破坏药材的表面结构,使有效成分得以较快地溶出,从而节省了提取的时间、提高了提取效率。

二、微波过程强化技术的构成

(一)微波技术强化萃取过程的工艺流程与实验设备

1. 微波技术强化萃取过程的工艺流程 微波技术强化萃取过程的基本流程见图 12-15。微波在中药提取领域的应用研究主要有以下两方面:一是微波用于促进非(弱)极性溶剂提取中药有效成分,该研究具有较多的报道;二是微波在强极性介质(如水)溶剂提取技术中的应用。对于后者,一般有 3 种不同的工艺流程:一是微波直接辅助萃取;二是微波破壁法,即先用微波预处理润湿的原料,之后用溶剂浸提;三是微波预处理法,即对原料预先进行微波预处理,再进行微波辅助水提。

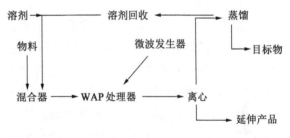

图 12-15 微波技术强化萃取过程的基本流程[45]

在微波辅助强极性介质萃取中药饮片中有效成分的过程中[45],预先对原料进行微波预处理,可使细胞结构变得疏松,减少过程阻力,从而在短时间内取得较高的萃取率。在提取工艺中,微波预处理只是一种原料预处理方式。利用微波来萃取才是整个萃取过程的重要步骤,其中物料比,微波辐射时间是影响萃取率的关键因素。与传统法比较,经微波预处理后的微波辅助萃取具有更快的萃取速率,有效物质更易溶出的优点。

因为微波的"体加热"性质,对鲜药材及时进行微波处理,不仅可快速干燥药材,保证质量和色泽,并可因为鲜药材自身所含的水分在微波场下快速蒸发气化,在短时间内急骤产生压力,造成细胞壁出现孔洞和裂纹,而大大有利于后序的萃取过程。

2. 微波技术强化萃取过程的实验设备 实验室用的微波设备可由家用微波炉改造而成。如王娟等报道的微波萃取小试设备是由 Whirlpool VIP272 双重微波系统产品改造的,微波炉功率可调,有时间设置,可测温度。微波炉原呈封闭型,因实验需要可在顶部开一小孔(Á30 mm),以便安装冷凝回流管。为防止微波泄漏,在开孔处还可加装截止波导(11 cm 长不锈钢管)。

另有报道,微波中试装置的萃取罐的规模为 30 L,微波功率可在 10~20 kW 调节。同时,在装置中采用了温度控制和液面控制设计,可在设定的温度点及低于或高于设定液面时自动启动或关闭微

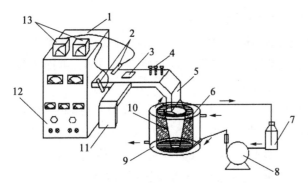

图 12-16　连续式微波强化萃取装置[45]

1. 微波发生源；2. 定向耦合器；3. 环形器；4. 微波协调器；5. 波导；6. 微波萃取器；7. 缓冲罐；8. 螺杆泵；9. 夹套；10. 倒锥形隔离器；11. 水负载；12. 微波发出源控制面板；13. 电流表

波发射，对整个萃取过程进行有效的控制。萃取罐内装有搅拌装置，可使溶剂与萃取介质充分接触；回流冷凝冷却装置使萃取罐可适合各种有机溶剂的萃取；防护罩与微波防泄漏装置可有效阻挡微波泄漏。

某连续式微波强化萃取中试装置见图 12-16。

（二）影响微波强化萃取效率的主要工艺参数

影响微波辅助萃取效率的主要工艺参数有萃取剂、微波剂量、作用时间、温度、操作压力、物料含水量及溶剂的 pH 等，其中萃取剂是首要因素[46]。

1. 萃取剂　　在操作过程中应尽量选择对微波透明或半透明（介电常数较小）的介质作为萃取剂，同时要求溶剂对于目标组分有较强的溶解能力，对后续的操作干扰小。常见的微波萃取剂有：甲醇、丙酮、乙酸、二氯甲烷、正己烷、苯等有机溶剂和硝酸、盐酸、磷酸等无机溶剂及己烷-丙酮、二氯甲烷-甲醇、水-甲苯等混合溶剂系统。应遵循以下几个原则：对于不同的基体，使用不同的萃取剂。对于物料中不稳定或挥发性成分的提取，如中草药中的精油，宜选用对微波射线高度透明的溶剂；若需要除去此类成分，应选用对微波部分透明的溶剂，这样萃取剂可以部分地吸收微波能转化成热能，从而除去或分解不需要的成分。

文献报道[47]在微波辅助萃取青蒿素的研究中采用了乙醇、三氯甲烷、正己烷、环己烷、60~90℃ 石油醚、30~60℃ 石油醚、120# 溶剂油、6# 抽提溶剂油 8 种对青蒿素有良好的溶解性能的溶剂。实验结果表明，无水乙醇和三氯甲烷明显不是合适溶剂，因为它们提取出大量浸膏，其中绝大部分是杂质，加重后续分离的难度。6# 抽提溶剂油得到最大的青蒿素萃取率。以 6# 抽提溶剂油为溶剂，微波辐射 8 min 的萃取率（84.01%）较采用相同溶剂的索氏提取法提取 6 h 的萃取率（60.35%）高出 20% 以上。同时，由于 6# 抽提溶剂油的价格便宜，所以选用 6# 抽提溶剂油作为微波辅助萃取青蒿素的溶剂。

上述 120# 溶剂油不含四乙基铅，不加任何添加剂，不含水溶性酸或碱，硫含量低，溶解力强，是一种用途广泛的有机溶剂，主要用于橡胶工业、油漆工业中，沸点为 80~120℃，密度为 653 kg/m³，产品质量执行标准：SH0004290。6# 抽提溶剂油为无色透明液体，易燃，易挥发，不含四乙基铅，硫含量少，芳烃含量低，是一种用途广泛的有机溶剂，常用于提取植物油，也可用于抽提动物骨骼中脂肪。沸点 60~90℃，密度 660 kg/m³，产品质量执行标准：SH0003290。

对于同一种物料，溶剂的使用方法不同，萃取效果也有很大的区别。在微波辐照诱导萃取香叶天竺葵挥发油的实验中[48]，将乙醇和正己烷 1:1 混合使用和单独分步萃取进行对照试验，发现混合使用虽然可以抽提或分离所需物质，但萃取的效果不如分步萃取得到的结果理想。对于同一种待处理的物料，萃取剂的用量因物料而有较大变动。一般萃取剂和物料之比（L/kg）在 1:1 和 20:1 的范围内选择。固液比是萃取过程中的一个重要因素，主要表现在影响固相和液相之间的浓度差，即传质推动力。固液比的提高，必然会在较大程度上提高传质推动力，但同时也提高了生产成本和后续处理的难度，所以溶剂比不宜过高。

2. 萃取温度和时间　　微波辅助萃取连续辐照时间与试样重量、溶剂体积和加热功率有关，通常在 10~100 s，对于不同的物质，最佳萃取时间不同。连续辐照时间也不可太长，否则容易引起溶剂的温度太高，造成不必要的浪费，还会带走目标产物，降低产率。在用微波法和溶剂法萃取番茄红素的研究中[49]，在 200 W 功率的条件下，对番茄酱及其溶剂分别在 20、40、60、80、100、120 s 加热后，测定番茄红素的萃取率。结果发现,当微波辐射时间达到 60~80 s 时,溶剂对番茄红素的提取效果最好,并以少量多次效果较好。萃取的温度应低于萃取溶剂的沸点,不同的物质最佳萃取温度不同。

一般来说,药材浸泡越充分效果越好。但淫羊藿中的淫羊藿苷及其水解酶共存同一细胞的不同部位,长时间的浸泡会使淫羊藿苷水解严重。文献报道[50],对于叶类药材,宜浸泡 30 min 左右。

3. 溶剂 pH　　文献报道[51],采用微波萃取从苹果渣中提取果胶时,保持其他条件不变,而改变体系的 pH。当 pH 在 1.9 以上时,随着 pH 的降低,果胶得率增加;但是当体系 pH 小于 1.7 时,由于酸度过高,使得果胶质水解得到的果胶进一步脱脂裂解,造成果胶得率下降。

4. 微波剂量　　剂量的选择应以最有效地萃取出目标成分为原则,一般选用的微波功率在 200~1 000 W,频率在 2 000~300 000 Hz。

微波剂量与每次微波连续辐射时间有关。微波连续辐射时间不能太长,因为一次辐射时间太长,会使系统的温度升得很高。即使是非极性溶剂也会因为与含水物料传热而升温超过溶剂的沸点,引起溶剂的剧烈沸腾,不仅造成溶剂的大量损失,还会带走已溶解入溶剂中的部分溶质,影响提取率。

那么在微波辐射总时间相同的情况下,每次连续辐射的时间即微波剂量对萃取率有无影响呢? 有人设计了 3 组实验,第一组每次接受辐射的时间为 20 s,共辐射 6 次,即 6×20 s = 120 s;第二组每次接受辐射的时间为 30 s,共辐射 4 次,即 4×30 s = 120 s;第三组每次接受辐射的时间为 40 s,共辐射 3 次,即 3×40 s = 120 s。其他实验条件相同。实验结果表明,第三组的萃取率最高,第一组的萃取率最低,三组的溶剂回收率相近。也就是说在保证系统温度低于溶剂沸点的情况下,每次微波辐射时间越大,萃取率越高。

5. 试样水分或湿度　　因为水是介电常数较大的物质,能够有效地吸收微波能产生温度差,所以待处理物料含水量的多少对于萃取率影响很大。对含水量较低的物料,一般采用增湿的方法使之能够有效地吸收微波能。此外,物料含水量的多少对于萃取时间也有很大的影响。不同特性的物料,其最佳工艺参数需依据具体的实验而定。

某微波萃取实验[52],选用:① 自然风干的西番莲籽;② 自然风干的西番莲籽加水浸泡 24 h 后用毛巾擦干表面水分;③ 自然风干的西番莲籽在恒温箱(40℃)中干燥 24 h;④ 将自然风干的西番莲籽 40 g 粉碎后加入 4 g 蒸馏水,搅拌均匀,放置 24 h。结果表明,第 4 种粉碎后直接加入蒸馏水的方法行不通。因为细胞并没有将水分完全吸收,加入与水不完全互溶的溶剂,会出现两相,多余的水分黏附在西番莲籽颗粒的表面形成膜,使物料结块,扩散阻力增大。溶剂必须扩散到水相以后,才能进一步扩散到物料颗粒表面。实验中结块等传质过程受阻现象也说明了这一点。但是浸泡使种子吸水的方法是可取的,萃取率和溶剂回收率有所增加,所得产品的色泽、气味和有效成分含量都没有大的变化。

三、微波强化技术在中药制药分离过程中的技术应用

微波辅助萃取技术是 20 世纪 50 年代,在传统有机溶剂萃取技术的基础上发展起来的一项新型萃取技术。目前,中药和天然产物采用微波技术提取生物活性成分的报道层出不穷,涉及萜类、挥发油、黄酮类、苷类、生物碱、单宁、多糖、甾体及有机酸等化学大类组分。

1. 黄酮类　　微波萃取葛根异黄酮的研究表明[53],77% 乙醇、固液比为 1∶14,在体系温度低于60℃的前提下,微波间隙处理 3 次,葛根总黄酮的浸出率可达 96% 以上。与传统的热浸提相比,不仅产率高,且速度快、节能。

以水为介质,对银杏叶进行微波萃取[54],萃取效果与传统水提及溶剂提取法提取银杏黄酮作对照。结果表明,在溶剂萃取前对银杏叶、水混合液进行短时间的微波处理,能达到提高银杏黄酮提取率及缩短萃取时间的目的。在固液比为 1∶30 的条件下,仅用 30 min 即可达到 62.3% 的提取率,与传统乙醇-

水浸提 5 h 的效果相近（提取率 64.1%），该法开辟了以水为溶剂提取银杏黄酮的新途径。

2. 苷类 通过与超声技术对于槐花中芸香苷的浸出效果的比较[55]，得出微波辅助萃取应用于药材的浸出是一种省时便捷的方法。

微波辅助萃取与乙醇热回流法的比较研究表明[56]，微波辅助萃取在高山红景天苷的提取过程中保持较高提取率的同时，大大缩短了提取时间，并且显著降低了提取液中杂蛋白的含量。

微波萃取重楼皂苷[57]，与热回流法水提从时间、次数、含量等方面进行对比，两种方法所得皂苷完全一致，表明微波并未破坏有效成分的结构。微波辐射 5 min 的效果与常规加热 2 h 相同，而且杂质含量少。用微波萃取三七中有效成分 Rg_1[58]，以正丁醇-水为萃取剂考察了不同含水量下的提取效果，发现在较低含水量下提取效果随含水量增加而增加，在 20% 处存在极值。微波水提长叶斑鸠菊叶（*V. esculenta Hemsl*）中的环烯醚萜苷也具有快速有效的特点[59]。此外，尚有从甘草中微波萃取甘草酸的报道等[60]。

3. 多糖 运用微波技术从马齿苋中萃取多糖和黄酮[61]，反应时间缩短 12 倍，多糖含量由传统方法的 6.28% 提高 8.93%，黄酮含量为 5.79%。先用石油醚、乙醚除去刺五加中脂溶性杂质[62]，用 80% 乙醇提取除去单糖、低聚糖及苷类等干扰成分后，再用微波技术及水提醇沉法制得刺五加多糖，并用苯酚-硫酸比色法对其多糖含量进行测定，多糖的含量为 5.01%。微波技术可从红景天中提取多糖[63]。提取海藻多糖的实验表明[64]，无论是提取的选择性还是提取所需的时间，微波辅助萃取均具有常规方法无可比拟的优越性，而且经 20 秒连续微波处理后，海藻糖酶已被灭活，从而防止了海藻糖的降解。

4. 萜类 采用微波辅助萃取技术提取紫杉中的紫杉醇[65]，通过与传统的甲醇浸提法对比试验，发现在 MAE 条件下，用 95% 的乙醇能够得到与传统纯甲醇提取法相同的得率。并在保持相同质量和数量及溶剂回收率的前提下，大大缩短提取时间，减少溶剂消耗量。微波提取丹参中的丹参酮 II_A 等成分[66]，操作简便、快速。在适宜条件下，如 95% 乙醇为萃取剂，微波连续辐照 2 min，液固比 10∶1，3 种丹参酮的得率等于或超过传统提取方法，避免了丹参酮类长时间处于高温下造成的不稳定，易分解的缺点。而同样的提取率，室温浸提、加热回流、超声提取和索氏抽提所需的时间分别为 24 h，45、75、90 min。采用微波辅助萃取手段从发酵前的葡萄酒样品中提取单萜烯醇[67]，在优化实验条件下（二氯甲烷 10 mL，MES1000 系统半功率下萃取 10 min），样品中单萜烯醇和其他芳香物质可有效地提取出来，回收率高、溶剂用量少、省时、样品处理方便。由于使用的是微波透明或半透明的溶剂，使提取在较低的温度下进行，避免了提取物的显著分解。

5. 挥发油 微波萃取挥发油的报道较多，微波处理对薄荷叶的不同组织有一定选择性：新鲜薄荷叶的脉管和腺体中包含水分，富含水的部位优先破壁。与传统的乙醇浸提相比，微波处理得到的薄荷油几乎不含叶绿素和薄荷酮。20 s 的微波诱导提取率与 2 h 的水蒸气蒸馏、6 h 的索氏提取相当，且提取产物的质量优于传统方法的产物[68]。

Chen 等[69]以正己烷、乙醇、正己烷与乙醇提取迷迭香及薄荷叶中的挥发油为研究体系，系统研究了微波场中的温度分布，考察了物料量、微波功率、照射时间等对微波提取的影响，并研究了微波辅助萃取提取挥发油的动力学过程。

新鲜的立比草（*Lippia sidoides*）直接在微波下照射，压缩空气通过物料将挥发油带出微波炉外后经冰水浴冷却，照射 5 min 后所得的油水混合物与 1.5 h 水蒸气蒸馏的混合物无质量上的差别，时间却大大缩短，且无须水的加入[70]。

此外，微波萃取的马郁兰油产量较高（接近 1%）[71]，其原因是微波作用的选择性，尤其是它对萜烯等成分很有效；用微波萃取鱼肝油与一般的提取方法相比，脂溶性维生素破坏较少；应用微波萃取大蒜油，在接近环境温度的情况下，萃取时间短，得到的萃取成分重复性佳，产品质量均一，热敏性成分损失少。微波萃取还用于从鼠尾草、百里香、莳萝籽、茴香、洋芫荽、龙蒿等物料中提取挥发性成分,其质量相当或优于溶剂回流、水蒸气蒸馏、索氏提取和超临界 CO_2 流体萃取的同类产品,而且具有工艺装置简单、操作方便、提取时间短、溶剂用量少、提取率高、产品纯正等优点。

影响挥发油微波提取过程的若干因素:① 根据不同植物挥发油物理化学特征,选择对应的微波功率;② 控制好微波辐射时间,微波辐射时间过长可导致挥发油中不稳定的成分降解;③ 为防止挥发油来不及冷凝就逸出而降低挥发油得率,微波功率不能太高。

运用微波技术从荆芥叶中提取挥发油[72],操作方便,装置简单,反应时间由传统方法的 5 h 减为 20 min,荆芥叶中挥发油的含量由 0.89% 提高到 1.10%。采用微波常压蒸馏法提取小茴香、乳香、荆芥穗中的挥发油[73],在产率相同的情况下,微波萃取的速度是水蒸气蒸馏提取的 15、10、20 倍。

微波萃取技术提取挥发油有两种加热方法,即直接和间接加热。间接法加热时间明显低于直接法,其原因为水介电常数很高的物质,处在 2 450 MHz 的电磁波的照射下会发生剧烈的运动,可以使周围的物质快速升温而挥散出去。因而在挥发油测定中如果中药材存在一定水分,那么油类物质会在较低的功率下、较短的时间迅速挥散掉;但是水分如果被除去,单有油类物质会因吸收微波能量相对较差,只能在高功率、长时间的情况下才能挥散掉。

6. 果胶　　依据原果胶在稀酸及加热下水解成可溶性果胶原理,可用微波萃取技术提取植物果胶。提胶时溶液 pH、温度、时间及酸的种类对果胶质量及数量影响极大。以柚皮为原料在微波条件下用硫酸溶液提取果胶[74],结果发现微波辐射时间的延长有利于柚皮中的果胶质充分转移到液相中,果胶的产率不断提高,但增长的趋势随时间延长而趋于缓和。辐射时间过长,溶液中的果胶质可能在较高温下的酸性环境下发生了降解,导致产量下降。与传统的方法相比,微波辐射能大大加快组织的水解,使果胶提取的时间由传统方法的 90 min 缩短到 5 min,样品的质量好,除灰分稍高外,其平均相对分子量,果胶的性能、色泽、感观等指标都有所提高。

对用传统提取工艺和微波辅助萃取果胶后橘皮组织的显微结构研究证实,微波处理对橘皮细胞有膨爆作用。在微波辅助萃取条件下,橘皮中果胶的提取是一快速的组织崩解过程,这一过程使提取时间由通常的 1 h 以上缩短到 5 min,且果胶得率和品质提高。橘皮用微波加酸液提取果胶,与传统法相比,工时缩短 1/3 左右,酒精用量节约 2/3,且耗能低,工艺操作容易控制,劳动强度小,产品质量有保证,在色泽、溶解性、黏度等方面更佳[75]。

7. 生物碱　　微波水提白屈菜中生物碱[76],得率大大超过超临界流体萃取。从羽扇豆中提取鹰爪豆碱[77],在优化实验条件下,微波辅助萃取可将产率由传统的 52%±3% 提高到 80%±3%,且省时、省溶剂。微波水提木贼麻黄中麻黄碱[78],省时便捷。另外,亦有报道从千里光、烟草、古柯叶等植物中微波辅助萃取生物碱[79-81]。

8. 其他成分　　Hao J Y 等[82]运用微波辅助萃取法,提取黄花蒿中的青蒿素,随着粉碎度和辐射时间的增加,青蒿素的得率在增加,并最终趋向于稳定,辐射时间以 12 min 为宜,溶剂比大于 11 结果较好。微波水提大黄中游离蒽醌[83],提取效率明显高于常规浸煮,同 95% 乙醇回流法相当,但提取时间大为缩短。在甲醇溶液和水相存在下,微波炉内加热 30 s,连续萃取和皂化,结果表明,微波辅助萃取总麦角甾醇与传统溶剂萃取效果相当,但明显优于超临界流体萃取[84]。

第五节　超声波强化过程工程原理与技术应用

超声波应用的研究由来已久。最早可溯源于 1880 年居里发现电压现象及 1893 年 Galton 发现超声哨子时。自 20 世纪 50 年代起,超声波在各个领域的应用研究日益增多,已有超声波在化学化工中的应用报道问世。1986年，第一次声振化学（sonochemistry）会议，声振化学的发展已与光化学、激光化学、热化学和高压化学相提并论，引起了工业界和学术界的兴趣。

目前超声波在生物医药领域已广泛应用于医学诊断与治疗、药学、环境保护、食品工业、生物工程等方面。近年中药制药领域，采用超声强化提取过程的研究与工业应用也取得可喜进展。

一、超声波技术强化中药制药分离过程的原理

类似声波，超声波是物质介质中的一种弹性机械波，仅是具有不同频率。物理学规定，高于20 kHz的是超声波，上限可高至与电磁波的微波区（>10 GHz）重叠。20~100 kHz的超声波具有能量作用，可用于清洗、塑料熔接及许多化工过程。2~10 MHz的超声波作为传播作用，用于医学扫描、化学分析及松弛现象的研究。

在相同传质领域里用超声波强化最多的是液固萃取。高频和低频都能强化萃取，但低频时达到同样的强化程度小于高频。与液固萃取相比，超声波用于液液萃取的报道要少一些。

超声波产生的脉动和控制的空化作用可以大大增加湍流强度及相接触面积，从而强化传质。萃取效果随声强而呈线性地增加，而频率似乎影响不明显。

（一）超声波技术的作用原理及其导致的技术特征

1. 超声波的产热机理[85] 与其他形式的能一样，超声能也会转化为热能。生成热能的多少取决于介质对超声波的吸收，介质吸收超声波及内摩擦消耗，使分子产生剧烈振动，超声波的机械能转化为介质的内能，引起介质温度升高，这种吸收声能所引起温度升高是稳定的。超声波的强度愈大，产生的热作用愈强。控制超声波强度，可使药物组织内部的温度瞬间升高，加速有效成分的溶出，而不改变成分的性质。

2. 超声波的机械作用机理 超声波的机械作用主要是辐射压强和超声压强引起的。辐射压强可能引起两种效应，其一是简单的骚动效应；其二是在溶剂和悬浮体之间出现摩擦。这种骚动可使蛋白质变性，细胞组织变形。而辐射压将给予溶剂和悬浮体以不同的加速度，使溶剂分子的速度远大于悬浮体的速度，从而在它们之间产生摩擦。该力量足以断开两碳原子之键，使生物分子解聚。

超声波的机械振动作用加强了胞内物质的释放、扩散及溶解，被浸提的物质在被破碎的瞬间生物的活性保持不变。

3. 超声波的空化作用机理 由于大能量的超声波作用于液体，当液体处于稀疏状态下时，液体会被撕裂成很多小的空穴。这些空穴可在一瞬间闭合，闭合时产生瞬间高压，即称为空化效应。

超声波在媒质中传播可产生空化作用，空化作用产生极大的压力可瞬间造成生物细胞壁及整个生物体破裂。这种空化效应可细化各种物质及制造乳浊液，加速待测物中的有效成分进入溶液，进一步提取可以增加有效成分提取率。

超声波空化气泡的振荡及其体积大小呈周期性的变化，可在相界面处起到混合和乳化的作用，尤其是在液液界面处空化核的崩溃闭合产生的湍动效应和微扰效应对混合与乳化起的作用更为显著。过程的运动得到强化，并且超声场的介入有时可改变原有的相界面平衡关系，提高过程的收率。

超声波空化作用过程伴随的物理效应可归纳为4种。① 机械效应：体系中的声冲液流、冲击波微射流等；② 热效应：体系局部的高温、高压及整体升温；③ 光效应：声致发光；④ 活化效应：水溶液中产生羟基自由基。4种物理效应并非孤立，而是相互作用、相互促进，为物理化学过程提供了一种特殊的环境。超声波在提取中可以有效破碎细胞壁或者包埋结构的外层，改变物质扩散，释放出内容物，提高提取率。超声波能加速多相扩散的作用，在中药提取和功能因子提取中具有巨大的应用潜力。而多相扩散一般是各种加工过程中最缓慢的一道工序，因此将超声波技术运用到中药提取来，对中药提取技

术的改进具有重要意义。

超声波空化作用瞬间温度可高达 5 000℃,脉冲压力达 $5×10^4$ kPa,脉冲的持续时间很短,涉及声化学、光化学等作用,产生巨大能量。其参与化学反应的几种能量形式如图 12-17 所示。

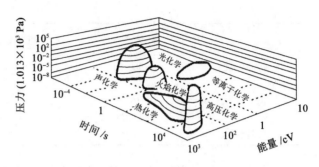

图 12-17 参与化学反应的几种能量形式[85]

4. 其他方面的作用机理 除上述 3 种作用原理外,还发现超声波能使悬浮于气体或液体中的微粒聚集成较大颗粒而沉淀,凝聚作用对提高提取率和缩短提取时间均起重要作用。凝聚作用与超声作用时间、强度、频率有关。声强高时,可在较短的时间取得好的凝聚效果。超声波的凝聚作用还与粒子的大小、性质和浓度有关。

超声波还有其他方面的一些作用,如化学作用、生物作用等。其中一些已能用上述基本作用原理作初步说明,有一些至今还不能圆满解释。应该指出,超声波的作用效果不仅取决于超声波的强度、频率、作用时间等,而且还应与被提取物的结构有一定关系,但鲜见这方面的文献报道。

(二)超声波技术强化中药提取过程的作用特点

1. 提取效率高 超声波独具的物理性能促使植物细胞破壁或变形,使中药有效成分提取更充分,提取率比传统提取方法提高 50%~500%,可以节约宝贵的药材资源。同时提取药液杂质少,有效成分易于分离、纯化。

2. 无须高温,能耗低 超声波提取中药材的最佳温度为 40~60℃,对遇热不稳定,易水解或氧化的药材中有效成分具有保护作用;温度可以实现自动控制,不会破坏热敏性药物的药性。同时可大大降低能耗。

3. 提取时间短 超声波强化中药提取通常在 20~40 min 即可获得最佳提取率,提取时间较传统方法可缩短 2/3 以上,大大提高了药材原材料的处理量。另外,提取更充分,节约能源,减少投资。

4. 适应性广 超声波提取中药材不受药材成分极性、分子量大小的限制,适用于绝大多数种类中药材的各类成分的提取。操作简单易行,设备维护、保养方便。

5. 对酶的特殊作用 低强度的超声波可以提高酶的活性,促进酶的催化反应,但不会破坏细胞的完整结构;而高强度的超声波能破碎细胞或使酶失活。

中药中存在大量有生物活性的苷类及许多能促进相应的苷酶解的酶。因此,如何在植物有效成分的提取中,利用超声波对酶的双向作用,解决由酶引起的种种问题,有待于今后进一步的研究。

6. 超声波提取与其他提取技术的比较 超声波提取与常用提取方法的常规工艺条件比较可参见表 12-13。多种技术提取冬凌草甲素的比较研究结果见表 12-14[86]。由该表可知,传统提取方法的共同特点是:提取时间长,效率低,溶剂用量大,操作相对费时麻烦,提出冬凌草甲素的含量也不是最高。而超声波与微波两种工艺则具有溶剂用量少,提取时间短的优点。尤其是超声法,虽提取时间比微波法长,但提出的冬凌草甲素的量相对最高。

表 12-13 超声波提取与常用提取方法的比较[86]

	索氏提取	超声波提取	微波萃取	超临界流体萃取
样品量(g)	5.00~10.00	5.00~30.00	0.50~1.00	1.00~10.00
溶 剂	根据需要选择	根据需要选择	根据需要选择	CO_2

续 表

	索 氏 提 取	超声波提取	微 波 萃 取	超临界流体萃取
溶剂体积(mL)	>300.00	300.00	10.00~20.00	5.00~25.00
温　度(℃)	沸点	室温	可控	50,200
时　间	16 h	30 min	30~45 s	30~60 min
压力(Pa)	环境压力	环境压力	1.0~5.0	150.0~650.0
相对能耗	1.00	0.05	0.05	0.25

表 12 - 14　超声波萃取与微波提取方法和常用提取方法的比较[86]

方　　法	溶剂用量(倍)	时　　间	次　　数	冬凌草甲素含量(%)
渗　漉	30	72 h	—	0.657
冷　浸	20	6d	2	0.627
回　流	30	12 h	3	0.584
超　声	6	1 h	2	0.768
微　波	8	6 min	1	0.621

另有报道指出,超声波提取并不如其他提取技术优越。如分别用直接浸泡、索氏提取、超声提取茶叶中咖啡因时,发现超声波处理 120 min 咖啡因提取率虽略高于直接浸泡法,却远远低于索氏提取 120 min 提取率。出现这种情况的原因可能是,超声波提取 120 min 产生的热效应只会使溶剂温度升高到 60℃,未达到溶剂乙醇 78.5℃的沸点,超声波的提取率在此超声时间内未达到最大值。

再如,从金银花中提取绿原酸,用乙醇回流法比超声波提取率高。以水为溶剂,用多种方法从中药麻黄中提取麻黄碱和伪麻黄碱,其浸提效果依次为：动态温浸法、冷冻渗漉法、水煎法、超声波提取、微波萃取、冷浸法。

二、超声波过程强化技术的构成

(一) 超声波技术强化提取过程的工艺流程与实验设备

1. 超声波提取技术的工艺流程[87]　　超声波提取工艺流程如图 12 - 18 所示。其中,换能器制作工艺应达到下列要求。① 环境温度：-20~40℃；② 大气压力：86~106 kPa；③ 气密性试压：0.15 MPa 浸入式振合不变形,振子不脱落；④ 电源电压：220 V±10%,50 Hz±1% 正常工作。

2. 超声波提取的实验设备　　超声波设备基本组成如图 12 - 19 所示。

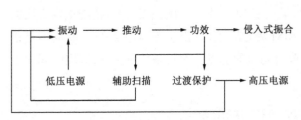

图 12 - 18　超声波提取工艺流程示意图[87]

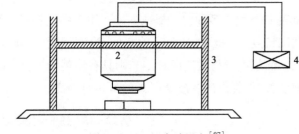

图 12 - 19　超声波设备[87]

1. 反应台；2. 超声波发射器；3. 金属支架；4. 变压器

(二) 影响超声波强化提取效率的主要工艺参数[88]

1. 超声波频率　　超声波的热效应、机械作用、空化效应是相互关联的。通过控制超声波的频率与强度,可以突出其中某个作用,减小或避免另一个作用,以达到提高有效成分提取率的目的。

超声波作用于生物体所产生的热效应受超声波频率影响显著。一般来说,超声波频率越低,产生的空化效应、粉碎、破壁等作用越强。强烈空化效应使溶剂中瞬时产生的空化泡迅速崩溃,促使植物组织中的细胞破裂,溶剂渗透到植物细胞内部,使细胞中的有效成分进入溶剂,加速相互渗透、溶解。故在超声波作用下,无须加热也可增加有效成分的提取率。

许多实验证明,中药有效成分的提取在低频超声条件下,并不改变药物成分。超声波频率越低,药物有效成分提取率越高。但超声波频率越低,空化作用越强,对植物组织的损伤越强,有可能带来一些不期望的结果。20 kHz 最低频率超声波是否对药物有效成分造成破坏作用,还有待于进一步研究。

另外,对某些植物,超声波提取使用的频率越高,有效成分提取率反而越高。这说明超声波频率对有效成分的影响与组分的化学形式、生物形式及存在的环境、生物体相关。

除频率、强度外,超声波参数还包括占/空比。占/空比的变化实际上是脉冲频率的变化,但目前未见超声占/空比的改变对药物有效成分提取的影响的研究报道。

2. 超声波强度　　超声波的频率越高越容易获得较大的声强。考虑到超声波与介质相互作用时,超声波强度更起决定性作用。一般情况下,超声波强度为 0.5 W/cm^2 时,就已经可产生强烈空化作用。

如不同强度超声波提取益母草粉中益母草总碱,发现提取率随超声波强度的增大而减少。而从大黄中提取大黄蒽醌,随超声波强度的增加,提取率变化不是太大。

3. 超声波作用时间　　超声波提取法最大的优点是收率高,不用加热,还能大大缩短提取时间。超声波提取时间对药物提取率和对中药有效成分的影响已引起人们广泛注意。大致有这样 3 种情况。

(1) 一些有效成分提取率,随超声波作用时间增加而增大。

(2) 提取率随超声波作用时间的增加逐渐增高,一定时间后,超声波作用时间再延长,提取率增加缓慢。

(3) 提取率随超声作用时间增加,在某一时刻达到一个极限值后,提取率反而减小。

造成药物有效成分在超声波作用达到一定时间后,提取率增加缓慢或呈下降趋势的原因可能有两个:一是在长时间超声波作用下,有效成分发生降解,致使提取率降低;二是超声波作用时间太长,使提取粗品中杂质含量增加,有效成分含量反而降低,影响提取率的增加。采用超声技术从黄芩中提取黄芩苷时,随超声波作用时间的延长,黄芩苷粗品越来越多,提取率也随超声波作用时间的增加而增加,但黄芩苷纯品在粗品中的含量却在超声波作用 40 min 后达到一个极限值,以后随超声波作用时间的增加,其含量反而逐渐减小。在应用超声提取技术时,应充分考虑杂质与有效成分相对比例的评价。

4. 溶剂浸渍时间　　采用超声波技术将植物中的有效成分大部分提出,往往需要用一定溶剂将药材浸渍一段时间,再进行超声处理,这样可以增加有效成分在溶剂中的溶解度,提高提取率。这已成为中药有效成分的超声波提取的一种程序,且显现出优越性。

5. 溶剂的选择　　溶剂选择是否得当将会影响待提取样品中有效成分的提取率。在选择提取溶剂时,最好结合有效成分的理化性质进行筛选,如在提取皂苷、多糖类成分,可利用它们的水溶性特性选择水作为提取溶剂;在提取生物碱成分,可利用其与酸反应生成盐的性质而采用酸提的方法。

6. 温度的选择　　温度对超声波提取中药有效成分的提取率也有一定影响。如采用正交试验设计法[89],以超声波功率、超声波作用时间、提取温度、溶剂体积分数为因素,寻找提取连钱草总黄酮的优化条件。考虑到温度过高乙醇挥发严重,而且杂质溶出增加;温度过低,影响黄酮在乙醇中的溶出,选取 20、30、40℃为温度设计的 3 个水平。实验结果表明,提取温度对提取效果有极显著的影响,提取温度以40℃为佳。分析原因认为,适度增加温度有利于提高溶剂的溶解度,但温度过高导致溶剂挥发而使溶剂浓度减小。

三、超声波强化技术在中药制药分离过程中的技术应用[90]

实践证明，超声波辅助提取技术应用于中药有效成分提取、分离与制备工艺，可以大大缩短时间，提高有效成分的提取率；同时，低温提取有利于有效成分的保护等优点。

1. 生物碱类　　从黄连根茎中提取小檗碱，将 20 kHz 超声波处理 30 min 与酸浸泡 24 h、碱性浸泡时间 24 h 的提取率作比较，结果表明超声提取法的提取率最高，用核磁共振波谱仪对提取物进行比较、将提取产物经紫外分光光度法和高效液相色谱法的检验，证明超声波对提取物的结构没有影响，杂质含量亦较少。

从川黄柏中提取小檗碱，用 20 kHz 超声波处理 30 min 时的提取率比硫酸浸泡 24 h、饱和石灰水浸泡 24 h 的提取率都高，而且也没有改变小檗碱的结构。用超声波从曼陀罗、萝芙木、吐根、耶仆兰胡椒、金鸡纳、天麻、颠茄、罂粟、马钱子、益母草、北草乌、延胡索、人工冬草等植物中提取各种生物碱均可得到同样的效果。

2. 苷类　　由于苷类常与能水解苷的酶共存于植物细胞中，因此在提取苷时，必须设法抑制和破坏酶的活性。黄芩根茎中提取黄芩苷，应用 20 kHz、0.5 W/cm^2 超声波处理 10 min 的提取率就高于煎煮 3 h 的提取率，且黄芩苷成分不变。

据有关资料介绍，还可用超声波提取刺五加中的紫丁香苷、侧柏叶中的槲皮苷、鹿衔草中的熊果苷，及淫羊藿苷、白藜芦醇苷、陈皮苷等。

3. 蒽醌类　　蒽醌类衍生物一般都采用乙醇或稀碱性水溶液煎煮提取，因在提取过程中长时间受热而破坏其中的有效成分，提取率较低。应用超声波从大黄中提取蒽醌类成分的研究表明：超声波处理 10 min 的总提取率比煎煮 3 h 的总提取率高，且无须加热；用纸层析及高压液相色谱法对两种方法的提取产物进行分析，表明超声波处理对产物结构并无影响。

对含有大量蒽醌苷类衍生物的何首乌、大黄、番泻叶采用超声波提取，也避免了蒽醌类物质因久煎而失效。可见超声波提取不但能加速植物中的有效成分进入溶剂，而且有利于溶剂渗入植物组织细胞中，增加有效成分在溶剂中的溶解度，缩短提取时间、提高提取率。

4. 黄酮类　　据报道，用 19.58 kHz 超声波处理银杏叶，在相同温度、相同时间下提取黄酮苷，其提取率与常规水浸提法相比大大提高，两者相差 2.6 倍左右。郭孝武从槐米中提取芸香苷，用 20 kHz 超声波处理 30 min 与热碱提取-酸沉淀相比，提取率提高 47.6%；王昌利同样也从槐米中提取芸香苷，用超声波提取 40 min 的提取率为 22.53%，是目前大生产提取率的 1.7~2 倍，可节约原药材 30%~40%，而用浸泡 48 h 的提取率仅为 12.23%。据有关资料介绍，还可用超声波提取山楂、水芹中的总黄酮等。

5. 皂苷类　　总皂苷元的传统提取方法多采用有机溶剂回流或浸取法，得率往往较低，而且生产周期长，能耗高。如超声提取菝葜总皂苷元的最佳工艺条件为：提取溶剂为 95% 乙醇，超声波功率 1.6 kW，超声波提取 3 次，每次 20 min。与传统方法相比，具有收率高、生产周期短、不用加热、有效成分不被破坏等优点。

又如，从穿山龙根茎中提取主要有效成分薯蓣皂苷，用 20 kHz 超声波处理 30 min 的提取率是 75% 乙醇浸泡 48 h 的 12 倍；用 1 MHz 超声波处理 30 min 的提取率是 75% 乙醇浸泡 48 h 的 1.34 倍。在对西洋参总皂苷含量测定时，超声波作用 15 min 的提取率与索氏提取 6 h 的一致，但超声波提取法的取样量小、所用溶剂少、检验周期短。应用超声波提取白头翁总皂苷，操作程序大大简化、缩短了提取时间，提高了产品的产量和纯度，并可避免常用提取方法所出现的乳化问题。用 RP-HPLC 法测定复方炙甘草颗粒中甘草酸的含量，超声波提取法与索氏提取法相比，超声 30 min 时就可提取完全。绞股蓝、党参、刺五加、人参根应用超声波提取皂苷，与传统方法相比，也具有省时、节能、杂质少、提取率高等优点。

6. 多糖类 用 45 kHz 超声波从新疆枸杞子中提取多糖,超声波提取 25 min 的提取率为 9.83%,比索氏提取 2 h 高 30%以上,提取时间则缩短 5 倍以上。从茯苓中提取水溶性多糖,用超声波处理 1 h 比冷浸 24 h 和热浸 1 h 高 30%。对真菌多糖如虫草多糖、香菇多糖、猴头多糖等的超声波催化酶法提取的机理、优化方案、降解产品的组分和结构进行系统研究的结果表明,与传统的工艺方法相比,超声波催化酶法操作简单、提取率高,反应过程无物料损失,无副反应发生。此外,超声波还用于提取多种葡聚糖、金针菇多糖、灵芝多糖、芦荟多糖、海藻多糖等。

7. 有机酸类 与药典法制备当归流浸膏的工艺相比,超声波制备当归流浸膏不仅可提高浸提效率,缩短生产周期,还提高了总固体和有效成分阿魏酸的含量。

8. 芳香油类 用 29.6 kHz、$3\sim6.2$ W/cm² 超声波提取宽叶缬草中的缬草精油,提取率有明显的提高。从橘皮中提取橘皮精油,以二氯甲烷作溶剂,用 20 kHz 超声波提取 10 min 的提取率比直接浸泡 2 h、加热蒸馏 2 h、水蒸气蒸馏 2 h、索氏提取 2 h 的提取率都高 2 倍以上;将各种方法所得橘皮精油直接进入气相色谱分析,发现超声提取法所增加的提取物重量是不挥发性成分的重量,这可能是由于超声波空化作用使得不挥发组分进入溶剂,使提取率增加。

9. 淀粉类 超声波可激活某些酶与细胞参与的生理生化过程,通过改变反应物的质量传递机制,提高酶的活性、加速细胞的新陈代谢过程。超声波用于淀粉的降解,可显著增加淀粉在水中的溶解度而保留明显的淀粉特征,但超声波多次处理后酶活性有所降低。

10. 其他成分 中药中的氨基酸、蛋白质、酶等成分,也可应用超声波进行提取。如从盐藻中提取 β-胡萝卜素,在 20℃时采用超声波对盐藻进行破碎,使 β-胡萝卜素能快速、高效地进入水溶液等提取介质,盐藻的完全破碎率可达 87%;采用 $20\sim50$ kHz、电压 60 V 超声波处理龙须藻 10 min 即可得到完整的藻胆体,用以研究藻胆体的光谱性质。

超声波在提取蛋白质方面也有显著效果,如用 550 W/cm²、20 kHz 超声波既能将经过高压或热处理过的脱脂大豆料坯中的蛋白质粉碎,也可将 80%的蛋白质液化,且又可提取对热不稳定的蛋白成分。

11. 在处理中药分析样品等方面的应用 用三维 HPLC 法测定茵陈蒿汤中 6,7-二甲氧基香豆素时,以甲醇为溶剂,用超声波振荡 10 min 制备样品,比热水法简单、使用方便。逍遥丸中的当归及香砂养胃丸中的木香、厚朴等指标成分的提取,用回流法需要 30 min,而超声波提取只需 15 min。显然超声波提取法简单、快速、准确度高,同时可减少回流前后称重、补足溶剂所带来的误差。

在测定基因工程菌的总蛋白、计算外源基因表达产物的量时,用 160 W/cm² 超声波处理 $20\sim30$ min 将细菌细胞破碎后,再用 0.1 mol/L 的 NaOH 处理样品,以 Lowry 法测定细菌总蛋白含量,测出的值更接近于真实含量。

第六节　膜分散技术及其强化反应过程研究[91]

一、膜分散技术的原理与特点

膜分散技术的工程原理[91]:待混合的两股流体分别在膜两侧流动,分散相一侧的压力大于连续相一侧的压力,在压力的作用下,分散相一侧的流体透过膜孔,在流动相流动剪切力的作用下从膜面脱除,以小液滴/气泡的形式分散至连续相流体中混合,继而实现流体间的传递与反应过程。其技术核心是将具有纵横交错、互相贯通多孔通道的膜作为流体分散的媒介,通过系统的集成,耦合具体的工艺,而实现流体的高效混合、传递和反应。

该技术的实际应用,可面向应用的需求,采用适当的有机或者无机膜材料,调控膜孔径及其分布、膜孔道结构等膜微结构参数和膜的表面性质，选择适当的操作条件，如两相流速、压力、温度，以及改变液相性质，如黏度、表面张力等，可以形成微米级的小液滴/气泡[92,93]。由于流体分散尺度较小，可以提供比传统过程更大的接触面积，显著提高相间传质效率，实现高效混合和传递性能[94]。将膜分散技术与反应器进行耦合，可实现连续操作，大幅降低生产成本[95]。相同条件下，由于传质速率高，停留时间长，可有效改善反应物的浓度及其分布，提升反应效率，提高目的产物的选择性，时空收率可高于间歇反应器。此外，多孔膜是具有大量微孔道的材料，犹如成千上万个微通道混合器的并联操作，因此膜分散混合还具有处理量大、能耗小的特点。

二、膜分散技术的传质强化作用

膜分散技术已在化工行业得到推广应用，如采用膜分散技术分散液相或者气相反应物，可以控制液滴或者气泡的粒径及其分布，可控获得具有均匀尺寸和规则形貌的单分散微纳米颗粒；实现反应物料之间的快速高效混合，提升多相催化反应中反应物的转化率和目标产物的选择性。同样，膜分散技术亦可在基于化工技术的中药制药分离工艺技术领域大有用武之地。

1. **膜分散强化气液两相流的传质特性**　近年，中药发酵工程作为生物制药与中药制药交叉创新研究的一个重要领域方兴未艾，发酵釜中氧气等气体的连续输送与均匀分布是关键技术之一。此外，制药污水处理所利用的生物（由微生物群组成），包括细菌群、小型的后生动物、原生动物等。生物中又分为好气性生物和嫌气性生物。膜在此处所起的主要作用之一是：固定微生物群。常见的利用好气性生物处理排水的流程，是在微生物反应池（称为曝气槽）中，让有机物在有氧情况下，通过好气性微生物的作用，或被氧化分解，或被微生物增殖所利用，变为污泥从排水中分离除去。

研究表明，膜分散技术可强化气液两相流的传质特性，如：① 采用膜分散制备得到的微气泡体系，可提升传质性能。单管膜和多孔板的传质性能对比研究表明，使用膜分布器可以获得更高的气含率和体积传质系数，主要归因于采用膜分布器制备可得到更多更小的气泡，气体在反应器中轴向和径向的运动，有效增加了液相的湍动[96]；② 使用孔径为 500 nm 氧化铝陶瓷膜作为膜分布器向反应器内进氧，反应器内体积溶氧系数达到 1 183 h^{-1}，约是直接通入氧气方式的 8 倍[97]；③ 相比于平板膜，管式膜布气可以获得更大的相间面积，体积传质系数 K_a 是平板膜的 1.2～1.9 倍[98]。上述①～③项目研究及其结果，虽是针对化工产业而开展、获取的，但对中药发酵及中药制药污水处理仍具有重要借鉴意义。

膜孔径、气相流速、液相流速和液相性质的变化会带来气液传质行为的变化。与传统分布器相比，使用多通道陶瓷膜作为分散介质制备大量微气泡，膜分散具有更大的气含率、体积传质系数和平衡溶解氧浓度。膜孔径越小越有利于气含率和体积传质系数的提升。随着错流速度的增大，气含率和相间面积先增大后减小，体积传质系数先增大后保持不变；随着表观气速的增大，气含率、相间面积、体积传质系数均增大。液体黏度的增大，使得气含率和相间面积随之增大。不同的错流速度条件下，体积传质系数随黏度的变化呈现不同的规律。低错流速度下操作时，体积传质系数随着黏度的增大而减小，且与表观气速无关；高错流速度下操作时，体积传质系数随着黏度的增大而增大。相间面积和体积传质系数随着表面张力的减小而增大，操作条件和表面张力共同影响体积传质系数的变化。

2. **膜分散强化催化反应过程**　近年来在生物制药、发酵等行业废水防治领域得到大力推广的膜生物反应器，是膜分离与反应的耦合装置。制药企业的工艺用水量占总用水量的 70% 左右，所产生的工业废水因药物产品、生产工艺的不同而差异较大。中药制药工业废水水质成分复杂、有机污染物种类多、浓度高；COD 浓度高，一般为 14 000～100 000 mg/L，有些浓渣水甚至更高；生化需氧量（BOD）/化学需氧量（COD）一般在 0.5 以上，适宜进行生物处理；混合液中活性污泥浓度（SS）高，色度深；氨氮（NH_3-N）浓度高、pH 波动较大。即将于 2010 年实施的"中药制药工业污染物排放标准"除了常规综合性控制指标外,还将总氰化物与急性毒性 96 h LC_{50} 值(半致死浓度)作为废水毒性控制指标。膜生物反应器技术可为实现上述排放标准提供有力的技术支撑。

而酶膜反应器作为膜生物反应器的一种,主要作用是利用酶的催化功能,促使相关的生物反应,其主要应用,一是通过生物大分子的酶解,起着强化中药提取过程,提高目标成分得率等作用。二是利用酶作为生物催化剂,对中药化学成分进行生物转化,修饰其结构或活性位点,从而获得新活性化合物。同时,酶催化反应具有反应选择性强(立体选择性和区域选择性)、条件温和且副产物少、不造成环境污染及后处理简单等优点。如以黄芪为诱导物,从 *Absida sp. A3r*、*A84r*、*A9r*、*A8r*、*A38r*、*ARr* 6 株菌中筛出能够产水解黄芪皂苷糖基的酶的菌株,将多糖基的皂苷降解成低糖基的皂苷,从而提高该类物质的活性。

对于膜反应器,底物、产物及氧气透过膜的扩散速度——或在固定化细胞或酶间的扩散速度往往是整个过程的控制因素。但此类酶催化生物反应通常存在反应效率低、能耗高、污染大等问题。原因在于反应体系中气液相界面小、物质传递速率低而导致反应速率低,以致工业上通过其他手段来加速反应。因此,需要强化气液传质,提升催化反应速率。其中,针对温度、压力、溶剂、酸碱等多种因素构成的复杂环境,具有优异材料稳定性的无机膜相对于有机膜更具有应用潜力。陶瓷膜是以氧化铝、氧化锆、氧化钛等无机陶瓷材料经高温烧结而成的非对称膜。与不锈钢膜相比,陶瓷膜的孔径更精细化,同时构型也更多样化。利用陶瓷膜作为气液分散系统制备的媒介,耦合气升式反应器、浆态床反应器及固定床反应器等多种反应器,可以提高反应速率,提升反应效果。

3. 基于膜分散原理的微型给药系统的膜乳化技术　　在药剂学中,将直径在 $10^{-9} \sim 10^{-4}$ m 范围的分散相构成的分散体系称为微粒分散体系,由微粒分散体系可构成多种给药系统(drug delivery system,DDS)。粒径在 $500 \sim 100$ μm 范围内属于粗分散体系 DDS,主要包括混悬剂、乳剂、微囊、微球等;粒径小于 1 000 nm 属于胶体分散体系 DDS,主要包括脂质体、纳米乳、纳米粒等。现在 DDS 的研究热点主要在微乳、微球、微囊、脂质体这几方面。

面向中药微型 DDS 制备的膜乳化技术近年来异军突起,发展迅速。膜乳化原理如图 12-20 所示,连续相在膜表面流动,分散相在压力作用下通过微孔膜的膜孔在膜表面形成液滴。当液滴的直径达到某一值时就从膜表面剥离进入连续相。溶解在连续相里的乳化剂分子将吸附到液滴界面上,一方面,降低表面张力,从而促进液滴剥离膜表面;另一方面,还可阻止液滴的聚集和粗化。根据所用膜与油或水的亲和特性,膜乳化过程可制得 O/W 型或 W/O 型的乳状液。

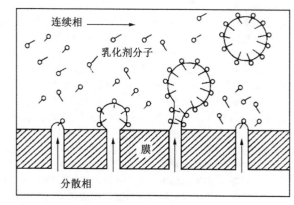

图 12-20　膜乳化原理示意图[99]

影响膜乳化过程的参数主要包括膜微孔孔径和分布、膜的孔隙率、膜表面类型、乳化剂类型及含量、分散相流量、连续相速度、温度和操作压差等。研究表明,在其他参数确定的情况下,乳液液滴的粒径大小与所用膜的孔径呈线性关系,在膜孔径尺寸分布充分窄的情况下,可以制得单分散乳液。

将膜分散技术引入微型给药系统制备过程,大幅提高了工作效率。制备得到的材料具有球形度高、分散性好、粒径小且分布范围窄的特点,且所得颗粒粒径可控。此外,膜分散操作的后处理工艺简单,且可实现连续操作,适用于规模化生产。

膜的微结构,包括孔径、孔径分布和孔隙率,是影响乳液尺寸的重要因素。若膜孔径变小,分布足够窄,就可以得到单分散的尺寸更小的乳滴;膜的孔隙率决定了相邻孔间的距离。高孔隙率下,孔越接近,在膜表面乳滴分离前其聚并的可能性越大；若孔隙率太低，则分散相通量很小，影响乳化产品的产量。膜乳化过程也受到跨膜压力及连续相流速等操作参数的影响。膜乳化的压力介于临界压力与膜能承受的最大压力之间，一般向分散相施加略大于毛细作用力的压力，将分散相压过膜孔，以获得单分散的液滴。膜乳化与悬浮聚合、溶剂蒸发、溶胀聚合等方法相结合，可制备得到一系列单分散且尺寸可控的高分子微球。

参 考 文 献

[1]　陈欢林. 新型分离技术. 北京：化学工业出版社，2005：341－356.

[2]　周如金，宁正祥，陈山. 膜技术与过程耦合. 现代化工，2001，21(8)：20－24.

[3]　李志义，刘学武，张晓冬，等. 超临界流体与膜过程的耦合技术. 过滤与分离，2003，13(4)：16－19.

[4]　刘涛，金小宝，尹辉，等. 特定分子量明胶多肽分离分级及其过程特征分析. 中国医药工业杂志，2012，43(12)：983－985，1030.

[5]　J IAO B，CASSANO A，DRIOLI E. Recent advances on membrane processes forthe concentration of fruit juices：A review. Journal of Food Engineering，2004，63：303－324.

[6]　鲁传华，贾勇，张菊生，等. 麻黄及黄连生物碱膜提取方法的研究. 中成药，2002，24(4)：251－253.

[7]　莫凤奎，王晶，王焕青. 乳状液膜法提取北豆根总碱. 沈阳药科大学学报，1996，13(4)：278－281.

[8]　孙宏伟，陈建峰. 我国化工过程强化技术理论与应用研究进展. 化工进展，2011，30(1)：1－14.

[9]　朱长乐. 膜科学技术. 北京：高等教育出版社. 2 版，2004.

[10]　林彦萍，张美萍，王康宇，等. 人参皂苷生物合成研究进展. 中国中药杂志，2016，41(23)：4292－4302.

[11]　顾辽萍. 膜法处理高浓度制药发酵废水技术. 水处理技术，2005，31(8)：78－79.

[12]　刘莱娥，蔡邦肖，陈益棠. 膜技术在污水治理及回用中的应用. 北京：化学工业出版社，2005.

[13]　韩鲁佳，阎巧娟，江正强，等. 黄芪多糖及皂苷提取工艺研究. 农业工程学报，2000，16(增刊)：116－118.

[14]　袁铸人，郭立玮，彭国平，等. 气相色谱法检测 AB－8 大孔吸附树脂残留物及醋酸纤维素膜截留残留物的研究. 南京中医药大学学报(自然科学版)，2002，18(2)：96－97.

[15]　郭立玮，陈丹丹，高红宁，等. 陶瓷微滤膜防治苦参水提液对 AB－8 树脂毒化作用的研究. 南京中医药大学学报，2002，18(1)：24－26.

[16]　姚康德，成国祥. 智能材料. 北京：化学工业出版社，2002：122－123.

[17]　张艳斌，崔元璐，何永志. 分子印迹技术与中药研究. 中药材，2008，31(4)：616－619.

[18]　CHEN X，YI C，YANG X，et al. Liquid chromatography of active principles in Sophora flavescens root. J Chromatogr B Analyt Technol Biomed Life Sci，2004，812(122)：149－163.

[19]　林喆，罗艳，原忠. 分子印迹技术在中药活性成分分离纯化中的应用. 中草药，2007，38(3)：457－460.

[20]　王志华，康敬万，张会妮，等. 锌－槲皮素配位分子印迹聚合物膜渗透特性的研究. 化学学报，2007，65(18)：2019－2024.

[21]　郑玲，唐晓欢，严明娟，等. 膜分离技术在工业提取大麻二酚中的应用. 中国医药工业杂志，2020，51(7)：871－873.

[22]　鲁传华，贾勇，张菊生，等. 麻黄及黄连生物碱膜提取方法的研究. 中成药，2002，24(4)：251－253.

[23]　莫凤奎，王晶，王焕青，等. 乳状液膜法提取北豆根总碱. 沈阳药科大学学报，1996，13(4)：278－281.

[24]　吴庸烈，卫永弟，刘静芝，等. 膜蒸馏技术处理人参露和洗参水的实验研究. 科学通报，1988(10)：753－755.

[25]　王朝瑾，马红青，陈温娴. 超临界萃取茶叶中茶多酚的提取与应用. 分析科学学报，2009，25(3)：281－284.

[26]　李建梅，王树源，徐志康，等. 真空膜蒸馏法浓缩益母草及赤芍提取液的实验研究. 中成药，2004，26(5)：423－424.

[27]　贺浪冲，杨广德，耿信笃. 固定在硅胶表面细胞膜的酶活性及其色谱特性. 科学通报，1999，44(6)：632－637.

[28]　高琨，贺浪冲，杨广德. 用细胞膜色谱法筛选红毛七中的有效成分. 中国药学杂志，2003，38(1)：14－16.

[29]　赵惠茹，杨广德，贺浪冲，等. 用细胞膜色谱法筛选当归中的有效成分. 中国药学杂志，2000，35(1)：13－15.

[30]　岳宣峰，张延妮，张志琪，等. 心肌细胞膜固定相色谱研究中药川芎提取液与受体的作用. 中国中药杂志，2005，30(2)：129－132.

[31]　郭立玮. 中药分离原理与技术. 北京：人民卫生出版社，2010.

[32]　李志义，刘学武，张晓冬，等. 超临界流体与膜过程的耦合技术. 过滤与分离，2003，13(4)：16－18.

[33]　张宝泉，刘丽丽，林跃生，等. 超临界流体与膜过程耦合技术的研究进展. 现代化工，2003，23(5)：9－12.

[34]　郑美瑜，李国文. 超临界 CO_2 萃取鱼油中 EPA、DHA 的研究进展. 江苏大学学报，2002，23(3)：37－41.

[35]　卢晓，范富龙，蒋福兴. 超临界 CO_2 萃取精馏 EPA、DHA 的研究. 中国海洋药物，1998(4)：18－20.

[36]　臧志清，周端美. 超临界二氧化碳连续萃取蒜油的实验研究. 中国粮油学报，1998，13(3)：21－24.

[37]　韩红梅，黄妙玲，黄永平，等. 沙姜中对甲氧基肉桂酸乙酯的超临界 CO_2 萃取－分子蒸馏提取富集. 中国医药工业杂志，2011，42(5)：343－347.

[38]　张忠义，雷正杰，王鹏，等. 超临界 CO_2－分子蒸馏对干姜有效成分的萃取与分离. 中药材，2001，24(8)：576－577.

［39］ 张英,俞卓裕,吴晓琴.中草药和天然植物有效成分提取新技术——微波协助萃取.中国中药杂志,2004,29(2)：104-108.
［40］ 段胜林,张耀林,徐京,等.微波萃取技术在食品工业上的应用.食品工业科技,1999(增刊)：73-75.
［41］ 沈岚,冯年平,韩朝阳,等.微波萃取对不同形态结构中药及含不同极性成分中药的选择性研究.中草药,2002,33(7)：604-607.
［42］ 马长雨,杨悦武,郭治昕,等.微波萃取在中药提取和分析中的应用.中草药,2004,35(11)：附7-附10.
［43］ 郝金玉,韩伟,邓修.新鲜银杏叶经微波辅助提取后微观结构的变化.中草药,2002,33(8)：739-741.
［44］ 冯年平,沈岚,韩朝阳,等.决明子微波萃取法与常用提取方法的比较.中成药,2004,26(3)：189-191.
［45］ 黄瑞华,韩伟,施超欧,等.微波辅助提取淫羊藿中淫羊藿苷工艺条件的研究.中草药,2005,36(1)：55-56.
［46］ 骆健美,卢学英,张敏卿.微波萃取技术及其应用.化工进展,2001(12)：46-49.
［47］ 韩伟,郝金玉,薛伯勇,等.微波辅助提取青蒿素的研究.中成药,2002,24(2)：83-86.
［48］ 王关林,石若夫.微波辐照诱导萃取香叶天竺葵挥发油.大连理工大学学报,2001,41(5)：542-549.
［49］ 邓宇,张卫强.番茄红素提取方法的研究.现代化工,2002,22(2)：25-28.
［50］ 闵云山.中药煎煮前浸泡时间长短之我见.甘肃中医,1995,8(4)：42-47.
［51］ 孔臻,刘钟栋,陈肇锁.微波法从苹果渣中提取果胶的研究.郑州粮食学院学报,2000,21(2)：11-15.
［52］ 郝金玉,黄若华,邓修,等.微波萃取西番莲籽的研究.华东理工大学学报,2001,27(2)：117-120.
［53］ 陈斌,南庆贤,吕玲.微波萃取葛根总黄酮的工艺研究.农业工程学报,2001,17(6)：123-126.
［54］ 李嵘,金美芳.微波法提取银杏黄酮苷的新工艺.食品科学,2000,21(2)：39-41.
［55］ 范志刚,李玉莲,杨莉斌.微波技术对槐花中芸香甙浸出量影响的研究.解放军药学学报,2000,16(1)：36-38.
［56］ 王威,刘传斌,修志龙.高山红景天苷的提取新工艺.中草药,1999,30(11)：824-826.
［57］ 王家强,万近富.微波用于重楼皂苷的提取.中国中药杂志,1993,18(4)：233-239.
［58］ 冯年平,范广平,韩朝阳.中药提取技术研究进展.中国中医药信息杂志,2000,7(10)：15-16.
［59］ SUOMI J. Extraction of iridoid glycosides and their determination by micellar electrokinetic capillary chromatography. J Chromatogr A, 2000,868：73.
［60］ PAN X J. Microwave-assisted extraction of tanshinones from salvia miltiorrhiza bunge with analysis by high2 performance liquid chromatogramphy. J Chromatogr A, 2001,922：371.
［61］ 王莉,刘志勇,鲁建江,等.微波技术辅助测定马齿苋中总黄酮和多糖的含量.食品工业科技,2002,23(5)：70-73.
［62］ 李芙蓉,吕博.刺五加多糖的微波提取及含量测定.新疆中医药,2003,21(1)：11-12.
［63］ 孙萍,李艳,崔琳.狭叶红景天多糖的微波提取及含量测定.基层中药杂志,2002,16(6)：24-25.
［64］ 刘传斌,李宁,鲁济清,等.微波能用于干酵母中海藻糖高效液相色谱分析样品制备的研究.分析化学,1999,27(1)：24-29.
［65］ INCORVIA MATTINA M J, IANNUCCI BERGER W A, DENSONM C L. Micrawave-assisted extraction of taxanes from taxus biomass. J Aganic Food Chem,1997,45：4691.
［66］ PAN X J. Microwave assisted extraction of tanshinones from Salvia miltiorrhiza bunge with analysis by high-performance liquid chromatography. J Chromatogr A, 2001,922：371.
［67］ CARRO N. Microwave assisted extraction of monoterpenols in must samples. Analyst,1997,122：325.
［68］ LOPEZ-AVILA V. Microwave assisted extraction combined with gas chromatography and enzyme linked immunosobenic assay. Trends Anal Chem,1996,15(8)：334.
［69］ CHEN S S. Study of microwave extraction of essential oil constituents fromplant materials. J Microwave and Electromagnetic Energy,1994, 29(4)：231.
［70］ 冯年平,范广平,韩朝阳.中药提取技术研究进展.中国中医药信息杂志,2000,7(10)：15-16.
［71］ 张宏康.微波萃取技术在食品工业中的应用.粮油食品科技,1999,7(5)：30-32.
［72］ 陈宏伟,崔林.微波法提取荆芥叶中的挥发油.时珍国医国药,2002,13(10)：589-592.
［73］ 刘伟,衣强.微波提取小茴香乳香荆芥穗挥发油的实验研究.中医药学刊,2003,21(3)：479-480.
［74］ 刘峥,王永梅.微波法提取抽皮中的果胶.食品研究与开发,2003,24(1)：88-91.
［75］ FISHMAN M L. Characterization of pectin, flash-extraction fromorange albedo by microwave heating under pressure. Carbohydrate Res, 2000,323：126.
［76］ MÁRIA THEN A, KLÁRA SZENTMIHÁLYI B, GNES SÁRKZI A, et al. Effect of sample handling on alkaloid and mineral content of aqueous extracts of greater celandine (Chelidonium majus L.). Journal of Chromatography A, 2000, 889(1-2)：69-74.
［77］ GANZLER K. Effective sample preparation method for extracting biologically active compounds from different matrices by a microwave technique. J Chromatogr, 1990,520：257.
［78］ 范志刚,张玉萍,孙燕,等.微波技术对麻黄中麻黄碱浸出量影响.中成药,2000,22(7)：520-521.
［79］ 陈猛.微波萃取法研究进展.分析测试学报,1999,18(2)：82-86.
［80］ JONES N M, BERNARDO-GIL M G, LOURENCO M G. Comparison of methods for extraction of tobacco alkaloids. Journal of AOAC International, 2001, 84(2)：309-316.
［81］ BRACHET A, CHRISTEN P, VEUTHEY J L. Focused microwave-assisted extraction of cocaine and benzoylecgonine from coca leaves. Phytochemical Analysis, 2010, 13(3)：162-169.
［82］ HAO J Y, HAN W, HUANG S D, et al. Micrawave-assisted extraction of artemisinin from Artemisia annua L. Sep Purif Technology, 2002,28(3)：191.

［83］ 郝守祝.微波技术在大黄游离蒽醌浸提中的应用.中草药,2002,33(1):23－26.

［84］ 潘学军,刘会洲,徐永源,等.微波辅助提取(MAE)研究进展.化学通报,1999(5):7－14.

［85］ 郭孝武.超声提取分离.北京:化学工业出版社,2008:11－36.

［86］ 袁珂,俞莉.超声提取与微波萃取冬凌草甲素的工艺比较.中国中药杂志,2006,31(9):778－779.

［87］ 胡松青,丘泰球,张善梅,等.功率超声在分离纯化中的应用.声学技术,1999,18(4):180－184.

［88］ 韩丽.实用中药制剂新技术.北京:化学工业出版社,2003:144－145.

［89］ 袁春玲,郭伟英.超声循环法提取连钱草总黄酮.中国中药杂志,2007,32(5):421－424.

［90］ 刘小平,李湘南,徐海星.中药分离工程.北京:化学工业出版社,2005:69－74.

［91］ 陈日志,姜红,范益群,等.膜分散技术及其强化反应过程的研究进展.化工进展,2020,39(12):4812－4822.

［92］ JIA ZHIQIAN. Progress in membrane gas-liquid reactors. Journal of Chemical Technology & Biotechnology, 2013, 88: 340－345.

［93］ CHARCOSSET C. Preparation of emulsions and particles by membrane emulsification for the food processing industry. Journal of Food Engineering, 2009, 92: 241－249.

［94］ XING WEIHONG, CHEN RIZHI, JIANG HONG, et al. Inorgmembranes and membrane reactors. Beijing: Chemical Industry Press, 2020.

［95］ 邢卫红,陈日志,姜红,等.无机膜与膜反应器.北京:化学工业出版社,2020.

［96］ WEI CE, WU BING, LI GANLU, et al. Comparison of the hydrodynamics and mass transfer characteristics in internal-loop airlift bioreactors utilizing either a novel membrane-tube sparger or perforated plate sparger. Bioprocess and Biosystems Engineering, 2014, 37: 2289－2304.

［97］ CHEN RIZHI, BAO YAOHUI, XING WEIHONG, et al. Enhanced phenol hydroxylation with oxygen using a ceramic membrane distributor. Chinese Journal of Catalysis, 2013, 34: 200－208.

［98］ TIRUNEHE G, NORDDAHL B. The influence of polymeric membrane gas spargers on hydrodynamics and mass transfer in bubble column bioreactors. Bioprocess and Biosystems Engineering, 2016, 39: 1－14.

［99］ ABRAHAMSE A J, VAN LIEROP R, VAN DER SMAN R G M, et al. Analysis of droplet formation and interactions during cross-flow membrane emulsification. Membr Sci , 2002,204: 125－137.

第十三章
面向中药制药废弃物资源化的
分离工程原理与技术应用

第一节　中药制药废弃物资源化概述

中药资源是国家的战略资源。然而,我国中药制药过程中存在着资源利用效率低下、浪费严重和生态环境压力加剧等突出问题,迫切需要加以破解。目前中药产业化深加工每年消耗药材约 7 500 万吨,年产固体废弃物及副产物达 5 000 余万吨、液态废弃物逾亿吨[1]。给生态环境带来了巨大的压力。因此,在中药资源产业化过程中按照循环经济理念,遵循经济效益、生态效益和社会效益相统一的发展原则,提高资源综合利用效率,延伸资源经济产业链,是培育具有资源产业优势的重要源泉和途径。

从资源经济学角度看,中药废弃物是某种物质和能量的载体,是一种可转化的、有待开发的资源。中药废弃物依据其产生的不同阶段或理化性质不同可有多种分类方法,主要包括以下几种类型。

一、中药制药废弃物的分类

1. **药材生产与采收过程产生的废弃物**　　药材生长及采收过程中产生的废弃物是指药用生物在其生长过程中产生的未被有效利用的废弃组织器官、分泌物等。例如,柑橘属(*Citrus* L.)多种药用植物在生长过程中会产生大量的落花、落果等;忍冬属(*Lonicera* L.)、五味子属(*Sch&andra* Michx.)植物,连翘[*Forsythia suspense*(Thunb.) Vahl]等藤本或木本药用植物规范化栽培生产过程中需在冬春两季疏枝、打顶等管理措施产生大量的废弃枝条等。在采收药材过程中废弃的传统非药用部位。例如,当归[*Angelica sinensis*(Oliv.) Diels]在药材生产过程中仅利用了当归根部,其地上茎叶的生物产量约为根部的 1.5 倍,未被利用全部废弃。上述废弃物属于农业有机废弃物,一般当作农业废弃物进行资源化利用,目前多采用堆肥、厌氧消化产沼气等方式处理。本章主要探讨中药资源深加工过程所产生废弃物的资源化利用,因此将不对药材生产及采收过程产生的废弃物资源化进行展开。

2. **中药资源深加工产业化过程产生的废弃物**　　中药资源深加工产业化过程产生的固体废弃物是指在中药提取物制备过程中或以消耗中药及天然药用生物资源为特征的资源性产品制造过程中产生的废渣、沉淀物等,或获取某一类或某几类资源性物质后废弃的其他类型可利用物质等;而液态废弃物则主要来源于中药原料提取、精制过程中产生的液态废弃物。

中药制药废弃物的按理化性质和特点可分为:富含纤维素类物质的废弃物;富含脂(烃)类物质的废弃物;富含生物大分子类物质的废弃物等。按废弃物的材料特性不同可分为:草本类、木本类、菌类废弃物等;按废弃物所属组织器官不同可分为:根及根茎类、全草类、茎木类、果实种子类、真菌子实体类、动物体或组织类等废弃物;按废弃物材料的功用特性不同可分为:补益类、活血类、有毒类等废弃物。

富含纤维素类资源性物质的废弃物:在资源性产品制造过程中根及根茎类、全草类、茎木类等废渣中多富含纤维素类物质。

富含脂(烃)类资源性物质的废弃物：采用水提工艺生产的中药配方颗粒、资源性产品深加工制造过程中，均可产生富含烃类、油脂类等可利用物质的废弃物。例如，杏仁、桃仁、郁李仁、紫苏子、牛蒡子、补骨脂、沙苑子、五味子、莱菔子、红花籽等果实、种子类的废弃物。

富含生物大分子物质的废弃物：在白芍、山药、藕、麦冬、白果、郁金、莪术、茯苓等药材制造过程产生的根及根茎类、果实类、种子类、动物体或组织类废渣等，多富含多糖、蛋白质类物质。

富含具有生物活性小分子化学物质的废弃物：以银杏外种皮为原料的生物农药、多糖活性部位等产品群。丹参药材的水提醇沉物中含有丰富的水苏糖(stachyose)是重要的制药原料，具有促进肠道功能等作用，又可作为制药、食品工业中优良的赋形剂和填充剂的原料；根及地上部分含有的迷迭香酸(rosmarinic acid)等有机酸类成分还可作为抗氧化、保护血管、延缓衰老等功能性产品开发利用。

研究表明[2]，虎杖药渣用90%乙醇加热至85℃回流提取3次，每次料液比均为1∶10，提取时间分别为1.5、1、0.5 h。所得提取物浸膏用水溶解后经D101型大孔吸附树脂吸附富集、硅胶柱色谱纯化和丙酮重结晶，可获得纯度达99%的白藜芦醇。

利用翘解毒合剂药渣水提液[3]，在室温条件，pH 10.0，料液比3∶1，超声波处理2 h可制得近球形纳米银，平均粒径(24.0±0.3)nm，60天内保持稳定，表面带负电(-23.1±0.2)mV；制得的纳米银对大肠杆菌和金黄色葡萄球菌有很好的抑制作用，最小抑菌浓度分别为50.0、25.0 μg/mL；对1,1-二苯基-2-三硝基苯肼自由基有很好的清除作用，当纳米银质量浓度为100 μg/mL时清除率可达71.1%。

二、中药制药废弃物的主要物质基础

1. 中药制药固态废弃物的主要物质基础　　以甘草属(*Glycyrrhiza* Linn.)为例，从其药用植物根中提取甘草酸类资源性化学物质后，废渣中尚含有丰富的甘草黄酮类、木质素类、多糖类等可利用物质；生脉注射液是由人参、麦冬、五味子三味药组方，经水提、精制等工艺制成注射剂制剂，在其制备过程中产生的药渣、沉淀物、过滤固形物等被废弃，经分析其中含有丰富的多糖类、纤维素及半纤维素类、木质素类、脂肪酸类等，可用于制备家畜家禽的免疫调节剂、饲料添加剂等。

中药配方饮片颗粒的产量增长快速，消耗大量的药材和中药饮片，在其以水提工艺为主的制备过程中产生的废弃药渣，保留了丰富的次生小分子脂溶性成分和大分子初生产物等可利用物质，值得进一步开发利用。

2. 中药制药液态废弃物的主要物质基础　　中药原料提取、精制过程中产生的液态废弃物含有丰富的有机酸类、多酚类、氨基酸类、肽类、水溶性蛋白及多糖类，以及生产过程产生的水解产物、氧化聚合产物等。还有，目前工业化生产中常采用的大孔吸附树脂、聚酰胺、离子交换树脂等分离材料和以陶瓷膜、有机膜等超滤材料进行中药水提物精制处理过程形成的大量洗脱废水等。这些制药废水多呈现水量小、有机浓度高、色度高、冲击负荷大、成分复杂的特性。

三、基于中药制药废弃物主要物质基础的资源化策略

目前，对于中药废弃药渣的利用主要存在于以下几个方面[4]：

1. 菌类的栽培　　中药药渣作为菌类栽培的基质主要是利用药渣中含有的蛋白质和纤维素等成分，为菌类的生长提供必要的能量和生长环境。以中药药渣作为基质进行栽培的菌类主要有鲍鱼菇、鸡腿菇、平菇和杏鲍菇等[5-8]，采用的药渣种类范围很广，单方药渣和复方药渣均有研究应用。采用中药药渣栽培菌类可降低生产成本，能取得良好的经济效益。

由于菌类作为食物直接食用，需要谨慎、深入地研究中药废弃药渣中的重金属等有害物质对菌类的

影响。文献报道[9]，虽然用药渣栽培的平菇中含有一定量的铜、铅、镉等金属，但在种植的平菇中并未检测出铅和镉，说明在栽培过程中平菇对药渣中的铅和镉并未产生富集；虽在平菇中检测到了铜，但其含量低于国家食品卫生限量标准。

此外，用药渣栽培的菌类中可能含有一定量的药物相关成分，从而可以辅助药物进行食疗。如刘焰等对42例慢性乙肝患者采用双虎清肝方加一贯煎加减进行治疗[10]，并用该方剂产生的药渣栽培蘑菇进行食疗，作为药物的辅助治疗。

2. **植物的种植**　中药药渣经发酵处理可得到有机肥。药渣作为基质的一部分加入土壤可为植物提供充足的N、P、K及有机质等养分，促进植物的生长，还可增加土壤的空隙率，促进土壤的团粒结构形成，使土壤更加疏松[11]。将药渣与一定量的蛭石、珍珠岩配制成复合基质，以改进土壤的理化性能，用于番茄、白菜、辣椒、丝瓜等蔬菜的培养，可以达到更好的种植效果[12-15]。

3. **动物的养殖**　中药药渣经发酵后可以得到富含多糖和蛋白质的功能性饲料，具有调节营养、改善肉质、提高动物机体免疫力、调节动物激素水平和抗菌、抗病毒等作用，目前已成为动物饲料研究开发的热点。通过考察不同菌种，不同原料药渣及具体的发酵条件，发现这些由中药废弃药渣制备的功能性饲料可以提高泌乳獭兔的生产性能[16]，增强断奶仔猪的免疫能力[17]，促进小鼠的繁殖性能等[18]。

4. **药用活性物质的提取**　因为提取不完全，废弃药渣中一般都含有一定量的活性物质，采取相关提取分离技术对其回收是药渣再利用较有效益的途径。例如，采用超临界CO_2流体萃取技术分级萃取红花水煮醇提药渣中的红花挥发油和红花红色素[19]，两种成分的萃取率可分别达到2.74%、69.9%。以乙醚为溶剂从丹参药渣中提取丹参酮[20]，丹参酮复合物收率可达到29.2%，采用硅胶柱色谱法分离纯化可得到纯度为96%的丹参酮II_A。

文献报道，从废弃药渣获取的药物物质，仍具有活性。例如，地黄药渣的提取物与地黄醇提物同样具有抗抑郁作用，其作用机制可能涉及单胺能神经系统[21]。从甘草药渣中分离出的总黄酮和甘草查尔A，对肿瘤细胞均具有显著的抑制活性，可诱导肿瘤细胞凋亡[22]。

5. **直接作为药用材料**　由于药渣中含有一定量的活性物质，可以将药渣直接外用。如联合中药灌肠和药渣热敷治疗宫颈积液，收到了良好的效果且不良反应少[23]；采用白拟葛红芎芷汤治疗颈椎病型头痛，并将该药方所得药渣制作成药枕，配合治疗，收到了良好的效果[24]。

6. **作为能源物质**　中药废弃物属于典型的生物质，其化学组成主要是纤维素、半纤维素、木质素、淀粉、蛋白质、脂肪等，可通过燃烧、热化学法、生化法和物理化学法等转化为二次能源，所以将中药废弃物转化为生物质能源，是当前中药废弃物循环利用的一个主要途径。

由于中药制药的废弃物一般是多种形态出现，并不局限于单一废渣、废水和废弃的形态，而且物质基础各异，因此中药废弃物资源化利用不能针对单一用途进行资源化开发。应针对制药企业所产生的废弃物，综合各种现代化技术手段进行全方位的综合利用。

第二节　面向中药制药废弃物资源化的酶解工程原理与技术应用

酶解技术是一项新型的药效物质提取技术，是随着科学技术的发展而逐渐发展起来的。这项新的药效物质提取技术还没有让大多数人得到充分的了解，对此本节将主要对酶解技术进行简单的介绍，希望能让广大读者对酶解技术有一个初步的了解与认识。酶是一种主要产生于活细胞中蛋白质。酶可以在细胞里面及外面对生物反应起到一定的催化作用。较高的催化效率、较强的专一性及温和的催化条件3个方面组成了酶的主要特点。酶在工业生产过程当中的应用，在很大程度上使得生产效率得到了提高并且大大地节省了生产成本及能源的消耗。此外，酶在工业生产过程中的应用，还可以对工人的工作环境进行改善，降低污染，使得生产工序在很大程度上得到简化。除了食品行业应用酶解技术外，在中药制药工程中广泛采用酶解技术来进行生产。虽然酶在中药制药行业的应用也得到了极大的发展，但是酶在中药废弃物资源化行业当中的应用时间还比较短，仍待进一步的分析研究。如果酶在中药废弃物资源化当中得到突破，那么将促进"双碳目标"下中药制药现代化进程的推进。下面对酶解技术在中药废弃物当中提取药效物质的策略、原理及工艺优化进行简单的介绍。

一、基于酶反应原理的中药制药废弃物资源化策略

中药的药效成分及细胞结构存在着很大的不同。因此不同类别的中药进行提取的过程当中为了达到最佳的提取效果，应当选用不同种类的酶进行提取。现在已经有部分种类的酶运用到了中药药效物质提取过程，并且得到了很好的效果。随着科学技术的不断进步，更多种类的酶还将被运用到中药药效物质的提取过程当中。

中药药渣酶解所产生的还原性糖作为生物基化学品及生物燃料的发酵碳源[25]：

中药的主要提取工艺分为醇提和水提，在提取后的药渣中一般仍会有部分功效成分，同时药渣本身含有大量纤维素、半纤维素、多糖、矿物元素等成分。目前用于生产高附加值化学品及生物燃料的生物质中纤维素含量为30%~50%，如常用的玉米秸秆中纤维素含量为39.1%[26]，而一些药渣中纤维素含量较玉米秸秆要高，如提取后的五味子药渣中粗纤维含量为43.8%[27]，甘草药渣中含纤维素47%[28]。这些都为药渣开发利用提供了物质基础。目前对中药药渣的可持续利用的主要途径有重新提取，作为饲料添加剂、食用菌的栽培、有机肥料、废水处理等[29-33]。

生物酶解可以高效地将物质中的纤维素、半纤维素等分解为葡萄糖、木糖等能够为微生物所利用的单糖，进一步利用代谢工程改造的微生物发酵产次级代谢产物如丁二酸及生物燃料等[34,35]。利用微生物发酵生产高附加值化学品及燃料已成为目前研究的热点。例如，当前通过代谢工程构建的微生物菌株产丁二酸，其产量可到达120 g/L，具备工业化前景，但是与目前石化法生产的丁二酸相比，生物发酵法生产丁二酸原料的成本仍然较高[36]。将中药药渣酶解所产生的还原性糖作生物基化学品及生物燃料的发酵碳源，在降低生产成本的同时，也为中药药渣的处理提供了一条新思路[37]。

苏新尧等以桑白皮药渣为研究对象[25]，对其酶解工艺进行了优化，探究中药药渣作为生产高附加值化学品及生物燃料的潜能。结果显示，桑白皮药渣酸处理前后纤维素质量分数分别为52.5%、47%，含量较高，表明桑白皮药渣有作为生产高附加值化学品及生物燃料的潜能。选取不同酶用量酶解桑白皮药渣，通过比较产糖量及酶解率，在最优酶用量条件下酶解后，在桑白皮药渣单批酶解中葡萄糖、木糖、阿拉伯糖质量浓度是未进行酸处理药渣的2.3倍；最后通过分批补料酶解策略，进一步提高桑白皮药渣的产糖量，最终葡萄糖浓度达到38 g/L，酶解率为36.19%。从该研究结果来看，桑白皮药渣中纤维素和半纤维素含量高，具有作为生产高附加值化学品及生物燃料的潜能，通过酶解的方式，将其转化为微生物可利用的单糖，通过发酵将其转化为高附加值的化学品、生物燃料等，解决药渣污染等问题，从而实现中药制药生产过程的可持续化、绿色化。

二、酶解反应工程原理中的预处理作用与技术应用[38]

如上所述，酶解技术的作用主要在于提取中药材中的药效成分。由于中药材煎煮过程中，药材中药效物质的不完全释放，因此固体废渣中常含有大量的剩余药效物质待提取利用。而植物细胞壁的存在限制了其细胞内药效物质的释放，进而影响了药效物质的分离回收。酶在中药药效物质提取过程中可以很大程度上降解植物细胞壁及细胞间质当中的成分。通过破坏细胞渗透阻力，达到将植物药材细胞

内的有效成分降解出来。此外,在进行不同中药有效成分提取过程中,还可以利用酶具有高度专一性的特点,采用不同种类的酶使药材中的特定有效成分以最大限度地溶出,同时对无效成分的溶出扩散进行阻止。这样在很大程度上使有效成分的溶出效率得到提高,以此保障药物提取后续工作的正常高效运转。

目前,丹参类注射液生产过程主要采用的水提醇沉工艺,可使脂溶性的丹参酮类成分残留于药渣中未得到充分利用,导致丹参资源性化学物质的浪费和资源利用效率低,同时造成环境污染。此外,丹参药渣中富含纤维素类、半纤维素类及木质素类成分,如能将纤维类物质转化降解为糖类物质,既可提升丹参药渣中丹参酮类成分的提取效率,又可将其进行生物转化开发动物饲料、肥料等,对于实现丹参资源的多途径、层次综合利用具有重大的现实意义和应用价值。而细胞壁是阻碍代谢产物溶出的主要因素[39],只有在科学、合理的反应条件下,采用纤维素酶对细胞壁进行降解,可在平衡生产成本和提取效果的基础上,确定一套温和、环保、节能的丹参酮提取工艺。

通过酸碱预处理丹参药渣的研究[38],结果表明[38],未经酸碱预处理的丹参药渣中,当纤维素酶C浓度为 6 U/mL,酶解 4.5 天时可使大部分纤维素降解,所得葡萄糖质量分数最高为 59.74 mg/g。对不同预处理方法评价,发现碱预处理纤维素酶C降解后的效果最佳,葡萄糖质量分数达 119.50 mg/g,相同浓度纤维素酶C酶解的酸预处理药渣次之。丹参酮的提取量经酶液降解后,与常规非酶法处理相比,丹参酮 II$_A$ 提取量提高了 82.54%,质量分数达 2.451 mg/g;丹参酮 I 提取量提高了 81.82%,质量分数达 2.373 mg/g;隐丹参酮提取量提高了 64.4%,质量分数达 1.080 mg/g;二氢丹参酮 I 提取量提高了 61.3%,质量分数达 0.601 2 mg/g。通过酸碱预处理与纤维素酶降解相结合的方法可有效提高丹参药渣中丹参酮类成分的提取效率,该方法具有可操作性和实用性,有利于提升丹参药渣中丹参酮类资源性化学物质的利用效率。

三、酶解反应工艺的优化方向

酶解技术可在中药废弃物药效物质提取过程当中发挥重要的作用,但是酶解技术至今仍然还存在着一些不足之处没有得到解决。

酶解技术在药效物质提取过程当中表现出来的缺点主要有以下两个方面:第一,酶在进行反应的过程当中对温度及 pH 的要求是非常严格的。只有严格地保证酶在反应过程当中的温度及 pH 条件值才能提高反应的效率,最终提高反应的质量。因此,为了确保酶拥有一个最佳的反应条件,反应过程中所采用的设备必须进行不断地改进与完善。反应所采用的设备只有得到保证之后,才能从真正意义上确保酶的反应条件。但是现阶段,由于科学技术方面受到限制,反应设备在确保反应条件方面还存在一定的不足之处。第二,酶解技术在药效物质提取过程当中,虽然能够很好地保证药效成分的提取效率及药性,但是也存在着一些问题。这些问题主要表现在酶解技术可以使得当中的一些药效成分发生化学变化,破坏药效成分原有的结构。药效成分结构的破坏大幅地降低了其纯度。

酶解技术是在近些年来随着科学技术的发展而发展起来的一项新型的药效物质提取技术。现阶段,酶解技术由于刚刚起步,一些技术设备尚不够成熟,在今后的发展过程当中,主要是沿着研究开发先进的反应设备、确保药物有效成分结构与理化性质不改变等几个方面,改良生产工艺流程。

第三节　面向中药制药废弃物资源化的发酵工程原理与技术应用

中药废弃物中资源性化学成分一般结构复杂,难以采用有机合成的方法进行结构改造。而应用微生物进行资源性化学成分的生物转化，可获得结构新颖、活性多样的丰富产物，这些产物往往从自然界或通过化学方法难以获得，是新药研究与开发的重要来源。采用现代药理学的研究方法与技术，对转化产物进行结构和效应关系的评价研究，有望筛选出新的生理活性物质或高活性、低毒性的天然活性先导化合物。由于微生物及其酶种类具有丰富的生物多样性，可进行氧化还原、水解、转移和裂合等多种生化反应，实现底物的高效催化[31,40-43]。

中药制药废弃物发酵过程工程原理的本质特征是微生物转化，即利用微生物细胞的一种或多种酶与中药废弃组织细胞相互作用，将其中的可转化物质的化学结构改构或对其功能基团进行修饰、转移等，促使其转化为经济价值更高的产物[44,45]。发酵技术依据对氧的需要可分为厌氧性和好氧性发酵；依据培养基物理性状可区分为液态和固态发酵；依据发酵转化产品的不同可分为微生物菌体发酵、微生物酶发酵、微生物代谢产物发酵、微生物的转化发酵、生物工程细胞的发酵等类型。基于发酵过程的微生物转化法目前已成为中药制药废弃物资源化的主要方法之一。

一、面向多糖类等高分子资源利用的中药制药废弃物发酵原理与技术应用[46]

随着社会和经济的发展，大力发展新能源及推广使用可再生能源技术已成为许多国家能源发展战略的重要组成部分。其中，生物质能源受到广泛的重视和发展。

生物质是指通过光合作用而形成的各种有机体，包括植物、动物和微生物，以及由这些生物产生的排泄物和代谢物，其化学组成主要是纤维素、半纤维素、木质素、淀粉、蛋白质、脂肪等，可通过燃烧、热化学法、生化法和物理化学法等转化为二次能源，如热力、电力、木炭、成型燃料、生物柴油、甲醇、乙醇、二甲醚、植物油、氢气、生物质燃气和沼气等[47-55]。

以植物纤维资源为主体的中药制药废弃物，逐渐成为生物质能源生产的重要原料来源。从可持续发展的角度看，中药废弃物是可再生且洁净的能源资源。

利用微生物厌氧发酵技术可将富含淀粉、纤维素等多糖类中药废弃物转化为乙醇、沼气等生物质能源，从而部分替代煤炭、石油的使用。首先将富含淀粉、纤维素等中药废弃物粉碎成适当的粒径后，进行蒸煮糊化，通过可产生淀粉酶、纤维素酶的微生物进行降解生成可发酵性糖，供酵母菌厌氧发酵，生成乙醇。采用微生物厌氧发酵技术生产生物质能源是中药废弃物综合利用最有效方法之一，该方法不仅能提供清洁能源，解决燃料短缺的问题，同时，有利于解决大中型中药制药企业的药渣污染问题，实现节能减排和低碳发展的中药废弃物资源化低碳经济模式。以下是中药制药废弃物常用若干发酵工艺。

1. 药渣预处理厌氧发酵工艺 以混合药渣（山楂、麦冬、槟榔、枳实、黄芪、枇杷叶、党参、何首乌等）作为发酵原料[56]，考察以沼液（以鸡粪、牛粪、秸秆为原料）和 NaOH 用于药渣堆沤预处理后对发酵过程的影响。结果表明，经过沼液堆沤处理后，药渣在发酵瓶中 2 天即可进入发酵高峰期，最高日产气量达 3 840 mL，发酵高峰时长为 2~10 天，此阶段产气为总产气量的 95% 以上。其中以秸秆沼液预处理后的药渣产气量最高，为 11 940 mL，原料产气率为 54.4 L/kg 干药渣。利用 NaOH 预处理可破坏药渣中木质素、纤维素等难降解成分的结构，显著提高药渣产气潜力，且发酵持久，总产气量高。用上述 2 种方法处理药渣可满足药厂的需要，若应用于工程，可采用滞留期短、发酵罐容积小的工艺，效率较高。

2. 有机负荷厌氧发酵工艺 以人参、赤芍和桂皮混合中药渣作为发酵原料，采用全混式厌氧反应器[57]，在（35±1）℃下通过半连续厌氧发酵工艺，考察发酵过程中不同有机负荷、pH、甲烷含量、沼气日产气量、挥发有机酸和总无机碳等参数变化规律。实验结果显示，在全混式厌氧反应器中对中药渣进行半连续厌氧发酵，可稳定运行的最高有机负荷量为 8 g·TS/(L·d)，容积产气率为 1.68 L/(d·L)，原料产气能力为 262 mL/(g·TS·d)，挥发性固体去除率为 20.69%。

3. 微生物强化预处理固态和湿式发酵工艺 以天冬、防己和生地黄混合中药渣作为发酵原料，分别采用固态和湿式发酵技术[26,58]对经过微生物强化预处理的药渣和未处理的药渣进行沼气发酵。对比发现通过微生物强化预处理可大幅提高中药渣的产气率,混合中药渣经预处理后采用湿式发酵工艺具有较好的产气率,总固体产气率为 0.346 m³/kg。微生物强化预处理及工艺调整能够提高水解菌群的数量及挥发性脂肪酸含量,从而提高中药渣的产气量,中药湿式发酵工艺具有良好的产气潜力,能够应用于中药渣资源化利用。

二、面向小分子活性成分转化的中药制药废弃物发酵原理与技术应用

文献报道,经过提取后的药渣中尚存在利用价值的次生代谢产物和丰富的初生物质[59]。例如,淫羊藿药渣中残留的黄酮类物质约占药材中含量的 40%。黄芪、黄芩药渣中黄芪甲苷和黄芩苷的残留量高达 70% 以上。三七药渣中也含有大量的皂苷、多糖等活性成分[59-61]。对盾叶薯蓣采用微生物 40 T 预发酵 16 h 后,再进行酸水解条件的优化,可大幅度提高薯蓣皂苷元产率[62]。

有研究表明,利用含有 O-葡萄糖醛酸酶的微生物进行甘草的生物转化,甘草酸可转化为易被肠道吸收利用的甘草次酸,显著提高其生物利用度及抗炎、镇痛的效果;通过微生物降解甘草细胞壁,可提高甘草其他活性成分的溶出率[63]。对人参皂苷代谢产物研究表明,由于肠道菌群能够产生 O-葡萄糖苷酶、α-鼠李糖苷酶、葡萄糖醛酸苷酶、α-半乳糖苷酶等多种水解酶,具有极强的糖苷键降解功能,大多数天然皂苷在体内可转化为人参皂苷 Rh_2、化合物 K 或其苷元等,这些次级皂苷具有更强的抗癌、抗疲劳、提高机体免疫力等药理活性[64,65]。由此可见,天然人参皂苷可能是抗肿瘤等药理活性的前体药物,其转化产物才是真正的效应物质。目前,用于人参皂苷转化的微生物类型主要是细菌和霉菌,如利用黑曲霉(aspergillus niged)进行人参总皂苷、人参二醇型皂苷、单体皂苷的生物转化,可获得具有较强抗肿瘤活性的人参皂苷 Rh_1,且转化率较高。利用刺囊毛霉对莪二酮进行生物转化,可产生 6 种水溶性和药理活性较强的新化合物,其中 11-羟基-莪二酮的得率达 45.6%,该羟化反应在有机合成中很难发生[66,67]。

此外,微生物能够以中药活性成分的结构类似物为前体,将其转化为已知的活性成分,提高已知活性成分的含量。研究报道,利用微生物转化中药三七,可显著提高转化产物中抗肿瘤活性成分人参皂苷 Rh_4 的含量[68]。菌株 HQ-10 能够产生 O-葡萄糖醛酸酶,高效转化黄芩中的黄芩苷,大量获得转化产物黄芩素,黄芩素得率是原药材中的 5.3 倍。

三、面向小分子生物抗性屏障的中药制药废弃物发酵原理与技术应用

某些药渣,如丹参药渣因内残留的脂溶性丹参酮类抑菌组分,会在一定程度上抑制细菌和真菌等的生长[69,70],而具有较强的小分子生物抗性屏障,难于通过发酵过程产生纤维素酶,无法实现中药渣降解的普适性。邱首哲等探索了利用菌珠降解"抗性屏障强"药渣的可能性[71],并将相关技术成果应用于不同类型中药渣的降解。试验选取丹参药渣作为主要研究对象,利用丹参内小分子物质丹参酮进行筛选,得到一株环境耐受性强的产纤维素酶菌株。在最优产酶条件下,以不同类型,不同粒径药渣作底物进行发酵,明确该菌株降解不同类型药渣产酶的能力,为不同药渣中纤维素高值化利用提供研究依据。

该研究采用生物学方法,利用丹参药渣所含小分子抑菌物丹参酮优选产酶菌株(草酸青霉 G_2,扩展青霉 SZ13 均从不同药渣中筛选所得),得到一株真菌扩展青霉 SZ13。确定青霉 SZ13 最优产酶工艺和产酶高峰期,发现青霉 SZ13 在温度为 35℃、转速为 180 r/min、药渣添加量为 5%、种液接入量 5% 的条件下降解药渣,可以维持 5 天的产酶高峰期。在此基础上,探究青霉 SZ13 对不同类型药渣的降解产酶能力。结果显示,青霉 SZ13 生物降解各类型药渣产酶的酶活高,稳定性强。青霉 SZ13 可以高效利用丹参等不同类型中药渣等固体废弃物,实现不同类型药渣中纤维素的高值化利用。

青霉 SZ13 降解不同类型药渣的产酶特性简述如下。

试验优选 3 类中药渣作发酵底物：① 根茎类药渣，包括丹参、甘草、苦参；② 果实类药渣，包括连翘；③ 种子类药渣，包括酸枣仁，用以探究青霉 SZ13 降解不同类型药渣产酶的能力。

青霉 SZ13 降解酸枣仁药渣产酶的酶活较低，滤纸酶（FPA）和内切酶（EG）酶活性分别仅为 0.377、1.794 U/mL。原因可能在于酸枣仁内多含油脂[72]，菌株生长所需其他组分含量偏少。在降解连翘药渣时，青霉 SZ13 两酶活性均处于较高水平，FPA 和 EG 酶活性分别可达 1.560、11.321 U/mL。该试验结果与文献报道一致，表明纤维素酶对连翘植物细胞壁有较好的酶解作用[73]。

针对不同根茎类中药渣产酶时，青霉 SZ13 降解甘草药渣产酶水平最高，丹参药渣次之，苦参药渣最低。在丹参药渣降解过程，青霉 SZ13 的 FPA 酶活性为 1.232 U/mL，EG 酶活性为 9.817 U/mL。在甘草药渣降解过程，两酶活性分别为丹参药渣降解时的 1.43、1.10 倍。提示由于丹参和苦参中含有抑菌成分，且苦参黄酮与苦参碱对细菌和真菌均有明显抑制作用，致使菌株生长受阻[74,75]。

该团队前期筛选得到一株草酸青霉 G₂，可以利用甘草及板蓝根药渣产酶，且产酶效果优于普通商品酶[76,77]。在 G₂ 最优产酶条件进行相同条件试验，联合 3 种根茎类药渣计算 G₂ 平均 FPA 酶活性为 0.303 U/mL，平均 EG 酶活性为 3.466 U/mL。

而青霉 SZ13 平均 FPA 酶活性为 1.395 U/mL，平均 EG 酶活性为 8.758 U/mL，分别为 G₂ 的 4.60、2.53 倍。根据青霉 SZ13 产酶差异可以得出结论，在降解多类型药渣产纤维素酶的发酵过程中，青霉 SZ13 对不同复杂发酵环境的耐受性强。降解较难利用的根茎类药渣时，青霉 SZ13 产酶酶活高，平均酶活性为 G₂ 的 4.60 倍，产酶效果处于理想水平。

该研究选取含抑菌组分的丹参药渣作为研究对象，利用抑菌性较强的丹参酮组分进行产酶菌株优选，得到一株能够成功利用丹参药渣产酶的菌株扩展青霉 SZ13，且发现丹参酮组分可抑制真菌特化子实体的生长过程。并经过相关产酶工艺优化及青霉 SZ13 产酶进程分析，得到了青霉 SZ13 最优产酶条件和产酶周期。相较花叶、果实、种子类药材而言，木质藤茎和根茎类药材普遍难粉碎，且内含部分组织颗粒不能过筛[78]。因此，利用根茎类药渣内纤维素成分的难度更大，同时也要对药渣里不能过筛的部位进行取舍。降解不同类型中药渣产酶研究的结果表明，尽管不同中药渣所含小分子物质不同，青霉 SZ13 均可以较好地适应不同类型药渣产纤维素酶，且产纤维素酶的酶活高。药渣粒径研究中，药渣粒径的大小，木质纤维素的破坏程度对青霉 SZ13 产酶稳定性的影响较小。换而言之，即使药渣内含有杂质或天然纤维素结构较完整，青霉 SZ13 仍然能够有效切割和破坏纤维素的结构。利用青霉 SZ13 降解多种类型药渣，可以稳定持续高产纤维素酶。同时简化发酵原料部分预处理过程，减少转化周期中因菌株产酶不稳定诱发的调控风险，进而有效地降低发酵成本。

中药渣种类多样，各类型中药渣中成分多不相同。为继续深化药渣中纤维素成分的利用程度，根据不同药材中木质纤维素含量、抑菌组分含量、易粉碎程度等指标，进行中药渣的分类处理，实现中药渣合理高效的模式化产酶应用。同时，尚需针对难降解的抗性屏障强的中药渣，应改良产酶方法，以期提高生产效率，增加产出价值。

四、面向提高生态系统安全性的中药制药废弃物发酵原理与技术应用[40]

有些中药药渣为含有有毒中药的废弃物，如骨刺消痛液的药渣中含有有毒中药川乌，在废弃物利用时必须考虑其利用途径，以避免产生不良后果。因此，含有有毒中药的废渣在开发利用前应进行一定的处理，如将有毒中药分离出来后再进行利用，去除有毒药物后的废渣可依据其特点或理化性质应用于药品、功能保健产品、饲料添加剂等开发利用途径。

此外，利用微生物的转化作用降解中药废弃物中的有毒成分，从而降低其对环境生物的毒性，有利于提高生态系统的安全性。研究发现,95%雷公藤总生物碱对鹌鹑高毒,对蜜蜂、家蚕中毒,对鲤鱼、蚯蚓、蝌蚪均为低毒[79]。小檗科植物八角莲、六角莲及鬼臼属桃耳七等中药毒性成分鬼臼毒素对鲫鱼 LC_{50} 值达 161. 64 mg/L[80]。因此,通过筛选降解中药毒性成分的微生物,有助于有毒中药废弃物的安全、高效、资源化利用。同时,利用微生物对有毒中药废弃物中的有毒活性成分进行结构修饰,降低其毒性,回收利用有毒中药废弃物中的资源性活性成分[81]。例如,中药雷公藤的主要活性成分为雷公藤甲素和雷公藤内酯,但由于二者的毒副作用较大,从而制约了雷公藤的临床应用。目前,一些研究者采用微生物转化技术对二者进行结构修饰,如利用短刺小克银汉霉和黑曲霉可将雷公藤废弃物中的雷公藤甲素和雷公藤内酯转化为 5α-羟基雷公藤甲素、17-羟基雷公藤内酯酮等一些高效低毒的衍生物[82,83]。

五、"以废治废"生产微生物絮凝剂的中药制药废弃物发酵原理与技术应用[84]

絮凝剂是必不可少的水处理剂,目前,常用的有无机絮凝剂与有机絮凝剂。无机絮凝剂所含的金属离子不易被分解,投入水体后对环境造成二次污染,特别是聚合氯化铝、聚合硫酸铝等传统絮凝剂,其重要组分——铝,是阿尔茨海默病的"元凶";有机絮凝剂如聚丙烯酰胺和丙烯酰胺系列会产生神经毒素和致癌物质。近年来,微生物絮凝剂因其高效的絮凝效果和易于生物降解等优点而备受关注。微生物絮凝剂是从微生物菌体或其分泌物中提取、纯化而成的一种安全、高效、能自然降解的新型絮凝剂[85-88],具有广泛的用途,不仅可用于除去水中的悬浮固体、腐殖酸、重金属等污染物质,还可降低化学需氧量(chemical oxygen demand,COD)。但由于其制备成本高、产量低、生产絮凝剂的菌种筛选困难,导致目前多处于实验室研发阶段,鲜有关于微生物絮凝剂用于饮用水混凝或絮凝处理的研究。中药废渣中除残余的有效成分外,大部分富含氨基酸、纤维素、还原糖、半纤维素、木质素、粗蛋白等有机物,以及磷、铁、钾等无机元素,可作为微生物的培养基。为寻找廉价、高效的微生物絮凝剂生产方法,王德馨等从中药板蓝根和栀子废渣中筛选出适宜于在中药废渣上生长的两种菌种——*Psedudpmpnastrivialis* 和 *Neurpsppratetrasperma*,开展了利用中药废渣生产微生物絮凝剂的发酵条件及絮凝性能的研究。主要研究方法如下:

(1)将板蓝根和栀子药渣在 60℃下烘干约 24 h,当药渣有脆性后粉碎,过 40 目筛,备用。

(2)含中药废渣培养基的制备:① 查氏固体培养基,在配制完成的查氏固体培养基中加入不同浓度的药渣,在 121℃下灭菌 25 min,摇匀,倒入平板,备用;② 液体培养基,在配制完成的通用发酵液体培养基中加入不同浓度的药渣,121℃下灭菌 25 min,备用。

(3)菌种的筛选:将未经预处理的药渣置于温暖湿润的空气中,待药渣上生长出菌体后,取不同菌体制备成 10^{-8} 个/mL 的菌悬液,分别涂布于牛肉膏蛋白胨平板培养基和 PDA 平板培养基上,在 30℃,湿度 25%下培养,待长出菌落,挑选单菌落进行纯化培养,直至菌种分离纯化完,将得到的单一菌体接种到含有中药废渣 1、10、20、30 g/L 的查氏固体培养基中,在第三代,湿度 25%下进行恒温恒湿培养。选择生长状况良好的菌体在通用发酵液体培养基中进行液态发酵,测定其絮凝活性,根据检测结果确定适宜的菌种。

(4)絮凝活性的测定:在 2 L 烧杯中依次加入一定量的高岭土粉末,分散于 1 L 去离子水中,高速搅拌,得到初始浊度为 1 000 NTU 的高岭土悬浊液。加入 10 mL 全发酵液,400 r/min 下搅拌 1 min,40 r/min 下搅拌 25 min,室温静置 15 min,用移液管在距液面 2 cm 左右处吸取水样 10 mL,测定浊度(NTU)。以絮凝率(%)表示絮凝活性,絮凝率(FR)越高,絮凝活性越好。

絮凝率(FR)计算公式如下:

$$FR(\%) = A - B/A \times 100\% \tag{13-1}$$

其中 A 为 1 000 NTU 高岭土自由沉降的浊度，B 为检测样品的浊度。

（5）中药废渣对絮凝剂絮凝活性的影响：在前期研究基础上，采用单因素实验考查药渣种类、浓度对微生物絮凝剂活性的影响。在 37℃、140 r/min 的台式恒温振荡培养箱培养 72 h，培养完成后，取全发酵液，按（4）项下方法测定其絮凝能力，以确定中药废渣与絮凝剂絮凝活性的关系。

（6）发酵条件对絮凝剂絮凝活性的影响。为了确定每种菌种的最佳发酵条件，采用单因素实验，对每种药渣与菌种的组合进行实验，考察发酵时间、温度、转速对絮凝效果的影响，从而得出最佳的发酵组合。

结果表明，所选菌种与药渣组合的发酵体系所生产的絮凝剂都具有絮凝作用，但不同种类药渣培养基絮凝程度有所差异，在药渣浓度较低时，板蓝根药渣培养的絮凝剂絮凝率为 80% 以上，而栀子药渣浓度较低时絮凝率较低。结果表明，板蓝根药渣适宜作为培养基发酵生产微生物絮凝剂。4 种发酵体系的絮凝能力随药渣浓度增加呈上升趋势，这一影响对于以栀子药渣为培养基的发酵体系而言尤为明显。

采用中药废渣发酵微生物絮凝剂可降低絮凝剂生产成本、提高效率，且在絮凝剂产生过程中，菌种能够充分利用中药废渣中的营养物质，减少营养物质的添加量，达到"以废治废"的目的，中药废渣发酵生产微生物絮凝剂具有良好的应用前景。

第四节　基于膜耦合过程的中药制药废弃物资源化工程原理与技术应用

本章前面部分阐述了中药废弃物资源化的意义、废弃物的物质基础、资源化策略，以及基于酶解技术及发酵技术的药效成分提取工艺。然而，如果要实现废弃物的资源化综合利用，通过酶解技术及发酵技术把药效成分从中药废弃物中破解出来只是第一步，如何实现中药废弃物各有效成分从组分复杂的混合液中的分离、提纯、浓缩，这是中药废弃物资源化利用的关键。现代工程技术中的膜分离及其集成工程技术是解决这一难题的正确答案。

一、膜家族的多样性兼容中药制药废弃物化学组成复杂特征

中药制药废弃物的组分复杂性与膜材料和膜过程多样性兼容：

中药制药废弃物主要由粗纤维、粗蛋白、粗脂肪及多种微量元素等组成，不同途径的废弃物，其理化特征各异，所含可资源化利用的有效组分主要包括以某些一次代谢产物作为起始原料，通过一系列特殊生物化学反应生成的小分子次生代谢产物，如萜类、甾体、生物碱、多酚类等；亦包括多糖、蛋白质等大分子物质。中药制药废弃物资源化过程的本质就是利用分离技术对不同类型的有效组分进行提取、富集，而其中最有效的分离技术就是膜分离及其集成。如前所述，膜科学技术是材料科学与过程工程科学等诸多学科交叉结合、相互渗透而产生的新领域。与传统的分离技术比较，膜分离技术具有以下特点：① 无相变，操作温度低，适用于热敏性物质；② 以膜孔径大小特征将物质进行分离，分离产物可以是单一成分，也可以是某一相对分子量区段的多种成分；③ 分离、分级、浓缩与富集可同时实现，分离系数较大，适用范围广；④ 装置和操作简单，工艺周期短，易放大；⑤ 可实现连续和自动化操作，易与其他过程耦合。

其中，膜家族的重要成员无机陶瓷膜，因其构成基质 ZrO_2 或 Al_2O_3 等无机材料及其特殊的结构特征，而具有如下的优点：① 耐高温，适用于处理高温、高黏度流体；② 机械强度高，具良好的耐磨、耐冲刷性能，可以高压反冲使膜再生；③ 化学稳定性好，耐酸碱、抗微生物降解；④ 使用寿命长，一般可达 3～5 年，甚至 8～10 年。这些优点，与有机高分子膜相比较，使它在许多方面有着潜在的应用优势，尤其适合于源于中药制药废弃物的物料精制。因而无机陶瓷膜分离技术在我国中药行业废弃物资源化领域具有普遍的适用性。而膜家族的有机膜成员，则由多种不同高分子材料构成，主要有纤维素类、聚烯烃类、

聚砜类、聚酰胺类、聚酯类等。加上膜技术所包含的微滤、超滤、纳滤、反渗透等多种膜过程,足以适应中药制药废弃物所含有的多元化药效物质化学组成分离、富集的需求。例如,过滤膜在中药废弃物资源化利用中的应用可分为三大类:① 微滤和超滤分离提取大分子胶体物质,如多糖、蛋白质等;② 纳滤和反渗透分离提取小分子溶解性药效物质,如生物碱、黄酮、皂苷等各种小分子;③ 正渗透和膜蒸馏浓缩分离纯化后的药效物质。

二、膜耦合技术对废弃物资源化产物的适应性

以药效物质精制、富集为目标的中药分离技术体系,面临着原料液化学组成复杂,药效成分浓度低,回收率要求较高等难题,为了达到提高产品选择性和药效组分收率,实现过程优化的目的,常常需要采用膜集成技术。中药制药废弃物资源化领域常用的膜集成技术主要有:膜与膜技术的集成、膜与树脂技术的集成、膜与超临界流体萃取技术的集成等。

例如,采用50 kDa的PS超滤膜与复合反渗透膜集成技术[89],从当归、川芎、肉桂、麻黄、丹皮经水蒸气蒸馏法得到的含油水体,富集中药挥发油及其他挥发性成分。结果表明,该集成技术在压力1.2 MPa、温度30℃条件下,当归、川芎、肉桂、麻黄、牡丹皮等含油水体超滤液中指标性成分阿魏酸、川芎嗪、桂皮醛、盐酸麻黄碱、丹皮酚的保留率分别为95.80%、96.01%、95.41%、96.89%、97.01%,实现了中药挥发油及挥发性小分子药效物质的资源化利用。

又如,采用陶瓷膜与大孔吸附树脂集成技术分离油茶饼粕提取液中茶皂素[90],结果表明,茶皂素不仅纯度高、颜色淡,且该技术生产成本低,污染小,可以成为工业上生产茶皂素产品的一种。从中药制药废弃物资源化利用的分离原理与单元操作角度来看,膜过程的筛效应和扩散效应均需在中药多元成分的水溶液状态下进行,即利用待分离混合物各组成成分在质量、体积大小和几何形态的差异,或者待分离混合物各组分对膜亲和性的差异,借助压力梯度场等外力作用实现分离,此分离过程选择性较低。而大孔吸附树脂是吸附性和分子筛原理相结合的分离吸附材料,大孔吸附树脂技术的实践应用表明,它对中药或复方中特定组分具有较强的选择吸附性。膜分离与树脂吸附技术的集成,可充分体现“平衡、速度差与反应”“场-流”等分离理论的技术优势,促使中药废弃物中的多元组分在选择性筛分效应的作用下,实现水溶液状态下的定向、有效分离。

又如,利用膜分离与离子交换色谱集成技术从章鱼下脚料中提取天然牛磺酸[91],其工艺流程见图13-1。

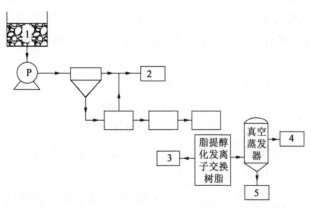

图13-1　膜分离与离子交换色谱集成技术从章鱼下脚料提取天然牛磺酸的工艺流程[91]

1. 经粉碎后加10倍脱盐水稀释制浆液后的章鱼下脚料;2. 饲料原料;

3. 氨基酸溶液;4. 回收乙醇;5. 牛磺酸

就技术原理而言,离子交换色谱是以离子交换剂为基本载体的一类分离技术。离子交换的过程即是溶液中的可交换离子与交换剂上的抗衡离子发生交换的过程,该过程遵循"平衡、速度差与反应"分离原理。该研究结果表明,采用膜与离子交换色谱分离集成技术处理中药废弃物,可以使中药多元组分实现水溶液状态下的定向分离。

三、高级氧化技术耦合膜生物反应器治理中药制药液态废弃物的原理与技术应用

随着我国经济的快速发展,中药制药行业取得了长足的进步,截至 2019 年,我国拥有中药制药企业 2 000 多家,中药工业总产值 7 866 亿元,生产的中药品种多达 14 000 多种。中药制药过程中产生大量液体废弃物(即中药制药废水),其来源于中药生产流程中的众多工段,如提取工段废水、设备清洗水和下脚料废水等,导致废水成分十分复杂,同时排出废水往往温度较高,带有颜色及味道,导致废水处理难度极高。此外,由于中药制药废水间歇排放,原料种类变化大,中药制药废水水质波动较大,pH 不稳定,因此中药制药废水处理成为令中药制药企业头痛的难题。

强制性国家标准《中药类制药工业水污染物排放标准》(GB21906 - 2008)于 2008 年正式实施,其对于水质标准(如毒性指标等)有严格要求。传统水处理技术难以应对中药废水复杂性,且无法实现废水资源化,易引发二次污染并造成水资源浪费。因此,亟待制定中药制药废水处理工艺技术规范,指导并设计针对中药废水处理和资源化的工艺技术过程,为中药制药产业的健康绿色发展保驾护航。

中药制药废水处理技术主要针对废水中化学需氧量(COD_{cr})、五日生化需氧量(BOD_5)、色度、悬浮物、总氮、氨氮、总磷、动植物油类等污染物质脱除及总氰化物与急性毒性 96 h LC_{50}(半致死浓度)的废水毒性控制进行选择与组合,且不产生二次污染和污染物转移。

膜生物反应器是生物处理与膜分离相结合的一种组合工艺,具有出水效果好,抗负荷冲击能力强及占地面积小等优点,是实现中药制药废水无害化及资源化利用的重要技术。尽管如此,由于中药制药废水常含有难降解有毒有机污染物,单独应用膜生物反应器技术将面临一系列问题,如生物活性受到抑制、污染物去除效率低、废水毒性削减能力弱等,最终导致中药废水处理效率下降甚至失效。因此,还需要引入具有废水深度处理功能的高级氧化过程,将高级氧化技术与膜生物反应器技术高效结合,同时发挥集成工艺的优势,实现中药制药废水稳定高效处理。此外,对于中药废水资源化的要求,水中盐类物质的去除及药物成分的回收也至关重要,还需要引入除盐及其他资源回收技术。

所谓高级氧化(advanced oxidation)是为了去除中药制药废水中难以生化降解的有毒有害污染物,而采用强氧化性自由基对废水进行净化的过程。高级氧化适用于去除中药制药废水中难以被生物降解的有机物,可作为中药制药废水膜生物反应器处理前的预处理工艺,提高原水可生化性,也可以作为中药制药废水膜生物反应器处理后的深度处理工艺,进一步去除水中的有毒、有害物质以满足排放标准或生产新水回用要求。

下述为本书作者团队在开展科技部 2019 年度"中医药现代化研究"重点专项"质量评估导向的中药特种膜绿色制造技术与专属装备研究"工作中,所拟订的相关中药制药废水膜生物反应器技术+高级氧化技术规范部分内容。

(1) 中药制药废水处理技术宜采用物化处理技术、膜生物反应器技术、高级氧化技术和脱盐技术集成工艺(图 13 - 2),出水水质应达到 GB 21906 - 2008 中规定的污染排放标准或符合生产新水回用要求。

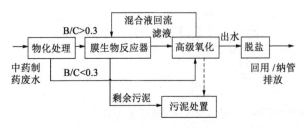

图 13 - 2　中药制药废水物化-膜生物反应器-高级氧化-脱盐集成工艺流程示意图

（2）中药制药废水处理采用膜生物反应器处理前,可根据原水水质的不同情况选择不同的物化处理或高级氧化工艺进行预处理,应保证膜生物反应器的进水水质要求。

（3）高级氧化适用于去除中药制药废水中难以被生物降解的有机物,可作为中药制药废水膜生物反应器处理前的预处理工艺,提高原水可生化性,也可以作为中药制药废水膜生物反应器处理后的深度处理工艺,进一步去除水中的有毒有害物质以满足排放标准或生产新水回用要求。

（4）中药制药废水处理采用高级氧化处理前,应进行物化处理,保证高级氧化进水要求。中药制药废水回用宜采用脱盐工艺,出水水质应达到各企业内部制定的工业新水或除盐水标准。

（5）中药制药废水处理采用脱盐处理前,应进行物化、膜生物反应器和高级氧化处理,保证脱盐进水水质要求。

参 考 文 献

[1]　郭盛,段金廒,赵明,等.基于药材生产与深加工过程非药用部位及副产物开发替代抗生素饲用产品的可行性分析与研究实践.中草药,2020,51(11):2857-2862.
[2]　田凤,徐德生,冯怡,等.虎杖药渣中白藜芦醇的提取和纯化.中国医药工业杂志,2012,43(10):824-826.
[3]　魏思敏,王英辉,唐志书,等.银翘解毒合剂药渣还原制备纳米银及抗氧化和抑菌活性研究.中草药,2020,51(16):4169-4175.
[4]　李峰,王娜,张师愚,等.中药药渣的综合利用及其研究进展.中国医药工业杂志,2016,47(10):1322-1326.
[5]　陈今朝,谭永忠,王新惠,等.补肾益寿胶囊药渣栽培鲍鱼菇及营养成分分析.西南农业学报,2012,25(2):740-742.
[6]　陈今朝,徐伟,谭永忠,等.补肾益寿胶囊药渣栽培平菇、鸡腿菇试验.湖北农业科学,2012,51(7):1375-1377.
[7]　管中华,李齐激,王道平.三种药渣和淫羊藿培育平菇的香味成分研究.山地农业生物学报,2014,33(1):36-40.
[8]　朱杰,六艺,黄苟,等.利用虎杖药渣栽培杏鲍菇的培养基优化及菌糠再利用分析.中国农学通报,2013,29(13):182-186.
[9]　金茜,魏福伦,曾启华,等.中药渣及袋栽平菇中重金属含量的研究.食品工业,2012,33(5):119-121.
[10]　刘焰,吴福建.双虎清肝方加一贯煎加减及药渣育蘑菇治疗慢性乙肝临床研究.中国现代药物应用,2012,6(11):72-73.
[11]　常义军,唐懋华,程维东,等.中药渣改土效果试验研究.现代农业科技,2010(5):255-257.
[12]　徐秀银,陈学祥,欧杨虹,等.基肥用量对中药渣基质盆栽番茄生长发育的影响.江苏农业科学,2011,39(6):275-277.
[13]　王虹,徐刚,高文瑞,等.中药渣有机基质配比对辣椒生长及产量、品质的影响.江苏农业学报,2009,25(6):1301-1304.
[14]　蒋婷英,邢后银,魏猷刚.大棚丝瓜早春中药渣基质穴盘育苗技术.现代农业科技,2012(24):98-99.
[15]　陈姣,吴良欢,王忠强.中药渣堆肥对小白菜生长和品质的影响.浙江农业科学,2009,1(1):36-38.
[16]　李艳军,苏双良,倪俊芬,等.藿香正气药渣对泌乳獭兔生产性能的影响.中国饲料,2011(11):38-40.
[17]　贺晓玉,罗杰,李英伦.发酵五味子药渣对断奶仔猪小肠黏膜的形态及免疫的影响.湖南农业大学学报(自然科学版),2014,40(2):196-201.
[18]　杨东川,古江,昝述海,等.枯草芽孢杆菌发酵红参药渣产物对小鼠生长和繁殖性能的影响.四川农业大学学报,2014,32(4):446-450.
[19]　韩小金,张荣,毕继诚.超临界CO_2萃取红花药渣中挥发油和红色素.过程工程学报,2009,9(4):689-694.
[20]　石岭,洪皓,张雁,等.丹参药渣中丹参酮ⅡA的分离纯化.大连工业大学学报,2012,29(2):106-108.
[21]　王君明,冯卫生,崔瑛,等.地黄醇提物及其药渣水提物抗抑郁作用的比较研究.中国药学杂志,2014,49(23):2073-2076.
[22]　韩龙哲,张娟,倪慧,等.胀果甘草药渣总黄酮和甘草查尔酮A的制备及其体外抗肿瘤活性研究.现代药物与临床,2013,28(5):668-672.
[23]　徐秀云.抗生素宫颈冲洗联合中药灌肠、药渣热敷治疗宫颈积液80例效果观察.山东医药,2013,53(27):108.
[24]　林刚.自拟葛红芎芷汤联合药渣枕治疗颈椎病型头痛82例.实用中医内科杂志,2012,26(8):79-80.
[25]　苏新尧,姜春丽,许亚春,等.酶解桑白皮药渣产糖能力探究及优化.中国中药杂志,2018,43(1):86-91.
[26]　潘春梅,杏艳,樊耀亭.稀酸水解玉米秸秆两步发酵联产纤维素乙醇和氢气.食品与发酵工业,2011,37(3):65-68.
[27]　陶小芳,沈飞,宿树兰,等.生脉注射液生产过程五味子药渣中资源性物质的分析与循环利用途径探讨.中草药,2015,46(18):2712-2718.
[28]　吉缓缓.利用甘草渣制备羧甲基纤维素.山西化工,1997(2):43-47.
[29]　LIU C Z, CHENG X Y. Microwave-assisted acid pretreatment for enhancing biogas production from herbal-extraction process resi- due. Energ Fuel,2009,23(12):6152-6157.
[30]　陈美兰,申业,周修腾等.施用不同中药渣对甘草生长及有效成分含量的影响.中国中药杂志,2016,41(10):1811-1817.
[31]　段金廒,宿树兰,郭盛,等.中药废弃物的转化增效资源化模式及其研究与实践.中国中药杂志,2013,38(23):3991-3996.

［32］ 罗鸿.中药渣絮凝剂处理造纸废水的研究.四川环境,1998(3)：24－28.

［33］ 韦平英,魏东林,莫德清.板蓝根药渣对低浓度含铅废水的吸附特性研究.离子交换与吸附,2003,19(4)：35－38.

［34］ PADDON C J, WESTFALL P J, PITERA D J, et al. High-level semisynthetic production of the potent antimalarial artemisinin. Nature, 2013,496(7446)：528.

［35］ JIANG M, WAN Q, LIU R, et al. Succinic acid production from corn stalk hydrolysate in an E. coli mutant generated by atmospheric and room-temperature plasmas and metabolic evolution strategies. J Ind Microbiol Biot,2014, 41(1)：115.

［36］ PINAZO J M, DOMINE M E, PARVULESCU V, et al. Sustainability metrics for succinic acid production：a comparison between biomass-based and petrochemical routes. Catal Today,2015,239：17.

［37］ 杨茂华.木质纤维素高效酶解过程研究.北京：中国科学院研究生院,2011.

［38］ 戴新新,沈飞,宿树兰,等.酸碱预处理后酶解提升丹参药渣中丹参酮类成分的提取效率研究.中国中药杂志,2016,41(18)：3355－3360.

［39］ 杨皓明,齐崴,何志敏,等.复合酶法提取丹参中丹参素的研究.中草药,2008,39(8)：1161－1165.

［40］ 江曙,刘培,段金廒,等.基于微生物转化的中药废弃物利用价值提升策略探讨.世界科学知识——中医药现代化,2014,16(6)：1210－1215.

［41］ 胡海峰,朱宝泉.微生物在药物开发中的应用.中国天然药物,2006,4(3)：168－171.

［42］ 孙静,马琳,吕斯琦,等.中药发酵技术研究进展.药物研究评价,2011,34(1)：49.

［43］ 陆欣缓,刘松梅,郑春英.中药发酵研究概况.黑龙江医药,2006,19(6)：469.

［44］ 李浪,杨旭,薛永亮.现代固态发酵技术工艺、设备及应用研究进展.河南工业大学学报：自然科学版,2011,32(1)：89.

［45］ PANDY A, SOCCO L C R, RODRIGUEZ-EON J A, et al. Solid-statefermentation in biotechnology fundamentals and applications. New Delhi：Asiatech Publishers,2001.

［46］ 龙旭,郭惠,靳如意,等.中药废弃物的能源化利用策略.中草药,2019,50(7)：1505－1514.

［47］ 贾苹,孙玉玲,石昕.生物质转化与利用产业资讯报告.北京：化学工业出版社,2018.

［48］ PANG S S. Advances in thermochemical conversion of woody biomass to energy, fuels and chemicals. Biotechnol Adv, 2019, 37(4)：589－597.

［49］ WANG S, DAI G, YANG H, et al. Lignocellulosic biomasspyrolysis mechanism：a state-of-the-art review. ProgEnergy Combust Sci, 2017, 62：33－86.

［50］ SIKARWAR V S, ZHAO M, FENNELL P S, et al. Progress inbiofuel production from gasification. Prog EnergyCombust Sci, 2017, 61：189－248.

［51］ LIU Q M, CHMELY S C, ABDOULMOUMINE N. Biomasstreatment strategies for thermochemical conversion. Energy Fuels, 2017, 31：3525－3536.

［52］ 陈曦,韩志群,孔繁华,等.生物质能源的开发和利用.化学进展,2007,19(7/8)：1091－1097.

［53］ 普罗.生物质能源产业发展现状与展望.绿色科技,2018(10)：172－179.

［54］ KNÁPEK J, KRÁLÍK T, VALENTOVÁ M, et al. Effectiveness ofbiomass for energy purposes：A fuel cycle approach. WIREs Energy Envirt, 2015,4：575－586.

［55］ SHELDON R A. Green chemistry, catalysis and valorizationof waste biomass. J Mol Catal A：Chem, 2016, 422：3－12.

［56］ 姚利,王艳芹,边文范,等.中药药渣预处理厌氧发酵产沼气初步研究.可再生能源,2013,31(11)：89－93.

［57］ 习彦花,张丽萍,崔冠慧,等.中药渣不同有机负荷厌氧发酵工艺参数分析.环境工程学报,2017,11(4)：2433－2438.

［58］ 张云飞,陈璐,郭旭晶,等.中药渣微生物强化预处理效果及产气潜力.环境工程学报,2014,8(11)：4925－4930.

［59］ 马逊风,马宏军,唐占辉,等.中药渣剩余成分分析及利用途径研究.东北师大学报,2004,36(2)：108－111.

［60］ 冷桂华.黄芩及其提取药渣黄芩苷含量的比较.安徽农业科学,2007,35(10)：2928－2935.

［61］ 黄亚非,刘杰,黄际薇,等.HPLC测定黄芪药渣中黄芪甲苷含量.中山大学学报,2009,48(2)：146－148.

［62］ 汤兴利,徐增莱,夏冰,等.用盾叶薯蓣生产薯蓣皂苷元预发酵与水解条件优化.植物资源与环境学报,2004,13(3)：35－37.

［63］ 陈永强,徐春,徐凯,等.微生物发酵转化甘草提高其药效的研究.四川大学学报,2007,44(5)：1147－1150.

［64］ BAE E A, SHIN J E, KIM D H. Metabolism of ginsenoside Re by human intestinal mecroflora and its estrogenic effect. Biol Pharm Bull, 2005,28(10)：1903－1908.

［65］ TAWAB M A, BAHR U, KARAS M, et al. Degradation of ginsenosides in humans after oral administration. Drug MetabDispos , 2003, 31 (8)：1065－1071.

［66］ MA X C, WU L J, GUO D A. Microbial biotransformation of curdione by Mucor spinosus. Enzyme Microb Technol, 2006, 38(3－4)：367－371.

［67］ MA X C , ZHENG J , GUO D A. Structural determination of three new germacrane — type sesquiterpene alcohols from curdione by microbial transformation. MagnReson Chem, 2007, 45(1)：90－92.

［68］ 李国红,沈月毛,王启方,等.发酵三七中的皂苷成分研究.中草药,2005,36(4)：500－501.

［69］ 沈飞,宿树兰,江曙,等.丹红注射液生产过程中丹参固体废弃物的资源性成分分析及其转化机制研究.中草药,2015,46(16)：2471.

［70］ 戴新新,宿树兰,郭盛,等.丹参酮类成分的生物活性与应用开发研究进展.中草药,2017,48(7)：1442.

［71］ 邱首哲,曾飞,张森,等.丹参药渣等不同类型中药固废发酵产纤维素酶研究.中国中药杂志,2020,45(4)：890－895.

[72]　谭云龙,孙晖,孙文军,等.酸枣仁化学成分及其药理作用研究进展.时珍国医国药,2014,25(1):186.

[73]　郝鹏飞,卫冰,刘富岗,等.优化酶提取贯叶连翘药材活性成分工艺.中国实验方剂学杂志,2011,17(14):39.

[74]　戴五好,钱利武,杨士友,等.苦参、山豆根生物碱及其总碱的抑菌活性研究.中国实验方剂学杂志,2012,18(3):177.

[75]　郑津辉,王威,黄辉.苦参提取液中黄酮类化合物的抑菌作用.武汉大学学报:理学版,2008,54(4):439.

[76]　曾飞,张森,钱大玮,等.甘草药渣降解菌的筛选及其产酶工艺研究.生物技术通报,2017,33(12):125.

[77]　ZHANG S, CHANG S, XIAO P, et al. Enzymatic in situ sac-charification of herbal extraction residue by a medicinal herbal-tolerant cellulase. Bioresour Technol,2019,doi:10.1016/j.biortech.2019.121417.

[78]　董嘉皓,李斐,魏飞亭,等.粉碎过筛条件对吴茱萸含量测定结果的影响及解决办法.中草药,2018,49(9):2026.

[79]　王李斌,李婷,何军,等.雷公藤生物碱制品对非靶标生物的毒性研究.农业环境科学学报,2012,31(6):1070-1076.

[80]　廖永刚,廖云琼.植物源天然产物对鱼毒性与安全性评价.现代农业科技,2007(7):111-112.

[81]　汤亚杰,徐小玲,李艳,等.中药全成分生物转化.中国天然药物,2007,5(4):241-244.

[82]　NING L L, ZHAN J X, GUO D A, et al. Biotransformation of trip — tolide by Cuninnghamellablakesleana. Tetrahedron,2003,59(23):4209-4213.

[83]　NING L L, QU G Q, GUO D A. Cytotoxic biotransformed products from triptonide by Aspergillus niger. Planta Med,2003,69(9):804-808.

[84]　王德馨,史新元,邬吉野,等.中药废渣发酵生产微生物絮凝剂研究.世界科学知识——中医药现代化,2013,15(3):515-519.

[85]　SATISH V P, CHANDRASHEKHAR D P, BIPINCHANDRA K S, et al. Studies on characterization of bioflocculant exopolysaccharide of Azotobacter indicus and its potential for wastewater treatment. ApplBiochemBiotechnol,2011,163:463-472.

[86]　吴涓,费文砚.微生物絮凝剂的絮凝特性及其脱色能力的研究.生物学杂志,2008,25(2):30-32.

[87]　秦芳玲.微生物絮凝剂产生菌的筛选及其絮凝性能的实验研究.西安石油大学学报(自然科学版),2009,24(4):69-71.

[88]　李兴存,张忠智,王洪君,等.微生物絮凝剂的研究进展.石油大学学报(自然科学版),2002,26(4):123-125.

[89]　徐萍.基于膜集成技术的中药挥发性小分子物质的富集研究.南京:南京中医药大学,2009.

[90]　周昊,王成章,陈虹霞,等.油茶中茶皂素的膜分离-大孔树脂联用技术的研究.林产化学与工业,2012(1):65.

[91]　张育荣.利用膜分离技术从章鱼下脚料中提取天然牛磺酸的方法:中国,200610006591.9[P].2006-07-26.